国学经典文库

中华历书大全

第二册

一部贯通历史长河的通书 百姓居家常备的实用宝典

图文珍藏版

刘宇庚◎主编

线装书局

公元1982年　壬戌狗年（闰四月）　太岁洪氾 九星九紫

月份	正月大		壬寅 五黄 巽卦 胃宿			二月小		癸卯 四绿 坎卦 昴宿			三月大		甲辰 三碧 艮卦 毕宿			四月小		乙巳 二黑 坤卦 觜宿		
节气	立春 2月4日 十一戊午 午时 11时46分			雨水 2月19日 廿六癸酉 辰时 7时47分		惊蛰 3月6日 十一戊子 卯时 5时55分			春分 3月21日 廿六癸卯 卯时 6时56分		清明 4月5日 十二戊午 巳时 10时53分			谷雨 4月20日 廿七癸酉 酉时 18时08分		立夏 5月6日 十三己丑 寅时 4时20分			小满 5月21日 廿八甲辰 酉时 17时23分	
农历	公历	干支	九星	日建	星宿	公历	干支	九星	日建	星宿	公历	干支	九星	日建	星宿	公历	干支	九星	日建	星宿
初一	25	戊申	九紫	危	毕	24	戊寅	三碧	建	参	25	丁未	五黄	定	井	24	丁丑	八白	收	柳
初二	26	己酉	一白	成	觜	25	己卯	四绿	除	井	26	戊申	六白	执	鬼	25	戊寅	九紫	开	星
初三	27	庚戌	二黑	收	参	26	庚辰	五黄	满	鬼	27	己酉	七赤	破	柳	26	己卯	一白	闭	张
初四	28	辛亥	三碧	开	井	27	辛巳	六白	平	柳	28	庚戌	八白	危	星	27	庚辰	二黑	建	翼
初五	29	壬子	四绿	闭	鬼	28	壬午	七赤	定	星	29	辛亥	九紫	成	张	28	辛巳	三碧	除	轸
初六	30	癸丑	五黄	建	柳	3月	癸未	八白	执	张	30	壬子	一白	收	翼	29	壬午	四绿	满	角
初七	31	甲寅	六白	除	星	2	甲申	九紫	破	翼	31	癸丑	二黑	开	轸	30	癸未	五黄	平	亢
初八	2月	乙卯	七赤	满	张	3	乙酉	一白	危	轸	4月	甲寅	三碧	闭	角	5月	甲申	六白	定	氐
初九	2	丙辰	八白	平	翼	4	丙戌	二黑	成	角	2	乙卯	四绿	建	亢	2	乙酉	七赤	执	房
初十	3	丁巳	九紫	定	轸	5	丁亥	三碧	收	亢	3	丙辰	五黄	除	氐	3	丙戌	八白	破	心
十一	4	戊午	一白	定	角	6	戊子	四绿	收	氐	4	丁巳	六白	满	房	4	丁亥	九紫	危	尾
十二	5	己未	二黑	执	亢	7	己丑	五黄	开	房	5	戊午	七赤	满	心	5	戊子	一白	成	箕
十三	6	庚申	三碧	破	氐	8	庚寅	六白	闭	心	6	己未	八白	平	尾	6	己丑	二黑	成	斗
十四	7	辛酉	四绿	危	房	9	辛卯	七赤	建	尾	7	庚申	九紫	定	箕	7	庚寅	三碧	收	牛
十五	8	壬戌	五黄	成	心	10	壬辰	八白	除	箕	8	辛酉	一白	执	斗	8	辛卯	四绿	开	女
十六	9	癸亥	六白	收	尾	11	癸巳	九紫	满	斗	9	壬戌	二黑	破	牛	9	壬辰	五黄	闭	虚
十七	10	甲子	一白	开	箕	12	甲午	一白	平	牛	10	癸亥	三碧	危	女	10	癸巳	六白	建	危
十八	11	乙丑	二黑	闭	斗	13	乙未	二黑	定	女	11	甲子	七赤	成	虚	11	甲午	七赤	除	室
十九	12	丙寅	三碧	建	牛	14	丙申	三碧	执	虚	12	乙丑	八白	收	危	12	乙未	八白	满	壁
二十	13	丁卯	四绿	除	女	15	丁酉	四绿	破	危	13	丙寅	九紫	开	室	13	丙申	九紫	平	奎
廿一	14	戊辰	五黄	满	虚	16	戊戌	五黄	危	室	14	丁卯	一白	闭	壁	14	丁酉	一白	定	娄
廿二	15	己巳	六白	平	危	17	己亥	六白	成	壁	15	戊辰	二黑	建	奎	15	戊戌	二黑	执	胃
廿三	16	庚午	七赤	定	室	18	庚子	七赤	收	奎	16	己巳	三碧	除	娄	16	己亥	三碧	破	昴
廿四	17	辛未	八白	执	壁	19	辛丑	八白	开	娄	17	庚午	四绿	满	胃	17	庚子	四绿	危	毕
廿五	18	壬申	九紫	破	奎	20	壬寅	九紫	闭	胃	18	辛未	五黄	平	昴	18	辛丑	五黄	成	觜
廿六	19	癸酉	七赤	危	娄	21	癸卯	一白	建	昴	19	壬申	六白	定	毕	19	壬寅	六白	收	参
廿七	20	甲戌	八白	成	胃	22	甲辰	二黑	除	毕	20	癸酉	四绿	执	觜	20	癸卯	七赤	开	井
廿八	21	乙亥	九紫	收	昴	23	乙巳	三碧	满	觜	21	甲戌	五黄	破	参	21	甲辰	八白	闭	鬼
廿九	22	丙子	一白	开	毕	24	丙午	四绿	平	参	22	乙亥	六白	危	井	22	乙巳	九紫	建	柳
三十	23	丁丑	二黑	闭	觜						23	丙子	七赤	成	鬼					

公元1982年　壬戌狗年（闰四月）　太岁洪氾 九星九紫

月份	闰四月小					五月大		丙午 一白 乾卦 参宿			六月小		丁未 九紫 兑卦 井宿		
节气	芒种 6月6日 十五庚申 辰时 8时36分					夏至 6月22日 初二丙子 丑时 1时23分		小暑 7月7日 十七辛卯 酉时 18时55分			大暑 7月23日 初三丁未 午时 12时16分		立秋 8月8日 十九癸亥 寅时 4时42分		
农历	公历	干支	九星	日建	星宿	公历	干支	九星	日建	星宿	公历	干支	九星	日建	星宿
初一	23	丙午	一白	除	星	21	乙亥	六白	执	张	21	乙巳	四绿	开	轸
初二	24	丁未	二黑	满	张	22	丙子	六白	破	翼	22	丙午	三碧	闭	角
初三	25	戊申	三碧	平	翼	23	丁丑	五黄	危	轸	23	丁未	二黑	建	亢
初四	26	己酉	四绿	定	轸	24	戊寅	四绿	成	角	24	戊申	一白	除	氐
初五	27	庚戌	五黄	执	角	25	己卯	三碧	收	亢	25	己酉	九紫	满	房
初六	28	辛亥	六白	破	亢	26	庚辰	二黑	开	氐	26	庚戌	八白	平	心
初七	29	壬子	七赤	危	氐	27	辛巳	一白	闭	房	27	辛亥	七赤	定	尾
初八	30	癸丑	八白	成	房	28	壬午	九紫	建	心	28	壬子	六白	执	箕
初九	31	甲寅	九紫	收	心	29	癸未	八白	除	尾	29	癸丑	五黄	破	斗
初十	6月	乙卯	一白	开	尾	30	甲申	七赤	满	箕	30	甲寅	四绿	危	牛
十一	2	丙辰	二黑	闭	箕	7月	乙酉	六白	平	斗	31	乙卯	三碧	成	女
十二	3	丁巳	三碧	建	斗	2	丙戌	五黄	定	牛	8月	丙辰	二黑	收	虚
十三	4	戊午	四绿	除	牛	3	丁亥	四绿	执	女	2	丁巳	一白	开	危
十四	5	己未	五黄	满	女	4	戊子	三碧	破	虚	3	戊午	九紫	闭	室
十五	6	庚申	六白	满	虚	5	己丑	二黑	危	危	4	己未	八白	建	壁
十六	7	辛酉	七赤	平	危	6	庚寅	一白	成	室	5	庚申	七赤	除	奎
十七	8	壬戌	八白	定	室	7	辛卯	九紫	成	壁	6	辛酉	六白	满	娄
十八	9	癸亥	九紫	执	壁	8	壬辰	八白	收	奎	7	壬戌	五黄	平	胃
十九	10	甲子	四绿	破	奎	9	癸巳	七赤	开	娄	8	癸亥	四绿	平	昴
二十	11	乙丑	五黄	危	娄	10	甲午	六白	闭	胃	9	甲子	九紫	定	毕
廿一	12	丙寅	六白	成	胃	11	乙未	五黄	建	昴	10	乙丑	八白	执	觜
廿二	13	丁卯	七赤	收	昴	12	丙申	四绿	除	毕	11	丙寅	七赤	破	参
廿三	14	戊辰	八白	开	毕	13	丁酉	三碧	满	觜	12	丁卯	六白	危	井
廿四	15	己巳	九紫	闭	觜	14	戊戌	二黑	平	参	13	戊辰	五黄	成	鬼
廿五	16	庚午	一白	建	参	15	己亥	一白	定	井	14	己巳	四绿	收	柳
廿六	17	辛未	二黑	除	井	16	庚子	九紫	执	鬼	15	庚午	三碧	开	星
廿七	18	壬申	三碧	满	鬼	17	辛丑	八白	破	柳	16	辛未	二黑	闭	张
廿八	19	癸酉	四绿	平	柳	18	壬寅	七赤	危	星	17	壬申	一白	建	翼
廿九	20	甲戌	五黄	定	星	19	癸卯	六白	成	张	18	癸酉	九紫	除	轸
三十						20	甲辰	五黄	收	翼					

公元1982年　壬戌狗年（闰四月）　太岁洪氾 九星九紫

月份	七月小	戊申 八白 离卦 鬼宿				八月大	己酉 七赤 震卦 柳宿				九月小	庚戌 六白 巽卦 星宿			
节气	处暑 8月23日 初五戊寅 戌时 19时15分		白露 9月8日 廿一甲午 辰时 7时32分			秋分 9月23日 初七己酉 申时 16时46分		寒露 10月8日 廿二甲子 夜子时 23时02分			霜降 10月24日 初八庚辰 丑时 1时58分		立冬 11月8日 廿三乙未 丑时 2时04分		
农历	公历	干支	九星	日建	星宿	公历	干支	九星	日建	星宿	公历	干支	九星	日建	星宿
初一	19	甲戌	八白	满	角	17	癸卯	九紫	破	亢	17	癸酉	三碧	闭	房
初二	20	乙亥	七赤	平	亢	18	甲辰	八白	危	氐	18	甲戌	二黑	建	心
初三	21	丙子	六白	定	氐	19	乙巳	七赤	成	房	19	乙亥	一白	除	尾
初四	22	丁丑	五黄	执	房	20	丙午	六白	收	心	20	丙子	九紫	满	箕
初五	23	戊寅	七赤	破	心	21	丁未	五黄	开	尾	21	丁丑	八白	平	斗
初六	24	己卯	六白	危	尾	22	戊申	四绿	闭	箕	22	戊寅	七赤	定	牛
初七	25	庚辰	五黄	成	箕	23	己酉	三碧	建	斗	23	己卯	六白	执	女
初八	26	辛巳	四绿	收	斗	24	庚戌	二黑	除	牛	24	庚辰	八白	破	虚
初九	27	壬午	三碧	开	牛	25	辛亥	一白	满	女	25	辛巳	七赤	危	危
初十	28	癸未	二黑	闭	女	26	壬子	九紫	平	虚	26	壬午	六白	成	室
十一	29	甲申	一白	建	虚	27	癸丑	八白	定	危	27	癸未	五黄	收	壁
十二	30	乙酉	九紫	除	危	28	甲寅	七赤	执	室	28	甲申	四绿	开	奎
十三	31	丙戌	八白	满	室	29	乙卯	六白	破	壁	29	乙酉	三碧	闭	娄
十四	9月	丁亥	七赤	平	壁	30	丙辰	五黄	危	奎	30	丙戌	二黑	建	胃
十五	2	戊子	六白	定	奎	10月	丁巳	四绿	成	娄	31	丁亥	一白	除	昴
十六	3	己丑	五黄	执	娄	2	戊午	三碧	收	胃	11月	戊子	九紫	满	毕
十七	4	庚寅	四绿	破	胃	3	己未	二黑	开	昴	2	己丑	八白	平	觜
十八	5	辛卯	三碧	危	昴	4	庚申	一白	闭	毕	3	庚寅	七赤	定	参
十九	6	壬辰	二黑	成	毕	5	辛酉	九紫	建	觜	4	辛卯	六白	执	井
二十	7	癸巳	一白	收	觜	6	壬戌	八白	除	参	5	壬辰	五黄	破	鬼
廿一	8	甲午	九紫	收	参	7	癸亥	七赤	满	井	6	癸巳	四绿	危	柳
廿二	9	乙未	八白	开	井	8	甲子	三碧	满	鬼	7	甲午	三碧	成	星
廿三	10	丙申	七赤	闭	鬼	9	乙丑	二黑	平	柳	8	乙未	二黑	成	张
廿四	11	丁酉	六白	建	柳	10	丙寅	一白	定	星	9	丙申	一白	收	翼
廿五	12	戊戌	五黄	除	星	11	丁卯	九紫	执	张	10	丁酉	九紫	开	轸
廿六	13	己亥	四绿	满	张	12	戊辰	八白	破	翼	11	戊戌	八白	闭	角
廿七	14	庚子	三碧	平	翼	13	己巳	七赤	危	轸	12	己亥	七赤	建	亢
廿八	15	辛丑	二黑	定	轸	14	庚午	六白	成	角	13	庚子	六白	除	氐
廿九	16	壬寅	一白	执	角	15	辛未	五黄	收	亢	14	辛丑	五黄	满	房
三十						16	壬申	四绿	开	氐					

公元1982年　壬戌狗年（闰四月）　太岁洪汜 九星九紫

月份	十月大	辛亥 五黄 坎卦 张宿				十一月大	壬子 四绿 艮卦 翼宿				十二月大	癸丑 三碧 坤卦 轸宿			
节气	小雪 11月22日 初八己酉 夜子时 23时24分		大雪 12月7日 廿三甲子 酉时 18时48分			冬至 12月22日 初八己卯 午时 12时39分		小寒 1月6日 廿三甲午 卯时 5时59分			大寒 1月20日 初七戊申 夜子时 23时17分		立春 2月4日 廿二癸亥 酉时 17时40分		
农历	公历	干支	九星	日建	星宿	公历	干支	九星	日建	星宿	公历	干支	九星	日建	星宿
初一	15	壬寅	四绿	平	心	15	壬申	七赤	成	箕	14	壬寅	三碧	除	牛
初二	16	癸卯	三碧	定	尾	16	癸酉	六白	收	斗	15	癸卯	四绿	满	女
初三	17	甲辰	二黑	执	箕	17	甲戌	五黄	开	牛	16	甲辰	五黄	平	虚
初四	18	乙巳	一白	破	斗	18	乙亥	四绿	闭	女	17	乙巳	六白	定	危
初五	19	丙午	九紫	危	牛	19	丙子	三碧	建	虚	18	丙午	七赤	执	室
初六	20	丁未	八白	成	女	20	丁丑	二黑	除	危	19	丁未	八白	破	壁
初七	21	戊申	七赤	收	虚	21	戊寅	一白	满	室	20	戊申	九紫	危	奎
初八	22	己酉	六白	开	危	22	己卯	七赤	平	壁	21	己酉	一白	成	娄
初九	23	庚戌	五黄	闭	室	23	庚辰	八白	定	奎	22	庚戌	二黑	收	胃
初十	24	辛亥	四绿	建	壁	24	辛巳	九紫	执	娄	23	辛亥	三碧	开	昴
十一	25	壬子	三碧	除	奎	25	壬午	一白	破	胃	24	壬子	四绿	闭	毕
十二	26	癸丑	二黑	满	娄	26	癸未	二黑	危	昴	25	癸丑	五黄	建	觜
十三	27	甲寅	一白	平	胃	27	甲申	三碧	成	毕	26	甲寅	六白	除	参
十四	28	乙卯	九紫	定	昴	28	乙酉	四绿	收	觜	27	乙卯	七赤	满	井
十五	29	丙辰	八白	执	毕	29	丙戌	五黄	开	参	28	丙辰	八白	平	鬼
十六	30	丁巳	七赤	破	觜	30	丁亥	六白	闭	井	29	丁巳	九紫	定	柳
十七	12月	戊午	六白	危	参	31	戊子	七赤	建	鬼	30	戊午	一白	执	星
十八	2	己未	五黄	成	井	1月	己丑	八白	除	柳	31	己未	二黑	破	张
十九	3	庚申	四绿	收	鬼	2	庚寅	九紫	满	星	2月	庚申	三碧	危	翼
二十	4	辛酉	三碧	开	柳	3	辛卯	一白	平	张	2	辛酉	四绿	成	轸
廿一	5	壬戌	二黑	闭	星	4	壬辰	二黑	定	翼	3	壬戌	五黄	收	角
廿二	6	癸亥	一白	建	张	5	癸巳	三碧	执	轸	4	癸亥	六白	收	亢
廿三	7	甲子	六白	建	翼	6	甲午	四绿	执	角	5	甲子	一白	开	氐
廿四	8	乙丑	五黄	除	轸	7	乙未	五黄	破	亢	6	乙丑	二黑	闭	房
廿五	9	丙寅	四绿	满	角	8	丙申	六白	危	氐	7	丙寅	三碧	建	心
廿六	10	丁卯	三碧	平	亢	9	丁酉	七赤	成	房	8	丁卯	四绿	除	尾
廿七	11	戊辰	二黑	定	氐	10	戊戌	八白	收	心	9	戊辰	五黄	满	箕
廿八	12	己巳	一白	执	房	11	己亥	九紫	开	尾	10	己巳	六白	平	斗
廿九	13	庚午	九紫	破	心	12	庚子	一白	闭	箕	11	庚午	七赤	定	牛
三十	14	辛未	八白	危	尾	13	辛丑	二黑	建	斗	12	辛未	八白	执	女

公元1983年　癸亥猪年　太岁虞程 九星八白

月份	正月大 甲寅 二黑 坎卦 角宿					二月小 乙卯 一白 艮卦 亢宿					三月大 丙辰 九紫 坤卦 氐宿					四月小 丁巳 八白 乾卦 房宿				
节气	雨水 2月19日 初七戊寅 未时 13时31分；惊蛰 3月6日 廿二癸巳 午时 11时47分					春分 3月21日 初七戊申 午时 12时39分；清明 4月5日 廿二癸亥 申时 16时44分					谷雨 4月20日 初八戊寅 夜子时 23时50分；立夏 5月6日 廿四甲午 巳时 10时11分					小满 5月21日 初九己酉 夜子时 23时06分；芒种 6月6日 廿五乙丑 未时 14时26分				
农历	公历	干支	九星	日建	星宿	公历	干支	九星	日建	星宿	公历	干支	九星	日建	星宿	公历	干支	九星	日建	星宿
初一	13	壬申	九紫	破	虚	15	壬寅	九紫	闭	室	13	辛未	五黄	平	壁	13	辛丑	五黄	成	娄
初二	14	癸酉	一白	危	危	16	癸卯	一白	建	壁	14	壬申	六白	定	奎	14	壬寅	六白	收	胃
初三	15	甲戌	二黑	成	室	17	甲辰	二黑	除	奎	15	癸酉	七赤	执	娄	15	癸卯	七赤	开	昴
初四	16	乙亥	三碧	收	壁	18	乙巳	三碧	满	娄	16	甲戌	八白	破	胃	16	甲辰	八白	闭	毕
初五	17	丙子	四绿	开	奎	19	丙午	四绿	平	胃	17	乙亥	九紫	危	昴	17	乙巳	九紫	建	觜
初六	18	丁丑	五黄	闭	娄	20	丁未	五黄	定	昴	18	丙子	一白	成	毕	18	丙午	一白	除	参
初七	19	戊寅	三碧	建	胃	21	戊申	六白	执	毕	19	丁丑	二黑	收	觜	19	丁未	二黑	满	井
初八	20	己卯	四绿	除	昴	22	己酉	七赤	破	觜	20	戊寅	九紫	开	参	20	戊申	三碧	平	鬼
初九	21	庚辰	五黄	满	毕	23	庚戌	八白	危	参	21	己卯	一白	闭	井	21	己酉	四绿	定	柳
初十	22	辛巳	六白	平	觜	24	辛亥	九紫	成	井	22	庚辰	二黑	建	鬼	22	庚戌	五黄	执	星
十一	23	壬午	七赤	定	参	25	壬子	一白	收	鬼	23	辛巳	三碧	除	柳	23	辛亥	六白	破	张
十二	24	癸未	八白	执	井	26	癸丑	二黑	开	柳	24	壬午	四绿	满	星	24	壬子	七赤	危	翼
十三	25	甲申	九紫	破	鬼	27	甲寅	三碧	闭	星	25	癸未	五黄	平	张	25	癸丑	八白	成	轸
十四	26	乙酉	一白	危	柳	28	乙卯	四绿	建	张	26	甲申	六白	定	翼	26	甲寅	九紫	收	角
十五	27	丙戌	二黑	成	星	29	丙辰	五黄	除	翼	27	乙酉	七赤	执	轸	27	乙卯	一白	开	亢
十六	28	丁亥	三碧	收	张	30	丁巳	六白	满	轸	28	丙戌	八白	破	角	28	丙辰	二黑	闭	氐
十七	3月	戊子	四绿	开	翼	31	戊午	七赤	平	角	29	丁亥	九紫	危	亢	29	丁巳	三碧	建	房
十八	2	己丑	五黄	闭	轸	4月	己未	八白	定	亢	30	戊子	一白	成	氐	30	戊午	四绿	除	心
十九	3	庚寅	六白	建	角	2	庚申	九紫	执	氐	5月	己丑	二黑	收	房	31	己未	五黄	满	尾
二十	4	辛卯	七赤	除	亢	3	辛酉	一白	破	房	2	庚寅	三碧	开	心	6月	庚申	六白	平	箕
廿一	5	壬辰	八白	满	氐	4	壬戌	二黑	危	心	3	辛卯	四绿	闭	尾	2	辛酉	七赤	定	斗
廿二	6	癸巳	九紫	满	房	5	癸亥	三碧	危	尾	4	壬辰	五黄	建	箕	3	壬戌	八白	执	牛
廿三	7	甲午	一白	平	心	6	甲子	七赤	成	箕	5	癸巳	六白	除	斗	4	癸亥	九紫	破	女
廿四	8	乙未	二黑	定	尾	7	乙丑	八白	收	斗	6	甲午	七赤	除	牛	5	甲子	四绿	危	虚
廿五	9	丙申	三碧	执	箕	8	丙寅	九紫	开	牛	7	乙未	八白	满	女	6	乙丑	五黄	危	危
廿六	10	丁酉	四绿	破	斗	9	丁卯	一白	闭	女	8	丙申	九紫	平	虚	7	丙寅	六白	成	室
廿七	11	戊戌	五黄	危	牛	10	戊辰	二黑	建	虚	9	丁酉	一白	定	危	8	丁卯	七赤	收	壁
廿八	12	己亥	六白	成	女	11	己巳	三碧	除	危	10	戊戌	二黑	执	室	9	戊辰	八白	开	奎
廿九	13	庚子	七赤	收	虚	12	庚午	四绿	满	室	11	己亥	三碧	破	壁	10	己巳	九紫	闭	娄
三十	14	辛丑	八白	开	危						12	庚子	四绿	危	奎					

公元1983年 癸亥猪年 太岁虞程 九星八白

月份	五月小	戊午 七赤 兑卦 心宿				六月大	己未 六白 离卦 尾宿				七月小	庚申 五黄 震卦 箕宿				八月小	辛酉 四绿 巽卦 斗宿			
节气	夏至 6月22日 十二辛巳 辰时 7时09分		小暑 7月8日 廿八丁酉 早子时 0时43分			大暑 7月23日 十四壬子 酉时 18时04分		立秋 8月8日 三十戊辰 巳时 10时30分			处暑 8月24日 十六甲申 丑时 1时08分					白露 9月8日 初二己亥 未时 13时20分		秋分 9月23日 十七甲寅 亥时 22时42分		
农历	公历	干支	九星	日建	星宿	公历	干支	九星	日建	星宿	公历	干支	九星	日建	星宿	公历	干支	九星	日建	星宿
初一	11	庚午	一白	建	胃	10	己亥	一白	定	昴	9	己巳	四绿	收	觜	7	戊戌	五黄	满	参
初二	12	辛未	二黑	除	昴	11	庚子	九紫	执	毕	10	庚午	三碧	开	参	8	己亥	四绿	满	井
初三	13	壬申	三碧	满	毕	12	辛丑	八白	破	觜	11	辛未	二黑	闭	井	9	庚子	三碧	平	鬼
初四	14	癸酉	四绿	平	觜	13	壬寅	七赤	危	参	12	壬申	一白	建	鬼	10	辛丑	二黑	定	柳
初五	15	甲戌	五黄	定	参	14	癸卯	六白	成	井	13	癸酉	九紫	除	柳	11	壬寅	一白	执	星
初六	16	乙亥	六白	执	井	15	甲辰	五黄	收	鬼	14	甲戌	八白	满	星	12	癸卯	九紫	破	张
初七	17	丙子	七赤	破	鬼	16	乙巳	四绿	开	柳	15	乙亥	七赤	平	张	13	甲辰	八白	危	翼
初八	18	丁丑	八白	危	柳	17	丙午	三碧	闭	星	16	丙子	六白	定	翼	14	乙巳	七赤	成	轸
初九	19	戊寅	九紫	成	星	18	丁未	二黑	建	张	17	丁丑	五黄	执	轸	15	丙午	六白	收	角
初十	20	己卯	一白	收	张	19	戊申	一白	除	翼	18	戊寅	四绿	破	角	16	丁未	五黄	开	亢
十一	21	庚辰	二黑	开	翼	20	己酉	九紫	满	轸	19	己卯	三碧	危	亢	17	戊申	四绿	闭	氐
十二	22	辛巳	一白	闭	轸	21	庚戌	八白	平	角	20	庚辰	二黑	成	氐	18	己酉	三碧	建	房
十三	23	壬午	九紫	建	角	22	辛亥	七赤	定	亢	21	辛巳	一白	收	房	19	庚戌	二黑	除	心
十四	24	癸未	八白	除	亢	23	壬子	六白	执	氐	22	壬午	九紫	开	心	20	辛亥	一白	满	尾
十五	25	甲申	七赤	满	氐	24	癸丑	五黄	破	房	23	癸未	八白	闭	尾	21	壬子	九紫	平	箕
十六	26	乙酉	六白	平	房	25	甲寅	四绿	危	心	24	甲申	一白	建	箕	22	癸丑	八白	定	斗
十七	27	丙戌	五黄	定	心	26	乙卯	三碧	成	尾	25	乙酉	九紫	除	斗	23	甲寅	七赤	执	牛
十八	28	丁亥	四绿	执	尾	27	丙辰	二黑	收	箕	26	丙戌	八白	满	牛	24	乙卯	六白	破	女
十九	29	戊子	三碧	破	箕	28	丁巳	一白	开	斗	27	丁亥	七赤	平	女	25	丙辰	五黄	危	虚
二十	30	己丑	二黑	危	斗	29	戊午	九紫	闭	牛	28	戊子	六白	定	虚	26	丁巳	四绿	成	危
廿一	7月	庚寅	一白	成	牛	30	己未	八白	建	女	29	己丑	五黄	执	危	27	戊午	三碧	收	室
廿二	2	辛卯	九紫	收	女	31	庚申	七赤	除	虚	30	庚寅	四绿	破	室	28	己未	二黑	开	壁
廿三	3	壬辰	八白	开	虚	8月	辛酉	六白	满	危	31	辛卯	三碧	危	壁	29	庚申	一白	闭	奎
廿四	4	癸巳	七赤	闭	危	2	壬戌	五黄	平	室	9月	壬辰	二黑	成	奎	30	辛酉	九紫	建	娄
廿五	5	甲午	六白	建	室	3	癸亥	四绿	定	壁	2	癸巳	一白	收	娄	10月	壬戌	八白	除	胃
廿六	6	乙未	五黄	除	壁	4	甲子	九紫	执	奎	3	甲午	九紫	开	胃	2	癸亥	七赤	满	昴
廿七	7	丙申	四绿	满	奎	5	乙丑	八白	破	娄	4	乙未	八白	闭	昴	3	甲子	三碧	平	毕
廿八	8	丁酉	三碧	满	娄	6	丙寅	七赤	危	胃	5	丙申	七赤	建	毕	4	乙丑	二黑	定	觜
廿九	9	戊戌	二黑	平	胃	7	丁卯	六白	成	昴	6	丁酉	六白	除	觜	5	丙寅	一白	执	参
三十						8	戊辰	五黄	成	毕										

公元1983年　癸亥猪年　太岁虞程　九星八白

月份	九月大 壬戌 三碧 坎卦 牛宿					十月小 癸亥 二黑 艮卦 女宿					十一月大 甲子 一白 坤卦 虚宿					十二月大 乙丑 九紫 乾卦 危宿				
节气	寒露 10月9日 初四庚午 寅时 4时51分		霜降 10月24日 十九乙酉 辰时 7时55分			立冬 11月8日 初四庚子 辰时 7时53分		小雪 11月23日 十九乙卯 卯时 5时19分			大雪 12月8日 初五庚午 早子时 0时34分		冬至 12月22日 十九甲申 酉时 18时30分			小寒 1月6日 初四己亥 午时 11时41分		大寒 1月21日 十九甲寅 卯时 5时05分		
农历	公历	干支	九星	日建	星宿	公历	干支	九星	日建	星宿	公历	干支	九星	日建	星宿	公历	干支	九星	日建	星宿
初一	6	丁卯	九紫	破	井	5	丁酉	九紫	闭	柳	4	丙寅	四绿	平	星	3	丙申	六白	成	翼
初二	7	戊辰	八白	危	鬼	6	戊戌	八白	建	星	5	丁卯	三碧	定	张	4	丁酉	七赤	收	轸
初三	8	己巳	七赤	成	柳	7	己亥	七赤	除	张	6	戊辰	二黑	执	翼	5	戊戌	八白	开	角
初四	9	庚午	六白	成	星	8	庚子	六白	除	翼	7	己巳	一白	破	轸	6	己亥	九紫	开	亢
初五	10	辛未	五黄	收	张	9	辛丑	五黄	满	轸	8	庚午	九紫	破	角	7	庚子	一白	闭	氐
初六	11	壬申	四绿	开	翼	10	壬寅	四绿	平	角	9	辛未	八白	危	亢	8	辛丑	二黑	建	房
初七	12	癸酉	三碧	闭	轸	11	癸卯	三碧	定	亢	10	壬申	七赤	成	氐	9	壬寅	三碧	除	心
初八	13	甲戌	二黑	建	角	12	甲辰	二黑	执	氐	11	癸酉	六白	收	房	10	癸卯	四绿	满	尾
初九	14	乙亥	一白	除	亢	13	乙巳	一白	破	房	12	甲戌	五黄	开	心	11	甲辰	五黄	平	箕
初十	15	丙子	九紫	满	氐	14	丙午	九紫	危	心	13	乙亥	四绿	闭	尾	12	乙巳	六白	定	斗
十一	16	丁丑	八白	平	房	15	丁未	八白	成	尾	14	丙子	三碧	建	箕	13	丙午	七赤	执	牛
十二	17	戊寅	七赤	定	心	16	戊申	七赤	收	箕	15	丁丑	二黑	除	斗	14	丁未	八白	破	女
十三	18	己卯	六白	执	尾	17	己酉	六白	开	斗	16	戊寅	一白	满	牛	15	戊申	九紫	危	虚
十四	19	庚辰	五黄	破	箕	18	庚戌	五黄	闭	牛	17	己卯	九紫	平	女	16	己酉	一白	成	危
十五	20	辛巳	四绿	危	斗	19	辛亥	四绿	建	女	18	庚辰	八白	定	虚	17	庚戌	二黑	收	室
十六	21	壬午	三碧	成	牛	20	壬子	三碧	除	虚	19	辛巳	七赤	执	危	18	辛亥	三碧	开	壁
十七	22	癸未	二黑	收	女	21	癸丑	二黑	满	危	20	壬午	六白	破	室	19	壬子	四绿	闭	奎
十八	23	甲申	一白	开	虚	22	甲寅	一白	平	室	21	癸未	五黄	危	壁	20	癸丑	五黄	建	娄
十九	24	乙酉	三碧	闭	危	23	乙卯	九紫	定	壁	22	甲申	三碧	成	奎	21	甲寅	六白	除	胃
二十	25	丙戌	二黑	建	室	24	丙辰	八白	执	奎	23	乙酉	四绿	收	娄	22	乙卯	七赤	满	昴
廿一	26	丁亥	一白	除	壁	25	丁巳	七赤	破	娄	24	丙戌	五黄	开	胃	23	丙辰	八白	平	毕
廿二	27	戊子	九紫	满	奎	26	戊午	六白	危	胃	25	丁亥	六白	闭	昴	24	丁巳	九紫	定	觜
廿三	28	己丑	八白	平	娄	27	己未	五黄	成	昴	26	戊子	七赤	建	毕	25	戊午	一白	执	参
廿四	29	庚寅	七赤	定	胃	28	庚申	四绿	收	毕	27	己丑	八白	除	觜	26	己未	二黑	破	井
廿五	30	辛卯	六白	执	昴	29	辛酉	三碧	开	觜	28	庚寅	九紫	满	参	27	庚申	三碧	危	鬼
廿六	31	壬辰	五黄	破	毕	30	壬戌	二黑	闭	参	29	辛卯	一白	平	井	28	辛酉	四绿	成	柳
廿七	11月	癸巳	四绿	危	觜	12月	癸亥	一白	建	井	30	壬辰	二黑	定	鬼	29	壬戌	五黄	收	星
廿八	2	甲午	三碧	成	参	2	甲子	六白	除	鬼	31	癸巳	三碧	执	柳	30	癸亥	六白	开	张
廿九	3	乙未	二黑	收	井	3	乙丑	五黄	满	柳	1月	甲午	四绿	破	星	31	甲子	一白	闭	翼
三十	4	丙申	一白	开	鬼						2	乙未	五黄	危	张	2月	乙丑	二黑	建	轸

公元1984年　甲子鼠年（闰十月）　太岁金赤　九星七赤

月份	正月大 丙寅 八白 离卦 室宿					二月小 丁卯 七赤 震卦 壁宿					三月大 戊辰 六白 巽卦 奎宿					四月大 己巳 五黄 坎卦 娄宿				
节气	立春 2月4日 初三戊辰 夜子时 23时19分		雨水 2月19日 十八癸未 戌时 19时16分			惊蛰 3月5日 初三戊戌 酉时 17时25分		春分 3月20日 十八癸丑 酉时 18时24分			清明 4月4日 初四戊辰 亥时 22时22分		谷雨 4月20日 二十甲申 卯时 5时38分			立夏 5月5日 初五己亥 申时 15时51分		小满 5月21日 廿一乙卯 寅时 4时58分		
农历	公历	干支	九星	日建	星宿	公历	干支	九星	日建	星宿	公历	干支	九星	日建	星宿	公历	干支	九星	日建	星宿
初一	2	丙寅	三碧	除	角	3	丙申	三碧	破	氐	4月	乙丑	八白	开	房	5月	乙未	八白	平	尾
初二	3	丁卯	四绿	满	亢	4	丁酉	四绿	危	房	2	丙寅	九紫	闭	心	2	丙申	九紫	定	箕
初三	4	戊辰	五黄	满	氐	5	戊戌	五黄	危	心	3	丁卯	一白	建	尾	3	丁酉	一白	执	斗
初四	5	己巳	六白	平	房	6	己亥	六白	成	尾	4	戊辰	二黑	建	箕	4	戊戌	二黑	破	牛
初五	6	庚午	七赤	定	心	7	庚子	七赤	收	箕	5	己巳	三碧	除	斗	5	己亥	三碧	破	女
初六	7	辛未	八白	执	尾	8	辛丑	八白	开	斗	6	庚午	四绿	满	牛	6	庚子	四绿	危	虚
初七	8	壬申	九紫	破	箕	9	壬寅	九紫	闭	牛	7	辛未	五黄	平	女	7	辛丑	五黄	成	危
初八	9	癸酉	一白	危	斗	10	癸卯	一白	建	女	8	壬申	六白	定	虚	8	壬寅	六白	收	室
初九	10	甲戌	二黑	成	牛	11	甲辰	二黑	除	虚	9	癸酉	七赤	执	危	9	癸卯	七赤	开	壁
初十	11	乙亥	三碧	收	女	12	乙巳	三碧	满	危	10	甲戌	八白	破	室	10	甲辰	八白	闭	奎
十一	12	丙子	四绿	开	虚	13	丙午	四绿	平	室	11	乙亥	九紫	危	壁	11	乙巳	九紫	建	娄
十二	13	丁丑	五黄	闭	危	14	丁未	五黄	定	壁	12	丙子	一白	成	奎	12	丙午	一白	除	胃
十三	14	戊寅	六白	建	室	15	戊申	六白	执	奎	13	丁丑	二黑	收	娄	13	丁未	二黑	满	昴
十四	15	己卯	七赤	除	壁	16	己酉	七赤	破	娄	14	戊寅	三碧	开	胃	14	戊申	三碧	平	毕
十五	16	庚辰	八白	满	奎	17	庚戌	八白	危	胃	15	己卯	四绿	闭	昴	15	己酉	四绿	定	觜
十六	17	辛巳	九紫	平	娄	18	辛亥	九紫	成	昴	16	庚辰	五黄	建	毕	16	庚戌	五黄	执	参
十七	18	壬午	一白	定	胃	19	壬子	一白	收	毕	17	辛巳	六白	除	觜	17	辛亥	六白	破	井
十八	19	癸未	八白	执	昴	20	癸丑	二黑	开	觜	18	壬午	七赤	满	参	18	壬子	七赤	危	鬼
十九	20	甲申	九紫	破	毕	21	甲寅	三碧	闭	参	19	癸未	八白	平	井	19	癸丑	八白	成	柳
二十	21	乙酉	一白	危	觜	22	乙卯	四绿	建	井	20	甲申	六白	定	鬼	20	甲寅	九紫	收	星
廿一	22	丙戌	二黑	成	参	23	丙辰	五黄	除	鬼	21	乙酉	七赤	执	柳	21	乙卯	一白	开	张
廿二	23	丁亥	三碧	收	井	24	丁巳	六白	满	柳	22	丙戌	八白	破	星	22	丙辰	二黑	闭	翼
廿三	24	戊子	四绿	开	鬼	25	戊午	七赤	平	星	23	丁亥	九紫	危	张	23	丁巳	三碧	建	轸
廿四	25	己丑	五黄	闭	柳	26	己未	八白	定	张	24	戊子	一白	成	翼	24	戊午	四绿	除	角
廿五	26	庚寅	六白	建	星	27	庚申	九紫	执	翼	25	己丑	二黑	收	轸	25	己未	五黄	满	亢
廿六	27	辛卯	七赤	除	张	28	辛酉	一白	破	轸	26	庚寅	三碧	开	角	26	庚申	六白	平	氐
廿七	28	壬辰	八白	满	翼	29	壬戌	二黑	危	角	27	辛卯	四绿	闭	亢	27	辛酉	七赤	定	房
廿八	29	癸巳	九紫	平	轸	30	癸亥	三碧	成	亢	28	壬辰	五黄	建	氐	28	壬戌	八白	执	心
廿九	3月	甲午	一白	定	角	31	甲子	七赤	收	氐	29	癸巳	六白	除	房	29	癸亥	九紫	破	尾
三十	2	乙未	二黑	执	亢						30	甲午	七赤	满	心	30	甲子	四绿	危	箕

公元1984年　甲子鼠年（闰十月）　太岁金赤 九星七赤

月份	五月小		庚午 四绿 艮卦 胃宿			六月小		辛未 三碧 坤卦 昴宿			七月大		壬申 二黑 乾卦 毕宿		
节气	芒种 6月5日 初六庚午 戌时 20时09分			夏至 6月21日 廿二丙戌 未时 13时02分		小暑 7月7日 初九壬寅 卯时 6时29分			大暑 7月22日 廿四丁巳 夜子时 23时58分		立秋 8月7日 十一癸酉 申时 16时18分			处暑 8月23日 廿七己丑 辰时 7时00分	
农历	公历	干支	九星	日建	星宿	公历	干支	九星	日建	星宿	公历	干支	九星	日建	星宿
初一	31	乙丑	五黄	成	斗	29	甲午	六白	建	牛	28	癸亥	四绿	定	女
初二	6月	丙寅	六白	收	牛	30	乙未	五黄	除	女	29	甲子	九紫	执	虚
初三	2	丁卯	七赤	开	女	7月	丙申	四绿	满	虚	30	乙丑	八白	破	危
初四	3	戊辰	八白	闭	虚	2	丁酉	三碧	平	危	31	丙寅	七赤	危	室
初五	4	己巳	九紫	建	危	3	戊戌	二黑	定	室	8月	丁卯	六白	成	壁
初六	5	庚午	一白	建	室	4	己亥	一白	执	壁	2	戊辰	五黄	收	奎
初七	6	辛未	二黑	除	壁	5	庚子	九紫	破	奎	3	己巳	四绿	开	娄
初八	7	壬申	三碧	满	奎	6	辛丑	八白	危	娄	4	庚午	三碧	闭	胃
初九	8	癸酉	四绿	平	娄	7	壬寅	七赤	危	胃	5	辛未	二黑	建	昴
初十	9	甲戌	五黄	定	胃	8	癸卯	六白	成	昴	6	壬申	一白	除	毕
十一	10	乙亥	六白	执	昴	9	甲辰	五黄	收	毕	7	癸酉	九紫	除	觜
十二	11	丙子	七赤	破	毕	10	乙巳	四绿	开	觜	8	甲戌	八白	满	参
十三	12	丁丑	八白	危	觜	11	丙午	三碧	闭	参	9	乙亥	七赤	平	井
十四	13	戊寅	九紫	成	参	12	丁未	二黑	建	井	10	丙子	六白	定	鬼
十五	14	己卯	一白	收	井	13	戊申	一白	除	鬼	11	丁丑	五黄	执	柳
十六	15	庚辰	二黑	开	鬼	14	己酉	九紫	满	柳	12	戊寅	四绿	破	星
十七	16	辛巳	三碧	闭	柳	15	庚戌	八白	平	星	13	己卯	三碧	危	张
十八	17	壬午	四绿	建	星	16	辛亥	七赤	定	张	14	庚辰	二黑	成	翼
十九	18	癸未	五黄	除	张	17	壬子	六白	执	翼	15	辛巳	一白	收	轸
二十	19	甲申	六白	满	翼	18	癸丑	五黄	破	轸	16	壬午	九紫	开	角
廿一	20	乙酉	七赤	平	轸	19	甲寅	四绿	危	角	17	癸未	八白	闭	亢
廿二	21	丙戌	五黄	定	角	20	乙卯	三碧	成	亢	18	甲申	七赤	建	氐
廿三	22	丁亥	四绿	执	亢	21	丙辰	二黑	收	氐	19	乙酉	六白	除	房
廿四	23	戊子	三碧	破	氐	22	丁巳	一白	开	房	20	丙戌	五黄	满	心
廿五	24	己丑	二黑	危	房	23	戊午	九紫	闭	心	21	丁亥	四绿	平	尾
廿六	25	庚寅	一白	成	心	24	己未	八白	建	尾	22	戊子	三碧	定	箕
廿七	26	辛卯	九紫	收	尾	25	庚申	七赤	除	箕	23	己丑	五黄	执	斗
廿八	27	壬辰	八白	开	箕	26	辛酉	六白	满	斗	24	庚寅	四绿	破	牛
廿九	28	癸巳	七赤	闭	斗	27	壬戌	五黄	平	牛	25	辛卯	三碧	危	女
三十											26	壬辰	二黑	成	虚

公元1984年　甲子鼠年（闰十月）　太岁金赤 九星七赤

月份	八月小		癸酉 一白 兑卦 觜宿			九月小		甲戌 九紫 离卦 参宿			十月大		乙亥 八白 震卦 井宿		
节气	白露 9月7日 十二甲辰 戌时 19时10分		秋分 9月23日 廿八庚申 寅时 4时33分			寒露 10月8日 十四乙亥 巳时 10时43分		霜降 10月23日 廿九庚寅 未时 13时46分			立冬 11月7日 十五乙巳 未时 13时46分		小雪 11月22日 三十庚申 午时 11时11分		
农历	公历	干支	九星	日建	星宿	公历	干支	九星	日建	星宿	公历	干支	九星	日建	星宿
初一	27	癸巳	一白	收	危	25	壬戌	八白	除	室	24	辛卯	六白	执	壁
初二	28	甲午	九紫	开	室	26	癸亥	七赤	满	壁	25	壬辰	五黄	破	奎
初三	29	乙未	八白	闭	壁	27	甲子	三碧	平	奎	26	癸巳	四绿	危	娄
初四	30	丙申	七赤	建	奎	28	乙丑	二黑	定	娄	27	甲午	三碧	成	胃
初五	31	丁酉	六白	除	娄	29	丙寅	一白	执	胃	28	乙未	二黑	收	昴
初六	9月	戊戌	五黄	满	胃	30	丁卯	九紫	破	昴	29	丙申	一白	开	毕
初七	2	己亥	四绿	平	昴	10月	戊辰	八白	危	毕	30	丁酉	九紫	闭	觜
初八	3	庚子	三碧	定	毕	2	己巳	七赤	成	觜	31	戊戌	八白	建	参
初九	4	辛丑	二黑	执	觜	3	庚午	六白	收	参	11月	己亥	七赤	除	井
初十	5	壬寅	一白	破	参	4	辛未	五黄	开	井	2	庚子	六白	满	鬼
十一	6	癸卯	九紫	危	井	5	壬申	四绿	闭	鬼	3	辛丑	五黄	平	柳
十二	7	甲辰	八白	危	鬼	6	癸酉	三碧	建	柳	4	壬寅	四绿	定	星
十三	8	乙巳	七赤	成	柳	7	甲戌	二黑	除	星	5	癸卯	三碧	执	张
十四	9	丙午	六白	收	星	8	乙亥	一白	除	张	6	甲辰	二黑	破	翼
十五	10	丁未	五黄	开	张	9	丙子	九紫	满	翼	7	乙巳	一白	破	轸
十六	11	戊申	四绿	闭	翼	10	丁丑	八白	平	轸	8	丙午	九紫	危	角
十七	12	己酉	三碧	建	轸	11	戊寅	七赤	定	角	9	丁未	八白	成	亢
十八	13	庚戌	二黑	除	角	12	己卯	六白	执	亢	10	戊申	七赤	收	氐
十九	14	辛亥	一白	满	亢	13	庚辰	五黄	破	氐	11	己酉	六白	开	房
二十	15	壬子	九紫	平	氐	14	辛巳	四绿	危	房	12	庚戌	五黄	闭	心
廿一	16	癸丑	八白	定	房	15	壬午	三碧	成	心	13	辛亥	四绿	建	尾
廿二	17	甲寅	七赤	执	心	16	癸未	二黑	收	尾	14	壬子	三碧	除	箕
廿三	18	乙卯	六白	破	尾	17	甲申	一白	开	箕	15	癸丑	二黑	满	斗
廿四	19	丙辰	五黄	危	箕	18	乙酉	九紫	闭	斗	16	甲寅	一白	平	牛
廿五	20	丁巳	四绿	成	斗	19	丙戌	八白	建	牛	17	乙卯	九紫	定	女
廿六	21	戊午	三碧	收	牛	20	丁亥	七赤	除	女	18	丙辰	八白	执	虚
廿七	22	己未	二黑	开	女	21	戊子	六白	满	虚	19	丁巳	七赤	破	危
廿八	23	庚申	一白	闭	虚	22	己丑	五黄	平	危	20	戊午	六白	危	室
廿九	24	辛酉	九紫	建	危	23	庚寅	七赤	定	室	21	己未	五黄	成	壁
三十											22	庚申	四绿	收	奎

公元1984年　甲子鼠年（闰十月）　太岁金赤 九星七赤

月份	闰十月小					十一月大 丙子 七赤 巽卦 鬼宿					十二月大 丁丑 六白 坎卦 柳宿				
节气	大雪 12月7日 十五乙亥 卯时 6时28分					冬至 12月22日 初一庚寅 巳时 10时23分；小寒 1月5日 十五甲辰 酉时 17时35分					大寒 1月20日 三十己未 巳时 10时58分；立春 2月4日 十五甲戌 卯时 5时12分				
农历	公历	干支	九星	日建	星宿	公历	干支	九星	日建	星宿	公历	干支	九星	日建	星宿
初一	23	辛酉	三碧	开	娄	22	庚寅	九紫	满	胃	21	庚申	三碧	危	毕
初二	24	壬戌	二黑	闭	胃	23	辛卯	一白	平	昴	22	辛酉	四绿	成	觜
初三	25	癸亥	一白	建	昴	24	壬辰	二黑	定	毕	23	壬戌	五黄	收	参
初四	26	甲子	六白	除	毕	25	癸巳	三碧	执	觜	24	癸亥	六白	开	井
初五	27	乙丑	五黄	满	觜	26	甲午	四绿	破	参	25	甲子	一白	闭	鬼
初六	28	丙寅	四绿	平	参	27	乙未	五黄	危	井	26	乙丑	二黑	建	柳
初七	29	丁卯	三碧	定	井	28	丙申	六白	成	鬼	27	丙寅	三碧	除	星
初八	30	戊辰	二黑	执	鬼	29	丁酉	七赤	收	柳	28	丁卯	四绿	满	张
初九	12月	己巳	一白	破	柳	30	戊戌	八白	开	星	29	戊辰	五黄	平	翼
初十	2	庚午	九紫	危	星	31	己亥	九紫	闭	张	30	己巳	六白	定	轸
十一	3	辛未	八白	成	张	1月	庚子	一白	建	翼	31	庚午	七赤	执	角
十二	4	壬申	七赤	收	翼	2	辛丑	二黑	除	轸	2月	辛未	八白	破	亢
十三	5	癸酉	六白	开	轸	3	壬寅	三碧	满	角	2	壬申	九紫	危	氐
十四	6	甲戌	五黄	闭	角	4	癸卯	四绿	平	亢	3	癸酉	一白	成	房
十五	7	乙亥	四绿	闭	亢	5	甲辰	五黄	平	氐	4	甲戌	二黑	成	心
十六	8	丙子	三碧	建	氐	6	乙巳	六白	定	房	5	乙亥	三碧	收	尾
十七	9	丁丑	二黑	除	房	7	丙午	七赤	执	心	6	丙子	四绿	开	箕
十八	10	戊寅	一白	满	心	8	丁未	八白	破	尾	7	丁丑	五黄	闭	斗
十九	11	己卯	九紫	平	尾	9	戊申	九紫	危	箕	8	戊寅	六白	建	牛
二十	12	庚辰	八白	定	箕	10	己酉	一白	成	斗	9	己卯	七赤	除	女
廿一	13	辛巳	七赤	执	斗	11	庚戌	二黑	收	牛	10	庚辰	八白	满	虚
廿二	14	壬午	六白	破	牛	12	辛亥	三碧	开	女	11	辛巳	九紫	平	危
廿三	15	癸未	五黄	危	女	13	壬子	四绿	闭	虚	12	壬午	一白	定	室
廿四	16	甲申	四绿	成	虚	14	癸丑	五黄	建	危	13	癸未	二黑	执	壁
廿五	17	乙酉	三碧	收	危	15	甲寅	六白	除	室	14	甲申	三碧	破	奎
廿六	18	丙戌	二黑	开	室	16	乙卯	七赤	满	壁	15	乙酉	四绿	危	娄
廿七	19	丁亥	一白	闭	壁	17	丙辰	八白	平	奎	16	丙戌	五黄	成	胃
廿八	20	戊子	九紫	建	奎	18	丁巳	九紫	定	娄	17	丁亥	六白	收	昴
廿九	21	己丑	八白	除	娄	19	戊午	一白	执	胃	18	戊子	七赤	开	毕
三十						20	己未	二黑	破	昴	19	己丑	五黄	闭	觜

公元1985年　乙丑牛年　太岁陈泰　九星六白

月份	正月小		戊寅 五黄 震卦 星宿			二月大		己卯 四绿 巽卦 张宿			三月大		庚辰 三碧 坎卦 翼宿			四月小		辛巳 二黑 艮卦 轸宿		
节气	雨水 2月19日 三十己丑 午时 11时08分		惊蛰 3月5日 十四癸卯 夜子时 23时17分			春分 3月21日 初一己未 早子时 0时14分		清明 4月5日 十六甲戌 寅时 4时14分			谷雨 4月20日 初一己丑 午时 11时26分		立夏 5月5日 十六甲辰 亥时 21时43分			小满 5月21日 初二庚申 巳时 10时43分		芒种 6月6日 十八丙子 丑时 2时00分		
农历	公历	干支	九星	日建	星宿	公历	干支	九星	日建	星宿	公历	干支	九星	日建	星宿	公历	干支	九星	日建	星宿
初一	20	庚寅	六白	建	参	21	己未	八白	定	井	20	己丑	二黑	收	柳	20	己未	五黄	满	张
初二	21	辛卯	七赤	除	井	22	庚申	九紫	执	鬼	21	庚寅	三碧	开	星	21	庚申	六白	平	翼
初三	22	壬辰	八白	满	鬼	23	辛酉	一白	破	柳	22	辛卯	四绿	闭	张	22	辛酉	七赤	定	轸
初四	23	癸巳	九紫	平	柳	24	壬戌	二黑	危	星	23	壬辰	五黄	建	翼	23	壬戌	八白	执	角
初五	24	甲午	一白	定	星	25	癸亥	三碧	成	张	24	癸巳	六白	除	轸	24	癸亥	九紫	破	亢
初六	25	乙未	二黑	执	张	26	甲子	七赤	收	翼	25	甲午	七赤	满	角	25	甲子	四绿	危	氐
初七	26	丙申	三碧	破	翼	27	乙丑	八白	开	轸	26	乙未	八白	平	亢	26	乙丑	五黄	成	房
初八	27	丁酉	四绿	危	轸	28	丙寅	九紫	闭	角	27	丙申	九紫	定	氐	27	丙寅	六白	收	心
初九	28	戊戌	五黄	成	角	29	丁卯	一白	建	亢	28	丁酉	一白	执	房	28	丁卯	七赤	开	尾
初十	3月	己亥	六白	收	亢	30	戊辰	二黑	除	氐	29	戊戌	二黑	破	心	29	戊辰	八白	闭	箕
十一	2	庚子	七赤	开	氐	31	己巳	三碧	满	房	30	己亥	三碧	危	尾	30	己巳	九紫	建	斗
十二	3	辛丑	八白	闭	房	4月	庚午	四绿	平	心	5月	庚子	四绿	成	箕	31	庚午	一白	除	牛
十三	4	壬寅	九紫	建	心	2	辛未	五黄	定	尾	2	辛丑	五黄	收	斗	6月	辛未	二黑	满	女
十四	5	癸卯	一白	建	尾	3	壬申	六白	执	箕	3	壬寅	六白	开	牛	2	壬申	三碧	平	虚
十五	6	甲辰	二黑	除	箕	4	癸酉	七赤	破	斗	4	癸卯	七赤	闭	女	3	癸酉	四绿	定	危
十六	7	乙巳	三碧	满	斗	5	甲戌	八白	破	牛	5	甲辰	八白	闭	虚	4	甲戌	五黄	执	室
十七	8	丙午	四绿	平	牛	6	乙亥	九紫	危	女	6	乙巳	九紫	建	危	5	乙亥	六白	破	壁
十八	9	丁未	五黄	定	女	7	丙子	一白	成	虚	7	丙午	一白	除	室	6	丙子	七赤	破	奎
十九	10	戊申	六白	执	虚	8	丁丑	二黑	收	危	8	丁未	二黑	满	壁	7	丁丑	八白	危	娄
二十	11	己酉	七赤	破	危	9	戊寅	三碧	开	室	9	戊申	三碧	平	奎	8	戊寅	九紫	成	胃
廿一	12	庚戌	八白	危	室	10	己卯	四绿	闭	壁	10	己酉	四绿	定	娄	9	己卯	一白	收	昴
廿二	13	辛亥	九紫	成	壁	11	庚辰	五黄	建	奎	11	庚戌	五黄	执	胃	10	庚辰	二黑	开	毕
廿三	14	壬子	一白	收	奎	12	辛巳	六白	除	娄	12	辛亥	六白	破	昴	11	辛巳	三碧	闭	觜
廿四	15	癸丑	二黑	开	娄	13	壬午	七赤	满	胃	13	壬子	七赤	危	毕	12	壬午	四绿	建	参
廿五	16	甲寅	三碧	闭	胃	14	癸未	八白	平	昴	14	癸丑	八白	成	觜	13	癸未	五黄	除	井
廿六	17	乙卯	四绿	建	昴	15	甲申	九紫	定	毕	15	甲寅	九紫	收	参	14	甲申	六白	满	鬼
廿七	18	丙辰	五黄	除	毕	16	乙酉	一白	执	觜	16	乙卯	一白	开	井	15	乙酉	七赤	平	柳
廿八	19	丁巳	六白	满	觜	17	丙戌	二黑	破	参	17	丙辰	二黑	闭	鬼	16	丙戌	八白	定	星
廿九	20	戊午	七赤	平	参	18	丁亥	三碧	危	井	18	丁巳	三碧	建	柳	17	丁亥	九紫	执	张
三十						19	戊子	四绿	成	鬼	19	戊午	四绿	除	星					

公元1985年　乙丑牛年　太岁陈泰　九星六白

月份	五月大		壬午 坤卦	一白 角宿		六月小		癸未 乾卦	九紫 亢宿		七月大		甲申 兑卦	八白 氐宿		八月小		乙酉 离卦	七赤 房宿	
节气	夏至 6月21日 初四辛卯 酉时 18时44分			小暑 7月7日 二十丁未 午时 12时19分		大暑 7月23日 初六癸亥 卯时 5时37分			立秋 8月7日 廿一戊寅 亥时 22时04分		处暑 8月23日 初八甲午 午时 12时36分			白露 9月8日 廿四庚戌 早子时 0时53分		秋分 9月23日 初九乙丑 巳时 10时08分			寒露 10月8日 廿四庚辰 申时 16时25分	
农历	公历	干支	九星	日建	星宿	公历	干支	九星	日建	星宿	公历	干支	九星	日建	星宿	公历	干支	九星	日建	星宿
初一	18	戊子	一白	破	翼	18	戊午	九紫	闭	角	16	丁亥	四绿	平	亢	15	丁巳	四绿	成	房
初二	19	己丑	二黑	危	轸	19	己未	八白	建	亢	17	戊子	三碧	定	氐	16	戊午	三碧	收	心
初三	20	庚寅	三碧	成	角	20	庚申	七赤	除	氐	18	己丑	二黑	执	房	17	己未	二黑	开	尾
初四	21	辛卯	九紫	收	亢	21	辛酉	六白	满	房	19	庚寅	一白	破	心	18	庚申	一白	闭	箕
初五	22	壬辰	八白	开	氐	22	壬戌	五黄	平	心	20	辛卯	九紫	危	尾	19	辛酉	九紫	建	斗
初六	23	癸巳	七赤	闭	房	23	癸亥	四绿	定	尾	21	壬辰	八白	成	箕	20	壬戌	八白	除	牛
初七	24	甲午	六白	建	心	24	甲子	九紫	执	箕	22	癸巳	七赤	收	斗	21	癸亥	七赤	满	女
初八	25	乙未	五黄	除	尾	25	乙丑	八白	破	斗	23	甲午	九紫	开	牛	22	甲子	三碧	平	虚
初九	26	丙申	四绿	满	箕	26	丙寅	七赤	危	牛	24	乙未	八白	闭	女	23	乙丑	二黑	定	危
初十	27	丁酉	三碧	平	斗	27	丁卯	六白	成	女	25	丙申	七赤	建	虚	24	丙寅	一白	执	室
十一	28	戊戌	二黑	定	牛	28	戊辰	五黄	收	虚	26	丁酉	六白	除	危	25	丁卯	九紫	破	壁
十二	29	己亥	一白	执	女	29	己巳	四绿	开	危	27	戊戌	五黄	满	室	26	戊辰	八白	危	奎
十三	30	庚子	九紫	破	虚	30	庚午	三碧	闭	室	28	己亥	四绿	平	壁	27	己巳	七赤	成	娄
十四	7月	辛丑	八白	危	危	31	辛未	二黑	建	壁	29	庚子	三碧	定	奎	28	庚午	六白	收	胃
十五	2	壬寅	七赤	成	室	8月	壬申	一白	除	奎	30	辛丑	二黑	执	娄	29	辛未	五黄	开	昴
十六	3	癸卯	六白	收	壁	2	癸酉	九紫	满	娄	31	壬寅	一白	破	胃	30	壬申	四绿	闭	毕
十七	4	甲辰	五黄	开	奎	3	甲戌	八白	平	胃	9月	癸卯	九紫	危	昴	10月	癸酉	三碧	建	觜
十八	5	乙巳	四绿	闭	娄	4	乙亥	七赤	定	昴	2	甲辰	八白	成	毕	2	甲戌	二黑	除	参
十九	6	丙午	三碧	建	胃	5	丙子	六白	执	毕	3	乙巳	七赤	收	觜	3	乙亥	一白	满	井
二十	7	丁未	二黑	建	昴	6	丁丑	五黄	破	觜	4	丙午	六白	开	参	4	丙子	九紫	平	鬼
廿一	8	戊申	一白	除	毕	7	戊寅	四绿	破	参	5	丁未	五黄	闭	井	5	丁丑	八白	定	柳
廿二	9	己酉	九紫	满	觜	8	己卯	三碧	危	井	6	戊申	四绿	建	鬼	6	戊寅	七赤	执	星
廿三	10	庚戌	八白	平	参	9	庚辰	二黑	成	鬼	7	己酉	三碧	除	柳	7	己卯	六白	破	张
廿四	11	辛亥	七赤	定	井	10	辛巳	一白	收	柳	8	庚戌	二黑	除	星	8	庚辰	五黄	破	翼
廿五	12	壬子	六白	执	鬼	11	壬午	九紫	开	星	9	辛亥	一白	满	张	9	辛巳	四绿	危	轸
廿六	13	癸丑	五黄	破	柳	12	癸未	八白	闭	张	10	壬子	九紫	平	翼	10	壬午	三碧	成	角
廿七	14	甲寅	四绿	危	星	13	甲申	七赤	建	翼	11	癸丑	八白	定	轸	11	癸未	二黑	收	亢
廿八	15	乙卯	三碧	成	张	14	乙酉	六白	除	轸	12	甲寅	七赤	执	角	12	甲申	一白	开	氐
廿九	16	丙辰	二黑	收	翼	15	丙戌	五黄	满	角	13	乙卯	六白	破	亢	13	乙酉	九紫	闭	房
三十	17	丁巳	一白	开	轸						14	丙辰	五黄	危	氐					

公元1985年 乙丑牛年 太岁陈泰 九星六白

月份	九月小	丙戌 六白 震卦 心宿				十月大	丁亥 五黄 巽卦 尾宿				十一月小	戊子 四绿 坎卦 箕宿				十二月大	己丑 三碧 艮卦 斗宿			
节气	霜降 10月23日 初十乙未 戌时 19时22分		立冬 11月7日 廿五庚戌 戌时 19时30分			小雪 11月22日 十一乙丑 申时 16时51分		大雪 12月7日 廿六庚辰 午时 12时17分			冬至 12月22日 十一乙未 卯时 6时08分		小寒 1月5日 廿五己酉 夜子时 23时28分			大寒 1月20日 十一甲子 申时 16时47分		立春 2月4日 廿六己卯 午时 11时08分		
农历	公历	干支	九星	日建	星宿	公历	干支	九星	日建	星宿	公历	干支	九星	日建	星宿	公历	干支	九星	日建	星宿
初一	14	丙戌	八白	建	心	12	乙卯	九紫	定	尾	12	乙酉	三碧	收	斗	10	甲寅	六白	除	牛
初二	15	丁亥	七赤	除	尾	13	丙辰	八白	执	箕	13	丙戌	二黑	开	牛	11	乙卯	七赤	满	女
初三	16	戊子	六白	满	箕	14	丁巳	七赤	破	斗	14	丁亥	一白	闭	女	12	丙辰	八白	平	虚
初四	17	己丑	五黄	平	斗	15	戊午	六白	危	牛	15	戊子	九紫	建	虚	13	丁巳	九紫	定	危
初五	18	庚寅	四绿	定	牛	16	己未	五黄	成	女	16	己丑	八白	除	危	14	戊午	一白	执	室
初六	19	辛卯	三碧	执	女	17	庚申	四绿	收	虚	17	庚寅	七赤	满	室	15	己未	二黑	破	壁
初七	20	壬辰	二黑	破	虚	18	辛酉	三碧	开	危	18	辛卯	六白	平	壁	16	庚申	三碧	危	奎
初八	21	癸巳	一白	危	危	19	壬戌	二黑	闭	室	19	壬辰	五黄	定	奎	17	辛酉	四绿	成	娄
初九	22	甲午	九紫	成	室	20	癸亥	一白	建	壁	20	癸巳	四绿	执	娄	18	壬戌	五黄	收	胃
初十	23	乙未	二黑	收	壁	21	甲子	六白	除	奎	21	甲午	三碧	破	胃	19	癸亥	六白	开	昴
十一	24	丙申	一白	开	奎	22	乙丑	五黄	满	娄	22	乙未	五黄	危	昴	20	甲子	一白	闭	毕
十二	25	丁酉	九紫	闭	娄	23	丙寅	四绿	平	胃	23	丙申	六白	成	毕	21	乙丑	二黑	建	觜
十三	26	戊戌	八白	建	胃	24	丁卯	三碧	定	昴	24	丁酉	七赤	收	觜	22	丙寅	三碧	除	参
十四	27	己亥	七赤	除	昴	25	戊辰	二黑	执	毕	25	戊戌	八白	开	参	23	丁卯	四绿	满	井
十五	28	庚子	六白	满	毕	26	己巳	一白	破	觜	26	己亥	九紫	闭	井	24	戊辰	五黄	平	鬼
十六	29	辛丑	五黄	平	觜	27	庚午	九紫	危	参	27	庚子	一白	建	鬼	25	己巳	六白	定	柳
十七	30	壬寅	四绿	定	参	28	辛未	八白	成	井	28	辛丑	二黑	除	柳	26	庚午	七赤	执	星
十八	31	癸卯	三碧	执	井	29	壬申	七赤	收	鬼	29	壬寅	三碧	满	星	27	辛未	八白	破	张
十九	11月	甲辰	二黑	破	鬼	30	癸酉	六白	开	柳	30	癸卯	四绿	平	张	28	壬申	九紫	危	翼
二十	2	乙巳	一白	危	柳	12月	甲戌	五黄	闭	星	31	甲辰	五黄	定	翼	29	癸酉	一白	成	轸
廿一	3	丙午	九紫	成	星	2	乙亥	四绿	建	张	1月	乙巳	六白	执	轸	30	甲戌	二黑	收	角
廿二	4	丁未	八白	收	张	3	丙子	三碧	除	翼	2	丙午	七赤	破	角	31	乙亥	三碧	开	亢
廿三	5	戊申	七赤	开	翼	4	丁丑	二黑	满	轸	3	丁未	八白	危	亢	2月	丙子	四绿	闭	氐
廿四	6	己酉	六白	闭	轸	5	戊寅	一白	平	角	4	戊申	九紫	成	氐	2	丁丑	五黄	建	房
廿五	7	庚戌	五黄	闭	角	6	己卯	九紫	定	亢	5	己酉	一白	成	房	3	戊寅	六白	除	心
廿六	8	辛亥	四绿	建	亢	7	庚辰	八白	定	氐	6	庚戌	二黑	收	心	4	己卯	七赤	除	尾
廿七	9	壬子	三碧	除	氐	8	辛巳	七赤	执	房	7	辛亥	三碧	开	尾	5	庚辰	八白	满	箕
廿八	10	癸丑	二黑	满	房	9	壬午	六白	破	心	8	壬子	四绿	闭	箕	6	辛巳	九紫	平	斗
廿九	11	甲寅	一白	平	心	10	癸未	五黄	危	尾	9	癸丑	五黄	建	斗	7	壬午	一白	定	牛
三十						11	甲申	四绿	成	箕						8	癸未	二黑	执	女

公元1986年　丙寅虎年　太岁沈兴 九星五黄

月份	正月小	庚寅 二黑 巽卦 牛宿				二月大	辛卯 一白 坎卦 女宿				三月大	壬辰 九紫 艮卦 虚宿				四月小	癸巳 八白 坤卦 危宿			
节气	雨水 2月19日 十一甲午 卯时 6时58分		惊蛰 3月6日 廿六己酉 卯时 5时12分			春分 3月21日 十二甲子 卯时 6时03分		清明 4月5日 廿七己卯 巳时 10时06分			谷雨 4月20日 十二甲午 酉时 17时12分		立夏 5月6日 廿八庚戌 寅时 3时31分			小满 5月21日 十三乙丑 申时 16时28分		芒种 6月6日 廿九辛巳 辰时 7时44分		
农历	公历	干支	九星	日建	星宿	公历	干支	九星	日建	星宿	公历	干支	九星	日建	星宿	公历	干支	九星	日建	星宿
初一	9	甲申	三碧	破	虚	10	癸丑	二黑	开	危	9	癸未	八白	平	壁	9	癸丑	八白	成	娄
初二	10	乙酉	四绿	危	危	11	甲寅	三碧	闭	室	10	甲申	九紫	定	奎	10	甲寅	九紫	收	胃
初三	11	丙戌	五黄	成	室	12	乙卯	四绿	建	壁	11	乙酉	一白	执	娄	11	乙卯	一白	开	昴
初四	12	丁亥	六白	收	壁	13	丙辰	五黄	除	奎	12	丙戌	二黑	破	胃	12	丙辰	二黑	闭	毕
初五	13	戊子	七赤	开	奎	14	丁巳	六白	满	娄	13	丁亥	三碧	危	昴	13	丁巳	三碧	建	觜
初六	14	己丑	八白	闭	娄	15	戊午	七赤	平	胃	14	戊子	四绿	成	毕	14	戊午	四绿	除	参
初七	15	庚寅	九紫	建	胃	16	己未	八白	定	昴	15	己丑	五黄	收	觜	15	己未	五黄	满	井
初八	16	辛卯	一白	除	昴	17	庚申	九紫	执	毕	16	庚寅	六白	开	参	16	庚申	六白	平	鬼
初九	17	壬辰	二黑	满	毕	18	辛酉	一白	破	觜	17	辛卯	七赤	闭	井	17	辛酉	七赤	定	柳
初十	18	癸巳	三碧	平	觜	19	壬戌	二黑	危	参	18	壬辰	八白	建	鬼	18	壬戌	八白	执	星
十一	19	甲午	一白	定	参	20	癸亥	三碧	成	井	19	癸巳	九紫	除	柳	19	癸亥	九紫	破	张
十二	20	乙未	二黑	执	井	21	甲子	七赤	收	鬼	20	甲午	七赤	满	星	20	甲子	四绿	危	翼
十三	21	丙申	三碧	破	鬼	22	乙丑	八白	开	柳	21	乙未	八白	平	张	21	乙丑	五黄	成	轸
十四	22	丁酉	四绿	危	柳	23	丙寅	九紫	闭	星	22	丙申	九紫	定	翼	22	丙寅	六白	收	角
十五	23	戊戌	五黄	成	星	24	丁卯	一白	建	张	23	丁酉	一白	执	轸	23	丁卯	七赤	开	亢
十六	24	己亥	六白	收	张	25	戊辰	二黑	除	翼	24	戊戌	二黑	破	角	24	戊辰	八白	闭	氐
十七	25	庚子	七赤	开	翼	26	己巳	三碧	满	轸	25	己亥	三碧	危	亢	25	己巳	九紫	建	房
十八	26	辛丑	八白	闭	轸	27	庚午	四绿	平	角	26	庚子	四绿	成	氐	26	庚午	一白	除	心
十九	27	壬寅	九紫	建	角	28	辛未	五黄	定	亢	27	辛丑	五黄	收	房	27	辛未	二黑	满	尾
二十	28	癸卯	一白	除	亢	29	壬申	六白	执	氐	28	壬寅	六白	开	心	28	壬申	三碧	平	箕
廿一	3月	甲辰	二黑	满	氐	30	癸酉	七赤	破	房	29	癸卯	七赤	闭	尾	29	癸酉	四绿	定	斗
廿二	2	乙巳	三碧	平	房	31	甲戌	八白	危	心	30	甲辰	八白	建	箕	30	甲戌	五黄	执	牛
廿三	3	丙午	四绿	定	心	4月	乙亥	九紫	成	尾	5月	乙巳	九紫	除	斗	31	乙亥	六白	破	女
廿四	4	丁未	五黄	执	尾	2	丙子	一白	收	箕	2	丙午	一白	满	牛	6月	丙子	七赤	危	虚
廿五	5	戊申	六白	破	箕	3	丁丑	二黑	开	斗	3	丁未	二黑	平	女	2	丁丑	八白	成	危
廿六	6	己酉	七赤	破	斗	4	戊寅	三碧	闭	牛	4	戊申	三碧	定	虚	3	戊寅	九紫	收	室
廿七	7	庚戌	八白	危	牛	5	己卯	四绿	闭	女	5	己酉	四绿	执	危	4	己卯	一白	开	壁
廿八	8	辛亥	九紫	成	女	6	庚辰	五黄	建	虚	6	庚戌	五黄	执	室	5	庚辰	二黑	闭	奎
廿九	9	壬子	一白	收	虚	7	辛巳	六白	除	危	7	辛亥	六白	破	壁	6	辛巳	三碧	闭	娄
三十						8	壬午	七赤	满	室	8	壬子	七赤	危	奎					

公元1986年　丙寅虎年　太岁沈兴 九星五黄

月份	五月大	甲午 七赤 乾卦 室宿				六月大	乙未 六白 兑卦 壁宿				七月小	丙申 五黄 离卦 奎宿				八月大	丁酉 四绿 震卦 娄宿			
节气	夏至 6月22日 十六丁酉 早子时 0时30分					小暑 7月7日 初一壬子 酉时 18时01分	大暑 7月23日 十七戊辰 午时 11时25分				立秋 8月8日 初三甲申 寅时 3时46分	处暑 8月23日 十八己亥 酉时 18时26分				白露 9月8日 初五乙卯 卯时 6时35分	秋分 9月23日 二十庚午 申时 15时59分			
农历	公历	干支	九星	日建	星宿	公历	干支	九星	日建	星宿	公历	干支	九星	日建	星宿	公历	干支	九星	日建	星宿
初一	7	壬午	四绿	建	胃	7	壬子	六白	执	毕	6	壬午	九紫	闭	参	4	辛亥	一白	平	井
初二	8	癸未	五黄	除	昴	8	癸丑	五黄	破	觜	7	癸未	八白	建	井	5	壬子	九紫	定	鬼
初三	9	甲申	六白	满	毕	9	甲寅	四绿	危	参	8	甲申	七赤	建	鬼	6	癸丑	八白	执	柳
初四	10	乙酉	七赤	平	觜	10	乙卯	三碧	成	井	9	乙酉	六白	除	柳	7	甲寅	七赤	破	星
初五	11	丙戌	八白	定	参	11	丙辰	二黑	收	鬼	10	丙戌	五黄	满	星	8	乙卯	六白	破	张
初六	12	丁亥	九紫	执	井	12	丁巳	一白	开	柳	11	丁亥	四绿	平	张	9	丙辰	五黄	危	翼
初七	13	戊子	一白	破	鬼	13	戊午	九紫	闭	星	12	戊子	三碧	定	翼	10	丁巳	四绿	成	轸
初八	14	己丑	二黑	危	柳	14	己未	八白	建	张	13	己丑	二黑	执	轸	11	戊午	三碧	收	角
初九	15	庚寅	三碧	成	星	15	庚申	七赤	除	翼	14	庚寅	一白	破	角	12	己未	二黑	开	亢
初十	16	辛卯	四绿	收	张	16	辛酉	六白	满	轸	15	辛卯	九紫	危	亢	13	庚申	一白	闭	氐
十一	17	壬辰	五黄	开	翼	17	壬戌	五黄	平	角	16	壬辰	八白	成	氐	14	辛酉	九紫	建	房
十二	18	癸巳	六白	闭	轸	18	癸亥	四绿	定	亢	17	癸巳	七赤	收	房	15	壬戌	八白	除	心
十三	19	甲午	七赤	建	角	19	甲子	九紫	执	氐	18	甲午	六白	开	心	16	癸亥	七赤	满	尾
十四	20	乙未	八白	除	亢	20	乙丑	八白	破	房	19	乙未	五黄	闭	尾	17	甲子	三碧	平	箕
十五	21	丙申	九紫	满	氐	21	丙寅	七赤	危	心	20	丙申	四绿	建	箕	18	乙丑	二黑	定	斗
十六	22	丁酉	三碧	平	房	22	丁卯	六白	成	尾	21	丁酉	三碧	除	斗	19	丙寅	一白	执	牛
十七	23	戊戌	二黑	定	心	23	戊辰	五黄	收	箕	22	戊戌	二黑	满	牛	20	丁卯	九紫	破	女
十八	24	己亥	一白	执	尾	24	己巳	四绿	开	斗	23	己亥	四绿	平	女	21	戊辰	八白	危	虚
十九	25	庚子	九紫	破	箕	25	庚午	三碧	闭	牛	24	庚子	三碧	定	虚	22	己巳	七赤	成	危
二十	26	辛丑	八白	危	斗	26	辛未	二黑	建	女	25	辛丑	二黑	执	危	23	庚午	六白	收	室
廿一	27	壬寅	七赤	成	牛	27	壬申	一白	除	虚	26	壬寅	一白	破	室	24	辛未	五黄	开	壁
廿二	28	癸卯	六白	收	女	28	癸酉	九紫	满	危	27	癸卯	九紫	危	壁	25	壬申	四绿	闭	奎
廿三	29	甲辰	五黄	开	虚	29	甲戌	八白	平	室	28	甲辰	八白	成	奎	26	癸酉	三碧	建	娄
廿四	30	乙巳	四绿	闭	危	30	乙亥	七赤	定	壁	29	乙巳	七赤	收	娄	27	甲戌	二黑	除	胃
廿五	7月	丙午	三碧	建	室	31	丙子	六白	执	奎	30	丙午	六白	开	胃	28	乙亥	一白	满	昴
廿六	2	丁未	二黑	除	壁	8月	丁丑	五黄	破	娄	31	丁未	五黄	闭	昴	29	丙子	九紫	平	毕
廿七	3	戊申	一白	满	奎	2	戊寅	四绿	危	胃	9月	戊申	四绿	建	毕	30	丁丑	八白	定	觜
廿八	4	己酉	九紫	平	娄	3	己卯	三碧	成	昴	2	己酉	三碧	除	觜	10月	戊寅	七赤	执	参
廿九	5	庚戌	八白	定	胃	4	庚辰	二黑	收	毕	3	庚戌	二黑	满	参	2	己卯	六白	破	井
三十	6	辛亥	七赤	执	昴	5	辛巳	一白	开	觜						3	庚辰	五黄	危	鬼

公元1986年　丙寅虎年　太岁沈兴　九星五黄

月份	九月小	戊戌 三碧 巽卦 胃宿				十月大	己亥 二黑 坎卦 昴宿				十一月小	庚子 一白 艮卦 毕宿				十二月小	辛丑 九紫 坤卦 觜宿			
节气	寒露 10月8日 初五乙酉 亥时 22时07分		霜降 10月24日 廿一辛丑 丑时 1时15分			立冬 11月8日 初七丙辰 丑时 1时13分		小雪 11月22日 廿一庚午 亥时 22时45分			大雪 12月7日 初六乙酉 酉时 18时01分		冬至 12月22日 廿一庚子 午时 12时03分			小寒 1月6日 初七乙卯 卯时 5时13分		大寒 1月20日 廿一己巳 亥时 22时41分		
农历	公历	干支	九星	日建	星宿	公历	干支	九星	日建	星宿	公历	干支	九星	日建	星宿	公历	干支	九星	日建	星宿
初一	4	辛巳	四绿	成	柳	2	庚戌	五黄	建	星	2	庚辰	八白	执	翼	31	己酉	一白	收	轸
初二	5	壬午	三碧	收	星	3	辛亥	四绿	除	张	3	辛巳	七赤	破	轸	1月	庚戌	二黑	开	角
初三	6	癸未	二黑	开	张	4	壬子	三碧	满	翼	4	壬午	六白	危	角	2	辛亥	三碧	闭	亢
初四	7	甲申	一白	闭	翼	5	癸丑	二黑	平	轸	5	癸未	五黄	成	亢	3	壬子	四绿	建	氐
初五	8	乙酉	九紫	闭	轸	6	甲寅	一白	定	角	6	甲申	四绿	收	氐	4	癸丑	五黄	除	房
初六	9	丙戌	八白	建	角	7	乙卯	九紫	执	亢	7	乙酉	三碧	收	房	5	甲寅	六白	满	心
初七	10	丁亥	七赤	除	亢	8	丙辰	八白	执	氐	8	丙戌	二黑	开	心	6	乙卯	七赤	满	尾
初八	11	戊子	六白	满	氐	9	丁巳	七赤	破	房	9	丁亥	一白	闭	尾	7	丙辰	八白	平	箕
初九	12	己丑	五黄	平	房	10	戊午	六白	危	心	10	戊子	九紫	建	箕	8	丁巳	九紫	定	斗
初十	13	庚寅	四绿	定	心	11	己未	五黄	成	尾	11	己丑	八白	除	斗	9	戊午	一白	执	牛
十一	14	辛卯	三碧	执	尾	12	庚申	四绿	收	箕	12	庚寅	七赤	满	牛	10	己未	二黑	破	女
十二	15	壬辰	二黑	破	箕	13	辛酉	三碧	开	斗	13	辛卯	六白	平	女	11	庚申	三碧	危	虚
十三	16	癸巳	一白	危	斗	14	壬戌	二黑	闭	牛	14	壬辰	五黄	定	虚	12	辛酉	四绿	成	危
十四	17	甲午	九紫	成	牛	15	癸亥	一白	建	女	15	癸巳	四绿	执	危	13	壬戌	五黄	收	室
十五	18	乙未	八白	收	女	16	甲子	六白	除	虚	16	甲午	三碧	破	室	14	癸亥	六白	开	壁
十六	19	丙申	七赤	开	虚	17	乙丑	五黄	满	危	17	乙未	二黑	危	壁	15	甲子	一白	闭	奎
十七	20	丁酉	六白	闭	危	18	丙寅	四绿	平	室	18	丙申	一白	成	奎	16	乙丑	二黑	建	娄
十八	21	戊戌	五黄	建	室	19	丁卯	三碧	定	壁	19	丁酉	九紫	收	娄	17	丙寅	三碧	除	胃
十九	22	己亥	四绿	除	壁	20	戊辰	二黑	执	奎	20	戊戌	八白	开	胃	18	丁卯	四绿	满	昴
二十	23	庚子	三碧	满	奎	21	己巳	一白	破	娄	21	己亥	七赤	闭	昴	19	戊辰	五黄	平	毕
廿一	24	辛丑	五黄	平	娄	22	庚午	九紫	危	胃	22	庚子	一白	建	毕	20	己巳	六白	定	觜
廿二	25	壬寅	四绿	定	胃	23	辛未	八白	成	昴	23	辛丑	二黑	除	觜	21	庚午	七赤	执	参
廿三	26	癸卯	三碧	执	昴	24	壬申	七赤	收	毕	24	壬寅	三碧	满	参	22	辛未	八白	破	井
廿四	27	甲辰	二黑	破	毕	25	癸酉	六白	开	觜	25	癸卯	四绿	平	井	23	壬申	九紫	危	鬼
廿五	28	乙巳	一白	危	觜	26	甲戌	五黄	闭	参	26	甲辰	五黄	定	鬼	24	癸酉	一白	成	柳
廿六	29	丙午	九紫	成	参	27	乙亥	四绿	建	井	27	乙巳	六白	执	柳	25	甲戌	二黑	收	星
廿七	30	丁未	八白	收	井	28	丙子	三碧	除	鬼	28	丙午	七赤	破	星	26	乙亥	三碧	开	张
廿八	31	戊申	七赤	开	鬼	29	丁丑	二黑	满	柳	29	丁未	八白	危	张	27	丙子	四绿	闭	翼
廿九	11月	己酉	六白	闭	柳	30	戊寅	一白	平	星	30	戊申	九紫	成	翼	28	丁丑	五黄	建	轸
三十						12月	己卯	九紫	定	张										

公元1987年 丁卯兔年（闰六月） 太岁耿章 九星四绿

月份	正月大	壬寅 八白 坎卦 参宿				二月小	癸卯 七赤 艮卦 井宿				三月大	甲辰 六白 坤卦 鬼宿				四月小	乙巳 五黄 乾卦 柳宿			
节气	立春 2月4日 初七甲申 申时 16时52分		雨水 2月19日 廿二己亥 午时 12时50分			惊蛰 3月6日 初七甲寅 巳时 10时54分		春分 3月21日 廿二己巳 午时 11时52分			清明 4月5日 初八甲申 申时 15时44分		谷雨 4月20日 廿三己亥 亥时 22时58分			立夏 5月6日 初九乙卯 巳时 9时06分		小满 5月21日 廿四庚午 亥时 22时10分		
农历	公历	干支	九星	日建	星宿	公历	干支	九星	日建	星宿	公历	干支	九星	日建	星宿	公历	干支	九星	日建	星宿
初一	29	戊寅	六白	除	角	28	戊申	六白	破	氐	29	丁丑	二黑	开	房	28	丁未	二黑	平	尾
初二	30	己卯	七赤	满	亢	3月	己酉	七赤	危	房	30	戊寅	三碧	闭	心	29	戊申	三碧	定	箕
初三	31	庚辰	八白	平	氐	2	庚戌	八白	成	心	31	己卯	四绿	建	尾	30	己酉	四绿	执	斗
初四	2月	辛巳	九紫	定	房	3	辛亥	九紫	收	尾	4月	庚辰	五黄	除	箕	5月	庚戌	五黄	破	牛
初五	2	壬午	一白	执	心	4	壬子	一白	开	箕	2	辛巳	六白	满	斗	2	辛亥	六白	危	女
初六	3	癸未	二黑	破	尾	5	癸丑	二黑	闭	斗	3	壬午	七赤	平	牛	3	壬子	七赤	成	虚
初七	4	甲申	三碧	破	箕	6	甲寅	三碧	闭	牛	4	癸未	八白	定	女	4	癸丑	八白	收	危
初八	5	乙酉	四绿	危	斗	7	乙卯	四绿	建	女	5	甲申	九紫	定	虚	5	甲寅	九紫	开	室
初九	6	丙戌	五黄	成	牛	8	丙辰	五黄	除	虚	6	乙酉	一白	执	危	6	乙卯	一白	开	壁
初十	7	丁亥	六白	收	女	9	丁巳	六白	满	危	7	丙戌	二黑	破	室	7	丙辰	二黑	闭	奎
十一	8	戊子	七赤	开	虚	10	戊午	七赤	平	室	8	丁亥	三碧	危	壁	8	丁巳	三碧	建	娄
十二	9	己丑	八白	闭	危	11	己未	八白	定	壁	9	戊子	四绿	成	奎	9	戊午	四绿	除	胃
十三	10	庚寅	九紫	建	室	12	庚申	九紫	执	奎	10	己丑	五黄	收	娄	10	己未	五黄	满	昴
十四	11	辛卯	一白	除	壁	13	辛酉	一白	破	娄	11	庚寅	六白	开	胃	11	庚申	六白	平	毕
十五	12	壬辰	二黑	满	奎	14	壬戌	二黑	危	胃	12	辛卯	七赤	闭	昴	12	辛酉	七赤	定	觜
十六	13	癸巳	三碧	平	娄	15	癸亥	三碧	成	昴	13	壬辰	八白	建	毕	13	壬戌	八白	执	参
十七	14	甲午	四绿	定	胃	16	甲子	七赤	收	毕	14	癸巳	九紫	除	觜	14	癸亥	九紫	破	井
十八	15	乙未	五黄	执	昴	17	乙丑	八白	开	觜	15	甲午	一白	满	参	15	甲子	四绿	危	鬼
十九	16	丙申	六白	破	毕	18	丙寅	九紫	闭	参	16	乙未	二黑	平	井	16	乙丑	五黄	成	柳
二十	17	丁酉	七赤	危	觜	19	丁卯	一白	建	井	17	丙申	三碧	定	鬼	17	丙寅	六白	收	星
廿一	18	戊戌	八白	成	参	20	戊辰	二黑	除	鬼	18	丁酉	四绿	执	柳	18	丁卯	七赤	开	张
廿二	19	己亥	六白	收	井	21	己巳	三碧	满	柳	19	戊戌	五黄	破	星	19	戊辰	八白	闭	翼
廿三	20	庚子	七赤	开	鬼	22	庚午	四绿	平	星	20	己亥	三碧	危	张	20	己巳	九紫	建	轸
廿四	21	辛丑	八白	闭	柳	23	辛未	五黄	定	张	21	庚子	四绿	成	翼	21	庚午	一白	除	角
廿五	22	壬寅	九紫	建	星	24	壬申	六白	执	翼	22	辛丑	五黄	收	轸	22	辛未	二黑	满	亢
廿六	23	癸卯	一白	除	张	25	癸酉	七赤	破	轸	23	壬寅	六白	开	角	23	壬申	三碧	平	氐
廿七	24	甲辰	二黑	满	翼	26	甲戌	八白	危	角	24	癸卯	七赤	闭	亢	24	癸酉	四绿	定	房
廿八	25	乙巳	三碧	平	轸	27	乙亥	九紫	成	亢	25	甲辰	八白	建	氐	25	甲戌	五黄	执	心
廿九	26	丙午	四绿	定	角	28	丙子	一白	收	氐	26	乙巳	九紫	除	房	26	乙亥	六白	破	尾
三十	27	丁未	五黄	执	亢						27	丙午	一白	满	心					

公元1987年　丁卯兔年（闰六月）　太岁耿章　九星四绿

月份	五月大		丙午 四绿 兑卦 星宿			六月大		丁未 三碧 离卦 张宿			闰六月小				
节气	芒种 6月6日 十一丙戌 未时 13时19分			夏至 6月22日 廿七壬寅 卯时 6时11分		小暑 7月7日 十二丁巳 夜子时 23时39分			大暑 7月23日 廿八癸酉 酉时 17时06分		立秋 8月8日 十四己丑 巳时 9时29分				
农历	公历	干支	九星	日建	星宿	公历	干支	九星	日建	星宿	公历	干支	九星	日建	星宿
初一	27	丙子	七赤	危	箕	26	丙午	三碧	建	牛	26	丙子	六白	执	虚
初二	28	丁丑	八白	成	斗	27	丁未	二黑	除	女	27	丁丑	五黄	破	危
初三	29	戊寅	九紫	收	牛	28	戊申	一白	满	虚	28	戊寅	四绿	危	室
初四	30	己卯	一白	开	女	29	己酉	九紫	平	危	29	己卯	三碧	成	壁
初五	31	庚辰	二黑	闭	虚	30	庚戌	八白	定	室	30	庚辰	二黑	收	奎
初六	6月	辛巳	三碧	建	危	7月	辛亥	七赤	执	壁	31	辛巳	一白	开	娄
初七	2	壬午	四绿	除	室	2	壬子	六白	破	奎	8月	壬午	九紫	闭	胃
初八	3	癸未	五黄	满	壁	3	癸丑	五黄	危	娄	2	癸未	八白	建	昴
初九	4	甲申	六白	平	奎	4	甲寅	四绿	成	胃	3	甲申	七赤	除	毕
初十	5	乙酉	七赤	定	娄	5	乙卯	三碧	收	昴	4	乙酉	六白	满	觜
十一	6	丙戌	八白	定	胃	6	丙辰	二黑	开	毕	5	丙戌	五黄	平	参
十二	7	丁亥	九紫	执	昴	7	丁巳	一白	开	觜	6	丁亥	四绿	定	井
十三	8	戊子	一白	破	毕	8	戊午	九紫	闭	参	7	戊子	三碧	执	鬼
十四	9	己丑	二黑	危	觜	9	己未	八白	建	井	8	己丑	二黑	执	柳
十五	10	庚寅	三碧	成	参	10	庚申	七赤	除	鬼	9	庚寅	一白	破	星
十六	11	辛卯	四绿	收	井	11	辛酉	六白	满	柳	10	辛卯	九紫	危	张
十七	12	壬辰	五黄	开	鬼	12	壬戌	五黄	平	星	11	壬辰	八白	成	翼
十八	13	癸巳	六白	闭	柳	13	癸亥	四绿	定	张	12	癸巳	七赤	收	轸
十九	14	甲午	七赤	建	星	14	甲子	九紫	执	翼	13	甲午	六白	开	角
二十	15	乙未	八白	除	张	15	乙丑	八白	破	轸	14	乙未	五黄	闭	亢
廿一	16	丙申	九紫	满	翼	16	丙寅	七赤	危	角	15	丙申	四绿	建	氐
廿二	17	丁酉	一白	平	轸	17	丁卯	六白	成	亢	16	丁酉	三碧	除	房
廿三	18	戊戌	二黑	定	角	18	戊辰	五黄	收	氐	17	戊戌	二黑	满	心
廿四	19	己亥	三碧	执	亢	19	己巳	四绿	开	房	18	己亥	一白	平	尾
廿五	20	庚子	四绿	破	氐	20	庚午	三碧	闭	心	19	庚子	九紫	定	箕
廿六	21	辛丑	五黄	危	房	21	辛未	二黑	建	尾	20	辛丑	八白	执	斗
廿七	22	壬寅	七赤	成	心	22	壬申	一白	除	箕	21	壬寅	七赤	破	牛
廿八	23	癸卯	六白	收	尾	23	癸酉	九紫	满	斗	22	癸卯	六白	危	女
廿九	24	甲辰	五黄	开	箕	24	甲戌	八白	平	牛	23	甲辰	五黄	成	虚
三十	25	乙巳	四绿	闭	斗	25	乙亥	七赤	定	女					

公元1987年 丁卯兔年（闰六月） 太岁耿章 九星四绿

月份	七月大	戊申 二黑 震卦 翼宿				八月大	己酉 一白 巽卦 轸宿				九月小	庚戌 九紫 坎卦 角宿			
节气	处暑 8月24日 初一乙巳 早子时 0时10分		白露 9月8日 十六庚申 午时 12时24分			秋分 9月23日 初一乙亥 亥时 21时46分		寒露 10月9日 十七辛卯 寅时 4时00分			霜降 10月24日 初二丙午 辰时 7时01分		立冬 11月8日 十七辛酉 辰时 7时06分		
农历	公历	干支	九星	日建	星宿	公历	干支	九星	日建	星宿	公历	干支	九星	日建	星宿
初一	24	乙巳	七赤	收	危	23	乙亥	一白	满	壁	23	乙巳	七赤	危	娄
初二	25	丙午	六白	开	室	24	丙子	九紫	平	奎	24	丙午	九紫	成	胃
初三	26	丁未	五黄	闭	壁	25	丁丑	八白	定	娄	25	丁未	八白	收	昴
初四	27	戊申	四绿	建	奎	26	戊寅	七赤	执	胃	26	戊申	七赤	开	毕
初五	28	己酉	三碧	除	娄	27	己卯	六白	破	昴	27	己酉	六白	闭	觜
初六	29	庚戌	二黑	满	胃	28	庚辰	五黄	危	毕	28	庚戌	五黄	建	参
初七	30	辛亥	一白	平	昴	29	辛巳	四绿	成	觜	29	辛亥	四绿	除	井
初八	31	壬子	九紫	定	毕	30	壬午	三碧	收	参	30	壬子	三碧	满	鬼
初九	9月	癸丑	八白	执	觜	10月	癸未	二黑	开	井	31	癸丑	二黑	平	柳
初十	2	甲寅	七赤	破	参	2	甲申	一白	闭	鬼	11月	甲寅	一白	定	星
十一	3	乙卯	六白	危	井	3	乙酉	九紫	建	柳	2	乙卯	九紫	执	张
十二	4	丙辰	五黄	成	鬼	4	丙戌	八白	除	星	3	丙辰	八白	破	翼
十三	5	丁巳	四绿	收	柳	5	丁亥	七赤	满	张	4	丁巳	七赤	危	轸
十四	6	戊午	三碧	开	星	6	戊子	六白	平	翼	5	戊午	六白	成	角
十五	7	己未	二黑	闭	张	7	己丑	五黄	定	轸	6	己未	五黄	收	亢
十六	8	庚申	一白	闭	翼	8	庚寅	四绿	执	角	7	庚申	四绿	开	氐
十七	9	辛酉	九紫	建	轸	9	辛卯	三碧	执	亢	8	辛酉	三碧	开	房
十八	10	壬戌	八白	除	角	10	壬辰	二黑	破	氐	9	壬戌	二黑	闭	心
十九	11	癸亥	七赤	满	亢	11	癸巳	一白	危	房	10	癸亥	一白	建	尾
二十	12	甲子	三碧	平	氐	12	甲午	九紫	成	心	11	甲子	六白	除	箕
廿一	13	乙丑	二黑	定	房	13	乙未	八白	收	尾	12	乙丑	五黄	满	斗
廿二	14	丙寅	一白	执	心	14	丙申	七赤	开	箕	13	丙寅	四绿	平	牛
廿三	15	丁卯	九紫	破	尾	15	丁酉	六白	闭	斗	14	丁卯	三碧	定	女
廿四	16	戊辰	八白	危	箕	16	戊戌	五黄	建	牛	15	戊辰	二黑	执	虚
廿五	17	己巳	七赤	成	斗	17	己亥	四绿	除	女	16	己巳	一白	破	危
廿六	18	庚午	六白	收	牛	18	庚子	三碧	满	虚	17	庚午	九紫	危	室
廿七	19	辛未	五黄	开	女	19	辛丑	二黑	平	危	18	辛未	八白	成	壁
廿八	20	壬申	四绿	闭	虚	20	壬寅	一白	定	室	19	壬申	七赤	收	奎
廿九	21	癸酉	三碧	建	危	21	癸卯	九紫	执	壁	20	癸酉	六白	开	娄
三十	22	甲戌	二黑	除	室	22	甲辰	八白	破	奎					

公元1987年　丁卯兔年（闰六月）　太岁耿章 九星四绿

月份	十月大		辛亥 八白 艮卦 亢宿			十一月小		壬子 七赤 坤卦 氐宿			十二月小		癸丑 六白 乾卦 房宿		
节气	小雪 11月23日 初三丙子 寅时 4时30分		大雪 12月7日 十七庚寅 夜子时 23时53分			冬至 12月22日 初二乙巳 酉时 17时46分		小寒 1月6日 十七庚申 午时 11时04分			大寒 1月21日 初三乙亥 寅时 4时25分		立春 2月4日 十七己丑 亥时 22时43分		
农历	公历	干支	九星	日建	星宿	公历	干支	九星	日建	星宿	公历	干支	九星	日建	星宿
初一	21	甲戌	五黄	闭	胃	21	甲辰	二黑	定	毕	19	癸酉	一白	成	觜
初二	22	乙亥	四绿	建	昴	22	乙巳	六白	执	觜	20	甲戌	二黑	收	参
初三	23	丙子	三碧	除	毕	23	丙午	七赤	破	参	21	乙亥	三碧	开	井
初四	24	丁丑	二黑	满	觜	24	丁未	八白	危	井	22	丙子	四绿	闭	鬼
初五	25	戊寅	一白	平	参	25	戊申	九紫	成	鬼	23	丁丑	五黄	建	柳
初六	26	己卯	九紫	定	井	26	己酉	一白	收	柳	24	戊寅	六白	除	星
初七	27	庚辰	八白	执	鬼	27	庚戌	二黑	开	星	25	己卯	七赤	满	张
初八	28	辛巳	七赤	破	柳	28	辛亥	三碧	闭	张	26	庚辰	八白	平	翼
初九	29	壬午	六白	危	星	29	壬子	四绿	建	翼	27	辛巳	九紫	定	轸
初十	30	癸未	五黄	成	张	30	癸丑	五黄	除	轸	28	壬午	一白	执	角
十一	12月	甲申	四绿	收	翼	31	甲寅	六白	满	角	29	癸未	二黑	破	亢
十二	2	乙酉	三碧	开	轸	1月	乙卯	七赤	平	亢	30	甲申	三碧	危	氐
十三	3	丙戌	二黑	闭	角	2	丙辰	八白	定	氐	31	乙酉	四绿	成	房
十四	4	丁亥	一白	建	亢	3	丁巳	九紫	执	房	2月	丙戌	五黄	收	心
十五	5	戊子	九紫	除	氐	4	戊午	一白	破	心	2	丁亥	六白	开	尾
十六	6	己丑	八白	满	房	5	己未	二黑	危	尾	3	戊子	七赤	闭	箕
十七	7	庚寅	七赤	满	心	6	庚申	三碧	危	箕	4	己丑	八白	闭	斗
十八	8	辛卯	六白	平	尾	7	辛酉	四绿	成	斗	5	庚寅	九紫	建	牛
十九	9	壬辰	五黄	定	箕	8	壬戌	五黄	收	牛	6	辛卯	一白	除	女
二十	10	癸巳	四绿	执	斗	9	癸亥	六白	开	女	7	壬辰	二黑	满	虚
廿一	11	甲午	三碧	破	牛	10	甲子	一白	闭	虚	8	癸巳	三碧	平	危
廿二	12	乙未	二黑	危	女	11	乙丑	二黑	建	危	9	甲午	四绿	定	室
廿三	13	丙申	一白	成	虚	12	丙寅	三碧	除	室	10	乙未	五黄	执	壁
廿四	14	丁酉	九紫	收	危	13	丁卯	四绿	满	壁	11	丙申	六白	破	奎
廿五	15	戊戌	八白	开	室	14	戊辰	五黄	平	奎	12	丁酉	七赤	危	娄
廿六	16	己亥	七赤	闭	壁	15	己巳	六白	定	娄	13	戊戌	八白	成	胃
廿七	17	庚子	六白	建	奎	16	庚午	七赤	执	胃	14	己亥	九紫	收	昴
廿八	18	辛丑	五黄	除	娄	17	辛未	八白	破	昴	15	庚子	一白	开	毕
廿九	19	壬寅	四绿	满	胃	18	壬申	九紫	危	毕	16	辛丑	二黑	闭	觜
三十	20	癸卯	三碧	平	昴										

公元1988年 戊辰龙年 太岁赵达 九星三碧

月份	正月大	甲寅 五黄 艮卦 心宿				二月小	乙卯 四绿 坤卦 尾宿				三月大	丙辰 三碧 乾卦 箕宿				四月小	丁巳 二黑 兑卦 斗宿			
节气	雨水 2月19日 初三甲辰 酉时 18时35分			惊蛰 3月5日 十八己未 申时 16时47分		春分 3月20日 初三甲戌 酉时 17时39分			清明 4月4日 十八己丑 亥时 21时39分		谷雨 4月20日 初五乙巳 寅时 3时45分			立夏 5月5日 二十庚申 申时 15时02分		小满 5月21日 初六丙子 寅时 3时57分			芒种 6月5日 廿一辛卯 戌时 19时15分	
农历	公历	干支	九星	日建	星宿	公历	干支	九星	日建	星宿	公历	干支	九星	日建	星宿	公历	干支	九星	日建	星宿
初一	17	壬寅	三碧	建	参	18	壬申	六白	执	鬼	16	辛丑	八白	收	柳	16	辛未	二黑	满	张
初二	18	癸卯	四绿	除	井	19	癸酉	七赤	破	柳	17	壬寅	九紫	开	星	17	壬申	三碧	平	翼
初三	19	甲辰	二黑	满	鬼	20	甲戌	八白	危	星	18	癸卯	一白	闭	张	18	癸酉	四绿	定	轸
初四	20	乙巳	三碧	平	柳	21	乙亥	九紫	成	张	19	甲辰	二黑	建	翼	19	甲戌	五黄	执	角
初五	21	丙午	四绿	定	星	22	丙子	一白	收	翼	20	乙巳	九紫	除	轸	20	乙亥	六白	破	亢
初六	22	丁未	五黄	执	张	23	丁丑	二黑	开	轸	21	丙午	一白	满	角	21	丙子	七赤	危	氐
初七	23	戊申	六白	破	翼	24	戊寅	三碧	闭	角	22	丁未	二黑	平	亢	22	丁丑	八白	成	房
初八	24	己酉	七赤	危	轸	25	己卯	四绿	建	亢	23	戊申	三碧	定	氐	23	戊寅	九紫	收	心
初九	25	庚戌	八白	成	角	26	庚辰	五黄	除	氐	24	己酉	四绿	执	房	24	己卯	一白	开	尾
初十	26	辛亥	九紫	收	亢	27	辛巳	六白	满	房	25	庚戌	五黄	破	心	25	庚辰	二黑	闭	箕
十一	27	壬子	一白	开	氐	28	壬午	七赤	平	心	26	辛亥	六白	危	尾	26	辛巳	三碧	建	斗
十二	28	癸丑	二黑	闭	房	29	癸未	八白	定	尾	27	壬子	七赤	成	箕	27	壬午	四绿	除	牛
十三	29	甲寅	三碧	建	心	30	甲申	九紫	执	箕	28	癸丑	八白	收	斗	28	癸未	五黄	满	女
十四	3月	乙卯	四绿	除	尾	31	乙酉	一白	破	斗	29	甲寅	九紫	开	牛	29	甲申	六白	平	虚
十五	2	丙辰	五黄	满	箕	4月	丙戌	二黑	危	牛	30	乙卯	一白	闭	女	30	乙酉	七赤	定	危
十六	3	丁巳	六白	平	斗	2	丁亥	三碧	成	女	5月	丙辰	二黑	建	虚	31	丙戌	八白	执	室
十七	4	戊午	七赤	定	牛	3	戊子	四绿	收	虚	2	丁巳	三碧	除	危	6月	丁亥	九紫	破	壁
十八	5	己未	八白	定	女	4	己丑	五黄	收	危	3	戊午	四绿	满	室	2	戊子	一白	危	奎
十九	6	庚申	九紫	执	虚	5	庚寅	六白	开	室	4	己未	五黄	平	壁	3	己丑	二黑	成	娄
二十	7	辛酉	一白	破	危	6	辛卯	七赤	闭	壁	5	庚申	六白	平	奎	4	庚寅	三碧	收	胃
廿一	8	壬戌	二黑	危	室	7	壬辰	八白	建	奎	6	辛酉	七赤	定	娄	5	辛卯	四绿	收	昴
廿二	9	癸亥	三碧	成	壁	8	癸巳	九紫	除	娄	7	壬戌	八白	执	胃	6	壬辰	五黄	开	毕
廿三	10	甲子	七赤	收	奎	9	甲午	一白	满	胃	8	癸亥	九紫	破	昴	7	癸巳	六白	闭	觜
廿四	11	乙丑	八白	开	娄	10	乙未	二黑	平	昴	9	甲子	四绿	危	毕	8	甲午	七赤	建	参
廿五	12	丙寅	九紫	闭	胃	11	丙申	三碧	定	毕	10	乙丑	五黄	成	觜	9	乙未	八白	除	井
廿六	13	丁卯	一白	建	昴	12	丁酉	四绿	执	觜	11	丙寅	六白	收	参	10	丙申	九紫	满	鬼
廿七	14	戊辰	二黑	除	毕	13	戊戌	五黄	破	参	12	丁卯	七赤	开	井	11	丁酉	一白	平	柳
廿八	15	己巳	三碧	满	觜	14	己亥	六白	危	井	13	戊辰	八白	闭	鬼	12	戊戌	二黑	定	星
廿九	16	庚午	四绿	平	参	15	庚子	七赤	成	鬼	14	己巳	九紫	建	柳	13	己亥	三碧	执	张
三十	17	辛未	五黄	定	井						15	庚午	一白	除	星					

公元1988年 戊辰龙年 太岁赵达 九星三碧

月份	五月大		戊午 一白 离卦 牛宿			六月小		己未 九紫 震卦 女宿			七月大		庚申 八白 巽卦 虚宿			八月大		辛酉 七赤 坎卦 危宿		
节气	夏至 6月21日 初八丁未 午时 11时57分			小暑 7月7日 廿四癸亥 卯时 5时33分		大暑 7月22日 初九戊寅 亥时 22时51分			立秋 8月7日 廿五甲午 申时 15时20分		处暑 8月23日 十二庚戌 卯时 5时54分			白露 9月7日 廿七乙丑 酉时 18时12分		秋分 9月23日 十三辛巳 寅时 3时29分			寒露 10月8日 廿八丙申 巳时 9时45分	
农历	公历	干支	九星	日建	星宿	公历	干支	九星	日建	星宿	公历	干支	九星	日建	星宿	公历	干支	九星	日建	星宿
初一	14	庚子	四绿	破	翼	14	庚午	三碧	闭	角	12	己亥	一白	平	亢	11	己巳	七赤	成	房
初二	15	辛丑	五黄	危	轸	15	辛未	二黑	建	亢	13	庚子	九紫	定	氐	12	庚午	六白	收	心
初三	16	壬寅	六白	成	角	16	壬申	一白	除	氐	14	辛丑	八白	执	房	13	辛未	五黄	开	尾
初四	17	癸卯	七赤	收	亢	17	癸酉	九紫	满	房	15	壬寅	七赤	破	心	14	壬申	四绿	闭	箕
初五	18	甲辰	八白	开	氐	18	甲戌	八白	平	心	16	癸卯	六白	危	尾	15	癸酉	三碧	建	斗
初六	19	乙巳	九紫	闭	房	19	乙亥	七赤	定	尾	17	甲辰	五黄	成	箕	16	甲戌	二黑	除	牛
初七	20	丙午	一白	建	心	20	丙子	六白	执	箕	18	乙巳	四绿	收	斗	17	乙亥	一白	满	女
初八	21	丁未	二黑	除	尾	21	丁丑	五黄	破	斗	19	丙午	三碧	开	牛	18	丙子	九紫	平	虚
初九	22	戊申	一白	满	箕	22	戊寅	四绿	危	牛	20	丁未	二黑	闭	女	19	丁丑	八白	定	危
初十	23	己酉	九紫	平	斗	23	己卯	三碧	成	女	21	戊申	一白	建	虚	20	戊寅	七赤	执	室
十一	24	庚戌	八白	定	牛	24	庚辰	二黑	收	虚	22	己酉	九紫	除	危	21	己卯	六白	破	壁
十二	25	辛亥	七赤	执	女	25	辛巳	一白	开	危	23	庚戌	二黑	满	室	22	庚辰	五黄	危	奎
十三	26	壬子	六白	破	虚	26	壬午	九紫	闭	室	24	辛亥	一白	平	壁	23	辛巳	四绿	成	娄
十四	27	癸丑	五黄	危	危	27	癸未	八白	建	壁	25	壬子	九紫	定	奎	24	壬午	三碧	收	胃
十五	28	甲寅	四绿	成	室	28	甲申	七赤	除	奎	26	癸丑	八白	执	娄	25	癸未	二黑	开	昴
十六	29	乙卯	三碧	收	壁	29	乙酉	六白	满	娄	27	甲寅	七赤	破	胃	26	甲申	一白	闭	毕
十七	30	丙辰	二黑	开	奎	30	丙戌	五黄	平	胃	28	乙卯	六白	危	昴	27	乙酉	九紫	建	觜
十八	7月	丁巳	一白	闭	娄	31	丁亥	四绿	定	昴	29	丙辰	五黄	成	毕	28	丙戌	八白	除	参
十九	2	戊午	九紫	建	胃	8月	戊子	三碧	执	毕	30	丁巳	四绿	收	觜	29	丁亥	七赤	满	井
二十	3	己未	八白	除	昴	2	己丑	二黑	破	觜	31	戊午	三碧	开	参	30	戊子	六白	平	鬼
廿一	4	庚申	七赤	满	毕	3	庚寅	一白	危	参	9月	己未	二黑	闭	井	10月	己丑	五黄	定	柳
廿二	5	辛酉	六白	平	觜	4	辛卯	九紫	成	井	2	庚申	一白	建	鬼	2	庚寅	四绿	执	星
廿三	6	壬戌	五黄	定	参	5	壬辰	八白	收	鬼	3	辛酉	九紫	除	柳	3	辛卯	三碧	破	张
廿四	7	癸亥	四绿	定	井	6	癸巳	七赤	开	柳	4	壬戌	八白	满	星	4	壬辰	二黑	危	翼
廿五	8	甲子	九紫	执	鬼	7	甲午	六白	开	星	5	癸亥	七赤	平	张	5	癸巳	一白	成	轸
廿六	9	乙丑	八白	破	柳	8	乙未	五黄	闭	张	6	甲子	三碧	定	翼	6	甲午	九紫	收	角
廿七	10	丙寅	七赤	危	星	9	丙申	四绿	建	翼	7	乙丑	二黑	定	轸	7	乙未	八白	开	亢
廿八	11	丁卯	六白	成	张	10	丁酉	三碧	除	轸	8	丙寅	一白	执	角	8	丙申	七赤	开	氐
廿九	12	戊辰	五黄	收	翼	11	戊戌	二黑	满	角	9	丁卯	九紫	破	亢	9	丁酉	六白	闭	房
三十	13	己巳	四绿	开	轸						10	戊辰	八白	危	氐	10	戊戌	五黄	建	心

公元1988年　戊辰龙年　太岁赵达　九星三碧

月份	九月小		壬戌 六白 艮卦 室宿			十月大		癸亥 五黄 坤卦 壁宿			十一月大		甲子 四绿 乾卦 奎宿			十二月小		乙丑 三碧 兑卦 娄宿		
节气	霜降 10月23日 十三辛亥 午时 12时44分			立冬 11月7日 廿八丙寅 午时 12时49分		小雪 11月22日 十四辛巳 己时 10时12分			大雪 12月7日 廿九丙申 卯时 5时35分		冬至 12月21日 十三庚戌 夜子时 23时28分			小寒 1月5日 廿八乙丑 申时 16时46分		大寒 1月20日 十三庚辰 巳时 10时07分			立春 2月4日 廿八乙未 寅时 4时27分	
农历	公历	干支	九星	日建	星宿	公历	干支	九星	日建	星宿	公历	干支	九星	日建	星宿	公历	干支	九星	日建	星宿
初一	11	己亥	四绿	除	尾	9	戊辰	二黑	执	箕	9	戊戌	八白	开	牛	8	戊辰	五黄	平	虚
初二	12	庚子	三碧	满	箕	10	己巳	一白	破	斗	10	己亥	七赤	闭	女	9	己巳	六白	定	危
初三	13	辛丑	二黑	平	斗	11	庚午	九紫	危	牛	11	庚子	六白	建	虚	10	庚午	七赤	执	室
初四	14	壬寅	一白	定	牛	12	辛未	八白	成	女	12	辛丑	五黄	除	危	11	辛未	八白	破	壁
初五	15	癸卯	九紫	执	女	13	壬申	七赤	收	虚	13	壬寅	四绿	满	室	12	壬申	九紫	危	奎
初六	16	甲辰	八白	破	虚	14	癸酉	六白	开	危	14	癸卯	三碧	平	壁	13	癸酉	一白	成	娄
初七	17	乙巳	七赤	危	危	15	甲戌	五黄	闭	室	15	甲辰	二黑	定	奎	14	甲戌	二黑	收	胃
初八	18	丙午	六白	成	室	16	乙亥	四绿	建	壁	16	乙巳	一白	执	娄	15	乙亥	三碧	开	昴
初九	19	丁未	五黄	收	壁	17	丙子	三碧	除	奎	17	丙午	九紫	破	胃	16	丙子	四绿	闭	毕
初十	20	戊申	四绿	开	奎	18	丁丑	二黑	满	娄	18	丁未	八白	危	昴	17	丁丑	五黄	建	觜
十一	21	己酉	三碧	闭	娄	19	戊寅	一白	平	胃	19	戊申	七赤	成	毕	18	戊寅	六白	除	参
十二	22	庚戌	二黑	建	胃	20	己卯	九紫	定	昴	20	己酉	六白	收	觜	19	己卯	七赤	满	井
十三	23	辛亥	四绿	除	昴	21	庚辰	八白	执	毕	21	庚戌	二黑	开	参	20	庚辰	八白	平	鬼
十四	24	壬子	三碧	满	毕	22	辛巳	七赤	破	觜	22	辛亥	三碧	闭	井	21	辛巳	九紫	定	柳
十五	25	癸丑	二黑	平	觜	23	壬午	六白	危	参	23	壬子	四绿	建	鬼	22	壬午	一白	执	星
十六	26	甲寅	一白	定	参	24	癸未	五黄	成	井	24	癸丑	五黄	除	柳	23	癸未	二黑	破	张
十七	27	乙卯	九紫	执	井	25	甲申	四绿	收	鬼	25	甲寅	六白	满	星	24	甲申	三碧	危	翼
十八	28	丙辰	八白	破	鬼	26	乙酉	三碧	开	柳	26	乙卯	七赤	平	张	25	乙酉	四绿	成	轸
十九	29	丁巳	七赤	危	柳	27	丙戌	二黑	闭	星	27	丙辰	八白	定	翼	26	丙戌	五黄	收	角
二十	30	戊午	六白	成	星	28	丁亥	一白	建	张	28	丁巳	九紫	执	轸	27	丁亥	六白	开	亢
廿一	31	己未	五黄	收	张	29	戊子	九紫	除	翼	29	戊午	一白	破	角	28	戊子	七赤	闭	氐
廿二	11月	庚申	四绿	开	翼	30	己丑	八白	满	轸	30	己未	二黑	危	亢	29	己丑	八白	建	房
廿三	2	辛酉	三碧	闭	轸	12月	庚寅	七赤	平	角	31	庚申	三碧	成	氐	30	庚寅	九紫	除	心
廿四	3	壬戌	二黑	建	角	2	辛卯	六白	定	亢	1月	辛酉	四绿	收	房	31	辛卯	一白	满	尾
廿五	4	癸亥	一白	除	亢	3	壬辰	五黄	执	氐	2	壬戌	五黄	开	心	2月	壬辰	二黑	平	箕
廿六	5	甲子	六白	满	氐	4	癸巳	四绿	破	房	3	癸亥	六白	闭	尾	2	癸巳	三碧	定	斗
廿七	6	乙丑	五黄	平	房	5	甲午	三碧	危	心	4	甲子	一白	建	箕	3	甲午	四绿	执	牛
廿八	7	丙寅	四绿	平	心	6	乙未	二黑	成	尾	5	乙丑	二黑	建	斗	4	乙未	五黄	执	女
廿九	8	丁卯	三碧	定	尾	7	丙申	一白	成	箕	6	丙寅	三碧	除	牛	5	丙申	六白	破	虚
三十						8	丁酉	九紫	收	斗	7	丁卯	四绿	满	女					

公元1989年 己巳蛇年 太岁郭灿 九星二黑

月份	正月大 丙寅 二黑 坤卦 胃宿					二月小 丁卯 一白 乾卦 昴宿					三月小 戊辰 九紫 兑卦 毕宿					四月大 己巳 八白 离卦 觜宿				
节气	雨水 2月19日 十四庚戌 早子时 0时21分		惊蛰 3月5日 廿八甲子 亥时 22时34分			春分 3月20日 十三己卯 夜子时 23时28分		清明 4月5日 廿九乙未 寅时 3时30分			谷雨 4月20日 十五庚戌 巳时 10时39分					立夏 5月5日 初一乙丑 戌时 20时54分		小满 5月21日 十七辛巳 巳时 9时54分		
农历	公历	干支	九星	日建	星宿	公历	干支	九星	日建	星宿	公历	干支	九星	日建	星宿	公历	干支	九星	日建	星宿
初一	6	丁酉	七赤	危	危	8	丁卯	一白	建	壁	6	丙申	三碧	定	奎	5	乙丑	五黄	成	娄
初二	7	戊戌	八白	成	室	9	戊辰	二黑	除	奎	7	丁酉	四绿	执	娄	6	丙寅	六白	收	胃
初三	8	己亥	九紫	收	壁	10	己巳	三碧	满	娄	8	戊戌	五黄	破	胃	7	丁卯	七赤	开	昴
初四	9	庚子	一白	开	奎	11	庚午	四绿	平	胃	9	己亥	六白	危	昴	8	戊辰	八白	闭	毕
初五	10	辛丑	二黑	闭	娄	12	辛未	五黄	定	昴	10	庚子	七赤	成	毕	9	己巳	九紫	建	觜
初六	11	壬寅	三碧	建	胃	13	壬申	六白	执	毕	11	辛丑	八白	收	觜	10	庚午	一白	除	参
初七	12	癸卯	四绿	除	昴	14	癸酉	七赤	破	觜	12	壬寅	九紫	开	参	11	辛未	二黑	满	井
初八	13	甲辰	五黄	满	毕	15	甲戌	八白	危	参	13	癸卯	一白	闭	井	12	壬申	三碧	平	鬼
初九	14	乙巳	六白	平	觜	16	乙亥	九紫	成	井	14	甲辰	二黑	建	鬼	13	癸酉	四绿	定	柳
初十	15	丙午	七赤	定	参	17	丙子	一白	收	鬼	15	乙巳	三碧	除	柳	14	甲戌	五黄	执	星
十一	16	丁未	八白	执	井	18	丁丑	二黑	开	柳	16	丙午	四绿	满	星	15	乙亥	六白	破	张
十二	17	戊申	九紫	破	鬼	19	戊寅	三碧	闭	星	17	丁未	五黄	平	张	16	丙子	七赤	危	翼
十三	18	己酉	一白	危	柳	20	己卯	四绿	建	张	18	戊申	六白	定	翼	17	丁丑	八白	成	轸
十四	19	庚戌	八白	成	星	21	庚辰	五黄	除	翼	19	己酉	七赤	执	轸	18	戊寅	九紫	收	角
十五	20	辛亥	九紫	收	张	22	辛巳	六白	满	轸	20	庚戌	五黄	破	角	19	己卯	一白	开	亢
十六	21	壬子	一白	开	翼	23	壬午	七赤	平	角	21	辛亥	六白	危	亢	20	庚辰	二黑	闭	氐
十七	22	癸丑	二黑	闭	轸	24	癸未	八白	定	亢	22	壬子	七赤	成	氐	21	辛巳	三碧	建	房
十八	23	甲寅	三碧	建	角	25	甲申	九紫	执	氐	23	癸丑	八白	收	房	22	壬午	四绿	除	心
十九	24	乙卯	四绿	除	亢	26	乙酉	一白	破	房	24	甲寅	九紫	开	心	23	癸未	五黄	满	尾
二十	25	丙辰	五黄	满	氐	27	丙戌	二黑	危	心	25	乙卯	一白	闭	尾	24	甲申	六白	平	箕
廿一	26	丁巳	六白	平	房	28	丁亥	三碧	成	尾	26	丙辰	二黑	建	箕	25	乙酉	七赤	定	斗
廿二	27	戊午	七赤	定	心	29	戊子	四绿	收	箕	27	丁巳	三碧	除	斗	26	丙戌	八白	执	牛
廿三	28	己未	八白	执	尾	30	己丑	五黄	开	斗	28	戊午	四绿	满	牛	27	丁亥	九紫	破	女
廿四	3月	庚申	九紫	破	箕	31	庚寅	六白	闭	牛	29	己未	五黄	平	女	28	戊子	一白	危	虚
廿五	2	辛酉	一白	危	斗	4月	辛卯	七赤	建	女	30	庚申	六白	定	虚	29	己丑	二黑	成	危
廿六	3	壬戌	二黑	成	牛	2	壬辰	八白	除	虚	5月	辛酉	七赤	执	危	30	庚寅	三碧	收	室
廿七	4	癸亥	三碧	收	女	3	癸巳	九紫	满	危	2	壬戌	八白	破	室	31	辛卯	四绿	开	壁
廿八	5	甲子	七赤	收	虚	4	甲午	一白	平	室	3	癸亥	九紫	危	壁	6月	壬辰	五黄	闭	奎
廿九	6	乙丑	八白	开	危	5	乙未	二黑	平	壁	4	甲子	四绿	成	奎	2	癸巳	六白	建	娄
三十	7	丙寅	九紫	闭	室											3	甲午	七赤	除	胃

公元1989年　己巳蛇年　太岁郭灿 九星二黑

月份	五月小				
	庚午 七赤 震卦 参宿				
节气	芒种 6月6日 初三丁酉 丑时 1时05分		夏至 6月21日 十八壬子 酉时 17时53分		
农历	公历	干支	九星	日建	星宿
初一	4	乙未	八白	满	昴
初二	5	丙申	九紫	平	毕
初三	6	丁酉	一白	平	觜
初四	7	戊戌	二黑	定	参
初五	8	己亥	三碧	执	井
初六	9	庚子	四绿	破	鬼
初七	10	辛丑	五黄	危	柳
初八	11	壬寅	六白	成	星
初九	12	癸卯	七赤	收	张
初十	13	甲辰	八白	开	翼
十一	14	乙巳	九紫	闭	轸
十二	15	丙午	一白	建	角
十三	16	丁未	二黑	除	亢
十四	17	戊申	三碧	满	氐
十五	18	己酉	四绿	平	房
十六	19	庚戌	五黄	定	心
十七	20	辛亥	六白	执	尾
十八	21	壬子	六白	破	箕
十九	22	癸丑	五黄	危	斗
二十	23	甲寅	四绿	成	牛
廿一	24	乙卯	三碧	收	女
廿二	25	丙辰	二黑	开	虚
廿三	26	丁巳	一白	闭	危
廿四	27	戊午	九紫	建	室
廿五	28	己未	八白	除	壁
廿六	29	庚申	七赤	满	奎
廿七	30	辛酉	六白	平	娄
廿八	7月	壬戌	五黄	定	胃
廿九	2	癸亥	四绿	执	昴
三十					

月份	六月大				
	辛未 六白 巽卦 井宿				
节气	小暑 7月7日 初五戊辰 午时 11时20分		大暑 7月23日 廿一甲申 寅时 4时46分		
农历	公历	干支	九星	日建	星宿
初一	3	甲子	九紫	破	毕
初二	4	乙丑	八白	危	觜
初三	5	丙寅	七赤	成	参
初四	6	丁卯	六白	收	井
初五	7	戊辰	五黄	收	鬼
初六	8	己巳	四绿	开	柳
初七	9	庚午	三碧	闭	星
初八	10	辛未	二黑	建	张
初九	11	壬申	一白	除	翼
初十	12	癸酉	九紫	满	轸
十一	13	甲戌	八白	平	角
十二	14	乙亥	七赤	定	亢
十三	15	丙子	六白	执	氐
十四	16	丁丑	五黄	破	房
十五	17	戊寅	四绿	危	心
十六	18	己卯	三碧	成	尾
十七	19	庚辰	二黑	收	箕
十八	20	辛巳	一白	开	斗
十九	21	壬午	九紫	闭	牛
二十	22	癸未	八白	建	女
廿一	23	甲申	七赤	除	虚
廿二	24	乙酉	六白	满	危
廿三	25	丙戌	五黄	平	室
廿四	26	丁亥	四绿	定	壁
廿五	27	戊子	三碧	执	奎
廿六	28	己丑	二黑	破	娄
廿七	29	庚寅	一白	危	胃
廿八	30	辛卯	九紫	成	昴
廿九	31	壬辰	八白	收	毕
三十	8月	癸巳	七赤	开	觜

月份	七月小				
	壬申 五黄 坎卦 鬼宿				
节气	立秋 8月7日 初六己亥 亥时 21时04分		处暑 8月23日 廿二乙卯 午时 11时46分		
农历	公历	干支	九星	日建	星宿
初一	2	甲午	六白	闭	参
初二	3	乙未	五黄	建	井
初三	4	丙申	四绿	除	鬼
初四	5	丁酉	三碧	满	柳
初五	6	戊戌	二黑	平	星
初六	7	己亥	一白	平	张
初七	8	庚子	九紫	定	翼
初八	9	辛丑	八白	执	轸
初九	10	壬寅	七赤	破	角
初十	11	癸卯	六白	危	亢
十一	12	甲辰	五黄	成	氐
十二	13	乙巳	四绿	收	房
十三	14	丙午	三碧	开	心
十四	15	丁未	二黑	闭	尾
十五	16	戊申	一白	建	箕
十六	17	己酉	九紫	除	斗
十七	18	庚戌	八白	满	牛
十八	19	辛亥	七赤	平	女
十九	20	壬子	六白	定	虚
二十	21	癸丑	五黄	执	危
廿一	22	甲寅	四绿	破	室
廿二	23	乙卯	六白	危	壁
廿三	24	丙辰	五黄	成	奎
廿四	25	丁巳	四绿	收	娄
廿五	26	戊午	三碧	开	胃
廿六	27	己未	二黑	闭	昴
廿七	28	庚申	一白	建	毕
廿八	29	辛酉	九紫	除	觜
廿九	30	壬戌	八白	满	参
三十					

月份	八月大				
	癸酉 四绿 艮卦 柳宿				
节气	白露 9月7日 初八庚午 夜子时 23时54分		秋分 9月23日 廿四丙戌 巳时 9时20分		
农历	公历	干支	九星	日建	星宿
初一	31	癸亥	七赤	平	井
初二	9月	甲子	三碧	定	鬼
初三	2	乙丑	二黑	执	柳
初四	3	丙寅	一白	破	星
初五	4	丁卯	九紫	危	张
初六	5	戊辰	八白	成	翼
初七	6	己巳	七赤	收	轸
初八	7	庚午	六白	收	角
初九	8	辛未	五黄	开	亢
初十	9	壬申	四绿	闭	氐
十一	10	癸酉	三碧	建	房
十二	11	甲戌	二黑	除	心
十三	12	乙亥	一白	满	尾
十四	13	丙子	九紫	平	箕
十五	14	丁丑	八白	定	斗
十六	15	戊寅	七赤	执	牛
十七	16	己卯	六白	破	女
十八	17	庚辰	五黄	危	虚
十九	18	辛巳	四绿	成	危
二十	19	壬午	三碧	收	室
廿一	20	癸未	二黑	开	壁
廿二	21	甲申	一白	闭	奎
廿三	22	乙酉	九紫	建	娄
廿四	23	丙戌	八白	除	胃
廿五	24	丁亥	七赤	满	昴
廿六	25	戊子	六白	平	毕
廿七	26	己丑	五黄	定	觜
廿八	27	庚寅	四绿	执	参
廿九	28	辛卯	三碧	破	井
三十	29	壬辰	二黑	危	鬼

公元1989年　己巳蛇年　太岁郭灿 九星二黑

月份	九月小 甲戌 三碧 坤卦 星宿	十月大 乙亥 二黑 乾卦 张宿	十一月大 丙子 一白 兑卦 翼宿	十二月大 丁丑 九紫 离卦 轸宿
节气	寒露 10月8日 初九辛丑 申时 15时28分；霜降 10月23日 廿四丙辰 酉时 18时35分	立冬 11月7日 初十辛未 酉时 18时34分；小雪 11月22日 廿五丙戌 申时 16时05分	大雪 12月7日 初十辛丑 午时 11时21分；冬至 12月22日 廿五丙辰 卯时 5时22分	小寒 1月5日 初九庚午 亥时 22时34分；大寒 1月20日 廿四乙酉 申时 16时02分

农历	公历	干支	九星	日建	星宿	公历	干支	九星	日建	星宿	公历	干支	九星	日建	星宿	公历	干支	九星	日建	星宿
初一	30	癸巳	一白	成	柳	29	壬戌	二黑	建	星	28	壬辰	五黄	执	翼	28	壬戌	五黄	开	角
初二	10月	甲午	九紫	收	星	30	癸亥	一白	除	张	29	癸巳	四绿	破	轸	29	癸亥	六白	闭	亢
初三	2	乙未	八白	开	张	31	甲子	六白	满	翼	30	甲午	三碧	危	角	30	甲子	一白	建	氐
初四	3	丙申	七赤	闭	翼	11月	乙丑	五黄	平	轸	12月	乙未	二黑	成	亢	31	乙丑	二黑	除	房
初五	4	丁酉	六白	建	轸	2	丙寅	四绿	定	角	2	丙申	一白	收	氐	1月	丙寅	三碧	满	心
初六	5	戊戌	五黄	除	角	3	丁卯	三碧	执	亢	3	丁酉	九紫	开	房	2	丁卯	四绿	平	尾
初七	6	己亥	四绿	满	亢	4	戊辰	二黑	破	氐	4	戊戌	八白	闭	心	3	戊辰	五黄	定	箕
初八	7	庚子	三碧	平	氐	5	己巳	一白	危	房	5	己亥	七赤	建	尾	4	己巳	六白	执	斗
初九	8	辛丑	二黑	平	房	6	庚午	九紫	成	心	6	庚子	六白	除	箕	5	庚午	七赤	执	牛
初十	9	壬寅	一白	定	心	7	辛未	八白	成	尾	7	辛丑	五黄	除	斗	6	辛未	八白	破	女
十一	10	癸卯	九紫	执	尾	8	壬申	七赤	收	箕	8	壬寅	四绿	满	牛	7	壬申	九紫	危	虚
十二	11	甲辰	八白	破	箕	9	癸酉	六白	开	斗	9	癸卯	三碧	平	女	8	癸酉	一白	成	危
十三	12	乙巳	七赤	危	斗	10	甲戌	五黄	闭	牛	10	甲辰	二黑	定	虚	9	甲戌	二黑	收	室
十四	13	丙午	六白	成	牛	11	乙亥	四绿	建	女	11	乙巳	一白	执	危	10	乙亥	三碧	开	壁
十五	14	丁未	五黄	收	女	12	丙子	三碧	除	虚	12	丙午	九紫	破	室	11	丙子	四绿	闭	奎
十六	15	戊申	四绿	开	虚	13	丁丑	二黑	满	危	13	丁未	八白	危	壁	12	丁丑	五黄	建	娄
十七	16	己酉	三碧	闭	危	14	戊寅	一白	平	室	14	戊申	七赤	成	奎	13	戊寅	六白	除	胃
十八	17	庚戌	二黑	建	室	15	己卯	九紫	定	壁	15	己酉	六白	收	娄	14	己卯	七赤	满	昴
十九	18	辛亥	一白	除	壁	16	庚辰	八白	执	奎	16	庚戌	五黄	开	胃	15	庚辰	八白	平	毕
二十	19	壬子	九紫	满	奎	17	辛巳	七赤	破	娄	17	辛亥	四绿	闭	昴	16	辛巳	九紫	定	觜
廿一	20	癸丑	八白	平	娄	18	壬午	六白	危	胃	18	壬子	三碧	建	毕	17	壬午	一白	执	参
廿二	21	甲寅	七赤	定	胃	19	癸未	五黄	成	昴	19	癸丑	二黑	除	觜	18	癸未	二黑	破	井
廿三	22	乙卯	六白	执	昴	20	甲申	四绿	收	毕	20	甲寅	一白	满	参	19	甲申	三碧	危	鬼
廿四	23	丙辰	八白	破	毕	21	乙酉	三碧	开	觜	21	乙卯	九紫	平	井	20	乙酉	四绿	成	柳
廿五	24	丁巳	七赤	危	觜	22	丙戌	二黑	闭	参	22	丙辰	八白	定	鬼	21	丙戌	五黄	收	星
廿六	25	戊午	六白	成	参	23	丁亥	一白	建	井	23	丁巳	九紫	执	柳	22	丁亥	六白	开	张
廿七	26	己未	五黄	收	井	24	戊子	九紫	除	鬼	24	戊午	一白	破	星	23	戊子	七赤	闭	翼
廿八	27	庚申	四绿	开	鬼	25	己丑	八白	满	柳	25	己未	二黑	危	张	24	己丑	八白	建	轸
廿九	28	辛酉	三碧	闭	柳	26	庚寅	七赤	平	星	26	庚申	三碧	成	翼	25	庚寅	九紫	除	角
三十						27	辛卯	六白	定	张	27	辛酉	四绿	收	轸	26	辛卯	一白	满	亢

公元1990年 庚午马年（闰五月） 太岁王清 九星一白

月份	正月小 戊寅 八白 乾卦 角宿					二月大 己卯 七赤 兑卦 亢宿					三月小 庚辰 六白 离卦 氐宿					四月小 辛巳 五黄 震卦 房宿				
节气	立春 2月4日 初九庚子 巳时 10时14分		雨水 2月19日 廿四乙卯 卯时 6时14分			惊蛰 3月6日 初十庚午 寅时 4时20分		春分 3月21日 廿五乙酉 卯时 5时19分			清明 4月5日 初十庚子 巳时 9时13分		谷雨 4月20日 廿五乙卯 申时 16时27分			立夏 5月6日 十二辛未 丑时 2时35分		小满 5月21日 廿七丙戌 申时 15时37分		
农历	公历	干支	九星	日建	星宿	公历	干支	九星	日建	星宿	公历	干支	九星	日建	星宿	公历	干支	九星	日建	星宿
初一	27	壬辰	二黑	平	氐	25	辛酉	一白	危	房	27	辛卯	七赤	建	尾	25	庚申	六白	定	箕
初二	28	癸巳	三碧	定	房	26	壬戌	二黑	成	心	28	壬辰	八白	除	箕	26	辛酉	七赤	执	斗
初三	29	甲午	四绿	执	心	27	癸亥	三碧	收	尾	29	癸巳	九紫	满	斗	27	壬戌	八白	破	牛
初四	30	乙未	五黄	破	尾	28	甲子	七赤	开	箕	30	甲午	一白	平	牛	28	癸亥	九紫	危	女
初五	31	丙申	六白	危	箕	3月	乙丑	八白	闭	斗	31	乙未	二黑	定	女	29	甲子	四绿	成	虚
初六	2月	丁酉	七赤	成	斗	2	丙寅	九紫	建	牛	4月	丙申	三碧	执	虚	30	乙丑	五黄	收	危
初七	2	戊戌	八白	收	牛	3	丁卯	一白	除	女	2	丁酉	四绿	破	危	5月	丙寅	六白	开	室
初八	3	己亥	九紫	开	女	4	戊辰	二黑	满	虚	3	戊戌	五黄	危	室	2	丁卯	七赤	闭	壁
初九	4	庚子	一白	开	虚	5	己巳	三碧	平	危	4	己亥	六白	成	壁	3	戊辰	八白	建	奎
初十	5	辛丑	二黑	闭	危	6	庚午	四绿	平	室	5	庚子	七赤	成	奎	4	己巳	九紫	除	娄
十一	6	壬寅	三碧	建	室	7	辛未	五黄	定	壁	6	辛丑	八白	收	娄	5	庚午	一白	满	胃
十二	7	癸卯	四绿	除	壁	8	壬申	六白	执	奎	7	壬寅	九紫	开	胃	6	辛未	二黑	满	昴
十三	8	甲辰	五黄	满	奎	9	癸酉	七赤	破	娄	8	癸卯	一白	闭	昴	7	壬申	三碧	平	毕
十四	9	乙巳	六白	平	娄	10	甲戌	八白	危	胃	9	甲辰	二黑	建	毕	8	癸酉	四绿	定	觜
十五	10	丙午	七赤	定	胃	11	乙亥	九紫	成	昴	10	乙巳	三碧	除	觜	9	甲戌	五黄	执	参
十六	11	丁未	八白	执	昴	12	丙子	一白	收	毕	11	丙午	四绿	满	参	10	乙亥	六白	破	井
十七	12	戊申	九紫	破	毕	13	丁丑	二黑	开	觜	12	丁未	五黄	平	井	11	丙子	七赤	危	鬼
十八	13	己酉	一白	危	觜	14	戊寅	三碧	闭	参	13	戊申	六白	定	鬼	12	丁丑	八白	成	柳
十九	14	庚戌	二黑	成	参	15	己卯	四绿	建	井	14	己酉	七赤	执	柳	13	戊寅	九紫	收	星
二十	15	辛亥	三碧	收	井	16	庚辰	五黄	除	鬼	15	庚戌	八白	破	星	14	己卯	一白	开	张
廿一	16	壬子	四绿	开	鬼	17	辛巳	六白	满	柳	16	辛亥	九紫	危	张	15	庚辰	二黑	闭	翼
廿二	17	癸丑	五黄	闭	柳	18	壬午	七赤	平	星	17	壬子	一白	成	翼	16	辛巳	三碧	建	轸
廿三	18	甲寅	六白	建	星	19	癸未	八白	定	张	18	癸丑	二黑	收	轸	17	壬午	四绿	除	角
廿四	19	乙卯	四绿	除	张	20	甲申	九紫	执	翼	19	甲寅	三碧	开	角	18	癸未	五黄	满	亢
廿五	20	丙辰	五黄	满	翼	21	乙酉	一白	破	轸	20	乙卯	一白	闭	亢	19	甲申	六白	平	氐
廿六	21	丁巳	六白	平	轸	22	丙戌	二黑	危	角	21	丙辰	二黑	建	氐	20	乙酉	七赤	定	房
廿七	22	戊午	七赤	定	角	23	丁亥	三碧	成	亢	22	丁巳	三碧	除	房	21	丙戌	八白	执	心
廿八	23	己未	八白	执	亢	24	戊子	四绿	收	氐	23	戊午	四绿	满	心	22	丁亥	九紫	破	尾
廿九	24	庚申	九紫	破	氐	25	己丑	五黄	开	房	24	己未	五黄	平	尾	23	戊子	一白	危	箕
三十						26	庚寅	六白	闭	心										

公元1990年　庚午马年（闰五月）　太岁王清 九星一白

月份	五月大　壬午 四绿　巽卦 心宿	闰五月小	六月小　癸未 三碧　坎卦 尾宿
节气	芒种 6月6日 十四壬寅 卯时 6时46分 夏至 6月21日 廿九丁巳 夜子时 23时33分	小暑 7月7日 十五癸酉 酉时 17时01分	大暑 7月23日 初二己丑 巳时 10时22分 立秋 8月8日 十八乙巳 丑时 2时46分

农历	公历	干支	九星	日建	星宿	公历	干支	九星	日建	星宿	公历	干支	九星	日建	星宿
初一	24	己丑	二黑	成	斗	23	己未	八白	除	女	22	戊子	三碧	执	虚
初二	25	庚寅	三碧	收	牛	24	庚申	七赤	满	虚	23	己丑	二黑	破	危
初三	26	辛卯	四绿	开	女	25	辛酉	六白	平	危	24	庚寅	一白	危	室
初四	27	壬辰	五黄	闭	虚	26	壬戌	五黄	定	室	25	辛卯	九紫	成	壁
初五	28	癸巳	六白	建	危	27	癸亥	四绿	执	壁	26	壬辰	八白	收	奎
初六	29	甲午	七赤	除	室	28	甲子	九紫	破	奎	27	癸巳	七赤	开	娄
初七	30	乙未	八白	满	壁	29	乙丑	八白	危	娄	28	甲午	六白	闭	胃
初八	31	丙申	九紫	平	奎	30	丙寅	七赤	成	胃	29	乙未	五黄	建	昴
初九	6月	丁酉	一白	定	娄	7月	丁卯	六白	收	昴	30	丙申	四绿	除	毕
初十	2	戊戌	二黑	执	胃	2	戊辰	五黄	开	毕	31	丁酉	三碧	满	觜
十一	3	己亥	三碧	破	昴	3	己巳	四绿	闭	觜	8月	戊戌	二黑	平	参
十二	4	庚子	四绿	危	毕	4	庚午	三碧	建	参	2	己亥	一白	定	井
十三	5	辛丑	五黄	成	觜	5	辛未	二黑	除	井	3	庚子	九紫	执	鬼
十四	6	壬寅	六白	成	参	6	壬申	一白	满	鬼	4	辛丑	八白	破	柳
十五	7	癸卯	七赤	收	井	7	癸酉	九紫	满	柳	5	壬寅	七赤	危	星
十六	8	甲辰	八白	开	鬼	8	甲戌	八白	平	星	6	癸卯	六白	成	张
十七	9	乙巳	九紫	闭	柳	9	乙亥	七赤	定	张	7	甲辰	五黄	收	翼
十八	10	丙午	一白	建	星	10	丙子	六白	执	翼	8	乙巳	四绿	收	轸
十九	11	丁未	二黑	除	张	11	丁丑	五黄	破	轸	9	丙午	三碧	开	角
二十	12	戊申	三碧	满	翼	12	戊寅	四绿	危	角	10	丁未	二黑	闭	亢
廿一	13	己酉	四绿	平	轸	13	己卯	三碧	成	亢	11	戊申	一白	建	氐
廿二	14	庚戌	五黄	定	角	14	庚辰	二黑	收	氐	12	己酉	九紫	除	房
廿三	15	辛亥	六白	执	亢	15	辛巳	一白	开	房	13	庚戌	八白	满	心
廿四	16	壬子	七赤	破	氐	16	壬午	九紫	闭	心	14	辛亥	七赤	平	尾
廿五	17	癸丑	八白	危	房	17	癸未	八白	建	尾	15	壬子	六白	定	箕
廿六	18	甲寅	九紫	成	心	18	甲申	七赤	除	箕	16	癸丑	五黄	执	斗
廿七	19	乙卯	一白	收	尾	19	乙酉	六白	满	斗	17	甲寅	四绿	破	牛
廿八	20	丙辰	二黑	开	箕	20	丙戌	五黄	平	牛	18	乙卯	三碧	危	女
廿九	21	丁巳	一白	闭	斗	21	丁亥	四绿	定	女	19	丙辰	二黑	成	虚
三十	22	戊午	九紫	建	牛										

公元1990年 庚午马年（闰五月） 太岁王清 九星一白

月份	七月大	甲申 二黑 艮卦 箕宿				八月小	乙酉 一白 坤卦 斗宿				九月大	丙戌 九紫 乾卦 牛宿			
节气	处暑 8月23日 初四庚申 酉时 17时21分		白露 9月8日 二十丙子 卯时 5时38分			秋分 9月23日 初五辛卯 未时 14时56分		寒露 10月8日 二十丙午 亥时 21时14分			霜降 10月24日 初七壬戌 早子时 0时14分		立冬 11月8日 廿二丁丑 早子时 0时24分		
农历	公历	干支	九星	日建	星宿	公历	干支	九星	日建	星宿	公历	干支	九星	日建	星宿
初一	20	丁巳	一白	收	危	19	丁亥	七赤	满	壁	18	丙辰	五黄	破	奎
初二	21	戊午	九紫	开	室	20	戊子	六白	平	奎	19	丁巳	四绿	危	娄
初三	22	己未	八白	闭	壁	21	己丑	五黄	定	娄	20	戊午	三碧	成	胃
初四	23	庚申	一白	建	奎	22	庚寅	四绿	执	胃	21	己未	二黑	收	昴
初五	24	辛酉	九紫	除	娄	23	辛卯	三碧	破	昴	22	庚申	一白	开	毕
初六	25	壬戌	八白	满	胃	24	壬辰	二黑	危	毕	23	辛酉	九紫	闭	觜
初七	26	癸亥	七赤	平	昴	25	癸巳	一白	成	觜	24	壬戌	二黑	建	参
初八	27	甲子	三碧	定	毕	26	甲午	九紫	收	参	25	癸亥	一白	除	井
初九	28	乙丑	二黑	执	觜	27	乙未	八白	开	井	26	甲子	六白	满	鬼
初十	29	丙寅	一白	破	参	28	丙申	七赤	闭	鬼	27	乙丑	五黄	平	柳
十一	30	丁卯	九紫	危	井	29	丁酉	六白	建	柳	28	丙寅	四绿	定	星
十二	31	戊辰	八白	成	鬼	30	戊戌	五黄	除	星	29	丁卯	三碧	执	张
十三	9月	己巳	七赤	收	柳	10月	己亥	四绿	满	张	30	戊辰	二黑	破	翼
十四	2	庚午	六白	开	星	2	庚子	三碧	平	翼	31	己巳	一白	危	轸
十五	3	辛未	五黄	闭	张	3	辛丑	二黑	定	轸	11月	庚午	九紫	成	角
十六	4	壬申	四绿	建	翼	4	壬寅	一白	执	角	2	辛未	八白	收	亢
十七	5	癸酉	三碧	除	轸	5	癸卯	九紫	破	亢	3	壬申	七赤	开	氐
十八	6	甲戌	二黑	满	角	6	甲辰	八白	危	氐	4	癸酉	六白	闭	房
十九	7	乙亥	一白	平	亢	7	乙巳	七赤	成	房	5	甲戌	五黄	建	心
二十	8	丙子	九紫	平	氐	8	丙午	六白	成	心	6	乙亥	四绿	除	尾
廿一	9	丁丑	八白	定	房	9	丁未	五黄	收	尾	7	丙子	三碧	满	箕
廿二	10	戊寅	七赤	执	心	10	戊申	四绿	开	箕	8	丁丑	二黑	满	斗
廿三	11	己卯	六白	破	尾	11	己酉	三碧	闭	斗	9	戊寅	一白	平	牛
廿四	12	庚辰	五黄	危	箕	12	庚戌	二黑	建	牛	10	己卯	九紫	定	女
廿五	13	辛巳	四绿	成	斗	13	辛亥	一白	除	女	11	庚辰	八白	执	虚
廿六	14	壬午	三碧	收	牛	14	壬子	九紫	满	虚	12	辛巳	七赤	破	危
廿七	15	癸未	二黑	开	女	15	癸丑	八白	平	危	13	壬午	六白	危	室
廿八	16	甲申	一白	闭	虚	16	甲寅	七赤	定	室	14	癸未	五黄	成	壁
廿九	17	乙酉	九紫	建	危	17	乙卯	六白	执	壁	15	甲申	四绿	收	奎
三十	18	丙戌	八白	除	室						16	乙酉	三碧	开	娄

公元1990年　庚午马年（闰五月）　太岁王清 九星一白

月份	十月大		丁亥 八白 兑卦 女宿			十一月大		戊子 七赤 离卦 虚宿			十二月大		己丑 六白 震卦 危宿		
节气	小雪 11月22日 初六辛卯 亥时 21时47分		大雪 12月7日 廿一丙午 酉时 17时15分			冬至 12月22日 初六辛酉 午时 11时07分		小寒 1月6日 廿一丙子 寅时 4时28分			大寒 1月20日 初五庚寅 亥时 21时47分		立春 2月4日 二十乙巳 申时 16时09分		
农历	公历	干支	九星	日建	星宿	公历	干支	九星	日建	星宿	公历	干支	九星	日建	星宿
初一	17	丙戌	二黑	闭	胃	17	丙辰	八白	定	毕	16	丙戌	五黄	收	参
初二	18	丁亥	一白	建	昴	18	丁巳	七赤	执	觜	17	丁亥	六白	开	井
初三	19	戊子	九紫	除	毕	19	戊午	六白	破	参	18	戊子	七赤	闭	鬼
初四	20	己丑	八白	满	觜	20	己未	五黄	危	井	19	己丑	八白	建	柳
初五	21	庚寅	七赤	平	参	21	庚申	四绿	成	鬼	20	庚寅	九紫	除	星
初六	22	辛卯	六白	定	井	22	辛酉	四绿	收	柳	21	辛卯	一白	满	张
初七	23	壬辰	五黄	执	鬼	23	壬戌	五黄	开	星	22	壬辰	二黑	平	翼
初八	24	癸巳	四绿	破	柳	24	癸亥	六白	闭	张	23	癸巳	三碧	定	轸
初九	25	甲午	三碧	危	星	25	甲子	一白	建	翼	24	甲午	四绿	执	角
初十	26	乙未	二黑	成	张	26	乙丑	二黑	除	轸	25	乙未	五黄	破	亢
十一	27	丙申	一白	收	翼	27	丙寅	三碧	满	角	26	丙申	六白	危	氐
十二	28	丁酉	九紫	开	轸	28	丁卯	四绿	平	亢	27	丁酉	七赤	成	房
十三	29	戊戌	八白	闭	角	29	戊辰	五黄	定	氐	28	戊戌	八白	收	心
十四	30	己亥	七赤	建	亢	30	己巳	六白	执	房	29	己亥	九紫	开	尾
十五	12月	庚子	六白	除	氐	31	庚午	七赤	破	心	30	庚子	一白	闭	箕
十六	2	辛丑	五黄	满	房	1月	辛未	八白	危	尾	31	辛丑	二黑	建	斗
十七	3	壬寅	四绿	平	心	2	壬申	九紫	成	箕	2月	壬寅	三碧	除	牛
十八	4	癸卯	三碧	定	尾	3	癸酉	一白	收	斗	2	癸卯	四绿	满	女
十九	5	甲辰	二黑	执	箕	4	甲戌	二黑	开	牛	3	甲辰	五黄	平	虚
二十	6	乙巳	一白	破	斗	5	乙亥	三碧	闭	女	4	乙巳	六白	平	危
廿一	7	丙午	九紫	破	牛	6	丙子	四绿	闭	虚	5	丙午	七赤	定	室
廿二	8	丁未	八白	危	女	7	丁丑	五黄	建	危	6	丁未	八白	执	壁
廿三	9	戊申	七赤	成	虚	8	戊寅	六白	除	室	7	戊申	九紫	破	奎
廿四	10	己酉	六白	收	危	9	己卯	七赤	满	壁	8	己酉	一白	危	娄
廿五	11	庚戌	五黄	开	室	10	庚辰	八白	平	奎	9	庚戌	二黑	成	胃
廿六	12	辛亥	四绿	闭	壁	11	辛巳	九紫	定	娄	10	辛亥	三碧	收	昴
廿七	13	壬子	三碧	建	奎	12	壬午	一白	执	胃	11	壬子	四绿	开	毕
廿八	14	癸丑	二黑	除	娄	13	癸未	二黑	破	昴	12	癸丑	五黄	闭	觜
廿九	15	甲寅	一白	满	胃	14	甲申	三碧	危	毕	13	甲寅	六白	建	参
三十	16	乙卯	九紫	平	昴	15	乙酉	四绿	成	觜	14	乙卯	七赤	除	井

公元1991年 辛未羊年 太岁李素 九星九紫

月份	正月小	庚寅 五黄 兑卦 室宿				二月大	辛卯 四绿 离卦 壁宿				三月小	壬辰 三碧 震卦 奎宿				四月小	癸巳 二黑 巽卦 娄宿			
节气	雨水 2月19日 初五庚申 午时 11时59分		惊蛰 3月6日 二十乙亥 巳时 10时12分			春分 3月21日 初六庚寅 午时 11时02分		清明 4月5日 廿一乙巳 申时 15时05分			谷雨 4月20日 初六庚申 亥时 22时08分		立夏 5月6日 廿二丙子 辰时 8时27分			小满 5月21日 初八辛卯 亥时 21时20分		芒种 6月6日 廿四丁未 午时 12时38分		
农历	公历	干支	九星	日建	星宿	公历	干支	九星	日建	星宿	公历	干支	九星	日建	星宿	公历	干支	九星	日建	星宿
初一	15	丙辰	八白	满	鬼	16	乙酉	一白	破	柳	15	乙卯	四绿	闭	张	14	甲申	六白	平	翼
初二	16	丁巳	九紫	平	柳	17	丙戌	二黑	危	星	16	丙辰	五黄	建	翼	15	乙酉	七赤	定	轸
初三	17	戊午	一白	定	星	18	丁亥	三碧	成	张	17	丁巳	六白	除	轸	16	丙戌	八白	执	角
初四	18	己未	二黑	执	张	19	戊子	四绿	收	翼	18	戊午	七赤	满	角	17	丁亥	九紫	破	亢
初五	19	庚申	九紫	破	翼	20	己丑	五黄	开	轸	19	己未	八白	平	亢	18	戊子	一白	危	氐
初六	20	辛酉	一白	危	轸	21	庚寅	六白	闭	角	20	庚申	六白	定	氐	19	己丑	二黑	成	房
初七	21	壬戌	二黑	成	角	22	辛卯	七赤	建	亢	21	辛酉	七赤	执	房	20	庚寅	三碧	收	心
初八	22	癸亥	三碧	收	亢	23	壬辰	八白	除	氐	22	壬戌	八白	破	心	21	辛卯	四绿	开	尾
初九	23	甲子	七赤	开	氐	24	癸巳	九紫	满	房	23	癸亥	九紫	危	尾	22	壬辰	五黄	闭	箕
初十	24	乙丑	八白	闭	房	25	甲午	一白	平	心	24	甲子	四绿	成	箕	23	癸巳	六白	建	斗
十一	25	丙寅	九紫	建	心	26	乙未	二黑	定	尾	25	乙丑	五黄	收	斗	24	甲午	七赤	除	牛
十二	26	丁卯	一白	除	尾	27	丙申	三碧	执	箕	26	丙寅	六白	开	牛	25	乙未	八白	满	女
十三	27	戊辰	二黑	满	箕	28	丁酉	四绿	破	斗	27	丁卯	七赤	闭	女	26	丙申	九紫	平	虚
十四	28	己巳	三碧	平	斗	29	戊戌	五黄	危	牛	28	戊辰	八白	建	虚	27	丁酉	一白	定	危
十五	3月	庚午	四绿	定	牛	30	己亥	六白	成	女	29	己巳	九紫	除	危	28	戊戌	二黑	执	室
十六	2	辛未	五黄	执	女	31	庚子	七赤	收	虚	30	庚午	一白	满	室	29	己亥	三碧	破	壁
十七	3	壬申	六白	破	虚	4月	辛丑	八白	开	危	5月	辛未	二黑	平	壁	30	庚子	四绿	危	奎
十八	4	癸酉	七赤	危	危	2	壬寅	九紫	闭	室	2	壬申	三碧	定	奎	31	辛丑	五黄	成	娄
十九	5	甲戌	八白	成	室	3	癸卯	一白	建	壁	3	癸酉	四绿	执	娄	6月	壬寅	六白	收	胃
二十	6	乙亥	九紫	成	壁	4	甲辰	二黑	除	奎	4	甲戌	五黄	破	胃	2	癸卯	七赤	开	昴
廿一	7	丙子	一白	收	奎	5	乙巳	三碧	除	娄	5	乙亥	六白	危	昴	3	甲辰	八白	闭	毕
廿二	8	丁丑	二黑	开	娄	6	丙午	四绿	满	胃	6	丙子	七赤	危	毕	4	乙巳	九紫	建	觜
廿三	9	戊寅	三碧	闭	胃	7	丁未	五黄	平	昴	7	丁丑	八白	成	觜	5	丙午	一白	除	参
廿四	10	己卯	四绿	建	昴	8	戊申	六白	定	毕	8	戊寅	九紫	收	参	6	丁未	二黑	除	井
廿五	11	庚辰	五黄	除	毕	9	己酉	七赤	执	觜	9	己卯	一白	开	井	7	戊申	三碧	满	鬼
廿六	12	辛巳	六白	满	觜	10	庚戌	八白	破	参	10	庚辰	二黑	闭	鬼	8	己酉	四绿	平	柳
廿七	13	壬午	七赤	平	参	11	辛亥	九紫	危	井	11	辛巳	三碧	建	柳	9	庚戌	五黄	定	星
廿八	14	癸未	八白	定	井	12	壬子	一白	成	鬼	12	壬午	四绿	除	星	10	辛亥	六白	执	张
廿九	15	甲申	九紫	执	鬼	13	癸丑	二黑	收	柳	13	癸未	五黄	满	张	11	壬子	七赤	破	翼
三十						14	甲寅	三碧	开	星										

公元1991年 辛未羊年 太岁李素 九星九紫

月份	五月大		甲午 坎卦		一白 胃宿	六月小		乙未 艮卦		九紫 昴宿	七月小		丙申 坤卦		八白 毕宿	八月大		丁酉 乾卦		七赤 觜宿
节气	夏至 6月22日 十一癸亥 卯时 5时19分			小暑 7月7日 廿六戊寅 亥时 22时53分		大暑 7月23日 十二甲午 申时 16时11分			立秋 8月8日 廿八庚戌 辰时 8时37分		处暑 8月23日 十四乙丑 夜子时 23时13分					白露 9月8日 初一辛巳 午时 11时28分			秋分 9月23日 十六丙申 戌时 20时48分	
农历	公历	干支	九星	日建	星宿	公历	干支	九星	日建	星宿	公历	干支	九星	日建	星宿	公历	干支	九星	日建	星宿
初一	12	癸丑	八白	危	轸	12	癸未	八白	建	亢	10	壬子	六白	定	氐	8	辛巳	四绿	成	房
初二	13	甲寅	九紫	成	角	13	甲申	七赤	除	氐	11	癸丑	五黄	执	房	9	壬午	三碧	收	心
初三	14	乙卯	一白	收	亢	14	乙酉	六白	满	房	12	甲寅	四绿	破	心	10	癸未	二黑	开	尾
初四	15	丙辰	二黑	开	氐	15	丙戌	五黄	平	心	13	乙卯	三碧	危	尾	11	甲申	一白	闭	箕
初五	16	丁巳	三碧	闭	房	16	丁亥	四绿	定	尾	14	丙辰	二黑	成	箕	12	乙酉	九紫	建	斗
初六	17	戊午	四绿	建	心	17	戊子	三碧	执	箕	15	丁巳	一白	收	斗	13	丙戌	八白	除	牛
初七	18	己未	五黄	除	尾	18	己丑	二黑	破	斗	16	戊午	九紫	开	牛	14	丁亥	七赤	满	女
初八	19	庚申	六白	满	箕	19	庚寅	一白	危	牛	17	己未	八白	闭	女	15	戊子	六白	平	虚
初九	20	辛酉	七赤	平	斗	20	辛卯	九紫	成	女	18	庚申	七赤	建	虚	16	己丑	五黄	定	危
初十	21	壬戌	八白	定	牛	21	壬辰	八白	收	虚	19	辛酉	六白	除	危	17	庚寅	四绿	执	室
十一	22	癸亥	四绿	执	女	22	癸巳	七赤	开	危	20	壬戌	五黄	满	室	18	辛卯	三碧	破	壁
十二	23	甲子	九紫	破	虚	23	甲午	六白	闭	室	21	癸亥	四绿	平	壁	19	壬辰	二黑	危	奎
十三	24	乙丑	八白	危	危	24	乙未	五黄	建	壁	22	甲子	九紫	定	奎	20	癸巳	一白	成	娄
十四	25	丙寅	七赤	成	室	25	丙申	四绿	除	奎	23	乙丑	二黑	执	娄	21	甲午	九紫	收	胃
十五	26	丁卯	六白	收	壁	26	丁酉	三碧	满	娄	24	丙寅	一白	破	胃	22	乙未	八白	开	昴
十六	27	戊辰	五黄	开	奎	27	戊戌	二黑	平	胃	25	丁卯	九紫	危	昴	23	丙申	七赤	闭	毕
十七	28	己巳	四绿	闭	娄	28	己亥	一白	定	昴	26	戊辰	八白	成	毕	24	丁酉	六白	建	觜
十八	29	庚午	三碧	建	胃	29	庚子	九紫	执	毕	27	己巳	七赤	收	觜	25	戊戌	五黄	除	参
十九	30	辛未	二黑	除	昴	30	辛丑	八白	破	觜	28	庚午	六白	开	参	26	己亥	四绿	满	井
二十	7月	壬申	一白	满	毕	31	壬寅	七赤	危	参	29	辛未	五黄	闭	井	27	庚子	三碧	平	鬼
廿一	2	癸酉	九紫	平	觜	8月	癸卯	六白	成	井	30	壬申	四绿	建	鬼	28	辛丑	二黑	定	柳
廿二	3	甲戌	八白	定	参	2	甲辰	五黄	收	鬼	31	癸酉	三碧	除	柳	29	壬寅	一白	执	星
廿三	4	乙亥	七赤	执	井	3	乙巳	四绿	开	柳	9月	甲戌	二黑	满	星	30	癸卯	九紫	破	张
廿四	5	丙子	六白	破	鬼	4	丙午	三碧	闭	星	2	乙亥	一白	平	张	10月	甲辰	八白	危	翼
廿五	6	丁丑	五黄	危	柳	5	丁未	二黑	建	张	3	丙子	九紫	定	翼	2	乙巳	七赤	成	轸
廿六	7	戊寅	四绿	危	星	6	戊申	一白	除	翼	4	丁丑	八白	执	轸	3	丙午	六白	收	角
廿七	8	己卯	三碧	成	张	7	己酉	九紫	满	轸	5	戊寅	七赤	破	角	4	丁未	五黄	开	亢
廿八	9	庚辰	二黑	收	翼	8	庚戌	八白	满	角	6	己卯	六白	危	亢	5	戊申	四绿	闭	氐
廿九	10	辛巳	一白	开	轸	9	辛亥	七赤	平	亢	7	庚辰	五黄	成	氐	6	己酉	三碧	建	房
三十	11	壬午	九紫	闭	角											7	庚戌	二黑	除	心

公元1991年 辛未羊年 太岁李素 九星九紫

月份	九月小	戊戌 六白	兑卦 参宿			十月大	己亥 五黄	离卦 井宿			十一月大	庚子 四绿	震卦 鬼宿			十二月大	辛丑 三碧	巽卦 柳宿		
节气	寒露 10月9日 初二壬子 寅时 3时01分			霜降 10月24日 十七丁卯 卯时 6时05分		立冬 11月8日 初三壬午 卯时 6时08分			小雪 11月23日 十八丁酉 寅时 3时36分		大雪 12月7日 初二辛亥 亥时 22时56分			冬至 12月22日 十七丙寅 申时 16时54分		小寒 1月6日 初二辛巳 巳时 10时09分			大寒 1月21日 十七丙申 寅时 3时33分	
农历	公历	干支	九星	日建	星宿	公历	干支	九星	日建	星宿	公历	干支	九星	日建	星宿	公历	干支	九星	日建	星宿
初一	8	辛亥	一白	满	尾	6	庚辰	八白	破	箕	6	庚戌	五黄	闭	牛	5	庚辰	八白	定	虚
初二	9	壬子	九紫	满	箕	7	辛巳	七赤	危	斗	7	辛亥	四绿	闭	女	6	辛巳	九紫	定	危
初三	10	癸丑	八白	平	斗	8	壬午	六白	危	牛	8	壬子	三碧	建	虚	7	壬午	一白	执	室
初四	11	甲寅	七赤	定	牛	9	癸未	五黄	成	女	9	癸丑	二黑	除	危	8	癸未	二黑	破	壁
初五	12	乙卯	六白	执	女	10	甲申	四绿	收	虚	10	甲寅	一白	满	室	9	甲申	三碧	危	奎
初六	13	丙辰	五黄	破	虚	11	乙酉	三碧	开	危	11	乙卯	九紫	平	壁	10	乙酉	四绿	成	娄
初七	14	丁巳	四绿	危	危	12	丙戌	二黑	闭	室	12	丙辰	八白	定	奎	11	丙戌	五黄	收	胃
初八	15	戊午	三碧	成	室	13	丁亥	一白	建	壁	13	丁巳	七赤	执	娄	12	丁亥	六白	开	昴
初九	16	己未	二黑	收	壁	14	戊子	九紫	除	奎	14	戊午	六白	破	胃	13	戊子	七赤	闭	毕
初十	17	庚申	一白	开	奎	15	己丑	八白	满	娄	15	己未	五黄	危	昴	14	己丑	八白	建	觜
十一	18	辛酉	九紫	闭	娄	16	庚寅	七赤	平	胃	16	庚申	四绿	成	毕	15	庚寅	九紫	除	参
十二	19	壬戌	八白	建	胃	17	辛卯	六白	定	昴	17	辛酉	三碧	收	觜	16	辛卯	一白	满	井
十三	20	癸亥	七赤	除	昴	18	壬辰	五黄	执	毕	18	壬戌	二黑	开	参	17	壬辰	二黑	平	鬼
十四	21	甲子	三碧	满	毕	19	癸巳	四绿	破	觜	19	癸亥	一白	闭	井	18	癸巳	三碧	定	柳
十五	22	乙丑	二黑	平	觜	20	甲午	三碧	危	参	20	甲子	六白	建	鬼	19	甲午	四绿	执	星
十六	23	丙寅	一白	定	参	21	乙未	二黑	成	井	21	乙丑	五黄	除	柳	20	乙未	五黄	破	张
十七	24	丁卯	三碧	执	井	22	丙申	一白	收	鬼	22	丙寅	三碧	满	星	21	丙申	六白	危	翼
十八	25	戊辰	二黑	破	鬼	23	丁酉	九紫	开	柳	23	丁卯	四绿	平	张	22	丁酉	七赤	成	轸
十九	26	己巳	一白	危	柳	24	戊戌	八白	闭	星	24	戊辰	五黄	定	翼	23	戊戌	八白	收	角
二十	27	庚午	九紫	成	星	25	己亥	七赤	建	张	25	己巳	六白	执	轸	24	己亥	九紫	开	亢
廿一	28	辛未	八白	收	张	26	庚子	六白	除	翼	26	庚午	七赤	破	角	25	庚子	一白	闭	氐
廿二	29	壬申	七赤	开	翼	27	辛丑	五黄	满	轸	27	辛未	八白	危	亢	26	辛丑	二黑	建	房
廿三	30	癸酉	六白	闭	轸	28	壬寅	四绿	平	角	28	壬申	九紫	成	氐	27	壬寅	三碧	除	心
廿四	31	甲戌	五黄	建	角	29	癸卯	三碧	定	亢	29	癸酉	一白	收	房	28	癸卯	四绿	满	尾
廿五	11月	乙亥	四绿	除	亢	30	甲辰	二黑	执	氐	30	甲戌	二黑	开	心	29	甲辰	五黄	平	箕
廿六	2	丙子	三碧	满	氐	12月	乙巳	一白	破	房	31	乙亥	三碧	闭	尾	30	乙巳	六白	定	斗
廿七	3	丁丑	二黑	平	房	2	丙午	九紫	危	心	1月	丙子	四绿	建	箕	31	丙午	七赤	执	牛
廿八	4	戊寅	一白	定	心	3	丁未	八白	成	尾	2	丁丑	五黄	除	斗	3月	丁未	八白	破	女
廿九	5	己卯	九紫	执	尾	4	戊申	七赤	收	箕	3	戊寅	六白	满	牛	2	戊申	九紫	危	虚
三十						5	己酉	六白	开	斗	4	己卯	七赤	平	女	3	己酉	一白	成	危

公元1992年　壬申猴年　太岁刘旺　九星八白

月份	正月小		壬寅 二黑 离卦 星宿			二月大		癸卯 一白 震卦 张宿			三月大		甲辰 九紫 巽卦 翼宿			四月小		乙巳 八白 坎卦 轸宿		
节气	立春 2月4日 初一庚戌 亥时 21时49分		雨水 2月19日 十六乙丑 酉时 17时44分			惊蛰 3月5日 初二庚辰 申时 15时52分		春分 3月20日 十七乙未 申时 16时48分			清明 4月4日 初二庚戌 戌时 20时45分		谷雨 4月20日 十八丙寅 寅时 3时57分			立夏 5月5日 初三辛巳 未时 14时09分		小满 5月21日 十九丁酉 寅时 3时12分		
农历	公历	干支	九星	日建	星宿	公历	干支	九星	日建	星宿	公历	干支	九星	日建	星宿	公历	干支	九星	日建	星宿
初一	4	庚戌	二黑	成	室	4	己卯	四绿	除	壁	3	己酉	七赤	破	娄	3	己卯	一白	闭	昴
初二	5	辛亥	三碧	收	壁	5	庚辰	五黄	除	奎	4	庚戌	八白	破	胃	4	庚辰	二黑	建	毕
初三	6	壬子	四绿	开	奎	6	辛巳	六白	满	娄	5	辛亥	九紫	危	昴	5	辛巳	三碧	建	觜
初四	7	癸丑	五黄	闭	娄	7	壬午	七赤	平	胃	6	壬子	一白	成	毕	6	壬午	四绿	除	参
初五	8	甲寅	六白	建	胃	8	癸未	八白	定	昴	7	癸丑	二黑	收	觜	7	癸未	五黄	满	井
初六	9	乙卯	七赤	除	昴	9	甲申	九紫	执	毕	8	甲寅	三碧	开	参	8	甲申	六白	平	鬼
初七	10	丙辰	八白	满	毕	10	乙酉	一白	破	觜	9	乙卯	四绿	闭	井	9	乙酉	七赤	定	柳
初八	11	丁巳	九紫	平	觜	11	丙戌	二黑	危	参	10	丙辰	五黄	建	鬼	10	丙戌	八白	执	星
初九	12	戊午	一白	定	参	12	丁亥	三碧	成	井	11	丁巳	六白	除	柳	11	丁亥	九紫	破	张
初十	13	己未	二黑	执	井	13	戊子	四绿	收	鬼	12	戊午	七赤	满	星	12	戊子	一白	危	翼
十一	14	庚申	三碧	破	鬼	14	己丑	五黄	开	柳	13	己未	八白	平	张	13	己丑	二黑	成	轸
十二	15	辛酉	四绿	危	柳	15	庚寅	六白	闭	星	14	庚申	九紫	定	翼	14	庚寅	三碧	收	角
十三	16	壬戌	五黄	成	星	16	辛卯	七赤	建	张	15	辛酉	一白	执	轸	15	辛卯	四绿	开	亢
十四	17	癸亥	六白	收	张	17	壬辰	八白	除	翼	16	壬戌	二黑	破	角	16	壬辰	五黄	闭	氐
十五	18	甲子	一白	开	翼	18	癸巳	九紫	满	轸	17	癸亥	三碧	危	亢	17	癸巳	六白	建	房
十六	19	乙丑	八白	闭	轸	19	甲午	一白	平	角	18	甲子	七赤	成	氐	18	甲午	七赤	除	心
十七	20	丙寅	九紫	建	角	20	乙未	二黑	定	亢	19	乙丑	八白	收	房	19	乙未	八白	满	尾
十八	21	丁卯	一白	除	亢	21	丙申	三碧	执	氐	20	丙寅	六白	开	心	20	丙申	九紫	平	箕
十九	22	戊辰	二黑	满	氐	22	丁酉	四绿	破	房	21	丁卯	七赤	闭	尾	21	丁酉	一白	定	斗
二十	23	己巳	三碧	平	房	23	戊戌	五黄	危	心	22	戊辰	八白	建	箕	22	戊戌	二黑	执	牛
廿一	24	庚午	四绿	定	心	24	己亥	六白	成	尾	23	己巳	九紫	除	斗	23	己亥	三碧	破	女
廿二	25	辛未	五黄	执	尾	25	庚子	七赤	收	箕	24	庚午	一白	满	牛	24	庚子	四绿	危	虚
廿三	26	壬申	六白	破	箕	26	辛丑	八白	开	斗	25	辛未	二黑	平	女	25	辛丑	五黄	成	危
廿四	27	癸酉	七赤	危	斗	27	壬寅	九紫	闭	牛	26	壬申	三碧	定	虚	26	壬寅	六白	收	室
廿五	28	甲戌	八白	成	牛	28	癸卯	一白	建	女	27	癸酉	四绿	执	危	27	癸卯	七赤	开	壁
廿六	29	乙亥	九紫	收	女	29	甲辰	二黑	除	虚	28	甲戌	五黄	破	室	28	甲辰	八白	闭	奎
廿七	3月	丙子	一白	开	虚	30	乙巳	三碧	满	危	29	乙亥	六白	危	壁	29	乙巳	九紫	建	娄
廿八	2	丁丑	二黑	闭	危	31	丙午	四绿	平	室	30	丙子	七赤	成	奎	30	丙午	一白	除	胃
廿九	3	戊寅	三碧	建	室	4月	丁未	五黄	定	壁	5月	丁丑	八白	收	娄	31	丁未	二黑	满	昴
三十						2	戊申	六白	执	奎	2	戊寅	九紫	开	胃					

公元1992年　壬申猴年　太岁刘旺　九星八白

月份	五月小 丙午 七赤 艮卦 角宿					六月大 丁未 六白 坤卦 亢宿					七月小 戊申 五黄 乾卦 氐宿					八月小 己酉 四绿 兑卦 房宿				
节气	芒种 6月5日 初五壬子 酉时 18时22分		夏至 6月21日 廿一戊辰 午时 11时14分			小暑 7月7日 初八甲申 寅时 4时40分		大暑 7月22日 廿三己亥 亥时 22时09分			立秋 8月7日 初九乙卯 未时 14时28分		处暑 8月23日 廿五辛未 卯时 5时10分			白露 9月7日 十一丙戌 酉时 17时19分		秋分 9月23日 廿七壬寅 丑时 2时43分		
农历	公历	干支	九星	日建	星宿	公历	干支	九星	日建	星宿	公历	干支	九星	日建	星宿	公历	干支	九星	日建	星宿
初一	6月	戊申	三碧	平	毕	30	丁丑	五黄	危	觜	30	丁未	二黑	建	井	28	丙子	九紫	定	鬼
初二	2	己酉	四绿	定	觜	7月	戊寅	四绿	成	参	31	戊申	一白	除	鬼	29	丁丑	八白	执	柳
初三	3	庚戌	五黄	执	参	2	己卯	三碧	收	井	8月	己酉	九紫	满	柳	30	戊寅	七赤	破	星
初四	4	辛亥	六白	破	井	3	庚辰	二黑	开	鬼	2	庚戌	八白	平	星	31	己卯	六白	危	张
初五	5	壬子	七赤	破	鬼	4	辛巳	一白	闭	柳	3	辛亥	七赤	定	张	9月	庚辰	五黄	成	翼
初六	6	癸丑	八白	危	柳	5	壬午	九紫	建	星	4	壬子	六白	执	翼	2	辛巳	四绿	收	轸
初七	7	甲寅	九紫	成	星	6	癸未	八白	除	张	5	癸丑	五黄	破	轸	3	壬午	三碧	开	角
初八	8	乙卯	一白	收	张	7	甲申	七赤	除	翼	6	甲寅	四绿	危	角	4	癸未	二黑	闭	亢
初九	9	丙辰	二黑	开	翼	8	乙酉	六白	满	轸	7	乙卯	三碧	危	亢	5	甲申	一白	建	氐
初十	10	丁巳	三碧	闭	轸	9	丙戌	五黄	平	角	8	丙辰	二黑	成	氐	6	乙酉	九紫	除	房
十一	11	戊午	四绿	建	角	10	丁亥	四绿	定	亢	9	丁巳	一白	收	房	7	丙戌	八白	除	心
十二	12	己未	五黄	除	亢	11	戊子	三碧	执	氐	10	戊午	九紫	开	心	8	丁亥	七赤	满	尾
十三	13	庚申	六白	满	氐	12	己丑	二黑	破	房	11	己未	八白	闭	尾	9	戊子	六白	平	箕
十四	14	辛酉	七赤	平	房	13	庚寅	一白	危	心	12	庚申	七赤	建	箕	10	己丑	五黄	定	斗
十五	15	壬戌	八白	定	心	14	辛卯	九紫	成	尾	13	辛酉	六白	除	斗	11	庚寅	四绿	执	牛
十六	16	癸亥	九紫	执	尾	15	壬辰	八白	收	箕	14	壬戌	五黄	满	牛	12	辛卯	三碧	破	女
十七	17	甲子	四绿	破	箕	16	癸巳	七赤	开	斗	15	癸亥	四绿	平	女	13	壬辰	二黑	危	虚
十八	18	乙丑	五黄	危	斗	17	甲午	六白	闭	牛	16	甲子	九紫	定	虚	14	癸巳	一白	成	危
十九	19	丙寅	六白	成	牛	18	乙未	五黄	建	女	17	乙丑	八白	执	危	15	甲午	九紫	收	室
二十	20	丁卯	七赤	收	女	19	丙申	四绿	除	虚	18	丙寅	七赤	破	室	16	乙未	八白	开	壁
廿一	21	戊辰	五黄	开	虚	20	丁酉	三碧	满	危	19	丁卯	六白	危	壁	17	丙申	七赤	闭	奎
廿二	22	己巳	四绿	闭	危	21	戊戌	二黑	平	室	20	戊辰	五黄	成	奎	18	丁酉	六白	建	娄
廿三	23	庚午	三碧	建	室	22	己亥	一白	定	壁	21	己巳	四绿	收	娄	19	戊戌	五黄	除	胃
廿四	24	辛未	二黑	除	壁	23	庚子	九紫	执	奎	22	庚午	三碧	开	胃	20	己亥	四绿	满	昴
廿五	25	壬申	一白	满	奎	24	辛丑	八白	破	娄	23	辛未	五黄	闭	昴	21	庚子	三碧	平	毕
廿六	26	癸酉	九紫	平	娄	25	壬寅	七赤	危	胃	24	壬申	四绿	建	毕	22	辛丑	二黑	定	觜
廿七	27	甲戌	八白	定	胃	26	癸卯	六白	成	昴	25	癸酉	三碧	除	觜	23	壬寅	一白	执	参
廿八	28	乙亥	七赤	执	昴	27	甲辰	五黄	收	毕	26	甲戌	二黑	满	参	24	癸卯	九紫	破	井
廿九	29	丙子	六白	破	毕	28	乙巳	四绿	开	觜	27	乙亥	一白	平	井	25	甲辰	八白	危	鬼
三十						29	丙午	三碧	闭	参										

公元1992年　壬申猴年　太岁刘旺 九星八白

月份	九月大	庚戌 三碧 离卦 心宿				十月小	辛亥 二黑 震卦 尾宿				十一月大	壬子 一白 巽卦 箕宿				十二月大	癸丑 九紫 坎卦 斗宿			
节气	寒露 10月8日 十三丁巳 辰时 8时52分		霜降 10月23日 廿八壬申 午时 11时57分			立冬 11月7日 十三丁亥 午时 11时57分		小雪 11月22日 廿八壬寅 巳时 9时26分			大雪 12月7日 十四丁巳 寅时 4时45分		冬至 12月21日 廿八辛未 亥时 22时44分			小寒 1月5日 十三丙戌 申时 15时57分		大寒 1月20日 廿八辛丑 巳时 9时23分		
农历	公历	干支	九星	日建	星宿	公历	干支	九星	日建	星宿	公历	干支	九星	日建	星宿	公历	干支	九星	日建	星宿
初一	26	乙巳	七赤	成	柳	26	乙亥	四绿	除	张	24	甲辰	二黑	执	翼	24	甲戌	二黑	开	角
初二	27	丙午	六白	收	星	27	丙子	三碧	满	翼	25	乙巳	一白	破	轸	25	乙亥	三碧	闭	亢
初三	28	丁未	五黄	开	张	28	丁丑	二黑	平	轸	26	丙午	九紫	危	角	26	丙子	四绿	建	氐
初四	29	戊申	四绿	闭	翼	29	戊寅	一白	定	角	27	丁未	八白	成	亢	27	丁丑	五黄	除	房
初五	30	己酉	三碧	建	轸	30	己卯	九紫	执	亢	28	戊申	七赤	收	氐	28	戊寅	六白	满	心
初六	10月	庚戌	二黑	除	角	31	庚辰	八白	破	氐	29	己酉	六白	开	房	29	己卯	七赤	平	尾
初七	2	辛亥	一白	满	亢	11月	辛巳	七赤	危	房	30	庚戌	五黄	闭	心	30	庚辰	八白	定	箕
初八	3	壬子	九紫	平	氐	2	壬午	六白	成	心	12月	辛亥	四绿	建	尾	31	辛巳	九紫	执	斗
初九	4	癸丑	八白	定	房	3	癸未	五黄	收	尾	2	壬子	三碧	除	箕	1月	壬午	一白	破	牛
初十	5	甲寅	七赤	执	心	4	甲申	四绿	开	箕	3	癸丑	二黑	满	斗	2	癸未	二黑	危	女
十一	6	乙卯	六白	破	尾	5	乙酉	三碧	闭	斗	4	甲寅	一白	平	牛	3	甲申	三碧	成	虚
十二	7	丙辰	五黄	危	箕	6	丙戌	二黑	建	牛	5	乙卯	九紫	定	女	4	乙酉	四绿	收	危
十三	8	丁巳	四绿	危	斗	7	丁亥	一白	建	女	6	丙辰	八白	执	虚	5	丙戌	五黄	收	室
十四	9	戊午	三碧	成	牛	8	戊子	九紫	除	虚	7	丁巳	七赤	执	危	6	丁亥	六白	开	壁
十五	10	己未	二黑	收	女	9	己丑	八白	满	危	8	戊午	六白	破	室	7	戊子	七赤	闭	奎
十六	11	庚申	一白	开	虚	10	庚寅	七赤	平	室	9	己未	五黄	危	壁	8	己丑	八白	建	娄
十七	12	辛酉	九紫	闭	危	11	辛卯	六白	定	壁	10	庚申	四绿	成	奎	9	庚寅	九紫	除	胃
十八	13	壬戌	八白	建	室	12	壬辰	五黄	执	奎	11	辛酉	三碧	收	娄	10	辛卯	一白	满	昴
十九	14	癸亥	七赤	除	壁	13	癸巳	四绿	破	娄	12	壬戌	二黑	开	胃	11	壬辰	二黑	平	毕
二十	15	甲子	三碧	满	奎	14	甲午	三碧	危	胃	13	癸亥	一白	闭	昴	12	癸巳	三碧	定	觜
廿一	16	乙丑	二黑	平	娄	15	乙未	二黑	成	昴	14	甲子	六白	建	毕	13	甲午	四绿	执	参
廿二	17	丙寅	一白	定	胃	16	丙申	一白	收	毕	15	乙丑	五黄	除	觜	14	乙未	五黄	破	井
廿三	18	丁卯	九紫	执	昴	17	丁酉	九紫	开	觜	16	丙寅	四绿	满	参	15	丙申	六白	危	鬼
廿四	19	戊辰	八白	破	毕	18	戊戌	八白	闭	参	17	丁卯	三碧	平	井	16	丁酉	七赤	成	柳
廿五	20	己巳	七赤	危	觜	19	己亥	七赤	建	井	18	戊辰	二黑	定	鬼	17	戊戌	八白	收	星
廿六	21	庚午	六白	成	参	20	庚子	六白	除	鬼	19	己巳	一白	执	柳	18	己亥	九紫	开	张
廿七	22	辛未	五黄	收	井	21	辛丑	五黄	满	柳	20	庚午	九紫	破	星	19	庚子	一白	闭	翼
廿八	23	壬申	七赤	开	鬼	22	壬寅	四绿	平	星	21	辛未	八白	危	张	20	辛丑	二黑	建	轸
廿九	24	癸酉	六白	闭	柳	23	癸卯	三碧	定	张	22	壬申	九紫	成	翼	21	壬寅	三碧	除	角
三十	25	甲戌	五黄	建	星						23	癸酉	一白	收	轸	22	癸卯	四绿	满	亢

公元1993年　癸酉鸡年（闰三月）　太岁康志 九星七赤

月份	正月小		甲寅 八白 震卦 牛宿			二月大		乙卯 七赤 巽卦 女宿		
节气	立春 2月4日 十三丙辰 寅时 3时37分			雨水 2月18日 廿七庚午 夜子时 23时35分		惊蛰 3月5日 十三乙酉 亥时 21时43分			春分 3月20日 廿八庚子 亥时 22时41分	
农历	公历	干支	九星	日建	星宿	公历	干支	九星	日建	星宿
初一	23	甲辰	五黄	平	氐	21	癸酉	七赤	危	房
初二	24	乙巳	六白	定	房	22	甲戌	八白	成	心
初三	25	丙午	七赤	执	心	23	乙亥	九紫	收	尾
初四	26	丁未	八白	破	尾	24	丙子	一白	开	箕
初五	27	戊申	九紫	危	箕	25	丁丑	二黑	闭	斗
初六	28	己酉	一白	成	斗	26	戊寅	三碧	建	牛
初七	29	庚戌	二黑	收	牛	27	己卯	四绿	除	女
初八	30	辛亥	三碧	开	女	28	庚辰	五黄	满	虚
初九	31	壬子	四绿	闭	虚	3月	辛巳	六白	平	危
初十	2月	癸丑	五黄	建	危	2	壬午	七赤	定	室
十一	2	甲寅	六白	除	室	3	癸未	八白	执	壁
十二	3	乙卯	七赤	满	壁	4	甲申	九紫	破	奎
十三	4	丙辰	八白	满	奎	5	乙酉	一白	破	娄
十四	5	丁巳	九紫	平	娄	6	丙戌	二黑	危	胃
十五	6	戊午	一白	定	胃	7	丁亥	三碧	成	昴
十六	7	己未	二黑	执	昴	8	戊子	四绿	收	毕
十七	8	庚申	三碧	破	毕	9	己丑	五黄	开	觜
十八	9	辛酉	四绿	危	觜	10	庚寅	六白	闭	参
十九	10	壬戌	五黄	成	参	11	辛卯	七赤	建	井
二十	11	癸亥	六白	收	井	12	壬辰	八白	除	鬼
廿一	12	甲子	一白	开	鬼	13	癸巳	九紫	满	柳
廿二	13	乙丑	二黑	闭	柳	14	甲午	一白	平	星
廿三	14	丙寅	三碧	建	星	15	乙未	二黑	定	张
廿四	15	丁卯	四绿	除	张	16	丙申	三碧	执	翼
廿五	16	戊辰	五黄	满	翼	17	丁酉	四绿	破	轸
廿六	17	己巳	六白	平	轸	18	戊戌	五黄	危	角
廿七	18	庚午	四绿	定	角	19	己亥	六白	成	亢
廿八	19	辛未	五黄	执	亢	20	庚子	七赤	收	氐
廿九	20	壬申	六白	破	氐	21	辛丑	八白	开	房
三十						22	壬寅	九紫	闭	心

月份	三月大		丙辰 六白 坎卦 虚宿			闰三月小				
节气	清明 4月5日 十四丙辰 丑时 2时37分			谷雨 4月20日 廿九辛未 巳时 9时49分		立夏 5月5日 十四丙戌 戌时 20时02分				
农历	公历	干支	九星	日建	星宿	公历	干支	九星	日建	星宿
初一	23	癸卯	一白	建	尾	22	癸酉	四绿	执	斗
初二	24	甲辰	二黑	除	箕	23	甲戌	五黄	破	牛
初三	25	乙巳	三碧	满	斗	24	乙亥	六白	危	女
初四	26	丙午	四绿	平	牛	25	丙子	七赤	成	虚
初五	27	丁未	五黄	定	女	26	丁丑	八白	收	危
初六	28	戊申	六白	执	虚	27	戊寅	九紫	开	室
初七	29	己酉	七赤	破	危	28	己卯	一白	闭	壁
初八	30	庚戌	八白	危	室	29	庚辰	二黑	建	奎
初九	31	辛亥	九紫	成	壁	30	辛巳	三碧	除	娄
初十	4月	壬子	一白	收	奎	5月	壬午	四绿	满	胃
十一	2	癸丑	二黑	开	娄	2	癸未	五黄	平	昴
十二	3	甲寅	三碧	闭	胃	3	甲申	六白	定	毕
十三	4	乙卯	四绿	建	昴	4	乙酉	七赤	执	觜
十四	5	丙辰	五黄	建	毕	5	丙戌	八白	执	参
十五	6	丁巳	六白	除	觜	6	丁亥	九紫	破	井
十六	7	戊午	七赤	满	参	7	戊子	一白	危	鬼
十七	8	己未	八白	平	井	8	己丑	二黑	成	柳
十八	9	庚申	九紫	定	鬼	9	庚寅	三碧	收	星
十九	10	辛酉	一白	执	柳	10	辛卯	四绿	开	张
二十	11	壬戌	二黑	破	星	11	壬辰	五黄	闭	翼
廿一	12	癸亥	三碧	危	张	12	癸巳	六白	建	轸
廿二	13	甲子	七赤	成	翼	13	甲午	七赤	除	角
廿三	14	乙丑	八白	收	轸	14	乙未	八白	满	亢
廿四	15	丙寅	九紫	开	角	15	丙申	九紫	平	氐
廿五	16	丁卯	一白	闭	亢	16	丁酉	一白	定	房
廿六	17	戊辰	二黑	建	氐	17	戊戌	二黑	执	心
廿七	18	己巳	三碧	除	房	18	己亥	三碧	破	尾
廿八	19	庚午	四绿	满	心	19	庚子	四绿	危	箕
廿九	20	辛未	二黑	平	尾	20	辛丑	五黄	成	斗
三十	21	壬申	三碧	定	箕					

公元1993年　癸酉鸡年（闰三月）　太岁康志 九星七赤

月份	四月大	丁巳 五黄 艮卦 危宿				五月小	戊午 四绿 坤卦 室宿				六月大	己未 三碧 乾卦 壁宿			
节气	小满 5月21日 初一壬寅 巳时 9时02分		芒种 6月6日 十七戊午 早子时 0时15分			夏至 6月21日 初二癸酉 酉时 17时00分		小暑 7月7日 十八己丑 巳时 10时32分			大暑 7月23日 初五乙巳 寅时 3时51分		立秋 8月7日 二十庚申 戌时 20时18分		
农历	公历	干支	九星	日建	星宿	公历	干支	九星	日建	星宿	公历	干支	九星	日建	星宿
初一	21	壬寅	六白	收	牛	20	壬申	三碧	满	虚	19	辛丑	八白	破	危
初二	22	癸卯	七赤	开	女	21	癸酉	九紫	平	危	20	壬寅	七赤	危	室
初三	23	甲辰	八白	闭	虚	22	甲戌	八白	定	室	21	癸卯	六白	成	壁
初四	24	乙巳	九紫	建	危	23	乙亥	七赤	执	壁	22	甲辰	五黄	收	奎
初五	25	丙午	一白	除	室	24	丙子	六白	破	奎	23	乙巳	四绿	开	娄
初六	26	丁未	二黑	满	壁	25	丁丑	五黄	危	娄	24	丙午	三碧	闭	胃
初七	27	戊申	三碧	平	奎	26	戊寅	四绿	成	胃	25	丁未	二黑	建	昴
初八	28	己酉	四绿	定	娄	27	己卯	三碧	收	昴	26	戊申	一白	除	毕
初九	29	庚戌	五黄	执	胃	28	庚辰	二黑	开	毕	27	己酉	九紫	满	觜
初十	30	辛亥	六白	破	昴	29	辛巳	一白	闭	觜	28	庚戌	八白	平	参
十一	31	壬子	七赤	危	毕	30	壬午	九紫	建	参	29	辛亥	七赤	定	井
十二	6月	癸丑	八白	成	觜	7月	癸未	八白	除	井	30	壬子	六白	执	鬼
十三	2	甲寅	九紫	收	参	2	甲申	七赤	满	鬼	31	癸丑	五黄	破	柳
十四	3	乙卯	一白	开	井	3	乙酉	六白	平	柳	8月	甲寅	四绿	危	星
十五	4	丙辰	二黑	闭	鬼	4	丙戌	五黄	定	星	2	乙卯	三碧	成	张
十六	5	丁巳	三碧	建	柳	5	丁亥	四绿	执	张	3	丙辰	二黑	收	翼
十七	6	戊午	四绿	建	星	6	戊子	三碧	破	翼	4	丁巳	一白	开	轸
十八	7	己未	五黄	除	张	7	己丑	二黑	破	轸	5	戊午	九紫	闭	角
十九	8	庚申	六白	满	翼	8	庚寅	一白	危	角	6	己未	八白	建	亢
二十	9	辛酉	七赤	平	轸	9	辛卯	九紫	成	亢	7	庚申	七赤	建	氐
廿一	10	壬戌	八白	定	角	10	壬辰	八白	收	氐	8	辛酉	六白	除	房
廿二	11	癸亥	九紫	执	亢	11	癸巳	七赤	开	房	9	壬戌	五黄	满	心
廿三	12	甲子	四绿	破	氐	12	甲午	六白	闭	心	10	癸亥	四绿	平	尾
廿四	13	乙丑	五黄	危	房	13	乙未	五黄	建	尾	11	甲子	九紫	定	箕
廿五	14	丙寅	六白	成	心	14	丙申	四绿	除	箕	12	乙丑	八白	执	斗
廿六	15	丁卯	七赤	收	尾	15	丁酉	三碧	满	斗	13	丙寅	七赤	破	牛
廿七	16	戊辰	八白	开	箕	16	戊戌	二黑	平	牛	14	丁卯	六白	危	女
廿八	17	己巳	九紫	闭	斗	17	己亥	一白	定	女	15	戊辰	五黄	成	虚
廿九	18	庚午	一白	建	牛	18	庚子	九紫	执	虚	16	己巳	四绿	收	危
三十	19	辛未	二黑	除	女						17	庚午	三碧	开	室

公元1993年　癸酉鸡年（闰三月）　太岁康志 九星七赤

月份	七月小	庚申 二黑 兑卦 奎宿				八月小	辛酉 一白 离卦 娄宿				九月大	壬戌 九紫 震卦 胃宿			
节气	处暑 8月23日 初六丙子 巳时 10时50分		白露 9月7日 廿一辛卯 夜子时 23时08分			秋分 9月23日 初八丁未 辰时 8时23分		寒露 10月8日 廿三壬戌 未时 14时40分			霜降 10月23日 初九丁丑 酉时 17时37分		立冬 11月7日 廿四壬辰 酉时 17时46分		
农历	公历	干支	九星	日建	星宿	公历	干支	九星	日建	星宿	公历	干支	九星	日建	星宿
初一	18	辛未	二黑	闭	壁	16	庚子	三碧	平	奎	15	己巳	七赤	危	娄
初二	19	壬申	一白	建	奎	17	辛丑	二黑	定	娄	16	庚午	六白	成	胃
初三	20	癸酉	九紫	除	娄	18	壬寅	一白	执	胃	17	辛未	五黄	收	昴
初四	21	甲戌	八白	满	胃	19	癸卯	九紫	破	昴	18	壬申	四绿	开	毕
初五	22	乙亥	七赤	平	昴	20	甲辰	八白	危	毕	19	癸酉	三碧	闭	觜
初六	23	丙子	九紫	定	毕	21	乙巳	七赤	成	觜	20	甲戌	二黑	建	参
初七	24	丁丑	八白	执	觜	22	丙午	六白	收	参	21	乙亥	一白	除	井
初八	25	戊寅	七赤	破	参	23	丁未	五黄	开	井	22	丙子	九紫	满	鬼
初九	26	己卯	六白	危	井	24	戊申	四绿	闭	鬼	23	丁丑	二黑	平	柳
初十	27	庚辰	五黄	成	鬼	25	己酉	三碧	建	柳	24	戊寅	一白	定	星
十一	28	辛巳	四绿	收	柳	26	庚戌	二黑	除	星	25	己卯	九紫	执	张
十二	29	壬午	三碧	开	星	27	辛亥	一白	满	张	26	庚辰	八白	破	翼
十三	30	癸未	二黑	闭	张	28	壬子	九紫	平	翼	27	辛巳	七赤	危	轸
十四	31	甲申	一白	建	翼	29	癸丑	八白	定	轸	28	壬午	六白	成	角
十五	9月	乙酉	九紫	除	轸	30	甲寅	七赤	执	角	29	癸未	五黄	收	亢
十六	2	丙戌	八白	满	角	10月	乙卯	六白	破	亢	30	甲申	四绿	开	氐
十七	3	丁亥	七赤	平	亢	2	丙辰	五黄	危	氐	31	乙酉	三碧	闭	房
十八	4	戊子	六白	定	氐	3	丁巳	四绿	成	房	11月	丙戌	二黑	建	心
十九	5	己丑	五黄	执	房	4	戊午	三碧	收	心	2	丁亥	一白	除	尾
二十	6	庚寅	四绿	破	心	5	己未	二黑	开	尾	3	戊子	九紫	满	箕
廿一	7	辛卯	三碧	破	尾	6	庚申	一白	闭	箕	4	己丑	八白	平	斗
廿二	8	壬辰	二黑	危	箕	7	辛酉	九紫	建	斗	5	庚寅	七赤	定	牛
廿三	9	癸巳	一白	成	斗	8	壬戌	八白	建	牛	6	辛卯	六白	执	女
廿四	10	甲午	九紫	收	牛	9	癸亥	七赤	除	女	7	壬辰	五黄	执	虚
廿五	11	乙未	八白	开	女	10	甲子	三碧	满	虚	8	癸巳	四绿	破	危
廿六	12	丙申	七赤	闭	虚	11	乙丑	二黑	平	危	9	甲午	三碧	危	室
廿七	13	丁酉	六白	建	危	12	丙寅	一白	定	室	10	乙未	二黑	成	壁
廿八	14	戊戌	五黄	除	室	13	丁卯	九紫	执	壁	11	丙申	一白	收	奎
廿九	15	己亥	四绿	满	壁	14	戊辰	八白	破	奎	12	丁酉	九紫	开	娄
三十											13	戊戌	八白	闭	胃

公元1993年　癸酉鸡年（闰三月）　太岁康志　九星七赤

月份	十月小	癸亥 八白	巽卦 昴宿			十一月大	甲子 七赤	坎卦 毕宿			十二月小	乙丑 六白	艮卦 觜宿		
节气	小雪 11月22日 初九丁未 申时 15时07分		大雪 12月7日 廿四壬戌 巳时 10时34分			冬至 12月22日 初十丁丑 寅时 4时26分		小寒 1月5日 廿四辛卯 亥时 21时48分			大寒 1月20日 初九丙午 申时 15时07分		立春 2月4日 廿四辛酉 巳时 9时31分		
农历	公历	干支	九星	日建	星宿	公历	干支	九星	日建	星宿	公历	干支	九星	日建	星宿
初一	14	己亥	七赤	建	昴	13	戊辰	二黑	定	毕	12	戊戌	八白	收	参
初二	15	庚子	六白	除	毕	14	己巳	一白	执	觜	13	己亥	九紫	开	井
初三	16	辛丑	五黄	满	觜	15	庚午	九紫	破	参	14	庚子	一白	闭	鬼
初四	17	壬寅	四绿	平	参	16	辛未	八白	危	井	15	辛丑	二黑	建	柳
初五	18	癸卯	三碧	定	井	17	壬申	七赤	成	鬼	16	壬寅	三碧	除	星
初六	19	甲辰	二黑	执	鬼	18	癸酉	六白	收	柳	17	癸卯	四绿	满	张
初七	20	乙巳	一白	破	柳	19	甲戌	五黄	开	星	18	甲辰	五黄	平	翼
初八	21	丙午	九紫	危	星	20	乙亥	四绿	闭	张	19	乙巳	六白	定	轸
初九	22	丁未	八白	成	张	21	丙子	三碧	建	翼	20	丙午	七赤	执	角
初十	23	戊申	七赤	收	翼	22	丁丑	五黄	除	轸	21	丁未	八白	破	亢
十一	24	己酉	六白	开	轸	23	戊寅	六白	满	角	22	戊申	九紫	危	氐
十二	25	庚戌	五黄	闭	角	24	己卯	七赤	平	亢	23	己酉	一白	成	房
十三	26	辛亥	四绿	建	亢	25	庚辰	八白	定	氐	24	庚戌	二黑	收	心
十四	27	壬子	三碧	除	氐	26	辛巳	九紫	执	房	25	辛亥	三碧	开	尾
十五	28	癸丑	二黑	满	房	27	壬午	一白	破	心	26	壬子	四绿	闭	箕
十六	29	甲寅	一白	平	心	28	癸未	二黑	危	尾	27	癸丑	五黄	建	斗
十七	30	乙卯	九紫	定	尾	29	甲申	三碧	成	箕	28	甲寅	六白	除	牛
十八	12月	丙辰	八白	执	箕	30	乙酉	四绿	收	斗	29	乙卯	七赤	满	女
十九	2	丁巳	七赤	破	斗	31	丙戌	五黄	开	牛	30	丙辰	八白	平	虚
二十	3	戊午	六白	危	牛	1月	丁亥	六白	闭	女	31	丁巳	九紫	定	危
廿一	4	己未	五黄	成	女	2	戊子	七赤	建	虚	2月	戊午	一白	执	室
廿二	5	庚申	四绿	收	虚	3	己丑	八白	除	危	2	己未	二黑	破	壁
廿三	6	辛酉	三碧	开	危	4	庚寅	九紫	满	室	3	庚申	三碧	危	奎
廿四	7	壬戌	二黑	开	室	5	辛卯	一白	满	壁	4	辛酉	四绿	危	娄
廿五	8	癸亥	一白	闭	壁	6	壬辰	二黑	平	奎	5	壬戌	五黄	成	胃
廿六	9	甲子	六白	建	奎	7	癸巳	三碧	定	娄	6	癸亥	六白	收	昴
廿七	10	乙丑	五黄	除	娄	8	甲午	四绿	执	胃	7	甲子	一白	开	毕
廿八	11	丙寅	四绿	满	胃	9	乙未	五黄	破	昴	8	乙丑	二黑	闭	觜
廿九	12	丁卯	三碧	平	昴	10	丙申	六白	危	毕	9	丙寅	三碧	建	参
三十						11	丁酉	七赤	成	觜					

公元1994年 甲戌狗年 太岁誓广 九星六白

月份	正月大		丙寅 五黄 巽卦 参宿			二月大		丁卯 四绿 坎卦 井宿			三月大		戊辰 三碧 艮卦 鬼宿			四月小		己巳 二黑 坤卦 柳宿		
节气	雨水 2月19日 初十丙子 卯时 5时22分			惊蛰 3月6日 廿五辛卯 寅时 3时38分		春分 3月21日 初十丙午 寅时 4时28分			清明 4月5日 廿五辛酉 辰时 8时32分		谷雨 4月20日 初十丙子 申时 15时36分			立夏 5月6日 廿六壬辰 丑时 1时54分		小满 5月21日 十一丁未 未时 14时49分			芒种 6月6日 廿七癸亥 卯时 6时05分	
农历	公历	干支	九星	日建	星宿	公历	干支	九星	日建	星宿	公历	干支	九星	日建	星宿	公历	干支	九星	日建	星宿
初一	10	丁卯	四绿	除	井	12	丁酉	四绿	破	柳	11	丁卯	一白	闭	张	11	丁酉	一白	定	轸
初二	11	戊辰	五黄	满	鬼	13	戊戌	五黄	危	星	12	戊辰	二黑	建	翼	12	戊戌	二黑	执	角
初三	12	己巳	六白	平	柳	14	己亥	六白	成	张	13	己巳	三碧	除	轸	13	己亥	三碧	破	亢
初四	13	庚午	七赤	定	星	15	庚子	七赤	收	翼	14	庚午	四绿	满	角	14	庚子	四绿	危	氐
初五	14	辛未	八白	执	张	16	辛丑	八白	开	轸	15	辛未	五黄	平	亢	15	辛丑	五黄	成	房
初六	15	壬申	九紫	破	翼	17	壬寅	九紫	闭	角	16	壬申	六白	定	氐	16	壬寅	六白	收	心
初七	16	癸酉	一白	危	轸	18	癸卯	一白	建	亢	17	癸酉	七赤	执	房	17	癸卯	七赤	开	尾
初八	17	甲戌	二黑	成	角	19	甲辰	二黑	除	氐	18	甲戌	八白	破	心	18	甲辰	八白	闭	箕
初九	18	乙亥	三碧	收	亢	20	乙巳	三碧	满	房	19	乙亥	九紫	危	尾	19	乙巳	九紫	建	斗
初十	19	丙子	一白	开	氐	21	丙午	四绿	平	心	20	丙子	七赤	成	箕	20	丙午	一白	除	牛
十一	20	丁丑	二黑	闭	房	22	丁未	五黄	定	尾	21	丁丑	八白	收	斗	21	丁未	二黑	满	女
十二	21	戊寅	三碧	建	心	23	戊申	六白	执	箕	22	戊寅	九紫	开	牛	22	戊申	三碧	平	虚
十三	22	己卯	四绿	除	尾	24	己酉	七赤	破	斗	23	己卯	一白	闭	女	23	己酉	四绿	定	危
十四	23	庚辰	五黄	满	箕	25	庚戌	八白	危	牛	24	庚辰	二黑	建	虚	24	庚戌	五黄	执	室
十五	24	辛巳	六白	平	斗	26	辛亥	九紫	成	女	25	辛巳	三碧	除	危	25	辛亥	六白	破	壁
十六	25	壬午	七赤	定	牛	27	壬子	一白	收	虚	26	壬午	四绿	满	室	26	壬子	七赤	危	奎
十七	26	癸未	八白	执	女	28	癸丑	二黑	开	危	27	癸未	五黄	平	壁	27	癸丑	八白	成	娄
十八	27	甲申	九紫	破	虚	29	甲寅	三碧	闭	室	28	甲申	六白	定	奎	28	甲寅	九紫	收	胃
十九	28	乙酉	一白	危	危	30	乙卯	四绿	建	壁	29	乙酉	七赤	执	娄	29	乙卯	一白	开	昴
二十	3月	丙戌	二黑	成	室	31	丙辰	五黄	除	奎	30	丙戌	八白	破	胃	30	丙辰	二黑	闭	毕
廿一	2	丁亥	三碧	收	壁	4月	丁巳	六白	满	娄	5月	丁亥	九紫	危	昴	31	丁巳	三碧	建	觜
廿二	3	戊子	四绿	开	奎	2	戊午	七赤	平	胃	2	戊子	一白	成	毕	6月	戊午	四绿	除	参
廿三	4	己丑	五黄	闭	娄	3	己未	八白	定	昴	3	己丑	二黑	收	觜	2	己未	五黄	满	井
廿四	5	庚寅	六白	建	胃	4	庚申	九紫	执	毕	4	庚寅	三碧	开	参	3	庚申	六白	平	鬼
廿五	6	辛卯	七赤	建	昴	5	辛酉	一白	执	觜	5	辛卯	四绿	闭	井	4	辛酉	七赤	定	柳
廿六	7	壬辰	八白	除	毕	6	壬戌	二黑	破	参	6	壬辰	五黄	闭	鬼	5	壬戌	八白	执	星
廿七	8	癸巳	九紫	满	觜	7	癸亥	三碧	危	井	7	癸巳	六白	建	柳	6	癸亥	九紫	执	张
廿八	9	甲午	一白	平	参	8	甲子	七赤	成	鬼	8	甲午	七赤	除	星	7	甲子	四绿	破	翼
廿九	10	乙未	二黑	定	井	9	乙丑	八白	收	柳	9	乙未	八白	满	张	8	乙丑	五黄	危	轸
三十	11	丙申	三碧	执	鬼	10	丙寅	九紫	开	星	10	丙申	九紫	平	翼					

公元1994年　甲戌狗年　太岁誓广　九星六白

月份	五月大	庚午 乾卦		一白 星宿		六月小	辛未 兑卦		九紫 张宿		七月大	壬申 离卦		八白 翼宿		八月小	癸酉 震卦		七赤 轸宿	
节气	夏至 6月21日 十三戊寅 亥时 22时48分		小暑 7月7日 廿九甲午 申时 16时19分			大暑 7月23日 十五庚戌 巳时 9时41分					立秋 8月8日 初二丙寅 丑时 2时04分		处暑 8月23日 十七辛巳 申时 16时44分			白露 9月8日 初三丁酉 寅时 4时55分		秋分 9月23日 十八壬子 未时 14时19分		
农历	公历	干支	九星	日建	星宿	公历	干支	九星	日建	星宿	公历	干支	九星	日建	星宿	公历	干支	九星	日建	星宿
初一	9	丙寅	六白	成	角	9	丙申	四绿	除	氐	7	乙丑	八白	破	房	6	乙未	八白	闭	尾
初二	10	丁卯	七赤	收	亢	10	丁酉	三碧	满	房	8	丙寅	七赤	破	心	7	丙申	七赤	建	箕
初三	11	戊辰	八白	开	氐	11	戊戌	二黑	平	心	9	丁卯	六白	危	尾	8	丁酉	六白	建	斗
初四	12	己巳	九紫	闭	房	12	己亥	一白	定	尾	10	戊辰	五黄	成	箕	9	戊戌	五黄	除	牛
初五	13	庚午	一白	建	心	13	庚子	九紫	执	箕	11	己巳	四绿	收	斗	10	己亥	四绿	满	女
初六	14	辛未	二黑	除	尾	14	辛丑	八白	破	斗	12	庚午	三碧	开	牛	11	庚子	三碧	平	虚
初七	15	壬申	三碧	满	箕	15	壬寅	七赤	危	牛	13	辛未	二黑	闭	女	12	辛丑	二黑	定	危
初八	16	癸酉	四绿	平	斗	16	癸卯	六白	成	女	14	壬申	一白	建	虚	13	壬寅	一白	执	室
初九	17	甲戌	五黄	定	牛	17	甲辰	五黄	收	虚	15	癸酉	九紫	除	危	14	癸卯	九紫	破	壁
初十	18	乙亥	六白	执	女	18	乙巳	四绿	开	危	16	甲戌	八白	满	室	15	甲辰	八白	危	奎
十一	19	丙子	七赤	破	虚	19	丙午	三碧	闭	室	17	乙亥	七赤	平	壁	16	乙巳	七赤	成	娄
十二	20	丁丑	八白	危	危	20	丁未	二黑	建	壁	18	丙子	六白	定	奎	17	丙午	六白	收	胃
十三	21	**戊寅**	**四绿**	成	室	21	戊申	一白	除	奎	19	丁丑	五黄	执	娄	18	丁未	五黄	开	昴
十四	22	己卯	三碧	收	壁	22	己酉	九紫	满	娄	20	戊寅	四绿	破	胃	19	戊申	四绿	闭	毕
十五	23	庚辰	二黑	开	奎	23	庚戌	八白	平	胃	21	己卯	三碧	危	昴	20	己酉	三碧	建	觜
十六	24	辛巳	一白	闭	娄	24	辛亥	七赤	定	昴	22	庚辰	二黑	成	毕	21	庚戌	二黑	除	参
十七	25	壬午	九紫	建	胃	25	壬子	六白	执	毕	23	**辛巳**	**四绿**	收	觜	22	辛亥	一白	满	井
十八	26	癸未	八白	除	昴	26	癸丑	五黄	破	觜	24	壬午	三碧	开	参	23	壬子	九紫	平	鬼
十九	27	甲申	七赤	满	毕	27	甲寅	四绿	危	参	25	癸未	二黑	闭	井	24	癸丑	八白	定	柳
二十	28	乙酉	六白	平	觜	28	乙卯	三碧	成	井	26	甲申	一白	建	鬼	25	甲寅	七赤	执	星
廿一	29	丙戌	五黄	定	参	29	丙辰	二黑	收	鬼	27	乙酉	九紫	除	柳	26	乙卯	六白	破	张
廿二	30	丁亥	四绿	执	井	30	丁巳	一白	开	柳	28	丙戌	八白	满	星	27	丙辰	五黄	危	翼
廿三	7月	戊子	三碧	破	鬼	31	戊午	九紫	闭	星	29	丁亥	七赤	平	张	28	丁巳	四绿	成	轸
廿四	2	己丑	二黑	危	柳	8月	己未	八白	建	张	30	戊子	六白	定	翼	29	戊午	三碧	收	角
廿五	3	庚寅	一白	成	星	2	庚申	七赤	除	翼	31	己丑	五黄	执	轸	30	己未	二黑	开	亢
廿六	4	辛卯	九紫	收	张	3	辛酉	六白	满	轸	9月	庚寅	四绿	破	角	10月	庚申	一白	闭	氐
廿七	5	壬辰	八白	开	翼	4	壬戌	五黄	平	角	2	辛卯	三碧	危	亢	2	辛酉	九紫	建	房
廿八	6	癸巳	七赤	闭	轸	5	癸亥	四绿	定	亢	3	壬辰	二黑	成	氐	3	壬戌	八白	除	心
廿九	7	甲午	六白	闭	角	6	**甲子**	**九紫**	执	氐	4	癸巳	一白	收	房	4	癸亥	七赤	满	尾
三十	8	乙未	五黄	建	亢						5	甲午	九紫	开	心					

公元1994年　甲戌狗年　太岁誓广　九星六白

月份	九月小 甲戌 六白 巽卦 角宿					十月大 乙亥 五黄 坎卦 亢宿					十一月小 丙子 四绿 艮卦 氐宿					十二月大 丁丑 三碧 坤卦 房宿				
节气	寒露 10月8日 初四丁卯 戌时 20时29分		霜降 10月23日 十九壬午 夜子时 23时36分			立冬 11月7日 初五丁酉 夜子时 23时36分		小雪 11月22日 二十壬子 亥时 21时06分			大雪 12月7日 初五丁卯 申时 16时23分		冬至 12月22日 二十壬午 巳时 10时23分			小寒 1月6日 初六丁酉 寅时 3时34分		大寒 1月20日 二十辛亥 亥时 21时01分		
农历	公历	干支	九星	日建	星宿	公历	干支	九星	日建	星宿	公历	干支	九星	日建	星宿	公历	干支	九星	日建	星宿
初一	5	甲子	三碧	平	箕	3	癸巳	四绿	危	斗	3	癸亥	一白	建	女	1月	壬辰	二黑	定	虚
初二	6	乙丑	二黑	定	斗	4	甲午	三碧	成	牛	4	甲子	六白	除	虚	2	癸巳	三碧	执	危
初三	7	丙寅	一白	执	牛	5	乙未	二黑	收	女	5	乙丑	五黄	满	危	3	甲午	四绿	破	室
初四	8	丁卯	九紫	执	女	6	丙申	一白	开	虚	6	丙寅	四绿	平	室	4	乙未	五黄	危	壁
初五	9	戊辰	八白	破	虚	7	丁酉	九紫	开	危	7	丁卯	三碧	平	壁	5	丙申	六白	成	奎
初六	10	己巳	七赤	危	危	8	戊戌	八白	闭	室	8	戊辰	二黑	定	奎	6	丁酉	七赤	成	娄
初七	11	庚午	六白	成	室	9	己亥	七赤	建	壁	9	己巳	一白	执	娄	7	戊戌	八白	收	胃
初八	12	辛未	五黄	收	壁	10	庚子	六白	除	奎	10	庚午	九紫	破	胃	8	己亥	九紫	开	昴
初九	13	壬申	四绿	开	奎	11	辛丑	五黄	满	娄	11	辛未	八白	危	昴	9	庚子	一白	闭	毕
初十	14	癸酉	三碧	闭	娄	12	壬寅	四绿	平	胃	12	壬申	七赤	成	毕	10	辛丑	二黑	建	觜
十一	15	甲戌	二黑	建	胃	13	癸卯	三碧	定	昴	13	癸酉	六白	收	觜	11	壬寅	三碧	除	参
十二	16	乙亥	一白	除	昴	14	甲辰	二黑	执	毕	14	甲戌	五黄	开	参	12	癸卯	四绿	满	井
十三	17	丙子	九紫	满	毕	15	乙巳	一白	破	觜	15	乙亥	四绿	闭	井	13	甲辰	五黄	平	鬼
十四	18	丁丑	八白	平	觜	16	丙午	九紫	危	参	16	丙子	三碧	建	鬼	14	乙巳	六白	定	柳
十五	19	戊寅	七赤	定	参	17	丁未	八白	成	井	17	丁丑	二黑	除	柳	15	丙午	七赤	执	星
十六	20	己卯	六白	执	井	18	戊申	七赤	收	鬼	18	戊寅	一白	满	星	16	丁未	八白	破	张
十七	21	庚辰	五黄	破	鬼	19	己酉	六白	开	柳	19	己卯	九紫	平	张	17	戊申	九紫	危	翼
十八	22	辛巳	四绿	危	柳	20	庚戌	五黄	闭	星	20	庚辰	八白	定	翼	18	己酉	一白	成	轸
十九	23	壬午	六白	成	星	21	辛亥	四绿	建	张	21	辛巳	七赤	执	轸	19	庚戌	二黑	收	角
二十	24	癸未	五黄	收	张	22	壬子	三碧	除	翼	22	壬午	一白	破	角	20	辛亥	三碧	开	亢
廿一	25	甲申	四绿	开	翼	23	癸丑	二黑	满	轸	23	癸未	二黑	危	亢	21	壬子	四绿	闭	氐
廿二	26	乙酉	三碧	闭	轸	24	甲寅	一白	平	角	24	甲申	三碧	成	氐	22	癸丑	五黄	建	房
廿三	27	丙戌	二黑	建	角	25	乙卯	九紫	定	亢	25	乙酉	四绿	收	房	23	甲寅	六白	除	心
廿四	28	丁亥	一白	除	亢	26	丙辰	八白	执	氐	26	丙戌	五黄	开	心	24	乙卯	七赤	满	尾
廿五	29	戊子	九紫	满	氐	27	丁巳	七赤	破	房	27	丁亥	六白	闭	尾	25	丙辰	八白	平	箕
廿六	30	己丑	八白	平	房	28	戊午	六白	危	心	28	戊子	七赤	建	箕	26	丁巳	九紫	定	斗
廿七	31	庚寅	七赤	定	心	29	己未	五黄	成	尾	29	己丑	八白	除	斗	27	戊午	一白	执	牛
廿八	11月	辛卯	六白	执	尾	30	庚申	四绿	收	箕	30	庚寅	九紫	满	牛	28	己未	二黑	破	女
廿九	2	壬辰	五黄	破	箕	12月	辛酉	三碧	开	斗	31	辛卯	一白	平	女	29	庚申	三碧	危	虚
三十						2	壬戌	二黑	闭	牛						30	辛酉	四绿	成	危

公元1995年　乙亥猪年（闰八月）　太岁伍保 九星五黄

月份	正月小		戊寅 二黑 坎卦 心宿			二月大		己卯 一白 艮卦 尾宿			三月大		庚辰 九紫 坤卦 箕宿			四月小		辛巳 八白 乾卦 斗宿		
节气	立春 2月4日 初五丙寅 申时 15时13分			雨水 2月19日 二十辛巳 午时 11时11分		惊蛰 3月6日 初六丙申 巳时 9时16分			春分 3月21日 廿一辛亥 巳时 10时15分		清明 4月5日 初六丙寅 未时 14时08分			谷雨 4月20日 廿一辛巳 亥时 21时22分		立夏 5月6日 初七丁酉 辰时 7时30分			小满 5月21日 廿二壬子 戌时 20时34分	
农历	公历	干支	九星	日建	星宿	公历	干支	九星	日建	星宿	公历	干支	九星	日建	星宿	公历	干支	九星	日建	星宿
初一	31	壬戌	五黄	收	室	3月	辛卯	七赤	除	壁	31	辛酉	一白	破	娄	30	辛卯	四绿	闭	昴
初二	2月	癸亥	六白	开	壁	2	壬辰	八白	满	奎	4月	壬戌	二黑	危	胃	5月	壬辰	五黄	建	毕
初三	2	甲子	一白	闭	奎	3	癸巳	九紫	平	娄	2	癸亥	三碧	成	昴	2	癸巳	六白	除	觜
初四	3	乙丑	二黑	建	娄	4	甲午	一白	定	胃	3	甲子	七赤	收	毕	3	甲午	七赤	满	参
初五	4	丙寅	三碧	建	胃	5	乙未	二黑	执	昴	4	乙丑	八白	开	觜	4	乙未	八白	平	井
初六	5	丁卯	四绿	除	昴	6	丙申	三碧	执	毕	5	丙寅	九紫	开	参	5	丙申	九紫	定	鬼
初七	6	戊辰	五黄	满	毕	7	丁酉	四绿	破	觜	6	丁卯	一白	闭	井	6	丁酉	一白	定	柳
初八	7	己巳	六白	平	觜	8	戊戌	五黄	危	参	7	戊辰	二黑	建	鬼	7	戊戌	二黑	执	星
初九	8	庚午	七赤	定	参	9	己亥	六白	成	井	8	己巳	三碧	除	柳	8	己亥	三碧	破	张
初十	9	辛未	八白	执	井	10	庚子	七赤	收	鬼	9	庚午	四绿	满	星	9	庚子	四绿	危	翼
十一	10	壬申	九紫	破	鬼	11	辛丑	八白	开	柳	10	辛未	五黄	平	张	10	辛丑	五黄	成	轸
十二	11	癸酉	一白	危	柳	12	壬寅	九紫	闭	星	11	壬申	六白	定	翼	11	壬寅	六白	收	角
十三	12	甲戌	二黑	成	星	13	癸卯	一白	建	张	12	癸酉	七赤	执	轸	12	癸卯	七赤	开	亢
十四	13	乙亥	三碧	收	张	14	甲辰	二黑	除	翼	13	甲戌	八白	破	角	13	甲辰	八白	闭	氐
十五	14	丙子	四绿	开	翼	15	乙巳	三碧	满	轸	14	乙亥	九紫	危	亢	14	乙巳	九紫	建	房
十六	15	丁丑	五黄	闭	轸	16	丙午	四绿	平	角	15	丙子	一白	成	氐	15	丙午	一白	除	心
十七	16	戊寅	六白	建	角	17	丁未	五黄	定	亢	16	丁丑	二黑	收	房	16	丁未	二黑	满	尾
十八	17	己卯	七赤	除	亢	18	戊申	六白	执	氐	17	戊寅	三碧	开	心	17	戊申	三碧	平	箕
十九	18	庚辰	八白	满	氐	19	己酉	七赤	破	房	18	己卯	四绿	闭	尾	18	己酉	四绿	定	斗
二十	19	辛巳	六白	平	房	20	庚戌	八白	危	心	19	庚辰	五黄	建	箕	19	庚戌	五黄	执	牛
廿一	20	壬午	七赤	定	心	21	辛亥	九紫	成	尾	20	辛巳	三碧	除	斗	20	辛亥	六白	破	女
廿二	21	癸未	八白	执	尾	22	壬子	一白	收	箕	21	壬午	四绿	满	牛	21	壬子	七赤	危	虚
廿三	22	甲申	九紫	破	箕	23	癸丑	二黑	开	斗	22	癸未	五黄	平	女	22	癸丑	八白	成	危
廿四	23	乙酉	一白	危	斗	24	甲寅	三碧	闭	牛	23	甲申	六白	定	虚	23	甲寅	九紫	收	室
廿五	24	丙戌	二黑	成	牛	25	乙卯	四绿	建	女	24	乙酉	七赤	执	危	24	乙卯	一白	开	壁
廿六	25	丁亥	三碧	收	女	26	丙辰	五黄	除	虚	25	丙戌	八白	破	室	25	丙辰	二黑	闭	奎
廿七	26	戊子	四绿	开	虚	27	丁巳	六白	满	危	26	丁亥	九紫	危	壁	26	丁巳	三碧	建	娄
廿八	27	己丑	五黄	闭	危	28	戊午	七赤	平	室	27	戊子	一白	成	奎	27	戊午	四绿	除	胃
廿九	28	庚寅	六白	建	室	29	己未	八白	定	壁	28	己丑	二黑	收	娄	28	己未	五黄	满	昴
三十						30	庚申	九紫	执	奎	29	庚寅	三碧	开	胃					

公元1995年　乙亥猪年（闰八月）　太岁伍保 九星五黄

月份	五月大	壬午 七赤 兑卦 牛宿				六月小	癸未 六白 离卦 女宿				七月大	甲申 五黄 震卦 虚宿			
节气	芒种 6月6日 初九戊辰 午时 11时43分		夏至 6月22日 廿五甲申 寅时 4时34分			小暑 7月7日 初十己亥 亥时 22时01分		大暑 7月23日 廿六乙卯 申时 15时30分			立秋 8月8日 十三辛未 辰时 7时52分		处暑 8月23日 廿八丙戌 亥时 22时35分		
农历	公历	干支	九星	日建	星宿	公历	干支	九星	日建	星宿	公历	干支	九星	日建	星宿
初一	29	庚申	六白	平	毕	28	庚寅	一白	成	参	27	己未	八白	建	井
初二	30	辛酉	七赤	定	觜	29	辛卯	九紫	收	井	28	庚申	七赤	除	鬼
初三	31	壬戌	八白	执	参	30	壬辰	八白	开	鬼	29	辛酉	六白	满	柳
初四	6月	癸亥	九紫	破	井	7月	癸巳	七赤	闭	柳	30	壬戌	五黄	平	星
初五	2	甲子	四绿	危	鬼	2	甲午	六白	建	星	31	癸亥	四绿	定	张
初六	3	乙丑	五黄	成	柳	3	乙未	五黄	除	张	8月	甲子	九紫	执	翼
初七	4	丙寅	六白	收	星	4	丙申	四绿	满	翼	2	乙丑	八白	破	轸
初八	5	丁卯	七赤	开	张	5	丁酉	三碧	平	轸	3	丙寅	七赤	危	角
初九	6	戊辰	八白	开	翼	6	戊戌	二黑	定	角	4	丁卯	六白	成	亢
初十	7	己巳	九紫	闭	轸	7	己亥	一白	定	亢	5	戊辰	五黄	收	氐
十一	8	庚午	一白	建	角	8	庚子	九紫	执	氐	6	己巳	四绿	开	房
十二	9	辛未	二黑	除	亢	9	辛丑	八白	破	房	7	庚午	三碧	闭	心
十三	10	壬申	三碧	满	氐	10	壬寅	七赤	危	心	8	辛未	二黑	闭	尾
十四	11	癸酉	四绿	平	房	11	癸卯	六白	成	尾	9	壬申	一白	建	箕
十五	12	甲戌	五黄	定	心	12	甲辰	五黄	收	箕	10	癸酉	九紫	除	斗
十六	13	乙亥	六白	执	尾	13	乙巳	四绿	开	斗	11	甲戌	八白	满	牛
十七	14	丙子	七赤	破	箕	14	丙午	三碧	闭	牛	12	乙亥	七赤	平	女
十八	15	丁丑	八白	危	斗	15	丁未	二黑	建	女	13	丙子	六白	定	虚
十九	16	戊寅	九紫	成	牛	16	戊申	一白	除	虚	14	丁丑	五黄	执	危
二十	17	己卯	一白	收	女	17	己酉	九紫	满	危	15	戊寅	四绿	破	室
廿一	18	庚辰	二黑	开	虚	18	庚戌	八白	平	室	16	己卯	三碧	危	壁
廿二	19	辛巳	三碧	闭	危	19	辛亥	七赤	定	壁	17	庚辰	二黑	成	奎
廿三	20	壬午	四绿	建	室	20	壬子	六白	执	奎	18	辛巳	一白	收	娄
廿四	21	癸未	五黄	除	壁	21	癸丑	五黄	破	娄	19	壬午	九紫	开	胃
廿五	22	甲申	七赤	满	奎	22	甲寅	四绿	危	胃	20	癸未	八白	闭	昴
廿六	23	乙酉	六白	平	娄	23	乙卯	三碧	成	昴	21	甲申	七赤	建	毕
廿七	24	丙戌	五黄	定	胃	24	丙辰	二黑	收	毕	22	乙酉	六白	除	觜
廿八	25	丁亥	四绿	执	昴	25	丁巳	一白	开	觜	23	丙戌	八白	满	参
廿九	26	戊子	三碧	破	毕	26	戊午	九紫	闭	参	24	丁亥	七赤	平	井
三十	27	己丑	二黑	危	觜						25	戊子	六白	定	鬼

公元1995年　乙亥猪年（闰八月）　太岁伍保 九星五黄

月份	八月大 乙酉 四绿 巽卦 危宿					闰八月小					九月小 丙戌 三碧 坎卦 室宿				
节气	白露 9月8日 十四壬寅 巳时 10时49分 秋分 9月23日 廿九丁巳 戌时 20时13分					寒露 10月9日 十五癸酉 丑时 2时28分					霜降 10月24日 初一戊子 卯时 5时32分 立冬 11月8日 十六癸卯 卯时 5时36分				
农历	公历	干支	九星	日建	星宿	公历	干支	九星	日建	星宿	公历	干支	九星	日建	星宿
初一	26	己丑	五黄	执	柳	25	己未	二黑	开	张	24	戊子	九紫	满	翼
初二	27	庚寅	四绿	破	星	26	庚申	一白	闭	翼	25	己丑	八白	平	轸
初三	28	辛卯	三碧	危	张	27	辛酉	九紫	建	轸	26	庚寅	七赤	定	角
初四	29	壬辰	二黑	成	翼	28	壬戌	八白	除	角	27	辛卯	六白	执	亢
初五	30	癸巳	一白	收	轸	29	癸亥	七赤	满	亢	28	壬辰	五黄	破	氐
初六	31	甲午	九紫	开	角	30	甲子	三碧	平	氐	29	癸巳	四绿	危	房
初七	9月	乙未	八白	闭	亢	10月	乙丑	二黑	定	房	30	甲午	三碧	成	心
初八	2	丙申	七赤	建	氐	2	丙寅	一白	执	心	31	乙未	二黑	收	尾
初九	3	丁酉	六白	除	房	3	丁卯	九紫	破	尾	11月	丙申	一白	开	箕
初十	4	戊戌	五黄	满	心	4	戊辰	八白	危	箕	2	丁酉	九紫	闭	斗
十一	5	己亥	四绿	平	尾	5	己巳	七赤	成	斗	3	戊戌	八白	建	牛
十二	6	庚子	三碧	定	箕	6	庚午	六白	收	牛	4	己亥	七赤	除	女
十三	7	辛丑	二黑	执	斗	7	辛未	五黄	开	女	5	庚子	六白	满	虚
十四	8	壬寅	一白	执	牛	8	壬申	四绿	闭	虚	6	辛丑	五黄	平	危
十五	9	癸卯	九紫	破	女	9	癸酉	三碧	闭	危	7	壬寅	四绿	定	室
十六	10	甲辰	八白	危	虚	10	甲戌	二黑	建	室	8	癸卯	三碧	定	壁
十七	11	乙巳	七赤	成	危	11	乙亥	一白	除	壁	9	甲辰	二黑	执	奎
十八	12	丙午	六白	收	室	12	丙子	九紫	满	奎	10	乙巳	一白	破	娄
十九	13	丁未	五黄	开	壁	13	丁丑	八白	平	娄	11	丙午	九紫	危	胃
二十	14	戊申	四绿	闭	奎	14	戊寅	七赤	定	胃	12	丁未	八白	成	昴
廿一	15	己酉	三碧	建	娄	15	己卯	六白	执	昴	13	戊申	七赤	收	毕
廿二	16	庚戌	二黑	除	胃	16	庚辰	五黄	破	毕	14	己酉	六白	开	觜
廿三	17	辛亥	一白	满	昴	17	辛巳	四绿	危	觜	15	庚戌	五黄	闭	参
廿四	18	壬子	九紫	平	毕	18	壬午	三碧	成	参	16	辛亥	四绿	建	井
廿五	19	癸丑	八白	定	觜	19	癸未	二黑	收	井	17	壬子	三碧	除	鬼
廿六	20	甲寅	七赤	执	参	20	甲申	一白	开	鬼	18	癸丑	二黑	满	柳
廿七	21	乙卯	六白	破	井	21	乙酉	九紫	闭	柳	19	甲寅	一白	平	星
廿八	22	丙辰	五黄	危	鬼	22	丙戌	八白	建	星	20	乙卯	九紫	定	张
廿九	23	丁巳	四绿	成	柳	23	丁亥	七赤	除	张	21	丙辰	八白	执	翼
三十	24	戊午	三碧	收	星										

公元1995年　乙亥猪年（闰八月）　太岁伍保 九星五黄

月份	十月大 丁亥 二黑 艮卦 壁宿					十一月小 戊子 一白 坤卦 奎宿					十二月大 己丑 九紫 乾卦 娄宿				
节气	小雪 11月23日 初二戊午 寅时 3时02分		大雪 12月7日 十六壬申 亥时 22时23分			冬至 12月22日 初一丁亥 申时 16时17分		小寒 1月6日 十六壬寅 巳时 9时31分			大寒 1月21日 初二丁巳 丑时 2时53分		立春 2月4日 十六辛未 亥时 21时08分		
农历	公历	干支	九星	日建	星宿	公历	干支	九星	日建	星宿	公历	干支	九星	日建	星宿
初一	22	丁巳	七赤	破	轸	22	丁亥	六白	闭	亢	20	丙辰	八白	平	氐
初二	23	戊午	六白	危	角	23	戊子	七赤	建	氐	21	丁巳	九紫	定	房
初三	24	己未	五黄	成	亢	24	己丑	八白	除	房	22	戊午	一白	执	心
初四	25	庚申	四绿	收	氐	25	庚寅	九紫	满	心	23	己未	二黑	破	尾
初五	26	辛酉	三碧	开	房	26	辛卯	一白	平	尾	24	庚申	三碧	危	箕
初六	27	壬戌	二黑	闭	心	27	壬辰	二黑	定	箕	25	辛酉	四绿	成	斗
初七	28	癸亥	一白	建	尾	28	癸巳	三碧	执	斗	26	壬戌	五黄	收	牛
初八	29	甲子	六白	除	箕	29	甲午	四绿	破	牛	27	癸亥	六白	开	女
初九	30	乙丑	五黄	满	斗	30	乙未	五黄	危	女	28	甲子	一白	闭	虚
初十	12月	丙寅	四绿	平	牛	31	丙申	六白	成	虚	29	乙丑	二黑	建	危
十一	2	丁卯	三碧	定	女	1月	丁酉	七赤	收	危	30	丙寅	三碧	除	室
十二	3	戊辰	二黑	执	虚	2	戊戌	八白	开	室	31	丁卯	四绿	满	壁
十三	4	己巳	一白	破	危	3	己亥	九紫	闭	壁	2月	戊辰	五黄	平	奎
十四	5	庚午	九紫	危	室	4	庚子	一白	建	奎	2	己巳	六白	定	娄
十五	6	辛未	八白	成	壁	5	辛丑	二黑	除	娄	3	庚午	七赤	执	胃
十六	7	壬申	七赤	成	奎	6	壬寅	三碧	除	胃	4	辛未	八白	执	昴
十七	8	癸酉	六白	收	娄	7	癸卯	四绿	满	昴	5	壬申	九紫	破	毕
十八	9	甲戌	五黄	开	胃	8	甲辰	五黄	平	毕	6	癸酉	一白	危	觜
十九	10	乙亥	四绿	闭	昴	9	乙巳	六白	定	觜	7	甲戌	二黑	成	参
二十	11	丙子	三碧	建	毕	10	丙午	七赤	执	参	8	乙亥	三碧	收	井
廿一	12	丁丑	二黑	除	觜	11	丁未	八白	破	井	9	丙子	四绿	开	鬼
廿二	13	戊寅	一白	满	参	12	戊申	九紫	危	鬼	10	丁丑	五黄	闭	柳
廿三	14	己卯	九紫	平	井	13	己酉	一白	成	柳	11	戊寅	六白	建	星
廿四	15	庚辰	八白	定	鬼	14	庚戌	二黑	收	星	12	己卯	七赤	除	张
廿五	16	辛巳	七赤	执	柳	15	辛亥	三碧	开	张	13	庚辰	八白	满	翼
廿六	17	壬午	六白	破	星	16	壬子	四绿	闭	翼	14	辛巳	九紫	平	轸
廿七	18	癸未	五黄	危	张	17	癸丑	五黄	建	轸	15	壬午	一白	定	角
廿八	19	甲申	四绿	成	翼	18	甲寅	六白	除	角	16	癸未	二黑	执	亢
廿九	20	乙酉	三碧	收	轸	19	乙卯	七赤	满	亢	17	甲申	三碧	破	氐
三十	21	丙戌	二黑	开	角						18	乙酉	四绿	危	房

公元1996年　丙子鼠年　太岁郭嘉 九星四绿

月份	正月小 庚寅 八白 离卦 胃宿					二月大 辛卯 七赤 震卦 昴宿					三月小 壬辰 六白 巽卦 毕宿					四月大 癸巳 五黄 坎卦 觜宿				
节气	雨水 2月19日 初一丙戌 酉时 17时01分			惊蛰 3月5日 十六辛丑 申时 15时10分		春分 3月20日 初二丙辰 申时 16时03分			清明 4月4日 十七辛未 戌时 20时02分		谷雨 4月20日 初三丁亥 寅时 3时10分			立夏 5月5日 十八壬寅 未时 13时26分		小满 5月21日 初五戊午 丑时 2时23分			芒种 6月5日 二十癸酉 酉时 17时41分	
农历	公历	干支	九星	日建	星宿	公历	干支	九星	日建	星宿	公历	干支	九星	日建	星宿	公历	干支	九星	日建	星宿
初一	19	丙戌	二黑	成	心	19	乙卯	四绿	建	尾	18	乙酉	一白	执	斗	17	甲寅	九紫	收	牛
初二	20	丁亥	三碧	收	尾	20	丙辰	五黄	除	箕	19	丙戌	二黑	破	牛	18	乙卯	一白	开	女
初三	21	戊子	四绿	开	箕	21	丁巳	六白	满	斗	20	丁亥	九紫	危	女	19	丙辰	二黑	闭	虚
初四	22	己丑	五黄	闭	斗	22	戊午	七赤	平	牛	21	戊子	一白	成	虚	20	丁巳	三碧	建	危
初五	23	庚寅	六白	建	牛	23	己未	八白	定	女	22	己丑	二黑	收	危	21	戊午	四绿	除	室
初六	24	辛卯	七赤	除	女	24	庚申	九紫	执	虚	23	庚寅	三碧	开	室	22	己未	五黄	满	壁
初七	25	壬辰	八白	满	虚	25	辛酉	一白	破	危	24	辛卯	四绿	闭	壁	23	庚申	六白	平	奎
初八	26	癸巳	九紫	平	危	26	壬戌	二黑	危	室	25	壬辰	五黄	建	奎	24	辛酉	七赤	定	娄
初九	27	甲午	一白	定	室	27	癸亥	三碧	成	壁	26	癸巳	六白	除	娄	25	壬戌	八白	执	胃
初十	28	乙未	二黑	执	壁	28	甲子	七赤	收	奎	27	甲午	七赤	满	胃	26	癸亥	九紫	破	昴
十一	29	丙申	三碧	破	奎	29	乙丑	八白	开	娄	28	乙未	八白	平	昴	27	甲子	四绿	危	毕
十二	3月	丁酉	四绿	危	娄	30	丙寅	九紫	闭	胃	29	丙申	九紫	定	毕	28	乙丑	五黄	成	觜
十三	2	戊戌	五黄	成	胃	31	丁卯	一白	建	昴	30	丁酉	一白	执	觜	29	丙寅	六白	收	参
十四	3	己亥	六白	收	昴	4月	戊辰	二黑	除	毕	5月	戊戌	二黑	破	参	30	丁卯	七赤	开	井
十五	4	庚子	七赤	开	毕	2	己巳	三碧	满	觜	2	己亥	三碧	危	井	31	戊辰	八白	闭	鬼
十六	5	辛丑	八白	开	觜	3	庚午	四绿	平	参	3	庚子	四绿	成	鬼	6月	己巳	九紫	建	柳
十七	6	壬寅	九紫	闭	参	4	辛未	五黄	平	井	4	辛丑	五黄	收	柳	2	庚午	一白	除	星
十八	7	癸卯	一白	建	井	5	壬申	六白	定	鬼	5	壬寅	六白	收	星	3	辛未	二黑	满	张
十九	8	甲辰	二黑	除	鬼	6	癸酉	七赤	执	柳	6	癸卯	七赤	开	张	4	壬申	三碧	平	翼
二十	9	乙巳	三碧	满	柳	7	甲戌	八白	破	星	7	甲辰	八白	闭	翼	5	癸酉	四绿	平	轸
廿一	10	丙午	四绿	平	星	8	乙亥	九紫	危	张	8	乙巳	九紫	建	轸	6	甲戌	五黄	定	角
廿二	11	丁未	五黄	定	张	9	丙子	一白	成	翼	9	丙午	一白	除	角	7	乙亥	六白	执	亢
廿三	12	戊申	六白	执	翼	10	丁丑	二黑	收	轸	10	丁未	二黑	满	亢	8	丙子	七赤	破	氐
廿四	13	己酉	七赤	破	轸	11	戊寅	三碧	开	角	11	戊申	三碧	平	氐	9	丁丑	八白	危	房
廿五	14	庚戌	八白	危	角	12	己卯	四绿	闭	亢	12	己酉	四绿	定	房	10	戊寅	九紫	成	心
廿六	15	辛亥	九紫	成	亢	13	庚辰	五黄	建	氐	13	庚戌	五黄	执	心	11	己卯	一白	收	尾
廿七	16	壬子	一白	收	氐	14	辛巳	六白	除	房	14	辛亥	六白	破	尾	12	庚辰	二黑	开	箕
廿八	17	癸丑	二黑	开	房	15	壬午	七赤	满	心	15	壬子	七赤	危	箕	13	辛巳	三碧	闭	斗
廿九	18	甲寅	三碧	闭	心	16	癸未	八白	平	尾	16	癸丑	八白	成	斗	14	壬午	四绿	建	牛
三十						17	甲申	九紫	定	箕						15	癸未	五黄	除	女

公元1996年　丙子鼠年　太岁郭嘉 九星四绿

月份	五月大	甲午 四绿 艮卦 参宿				六月小	乙未 三碧 坤卦 井宿				七月大	丙申 二黑 乾卦 鬼宿				八月小	丁酉 一白 兑卦 柳宿			
节气	夏至 6月21日 初六己丑 巳时 10时24分		小暑 7月7日 廿二乙巳 寅时 4时00分			大暑 7月22日 初七庚申 亥时 21时19分		立秋 8月7日 廿三丙子 未时 13时49分			处暑 8月23日 初十壬辰 寅时 4时23分		白露 9月7日 廿五丁未 申时 16时42分			秋分 9月23日 十一癸亥 丑时 2时00分		寒露 10月8日 廿六戊寅 辰时 8时19分		
农历	公历	干支	九星	日建	星宿	公历	干支	九星	日建	星宿	公历	干支	九星	日建	星宿	公历	干支	九星	日建	星宿
初一	16	甲申	六白	满	虚	16	甲寅	四绿	危	室	14	癸未	八白	闭	壁	13	癸丑	八白	定	娄
初二	17	乙酉	七赤	平	危	17	乙卯	三碧	成	壁	15	甲申	七赤	建	奎	14	甲寅	七赤	执	胃
初三	18	丙戌	八白	定	室	18	丙辰	二黑	收	奎	16	乙酉	六白	除	娄	15	乙卯	六白	破	昴
初四	19	丁亥	九紫	执	壁	19	丁巳	一白	开	娄	17	丙戌	五黄	满	胃	16	丙辰	五黄	危	毕
初五	20	戊子	一白	破	奎	20	戊午	九紫	闭	胃	18	丁亥	四绿	平	昴	17	丁巳	四绿	成	觜
初六	21	己丑	二黑	危	娄	21	己未	八白	建	昴	19	戊子	三碧	定	毕	18	戊午	三碧	收	参
初七	22	庚寅	一白	成	胃	22	庚申	七赤	除	毕	20	己丑	二黑	执	觜	19	己未	二黑	开	井
初八	23	辛卯	九紫	收	昴	23	辛酉	六白	满	觜	21	庚寅	一白	破	参	20	庚申	一白	闭	鬼
初九	24	壬辰	八白	开	毕	24	壬戌	五黄	平	参	22	辛卯	九紫	危	井	21	辛酉	九紫	建	柳
初十	25	癸巳	七赤	闭	觜	25	癸亥	四绿	定	井	23	壬辰	二黑	成	鬼	22	壬戌	八白	除	星
十一	26	甲午	六白	建	参	26	甲子	九紫	执	鬼	24	癸巳	一白	收	柳	23	癸亥	七赤	满	张
十二	27	乙未	五黄	除	井	27	乙丑	八白	破	柳	25	甲午	九紫	开	星	24	甲子	三碧	平	翼
十三	28	丙申	四绿	满	鬼	28	丙寅	七赤	危	星	26	乙未	八白	闭	张	25	乙丑	二黑	定	轸
十四	29	丁酉	三碧	平	柳	29	丁卯	六白	成	张	27	丙申	七赤	建	翼	26	丙寅	一白	执	角
十五	30	戊戌	二黑	定	星	30	戊辰	五黄	收	翼	28	丁酉	六白	除	轸	27	丁卯	九紫	破	亢
十六	7月	己亥	一白	执	张	31	己巳	四绿	开	轸	29	戊戌	五黄	满	角	28	戊辰	八白	危	氐
十七	2	庚子	九紫	破	翼	8月	庚午	三碧	闭	角	30	己亥	四绿	平	亢	29	己巳	七赤	成	房
十八	3	辛丑	八白	危	轸	2	辛未	二黑	建	亢	31	庚子	三碧	定	氐	30	庚午	六白	收	心
十九	4	壬寅	七赤	成	角	3	壬申	一白	除	氐	9月	辛丑	二黑	执	房	10月	辛未	五黄	开	尾
二十	5	癸卯	六白	收	亢	4	癸酉	九紫	满	房	2	壬寅	一白	破	心	2	壬申	四绿	闭	箕
廿一	6	甲辰	五黄	开	氐	5	甲戌	八白	平	心	3	癸卯	九紫	危	尾	3	癸酉	三碧	建	斗
廿二	7	乙巳	四绿	开	房	6	乙亥	七赤	定	尾	4	甲辰	八白	成	箕	4	甲戌	二黑	除	牛
廿三	8	丙午	三碧	闭	心	7	丙子	六白	定	箕	5	乙巳	七赤	收	斗	5	乙亥	一白	满	女
廿四	9	丁未	二黑	建	尾	8	丁丑	五黄	执	斗	6	丙午	六白	开	牛	6	丙子	九紫	平	虚
廿五	10	戊申	一白	除	箕	9	戊寅	四绿	破	牛	7	丁未	五黄	开	女	7	丁丑	八白	定	危
廿六	11	己酉	九紫	满	斗	10	己卯	三碧	危	女	8	戊申	四绿	闭	虚	8	戊寅	七赤	定	室
廿七	12	庚戌	八白	平	牛	11	庚辰	二黑	成	虚	9	己酉	三碧	建	危	9	己卯	六白	执	壁
廿八	13	辛亥	七赤	定	女	12	辛巳	一白	收	危	10	庚戌	二黑	除	室	10	庚辰	五黄	破	奎
廿九	14	壬子	六白	执	虚	13	壬午	九紫	开	室	11	辛亥	一白	满	壁	11	辛巳	四绿	危	娄
三十	15	癸丑	五黄	破	危						12	壬子	九紫	平	奎					

公元1996年　丙子鼠年　太岁郭嘉　九星四绿

月份	九月大		戊戌 离卦	九紫 星宿		十月大		己亥 震卦	八白 张宿		十一月小		庚子 巽卦	七赤 翼宿		十二月小		辛丑 坎卦	六白 轸宿	
节气	霜降 10月23日 十二癸巳 午时 11时19分		立冬 11月7日 廿七戊申 午时 11时27分			小雪 11月22日 十二癸亥 辰时 8时49分		大雪 12月7日 廿七戊寅 寅时 4时14分			冬至 12月21日 十一壬辰 亥时 22时06分		小寒 1月5日 廿六丁未 申时 15时25分			大寒 1月20日 十二壬戌 辰时 8时43分		立春 2月4日 廿七丁丑 寅时 3时02分		
农历	公历	干支	九星	日建	星宿	公历	干支	九星	日建	星宿	公历	干支	九星	日建	星宿	公历	干支	九星	日建	星宿
初一	12	壬午	三碧	成	胃	11	壬子	三碧	除	毕	11	壬午	六白	破	参	9	辛亥	三碧	开	井
初二	13	癸未	二黑	收	昴	12	癸丑	二黑	满	觜	12	癸未	五黄	危	井	10	壬子	四绿	闭	鬼
初三	14	甲申	一白	开	毕	13	甲寅	一白	平	参	13	甲申	四绿	成	鬼	11	癸丑	五黄	建	柳
初四	15	乙酉	九紫	闭	觜	14	乙卯	九紫	定	井	14	乙酉	三碧	收	柳	12	甲寅	六白	除	星
初五	16	丙戌	八白	建	参	15	丙辰	八白	执	鬼	15	丙戌	二黑	开	星	13	乙卯	七赤	满	张
初六	17	丁亥	七赤	除	井	16	丁巳	七赤	破	柳	16	丁亥	一白	闭	张	14	丙辰	八白	平	翼
初七	18	戊子	六白	满	鬼	17	戊午	六白	危	星	17	戊子	九紫	建	翼	15	丁巳	九紫	定	轸
初八	19	己丑	五黄	平	柳	18	己未	五黄	成	张	18	己丑	八白	除	轸	16	戊午	一白	执	角
初九	20	庚寅	四绿	定	星	19	庚申	四绿	收	翼	19	庚寅	七赤	满	角	17	己未	二黑	破	亢
初十	21	辛卯	三碧	执	张	20	辛酉	三碧	开	轸	20	辛卯	六白	平	亢	18	庚申	三碧	危	氐
十一	22	壬辰	二黑	破	翼	21	壬戌	二黑	闭	角	21	壬辰	二黑	定	氐	19	辛酉	四绿	成	房
十二	23	癸巳	四绿	危	轸	22	癸亥	一白	建	亢	22	癸巳	三碧	执	房	20	壬戌	五黄	收	心
十三	24	甲午	三碧	成	角	23	甲子	六白	除	氐	23	甲午	四绿	破	心	21	癸亥	六白	开	尾
十四	25	乙未	二黑	收	亢	24	乙丑	五黄	满	房	24	乙未	五黄	危	尾	22	甲子	一白	闭	箕
十五	26	丙申	一白	开	氐	25	丙寅	四绿	平	心	25	丙申	六白	成	箕	23	乙丑	二黑	建	斗
十六	27	丁酉	九紫	闭	房	26	丁卯	三碧	定	尾	26	丁酉	七赤	收	斗	24	丙寅	三碧	除	牛
十七	28	戊戌	八白	建	心	27	戊辰	二黑	执	箕	27	戊戌	八白	开	牛	25	丁卯	四绿	满	女
十八	29	己亥	七赤	除	尾	28	己巳	一白	破	斗	28	己亥	九紫	闭	女	26	戊辰	五黄	平	虚
十九	30	庚子	六白	满	箕	29	庚午	九紫	危	牛	29	庚子	一白	建	虚	27	己巳	六白	定	危
二十	31	辛丑	五黄	平	斗	30	辛未	八白	成	女	30	辛丑	二黑	除	危	28	庚午	七赤	执	室
廿一	11月	壬寅	四绿	定	牛	12月	壬申	七赤	收	虚	31	壬寅	三碧	满	室	29	辛未	八白	破	壁
廿二	2	癸卯	三碧	执	女	2	癸酉	六白	开	危	1月	癸卯	四绿	平	壁	30	壬申	九紫	危	奎
廿三	3	甲辰	二黑	破	虚	3	甲戌	五黄	闭	室	2	甲辰	五黄	定	奎	31	癸酉	一白	成	娄
廿四	4	乙巳	一白	危	危	4	乙亥	四绿	建	壁	3	乙巳	六白	执	娄	2月	甲戌	二黑	收	胃
廿五	5	丙午	九紫	成	室	5	丙子	三碧	除	奎	4	丙午	七赤	破	胃	2	乙亥	三碧	开	昴
廿六	6	丁未	八白	收	壁	6	丁丑	二黑	满	娄	5	丁未	八白	破	昴	3	丙子	四绿	闭	毕
廿七	7	戊申	七赤	收	奎	7	戊寅	一白	满	胃	6	戊申	九紫	危	毕	4	丁丑	五黄	闭	觜
廿八	8	己酉	六白	开	娄	8	己卯	九紫	平	昴	7	己酉	一白	成	觜	5	戊寅	六白	建	参
廿九	9	庚戌	五黄	闭	胃	9	庚辰	八白	定	毕	8	庚戌	二黑	收	参	6	己卯	七赤	除	井
三十	10	辛亥	四绿	建	昴	10	辛巳	七赤	执	觜										

公元1997年 丁丑牛年 太岁汪文 九星三碧

月份	正月大 壬寅 五黄 震卦 角宿					二月小 癸卯 四绿 巽卦 亢宿					三月大 甲辰 三碧 坎卦 氐宿					四月小 乙巳 二黑 艮卦 房宿				
节气	雨水 2月18日 十二辛卯 亥时 22时52分		惊蛰 3月5日 廿七丙午 亥时 21时04分			春分 3月20日 十三辛酉 亥时 21时55分		清明 4月5日 廿八丁丑 丑时 1时56分			谷雨 4月20日 十四壬辰 巳时 9时03分		立夏 5月5日 廿九丁未 戌时 19时19分			小满 5月21日 十五癸亥 辰时 8时18分				
农历	公历	干支	九星	日建	星宿	公历	干支	九星	日建	星宿	公历	干支	九星	日建	星宿	公历	干支	九星	日建	星宿
初一	7	庚辰	八白	满	鬼	9	庚戌	八白	危	星	7	己卯	四绿	闭	张	7	己酉	四绿	定	轸
初二	8	辛巳	九紫	平	柳	10	辛亥	九紫	成	张	8	庚辰	五黄	建	翼	8	庚戌	五黄	执	角
初三	9	壬午	一白	定	星	11	壬子	一白	收	翼	9	辛巳	六白	除	轸	9	辛亥	六白	破	亢
初四	10	癸未	二黑	执	张	12	癸丑	二黑	开	轸	10	壬午	七赤	满	角	10	壬子	七赤	危	氐
初五	11	甲申	三碧	破	翼	13	甲寅	三碧	闭	角	11	癸未	八白	平	亢	11	癸丑	八白	成	房
初六	12	乙酉	四绿	危	轸	14	乙卯	四绿	建	亢	12	甲申	九紫	定	氐	12	甲寅	九紫	收	心
初七	13	丙戌	五黄	成	角	15	丙辰	五黄	除	氐	13	乙酉	一白	执	房	13	乙卯	一白	开	尾
初八	14	丁亥	六白	收	亢	16	丁巳	六白	满	房	14	丙戌	二黑	破	心	14	丙辰	二黑	闭	箕
初九	15	戊子	七赤	开	氐	17	戊午	七赤	平	心	15	丁亥	三碧	危	尾	15	丁巳	三碧	建	斗
初十	16	己丑	八白	闭	房	18	己未	八白	定	尾	16	戊子	四绿	成	箕	16	戊午	四绿	除	牛
十一	17	庚寅	九紫	建	心	19	庚申	九紫	执	箕	17	己丑	五黄	收	斗	17	己未	五黄	满	女
十二	18	辛卯	七赤	除	尾	20	辛酉	一白	破	斗	18	庚寅	六白	开	牛	18	庚申	六白	平	虚
十三	19	壬辰	八白	满	箕	21	壬戌	二黑	危	牛	19	辛卯	七赤	闭	女	19	辛酉	七赤	定	危
十四	20	癸巳	九紫	平	斗	22	癸亥	三碧	成	女	20	壬辰	五黄	建	虚	20	壬戌	八白	执	室
十五	21	甲午	一白	定	牛	23	甲子	七赤	收	虚	21	癸巳	六白	除	危	21	癸亥	九紫	破	壁
十六	22	乙未	二黑	执	女	24	乙丑	八白	开	危	22	甲午	七赤	满	室	22	甲子	四绿	危	奎
十七	23	丙申	三碧	破	虚	25	丙寅	九紫	闭	室	23	乙未	八白	平	壁	23	乙丑	五黄	成	娄
十八	24	丁酉	四绿	危	危	26	丁卯	一白	建	壁	24	丙申	九紫	定	奎	24	丙寅	六白	收	胃
十九	25	戊戌	五黄	成	室	27	戊辰	二黑	除	奎	25	丁酉	一白	执	娄	25	丁卯	七赤	开	昴
二十	26	己亥	六白	收	壁	28	己巳	三碧	满	娄	26	戊戌	二黑	破	胃	26	戊辰	八白	闭	毕
廿一	27	庚子	七赤	开	奎	29	庚午	四绿	平	胃	27	己亥	三碧	危	昴	27	己巳	九紫	建	觜
廿二	28	辛丑	八白	闭	娄	30	辛未	五黄	定	昴	28	庚子	四绿	成	毕	28	庚午	一白	除	参
廿三	3月	壬寅	九紫	建	胃	31	壬申	六白	执	毕	29	辛丑	五黄	收	觜	29	辛未	二黑	满	井
廿四	2	癸卯	一白	除	昴	4月	癸酉	七赤	破	觜	30	壬寅	六白	开	参	30	壬申	三碧	平	鬼
廿五	3	甲辰	二黑	满	毕	2	甲戌	八白	危	参	5月	癸卯	七赤	闭	井	31	癸酉	四绿	定	柳
廿六	4	乙巳	三碧	平	觜	3	乙亥	九紫	成	井	2	甲辰	八白	建	鬼	6月	甲戌	五黄	执	星
廿七	5	丙午	四绿	平	参	4	丙子	一白	收	鬼	3	乙巳	九紫	除	柳	2	乙亥	六白	破	张
廿八	6	丁未	五黄	定	井	5	丁丑	二黑	收	柳	4	丙午	一白	满	星	3	丙子	七赤	危	翼
廿九	7	戊申	六白	执	鬼	6	戊寅	三碧	开	星	5	丁未	二黑	满	张	4	丁丑	八白	成	轸
三十	8	己酉	七赤	破	柳						6	戊申	三碧	平	翼					

公元1997年 丁丑牛年 太岁汪文 九星三碧

月份	五月大	丙午 一白 坤卦 心宿				六月小	丁未 九紫 乾卦 尾宿				七月大	戊申 八白 兑卦 箕宿				八月大	己酉 七赤 离卦 斗宿			
节气	芒种 6月5日 初一戊寅 夜子时 23时33分		夏至 6月21日 十七甲午 申时 16时20分			小暑 7月7日 初三庚戌 巳时 9时19分		大暑 7月23日 十九丙寅 寅时 3时15分			立秋 8月7日 初五辛巳 戌时 19时36分		处暑 8月23日 廿一丁酉 巳时 10时19分			白露 9月7日 初六壬子 亥时 22时29分		秋分 9月23日 廿二戊辰 辰时 7时56分		
农历	公历	干支	九星	日建	星宿	公历	干支	九星	日建	星宿	公历	干支	九星	日建	星宿	公历	干支	九星	日建	星宿
初一	5	戊寅	九紫	成	角	5	戊申	一白	满	氐	3	丁丑	五黄	破	房	2	丁未	五黄	闭	尾
初二	6	己卯	一白	收	亢	6	己酉	九紫	平	房	4	戊寅	四绿	危	心	3	戊申	四绿	建	箕
初三	7	庚辰	二黑	开	氐	7	庚戌	八白	平	心	5	己卯	三碧	成	尾	4	己酉	三碧	除	斗
初四	8	辛巳	三碧	闭	房	8	辛亥	七赤	定	尾	6	庚辰	二黑	收	箕	5	庚戌	二黑	满	牛
初五	9	壬午	四绿	建	心	9	壬子	六白	执	箕	7	辛巳	一白	收	斗	6	辛亥	一白	平	女
初六	10	癸未	五黄	除	尾	10	癸丑	五黄	破	斗	8	壬午	九紫	开	牛	7	壬子	九紫	平	虚
初七	11	甲申	六白	满	箕	11	甲寅	四绿	危	牛	9	癸未	八白	闭	女	8	癸丑	八白	定	危
初八	12	乙酉	七赤	平	斗	12	乙卯	三碧	成	女	10	甲申	七赤	建	虚	9	甲寅	七赤	执	室
初九	13	丙戌	八白	定	牛	13	丙辰	二黑	收	虚	11	乙酉	六白	除	危	10	乙卯	六白	破	壁
初十	14	丁亥	九紫	执	女	14	丁巳	一白	开	危	12	丙戌	五黄	满	室	11	丙辰	五黄	危	奎
十一	15	戊子	一白	破	虚	15	戊午	九紫	闭	室	13	丁亥	四绿	平	壁	12	丁巳	四绿	成	娄
十二	16	己丑	二黑	危	危	16	己未	八白	建	壁	14	戊子	三碧	定	奎	13	戊午	三碧	收	胃
十三	17	庚寅	三碧	成	室	17	庚申	七赤	除	奎	15	己丑	二黑	执	娄	14	己未	二黑	开	昴
十四	18	辛卯	四绿	收	壁	18	辛酉	六白	满	娄	16	庚寅	一白	破	胃	15	庚申	一白	闭	毕
十五	19	壬辰	五黄	开	奎	19	壬戌	五黄	平	胃	17	辛卯	九紫	危	昴	16	辛酉	九紫	建	觜
十六	20	癸巳	六白	闭	娄	20	癸亥	四绿	定	昴	18	壬辰	八白	成	毕	17	壬戌	八白	除	参
十七	21	甲午	六白	建	胃	21	甲子	九紫	执	毕	19	癸巳	七赤	收	觜	18	癸亥	七赤	满	井
十八	22	乙未	五黄	除	昴	22	乙丑	八白	破	觜	20	甲午	六白	开	参	19	甲子	三碧	平	鬼
十九	23	丙申	四绿	满	毕	23	丙寅	七赤	危	参	21	乙未	五黄	闭	井	20	乙丑	二黑	定	柳
二十	24	丁酉	三碧	平	觜	24	丁卯	六白	成	井	22	丙申	四绿	建	鬼	21	丙寅	一白	执	星
廿一	25	戊戌	二黑	定	参	25	戊辰	五黄	收	鬼	23	丁酉	六白	除	柳	22	丁卯	九紫	破	张
廿二	26	己亥	一白	执	井	26	己巳	四绿	开	柳	24	戊戌	五黄	满	星	23	戊辰	八白	危	翼
廿三	27	庚子	九紫	破	鬼	27	庚午	三碧	闭	星	25	己亥	四绿	平	张	24	己巳	七赤	成	轸
廿四	28	辛丑	八白	危	柳	28	辛未	二黑	建	张	26	庚子	三碧	定	翼	25	庚午	六白	收	角
廿五	29	壬寅	七赤	成	星	29	壬申	一白	除	翼	27	辛丑	二黑	执	轸	26	辛未	五黄	开	亢
廿六	30	癸卯	六白	收	张	30	癸酉	九紫	满	轸	28	壬寅	一白	破	角	27	壬申	四绿	闭	氐
廿七	7月	甲辰	五黄	开	翼	31	甲戌	八白	平	角	29	癸卯	九紫	危	亢	28	癸酉	三碧	建	房
廿八	2	乙巳	四绿	闭	轸	8月	乙亥	七赤	定	亢	30	甲辰	八白	成	氐	29	甲戌	二黑	除	心
廿九	3	丙午	三碧	建	角	2	丙子	六白	执	氐	31	乙巳	七赤	收	房	30	乙亥	一白	满	尾
三十	4	丁未	二黑	除	亢						9月	丙午	六白	开	心	10月	丙子	九紫	平	箕

公元1997年 丁丑牛年 太岁汪文 九星三碧

月份	九月小 庚戌 六白 震卦 牛宿					十月大 辛亥 五黄 巽卦 女宿					十一月大 壬子 四绿 坎卦 虚宿					十二月小 癸丑 三碧 艮卦 危宿				
节气	寒露 10月8日 初七癸未 未时 14时05分		霜降 10月23日 廿二戊戌 酉时 17时15分			立冬 11月7日 初八癸丑 酉时 17时15分		小雪 11月22日 廿三戊辰 未时 14时48分			大雪 12月7日 初八癸未 巳时 10时05分		冬至 12月22日 廿三戊戌 寅时 4时07分			小寒 1月5日 初七壬子 亥时 21时18分		大寒 1月20日 廿二丁卯 未时 14时46分		
农历	公历	干支	九星	日建	星宿	公历	干支	九星	日建	星宿	公历	干支	九星	日建	星宿	公历	干支	九星	日建	星宿
初一	2	丁丑	八白	定	斗	31	丙午	九紫	成	牛	30	丙子	三碧	除	虚	30	丙午	七赤	破	室
初二	3	戊寅	七赤	执	牛	11月	丁未	八白	收	女	12月	丁丑	二黑	满	危	31	丁未	八白	危	壁
初三	4	己卯	六白	破	女	2	戊申	七赤	开	虚	2	戊寅	一白	平	室	1月	戊申	九紫	成	奎
初四	5	庚辰	五黄	危	虚	3	己酉	六白	闭	危	3	己卯	九紫	定	壁	2	己酉	一白	收	娄
初五	6	辛巳	四绿	成	危	4	庚戌	五黄	建	室	4	庚辰	八白	执	奎	3	庚戌	二黑	开	胃
初六	7	壬午	三碧	收	室	5	辛亥	四绿	除	壁	5	辛巳	七赤	破	娄	4	辛亥	三碧	闭	昴
初七	8	癸未	二黑	收	壁	6	壬子	三碧	满	奎	6	壬午	六白	危	胃	5	壬子	四绿	闭	毕
初八	9	甲申	一白	开	奎	7	癸丑	二黑	满	娄	7	癸未	五黄	危	昴	6	癸丑	五黄	建	觜
初九	10	乙酉	九紫	闭	娄	8	甲寅	一白	平	胃	8	甲申	四绿	成	毕	7	甲寅	六白	除	参
初十	11	丙戌	八白	建	胃	9	乙卯	九紫	定	昴	9	乙酉	三碧	收	觜	8	乙卯	七赤	满	井
十一	12	丁亥	七赤	除	昴	10	丙辰	八白	执	毕	10	丙戌	二黑	开	参	9	丙辰	八白	平	鬼
十二	13	戊子	六白	满	毕	11	丁巳	七赤	破	觜	11	丁亥	一白	闭	井	10	丁巳	九紫	定	柳
十三	14	己丑	五黄	平	觜	12	戊午	六白	危	参	12	戊子	九紫	建	鬼	11	戊午	一白	执	星
十四	15	庚寅	四绿	定	参	13	己未	五黄	成	井	13	己丑	八白	除	柳	12	己未	二黑	破	张
十五	16	辛卯	三碧	执	井	14	庚申	四绿	收	鬼	14	庚寅	七赤	满	星	13	庚申	三碧	危	翼
十六	17	壬辰	二黑	破	鬼	15	辛酉	三碧	开	柳	15	辛卯	六白	平	张	14	辛酉	四绿	成	轸
十七	18	癸巳	一白	危	柳	16	壬戌	二黑	闭	星	16	壬辰	五黄	定	翼	15	壬戌	五黄	收	角
十八	19	甲午	九紫	成	星	17	癸亥	一白	建	张	17	癸巳	四绿	执	轸	16	癸亥	六白	开	亢
十九	20	乙未	八白	收	张	18	甲子	六白	除	翼	18	甲午	三碧	破	角	17	甲子	一白	闭	氐
二十	21	丙申	七赤	开	翼	19	乙丑	五黄	满	轸	19	乙未	二黑	危	亢	18	乙丑	二黑	建	房
廿一	22	丁酉	六白	闭	轸	20	丙寅	四绿	平	角	20	丙申	一白	成	氐	19	丙寅	三碧	除	心
廿二	23	戊戌	八白	建	角	21	丁卯	三碧	定	亢	21	丁酉	九紫	收	房	20	丁卯	四绿	满	尾
廿三	24	己亥	七赤	除	亢	22	戊辰	二黑	执	氐	22	戊戌	八白	开	心	21	戊辰	五黄	平	箕
廿四	25	庚子	六白	满	氐	23	己巳	一白	破	房	23	己亥	九紫	闭	尾	22	己巳	六白	定	斗
廿五	26	辛丑	五黄	平	房	24	庚午	九紫	危	心	24	庚子	一白	建	箕	23	庚午	七赤	执	牛
廿六	27	壬寅	四绿	定	心	25	辛未	八白	成	尾	25	辛丑	二黑	除	斗	24	辛未	八白	破	女
廿七	28	癸卯	三碧	执	尾	26	壬申	七赤	收	箕	26	壬寅	三碧	满	牛	25	壬申	九紫	危	虚
廿八	29	甲辰	二黑	破	箕	27	癸酉	六白	开	斗	27	癸卯	四绿	平	女	26	癸酉	一白	成	危
廿九	30	乙巳	一白	危	斗	28	甲戌	五黄	闭	牛	28	甲辰	五黄	定	虚	27	甲戌	二黑	收	室
三十						29	乙亥	四绿	建	女	29	乙巳	六白	执	危					

公元1998年 戊寅虎年（闰五月） 太岁曾光 九星二黑

月份	正月大	甲寅 二黑	巽卦 室宿			二月小	乙卯 一白	坎卦 壁宿			三月小	丙辰 九紫	艮卦 奎宿			四月大	丁巳 八白	坤卦 娄宿		
节气	立春 2月4日 初八壬午 辰时 8时57分		雨水 2月19日 廿三丁酉 寅时 4时55分			惊蛰 3月6日 初八壬子 丑时 2时57分		春分 3月21日 廿三丁卯 寅时 3时55分			清明 4月5日 初九壬午 辰时 7时45分		谷雨 4月20日 廿四丁酉 未时 14时57分			立夏 5月6日 十一癸丑 丑时 1时03分		小满 5月21日 廿六戊辰 未时 14时05分		
农历	公历	干支	九星	日建	星宿	公历	干支	九星	日建	星宿	公历	干支	九星	日建	星宿	公历	干支	九星	日建	星宿
初一	28	乙亥	三碧	开	壁	27	乙巳	三碧	平	娄	28	甲戌	八白	危	胃	26	癸卯	七赤	闭	昴
初二	29	丙子	四绿	闭	奎	28	丙午	四绿	定	胃	29	乙亥	九紫	成	昴	27	甲辰	八白	建	毕
初三	30	丁丑	五黄	建	娄	3月	丁未	五黄	执	昴	30	丙子	一白	收	毕	28	乙巳	九紫	除	觜
初四	31	戊寅	六白	除	胃	2	戊申	六白	破	毕	31	丁丑	二黑	开	觜	29	丙午	一白	满	参
初五	2月	己卯	七赤	满	昴	3	己酉	七赤	危	觜	4月	戊寅	三碧	闭	参	30	丁未	二黑	平	井
初六	2	庚辰	八白	平	毕	4	庚戌	八白	成	参	2	己卯	四绿	建	井	5月	戊申	三碧	定	鬼
初七	3	辛巳	九紫	定	觜	5	辛亥	九紫	收	井	3	庚辰	五黄	除	鬼	2	己酉	四绿	执	柳
初八	4	壬午	一白	定	参	6	壬子	一白	收	鬼	4	辛巳	六白	满	柳	3	庚戌	五黄	破	星
初九	5	癸未	二黑	执	井	7	癸丑	二黑	开	柳	5	壬午	七赤	满	星	4	辛亥	六白	危	张
初十	6	甲申	三碧	破	鬼	8	甲寅	三碧	闭	星	6	癸未	八白	平	张	5	壬子	七赤	成	翼
十一	7	乙酉	四绿	危	柳	9	乙卯	四绿	建	张	7	甲申	九紫	定	翼	6	癸丑	八白	成	轸
十二	8	丙戌	五黄	成	星	10	丙辰	五黄	除	翼	8	乙酉	一白	执	轸	7	甲寅	九紫	收	角
十三	9	丁亥	六白	收	张	11	丁巳	六白	满	轸	9	丙戌	二黑	破	角	8	乙卯	一白	开	亢
十四	10	戊子	七赤	开	翼	12	戊午	七赤	平	角	10	丁亥	三碧	危	亢	9	丙辰	二黑	闭	氐
十五	11	己丑	八白	闭	轸	13	己未	八白	定	亢	11	戊子	四绿	成	氐	10	丁巳	三碧	建	房
十六	12	庚寅	九紫	建	角	14	庚申	九紫	执	氐	12	己丑	五黄	收	房	11	戊午	四绿	除	心
十七	13	辛卯	一白	除	亢	15	辛酉	一白	破	房	13	庚寅	六白	开	心	12	己未	五黄	满	尾
十八	14	壬辰	二黑	满	氐	16	壬戌	二黑	危	心	14	辛卯	七赤	闭	尾	13	庚申	六白	平	箕
十九	15	癸巳	三碧	平	房	17	癸亥	三碧	成	尾	15	壬辰	八白	建	箕	14	辛酉	七赤	定	斗
二十	16	甲午	四绿	定	心	18	甲子	七赤	收	箕	16	癸巳	九紫	除	斗	15	壬戌	八白	执	牛
廿一	17	乙未	五黄	执	尾	19	乙丑	八白	开	斗	17	甲午	一白	满	牛	16	癸亥	九紫	破	女
廿二	18	丙申	六白	破	箕	20	丙寅	九紫	闭	牛	18	乙未	二黑	平	女	17	甲子	四绿	危	虚
廿三	19	丁酉	四绿	危	斗	21	丁卯	一白	建	女	19	丙申	三碧	定	虚	18	乙丑	五黄	成	危
廿四	20	戊戌	五黄	成	牛	22	戊辰	二黑	除	虚	20	丁酉	一白	执	危	19	丙寅	六白	收	室
廿五	21	己亥	六白	收	女	23	己巳	三碧	满	危	21	戊戌	二黑	破	室	20	丁卯	七赤	开	壁
廿六	22	庚子	七赤	开	虚	24	庚午	四绿	平	室	22	己亥	三碧	危	壁	21	戊辰	八白	闭	奎
廿七	23	辛丑	八白	闭	危	25	辛未	五黄	定	壁	23	庚子	四绿	成	奎	22	己巳	九紫	建	娄
廿八	24	壬寅	九紫	建	室	26	壬申	六白	执	奎	24	辛丑	五黄	收	娄	23	庚午	一白	除	胃
廿九	25	癸卯	一白	除	壁	27	癸酉	七赤	破	娄	25	壬寅	六白	开	胃	24	辛未	二黑	满	昴
三十	26	甲辰	二黑	满	奎											25	壬申	三碧	平	毕

公元1998年 戊寅虎年（闰五月） 太岁曾光 九星二黑

月份	五月小		戊午 七赤 乾卦 胃宿			闰五月小					六月大		己未 六白 兑卦 昴宿		
节气	芒种 6月6日 十二甲申 卯时 5时13分		夏至 6月21日 廿七己亥 亥时 22时03分			小暑 7月7日 十四乙卯 申时 15时30分					大暑 7月23日 初一辛未 辰时 8时55分		立秋 8月8日 十七丁亥 丑时 1时20分		
农历	公历	干支	九星	日建	星宿	公历	干支	九星	日建	星宿	公历	干支	九星	日建	星宿
初一	26	癸酉	四绿	定	觜	24	壬寅	七赤	成	参	23	辛未	二黑	建	井
初二	27	甲戌	五黄	执	参	25	癸卯	六白	收	井	24	壬申	一白	除	鬼
初三	28	乙亥	六白	破	井	26	甲辰	五黄	开	鬼	25	癸酉	九紫	满	柳
初四	29	丙子	七赤	危	鬼	27	乙巳	四绿	闭	柳	26	甲戌	八白	平	星
初五	30	丁丑	八白	成	柳	28	丙午	三碧	建	星	27	乙亥	七赤	定	张
初六	31	戊寅	九紫	收	星	29	丁未	二黑	除	张	28	丙子	六白	执	翼
初七	6月	己卯	一白	开	张	30	戊申	一白	满	翼	29	丁丑	五黄	破	轸
初八	2	庚辰	二黑	闭	翼	7月	己酉	九紫	平	轸	30	戊寅	四绿	危	角
初九	3	辛巳	三碧	建	轸	2	庚戌	八白	定	角	31	己卯	三碧	成	亢
初十	4	壬午	四绿	除	角	3	辛亥	七赤	执	亢	8月	庚辰	二黑	收	氐
十一	5	癸未	五黄	满	亢	4	壬子	六白	破	氐	2	辛巳	一白	开	房
十二	6	甲申	六白	满	氐	5	癸丑	五黄	危	房	3	壬午	九紫	闭	心
十三	7	乙酉	七赤	平	房	6	甲寅	四绿	成	心	4	癸未	八白	建	尾
十四	8	丙戌	八白	定	心	7	乙卯	三碧	成	尾	5	甲申	七赤	除	箕
十五	9	丁亥	九紫	执	尾	8	丙辰	二黑	收	箕	6	乙酉	六白	满	斗
十六	10	戊子	一白	破	箕	9	丁巳	一白	开	斗	7	丙戌	五黄	平	牛
十七	11	己丑	二黑	危	斗	10	戊午	九紫	闭	牛	8	丁亥	四绿	平	女
十八	12	庚寅	三碧	成	牛	11	己未	八白	建	女	9	戊子	三碧	定	虚
十九	13	辛卯	四绿	收	女	12	庚申	七赤	除	虚	10	己丑	二黑	执	危
二十	14	壬辰	五黄	开	虚	13	辛酉	六白	满	危	11	庚寅	一白	破	室
廿一	15	癸巳	六白	闭	危	14	壬戌	五黄	平	室	12	辛卯	九紫	危	壁
廿二	16	甲午	七赤	建	室	15	癸亥	四绿	定	壁	13	壬辰	八白	成	奎
廿三	17	乙未	八白	除	壁	16	甲子	九紫	执	奎	14	癸巳	七赤	收	娄
廿四	18	丙申	九紫	满	奎	17	乙丑	八白	破	娄	15	甲午	六白	开	胃
廿五	19	丁酉	一白	平	娄	18	丙寅	七赤	危	胃	16	乙未	五黄	闭	昴
廿六	20	戊戌	二黑	定	胃	19	丁卯	六白	成	昴	17	丙申	四绿	建	毕
廿七	21	己亥	一白	执	昴	20	戊辰	五黄	收	毕	18	丁酉	三碧	除	觜
廿八	22	庚子	九紫	破	毕	21	己巳	四绿	开	觜	19	戊戌	二黑	满	参
廿九	23	辛丑	八白	危	觜	22	庚午	三碧	闭	参	20	己亥	一白	平	井
三十											21	庚子	九紫	定	鬼

公元1998年　戊寅虎年（闰五月）　太岁曾光 九星二黑

月份	七月大		庚申 五黄 离卦 毕宿			八月小		辛酉 四绿 震卦 觜宿			九月大		壬戌 三碧 巽卦 参宿		
节气	处暑 8月23日 初二壬寅 申时 15时59分		白露 9月8日 十八戊午 寅时 4时16分			秋分 9月23日 初三癸酉 未时 13时37分		寒露 10月8日 十八戊子 戌时 19时56分			霜降 10月23日 初四癸卯 亥时 22时59分		立冬 11月7日 十九戊午 夜子时 23时08分		
农历	公历	干支	九星	日建	星宿	公历	干支	九星	日建	星宿	公历	干支	九星	日建	星宿
初一	22	辛丑	八白	执	柳	21	辛未	五黄	开	张	20	庚子	三碧	满	翼
初二	23	壬寅	一白	破	星	22	壬申	四绿	闭	翼	21	辛丑	二黑	平	轸
初三	24	癸卯	九紫	危	张	23	癸酉	三碧	建	轸	22	壬寅	一白	定	角
初四	25	甲辰	八白	成	翼	24	甲戌	二黑	除	角	23	癸卯	三碧	执	亢
初五	26	乙巳	七赤	收	轸	25	乙亥	一白	满	亢	24	甲辰	二黑	破	氐
初六	27	丙午	六白	开	角	26	丙子	九紫	平	氐	25	乙巳	一白	危	房
初七	28	丁未	五黄	闭	亢	27	丁丑	八白	定	房	26	丙午	九紫	成	心
初八	29	戊申	四绿	建	氐	28	戊寅	七赤	执	心	27	丁未	八白	收	尾
初九	30	己酉	三碧	除	房	29	己卯	六白	破	尾	28	戊申	七赤	开	箕
初十	31	庚戌	二黑	满	心	30	庚辰	五黄	危	箕	29	己酉	六白	闭	斗
十一	9月	辛亥	一白	平	尾	10月	辛巳	四绿	成	斗	30	庚戌	五黄	建	牛
十二	2	壬子	九紫	定	箕	2	壬午	三碧	收	牛	31	辛亥	四绿	除	女
十三	3	癸丑	八白	执	斗	3	癸未	二黑	开	女	11月	壬子	三碧	满	虚
十四	4	甲寅	七赤	破	牛	4	甲申	一白	闭	虚	2	癸丑	二黑	平	危
十五	5	乙卯	六白	危	女	5	乙酉	九紫	建	危	3	甲寅	一白	定	室
十六	6	丙辰	五黄	成	虚	6	丙戌	八白	除	室	4	乙卯	九紫	执	壁
十七	7	丁巳	四绿	收	危	7	丁亥	七赤	满	壁	5	丙辰	八白	破	奎
十八	8	戊午	三碧	收	室	8	戊子	六白	满	奎	6	丁巳	七赤	危	娄
十九	9	己未	二黑	开	壁	9	己丑	五黄	平	娄	7	戊午	六白	危	胃
二十	10	庚申	一白	闭	奎	10	庚寅	四绿	定	胃	8	己未	五黄	成	昴
廿一	11	辛酉	九紫	建	娄	11	辛卯	三碧	执	昴	9	庚申	四绿	收	毕
廿二	12	壬戌	八白	除	胃	12	壬辰	二黑	破	毕	10	辛酉	三碧	开	觜
廿三	13	癸亥	七赤	满	昴	13	癸巳	一白	危	觜	11	壬戌	二黑	闭	参
廿四	14	甲子	三碧	平	毕	14	甲午	九紫	成	参	12	癸亥	一白	建	井
廿五	15	乙丑	二黑	定	觜	15	乙未	八白	收	井	13	甲子	六白	除	鬼
廿六	16	丙寅	一白	执	参	16	丙申	七赤	开	鬼	14	乙丑	五黄	满	柳
廿七	17	丁卯	九紫	破	井	17	丁酉	六白	闭	柳	15	丙寅	四绿	平	星
廿八	18	戊辰	八白	危	鬼	18	戊戌	五黄	建	星	16	丁卯	三碧	定	张
廿九	19	己巳	七赤	成	柳	19	己亥	四绿	除	张	17	戊辰	二黑	执	翼
三十	20	庚午	六白	收	星						18	己巳	一白	破	轸

公元1998年　戊寅虎年（闰五月）　太岁曾光 九星二黑

月份	十月大	癸亥 二黑 坎卦 井宿				十一月小	甲子 一白 艮卦 鬼宿				十二月大	乙丑 九紫 坤卦 柳宿			
节气	小雪 11月22日 初四癸酉 戌时 20时34分		大雪 12月7日 十九戊子 申时 16时02分			冬至 12月22日 初四癸卯 巳时 9时57分		小寒 1月6日 十九戊午 寅时 3时17分			大寒 1月20日 初四壬申 戌时 20时37分		立春 2月4日 十九丁亥 未时 14时57分		
农历	公历	干支	九星	日建	星宿	公历	干支	九星	日建	星宿	公历	干支	九星	日建	星宿
初一	19	庚午	九紫	危	角	19	庚子	六白	建	氐	17	己巳	六白	定	房
初二	20	辛未	八白	成	亢	20	辛丑	五黄	除	房	18	庚午	七赤	执	心
初三	21	壬申	七赤	收	氐	21	壬寅	四绿	满	心	19	辛未	八白	破	尾
初四	22	癸酉	六白	开	房	22	癸卯	四绿	平	尾	20	壬申	九紫	危	箕
初五	23	甲戌	五黄	闭	心	23	甲辰	五黄	定	箕	21	癸酉	一白	成	斗
初六	24	乙亥	四绿	建	尾	24	乙巳	六白	执	斗	22	甲戌	二黑	收	牛
初七	25	丙子	三碧	除	箕	25	丙午	七赤	破	牛	23	乙亥	三碧	开	女
初八	26	丁丑	二黑	满	斗	26	丁未	八白	危	女	24	丙子	四绿	闭	虚
初九	27	戊寅	一白	平	牛	27	戊申	九紫	成	虚	25	丁丑	五黄	建	危
初十	28	己卯	九紫	定	女	28	己酉	一白	收	危	26	戊寅	六白	除	室
十一	29	庚辰	八白	执	虚	29	庚戌	二黑	开	室	27	己卯	七赤	满	壁
十二	30	辛巳	七赤	破	危	30	辛亥	三碧	闭	壁	28	庚辰	八白	平	奎
十三	12月	壬午	六白	危	室	31	壬子	四绿	建	奎	29	辛巳	九紫	定	娄
十四	2	癸未	五黄	成	壁	1月	癸丑	五黄	除	娄	30	壬午	一白	执	胃
十五	3	甲申	四绿	收	奎	2	甲寅	六白	满	胃	31	癸未	二黑	破	昴
十六	4	乙酉	三碧	开	娄	3	乙卯	七赤	平	昴	2月	甲申	三碧	危	毕
十七	5	丙戌	二黑	闭	胃	4	丙辰	八白	定	毕	2	乙酉	四绿	成	觜
十八	6	丁亥	一白	建	昴	5	丁巳	九紫	执	觜	3	丙戌	五黄	收	参
十九	7	戊子	九紫	建	毕	6	戊午	一白	执	参	4	丁亥	六白	收	井
二十	8	己丑	八白	除	觜	7	己未	二黑	破	井	5	戊子	七赤	开	鬼
廿一	9	庚寅	七赤	满	参	8	庚申	三碧	危	鬼	6	己丑	八白	闭	柳
廿二	10	辛卯	六白	平	井	9	辛酉	四绿	成	柳	7	庚寅	九紫	建	星
廿三	11	壬辰	五黄	定	鬼	10	壬戌	五黄	收	星	8	辛卯	一白	除	张
廿四	12	癸巳	四绿	执	柳	11	癸亥	六白	开	张	9	壬辰	二黑	满	翼
廿五	13	甲午	三碧	破	星	12	甲子	一白	闭	翼	10	癸巳	三碧	平	轸
廿六	14	乙未	二黑	危	张	13	乙丑	二黑	建	轸	11	甲午	四绿	定	角
廿七	15	丙申	一白	成	翼	14	丙寅	三碧	除	角	12	乙未	五黄	执	亢
廿八	16	丁酉	九紫	收	轸	15	丁卯	四绿	满	亢	13	丙申	六白	破	氐
廿九	17	戊戌	八白	开	角	16	戊辰	五黄	平	氐	14	丁酉	七赤	危	房
三十	18	己亥	七赤	闭	亢						15	戊戌	八白	成	心

公元1999年　己卯兔年　太岁伍仲　九星一白

月份	正月大	丙寅 八白 坎卦 星宿				二月小	丁卯 七赤 艮卦 张宿				三月小	戊辰 六白 坤卦 翼宿				四月大	己巳 五黄 乾卦 轸宿			
节气	雨水 2月19日 初四壬寅 巳时 10时47分		惊蛰 3月6日 十九丁巳 辰时 8时58分			春分 3月21日 初四壬申 巳时 9时46分		清明 4月5日 十九丁亥 未时 13时45分			谷雨 4月20日 初五壬寅 戌时 20时46分		立夏 5月6日 廿一戊午 辰时 7时01分			小满 5月21日 初七癸酉 戌时 19时52分		芒种 6月6日 廿三己丑 午时 11时09分		
农历	公历	干支	九星	日建	星宿	公历	干支	九星	日建	星宿	公历	干支	九星	日建	星宿	公历	干支	九星	日建	星宿
初一	16	己亥	九紫	收	尾	18	己巳	三碧	满	斗	16	戊戌	五黄	破	牛	15	丁卯	七赤	开	女
初二	17	庚子	一白	开	箕	19	庚午	四绿	平	牛	17	己亥	六白	危	女	16	戊辰	八白	闭	虚
初三	18	辛丑	二黑	闭	斗	20	辛未	五黄	定	女	18	庚子	七赤	成	虚	17	己巳	九紫	建	危
初四	19	壬寅	九紫	建	牛	21	壬申	六白	执	虚	19	辛丑	八白	收	危	18	庚午	一白	除	室
初五	20	癸卯	一白	除	女	22	癸酉	七赤	破	危	20	壬寅	六白	开	室	19	辛未	二黑	满	壁
初六	21	甲辰	二黑	满	虚	23	甲戌	八白	危	室	21	癸卯	七赤	闭	壁	20	壬申	三碧	平	奎
初七	22	乙巳	三碧	平	危	24	乙亥	九紫	成	壁	22	甲辰	八白	建	奎	21	癸酉	四绿	定	娄
初八	23	丙午	四绿	定	室	25	丙子	一白	收	奎	23	乙巳	九紫	除	娄	22	甲戌	五黄	执	胃
初九	24	丁未	五黄	执	壁	26	丁丑	二黑	开	娄	24	丙午	一白	满	胃	23	乙亥	六白	破	昴
初十	25	戊申	六白	破	奎	27	戊寅	三碧	闭	胃	25	丁未	二黑	平	昴	24	丙子	七赤	危	毕
十一	26	己酉	七赤	危	娄	28	己卯	四绿	建	昴	26	戊申	三碧	定	毕	25	丁丑	八白	成	觜
十二	27	庚戌	八白	成	胃	29	庚辰	五黄	除	毕	27	己酉	四绿	执	觜	26	戊寅	九紫	收	参
十三	28	辛亥	九紫	收	昴	30	辛巳	六白	满	觜	28	庚戌	五黄	破	参	27	己卯	一白	开	井
十四	3月	壬子	一白	开	毕	31	壬午	七赤	平	参	29	辛亥	六白	危	井	28	庚辰	二黑	闭	鬼
十五	2	癸丑	二黑	闭	觜	4月	癸未	八白	定	井	30	壬子	七赤	成	鬼	29	辛巳	三碧	建	柳
十六	3	甲寅	三碧	建	参	2	甲申	九紫	执	鬼	5月	癸丑	八白	收	柳	30	壬午	四绿	除	星
十七	4	乙卯	四绿	除	井	3	乙酉	一白	破	柳	2	甲寅	九紫	开	星	31	癸未	五黄	满	张
十八	5	丙辰	五黄	满	鬼	4	丙戌	二黑	危	星	3	乙卯	一白	闭	张	6月	甲申	六白	平	翼
十九	6	丁巳	六白	满	柳	5	丁亥	三碧	危	张	4	丙辰	二黑	建	翼	2	乙酉	七赤	定	轸
二十	7	戊午	七赤	平	星	6	戊子	四绿	成	翼	5	丁巳	三碧	除	轸	3	丙戌	八白	执	角
廿一	8	己未	八白	定	张	7	己丑	五黄	收	轸	6	戊午	四绿	除	角	4	丁亥	九紫	破	亢
廿二	9	庚申	九紫	执	翼	8	庚寅	六白	开	角	7	己未	五黄	满	亢	5	戊子	一白	危	氐
廿三	10	辛酉	一白	破	轸	9	辛卯	七赤	闭	亢	8	庚申	六白	平	氐	6	己丑	二黑	危	房
廿四	11	壬戌	二黑	危	角	10	壬辰	八白	建	氐	9	辛酉	七赤	定	房	7	庚寅	三碧	成	心
廿五	12	癸亥	三碧	成	亢	11	癸巳	九紫	除	房	10	壬戌	八白	执	心	8	辛卯	四绿	收	尾
廿六	13	甲子	七赤	收	氐	12	甲午	一白	满	心	11	癸亥	九紫	破	尾	9	壬辰	五黄	开	箕
廿七	14	乙丑	八白	开	房	13	乙未	二黑	平	尾	12	甲子	四绿	危	箕	10	癸巳	六白	闭	斗
廿八	15	丙寅	九紫	闭	心	14	丙申	三碧	定	箕	13	乙丑	五黄	成	斗	11	甲午	七赤	建	牛
廿九	16	丁卯	一白	建	尾	15	丁酉	四绿	执	斗	14	丙寅	六白	收	牛	12	乙未	八白	除	女
三十	17	戊辰	二黑	除	箕											13	丙申	九紫	满	虚

公元1999年 己卯兔年 太岁伍仲 九星一白

月份	五月小 庚午 四绿 兑卦 角宿					六月小 辛未 三碧 离卦 亢宿					七月大 壬申 二黑 震卦 氐宿					八月小 癸酉 一白 巽卦 房宿				
节气	夏至 6月22日 初九乙巳 寅时 3时49分			小暑 7月7日 廿四庚申 亥时 21时25分		大暑 7月23日 十一丙子 未时 14时44分			立秋 8月8日 廿七壬辰 辰时 7时14分		处暑 8月23日 十三丁未 亥时 21时51分			白露 9月8日 廿九癸亥 巳时 10时10分		秋分 9月23日 十四戊寅 戌时 19时32分			寒露 10月9日 初一甲午 丑时 1时48分	
农历	公历	干支	九星	日建	星宿	公历	干支	九星	日建	星宿	公历	干支	九星	日建	星宿	公历	干支	九星	日建	星宿
初一	14	丁酉	一白	平	危	13	丙寅	七赤	危	室	11	乙未	五黄	闭	壁	10	乙丑	二黑	定	娄
初二	15	戊戌	二黑	定	室	14	丁卯	六白	成	壁	12	丙申	四绿	建	奎	11	丙寅	一白	执	胃
初三	16	己亥	三碧	执	壁	15	戊辰	五黄	收	奎	13	丁酉	三碧	除	娄	12	丁卯	九紫	破	昴
初四	17	庚子	四绿	破	奎	16	己巳	四绿	开	娄	14	戊戌	二黑	满	胃	13	戊辰	八白	危	毕
初五	18	辛丑	五黄	危	娄	17	庚午	三碧	闭	胃	15	己亥	一白	平	昴	14	己巳	七赤	成	觜
初六	19	壬寅	六白	成	胃	18	辛未	二黑	建	昴	16	庚子	九紫	定	毕	15	庚午	六白	收	参
初七	20	癸卯	七赤	收	昴	19	壬申	一白	除	毕	17	辛丑	八白	执	觜	16	辛未	五黄	开	井
初八	21	甲辰	八白	开	毕	20	癸酉	九紫	满	觜	18	壬寅	七赤	破	参	17	壬申	四绿	闭	鬼
初九	22	乙巳	四绿	闭	觜	21	甲戌	八白	平	参	19	癸卯	六白	危	井	18	癸酉	三碧	建	柳
初十	23	丙午	三碧	建	参	22	乙亥	七赤	定	井	20	甲辰	五黄	成	鬼	19	甲戌	二黑	除	星
十一	24	丁未	二黑	除	井	23	丙子	六白	执	鬼	21	乙巳	四绿	收	柳	20	乙亥	一白	满	张
十二	25	戊申	一白	满	鬼	24	丁丑	五黄	破	柳	22	丙午	三碧	开	星	21	丙子	九紫	平	翼
十三	26	己酉	九紫	平	柳	25	戊寅	四绿	危	星	23	丁未	五黄	闭	张	22	丁丑	八白	定	轸
十四	27	庚戌	八白	定	星	26	己卯	三碧	成	张	24	戊申	四绿	建	翼	23	戊寅	七赤	执	角
十五	28	辛亥	七赤	执	张	27	庚辰	二黑	收	翼	25	己酉	三碧	除	轸	24	己卯	六白	破	亢
十六	29	壬子	六白	破	翼	28	辛巳	一白	开	轸	26	庚戌	二黑	满	角	25	庚辰	五黄	危	氐
十七	30	癸丑	五黄	危	轸	29	壬午	九紫	闭	角	27	辛亥	一白	平	亢	26	辛巳	四绿	成	房
十八	7月	甲寅	四绿	成	角	30	癸未	八白	建	亢	28	壬子	九紫	定	氐	27	壬午	三碧	收	心
十九	2	乙卯	三碧	收	亢	31	甲申	七赤	除	氐	29	癸丑	八白	执	房	28	癸未	二黑	开	尾
二十	3	丙辰	二黑	开	氐	8月	乙酉	六白	满	房	30	甲寅	七赤	破	心	29	甲申	一白	闭	箕
廿一	4	丁巳	一白	闭	房	2	丙戌	五黄	平	心	31	乙卯	六白	危	尾	30	乙酉	九紫	建	斗
廿二	5	戊午	九紫	建	心	3	丁亥	四绿	定	尾	9月	丙辰	五黄	成	箕	10月	丙戌	八白	除	牛
廿三	6	己未	八白	除	尾	4	戊子	三碧	执	箕	2	丁巳	四绿	收	斗	2	丁亥	七赤	满	女
廿四	7	庚申	七赤	除	箕	5	己丑	二黑	破	斗	3	戊午	三碧	开	牛	3	戊子	六白	平	虚
廿五	8	辛酉	六白	满	斗	6	庚寅	一白	危	牛	4	己未	二黑	闭	女	4	己丑	五黄	定	危
廿六	9	壬戌	五黄	平	牛	7	辛卯	九紫	成	女	5	庚申	一白	建	虚	5	庚寅	四绿	执	室
廿七	10	癸亥	四绿	定	女	8	壬辰	八白	成	虚	6	辛酉	九紫	除	危	6	辛卯	三碧	破	壁
廿八	11	甲子	九紫	执	虚	9	癸巳	七赤	收	危	7	壬戌	八白	满	室	7	壬辰	二黑	危	奎
廿九	12	乙丑	八白	破	危	10	甲午	六白	开	室	8	癸亥	七赤	满	壁	8	癸巳	一白	成	娄
三十											9	甲子	三碧	平	奎					

公元1999年 己卯兔年 太岁伍仲 九星一白

月份	九月大	甲戌 九紫 坎卦 心宿				十月大	乙亥 八白 艮卦 尾宿				十一月大	丙子 七赤 坤卦 箕宿				十二月小	丁丑 六白 乾卦 斗宿			
节气	霜降 10月24日 十六己酉 寅时 4时52分		立冬 11月8日 初一甲子 寅时 4时58分			小雪 11月23日 十六己卯 丑时 2时25分		大雪 12月7日 三十癸巳 亥时 21时47分			冬至 12月22日 十五戊申 申时 15时44分		小寒 1月6日 三十癸亥 巳时 9时01分			大寒 1月21日 十五戊寅 丑时 2时23分		立春 2月4日 廿九壬辰 戌时 20时40分		
农历	公历	干支	九星	日建	星宿	公历	干支	九星	日建	星宿	公历	干支	九星	日建	星宿	公历	干支	九星	日建	星宿
初一	9	甲午	九紫	成	胃	8	甲子	六白	除	毕	8	甲午	三碧	破	参	7	甲子	一白	闭	鬼
初二	10	乙未	八白	收	昴	9	乙丑	五黄	满	觜	9	乙未	二黑	危	井	8	乙丑	二黑	建	柳
初三	11	丙申	七赤	开	毕	10	丙寅	四绿	平	参	10	丙申	一白	成	鬼	9	丙寅	三碧	除	星
初四	12	丁酉	六白	闭	觜	11	丁卯	三碧	定	井	11	丁酉	九紫	收	柳	10	丁卯	四绿	满	张
初五	13	戊戌	五黄	建	参	12	戊辰	二黑	执	鬼	12	戊戌	八白	开	星	11	戊辰	五黄	平	翼
初六	14	己亥	四绿	除	井	13	己巳	一白	破	柳	13	己亥	七赤	闭	张	12	己巳	六白	定	轸
初七	15	庚子	三碧	满	鬼	14	庚午	九紫	危	星	14	庚子	六白	建	翼	13	庚午	七赤	执	角
初八	16	辛丑	二黑	平	柳	15	辛未	八白	成	张	15	辛丑	五黄	除	轸	14	辛未	八白	破	亢
初九	17	壬寅	一白	定	星	16	壬申	七赤	收	翼	16	壬寅	四绿	满	角	15	壬申	九紫	危	氐
初十	18	癸卯	九紫	执	张	17	癸酉	六白	开	轸	17	癸卯	三碧	平	亢	16	癸酉	一白	成	房
十一	19	甲辰	八白	破	翼	18	甲戌	五黄	闭	角	18	甲辰	二黑	定	氐	17	甲戌	二黑	收	心
十二	20	乙巳	七赤	危	轸	19	乙亥	四绿	建	亢	19	乙巳	一白	执	房	18	乙亥	三碧	开	尾
十三	21	丙午	六白	成	角	20	丙子	三碧	除	氐	20	丙午	九紫	破	心	19	丙子	四绿	闭	箕
十四	22	丁未	五黄	收	亢	21	丁丑	二黑	满	房	21	丁未	八白	危	尾	20	丁丑	五黄	建	斗
十五	23	戊申	四绿	开	氐	22	戊寅	一白	平	心	22	戊申	九紫	成	箕	21	戊寅	六白	除	牛
十六	24	己酉	六白	闭	房	23	己卯	九紫	定	尾	23	己酉	一白	收	斗	22	己卯	七赤	满	女
十七	25	庚戌	五黄	建	心	24	庚辰	八白	执	箕	24	庚戌	二黑	开	牛	23	庚辰	八白	平	虚
十八	26	辛亥	四绿	除	尾	25	辛巳	七赤	破	斗	25	辛亥	三碧	闭	女	24	辛巳	九紫	定	危
十九	27	壬子	三碧	满	箕	26	壬午	六白	危	牛	26	壬子	四绿	建	虚	25	壬午	一白	执	室
二十	28	癸丑	二黑	平	斗	27	癸未	五黄	成	女	27	癸丑	五黄	除	危	26	癸未	二黑	破	壁
廿一	29	甲寅	一白	定	牛	28	甲申	四绿	收	虚	28	甲寅	六白	满	室	27	甲申	三碧	危	奎
廿二	30	乙卯	九紫	执	女	29	乙酉	三碧	开	危	29	乙卯	七赤	平	壁	28	乙酉	四绿	成	娄
廿三	31	丙辰	八白	破	虚	30	丙戌	二黑	闭	室	30	丙辰	八白	定	奎	29	丙戌	五黄	收	胃
廿四	11月	丁巳	七赤	危	危	12月	丁亥	一白	建	壁	31	丁巳	九紫	执	娄	30	丁亥	六白	开	昴
廿五	2	戊午	六白	成	室	2	戊子	九紫	除	奎	1月	戊午	一白	破	胃	31	戊子	七赤	闭	毕
廿六	3	己未	五黄	收	壁	3	己丑	八白	满	娄	2	己未	二黑	危	昴	2月	己丑	八白	建	觜
廿七	4	庚申	四绿	开	奎	4	庚寅	七赤	平	胃	3	庚申	三碧	成	毕	2	庚寅	九紫	除	参
廿八	5	辛酉	三碧	闭	娄	5	辛卯	六白	定	昴	4	辛酉	四绿	收	觜	3	辛卯	一白	满	井
廿九	6	壬戌	二黑	建	胃	6	壬辰	五黄	执	毕	5	壬戌	五黄	开	参	4	壬辰	二黑	满	鬼
三十	7	癸亥	一白	除	昴	7	癸巳	四绿	执	觜	6	癸亥	六白	开	井					

公元2000年　庚辰龙年　太岁童德 九星九紫

月份	正月大	戊寅 五黄 艮卦 牛宿				二月大	己卯 四绿 坤卦 女宿				三月小	庚辰 三碧 乾卦 虚宿				四月小	辛巳 二黑 兑卦 危宿			
节气	雨水 2月19日 十五丁未 申时 16时33分		惊蛰 3月5日 三十壬戌 未时 14时43分			春分 3月20日 十五丁丑 申时 15时35分		清明 4月4日 三十壬辰 戌时 19时32分			谷雨 4月20日 十六戊申 丑时 2时40分					立夏 5月5日 初二癸亥 午时 12时50分		小满 5月21日 十八己卯 申时 16时49分		
农历	公历	干支	九星	日建	星宿	公历	干支	九星	日建	星宿	公历	干支	九星	日建	星宿	公历	干支	九星	日建	星宿
初一	5	癸巳	三碧	平	柳	6	癸亥	三碧	成	张	5	癸巳	九紫	除	轸	4	壬戌	八白	破	角
初二	6	甲午	四绿	定	星	7	甲子	七赤	收	翼	6	甲午	一白	满	角	5	癸亥	九紫	破	亢
初三	7	乙未	五黄	执	张	8	乙丑	八白	开	轸	7	乙未	二黑	平	亢	6	甲子	四绿	危	氐
初四	8	丙申	六白	破	翼	9	丙寅	九紫	闭	角	8	丙申	三碧	定	氐	7	乙丑	五黄	成	房
初五	9	丁酉	七赤	危	轸	10	丁卯	一白	建	亢	9	丁酉	四绿	执	房	8	丙寅	六白	收	心
初六	10	戊戌	八白	成	角	11	戊辰	二黑	除	氐	10	戊戌	五黄	破	心	9	丁卯	七赤	开	尾
初七	11	己亥	九紫	收	亢	12	己巳	三碧	满	房	11	己亥	六白	危	尾	10	戊辰	八白	闭	箕
初八	12	庚子	一白	开	氐	13	庚午	四绿	平	心	12	庚子	七赤	成	箕	11	己巳	九紫	建	斗
初九	13	辛丑	二黑	闭	房	14	辛未	五黄	定	尾	13	辛丑	八白	收	斗	12	庚午	一白	除	牛
初十	14	壬寅	三碧	建	心	15	壬申	六白	执	箕	14	壬寅	九紫	开	牛	13	辛未	二黑	满	女
十一	15	癸卯	四绿	除	尾	16	癸酉	七赤	破	斗	15	癸卯	一白	闭	女	14	壬申	三碧	平	虚
十二	16	甲辰	五黄	满	箕	17	甲戌	八白	危	牛	16	甲辰	二黑	建	虚	15	癸酉	四绿	定	危
十三	17	乙巳	六白	平	斗	18	乙亥	九紫	成	女	17	乙巳	三碧	除	危	16	甲戌	五黄	执	室
十四	18	丙午	七赤	定	牛	19	丙子	一白	收	虚	18	丙午	四绿	满	室	17	乙亥	六白	破	壁
十五	19	丁未	五黄	执	女	20	丁丑	二黑	开	危	19	丁未	五黄	平	壁	18	丙子	七赤	危	奎
十六	20	戊申	六白	破	虚	21	戊寅	三碧	闭	室	20	戊申	三碧	定	奎	19	丁丑	八白	成	娄
十七	21	己酉	七赤	危	危	22	己卯	四绿	建	壁	21	己酉	四绿	执	娄	20	戊寅	九紫	收	胃
十八	22	庚戌	八白	成	室	23	庚辰	五黄	除	奎	22	庚戌	五黄	破	胃	21	己卯	一白	开	昴
十九	23	辛亥	九紫	收	壁	24	辛巳	六白	满	娄	23	辛亥	六白	危	昴	22	庚辰	二黑	闭	毕
二十	24	壬子	一白	开	奎	25	壬午	七赤	平	胃	24	壬子	七赤	成	毕	23	辛巳	三碧	建	觜
廿一	25	癸丑	二黑	闭	娄	26	癸未	八白	定	昴	25	癸丑	八白	收	觜	24	壬午	四绿	除	参
廿二	26	甲寅	三碧	建	胃	27	甲申	九紫	执	毕	26	甲寅	九紫	开	参	25	癸未	五黄	满	井
廿三	27	乙卯	四绿	除	昴	28	乙酉	一白	破	觜	27	乙卯	一白	闭	井	26	甲申	六白	平	鬼
廿四	28	丙辰	五黄	满	毕	29	丙戌	二黑	危	参	28	丙辰	二黑	建	鬼	27	乙酉	七赤	定	柳
廿五	29	丁巳	六白	平	觜	30	丁亥	三碧	成	井	29	丁巳	三碧	除	柳	28	丙戌	八白	执	星
廿六	3月	戊午	七赤	定	参	31	戊子	四绿	收	鬼	30	戊午	四绿	满	星	29	丁亥	九紫	破	张
廿七	2	己未	八白	执	井	4月	己丑	五黄	开	柳	5月	己未	五黄	平	张	30	戊子	一白	危	翼
廿八	3	庚申	九紫	破	鬼	2	庚寅	六白	闭	星	2	庚申	六白	定	翼	31	己丑	二黑	成	轸
廿九	4	辛酉	一白	危	柳	3	辛卯	七赤	建	张	3	辛酉	七赤	执	轸	6月	庚寅	三碧	收	角
三十	5	壬戌	二黑	危	星	4	壬辰	八白	建	翼										

公元2000年 庚辰龙年 太岁童德 九星九紫

月份	五月大		壬午 一白 离卦 室宿			六月小		癸未 九紫 震卦 壁宿			七月小		甲申 八白 巽卦 奎宿			八月大		乙酉 七赤 坎卦 娄宿		
节气	芒种 6月5日 初四甲午 申时 16时59分		夏至 6月21日 二十庚戌 巳时 9时48分			小暑 7月7日 初六丙寅 寅时 3时14分		大暑 7月22日 廿一辛巳 戌时 20时43分			立秋 8月7日 初八丁酉 未时 13时03分		处暑 8月23日 廿四癸丑 寅时 3时49分			白露 9月7日 初十戊辰 申时 15时59分		秋分 9月23日 廿六甲申 丑时 1时28分		
农历	公历	干支	九星	日建	星宿	公历	干支	九星	日建	星宿	公历	干支	九星	日建	星宿	公历	干支	九星	日建	星宿
初一	2	辛卯	四绿	开	亢	2	辛酉	六白	平	房	31	庚寅	一白	危	心	29	己未	二黑	闭	尾
初二	3	壬辰	五黄	闭	氐	3	壬戌	五黄	定	心	8月	辛卯	九紫	成	尾	30	庚申	一白	建	箕
初三	4	癸巳	六白	建	房	4	癸亥	四绿	执	尾	2	壬辰	八白	收	箕	31	辛酉	九紫	除	斗
初四	5	甲午	七赤	建	心	5	甲子	九紫	破	箕	3	癸巳	七赤	开	斗	9月	壬戌	八白	满	牛
初五	6	乙未	八白	除	尾	6	乙丑	八白	危	斗	4	甲午	六白	闭	牛	2	癸亥	七赤	平	女
初六	7	丙申	九紫	满	箕	7	丙寅	七赤	危	牛	5	乙未	五黄	建	女	3	甲子	三碧	定	虚
初七	8	丁酉	一白	平	斗	8	丁卯	六白	成	女	6	丙申	四绿	除	虚	4	乙丑	二黑	执	危
初八	9	戊戌	二黑	定	牛	9	戊辰	五黄	收	虚	7	丁酉	三碧	除	危	5	丙寅	一白	破	室
初九	10	己亥	三碧	执	女	10	己巳	四绿	开	危	8	戊戌	二黑	满	室	6	丁卯	九紫	危	壁
初十	11	庚子	四绿	破	虚	11	庚午	三碧	闭	室	9	己亥	一白	平	壁	7	戊辰	八白	危	奎
十一	12	辛丑	五黄	危	危	12	辛未	二黑	建	壁	10	庚子	九紫	定	奎	8	己巳	七赤	成	娄
十二	13	壬寅	六白	成	室	13	壬申	一白	除	奎	11	辛丑	八白	执	娄	9	庚午	六白	收	胃
十三	14	癸卯	七赤	收	壁	14	癸酉	九紫	满	娄	12	壬寅	七赤	破	胃	10	辛未	五黄	开	昴
十四	15	甲辰	八白	开	奎	15	甲戌	八白	平	胃	13	癸卯	六白	危	昴	11	壬申	四绿	闭	毕
十五	16	乙巳	九紫	闭	娄	16	乙亥	七赤	定	昴	14	甲辰	五黄	成	毕	12	癸酉	三碧	建	觜
十六	17	丙午	一白	建	胃	17	丙子	六白	执	毕	15	乙巳	四绿	收	觜	13	甲戌	二黑	除	参
十七	18	丁未	二黑	除	昴	18	丁丑	五黄	破	觜	16	丙午	三碧	开	参	14	乙亥	一白	满	井
十八	19	戊申	三碧	满	毕	19	戊寅	四绿	危	参	17	丁未	二黑	闭	井	15	丙子	九紫	平	鬼
十九	20	己酉	四绿	平	觜	20	己卯	三碧	成	井	18	戊申	一白	建	鬼	16	丁丑	八白	定	柳
二十	21	庚戌	八白	定	参	21	庚辰	二黑	收	鬼	19	己酉	九紫	除	柳	17	戊寅	七赤	执	星
廿一	22	辛亥	七赤	执	井	22	辛巳	一白	开	柳	20	庚戌	八白	满	星	18	己卯	六白	破	张
廿二	23	壬子	六白	破	鬼	23	壬午	九紫	闭	星	21	辛亥	七赤	平	张	19	庚辰	五黄	危	翼
廿三	24	癸丑	五黄	危	柳	24	癸未	八白	建	张	22	壬子	六白	定	翼	20	辛巳	四绿	成	轸
廿四	25	甲寅	四绿	成	星	25	甲申	七赤	除	翼	23	癸丑	八白	执	轸	21	壬午	三碧	收	角
廿五	26	乙卯	三碧	收	张	26	乙酉	六白	满	轸	24	甲寅	七赤	破	角	22	癸未	二黑	开	亢
廿六	27	丙辰	二黑	开	翼	27	丙戌	五黄	平	角	25	乙卯	六白	危	亢	23	甲申	一白	闭	氐
廿七	28	丁巳	一白	闭	轸	28	丁亥	四绿	定	亢	26	丙辰	五黄	成	氐	24	乙酉	九紫	建	房
廿八	29	戊午	九紫	建	角	29	戊子	三碧	执	氐	27	丁巳	四绿	收	房	25	丙戌	八白	除	心
廿九	30	己未	八白	除	亢	30	己丑	二黑	破	房	28	戊午	三碧	开	心	26	丁亥	七赤	满	尾
三十	7月	庚申	七赤	满	氐											27	戊子	六白	平	箕

公元2000年 庚辰龙年 太岁童德 九星九紫

月份	九月小 丙戌 六白 艮卦 胃宿					十月大 丁亥 五黄 坤卦 昴宿					十一月大 戊子 四绿 乾卦 毕宿					十二月小 己丑 三碧 兑卦 觜宿				
节气	寒露 10月8日 十一己亥 辰时 7时38分		霜降 10月23日 廿六甲寅 巳时 10时47分			立冬 11月7日 十二己巳 巳时 10时48分		小雪 11月22日 廿七甲申 辰时 8时19分			大雪 12月7日 十二己亥 寅时 3时37分		冬至 12月21日 廿六癸丑 亥时 21时38分			小寒 1月5日 十一戊辰 未时 14时49分		大寒 1月20日 廿六癸未 辰时 8时16分		
农历	公历	干支	九星	日建	星宿	公历	干支	九星	日建	星宿	公历	干支	九星	日建	星宿	公历	干支	九星	日建	星宿
初一	28	己丑	五黄	定	斗	27	戊午	六白	成	牛	26	戊子	九紫	除	虚	26	戊午	一白	破	室
初二	29	庚寅	四绿	执	牛	28	己未	五黄	收	女	27	己丑	八白	满	危	27	己未	二黑	危	壁
初三	30	辛卯	三碧	破	女	29	庚申	四绿	开	虚	28	庚寅	七赤	平	室	28	庚申	三碧	成	奎
初四	10月	壬辰	二黑	危	虚	30	辛酉	三碧	闭	危	29	辛卯	六白	定	壁	29	辛酉	四绿	收	娄
初五	2	癸巳	一白	成	危	31	壬戌	二黑	建	室	30	壬辰	五黄	执	奎	30	壬戌	五黄	开	胃
初六	3	甲午	九紫	收	室	11月	癸亥	一白	除	壁	12月	癸巳	四绿	破	娄	31	癸亥	六白	闭	昴
初七	4	乙未	八白	开	壁	2	甲子	六白	满	奎	2	甲午	三碧	危	胃	1月	甲子	一白	建	毕
初八	5	丙申	七赤	闭	奎	3	乙丑	五黄	平	娄	3	乙未	二黑	成	昴	2	乙丑	二黑	除	觜
初九	6	丁酉	六白	建	娄	4	丙寅	四绿	定	胃	4	丙申	一白	收	毕	3	丙寅	三碧	满	参
初十	7	戊戌	五黄	除	胃	5	丁卯	三碧	执	昴	5	丁酉	九紫	开	觜	4	丁卯	四绿	平	井
十一	8	己亥	四绿	除	昴	6	戊辰	二黑	破	毕	6	戊戌	八白	闭	参	5	戊辰	五黄	平	鬼
十二	9	庚子	三碧	满	毕	7	己巳	一白	破	觜	7	己亥	七赤	闭	井	6	己巳	六白	定	柳
十三	10	辛丑	二黑	平	觜	8	庚午	九紫	危	参	8	庚子	六白	建	鬼	7	庚午	七赤	执	星
十四	11	壬寅	一白	定	参	9	辛未	八白	成	井	9	辛丑	五黄	除	柳	8	辛未	八白	破	张
十五	12	癸卯	九紫	执	井	10	壬申	七赤	收	鬼	10	壬寅	四绿	满	星	9	壬申	九紫	危	翼
十六	13	甲辰	八白	破	鬼	11	癸酉	六白	开	柳	11	癸卯	三碧	平	张	10	癸酉	一白	成	轸
十七	14	乙巳	七赤	危	柳	12	甲戌	五黄	闭	星	12	甲辰	二黑	定	翼	11	甲戌	二黑	收	角
十八	15	丙午	六白	成	星	13	乙亥	四绿	建	张	13	乙巳	一白	执	轸	12	乙亥	三碧	开	亢
十九	16	丁未	五黄	收	张	14	丙子	三碧	除	翼	14	丙午	九紫	破	角	13	丙子	四绿	闭	氐
二十	17	戊申	四绿	开	翼	15	丁丑	二黑	满	轸	15	丁未	八白	危	亢	14	丁丑	五黄	建	房
廿一	18	己酉	三碧	闭	轸	16	戊寅	一白	平	角	16	戊申	七赤	成	氐	15	戊寅	六白	除	心
廿二	19	庚戌	二黑	建	角	17	己卯	九紫	定	亢	17	己酉	六白	收	房	16	己卯	七赤	满	尾
廿三	20	辛亥	一白	除	亢	18	庚辰	八白	执	氐	18	庚戌	五黄	开	心	17	庚辰	八白	平	箕
廿四	21	壬子	九紫	满	氐	19	辛巳	七赤	破	房	19	辛亥	四绿	闭	尾	18	辛巳	九紫	定	斗
廿五	22	癸丑	八白	平	房	20	壬午	六白	危	心	20	壬子	三碧	建	箕	19	壬午	一白	执	牛
廿六	23	甲寅	一白	定	心	21	癸未	五黄	成	尾	21	癸丑	五黄	除	斗	20	癸未	二黑	破	女
廿七	24	乙卯	九紫	执	尾	22	甲申	四绿	收	箕	22	甲寅	六白	满	牛	21	甲申	三碧	危	虚
廿八	25	丙辰	八白	破	箕	23	乙酉	三碧	开	斗	23	乙卯	七赤	平	女	22	乙酉	四绿	成	危
廿九	26	丁巳	七赤	危	斗	24	丙戌	二黑	闭	牛	24	丙辰	八白	定	虚	23	丙戌	五黄	收	室
三十						25	丁亥	一白	建	女	25	丁巳	九紫	执	危					

公元2001年 辛巳蛇年（闰四月） 太岁郑祖 九星八白

月份	正月大 庚寅 二黑 坤卦 参宿					二月大 辛卯 一白 乾卦 井宿					三月小 壬辰 九紫 兑卦 鬼宿					四月大 癸巳 八白 离卦 柳宿				
节气	立春 2月4日 十二戊戌 丑时 2时29分		雨水 2月18日 廿六壬子 亥时 22时27分			惊蛰 3月5日 十一丁卯 戌时 20时33分		春分 3月20日 廿六壬午 亥时 21时31分			清明 4月5日 十二戊戌 丑时 1时24分		谷雨 4月20日 廿七癸丑 辰时 8时36分			立夏 5月5日 十三戊辰 酉时 18时45分		小满 5月21日 廿九甲申 辰时 7时44分		
农历	公历	干支	九星	日建	星宿	公历	干支	九星	日建	星宿	公历	干支	九星	日建	星宿	公历	干支	九星	日建	星宿
初一	24	丁亥	六白	开	壁	23	丁巳	六白	平	娄	25	丁亥	三碧	成	昴	23	丙辰	二黑	建	毕
初二	25	戊子	七赤	闭	奎	24	戊午	七赤	定	胃	26	戊子	四绿	收	毕	24	丁巳	三碧	除	觜
初三	26	己丑	八白	建	娄	25	己未	八白	执	昴	27	己丑	五黄	开	觜	25	戊午	四绿	满	参
初四	27	庚寅	九紫	除	胃	26	庚申	九紫	破	毕	28	庚寅	六白	闭	参	26	己未	五黄	平	井
初五	28	辛卯	一白	满	昴	27	辛酉	一白	危	觜	29	辛卯	七赤	建	井	27	庚申	六白	定	鬼
初六	29	壬辰	二黑	平	毕	28	壬戌	二黑	成	参	30	壬辰	八白	除	鬼	28	辛酉	七赤	执	柳
初七	30	癸巳	三碧	定	觜	3月	癸亥	三碧	收	井	31	癸巳	九紫	满	柳	29	壬戌	八白	破	星
初八	31	甲午	四绿	执	参	2	甲子	七赤	开	鬼	4月	甲午	一白	平	星	30	癸亥	九紫	危	张
初九	2月	乙未	五黄	破	井	3	乙丑	八白	闭	柳	2	乙未	二黑	定	张	5月	甲子	四绿	成	翼
初十	2	丙申	六白	危	鬼	4	丙寅	九紫	建	星	3	丙申	三碧	执	翼	2	乙丑	五黄	收	轸
十一	3	丁酉	七赤	成	柳	5	丁卯	一白	建	张	4	丁酉	四绿	破	轸	3	丙寅	六白	开	角
十二	4	戊戌	八白	成	星	6	戊辰	二黑	除	翼	5	戊戌	五黄	破	角	4	丁卯	七赤	闭	亢
十三	5	己亥	九紫	收	张	7	己巳	三碧	满	轸	6	己亥	六白	危	亢	5	戊辰	八白	闭	氐
十四	6	庚子	一白	开	翼	8	庚午	四绿	平	角	7	庚子	七赤	成	氐	6	己巳	九紫	建	房
十五	7	辛丑	二黑	闭	轸	9	辛未	五黄	定	亢	8	辛丑	八白	收	房	7	庚午	一白	除	心
十六	8	壬寅	三碧	建	角	10	壬申	六白	执	氐	9	壬寅	九紫	开	心	8	辛未	二黑	满	尾
十七	9	癸卯	四绿	除	亢	11	癸酉	七赤	破	房	10	癸卯	一白	闭	尾	9	壬申	三碧	平	箕
十八	10	甲辰	五黄	满	氐	12	甲戌	八白	危	心	11	甲辰	二黑	建	箕	10	癸酉	四绿	定	斗
十九	11	乙巳	六白	平	房	13	乙亥	九紫	成	尾	12	乙巳	三碧	除	斗	11	甲戌	五黄	执	牛
二十	12	丙午	七赤	定	心	14	丙子	一白	收	箕	13	丙午	四绿	满	牛	12	乙亥	六白	破	女
廿一	13	丁未	八白	执	尾	15	丁丑	二黑	开	斗	14	丁未	五黄	平	女	13	丙子	七赤	危	虚
廿二	14	戊申	九紫	破	箕	16	戊寅	三碧	闭	牛	15	戊申	六白	定	虚	14	丁丑	八白	成	危
廿三	15	己酉	一白	危	斗	17	己卯	四绿	建	女	16	己酉	七赤	执	危	15	戊寅	九紫	收	室
廿四	16	庚戌	二黑	成	牛	18	庚辰	五黄	除	虚	17	庚戌	八白	破	室	16	己卯	一白	开	壁
廿五	17	辛亥	三碧	收	女	19	辛巳	六白	满	危	18	辛亥	九紫	危	壁	17	庚辰	二黑	闭	奎
廿六	18	壬子	一白	开	虚	20	壬午	七赤	平	室	19	壬子	一白	成	奎	18	辛巳	三碧	建	娄
廿七	19	癸丑	二黑	闭	危	21	癸未	八白	定	壁	20	癸丑	八白	收	娄	19	壬午	四绿	除	胃
廿八	20	甲寅	三碧	建	室	22	甲申	九紫	执	奎	21	甲寅	九紫	开	胃	20	癸未	五黄	满	昴
廿九	21	乙卯	四绿	除	壁	23	乙酉	一白	破	娄	22	乙卯	一白	闭	昴	21	甲申	六白	平	毕
三十	22	丙辰	五黄	满	奎	24	丙戌	二黑	危	胃						22	乙酉	七赤	定	觜

公元2001年　辛巳蛇年（闰四月）　太岁郑祖 九星八白

月份	闰四月小					五月大		甲午 七赤 震卦 星宿			六月小		乙未 六白 巽卦 张宿		
节气	芒种 6月5日 十四己亥 亥时 22时54分					夏至 6月21日 初一乙卯 申时 15时38分			小暑 7月7日 十七辛未 巳时 9时07分		大暑 7月23日 初三丁亥 丑时 2时26分			立秋 8月7日 十八壬寅 酉时 18时52分	
农历	公历	干支	九星	日建	星宿	公历	干支	九星	日建	星宿	公历	干支	九星	日建	星宿
初一	23	丙戌	八白	执	参	21	乙卯	三碧	收	井	21	乙酉	六白	满	柳
初二	24	丁亥	九紫	破	井	22	丙辰	二黑	开	鬼	22	丙戌	五黄	平	星
初三	25	戊子	一白	危	鬼	23	丁巳	一白	闭	柳	23	丁亥	四绿	定	张
初四	26	己丑	二黑	成	柳	24	戊午	九紫	建	星	24	戊子	三碧	执	翼
初五	27	庚寅	三碧	收	星	25	己未	八白	除	张	25	己丑	二黑	破	轸
初六	28	辛卯	四绿	开	张	26	庚申	七赤	满	翼	26	庚寅	一白	危	角
初七	29	壬辰	五黄	闭	翼	27	辛酉	六白	平	轸	27	辛卯	九紫	成	亢
初八	30	癸巳	六白	建	轸	28	壬戌	五黄	定	角	28	壬辰	八白	收	氐
初九	31	甲午	七赤	除	角	29	癸亥	四绿	执	亢	29	癸巳	七赤	开	房
初十	6月	乙未	八白	满	亢	30	甲子	九紫	破	氐	30	甲午	六白	闭	心
十一	2	丙申	九紫	平	氐	7月	乙丑	八白	危	房	31	乙未	五黄	建	尾
十二	3	丁酉	一白	定	房	2	丙寅	七赤	成	心	8月	丙申	四绿	除	箕
十三	4	戊戌	二黑	执	心	3	丁卯	六白	收	尾	2	丁酉	三碧	满	斗
十四	5	己亥	三碧	执	尾	4	戊辰	五黄	开	箕	3	戊戌	二黑	平	牛
十五	6	庚子	四绿	破	箕	5	己巳	四绿	闭	斗	4	己亥	一白	定	女
十六	7	辛丑	五黄	危	斗	6	庚午	三碧	建	牛	5	庚子	九紫	执	虚
十七	8	壬寅	六白	成	牛	7	辛未	二黑	建	女	6	辛丑	八白	破	危
十八	9	癸卯	七赤	收	女	8	壬申	一白	除	虚	7	壬寅	七赤	破	室
十九	10	甲辰	八白	开	虚	9	癸酉	九紫	满	危	8	癸卯	六白	危	壁
二十	11	乙巳	九紫	闭	危	10	甲戌	八白	平	室	9	甲辰	五黄	成	奎
廿一	12	丙午	一白	建	室	11	乙亥	七赤	定	壁	10	乙巳	四绿	收	娄
廿二	13	丁未	二黑	除	壁	12	丙子	六白	执	奎	11	丙午	三碧	开	胃
廿三	14	戊申	三碧	满	奎	13	丁丑	五黄	破	娄	12	丁未	二黑	闭	昴
廿四	15	己酉	四绿	平	娄	14	戊寅	四绿	危	胃	13	戊申	一白	建	毕
廿五	16	庚戌	五黄	定	胃	15	己卯	三碧	成	昴	14	己酉	九紫	除	觜
廿六	17	辛亥	六白	执	昴	16	庚辰	二黑	收	毕	15	庚戌	八白	满	参
廿七	18	壬子	七赤	破	毕	17	辛巳	一白	开	觜	16	辛亥	七赤	平	井
廿八	19	癸丑	八白	危	觜	18	壬午	九紫	闭	参	17	壬子	六白	定	鬼
廿九	20	甲寅	九紫	成	参	19	癸未	八白	建	井	18	癸丑	五黄	执	柳
三十						20	甲申	七赤	除	鬼					

公元2001年　辛巳蛇年（闰四月）　太岁郑祖 九星八白

月份	七月小 丙申 五黄 坎卦 翼宿					八月大 丁酉 四绿 艮卦 轸宿					九月小 戊戌 三碧 坤卦 角宿				
节气	处暑 8月23日 初五戊午 巳时 9时27分		白露 9月7日 二十癸酉 亥时 21时46分			秋分 9月23日 初七己丑 辰时 7时05分		寒露 10月8日 廿二甲辰 未时 13时25分			霜降 10月23日 初七己未 申时 16时26分		立冬 11月7日 廿二甲戌 申时 16时37分		
农历	公历	干支	九星	日建	星宿	公历	干支	九星	日建	星宿	公历	干支	九星	日建	星宿
初一	19	甲寅	四绿	破	星	17	癸未	二黑	开	张	17	癸丑	八白	平	轸
初二	20	乙卯	三碧	危	张	18	甲申	一白	闭	翼	18	甲寅	七赤	定	角
初三	21	丙辰	二黑	成	翼	19	乙酉	九紫	建	轸	19	乙卯	六白	执	亢
初四	22	丁巳	一白	收	轸	20	丙戌	八白	除	角	20	丙辰	五黄	破	氐
初五	23	戊午	三碧	开	角	21	丁亥	七赤	满	亢	21	丁巳	四绿	危	房
初六	24	己未	二黑	闭	亢	22	戊子	六白	平	氐	22	戊午	三碧	成	心
初七	25	庚申	一白	建	氐	23	己丑	五黄	定	房	23	己未	五黄	收	尾
初八	26	辛酉	九紫	除	房	24	庚寅	四绿	执	心	24	庚申	四绿	开	箕
初九	27	壬戌	八白	满	心	25	辛卯	三碧	破	尾	25	辛酉	三碧	闭	斗
初十	28	癸亥	七赤	平	尾	26	壬辰	二黑	危	箕	26	壬戌	二黑	建	牛
十一	29	甲子	三碧	定	箕	27	癸巳	一白	成	斗	27	癸亥	一白	除	女
十二	30	乙丑	二黑	执	斗	28	甲午	九紫	收	牛	28	甲子	六白	满	虚
十三	31	丙寅	一白	破	牛	29	乙未	八白	开	女	29	乙丑	五黄	平	危
十四	9月	丁卯	九紫	危	女	30	丙申	七赤	闭	虚	30	丙寅	四绿	定	室
十五	2	戊辰	八白	成	虚	10月	丁酉	六白	建	危	31	丁卯	三碧	执	壁
十六	3	己巳	七赤	收	危	2	戊戌	五黄	除	室	11月	戊辰	二黑	破	奎
十七	4	庚午	六白	开	室	3	己亥	四绿	满	壁	2	己巳	一白	危	娄
十八	5	辛未	五黄	闭	壁	4	庚子	三碧	平	奎	3	庚午	九紫	成	胃
十九	6	壬申	四绿	建	奎	5	辛丑	二黑	定	娄	4	辛未	八白	收	昴
二十	7	癸酉	三碧	建	娄	6	壬寅	一白	执	胃	5	壬申	七赤	开	毕
廿一	8	甲戌	二黑	除	胃	7	癸卯	九紫	破	昴	6	癸酉	六白	闭	觜
廿二	9	乙亥	一白	满	昴	8	甲辰	八白	破	毕	7	甲戌	五黄	闭	参
廿三	10	丙子	九紫	平	毕	9	乙巳	七赤	危	觜	8	乙亥	四绿	建	井
廿四	11	丁丑	八白	定	觜	10	丙午	六白	成	参	9	丙子	三碧	除	鬼
廿五	12	戊寅	七赤	执	参	11	丁未	五黄	收	井	10	丁丑	二黑	满	柳
廿六	13	己卯	六白	破	井	12	戊申	四绿	开	鬼	11	戊寅	一白	平	星
廿七	14	庚辰	五黄	危	鬼	13	己酉	三碧	闭	柳	12	己卯	九紫	定	张
廿八	15	辛巳	四绿	成	柳	14	庚戌	二黑	建	星	13	庚辰	八白	执	翼
廿九	16	壬午	三碧	收	星	15	辛亥	一白	除	张	14	辛巳	七赤	破	轸
三十						16	壬子	九紫	满	翼					

公元2001年　辛巳蛇年（闰四月）　太岁郑祖 九星八白

月份	十月大		己亥 二黑 乾卦 亢宿			十一月小		庚子 一白 兑卦 氐宿			十二月大		辛丑 九紫 离卦 房宿		
节气	小雪 11月22日 初八己丑 未时 14时01分			大雪 12月7日 廿三甲辰 巳时 9时29分		冬至 12月22日 初八己未 寅时 3时21分			小寒 1月5日 廿二癸酉 戌时 20时44分		大寒 1月20日 初八戊子 未时 14时02分			立春 2月4日 廿三癸卯 辰时 8时24分	
农历	公历	干支	九星	日建	星宿	公历	干支	九星	日建	星宿	公历	干支	九星	日建	星宿
初一	15	壬午	六白	危	角	15	壬子	三碧	建	氐	13	辛巳	九紫	定	房
初二	16	癸未	五黄	成	亢	16	癸丑	二黑	除	房	14	壬午	一白	执	心
初三	17	甲申	四绿	收	氐	17	甲寅	一白	满	心	15	癸未	二黑	破	尾
初四	18	乙酉	三碧	开	房	18	乙卯	九紫	平	尾	16	甲申	三碧	危	箕
初五	19	丙戌	二黑	闭	心	19	丙辰	八白	定	箕	17	乙酉	四绿	成	斗
初六	20	丁亥	一白	建	尾	20	丁巳	七赤	执	斗	18	丙戌	五黄	收	牛
初七	21	戊子	九紫	除	箕	21	戊午	六白	破	牛	19	丁亥	六白	开	女
初八	22	己丑	八白	满	斗	22	己未	二黑	危	女	20	戊子	七赤	闭	虚
初九	23	庚寅	七赤	平	牛	23	庚申	三碧	成	虚	21	己丑	八白	建	危
初十	24	辛卯	六白	定	女	24	辛酉	四绿	收	危	22	庚寅	九紫	除	室
十一	25	壬辰	五黄	执	虚	25	壬戌	五黄	开	室	23	辛卯	一白	满	壁
十二	26	癸巳	四绿	破	危	26	癸亥	六白	闭	壁	24	壬辰	二黑	平	奎
十三	27	甲午	三碧	危	室	27	甲子	一白	建	奎	25	癸巳	三碧	定	娄
十四	28	乙未	二黑	成	壁	28	乙丑	二黑	除	娄	26	甲午	四绿	执	胃
十五	29	丙申	一白	收	奎	29	丙寅	三碧	满	胃	27	乙未	五黄	破	昴
十六	30	丁酉	九紫	开	娄	30	丁卯	四绿	平	昴	28	丙申	六白	危	毕
十七	12月	戊戌	八白	闭	胃	31	戊辰	五黄	定	毕	29	丁酉	七赤	成	觜
十八	2	己亥	七赤	建	昴	1月	己巳	六白	执	觜	30	戊戌	八白	收	参
十九	3	庚子	六白	除	毕	2	庚午	七赤	破	参	31	己亥	九紫	开	井
二十	4	辛丑	五黄	满	觜	3	辛未	八白	危	井	2月	庚子	一白	闭	鬼
廿一	5	壬寅	四绿	平	参	4	壬申	九紫	成	鬼	2	辛丑	二黑	建	柳
廿二	6	癸卯	三碧	定	井	5	癸酉	一白	成	柳	3	壬寅	三碧	除	星
廿三	7	甲辰	二黑	定	鬼	6	甲戌	二黑	收	星	4	癸卯	四绿	除	张
廿四	8	乙巳	一白	执	柳	7	乙亥	三碧	开	张	5	甲辰	五黄	满	翼
廿五	9	丙午	九紫	破	星	8	丙子	四绿	闭	翼	6	乙巳	六白	平	轸
廿六	10	丁未	八白	危	张	9	丁丑	五黄	建	轸	7	丙午	七赤	定	角
廿七	11	戊申	七赤	成	翼	10	戊寅	六白	除	角	8	丁未	八白	执	亢
廿八	12	己酉	六白	收	轸	11	己卯	七赤	满	亢	9	戊申	九紫	破	氐
廿九	13	庚戌	五黄	开	角	12	庚辰	八白	平	氐	10	己酉	一白	危	房
三十	14	辛亥	四绿	闭	亢						11	庚戌	二黑	成	心

公元2002年 壬午马年 太岁路明 九星七赤

月份	正月大	壬寅 八白 乾卦 心宿				二月大	癸卯 七赤 兑卦 尾宿				三月小	甲辰 六白 离卦 箕宿				四月大	乙巳 五黄 震卦 斗宿			
节气	雨水 2月19日 初八戊午 寅时 4时14分		惊蛰 3月6日 廿三癸酉 丑时 2时28分			春分 3月21日 初八戊子 寅时 3时16分		清明 4月5日 廿三癸卯 寅时 4时18分			谷雨 4月20日 初八戊午 未时 14时21分		立夏 5月6日 廿四甲戌 早子时 0时37分			小满 5月21日 初十己丑 未时 13时29分		芒种 6月6日 廿六乙巳 寅时 4时45分		
农历	公历	干支	九星	日建	星宿	公历	干支	九星	日建	星宿	公历	干支	九星	日建	星宿	公历	干支	九星	日建	星宿
初一	12	辛亥	三碧	收	尾	14	辛巳	六白	满	斗	13	辛亥	九紫	危	女	12	庚辰	二黑	闭	虚
初二	13	壬子	四绿	开	箕	15	壬午	七赤	平	牛	14	壬子	一白	成	虚	13	辛巳	三碧	建	危
初三	14	癸丑	五黄	闭	斗	16	癸未	八白	定	女	15	癸丑	二黑	收	危	14	壬午	四绿	除	室
初四	15	甲寅	六白	建	牛	17	甲申	九紫	执	虚	16	甲寅	三碧	开	室	15	癸未	五黄	满	壁
初五	16	乙卯	七赤	除	女	18	乙酉	一白	破	危	17	乙卯	四绿	闭	壁	16	甲申	六白	平	奎
初六	17	丙辰	八白	满	虚	19	丙戌	二黑	危	室	18	丙辰	五黄	建	奎	17	乙酉	七赤	定	娄
初七	18	丁巳	九紫	平	危	20	丁亥	三碧	成	壁	19	丁巳	六白	除	娄	18	丙戌	八白	执	胃
初八	19	戊午	七赤	定	室	21	戊子	四绿	收	奎	20	戊午	四绿	满	胃	19	丁亥	九紫	破	昴
初九	20	己未	八白	执	壁	22	己丑	五黄	开	娄	21	己未	五黄	平	昴	20	戊子	一白	危	毕
初十	21	庚申	九紫	破	奎	23	庚寅	六白	闭	胃	22	庚申	六白	定	毕	21	己丑	二黑	成	觜
十一	22	辛酉	一白	危	娄	24	辛卯	七赤	建	昴	23	辛酉	七赤	执	觜	22	庚寅	三碧	收	参
十二	23	壬戌	二黑	成	胃	25	壬辰	八白	除	毕	24	壬戌	八白	破	参	23	辛卯	四绿	开	井
十三	24	癸亥	三碧	收	昴	26	癸巳	九紫	满	觜	25	癸亥	九紫	危	井	24	壬辰	五黄	闭	鬼
十四	25	甲子	七赤	开	毕	27	甲午	一白	平	参	26	甲子	四绿	成	鬼	25	癸巳	六白	建	柳
十五	26	乙丑	八白	闭	觜	28	乙未	二黑	定	井	27	乙丑	五黄	收	柳	26	甲午	七赤	除	星
十六	27	丙寅	九紫	建	参	29	丙申	三碧	执	鬼	28	丙寅	六白	开	星	27	乙未	八白	满	张
十七	28	丁卯	一白	除	井	30	丁酉	四绿	破	柳	29	丁卯	七赤	闭	张	28	丙申	九紫	平	翼
十八	3月	戊辰	二黑	满	鬼	31	戊戌	五黄	危	星	30	戊辰	八白	建	翼	29	丁酉	一白	定	轸
十九	2	己巳	三碧	平	柳	4月	己亥	六白	成	张	5月	己巳	九紫	除	轸	30	戊戌	二黑	执	角
二十	3	庚午	四绿	定	星	2	庚子	七赤	收	翼	2	庚午	一白	满	角	31	己亥	三碧	破	亢
廿一	4	辛未	五黄	执	张	3	辛丑	八白	开	轸	3	辛未	二黑	平	亢	6月	庚子	四绿	危	氐
廿二	5	壬申	六白	破	翼	4	壬寅	九紫	闭	角	4	壬申	三碧	定	氐	2	辛丑	五黄	成	房
廿三	6	癸酉	七赤	破	轸	5	癸卯	一白	闭	亢	5	癸酉	四绿	执	房	3	壬寅	六白	收	心
廿四	7	甲戌	八白	危	角	6	甲辰	二黑	建	氐	6	甲戌	五黄	执	心	4	癸卯	七赤	开	尾
廿五	8	乙亥	九紫	成	亢	7	乙巳	三碧	除	房	7	乙亥	六白	破	尾	5	甲辰	八白	闭	箕
廿六	9	丙子	一白	收	氐	8	丙午	四绿	满	心	8	丙子	七赤	危	箕	6	乙巳	九紫	闭	斗
廿七	10	丁丑	二黑	开	房	9	丁未	五黄	平	尾	9	丁丑	八白	成	斗	7	丙午	一白	建	牛
廿八	11	戊寅	三碧	闭	心	10	戊申	六白	定	箕	10	戊寅	九紫	收	牛	8	丁未	二黑	除	女
廿九	12	己卯	四绿	建	尾	11	己酉	七赤	执	斗	11	己卯	一白	开	女	9	戊申	三碧	满	虚
三十	13	庚辰	五黄	除	箕	12	庚戌	八白	破	牛						10	己酉	四绿	平	危

公元2002年 壬午马年 太岁路明 九星七赤

月份	五月小	丙午 四绿 巽卦 牛宿				六月大	丁未 三碧 坎卦 女宿				七月小	戊申 二黑 艮卦 虚宿				八月小	己酉 一白 坤卦 危宿			
节气	夏至 6月21日 十一庚申 亥时 21时25分		小暑 7月7日 廿七丙子 未时 14时56分			大暑 7月23日 十四壬辰 辰时 8时15分		立秋 8月8日 三十戊申 早子时 0时40分			处暑 8月23日 十五癸亥 申时 15时17分					白露 9月8日 初二己卯 寅时 3时31分		秋分 9月23日 十七甲午 午时 12时56分		
农历	公历	干支	九星	日建	星宿	公历	干支	九星	日建	星宿	公历	干支	九星	日建	星宿	公历	干支	九星	日建	星宿
初一	11	庚戌	五黄	定	室	10	己卯	三碧	成	壁	9	己酉	九紫	除	娄	7	戊寅	七赤	破	胃
初二	12	辛亥	六白	执	壁	11	庚辰	二黑	收	奎	10	庚戌	八白	满	胃	8	己卯	六白	破	昴
初三	13	壬子	七赤	破	奎	12	辛巳	一白	开	娄	11	辛亥	七赤	平	昴	9	庚辰	五黄	危	毕
初四	14	癸丑	八白	危	娄	13	壬午	九紫	闭	胃	12	壬子	六白	定	毕	10	辛巳	四绿	成	觜
初五	15	甲寅	九紫	成	胃	14	癸未	八白	建	昴	13	癸丑	五黄	执	觜	11	壬午	三碧	收	参
初六	16	乙卯	一白	收	昴	15	甲申	七赤	除	毕	14	甲寅	四绿	破	参	12	癸未	二黑	开	井
初七	17	丙辰	二黑	开	毕	16	乙酉	六白	满	觜	15	乙卯	三碧	危	井	13	甲申	一白	闭	鬼
初八	18	丁巳	三碧	闭	觜	17	丙戌	五黄	平	参	16	丙辰	二黑	成	鬼	14	乙酉	九紫	建	柳
初九	19	戊午	四绿	建	参	18	丁亥	四绿	定	井	17	丁巳	一白	收	柳	15	丙戌	八白	除	星
初十	20	己未	五黄	除	井	19	戊子	三碧	执	鬼	18	戊午	九紫	开	星	16	丁亥	七赤	满	张
十一	21	庚申	七赤	满	鬼	20	己丑	二黑	破	柳	19	己未	八白	闭	张	17	戊子	六白	平	翼
十二	22	辛酉	六白	平	柳	21	庚寅	一白	危	星	20	庚申	七赤	建	翼	18	己丑	五黄	定	轸
十三	23	壬戌	五黄	定	星	22	辛卯	九紫	成	张	21	辛酉	六白	除	轸	19	庚寅	四绿	执	角
十四	24	癸亥	四绿	执	张	23	壬辰	八白	收	翼	22	壬戌	五黄	满	角	20	辛卯	三碧	破	亢
十五	25	甲子	九紫	破	翼	24	癸巳	七赤	开	轸	23	癸亥	七赤	平	亢	21	壬辰	二黑	危	氐
十六	26	乙丑	八白	危	轸	25	甲午	六白	闭	角	24	甲子	三碧	定	氐	22	癸巳	一白	成	房
十七	27	丙寅	七赤	成	角	26	乙未	五黄	建	亢	25	乙丑	二黑	执	房	23	甲午	九紫	收	心
十八	28	丁卯	六白	收	亢	27	丙申	四绿	除	氐	26	丙寅	一白	破	心	24	乙未	八白	开	尾
十九	29	戊辰	五黄	开	氐	28	丁酉	三碧	满	房	27	丁卯	九紫	危	尾	25	丙申	七赤	闭	箕
二十	30	己巳	四绿	闭	房	29	戊戌	二黑	平	心	28	戊辰	八白	成	箕	26	丁酉	六白	建	斗
廿一	7月	庚午	三碧	建	心	30	己亥	一白	定	尾	29	己巳	七赤	收	斗	27	戊戌	五黄	除	牛
廿二	2	辛未	二黑	除	尾	31	庚子	九紫	执	箕	30	庚午	六白	开	牛	28	己亥	四绿	满	女
廿三	3	壬申	一白	满	箕	8月	辛丑	八白	破	斗	31	辛未	五黄	闭	女	29	庚子	三碧	平	虚
廿四	4	癸酉	九紫	平	斗	2	壬寅	七赤	危	牛	9月	壬申	四绿	建	虚	30	辛丑	二黑	定	危
廿五	5	甲戌	八白	定	牛	3	癸卯	六白	成	女	2	癸酉	三碧	除	危	10月	壬寅	一白	执	室
廿六	6	乙亥	七赤	执	女	4	甲辰	五黄	收	虚	3	甲戌	二黑	满	室	2	癸卯	九紫	破	壁
廿七	7	丙子	六白	执	虚	5	乙巳	四绿	开	危	4	乙亥	一白	平	壁	3	甲辰	八白	危	奎
廿八	8	丁丑	五黄	破	危	6	丙午	三碧	闭	室	5	丙子	九紫	定	奎	4	乙巳	七赤	成	娄
廿九	9	戊寅	四绿	危	室	7	丁未	二黑	建	壁	6	丁丑	八白	执	娄	5	丙午	六白	收	胃
三十						8	戊申	一白	建	奎										

公元2002年 壬午马年 太岁路明 九星七赤

月份	九月大 庚戌 九紫 乾卦 室宿	十月小 辛亥 八白 兑卦 壁宿	十一月大 壬子 七赤 离卦 奎宿	十二月小 癸丑 六白 震卦 娄宿
节气	寒露 10月8日 初三己酉 戌时 19时10分 霜降 10月23日 十八甲子 亥时 22时18分	立冬 11月7日 初三己卯 亥时 22时22分 小雪 11月22日 十八甲午 戌时 19时54分	大雪 12月7日 初四己酉 申时 15时15分 冬至 12月22日 十九甲子 巳时 9时15分	小寒 1月6日 初四己卯 丑时 2时28分 大寒 1月20日 十八癸巳 戌时 19时53分

农历	公历	干支	九星	日建	星宿	公历	干支	九星	日建	星宿	公历	干支	九星	日建	星宿	公历	干支	九星	日建	星宿
初一	6	丁未	五黄	开	昴	5	丁丑	二黑	平	觜	4	丙午	九紫	危	参	3	丙子	四绿	建	鬼
初二	7	戊申	四绿	闭	毕	6	戊寅	一白	定	参	5	丁未	八白	成	井	4	丁丑	五黄	除	柳
初三	8	己酉	三碧	闭	觜	7	己卯	九紫	定	井	6	戊申	七赤	收	鬼	5	戊寅	六白	满	星
初四	9	庚戌	二黑	建	参	8	庚辰	八白	执	鬼	7	己酉	六白	收	柳	6	己卯	七赤	满	张
初五	10	辛亥	一白	除	井	9	辛巳	七赤	破	柳	8	庚戌	五黄	开	星	7	庚辰	八白	平	翼
初六	11	壬子	九紫	满	鬼	10	壬午	六白	危	星	9	辛亥	四绿	闭	张	8	辛巳	九紫	定	轸
初七	12	癸丑	八白	平	柳	11	癸未	五黄	成	张	10	壬子	三碧	建	翼	9	壬午	一白	执	角
初八	13	甲寅	七赤	定	星	12	甲申	四绿	收	翼	11	癸丑	二黑	除	轸	10	癸未	二黑	破	亢
初九	14	乙卯	六白	执	张	13	乙酉	三碧	开	轸	12	甲寅	一白	满	角	11	甲申	三碧	危	氐
初十	15	丙辰	五黄	破	翼	14	丙戌	二黑	闭	角	13	乙卯	九紫	平	亢	12	乙酉	四绿	成	房
十一	16	丁巳	四绿	危	轸	15	丁亥	一白	建	亢	14	丙辰	八白	定	氐	13	丙戌	五黄	收	心
十二	17	戊午	三碧	成	角	16	戊子	九紫	除	氐	15	丁巳	七赤	执	房	14	丁亥	六白	开	尾
十三	18	己未	二黑	收	亢	17	己丑	八白	满	房	16	戊午	六白	破	心	15	戊子	七赤	闭	箕
十四	19	庚申	一白	开	氐	18	庚寅	七赤	平	心	17	己未	五黄	危	尾	16	己丑	八白	建	斗
十五	20	辛酉	九紫	闭	房	19	辛卯	六白	定	尾	18	庚申	四绿	成	箕	17	庚寅	九紫	除	牛
十六	21	壬戌	八白	建	心	20	壬辰	五黄	执	箕	19	辛酉	三碧	收	斗	18	辛卯	一白	满	女
十七	22	癸亥	七赤	除	尾	21	癸巳	四绿	破	斗	20	壬戌	二黑	开	牛	19	壬辰	二黑	平	虚
十八	23	甲子	六白	满	箕	22	甲午	三碧	危	牛	21	癸亥	一白	闭	女	20	癸巳	三碧	定	危
十九	24	乙丑	五黄	平	斗	23	乙未	二黑	成	女	22	甲子	一白	建	虚	21	甲午	四绿	执	室
二十	25	丙寅	四绿	定	牛	24	丙申	一白	收	虚	23	乙丑	二黑	除	危	22	乙未	五黄	破	壁
廿一	26	丁卯	三碧	执	女	25	丁酉	九紫	开	危	24	丙寅	三碧	满	室	23	丙申	六白	危	奎
廿二	27	戊辰	二黑	破	虚	26	戊戌	八白	闭	室	25	丁卯	四绿	平	壁	24	丁酉	七赤	成	娄
廿三	28	己巳	一白	危	危	27	己亥	七赤	建	壁	26	戊辰	五黄	定	奎	25	戊戌	八白	收	胃
廿四	29	庚午	九紫	成	室	28	庚子	六白	除	奎	27	己巳	六白	执	娄	26	己亥	九紫	开	昴
廿五	30	辛未	八白	收	壁	29	辛丑	五黄	满	娄	28	庚午	七赤	破	胃	27	庚子	一白	闭	毕
廿六	31	壬申	七赤	开	奎	30	壬寅	四绿	平	胃	29	辛未	八白	危	昴	28	辛丑	二黑	建	觜
廿七	11月	癸酉	六白	闭	娄	12月	癸卯	三碧	定	昴	30	壬申	九紫	成	毕	29	壬寅	三碧	除	参
廿八	2	甲戌	五黄	建	胃	2	甲辰	二黑	执	毕	31	癸酉	一白	收	觜	30	癸卯	四绿	满	井
廿九	3	乙亥	四绿	除	昴	3	乙巳	一白	破	觜	1月	甲戌	二黑	开	参	31	甲辰	五黄	平	鬼
三十	4	丙子	三碧	满	毕						2	乙亥	三碧	闭	井					

公元2003年　癸未羊年　太岁魏仁 九星六白

月份	正月大		甲寅 五黄 兑卦 胃宿			二月大		乙卯 四绿 离卦 昴宿			三月小		丙辰 三碧 震卦 毕宿			四月大		丁巳 二黑 巽卦 觜宿		
节气	立春 2月4日 初四戊申 未时 14时05分		雨水 2月19日 十九癸亥 巳时 10时00分			惊蛰 3月6日 初四戊寅 辰时 8时05分		春分 3月21日 十九癸巳 巳时 9时00分			清明 4月5日 初四戊申 午时 12时53分		谷雨 4月20日 十九癸亥 戌时 20时03分			立夏 5月6日 初六己卯 卯时 6时11分		小满 5月21日 廿一甲午 戌时 19时12分		
农历	公历	干支	九星	日建	星宿	公历	干支	九星	日建	星宿	公历	干支	九星	日建	星宿	公历	干支	九星	日建	星宿
初一	2月	乙巳	六白	定	柳	3	乙亥	九紫	收	张	2	乙巳	三碧	满	轸	5月	甲戌	五黄	破	角
初二	2	丙午	七赤	执	星	4	丙子	一白	开	翼	3	丙午	四绿	平	角	2	乙亥	六白	危	亢
初三	3	丁未	八白	破	张	5	丁丑	二黑	闭	轸	4	丁未	五黄	定	亢	3	丙子	七赤	成	氐
初四	4	戊申	九紫	破	翼	6	戊寅	三碧	闭	角	5	戊申	六白	定	氐	4	丁丑	八白	收	房
初五	5	己酉	一白	危	轸	7	己卯	四绿	建	亢	6	己酉	七赤	执	房	5	戊寅	九紫	开	心
初六	6	庚戌	二黑	成	角	8	庚辰	五黄	除	氐	7	庚戌	八白	破	心	6	己卯	一白	开	尾
初七	7	辛亥	三碧	收	亢	9	辛巳	六白	满	房	8	辛亥	九紫	危	尾	7	庚辰	二黑	闭	箕
初八	8	壬子	四绿	开	氐	10	壬午	七赤	平	心	9	壬子	一白	成	箕	8	辛巳	三碧	建	斗
初九	9	癸丑	五黄	闭	房	11	癸未	八白	定	尾	10	癸丑	二黑	收	斗	9	壬午	四绿	除	牛
初十	10	甲寅	六白	建	心	12	甲申	九紫	执	箕	11	甲寅	三碧	开	牛	10	癸未	五黄	满	女
十一	11	乙卯	七赤	除	尾	13	乙酉	一白	破	斗	12	乙卯	四绿	闭	女	11	甲申	六白	平	虚
十二	12	丙辰	八白	满	箕	14	丙戌	二黑	危	牛	13	丙辰	五黄	建	虚	12	乙酉	七赤	定	危
十三	13	丁巳	九紫	平	斗	15	丁亥	三碧	成	女	14	丁巳	六白	除	危	13	丙戌	八白	执	室
十四	14	戊午	一白	定	牛	16	戊子	四绿	收	虚	15	戊午	七赤	满	室	14	丁亥	九紫	破	壁
十五	15	己未	二黑	执	女	17	己丑	五黄	开	危	16	己未	八白	平	壁	15	戊子	一白	危	奎
十六	16	庚申	三碧	破	虚	18	庚寅	六白	闭	室	17	庚申	九紫	定	奎	16	己丑	二黑	成	娄
十七	17	辛酉	四绿	危	危	19	辛卯	七赤	建	壁	18	辛酉	一白	执	娄	17	庚寅	三碧	收	胃
十八	18	壬戌	五黄	成	室	20	壬辰	八白	除	奎	19	壬戌	二黑	破	胃	18	辛卯	四绿	开	昴
十九	19	癸亥	三碧	收	壁	21	癸巳	九紫	满	娄	20	癸亥	九紫	危	昴	19	壬辰	五黄	闭	毕
二十	20	甲子	七赤	开	奎	22	甲午	一白	平	胃	21	甲子	四绿	成	毕	20	癸巳	六白	建	觜
廿一	21	乙丑	八白	闭	娄	23	乙未	二黑	定	昴	22	乙丑	五黄	收	觜	21	甲午	七赤	除	参
廿二	22	丙寅	九紫	建	胃	24	丙申	三碧	执	毕	23	丙寅	六白	开	参	22	乙未	八白	满	井
廿三	23	丁卯	一白	除	昴	25	丁酉	四绿	破	觜	24	丁卯	七赤	闭	井	23	丙申	九紫	平	鬼
廿四	24	戊辰	二黑	满	毕	26	戊戌	五黄	危	参	25	戊辰	八白	建	鬼	24	丁酉	一白	定	柳
廿五	25	己巳	三碧	平	觜	27	己亥	六白	成	井	26	己巳	九紫	除	柳	25	戊戌	二黑	执	星
廿六	26	庚午	四绿	定	参	28	庚子	七赤	收	鬼	27	庚午	一白	满	星	26	己亥	三碧	破	张
廿七	27	辛未	五黄	执	井	29	辛丑	八白	开	柳	28	辛未	二黑	平	张	27	庚子	四绿	危	翼
廿八	28	壬申	六白	破	鬼	30	壬寅	九紫	闭	星	29	壬申	三碧	定	翼	28	辛丑	五黄	成	轸
廿九	3月	癸酉	七赤	危	柳	31	癸卯	一白	建	张	30	癸酉	四绿	执	轸	29	壬寅	六白	收	角
三十	2	甲戌	八白	成	星	4月	甲辰	二黑	除	翼						30	癸卯	七赤	开	亢

公元2003年 癸未羊年 太岁魏仁 九星六白

月份	五月大	戊午 一白 坎卦 参宿				六月小	己未 九紫 艮卦 井宿				七月大	庚申 八白 坤卦 鬼宿				八月小	辛酉 七赤 乾卦 柳宿			
节气	芒种 6月6日 初七庚戌 巳时 10时20分		夏至 6月22日 廿三丙寅 寅时 3时11分			小暑 7月7日 初八辛巳 戌时 20时36分		大暑 7月23日 廿四丁酉 未时 14时04分			立秋 8月8日 十一癸丑 卯时 6时24分		处暑 8月23日 廿六戊辰 亥时 21时08分			白露 9月8日 十二甲申 巳时 9时20分		秋分 9月23日 廿七己亥 酉时 18时47分		
农历	公历	干支	九星	日建	星宿	公历	干支	九星	日建	星宿	公历	干支	九星	日建	星宿	公历	干支	九星	日建	星宿
初一	31	甲辰	八白	闭	氐	30	甲戌	八白	定	心	29	癸卯	六白	成	尾	28	癸酉	三碧	除	斗
初二	6月	乙巳	九紫	建	房	7月	乙亥	七赤	执	尾	30	甲辰	五黄	收	箕	29	甲戌	二黑	满	牛
初三	2	丙午	一白	除	心	2	丙子	六白	破	箕	31	乙巳	四绿	开	斗	30	乙亥	一白	平	女
初四	3	丁未	二黑	满	尾	3	丁丑	五黄	危	斗	8月	丙午	三碧	闭	牛	31	丙子	九紫	定	虚
初五	4	戊申	三碧	平	箕	4	戊寅	四绿	成	牛	2	丁未	二黑	建	女	9月	丁丑	八白	执	危
初六	5	己酉	四绿	定	斗	5	己卯	三碧	收	女	3	戊申	一白	除	虚	2	戊寅	七赤	破	室
初七	6	庚戌	五黄	定	牛	6	庚辰	二黑	开	虚	4	己酉	九紫	满	危	3	己卯	六白	危	壁
初八	7	辛亥	六白	执	女	7	辛巳	一白	开	危	5	庚戌	八白	平	室	4	庚辰	五黄	成	奎
初九	8	壬子	七赤	破	虚	8	壬午	九紫	闭	室	6	辛亥	七赤	定	壁	5	辛巳	四绿	收	娄
初十	9	癸丑	八白	危	危	9	癸未	八白	建	壁	7	壬子	六白	执	奎	6	壬午	三碧	开	胃
十一	10	甲寅	九紫	成	室	10	甲申	七赤	除	奎	8	癸丑	五黄	执	娄	7	癸未	二黑	闭	昴
十二	11	乙卯	一白	收	壁	11	乙酉	六白	满	娄	9	甲寅	四绿	破	胃	8	甲申	一白	闭	毕
十三	12	丙辰	二黑	开	奎	12	丙戌	五黄	平	胃	10	乙卯	三碧	危	昴	9	乙酉	九紫	建	觜
十四	13	丁巳	三碧	闭	娄	13	丁亥	四绿	定	昴	11	丙辰	二黑	成	毕	10	丙戌	八白	除	参
十五	14	戊午	四绿	建	胃	14	戊子	三碧	执	毕	12	丁巳	一白	收	觜	11	丁亥	七赤	满	井
十六	15	己未	五黄	除	昴	15	己丑	二黑	破	觜	13	戊午	九紫	开	参	12	戊子	六白	平	鬼
十七	16	庚申	六白	满	毕	16	庚寅	一白	危	参	14	己未	八白	闭	井	13	己丑	五黄	定	柳
十八	17	辛酉	七赤	平	觜	17	辛卯	九紫	成	井	15	庚申	七赤	建	鬼	14	庚寅	四绿	执	星
十九	18	壬戌	八白	定	参	18	壬辰	八白	收	鬼	16	辛酉	六白	除	柳	15	辛卯	三碧	破	张
二十	19	癸亥	九紫	执	井	19	癸巳	七赤	开	柳	17	壬戌	五黄	满	星	16	壬辰	二黑	危	翼
廿一	20	甲子	四绿	破	鬼	20	甲午	六白	闭	星	18	癸亥	四绿	平	张	17	癸巳	一白	成	轸
廿二	21	乙丑	五黄	危	柳	21	乙未	五黄	建	张	19	甲子	九紫	定	翼	18	甲午	九紫	收	角
廿三	22	丙寅	七赤	成	星	22	丙申	四绿	除	翼	20	乙丑	八白	执	轸	19	乙未	八白	开	亢
廿四	23	丁卯	六白	收	张	23	丁酉	三碧	满	轸	21	丙寅	七赤	破	角	20	丙申	七赤	闭	氐
廿五	24	戊辰	五黄	开	翼	24	戊戌	二黑	平	角	22	丁卯	六白	危	亢	21	丁酉	六白	建	房
廿六	25	己巳	四绿	闭	轸	25	己亥	一白	定	亢	23	戊辰	八白	成	氐	22	戊戌	五黄	除	心
廿七	26	庚午	三碧	建	角	26	庚子	九紫	执	氐	24	己巳	七赤	收	房	23	己亥	四绿	满	尾
廿八	27	辛未	二黑	除	亢	27	辛丑	八白	破	房	25	庚午	六白	开	心	24	庚子	三碧	平	箕
廿九	28	壬申	一白	满	氐	28	壬寅	七赤	危	心	26	辛未	五黄	闭	尾	25	辛丑	二黑	定	斗
三十	29	癸酉	九紫	平	房						27	壬申	四绿	建	箕					

公元2003年　癸未羊年　太岁魏仁 九星六白

月份	九月小	壬戌 六白 兑卦 星宿				十月大	癸亥 五黄 离卦 张宿				十一月小	甲子 四绿 震卦 翼宿				十二月大	乙丑 三碧 巽卦 轸宿			
节气	寒露 10月9日 十四乙卯 丑时 1时01分		霜降 10月24日 廿九庚午 寅时 4时08分			立冬 11月8日 十五乙酉 寅时 4时13分		小雪 11月23日 三十庚子 丑时 1时43分			大雪 12月7日 十四甲寅 亥时 21时05分		冬至 12月22日 廿九己巳 申时 15时04分			小寒 1月6日 十五甲申 辰时 8时19分		大寒 1月21日 三十己亥 丑时 1时42分		
农历	公历	干支	九星	日建	星宿	公历	干支	九星	日建	星宿	公历	干支	九星	日建	星宿	公历	干支	九星	日建	星宿
初一	26	壬寅	一白	执	牛	25	辛未	八白	收	女	24	辛丑	五黄	满	危	23	庚午	七赤	破	室
初二	27	癸卯	九紫	破	女	26	壬申	七赤	开	虚	25	壬寅	四绿	平	室	24	辛未	八白	危	壁
初三	28	甲辰	八白	危	虚	27	癸酉	六白	闭	危	26	癸卯	三碧	定	壁	25	壬申	九紫	成	奎
初四	29	乙巳	七赤	成	危	28	甲戌	五黄	建	室	27	甲辰	二黑	执	奎	26	癸酉	一白	收	娄
初五	30	丙午	六白	收	室	29	乙亥	四绿	除	壁	28	乙巳	一白	破	娄	27	甲戌	二黑	开	胃
初六	10月	丁未	五黄	开	壁	30	丙子	三碧	满	奎	29	丙午	九紫	危	胃	28	乙亥	三碧	闭	昴
初七	2	戊申	四绿	闭	奎	31	丁丑	二黑	平	娄	30	丁未	八白	成	昴	29	丙子	四绿	建	毕
初八	3	己酉	三碧	建	娄	11月	戊寅	一白	定	胃	12月	戊申	七赤	收	毕	30	丁丑	五黄	除	觜
初九	4	庚戌	二黑	除	胃	2	己卯	九紫	执	昴	2	己酉	六白	开	觜	31	戊寅	六白	满	参
初十	5	辛亥	一白	满	昴	3	庚辰	八白	破	毕	3	庚戌	五黄	闭	参	1月	己卯	七赤	平	井
十一	6	壬子	九紫	平	毕	4	辛巳	七赤	危	觜	4	辛亥	四绿	建	井	2	庚辰	八白	定	鬼
十二	7	癸丑	八白	定	觜	5	壬午	六白	成	参	5	壬子	三碧	除	鬼	3	辛巳	九紫	执	柳
十三	8	甲寅	七赤	执	参	6	癸未	五黄	收	井	6	癸丑	二黑	满	柳	4	壬午	一白	破	星
十四	9	乙卯	六白	执	井	7	甲申	四绿	开	鬼	7	甲寅	一白	满	星	5	癸未	二黑	危	张
十五	10	丙辰	五黄	破	鬼	8	乙酉	三碧	开	柳	8	乙卯	九紫	平	张	6	甲申	三碧	危	翼
十六	11	丁巳	四绿	危	柳	9	丙戌	二黑	闭	星	9	丙辰	八白	定	翼	7	乙酉	四绿	成	轸
十七	12	戊午	三碧	成	星	10	丁亥	一白	建	张	10	丁巳	七赤	执	轸	8	丙戌	五黄	收	角
十八	13	己未	二黑	收	张	11	戊子	九紫	除	翼	11	戊午	六白	破	角	9	丁亥	六白	开	亢
十九	14	庚申	一白	开	翼	12	己丑	八白	满	轸	12	己未	五黄	危	亢	10	戊子	七赤	闭	氐
二十	15	辛酉	九紫	闭	轸	13	庚寅	七赤	平	角	13	庚申	四绿	成	氐	11	己丑	八白	建	房
廿一	16	壬戌	八白	建	角	14	辛卯	六白	定	亢	14	辛酉	三碧	收	房	12	庚寅	九紫	除	心
廿二	17	癸亥	七赤	除	亢	15	壬辰	五黄	执	氐	15	壬戌	二黑	开	心	13	辛卯	一白	满	尾
廿三	18	甲子	三碧	满	氐	16	癸巳	四绿	破	房	16	癸亥	一白	闭	尾	14	壬辰	二黑	平	箕
廿四	19	乙丑	二黑	平	房	17	甲午	三碧	危	心	17	甲子	六白	建	箕	15	癸巳	三碧	定	斗
廿五	20	丙寅	一白	定	心	18	乙未	二黑	成	尾	18	乙丑	五黄	除	斗	16	甲午	四绿	执	牛
廿六	21	丁卯	九紫	执	尾	19	丙申	一白	收	箕	19	丙寅	四绿	满	牛	17	乙未	五黄	破	女
廿七	22	戊辰	八白	破	箕	20	丁酉	九紫	开	斗	20	丁卯	三碧	平	女	18	丙申	六白	危	虚
廿八	23	己巳	七赤	危	斗	21	戊戌	八白	闭	牛	21	戊辰	二黑	定	虚	19	丁酉	七赤	成	危
廿九	24	庚午	九紫	成	牛	22	己亥	七赤	建	女	22	己巳	六白	执	危	20	戊戌	八白	收	室
三十						23	庚子	六白	除	虚						21	己亥	九紫	开	壁

公元2004年 甲申猴年（闰二月） 太岁方公 九星五黄

月份	正月小		丙寅 二黑 离卦 角宿			二月大		丁卯 一白 震卦 亢宿			闰二月小					三月大		戊辰 九紫 巽卦 氐宿		
节气	立春 2月4日 十四癸丑 戌时 19时56分			雨水 2月19日 廿九戊辰 申时 15时50分		惊蛰 3月5日 十五癸未 未时 13时56分			春分 3月20日 三十戊戌 未时 14时49分		清明 4月4日 十五癸丑 酉时 18时43分					谷雨 4月20日 初二己巳 丑时 1时50分			立夏 5月5日 十七甲申 午时 12时03分	
农历	公历	干支	九星	日建	星宿	公历	干支	九星	日建	星宿	公历	干支	九星	日建	星宿	公历	干支	九星	日建	星宿
初一	22	庚子	一白	闭	奎	20	己巳	三碧	平	娄	21	己亥	六白	成	昴	19	戊辰	二黑	建	毕
初二	23	辛丑	二黑	建	娄	21	庚午	四绿	定	胃	22	庚子	七赤	收	毕	20	己巳	九紫	除	觜
初三	24	壬寅	三碧	除	胃	22	辛未	五黄	执	昴	23	辛丑	八白	开	觜	21	庚午	一白	满	参
初四	25	癸卯	四绿	满	昴	23	壬申	六白	破	毕	24	壬寅	九紫	闭	参	22	辛未	二黑	平	井
初五	26	甲辰	五黄	平	毕	24	癸酉	七赤	危	觜	25	癸卯	一白	建	井	23	壬申	三碧	定	鬼
初六	27	乙巳	六白	定	觜	25	甲戌	八白	成	参	26	甲辰	二黑	除	鬼	24	癸酉	四绿	执	柳
初七	28	丙午	七赤	执	参	26	乙亥	九紫	收	井	27	乙巳	三碧	满	柳	25	甲戌	五黄	破	星
初八	29	丁未	八白	破	井	27	丙子	一白	开	鬼	28	丙午	四绿	平	星	26	乙亥	六白	危	张
初九	30	戊申	九紫	危	鬼	28	丁丑	二黑	闭	柳	29	丁未	五黄	定	张	27	丙子	七赤	成	翼
初十	31	己酉	一白	成	柳	29	戊寅	三碧	建	星	30	戊申	六白	执	翼	28	丁丑	八白	收	轸
十一	2月	庚戌	二黑	收	星	3月	己卯	四绿	除	张	31	己酉	七赤	破	轸	29	戊寅	九紫	开	角
十二	2	辛亥	三碧	开	张	2	庚辰	五黄	满	翼	4月	庚戌	八白	危	角	30	己卯	一白	闭	亢
十三	3	壬子	四绿	闭	翼	3	辛巳	六白	平	轸	2	辛亥	九紫	成	亢	5月	庚辰	二黑	建	氐
十四	4	癸丑	五黄	闭	轸	4	壬午	七赤	定	角	3	壬子	一白	收	氐	2	辛巳	三碧	除	房
十五	5	甲寅	六白	建	角	5	癸未	八白	定	亢	4	癸丑	二黑	收	房	3	壬午	四绿	满	心
十六	6	乙卯	七赤	除	亢	6	甲申	九紫	执	氐	5	甲寅	三碧	开	心	4	癸未	五黄	平	尾
十七	7	丙辰	八白	满	氐	7	乙酉	一白	破	房	6	乙卯	四绿	闭	尾	5	甲申	六白	平	箕
十八	8	丁巳	九紫	平	房	8	丙戌	二黑	危	心	7	丙辰	五黄	建	箕	6	乙酉	七赤	定	斗
十九	9	戊午	一白	定	心	9	丁亥	三碧	成	尾	8	丁巳	六白	除	斗	7	丙戌	八白	执	牛
二十	10	己未	二黑	执	尾	10	戊子	四绿	收	箕	9	戊午	七赤	满	牛	8	丁亥	九紫	破	女
廿一	11	庚申	三碧	破	箕	11	己丑	五黄	开	斗	10	己未	八白	平	女	9	戊子	一白	危	虚
廿二	12	辛酉	四绿	危	斗	12	庚寅	六白	闭	牛	11	庚申	九紫	定	虚	10	己丑	二黑	成	危
廿三	13	壬戌	五黄	成	牛	13	辛卯	七赤	建	女	12	辛酉	一白	执	危	11	庚寅	三碧	收	室
廿四	14	癸亥	六白	收	女	14	壬辰	八白	除	虚	13	壬戌	二黑	破	室	12	辛卯	四绿	开	壁
廿五	15	甲子	一白	开	虚	15	癸巳	九紫	满	危	14	癸亥	三碧	危	壁	13	壬辰	五黄	闭	奎
廿六	16	乙丑	二黑	闭	危	16	甲午	一白	平	室	15	甲子	七赤	成	奎	14	癸巳	六白	建	娄
廿七	17	丙寅	三碧	建	室	17	乙未	二黑	定	壁	16	乙丑	八白	收	娄	15	甲午	七赤	除	胃
廿八	18	丁卯	四绿	除	壁	18	丙申	三碧	执	奎	17	丙寅	九紫	开	胃	16	乙未	八白	满	昴
廿九	19	戊辰	二黑	满	奎	19	丁酉	四绿	破	娄	18	丁卯	一白	闭	昴	17	丙申	九紫	平	毕
三十						20	戊戌	五黄	危	胃						18	丁酉	一白	定	觜

公元2004年　甲申猴年（闰二月）　太岁方公　九星五黄

月份	四月大		己巳 八白 坎卦 房宿			五月小		庚午 七赤 艮卦 心宿			六月大		辛未 六白 坤卦 尾宿		
节气	小满 5月21日 初三庚子 早子时 0时59分		芒种 6月5日 十八乙卯 申时 16时14分			夏至 6月21日 初四辛未 辰时 8时57分		小暑 7月7日 二十丁亥 丑时 2时31分			大暑 7月22日 初六壬寅 戌时 19时50分		立秋 8月7日 廿二戊午 午时 12时20分		
农历	公历	干支	九星	日建	星宿	公历	干支	九星	日建	星宿	公历	干支	九星	日建	星宿
初一	19	戊戌	二黑	执	参	18	戊辰	八白	开	鬼	17	丁酉	三碧	满	柳
初二	20	己亥	三碧	破	井	19	己巳	九紫	闭	柳	18	戊戌	二黑	平	星
初三	21	庚子	四绿	危	鬼	20	庚午	一白	建	星	19	己亥	一白	定	张
初四	22	辛丑	五黄	成	柳	21	辛未	二黑	除	张	20	庚子	九紫	执	翼
初五	23	壬寅	六白	收	星	22	壬申	一白	满	翼	21	辛丑	八白	破	轸
初六	24	癸卯	七赤	开	张	23	癸酉	九紫	平	轸	22	壬寅	七赤	危	角
初七	25	甲辰	八白	闭	翼	24	甲戌	八白	定	角	23	癸卯	六白	成	亢
初八	26	乙巳	九紫	建	轸	25	乙亥	七赤	执	亢	24	甲辰	五黄	收	氐
初九	27	丙午	一白	除	角	26	丙子	六白	破	氐	25	乙巳	四绿	开	房
初十	28	丁未	二黑	满	亢	27	丁丑	五黄	危	房	26	丙午	三碧	闭	心
十一	29	戊申	三碧	平	氐	28	戊寅	四绿	成	心	27	丁未	二黑	建	尾
十二	30	己酉	四绿	定	房	29	己卯	三碧	收	尾	28	戊申	一白	除	箕
十三	31	庚戌	五黄	执	心	30	庚辰	二黑	开	箕	29	己酉	九紫	满	斗
十四	6月	辛亥	六白	破	尾	7月	辛巳	一白	闭	斗	30	庚戌	八白	平	牛
十五	2	壬子	七赤	危	箕	2	壬午	九紫	建	牛	31	辛亥	七赤	定	女
十六	3	癸丑	八白	成	斗	3	癸未	八白	除	女	8月	壬子	六白	执	虚
十七	4	甲寅	九紫	收	牛	4	甲申	七赤	满	虚	2	癸丑	五黄	破	危
十八	5	乙卯	一白	收	女	5	乙酉	六白	平	危	3	甲寅	四绿	危	室
十九	6	丙辰	二黑	开	虚	6	丙戌	五黄	定	室	4	乙卯	三碧	成	壁
二十	7	丁巳	三碧	闭	危	7	丁亥	四绿	定	壁	5	丙辰	二黑	收	奎
廿一	8	戊午	四绿	建	室	8	戊子	三碧	执	奎	6	丁巳	一白	开	娄
廿二	9	己未	五黄	除	壁	9	己丑	二黑	破	娄	7	戊午	九紫	开	胃
廿三	10	庚申	六白	满	奎	10	庚寅	一白	危	胃	8	己未	八白	闭	昴
廿四	11	辛酉	七赤	平	娄	11	辛卯	九紫	成	昴	9	庚申	七赤	建	毕
廿五	12	壬戌	八白	定	胃	12	壬辰	八白	收	毕	10	辛酉	六白	除	觜
廿六	13	癸亥	九紫	执	昴	13	癸巳	七赤	开	觜	11	壬戌	五黄	满	参
廿七	14	甲子	四绿	破	毕	14	甲午	六白	闭	参	12	癸亥	四绿	平	井
廿八	15	乙丑	五黄	危	觜	15	乙未	五黄	建	井	13	甲子	九紫	定	鬼
廿九	16	丙寅	六白	成	参	16	丙申	四绿	除	鬼	14	乙丑	八白	执	柳
三十	17	丁卯	七赤	收	井						15	丙寅	七赤	破	星

公元2004年　甲申猴年（闰二月）　太岁方公　九星五黄

月份	七月小	壬申 五黄 乾卦 箕宿				八月大	癸酉 四绿 兑卦 斗宿				九月小	甲戌 三碧 离卦 牛宿			
节气	处暑 8月23日 初八甲戌 丑时 2时53分		白露 9月7日 廿三己丑 申时 15时13分			秋分 9月23日 初十乙巳 早子时 0时30分		寒露 10月8日 廿五庚申 卯时 6时49分			霜降 10月23日 初十乙亥 巳时 9时49分		立冬 11月7日 廿五庚寅 巳时 9时59分		
农历	公历	干支	九星	日建	星宿	公历	干支	九星	日建	星宿	公历	干支	九星	日建	星宿
初一	16	丁卯	六白	危	张	14	丙申	七赤	闭	翼	14	丙寅	一白	定	角
初二	17	戊辰	五黄	成	翼	15	丁酉	六白	建	轸	15	丁卯	九紫	执	亢
初三	18	己巳	四绿	收	轸	16	戊戌	五黄	除	角	16	戊辰	八白	破	氐
初四	19	庚午	三碧	开	角	17	己亥	四绿	满	亢	17	己巳	七赤	危	房
初五	20	辛未	二黑	闭	亢	18	庚子	三碧	平	氐	18	庚午	六白	成	心
初六	21	壬申	一白	建	氐	19	辛丑	二黑	定	房	19	辛未	五黄	收	尾
初七	22	癸酉	九紫	除	房	20	壬寅	一白	执	心	20	壬申	四绿	开	箕
初八	23	甲戌	二黑	满	心	21	癸卯	九紫	破	尾	21	癸酉	三碧	闭	斗
初九	24	乙亥	一白	平	尾	22	甲辰	八白	危	箕	22	甲戌	二黑	建	牛
初十	25	丙子	九紫	定	箕	23	乙巳	七赤	成	斗	23	乙亥	四绿	除	女
十一	26	丁丑	八白	执	斗	24	丙午	六白	收	牛	24	丙子	三碧	满	虚
十二	27	戊寅	七赤	破	牛	25	丁未	五黄	开	女	25	丁丑	二黑	平	危
十三	28	己卯	六白	危	女	26	戊申	四绿	闭	虚	26	戊寅	一白	定	室
十四	29	庚辰	五黄	成	虚	27	己酉	三碧	建	危	27	己卯	九紫	执	壁
十五	30	辛巳	四绿	收	危	28	庚戌	二黑	除	室	28	庚辰	八白	破	奎
十六	31	壬午	三碧	开	室	29	辛亥	一白	满	壁	29	辛巳	七赤	危	娄
十七	9月	癸未	二黑	闭	壁	30	壬子	九紫	平	奎	30	壬午	六白	成	胃
十八	2	甲申	一白	建	奎	10月	癸丑	八白	定	娄	31	癸未	五黄	收	昴
十九	3	乙酉	九紫	除	娄	2	甲寅	七赤	执	胃	11月	甲申	四绿	开	毕
二十	4	丙戌	八白	满	胃	3	乙卯	六白	破	昴	2	乙酉	三碧	闭	觜
廿一	5	丁亥	七赤	平	昴	4	丙辰	五黄	危	毕	3	丙戌	二黑	建	参
廿二	6	戊子	六白	定	毕	5	丁巳	四绿	成	觜	4	丁亥	一白	除	井
廿三	7	己丑	五黄	定	觜	6	戊午	三碧	收	参	5	戊子	九紫	满	鬼
廿四	8	庚寅	四绿	执	参	7	己未	二黑	开	井	6	己丑	八白	平	柳
廿五	9	辛卯	三碧	破	井	8	庚申	一白	开	鬼	7	庚寅	七赤	平	星
廿六	10	壬辰	二黑	危	鬼	9	辛酉	九紫	闭	柳	8	辛卯	六白	定	张
廿七	11	癸巳	一白	成	柳	10	壬戌	八白	建	星	9	壬辰	五黄	执	翼
廿八	12	甲午	九紫	收	星	11	癸亥	七赤	除	张	10	癸巳	四绿	破	轸
廿九	13	乙未	八白	开	张	12	甲子	三碧	满	翼	11	甲午	三碧	危	角
三十						13	乙丑	二黑	平	轸					

公元2004年　甲申猴年（闰二月）　太岁方公 九星五黄

月份	十月大		乙亥 二黑 震卦 女宿			十一月小		丙子 一白 巽卦 虚宿			十二月大		丁丑 九紫 坎卦 危宿		
节气	小雪 11月22日 十一乙巳 辰时 7时22分		大雪 12月7日 廿六庚申 丑时 2时49分			冬至 12月21日 初十甲戌 戌时 20时42分		小寒 1月5日 廿五己丑 未时 14时03分			大寒 1月20日 十一甲辰 辰时 7时22分		立春 2月4日 廿六己未 丑时 1时43分		
农历	公历	干支	九星	日建	星宿	公历	干支	九星	日建	星宿	公历	干支	九星	日建	星宿
初一	12	乙未	二黑	成	亢	12	乙丑	五黄	除	房	10	甲午	四绿	执	心
初二	13	丙申	一白	收	氐	13	丙寅	四绿	满	心	11	乙未	五黄	破	尾
初三	14	丁酉	九紫	开	房	14	丁卯	三碧	平	尾	12	丙申	六白	危	箕
初四	15	戊戌	八白	闭	心	15	戊辰	二黑	定	箕	13	丁酉	七赤	成	斗
初五	16	己亥	七赤	建	尾	16	己巳	一白	执	斗	14	戊戌	八白	收	牛
初六	17	庚子	六白	除	箕	17	庚午	九紫	破	牛	15	己亥	九紫	开	女
初七	18	辛丑	五黄	满	斗	18	辛未	八白	危	女	16	庚子	一白	闭	虚
初八	19	壬寅	四绿	平	牛	19	壬申	七赤	成	虚	17	辛丑	二黑	建	危
初九	20	癸卯	三碧	定	女	20	癸酉	六白	收	危	18	壬寅	三碧	除	室
初十	21	甲辰	二黑	执	虚	21	甲戌	二黑	开	室	19	癸卯	四绿	满	壁
十一	22	乙巳	一白	破	危	22	乙亥	三碧	闭	壁	20	甲辰	五黄	平	奎
十二	23	丙午	九紫	危	室	23	丙子	四绿	建	奎	21	乙巳	六白	定	娄
十三	24	丁未	八白	成	壁	24	丁丑	五黄	除	娄	22	丙午	七赤	执	胃
十四	25	戊申	七赤	收	奎	25	戊寅	六白	满	胃	23	丁未	八白	破	昴
十五	26	己酉	六白	开	娄	26	己卯	七赤	平	昴	24	戊申	九紫	危	毕
十六	27	庚戌	五黄	闭	胃	27	庚辰	八白	定	毕	25	己酉	一白	成	觜
十七	28	辛亥	四绿	建	昴	28	辛巳	九紫	执	觜	26	庚戌	二黑	收	参
十八	29	壬子	三碧	除	毕	29	壬午	一白	破	参	27	辛亥	三碧	开	井
十九	30	癸丑	二黑	满	觜	30	癸未	二黑	危	井	28	壬子	四绿	闭	鬼
二十	12月	甲寅	一白	平	参	31	甲申	三碧	成	鬼	29	癸丑	五黄	建	柳
廿一	2	乙卯	九紫	定	井	1月	乙酉	四绿	收	柳	30	甲寅	六白	除	星
廿二	3	丙辰	八白	执	鬼	2	丙戌	五黄	开	星	31	乙卯	七赤	满	张
廿三	4	丁巳	七赤	破	柳	3	丁亥	六白	闭	张	2月	丙辰	八白	平	翼
廿四	5	戊午	六白	危	星	4	戊子	七赤	建	翼	2	丁巳	九紫	定	轸
廿五	6	己未	五黄	成	张	5	己丑	八白	建	轸	3	戊午	一白	执	角
廿六	7	庚申	四绿	成	翼	6	庚寅	九紫	除	角	4	己未	二黑	执	亢
廿七	8	辛酉	三碧	收	轸	7	辛卯	一白	满	亢	5	庚申	三碧	破	氐
廿八	9	壬戌	二黑	开	角	8	壬辰	二黑	平	氐	6	辛酉	四绿	危	房
廿九	10	癸亥	一白	闭	亢	9	癸巳	三碧	定	房	7	壬戌	五黄	成	心
三十	11	甲子	六白	建	氐						8	癸亥	六白	收	尾

公元2005年 乙酉鸡年 太岁蒋嵩 九星四绿

月份	正月小		戊寅 八白 震卦 室宿			二月大		己卯 七赤 巽卦 壁宿			三月小		庚辰 六白 坎卦 奎宿			四月大		辛巳 五黄 艮卦 娄宿		
节气	雨水 2月18日 初十癸酉 亥时 21时32分		惊蛰 3月5日 廿五戊子 戌时 19时45分			春分 3月20日 十一癸卯 戌时 20时33分		清明 4月5日 廿七己未 早子时 0时34分			谷雨 4月20日 十二甲戌 辰时 7时37分		立夏 5月5日 廿七己丑 酉时 17时53分			小满 5月21日 十四乙巳 卯时 6时47分		芒种 6月5日 廿九庚申 亥时 22时02分		
农历	公历	干支	九星	日建	星宿	公历	干支	九星	日建	星宿	公历	干支	九星	日建	星宿	公历	干支	九星	日建	星宿
初一	9	甲子	一白	开	箕	10	癸巳	九紫	满	斗	9	癸亥	三碧	危	女	8	壬辰	五黄	闭	虚
初二	10	乙丑	二黑	闭	斗	11	甲午	一白	平	牛	10	甲子	七赤	成	虚	9	癸巳	六白	建	危
初三	11	丙寅	三碧	建	牛	12	乙未	二黑	定	女	11	乙丑	八白	收	危	10	甲午	七赤	除	室
初四	12	丁卯	四绿	除	女	13	丙申	三碧	执	虚	12	丙寅	九紫	开	室	11	乙未	八白	满	壁
初五	13	戊辰	五黄	满	虚	14	丁酉	四绿	破	危	13	丁卯	一白	闭	壁	12	丙申	九紫	平	奎
初六	14	己巳	六白	平	危	15	戊戌	五黄	危	室	14	戊辰	二黑	建	奎	13	丁酉	一白	定	娄
初七	15	庚午	七赤	定	室	16	己亥	六白	成	壁	15	己巳	三碧	除	娄	14	戊戌	二黑	执	胃
初八	16	辛未	八白	执	壁	17	庚子	七赤	收	奎	16	庚午	四绿	满	胃	15	己亥	三碧	破	昴
初九	17	壬申	九紫	破	奎	18	辛丑	八白	开	娄	17	辛未	五黄	平	昴	16	庚子	四绿	危	毕
初十	18	癸酉	七赤	危	娄	19	壬寅	九紫	闭	胃	18	壬申	六白	定	毕	17	辛丑	五黄	成	觜
十一	19	甲戌	八白	成	胃	20	癸卯	一白	建	昴	19	癸酉	七赤	执	觜	18	壬寅	六白	收	参
十二	20	乙亥	九紫	收	昴	21	甲辰	二黑	除	毕	20	甲戌	五黄	破	参	19	癸卯	七赤	开	井
十三	21	丙子	一白	开	毕	22	乙巳	三碧	满	觜	21	乙亥	六白	危	井	20	甲辰	八白	闭	鬼
十四	22	丁丑	二黑	闭	觜	23	丙午	四绿	平	参	22	丙子	七赤	成	鬼	21	乙巳	九紫	建	柳
十五	23	戊寅	三碧	建	参	24	丁未	五黄	定	井	23	丁丑	八白	收	柳	22	丙午	一白	除	星
十六	24	己卯	四绿	除	井	25	戊申	六白	执	鬼	24	戊寅	九紫	开	星	23	丁未	二黑	满	张
十七	25	庚辰	五黄	满	鬼	26	己酉	七赤	破	柳	25	己卯	一白	闭	张	24	戊申	三碧	平	翼
十八	26	辛巳	六白	平	柳	27	庚戌	八白	危	星	26	庚辰	二黑	建	翼	25	己酉	四绿	定	轸
十九	27	壬午	七赤	定	星	28	辛亥	九紫	成	张	27	辛巳	三碧	除	轸	26	庚戌	五黄	执	角
二十	28	癸未	八白	执	张	29	壬子	一白	收	翼	28	壬午	四绿	满	角	27	辛亥	六白	破	亢
廿一	3月	甲申	九紫	破	翼	30	癸丑	二黑	开	轸	29	癸未	五黄	平	亢	28	壬子	七赤	危	氐
廿二	2	乙酉	一白	危	轸	31	甲寅	三碧	闭	角	30	甲申	六白	定	氐	29	癸丑	八白	成	房
廿三	3	丙戌	二黑	成	角	4月	乙卯	四绿	建	亢	5月	乙酉	七赤	执	房	30	甲寅	九紫	收	心
廿四	4	丁亥	三碧	收	亢	2	丙辰	五黄	除	氐	2	丙戌	八白	破	心	31	乙卯	一白	开	尾
廿五	5	戊子	四绿	收	氐	3	丁巳	六白	满	房	3	丁亥	九紫	危	尾	6月	丙辰	二黑	闭	箕
廿六	6	己丑	五黄	开	房	4	戊午	七赤	平	心	4	戊子	一白	成	箕	2	丁巳	三碧	建	斗
廿七	7	庚寅	六白	闭	心	5	己未	八白	平	尾	5	己丑	二黑	成	斗	3	戊午	四绿	除	牛
廿八	8	辛卯	七赤	建	尾	6	庚申	九紫	定	箕	6	庚寅	三碧	收	牛	4	己未	五黄	满	女
廿九	9	壬辰	八白	除	箕	7	辛酉	一白	执	斗	7	辛卯	四绿	开	女	5	庚申	六白	满	虚
三十						8	壬戌	二黑	破	牛						6	辛酉	七赤	平	危

公元2005年　乙酉鸡年　太岁蒋嵩　九星四绿

月份	五月小 壬午 四绿 坤卦 胃宿					六月大 癸未 三碧 乾卦 昴宿					七月大 甲申 二黑 兑卦 毕宿					八月小 乙酉 一白 离卦 觜宿				
节气	夏至 6月21日 十五丙子 未时 14时46分					小暑 7月7日 初二壬辰 辰时 8时17分；大暑 7月23日 十八戊申 丑时 1时41分					立秋 8月7日 初三癸亥 酉时 18时03分；处暑 8月23日 十九己卯 辰时 8时45分					白露 9月7日 初四甲午 戌时 20时57分；秋分 9月23日 二十庚戌 卯时 6时23分				
农历	公历	干支	九星	日建	星宿	公历	干支	九星	日建	星宿	公历	干支	九星	日建	星宿	公历	干支	九星	日建	星宿
初一	7	壬戌	八白	定	室	6	辛卯	九紫	收	壁	5	辛酉	六白	满	娄	4	辛卯	三碧	危	昴
初二	8	癸亥	九紫	执	壁	7	壬辰	八白	收	奎	6	壬戌	五黄	平	胃	5	壬辰	二黑	成	毕
初三	9	甲子	四绿	破	奎	8	癸巳	七赤	开	娄	7	癸亥	四绿	平	昴	6	癸巳	一白	收	觜
初四	10	乙丑	五黄	危	娄	9	甲午	六白	闭	胃	8	甲子	九紫	定	毕	7	甲午	九紫	收	参
初五	11	丙寅	六白	成	胃	10	乙未	五黄	建	昴	9	乙丑	八白	执	觜	8	乙未	八白	开	井
初六	12	丁卯	七赤	收	昴	11	丙申	四绿	除	毕	10	丙寅	七赤	破	参	9	丙申	七赤	闭	鬼
初七	13	戊辰	八白	开	毕	12	丁酉	三碧	满	觜	11	丁卯	六白	危	井	10	丁酉	六白	建	柳
初八	14	己巳	九紫	闭	觜	13	戊戌	二黑	平	参	12	戊辰	五黄	成	鬼	11	戊戌	五黄	除	星
初九	15	庚午	一白	建	参	14	己亥	一白	定	井	13	己巳	四绿	收	柳	12	己亥	四绿	满	张
初十	16	辛未	二黑	除	井	15	庚子	九紫	执	鬼	14	庚午	三碧	开	星	13	庚子	三碧	平	翼
十一	17	壬申	三碧	满	鬼	16	辛丑	八白	破	柳	15	辛未	二黑	闭	张	14	辛丑	二黑	定	轸
十二	18	癸酉	四绿	平	柳	17	壬寅	七赤	危	星	16	壬申	一白	建	翼	15	壬寅	一白	执	角
十三	19	甲戌	五黄	定	星	18	癸卯	六白	成	张	17	癸酉	九紫	除	轸	16	癸卯	九紫	破	亢
十四	20	乙亥	六白	执	张	19	甲辰	五黄	收	翼	18	甲戌	八白	满	角	17	甲辰	八白	危	氐
十五	21	丙子	六白	破	翼	20	乙巳	四绿	开	轸	19	乙亥	七赤	平	亢	18	乙巳	七赤	成	房
十六	22	丁丑	五黄	危	轸	21	丙午	三碧	闭	角	20	丙子	六白	定	氐	19	丙午	六白	收	心
十七	23	戊寅	四绿	成	角	22	丁未	二黑	建	亢	21	丁丑	五黄	执	房	20	丁未	五黄	开	尾
十八	24	己卯	三碧	收	亢	23	戊申	一白	除	氐	22	戊寅	四绿	破	心	21	戊申	四绿	闭	箕
十九	25	庚辰	二黑	开	氐	24	己酉	九紫	满	房	23	己卯	六白	危	尾	22	己酉	三碧	建	斗
二十	26	辛巳	一白	闭	房	25	庚戌	八白	平	心	24	庚辰	五黄	成	箕	23	庚戌	二黑	除	牛
廿一	27	壬午	九紫	建	心	26	辛亥	七赤	定	尾	25	辛巳	四绿	收	斗	24	辛亥	一白	满	女
廿二	28	癸未	八白	除	尾	27	壬子	六白	执	箕	26	壬午	三碧	开	牛	25	壬子	九紫	平	虚
廿三	29	甲申	七赤	满	箕	28	癸丑	五黄	破	斗	27	癸未	二黑	闭	女	26	癸丑	八白	定	危
廿四	30	乙酉	六白	平	斗	29	甲寅	四绿	危	牛	28	甲申	一白	建	虚	27	甲寅	七赤	执	室
廿五	7月	丙戌	五黄	定	牛	30	乙卯	三碧	成	女	29	乙酉	九紫	除	危	28	乙卯	六白	破	壁
廿六	2	丁亥	四绿	执	女	31	丙辰	二黑	收	虚	30	丙戌	八白	满	室	29	丙辰	五黄	危	奎
廿七	3	戊子	三碧	破	虚	8月	丁巳	一白	开	危	31	丁亥	七赤	平	壁	30	丁巳	四绿	成	娄
廿八	4	己丑	二黑	危	危	2	戊午	九紫	闭	室	9月	戊子	六白	定	奎	10月	戊午	三碧	收	胃
廿九	5	庚寅	一白	成	室	3	己未	八白	建	壁	2	己丑	五黄	执	娄	2	己未	二黑	开	昴
三十						4	庚申	七赤	除	奎	3	庚寅	四绿	破	胃					

公元2005年　乙酉鸡年　太岁蒋嵩 九星四绿

月份	九月大		丙戌 九紫 震卦 参宿			十月小		丁亥 八白 巽卦 井宿			十一月大		戊子 七赤 坎卦 鬼宿			十二月小		己丑 六白 艮卦 柳宿		
节气	寒露 10月8日 初六乙丑 午时 12时33分			霜降 10月23日 廿一庚辰 申时 15时42分		立冬 11月7日 初六乙未 申时 15时42分			小雪 11月22日 廿一庚戌 未时 13时15分		大雪 12月7日 初七乙丑 辰时 8时33分			冬至 12月22日 廿二庚辰 丑时 2时35分		小寒 1月5日 初六甲午 戌时 19时47分			大寒 1月20日 廿一己酉 未时 13时15分	
农历	公历	干支	九星	日建	星宿	公历	干支	九星	日建	星宿	公历	干支	九星	日建	星宿	公历	干支	九星	日建	星宿
初一	3	庚申	一白	闭	毕	2	庚寅	七赤	定	参	12月	己未	五黄	成	井	31	己丑	八白	除	柳
初二	4	辛酉	九紫	建	觜	3	辛卯	六白	执	井	2	庚申	四绿	收	鬼	1月	庚寅	九紫	满	星
初三	5	壬戌	八白	除	参	4	壬辰	五黄	破	鬼	3	辛酉	三碧	开	柳	2	辛卯	一白	平	张
初四	6	癸亥	七赤	满	井	5	癸巳	四绿	危	柳	4	壬戌	二黑	闭	星	3	壬辰	二黑	定	翼
初五	7	甲子	三碧	平	鬼	6	甲午	三碧	成	星	5	癸亥	一白	建	张	4	癸巳	三碧	执	轸
初六	8	乙丑	二黑	平	柳	7	乙未	二黑	成	张	6	甲子	六白	除	翼	5	甲午	四绿	执	角
初七	9	丙寅	一白	定	星	8	丙申	一白	收	翼	7	乙丑	五黄	除	轸	6	乙未	五黄	破	亢
初八	10	丁卯	九紫	执	张	9	丁酉	九紫	开	轸	8	丙寅	四绿	满	角	7	丙申	六白	危	氐
初九	11	戊辰	八白	破	翼	10	戊戌	八白	闭	角	9	丁卯	三碧	平	亢	8	丁酉	七赤	成	房
初十	12	己巳	七赤	危	轸	11	己亥	七赤	建	亢	10	戊辰	二黑	定	氐	9	戊戌	八白	收	心
十一	13	庚午	六白	成	角	12	庚子	六白	除	氐	11	己巳	一白	执	房	10	己亥	九紫	开	尾
十二	14	辛未	五黄	收	亢	13	辛丑	五黄	满	房	12	庚午	九紫	破	心	11	庚子	一白	闭	箕
十三	15	壬申	四绿	开	氐	14	壬寅	四绿	平	心	13	辛未	八白	危	尾	12	辛丑	二黑	建	斗
十四	16	癸酉	三碧	闭	房	15	癸卯	三碧	定	尾	14	壬申	七赤	成	箕	13	壬寅	三碧	除	牛
十五	17	甲戌	二黑	建	心	16	甲辰	二黑	执	箕	15	癸酉	六白	收	斗	14	癸卯	四绿	满	女
十六	18	乙亥	一白	除	尾	17	乙巳	一白	破	斗	16	甲戌	五黄	开	牛	15	甲辰	五黄	平	虚
十七	19	丙子	九紫	满	箕	18	丙午	九紫	危	牛	17	乙亥	四绿	闭	女	16	乙巳	六白	定	危
十八	20	丁丑	八白	平	斗	19	丁未	八白	成	女	18	丙子	三碧	建	虚	17	丙午	七赤	执	室
十九	21	戊寅	七赤	定	牛	20	戊申	七赤	收	虚	19	丁丑	二黑	除	危	18	丁未	八白	破	壁
二十	22	己卯	六白	执	女	21	己酉	六白	开	危	20	戊寅	一白	满	室	19	戊申	九紫	危	奎
廿一	23	庚辰	八白	破	虚	22	庚戌	五黄	闭	室	21	己卯	九紫	平	壁	20	己酉	一白	成	娄
廿二	24	辛巳	七赤	危	危	23	辛亥	四绿	建	壁	22	庚辰	八白	定	奎	21	庚戌	二黑	收	胃
廿三	25	壬午	六白	成	室	24	壬子	三碧	除	奎	23	辛巳	九紫	执	娄	22	辛亥	三碧	开	昴
廿四	26	癸未	五黄	收	壁	25	癸丑	二黑	满	娄	24	壬午	一白	破	胃	23	壬子	四绿	闭	毕
廿五	27	甲申	四绿	开	奎	26	甲寅	一白	平	胃	25	癸未	二黑	危	昴	24	癸丑	五黄	建	觜
廿六	28	乙酉	三碧	闭	娄	27	乙卯	九紫	定	昴	26	甲申	三碧	成	毕	25	甲寅	六白	除	参
廿七	29	丙戌	二黑	建	胃	28	丙辰	八白	执	毕	27	乙酉	四绿	收	觜	26	乙卯	七赤	满	井
廿八	30	丁亥	一白	除	昴	29	丁巳	七赤	破	觜	28	丙戌	五黄	开	参	27	丙辰	八白	平	鬼
廿九	31	戊子	九紫	满	毕	30	戊午	六白	危	参	29	丁亥	六白	闭	井	28	丁巳	九紫	定	柳
三十	11月	己丑	八白	平	觜						30	戊子	七赤	建	鬼					

公元2006年　丙戌狗年（闰七月）　太岁向般　九星三碧

月份	正月大		庚寅 五黄 巽卦 星宿			二月小		辛卯 四绿 坎卦 张宿			三月大		壬辰 三碧 艮卦 翼宿			四月小		癸巳 二黑 坤卦 轸宿		
节气	立春 2月4日 初七甲子 辰时 7时27分			雨水 2月19日 廿二己卯 寅时 3时26分		惊蛰 3月6日 初七甲午 丑时 1时29分			春分 3月21日 廿二己酉 丑时 2时26分		清明 4月5日 初八甲子 卯时 6时15分			谷雨 4月20日 廿三己卯 未时 13时26分		立夏 5月5日 初八甲午 夜子时 23时31分			小满 5月21日 廿四庚戌 未时 13时32分	
农历	公历	干支	九星	日建	星宿	公历	干支	九星	日建	星宿	公历	干支	九星	日建	星宿	公历	干支	九星	日建	星宿
初一	29	戊午	一白	执	星	28	戊子	四绿	开	翼	29	丁巳	六白	满	轸	28	丁亥	九紫	危	亢
初二	30	己未	二黑	破	张	3月	己丑	五黄	闭	轸	30	戊午	七赤	平	角	29	戊子	一白	成	氐
初三	31	庚申	三碧	危	翼	2	庚寅	六白	建	角	31	己未	八白	定	亢	30	己丑	二黑	收	房
初四	2月	辛酉	四绿	成	轸	3	辛卯	七赤	除	亢	4月	庚申	九紫	执	氐	5月	庚寅	三碧	开	心
初五	2	壬戌	五黄	收	角	4	壬辰	八白	满	氐	2	辛酉	一白	破	房	2	辛卯	四绿	闭	尾
初六	3	癸亥	六白	开	亢	5	癸巳	九紫	平	房	3	壬戌	二黑	危	心	3	壬辰	五黄	建	箕
初七	4	甲子	一白	开	氐	6	甲午	一白	平	心	4	癸亥	三碧	成	尾	4	癸巳	六白	除	斗
初八	5	乙丑	二黑	闭	房	7	乙未	二黑	定	尾	5	甲子	七赤	成	箕	5	甲午	七赤	除	牛
初九	6	丙寅	三碧	建	心	8	丙申	三碧	执	箕	6	乙丑	八白	收	斗	6	乙未	八白	满	女
初十	7	丁卯	四绿	除	尾	9	丁酉	四绿	破	斗	7	丙寅	九紫	开	牛	7	丙申	九紫	平	虚
十一	8	戊辰	五黄	满	箕	10	戊戌	五黄	危	牛	8	丁卯	一白	闭	女	8	丁酉	一白	定	危
十二	9	己巳	六白	平	斗	11	己亥	六白	成	女	9	戊辰	二黑	建	虚	9	戊戌	二黑	执	室
十三	10	庚午	七赤	定	牛	12	庚子	七赤	收	虚	10	己巳	三碧	除	危	10	己亥	三碧	破	壁
十四	11	辛未	八白	执	女	13	辛丑	八白	开	危	11	庚午	四绿	满	室	11	庚子	四绿	危	奎
十五	12	壬申	九紫	破	虚	14	壬寅	九紫	闭	室	12	辛未	五黄	平	壁	12	辛丑	五黄	成	娄
十六	13	癸酉	一白	危	危	15	癸卯	一白	建	壁	13	壬申	六白	定	奎	13	壬寅	六白	收	胃
十七	14	甲戌	二黑	成	室	16	甲辰	二黑	除	奎	14	癸酉	七赤	执	娄	14	癸卯	七赤	开	昴
十八	15	乙亥	三碧	收	壁	17	乙巳	三碧	满	娄	15	甲戌	八白	破	胃	15	甲辰	八白	闭	毕
十九	16	丙子	四绿	开	奎	18	丙午	四绿	平	胃	16	乙亥	九紫	危	昴	16	乙巳	九紫	建	觜
二十	17	丁丑	五黄	闭	娄	19	丁未	五黄	定	昴	17	丙子	一白	成	毕	17	丙午	一白	除	参
廿一	18	戊寅	六白	建	胃	20	戊申	六白	执	毕	18	丁丑	二黑	收	觜	18	丁未	二黑	满	井
廿二	19	己卯	四绿	除	昴	21	己酉	七赤	破	觜	19	戊寅	三碧	开	参	19	戊申	三碧	平	鬼
廿三	20	庚辰	五黄	满	毕	22	庚戌	八白	危	参	20	己卯	一白	闭	井	20	己酉	四绿	定	柳
廿四	21	辛巳	六白	平	觜	23	辛亥	九紫	成	井	21	庚辰	二黑	建	鬼	21	庚戌	五黄	执	星
廿五	22	壬午	七赤	定	参	24	壬子	一白	收	鬼	22	辛巳	三碧	除	柳	22	辛亥	六白	破	张
廿六	23	癸未	八白	执	井	25	癸丑	二黑	开	柳	23	壬午	四绿	满	星	23	壬子	七赤	危	翼
廿七	24	甲申	九紫	破	鬼	26	甲寅	三碧	闭	星	24	癸未	五黄	平	张	24	癸丑	八白	成	轸
廿八	25	乙酉	一白	危	柳	27	乙卯	四绿	建	张	25	甲申	六白	定	翼	25	甲寅	九紫	收	角
廿九	26	丙戌	二黑	成	星	28	丙辰	五黄	除	翼	26	乙酉	七赤	执	轸	26	乙卯	一白	开	亢
三十	27	丁亥	三碧	收	张						27	丙戌	八白	破	角					

公元2006年　丙戌狗年（闰七月）　太岁向般 九星三碧

月份	五月大	甲午 一白 乾卦 角宿				六月小	乙未 九紫 兑卦 亢宿				七月大	丙申 八白 离卦 氐宿			
节气	芒种 6月6日 十一丙寅 寅时 3时37分		夏至 6月21日 廿六辛巳 戌时 20时26分			小暑 7月7日 十二丁酉 未时 13时51分		大暑 7月23日 廿八癸丑 辰时 7时18分			立秋 8月7日 十四戊辰 夜子时 23时41分		处暑 8月23日 三十甲申 未时 14时23分		
农历	公历	干支	九星	日建	星宿	公历	干支	九星	日建	星宿	公历	干支	九星	日建	星宿
初一	27	丙辰	二黑	闭	氐	26	丙戌	五黄	定	心	25	乙卯	三碧	成	尾
初二	28	丁巳	三碧	建	房	27	丁亥	四绿	执	尾	26	丙辰	二黑	收	箕
初三	29	戊午	四绿	除	心	28	戊子	三碧	破	箕	27	丁巳	一白	开	斗
初四	30	己未	五黄	满	尾	29	己丑	二黑	危	斗	28	戊午	九紫	闭	牛
初五	31	庚申	六白	平	箕	30	庚寅	一白	成	牛	29	己未	八白	建	女
初六	6月	辛酉	七赤	定	斗	7月	辛卯	九紫	收	女	30	庚申	七赤	除	虚
初七	2	壬戌	八白	执	牛	2	壬辰	八白	开	虚	31	辛酉	六白	满	危
初八	3	癸亥	九紫	破	女	3	癸巳	七赤	闭	危	8月	壬戌	五黄	平	室
初九	4	甲子	四绿	危	虚	4	甲午	六白	建	室	2	癸亥	四绿	定	壁
初十	5	乙丑	五黄	成	危	5	乙未	五黄	除	壁	3	甲子	九紫	执	奎
十一	6	丙寅	六白	成	室	6	丙申	四绿	满	奎	4	乙丑	八白	破	娄
十二	7	丁卯	七赤	收	壁	7	丁酉	三碧	满	娄	5	丙寅	七赤	危	胃
十三	8	戊辰	八白	开	奎	8	戊戌	二黑	平	胃	6	丁卯	六白	成	昴
十四	9	己巳	九紫	闭	娄	9	己亥	一白	定	昴	7	戊辰	五黄	成	毕
十五	10	庚午	一白	建	胃	10	庚子	九紫	执	毕	8	己巳	四绿	收	觜
十六	11	辛未	二黑	除	昴	11	辛丑	八白	破	觜	9	庚午	三碧	开	参
十七	12	壬申	三碧	满	毕	12	壬寅	七赤	危	参	10	辛未	二黑	闭	井
十八	13	癸酉	四绿	平	觜	13	癸卯	六白	成	井	11	壬申	一白	建	鬼
十九	14	甲戌	五黄	定	参	14	甲辰	五黄	收	鬼	12	癸酉	九紫	除	柳
二十	15	乙亥	六白	执	井	15	乙巳	四绿	开	柳	13	甲戌	八白	满	星
廿一	16	丙子	七赤	破	鬼	16	丙午	三碧	闭	星	14	乙亥	七赤	平	张
廿二	17	丁丑	八白	危	柳	17	丁未	二黑	建	张	15	丙子	六白	定	翼
廿三	18	戊寅	九紫	成	星	18	戊申	一白	除	翼	16	丁丑	五黄	执	轸
廿四	19	己卯	一白	收	张	19	己酉	九紫	满	轸	17	戊寅	四绿	破	角
廿五	20	庚辰	二黑	开	翼	20	庚戌	八白	平	角	18	己卯	三碧	危	亢
廿六	21	辛巳	一白	闭	轸	21	辛亥	七赤	定	亢	19	庚辰	二黑	成	氐
廿七	22	壬午	九紫	建	角	22	壬子	六白	执	氐	20	辛巳	一白	收	房
廿八	23	癸未	八白	除	亢	23	癸丑	五黄	破	房	21	壬午	九紫	开	心
廿九	24	甲申	七赤	满	氐	24	甲寅	四绿	危	心	22	癸未	八白	闭	尾
三十	25	乙酉	六白	平	房						23	甲申	一白	建	箕

公元2006年　丙戌狗年（闰七月）　太岁向般　九星三碧

月份	闰七月小					八月大　丁酉 七赤　震卦 房宿					九月大　戊戌 六白　巽卦 心宿				
节气	白露 9月8日 十六庚子 丑时 2时39分					秋分 9月23日 初二乙卯 午时 12时03分　寒露 10月8日 十七庚午 酉时 18时21分					霜降 10月23日 初二乙酉 亥时 21时26分　立冬 11月7日 十七庚子 亥时 21时35分				
农历	公历	干支	九星	日建	星宿	公历	干支	九星	日建	星宿	公历	干支	九星	日建	星宿
初一	24	乙酉	九紫	除	斗	22	甲寅	七赤	执	牛	22	甲申	一白	开	虚
初二	25	丙戌	八白	满	牛	23	乙卯	六白	破	女	23	乙酉	三碧	闭	危
初三	26	丁亥	七赤	平	女	24	丙辰	五黄	危	虚	24	丙戌	二黑	建	室
初四	27	戊子	六白	定	虚	25	丁巳	四绿	成	危	25	丁亥	一白	除	壁
初五	28	己丑	五黄	执	危	26	戊午	三碧	收	室	26	戊子	九紫	满	奎
初六	29	庚寅	四绿	破	室	27	己未	二黑	开	壁	27	己丑	八白	平	娄
初七	30	辛卯	三碧	危	壁	28	庚申	一白	闭	奎	28	庚寅	七赤	定	胃
初八	31	壬辰	二黑	成	奎	29	辛酉	九紫	建	娄	29	辛卯	六白	执	昴
初九	9月	癸巳	一白	收	娄	30	壬戌	八白	除	胃	30	壬辰	五黄	破	毕
初十	2	甲午	九紫	开	胃	10月	癸亥	七赤	满	昴	31	癸巳	四绿	危	觜
十一	3	乙未	八白	闭	昴	2	甲子	三碧	平	毕	11月	甲午	三碧	成	参
十二	4	丙申	七赤	建	毕	3	乙丑	二黑	定	觜	2	乙未	二黑	收	井
十三	5	丁酉	六白	除	觜	4	丙寅	一白	执	参	3	丙申	一白	开	鬼
十四	6	戊戌	五黄	满	参	5	丁卯	九紫	破	井	4	丁酉	九紫	闭	柳
十五	7	己亥	四绿	平	井	6	戊辰	八白	危	鬼	5	戊戌	八白	建	星
十六	8	庚子	三碧	平	鬼	7	己巳	七赤	成	柳	6	己亥	七赤	除	张
十七	9	辛丑	二黑	定	柳	8	庚午	六白	成	星	7	庚子	六白	除	翼
十八	10	壬寅	一白	执	星	9	辛未	五黄	收	张	8	辛丑	五黄	满	轸
十九	11	癸卯	九紫	破	张	10	壬申	四绿	开	翼	9	壬寅	四绿	平	角
二十	12	甲辰	八白	危	翼	11	癸酉	三碧	闭	轸	10	癸卯	三碧	定	亢
廿一	13	乙巳	七赤	成	轸	12	甲戌	二黑	建	角	11	甲辰	二黑	执	氐
廿二	14	丙午	六白	收	角	13	乙亥	一白	除	亢	12	乙巳	一白	破	房
廿三	15	丁未	五黄	开	亢	14	丙子	九紫	满	氐	13	丙午	九紫	危	心
廿四	16	戊申	四绿	闭	氐	15	丁丑	八白	平	房	14	丁未	八白	成	尾
廿五	17	己酉	三碧	建	房	16	戊寅	七赤	定	心	15	戊申	七赤	收	箕
廿六	18	庚戌	二黑	除	心	17	己卯	六白	执	尾	16	己酉	六白	开	斗
廿七	19	辛亥	一白	满	尾	18	庚辰	五黄	破	箕	17	庚戌	五黄	闭	牛
廿八	20	壬子	九紫	平	箕	19	辛巳	四绿	危	斗	18	辛亥	四绿	建	女
廿九	21	癸丑	八白	定	斗	20	壬午	三碧	成	牛	19	壬子	三碧	除	虚
三十						21	癸未	二黑	收	女	20	癸丑	二黑	满	危

公元2006年　丙戌狗年（闰七月）　太岁向般　九星三碧

月份	十月小	己亥 五黄 坎卦 尾宿				十一月大	庚子 四绿 艮卦 箕宿				十二月大	辛丑 三碧 坤卦 斗宿			
节气	小雪 11月22日 初二乙卯 戌时 19时02分		大雪 12月7日 十七庚午 未时 14时27分			冬至 12月22日 初三乙酉 辰时 8时22分		小寒 1月6日 十八庚子 丑时 1时40分			大寒 1月20日 初二甲寅 戌时 19时01分		立春 2月4日 十七己巳 未时 13时18分		
农历	公历	干支	九星	日建	星宿	公历	干支	九星	日建	星宿	公历	干支	九星	日建	星宿
初一	21	甲寅	一白	平	室	20	癸未	五黄	危	壁	19	癸丑	五黄	建	娄
初二	22	乙卯	九紫	定	壁	21	甲申	四绿	成	奎	20	甲寅	六白	除	胃
初三	23	丙辰	八白	执	奎	22	乙酉	四绿	收	娄	21	乙卯	七赤	满	昴
初四	24	丁巳	七赤	破	娄	23	丙戌	五黄	开	胃	22	丙辰	八白	平	毕
初五	25	戊午	六白	危	胃	24	丁亥	六白	闭	昴	23	丁巳	九紫	定	觜
初六	26	己未	五黄	成	昴	25	戊子	七赤	建	毕	24	戊午	一白	执	参
初七	27	庚申	四绿	收	毕	26	己丑	八白	除	觜	25	己未	二黑	破	井
初八	28	辛酉	三碧	开	觜	27	庚寅	九紫	满	参	26	庚申	三碧	危	鬼
初九	29	壬戌	二黑	闭	参	28	辛卯	一白	平	井	27	辛酉	四绿	成	柳
初十	30	癸亥	一白	建	井	29	壬辰	二黑	定	鬼	28	壬戌	五黄	收	星
十一	12月	甲子	六白	除	鬼	30	癸巳	三碧	执	柳	29	癸亥	六白	开	张
十二	2	乙丑	五黄	满	柳	31	甲午	四绿	破	星	30	甲子	一白	闭	翼
十三	3	丙寅	四绿	平	星	1月	乙未	五黄	危	张	31	乙丑	二黑	建	轸
十四	4	丁卯	三碧	定	张	2	丙申	六白	成	翼	2月	丙寅	三碧	除	角
十五	5	戊辰	二黑	执	翼	3	丁酉	七赤	收	轸	2	丁卯	四绿	满	亢
十六	6	己巳	一白	破	轸	4	戊戌	八白	开	角	3	戊辰	五黄	平	氐
十七	7	庚午	九紫	破	角	5	己亥	九紫	闭	亢	4	己巳	六白	平	房
十八	8	辛未	八白	危	亢	6	庚子	一白	闭	氐	5	庚午	七赤	定	心
十九	9	壬申	七赤	成	氐	7	辛丑	二黑	建	房	6	辛未	八白	执	尾
二十	10	癸酉	六白	收	房	8	壬寅	三碧	除	心	7	壬申	九紫	破	箕
廿一	11	甲戌	五黄	开	心	9	癸卯	四绿	满	尾	8	癸酉	一白	危	斗
廿二	12	乙亥	四绿	闭	尾	10	甲辰	五黄	平	箕	9	甲戌	二黑	成	牛
廿三	13	丙子	三碧	建	箕	11	乙巳	六白	定	斗	10	乙亥	三碧	收	女
廿四	14	丁丑	二黑	除	斗	12	丙午	七赤	执	牛	11	丙子	四绿	开	虚
廿五	15	戊寅	一白	满	牛	13	丁未	八白	破	女	12	丁丑	五黄	闭	危
廿六	16	己卯	九紫	平	女	14	戊申	九紫	危	虚	13	戊寅	六白	建	室
廿七	17	庚辰	八白	定	虚	15	己酉	一白	成	危	14	己卯	七赤	除	壁
廿八	18	辛巳	七赤	执	危	16	庚戌	二黑	收	室	15	庚辰	八白	满	奎
廿九	19	壬午	六白	破	室	17	辛亥	三碧	开	壁	16	辛巳	九紫	平	娄
三十						18	壬子	四绿	闭	奎	17	壬午	一白	定	胃

公元2007年 丁亥猪年 太岁封齐 九星二黑

月份	正月小 壬寅 二黑 坎卦 牛宿					二月小 癸卯 一白 艮卦 女宿					三月大 甲辰 九紫 坤卦 虚宿					四月小 乙巳 八白 乾卦 危宿				
节气	雨水 2月19日 初二甲申 巳时 9时09分		惊蛰 3月6日 十七己亥 辰时 7时18分			春分 3月21日 初三甲寅 辰时 8时08分		清明 4月5日 十八己巳 午时 12时05分			谷雨 4月20日 初四甲申 戌时 19时07分		立夏 5月6日 二十庚子 卯时 5时20分			小满 5月21日 初五乙卯 酉时 18时12分		芒种 6月6日 廿一辛未 巳时 9时27分		
农历	公历	干支	九星	日建	星宿	公历	干支	九星	日建	星宿	公历	干支	九星	日建	星宿	公历	干支	九星	日建	星宿
初一	18	癸未	二黑	执	昴	19	壬子	一白	收	毕	17	辛巳	六白	除	觜	17	辛亥	六白	破	井
初二	19	甲申	九紫	破	毕	20	癸丑	二黑	开	觜	18	壬午	七赤	满	参	18	壬子	七赤	危	鬼
初三	20	乙酉	一白	危	觜	21	甲寅	三碧	闭	参	19	癸未	八白	平	井	19	癸丑	八白	成	柳
初四	21	丙戌	二黑	成	参	22	乙卯	四绿	建	井	20	甲申	六白	定	鬼	20	甲寅	九紫	收	星
初五	22	丁亥	三碧	收	井	23	丙辰	五黄	除	鬼	21	乙酉	七赤	执	柳	21	乙卯	一白	开	张
初六	23	戊子	四绿	开	鬼	24	丁巳	六白	满	柳	22	丙戌	八白	破	星	22	丙辰	二黑	闭	翼
初七	24	己丑	五黄	闭	柳	25	戊午	七赤	平	星	23	丁亥	九紫	危	张	23	丁巳	三碧	建	轸
初八	25	庚寅	六白	建	星	26	己未	八白	定	张	24	戊子	一白	成	翼	24	戊午	四绿	除	角
初九	26	辛卯	七赤	除	张	27	庚申	九紫	执	翼	25	己丑	二黑	收	轸	25	己未	五黄	满	亢
初十	27	壬辰	八白	满	翼	28	辛酉	一白	破	轸	26	庚寅	三碧	开	角	26	庚申	六白	平	氐
十一	28	癸巳	九紫	平	轸	29	壬戌	二黑	危	角	27	辛卯	四绿	闭	亢	27	辛酉	七赤	定	房
十二	3月	甲午	一白	定	角	30	癸亥	三碧	成	亢	28	壬辰	五黄	建	氐	28	壬戌	八白	执	心
十三	2	乙未	二黑	执	亢	31	甲子	七赤	收	氐	29	癸巳	六白	除	房	29	癸亥	九紫	破	尾
十四	3	丙申	三碧	破	氐	4月	乙丑	八白	开	房	30	甲午	七赤	满	心	30	甲子	四绿	危	箕
十五	4	丁酉	四绿	危	房	2	丙寅	九紫	闭	心	5月	乙未	八白	平	尾	31	乙丑	五黄	成	斗
十六	5	戊戌	五黄	成	心	3	丁卯	一白	建	尾	2	丙申	九紫	定	箕	6月	丙寅	六白	收	牛
十七	6	己亥	六白	成	尾	4	戊辰	二黑	除	箕	3	丁酉	一白	执	斗	2	丁卯	七赤	开	女
十八	7	庚子	七赤	收	箕	5	己巳	三碧	除	斗	4	戊戌	二黑	破	牛	3	戊辰	八白	闭	虚
十九	8	辛丑	八白	开	斗	6	庚午	四绿	满	牛	5	己亥	三碧	危	女	4	己巳	九紫	建	危
二十	9	壬寅	九紫	闭	牛	7	辛未	五黄	平	女	6	庚子	四绿	危	虚	5	庚午	一白	除	室
廿一	10	癸卯	一白	建	女	8	壬申	六白	定	虚	7	辛丑	五黄	成	危	6	辛未	二黑	除	壁
廿二	11	甲辰	二黑	除	虚	9	癸酉	七赤	执	危	8	壬寅	六白	收	室	7	壬申	三碧	满	奎
廿三	12	乙巳	三碧	满	危	10	甲戌	八白	破	室	9	癸卯	七赤	开	壁	8	癸酉	四绿	平	娄
廿四	13	丙午	四绿	平	室	11	乙亥	九紫	危	壁	10	甲辰	八白	闭	奎	9	甲戌	五黄	定	胃
廿五	14	丁未	五黄	定	壁	12	丙子	一白	成	奎	11	乙巳	九紫	建	娄	10	乙亥	六白	执	昴
廿六	15	戊申	六白	执	奎	13	丁丑	二黑	收	娄	12	丙午	一白	除	胃	11	丙子	七赤	破	毕
廿七	16	己酉	七赤	破	娄	14	戊寅	三碧	开	胃	13	丁未	二黑	满	昴	12	丁丑	八白	危	觜
廿八	17	庚戌	八白	危	胃	15	己卯	四绿	闭	昴	14	戊申	三碧	平	毕	13	戊寅	九紫	成	参
廿九	18	辛亥	九紫	成	昴	16	庚辰	五黄	建	毕	15	己酉	四绿	定	觜	14	己卯	一白	收	井
三十											16	庚戌	五黄	执	参					

公元2007年　丁亥猪年　太岁封齐 九星二黑

月份	五月小 丙午 七赤 兑卦 室宿					六月大 丁未 六白 离卦 壁宿					七月小 戊申 五黄 震卦 奎宿					八月大 己酉 四绿 巽卦 娄宿				
节气	夏至 6月22日 初八丁亥 丑时 2时06分		小暑 7月7日 廿三壬寅 戌时 19时42分			大暑 7月23日 初十戊午 未时 13时00分		立秋 8月8日 廿六甲戌 卯时 5时32分			处暑 8月23日 十一己丑 戌时 20时08分		白露 9月8日 廿七乙巳 辰时 8时30分			秋分 9月23日 十三庚申 酉时 17时52分		寒露 10月9日 廿九丙子 早子时 0时12分		
农历	公历	干支	九星	日建	星宿	公历	干支	九星	日建	星宿	公历	干支	九星	日建	星宿	公历	干支	九星	日建	星宿
初一	15	庚辰	二黑	开	鬼	14	己酉	九紫	满	柳	13	己卯	三碧	危	张	11	戊申	四绿	闭	翼
初二	16	辛巳	三碧	闭	柳	15	庚戌	八白	平	星	14	庚辰	二黑	成	翼	12	己酉	三碧	建	轸
初三	17	壬午	四绿	建	星	16	辛亥	七赤	定	张	15	辛巳	一白	收	轸	13	庚戌	二黑	除	角
初四	18	癸未	五黄	除	张	17	壬子	六白	执	翼	16	壬午	九紫	开	角	14	辛亥	一白	满	亢
初五	19	甲申	六白	满	翼	18	癸丑	五黄	破	轸	17	癸未	八白	闭	亢	15	壬子	九紫	平	氐
初六	20	乙酉	七赤	平	轸	19	甲寅	四绿	危	角	18	甲申	七赤	建	氐	16	癸丑	八白	定	房
初七	21	丙戌	八白	定	角	20	乙卯	三碧	成	亢	19	乙酉	六白	除	房	17	甲寅	七赤	执	心
初八	22	丁亥	四绿	执	亢	21	丙辰	二黑	收	氐	20	丙戌	五黄	满	心	18	乙卯	六白	破	尾
初九	23	戊子	三碧	破	氐	22	丁巳	一白	开	房	21	丁亥	四绿	平	尾	19	丙辰	五黄	危	箕
初十	24	己丑	二黑	危	房	23	戊午	九紫	闭	心	22	戊子	三碧	定	箕	20	丁巳	四绿	成	斗
十一	25	庚寅	一白	成	心	24	己未	八白	建	尾	23	己丑	五黄	执	斗	21	戊午	三碧	收	牛
十二	26	辛卯	九紫	收	尾	25	庚申	七赤	除	箕	24	庚寅	四绿	破	牛	22	己未	二黑	开	女
十三	27	壬辰	八白	开	箕	26	辛酉	六白	满	斗	25	辛卯	三碧	危	女	23	庚申	一白	闭	虚
十四	28	癸巳	七赤	闭	斗	27	壬戌	五黄	平	牛	26	壬辰	二黑	成	虚	24	辛酉	九紫	建	危
十五	29	甲午	六白	建	牛	28	癸亥	四绿	定	女	27	癸巳	一白	收	危	25	壬戌	八白	除	室
十六	30	乙未	五黄	除	女	29	甲子	九紫	执	虚	28	甲午	九紫	开	室	26	癸亥	七赤	满	壁
十七	7月	丙申	四绿	满	虚	30	乙丑	八白	破	危	29	乙未	八白	闭	壁	27	甲子	三碧	平	奎
十八	2	丁酉	三碧	平	危	31	丙寅	七赤	危	室	30	丙申	七赤	建	奎	28	乙丑	二黑	定	娄
十九	3	戊戌	二黑	定	室	8月	丁卯	六白	成	壁	31	丁酉	六白	除	娄	29	丙寅	一白	执	胃
二十	4	己亥	一白	执	壁	2	戊辰	五黄	收	奎	9月	戊戌	五黄	满	胃	30	丁卯	九紫	破	昴
廿一	5	庚子	九紫	破	奎	3	己巳	四绿	开	娄	2	己亥	四绿	平	昴	10月	戊辰	八白	危	毕
廿二	6	辛丑	八白	危	娄	4	庚午	三碧	闭	胃	3	庚子	三碧	定	毕	2	己巳	七赤	成	觜
廿三	7	壬寅	七赤	危	胃	5	辛未	二黑	建	昴	4	辛丑	二黑	执	觜	3	庚午	六白	收	参
廿四	8	癸卯	六白	成	昴	6	壬申	一白	除	毕	5	壬寅	一白	破	参	4	辛未	五黄	开	井
廿五	9	甲辰	五黄	收	毕	7	癸酉	九紫	满	觜	6	癸卯	九紫	危	井	5	壬申	四绿	闭	鬼
廿六	10	乙巳	四绿	开	觜	8	甲戌	八白	满	参	7	甲辰	八白	成	鬼	6	癸酉	三碧	建	柳
廿七	11	丙午	三碧	闭	参	9	乙亥	七赤	平	井	8	乙巳	七赤	成	柳	7	甲戌	二黑	除	星
廿八	12	丁未	二黑	建	井	10	丙子	六白	定	鬼	9	丙午	六白	收	星	8	乙亥	一白	满	张
廿九	13	戊申	一白	除	鬼	11	丁丑	五黄	执	柳	10	丁未	五黄	开	张	9	丙子	九紫	满	翼
三十						12	戊寅	四绿	破	星						10	丁丑	八白	平	轸

公元2007年　丁亥猪年　太岁封齐 九星二黑

月份	九月大	庚戌 三碧 坎卦 胃宿				十月大	辛亥 二黑 艮卦 昴宿				十一月小	壬子 一白 坤卦 毕宿				十二月大	癸丑 九紫 乾卦 觜宿			
节气	霜降 10月24日 十四辛卯 寅时 3时16分		立冬 11月8日 廿九丙午 寅时 3时25分			小雪 11月23日 十四辛酉 早子时 0时51分		大雪 12月7日 廿八乙亥 戌时 20时15分			冬至 12月22日 十三庚寅 未时 14时08分		小寒 1月6日 廿八乙巳 辰时 7时25分			大寒 1月21日 十四庚申 早子时 0时44分		立春 2月4日 廿八甲戌 戌时 19时01分		
农历	公历	干支	九星	日建	星宿	公历	干支	九星	日建	星宿	公历	干支	九星	日建	星宿	公历	干支	九星	日建	星宿
初一	11	戊寅	七赤	定	角	10	戊申	七赤	收	氐	10	戊寅	一白	满	心	8	丁未	八白	破	尾
初二	12	己卯	六白	执	亢	11	己酉	六白	开	房	11	己卯	九紫	平	尾	9	戊申	九紫	危	箕
初三	13	庚辰	五黄	破	氐	12	庚戌	五黄	闭	心	12	庚辰	八白	定	箕	10	己酉	一白	成	斗
初四	14	辛巳	四绿	危	房	13	辛亥	四绿	建	尾	13	辛巳	七赤	执	斗	11	庚戌	二黑	收	牛
初五	15	壬午	三碧	成	心	14	壬子	三碧	除	箕	14	壬午	六白	破	牛	12	辛亥	三碧	开	女
初六	16	癸未	二黑	收	尾	15	癸丑	二黑	满	斗	15	癸未	五黄	危	女	13	壬子	四绿	闭	虚
初七	17	甲申	一白	开	箕	16	甲寅	一白	平	牛	16	甲申	四绿	成	虚	14	癸丑	五黄	建	危
初八	18	乙酉	九紫	闭	斗	17	乙卯	九紫	定	女	17	乙酉	三碧	收	危	15	甲寅	六白	除	室
初九	19	丙戌	八白	建	牛	18	丙辰	八白	执	虚	18	丙戌	二黑	开	室	16	乙卯	七赤	满	壁
初十	20	丁亥	七赤	除	女	19	丁巳	七赤	破	危	19	丁亥	一白	闭	壁	17	丙辰	八白	平	奎
十一	21	戊子	六白	满	虚	20	戊午	六白	危	室	20	戊子	九紫	建	奎	18	丁巳	九紫	定	娄
十二	22	己丑	五黄	平	危	21	己未	五黄	成	壁	21	己丑	八白	除	娄	19	戊午	一白	执	胃
十三	23	庚寅	四绿	定	室	22	庚申	四绿	收	奎	22	庚寅	九紫	满	胃	20	己未	二黑	破	昴
十四	24	辛卯	六白	执	壁	23	辛酉	三碧	开	娄	23	辛卯	一白	平	昴	21	庚申	三碧	危	毕
十五	25	壬辰	五黄	破	奎	24	壬戌	二黑	闭	胃	24	壬辰	二黑	定	毕	22	辛酉	四绿	成	觜
十六	26	癸巳	四绿	危	娄	25	癸亥	一白	建	昴	25	癸巳	三碧	执	觜	23	壬戌	五黄	收	参
十七	27	甲午	三碧	成	胃	26	甲子	六白	除	毕	26	甲午	四绿	破	参	24	癸亥	六白	开	井
十八	28	乙未	二黑	收	昴	27	乙丑	五黄	满	觜	27	乙未	五黄	危	井	25	甲子	一白	闭	鬼
十九	29	丙申	一白	开	毕	28	丙寅	四绿	平	参	28	丙申	六白	成	鬼	26	乙丑	二黑	建	柳
二十	30	丁酉	九紫	闭	觜	29	丁卯	三碧	定	井	29	丁酉	七赤	收	柳	27	丙寅	三碧	除	星
廿一	31	戊戌	八白	建	参	30	戊辰	二黑	执	鬼	30	戊戌	八白	开	星	28	丁卯	四绿	满	张
廿二	11月	己亥	七赤	除	井	12月	己巳	一白	破	柳	31	己亥	九紫	闭	张	29	戊辰	五黄	平	翼
廿三	2	庚子	六白	满	鬼	2	庚午	九紫	危	星	1月	庚子	一白	建	翼	30	己巳	六白	定	轸
廿四	3	辛丑	五黄	平	柳	3	辛未	八白	成	张	2	辛丑	二黑	除	轸	31	庚午	七赤	执	角
廿五	4	壬寅	四绿	定	星	4	壬申	七赤	收	翼	3	壬寅	三碧	满	角	2月	辛未	八白	破	亢
廿六	5	癸卯	三碧	执	张	5	癸酉	六白	开	轸	4	癸卯	四绿	平	亢	2	壬申	九紫	危	氐
廿七	6	甲辰	二黑	破	翼	6	甲戌	五黄	闭	角	5	甲辰	五黄	定	氐	3	癸酉	一白	成	房
廿八	7	乙巳	一白	危	轸	7	乙亥	四绿	闭	亢	6	乙巳	六白	定	房	4	甲戌	二黑	成	心
廿九	8	丙午	九紫	危	角	8	丙子	三碧	建	氐	7	丙午	七赤	执	心	5	乙亥	三碧	收	尾
三十	9	丁未	八白	成	亢	9	丁丑	二黑	除	房						6	丙子	四绿	开	箕

公元2008年　戊子鼠年　太岁郢班　九星一白

月份	正月大 甲寅 八白 离卦 参宿					二月小 乙卯 七赤 震卦 井宿					三月小 丙辰 六白 巽卦 鬼宿					四月大 丁巳 五黄 坎卦 柳宿				
节气	雨水 2月19日 十三己丑 未时 14时50分 惊蛰 3月5日 廿八甲辰 午时 12时59分					春分 3月20日 十三己未 午时 13时49分 清明 4月4日 廿八甲戌 酉时 17时46分					谷雨 4月20日 十五庚寅 早子时 0时51分					立夏 5月5日 初一乙巳 午时 11时03分 小满 5月21日 十七辛酉 早子时 0时01分				
农历	公历	干支	九星	日建	星宿	公历	干支	九星	日建	星宿	公历	干支	九星	日建	星宿	公历	干支	九星	日建	星宿
初一	7	丁丑	五黄	闭	斗	8	丁未	五黄	定	女	6	丙子	一白	成	虚	5	乙巳	九紫	建	危
初二	8	戊寅	六白	建	牛	9	戊申	六白	执	虚	7	丁丑	二黑	收	危	6	丙午	一白	除	室
初三	9	己卯	七赤	除	女	10	己酉	七赤	破	危	8	戊寅	三碧	开	室	7	丁未	二黑	满	壁
初四	10	庚辰	八白	满	虚	11	庚戌	八白	危	室	9	己卯	四绿	闭	壁	8	戊申	三碧	平	奎
初五	11	辛巳	九紫	平	危	12	辛亥	九紫	成	壁	10	庚辰	五黄	建	奎	9	己酉	四绿	定	娄
初六	12	壬午	一白	定	室	13	壬子	一白	收	奎	11	辛巳	六白	除	娄	10	庚戌	五黄	执	胃
初七	13	癸未	二黑	执	壁	14	癸丑	二黑	开	娄	12	壬午	七赤	满	胃	11	辛亥	六白	破	昴
初八	14	甲申	三碧	破	奎	15	甲寅	三碧	闭	胃	13	癸未	八白	平	昴	12	壬子	七赤	危	毕
初九	15	乙酉	四绿	危	娄	16	乙卯	四绿	建	昴	14	甲申	九紫	定	毕	13	癸丑	八白	成	觜
初十	16	丙戌	五黄	成	胃	17	丙辰	五黄	除	毕	15	乙酉	一白	执	觜	14	甲寅	九紫	收	参
十一	17	丁亥	六白	收	昴	18	丁巳	六白	满	觜	16	丙戌	二黑	破	参	15	乙卯	一白	开	井
十二	18	戊子	七赤	开	毕	19	戊午	七赤	平	参	17	丁亥	三碧	危	井	16	丙辰	二黑	闭	鬼
十三	19	己丑	五黄	闭	觜	20	己未	八白	定	井	18	戊子	四绿	成	鬼	17	丁巳	三碧	建	柳
十四	20	庚寅	六白	建	参	21	庚申	九紫	执	鬼	19	己丑	五黄	收	柳	18	戊午	四绿	除	星
十五	21	辛卯	七赤	除	井	22	辛酉	一白	破	柳	20	庚寅	三碧	开	星	19	己未	五黄	满	张
十六	22	壬辰	八白	满	鬼	23	壬戌	二黑	危	星	21	辛卯	四绿	闭	张	20	庚申	六白	平	翼
十七	23	癸巳	九紫	平	柳	24	癸亥	三碧	成	张	22	壬辰	五黄	建	翼	21	辛酉	七赤	定	轸
十八	24	甲午	一白	定	星	25	甲子	七赤	收	翼	23	癸巳	六白	除	轸	22	壬戌	八白	执	角
十九	25	乙未	二黑	执	张	26	乙丑	八白	开	轸	24	甲午	七赤	满	角	23	癸亥	九紫	破	亢
二十	26	丙申	三碧	破	翼	27	丙寅	九紫	闭	角	25	乙未	八白	平	亢	24	甲子	四绿	危	氐
廿一	27	丁酉	四绿	危	轸	28	丁卯	一白	建	亢	26	丙申	九紫	定	氐	25	乙丑	五黄	成	房
廿二	28	戊戌	五黄	成	角	29	戊辰	二黑	除	氐	27	丁酉	一白	执	房	26	丙寅	六白	收	心
廿三	29	己亥	六白	收	亢	30	己巳	三碧	满	房	28	戊戌	二黑	破	心	27	丁卯	七赤	开	尾
廿四	3月	庚子	七赤	开	氐	31	庚午	四绿	平	心	29	己亥	三碧	危	尾	28	戊辰	八白	闭	箕
廿五	2	辛丑	八白	闭	房	4月	辛未	五黄	定	尾	30	庚子	四绿	成	箕	29	己巳	九紫	建	斗
廿六	3	壬寅	九紫	建	心	2	壬申	六白	执	箕	5月	辛丑	五黄	收	斗	30	庚午	一白	除	牛
廿七	4	癸卯	一白	除	尾	3	癸酉	七赤	破	斗	2	壬寅	六白	开	牛	31	辛未	二黑	满	女
廿八	5	甲辰	二黑	除	箕	4	甲戌	八白	破	牛	3	癸卯	七赤	闭	女	6月	壬申	三碧	平	虚
廿九	6	乙巳	三碧	满	斗	5	乙亥	九紫	危	女	4	甲辰	八白	建	虚	2	癸酉	四绿	定	危
三十	7	丙午	四绿	平	牛											3	甲戌	五黄	执	室

公元2008年 戊子鼠年 太岁郢班 九星一白

月份	五月小 戊午 四绿 艮卦 星宿					六月小 己未 三碧 坤卦 张宿					七月大 庚申 二黑 乾卦 翼宿					八月小 辛酉 一白 兑卦 轸宿				
节气	芒种 6月5日 初二丙子 申时 15时12分		夏至 6月21日 十八壬辰 辰时 7时59分			小暑 7月7日 初五戊申 丑时 1时27分		大暑 7月22日 二十癸亥 酉时 18时55分			立秋 8月7日 初七己卯 午时 11时17分		处暑 8月23日 廿三乙未 丑时 2时03分			白露 9月7日 初八庚戌 未时 14时15分		秋分 9月22日 廿三乙丑 夜子时 23时45分		
农历	公历	干支	九星	日建	星宿	公历	干支	九星	日建	星宿	公历	干支	九星	日建	星宿	公历	干支	九星	日建	星宿
初一	4	乙亥	六白	破	壁	3	甲辰	五黄	开	奎	8月	癸酉	九紫	满	娄	31	癸卯	九紫	危	昴
初二	5	丙子	七赤	破	奎	4	乙巳	四绿	闭	娄	2	甲戌	八白	平	胃	9月	甲辰	八白	成	毕
初三	6	丁丑	八白	危	娄	5	丙午	三碧	建	胃	3	乙亥	七赤	定	昴	2	乙巳	七赤	收	觜
初四	7	戊寅	九紫	成	胃	6	丁未	二黑	除	昴	4	丙子	六白	执	毕	3	丙午	六白	开	参
初五	8	己卯	一白	收	昴	7	戊申	一白	除	毕	5	丁丑	五黄	破	觜	4	丁未	五黄	闭	井
初六	9	庚辰	二黑	开	毕	8	己酉	九紫	满	觜	6	戊寅	四绿	危	参	5	戊申	四绿	建	鬼
初七	10	辛巳	三碧	闭	觜	9	庚戌	八白	平	参	7	己卯	三碧	危	井	6	己酉	三碧	除	柳
初八	11	壬午	四绿	建	参	10	辛亥	七赤	定	井	8	庚辰	二黑	成	鬼	7	庚戌	二黑	除	星
初九	12	癸未	五黄	除	井	11	壬子	六白	执	鬼	9	辛巳	一白	收	柳	8	辛亥	一白	满	张
初十	13	甲申	六白	满	鬼	12	癸丑	五黄	破	柳	10	壬午	九紫	开	星	9	壬子	九紫	平	翼
十一	14	乙酉	七赤	平	柳	13	甲寅	四绿	危	星	11	癸未	八白	闭	张	10	癸丑	八白	定	轸
十二	15	丙戌	八白	定	星	14	乙卯	三碧	成	张	12	甲申	七赤	建	翼	11	甲寅	七赤	执	角
十三	16	丁亥	九紫	执	张	15	丙辰	二黑	收	翼	13	乙酉	六白	除	轸	12	乙卯	六白	破	亢
十四	17	戊子	一白	破	翼	16	丁巳	一白	开	轸	14	丙戌	五黄	满	角	13	丙辰	五黄	危	氐
十五	18	己丑	二黑	危	轸	17	戊午	九紫	闭	角	15	丁亥	四绿	平	亢	14	丁巳	四绿	成	房
十六	19	庚寅	三碧	成	角	18	己未	八白	建	亢	16	戊子	三碧	定	氐	15	戊午	三碧	收	心
十七	20	辛卯	四绿	收	亢	19	庚申	七赤	除	氐	17	己丑	二黑	执	房	16	己未	二黑	开	尾
十八	21	壬辰	八白	开	氐	20	辛酉	六白	满	房	18	庚寅	一白	破	心	17	庚申	一白	闭	箕
十九	22	癸巳	七赤	闭	房	21	壬戌	五黄	平	心	19	辛卯	九紫	危	尾	18	辛酉	九紫	建	斗
二十	23	甲午	六白	建	心	22	癸亥	四绿	定	尾	20	壬辰	八白	成	箕	19	壬戌	八白	除	牛
廿一	24	乙未	五黄	除	尾	23	甲子	九紫	执	箕	21	癸巳	七赤	收	斗	20	癸亥	七赤	满	女
廿二	25	丙申	四绿	满	箕	24	乙丑	八白	破	斗	22	甲午	六白	开	牛	21	甲子	三碧	平	虚
廿三	26	丁酉	三碧	平	斗	25	丙寅	七赤	危	牛	23	乙未	八白	闭	女	22	乙丑	二黑	定	危
廿四	27	戊戌	二黑	定	牛	26	丁卯	六白	成	女	24	丙申	七赤	建	虚	23	丙寅	一白	执	室
廿五	28	己亥	一白	执	女	27	戊辰	五黄	收	虚	25	丁酉	六白	除	危	24	丁卯	九紫	破	壁
廿六	29	庚子	九紫	破	虚	28	己巳	四绿	开	危	26	戊戌	五黄	满	室	25	戊辰	八白	危	奎
廿七	30	辛丑	八白	危	危	29	庚午	三碧	闭	室	27	己亥	四绿	平	壁	26	己巳	七赤	成	娄
廿八	7月	壬寅	七赤	成	室	30	辛未	二黑	建	壁	28	庚子	三碧	定	奎	27	庚午	六白	收	胃
廿九	2	癸卯	六白	收	壁	31	壬申	一白	除	奎	29	辛丑	二黑	执	娄	28	辛未	五黄	开	昴
三十											30	壬寅	一白	破	胃					

公元2008年　戊子鼠年　太岁郢班　九星一白

月份	九月大 壬戌 九紫 离卦 角宿					十月大 癸亥 八白 震卦 亢宿					十一月小 甲子 七赤 巽卦 氐宿					十二月大 乙丑 六白 坎卦 房宿				
节气	寒露 10月8日 初十辛巳 卯时 5时57分		霜降 10月23日 廿五丙申 巳时 9时09分			立冬 11月7日 初十辛亥 巳时 9时11分		小雪 11月22日 廿五丙寅 卯时 6时45分			大雪 12月7日 初十辛巳 丑时 2时03分		冬至 12月21日 廿四乙未 戌时 20时04分			小寒 1月5日 初十庚戌 未时 13时15分		大寒 1月20日 廿五乙丑 卯时 6时41分		
农历	公历	干支	九星	日建	星宿	公历	干支	九星	日建	星宿	公历	干支	九星	日建	星宿	公历	干支	九星	日建	星宿
初一	29	壬申	四绿	闭	毕	29	壬寅	四绿	定	参	28	壬申	七赤	收	鬼	27	辛丑	二黑	除	柳
初二	30	癸酉	三碧	建	觜	30	癸卯	三碧	执	井	29	癸酉	六白	开	柳	28	壬寅	三碧	满	星
初三	10月	甲戌	二黑	除	参	31	甲辰	二黑	破	鬼	30	甲戌	五黄	闭	星	29	癸卯	四绿	平	张
初四	2	乙亥	一白	满	井	11月	乙巳	一白	危	柳	12月	乙亥	四绿	建	张	30	甲辰	五黄	定	翼
初五	3	丙子	九紫	平	鬼	2	丙午	九紫	成	星	2	丙子	三碧	除	翼	31	乙巳	六白	执	轸
初六	4	丁丑	八白	定	柳	3	丁未	八白	收	张	3	丁丑	二黑	满	轸	1月	丙午	七赤	破	角
初七	5	戊寅	七赤	执	星	4	戊申	七赤	开	翼	4	戊寅	一白	平	角	2	丁未	八白	危	亢
初八	6	己卯	六白	破	张	5	己酉	六白	闭	轸	5	己卯	九紫	定	亢	3	戊申	九紫	成	氐
初九	7	庚辰	五黄	危	翼	6	庚戌	五黄	建	角	6	庚辰	八白	执	氐	4	己酉	一白	收	房
初十	8	辛巳	四绿	危	轸	7	辛亥	四绿	建	亢	7	辛巳	七赤	执	房	5	庚戌	二黑	收	心
十一	9	壬午	三碧	成	角	8	壬子	三碧	除	氐	8	壬午	六白	破	心	6	辛亥	三碧	开	尾
十二	10	癸未	二黑	收	亢	9	癸丑	二黑	满	房	9	癸未	五黄	危	尾	7	壬子	四绿	闭	箕
十三	11	甲申	一白	开	氐	10	甲寅	一白	平	心	10	甲申	四绿	成	箕	8	癸丑	五黄	建	斗
十四	12	乙酉	九紫	闭	房	11	乙卯	九紫	定	尾	11	乙酉	三碧	收	斗	9	甲寅	六白	除	牛
十五	13	丙戌	八白	建	心	12	丙辰	八白	执	箕	12	丙戌	二黑	开	牛	10	乙卯	七赤	满	女
十六	14	丁亥	七赤	除	尾	13	丁巳	七赤	破	斗	13	丁亥	一白	闭	女	11	丙辰	八白	平	虚
十七	15	戊子	六白	满	箕	14	戊午	六白	危	牛	14	戊子	九紫	建	虚	12	丁巳	九紫	定	危
十八	16	己丑	五黄	平	斗	15	己未	五黄	成	女	15	己丑	八白	除	危	13	戊午	一白	执	室
十九	17	庚寅	四绿	定	牛	16	庚申	四绿	收	虚	16	庚寅	七赤	满	室	14	己未	二黑	破	壁
二十	18	辛卯	三碧	执	女	17	辛酉	三碧	开	危	17	辛卯	六白	平	壁	15	庚申	三碧	危	奎
廿一	19	壬辰	二黑	破	虚	18	壬戌	二黑	闭	室	18	壬辰	五黄	定	奎	16	辛酉	四绿	成	娄
廿二	20	癸巳	一白	危	危	19	癸亥	一白	建	壁	19	癸巳	四绿	执	娄	17	壬戌	五黄	收	胃
廿三	21	甲午	九紫	成	室	20	甲子	六白	除	奎	20	甲午	三碧	破	胃	18	癸亥	六白	开	昴
廿四	22	乙未	八白	收	壁	21	乙丑	五黄	满	娄	21	乙未	五黄	危	昴	19	甲子	一白	闭	毕
廿五	23	丙申	一白	开	奎	22	丙寅	四绿	平	胃	22	丙申	六白	成	毕	20	乙丑	二黑	建	觜
廿六	24	丁酉	九紫	闭	娄	23	丁卯	三碧	定	昴	23	丁酉	七赤	收	觜	21	丙寅	三碧	除	参
廿七	25	戊戌	八白	建	胃	24	戊辰	二黑	执	毕	24	戊戌	八白	开	参	22	丁卯	四绿	满	井
廿八	26	己亥	七赤	除	昴	25	己巳	一白	破	觜	25	己亥	九紫	闭	井	23	戊辰	五黄	平	鬼
廿九	27	庚子	六白	满	毕	26	庚午	九紫	危	参	26	庚子	一白	建	鬼	24	己巳	六白	定	柳
三十	28	辛丑	五黄	平	觜	27	辛未	八白	成	井						25	庚午	七赤	执	星

公元2009年　己丑牛年（闰五月）　太岁潘佑 九星九紫

月份	正月大		丙寅 五黄 震卦 心宿			二月大		丁卯 四绿 巽卦 尾宿			三月小		戊辰 三碧 坎卦 箕宿			四月小		己巳 二黑 艮卦 斗宿		
节气	立春 2月4日 初十庚辰 早子时 0时50分			雨水 2月18日 廿四甲午 戌时 20时47分		惊蛰 3月5日 初九己酉 酉时 18时48分			春分 3月20日 廿四甲子 戌时 19时44分		清明 4月4日 初九己卯 夜子时 23时34分			谷雨 4月20日 廿五乙未 卯时 6时45分		立夏 5月5日 十一庚戌 申时 16时51分			小满 5月21日 廿七丙寅 卯时 5时51分	
农历	公历	干支	九星	日建	星宿	公历	干支	九星	日建	星宿	公历	干支	九星	日建	星宿	公历	干支	九星	日建	星宿
初一	26	辛未	八白	破	张	25	辛丑	八白	闭	轸	27	辛未	五黄	定	亢	25	庚子	四绿	成	氐
初二	27	壬申	九紫	危	翼	26	壬寅	九紫	建	角	28	壬申	六白	执	氐	26	辛丑	五黄	收	房
初三	28	癸酉	一白	成	轸	27	癸卯	一白	除	亢	29	癸酉	七赤	破	房	27	壬寅	六白	开	心
初四	29	甲戌	二黑	收	角	28	甲辰	二黑	满	氐	30	甲戌	八白	危	心	28	癸卯	七赤	闭	尾
初五	30	乙亥	三碧	开	亢	3月	乙巳	三碧	平	房	31	乙亥	九紫	成	尾	29	甲辰	八白	建	箕
初六	31	丙子	四绿	闭	氐	2	丙午	四绿	定	心	4月	丙子	一白	收	箕	30	乙巳	九紫	除	斗
初七	2月	丁丑	五黄	建	房	3	丁未	五黄	执	尾	2	丁丑	二黑	开	斗	5月	丙午	一白	满	牛
初八	2	戊寅	六白	除	心	4	戊申	六白	破	箕	3	戊寅	三碧	闭	牛	2	丁未	二黑	平	女
初九	3	己卯	七赤	满	尾	5	己酉	七赤	破	斗	4	己卯	四绿	闭	女	3	戊申	三碧	定	虚
初十	4	庚辰	八白	满	箕	6	庚戌	八白	危	牛	5	庚辰	五黄	建	虚	4	己酉	四绿	执	危
十一	5	辛巳	九紫	平	斗	7	辛亥	九紫	成	女	6	辛巳	六白	除	危	5	庚戌	五黄	执	室
十二	6	壬午	一白	定	牛	8	壬子	一白	收	虚	7	壬午	七赤	满	室	6	辛亥	六白	破	壁
十三	7	癸未	二黑	执	女	9	癸丑	二黑	开	危	8	癸未	八白	平	壁	7	壬子	七赤	危	奎
十四	8	甲申	三碧	破	虚	10	甲寅	三碧	闭	室	9	甲申	九紫	定	奎	8	癸丑	八白	成	娄
十五	9	乙酉	四绿	危	危	11	乙卯	四绿	建	壁	10	乙酉	一白	执	娄	9	甲寅	九紫	收	胃
十六	10	丙戌	五黄	成	室	12	丙辰	五黄	除	奎	11	丙戌	二黑	破	胃	10	乙卯	一白	开	昴
十七	11	丁亥	六白	收	壁	13	丁巳	六白	满	娄	12	丁亥	三碧	危	昴	11	丙辰	二黑	闭	毕
十八	12	戊子	七赤	开	奎	14	戊午	七赤	平	胃	13	戊子	四绿	成	毕	12	丁巳	三碧	建	觜
十九	13	己丑	八白	闭	娄	15	己未	八白	定	昴	14	己丑	五黄	收	觜	13	戊午	四绿	除	参
二十	14	庚寅	九紫	建	胃	16	庚申	九紫	执	毕	15	庚寅	六白	开	参	14	己未	五黄	满	井
廿一	15	辛卯	一白	除	昴	17	辛酉	一白	破	觜	16	辛卯	七赤	闭	井	15	庚申	六白	平	鬼
廿二	16	壬辰	二黑	满	毕	18	壬戌	二黑	危	参	17	壬辰	八白	建	鬼	16	辛酉	七赤	定	柳
廿三	17	癸巳	三碧	平	觜	19	癸亥	三碧	成	井	18	癸巳	九紫	除	柳	17	壬戌	八白	执	星
廿四	18	甲午	一白	定	参	20	甲子	七赤	收	鬼	19	甲午	一白	满	星	18	癸亥	九紫	破	张
廿五	19	乙未	二黑	执	井	21	乙丑	八白	开	柳	20	乙未	八白	平	张	19	甲子	四绿	危	翼
廿六	20	丙申	三碧	破	鬼	22	丙寅	九紫	闭	星	21	丙申	九紫	定	翼	20	乙丑	五黄	成	轸
廿七	21	丁酉	四绿	危	柳	23	丁卯	一白	建	张	22	丁酉	一白	执	轸	21	丙寅	六白	收	角
廿八	22	戊戌	五黄	成	星	24	戊辰	二黑	除	翼	23	戊戌	二黑	破	角	22	丁卯	七赤	开	亢
廿九	23	己亥	六白	收	张	25	己巳	三碧	满	轸	24	己亥	三碧	危	亢	23	戊辰	八白	闭	氐
三十	24	庚子	七赤	开	翼	26	庚午	四绿	平	角										

公元2009年　己丑牛年（闰五月）　太岁潘佑 九星九紫

月份	五月大 庚午 一白 坤卦 牛宿					闰五月小					六月小 辛未 九紫 乾卦 女宿				
节气	芒种 6月5日 十三辛巳 戌时 20时59分 夏至 6月21日 廿九丁酉 未时 13时46分					小暑 7月7日 十五癸丑 辰时 7时14分					大暑 7月23日 初二己巳 早子时 0时36分 立秋 8月7日 十七甲申 酉时 17时02分				
农历	公历	干支	九星	日建	星宿	公历	干支	九星	日建	星宿	公历	干支	九星	日建	星宿
初一	24	己巳	九紫	建	房	23	己亥	一白	执	尾	22	戊辰	五黄	收	箕
初二	25	庚午	一白	除	心	24	庚子	九紫	破	箕	23	己巳	四绿	开	斗
初三	26	辛未	二黑	满	尾	25	辛丑	八白	危	斗	24	庚午	三碧	闭	牛
初四	27	壬申	三碧	平	箕	26	壬寅	七赤	成	牛	25	辛未	二黑	建	女
初五	28	癸酉	四绿	定	斗	27	癸卯	六白	收	女	26	壬申	一白	除	虚
初六	29	甲戌	五黄	执	牛	28	甲辰	五黄	开	虚	27	癸酉	九紫	满	危
初七	30	乙亥	六白	破	女	29	乙巳	四绿	闭	危	28	甲戌	八白	平	室
初八	31	丙子	七赤	危	虚	30	丙午	三碧	建	室	29	乙亥	七赤	定	壁
初九	6月	丁丑	八白	成	危	7月	丁未	二黑	除	壁	30	丙子	六白	执	奎
初十	2	戊寅	九紫	收	室	2	戊申	一白	满	奎	31	丁丑	五黄	破	娄
十一	3	己卯	一白	开	壁	3	己酉	九紫	平	娄	8月	戊寅	四绿	危	胃
十二	4	庚辰	二黑	闭	奎	4	庚戌	八白	定	胃	2	己卯	三碧	成	昴
十三	5	辛巳	三碧	闭	娄	5	辛亥	七赤	执	昴	3	庚辰	二黑	收	毕
十四	6	壬午	四绿	建	胃	6	壬子	六白	破	毕	4	辛巳	一白	开	觜
十五	7	癸未	五黄	除	昴	7	癸丑	五黄	破	觜	5	壬午	九紫	闭	参
十六	8	甲申	六白	满	毕	8	甲寅	四绿	危	参	6	癸未	八白	建	井
十七	9	乙酉	七赤	平	觜	9	乙卯	三碧	成	井	7	甲申	七赤	建	鬼
十八	10	丙戌	八白	定	参	10	丙辰	二黑	收	鬼	8	乙酉	六白	除	柳
十九	11	丁亥	九紫	执	井	11	丁巳	一白	开	柳	9	丙戌	五黄	满	星
二十	12	戊子	一白	破	鬼	12	戊午	九紫	闭	星	10	丁亥	四绿	平	张
廿一	13	己丑	二黑	危	柳	13	己未	八白	建	张	11	戊子	三碧	定	翼
廿二	14	庚寅	三碧	成	星	14	庚申	七赤	除	翼	12	己丑	二黑	执	轸
廿三	15	辛卯	四绿	收	张	15	辛酉	六白	满	轸	13	庚寅	一白	破	角
廿四	16	壬辰	五黄	开	翼	16	壬戌	五黄	平	角	14	辛卯	九紫	危	亢
廿五	17	癸巳	六白	闭	轸	17	癸亥	四绿	定	亢	15	壬辰	八白	成	氐
廿六	18	甲午	七赤	建	角	18	甲子	九紫	执	氐	16	癸巳	七赤	收	房
廿七	19	乙未	八白	除	亢	19	乙丑	八白	破	房	17	甲午	六白	开	心
廿八	20	丙申	九紫	满	氐	20	丙寅	七赤	危	心	18	乙未	五黄	闭	尾
廿九	21	丁酉	三碧	平	房	21	丁卯	六白	成	尾	19	丙申	四绿	建	箕
三十	22	戊戌	二黑	定	心										

公元2009年　己丑牛年（闰五月）　太岁潘佑　九星九紫

月份	七月大		壬申 八白 兑卦 虚宿			八月小		癸酉 七赤 离卦 危宿			九月大		甲戌 六白 震卦 室宿		
节气	处暑 8月23日 初四庚子 辰时 7时39分			白露 9月7日 十九乙卯 戌时 19时58分		秋分 9月23日 初五辛未 卯时 5时19分			寒露 10月8日 二十丙戌 午时 11时41分		霜降 10月23日 初六辛丑 未时 14时44分			立冬 11月7日 廿一丙辰 未时 14时57分	
农历	公历	干支	九星	日建	星宿	公历	干支	九星	日建	星宿	公历	干支	九星	日建	星宿
初一	20	丁酉	三碧	除	斗	19	丁卯	九紫	破	女	18	丙申	七赤	开	虚
初二	21	戊戌	二黑	满	牛	20	戊辰	八白	危	虚	19	丁酉	六白	闭	危
初三	22	己亥	一白	平	女	21	己巳	七赤	成	危	20	戊戌	五黄	建	室
初四	23	庚子	三碧	定	虚	22	庚午	六白	收	室	21	己亥	四绿	除	壁
初五	24	辛丑	二黑	执	危	23	辛未	五黄	开	壁	22	庚子	三碧	满	奎
初六	25	壬寅	一白	破	室	24	壬申	四绿	闭	奎	23	辛丑	五黄	平	娄
初七	26	癸卯	九紫	危	壁	25	癸酉	三碧	建	娄	24	壬寅	四绿	定	胃
初八	27	甲辰	八白	成	奎	26	甲戌	二黑	除	胃	25	癸卯	三碧	执	昴
初九	28	乙巳	七赤	收	娄	27	乙亥	一白	满	昴	26	甲辰	二黑	破	毕
初十	29	丙午	六白	开	胃	28	丙子	九紫	平	毕	27	乙巳	一白	危	觜
十一	30	丁未	五黄	闭	昴	29	丁丑	八白	定	觜	28	丙午	九紫	成	参
十二	31	戊申	四绿	建	毕	30	戊寅	七赤	执	参	29	丁未	八白	收	井
十三	9月	己酉	三碧	除	觜	10月	己卯	六白	破	井	30	戊申	七赤	开	鬼
十四	2	庚戌	二黑	满	参	2	庚辰	五黄	危	鬼	31	己酉	六白	闭	柳
十五	3	辛亥	一白	平	井	3	辛巳	四绿	成	柳	11月	庚戌	五黄	建	星
十六	4	壬子	九紫	定	鬼	4	壬午	三碧	收	星	2	辛亥	四绿	除	张
十七	5	癸丑	八白	执	柳	5	癸未	二黑	开	张	3	壬子	三碧	满	翼
十八	6	甲寅	七赤	破	星	6	甲申	一白	闭	翼	4	癸丑	二黑	平	轸
十九	7	乙卯	六白	破	张	7	乙酉	九紫	建	轸	5	甲寅	一白	定	角
二十	8	丙辰	五黄	危	翼	8	丙戌	八白	建	角	6	乙卯	九紫	执	亢
廿一	9	丁巳	四绿	成	轸	9	丁亥	七赤	除	亢	7	丙辰	八白	执	氐
廿二	10	戊午	三碧	收	角	10	戊子	六白	满	氐	8	丁巳	七赤	破	房
廿三	11	己未	二黑	开	亢	11	己丑	五黄	平	房	9	戊午	六白	危	心
廿四	12	庚申	一白	闭	氐	12	庚寅	四绿	定	心	10	己未	五黄	成	尾
廿五	13	辛酉	九紫	建	房	13	辛卯	三碧	执	尾	11	庚申	四绿	收	箕
廿六	14	壬戌	八白	除	心	14	壬辰	二黑	破	箕	12	辛酉	三碧	开	斗
廿七	15	癸亥	七赤	满	尾	15	癸巳	一白	危	斗	13	壬戌	二黑	闭	牛
廿八	16	甲子	三碧	平	箕	16	甲午	九紫	成	牛	14	癸亥	一白	建	女
廿九	17	乙丑	二黑	定	斗	17	乙未	八白	收	女	15	甲子	六白	除	虚
三十	18	丙寅	一白	执	牛						16	乙丑	五黄	满	危

公元2009年　己丑牛年（闰五月）　太岁潘佑 九星九紫

月份	十月小		乙亥 五黄 巽卦 壁宿			十一月大		丙子 四绿 坎卦 奎宿			十二月大		丁丑 三碧 艮卦 娄宿		
节气	小雪 11月22日 初六辛未 午时 12时23分		大雪 12月7日 廿一丙戌 辰时 7时53分			冬至 12月22日 初七辛丑 丑时 1时47分		小寒 1月5日 廿一乙卯 戌时 19时09分			大寒 1月20日 初六庚午 午时 12时28分		立春 2月4日 廿一乙酉 卯时 6时48分		
农历	公历	干支	九星	日建	星宿	公历	干支	九星	日建	星宿	公历	干支	九星	日建	星宿
初一	17	丙寅	四绿	平	室	16	乙未	二黑	危	壁	15	乙丑	二黑	建	娄
初二	18	丁卯	三碧	定	壁	17	丙申	一白	成	奎	16	丙寅	三碧	除	胃
初三	19	戊辰	二黑	执	奎	18	丁酉	九紫	收	娄	17	丁卯	四绿	满	昴
初四	20	己巳	一白	破	娄	19	戊戌	八白	开	胃	18	戊辰	五黄	平	毕
初五	21	庚午	九紫	危	胃	20	己亥	七赤	闭	昴	19	己巳	六白	定	觜
初六	22	辛未	八白	成	昴	21	庚子	六白	建	毕	20	庚午	七赤	执	参
初七	23	壬申	七赤	收	毕	22	辛丑	二黑	除	觜	21	辛未	八白	破	井
初八	24	癸酉	六白	开	觜	23	壬寅	三碧	满	参	22	壬申	九紫	危	鬼
初九	25	甲戌	五黄	闭	参	24	癸卯	四绿	平	井	23	癸酉	一白	成	柳
初十	26	乙亥	四绿	建	井	25	甲辰	五黄	定	鬼	24	甲戌	二黑	收	星
十一	27	丙子	三碧	除	鬼	26	乙巳	六白	执	柳	25	乙亥	三碧	开	张
十二	28	丁丑	二黑	满	柳	27	丙午	七赤	破	星	26	丙子	四绿	闭	翼
十三	29	戊寅	一白	平	星	28	丁未	八白	危	张	27	丁丑	五黄	建	轸
十四	30	己卯	九紫	定	张	29	戊申	九紫	成	翼	28	戊寅	六白	除	角
十五	12月	庚辰	八白	执	翼	30	己酉	一白	收	轸	29	己卯	七赤	满	亢
十六	2	辛巳	七赤	破	轸	31	庚戌	二黑	开	角	30	庚辰	八白	平	氐
十七	3	壬午	六白	危	角	1月	辛亥	三碧	闭	亢	31	辛巳	九紫	定	房
十八	4	癸未	五黄	成	亢	2	壬子	四绿	建	氐	2月	壬午	一白	执	心
十九	5	甲申	四绿	收	氐	3	癸丑	五黄	除	房	2	癸未	二黑	破	尾
二十	6	乙酉	三碧	开	房	4	甲寅	六白	满	心	3	甲申	三碧	危	箕
廿一	7	丙戌	二黑	开	心	5	乙卯	七赤	满	尾	4	乙酉	四绿	危	斗
廿二	8	丁亥	一白	闭	尾	6	丙辰	八白	平	箕	5	丙戌	五黄	成	牛
廿三	9	戊子	九紫	建	箕	7	丁巳	九紫	定	斗	6	丁亥	六白	收	女
廿四	10	己丑	八白	除	斗	8	戊午	一白	执	牛	7	戊子	七赤	开	虚
廿五	11	庚寅	七赤	满	牛	9	己未	二黑	破	女	8	己丑	八白	闭	危
廿六	12	辛卯	六白	平	女	10	庚申	三碧	危	虚	9	庚寅	九紫	建	室
廿七	13	壬辰	五黄	定	虚	11	辛酉	四绿	成	危	10	辛卯	一白	除	壁
廿八	14	癸巳	四绿	执	危	12	壬戌	五黄	收	室	11	壬辰	二黑	满	奎
廿九	15	甲午	三碧	破	室	13	癸亥	六白	开	壁	12	癸巳	三碧	平	娄
三十						14	甲子	一白	闭	奎	13	甲午	四绿	定	胃

公元2010年 庚寅虎年 太岁邬桓 九星八白

月份	正月大 戊寅 二黑 巽卦 胃宿					二月小 己卯 一白 坎卦 昴宿					三月大 庚辰 九紫 艮卦 毕宿					四月小 辛巳 八白 坤卦 觜宿				
节气	雨水 2月19日 初六庚子 丑时 2时36分		惊蛰 3月6日 廿一乙卯 早子时 0时47分			春分 3月21日 初六庚午 丑时 1时32分		清明 4月5日 廿一乙酉 卯时 5时31分			谷雨 4月20日 初七庚子 午时 12时30分		立夏 5月5日 廿二乙卯 亥时 22时44分			小满 5月21日 初八辛未 午时 11时34分		芒种 6月6日 廿四丁亥 丑时 2时50分		
农历	公历	干支	九星	日建	星宿	公历	干支	九星	日建	星宿	公历	干支	九星	日建	星宿	公历	干支	九星	日建	星宿
初一	14	乙未	五黄	执	昴	16	乙丑	八白	开	觜	14	甲午	一白	满	参	14	甲子	四绿	危	鬼
初二	15	丙申	六白	破	毕	17	丙寅	九紫	闭	参	15	乙未	二黑	平	井	15	乙丑	五黄	成	柳
初三	16	丁酉	七赤	危	觜	18	丁卯	一白	建	井	16	丙申	三碧	定	鬼	16	丙寅	六白	收	星
初四	17	戊戌	八白	成	参	19	戊辰	二黑	除	鬼	17	丁酉	四绿	执	柳	17	丁卯	七赤	开	张
初五	18	己亥	九紫	收	井	20	己巳	三碧	满	柳	18	戊戌	五黄	破	星	18	戊辰	八白	闭	翼
初六	19	庚子	七赤	开	鬼	21	庚午	四绿	平	星	19	己亥	六白	危	张	19	己巳	九紫	建	轸
初七	20	辛丑	八白	闭	柳	22	辛未	五黄	定	张	20	庚子	四绿	成	翼	20	庚午	一白	除	角
初八	21	壬寅	九紫	建	星	23	壬申	六白	执	翼	21	辛丑	五黄	收	轸	21	辛未	二黑	满	亢
初九	22	癸卯	一白	除	张	24	癸酉	七赤	破	轸	22	壬寅	六白	开	角	22	壬申	三碧	平	氐
初十	23	甲辰	二黑	满	翼	25	甲戌	八白	危	角	23	癸卯	七赤	闭	亢	23	癸酉	四绿	定	房
十一	24	乙巳	三碧	平	轸	26	乙亥	九紫	成	亢	24	甲辰	八白	建	氐	24	甲戌	五黄	执	心
十二	25	丙午	四绿	定	角	27	丙子	一白	收	氐	25	乙巳	九紫	除	房	25	乙亥	六白	破	尾
十三	26	丁未	五黄	执	亢	28	丁丑	二黑	开	房	26	丙午	一白	满	心	26	丙子	七赤	危	箕
十四	27	戊申	六白	破	氐	29	戊寅	三碧	闭	心	27	丁未	二黑	平	尾	27	丁丑	八白	成	斗
十五	28	己酉	七赤	危	房	30	己卯	四绿	建	尾	28	戊申	三碧	定	箕	28	戊寅	九紫	收	牛
十六	3月	庚戌	八白	成	心	31	庚辰	五黄	除	箕	29	己酉	四绿	执	斗	29	己卯	一白	开	女
十七	2	辛亥	九紫	收	尾	4月	辛巳	六白	满	斗	30	庚戌	五黄	破	牛	30	庚辰	二黑	闭	虚
十八	3	壬子	一白	开	箕	2	壬午	七赤	平	牛	5月	辛亥	六白	危	女	31	辛巳	三碧	建	危
十九	4	癸丑	二黑	闭	斗	3	癸未	八白	定	女	2	壬子	七赤	成	虚	6月	壬午	四绿	除	室
二十	5	甲寅	三碧	建	牛	4	甲申	九紫	执	虚	3	癸丑	八白	收	危	2	癸未	五黄	满	壁
廿一	6	乙卯	四绿	建	女	5	乙酉	一白	执	危	4	甲寅	九紫	开	室	3	甲申	六白	平	奎
廿二	7	丙辰	五黄	除	虚	6	丙戌	二黑	破	室	5	乙卯	一白	开	壁	4	乙酉	七赤	定	娄
廿三	8	丁巳	六白	满	危	7	丁亥	三碧	危	壁	6	丙辰	二黑	闭	奎	5	丙戌	八白	执	胃
廿四	9	戊午	七赤	平	室	8	戊子	四绿	成	奎	7	丁巳	三碧	建	娄	6	丁亥	九紫	执	昴
廿五	10	己未	八白	定	壁	9	己丑	五黄	收	娄	8	戊午	四绿	除	胃	7	戊子	一白	破	毕
廿六	11	庚申	九紫	执	奎	10	庚寅	六白	开	胃	9	己未	五黄	满	昴	8	己丑	二黑	危	觜
廿七	12	辛酉	一白	破	娄	11	辛卯	七赤	闭	昴	10	庚申	六白	平	毕	9	庚寅	三碧	成	参
廿八	13	壬戌	二黑	危	胃	12	壬辰	八白	建	毕	11	辛酉	七赤	定	觜	10	辛卯	四绿	收	井
廿九	14	癸亥	三碧	成	昴	13	癸巳	九紫	除	觜	12	壬戌	八白	执	参	11	壬辰	五黄	开	鬼
三十	15	甲子	七赤	收	毕						13	癸亥	九紫	破	井					

公元2010年 庚寅虎年 太岁邬桓 九星八白

月份	五月大		壬午 七赤		乾卦 参宿	六月小		癸未 六白		兑卦 井宿	七月小		甲申 五黄		离卦 鬼宿	八月大		乙酉 四绿		震卦 柳宿
节气	夏至 6月21日 初十壬寅 戌时 19时29分			小暑 7月7日 廿六戊午 未时 13时03分		大暑 7月23日 十二甲戌 卯时 6时21分			立秋 8月7日 廿七己丑 亥时 22时49分				处暑 8月23日 十四乙巳 未时 13时27分			白露 9月8日 初一辛酉 丑时 1时45分			秋分 9月23日 十六丙子 午时 11时10分	
农历	公历	干支	九星	日建	星宿	公历	干支	九星	日建	星宿	公历	干支	九星	日建	星宿	公历	干支	九星	日建	星宿
初一	12	癸巳	六白	闭	柳	12	癸亥	四绿	定	张	10	壬辰	八白	成	翼	8	辛酉	九紫	建	轸
初二	13	甲午	七赤	建	星	13	甲子	九紫	执	翼	11	癸巳	七赤	收	轸	9	壬戌	八白	除	角
初三	14	乙未	八白	除	张	14	乙丑	八白	破	轸	12	甲午	六白	开	角	10	癸亥	七赤	满	亢
初四	15	丙申	九紫	满	翼	15	丙寅	七赤	危	角	13	乙未	五黄	闭	亢	11	甲子	三碧	平	氐
初五	16	丁酉	一白	平	轸	16	丁卯	六白	成	亢	14	丙申	四绿	建	氐	12	乙丑	二黑	定	房
初六	17	戊戌	二黑	定	角	17	戊辰	五黄	收	氐	15	丁酉	三碧	除	房	13	丙寅	一白	执	心
初七	18	己亥	三碧	执	亢	18	己巳	四绿	开	房	16	戊戌	二黑	满	心	14	丁卯	九紫	破	尾
初八	19	庚子	四绿	破	氐	19	庚午	三碧	闭	心	17	己亥	一白	平	尾	15	戊辰	八白	危	箕
初九	20	辛丑	五黄	危	房	20	辛未	二黑	建	尾	18	庚子	九紫	定	箕	16	己巳	七赤	成	斗
初十	21	壬寅	七赤	成	心	21	壬申	一白	除	箕	19	辛丑	八白	执	斗	17	庚午	六白	收	牛
十一	22	癸卯	六白	收	尾	22	癸酉	九紫	满	斗	20	壬寅	七赤	破	牛	18	辛未	五黄	开	女
十二	23	甲辰	五黄	开	箕	23	甲戌	八白	平	牛	21	癸卯	六白	危	女	19	壬申	四绿	闭	虚
十三	24	乙巳	四绿	闭	斗	24	乙亥	七赤	定	女	22	甲辰	五黄	成	虚	20	癸酉	三碧	建	危
十四	25	丙午	三碧	建	牛	25	丙子	六白	执	虚	23	乙巳	七赤	收	危	21	甲戌	二黑	除	室
十五	26	丁未	二黑	除	女	26	丁丑	五黄	破	危	24	丙午	六白	开	室	22	乙亥	一白	满	壁
十六	27	戊申	一白	满	虚	27	戊寅	四绿	危	室	25	丁未	五黄	闭	壁	23	丙子	九紫	平	奎
十七	28	己酉	九紫	平	危	28	己卯	三碧	成	壁	26	戊申	四绿	建	奎	24	丁丑	八白	定	娄
十八	29	庚戌	八白	定	室	29	庚辰	二黑	收	奎	27	己酉	三碧	除	娄	25	戊寅	七赤	执	胃
十九	30	辛亥	七赤	执	壁	30	辛巳	一白	开	娄	28	庚戌	二黑	满	胃	26	己卯	六白	破	昴
二十	7月	壬子	六白	破	奎	31	壬午	九紫	闭	胃	29	辛亥	一白	平	昴	27	庚辰	五黄	危	毕
廿一	2	癸丑	五黄	危	娄	8月	癸未	八白	建	昴	30	壬子	九紫	定	毕	28	辛巳	四绿	成	觜
廿二	3	甲寅	四绿	成	胃	2	甲申	七赤	除	毕	31	癸丑	八白	执	觜	29	壬午	三碧	收	参
廿三	4	乙卯	三碧	收	昴	3	乙酉	六白	满	觜	9月	甲寅	七赤	破	参	30	癸未	二黑	开	井
廿四	5	丙辰	二黑	开	毕	4	丙戌	五黄	平	参	2	乙卯	六白	危	井	10月	甲申	一白	闭	鬼
廿五	6	丁巳	一白	闭	觜	5	丁亥	四绿	定	井	3	丙辰	五黄	成	鬼	2	乙酉	九紫	建	柳
廿六	7	戊午	九紫	闭	参	6	戊子	三碧	执	鬼	4	丁巳	四绿	收	柳	3	丙戌	八白	除	星
廿七	8	己未	八白	建	井	7	己丑	二黑	执	柳	5	戊午	三碧	开	星	4	丁亥	七赤	满	张
廿八	9	庚申	七赤	除	鬼	8	庚寅	一白	破	星	6	己未	二黑	闭	张	5	戊子	六白	平	翼
廿九	10	辛酉	六白	满	柳	9	辛卯	九紫	危	张	7	庚申	一白	建	翼	6	己丑	五黄	定	轸
三十	11	壬戌	五黄	平	星											7	庚寅	四绿	执	角

公元2010年 庚寅虎年 太岁邬桓 九星八白

月份	九月小		丙戌 三碧 巽卦 星宿			十月大		丁亥 二黑 坎卦 张宿			十一月小		戊子 一白 艮卦 翼宿			十二月大		己丑 九紫 坤卦 轸宿		
节气	寒露 10月8日 初一辛卯 酉时 17时28分			霜降 10月23日 十六丙午 戌时 20时36分		立冬 11月7日 初二辛酉 戌时 20时43分			小雪 11月22日 十七丙子 酉时 18时15分		大雪 12月7日 初二辛卯 未时 13时39分			冬至 12月22日 十七丙午 辰时 7时39分		小寒 1月6日 初三辛酉 早子时 0时55分			大寒 1月20日 十七乙亥 酉时 18时19分	
农历	公历	干支	九星	日建	星宿	公历	干支	九星	日建	星宿	公历	干支	九星	日建	星宿	公历	干支	九星	日建	星宿
初一	8	辛卯	三碧	执	亢	6	庚申	四绿	开	氐	6	庚寅	七赤	平	心	4	己未	二黑	危	尾
初二	9	壬辰	二黑	破	氐	7	辛酉	三碧	开	房	7	辛卯	六白	平	尾	5	庚申	三碧	成	箕
初三	10	癸巳	一白	危	房	8	壬戌	二黑	闭	心	8	壬辰	五黄	定	箕	6	辛酉	四绿	成	斗
初四	11	甲午	九紫	成	心	9	癸亥	一白	建	尾	9	癸巳	四绿	执	斗	7	壬戌	五黄	收	牛
初五	12	乙未	八白	收	尾	10	甲子	六白	除	箕	10	甲午	三碧	破	牛	8	癸亥	六白	开	女
初六	13	丙申	七赤	开	箕	11	乙丑	五黄	满	斗	11	乙未	二黑	危	女	9	甲子	一白	闭	虚
初七	14	丁酉	六白	闭	斗	12	丙寅	四绿	平	牛	12	丙申	一白	成	虚	10	乙丑	二黑	建	危
初八	15	戊戌	五黄	建	牛	13	丁卯	三碧	定	女	13	丁酉	九紫	收	危	11	丙寅	三碧	除	室
初九	16	己亥	四绿	除	女	14	戊辰	二黑	执	虚	14	戊戌	八白	开	室	12	丁卯	四绿	满	壁
初十	17	庚子	三碧	满	虚	15	己巳	一白	破	危	15	己亥	七赤	闭	壁	13	戊辰	五黄	平	奎
十一	18	辛丑	二黑	平	危	16	庚午	九紫	危	室	16	庚子	六白	建	奎	14	己巳	六白	定	娄
十二	19	壬寅	一白	定	室	17	辛未	八白	成	壁	17	辛丑	五黄	除	娄	15	庚午	七赤	执	胃
十三	20	癸卯	九紫	执	壁	18	壬申	七赤	收	奎	18	壬寅	四绿	满	胃	16	辛未	八白	破	昴
十四	21	甲辰	八白	破	奎	19	癸酉	六白	开	娄	19	癸卯	三碧	平	昴	17	壬申	九紫	危	毕
十五	22	乙巳	七赤	危	娄	20	甲戌	五黄	闭	胃	20	甲辰	二黑	定	毕	18	癸酉	一白	成	觜
十六	23	丙午	九紫	成	胃	21	乙亥	四绿	建	昴	21	乙巳	一白	执	觜	19	甲戌	二黑	收	参
十七	24	丁未	八白	收	昴	22	丙子	三碧	除	毕	22	丙午	七赤	破	参	20	乙亥	三碧	开	井
十八	25	戊申	七赤	开	毕	23	丁丑	二黑	满	觜	23	丁未	八白	危	井	21	丙子	四绿	闭	鬼
十九	26	己酉	六白	闭	觜	24	戊寅	一白	平	参	24	戊申	九紫	成	鬼	22	丁丑	五黄	建	柳
二十	27	庚戌	五黄	建	参	25	己卯	九紫	定	井	25	己酉	一白	收	柳	23	戊寅	六白	除	星
廿一	28	辛亥	四绿	除	井	26	庚辰	八白	执	鬼	26	庚戌	二黑	开	星	24	己卯	七赤	满	张
廿二	29	壬子	三碧	满	鬼	27	辛巳	七赤	破	柳	27	辛亥	三碧	闭	张	25	庚辰	八白	平	翼
廿三	30	癸丑	二黑	平	柳	28	壬午	六白	危	星	28	壬子	四绿	建	翼	26	辛巳	九紫	定	轸
廿四	31	甲寅	一白	定	星	29	癸未	五黄	成	张	29	癸丑	五黄	除	轸	27	壬午	一白	执	角
廿五	11月	乙卯	九紫	执	张	30	甲申	四绿	收	翼	30	甲寅	六白	满	角	28	癸未	二黑	破	亢
廿六	2	丙辰	八白	破	翼	12月	乙酉	三碧	开	轸	31	乙卯	七赤	平	亢	29	甲申	三碧	危	氐
廿七	3	丁巳	七赤	危	轸	2	丙戌	二黑	闭	角	1月	丙辰	八白	定	氐	30	乙酉	四绿	成	房
廿八	4	戊午	六白	成	角	3	丁亥	一白	建	亢	2	丁巳	九紫	执	房	31	丙戌	五黄	收	心
廿九	5	己未	五黄	收	亢	4	戊子	九紫	除	氐	3	戊午	一白	破	心	2月	丁亥	六白	开	尾
三十						5	己丑	八白	满	房						2	戊子	七赤	闭	箕

公元2011年　辛卯兔年　太岁范宁　九星七赤

月份	正月大		庚寅 八白 坎卦 角宿			二月小		辛卯 七赤 艮卦 亢宿			三月大		壬辰 六白 坤卦 氐宿			四月大		癸巳 五黄 乾卦 房宿		
节气	立春 2月4日 初二庚寅 午时 12时33分			雨水 2月19日 十七乙巳 辰时 8时26分		惊蛰 3月6日 初二庚申 卯时 6时30分			春分 3月21日 十七乙亥 辰时 7时21分		清明 4月5日 初三庚寅 午时 11时12分			谷雨 4月20日 十八乙巳 酉时 18时17分		立夏 5月6日 初四辛酉 寅时 4时23分			小满 5月21日 十九丙子 酉时 17时21分	
农历	公历	干支	九星	日建	星宿	公历	干支	九星	日建	星宿	公历	干支	九星	日建	星宿	公历	干支	九星	日建	星宿
初一	3	己丑	八白	建	斗	5	己未	八白	执	女	3	戊子	四绿	收	虚	3	戊午	四绿	满	室
初二	4	庚寅	九紫	建	牛	6	庚申	九紫	执	虚	4	己丑	五黄	开	危	4	己未	五黄	平	壁
初三	5	辛卯	一白	除	女	7	辛酉	一白	破	危	5	庚寅	六白	开	室	5	庚申	六白	定	奎
初四	6	壬辰	二黑	满	虚	8	壬戌	二黑	危	室	6	辛卯	七赤	闭	壁	6	辛酉	七赤	定	娄
初五	7	癸巳	三碧	平	危	9	癸亥	三碧	成	壁	7	壬辰	八白	建	奎	7	壬戌	八白	执	胃
初六	8	甲午	四绿	定	室	10	甲子	七赤	收	奎	8	癸巳	九紫	除	娄	8	癸亥	九紫	破	昴
初七	9	乙未	五黄	执	壁	11	乙丑	八白	开	娄	9	甲午	一白	满	胃	9	甲子	四绿	危	毕
初八	10	丙申	六白	破	奎	12	丙寅	九紫	闭	胃	10	乙未	二黑	平	昴	10	乙丑	五黄	成	觜
初九	11	丁酉	七赤	危	娄	13	丁卯	一白	建	昴	11	丙申	三碧	定	毕	11	丙寅	六白	收	参
初十	12	戊戌	八白	成	胃	14	戊辰	二黑	除	毕	12	丁酉	四绿	执	觜	12	丁卯	七赤	开	井
十一	13	己亥	九紫	收	昴	15	己巳	三碧	满	觜	13	戊戌	五黄	破	参	13	戊辰	八白	闭	鬼
十二	14	庚子	一白	开	毕	16	庚午	四绿	平	参	14	己亥	六白	危	井	14	己巳	九紫	建	柳
十三	15	辛丑	二黑	闭	觜	17	辛未	五黄	定	井	15	庚子	七赤	成	鬼	15	庚午	一白	除	星
十四	16	壬寅	三碧	建	参	18	壬申	六白	执	鬼	16	辛丑	八白	收	柳	16	辛未	二黑	满	张
十五	17	癸卯	四绿	除	井	19	癸酉	七赤	破	柳	17	壬寅	九紫	开	星	17	壬申	三碧	平	翼
十六	18	甲辰	五黄	满	鬼	20	甲戌	八白	危	星	18	癸卯	一白	闭	张	18	癸酉	四绿	定	轸
十七	19	乙巳	三碧	平	柳	21	乙亥	九紫	成	张	19	甲辰	二黑	建	翼	19	甲戌	五黄	执	角
十八	20	丙午	四绿	定	星	22	丙子	一白	收	翼	20	乙巳	九紫	除	轸	20	乙亥	六白	破	亢
十九	21	丁未	五黄	执	张	23	丁丑	二黑	开	轸	21	丙午	一白	满	角	21	丙子	七赤	危	氐
二十	22	戊申	六白	破	翼	24	戊寅	三碧	闭	角	22	丁未	二黑	平	亢	22	丁丑	八白	成	房
廿一	23	己酉	七赤	危	轸	25	己卯	四绿	建	亢	23	戊申	三碧	定	氐	23	戊寅	九紫	收	心
廿二	24	庚戌	八白	成	角	26	庚辰	五黄	除	氐	24	己酉	四绿	执	房	24	己卯	一白	开	尾
廿三	25	辛亥	九紫	收	亢	27	辛巳	六白	满	房	25	庚戌	五黄	破	心	25	庚辰	二黑	闭	箕
廿四	26	壬子	一白	开	氐	28	壬午	七赤	平	心	26	辛亥	六白	危	尾	26	辛巳	三碧	建	斗
廿五	27	癸丑	二黑	闭	房	29	癸未	八白	定	尾	27	壬子	七赤	成	箕	27	壬午	四绿	除	牛
廿六	28	甲寅	三碧	建	心	30	甲申	九紫	执	箕	28	癸丑	八白	收	斗	28	癸未	五黄	满	女
廿七	3月	乙卯	四绿	除	尾	31	乙酉	一白	破	斗	29	甲寅	九紫	开	牛	29	甲申	六白	平	虚
廿八	2	丙辰	五黄	满	箕	4月	丙戌	二黑	危	牛	30	乙卯	一白	闭	女	30	乙酉	七赤	定	危
廿九	3	丁巳	六白	平	斗	2	丁亥	三碧	成	女	5月	丙辰	二黑	建	虚	31	丙戌	八白	执	室
三十	4	戊午	七赤	定	牛						2	丁巳	三碧	除	危	6月	丁亥	九紫	破	壁

公元2011年 辛卯兔年 太岁范宁 九星七赤

月份	五月小 甲午 四绿 兑卦 心宿					六月大 乙未 三碧 离卦 尾宿					七月小 丙申 二黑 震卦 箕宿					八月小 丁酉 一白 巽卦 斗宿				
节气	芒种 6月6日 初五壬辰 辰时 8时27分		夏至 6月22日 廿一戊申 丑时 1时16分			小暑 7月7日 初七癸亥 酉时 18时42分		大暑 7月23日 廿三己卯 午时 12时12分			立秋 8月8日 初九乙未 寅时 4时34分		处暑 8月23日 廿四庚戌 戌时 19时21分			白露 9月8日 十一丙寅 辰时 7时34分		秋分 9月23日 廿六辛巳 酉时 17时05分		
农历	公历	干支	九星	日建	星宿	公历	干支	九星	日建	星宿	公历	干支	九星	日建	星宿	公历	干支	九星	日建	星宿
初一	2	戊子	一白	危	奎	7月	丁巳	一白	闭	娄	31	丁亥	四绿	定	昴	29	丙辰	五黄	成	毕
初二	3	己丑	二黑	成	娄	2	戊午	九紫	建	胃	8月	戊子	三碧	执	毕	30	丁巳	四绿	收	觜
初三	4	庚寅	三碧	收	胃	3	己未	八白	除	昴	2	己丑	二黑	破	觜	31	戊午	三碧	开	参
初四	5	辛卯	四绿	开	昴	4	庚申	七赤	满	毕	3	庚寅	一白	危	参	9月	己未	二黑	闭	井
初五	6	壬辰	五黄	开	毕	5	辛酉	六白	平	觜	4	辛卯	九紫	成	井	2	庚申	一白	建	鬼
初六	7	癸巳	六白	闭	觜	6	壬戌	五黄	定	参	5	壬辰	八白	收	鬼	3	辛酉	九紫	除	柳
初七	8	甲午	七赤	建	参	7	癸亥	四绿	定	井	6	癸巳	七赤	开	柳	4	壬戌	八白	满	星
初八	9	乙未	八白	除	井	8	甲子	九紫	执	鬼	7	甲午	六白	闭	星	5	癸亥	七赤	平	张
初九	10	丙申	九紫	满	鬼	9	乙丑	八白	破	柳	8	乙未	五黄	闭	张	6	甲子	三碧	定	翼
初十	11	丁酉	一白	平	柳	10	丙寅	七赤	危	星	9	丙申	四绿	建	翼	7	乙丑	二黑	执	轸
十一	12	戊戌	二黑	定	星	11	丁卯	六白	成	张	10	丁酉	三碧	除	轸	8	丙寅	一白	执	角
十二	13	己亥	三碧	执	张	12	戊辰	五黄	收	翼	11	戊戌	二黑	满	角	9	丁卯	九紫	破	亢
十三	14	庚子	四绿	破	翼	13	己巳	四绿	开	轸	12	己亥	一白	平	亢	10	戊辰	八白	危	氐
十四	15	辛丑	五黄	危	轸	14	庚午	三碧	闭	角	13	庚子	九紫	定	氐	11	己巳	七赤	成	房
十五	16	壬寅	六白	成	角	15	辛未	二黑	建	亢	14	辛丑	八白	执	房	12	庚午	六白	收	心
十六	17	癸卯	七赤	收	亢	16	壬申	一白	除	氐	15	壬寅	七赤	破	心	13	辛未	五黄	开	尾
十七	18	甲辰	八白	开	氐	17	癸酉	九紫	满	房	16	癸卯	六白	危	尾	14	壬申	四绿	闭	箕
十八	19	乙巳	九紫	闭	房	18	甲戌	八白	平	心	17	甲辰	五黄	成	箕	15	癸酉	三碧	建	斗
十九	20	丙午	一白	建	心	19	乙亥	七赤	定	尾	18	乙巳	四绿	收	斗	16	甲戌	二黑	除	牛
二十	21	丁未	二黑	除	尾	20	丙子	六白	执	箕	19	丙午	三碧	开	牛	17	乙亥	一白	满	女
廿一	22	戊申	一白	满	箕	21	丁丑	五黄	破	斗	20	丁未	二黑	闭	女	18	丙子	九紫	平	虚
廿二	23	己酉	九紫	平	斗	22	戊寅	四绿	危	牛	21	戊申	一白	建	虚	19	丁丑	八白	定	危
廿三	24	庚戌	八白	定	牛	23	己卯	三碧	成	女	22	己酉	九紫	除	危	20	戊寅	七赤	执	室
廿四	25	辛亥	七赤	执	女	24	庚辰	二黑	收	虚	23	庚戌	二黑	满	室	21	己卯	六白	破	壁
廿五	26	壬子	六白	破	虚	25	辛巳	一白	开	危	24	辛亥	一白	平	壁	22	庚辰	五黄	危	奎
廿六	27	癸丑	五黄	危	危	26	壬午	九紫	闭	室	25	壬子	九紫	定	奎	23	辛巳	四绿	成	娄
廿七	28	甲寅	四绿	成	室	27	癸未	八白	建	壁	26	癸丑	八白	执	娄	24	壬午	三碧	收	胃
廿八	29	乙卯	三碧	收	壁	28	甲申	七赤	除	奎	27	甲寅	七赤	破	胃	25	癸未	二黑	开	昴
廿九	30	丙辰	二黑	开	奎	29	乙酉	六白	满	娄	28	乙卯	六白	危	昴	26	甲申	一白	闭	毕
三十						30	丙戌	五黄	平	胃										

公元2011年　辛卯兔年　太岁范宁　九星七赤

月份	九月大 戊戌 九紫 坎卦 牛宿					十月小 己亥 八白 艮卦 女宿					十一月大 庚子 七赤 坤卦 虚宿					十二月小 辛丑 六白 乾卦 危宿				
节气	寒露 10月8日 十二丙申 夜子时 23时19分		霜降 10月24日 廿八壬子 丑时 2时31分			立冬 11月8日 十三丁卯 丑时 2时35分		小雪 11月23日 廿八壬午 早子时 0时08分			大雪 12月7日 十三丙申 戌时 19时30分		冬至 12月22日 廿八辛亥 未时 13时31分			小寒 1月6日 十三丙寅 卯时 6时44分		大寒 1月21日 廿八辛巳 早子时 0时10分		
农历	公历	干支	九星	日建	星宿	公历	干支	九星	日建	星宿	公历	干支	九星	日建	星宿	公历	干支	九星	日建	星宿
初一	27	乙酉	九紫	建	觜	27	乙卯	九紫	执	井	25	甲申	四绿	收	鬼	25	甲寅	六白	满	星
初二	28	丙戌	八白	除	参	28	丙辰	八白	破	鬼	26	乙酉	三碧	开	柳	26	乙卯	七赤	平	张
初三	29	丁亥	七赤	满	井	29	丁巳	七赤	危	柳	27	丙戌	二黑	闭	星	27	丙辰	八白	定	翼
初四	30	戊子	六白	平	鬼	30	戊午	六白	成	星	28	丁亥	一白	建	张	28	丁巳	九紫	执	轸
初五	10月	己丑	五黄	定	柳	31	己未	五黄	收	张	29	戊子	九紫	除	翼	29	戊午	一白	破	角
初六	2	庚寅	四绿	执	星	11月	庚申	四绿	开	翼	30	己丑	八白	满	轸	30	己未	二黑	危	亢
初七	3	辛卯	三碧	破	张	2	辛酉	三碧	闭	轸	12月	庚寅	七赤	平	角	31	庚申	三碧	成	氐
初八	4	壬辰	二黑	危	翼	3	壬戌	二黑	建	角	2	辛卯	六白	定	亢	1月	辛酉	四绿	收	房
初九	5	癸巳	一白	成	轸	4	癸亥	一白	除	亢	3	壬辰	五黄	执	氐	2	壬戌	五黄	开	心
初十	6	甲午	九紫	收	角	5	甲子	六白	满	氐	4	癸巳	四绿	破	房	3	癸亥	六白	闭	尾
十一	7	乙未	八白	开	亢	6	乙丑	五黄	平	房	5	甲午	三碧	危	心	4	甲子	一白	建	箕
十二	8	丙申	七赤	开	氐	7	丙寅	四绿	定	心	6	乙未	二黑	成	尾	5	乙丑	二黑	除	斗
十三	9	丁酉	六白	闭	房	8	丁卯	三碧	定	尾	7	丙申	一白	成	箕	6	丙寅	三碧	除	牛
十四	10	戊戌	五黄	建	心	9	戊辰	二黑	执	箕	8	丁酉	九紫	收	斗	7	丁卯	四绿	满	女
十五	11	己亥	四绿	除	尾	10	己巳	一白	破	斗	9	戊戌	八白	开	牛	8	戊辰	五黄	平	虚
十六	12	庚子	三碧	满	箕	11	庚午	九紫	危	牛	10	己亥	七赤	闭	女	9	己巳	六白	定	危
十七	13	辛丑	二黑	平	斗	12	辛未	八白	成	女	11	庚子	六白	建	虚	10	庚午	七赤	执	室
十八	14	壬寅	一白	定	牛	13	壬申	七赤	收	虚	12	辛丑	五黄	除	危	11	辛未	八白	破	壁
十九	15	癸卯	九紫	执	女	14	癸酉	六白	开	危	13	壬寅	四绿	满	室	12	壬申	九紫	危	奎
二十	16	甲辰	八白	破	虚	15	甲戌	五黄	闭	室	14	癸卯	三碧	平	壁	13	癸酉	一白	成	娄
廿一	17	乙巳	七赤	危	危	16	乙亥	四绿	建	壁	15	甲辰	二黑	定	奎	14	甲戌	二黑	收	胃
廿二	18	丙午	六白	成	室	17	丙子	三碧	除	奎	16	乙巳	一白	执	娄	15	乙亥	三碧	开	昴
廿三	19	丁未	五黄	收	壁	18	丁丑	二黑	满	娄	17	丙午	九紫	破	胃	16	丙子	四绿	闭	毕
廿四	20	戊申	四绿	开	奎	19	戊寅	一白	平	胃	18	丁未	八白	危	昴	17	丁丑	五黄	建	觜
廿五	21	己酉	三碧	闭	娄	20	己卯	九紫	定	昴	19	戊申	七赤	成	毕	18	戊寅	六白	除	参
廿六	22	庚戌	二黑	建	胃	21	庚辰	八白	执	毕	20	己酉	六白	收	觜	19	己卯	七赤	满	井
廿七	23	辛亥	一白	除	昴	22	辛巳	七赤	破	觜	21	庚戌	五黄	开	参	20	庚辰	八白	平	鬼
廿八	24	壬子	三碧	满	毕	23	壬午	六白	危	参	22	辛亥	三碧	闭	井	21	辛巳	九紫	定	柳
廿九	25	癸丑	二黑	平	觜	24	癸未	五黄	成	井	23	壬子	四绿	建	鬼	22	壬午	一白	执	星
三十	26	甲寅	一白	定	参						24	癸丑	五黄	除	柳					

公元2012年　壬辰龙年（闰四月）　太岁彭泰 九星六白

农历	公历	干支	九星	日建	星宿	公历	干支	九星	日建	星宿	公历	干支	九星	日建	星宿	公历	干支	九星	日建	星宿
月份	正月大	壬寅 五黄 艮卦 室宿				二月小	癸卯 四绿 坤卦 壁宿				三月大	甲辰 三碧 乾卦 奎宿				四月大	乙巳 二黑 兑卦 娄宿			
节气	立春 2月4日 十三乙未 酉时 18时23分		雨水 2月19日 廿八庚戌 未时 14时18分			惊蛰 3月5日 十三乙丑 午时 12时21分		春分 3月20日 廿八庚辰 未时 13时15分			清明 4月4日 十四乙未 酉时 17时06分		谷雨 4月20日 三十辛亥 早子时 0时12分			立夏 5月5日 十五丙寅 巳时 10时20分		小满 5月20日 三十辛巳 夜子时 23时16分		
初一	23	癸未	二黑	破	张	22	癸丑	二黑	闭	轸	22	壬午	七赤	平	角	21	壬子	七赤	成	氐
初二	24	甲申	三碧	危	翼	23	甲寅	三碧	建	角	23	癸未	八白	定	亢	22	癸丑	八白	收	房
初三	25	乙酉	四绿	成	轸	24	乙卯	四绿	除	亢	24	甲申	九紫	执	氐	23	甲寅	九紫	开	心
初四	26	丙戌	五黄	收	角	25	丙辰	五黄	满	氐	25	乙酉	一白	破	房	24	乙卯	一白	闭	尾
初五	27	丁亥	六白	开	亢	26	丁巳	六白	平	房	26	丙戌	二黑	危	心	25	丙辰	二黑	建	箕
初六	28	戊子	七赤	闭	氐	27	戊午	七赤	定	心	27	丁亥	三碧	成	尾	26	丁巳	三碧	除	斗
初七	29	己丑	八白	建	房	28	己未	八白	执	尾	28	戊子	四绿	收	箕	27	戊午	四绿	满	牛
初八	30	庚寅	九紫	除	心	29	庚申	九紫	破	箕	29	己丑	五黄	开	斗	28	己未	五黄	平	女
初九	31	辛卯	一白	满	尾	3月	辛酉	一白	危	斗	30	庚寅	六白	闭	牛	29	庚申	六白	定	虚
初十	2月	壬辰	二黑	平	箕	2	壬戌	二黑	成	牛	31	辛卯	七赤	建	女	30	辛酉	七赤	执	危
十一	2	癸巳	三碧	定	斗	3	癸亥	三碧	收	女	4月	壬辰	八白	除	虚	5月	壬戌	八白	破	室
十二	3	甲午	四绿	执	牛	4	甲子	七赤	开	虚	2	癸巳	九紫	满	危	2	癸亥	九紫	危	壁
十三	4	乙未	五黄	执	女	5	乙丑	八白	开	危	3	甲午	一白	平	室	3	甲子	四绿	成	奎
十四	5	丙申	六白	破	虚	6	丙寅	九紫	闭	室	4	乙未	二黑	平	壁	4	乙丑	五黄	收	娄
十五	6	丁酉	七赤	危	危	7	丁卯	一白	建	壁	5	丙申	三碧	定	奎	5	丙寅	六白	收	胃
十六	7	戊戌	八白	成	室	8	戊辰	二黑	除	奎	6	丁酉	四绿	执	娄	6	丁卯	七赤	开	昴
十七	8	己亥	九紫	收	壁	9	己巳	三碧	满	娄	7	戊戌	五黄	破	胃	7	戊辰	八白	闭	毕
十八	9	庚子	一白	开	奎	10	庚午	四绿	平	胃	8	己亥	六白	危	昴	8	己巳	九紫	建	觜
十九	10	辛丑	二黑	闭	娄	11	辛未	五黄	定	昴	9	庚子	七赤	成	毕	9	庚午	一白	除	参
二十	11	壬寅	三碧	建	胃	12	壬申	六白	执	毕	10	辛丑	八白	收	觜	10	辛未	二黑	满	井
廿一	12	癸卯	四绿	除	昴	13	癸酉	七赤	破	觜	11	壬寅	九紫	开	参	11	壬申	三碧	平	鬼
廿二	13	甲辰	五黄	满	毕	14	甲戌	八白	危	参	12	癸卯	一白	闭	井	12	癸酉	四绿	定	柳
廿三	14	乙巳	六白	平	觜	15	乙亥	九紫	成	井	13	甲辰	二黑	建	鬼	13	甲戌	五黄	执	星
廿四	15	丙午	七赤	定	参	16	丙子	一白	收	鬼	14	乙巳	三碧	除	柳	14	乙亥	六白	破	张
廿五	16	丁未	八白	执	井	17	丁丑	二黑	开	柳	15	丙午	四绿	满	星	15	丙子	七赤	危	翼
廿六	17	戊申	九紫	破	鬼	18	戊寅	三碧	闭	星	16	丁未	五黄	平	张	16	丁丑	八白	成	轸
廿七	18	己酉	一白	危	柳	19	己卯	四绿	建	张	17	戊申	六白	定	翼	17	戊寅	九紫	收	角
廿八	19	庚戌	八白	成	星	20	庚辰	五黄	除	翼	18	己酉	七赤	执	轸	18	己卯	一白	开	亢
廿九	20	辛亥	九紫	收	张	21	辛巳	六白	满	轸	19	庚戌	八白	破	角	19	庚辰	二黑	闭	氐
三十	21	壬子	一白	开	翼						20	辛亥	六白	危	亢	20	辛巳	三碧	建	房

公元2012年　壬辰龙年（闰四月）　太岁彭泰 九星六白

月份	闰四月小					五月大	丙午 一白 离卦 胃宿				六月小	丁未 九紫 震卦 昴宿			
节气	芒种 6月5日 十六丁酉 未时 14时26分					夏至 6月21日 初三癸丑 辰时 7时08分		小暑 7月7日 十九己巳 早子时 0时40分			大暑 7月22日 初四甲申 酉时 18时01分		立秋 8月7日 二十庚子 巳时 10时31分		
农历	公历	干支	九星	日建	星宿	公历	干支	九星	日建	星宿	公历	干支	九星	日建	星宿
初一	21	壬午	四绿	除	心	19	辛亥	六白	执	尾	19	辛巳	一白	开	斗
初二	22	癸未	五黄	满	尾	20	壬子	七赤	破	箕	20	壬午	九紫	闭	牛
初三	23	甲申	六白	平	箕	21	癸丑	五黄	危	斗	21	癸未	八白	建	女
初四	24	乙酉	七赤	定	斗	22	甲寅	四绿	成	牛	22	甲申	七赤	除	虚
初五	25	丙戌	八白	执	牛	23	乙卯	三碧	收	女	23	乙酉	六白	满	危
初六	26	丁亥	九紫	破	女	24	丙辰	二黑	开	虚	24	丙戌	五黄	平	室
初七	27	戊子	一白	危	虚	25	丁巳	一白	闭	危	25	丁亥	四绿	定	壁
初八	28	己丑	二黑	成	危	26	戊午	九紫	建	室	26	戊子	三碧	执	奎
初九	29	庚寅	三碧	收	室	27	己未	八白	除	壁	27	己丑	二黑	破	娄
初十	30	辛卯	四绿	开	壁	28	庚申	七赤	满	奎	28	庚寅	一白	危	胃
十一	31	壬辰	五黄	闭	奎	29	辛酉	六白	平	娄	29	辛卯	九紫	成	昴
十二	6月	癸巳	六白	建	娄	30	壬戌	五黄	定	胃	30	壬辰	八白	收	毕
十三	2	甲午	七赤	除	胃	7月	癸亥	四绿	执	昴	31	癸巳	七赤	开	觜
十四	3	乙未	八白	满	昴	2	甲子	九紫	破	毕	8月	甲午	六白	闭	参
十五	4	丙申	九紫	平	毕	3	乙丑	八白	危	觜	2	乙未	五黄	建	井
十六	5	丁酉	一白	平	觜	4	丙寅	七赤	成	参	3	丙申	四绿	除	鬼
十七	6	戊戌	二黑	定	参	5	丁卯	六白	收	井	4	丁酉	三碧	满	柳
十八	7	己亥	三碧	执	井	6	戊辰	五黄	开	鬼	5	戊戌	二黑	平	星
十九	8	庚子	四绿	破	鬼	7	己巳	四绿	开	柳	6	己亥	一白	定	张
二十	9	辛丑	五黄	危	柳	8	庚午	三碧	闭	星	7	庚子	九紫	定	翼
廿一	10	壬寅	六白	成	星	9	辛未	二黑	建	张	8	辛丑	八白	执	轸
廿二	11	癸卯	七赤	收	张	10	壬申	一白	除	翼	9	壬寅	七赤	破	角
廿三	12	甲辰	八白	开	翼	11	癸酉	九紫	满	轸	10	癸卯	六白	危	亢
廿四	13	乙巳	九紫	闭	轸	12	甲戌	八白	平	角	11	甲辰	五黄	成	氐
廿五	14	丙午	一白	建	角	13	乙亥	七赤	定	亢	12	乙巳	四绿	收	房
廿六	15	丁未	二黑	除	亢	14	丙子	六白	执	氐	13	丙午	三碧	开	心
廿七	16	戊申	三碧	满	氐	15	丁丑	五黄	破	房	14	丁未	二黑	闭	尾
廿八	17	己酉	四绿	平	房	16	戊寅	四绿	危	心	15	戊申	一白	建	箕
廿九	18	庚戌	五黄	定	心	17	己卯	三碧	成	尾	16	己酉	九紫	除	斗
三十						18	庚辰	二黑	收	箕					

公元2012年 壬辰龙年（闰四月） 太岁彭泰 九星六白

月份	七月大	戊申 八白 巽卦 毕宿				八月小	己酉 七赤 坎卦 觜宿				九月大	庚戌 六白 艮卦 参宿			
节气	处暑 8月23日 初七丙辰 丑时 1时07分		白露 9月7日 廿二辛未 未时 13时29分			秋分 9月22日 初七丙戌 亥时 22时49分		寒露 10月8日 廿三壬寅 卯时 5时12分			霜降 10月23日 初九丁巳 辰时 8时14分		立冬 11月7日 廿四壬申 辰时 8时26分		
农历	公历	干支	九星	日建	星宿	公历	干支	九星	日建	星宿	公历	干支	九星	日建	星宿
初一	17	庚戌	八白	满	牛	16	庚辰	五黄	危	虚	15	己酉	三碧	闭	危
初二	18	辛亥	七赤	平	女	17	辛巳	四绿	成	危	16	庚戌	二黑	建	室
初三	19	壬子	六白	定	虚	18	壬午	三碧	收	室	17	辛亥	一白	除	壁
初四	20	癸丑	五黄	执	危	19	癸未	二黑	开	壁	18	壬子	九紫	满	奎
初五	21	甲寅	四绿	破	室	20	甲申	一白	闭	奎	19	癸丑	八白	平	娄
初六	22	乙卯	三碧	危	壁	21	乙酉	九紫	建	娄	20	甲寅	七赤	定	胃
初七	23	丙辰	五黄	成	奎	22	丙戌	八白	除	胃	21	乙卯	六白	执	昴
初八	24	丁巳	四绿	收	娄	23	丁亥	七赤	满	昴	22	丙辰	五黄	破	毕
初九	25	戊午	三碧	开	胃	24	戊子	六白	平	毕	23	丁巳	七赤	危	觜
初十	26	己未	二黑	闭	昴	25	己丑	五黄	定	觜	24	戊午	六白	成	参
十一	27	庚申	一白	建	毕	26	庚寅	四绿	执	参	25	己未	五黄	收	井
十二	28	辛酉	九紫	除	觜	27	辛卯	三碧	破	井	26	庚申	四绿	开	鬼
十三	29	壬戌	八白	满	参	28	壬辰	二黑	危	鬼	27	辛酉	三碧	闭	柳
十四	30	癸亥	七赤	平	井	29	癸巳	一白	成	柳	28	壬戌	二黑	建	星
十五	31	甲子	三碧	定	鬼	30	甲午	九紫	收	星	29	癸亥	一白	除	张
十六	9月	乙丑	二黑	执	柳	10月	乙未	八白	开	张	30	甲子	六白	满	翼
十七	2	丙寅	一白	破	星	2	丙申	七赤	闭	翼	31	乙丑	五黄	平	轸
十八	3	丁卯	九紫	危	张	3	丁酉	六白	建	轸	11月	丙寅	四绿	定	角
十九	4	戊辰	八白	成	翼	4	戊戌	五黄	除	角	2	丁卯	三碧	执	亢
二十	5	己巳	七赤	收	轸	5	己亥	四绿	满	亢	3	戊辰	二黑	破	氐
廿一	6	庚午	六白	开	角	6	庚子	三碧	平	氐	4	己巳	一白	危	房
廿二	7	辛未	五黄	开	亢	7	辛丑	二黑	定	房	5	庚午	九紫	成	心
廿三	8	壬申	四绿	闭	氐	8	壬寅	一白	定	心	6	辛未	八白	收	尾
廿四	9	癸酉	三碧	建	房	9	癸卯	九紫	执	尾	7	壬申	七赤	收	箕
廿五	10	甲戌	二黑	除	心	10	甲辰	八白	破	箕	8	癸酉	六白	开	斗
廿六	11	乙亥	一白	满	尾	11	乙巳	七赤	危	斗	9	甲戌	五黄	闭	牛
廿七	12	丙子	九紫	平	箕	12	丙午	六白	成	牛	10	乙亥	四绿	建	女
廿八	13	丁丑	八白	定	斗	13	丁未	五黄	收	女	11	丙子	三碧	除	虚
廿九	14	戊寅	七赤	执	牛	14	戊申	四绿	开	虚	12	丁丑	二黑	满	危
三十	15	己卯	六白	破	女						13	戊寅	一白	平	室

公元2012年　壬辰龙年（闰四月）　太岁彭泰 九星六白

月份	十月小		辛亥 五黄 坤卦 井宿			十一月大		壬子 四绿 乾卦 鬼宿			十二月小		癸丑 三碧 兑卦 柳宿		
节气	小雪 11月22日 初九丁亥 卯时 5时50分		大雪 12月7日 廿四壬寅 丑时 1时19分			冬至 12月21日 初九丙辰 戌时 19时12分		小寒 1月5日 廿四辛未 午时 12时34分			大寒 1月20日 初九丙戌 卯时 5时53分		立春 2月4日 廿四辛丑 早子时 0时14分		
农历	公历	干支	九星	日建	星宿	公历	干支	九星	日建	星宿	公历	干支	九星	日建	星宿
初一	14	己卯	九紫	定	壁	13	戊申	七赤	成	奎	12	戊寅	六白	除	胃
初二	15	庚辰	八白	执	奎	14	己酉	六白	收	娄	13	己卯	七赤	满	昴
初三	16	辛巳	七赤	破	娄	15	庚戌	五黄	开	胃	14	庚辰	八白	平	毕
初四	17	壬午	六白	危	胃	16	辛亥	四绿	闭	昴	15	辛巳	九紫	定	觜
初五	18	癸未	五黄	成	昴	17	壬子	三碧	建	毕	16	壬午	一白	执	参
初六	19	甲申	四绿	收	毕	18	癸丑	二黑	除	觜	17	癸未	二黑	破	井
初七	20	乙酉	三碧	开	觜	19	甲寅	一白	满	参	18	甲申	三碧	危	鬼
初八	21	丙戌	二黑	闭	参	20	乙卯	九紫	平	井	19	乙酉	四绿	成	柳
初九	22	丁亥	一白	建	井	21	丙辰	八白	定	鬼	20	丙戌	五黄	收	星
初十	23	戊子	九紫	除	鬼	22	丁巳	九紫	执	柳	21	丁亥	六白	开	张
十一	24	己丑	八白	满	柳	23	戊午	一白	破	星	22	戊子	七赤	闭	翼
十二	25	庚寅	七赤	平	星	24	己未	二黑	危	张	23	己丑	八白	建	轸
十三	26	辛卯	六白	定	张	25	庚申	三碧	成	翼	24	庚寅	九紫	除	角
十四	27	壬辰	五黄	执	翼	26	辛酉	四绿	收	轸	25	辛卯	一白	满	亢
十五	28	癸巳	四绿	破	轸	27	壬戌	五黄	开	角	26	壬辰	二黑	平	氐
十六	29	甲午	三碧	危	角	28	癸亥	六白	闭	亢	27	癸巳	三碧	定	房
十七	30	乙未	二黑	成	亢	29	甲子	一白	建	氐	28	甲午	四绿	执	心
十八	12月	丙申	一白	收	氐	30	乙丑	二黑	除	房	29	乙未	五黄	破	尾
十九	2	丁酉	九紫	开	房	31	丙寅	三碧	满	心	30	丙申	六白	危	箕
二十	3	戊戌	八白	闭	心	1月	丁卯	四绿	平	尾	31	丁酉	七赤	成	斗
廿一	4	己亥	七赤	建	尾	2	戊辰	五黄	定	箕	2月	戊戌	八白	收	牛
廿二	5	庚子	六白	除	箕	3	己巳	六白	执	斗	2	己亥	九紫	开	女
廿三	6	辛丑	五黄	满	斗	4	庚午	七赤	破	牛	3	庚子	一白	闭	虚
廿四	7	壬寅	四绿	满	牛	5	辛未	八白	破	女	4	辛丑	二黑	闭	危
廿五	8	癸卯	三碧	平	女	6	壬申	九紫	危	虚	5	壬寅	三碧	建	室
廿六	9	甲辰	二黑	定	虚	7	癸酉	一白	成	危	6	癸卯	四绿	除	壁
廿七	10	乙巳	一白	执	危	8	甲戌	二黑	收	室	7	甲辰	五黄	满	奎
廿八	11	丙午	九紫	破	室	9	乙亥	三碧	开	壁	8	乙巳	六白	平	娄
廿九	12	丁未	八白	危	壁	10	丙子	四绿	闭	奎	9	丙午	七赤	定	胃
三十						11	丁丑	五黄	建	娄					

公元2013年　癸巳蛇年　太岁徐舜　九星五黄

月份	正月大	甲寅 二黑 坤卦 星宿				二月小	乙卯 一白 乾卦 张宿				三月大	丙辰 九紫 兑卦 翼宿				四月小	丁巳 八白 离卦 轸宿			
节气	雨水 2月18日 初九乙卯 戌时 20时02分		惊蛰 3月5日 廿四庚午 酉时 18时15分			春分 3月20日 初九乙酉 戌时 19时02分		清明 4月4日 廿四庚子 夜子时 23时03分			谷雨 4月20日 十一丙辰 卯时 6时04分		立夏 5月5日 廿六辛未 申时 16时18分			小满 5月21日 十二丁亥 卯时 5时10分		芒种 6月5日 廿七壬寅 戌时 20时24分		
农历	公历	干支	九星	日建	星宿	公历	干支	九星	日建	星宿	公历	干支	九星	日建	星宿	公历	干支	九星	日建	星宿
初一	10	丁未	八白	执	昴	12	丁丑	二黑	开	觜	10	丙午	四绿	满	参	10	丙子	七赤	危	鬼
初二	11	戊申	九紫	破	毕	13	戊寅	三碧	闭	参	11	丁未	五黄	平	井	11	丁丑	八白	成	柳
初三	12	己酉	一白	危	觜	14	己卯	四绿	建	井	12	戊申	六白	定	鬼	12	戊寅	九紫	收	星
初四	13	庚戌	二黑	成	参	15	庚辰	五黄	除	鬼	13	己酉	七赤	执	柳	13	己卯	一白	开	张
初五	14	辛亥	三碧	收	井	16	辛巳	六白	满	柳	14	庚戌	八白	破	星	14	庚辰	二黑	闭	翼
初六	15	壬子	四绿	开	鬼	17	壬午	七赤	平	星	15	辛亥	九紫	危	张	15	辛巳	三碧	建	轸
初七	16	癸丑	五黄	闭	柳	18	癸未	八白	定	张	16	壬子	一白	成	翼	16	壬午	四绿	除	角
初八	17	甲寅	六白	建	星	19	甲申	九紫	执	翼	17	癸丑	二黑	收	轸	17	癸未	五黄	满	亢
初九	18	乙卯	四绿	除	张	20	乙酉	一白	破	轸	18	甲寅	三碧	开	角	18	甲申	六白	平	氐
初十	19	丙辰	五黄	满	翼	21	丙戌	二黑	危	角	19	乙卯	四绿	闭	亢	19	乙酉	七赤	定	房
十一	20	丁巳	六白	平	轸	22	丁亥	三碧	成	亢	20	丙辰	二黑	建	氐	20	丙戌	八白	执	心
十二	21	戊午	七赤	定	角	23	戊子	四绿	收	氐	21	丁巳	三碧	除	房	21	丁亥	九紫	破	尾
十三	22	己未	八白	执	亢	24	己丑	五黄	开	房	22	戊午	四绿	满	心	22	戊子	一白	危	箕
十四	23	庚申	九紫	破	氐	25	庚寅	六白	闭	心	23	己未	五黄	平	尾	23	己丑	二黑	成	斗
十五	24	辛酉	一白	危	房	26	辛卯	七赤	建	尾	24	庚申	六白	定	箕	24	庚寅	三碧	收	牛
十六	25	壬戌	二黑	成	心	27	壬辰	八白	除	箕	25	辛酉	七赤	执	斗	25	辛卯	四绿	开	女
十七	26	癸亥	三碧	收	尾	28	癸巳	九紫	满	斗	26	壬戌	八白	破	牛	26	壬辰	五黄	闭	虚
十八	27	甲子	七赤	开	箕	29	甲午	一白	平	牛	27	癸亥	九紫	危	女	27	癸巳	六白	建	危
十九	28	乙丑	八白	闭	斗	30	乙未	二黑	定	女	28	甲子	四绿	成	虚	28	甲午	七赤	除	室
二十	3月	丙寅	九紫	建	牛	31	丙申	三碧	执	虚	29	乙丑	五黄	收	危	29	乙未	八白	满	壁
廿一	2	丁卯	一白	除	女	4月	丁酉	四绿	破	危	30	丙寅	六白	开	室	30	丙申	九紫	平	奎
廿二	3	戊辰	二黑	满	虚	2	戊戌	五黄	危	室	5月	丁卯	七赤	闭	壁	31	丁酉	一白	定	娄
廿三	4	己巳	三碧	平	危	3	己亥	六白	成	壁	2	戊辰	八白	建	奎	6月	戊戌	二黑	执	胃
廿四	5	庚午	四绿	平	室	4	庚子	七赤	成	奎	3	己巳	九紫	除	娄	2	己亥	三碧	破	昴
廿五	6	辛未	五黄	定	壁	5	辛丑	八白	收	娄	4	庚午	一白	满	胃	3	庚子	四绿	危	毕
廿六	7	壬申	六白	执	奎	6	壬寅	九紫	开	胃	5	辛未	二黑	满	昴	4	辛丑	五黄	成	觜
廿七	8	癸酉	七赤	破	娄	7	癸卯	一白	闭	昴	6	壬申	三碧	平	毕	5	壬寅	六白	成	参
廿八	9	甲戌	八白	危	胃	8	甲辰	二黑	建	毕	7	癸酉	四绿	定	觜	6	癸卯	七赤	收	井
廿九	10	乙亥	九紫	成	昴	9	乙巳	三碧	除	觜	8	甲戌	五黄	执	参	7	甲辰	八白	开	鬼
三十	11	丙子	一白	收	毕						9	乙亥	六白	破	井					

公元2013年　癸巳蛇年　太岁徐舜　九星五黄

月份	五月大		戊午 七赤 震卦 角宿			六月大		己未 六白 巽卦 亢宿			七月小		庚申 五黄 坎卦 氐宿			八月大		辛酉 四绿 艮卦 房宿		
节气	夏至 6月21日 十四戊午 未时 13时04分		小暑 7月7日 三十甲戌 卯时 6时35分			大暑 7月22日 十五己丑 夜子时 23时56分					立秋 8月7日 初一乙巳 申时 16时20分		处暑 8月23日 十七辛酉 辰时 7时01分			白露 9月7日 初三丙子 戌时 19时16分		秋分 9月23日 十九壬辰 寅时 4时44分		
农历	公历	干支	九星	日建	星宿	公历	干支	九星	日建	星宿	公历	干支	九星	日建	星宿	公历	干支	九星	日建	星宿
初一	8	乙巳	九紫	闭	柳	8	乙亥	七赤	定	张	7	乙巳	四绿	收	轸	5	甲戌	二黑	满	角
初二	9	丙午	一白	建	星	9	丙子	六白	执	翼	8	丙午	三碧	开	角	6	乙亥	一白	平	亢
初三	10	丁未	二黑	除	张	10	丁丑	五黄	破	轸	9	丁未	二黑	闭	亢	7	丙子	九紫	平	氐
初四	11	戊申	三碧	满	翼	11	戊寅	四绿	危	角	10	戊申	一白	建	氐	8	丁丑	八白	定	房
初五	12	己酉	四绿	平	轸	12	己卯	三碧	成	亢	11	己酉	九紫	除	房	9	戊寅	七赤	执	心
初六	13	庚戌	五黄	定	角	13	庚辰	二黑	收	氐	12	庚戌	八白	满	心	10	己卯	六白	破	尾
初七	14	辛亥	六白	执	亢	14	辛巳	一白	开	房	13	辛亥	七赤	平	尾	11	庚辰	五黄	危	箕
初八	15	壬子	七赤	破	氐	15	壬午	九紫	闭	心	14	壬子	六白	定	箕	12	辛巳	四绿	成	斗
初九	16	癸丑	八白	危	房	16	癸未	八白	建	尾	15	癸丑	五黄	执	斗	13	壬午	三碧	收	牛
初十	17	甲寅	九紫	成	心	17	甲申	七赤	除	箕	16	甲寅	四绿	破	牛	14	癸未	二黑	开	女
十一	18	乙卯	一白	收	尾	18	乙酉	六白	满	斗	17	乙卯	三碧	危	女	15	甲申	一白	闭	虚
十二	19	丙辰	二黑	开	箕	19	丙戌	五黄	平	牛	18	丙辰	二黑	成	虚	16	乙酉	九紫	建	危
十三	20	丁巳	三碧	闭	斗	20	丁亥	四绿	定	女	19	丁巳	一白	收	危	17	丙戌	八白	除	室
十四	21	戊午	九紫	建	牛	21	戊子	三碧	执	虚	20	戊午	九紫	开	室	18	丁亥	七赤	满	壁
十五	22	己未	八白	除	女	22	己丑	二黑	破	危	21	己未	八白	闭	壁	19	戊子	六白	平	奎
十六	23	庚申	七赤	满	虚	23	庚寅	一白	危	室	22	庚申	七赤	建	奎	20	己丑	五黄	定	娄
十七	24	辛酉	六白	平	危	24	辛卯	九紫	成	壁	23	辛酉	九紫	除	娄	21	庚寅	四绿	执	胃
十八	25	壬戌	五黄	定	室	25	壬辰	八白	收	奎	24	壬戌	八白	满	胃	22	辛卯	三碧	破	昴
十九	26	癸亥	四绿	执	壁	26	癸巳	七赤	开	娄	25	癸亥	七赤	平	昴	23	壬辰	二黑	危	毕
二十	27	甲子	九紫	破	奎	27	甲午	六白	闭	胃	26	甲子	三碧	定	毕	24	癸巳	一白	成	觜
廿一	28	乙丑	八白	危	娄	28	乙未	五黄	建	昴	27	乙丑	二黑	执	觜	25	甲午	九紫	收	参
廿二	29	丙寅	七赤	成	胃	29	丙申	四绿	除	毕	28	丙寅	一白	破	参	26	乙未	八白	开	井
廿三	30	丁卯	六白	收	昴	30	丁酉	三碧	满	觜	29	丁卯	九紫	危	井	27	丙申	七赤	闭	鬼
廿四	7月	戊辰	五黄	开	毕	31	戊戌	二黑	平	参	30	戊辰	八白	成	鬼	28	丁酉	六白	建	柳
廿五	2	己巳	四绿	闭	觜	8月	己亥	一白	定	井	31	己巳	七赤	收	柳	29	戊戌	五黄	除	星
廿六	3	庚午	三碧	建	参	2	庚子	九紫	执	鬼	9月	庚午	六白	开	星	30	己亥	四绿	满	张
廿七	4	辛未	二黑	除	井	3	辛丑	八白	破	柳	2	辛未	五黄	闭	张	10月	庚子	三碧	平	翼
廿八	5	壬申	一白	满	鬼	4	壬寅	七赤	危	星	3	壬申	四绿	建	翼	2	辛丑	二黑	定	轸
廿九	6	癸酉	九紫	平	柳	5	癸卯	六白	成	张	4	癸酉	三碧	除	轸	3	壬寅	一白	执	角
三十	7	甲戌	八白	平	星	6	甲辰	五黄	收	翼						4	癸卯	九紫	破	亢

公元2013年　癸巳蛇年　太岁徐舜 九星五黄

月份	九月小 壬戌 三碧 坤卦 心宿					十月大 癸亥 二黑 乾卦 尾宿					十一月小 甲子 一白 兑卦 箕宿					十二月大 乙丑 九紫 离卦 斗宿				
节气	寒露 10月8日 初四丁未 巳时 10时59分		霜降 10月23日 十九壬戌 未时 14时10分			立冬 11月7日 初五丁丑 未时 14时14分		小雪 11月22日 二十壬辰 午时 11时48分			大雪 12月7日 初五丁未 辰时 7时09分		冬至 12月22日 二十壬戌 丑时 1时11分			小寒 1月5日 初五丙子 酉时 18时25分		大寒 1月20日 二十辛卯 午时 11时51分		
农历	公历	干支	九星	日建	星宿	公历	干支	九星	日建	星宿	公历	干支	九星	日建	星宿	公历	干支	九星	日建	星宿
初一	5	甲辰	八白	危	氐	3	癸酉	六白	闭	房	3	癸卯	三碧	定	尾	1月	壬申	九紫	成	箕
初二	6	乙巳	七赤	成	房	4	甲戌	五黄	建	心	4	甲辰	二黑	执	箕	2	癸酉	一白	收	斗
初三	7	丙午	六白	收	心	5	乙亥	四绿	除	尾	5	乙巳	一白	破	斗	3	甲戌	二黑	开	牛
初四	8	丁未	五黄	收	尾	6	丙子	三碧	满	箕	6	丙午	九紫	危	牛	4	乙亥	三碧	闭	女
初五	9	戊申	四绿	开	箕	7	丁丑	二黑	满	斗	7	丁未	八白	危	女	5	丙子	四绿	闭	虚
初六	10	己酉	三碧	闭	斗	8	戊寅	一白	平	牛	8	戊申	七赤	成	虚	6	丁丑	五黄	建	危
初七	11	庚戌	二黑	建	牛	9	己卯	九紫	定	女	9	己酉	六白	收	危	7	戊寅	六白	除	室
初八	12	辛亥	一白	除	女	10	庚辰	八白	执	虚	10	庚戌	五黄	开	室	8	己卯	七赤	满	壁
初九	13	壬子	九紫	满	虚	11	辛巳	七赤	破	危	11	辛亥	四绿	闭	壁	9	庚辰	八白	平	奎
初十	14	癸丑	八白	平	危	12	壬午	六白	危	室	12	壬子	三碧	建	奎	10	辛巳	九紫	定	娄
十一	15	甲寅	七赤	定	室	13	癸未	五黄	成	壁	13	癸丑	二黑	除	娄	11	壬午	一白	执	胃
十二	16	乙卯	六白	执	壁	14	甲申	四绿	收	奎	14	甲寅	一白	满	胃	12	癸未	二黑	破	昴
十三	17	丙辰	五黄	破	奎	15	乙酉	三碧	开	娄	15	乙卯	九紫	平	昴	13	甲申	三碧	危	毕
十四	18	丁巳	四绿	危	娄	16	丙戌	二黑	闭	胃	16	丙辰	八白	定	毕	14	乙酉	四绿	成	觜
十五	19	戊午	三碧	成	胃	17	丁亥	一白	建	昴	17	丁巳	七赤	执	觜	15	丙戌	五黄	收	参
十六	20	己未	二黑	收	昴	18	戊子	九紫	除	毕	18	戊午	六白	破	参	16	丁亥	六白	开	井
十七	21	庚申	一白	开	毕	19	己丑	八白	满	觜	19	己未	五黄	危	井	17	戊子	七赤	闭	鬼
十八	22	辛酉	九紫	闭	觜	20	庚寅	七赤	平	参	20	庚申	四绿	成	鬼	18	己丑	八白	建	柳
十九	23	壬戌	二黑	建	参	21	辛卯	六白	定	井	21	辛酉	三碧	收	柳	19	庚寅	九紫	除	星
二十	24	癸亥	一白	除	井	22	壬辰	五黄	执	鬼	22	壬戌	五黄	开	星	20	辛卯	一白	满	张
廿一	25	甲子	六白	满	鬼	23	癸巳	四绿	破	柳	23	癸亥	六白	闭	张	21	壬辰	二黑	平	翼
廿二	26	乙丑	五黄	平	柳	24	甲午	三碧	危	星	24	甲子	一白	建	翼	22	癸巳	三碧	定	轸
廿三	27	丙寅	四绿	定	星	25	乙未	二黑	成	张	25	乙丑	二黑	除	轸	23	甲午	四绿	执	角
廿四	28	丁卯	三碧	执	张	26	丙申	一白	收	翼	26	丙寅	三碧	满	角	24	乙未	五黄	破	亢
廿五	29	戊辰	二黑	破	翼	27	丁酉	九紫	开	轸	27	丁卯	四绿	平	亢	25	丙申	六白	危	氐
廿六	30	己巳	一白	危	轸	28	戊戌	八白	闭	角	28	戊辰	五黄	定	氐	26	丁酉	七赤	成	房
廿七	31	庚午	九紫	成	角	29	己亥	七赤	建	亢	29	己巳	六白	执	房	27	戊戌	八白	收	心
廿八	11月	辛未	八白	收	亢	30	庚子	六白	除	氐	30	庚午	七赤	破	心	28	己亥	九紫	开	尾
廿九	2	壬申	七赤	开	氐	12月	辛丑	五黄	满	房	31	辛未	八白	危	尾	29	庚子	一白	闭	箕
三十						2	壬寅	四绿	平	心						30	辛丑	二黑	建	斗

公元2014年　甲午马年（闰九月）　太岁张词 九星四绿

月份	正月小	丙寅 八白 乾卦 牛宿				二月大	丁卯 七赤 兑卦 女宿				三月小	戊辰 六白 离卦 虚宿				四月大	己巳 五黄 震卦 危宿			
节气	立春 2月4日 初五丙午 卯时 6时03分			雨水 2月19日 二十辛酉 丑时 2时00分		惊蛰 3月6日 初六丙子 早子时 0时02分			春分 3月21日 廿一辛卯 早子时 0时57分		清明 4月5日 初六丙午 寅时 4时47分			谷雨 4月20日 廿一辛酉 午时 11时56分		立夏 5月5日 初七丙子 亥时 22时00分			小满 5月21日 廿三壬辰 巳时 10时59分	
农历	公历	干支	九星	日建	星宿	公历	干支	九星	日建	星宿	公历	干支	九星	日建	星宿	公历	干支	九星	日建	星宿
初一	31	壬寅	三碧	除	牛	3月	辛未	五黄	执	女	31	辛丑	八白	开	危	29	庚午	一白	满	室
初二	2月	癸卯	四绿	满	女	2	壬申	六白	破	虚	4月	壬寅	九紫	闭	室	30	辛未	二黑	平	壁
初三	2	甲辰	五黄	平	虚	3	癸酉	七赤	危	危	2	癸卯	一白	建	壁	5月	壬申	三碧	定	奎
初四	3	乙巳	六白	定	危	4	甲戌	八白	成	室	3	甲辰	二黑	除	奎	2	癸酉	四绿	执	娄
初五	4	丙午	七赤	定	室	5	乙亥	九紫	收	壁	4	乙巳	三碧	满	娄	3	甲戌	五黄	破	胃
初六	5	丁未	八白	执	壁	6	丙子	一白	收	奎	5	丙午	四绿	满	胃	4	乙亥	六白	危	昴
初七	6	戊申	九紫	破	奎	7	丁丑	二黑	开	娄	6	丁未	五黄	平	昴	5	丙子	七赤	危	毕
初八	7	己酉	一白	危	娄	8	戊寅	三碧	闭	胃	7	戊申	六白	定	毕	6	丁丑	八白	成	觜
初九	8	庚戌	二黑	成	胃	9	己卯	四绿	建	昴	8	己酉	七赤	执	觜	7	戊寅	九紫	收	参
初十	9	辛亥	三碧	收	昴	10	庚辰	五黄	除	毕	9	庚戌	八白	破	参	8	己卯	一白	开	井
十一	10	壬子	四绿	开	毕	11	辛巳	六白	满	觜	10	辛亥	九紫	危	井	9	庚辰	二黑	闭	鬼
十二	11	癸丑	五黄	闭	觜	12	壬午	七赤	平	参	11	壬子	一白	成	鬼	10	辛巳	三碧	建	柳
十三	12	甲寅	六白	建	参	13	癸未	八白	定	井	12	癸丑	二黑	收	柳	11	壬午	四绿	除	星
十四	13	乙卯	七赤	除	井	14	甲申	九紫	执	鬼	13	甲寅	三碧	开	星	12	癸未	五黄	满	张
十五	14	丙辰	八白	满	鬼	15	乙酉	一白	破	柳	14	乙卯	四绿	闭	张	13	甲申	六白	平	翼
十六	15	丁巳	九紫	平	柳	16	丙戌	二黑	危	星	15	丙辰	五黄	建	翼	14	乙酉	七赤	定	轸
十七	16	戊午	一白	定	星	17	丁亥	三碧	成	张	16	丁巳	六白	除	轸	15	丙戌	八白	执	角
十八	17	己未	二黑	执	张	18	戊子	四绿	收	翼	17	戊午	七赤	满	角	16	丁亥	九紫	破	亢
十九	18	庚申	三碧	破	翼	19	己丑	五黄	开	轸	18	己未	八白	平	亢	17	戊子	一白	危	氐
二十	19	辛酉	一白	危	轸	20	庚寅	六白	闭	角	19	庚申	九紫	定	氐	18	己丑	二黑	成	房
廿一	20	壬戌	二黑	成	角	21	辛卯	七赤	建	亢	20	辛酉	七赤	执	房	19	庚寅	三碧	收	心
廿二	21	癸亥	三碧	收	亢	22	壬辰	八白	除	氐	21	壬戌	八白	破	心	20	辛卯	四绿	开	尾
廿三	22	甲子	七赤	开	氐	23	癸巳	九紫	满	房	22	癸亥	九紫	危	尾	21	壬辰	五黄	闭	箕
廿四	23	乙丑	八白	闭	房	24	甲午	一白	平	心	23	甲子	四绿	成	箕	22	癸巳	六白	建	斗
廿五	24	丙寅	九紫	建	心	25	乙未	二黑	定	尾	24	乙丑	五黄	收	斗	23	甲午	七赤	除	牛
廿六	25	丁卯	一白	除	尾	26	丙申	三碧	执	箕	25	丙寅	六白	开	牛	24	乙未	八白	满	女
廿七	26	戊辰	二黑	满	箕	27	丁酉	四绿	破	斗	26	丁卯	七赤	闭	女	25	丙申	九紫	平	虚
廿八	27	己巳	三碧	平	斗	28	戊戌	五黄	危	牛	27	戊辰	八白	建	虚	26	丁酉	一白	定	危
廿九	28	庚午	四绿	定	牛	29	己亥	六白	成	女	28	己巳	九紫	除	危	27	戊戌	二黑	执	室
三十						30	庚子	七赤	收	虚						28	己亥	三碧	破	壁

公元2014年 甲午马年（闰九月） 太岁张词 九星四绿

月份	五月小		庚午 四绿 巽卦 室宿			六月大		辛未 三碧 坎卦 壁宿			七月小		壬申 二黑 艮卦 奎宿		
节气	芒种 6月6日 初九戊申 丑时 2时03分		夏至 6月21日 廿四癸亥 酉时 18时52分			小暑 7月7日 十一己卯 午时 12时15分		大暑 7月23日 廿七乙未 卯时 5时42分			立秋 8月7日 十二庚戌 亥时 22时03分		处暑 8月23日 廿八丙寅 午时 12时46分		
农历	公历	干支	九星	日建	星宿	公历	干支	九星	日建	星宿	公历	干支	九星	日建	星宿
初一	29	庚子	四绿	危	奎	27	己巳	四绿	闭	娄	27	己亥	一白	定	昴
初二	30	辛丑	五黄	成	娄	28	庚午	三碧	建	胃	28	庚子	九紫	执	毕
初三	31	壬寅	六白	收	胃	29	辛未	二黑	除	昴	29	辛丑	八白	破	觜
初四	6月	癸卯	七赤	开	昴	30	壬申	一白	满	毕	30	壬寅	七赤	危	参
初五	2	甲辰	八白	闭	毕	7月	癸酉	九紫	平	觜	31	癸卯	六白	成	井
初六	3	乙巳	九紫	建	觜	2	甲戌	八白	定	参	8月	甲辰	五黄	收	鬼
初七	4	丙午	一白	除	参	3	乙亥	七赤	执	井	2	乙巳	四绿	开	柳
初八	5	丁未	二黑	满	井	4	丙子	六白	破	鬼	3	丙午	三碧	闭	星
初九	6	戊申	三碧	满	鬼	5	丁丑	五黄	危	柳	4	丁未	二黑	建	张
初十	7	己酉	四绿	平	柳	6	戊寅	四绿	成	星	5	戊申	一白	除	翼
十一	8	庚戌	五黄	定	星	7	己卯	三碧	成	张	6	己酉	九紫	满	轸
十二	9	辛亥	六白	执	张	8	庚辰	二黑	收	翼	7	庚戌	八白	满	角
十三	10	壬子	七赤	破	翼	9	辛巳	一白	开	轸	8	辛亥	七赤	平	亢
十四	11	癸丑	八白	危	轸	10	壬午	九紫	闭	角	9	壬子	六白	定	氐
十五	12	甲寅	九紫	成	角	11	癸未	八白	建	亢	10	癸丑	五黄	执	房
十六	13	乙卯	一白	收	亢	12	甲申	七赤	除	氐	11	甲寅	四绿	破	心
十七	14	丙辰	二黑	开	氐	13	乙酉	六白	满	房	12	乙卯	三碧	危	尾
十八	15	丁巳	三碧	闭	房	14	丙戌	五黄	平	心	13	丙辰	二黑	成	箕
十九	16	戊午	四绿	建	心	15	丁亥	四绿	定	尾	14	丁巳	一白	收	斗
二十	17	己未	五黄	除	尾	16	戊子	三碧	执	箕	15	戊午	九紫	开	牛
廿一	18	庚申	六白	满	箕	17	己丑	二黑	破	斗	16	己未	八白	闭	女
廿二	19	辛酉	七赤	平	斗	18	庚寅	一白	危	牛	17	庚申	七赤	建	虚
廿三	20	壬戌	八白	定	牛	19	辛卯	九紫	成	女	18	辛酉	六白	除	危
廿四	21	癸亥	四绿	执	女	20	壬辰	八白	收	虚	19	壬戌	五黄	满	室
廿五	22	甲子	九紫	破	虚	21	癸巳	七赤	开	危	20	癸亥	四绿	平	壁
廿六	23	乙丑	八白	危	危	22	甲午	六白	闭	室	21	甲子	九紫	定	奎
廿七	24	丙寅	七赤	成	室	23	乙未	五黄	建	壁	22	乙丑	八白	执	娄
廿八	25	丁卯	六白	收	壁	24	丙申	四绿	除	奎	23	丙寅	一白	破	胃
廿九	26	戊辰	五黄	开	奎	25	丁酉	三碧	满	娄	24	丁卯	九紫	危	昴
三十						26	戊戌	二黑	平	胃					

公元2014年　甲午马年（闰九月）　太岁张词 九星四绿

月份	八月大		癸酉 一白 坤卦 娄宿			九月大		甲戌 九紫 乾卦 胃宿			闰九月小				
节气	白露 9月8日 十五壬午 丑时 1时02分			秋分 9月23日 三十丁酉 巳时 10时30分		寒露 10月8日 十五壬子 申时 16时48分			霜降 10月23日 三十丁卯 戌时 19时58分		立冬 11月7日 十五壬午 戌时 20时07分				
农历	公历	干支	九星	日建	星宿	公历	干支	九星	日建	星宿	公历	干支	九星	日建	星宿
初一	25	戊辰	八白	成	毕	24	戊戌	五黄	除	参	24	戊辰	二黑	破	鬼
初二	26	己巳	七赤	收	觜	25	己亥	四绿	满	井	25	己巳	一白	危	柳
初三	27	庚午	六白	开	参	26	庚子	三碧	平	鬼	26	庚午	九紫	成	星
初四	28	辛未	五黄	闭	井	27	辛丑	二黑	定	柳	27	辛未	八白	收	张
初五	29	壬申	四绿	建	鬼	28	壬寅	一白	执	星	28	壬申	七赤	开	翼
初六	30	癸酉	三碧	除	柳	29	癸卯	九紫	破	张	29	癸酉	六白	闭	轸
初七	31	甲戌	二黑	满	星	30	甲辰	八白	危	翼	30	甲戌	五黄	建	角
初八	9月	乙亥	一白	平	张	10月	乙巳	七赤	成	轸	31	乙亥	四绿	除	亢
初九	2	丙子	九紫	定	翼	2	丙午	六白	收	角	11月	丙子	三碧	满	氐
初十	3	丁丑	八白	执	轸	3	丁未	五黄	开	亢	2	丁丑	二黑	平	房
十一	4	戊寅	七赤	破	角	4	戊申	四绿	闭	氐	3	戊寅	一白	定	心
十二	5	己卯	六白	危	亢	5	己酉	三碧	建	房	4	己卯	九紫	执	尾
十三	6	庚辰	五黄	成	氐	6	庚戌	二黑	除	心	5	庚辰	八白	破	箕
十四	7	辛巳	四绿	收	房	7	辛亥	一白	满	尾	6	辛巳	七赤	危	斗
十五	8	壬午	三碧	收	心	8	壬子	九紫	满	箕	7	壬午	六白	危	牛
十六	9	癸未	二黑	开	尾	9	癸丑	八白	平	斗	8	癸未	五黄	成	女
十七	10	甲申	一白	闭	箕	10	甲寅	七赤	定	牛	9	甲申	四绿	收	虚
十八	11	乙酉	九紫	建	斗	11	乙卯	六白	执	女	10	乙酉	三碧	开	危
十九	12	丙戌	八白	除	牛	12	丙辰	五黄	破	虚	11	丙戌	二黑	闭	室
二十	13	丁亥	七赤	满	女	13	丁巳	四绿	危	危	12	丁亥	一白	建	壁
廿一	14	戊子	六白	平	虚	14	戊午	三碧	成	室	13	戊子	九紫	除	奎
廿二	15	己丑	五黄	定	危	15	己未	二黑	收	壁	14	己丑	八白	满	娄
廿三	16	庚寅	四绿	执	室	16	庚申	一白	开	奎	15	庚寅	七赤	平	胃
廿四	17	辛卯	三碧	破	壁	17	辛酉	九紫	闭	娄	16	辛卯	六白	定	昴
廿五	18	壬辰	二黑	危	奎	18	壬戌	八白	建	胃	17	壬辰	五黄	执	毕
廿六	19	癸巳	一白	成	娄	19	癸亥	七赤	除	昴	18	癸巳	四绿	破	觜
廿七	20	甲午	九紫	收	胃	20	甲子	三碧	满	毕	19	甲午	三碧	危	参
廿八	21	乙未	八白	开	昴	21	乙丑	二黑	平	觜	20	乙未	二黑	成	井
廿九	22	丙申	七赤	闭	毕	22	丙寅	一白	定	参	21	丙申	一白	收	鬼
三十	23	丁酉	六白	建	觜	23	丁卯	三碧	执	井					

公元2014年　甲午马年（闰九月）　太岁张词 九星四绿

月份	十月大		乙亥 八白 兑卦 昴宿			十一月小		丙子 七赤 离卦 毕宿			十二月大		丁丑 六白 震卦 觜宿		
节气	小雪 11月22日 初一丁酉 酉时 17时39分			大雪 12月7日 十六壬子 未时 13时05分		冬至 12月22日 初一丁卯 辰时 7时03分			小寒 1月6日 十六壬午 早子时 0时21分		大寒 1月20日 初一丙申 酉时 17时44分			立春 2月4日 十六辛亥 午时 11时59分	
农历	公历	干支	九星	日建	星宿	公历	干支	九星	日建	星宿	公历	干支	九星	日建	星宿
初一	22	丁酉	九紫	开	柳	22	丁卯	四绿	平	张	20	丙申	六白	危	翼
初二	23	戊戌	八白	闭	星	23	戊辰	五黄	定	翼	21	丁酉	七赤	成	轸
初三	24	己亥	七赤	建	张	24	己巳	六白	执	轸	22	戊戌	八白	收	角
初四	25	庚子	六白	除	翼	25	庚午	七赤	破	角	23	己亥	九紫	开	亢
初五	26	辛丑	五黄	满	轸	26	辛未	八白	危	亢	24	庚子	一白	闭	氐
初六	27	壬寅	四绿	平	角	27	壬申	九紫	成	氐	25	辛丑	二黑	建	房
初七	28	癸卯	三碧	定	亢	28	癸酉	一白	收	房	26	壬寅	三碧	除	心
初八	29	甲辰	二黑	执	氐	29	甲戌	二黑	开	心	27	癸卯	四绿	满	尾
初九	30	乙巳	一白	破	房	30	乙亥	三碧	闭	尾	28	甲辰	五黄	平	箕
初十	12月	丙午	九紫	危	心	31	丙子	四绿	建	箕	29	乙巳	六白	定	斗
十一	2	丁未	八白	成	尾	1月	丁丑	五黄	除	斗	30	丙午	七赤	执	牛
十二	3	戊申	七赤	收	箕	2	戊寅	六白	满	牛	31	丁未	八白	破	女
十三	4	己酉	六白	开	斗	3	己卯	七赤	平	女	2月	戊申	九紫	危	虚
十四	5	庚戌	五黄	闭	牛	4	庚辰	八白	定	虚	2	己酉	一白	成	危
十五	6	辛亥	四绿	建	女	5	辛巳	九紫	执	危	3	庚戌	二黑	收	室
十六	7	壬子	三碧	建	虚	6	壬午	一白	执	室	4	辛亥	三碧	收	壁
十七	8	癸丑	二黑	除	危	7	癸未	二黑	破	壁	5	壬子	四绿	开	奎
十八	9	甲寅	一白	满	室	8	甲申	三碧	危	奎	6	癸丑	五黄	闭	娄
十九	10	乙卯	九紫	平	壁	9	乙酉	四绿	成	娄	7	甲寅	六白	建	胃
二十	11	丙辰	八白	定	奎	10	丙戌	五黄	收	胃	8	乙卯	七赤	除	昴
廿一	12	丁巳	七赤	执	娄	11	丁亥	六白	开	昴	9	丙辰	八白	满	毕
廿二	13	戊午	六白	破	胃	12	戊子	七赤	闭	毕	10	丁巳	九紫	平	觜
廿三	14	己未	五黄	危	昴	13	己丑	八白	建	觜	11	戊午	一白	定	参
廿四	15	庚申	四绿	成	毕	14	庚寅	九紫	除	参	12	己未	二黑	执	井
廿五	16	辛酉	三碧	收	觜	15	辛卯	一白	满	井	13	庚申	三碧	破	鬼
廿六	17	壬戌	二黑	开	参	16	壬辰	二黑	平	鬼	14	辛酉	四绿	危	柳
廿七	18	癸亥	一白	闭	井	17	癸巳	三碧	定	柳	15	壬戌	五黄	成	星
廿八	19	甲子	六白	建	鬼	18	甲午	四绿	执	星	16	癸亥	六白	收	张
廿九	20	乙丑	五黄	除	柳	19	乙未	五黄	破	张	17	甲子	一白	开	翼
三十	21	丙寅	四绿	满	星						18	乙丑	二黑	闭	轸

公元2015年 乙未羊年 太岁杨贤 九星三碧

月份	正月小 戊寅 五黄 兑卦 参宿					二月大 己卯 四绿 离卦 井宿					三月小 庚辰 三碧 震卦 鬼宿					四月小 辛巳 二黑 巽卦 柳宿				
节气	雨水 2月19日 初一丙寅 辰时 7时50分			惊蛰 3月6日 十六辛巳 卯时 5时56分		春分 3月21日 初二丙申 卯时 6时46分			清明 4月5日 十七辛亥 巳时 10时40分		谷雨 4月20日 初二丙寅 酉时 17时42分			立夏 5月6日 十八壬午 寅时 3时53分		小满 5月21日 初四丁酉 申时 16时45分			芒种 6月6日 二十癸丑 辰时 7时59分	
农历	公历	干支	九星	日建	星宿	公历	干支	九星	日建	星宿	公历	干支	九星	日建	星宿	公历	干支	九星	日建	星宿
初一	19	丙寅	九紫	建	角	20	乙未	二黑	定	亢	19	乙丑	八白	收	房	18	甲午	七赤	除	心
初二	20	丁卯	一白	除	亢	21	丙申	三碧	执	氐	20	丙寅	六白	开	心	19	乙未	八白	满	尾
初三	21	戊辰	二黑	满	氐	22	丁酉	四绿	破	房	21	丁卯	七赤	闭	尾	20	丙申	九紫	平	箕
初四	22	己巳	三碧	平	房	23	戊戌	五黄	危	心	22	戊辰	八白	建	箕	21	丁酉	一白	定	斗
初五	23	庚午	四绿	定	心	24	己亥	六白	成	尾	23	己巳	九紫	除	斗	22	戊戌	二黑	执	牛
初六	24	辛未	五黄	执	尾	25	庚子	七赤	收	箕	24	庚午	一白	满	牛	23	己亥	三碧	破	女
初七	25	壬申	六白	破	箕	26	辛丑	八白	开	斗	25	辛未	二黑	平	女	24	庚子	四绿	危	虚
初八	26	癸酉	七赤	危	斗	27	壬寅	九紫	闭	牛	26	壬申	三碧	定	虚	25	辛丑	五黄	成	危
初九	27	甲戌	八白	成	牛	28	癸卯	一白	建	女	27	癸酉	四绿	执	危	26	壬寅	六白	收	室
初十	28	乙亥	九紫	收	女	29	甲辰	二黑	除	虚	28	甲戌	五黄	破	室	27	癸卯	七赤	开	壁
十一	3月	丙子	一白	开	虚	30	乙巳	三碧	满	危	29	乙亥	六白	危	壁	28	甲辰	八白	闭	奎
十二	2	丁丑	二黑	闭	危	31	丙午	四绿	平	室	30	丙子	七赤	成	奎	29	乙巳	九紫	建	娄
十三	3	戊寅	三碧	建	室	4月	丁未	五黄	定	壁	5月	丁丑	八白	收	娄	30	丙午	一白	除	胃
十四	4	己卯	四绿	除	壁	2	戊申	六白	执	奎	2	戊寅	九紫	开	胃	31	丁未	二黑	满	昴
十五	5	庚辰	五黄	满	奎	3	己酉	七赤	破	娄	3	己卯	一白	闭	昴	6月	戊申	三碧	平	毕
十六	6	辛巳	六白	满	娄	4	庚戌	八白	危	胃	4	庚辰	二黑	建	毕	2	己酉	四绿	定	觜
十七	7	壬午	七赤	平	胃	5	辛亥	九紫	危	昴	5	辛巳	三碧	除	觜	3	庚戌	五黄	执	参
十八	8	癸未	八白	定	昴	6	壬子	一白	成	毕	6	壬午	四绿	除	参	4	辛亥	六白	破	井
十九	9	甲申	九紫	执	毕	7	癸丑	二黑	收	觜	7	癸未	五黄	满	井	5	壬子	七赤	危	鬼
二十	10	乙酉	一白	破	觜	8	甲寅	三碧	开	参	8	甲申	六白	平	鬼	6	癸丑	八白	危	柳
廿一	11	丙戌	二黑	危	参	9	乙卯	四绿	闭	井	9	乙酉	七赤	定	柳	7	甲寅	九紫	成	星
廿二	12	丁亥	三碧	成	井	10	丙辰	五黄	建	鬼	10	丙戌	八白	执	星	8	乙卯	一白	收	张
廿三	13	戊子	四绿	收	鬼	11	丁巳	六白	除	柳	11	丁亥	九紫	破	张	9	丙辰	二黑	开	翼
廿四	14	己丑	五黄	开	柳	12	戊午	七赤	满	星	12	戊子	一白	危	翼	10	丁巳	三碧	闭	轸
廿五	15	庚寅	六白	闭	星	13	己未	八白	平	张	13	己丑	二黑	成	轸	11	戊午	四绿	建	角
廿六	16	辛卯	七赤	建	张	14	庚申	九紫	定	翼	14	庚寅	三碧	收	角	12	己未	五黄	除	亢
廿七	17	壬辰	八白	除	翼	15	辛酉	一白	执	轸	15	辛卯	四绿	开	亢	13	庚申	六白	满	氐
廿八	18	癸巳	九紫	满	轸	16	壬戌	二黑	破	角	16	壬辰	五黄	闭	氐	14	辛酉	七赤	平	房
廿九	19	甲午	一白	平	角	17	癸亥	三碧	危	亢	17	癸巳	六白	建	房	15	壬戌	八白	定	心
三十						18	甲子	七赤	成	氐										

公元2015年　乙未羊年　太岁杨贤　九星三碧

月份	五月大 壬午 一白 坎卦 星宿					六月小 癸未 九紫 艮卦 张宿					七月大 甲申 八白 坤卦 翼宿					八月大 乙酉 七赤 乾卦 轸宿				
节气	夏至 6月22日 初七己巳 早子时 0时38分		小暑 7月7日 廿二甲申 酉时 18时13分			大暑 7月23日 初八庚子 午时 11时31分		立秋 8月8日 廿四丙辰 寅时 4时02分			处暑 8月23日 初十辛未 酉时 18时38分		白露 9月8日 廿六丁亥 辰时 7时00分			秋分 9月23日 十一壬寅 申时 16时21分		寒露 10月8日 廿六丁巳 亥时 22时43分		
农历	公历	干支	九星	日建	星宿	公历	干支	九星	日建	星宿	公历	干支	九星	日建	星宿	公历	干支	九星	日建	星宿
初一	16	癸亥	九紫	执	尾	16	癸巳	七赤	开	斗	14	壬戌	五黄	满	牛	13	壬辰	二黑	危	虚
初二	17	甲子	四绿	破	箕	17	甲午	六白	闭	牛	15	癸亥	四绿	平	女	14	癸巳	一白	成	危
初三	18	乙丑	五黄	危	斗	18	乙未	五黄	建	女	16	甲子	九紫	定	虚	15	甲午	九紫	收	室
初四	19	丙寅	六白	成	牛	19	丙申	四绿	除	虚	17	乙丑	八白	执	危	16	乙未	八白	开	壁
初五	20	丁卯	七赤	收	女	20	丁酉	三碧	满	危	18	丙寅	七赤	破	室	17	丙申	七赤	闭	奎
初六	21	戊辰	八白	开	虚	21	戊戌	二黑	平	室	19	丁卯	六白	危	壁	18	丁酉	六白	建	娄
初七	22	己巳	四绿	闭	危	22	己亥	一白	定	壁	20	戊辰	五黄	成	奎	19	戊戌	五黄	除	胃
初八	23	庚午	三碧	建	室	23	庚子	九紫	执	奎	21	己巳	四绿	收	娄	20	己亥	四绿	满	昴
初九	24	辛未	二黑	除	壁	24	辛丑	八白	破	娄	22	庚午	三碧	开	胃	21	庚子	三碧	平	毕
初十	25	壬申	一白	满	奎	25	壬寅	七赤	危	胃	23	辛未	五黄	闭	昴	22	辛丑	二黑	定	觜
十一	26	癸酉	九紫	平	娄	26	癸卯	六白	成	昴	24	壬申	四绿	建	毕	23	壬寅	一白	执	参
十二	27	甲戌	八白	定	胃	27	甲辰	五黄	收	毕	25	癸酉	三碧	除	觜	24	癸卯	九紫	破	井
十三	28	乙亥	七赤	执	昴	28	乙巳	四绿	开	觜	26	甲戌	二黑	满	参	25	甲辰	八白	危	鬼
十四	29	丙子	六白	破	毕	29	丙午	三碧	闭	参	27	乙亥	一白	平	井	26	乙巳	七赤	成	柳
十五	30	丁丑	五黄	危	觜	30	丁未	二黑	建	井	28	丙子	九紫	定	鬼	27	丙午	六白	收	星
十六	7月	戊寅	四绿	成	参	31	戊申	一白	除	鬼	29	丁丑	八白	执	柳	28	丁未	五黄	开	张
十七	2	己卯	三碧	收	井	8月	己酉	九紫	满	柳	30	戊寅	七赤	破	星	29	戊申	四绿	闭	翼
十八	3	庚辰	二黑	开	鬼	2	庚戌	八白	平	星	31	己卯	六白	危	张	30	己酉	三碧	建	轸
十九	4	辛巳	一白	闭	柳	3	辛亥	七赤	定	张	9月	庚辰	五黄	成	翼	10月	庚戌	二黑	除	角
二十	5	壬午	九紫	建	星	4	壬子	六白	执	翼	2	辛巳	四绿	收	轸	2	辛亥	一白	满	亢
廿一	6	癸未	八白	除	张	5	癸丑	五黄	破	轸	3	壬午	三碧	开	角	3	壬子	九紫	平	氐
廿二	7	甲申	七赤	除	翼	6	甲寅	四绿	危	角	4	癸未	二黑	闭	亢	4	癸丑	八白	定	房
廿三	8	乙酉	六白	满	轸	7	乙卯	三碧	成	亢	5	甲申	一白	建	氐	5	甲寅	七赤	执	心
廿四	9	丙戌	五黄	平	角	8	丙辰	二黑	成	氐	6	乙酉	九紫	除	房	6	乙卯	六白	破	尾
廿五	10	丁亥	四绿	定	亢	9	丁巳	一白	收	房	7	丙戌	八白	满	心	7	丙辰	五黄	危	箕
廿六	11	戊子	三碧	执	氐	10	戊午	九紫	开	心	8	丁亥	七赤	满	尾	8	丁巳	四绿	危	斗
廿七	12	己丑	二黑	破	房	11	己未	八白	闭	尾	9	戊子	六白	平	箕	9	戊午	三碧	成	牛
廿八	13	庚寅	一白	危	心	12	庚申	七赤	建	箕	10	己丑	五黄	定	斗	10	己未	二黑	收	女
廿九	14	辛卯	九紫	成	尾	13	辛酉	六白	除	斗	11	庚寅	四绿	执	牛	11	庚申	一白	开	虚
三十	15	壬辰	八白	收	箕						12	辛卯	三碧	破	女	12	辛酉	九紫	闭	危

公元2015年　乙未羊年　太岁杨贤　九星三碧

月份	九月大 丙戌 六白 兑卦 角宿					十月小 丁亥 五黄 离卦 亢宿					十一月大 戊子 四绿 震卦 氐宿					十二月小 己丑 三碧 巽卦 房宿				
节气	霜降 10月24日 十二癸酉 丑时 1时47分		立冬 11月8日 廿七戊子 丑时 2时00分			小雪 11月22日 十一壬寅 夜子时 23时26分		大雪 12月7日 廿六丁巳 酉时 18时54分			冬至 12月22日 十二壬申 午时 12时49分		小寒 1月6日 廿七丁亥 卯时 6时09分			大寒 1月20日 十一辛丑 夜子时 23时28分		立春 2月4日 廿六丙辰 酉时 17时46分		
农历	公历	干支	九星	日建	星宿	公历	干支	九星	日建	星宿	公历	干支	九星	日建	星宿	公历	干支	九星	日建	星宿
初一	13	壬戌	八白	建	室	12	壬辰	五黄	执	奎	11	辛酉	三碧	收	娄	10	辛卯	一白	满	昴
初二	14	癸亥	七赤	除	壁	13	癸巳	四绿	破	娄	12	壬戌	二黑	开	胃	11	壬辰	二黑	平	毕
初三	15	甲子	三碧	满	奎	14	甲午	三碧	危	胃	13	癸亥	一白	闭	昴	12	癸巳	三碧	定	觜
初四	16	乙丑	二黑	平	娄	15	乙未	二黑	成	昴	14	甲子	六白	建	毕	13	甲午	四绿	执	参
初五	17	丙寅	一白	定	胃	16	丙申	一白	收	毕	15	乙丑	五黄	除	觜	14	乙未	五黄	破	井
初六	18	丁卯	九紫	执	昴	17	丁酉	九紫	开	觜	16	丙寅	四绿	满	参	15	丙申	六白	危	鬼
初七	19	戊辰	八白	破	毕	18	戊戌	八白	闭	参	17	丁卯	三碧	平	井	16	丁酉	七赤	成	柳
初八	20	己巳	七赤	危	觜	19	己亥	七赤	建	井	18	戊辰	二黑	定	鬼	17	戊戌	八白	收	星
初九	21	庚午	六白	成	参	20	庚子	六白	除	鬼	19	己巳	一白	执	柳	18	己亥	九紫	开	张
初十	22	辛未	五黄	收	井	21	辛丑	五黄	满	柳	20	庚午	九紫	破	星	19	庚子	一白	闭	翼
十一	23	壬申	四绿	开	鬼	22	壬寅	四绿	平	星	21	辛未	八白	危	张	20	辛丑	二黑	建	轸
十二	24	癸酉	六白	闭	柳	23	癸卯	三碧	定	张	22	壬申	九紫	成	翼	21	壬寅	三碧	除	角
十三	25	甲戌	五黄	建	星	24	甲辰	二黑	执	翼	23	癸酉	一白	收	轸	22	癸卯	四绿	满	亢
十四	26	乙亥	四绿	除	张	25	乙巳	一白	破	轸	24	甲戌	二黑	开	角	23	甲辰	五黄	平	氐
十五	27	丙子	三碧	满	翼	26	丙午	九紫	危	角	25	乙亥	三碧	闭	亢	24	乙巳	六白	定	房
十六	28	丁丑	二黑	平	轸	27	丁未	八白	成	亢	26	丙子	四绿	建	氐	25	丙午	七赤	执	心
十七	29	戊寅	一白	定	角	28	戊申	七赤	收	氐	27	丁丑	五黄	除	房	26	丁未	八白	破	尾
十八	30	己卯	九紫	执	亢	29	己酉	六白	开	房	28	戊寅	六白	满	心	27	戊申	九紫	危	箕
十九	31	庚辰	八白	破	氐	30	庚戌	五黄	闭	心	29	己卯	七赤	平	尾	28	己酉	一白	成	斗
二十	11月	辛巳	七赤	危	房	12月	辛亥	四绿	建	尾	30	庚辰	八白	定	箕	29	庚戌	二黑	收	牛
廿一	2	壬午	六白	成	心	2	壬子	三碧	除	箕	31	辛巳	九紫	执	斗	30	辛亥	三碧	开	女
廿二	3	癸未	五黄	收	尾	3	癸丑	二黑	满	斗	1月	壬午	一白	破	牛	31	壬子	四绿	闭	虚
廿三	4	甲申	四绿	开	箕	4	甲寅	一白	平	牛	2	癸未	二黑	危	女	2月	癸丑	五黄	建	危
廿四	5	乙酉	三碧	闭	斗	5	乙卯	九紫	定	女	3	甲申	三碧	成	虚	2	甲寅	六白	除	室
廿五	6	丙戌	二黑	建	牛	6	丙辰	八白	执	虚	4	乙酉	四绿	收	危	3	乙卯	七赤	满	壁
廿六	7	丁亥	一白	除	女	7	丁巳	七赤	执	危	5	丙戌	五黄	开	室	4	丙辰	八白	满	奎
廿七	8	戊子	九紫	除	虚	8	戊午	六白	破	室	6	丁亥	六白	开	壁	5	丁巳	九紫	平	娄
廿八	9	己丑	八白	满	危	9	己未	五黄	危	壁	7	戊子	七赤	闭	奎	6	戊午	一白	定	胃
廿九	10	庚寅	七赤	平	室	10	庚申	四绿	成	奎	8	己丑	八白	建	娄	7	己未	二黑	执	昴
三十	11	辛卯	六白	定	壁						9	庚寅	九紫	除	胃					

公元2016年　丙申猴年　太岁管仲 九星二黑

月份	正月大 庚寅 二黑 离卦 心宿					二月小 辛卯 一白 震卦 尾宿					三月大 壬辰 九紫 巽卦 箕宿					四月小 癸巳 八白 坎卦 斗宿				
节气	雨水 2月19日 十二辛未 未时 13时34分		惊蛰 3月5日 廿七丙戌 午时 11时44分			春分 3月20日 十二辛丑 午时 12时31分		清明 4月4日 廿七丙辰 申时 16时28分			谷雨 4月19日 十三辛未 夜子时 23时30分		立夏 5月5日 廿九丁亥 巳时 9时42分			小满 5月20日 十四壬寅 亥时 22时37分				
农历	公历	干支	九星	日建	星宿	公历	干支	九星	日建	星宿	公历	干支	九星	日建	星宿	公历	干支	九星	日建	星宿
初一	8	庚申	三碧	破	毕	9	庚寅	六白	闭	参	7	己未	八白	平	井	7	己丑	二黑	成	柳
初二	9	辛酉	四绿	危	觜	10	辛卯	七赤	建	井	8	庚申	九紫	定	鬼	8	庚寅	三碧	收	星
初三	10	壬戌	五黄	成	参	11	壬辰	八白	除	鬼	9	辛酉	一白	执	柳	9	辛卯	四绿	开	张
初四	11	癸亥	六白	收	井	12	癸巳	九紫	满	柳	10	壬戌	二黑	破	星	10	壬辰	五黄	闭	翼
初五	12	甲子	一白	开	鬼	13	甲午	一白	平	星	11	癸亥	三碧	危	张	11	癸巳	六白	建	轸
初六	13	乙丑	二黑	闭	柳	14	乙未	二黑	定	张	12	甲子	七赤	成	翼	12	甲午	七赤	除	角
初七	14	丙寅	三碧	建	星	15	丙申	三碧	执	翼	13	乙丑	八白	收	轸	13	乙未	八白	满	亢
初八	15	丁卯	四绿	除	张	16	丁酉	四绿	破	轸	14	丙寅	九紫	开	角	14	丙申	九紫	平	氐
初九	16	戊辰	五黄	满	翼	17	戊戌	五黄	危	角	15	丁卯	一白	闭	亢	15	丁酉	一白	定	房
初十	17	己巳	六白	平	轸	18	己亥	六白	成	亢	16	戊辰	二黑	建	氐	16	戊戌	二黑	执	心
十一	18	庚午	七赤	定	角	19	庚子	七赤	收	氐	17	己巳	三碧	除	房	17	己亥	三碧	破	尾
十二	19	辛未	五黄	执	亢	20	辛丑	八白	开	房	18	庚午	四绿	满	心	18	庚子	四绿	危	箕
十三	20	壬申	六白	破	氐	21	壬寅	九紫	闭	心	19	辛未	二黑	平	尾	19	辛丑	五黄	成	斗
十四	21	癸酉	七赤	危	房	22	癸卯	一白	建	尾	20	壬申	三碧	定	箕	20	壬寅	六白	收	牛
十五	22	甲戌	八白	成	心	23	甲辰	二黑	除	箕	21	癸酉	四绿	执	斗	21	癸卯	七赤	开	女
十六	23	乙亥	九紫	收	尾	24	乙巳	三碧	满	斗	22	甲戌	五黄	破	牛	22	甲辰	八白	闭	虚
十七	24	丙子	一白	开	箕	25	丙午	四绿	平	牛	23	乙亥	六白	危	女	23	乙巳	九紫	建	危
十八	25	丁丑	二黑	闭	斗	26	丁未	五黄	定	女	24	丙子	七赤	成	虚	24	丙午	一白	除	室
十九	26	戊寅	三碧	建	牛	27	戊申	六白	执	虚	25	丁丑	八白	收	危	25	丁未	二黑	满	壁
二十	27	己卯	四绿	除	女	28	己酉	七赤	破	危	26	戊寅	九紫	开	室	26	戊申	三碧	平	奎
廿一	28	庚辰	五黄	满	虚	29	庚戌	八白	危	室	27	己卯	一白	闭	壁	27	己酉	四绿	定	娄
廿二	29	辛巳	六白	平	危	30	辛亥	九紫	成	壁	28	庚辰	二黑	建	奎	28	庚戌	五黄	执	胃
廿三	3月	壬午	七赤	定	室	31	壬子	一白	收	奎	29	辛巳	三碧	除	娄	29	辛亥	六白	破	昴
廿四	2	癸未	八白	执	壁	4月	癸丑	二黑	开	娄	30	壬午	四绿	满	胃	30	壬子	七赤	危	毕
廿五	3	甲申	九紫	破	奎	2	甲寅	三碧	闭	胃	5月	癸未	五黄	平	昴	31	癸丑	八白	成	觜
廿六	4	乙酉	一白	危	娄	3	乙卯	四绿	建	昴	2	甲申	六白	定	毕	6月	甲寅	九紫	收	参
廿七	5	丙戌	二黑	危	胃	4	丙辰	五黄	建	毕	3	乙酉	七赤	执	觜	2	乙卯	一白	开	井
廿八	6	丁亥	三碧	成	昴	5	丁巳	六白	除	觜	4	丙戌	八白	破	参	3	丙辰	二黑	闭	鬼
廿九	7	戊子	四绿	收	毕	6	戊午	七赤	满	参	5	丁亥	九紫	破	井	4	丁巳	三碧	建	柳
三十	8	己丑	五黄	开	觜						6	戊子	一白	危	鬼					

公元2016年　丙申猴年　太岁管仲 九星二黑

月份	五月小 甲午 七赤 艮卦 牛宿					六月大 乙未 六白 坤卦 女宿					七月小 丙申 五黄 乾卦 虚宿					八月大 丁酉 四绿 兑卦 危宿				
节气	芒种 6月5日 初一戊午 未时 13时49分		夏至 6月21日 十七甲戌 卯时 6时34分			小暑 7月7日 初四庚寅 早子时 0时04分		大暑 7月22日 十九乙巳 酉时 17时31分			立秋 8月7日 初五辛酉 巳时 9时53分		处暑 8月23日 廿一丁丑 早子时 0时39分			白露 9月7日 初七壬辰 午时 12时51分		秋分 9月22日 廿二丁未 亥时 22时21分		
农历	公历	干支	九星	日建	星宿	公历	干支	九星	日建	星宿	公历	干支	九星	日建	星宿	公历	干支	九星	日建	星宿
初一	5	戊午	四绿	建	星	4	丁亥	四绿	执	张	3	丁巳	一白	开	轸	9月	丙戌	八白	满	角
初二	6	己未	五黄	除	张	5	戊子	三碧	破	翼	4	戊午	九紫	闭	角	2	丁亥	七赤	平	亢
初三	7	庚申	六白	满	翼	6	己丑	二黑	危	轸	5	己未	八白	建	亢	3	戊子	六白	定	氐
初四	8	辛酉	七赤	平	轸	7	庚寅	一白	危	角	6	庚申	七赤	除	氐	4	己丑	五黄	执	房
初五	9	壬戌	八白	定	角	8	辛卯	九紫	成	亢	7	辛酉	六白	除	房	5	庚寅	四绿	破	心
初六	10	癸亥	九紫	执	亢	9	壬辰	八白	收	氐	8	壬戌	五黄	满	心	6	辛卯	三碧	危	尾
初七	11	**甲子**	**四绿**	破	氐	10	癸巳	七赤	开	房	9	癸亥	四绿	平	尾	7	壬辰	二黑	危	箕
初八	12	乙丑	五黄	危	房	11	甲午	六白	闭	心	10	**甲子**	**九紫**	定	箕	8	癸巳	一白	成	斗
初九	13	丙寅	六白	成	心	12	乙未	五黄	建	尾	11	乙丑	八白	执	斗	9	甲午	九紫	收	牛
初十	14	丁卯	七赤	收	尾	13	丙申	四绿	除	箕	12	丙寅	七赤	破	牛	10	乙未	八白	开	女
十一	15	戊辰	八白	开	箕	14	丁酉	三碧	满	斗	13	丁卯	六白	危	女	11	丙申	七赤	闭	虚
十二	16	己巳	九紫	闭	斗	15	戊戌	二黑	平	牛	14	戊辰	五黄	成	虚	12	丁酉	六白	建	危
十三	17	庚午	一白	建	牛	16	己亥	一白	定	女	15	己巳	四绿	收	危	13	戊戌	五黄	除	室
十四	18	辛未	二黑	除	女	17	庚子	九紫	执	虚	16	庚午	三碧	开	室	14	己亥	四绿	满	壁
十五	19	壬申	三碧	满	虚	18	辛丑	八白	破	危	17	辛未	二黑	闭	壁	15	庚子	三碧	平	奎
十六	20	癸酉	四绿	平	危	19	壬寅	七赤	危	室	18	壬申	一白	建	奎	16	辛丑	二黑	定	娄
十七	21	甲戌	八白	定	室	20	癸卯	六白	成	壁	19	癸酉	九紫	除	娄	17	壬寅	一白	执	胃
十八	22	乙亥	七赤	执	壁	21	甲辰	五黄	收	奎	20	甲戌	八白	满	胃	18	癸卯	九紫	破	昴
十九	23	丙子	六白	破	奎	22	乙巳	四绿	开	娄	21	乙亥	七赤	平	昴	19	甲辰	八白	危	毕
二十	24	丁丑	五黄	危	娄	23	丙午	三碧	闭	胃	22	丙子	六白	定	毕	20	乙巳	七赤	成	觜
廿一	25	戊寅	四绿	成	胃	24	丁未	二黑	建	昴	23	**丁丑**	**八白**	执	觜	21	丙午	六白	收	参
廿二	26	己卯	三碧	收	昴	25	戊申	一白	除	毕	24	戊寅	七赤	破	参	22	丁未	五黄	开	井
廿三	27	庚辰	二黑	开	毕	26	己酉	九紫	满	觜	25	己卯	六白	危	井	23	戊申	四绿	闭	鬼
廿四	28	辛巳	一白	闭	觜	27	庚戌	八白	平	参	26	庚辰	五黄	成	鬼	24	己酉	三碧	建	柳
廿五	29	壬午	九紫	建	参	28	辛亥	七赤	定	井	27	辛巳	四绿	收	柳	25	庚戌	二黑	除	星
廿六	30	癸未	八白	除	井	29	壬子	六白	执	鬼	28	壬午	三碧	开	星	26	辛亥	一白	满	张
廿七	7月	甲申	七赤	满	鬼	30	癸丑	五黄	破	柳	29	癸未	二黑	闭	张	27	壬子	九紫	平	翼
廿八	2	乙酉	六白	平	柳	31	甲寅	四绿	危	星	30	甲申	一白	建	翼	28	癸丑	八白	定	轸
廿九	3	丙戌	五黄	定	星	8月	乙卯	三碧	成	张	31	乙酉	九紫	除	轸	29	甲寅	七赤	执	角
三十						2	丙辰	二黑	收	翼						30	乙卯	六白	破	亢

公元2016年 丙申猴年 太岁管仲 九星二黑

月份	九月大 戊戌 三碧 离卦 室宿					十月小 己亥 二黑 震卦 壁宿					十一月大 庚子 一白 巽卦 奎宿					十二月大 辛丑 九紫 坎卦 娄宿				
节气	寒露 10月8日 初八癸亥 寅时 4时33分		霜降 10月23日 廿三戊寅 辰时 7时46分			立冬 11月7日 初八癸巳 辰时 7时48分		小雪 11月22日 廿三戊申 卯时 5时23分			大雪 12月7日 初九癸亥 早子时 0时41分		冬至 12月21日 廿三丁丑 酉时 18时45分			小寒 1月5日 初八壬辰 午时 11时56分		大寒 1月20日 廿三丁未 卯时 5时24分		
农历	公历	干支	九星	日建	星宿	公历	干支	九星	日建	星宿	公历	干支	九星	日建	星宿	公历	干支	九星	日建	星宿
初一	10月	丙辰	五黄	危	氐	31	丙戌	二黑	建	心	29	乙卯	九紫	定	尾	29	乙酉	四绿	收	斗
初二	2	丁巳	四绿	成	房	11月	丁亥	一白	除	尾	30	丙辰	八白	执	箕	30	丙戌	五黄	开	牛
初三	3	戊午	三碧	收	心	2	戊子	九紫	满	箕	12月	丁巳	七赤	破	斗	31	丁亥	六白	闭	女
初四	4	己未	二黑	开	尾	3	己丑	八白	平	斗	2	戊午	六白	危	牛	1月	戊子	七赤	建	虚
初五	5	庚申	一白	闭	箕	4	庚寅	七赤	定	牛	3	己未	五黄	成	女	2	己丑	八白	除	危
初六	6	辛酉	九紫	建	斗	5	辛卯	六白	执	女	4	庚申	四绿	收	虚	3	庚寅	九紫	满	室
初七	7	壬戌	八白	除	牛	6	壬辰	五黄	破	虚	5	辛酉	三碧	开	危	4	辛卯	一白	平	壁
初八	8	癸亥	七赤	除	女	7	癸巳	四绿	破	危	6	壬戌	二黑	闭	室	5	壬辰	二黑	平	奎
初九	9	甲子	三碧	满	虚	8	甲午	三碧	危	室	7	癸亥	一白	闭	壁	6	癸巳	三碧	定	娄
初十	10	乙丑	二黑	平	危	9	乙未	二黑	成	壁	8	甲子	六白	建	奎	7	甲午	四绿	执	胃
十一	11	丙寅	一白	定	室	10	丙申	一白	收	奎	9	乙丑	五黄	除	娄	8	乙未	五黄	破	昴
十二	12	丁卯	九紫	执	壁	11	丁酉	九紫	开	娄	10	丙寅	四绿	满	胃	9	丙申	六白	危	毕
十三	13	戊辰	八白	破	奎	12	戊戌	八白	闭	胃	11	丁卯	三碧	平	昴	10	丁酉	七赤	成	觜
十四	14	己巳	七赤	危	娄	13	己亥	七赤	建	昴	12	戊辰	二黑	定	毕	11	戊戌	八白	收	参
十五	15	庚午	六白	成	胃	14	庚子	六白	除	毕	13	己巳	一白	执	觜	12	己亥	九紫	开	井
十六	16	辛未	五黄	收	昴	15	辛丑	五黄	满	觜	14	庚午	九紫	破	参	13	庚子	一白	闭	鬼
十七	17	壬申	四绿	开	毕	16	壬寅	四绿	平	参	15	辛未	八白	危	井	14	辛丑	二黑	建	柳
十八	18	癸酉	三碧	闭	觜	17	癸卯	三碧	定	井	16	壬申	七赤	成	鬼	15	壬寅	三碧	除	星
十九	19	甲戌	二黑	建	参	18	甲辰	二黑	执	鬼	17	癸酉	六白	收	柳	16	癸卯	四绿	满	张
二十	20	乙亥	一白	除	井	19	乙巳	一白	破	柳	18	甲戌	五黄	开	星	17	甲辰	五黄	平	翼
廿一	21	丙子	九紫	满	鬼	20	丙午	九紫	危	星	19	乙亥	四绿	闭	张	18	乙巳	六白	定	轸
廿二	22	丁丑	八白	平	柳	21	丁未	八白	成	张	20	丙子	三碧	建	翼	19	丙午	七赤	执	角
廿三	23	戊寅	一白	定	星	22	戊申	七赤	收	翼	21	丁丑	五黄	除	轸	20	丁未	八白	破	亢
廿四	24	己卯	九紫	执	张	23	己酉	六白	开	轸	22	戊寅	六白	满	角	21	戊申	九紫	危	氐
廿五	25	庚辰	八白	破	翼	24	庚戌	五黄	闭	角	23	己卯	七赤	平	亢	22	己酉	一白	成	房
廿六	26	辛巳	七赤	危	轸	25	辛亥	四绿	建	亢	24	庚辰	八白	定	氐	23	庚戌	二黑	收	心
廿七	27	壬午	六白	成	角	26	壬子	三碧	除	氐	25	辛巳	九紫	执	房	24	辛亥	三碧	开	尾
廿八	28	癸未	五黄	收	亢	27	癸丑	二黑	满	房	26	壬午	一白	破	心	25	壬子	四绿	闭	箕
廿九	29	甲申	四绿	开	氐	28	甲寅	一白	平	心	27	癸未	二黑	危	尾	26	癸丑	五黄	建	斗
三十	30	乙酉	三碧	闭	房						28	甲申	三碧	成	箕	27	甲寅	六白	除	牛

公元2017年　丁酉鸡年（闰六月）　太岁康杰 九星一白

月份	正月小	壬寅 八白 震卦 胃宿				二月大	癸卯 七赤 巽卦 昴宿				三月小	甲辰 六白 坎卦 毕宿				四月大	乙巳 五黄 艮卦 觜宿			
节气	立春 2月3日 初七辛酉 夜子时 23时35分		雨水 2月18日 廿二丙子 戌时 19时32分			惊蛰 3月5日 初八辛卯 酉时 17时34分		春分 3月20日 廿三丙午 酉时 18时29分			清明 4月4日 初八辛酉 亥时 22时18分		谷雨 4月20日 廿四丁丑 卯时 5时28分			立夏 5月5日 初十壬辰 申时 15时32分		小满 5月21日 廿六戊申 寅时 4时32分		
农历	公历	干支	九星	日建	星宿	公历	干支	九星	日建	星宿	公历	干支	九星	日建	星宿	公历	干支	九星	日建	星宿
初一	28	乙卯	七赤	满	女	26	甲申	九紫	破	虚	28	甲寅	三碧	闭	室	26	癸未	五黄	平	壁
初二	29	丙辰	八白	平	虚	27	乙酉	一白	危	危	29	乙卯	四绿	建	壁	27	甲申	六白	定	奎
初三	30	丁巳	九紫	定	危	28	丙戌	二黑	成	室	30	丙辰	五黄	除	奎	28	乙酉	七赤	执	娄
初四	31	戊午	一白	执	室	3月	丁亥	三碧	收	壁	31	丁巳	六白	满	娄	29	丙戌	八白	破	胃
初五	2月	己未	二黑	破	壁	2	戊子	四绿	开	奎	4月	戊午	七赤	平	胃	30	丁亥	九紫	危	昴
初六	2	庚申	三碧	危	奎	3	己丑	五黄	闭	娄	2	己未	八白	定	昴	5月	戊子	一白	成	毕
初七	3	辛酉	四绿	危	娄	4	庚寅	六白	建	胃	3	庚申	九紫	执	毕	2	己丑	二黑	收	觜
初八	4	壬戌	五黄	成	胃	5	辛卯	七赤	建	昴	4	辛酉	一白	执	觜	3	庚寅	三碧	开	参
初九	5	癸亥	六白	收	昴	6	壬辰	八白	除	毕	5	壬戌	二黑	破	参	4	辛卯	四绿	闭	井
初十	6	甲子	一白	开	毕	7	癸巳	九紫	满	觜	6	癸亥	三碧	危	井	5	壬辰	五黄	闭	鬼
十一	7	乙丑	二黑	闭	觜	8	甲午	一白	平	参	7	甲子	七赤	成	鬼	6	癸巳	六白	建	柳
十二	8	丙寅	三碧	建	参	9	乙未	二黑	定	井	8	乙丑	八白	收	柳	7	甲午	七赤	除	星
十三	9	丁卯	四绿	除	井	10	丙申	三碧	执	鬼	9	丙寅	九紫	开	星	8	乙未	八白	满	张
十四	10	戊辰	五黄	满	鬼	11	丁酉	四绿	破	柳	10	丁卯	一白	闭	张	9	丙申	九紫	平	翼
十五	11	己巳	六白	平	柳	12	戊戌	五黄	危	星	11	戊辰	二黑	建	翼	10	丁酉	一白	定	轸
十六	12	庚午	七赤	定	星	13	己亥	六白	成	张	12	己巳	三碧	除	轸	11	戊戌	二黑	执	角
十七	13	辛未	八白	执	张	14	庚子	七赤	收	翼	13	庚午	四绿	满	角	12	己亥	三碧	破	亢
十八	14	壬申	九紫	破	翼	15	辛丑	八白	开	轸	14	辛未	五黄	平	亢	13	庚子	四绿	危	氐
十九	15	癸酉	一白	危	轸	16	壬寅	九紫	闭	角	15	壬申	六白	定	氐	14	辛丑	五黄	成	房
二十	16	甲戌	二黑	成	角	17	癸卯	一白	建	亢	16	癸酉	七赤	执	房	15	壬寅	六白	收	心
廿一	17	乙亥	三碧	收	亢	18	甲辰	二黑	除	氐	17	甲戌	八白	破	心	16	癸卯	七赤	开	尾
廿二	18	丙子	一白	开	氐	19	乙巳	三碧	满	房	18	乙亥	九紫	危	尾	17	甲辰	八白	闭	箕
廿三	19	丁丑	二黑	闭	房	20	丙午	四绿	平	心	19	丙子	一白	成	箕	18	乙巳	九紫	建	斗
廿四	20	戊寅	三碧	建	心	21	丁未	五黄	定	尾	20	丁丑	八白	收	斗	19	丙午	一白	除	牛
廿五	21	己卯	四绿	除	尾	22	戊申	六白	执	箕	21	戊寅	九紫	开	牛	20	丁未	二黑	满	女
廿六	22	庚辰	五黄	满	箕	23	己酉	七赤	破	斗	22	己卯	一白	闭	女	21	戊申	三碧	平	虚
廿七	23	辛巳	六白	平	斗	24	庚戌	八白	危	牛	23	庚辰	二黑	建	虚	22	己酉	四绿	定	危
廿八	24	壬午	七赤	定	牛	25	辛亥	九紫	成	女	24	辛巳	三碧	除	危	23	庚戌	五黄	执	室
廿九	25	癸未	八白	执	女	26	壬子	一白	收	虚	25	壬午	四绿	满	室	24	辛亥	六白	破	壁
三十						27	癸丑	二黑	开	危						25	壬子	七赤	危	奎

公元2017年　丁酉鸡年（闰六月）　太岁康杰 九星一白

月份	五月小		丙午 四绿 坤卦 参宿			六月小		丁未 三碧 乾卦 井宿			闰六月大				
节气	芒种 6月5日 十一癸亥 戌时 19时37分		夏至 6月21日 廿七己卯 午时 12时25分			小暑 7月7日 十四乙未 卯时 5时51分		大暑 7月22日 廿九庚戌 夜子时 23时16分			立秋 8月7日 十六丙寅 申时 15时40分				
农历	公历	干支	九星	日建	星宿	公历	干支	九星	日建	星宿	公历	干支	九星	日建	星宿
初一	26	癸丑	八白	成	娄	24	壬午	九紫	建	胃	23	辛亥	七赤	定	昴
初二	27	甲寅	九紫	收	胃	25	癸未	八白	除	昴	24	壬子	六白	执	毕
初三	28	乙卯	一白	开	昴	26	甲申	七赤	满	毕	25	癸丑	五黄	破	觜
初四	29	丙辰	二黑	闭	毕	27	乙酉	六白	平	觜	26	甲寅	四绿	危	参
初五	30	丁巳	三碧	建	觜	28	丙戌	五黄	定	参	27	乙卯	三碧	成	井
初六	31	戊午	四绿	除	参	29	丁亥	四绿	执	井	28	丙辰	二黑	收	鬼
初七	6月	己未	五黄	满	井	30	戊子	三碧	破	鬼	29	丁巳	一白	开	柳
初八	2	庚申	六白	平	鬼	7月	己丑	二黑	危	柳	30	戊午	九紫	闭	星
初九	3	辛酉	七赤	定	柳	2	庚寅	一白	成	星	31	己未	八白	建	张
初十	4	壬戌	八白	执	星	3	辛卯	九紫	收	张	8月	庚申	七赤	除	翼
十一	5	癸亥	九紫	执	张	4	壬辰	八白	开	翼	2	辛酉	六白	满	轸
十二	6	甲子	四绿	破	翼	5	癸巳	七赤	闭	轸	3	壬戌	五黄	平	角
十三	7	乙丑	五黄	危	轸	6	甲午	六白	建	角	4	癸亥	四绿	定	亢
十四	8	丙寅	六白	成	角	7	乙未	五黄	建	亢	5	甲子	九紫	执	氐
十五	9	丁卯	七赤	收	亢	8	丙申	四绿	除	氐	6	乙丑	八白	破	房
十六	10	戊辰	八白	开	氐	9	丁酉	三碧	满	房	7	丙寅	七赤	破	心
十七	11	己巳	九紫	闭	房	10	戊戌	二黑	平	心	8	丁卯	六白	危	尾
十八	12	庚午	一白	建	心	11	己亥	一白	定	尾	9	戊辰	五黄	成	箕
十九	13	辛未	二黑	除	尾	12	庚子	九紫	执	箕	10	己巳	四绿	收	斗
二十	14	壬申	三碧	满	箕	13	辛丑	八白	破	斗	11	庚午	三碧	开	牛
廿一	15	癸酉	四绿	平	斗	14	壬寅	七赤	危	牛	12	辛未	二黑	闭	女
廿二	16	甲戌	五黄	定	牛	15	癸卯	六白	成	女	13	壬申	一白	建	虚
廿三	17	乙亥	六白	执	女	16	甲辰	五黄	收	虚	14	癸酉	九紫	除	危
廿四	18	丙子	七赤	破	虚	17	乙巳	四绿	开	危	15	甲戌	八白	满	室
廿五	19	丁丑	八白	危	危	18	丙午	三碧	闭	室	16	乙亥	七赤	平	壁
廿六	20	戊寅	九紫	成	室	19	丁未	二黑	建	壁	17	丙子	六白	定	奎
廿七	21	己卯	三碧	收	壁	20	戊申	一白	除	奎	18	丁丑	五黄	执	娄
廿八	22	庚辰	二黑	开	奎	21	己酉	九紫	满	娄	19	戊寅	四绿	破	胃
廿九	23	辛巳	一白	闭	娄	22	庚戌	八白	平	胃	20	己卯	三碧	危	昴
三十											21	庚辰	二黑	成	毕

公元2017年　丁酉鸡年（闰六月）　太岁康杰 九星一白

月份	七月小	戊申 二黑 兑卦 鬼宿				八月大	己酉 一白 离卦 柳宿				九月小	庚戌 九紫 震卦 星宿			
节气	处暑 8月23日 初二壬午 卯时 6时21分		白露 9月7日 十七丁酉 酉时 18时39分			秋分 9月23日 初四癸丑 寅时 4时02分		寒露 10月8日 十九戊辰 巳时 10时22分			霜降 10月23日 初四癸未 未时 13时27分		立冬 11月7日 十九戊戌 未时 13时38分		
农历	公历	干支	九星	日建	星宿	公历	干支	九星	日建	星宿	公历	干支	九星	日建	星宿
初一	22	辛巳	一白	收	觜	20	庚戌	二黑	除	参	20	庚辰	五黄	破	鬼
初二	23	壬午	三碧	开	参	21	辛亥	一白	满	井	21	辛巳	四绿	危	柳
初三	24	癸未	二黑	闭	井	22	壬子	九紫	平	鬼	22	壬午	三碧	成	星
初四	25	甲申	一白	建	鬼	23	癸丑	八白	定	柳	23	癸未	五黄	收	张
初五	26	乙酉	九紫	除	柳	24	甲寅	七赤	执	星	24	甲申	四绿	开	翼
初六	27	丙戌	八白	满	星	25	乙卯	六白	破	张	25	乙酉	三碧	闭	轸
初七	28	丁亥	七赤	平	张	26	丙辰	五黄	危	翼	26	丙戌	二黑	建	角
初八	29	戊子	六白	定	翼	27	丁巳	四绿	成	轸	27	丁亥	一白	除	亢
初九	30	己丑	五黄	执	轸	28	戊午	三碧	收	角	28	戊子	九紫	满	氐
初十	31	庚寅	四绿	破	角	29	己未	二黑	开	亢	29	己丑	八白	平	房
十一	9月	辛卯	三碧	危	亢	30	庚申	一白	闭	氐	30	庚寅	七赤	定	心
十二	2	壬辰	二黑	成	氐	10月	辛酉	九紫	建	房	31	辛卯	六白	执	尾
十三	3	癸巳	一白	收	房	2	壬戌	八白	除	心	11月	壬辰	五黄	破	箕
十四	4	甲午	九紫	开	心	3	癸亥	七赤	满	尾	2	癸巳	四绿	危	斗
十五	5	乙未	八白	闭	尾	4	甲子	三碧	平	箕	3	甲午	三碧	成	牛
十六	6	丙申	七赤	建	箕	5	乙丑	二黑	定	斗	4	乙未	二黑	收	女
十七	7	丁酉	六白	建	斗	6	丙寅	一白	执	牛	5	丙申	一白	开	虚
十八	8	戊戌	五黄	除	牛	7	丁卯	九紫	破	女	6	丁酉	九紫	闭	危
十九	9	己亥	四绿	满	女	8	戊辰	八白	破	虚	7	戊戌	八白	闭	室
二十	10	庚子	三碧	平	虚	9	己巳	七赤	危	危	8	己亥	七赤	建	壁
廿一	11	辛丑	二黑	定	危	10	庚午	六白	成	室	9	庚子	六白	除	奎
廿二	12	壬寅	一白	执	室	11	辛未	五黄	收	壁	10	辛丑	五黄	满	娄
廿三	13	癸卯	九紫	破	壁	12	壬申	四绿	开	奎	11	壬寅	四绿	平	胃
廿四	14	甲辰	八白	危	奎	13	癸酉	三碧	闭	娄	12	癸卯	三碧	定	昴
廿五	15	乙巳	七赤	成	娄	14	甲戌	二黑	建	胃	13	甲辰	二黑	执	毕
廿六	16	丙午	六白	收	胃	15	乙亥	一白	除	昴	14	乙巳	一白	破	觜
廿七	17	丁未	五黄	开	昴	16	丙子	九紫	满	毕	15	丙午	九紫	危	参
廿八	18	戊申	四绿	闭	毕	17	丁丑	八白	平	觜	16	丁未	八白	成	井
廿九	19	己酉	三碧	建	觜	18	戊寅	七赤	定	参	17	戊申	七赤	收	鬼
三十						19	己卯	六白	执	井					

公元2017年　丁酉鸡年（闰六月）　太岁康杰 九星一白

月份	十月大 辛亥 八白 巽卦 张宿					十一月大 壬子 七赤 坎卦 翼宿					十二月大 癸丑 六白 艮卦 轸宿				
节气	小雪 11月22日 初五癸丑 午时 11时05分		大雪 12月7日 二十戊辰 卯时 6时33分			冬至 12月22日 初五癸未 早子时 0时29分		小寒 1月5日 十九丁酉 酉时 17时50分			大寒 1月20日 初四壬子 午时 11时10分		立春 2月4日 十九丁卯 卯时 5时30分		
农历	公历	干支	九星	日建	星宿	公历	干支	九星	日建	星宿	公历	干支	九星	日建	星宿
初一	18	己酉	六白	开	柳	18	己卯	九紫	平	张	17	己酉	一白	成	轸
初二	19	庚戌	五黄	闭	星	19	庚辰	八白	定	翼	18	庚戌	二黑	收	角
初三	20	辛亥	四绿	建	张	20	辛巳	七赤	执	轸	19	辛亥	三碧	开	亢
初四	21	壬子	三碧	除	翼	21	壬午	六白	破	角	20	壬子	四绿	闭	氐
初五	22	癸丑	二黑	满	轸	22	癸未	二黑	危	亢	21	癸丑	五黄	建	房
初六	23	甲寅	一白	平	角	23	甲申	三碧	成	氐	22	甲寅	六白	除	心
初七	24	乙卯	九紫	定	亢	24	乙酉	四绿	收	房	23	乙卯	七赤	满	尾
初八	25	丙辰	八白	执	氐	25	丙戌	五黄	开	心	24	丙辰	八白	平	箕
初九	26	丁巳	七赤	破	房	26	丁亥	六白	闭	尾	25	丁巳	九紫	定	斗
初十	27	戊午	六白	危	心	27	戊子	七赤	建	箕	26	戊午	一白	执	牛
十一	28	己未	五黄	成	尾	28	己丑	八白	除	斗	27	己未	二黑	破	女
十二	29	庚申	四绿	收	箕	29	庚寅	九紫	满	牛	28	庚申	三碧	危	虚
十三	30	辛酉	三碧	开	斗	30	辛卯	一白	平	女	29	辛酉	四绿	成	危
十四	12月	壬戌	二黑	闭	牛	31	壬辰	二黑	定	虚	30	壬戌	五黄	收	室
十五	2	癸亥	一白	建	女	1月	癸巳	三碧	执	危	31	癸亥	六白	开	壁
十六	3	甲子	六白	除	虚	2	甲午	四绿	破	室	2月	甲子	一白	闭	奎
十七	4	乙丑	五黄	满	危	3	乙未	五黄	危	壁	2	乙丑	二黑	建	娄
十八	5	丙寅	四绿	平	室	4	丙申	六白	成	奎	3	丙寅	三碧	除	胃
十九	6	丁卯	三碧	定	壁	5	丁酉	七赤	成	娄	4	丁卯	四绿	除	昴
二十	7	戊辰	二黑	定	奎	6	戊戌	八白	收	胃	5	戊辰	五黄	满	毕
廿一	8	己巳	一白	执	娄	7	己亥	九紫	开	昴	6	己巳	六白	平	觜
廿二	9	庚午	九紫	破	胃	8	庚子	一白	闭	毕	7	庚午	七赤	定	参
廿三	10	辛未	八白	危	昴	9	辛丑	二黑	建	觜	8	辛未	八白	执	井
廿四	11	壬申	七赤	成	毕	10	壬寅	三碧	除	参	9	壬申	九紫	破	鬼
廿五	12	癸酉	六白	收	觜	11	癸卯	四绿	满	井	10	癸酉	一白	危	柳
廿六	13	甲戌	五黄	开	参	12	甲辰	五黄	平	鬼	11	甲戌	二黑	成	星
廿七	14	乙亥	四绿	闭	井	13	乙巳	六白	定	柳	12	乙亥	三碧	收	张
廿八	15	丙子	三碧	建	鬼	14	丙午	七赤	执	星	13	丙子	四绿	开	翼
廿九	16	丁丑	二黑	除	柳	15	丁未	八白	破	张	14	丁丑	五黄	闭	轸
三十	17	戊寅	一白	满	星	16	戊申	九紫	危	翼	15	戊寅	六白	建	角

公元2018年　戊戌狗年　太岁姜武 九星九紫

月份	正月小	甲寅 五黄 巽卦 角宿				二月大	乙卯 四绿 坎卦 亢宿				三月小	丙辰 三碧 艮卦 氐宿				四月大	丁巳 二黑 坤卦 房宿			
节气	雨水 2月19日 初四壬午 丑时 1时19分		惊蛰 3月5日 十八丙申 夜子时 23时29分			春分 3月21日 初五壬子 早子时 0时16分		清明 4月5日 二十丁卯 寅时 4时14分			谷雨 4月20日 初五壬午 午时 11时13分		立夏 5月5日 二十丁酉 亥时 21时26分			小满 5月21日 初七癸丑 巳时 10时15分		芒种 6月6日 廿三己巳 丑时 1时30分		
农历	公历	干支	九星	日建	星宿	公历	干支	九星	日建	星宿	公历	干支	九星	日建	星宿	公历	干支	九星	日建	星宿
初一	16	己卯	七赤	除	亢	17	戊申	六白	执	氐	16	戊寅	三碧	开	心	15	丁未	二黑	满	尾
初二	17	庚辰	八白	满	氐	18	己酉	七赤	破	房	17	己卯	四绿	闭	尾	16	戊申	三碧	平	箕
初三	18	辛巳	九紫	平	房	19	庚戌	八白	危	心	18	庚辰	五黄	建	箕	17	己酉	四绿	定	斗
初四	19	壬午	七赤	定	心	20	辛亥	九紫	成	尾	19	辛巳	六白	除	斗	18	庚戌	五黄	执	牛
初五	20	癸未	八白	执	尾	21	壬子	一白	收	箕	20	壬午	四绿	满	牛	19	辛亥	六白	破	女
初六	21	甲申	九紫	破	箕	22	癸丑	二黑	开	斗	21	癸未	五黄	平	女	20	壬子	七赤	危	虚
初七	22	乙酉	一白	危	斗	23	甲寅	三碧	闭	牛	22	甲申	六白	定	虚	21	癸丑	八白	成	危
初八	23	丙戌	二黑	成	牛	24	乙卯	四绿	建	女	23	乙酉	七赤	执	危	22	甲寅	九紫	收	室
初九	24	丁亥	三碧	收	女	25	丙辰	五黄	除	虚	24	丙戌	八白	破	室	23	乙卯	一白	开	壁
初十	25	戊子	四绿	开	虚	26	丁巳	六白	满	危	25	丁亥	九紫	危	壁	24	丙辰	二黑	闭	奎
十一	26	己丑	五黄	闭	危	27	戊午	七赤	平	室	26	戊子	一白	成	奎	25	丁巳	三碧	建	娄
十二	27	庚寅	六白	建	室	28	己未	八白	定	壁	27	己丑	二黑	收	娄	26	戊午	四绿	除	胃
十三	28	辛卯	七赤	除	壁	29	庚申	九紫	执	奎	28	庚寅	三碧	开	胃	27	己未	五黄	满	昴
十四	3月	壬辰	八白	满	奎	30	辛酉	一白	破	娄	29	辛卯	四绿	闭	昴	28	庚申	六白	平	毕
十五	2	癸巳	九紫	平	娄	31	壬戌	二黑	危	胃	30	壬辰	五黄	建	毕	29	辛酉	七赤	定	觜
十六	3	甲午	一白	定	胃	4月	癸亥	三碧	成	昴	5月	癸巳	六白	除	觜	30	壬戌	八白	执	参
十七	4	乙未	二黑	执	昴	2	甲子	七赤	收	毕	2	甲午	七赤	满	参	31	癸亥	九紫	破	井
十八	5	丙申	三碧	执	毕	3	乙丑	八白	开	觜	3	乙未	八白	平	井	6月	甲子	四绿	危	鬼
十九	6	丁酉	四绿	破	觜	4	丙寅	九紫	闭	参	4	丙申	九紫	定	鬼	2	乙丑	五黄	成	柳
二十	7	戊戌	五黄	危	参	5	丁卯	一白	闭	井	5	丁酉	一白	定	柳	3	丙寅	六白	收	星
廿一	8	己亥	六白	成	井	6	戊辰	二黑	建	鬼	6	戊戌	二黑	执	星	4	丁卯	七赤	开	张
廿二	9	庚子	七赤	收	鬼	7	己巳	三碧	除	柳	7	己亥	三碧	破	张	5	戊辰	八白	闭	翼
廿三	10	辛丑	八白	开	柳	8	庚午	四绿	满	星	8	庚子	四绿	危	翼	6	己巳	九紫	闭	轸
廿四	11	壬寅	九紫	闭	星	9	辛未	五黄	平	张	9	辛丑	五黄	成	轸	7	庚午	一白	建	角
廿五	12	癸卯	一白	建	张	10	壬申	六白	定	翼	10	壬寅	六白	收	角	8	辛未	二黑	除	亢
廿六	13	甲辰	二黑	除	翼	11	癸酉	七赤	执	轸	11	癸卯	七赤	开	亢	9	壬申	三碧	满	氐
廿七	14	乙巳	三碧	满	轸	12	甲戌	八白	破	角	12	甲辰	八白	闭	氐	10	癸酉	四绿	平	房
廿八	15	丙午	四绿	平	角	13	乙亥	九紫	危	亢	13	乙巳	九紫	建	房	11	甲戌	五黄	定	心
廿九	16	丁未	五黄	定	亢	14	丙子	一白	成	氐	14	丙午	一白	除	心	12	乙亥	六白	执	尾
三十						15	丁丑	二黑	收	房						13	丙子	七赤	破	箕

公元2018年 戊戌狗年 太岁姜武 九星九紫

月份	五月小		戊午 一白 乾卦 心宿			六月小		己未 九紫 兑卦 尾宿			七月大		庚申 八白 离卦 箕宿			八月小		辛酉 七赤 震卦 斗宿		
节气	夏至 6月21日 初八甲申 未时 13时08分			小暑 7月7日 廿四庚子 午时 11时42分		大暑 7月23日 十一丙辰 卯时 5时01分			立秋 8月7日 廿六辛未 亥时 21时31分		处暑 8月23日 十三丁亥 午时 12时09分			白露 9月8日 廿九癸卯 早子时 0时30分		秋分 9月23日 十四戊午 巳时 9时54分			寒露 10月8日 廿九癸酉 申时 16时15分	
农历	公历	干支	九星	日建	星宿	公历	干支	九星	日建	星宿	公历	干支	九星	日建	星宿	公历	干支	九星	日建	星宿
初一	14	丁丑	八白	危	斗	13	丙午	三碧	闭	牛	11	乙亥	七赤	平	女	10	乙巳	七赤	成	危
初二	15	戊寅	九紫	成	牛	14	丁未	二黑	建	女	12	丙子	六白	定	虚	11	丙午	六白	收	室
初三	16	己卯	一白	收	女	15	戊申	一白	除	虚	13	丁丑	五黄	执	危	12	丁未	五黄	开	壁
初四	17	庚辰	二黑	开	虚	16	己酉	九紫	满	危	14	戊寅	四绿	破	室	13	戊申	四绿	闭	奎
初五	18	辛巳	三碧	闭	危	17	庚戌	八白	平	室	15	己卯	三碧	危	壁	14	己酉	三碧	建	娄
初六	19	壬午	四绿	建	室	18	辛亥	七赤	定	壁	16	庚辰	二黑	成	奎	15	庚戌	二黑	除	胃
初七	20	癸未	五黄	除	壁	19	壬子	六白	执	奎	17	辛巳	一白	收	娄	16	辛亥	一白	满	昴
初八	21	甲申	七赤	满	奎	20	癸丑	五黄	破	娄	18	壬午	九紫	开	胃	17	壬子	九紫	平	毕
初九	22	乙酉	六白	平	娄	21	甲寅	四绿	危	胃	19	癸未	八白	闭	昴	18	癸丑	八白	定	觜
初十	23	丙戌	五黄	定	胃	22	乙卯	三碧	成	昴	20	甲申	七赤	建	毕	19	甲寅	七赤	执	参
十一	24	丁亥	四绿	执	昴	23	丙辰	二黑	收	毕	21	乙酉	六白	除	觜	20	乙卯	六白	破	井
十二	25	戊子	三碧	破	毕	24	丁巳	一白	开	觜	22	丙戌	五黄	满	参	21	丙辰	五黄	危	鬼
十三	26	己丑	二黑	危	觜	25	戊午	九紫	闭	参	23	丁亥	七赤	平	井	22	丁巳	四绿	成	柳
十四	27	庚寅	一白	成	参	26	己未	八白	建	井	24	戊子	六白	定	鬼	23	戊午	三碧	收	星
十五	28	辛卯	九紫	收	井	27	庚申	七赤	除	鬼	25	己丑	五黄	执	柳	24	己未	二黑	开	张
十六	29	壬辰	八白	开	鬼	28	辛酉	六白	满	柳	26	庚寅	四绿	破	星	25	庚申	一白	闭	翼
十七	30	癸巳	七赤	闭	柳	29	壬戌	五黄	平	星	27	辛卯	三碧	危	张	26	辛酉	九紫	建	轸
十八	7月	甲午	六白	建	星	30	癸亥	四绿	定	张	28	壬辰	二黑	成	翼	27	壬戌	八白	除	角
十九	2	乙未	五黄	除	张	31	甲子	九紫	执	翼	29	癸巳	一白	收	轸	28	癸亥	七赤	满	亢
二十	3	丙申	四绿	满	翼	8月	乙丑	八白	破	轸	30	甲午	九紫	开	角	29	甲子	三碧	平	氐
廿一	4	丁酉	三碧	平	轸	2	丙寅	七赤	危	角	31	乙未	八白	闭	亢	30	乙丑	二黑	定	房
廿二	5	戊戌	二黑	定	角	3	丁卯	六白	成	亢	9月	丙申	七赤	建	氐	10月	丙寅	一白	执	心
廿三	6	己亥	一白	执	亢	4	戊辰	五黄	收	氐	2	丁酉	六白	除	房	2	丁卯	九紫	破	尾
廿四	7	庚子	九紫	执	氐	5	己巳	四绿	开	房	3	戊戌	五黄	满	心	3	戊辰	八白	危	箕
廿五	8	辛丑	八白	破	房	6	庚午	三碧	闭	心	4	己亥	四绿	平	尾	4	己巳	七赤	成	斗
廿六	9	壬寅	七赤	危	心	7	辛未	二黑	闭	尾	5	庚子	三碧	定	箕	5	庚午	六白	收	牛
廿七	10	癸卯	六白	成	尾	8	壬申	一白	建	箕	6	辛丑	二黑	执	斗	6	辛未	五黄	开	女
廿八	11	甲辰	五黄	收	箕	9	癸酉	九紫	除	斗	7	壬寅	一白	破	牛	7	壬申	四绿	闭	虚
廿九	12	乙巳	四绿	开	斗	10	甲戌	八白	满	牛	8	癸卯	九紫	破	女	8	癸酉	三碧	闭	危
三十											9	甲辰	八白	危	虚					

公元2018年　戊戌狗年　太岁姜武　九星九紫

月份	九月大	壬戌 六白 巽卦 牛宿				十月小	癸亥 五黄 坎卦 女宿				十一月大	甲子 四绿 艮卦 虚宿				十二月大	乙丑 三碧 坤卦 危宿			
节气	霜降 10月23日 十五戊子 戌时 19时22分		立冬 11月7日 三十癸卯 戌时 19时32分			小雪 11月22日 十五戊午 酉时 17时01分					大雪 12月7日 初一癸酉 午时 12时26分		冬至 12月22日 十六戊子 卯时 6时23分			小寒 1月5日 三十壬寅 夜子时 23时39分		大寒 1月20日 十五丁巳 酉时 17时00分		
农历	公历	干支	九星	日建	星宿	公历	干支	九星	日建	星宿	公历	干支	九星	日建	星宿	公历	干支	九星	日建	星宿
初一	9	甲戌	二黑	建	室	8	甲辰	二黑	执	奎	7	癸酉	六白	收	娄	6	癸卯	四绿	满	昴
初二	10	乙亥	一白	除	壁	9	乙巳	一白	破	娄	8	甲戌	五黄	开	胃	7	甲辰	五黄	平	毕
初三	11	丙子	九紫	满	奎	10	丙午	九紫	危	胃	9	乙亥	四绿	闭	昴	8	乙巳	六白	定	觜
初四	12	丁丑	八白	平	娄	11	丁未	八白	成	昴	10	丙子	三碧	建	毕	9	丙午	七赤	执	参
初五	13	戊寅	七赤	定	胃	12	戊申	七赤	收	毕	11	丁丑	二黑	除	觜	10	丁未	八白	破	井
初六	14	己卯	六白	执	昴	13	己酉	六白	开	觜	12	戊寅	一白	满	参	11	戊申	九紫	危	鬼
初七	15	庚辰	五黄	破	毕	14	庚戌	五黄	闭	参	13	己卯	九紫	平	井	12	己酉	一白	成	柳
初八	16	辛巳	四绿	危	觜	15	辛亥	四绿	建	井	14	庚辰	八白	定	鬼	13	庚戌	二黑	收	星
初九	17	壬午	三碧	成	参	16	壬子	三碧	除	鬼	15	辛巳	七赤	执	柳	14	辛亥	三碧	开	张
初十	18	癸未	二黑	收	井	17	癸丑	二黑	满	柳	16	壬午	六白	破	星	15	壬子	四绿	闭	翼
十一	19	甲申	一白	开	鬼	18	甲寅	一白	平	星	17	癸未	五黄	危	张	16	癸丑	五黄	建	轸
十二	20	乙酉	九紫	闭	柳	19	乙卯	九紫	定	张	18	甲申	四绿	成	翼	17	甲寅	六白	除	角
十三	21	丙戌	八白	建	星	20	丙辰	八白	执	翼	19	乙酉	三碧	收	轸	18	乙卯	七赤	满	亢
十四	22	丁亥	七赤	除	张	21	丁巳	七赤	破	轸	20	丙戌	二黑	开	角	19	丙辰	八白	平	氐
十五	23	戊子	九紫	满	翼	22	戊午	六白	危	角	21	丁亥	一白	闭	亢	20	丁巳	九紫	定	房
十六	24	己丑	八白	平	轸	23	己未	五黄	成	亢	22	戊子	七赤	建	氐	21	戊午	一白	执	心
十七	25	庚寅	七赤	定	角	24	庚申	四绿	收	氐	23	己丑	八白	除	房	22	己未	二黑	破	尾
十八	26	辛卯	六白	执	亢	25	辛酉	三碧	开	房	24	庚寅	九紫	满	心	23	庚申	三碧	危	箕
十九	27	壬辰	五黄	破	氐	26	壬戌	二黑	闭	心	25	辛卯	一白	平	尾	24	辛酉	四绿	成	斗
二十	28	癸巳	四绿	危	房	27	癸亥	一白	建	尾	26	壬辰	二黑	定	箕	25	壬戌	五黄	收	牛
廿一	29	甲午	三碧	成	心	28	甲子	六白	除	箕	27	癸巳	三碧	执	斗	26	癸亥	六白	开	女
廿二	30	乙未	二黑	收	尾	29	乙丑	五黄	满	斗	28	甲午	四绿	破	牛	27	甲子	一白	闭	虚
廿三	31	丙申	一白	开	箕	30	丙寅	四绿	平	牛	29	乙未	五黄	危	女	28	乙丑	二黑	建	危
廿四	11月	丁酉	九紫	闭	斗	12月	丁卯	三碧	定	女	30	丙申	六白	成	虚	29	丙寅	三碧	除	室
廿五	2	戊戌	八白	建	牛	2	戊辰	二黑	执	虚	31	丁酉	七赤	收	危	30	丁卯	四绿	满	壁
廿六	3	己亥	七赤	除	女	3	己巳	一白	破	危	1月	戊戌	八白	开	室	31	戊辰	五黄	平	奎
廿七	4	庚子	六白	满	虚	4	庚午	九紫	危	室	2	己亥	九紫	闭	壁	2月	己巳	六白	定	娄
廿八	5	辛丑	五黄	平	危	5	辛未	八白	成	壁	3	庚子	一白	建	奎	2	庚午	七赤	执	胃
廿九	6	壬寅	四绿	定	室	6	壬申	七赤	收	奎	4	辛丑	二黑	除	娄	3	辛未	八白	破	昴
三十	7	癸卯	三碧	定	壁						5	壬寅	三碧	除	胃	4	壬申	九紫	破	毕

公元2019年 己亥猪年 太岁谢寿 九星八白

月份	正月大		丙寅 二黑 坎卦 室宿			二月小		丁卯 一白 艮卦 壁宿			三月大		戊辰 九紫 坤卦 奎宿			四月小		己巳 八白 乾卦 娄宿		
节气	立春 2月4日 三十壬申 午时 11时15分		雨水 2月19日 十五丁亥 辰时 7时04分			惊蛰 3月6日 三十壬寅 卯时 5时10分		春分 3月21日 十五丁巳 卯时 5时59分			清明 4月5日 初一壬申 巳时 9时51分		谷雨 4月20日 十六丁亥 申时 16时55分			立夏 5月6日 初二癸卯 寅时 3时03分		小满 5月21日 十七戊午 申时 15时59分		
农历	公历	干支	九星	日建	星宿	公历	干支	九星	日建	星宿	公历	干支	九星	日建	星宿	公历	干支	九星	日建	星宿
初一	5	癸酉	一白	危	觜	7	癸卯	一白	建	井	5	壬申	六白	定	鬼	5	壬寅	六白	开	星
初二	6	甲戌	二黑	成	参	8	甲辰	二黑	除	鬼	6	癸酉	七赤	执	柳	6	癸卯	七赤	开	张
初三	7	乙亥	三碧	收	井	9	乙巳	三碧	满	柳	7	甲戌	八白	破	星	7	甲辰	八白	闭	翼
初四	8	丙子	四绿	开	鬼	10	丙午	四绿	平	星	8	乙亥	九紫	危	张	8	乙巳	九紫	建	轸
初五	9	丁丑	五黄	闭	柳	11	丁未	五黄	定	张	9	丙子	一白	成	翼	9	丙午	一白	除	角
初六	10	戊寅	六白	建	星	12	戊申	六白	执	翼	10	丁丑	二黑	收	轸	10	丁未	二黑	满	亢
初七	11	己卯	七赤	除	张	13	己酉	七赤	破	轸	11	戊寅	三碧	开	角	11	戊申	三碧	平	氐
初八	12	庚辰	八白	满	翼	14	庚戌	八白	危	角	12	己卯	四绿	闭	亢	12	己酉	四绿	定	房
初九	13	辛巳	九紫	平	轸	15	辛亥	九紫	成	亢	13	庚辰	五黄	建	氐	13	庚戌	五黄	执	心
初十	14	壬午	一白	定	角	16	壬子	一白	收	氐	14	辛巳	六白	除	房	14	辛亥	六白	破	尾
十一	15	癸未	二黑	执	亢	17	癸丑	二黑	开	房	15	壬午	七赤	满	心	15	壬子	七赤	危	箕
十二	16	甲申	三碧	破	氐	18	甲寅	三碧	闭	心	16	癸未	八白	平	尾	16	癸丑	八白	成	斗
十三	17	乙酉	四绿	危	房	19	乙卯	四绿	建	尾	17	甲申	九紫	定	箕	17	甲寅	九紫	收	牛
十四	18	丙戌	五黄	成	心	20	丙辰	五黄	除	箕	18	乙酉	一白	执	斗	18	乙卯	一白	开	女
十五	19	丁亥	三碧	收	尾	21	丁巳	六白	满	斗	19	丙戌	二黑	破	牛	19	丙辰	二黑	闭	虚
十六	20	戊子	四绿	开	箕	22	戊午	七赤	平	牛	20	丁亥	九紫	危	女	20	丁巳	三碧	建	危
十七	21	己丑	五黄	闭	斗	23	己未	八白	定	女	21	戊子	一白	成	虚	21	戊午	四绿	除	室
十八	22	庚寅	六白	建	牛	24	庚申	九紫	执	虚	22	己丑	二黑	收	危	22	己未	五黄	满	壁
十九	23	辛卯	七赤	除	女	25	辛酉	一白	破	危	23	庚寅	三碧	开	室	23	庚申	六白	平	奎
二十	24	壬辰	八白	满	虚	26	壬戌	二黑	危	室	24	辛卯	四绿	闭	壁	24	辛酉	七赤	定	娄
廿一	25	癸巳	九紫	平	危	27	癸亥	三碧	成	壁	25	壬辰	五黄	建	奎	25	壬戌	八白	执	胃
廿二	26	甲午	一白	定	室	28	甲子	七赤	收	奎	26	癸巳	六白	除	娄	26	癸亥	九紫	破	昴
廿三	27	乙未	二黑	执	壁	29	乙丑	八白	开	娄	27	甲午	七赤	满	胃	27	甲子	四绿	危	毕
廿四	28	丙申	三碧	破	奎	30	丙寅	九紫	闭	胃	28	乙未	八白	平	昴	28	乙丑	五黄	成	觜
廿五	3月	丁酉	四绿	危	娄	31	丁卯	一白	建	昴	29	丙申	九紫	定	毕	29	丙寅	六白	收	参
廿六	2	戊戌	五黄	成	胃	4月	戊辰	二黑	除	毕	30	丁酉	一白	执	觜	30	丁卯	七赤	开	井
廿七	3	己亥	六白	收	昴	2	己巳	三碧	满	觜	5月	戊戌	二黑	破	参	31	戊辰	八白	闭	鬼
廿八	4	庚子	七赤	开	毕	3	庚午	四绿	平	参	2	己亥	三碧	危	井	6月	己巳	九紫	建	柳
廿九	5	辛丑	八白	闭	觜	4	辛未	五黄	定	井	3	庚子	四绿	成	鬼	2	庚午	一白	除	星
三十	6	壬寅	九紫	闭	参						4	辛丑	五黄	收	柳					

公元2019年　己亥猪年　太岁谢寿　九星八白

月份	五月大		庚午 七赤 兑卦 胃宿			六月小		辛未 六白 离卦 昴宿			七月小		壬申 五黄 震卦 毕宿			八月大		癸酉 四绿 巽卦 觜宿		
节气	芒种 6月6日 初四甲戌 辰时 7时06分			夏至 6月21日 十九己丑 夜子时 23时55分		小暑 7月7日 初五乙巳 酉时 17时21分			大暑 7月23日 廿一辛酉 巳时 10时51分		立秋 8月8日 初八丁丑 寅时 3时13分			处暑 8月23日 廿三壬辰 酉时 18时02分		白露 9月8日 初十戊申 卯时 6时17分			秋分 9月23日 廿五癸亥 申时 15时50分	
农历	公历	干支	九星	日建	星宿	公历	干支	九星	日建	星宿	公历	干支	九星	日建	星宿	公历	干支	九星	日建	星宿
初一	3	辛未	二黑	满	张	3	辛丑	八白	危	轸	8月	庚午	三碧	闭	角	30	己亥	四绿	平	亢
初二	4	壬申	三碧	平	翼	4	壬寅	七赤	成	角	2	辛未	二黑	建	亢	31	庚子	三碧	定	氐
初三	5	癸酉	四绿	定	轸	5	癸卯	六白	收	亢	3	壬申	一白	除	氐	9月	辛丑	二黑	执	房
初四	6	甲戌	五黄	定	角	6	甲辰	五黄	开	氐	4	癸酉	九紫	满	房	2	壬寅	一白	破	心
初五	7	乙亥	六白	执	亢	7	乙巳	四绿	开	房	5	甲戌	八白	平	心	3	癸卯	九紫	危	尾
初六	8	丙子	七赤	破	氐	8	丙午	三碧	闭	心	6	乙亥	七赤	定	尾	4	甲辰	八白	成	箕
初七	9	丁丑	八白	危	房	9	丁未	二黑	建	尾	7	丙子	六白	执	箕	5	乙巳	七赤	收	斗
初八	10	戊寅	九紫	成	心	10	戊申	一白	除	箕	8	丁丑	五黄	执	斗	6	丙午	六白	开	牛
初九	11	己卯	一白	收	尾	11	己酉	九紫	满	斗	9	戊寅	四绿	破	牛	7	丁未	五黄	闭	女
初十	12	庚辰	二黑	开	箕	12	庚戌	八白	平	牛	10	己卯	三碧	危	女	8	戊申	四绿	闭	虚
十一	13	辛巳	三碧	闭	斗	13	辛亥	七赤	定	女	11	庚辰	二黑	成	虚	9	己酉	三碧	建	危
十二	14	壬午	四绿	建	牛	14	壬子	六白	执	虚	12	辛巳	一白	收	危	10	庚戌	二黑	除	室
十三	15	癸未	五黄	除	女	15	癸丑	五黄	破	危	13	壬午	九紫	开	室	11	辛亥	一白	满	壁
十四	16	甲申	六白	满	虚	16	甲寅	四绿	危	室	14	癸未	八白	闭	壁	12	壬子	九紫	平	奎
十五	17	乙酉	七赤	平	危	17	乙卯	三碧	成	壁	15	甲申	七赤	建	奎	13	癸丑	八白	定	娄
十六	18	丙戌	八白	定	室	18	丙辰	二黑	收	奎	16	乙酉	六白	除	娄	14	甲寅	七赤	执	胃
十七	19	丁亥	九紫	执	壁	19	丁巳	一白	开	娄	17	丙戌	五黄	满	胃	15	乙卯	六白	破	昴
十八	20	戊子	一白	破	奎	20	戊午	九紫	闭	胃	18	丁亥	四绿	平	昴	16	丙辰	五黄	危	毕
十九	21	己丑	二黑	危	娄	21	己未	八白	建	昴	19	戊子	三碧	定	毕	17	丁巳	四绿	成	觜
二十	22	庚寅	一白	成	胃	22	庚申	七赤	除	毕	20	己丑	二黑	执	觜	18	戊午	三碧	收	参
廿一	23	辛卯	九紫	收	昴	23	辛酉	六白	满	觜	21	庚寅	一白	破	参	19	己未	二黑	开	井
廿二	24	壬辰	八白	开	毕	24	壬戌	五黄	平	参	22	辛卯	九紫	危	井	20	庚申	一白	闭	鬼
廿三	25	癸巳	七赤	闭	觜	25	癸亥	四绿	定	井	23	壬辰	二黑	成	鬼	21	辛酉	九紫	建	柳
廿四	26	甲午	六白	建	参	26	甲子	九紫	执	鬼	24	癸巳	一白	收	柳	22	壬戌	八白	除	星
廿五	27	乙未	五黄	除	井	27	乙丑	八白	破	柳	25	甲午	九紫	开	星	23	癸亥	七赤	满	张
廿六	28	丙申	四绿	满	鬼	28	丙寅	七赤	危	星	26	乙未	八白	闭	张	24	甲子	三碧	平	翼
廿七	29	丁酉	三碧	平	柳	29	丁卯	六白	成	张	27	丙申	七赤	建	翼	25	乙丑	二黑	定	轸
廿八	30	戊戌	二黑	定	星	30	戊辰	五黄	收	翼	28	丁酉	六白	除	轸	26	丙寅	一白	执	角
廿九	7月	己亥	一白	执	张	31	己巳	四绿	开	轸	29	戊戌	五黄	满	角	27	丁卯	九紫	破	亢
三十	2	庚子	九紫	破	翼											28	戊辰	八白	危	氐

公元2019年 己亥猪年 太岁谢寿 九星八白

月份	九月小 甲戌 三碧 坎卦 参宿					十月小 乙亥 二黑 艮卦 井宿					十一月大 丙子 一白 坤卦 鬼宿					十二月大 丁丑 九紫 乾卦 柳宿				
节气	寒露 10月8日 初十戊寅 亥时 22时06分		霜降 10月24日 廿六甲午 丑时 1时20分			立冬 11月8日 十二己酉 丑时 1时25分		小雪 11月22日 廿六癸亥 亥时 22时59分			大雪 12月7日 十二戊寅 酉时 18时19分		冬至 12月22日 廿七癸巳 午时 12时20分			小寒 1月6日 十二戊申 卯时 5时31分		大寒 1月20日 廿六壬戌 亥时 22时56分		
农历	公历	干支	九星	日建	星宿	公历	干支	九星	日建	星宿	公历	干支	九星	日建	星宿	公历	干支	九星	日建	星宿
初一	29	己巳	七赤	成	房	28	戊戌	八白	建	心	26	丁卯	三碧	定	尾	26	丁酉	七赤	收	斗
初二	30	庚午	六白	收	心	29	己亥	七赤	除	尾	27	戊辰	二黑	执	箕	27	戊戌	八白	开	牛
初三	10月	辛未	五黄	开	尾	30	庚子	六白	满	箕	28	己巳	一白	破	斗	28	己亥	九紫	闭	女
初四	2	壬申	四绿	闭	箕	31	辛丑	五黄	平	斗	29	庚午	九紫	危	牛	29	庚子	一白	建	虚
初五	3	癸酉	三碧	建	斗	11月	壬寅	四绿	定	牛	30	辛未	八白	成	女	30	辛丑	二黑	除	危
初六	4	甲戌	二黑	除	牛	2	癸卯	三碧	执	女	12月	壬申	七赤	收	虚	31	壬寅	三碧	满	室
初七	5	乙亥	一白	满	女	3	甲辰	二黑	破	虚	2	癸酉	六白	开	危	1月	癸卯	四绿	平	壁
初八	6	丙子	九紫	平	虚	4	乙巳	一白	危	危	3	甲戌	五黄	闭	室	2	甲辰	五黄	定	奎
初九	7	丁丑	八白	定	危	5	丙午	九紫	成	室	4	乙亥	四绿	建	壁	3	乙巳	六白	执	娄
初十	8	戊寅	七赤	定	室	6	丁未	八白	收	壁	5	丙子	三碧	除	奎	4	丙午	七赤	破	胃
十一	9	己卯	六白	执	壁	7	戊申	七赤	开	奎	6	丁丑	二黑	满	娄	5	丁未	八白	危	昴
十二	10	庚辰	五黄	破	奎	8	己酉	六白	开	娄	7	戊寅	一白	满	胃	6	戊申	九紫	危	毕
十三	11	辛巳	四绿	危	娄	9	庚戌	五黄	闭	胃	8	己卯	九紫	平	昴	7	己酉	一白	成	觜
十四	12	壬午	三碧	成	胃	10	辛亥	四绿	建	昴	9	庚辰	八白	定	毕	8	庚戌	二黑	收	参
十五	13	癸未	二黑	收	昴	11	壬子	三碧	除	毕	10	辛巳	七赤	执	觜	9	辛亥	三碧	开	井
十六	14	甲申	一白	开	毕	12	癸丑	二黑	满	觜	11	壬午	六白	破	参	10	壬子	四绿	闭	鬼
十七	15	乙酉	九紫	闭	觜	13	甲寅	一白	平	参	12	癸未	五黄	危	井	11	癸丑	五黄	建	柳
十八	16	丙戌	八白	建	参	14	乙卯	九紫	定	井	13	甲申	四绿	成	鬼	12	甲寅	六白	除	星
十九	17	丁亥	七赤	除	井	15	丙辰	八白	执	鬼	14	乙酉	三碧	收	柳	13	乙卯	七赤	满	张
二十	18	戊子	六白	满	鬼	16	丁巳	七赤	破	柳	15	丙戌	二黑	开	星	14	丙辰	八白	平	翼
廿一	19	己丑	五黄	平	柳	17	戊午	六白	危	星	16	丁亥	一白	闭	张	15	丁巳	九紫	定	轸
廿二	20	庚寅	四绿	定	星	18	己未	五黄	成	张	17	戊子	九紫	建	翼	16	戊午	一白	执	角
廿三	21	辛卯	三碧	执	张	19	庚申	四绿	收	翼	18	己丑	八白	除	轸	17	己未	二黑	破	亢
廿四	22	壬辰	二黑	破	翼	20	辛酉	三碧	开	轸	19	庚寅	七赤	满	角	18	庚申	三碧	危	氐
廿五	23	癸巳	一白	危	轸	21	壬戌	二黑	闭	角	20	辛卯	六白	平	亢	19	辛酉	四绿	成	房
廿六	24	甲午	三碧	成	角	22	癸亥	一白	建	亢	21	壬辰	五黄	定	氐	20	壬戌	五黄	收	心
廿七	25	乙未	二黑	收	亢	23	甲子	六白	除	氐	22	癸巳	三碧	执	房	21	癸亥	六白	开	尾
廿八	26	丙申	一白	开	氐	24	乙丑	五黄	满	房	23	甲午	四绿	破	心	22	甲子	一白	闭	箕
廿九	27	丁酉	九紫	闭	房	25	丙寅	四绿	平	心	24	乙未	五黄	危	尾	23	乙丑	二黑	建	斗
三十											25	丙申	六白	成	箕	24	丙寅	三碧	除	牛

公元2020年 庚子鼠年（闰四月） 太岁虞起 九星七赤

月份	正月小	戊寅 八白 离卦 星宿				二月大	己卯 七赤 震卦 张宿				三月大	庚辰 六白 巽卦 翼宿				四月大	辛巳 五黄 坎卦 轸宿			
节气	立春 2月4日 十一丁丑 酉时 17时04分			雨水 2月19日 廿六壬辰 午时 12时58分		惊蛰 3月5日 十二丁未 巳时 10时58分			春分 3月20日 廿七壬戌 午时 11时51分		清明 4月4日 十二丁丑 申时 15时40分			谷雨 4月19日 廿七壬辰 亥时 22时47分		立夏 5月5日 十三戊申 辰时 8时53分			小满 5月20日 廿八癸亥 亥时 21时50分	
农历	公历	干支	九星	日建	星宿	公历	干支	九星	日建	星宿	公历	干支	九星	日建	星宿	公历	干支	九星	日建	星宿
初一	25	丁卯	四绿	满	女	23	丙申	三碧	破	虚	24	丙寅	九紫	闭	室	23	丙申	九紫	定	奎
初二	26	戊辰	五黄	平	虚	24	丁酉	四绿	危	危	25	丁卯	一白	建	壁	24	丁酉	一白	执	娄
初三	27	己巳	六白	定	危	25	戊戌	五黄	成	室	26	戊辰	二黑	除	奎	25	戊戌	二黑	破	胃
初四	28	庚午	七赤	执	室	26	己亥	六白	收	壁	27	己巳	三碧	满	娄	26	己亥	三碧	危	昴
初五	29	辛未	八白	破	壁	27	庚子	七赤	开	奎	28	庚午	四绿	平	胃	27	庚子	四绿	成	毕
初六	30	壬申	九紫	危	奎	28	辛丑	八白	闭	娄	29	辛未	五黄	定	昴	28	辛丑	五黄	收	觜
初七	31	癸酉	一白	成	娄	29	壬寅	九紫	建	胃	30	壬申	六白	执	毕	29	壬寅	六白	开	参
初八	2月	甲戌	二黑	收	胃	3月	癸卯	一白	除	昴	31	癸酉	七赤	破	觜	30	癸卯	七赤	闭	井
初九	2	乙亥	三碧	开	昴	2	甲辰	二黑	满	毕	4月	甲戌	八白	危	参	5月	甲辰	八白	建	鬼
初十	3	丙子	四绿	闭	毕	3	乙巳	三碧	平	觜	2	乙亥	九紫	成	井	2	乙巳	九紫	除	柳
十一	4	丁丑	五黄	闭	觜	4	丙午	四绿	定	参	3	丙子	一白	收	鬼	3	丙午	一白	满	星
十二	5	戊寅	六白	建	参	5	丁未	五黄	定	井	4	丁丑	二黑	收	柳	4	丁未	二黑	平	张
十三	6	己卯	七赤	除	井	6	戊申	六白	执	鬼	5	戊寅	三碧	开	星	5	戊申	三碧	平	翼
十四	7	庚辰	八白	满	鬼	7	己酉	七赤	破	柳	6	己卯	四绿	闭	张	6	己酉	四绿	定	轸
十五	8	辛巳	九紫	平	柳	8	庚戌	八白	危	星	7	庚辰	五黄	建	翼	7	庚戌	五黄	执	角
十六	9	壬午	一白	定	星	9	辛亥	九紫	成	张	8	辛巳	六白	除	轸	8	辛亥	六白	破	亢
十七	10	癸未	二黑	执	张	10	壬子	一白	收	翼	9	壬午	七赤	满	角	9	壬子	七赤	危	氐
十八	11	甲申	三碧	破	翼	11	癸丑	二黑	开	轸	10	癸未	八白	平	亢	10	癸丑	八白	成	房
十九	12	乙酉	四绿	危	轸	12	甲寅	三碧	闭	角	11	甲申	九紫	定	氐	11	甲寅	九紫	收	心
二十	13	丙戌	五黄	成	角	13	乙卯	四绿	建	亢	12	乙酉	一白	执	房	12	乙卯	一白	开	尾
廿一	14	丁亥	六白	收	亢	14	丙辰	五黄	除	氐	13	丙戌	二黑	破	心	13	丙辰	二黑	闭	箕
廿二	15	戊子	七赤	开	氐	15	丁巳	六白	满	房	14	丁亥	三碧	危	尾	14	丁巳	三碧	建	斗
廿三	16	己丑	八白	闭	房	16	戊午	七赤	平	心	15	戊子	四绿	成	箕	15	戊午	四绿	除	牛
廿四	17	庚寅	九紫	建	心	17	己未	八白	定	尾	16	己丑	五黄	收	斗	16	己未	五黄	满	女
廿五	18	辛卯	一白	除	尾	18	庚申	九紫	执	箕	17	庚寅	六白	开	牛	17	庚申	六白	平	虚
廿六	19	壬辰	八白	满	箕	19	辛酉	一白	破	斗	18	辛卯	七赤	闭	女	18	辛酉	七赤	定	危
廿七	20	癸巳	九紫	平	斗	20	壬戌	二黑	危	牛	19	壬辰	五黄	建	虚	19	壬戌	八白	执	室
廿八	21	甲午	一白	定	牛	21	癸亥	三碧	成	女	20	癸巳	六白	除	危	20	癸亥	九紫	破	壁
廿九	22	乙未	二黑	执	女	22	甲子	七赤	收	虚	21	甲午	七赤	满	室	21	甲子	四绿	危	奎
三十						23	乙丑	八白	开	危	22	乙未	八白	平	壁	22	乙丑	五黄	成	娄

公元2020年 庚子鼠年（闰四月） 太岁虞起 九星七赤

月份	闰四月小					五月大 壬午 四绿 艮卦 角宿					六月小 癸未 三碧 坤卦 亢宿				
节气	芒种 6月5日 十四己卯 午时 12时59分					夏至 6月21日 初一乙未 卯时 5时44分；小暑 7月6日 十六庚戌 夜子时 23时15分					大暑 7月22日 初二丙寅 申时 16时38分；立秋 8月7日 十八壬午 巳时 9时07分				
农历	公历	干支	九星	日建	星宿	公历	干支	九星	日建	星宿	公历	干支	九星	日建	星宿
初一	23	丙寅	六白	收	胃	21	乙未	五黄	除	昴	21	乙丑	八白	破	觜
初二	24	丁卯	七赤	开	昴	22	丙申	四绿	满	毕	22	丙寅	七赤	危	参
初三	25	戊辰	八白	闭	毕	23	丁酉	三碧	平	觜	23	丁卯	六白	成	井
初四	26	己巳	九紫	建	觜	24	戊戌	二黑	定	参	24	戊辰	五黄	收	鬼
初五	27	庚午	一白	除	参	25	己亥	一白	执	井	25	己巳	四绿	开	柳
初六	28	辛未	二黑	满	井	26	庚子	九紫	破	鬼	26	庚午	三碧	闭	星
初七	29	壬申	三碧	平	鬼	27	辛丑	八白	危	柳	27	辛未	二黑	建	张
初八	30	癸酉	四绿	定	柳	28	壬寅	七赤	成	星	28	壬申	一白	除	翼
初九	31	甲戌	五黄	执	星	29	癸卯	六白	收	张	29	癸酉	九紫	满	轸
初十	6月	乙亥	六白	破	张	30	甲辰	五黄	开	翼	30	甲戌	八白	平	角
十一	2	丙子	七赤	危	翼	7月	乙巳	四绿	闭	轸	31	乙亥	七赤	定	亢
十二	3	丁丑	八白	成	轸	2	丙午	三碧	建	角	8月	丙子	六白	执	氐
十三	4	戊寅	九紫	收	角	3	丁未	二黑	除	亢	2	丁丑	五黄	破	房
十四	5	己卯	一白	收	亢	4	戊申	一白	满	氐	3	戊寅	四绿	危	心
十五	6	庚辰	二黑	开	氐	5	己酉	九紫	平	房	4	己卯	三碧	成	尾
十六	7	辛巳	三碧	闭	房	6	庚戌	八白	平	心	5	庚辰	二黑	收	箕
十七	8	壬午	四绿	建	心	7	辛亥	七赤	定	尾	6	辛巳	一白	开	斗
十八	9	癸未	五黄	除	尾	8	壬子	六白	执	箕	7	壬午	九紫	开	牛
十九	10	甲申	六白	满	箕	9	癸丑	五黄	破	斗	8	癸未	八白	闭	女
二十	11	乙酉	七赤	平	斗	10	甲寅	四绿	危	牛	9	甲申	七赤	建	虚
廿一	12	丙戌	八白	定	牛	11	乙卯	三碧	成	女	10	乙酉	六白	除	危
廿二	13	丁亥	九紫	执	女	12	丙辰	二黑	收	虚	11	丙戌	五黄	满	室
廿三	14	戊子	一白	破	虚	13	丁巳	一白	开	危	12	丁亥	四绿	平	壁
廿四	15	己丑	二黑	危	危	14	戊午	九紫	闭	室	13	戊子	三碧	定	奎
廿五	16	庚寅	三碧	成	室	15	己未	八白	建	壁	14	己丑	二黑	执	娄
廿六	17	辛卯	四绿	收	壁	16	庚申	七赤	除	奎	15	庚寅	一白	破	胃
廿七	18	壬辰	五黄	开	奎	17	辛酉	六白	满	娄	16	辛卯	九紫	危	昴
廿八	19	癸巳	六白	闭	娄	18	壬戌	五黄	平	胃	17	壬辰	八白	成	毕
廿九	20	甲午	七赤	建	胃	19	癸亥	四绿	定	昴	18	癸巳	七赤	收	觜
三十						20	甲子	九紫	执	毕					

公元2020年　庚子鼠年（闰四月）　太岁虞起 九星七赤

月份	七月小	甲申 二黑 乾卦 氐宿				八月大	乙酉 一白 兑卦 房宿				九月小	丙戌 九紫 离卦 心宿			
节气	处暑 8月22日 初四丁酉 夜子时 23时46分		白露 9月7日 二十癸丑 午时 12时09分			秋分 9月22日 初六戊辰 亥时 21时31分		寒露 10月8日 廿二甲申 寅时 3时56分			霜降 10月23日 初七己亥 辰时 7时00分		立冬 11月7日 廿二甲寅 辰时 7时14分		
农历	公历	干支	九星	日建	星宿	公历	干支	九星	日建	星宿	公历	干支	九星	日建	星宿
初一	19	甲午	六白	开	参	17	癸亥	七赤	满	井	17	癸巳	一白	危	柳
初二	20	乙未	五黄	闭	井	18	甲子	三碧	平	鬼	18	甲午	九紫	成	星
初三	21	丙申	四绿	建	鬼	19	乙丑	二黑	定	柳	19	乙未	八白	收	张
初四	22	丁酉	六白	除	柳	20	丙寅	一白	执	星	20	丙申	七赤	开	翼
初五	23	戊戌	五黄	满	星	21	丁卯	九紫	破	张	21	丁酉	六白	闭	轸
初六	24	己亥	四绿	平	张	22	戊辰	八白	危	翼	22	戊戌	五黄	建	角
初七	25	庚子	三碧	定	翼	23	己巳	七赤	成	轸	23	己亥	七赤	除	亢
初八	26	辛丑	二黑	执	轸	24	庚午	六白	收	角	24	庚子	六白	满	氐
初九	27	壬寅	一白	破	角	25	辛未	五黄	开	亢	25	辛丑	五黄	平	房
初十	28	癸卯	九紫	危	亢	26	壬申	四绿	闭	氐	26	壬寅	四绿	定	心
十一	29	甲辰	八白	成	氐	27	癸酉	三碧	建	房	27	癸卯	三碧	执	尾
十二	30	乙巳	七赤	收	房	28	甲戌	二黑	除	心	28	甲辰	二黑	破	箕
十三	31	丙午	六白	开	心	29	乙亥	一白	满	尾	29	乙巳	一白	危	斗
十四	9月	丁未	五黄	闭	尾	30	丙子	九紫	平	箕	30	丙午	九紫	成	牛
十五	2	戊申	四绿	建	箕	10月	丁丑	八白	定	斗	31	丁未	八白	收	女
十六	3	己酉	三碧	除	斗	2	戊寅	七赤	执	牛	11月	戊申	七赤	开	虚
十七	4	庚戌	二黑	满	牛	3	己卯	六白	破	女	2	己酉	六白	闭	危
十八	5	辛亥	一白	平	女	4	庚辰	五黄	危	虚	3	庚戌	五黄	建	室
十九	6	壬子	九紫	定	虚	5	辛巳	四绿	成	危	4	辛亥	四绿	除	壁
二十	7	癸丑	八白	定	危	6	壬午	三碧	收	室	5	壬子	三碧	满	奎
廿一	8	甲寅	七赤	执	室	7	癸未	二黑	开	壁	6	癸丑	二黑	平	娄
廿二	9	乙卯	六白	破	壁	8	甲申	一白	开	奎	7	甲寅	一白	平	胃
廿三	10	丙辰	五黄	危	奎	9	乙酉	九紫	闭	娄	8	乙卯	九紫	定	昴
廿四	11	丁巳	四绿	成	娄	10	丙戌	八白	建	胃	9	丙辰	八白	执	毕
廿五	12	戊午	三碧	收	胃	11	丁亥	七赤	除	昴	10	丁巳	七赤	破	觜
廿六	13	己未	二黑	开	昴	12	戊子	六白	满	毕	11	戊午	六白	危	参
廿七	14	庚申	一白	闭	毕	13	己丑	五黄	平	觜	12	己未	五黄	成	井
廿八	15	辛酉	九紫	建	觜	14	庚寅	四绿	定	参	13	庚申	四绿	收	鬼
廿九	16	壬戌	八白	除	参	15	辛卯	三碧	执	井	14	辛酉	三碧	开	柳
三十						16	壬辰	二黑	破	鬼					

公元2020年　庚子鼠年（闰四月）　太岁虞起 九星七赤

月份	十月大		丁亥 八白 震卦 尾宿			十一月小		戊子 七赤 巽卦 箕宿			十二月大		己丑 六白 坎卦 斗宿		
节气	小雪 11月22日 初八己巳 寅时 4时40分			大雪 12月7日 廿三甲申 早子时 0时10分		冬至 12月21日 初七戊戌 酉时 18时03分			小寒 1月5日 廿二癸丑 午时 11时24分		大寒 1月20日 初八戊辰 寅时 4时41分			立春 2月3日 廿二壬午 夜子时 23时00分	
农历	公历	干支	九星	日建	星宿	公历	干支	九星	日建	星宿	公历	干支	九星	日建	星宿
初一	15	壬戌	二黑	闭	星	15	壬辰	五黄	定	翼	13	辛酉	四绿	成	轸
初二	16	癸亥	一白	建	张	16	癸巳	四绿	执	轸	14	壬戌	五黄	收	角
初三	17	甲子	六白	除	翼	17	甲午	三碧	破	角	15	癸亥	六白	开	亢
初四	18	乙丑	五黄	满	轸	18	乙未	二黑	危	亢	16	甲子	一白	闭	氐
初五	19	丙寅	四绿	平	角	19	丙申	一白	成	氐	17	乙丑	二黑	建	房
初六	20	丁卯	三碧	定	亢	20	丁酉	九紫	收	房	18	丙寅	三碧	除	心
初七	21	戊辰	二黑	执	氐	21	戊戌	八白	开	心	19	丁卯	四绿	满	尾
初八	22	己巳	一白	破	房	22	己亥	九紫	闭	尾	20	戊辰	五黄	平	箕
初九	23	庚午	九紫	危	心	23	庚子	一白	建	箕	21	己巳	六白	定	斗
初十	24	辛未	八白	成	尾	24	辛丑	二黑	除	斗	22	庚午	七赤	执	牛
十一	25	壬申	七赤	收	箕	25	壬寅	三碧	满	牛	23	辛未	八白	破	女
十二	26	癸酉	六白	开	斗	26	癸卯	四绿	平	女	24	壬申	九紫	危	虚
十三	27	甲戌	五黄	闭	牛	27	甲辰	五黄	定	虚	25	癸酉	一白	成	危
十四	28	乙亥	四绿	建	女	28	乙巳	六白	执	危	26	甲戌	二黑	收	室
十五	29	丙子	三碧	除	虚	29	丙午	七赤	破	室	27	乙亥	三碧	开	壁
十六	30	丁丑	二黑	满	危	30	丁未	八白	危	壁	28	丙子	四绿	闭	奎
十七	12月	戊寅	一白	平	室	31	戊申	九紫	成	奎	29	丁丑	五黄	建	娄
十八	2	己卯	九紫	定	壁	1月	己酉	一白	收	娄	30	戊寅	六白	除	胃
十九	3	庚辰	八白	执	奎	2	庚戌	二黑	开	胃	31	己卯	七赤	满	昴
二十	4	辛巳	七赤	破	娄	3	辛亥	三碧	闭	昴	2月	庚辰	八白	平	毕
廿一	5	壬午	六白	危	胃	4	壬子	四绿	建	毕	2	辛巳	九紫	定	觜
廿二	6	癸未	五黄	成	昴	5	癸丑	五黄	建	觜	3	壬午	一白	定	参
廿三	7	甲申	四绿	成	毕	6	甲寅	六白	除	参	4	癸未	二黑	执	井
廿四	8	乙酉	三碧	收	觜	7	乙卯	七赤	满	井	5	甲申	三碧	破	鬼
廿五	9	丙戌	二黑	开	参	8	丙辰	八白	平	鬼	6	乙酉	四绿	危	柳
廿六	10	丁亥	一白	闭	井	9	丁巳	九紫	定	柳	7	丙戌	五黄	成	星
廿七	11	戊子	九紫	建	鬼	10	戊午	一白	执	星	8	丁亥	六白	收	张
廿八	12	己丑	八白	除	柳	11	己未	二黑	破	张	9	戊子	七赤	开	翼
廿九	13	庚寅	七赤	满	星	12	庚申	三碧	危	翼	10	己丑	八白	闭	轸
三十	14	辛卯	六白	平	张						11	庚寅	九紫	建	角

公元2021年 辛丑牛年 太岁汤信 九星六白

月份	正月小		庚寅 五黄 震卦 牛宿			二月大		辛卯 四绿 巽卦 女宿			三月大		壬辰 三碧 坎卦 虚宿			四月小		癸巳 二黑 艮卦 危宿		
节气	雨水 2月18日 初七丁酉 酉时 18时45分		惊蛰 3月5日 廿二壬子 申时 16时54分			春分 3月20日 初八丁卯 酉时 17时38分		清明 4月4日 廿三壬午 亥时 21时36分			谷雨 4月20日 初九戊戌 寅时 4时34分		立夏 5月5日 廿四癸丑 未时 14时48分			小满 5月21日 初十己巳 寅时 3时37分		芒种 6月5日 廿五甲申 酉时 18时52分		
农历	公历	干支	九星	日建	星宿	公历	干支	九星	日建	星宿	公历	干支	九星	日建	星宿	公历	干支	九星	日建	星宿
初一	12	辛卯	一白	除	亢	13	庚申	九紫	执	氐	12	庚寅	六白	开	心	12	庚申	六白	平	箕
初二	13	壬辰	二黑	满	氐	14	辛酉	一白	破	房	13	辛卯	七赤	闭	尾	13	辛酉	七赤	定	斗
初三	14	癸巳	三碧	平	房	15	壬戌	二黑	危	心	14	壬辰	八白	建	箕	14	壬戌	八白	执	牛
初四	15	甲午	四绿	定	心	16	癸亥	三碧	成	尾	15	癸巳	九紫	除	斗	15	癸亥	九紫	破	女
初五	16	乙未	五黄	执	尾	17	**甲子**	**七赤**	收	箕	16	甲午	一白	满	牛	16	**甲子**	**四绿**	危	虚
初六	17	丙申	六白	破	箕	18	乙丑	八白	开	斗	17	乙未	二黑	平	女	17	乙丑	五黄	成	危
初七	18	**丁酉**	**四绿**	危	斗	19	丙寅	九紫	闭	牛	18	丙申	三碧	定	虚	18	丙寅	六白	收	室
初八	19	戊戌	五黄	成	牛	20	丁卯	一白	建	女	19	丁酉	四绿	执	危	19	丁卯	七赤	开	壁
初九	20	己亥	六白	收	女	21	戊辰	二黑	除	虚	20	**戊戌**	**二黑**	破	室	20	戊辰	八白	闭	奎
初十	21	庚子	七赤	开	虚	22	己巳	三碧	满	危	21	己亥	三碧	危	壁	21	己巳	九紫	建	娄
十一	22	辛丑	八白	闭	危	23	庚午	四绿	平	室	22	庚子	四绿	成	奎	22	庚午	一白	除	胃
十二	23	壬寅	九紫	建	室	24	辛未	五黄	定	壁	23	辛丑	五黄	收	娄	23	辛未	二黑	满	昴
十三	24	癸卯	一白	除	壁	25	壬申	六白	执	奎	24	壬寅	六白	开	胃	24	壬申	三碧	平	毕
十四	25	甲辰	二黑	满	奎	26	癸酉	七赤	破	娄	25	癸卯	七赤	闭	昴	25	癸酉	四绿	定	觜
十五	26	乙巳	三碧	平	娄	27	甲戌	八白	危	胃	26	甲辰	八白	建	毕	26	甲戌	五黄	执	参
十六	27	丙午	四绿	定	胃	28	乙亥	九紫	成	昴	27	乙巳	九紫	除	觜	27	乙亥	六白	破	井
十七	28	丁未	五黄	执	昴	29	丙子	一白	收	毕	28	丙午	一白	满	参	28	丙子	七赤	危	鬼
十八	3月	戊申	六白	破	毕	30	丁丑	二黑	开	觜	29	丁未	二黑	平	井	29	丁丑	八白	成	柳
十九	2	己酉	七赤	危	觜	31	戊寅	三碧	闭	参	30	戊申	三碧	定	鬼	30	戊寅	九紫	收	星
二十	3	庚戌	八白	成	参	4月	己卯	四绿	建	井	5月	己酉	四绿	执	柳	31	己卯	一白	开	张
廿一	4	辛亥	九紫	收	井	2	庚辰	五黄	除	鬼	2	庚戌	五黄	破	星	6月	庚辰	二黑	闭	翼
廿二	5	壬子	一白	收	鬼	3	辛巳	六白	满	柳	3	辛亥	六白	危	张	2	辛巳	三碧	建	轸
廿三	6	癸丑	二黑	开	柳	4	壬午	七赤	满	星	4	壬子	七赤	成	翼	3	壬午	四绿	除	角
廿四	7	甲寅	三碧	闭	星	5	癸未	八白	平	张	5	癸丑	八白	成	轸	4	癸未	五黄	满	亢
廿五	8	乙卯	四绿	建	张	6	甲申	九紫	定	翼	6	甲寅	九紫	收	角	5	甲申	六白	满	氐
廿六	9	丙辰	五黄	除	翼	7	乙酉	一白	执	轸	7	乙卯	一白	开	亢	6	乙酉	七赤	平	房
廿七	10	丁巳	六白	满	轸	8	丙戌	二黑	破	角	8	丙辰	二黑	闭	氐	7	丙戌	八白	定	心
廿八	11	戊午	七赤	平	角	9	丁亥	三碧	危	亢	9	丁巳	三碧	建	房	8	丁亥	九紫	执	尾
廿九	12	己未	八白	定	亢	10	戊子	四绿	成	氐	10	戊午	四绿	除	心	9	戊子	一白	破	箕
三十						11	己丑	五黄	收	房	11	己未	五黄	满	尾					

国学经典文库

中华历书大全

·1900–2100年万年历法表·

图文珍藏版

公元2021年 辛丑牛年 太岁汤信 九星六白

月份	五月大	甲午 一白 坤卦 室宿				六月小	乙未 九紫 乾卦 壁宿				七月大	丙申 八白 兑卦 奎宿				八月小	丁酉 七赤 离卦 娄宿			
节气	夏至 6月21日 十二庚子 午时 11时32分		小暑 7月7日 廿八丙辰 卯时 5时06分			大暑 7月22日 十三辛未 亥时 22时27分		立秋 8月7日 廿九丁亥 未时 14时54分			处暑 8月23日 十六癸卯 卯时 5时35分					白露 9月7日 初一戊午 酉时 17时53分		秋分 9月23日 十七甲戌 寅时 3时21分		
农历	公历	干支	九星	日建	星宿	公历	干支	九星	日建	星宿	公历	干支	九星	日建	星宿	公历	干支	九星	日建	星宿
初一	10	己丑	二黑	危	斗	10	己未	八白	建	女	8	戊子	三碧	定	虚	7	戊午	三碧	收	室
初二	11	庚寅	三碧	成	牛	11	庚申	七赤	除	虚	9	己丑	二黑	执	危	8	己未	二黑	开	壁
初三	12	辛卯	四绿	收	女	12	辛酉	六白	满	危	10	庚寅	一白	破	室	9	庚申	一白	闭	奎
初四	13	壬辰	五黄	开	虚	13	壬戌	五黄	平	室	11	辛卯	九紫	危	壁	10	辛酉	九紫	建	娄
初五	14	癸巳	六白	闭	危	14	癸亥	四绿	定	壁	12	壬辰	八白	成	奎	11	壬戌	八白	除	胃
初六	15	甲午	七赤	建	室	15	甲子	九紫	执	奎	13	癸巳	七赤	收	娄	12	癸亥	七赤	满	昴
初七	16	乙未	八白	除	壁	16	乙丑	八白	破	娄	14	甲午	六白	开	胃	13	甲子	三碧	平	毕
初八	17	丙申	九紫	满	奎	17	丙寅	七赤	危	胃	15	乙未	五黄	闭	昴	14	乙丑	二黑	定	觜
初九	18	丁酉	一白	平	娄	18	丁卯	六白	成	昴	16	丙申	四绿	建	毕	15	丙寅	一白	执	参
初十	19	戊戌	二黑	定	胃	19	戊辰	五黄	收	毕	17	丁酉	三碧	除	觜	16	丁卯	九紫	破	井
十一	20	己亥	三碧	执	昴	20	己巳	四绿	开	觜	18	戊戌	二黑	满	参	17	戊辰	八白	危	鬼
十二	21	庚子	九紫	破	毕	21	庚午	三碧	闭	参	19	己亥	一白	平	井	18	己巳	七赤	成	柳
十三	22	辛丑	八白	危	觜	22	辛未	二黑	建	井	20	庚子	九紫	定	鬼	19	庚午	六白	收	星
十四	23	壬寅	七赤	成	参	23	壬申	一白	除	鬼	21	辛丑	八白	执	柳	20	辛未	五黄	开	张
十五	24	癸卯	六白	收	井	24	癸酉	九紫	满	柳	22	壬寅	七赤	破	星	21	壬申	四绿	闭	翼
十六	25	甲辰	五黄	开	鬼	25	甲戌	八白	平	星	23	癸卯	九紫	危	张	22	癸酉	三碧	建	轸
十七	26	乙巳	四绿	闭	柳	26	乙亥	七赤	定	张	24	甲辰	八白	成	翼	23	甲戌	二黑	除	角
十八	27	丙午	三碧	建	星	27	丙子	六白	执	翼	25	乙巳	七赤	收	轸	24	乙亥	一白	满	亢
十九	28	丁未	二黑	除	张	28	丁丑	五黄	破	轸	26	丙午	六白	开	角	25	丙子	九紫	平	氐
二十	29	戊申	一白	满	翼	29	戊寅	四绿	危	角	27	丁未	五黄	闭	亢	26	丁丑	八白	定	房
廿一	30	己酉	九紫	平	轸	30	己卯	三碧	成	亢	28	戊申	四绿	建	氐	27	戊寅	七赤	执	心
廿二	7月	庚戌	八白	定	角	31	庚辰	二黑	收	氐	29	己酉	三碧	除	房	28	己卯	六白	破	尾
廿三	2	辛亥	七赤	执	亢	8月	辛巳	一白	开	房	30	庚戌	二黑	满	心	29	庚辰	五黄	危	箕
廿四	3	壬子	六白	破	氐	2	壬午	九紫	闭	心	31	辛亥	一白	平	尾	30	辛巳	四绿	成	斗
廿五	4	癸丑	五黄	危	房	3	癸未	八白	建	尾	9月	壬子	九紫	定	箕	10月	壬午	三碧	收	牛
廿六	5	甲寅	四绿	成	心	4	甲申	七赤	除	箕	2	癸丑	八白	执	斗	2	癸未	二黑	开	女
廿七	6	乙卯	三碧	收	尾	5	乙酉	六白	满	斗	3	甲寅	七赤	破	牛	3	甲申	一白	闭	虚
廿八	7	丙辰	二黑	收	箕	6	丙戌	五黄	平	牛	4	乙卯	六白	危	女	4	乙酉	九紫	建	危
廿九	8	丁巳	一白	开	斗	7	丁亥	四绿	平	女	5	丙辰	五黄	成	虚	5	丙戌	八白	除	室
三十	9	戊午	九紫	闭	牛						6	丁巳	四绿	收	危					

公元2021年　辛丑牛年　太岁汤信 九星六白

月份	九月大	戊戌 六白 震卦 胃宿				十月小	己亥 五黄 巽卦 昴宿				十一月大	庚子 四绿 坎卦 毕宿				十二月小	辛丑 三碧 艮卦 觜宿			
节气	寒露 10月8日 初三己丑 巳时 9时39分		霜降 10月23日 十八甲辰 午时 12时51分			立冬 11月7日 初三己未 午时 12时59分		小雪 11月22日 十八甲戌 巳时 10时34分			大雪 12月7日 初四己丑 卯时 5时57分		冬至 12月21日 十八癸卯 夜子时 23时59分			小寒 1月5日 初三戊午 酉时 17时14分		大寒 1月20日 十八癸酉 巳时 10时39分		
农历	公历	干支	九星	日建	星宿	公历	干支	九星	日建	星宿	公历	干支	九星	日建	星宿	公历	干支	九星	日建	星宿
初一	6	丁亥	七赤	满	壁	5	丁巳	七赤	危	娄	4	丙戌	二黑	闭	胃	3	丙辰	八白	定	毕
初二	7	戊子	六白	平	奎	6	戊午	六白	成	胃	5	丁亥	一白	建	昴	4	丁巳	九紫	执	觜
初三	8	己丑	五黄	平	娄	7	己未	五黄	成	昴	6	戊子	九紫	除	毕	5	戊午	一白	执	参
初四	9	庚寅	四绿	定	胃	8	庚申	四绿	收	毕	7	己丑	八白	除	觜	6	己未	二黑	破	井
初五	10	辛卯	三碧	执	昴	9	辛酉	三碧	开	觜	8	庚寅	七赤	满	参	7	庚申	三碧	危	鬼
初六	11	壬辰	二黑	破	毕	10	壬戌	二黑	闭	参	9	辛卯	六白	平	井	8	辛酉	四绿	成	柳
初七	12	癸巳	一白	危	觜	11	癸亥	一白	建	井	10	壬辰	五黄	定	鬼	9	壬戌	五黄	收	星
初八	13	甲午	九紫	成	参	12	甲子	六白	除	鬼	11	癸巳	四绿	执	柳	10	癸亥	六白	开	张
初九	14	乙未	八白	收	井	13	乙丑	五黄	满	柳	12	甲午	三碧	破	星	11	甲子	一白	闭	翼
初十	15	丙申	七赤	开	鬼	14	丙寅	四绿	平	星	13	乙未	二黑	危	张	12	乙丑	二黑	建	轸
十一	16	丁酉	六白	闭	柳	15	丁卯	三碧	定	张	14	丙申	一白	成	翼	13	丙寅	三碧	除	角
十二	17	戊戌	五黄	建	星	16	戊辰	二黑	执	翼	15	丁酉	九紫	收	轸	14	丁卯	四绿	满	亢
十三	18	己亥	四绿	除	张	17	己巳	一白	破	轸	16	戊戌	八白	开	角	15	戊辰	五黄	平	氐
十四	19	庚子	三碧	满	翼	18	庚午	九紫	危	角	17	己亥	七赤	闭	亢	16	己巳	六白	定	房
十五	20	辛丑	二黑	平	轸	19	辛未	八白	成	亢	18	庚子	六白	建	氐	17	庚午	七赤	执	心
十六	21	壬寅	一白	定	角	20	壬申	七赤	收	氐	19	辛丑	五黄	除	房	18	辛未	八白	破	尾
十七	22	癸卯	九紫	执	亢	21	癸酉	六白	开	房	20	壬寅	四绿	满	心	19	壬申	九紫	危	箕
十八	23	甲辰	二黑	破	氐	22	甲戌	五黄	闭	心	21	癸卯	四绿	平	尾	20	癸酉	一白	成	斗
十九	24	乙巳	一白	危	房	23	乙亥	四绿	建	尾	22	甲辰	五黄	定	箕	21	甲戌	二黑	收	牛
二十	25	丙午	九紫	成	心	24	丙子	三碧	除	箕	23	乙巳	六白	执	斗	22	乙亥	三碧	开	女
廿一	26	丁未	八白	收	尾	25	丁丑	二黑	满	斗	24	丙午	七赤	破	牛	23	丙子	四绿	闭	虚
廿二	27	戊申	七赤	开	箕	26	戊寅	一白	平	牛	25	丁未	八白	危	女	24	丁丑	五黄	建	危
廿三	28	己酉	六白	闭	斗	27	己卯	九紫	定	女	26	戊申	九紫	成	虚	25	戊寅	六白	除	室
廿四	29	庚戌	五黄	建	牛	28	庚辰	八白	执	虚	27	己酉	一白	收	危	26	己卯	七赤	满	壁
廿五	30	辛亥	四绿	除	女	29	辛巳	七赤	破	危	28	庚戌	二黑	开	室	27	庚辰	八白	平	奎
廿六	31	壬子	三碧	满	虚	30	壬午	六白	危	室	29	辛亥	三碧	闭	壁	28	辛巳	九紫	定	娄
廿七	11月	癸丑	二黑	平	危	12月	癸未	五黄	成	壁	30	壬子	四绿	建	奎	29	壬午	一白	执	胃
廿八	2	甲寅	一白	定	室	2	甲申	四绿	收	奎	31	癸丑	五黄	除	娄	30	癸未	二黑	破	昴
廿九	3	乙卯	九紫	执	壁	3	乙酉	三碧	开	娄	1月	甲寅	六白	满	胃	31	甲申	三碧	危	毕
三十	4	丙辰	八白	破	奎						2	乙卯	七赤	平	昴					

公元2022年 壬寅虎年 太岁贺谔 九星五黄

月份	正月大		壬寅 巽卦	二黑 参宿		二月小		癸卯 坎卦	一白 井宿		三月大		甲辰 艮卦	九紫 鬼宿		四月小		乙巳 坤卦	八白 柳宿	
节气	立春 2月4日 初四戊子 寅时 4时51分			雨水 2月19日 十九癸卯 早子时 0时43分		惊蛰 3月5日 初三丁巳 亥时 22时44分			春分 3月20日 十八壬申 夜子时 23时34分		清明 4月5日 初五戊子 寅时 3时21分			谷雨 4月20日 二十癸卯 巳时 10时25分		立夏 5月5日 初五戊午 戌时 20时27分			小满 5月21日 廿一甲戌 巳时 9时23分	
农历	公历	干支	九星	日建	星宿	公历	干支	九星	日建	星宿	公历	干支	九星	日建	星宿	公历	干支	九星	日建	星宿
初一	2月	乙酉	四绿	成	觜	3	乙卯	四绿	除	井	4月	甲申	九紫	执	鬼	5月	甲寅	九紫	开	星
初二	2	丙戌	五黄	收	参	4	丙辰	五黄	满	鬼	2	乙酉	一白	破	柳	2	乙卯	一白	闭	张
初三	3	丁亥	六白	开	井	5	丁巳	六白	满	柳	3	丙戌	二黑	危	星	3	丙辰	二黑	建	翼
初四	4	戊子	七赤	开	鬼	6	戊午	七赤	平	星	4	丁亥	三碧	成	张	4	丁巳	三碧	除	轸
初五	5	己丑	八白	闭	柳	7	己未	八白	定	张	5	戊子	四绿	成	翼	5	戊午	四绿	除	角
初六	6	庚寅	九紫	建	星	8	庚申	九紫	执	翼	6	己丑	五黄	收	轸	6	己未	五黄	满	亢
初七	7	辛卯	一白	除	张	9	辛酉	一白	破	轸	7	庚寅	六白	开	角	7	庚申	六白	平	氐
初八	8	壬辰	二黑	满	翼	10	壬戌	二黑	危	角	8	辛卯	七赤	闭	亢	8	辛酉	七赤	定	房
初九	9	癸巳	三碧	平	轸	11	癸亥	三碧	成	亢	9	壬辰	八白	建	氐	9	壬戌	八白	执	心
初十	10	甲午	四绿	定	角	12	甲子	七赤	收	氐	10	癸巳	九紫	除	房	10	癸亥	九紫	破	尾
十一	11	乙未	五黄	执	亢	13	乙丑	八白	开	房	11	甲午	一白	满	心	11	甲子	四绿	危	箕
十二	12	丙申	六白	破	氐	14	丙寅	九紫	闭	心	12	乙未	二黑	平	尾	12	乙丑	五黄	成	斗
十三	13	丁酉	七赤	危	房	15	丁卯	一白	建	尾	13	丙申	三碧	定	箕	13	丙寅	六白	收	牛
十四	14	戊戌	八白	成	心	16	戊辰	二黑	除	箕	14	丁酉	四绿	执	斗	14	丁卯	七赤	开	女
十五	15	己亥	九紫	收	尾	17	己巳	三碧	满	斗	15	戊戌	五黄	破	牛	15	戊辰	八白	闭	虚
十六	16	庚子	一白	开	箕	18	庚午	四绿	平	牛	16	己亥	六白	危	女	16	己巳	九紫	建	危
十七	17	辛丑	二黑	闭	斗	19	辛未	五黄	定	女	17	庚子	七赤	成	虚	17	庚午	一白	除	室
十八	18	壬寅	三碧	建	牛	20	壬申	六白	执	虚	18	辛丑	八白	收	危	18	辛未	二黑	满	壁
十九	19	癸卯	一白	除	女	21	癸酉	七赤	破	危	19	壬寅	九紫	开	室	19	壬申	三碧	平	奎
二十	20	甲辰	二黑	满	虚	22	甲戌	八白	危	室	20	癸卯	七赤	闭	壁	20	癸酉	四绿	定	娄
廿一	21	乙巳	三碧	平	危	23	乙亥	九紫	成	壁	21	甲辰	八白	建	奎	21	甲戌	五黄	执	胃
廿二	22	丙午	四绿	定	室	24	丙子	一白	收	奎	22	乙巳	九紫	除	娄	22	乙亥	六白	破	昴
廿三	23	丁未	五黄	执	壁	25	丁丑	二黑	开	娄	23	丙午	一白	满	胃	23	丙子	七赤	危	毕
廿四	24	戊申	六白	破	奎	26	戊寅	三碧	闭	胃	24	丁未	二黑	平	昴	24	丁丑	八白	成	觜
廿五	25	己酉	七赤	危	娄	27	己卯	四绿	建	昴	25	戊申	三碧	定	毕	25	戊寅	九紫	收	参
廿六	26	庚戌	八白	成	胃	28	庚辰	五黄	除	毕	26	己酉	四绿	执	觜	26	己卯	一白	开	井
廿七	27	辛亥	九紫	收	昴	29	辛巳	六白	满	觜	27	庚戌	五黄	破	参	27	庚辰	二黑	闭	鬼
廿八	28	壬子	一白	开	毕	30	壬午	七赤	平	参	28	辛亥	六白	危	井	28	辛巳	三碧	建	柳
廿九	3月	癸丑	二黑	闭	觜	31	癸未	八白	定	井	29	壬子	七赤	成	鬼	29	壬午	四绿	除	星
三十	2	甲寅	三碧	建	参						30	癸丑	八白	收	柳					

公元2022年　壬寅虎年　太岁贺谔　九星五黄

月份	五月大 丙午 七赤 乾卦 星宿					六月大 丁未 六白 兑卦 张宿					七月小 戊申 五黄 离卦 翼宿					八月大 己酉 四绿 震卦 轸宿				
节气	芒种 6月6日 初八庚寅 早子时 0时26分		夏至 6月21日 廿三乙巳 酉时 17时15分			小暑 7月7日 初九辛酉 巳时 10时39分		大暑 7月23日 廿五丁丑 寅时 4时08分			立秋 8月7日 初十壬辰 戌时 20时30分		处暑 8月23日 廿六戊申 午时 11时17分			白露 9月7日 十二癸亥 夜子时 23时33分		秋分 9月23日 廿八己卯 巳时 9时05分		
农历	公历	干支	九星	日建	星宿	公历	干支	九星	日建	星宿	公历	干支	九星	日建	星宿	公历	干支	九星	日建	星宿
初一	30	癸未	五黄	满	张	29	癸丑	五黄	危	轸	29	癸未	八白	建	亢	27	壬子	九紫	定	氐
初二	31	甲申	六白	平	翼	30	甲寅	四绿	成	角	30	甲申	七赤	除	氐	28	癸丑	八白	执	房
初三	6月	乙酉	七赤	定	轸	7月	乙卯	三碧	收	亢	31	乙酉	六白	满	房	29	甲寅	七赤	破	心
初四	2	丙戌	八白	执	角	2	丙辰	二黑	开	氐	8月	丙戌	五黄	平	心	30	乙卯	六白	危	尾
初五	3	丁亥	九紫	破	亢	3	丁巳	一白	闭	房	2	丁亥	四绿	定	尾	31	丙辰	五黄	成	箕
初六	4	戊子	一白	危	氐	4	戊午	九紫	建	心	3	戊子	三碧	执	箕	9月	丁巳	四绿	收	斗
初七	5	己丑	二黑	成	房	5	己未	八白	除	尾	4	己丑	二黑	破	斗	2	戊午	三碧	开	牛
初八	6	庚寅	三碧	成	心	6	庚申	七赤	满	箕	5	庚寅	一白	危	牛	3	己未	二黑	闭	女
初九	7	辛卯	四绿	收	尾	7	辛酉	六白	满	斗	6	辛卯	九紫	成	女	4	庚申	一白	建	虚
初十	8	壬辰	五黄	开	箕	8	壬戌	五黄	平	牛	7	壬辰	八白	成	虚	5	辛酉	九紫	除	危
十一	9	癸巳	六白	闭	斗	9	癸亥	四绿	定	女	8	癸巳	七赤	收	危	6	壬戌	八白	满	室
十二	10	甲午	七赤	建	牛	10	甲子	九紫	执	虚	9	甲午	六白	开	室	7	癸亥	七赤	满	壁
十三	11	乙未	八白	除	女	11	乙丑	八白	破	危	10	乙未	五黄	闭	壁	8	甲子	三碧	平	奎
十四	12	丙申	九紫	满	虚	12	丙寅	七赤	危	室	11	丙申	四绿	建	奎	9	乙丑	二黑	定	娄
十五	13	丁酉	一白	平	危	13	丁卯	六白	成	壁	12	丁酉	三碧	除	娄	10	丙寅	一白	执	胃
十六	14	戊戌	二黑	定	室	14	戊辰	五黄	收	奎	13	戊戌	二黑	满	胃	11	丁卯	九紫	破	昴
十七	15	己亥	三碧	执	壁	15	己巳	四绿	开	娄	14	己亥	一白	平	昴	12	戊辰	八白	危	毕
十八	16	庚子	四绿	破	奎	16	庚午	三碧	闭	胃	15	庚子	九紫	定	毕	13	己巳	七赤	成	觜
十九	17	辛丑	五黄	危	娄	17	辛未	二黑	建	昴	16	辛丑	八白	执	觜	14	庚午	六白	收	参
二十	18	壬寅	六白	成	胃	18	壬申	一白	除	毕	17	壬寅	七赤	破	参	15	辛未	五黄	开	井
廿一	19	癸卯	七赤	收	昴	19	癸酉	九紫	满	觜	18	癸卯	六白	危	井	16	壬申	四绿	闭	鬼
廿二	20	甲辰	八白	开	毕	20	甲戌	八白	平	参	19	甲辰	五黄	成	鬼	17	癸酉	三碧	建	柳
廿三	21	乙巳	四绿	闭	觜	21	乙亥	七赤	定	井	20	乙巳	四绿	收	柳	18	甲戌	二黑	除	星
廿四	22	丙午	三碧	建	参	22	丙子	六白	执	鬼	21	丙午	三碧	开	星	19	乙亥	一白	满	张
廿五	23	丁未	二黑	除	井	23	丁丑	五黄	破	柳	22	丁未	二黑	闭	张	20	丙子	九紫	平	翼
廿六	24	戊申	一白	满	鬼	24	戊寅	四绿	危	星	23	戊申	四绿	建	翼	21	丁丑	八白	定	轸
廿七	25	己酉	九紫	平	柳	25	己卯	三碧	成	张	24	己酉	三碧	除	轸	22	戊寅	七赤	执	角
廿八	26	庚戌	八白	定	星	26	庚辰	二黑	收	翼	25	庚戌	二黑	满	角	23	己卯	六白	破	亢
廿九	27	辛亥	七赤	执	张	27	辛巳	一白	开	轸	26	辛亥	一白	平	亢	24	庚辰	五黄	危	氐
三十	28	壬子	六白	破	翼	28	壬午	九紫	闭	角						25	辛巳	四绿	成	房

国学经典文库

中华历书大全

·1900—2100年万年历法表·

图文珍藏版

公元2022年　壬寅虎年　太岁贺谔 九星五黄

月份	九月小		庚戌 三碧 巽卦 角宿			十月大		辛亥 二黑 坎卦 亢宿			十一月小		壬子 一白 艮卦 氐宿			十二月大		癸丑 九紫 坤卦 房宿		
节气	寒露 10月8日 十三甲午 申时 15时23分			霜降 10月23日 廿八己酉 酉时 18时37分		立冬 11月7日 十四甲子 酉时 18时46分			小雪 11月22日 廿九己卯 申时 16时21分		大雪 12月7日 十四甲午 午时 11时47分			冬至 12月22日 廿九己酉 卯时 5时48分		小寒 1月5日 十四癸亥 夜子时 23时05分			大寒 1月20日 廿九戊寅 申时 16时30分	
农历	公历	干支	九星	日建	星宿	公历	干支	九星	日建	星宿	公历	干支	九星	日建	星宿	公历	干支	九星	日建	星宿
初一	26	壬午	三碧	收	心	25	辛亥	四绿	除	尾	24	辛巳	七赤	破	斗	23	庚戌	二黑	开	牛
初二	27	癸未	二黑	开	尾	26	壬子	三碧	满	箕	25	壬午	六白	危	牛	24	辛亥	三碧	闭	女
初三	28	甲申	一白	闭	箕	27	癸丑	二黑	平	斗	26	癸未	五黄	成	女	25	壬子	四绿	建	虚
初四	29	乙酉	九紫	建	斗	28	甲寅	一白	定	牛	27	甲申	四绿	收	虚	26	癸丑	五黄	除	危
初五	30	丙戌	八白	除	牛	29	乙卯	九紫	执	女	28	乙酉	三碧	开	危	27	甲寅	六白	满	室
初六	10月	丁亥	七赤	满	女	30	丙辰	八白	破	虚	29	丙戌	二黑	闭	室	28	乙卯	七赤	平	壁
初七	2	戊子	六白	平	虚	31	丁巳	七赤	危	危	30	丁亥	一白	建	壁	29	丙辰	八白	定	奎
初八	3	己丑	五黄	定	危	11月	戊午	六白	成	室	12月	戊子	九紫	除	奎	30	丁巳	九紫	执	娄
初九	4	庚寅	四绿	执	室	2	己未	五黄	收	壁	2	己丑	八白	满	娄	31	戊午	一白	破	胃
初十	5	辛卯	三碧	破	壁	3	庚申	四绿	开	奎	3	庚寅	七赤	平	胃	1月	己未	二黑	危	昴
十一	6	壬辰	二黑	危	奎	4	辛酉	三碧	闭	娄	4	辛卯	六白	定	昴	2	庚申	三碧	成	毕
十二	7	癸巳	一白	成	娄	5	壬戌	二黑	建	胃	5	壬辰	五黄	执	毕	3	辛酉	四绿	收	觜
十三	8	甲午	九紫	成	胃	6	癸亥	一白	除	昴	6	癸巳	四绿	破	觜	4	壬戌	五黄	开	参
十四	9	乙未	八白	收	昴	7	甲子	六白	除	毕	7	甲午	三碧	破	参	5	癸亥	六白	开	井
十五	10	丙申	七赤	开	毕	8	乙丑	五黄	满	觜	8	乙未	二黑	危	井	6	甲子	一白	闭	鬼
十六	11	丁酉	六白	闭	觜	9	丙寅	四绿	平	参	9	丙申	一白	成	鬼	7	乙丑	二黑	建	柳
十七	12	戊戌	五黄	建	参	10	丁卯	三碧	定	井	10	丁酉	九紫	收	柳	8	丙寅	三碧	除	星
十八	13	己亥	四绿	除	井	11	戊辰	二黑	执	鬼	11	戊戌	八白	开	星	9	丁卯	四绿	满	张
十九	14	庚子	三碧	满	鬼	12	己巳	一白	破	柳	12	己亥	七赤	闭	张	10	戊辰	五黄	平	翼
二十	15	辛丑	二黑	平	柳	13	庚午	九紫	危	星	13	庚子	六白	建	翼	11	己巳	六白	定	轸
廿一	16	壬寅	一白	定	星	14	辛未	八白	成	张	14	辛丑	五黄	除	轸	12	庚午	七赤	执	角
廿二	17	癸卯	九紫	执	张	15	壬申	七赤	收	翼	15	壬寅	四绿	满	角	13	辛未	八白	破	亢
廿三	18	甲辰	八白	破	翼	16	癸酉	六白	开	轸	16	癸卯	三碧	平	亢	14	壬申	九紫	危	氐
廿四	19	乙巳	七赤	危	轸	17	甲戌	五黄	闭	角	17	甲辰	二黑	定	氐	15	癸酉	一白	成	房
廿五	20	丙午	六白	成	角	18	乙亥	四绿	建	亢	18	乙巳	一白	执	房	16	甲戌	二黑	收	心
廿六	21	丁未	五黄	收	亢	19	丙子	三碧	除	氐	19	丙午	九紫	破	心	17	乙亥	三碧	开	尾
廿七	22	戊申	四绿	开	氐	20	丁丑	二黑	满	房	20	丁未	八白	危	尾	18	丙子	四绿	闭	箕
廿八	23	己酉	六白	闭	房	21	戊寅	一白	平	心	21	戊申	七赤	成	箕	19	丁丑	五黄	建	斗
廿九	24	庚戌	五黄	建	心	22	己卯	九紫	定	尾	22	己酉	一白	收	斗	20	戊寅	六白	除	牛
三十						23	庚辰	八白	执	箕						21	己卯	七赤	满	女

公元2023年　癸卯兔年（闰二月）　太岁皮时　九星四绿

月份	正月小		甲寅 八白 坎卦 心宿			二月大		乙卯 七赤 艮卦 尾宿			闰二月小					三月小		丙辰 六白 坤卦 箕宿		
节气	立春 2月4日 十四癸巳 巳时 10时43分			雨水 2月19日 廿九戊申 卯时 6时35分		惊蛰 3月6日 十五癸亥 寅时 4时37分			春分 3月21日 三十戊寅 卯时 5时25分		清明 4月5日 十五癸巳 巳时 9时14分					谷雨 4月20日 初一戊申 申时 16时14分			立夏 5月6日 十七甲子 丑时 2时19分	
农历	公历	干支	九星	日建	星宿	公历	干支	九星	日建	星宿	公历	干支	九星	日建	星宿	公历	干支	九星	日建	星宿
初一	22	庚辰	八白	平	虚	20	己酉	七赤	危	危	22	己卯	四绿	建	壁	20	戊申	三碧	定	奎
初二	23	辛巳	九紫	定	危	21	庚戌	八白	成	室	23	庚辰	五黄	除	奎	21	己酉	四绿	执	娄
初三	24	壬午	一白	执	室	22	辛亥	九紫	收	壁	24	辛巳	六白	满	娄	22	庚戌	五黄	破	胃
初四	25	癸未	二黑	破	壁	23	壬子	一白	开	奎	25	壬午	七赤	平	胃	23	辛亥	六白	危	昴
初五	26	甲申	三碧	危	奎	24	癸丑	二黑	闭	娄	26	癸未	八白	定	昴	24	壬子	七赤	成	毕
初六	27	乙酉	四绿	成	娄	25	甲寅	三碧	建	胃	27	甲申	九紫	执	毕	25	癸丑	八白	收	觜
初七	28	丙戌	五黄	收	胃	26	乙卯	四绿	除	昴	28	乙酉	一白	破	觜	26	甲寅	九紫	开	参
初八	29	丁亥	六白	开	昴	27	丙辰	五黄	满	毕	29	丙戌	二黑	危	参	27	乙卯	一白	闭	井
初九	30	戊子	七赤	闭	毕	28	丁巳	六白	平	觜	30	丁亥	三碧	成	井	28	丙辰	二黑	建	鬼
初十	31	己丑	八白	建	觜	3月	戊午	七赤	定	参	31	戊子	四绿	收	鬼	29	丁巳	三碧	除	柳
十一	2月	庚寅	九紫	除	参	2	己未	八白	执	井	4月	己丑	五黄	开	柳	30	戊午	四绿	满	星
十二	2	辛卯	一白	满	井	3	庚申	九紫	破	鬼	2	庚寅	六白	闭	星	5月	己未	五黄	平	张
十三	3	壬辰	二黑	平	鬼	4	辛酉	一白	危	柳	3	辛卯	七赤	建	张	2	庚申	六白	定	翼
十四	4	癸巳	三碧	平	柳	5	壬戌	二黑	成	星	4	壬辰	八白	除	翼	3	辛酉	七赤	执	轸
十五	5	甲午	四绿	定	星	6	癸亥	三碧	成	张	5	癸巳	九紫	除	轸	4	壬戌	八白	破	角
十六	6	乙未	五黄	执	张	7	甲子	七赤	收	翼	6	甲午	一白	满	角	5	癸亥	九紫	危	亢
十七	7	丙申	六白	破	翼	8	乙丑	八白	开	轸	7	乙未	二黑	平	亢	6	甲子	四绿	危	氐
十八	8	丁酉	七赤	危	轸	9	丙寅	九紫	闭	角	8	丙申	三碧	定	氐	7	乙丑	五黄	成	房
十九	9	戊戌	八白	成	角	10	丁卯	一白	建	亢	9	丁酉	四绿	执	房	8	丙寅	六白	收	心
二十	10	己亥	九紫	收	亢	11	戊辰	二黑	除	氐	10	戊戌	五黄	破	心	9	丁卯	七赤	开	尾
廿一	11	庚子	一白	开	氐	12	己巳	三碧	满	房	11	己亥	六白	危	尾	10	戊辰	八白	闭	箕
廿二	12	辛丑	二黑	闭	房	13	庚午	四绿	平	心	12	庚子	七赤	成	箕	11	己巳	九紫	建	斗
廿三	13	壬寅	三碧	建	心	14	辛未	五黄	定	尾	13	辛丑	八白	收	斗	12	庚午	一白	除	牛
廿四	14	癸卯	四绿	除	尾	15	壬申	六白	执	箕	14	壬寅	九紫	开	牛	13	辛未	二黑	满	女
廿五	15	甲辰	五黄	满	箕	16	癸酉	七赤	破	斗	15	癸卯	一白	闭	女	14	壬申	三碧	平	虚
廿六	16	乙巳	六白	平	斗	17	甲戌	八白	危	牛	16	甲辰	二黑	建	虚	15	癸酉	四绿	定	危
廿七	17	丙午	七赤	定	牛	18	乙亥	九紫	成	女	17	乙巳	三碧	除	危	16	甲戌	五黄	执	室
廿八	18	丁未	八白	执	女	19	丙子	一白	收	虚	18	丙午	四绿	满	室	17	乙亥	六白	破	壁
廿九	19	戊申	六白	破	虚	20	丁丑	二黑	开	危	19	丁未	五黄	平	壁	18	丙子	七赤	危	奎
三十						21	戊寅	三碧	闭	室										

公元2023年　癸卯兔年（闰二月）　太岁皮时 九星四绿

月份	四月大	丁巳 五黄 乾卦 斗宿				五月大	戊午 四绿 兑卦 牛宿				六月小	己未 三碧 离卦 女宿			
节气	小满 5月21日 初三己卯 申时 15时10分		芒种 6月6日 十九乙未 卯时 6时19分			夏至 6月21日 初四庚戌 亥时 22时58分		小暑 7月7日 二十丙寅 申时 16时31分			大暑 7月23日 初六壬午 巳时 9时51分		立秋 8月8日 廿二戊戌 丑时 2时23分		
农历	公历	干支	九星	日建	星宿	公历	干支	九星	日建	星宿	公历	干支	九星	日建	星宿
初一	19	丁丑	八白	成	娄	18	丁未	二黑	除	昴	18	丁丑	五黄	破	觜
初二	20	戊寅	九紫	收	胃	19	戊申	三碧	满	毕	19	戊寅	四绿	危	参
初三	21	己卯	一白	开	昴	20	己酉	四绿	平	觜	20	己卯	三碧	成	井
初四	22	庚辰	二黑	闭	毕	21	庚戌	八白	定	参	21	庚辰	二黑	收	鬼
初五	23	辛巳	三碧	建	觜	22	辛亥	七赤	执	井	22	辛巳	一白	开	柳
初六	24	壬午	四绿	除	参	23	壬子	六白	破	鬼	23	壬午	九紫	闭	星
初七	25	癸未	五黄	满	井	24	癸丑	五黄	危	柳	24	癸未	八白	建	张
初八	26	甲申	六白	平	鬼	25	甲寅	四绿	成	星	25	甲申	七赤	除	翼
初九	27	乙酉	七赤	定	柳	26	乙卯	三碧	收	张	26	乙酉	六白	满	轸
初十	28	丙戌	八白	执	星	27	丙辰	二黑	开	翼	27	丙戌	五黄	平	角
十一	29	丁亥	九紫	破	张	28	丁巳	一白	闭	轸	28	丁亥	四绿	定	亢
十二	30	戊子	一白	危	翼	29	戊午	九紫	建	角	29	戊子	三碧	执	氐
十三	31	己丑	二黑	成	轸	30	己未	八白	除	亢	30	己丑	二黑	破	房
十四	6月	庚寅	三碧	收	角	7月	庚申	七赤	满	氐	31	庚寅	一白	危	心
十五	2	辛卯	四绿	开	亢	2	辛酉	六白	平	房	8月	辛卯	九紫	成	尾
十六	3	壬辰	五黄	闭	氐	3	壬戌	五黄	定	心	2	壬辰	八白	收	箕
十七	4	癸巳	六白	建	房	4	癸亥	四绿	执	尾	3	癸巳	七赤	开	斗
十八	5	甲午	七赤	除	心	5	甲子	九紫	破	箕	4	甲午	六白	闭	牛
十九	6	乙未	八白	除	尾	6	乙丑	八白	危	斗	5	乙未	五黄	建	女
二十	7	丙申	九紫	满	箕	7	丙寅	七赤	危	牛	6	丙申	四绿	除	虚
廿一	8	丁酉	一白	平	斗	8	丁卯	六白	成	女	7	丁酉	三碧	满	危
廿二	9	戊戌	二黑	定	牛	9	戊辰	五黄	收	虚	8	戊戌	二黑	满	室
廿三	10	己亥	三碧	执	女	10	己巳	四绿	开	危	9	己亥	一白	平	壁
廿四	11	庚子	四绿	破	虚	11	庚午	三碧	闭	室	10	庚子	九紫	定	奎
廿五	12	辛丑	五黄	危	危	12	辛未	二黑	建	壁	11	辛丑	八白	执	娄
廿六	13	壬寅	六白	成	室	13	壬申	一白	除	奎	12	壬寅	七赤	破	胃
廿七	14	癸卯	七赤	收	壁	14	癸酉	九紫	满	娄	13	癸卯	六白	危	昴
廿八	15	甲辰	八白	开	奎	15	甲戌	八白	平	胃	14	甲辰	五黄	成	毕
廿九	16	乙巳	九紫	闭	娄	16	乙亥	七赤	定	昴	15	乙巳	四绿	收	觜
三十	17	丙午	一白	建	胃	17	丙子	六白	执	毕					

公元2023年　癸卯兔年（闰二月）　太岁皮时　九星四绿

月份	七月大	庚申 二黑 震卦 虚宿				八月大	辛酉 一白 巽卦 危宿				九月小	壬戌 九紫 坎卦 室宿			
节气	处暑 8月23日 初八癸丑 酉时 17时02分		白露 9月8日 廿四己巳 卯时 5时27分			秋分 9月23日 初九甲申 未时 14时50分		寒露 10月8日 廿四己亥 亥时 21时16分			霜降 10月24日 初十乙卯 早子时 0时21分		立冬 11月8日 廿五庚午 早子时 0时36分		
农历	公历	干支	九星	日建	星宿	公历	干支	九星	日建	星宿	公历	干支	九星	日建	星宿
初一	16	丙午	三碧	开	参	15	丙子	九紫	平	鬼	15	丙午	六白	成	星
初二	17	丁未	二黑	闭	井	16	丁丑	八白	定	柳	16	丁未	五黄	收	张
初三	18	戊申	一白	建	鬼	17	戊寅	七赤	执	星	17	戊申	四绿	开	翼
初四	19	己酉	九紫	除	柳	18	己卯	六白	破	张	18	己酉	三碧	闭	轸
初五	20	庚戌	八白	满	星	19	庚辰	五黄	危	翼	19	庚戌	二黑	建	角
初六	21	辛亥	七赤	平	张	20	辛巳	四绿	成	轸	20	辛亥	一白	除	亢
初七	22	壬子	六白	定	翼	21	壬午	三碧	收	角	21	壬子	九紫	满	氐
初八	23	癸丑	八白	执	轸	22	癸未	二黑	开	亢	22	癸丑	八白	平	房
初九	24	甲寅	七赤	破	角	23	甲申	一白	闭	氐	23	甲寅	七赤	定	心
初十	25	乙卯	六白	危	亢	24	乙酉	九紫	建	房	24	乙卯	九紫	执	尾
十一	26	丙辰	五黄	成	氐	25	丙戌	八白	除	心	25	丙辰	八白	破	箕
十二	27	丁巳	四绿	收	房	26	丁亥	七赤	满	尾	26	丁巳	七赤	危	斗
十三	28	戊午	三碧	开	心	27	戊子	六白	平	箕	27	戊午	六白	成	牛
十四	29	己未	二黑	闭	尾	28	己丑	五黄	定	斗	28	己未	五黄	收	女
十五	30	庚申	一白	建	箕	29	庚寅	四绿	执	牛	29	庚申	四绿	开	虚
十六	31	辛酉	九紫	除	斗	30	辛卯	三碧	破	女	30	辛酉	三碧	闭	危
十七	9月	壬戌	八白	满	牛	10月	壬辰	二黑	危	虚	31	壬戌	二黑	建	室
十八	2	癸亥	七赤	平	女	2	癸巳	一白	成	危	11月	癸亥	一白	除	壁
十九	3	甲子	三碧	定	虚	3	甲午	九紫	收	室	2	甲子	六白	满	奎
二十	4	乙丑	二黑	执	危	4	乙未	八白	开	壁	3	乙丑	五黄	平	娄
廿一	5	丙寅	一白	破	室	5	丙申	七赤	闭	奎	4	丙寅	四绿	定	胃
廿二	6	丁卯	九紫	危	壁	6	丁酉	六白	建	娄	5	丁卯	三碧	执	昴
廿三	7	戊辰	八白	成	奎	7	戊戌	五黄	除	胃	6	戊辰	二黑	破	毕
廿四	8	己巳	七赤	成	娄	8	己亥	四绿	除	昴	7	己巳	一白	危	觜
廿五	9	庚午	六白	收	胃	9	庚子	三碧	满	毕	8	庚午	九紫	危	参
廿六	10	辛未	五黄	开	昴	10	辛丑	二黑	平	觜	9	辛未	八白	成	井
廿七	11	壬申	四绿	闭	毕	11	壬寅	一白	定	参	10	壬申	七赤	收	鬼
廿八	12	癸酉	三碧	建	觜	12	癸卯	九紫	执	井	11	癸酉	六白	开	柳
廿九	13	甲戌	二黑	除	参	13	甲辰	八白	破	鬼	12	甲戌	五黄	闭	星
三十	14	乙亥	一白	满	井	14	乙巳	七赤	危	柳					

公元2023年　癸卯兔年（闰二月）　太岁皮时 九星四绿

月份	十月大		癸亥 八白 艮卦 壁宿			十一月小		甲子 七赤 坤卦 奎宿			十二月大		乙丑 六白 乾卦 娄宿		
节气	小雪 11月22日 初十甲申 亥时 22时03分		大雪 12月7日 廿五己亥 酉时 17时33分			冬至 12月22日 初十甲寅 午时 11时28分		小寒 1月6日 廿五己巳 寅时 4时50分			大寒 1月20日 初十癸未 亥时 22时08分		立春 2月4日 廿五戊戌 申时 16时27分		
农历	公历	干支	九星	日建	星宿	公历	干支	九星	日建	星宿	公历	干支	九星	日建	星宿
初一	13	乙亥	四绿	建	张	13	乙巳	一白	执	轸	11	甲戌	二黑	收	角
初二	14	丙子	三碧	除	翼	14	丙午	九紫	破	角	12	乙亥	三碧	开	亢
初三	15	丁丑	二黑	满	轸	15	丁未	八白	危	亢	13	丙子	四绿	闭	氐
初四	16	戊寅	一白	平	角	16	戊申	七赤	成	氐	14	丁丑	五黄	建	房
初五	17	己卯	九紫	定	亢	17	己酉	六白	收	房	15	戊寅	六白	除	心
初六	18	庚辰	八白	执	氐	18	庚戌	五黄	开	心	16	己卯	七赤	满	尾
初七	19	辛巳	七赤	破	房	19	辛亥	四绿	闭	尾	17	庚辰	八白	平	箕
初八	20	壬午	六白	危	心	20	壬子	三碧	建	箕	18	辛巳	九紫	定	斗
初九	21	癸未	五黄	成	尾	21	癸丑	二黑	除	斗	19	壬午	一白	执	牛
初十	22	甲申	四绿	收	箕	22	甲寅	六白	满	牛	20	癸未	二黑	破	女
十一	23	乙酉	三碧	开	斗	23	乙卯	七赤	平	女	21	甲申	三碧	危	虚
十二	24	丙戌	二黑	闭	牛	24	丙辰	八白	定	虚	22	乙酉	四绿	成	危
十三	25	丁亥	一白	建	女	25	丁巳	九紫	执	危	23	丙戌	五黄	收	室
十四	26	戊子	九紫	除	虚	26	戊午	一白	破	室	24	丁亥	六白	开	壁
十五	27	己丑	八白	满	危	27	己未	二黑	危	壁	25	戊子	七赤	闭	奎
十六	28	庚寅	七赤	平	室	28	庚申	三碧	成	奎	26	己丑	八白	建	娄
十七	29	辛卯	六白	定	壁	29	辛酉	四绿	收	娄	27	庚寅	九紫	除	胃
十八	30	壬辰	五黄	执	奎	30	壬戌	五黄	开	胃	28	辛卯	一白	满	昴
十九	12月	癸巳	四绿	破	娄	31	癸亥	六白	闭	昴	29	壬辰	二黑	平	毕
二十	2	甲午	三碧	危	胃	1月	甲子	一白	建	毕	30	癸巳	三碧	定	觜
廿一	3	乙未	二黑	成	昴	2	乙丑	二黑	除	觜	31	甲午	四绿	执	参
廿二	4	丙申	一白	收	毕	3	丙寅	三碧	满	参	2月	乙未	五黄	破	井
廿三	5	丁酉	九紫	开	觜	4	丁卯	四绿	平	井	2	丙申	六白	危	鬼
廿四	6	戊戌	八白	闭	参	5	戊辰	五黄	定	鬼	3	丁酉	七赤	成	柳
廿五	7	己亥	七赤	闭	井	6	己巳	六白	定	柳	4	戊戌	八白	成	星
廿六	8	庚子	六白	建	鬼	7	庚午	七赤	执	星	5	己亥	九紫	收	张
廿七	9	辛丑	五黄	除	柳	8	辛未	八白	破	张	6	庚子	一白	开	翼
廿八	10	壬寅	四绿	满	星	9	壬申	九紫	危	翼	7	辛丑	二黑	闭	轸
廿九	11	癸卯	三碧	平	张	10	癸酉	一白	成	轸	8	壬寅	三碧	建	角
三十	12	甲辰	二黑	定	翼						9	癸卯	四绿	除	亢

公元2024年 甲辰龙年 太岁李成 九星三碧

月份	正月小 丙寅 五黄 艮卦 胃宿					二月大 丁卯 四绿 坤卦 昴宿					三月小 戊辰 三碧 乾卦 毕宿					四月小 己巳 二黑 兑卦 觜宿				
节气	雨水 2月19日 初十癸丑 午时 12时13分		惊蛰 3月5日 廿五戊辰 巳时 10时23分			春分 3月20日 十一癸未 午时 11时07分		清明 4月4日 廿六戊戌 申时 15时03分			谷雨 4月19日 十一癸丑 亥时 22时01分		立夏 5月5日 廿七己巳 辰时 8时11分			小满 5月20日 十三甲申 亥时 21时00分		芒种 6月5日 廿九庚子 午时 12时11分		
农历	公历	干支	九星	日建	星宿	公历	干支	九星	日建	星宿	公历	干支	九星	日建	星宿	公历	干支	九星	日建	星宿
初一	10	甲辰	五黄	满	氐	10	癸酉	七赤	破	房	9	癸卯	一白	闭	尾	8	壬申	三碧	平	箕
初二	11	乙巳	六白	平	房	11	甲戌	八白	危	心	10	甲辰	二黑	建	箕	9	癸酉	四绿	定	斗
初三	12	丙午	七赤	定	心	12	乙亥	九紫	成	尾	11	乙巳	三碧	除	斗	10	甲戌	五黄	执	牛
初四	13	丁未	八白	执	尾	13	丙子	一白	收	箕	12	丙午	四绿	满	牛	11	乙亥	六白	破	女
初五	14	戊申	九紫	破	箕	14	丁丑	二黑	开	斗	13	丁未	五黄	平	女	12	丙子	七赤	危	虚
初六	15	己酉	一白	危	斗	15	戊寅	三碧	闭	牛	14	戊申	六白	定	虚	13	丁丑	八白	成	危
初七	16	庚戌	二黑	成	牛	16	己卯	四绿	建	女	15	己酉	七赤	执	危	14	戊寅	九紫	收	室
初八	17	辛亥	三碧	收	女	17	庚辰	五黄	除	虚	16	庚戌	八白	破	室	15	己卯	一白	开	壁
初九	18	壬子	四绿	开	虚	18	辛巳	六白	满	危	17	辛亥	九紫	危	壁	16	庚辰	二黑	闭	奎
初十	19	癸丑	二黑	闭	危	19	壬午	七赤	平	室	18	壬子	一白	成	奎	17	辛巳	三碧	建	娄
十一	20	甲寅	三碧	建	室	20	癸未	八白	定	壁	19	癸丑	八白	收	娄	18	壬午	四绿	除	胃
十二	21	乙卯	四绿	除	壁	21	甲申	九紫	执	奎	20	甲寅	九紫	开	胃	19	癸未	五黄	满	昴
十三	22	丙辰	五黄	满	奎	22	乙酉	一白	破	娄	21	乙卯	一白	闭	昴	20	甲申	六白	平	毕
十四	23	丁巳	六白	平	娄	23	丙戌	二黑	危	胃	22	丙辰	二黑	建	毕	21	乙酉	七赤	定	觜
十五	24	戊午	七赤	定	胃	24	丁亥	三碧	成	昴	23	丁巳	三碧	除	觜	22	丙戌	八白	执	参
十六	25	己未	八白	执	昴	25	戊子	四绿	收	毕	24	戊午	四绿	满	参	23	丁亥	九紫	破	井
十七	26	庚申	九紫	破	毕	26	己丑	五黄	开	觜	25	己未	五黄	平	井	24	戊子	一白	危	鬼
十八	27	辛酉	一白	危	觜	27	庚寅	六白	闭	参	26	庚申	六白	定	鬼	25	己丑	二黑	成	柳
十九	28	壬戌	二黑	成	参	28	辛卯	七赤	建	井	27	辛酉	七赤	执	柳	26	庚寅	三碧	收	星
二十	29	癸亥	三碧	收	井	29	壬辰	八白	除	鬼	28	壬戌	八白	破	星	27	辛卯	四绿	开	张
廿一	3月	甲子	七赤	开	鬼	30	癸巳	九紫	满	柳	29	癸亥	九紫	危	张	28	壬辰	五黄	闭	翼
廿二	2	乙丑	八白	闭	柳	31	甲午	一白	平	星	30	甲子	四绿	成	翼	29	癸巳	六白	建	轸
廿三	3	丙寅	九紫	建	星	4月	乙未	二黑	定	张	5月	乙丑	五黄	收	轸	30	甲午	七赤	除	角
廿四	4	丁卯	一白	除	张	2	丙申	三碧	执	翼	2	丙寅	六白	开	角	31	乙未	八白	满	亢
廿五	5	戊辰	二黑	除	翼	3	丁酉	四绿	破	轸	3	丁卯	七赤	闭	亢	6月	丙申	九紫	平	氐
廿六	6	己巳	三碧	满	轸	4	戊戌	五黄	破	角	4	戊辰	八白	建	氐	2	丁酉	一白	定	房
廿七	7	庚午	四绿	平	角	5	己亥	六白	危	亢	5	己巳	九紫	建	房	3	戊戌	二黑	执	心
廿八	8	辛未	五黄	定	亢	6	庚子	七赤	成	氐	6	庚午	一白	除	心	4	己亥	三碧	破	尾
廿九	9	壬申	六白	执	氐	7	辛丑	八白	收	房	7	辛未	二黑	满	尾	5	庚子	四绿	破	箕
三十						8	壬寅	九紫	开	心										

公元2024年 甲辰龙年 太岁李成 九星三碧

月份	五月大	庚午 一白 离卦 参宿				六月小	辛未 九紫 震卦 井宿				七月大	壬申 八白 巽卦 鬼宿				八月大	癸酉 七赤 坎卦 柳宿			
节气	夏至 6月21日 十六丙辰 寅时 4时52分					小暑 7月6日 初一辛未 亥时 22时21分	大暑 7月22日 十七丁亥 申时 15时45分				立秋 8月7日 初四癸卯 辰时 8时10分	处暑 8月22日 十九戊午 亥时 22时56分				白露 9月7日 初五甲戌 午时 11时12分	秋分 9月22日 二十己丑 戌时 20时45分			
农历	公历	干支	九星	日建	星宿	公历	干支	九星	日建	星宿	公历	干支	九星	日建	星宿	公历	干支	九星	日建	星宿
初一	6	辛丑	五黄	危	斗	6	辛未	二黑	建	女	4	庚子	九紫	执	虚	3	庚午	六白	开	室
初二	7	壬寅	六白	成	牛	7	壬申	一白	除	虚	5	辛丑	八白	破	危	4	辛未	五黄	闭	壁
初三	8	癸卯	七赤	收	女	8	癸酉	九紫	满	危	6	壬寅	七赤	危	室	5	壬申	四绿	建	奎
初四	9	甲辰	八白	开	虚	9	甲戌	八白	平	室	7	癸卯	六白	危	壁	6	癸酉	三碧	除	娄
初五	10	乙巳	九紫	闭	危	10	乙亥	七赤	定	壁	8	甲辰	五黄	成	奎	7	甲戌	二黑	除	胃
初六	11	丙午	一白	建	室	11	丙子	六白	执	奎	9	乙巳	四绿	收	娄	8	乙亥	一白	满	昴
初七	12	丁未	二黑	除	壁	12	丁丑	五黄	破	娄	10	丙午	三碧	开	胃	9	丙子	九紫	平	毕
初八	13	戊申	三碧	满	奎	13	戊寅	四绿	危	胃	11	丁未	二黑	闭	昴	10	丁丑	八白	定	觜
初九	14	己酉	四绿	平	娄	14	己卯	三碧	成	昴	12	戊申	一白	建	毕	11	戊寅	七赤	执	参
初十	15	庚戌	五黄	定	胃	15	庚辰	二黑	收	毕	13	己酉	九紫	除	觜	12	己卯	六白	破	井
十一	16	辛亥	六白	执	昴	16	辛巳	一白	开	觜	14	庚戌	八白	满	参	13	庚辰	五黄	危	鬼
十二	17	壬子	七赤	破	毕	17	壬午	九紫	闭	参	15	辛亥	七赤	平	井	14	辛巳	四绿	成	柳
十三	18	癸丑	八白	危	觜	18	癸未	八白	建	井	16	壬子	六白	定	鬼	15	壬午	三碧	收	星
十四	19	甲寅	九紫	成	参	19	甲申	七赤	除	鬼	17	癸丑	五黄	执	柳	16	癸未	二黑	开	张
十五	20	乙卯	一白	收	井	20	乙酉	六白	满	柳	18	甲寅	四绿	破	星	17	甲申	一白	闭	翼
十六	21	丙辰	二黑	开	鬼	21	丙戌	五黄	平	星	19	乙卯	三碧	危	张	18	乙酉	九紫	建	轸
十七	22	丁巳	一白	闭	柳	22	丁亥	四绿	定	张	20	丙辰	二黑	成	翼	19	丙戌	八白	除	角
十八	23	戊午	九紫	建	星	23	戊子	三碧	执	翼	21	丁巳	一白	收	轸	20	丁亥	七赤	满	亢
十九	24	己未	八白	除	张	24	己丑	二黑	破	轸	22	戊午	三碧	开	角	21	戊子	六白	平	氐
二十	25	庚申	七赤	满	翼	25	庚寅	一白	危	角	23	己未	二黑	闭	亢	22	己丑	五黄	定	房
廿一	26	辛酉	六白	平	轸	26	辛卯	九紫	成	亢	24	庚申	一白	建	氐	23	庚寅	四绿	执	心
廿二	27	壬戌	五黄	定	角	27	壬辰	八白	收	氐	25	辛酉	九紫	除	房	24	辛卯	三碧	破	尾
廿三	28	癸亥	四绿	执	亢	28	癸巳	七赤	开	房	26	壬戌	八白	满	心	25	壬辰	二黑	危	箕
廿四	29	甲子	九紫	破	氐	29	甲午	六白	闭	心	27	癸亥	七赤	平	尾	26	癸巳	一白	成	斗
廿五	30	乙丑	八白	危	房	30	乙未	五黄	建	尾	28	甲子	三碧	定	箕	27	甲午	九紫	收	牛
廿六	7月	丙寅	七赤	成	心	31	丙申	四绿	除	箕	29	乙丑	二黑	执	斗	28	乙未	八白	开	女
廿七	2	丁卯	六白	收	尾	8月	丁酉	三碧	满	斗	30	丙寅	一白	破	牛	29	丙申	七赤	闭	虚
廿八	3	戊辰	五黄	开	箕	2	戊戌	二黑	平	牛	31	丁卯	九紫	危	女	30	丁酉	六白	建	危
廿九	4	己巳	四绿	闭	斗	3	己亥	一白	定	女	9月	戊辰	八白	成	虚	10月	戊戌	五黄	除	室
三十	5	庚午	三碧	建	牛						2	己巳	七赤	收	危	2	己亥	四绿	满	壁

公元2024年　甲辰龙年　太岁李成 九星三碧

月份	九月小	甲戌 六白 艮卦 星宿			
节气	寒露 10月8日 初六乙巳 寅时 3时01分		霜降 10月23日 廿一庚申 卯时 6时15分		
农历	公历	干支	九星	日建	星宿
初一	3	庚子	三碧	平	奎
初二	4	辛丑	二黑	定	娄
初三	5	壬寅	一白	执	胃
初四	6	癸卯	九紫	破	昴
初五	7	甲辰	八白	危	毕
初六	8	乙巳	七赤	危	觜
初七	9	丙午	六白	成	参
初八	10	丁未	五黄	收	井
初九	11	戊申	四绿	开	鬼
初十	12	己酉	三碧	闭	柳
十一	13	庚戌	二黑	建	星
十二	14	辛亥	一白	除	张
十三	15	壬子	九紫	满	翼
十四	16	癸丑	八白	平	轸
十五	17	甲寅	七赤	定	角
十六	18	乙卯	六白	执	亢
十七	19	丙辰	五黄	破	氐
十八	20	丁巳	四绿	危	房
十九	21	戊午	三碧	成	心
二十	22	己未	二黑	收	尾
廿一	23	庚申	四绿	开	箕
廿二	24	辛酉	三碧	闭	斗
廿三	25	壬戌	二黑	建	牛
廿四	26	癸亥	一白	除	女
廿五	27	甲子	六白	满	虚
廿六	28	乙丑	五黄	平	危
廿七	29	丙寅	四绿	定	室
廿八	30	丁卯	三碧	执	壁
廿九	31	戊辰	二黑	破	奎
三十					

月份	十月大	乙亥 五黄 坤卦 张宿			
节气	立冬 11月7日 初七乙亥 卯时 6时20分		小雪 11月22日 廿二庚寅 寅时 3时57分		
农历	公历	干支	九星	日建	星宿
初一	11月	己巳	一白	危	娄
初二	2	庚午	九紫	成	胃
初三	3	辛未	八白	收	昴
初四	4	壬申	七赤	开	毕
初五	5	癸酉	六白	闭	觜
初六	6	甲戌	五黄	建	参
初七	7	乙亥	四绿	建	井
初八	8	丙子	三碧	除	鬼
初九	9	丁丑	二黑	满	柳
初十	10	戊寅	一白	平	星
十一	11	己卯	九紫	定	张
十二	12	庚辰	八白	执	翼
十三	13	辛巳	七赤	破	轸
十四	14	壬午	六白	危	角
十五	15	癸未	五黄	成	亢
十六	16	甲申	四绿	收	氐
十七	17	乙酉	三碧	开	房
十八	18	丙戌	二黑	闭	心
十九	19	丁亥	一白	建	尾
二十	20	戊子	九紫	除	箕
廿一	21	己丑	八白	满	斗
廿二	22	庚寅	七赤	平	牛
廿三	23	辛卯	六白	定	女
廿四	24	壬辰	五黄	执	虚
廿五	25	癸巳	四绿	破	危
廿六	26	甲午	三碧	危	室
廿七	27	乙未	二黑	成	壁
廿八	28	丙申	一白	收	奎
廿九	29	丁酉	九紫	开	娄
三十	30	戊戌	八白	闭	胃

月份	十一月大	丙子 四绿 乾卦 翼宿			
节气	大雪 12月6日 初六甲辰 夜子时 23时17分		冬至 12月21日 廿一己未 酉时 17时21分		
农历	公历	干支	九星	日建	星宿
初一	12月	己亥	七赤	建	昴
初二	2	庚子	六白	除	毕
初三	3	辛丑	五黄	满	觜
初四	4	壬寅	四绿	平	参
初五	5	癸卯	三碧	定	井
初六	6	甲辰	二黑	定	鬼
初七	7	乙巳	一白	执	柳
初八	8	丙午	九紫	破	星
初九	9	丁未	八白	危	张
初十	10	戊申	七赤	成	翼
十一	11	己酉	六白	收	轸
十二	12	庚戌	五黄	开	角
十三	13	辛亥	四绿	闭	亢
十四	14	壬子	三碧	建	氐
十五	15	癸丑	二黑	除	房
十六	16	甲寅	一白	满	心
十七	17	乙卯	九紫	平	尾
十八	18	丙辰	八白	定	箕
十九	19	丁巳	七赤	执	斗
二十	20	戊午	六白	破	牛
廿一	21	己未	二黑	危	女
廿二	22	庚申	三碧	成	虚
廿三	23	辛酉	四绿	收	危
廿四	24	壬戌	五黄	开	室
廿五	25	癸亥	六白	闭	壁
廿六	26	甲子	一白	建	奎
廿七	27	乙丑	二黑	除	娄
廿八	28	丙寅	三碧	满	胃
廿九	29	丁卯	四绿	平	昴
三十	30	戊辰	五黄	定	毕

月份	十二月小	丁丑 三碧 兑卦 轸宿			
节气	小寒 1月5日 初六甲戌 巳时 10时33分		大寒 1月20日 廿一己丑 寅时 4时01分		
农历	公历	干支	九星	日建	星宿
初一	31	己巳	六白	执	觜
初二	1月	庚午	七赤	破	参
初三	2	辛未	八白	危	井
初四	3	壬申	九紫	成	鬼
初五	4	癸酉	一白	收	柳
初六	5	甲戌	二黑	收	星
初七	6	乙亥	三碧	开	张
初八	7	丙子	四绿	闭	翼
初九	8	丁丑	五黄	建	轸
初十	9	戊寅	六白	除	角
十一	10	己卯	七赤	满	亢
十二	11	庚辰	八白	平	氐
十三	12	辛巳	九紫	定	房
十四	13	壬午	一白	执	心
十五	14	癸未	二黑	破	尾
十六	15	甲申	三碧	危	箕
十七	16	乙酉	四绿	成	斗
十八	17	丙戌	五黄	收	牛
十九	18	丁亥	六白	开	女
二十	19	戊子	七赤	闭	虚
廿一	20	己丑	八白	建	危
廿二	21	庚寅	九紫	除	室
廿三	22	辛卯	一白	满	壁
廿四	23	壬辰	二黑	平	奎
廿五	24	癸巳	三碧	定	娄
廿六	25	甲午	四绿	执	胃
廿七	26	乙未	五黄	破	昴
廿八	27	丙申	六白	危	毕
廿九	28	丁酉	七赤	成	觜
三十					

公元2025年　乙巳蛇年（闰六月）　太岁吴遂 九星二黑

月份	正月大 戊寅 二黑 坤卦 角宿					二月小 己卯 一白 乾卦 亢宿					三月大 庚辰 九紫 兑卦 氐宿					四月小 辛巳 八白 离卦 房宿				
节气	立春 2月3日 初六癸卯 亥时 22时11分		雨水 2月18日 廿一戊午 酉时 18时07分			惊蛰 3月5日 初六癸酉 申时 16时08分		春分 3月20日 廿一戊子 酉时 17时02分			清明 4月4日 初七癸卯 戌时 20时49分		谷雨 4月20日 廿三己未 寅时 3时57分			立夏 5月5日 初八甲戌 未时 13时58分		小满 5月21日 廿四庚寅 丑时 2时56分		
农历	公历	干支	九星	日建	星宿	公历	干支	九星	日建	星宿	公历	干支	九星	日建	星宿	公历	干支	九星	日建	星宿
初一	29	戊戌	八白	收	参	28	戊辰	二黑	满	鬼	29	丁酉	四绿	破	柳	28	丁卯	七赤	闭	张
初二	30	己亥	九紫	开	井	3月	己巳	三碧	平	柳	30	戊戌	五黄	危	星	29	戊辰	八白	建	翼
初三	31	庚子	一白	闭	鬼	2	庚午	四绿	定	星	31	己亥	六白	成	张	30	己巳	九紫	除	轸
初四	2月	辛丑	二黑	建	柳	3	辛未	五黄	执	张	4月	庚子	七赤	收	翼	5月	庚午	一白	满	角
初五	2	壬寅	三碧	除	星	4	壬申	六白	破	翼	2	辛丑	八白	开	轸	2	辛未	二黑	平	亢
初六	3	癸卯	四绿	除	张	5	癸酉	七赤	破	轸	3	壬寅	九紫	闭	角	3	壬申	三碧	定	氐
初七	4	甲辰	五黄	满	翼	6	甲戌	八白	危	角	4	癸卯	一白	闭	亢	4	癸酉	四绿	执	房
初八	5	乙巳	六白	平	轸	7	乙亥	九紫	成	亢	5	甲辰	二黑	建	氐	5	甲戌	五黄	执	心
初九	6	丙午	七赤	定	角	8	丙子	一白	收	氐	6	乙巳	三碧	除	房	6	乙亥	六白	破	尾
初十	7	丁未	八白	执	亢	9	丁丑	二黑	开	房	7	丙午	四绿	满	心	7	丙子	七赤	危	箕
十一	8	戊申	九紫	破	氐	10	戊寅	三碧	闭	心	8	丁未	五黄	平	尾	8	丁丑	八白	成	斗
十二	9	己酉	一白	危	房	11	己卯	四绿	建	尾	9	戊申	六白	定	箕	9	戊寅	九紫	收	牛
十三	10	庚戌	二黑	成	心	12	庚辰	五黄	除	箕	10	己酉	七赤	执	斗	10	己卯	一白	开	女
十四	11	辛亥	三碧	收	尾	13	辛巳	六白	满	斗	11	庚戌	八白	破	牛	11	庚辰	二黑	闭	虚
十五	12	壬子	四绿	开	箕	14	壬午	七赤	平	牛	12	辛亥	九紫	危	女	12	辛巳	三碧	建	危
十六	13	癸丑	五黄	闭	斗	15	癸未	八白	定	女	13	壬子	一白	成	虚	13	壬午	四绿	除	室
十七	14	甲寅	六白	建	牛	16	甲申	九紫	执	虚	14	癸丑	二黑	收	危	14	癸未	五黄	满	壁
十八	15	乙卯	七赤	除	女	17	乙酉	一白	破	危	15	甲寅	三碧	开	室	15	甲申	六白	平	奎
十九	16	丙辰	八白	满	虚	18	丙戌	二黑	危	室	16	乙卯	四绿	闭	壁	16	乙酉	七赤	定	娄
二十	17	丁巳	九紫	平	危	19	丁亥	三碧	成	壁	17	丙辰	五黄	建	奎	17	丙戌	八白	执	胃
廿一	18	戊午	七赤	定	室	20	戊子	四绿	收	奎	18	丁巳	六白	除	娄	18	丁亥	九紫	破	昴
廿二	19	己未	八白	执	壁	21	己丑	五黄	开	娄	19	戊午	七赤	满	胃	19	戊子	一白	危	毕
廿三	20	庚申	九紫	破	奎	22	庚寅	六白	闭	胃	20	己未	五黄	平	昴	20	己丑	二黑	成	觜
廿四	21	辛酉	一白	危	娄	23	辛卯	七赤	建	昴	21	庚申	六白	定	毕	21	庚寅	三碧	收	参
廿五	22	壬戌	二黑	成	胃	24	壬辰	八白	除	毕	22	辛酉	七赤	执	觜	22	辛卯	四绿	开	井
廿六	23	癸亥	三碧	收	昴	25	癸巳	九紫	满	觜	23	壬戌	八白	破	参	23	壬辰	五黄	闭	鬼
廿七	24	甲子	七赤	开	毕	26	甲午	一白	平	参	24	癸亥	九紫	危	井	24	癸巳	六白	建	柳
廿八	25	乙丑	八白	闭	觜	27	乙未	二黑	定	井	25	甲子	四绿	成	鬼	25	甲午	七赤	除	星
廿九	26	丙寅	九紫	建	参	28	丙申	三碧	执	鬼	26	乙丑	五黄	收	柳	26	乙未	八白	满	张
三十	27	丁卯	一白	除	井						27	丙寅	六白	开	星					

公元2025年　乙巳蛇年（闰六月）　太岁吴遂 九星二黑

月份	五月小	壬午 七赤 震卦 心宿				六月大	癸未 六白 巽卦 尾宿				闰六月小				
节气	芒种 6月5日 初十乙巳 酉时 17时58分		夏至 6月21日 廿六辛酉 巳时 10时43分			小暑 7月7日 十三丁丑 寅时 4时06分		大暑 7月22日 廿八壬辰 亥时 21时30分			立秋 8月7日 十四戊申 未时 13时52分				
农历	公历	干支	九星	日建	星宿	公历	干支	九星	日建	星宿	公历	干支	九星	日建	星宿
初一	27	丙申	九紫	平	翼	25	乙丑	八白	危	轸	25	乙未	五黄	建	亢
初二	28	丁酉	一白	定	轸	26	丙寅	七赤	成	角	26	丙申	四绿	除	氐
初三	29	戊戌	二黑	执	角	27	丁卯	六白	收	亢	27	丁酉	三碧	满	房
初四	30	己亥	三碧	破	亢	28	戊辰	五黄	开	氐	28	戊戌	二黑	平	心
初五	31	庚子	四绿	危	氐	29	己巳	四绿	闭	房	29	己亥	一白	定	尾
初六	6月	辛丑	五黄	成	房	30	庚午	三碧	建	心	30	庚子	九紫	执	箕
初七	2	壬寅	六白	收	心	7月	辛未	二黑	除	尾	31	辛丑	八白	破	斗
初八	3	癸卯	七赤	开	尾	2	壬申	一白	满	箕	8月	壬寅	七赤	危	牛
初九	4	甲辰	八白	闭	箕	3	癸酉	九紫	平	斗	2	癸卯	六白	成	女
初十	5	乙巳	九紫	闭	斗	4	甲戌	八白	定	牛	3	甲辰	五黄	收	虚
十一	6	丙午	一白	建	牛	5	乙亥	七赤	执	女	4	乙巳	四绿	开	危
十二	7	丁未	二黑	除	女	6	丙子	六白	破	虚	5	丙午	三碧	闭	室
十三	8	戊申	三碧	满	虚	7	丁丑	五黄	破	危	6	丁未	二黑	建	壁
十四	9	己酉	四绿	平	危	8	戊寅	四绿	危	室	7	戊申	一白	建	奎
十五	10	庚戌	五黄	定	室	9	己卯	三碧	成	壁	8	己酉	九紫	除	娄
十六	11	辛亥	六白	执	壁	10	庚辰	二黑	收	奎	9	庚戌	八白	满	胃
十七	12	壬子	七赤	破	奎	11	辛巳	一白	开	娄	10	辛亥	七赤	平	昴
十八	13	癸丑	八白	危	娄	12	壬午	九紫	闭	胃	11	壬子	六白	定	毕
十九	14	甲寅	九紫	成	胃	13	癸未	八白	建	昴	12	癸丑	五黄	执	觜
二十	15	乙卯	一白	收	昴	14	甲申	七赤	除	毕	13	甲寅	四绿	破	参
廿一	16	丙辰	二黑	开	毕	15	乙酉	六白	满	觜	14	乙卯	三碧	危	井
廿二	17	丁巳	三碧	闭	觜	16	丙戌	五黄	平	参	15	丙辰	二黑	成	鬼
廿三	18	戊午	四绿	建	参	17	丁亥	四绿	定	井	16	丁巳	一白	收	柳
廿四	19	己未	五黄	除	井	18	戊子	三碧	执	鬼	17	戊午	九紫	开	星
廿五	20	庚申	六白	满	鬼	19	己丑	二黑	破	柳	18	己未	八白	闭	张
廿六	21	辛酉	六白	平	柳	20	庚寅	一白	危	星	19	庚申	七赤	建	翼
廿七	22	壬戌	五黄	定	星	21	辛卯	九紫	成	张	20	辛酉	六白	除	轸
廿八	23	癸亥	四绿	执	张	22	壬辰	八白	收	翼	21	壬戌	五黄	满	角
廿九	24	甲子	九紫	破	翼	23	癸巳	七赤	开	轸	22	癸亥	四绿	平	亢
三十						24	甲午	六白	闭	角					

公元2025年　乙巳蛇年（闰六月）　太岁吴遂 九星二黑

月份	七月大		甲申 五黄 坎卦 箕宿			八月小		乙酉 四绿 艮卦 斗宿			九月大		丙戌 三碧 坤卦 牛宿		
节气	处暑 8月23日 初一甲子 寅时 4时35分		白露 9月7日 十六己卯 申时 16时53分			秋分 9月23日 初二乙未 丑时 2时20分		寒露 10月8日 十七庚戌 辰时 8时42分			霜降 10月23日 初三乙丑 午时 11时52分		立冬 11月7日 十八庚辰 午时 12时05分		
农历	公历	干支	九星	日建	星宿	公历	干支	九星	日建	星宿	公历	干支	九星	日建	星宿
初一	23	甲子	三碧	定	氐	22	甲午	九紫	收	心	21	癸亥	七赤	除	尾
初二	24	乙丑	二黑	执	房	23	乙未	八白	开	尾	22	甲子	三碧	满	箕
初三	25	丙寅	一白	破	心	24	丙申	七赤	闭	箕	23	乙丑	五黄	平	斗
初四	26	丁卯	九紫	危	尾	25	丁酉	六白	建	斗	24	丙寅	四绿	定	牛
初五	27	戊辰	八白	成	箕	26	戊戌	五黄	除	牛	25	丁卯	三碧	执	女
初六	28	己巳	七赤	收	斗	27	己亥	四绿	满	女	26	戊辰	二黑	破	虚
初七	29	庚午	六白	开	牛	28	庚子	三碧	平	虚	27	己巳	一白	危	危
初八	30	辛未	五黄	闭	女	29	辛丑	二黑	定	危	28	庚午	九紫	成	室
初九	31	壬申	四绿	建	虚	30	壬寅	一白	执	室	29	辛未	八白	收	壁
初十	9月	癸酉	三碧	除	危	10月	癸卯	九紫	破	壁	30	壬申	七赤	开	奎
十一	2	甲戌	二黑	满	室	2	甲辰	八白	危	奎	31	癸酉	六白	闭	娄
十二	3	乙亥	一白	平	壁	3	乙巳	七赤	成	娄	11月	甲戌	五黄	建	胃
十三	4	丙子	九紫	定	奎	4	丙午	六白	收	胃	2	乙亥	四绿	除	昴
十四	5	丁丑	八白	执	娄	5	丁未	五黄	开	昴	3	丙子	三碧	满	毕
十五	6	戊寅	七赤	破	胃	6	戊申	四绿	闭	毕	4	丁丑	二黑	平	觜
十六	7	己卯	六白	破	昴	7	己酉	三碧	建	觜	5	戊寅	一白	定	参
十七	8	庚辰	五黄	危	毕	8	庚戌	二黑	建	参	6	己卯	九紫	执	井
十八	9	辛巳	四绿	成	觜	9	辛亥	一白	除	井	7	庚辰	八白	执	鬼
十九	10	壬午	三碧	收	参	10	壬子	九紫	满	鬼	8	辛巳	七赤	破	柳
二十	11	癸未	二黑	开	井	11	癸丑	八白	平	柳	9	壬午	六白	危	星
廿一	12	甲申	一白	闭	鬼	12	甲寅	七赤	定	星	10	癸未	五黄	成	张
廿二	13	乙酉	九紫	建	柳	13	乙卯	六白	执	张	11	甲申	四绿	收	翼
廿三	14	丙戌	八白	除	星	14	丙辰	五黄	破	翼	12	乙酉	三碧	开	轸
廿四	15	丁亥	七赤	满	张	15	丁巳	四绿	危	轸	13	丙戌	二黑	闭	角
廿五	16	戊子	六白	平	翼	16	戊午	三碧	成	角	14	丁亥	一白	建	亢
廿六	17	己丑	五黄	定	轸	17	己未	二黑	收	亢	15	戊子	九紫	除	氐
廿七	18	庚寅	四绿	执	角	18	庚申	一白	开	氐	16	己丑	八白	满	房
廿八	19	辛卯	三碧	破	亢	19	辛酉	九紫	闭	房	17	庚寅	七赤	平	心
廿九	20	壬辰	二黑	危	氐	20	壬戌	八白	建	心	18	辛卯	六白	定	尾
三十	21	癸巳	一白	成	房						19	壬辰	五黄	执	箕

公元2025年　乙巳蛇年（闰六月）　太岁吴遂 九星二黑

月份	十月大		丁亥 二黑 乾卦 女宿			十一月大		戊子 一白 兑卦 虚宿			十二月小		己丑 九紫 离卦 危宿		
节气	小雪 11月22日 初三乙未 巳时 9时36分			大雪 12月7日 十八庚戌 卯时 5时05分		冬至 12月21日 初二甲子 夜子时 23时03分			小寒 1月5日 十七己卯 申时 16时23分		大寒 1月20日 初二甲午 巳时 9时45分			立春 2月4日 十七己酉 寅时 4时02分	
农历	公历	干支	九星	日建	星宿	公历	干支	九星	日建	星宿	公历	干支	九星	日建	星宿
初一	20	癸巳	四绿	破	斗	20	癸亥	一白	闭	女	19	癸巳	三碧	定	危
初二	21	甲午	三碧	危	牛	21	甲子	一白	建	虚	20	甲午	四绿	执	室
初三	22	乙未	二黑	成	女	22	乙丑	二黑	除	危	21	乙未	五黄	破	壁
初四	23	丙申	一白	收	虚	23	丙寅	三碧	满	室	22	丙申	六白	危	奎
初五	24	丁酉	九紫	开	危	24	丁卯	四绿	平	壁	23	丁酉	七赤	成	娄
初六	25	戊戌	八白	闭	室	25	戊辰	五黄	定	奎	24	戊戌	八白	收	胃
初七	26	己亥	七赤	建	壁	26	己巳	六白	执	娄	25	己亥	九紫	开	昴
初八	27	庚子	六白	除	奎	27	庚午	七赤	破	胃	26	庚子	一白	闭	毕
初九	28	辛丑	五黄	满	娄	28	辛未	八白	危	昴	27	辛丑	二黑	建	觜
初十	29	壬寅	四绿	平	胃	29	壬申	九紫	成	毕	28	壬寅	三碧	除	参
十一	30	癸卯	三碧	定	昴	30	癸酉	一白	收	觜	29	癸卯	四绿	满	井
十二	12月	甲辰	二黑	执	毕	31	甲戌	二黑	开	参	30	甲辰	五黄	平	鬼
十三	2	乙巳	一白	破	觜	1月	乙亥	三碧	闭	井	31	乙巳	六白	定	柳
十四	3	丙午	九紫	危	参	2	丙子	四绿	建	鬼	2月	丙午	七赤	执	星
十五	4	丁未	八白	成	井	3	丁丑	五黄	除	柳	2	丁未	八白	破	张
十六	5	戊申	七赤	收	鬼	4	戊寅	六白	满	星	3	戊申	九紫	危	翼
十七	6	己酉	六白	开	柳	5	己卯	七赤	满	张	4	己酉	一白	危	轸
十八	7	庚戌	五黄	开	星	6	庚辰	八白	平	翼	5	庚戌	二黑	成	角
十九	8	辛亥	四绿	闭	张	7	辛巳	九紫	定	轸	6	辛亥	三碧	收	亢
二十	9	壬子	三碧	建	翼	8	壬午	一白	执	角	7	壬子	四绿	开	氐
廿一	10	癸丑	二黑	除	轸	9	癸未	二黑	破	亢	8	癸丑	五黄	闭	房
廿二	11	甲寅	一白	满	角	10	甲申	三碧	危	氐	9	甲寅	六白	建	心
廿三	12	乙卯	九紫	平	亢	11	乙酉	四绿	成	房	10	乙卯	七赤	除	尾
廿四	13	丙辰	八白	定	氐	12	丙戌	五黄	收	心	11	丙辰	八白	满	箕
廿五	14	丁巳	七赤	执	房	13	丁亥	六白	开	尾	12	丁巳	九紫	平	斗
廿六	15	戊午	六白	破	心	14	戊子	七赤	闭	箕	13	戊午	一白	定	牛
廿七	16	己未	五黄	危	尾	15	己丑	八白	建	斗	14	己未	二黑	执	女
廿八	17	庚申	四绿	成	箕	16	庚寅	九紫	除	牛	15	庚申	三碧	破	虚
廿九	18	辛酉	三碧	收	斗	17	辛卯	一白	满	女	16	辛酉	四绿	危	危
三十	19	壬戌	二黑	开	牛	18	壬辰	二黑	平	虚					

公元2026年 丙午马年 太岁文折 九星一白

月份	正月大 庚寅 八白 乾卦 室宿					二月小 辛卯 七赤 兑卦 壁宿					三月大 壬辰 六白 离卦 奎宿					四月小 癸巳 五黄 震卦 娄宿				
节气	雨水 2月18日 初二癸亥 夜子时 23时52分			惊蛰 3月5日 十七戊寅 亥时 21时59分		春分 3月20日 初二癸巳 亥时 22时46分			清明 4月5日 十八己酉 丑时 2时40分		谷雨 4月20日 初四甲子 巳时 9时40分			立夏 5月5日 十九己卯 戌时 19时50分		小满 5月21日 初五乙未 辰时 8时38分			芒种 6月5日 二十庚戌 夜子时 23时50分	
农历	公历	干支	九星	日建	星宿	公历	干支	九星	日建	星宿	公历	干支	九星	日建	星宿	公历	干支	九星	日建	星宿
初一	17	壬戌	五黄	成	室	19	壬辰	八白	除	奎	17	辛酉	一白	执	娄	17	辛卯	四绿	开	昴
初二	18	癸亥	三碧	收	壁	20	癸巳	九紫	满	娄	18	壬戌	二黑	破	胃	18	壬辰	五黄	闭	毕
初三	19	甲子	七赤	开	奎	21	甲午	一白	平	胃	19	癸亥	三碧	危	昴	19	癸巳	六白	建	觜
初四	20	乙丑	八白	闭	娄	22	乙未	二黑	定	昴	20	甲子	四绿	成	毕	20	甲午	七赤	除	参
初五	21	丙寅	九紫	建	胃	23	丙申	三碧	执	毕	21	乙丑	五黄	收	觜	21	乙未	八白	满	井
初六	22	丁卯	一白	除	昴	24	丁酉	四绿	破	觜	22	丙寅	六白	开	参	22	丙申	九紫	平	鬼
初七	23	戊辰	二黑	满	毕	25	戊戌	五黄	危	参	23	丁卯	七赤	闭	井	23	丁酉	一白	定	柳
初八	24	己巳	三碧	平	觜	26	己亥	六白	成	井	24	戊辰	八白	建	鬼	24	戊戌	二黑	执	星
初九	25	庚午	四绿	定	参	27	庚子	七赤	收	鬼	25	己巳	九紫	除	柳	25	己亥	三碧	破	张
初十	26	辛未	五黄	执	井	28	辛丑	八白	开	柳	26	庚午	一白	满	星	26	庚子	四绿	危	翼
十一	27	壬申	六白	破	鬼	29	壬寅	九紫	闭	星	27	辛未	二黑	平	张	27	辛丑	五黄	成	轸
十二	28	癸酉	七赤	危	柳	30	癸卯	一白	建	张	28	壬申	三碧	定	翼	28	壬寅	六白	收	角
十三	3月	甲戌	八白	成	星	31	甲辰	二黑	除	翼	29	癸酉	四绿	执	轸	29	癸卯	七赤	开	亢
十四	2	乙亥	九紫	收	张	4月	乙巳	三碧	满	轸	30	甲戌	五黄	破	角	30	甲辰	八白	闭	氐
十五	3	丙子	一白	开	翼	2	丙午	四绿	平	角	5月	乙亥	六白	危	亢	31	乙巳	九紫	建	房
十六	4	丁丑	二黑	闭	轸	3	丁未	五黄	定	亢	2	丙子	七赤	成	氐	6月	丙午	一白	除	心
十七	5	戊寅	三碧	闭	角	4	戊申	六白	执	氐	3	丁丑	八白	收	房	2	丁未	二黑	满	尾
十八	6	己卯	四绿	建	亢	5	己酉	七赤	执	房	4	戊寅	九紫	开	心	3	戊申	三碧	平	箕
十九	7	庚辰	五黄	除	氐	6	庚戌	八白	破	心	5	己卯	一白	开	尾	4	己酉	四绿	定	斗
二十	8	辛巳	六白	满	房	7	辛亥	九紫	危	尾	6	庚辰	二黑	闭	箕	5	庚戌	五黄	定	牛
廿一	9	壬午	七赤	平	心	8	壬子	一白	成	箕	7	辛巳	三碧	建	斗	6	辛亥	六白	执	女
廿二	10	癸未	八白	定	尾	9	癸丑	二黑	收	斗	8	壬午	四绿	除	牛	7	壬子	七赤	破	虚
廿三	11	甲申	九紫	执	箕	10	甲寅	三碧	开	牛	9	癸未	五黄	满	女	8	癸丑	八白	危	危
廿四	12	乙酉	一白	破	斗	11	乙卯	四绿	闭	女	10	甲申	六白	平	虚	9	甲寅	九紫	成	室
廿五	13	丙戌	二黑	危	牛	12	丙辰	五黄	建	虚	11	乙酉	七赤	定	危	10	乙卯	一白	收	壁
廿六	14	丁亥	三碧	成	女	13	丁巳	六白	除	危	12	丙戌	八白	执	室	11	丙辰	二黑	开	奎
廿七	15	戊子	四绿	收	虚	14	戊午	七赤	满	室	13	丁亥	九紫	破	壁	12	丁巳	三碧	闭	娄
廿八	16	己丑	五黄	开	危	15	己未	八白	平	壁	14	戊子	一白	危	奎	13	戊午	四绿	建	胃
廿九	17	庚寅	六白	闭	室	16	庚申	九紫	定	奎	15	己丑	二黑	成	娄	14	己未	五黄	除	昴
三十	18	辛卯	七赤	建	壁						16	庚寅	三碧	收	胃					

公元2026年　丙午马年　太岁文折　九星一白

月份	五月小	甲午 四绿 巽卦 胃宿				六月大	乙未 三碧 坎卦 昴宿				七月小	丙申 二黑 艮卦 毕宿				八月小	丁酉 一白 坤卦 觜宿			
节气	夏至 6月21日 初七丙寅 申时 16时26分			小暑 7月7日 廿三壬午 巳时 9时58分		大暑 7月23日 初十戊戌 寅时 3时14分			立秋 8月7日 廿五癸丑 戌时 19时44分		处暑 8月23日 十一己巳 巳时 10时20分			白露 9月7日 廿六甲申 亥时 22时42分		秋分 9月23日 十三庚子 辰时 8时06分			寒露 10月8日 廿八乙卯 未时 14时30分	
农历	公历	干支	九星	日建	星宿	公历	干支	九星	日建	星宿	公历	干支	九星	日建	星宿	公历	干支	九星	日建	星宿
初一	15	庚申	六白	满	毕	14	己丑	二黑	破	觜	13	己未	八白	闭	井	11	戊子	六白	平	鬼
初二	16	辛酉	七赤	平	觜	15	庚寅	一白	危	参	14	庚申	七赤	建	鬼	12	己丑	五黄	定	柳
初三	17	壬戌	八白	定	参	16	辛卯	九紫	成	井	15	辛酉	六白	除	柳	13	庚寅	四绿	执	星
初四	18	癸亥	九紫	执	井	17	壬辰	八白	收	鬼	16	壬戌	五黄	满	星	14	辛卯	三碧	破	张
初五	19	甲子	四绿	破	鬼	18	癸巳	七赤	开	柳	17	癸亥	四绿	平	张	15	壬辰	二黑	危	翼
初六	20	乙丑	五黄	危	柳	19	甲午	六白	闭	星	18	甲子	九紫	定	翼	16	癸巳	一白	成	轸
初七	21	丙寅	七赤	成	星	20	乙未	五黄	建	张	19	乙丑	八白	执	轸	17	甲午	九紫	收	角
初八	22	丁卯	六白	收	张	21	丙申	四绿	除	翼	20	丙寅	七赤	破	角	18	乙未	八白	开	亢
初九	23	戊辰	五黄	开	翼	22	丁酉	三碧	满	轸	21	丁卯	六白	危	亢	19	丙申	七赤	闭	氐
初十	24	己巳	四绿	闭	轸	23	戊戌	二黑	平	角	22	戊辰	五黄	成	氐	20	丁酉	六白	建	房
十一	25	庚午	三碧	建	角	24	己亥	一白	定	亢	23	己巳	七赤	收	房	21	戊戌	五黄	除	心
十二	26	辛未	二黑	除	亢	25	庚子	九紫	执	氐	24	庚午	六白	开	心	22	己亥	四绿	满	尾
十三	27	壬申	一白	满	氐	26	辛丑	八白	破	房	25	辛未	五黄	闭	尾	23	庚子	三碧	平	箕
十四	28	癸酉	九紫	平	房	27	壬寅	七赤	危	心	26	壬申	四绿	建	箕	24	辛丑	二黑	定	斗
十五	29	甲戌	八白	定	心	28	癸卯	六白	成	尾	27	癸酉	三碧	除	斗	25	壬寅	一白	执	牛
十六	30	乙亥	七赤	执	尾	29	甲辰	五黄	收	箕	28	甲戌	二黑	满	牛	26	癸卯	九紫	破	女
十七	7月	丙子	六白	破	箕	30	乙巳	四绿	开	斗	29	乙亥	一白	平	女	27	甲辰	八白	危	虚
十八	2	丁丑	五黄	危	斗	31	丙午	三碧	闭	牛	30	丙子	九紫	定	虚	28	乙巳	七赤	成	危
十九	3	戊寅	四绿	成	牛	8月	丁未	二黑	建	女	31	丁丑	八白	执	危	29	丙午	六白	收	室
二十	4	己卯	三碧	收	女	2	戊申	一白	除	虚	9月	戊寅	七赤	破	室	30	丁未	五黄	开	壁
廿一	5	庚辰	二黑	开	虚	3	己酉	九紫	满	危	2	己卯	六白	危	壁	10月	戊申	四绿	闭	奎
廿二	6	辛巳	一白	闭	危	4	庚戌	八白	平	室	3	庚辰	五黄	成	奎	2	己酉	三碧	建	娄
廿三	7	壬午	九紫	闭	室	5	辛亥	七赤	定	壁	4	辛巳	四绿	收	娄	3	庚戌	二黑	除	胃
廿四	8	癸未	八白	建	壁	6	壬子	六白	执	奎	5	壬午	三碧	开	胃	4	辛亥	一白	满	昴
廿五	9	甲申	七赤	除	奎	7	癸丑	五黄	执	娄	6	癸未	二黑	闭	昴	5	壬子	九紫	平	毕
廿六	10	乙酉	六白	满	娄	8	甲寅	四绿	破	胃	7	甲申	一白	闭	毕	6	癸丑	八白	定	觜
廿七	11	丙戌	五黄	平	胃	9	乙卯	三碧	危	昴	8	乙酉	九紫	建	觜	7	甲寅	七赤	执	参
廿八	12	丁亥	四绿	定	昴	10	丙辰	二黑	成	毕	9	丙戌	八白	除	参	8	乙卯	六白	执	井
廿九	13	戊子	三碧	执	毕	11	丁巳	一白	收	觜	10	丁亥	七赤	满	井	9	丙辰	五黄	破	鬼
三十						12	戊午	九紫	开	参										

公元2026年　丙午马年　太岁文折　九星一白

月份	九月大		戊戌 九紫 乾卦 参宿			十月大		己亥 八白 兑卦 井宿			十一月大		庚子 七赤 离卦 鬼宿			十二月小		辛丑 六白 震卦 柳宿		
节气	霜降 10月23日 十四庚午 酉时 17时39分		立冬 11月7日 廿九乙酉 酉时 17时53分			小雪 11月22日 十四庚子 申时 15时24分		大雪 12月7日 廿九乙卯 巳时 10时53分			冬至 12月22日 十四庚午 寅时 4时51分		小寒 1月5日 廿八甲申 亥时 22时10分			大寒 1月20日 十三己亥 申时 15时30分		立春 2月4日 廿八甲寅 巳时 9时47分		
农历	公历	干支	九星	日建	星宿	公历	干支	九星	日建	星宿	公历	干支	九星	日建	星宿	公历	干支	九星	日建	星宿
初一	10	丁巳	四绿	危	柳	9	丁亥	一白	建	张	9	丁巳	七赤	执	轸	8	丁亥	六白	开	亢
初二	11	戊午	三碧	成	星	10	戊子	九紫	除	翼	10	戊午	六白	破	角	9	戊子	七赤	闭	氐
初三	12	己未	二黑	收	张	11	己丑	八白	满	轸	11	己未	五黄	危	亢	10	己丑	八白	建	房
初四	13	庚申	一白	开	翼	12	庚寅	七赤	平	角	12	庚申	四绿	成	氐	11	庚寅	九紫	除	心
初五	14	辛酉	九紫	闭	轸	13	辛卯	六白	定	亢	13	辛酉	三碧	收	房	12	辛卯	一白	满	尾
初六	15	壬戌	八白	建	角	14	壬辰	五黄	执	氐	14	壬戌	二黑	开	心	13	壬辰	二黑	平	箕
初七	16	癸亥	七赤	除	亢	15	癸巳	四绿	破	房	15	癸亥	一白	闭	尾	14	癸巳	三碧	定	斗
初八	17	甲子	三碧	满	氐	16	甲午	三碧	危	心	16	甲子	六白	建	箕	15	甲午	四绿	执	牛
初九	18	乙丑	二黑	平	房	17	乙未	二黑	成	尾	17	乙丑	五黄	除	斗	16	乙未	五黄	破	女
初十	19	丙寅	一白	定	心	18	丙申	一白	收	箕	18	丙寅	四绿	满	牛	17	丙申	六白	危	虚
十一	20	丁卯	九紫	执	尾	19	丁酉	九紫	开	斗	19	丁卯	三碧	平	女	18	丁酉	七赤	成	危
十二	21	戊辰	八白	破	箕	20	戊戌	八白	闭	牛	20	戊辰	二黑	定	虚	19	戊戌	八白	收	室
十三	22	己巳	七赤	危	斗	21	己亥	七赤	建	女	21	己巳	一白	执	危	20	己亥	九紫	开	壁
十四	23	庚午	九紫	成	牛	22	庚子	六白	除	虚	22	庚午	七赤	破	室	21	庚子	一白	闭	奎
十五	24	辛未	八白	收	女	23	辛丑	五黄	满	危	23	辛未	八白	危	壁	22	辛丑	二黑	建	娄
十六	25	壬申	七赤	开	虚	24	壬寅	四绿	平	室	24	壬申	九紫	成	奎	23	壬寅	三碧	除	胃
十七	26	癸酉	六白	闭	危	25	癸卯	三碧	定	壁	25	癸酉	一白	收	娄	24	癸卯	四绿	满	昴
十八	27	甲戌	五黄	建	室	26	甲辰	二黑	执	奎	26	甲戌	二黑	开	胃	25	甲辰	五黄	平	毕
十九	28	乙亥	四绿	除	壁	27	乙巳	一白	破	娄	27	乙亥	三碧	闭	昴	26	乙巳	六白	定	觜
二十	29	丙子	三碧	满	奎	28	丙午	九紫	危	胃	28	丙子	四绿	建	毕	27	丙午	七赤	执	参
廿一	30	丁丑	二黑	平	娄	29	丁未	八白	成	昴	29	丁丑	五黄	除	觜	28	丁未	八白	破	井
廿二	31	戊寅	一白	定	胃	30	戊申	七赤	收	毕	30	戊寅	六白	满	参	29	戊申	九紫	危	鬼
廿三	11月	己卯	九紫	执	昴	12月	己酉	六白	开	觜	31	己卯	七赤	平	井	30	己酉	一白	成	柳
廿四	2	庚辰	八白	破	毕	2	庚戌	五黄	闭	参	1月	庚辰	八白	定	鬼	31	庚戌	二黑	收	星
廿五	3	辛巳	七赤	危	觜	3	辛亥	四绿	建	井	2	辛巳	九紫	执	柳	2月	辛亥	三碧	开	张
廿六	4	壬午	六白	成	参	4	壬子	三碧	除	鬼	3	壬午	一白	破	星	2	壬子	四绿	闭	翼
廿七	5	癸未	五黄	收	井	5	癸丑	二黑	满	柳	4	癸未	二黑	危	张	3	癸丑	五黄	建	轸
廿八	6	甲申	四绿	开	鬼	6	甲寅	一白	平	星	5	甲申	三碧	危	翼	4	甲寅	六白	建	角
廿九	7	乙酉	三碧	开	柳	7	乙卯	九紫	平	张	6	乙酉	四绿	成	轸	5	乙卯	七赤	除	亢
三十	8	丙戌	二黑	闭	星	8	丙辰	八白	定	翼	7	丙戌	五黄	收	角					

公元2027年　丁未羊年　太岁缪丙 九星九紫

月份	正月大	壬寅 五黄 兑卦 星宿				二月大	癸卯 四绿 离卦 张宿				三月小	甲辰 三碧 震卦 翼宿				四月大	乙巳 二黑 巽卦 轸宿			
节气	雨水 2月19日 十四己巳 卯时 5时34分		惊蛰 3月6日 廿九甲申 寅时 3时40分			春分 3月21日 十四己亥 寅时 4时25分		清明 4月5日 廿九甲寅 辰时 8时18分			谷雨 4月20日 十四己巳 申时 15时18分					立夏 5月6日 初一乙酉 丑时 1时25分		小满 5月21日 十六庚子 未时 14时19分		
农历	公历	干支	九星	日建	星宿	公历	干支	九星	日建	星宿	公历	干支	九星	日建	星宿	公历	干支	九星	日建	星宿
初一	6	丙辰	八白	满	氐	8	丙戌	二黑	危	心	7	丙辰	五黄	建	箕	6	乙酉	七赤	定	斗
初二	7	丁巳	九紫	平	房	9	丁亥	三碧	成	尾	8	丁巳	六白	除	斗	7	丙戌	八白	执	牛
初三	8	戊午	一白	定	心	10	戊子	四绿	收	箕	9	戊午	七赤	满	牛	8	丁亥	九紫	破	女
初四	9	己未	二黑	执	尾	11	己丑	五黄	开	斗	10	己未	八白	平	女	9	戊子	一白	危	虚
初五	10	庚申	三碧	破	箕	12	庚寅	六白	闭	牛	11	庚申	九紫	定	虚	10	己丑	二黑	成	危
初六	11	辛酉	四绿	危	斗	13	辛卯	七赤	建	女	12	辛酉	一白	执	危	11	庚寅	三碧	收	室
初七	12	壬戌	五黄	成	牛	14	壬辰	八白	除	虚	13	壬戌	二黑	破	室	12	辛卯	四绿	开	壁
初八	13	癸亥	六白	收	女	15	癸巳	九紫	满	危	14	癸亥	三碧	危	壁	13	壬辰	五黄	闭	奎
初九	14	甲子	一白	开	虚	16	甲午	一白	平	室	15	甲子	七赤	成	奎	14	癸巳	六白	建	娄
初十	15	乙丑	二黑	闭	危	17	乙未	二黑	定	壁	16	乙丑	八白	收	娄	15	甲午	七赤	除	胃
十一	16	丙寅	三碧	建	室	18	丙申	三碧	执	奎	17	丙寅	九紫	开	胃	16	乙未	八白	满	昴
十二	17	丁卯	四绿	除	壁	19	丁酉	四绿	破	娄	18	丁卯	一白	闭	昴	17	丙申	九紫	平	毕
十三	18	戊辰	五黄	满	奎	20	戊戌	五黄	危	胃	19	戊辰	二黑	建	毕	18	丁酉	一白	定	觜
十四	19	己巳	三碧	平	娄	21	己亥	六白	成	昴	20	己巳	九紫	除	觜	19	戊戌	二黑	执	参
十五	20	庚午	四绿	定	胃	22	庚子	七赤	收	毕	21	庚午	一白	满	参	20	己亥	三碧	破	井
十六	21	辛未	五黄	执	昴	23	辛丑	八白	开	觜	22	辛未	二黑	平	井	21	庚子	四绿	危	鬼
十七	22	壬申	六白	破	毕	24	壬寅	九紫	闭	参	23	壬申	三碧	定	鬼	22	辛丑	五黄	成	柳
十八	23	癸酉	七赤	危	觜	25	癸卯	一白	建	井	24	癸酉	四绿	执	柳	23	壬寅	六白	收	星
十九	24	甲戌	八白	成	参	26	甲辰	二黑	除	鬼	25	甲戌	五黄	破	星	24	癸卯	七赤	开	张
二十	25	乙亥	九紫	收	井	27	乙巳	三碧	满	柳	26	乙亥	六白	危	张	25	甲辰	八白	闭	翼
廿一	26	丙子	一白	开	鬼	28	丙午	四绿	平	星	27	丙子	七赤	成	翼	26	乙巳	九紫	建	轸
廿二	27	丁丑	二黑	闭	柳	29	丁未	五黄	定	张	28	丁丑	八白	收	轸	27	丙午	一白	除	角
廿三	28	戊寅	三碧	建	星	30	戊申	六白	执	翼	29	戊寅	九紫	开	角	28	丁未	二黑	满	亢
廿四	3月	己卯	四绿	除	张	31	己酉	七赤	破	轸	30	己卯	一白	闭	亢	29	戊申	三碧	平	氐
廿五	2	庚辰	五黄	满	翼	4月	庚戌	八白	危	角	5月	庚辰	二黑	建	氐	30	己酉	四绿	定	房
廿六	3	辛巳	六白	平	轸	2	辛亥	九紫	成	亢	2	辛巳	三碧	除	房	31	庚戌	五黄	执	心
廿七	4	壬午	七赤	定	角	3	壬子	一白	收	氐	3	壬午	四绿	满	心	6月	辛亥	六白	破	尾
廿八	5	癸未	八白	执	亢	4	癸丑	二黑	开	房	4	癸未	五黄	平	尾	2	壬子	七赤	危	箕
廿九	6	甲申	九紫	执	氐	5	甲寅	三碧	开	心	5	甲申	六白	定	箕	3	癸丑	八白	成	斗
三十	7	乙酉	一白	破	房	6	乙卯	四绿	闭	尾						4	甲寅	九紫	收	牛

公元2027年 丁未羊年 太岁缪丙 九星九紫

月份	五月小 丙午 一白 坎卦 角宿					六月小 丁未 九紫 艮卦 亢宿					七月大 戊申 八白 坤卦 氐宿					八月小 己酉 七赤 乾卦 房宿				
节气	芒种 6月6日 初二丙辰 卯时 5时26分		夏至 6月21日 十七辛未 亥时 22时11分			小暑 7月7日 初四丁亥 申时 15时38分		大暑 7月23日 二十癸卯 巳时 9时05分			立秋 8月8日 初七己未 丑时 1时27分		处暑 8月23日 廿二甲戌 申时 16时15分			白露 9月8日 初八庚寅 寅时 4时29分		秋分 9月23日 廿三乙巳 未时 14时02分		
农历	公历	干支	九星	日建	星宿	公历	干支	九星	日建	星宿	公历	干支	九星	日建	星宿	公历	干支	九星	日建	星宿
初一	5	乙卯	一白	开	女	4	甲申	七赤	满	虚	2	癸丑	五黄	破	危	9月	癸未	二黑	闭	壁
初二	6	丙辰	二黑	开	虚	5	乙酉	六白	平	危	3	甲寅	四绿	危	室	2	甲申	一白	建	奎
初三	7	丁巳	三碧	闭	危	6	丙戌	五黄	定	室	4	乙卯	三碧	成	壁	3	乙酉	九紫	除	娄
初四	8	戊午	四绿	建	室	7	丁亥	四绿	定	壁	5	丙辰	二黑	收	奎	4	丙戌	八白	满	胃
初五	9	己未	五黄	除	壁	8	戊子	三碧	执	奎	6	丁巳	一白	开	娄	5	丁亥	七赤	平	昴
初六	10	庚申	六白	满	奎	9	己丑	二黑	破	娄	7	戊午	九紫	闭	胃	6	戊子	六白	定	毕
初七	11	辛酉	七赤	平	娄	10	庚寅	一白	危	胃	8	己未	八白	闭	昴	7	己丑	五黄	执	觜
初八	12	壬戌	八白	定	胃	11	辛卯	九紫	成	昴	9	庚申	七赤	建	毕	8	庚寅	四绿	执	参
初九	13	癸亥	九紫	执	昴	12	壬辰	八白	收	毕	10	辛酉	六白	除	觜	9	辛卯	三碧	破	井
初十	14	甲子	四绿	破	毕	13	癸巳	七赤	开	觜	11	壬戌	五黄	满	参	10	壬辰	二黑	危	鬼
十一	15	乙丑	五黄	危	觜	14	甲午	六白	闭	参	12	癸亥	四绿	平	井	11	癸巳	一白	成	柳
十二	16	丙寅	六白	成	参	15	乙未	五黄	建	井	13	甲子	九紫	定	鬼	12	甲午	九紫	收	星
十三	17	丁卯	七赤	收	井	16	丙申	四绿	除	鬼	14	乙丑	八白	执	柳	13	乙未	八白	开	张
十四	18	戊辰	八白	开	鬼	17	丁酉	三碧	满	柳	15	丙寅	七赤	破	星	14	丙申	七赤	闭	翼
十五	19	己巳	九紫	闭	柳	18	戊戌	二黑	平	星	16	丁卯	六白	危	张	15	丁酉	六白	建	轸
十六	20	庚午	一白	建	星	19	己亥	一白	定	张	17	戊辰	五黄	成	翼	16	戊戌	五黄	除	角
十七	21	辛未	二黑	除	张	20	庚子	九紫	执	翼	18	己巳	四绿	收	轸	17	己亥	四绿	满	亢
十八	22	壬申	一白	满	翼	21	辛丑	八白	破	轸	19	庚午	三碧	开	角	18	庚子	三碧	平	氐
十九	23	癸酉	九紫	平	轸	22	壬寅	七赤	危	角	20	辛未	二黑	闭	亢	19	辛丑	二黑	定	房
二十	24	甲戌	八白	定	角	23	癸卯	六白	成	亢	21	壬申	一白	建	氐	20	壬寅	一白	执	心
廿一	25	乙亥	七赤	执	亢	24	甲辰	五黄	收	氐	22	癸酉	九紫	除	房	21	癸卯	九紫	破	尾
廿二	26	丙子	六白	破	氐	25	乙巳	四绿	开	房	23	甲戌	二黑	满	心	22	甲辰	八白	危	箕
廿三	27	丁丑	五黄	危	房	26	丙午	三碧	闭	心	24	乙亥	一白	平	尾	23	乙巳	七赤	成	斗
廿四	28	戊寅	四绿	成	心	27	丁未	二黑	建	尾	25	丙子	九紫	定	箕	24	丙午	六白	收	牛
廿五	29	己卯	三碧	收	尾	28	戊申	一白	除	箕	26	丁丑	八白	执	斗	25	丁未	五黄	开	女
廿六	30	庚辰	二黑	开	箕	29	己酉	九紫	满	斗	27	戊寅	七赤	破	牛	26	戊申	四绿	闭	虚
廿七	7月	辛巳	一白	闭	斗	30	庚戌	八白	平	牛	28	己卯	六白	危	女	27	己酉	三碧	建	危
廿八	2	壬午	九紫	建	牛	31	辛亥	七赤	定	女	29	庚辰	五黄	成	虚	28	庚戌	二黑	除	室
廿九	3	癸未	八白	除	女	8月	壬子	六白	执	虚	30	辛巳	四绿	收	危	29	辛亥	一白	满	壁
三十											31	壬午	三碧	开	室					

公元2027年　丁未羊年　太岁缪丙　九星九紫

月份	九月小	庚戌 六白 兑卦 心宿				十月大	辛亥 五黄 离卦 尾宿				十一月大	壬子 四绿 震卦 箕宿				十二月小	癸丑 三碧 巽卦 斗宿			
节气	寒露 10月8日 初九庚申 戌时 20时18分		霜降 10月23日 廿四乙亥 夜子时 23时33分			立冬 11月7日 初十庚寅 夜子时 23时39分		小雪 11月22日 廿五乙巳 亥时 21时17分			大雪 12月7日 初十庚申 申时 16时38分		冬至 12月22日 廿五乙亥 巳时 10时43分			小寒 1月6日 初十庚寅 寅时 3时55分		大寒 1月20日 廿四甲辰 亥时 21时22分		
农历	公历	干支	九星	日建	星宿	公历	干支	九星	日建	星宿	公历	干支	九星	日建	星宿	公历	干支	九星	日建	星宿
初一	30	壬子	九紫	平	奎	29	辛巳	七赤	危	娄	28	辛亥	四绿	建	昴	28	辛巳	九紫	执	觜
初二	10月	癸丑	八白	定	娄	30	壬午	六白	成	胃	29	壬子	三碧	除	毕	29	壬午	一白	破	参
初三	2	甲寅	七赤	执	胃	31	癸未	五黄	收	昴	30	癸丑	二黑	满	觜	30	癸未	二黑	危	井
初四	3	乙卯	六白	破	昴	11月	甲申	四绿	开	毕	12月	甲寅	一白	平	参	31	甲申	三碧	成	鬼
初五	4	丙辰	五黄	危	毕	2	乙酉	三碧	闭	觜	2	乙卯	九紫	定	井	1月	乙酉	四绿	收	柳
初六	5	丁巳	四绿	成	觜	3	丙戌	二黑	建	参	3	丙辰	八白	执	鬼	2	丙戌	五黄	开	星
初七	6	戊午	三碧	收	参	4	丁亥	一白	除	井	4	丁巳	七赤	破	柳	3	丁亥	六白	闭	张
初八	7	己未	二黑	开	井	5	戊子	九紫	满	鬼	5	戊午	六白	危	星	4	戊子	七赤	建	翼
初九	8	庚申	一白	开	鬼	6	己丑	八白	平	柳	6	己未	五黄	成	张	5	己丑	八白	除	轸
初十	9	辛酉	九紫	闭	柳	7	庚寅	七赤	平	星	7	庚申	四绿	成	翼	6	庚寅	九紫	除	角
十一	10	壬戌	八白	建	星	8	辛卯	六白	定	张	8	辛酉	三碧	收	轸	7	辛卯	一白	满	亢
十二	11	癸亥	七赤	除	张	9	壬辰	五黄	执	翼	9	壬戌	二黑	开	角	8	壬辰	二黑	平	氐
十三	12	甲子	三碧	满	翼	10	癸巳	四绿	破	轸	10	癸亥	一白	闭	亢	9	癸巳	三碧	定	房
十四	13	乙丑	二黑	平	轸	11	甲午	三碧	危	角	11	甲子	六白	建	氐	10	甲午	四绿	执	心
十五	14	丙寅	一白	定	角	12	乙未	二黑	成	亢	12	乙丑	五黄	除	房	11	乙未	五黄	破	尾
十六	15	丁卯	九紫	执	亢	13	丙申	一白	收	氐	13	丙寅	四绿	满	心	12	丙申	六白	危	箕
十七	16	戊辰	八白	破	氐	14	丁酉	九紫	开	房	14	丁卯	三碧	平	尾	13	丁酉	七赤	成	斗
十八	17	己巳	七赤	危	房	15	戊戌	八白	闭	心	15	戊辰	二黑	定	箕	14	戊戌	八白	收	牛
十九	18	庚午	六白	成	心	16	己亥	七赤	建	尾	16	己巳	一白	执	斗	15	己亥	九紫	开	女
二十	19	辛未	五黄	收	尾	17	庚子	六白	除	箕	17	庚午	九紫	破	牛	16	庚子	一白	闭	虚
廿一	20	壬申	四绿	开	箕	18	辛丑	五黄	满	斗	18	辛未	八白	危	女	17	辛丑	二黑	建	危
廿二	21	癸酉	三碧	闭	斗	19	壬寅	四绿	平	牛	19	壬申	七赤	成	虚	18	壬寅	三碧	除	室
廿三	22	甲戌	二黑	建	牛	20	癸卯	三碧	定	女	20	癸酉	六白	收	危	19	癸卯	四绿	满	壁
廿四	23	乙亥	四绿	除	女	21	甲辰	二黑	执	虚	21	甲戌	五黄	开	室	20	甲辰	五黄	平	奎
廿五	24	丙子	三碧	满	虚	22	乙巳	一白	破	危	22	乙亥	三碧	闭	壁	21	乙巳	六白	定	娄
廿六	25	丁丑	二黑	平	危	23	丙午	九紫	危	室	23	丙子	四绿	建	奎	22	丙午	七赤	执	胃
廿七	26	戊寅	一白	定	室	24	丁未	八白	成	壁	24	丁丑	五黄	除	娄	23	丁未	八白	破	昴
廿八	27	己卯	九紫	执	壁	25	戊申	七赤	收	奎	25	戊寅	六白	满	胃	24	戊申	九紫	危	毕
廿九	28	庚辰	八白	破	奎	26	己酉	六白	开	娄	26	己卯	七赤	平	昴	25	己酉	一白	成	觜
三十						27	庚戌	五黄	闭	胃	27	庚辰	八白	定	毕					

公元2028年　戊申猴年（闰五月）　太岁俞志　九星八白

月份	正月大	甲寅 二黑 离卦 牛宿				二月大	乙卯 一白 震卦 女宿				三月大	丙辰 九紫 巽卦 虚宿				四月小	丁巳 八白 坎卦 危宿			
节气	立春 2月4日 初十己未 申时 15时32分		雨水 2月19日 廿五甲戌 午时 11时26分			惊蛰 3月5日 初十己丑 巳时 9时25分		春分 3月20日 廿五甲辰 巳时 10时18分			清明 4月4日 初十己未 未时 14时04分		谷雨 4月19日 廿五甲戌 亥时 21时10分			立夏 5月5日 十一庚寅 辰时 7时13分		小满 5月20日 廿六乙巳 戌时 20时10分		
农历	公历	干支	九星	日建	星宿	公历	干支	九星	日建	星宿	公历	干支	九星	日建	星宿	公历	干支	九星	日建	星宿
初一	26	庚戌	二黑	收	参	25	庚辰	五黄	满	鬼	26	庚戌	八白	危	星	25	庚辰	二黑	建	翼
初二	27	辛亥	三碧	开	井	26	辛巳	六白	平	柳	27	辛亥	九紫	成	张	26	辛巳	三碧	除	轸
初三	28	壬子	四绿	闭	鬼	27	壬午	七赤	定	星	28	壬子	一白	收	翼	27	壬午	四绿	满	角
初四	29	癸丑	五黄	建	柳	28	癸未	八白	执	张	29	癸丑	二黑	开	轸	28	癸未	五黄	平	亢
初五	30	甲寅	六白	除	星	29	甲申	九紫	破	翼	30	甲寅	三碧	闭	角	29	甲申	六白	定	氐
初六	31	乙卯	七赤	满	张	3月	乙酉	一白	危	轸	31	乙卯	四绿	建	亢	30	乙酉	七赤	执	房
初七	2月	丙辰	八白	平	翼	2	丙戌	二黑	成	角	4月	丙辰	五黄	除	氐	5月	丙戌	八白	破	心
初八	2	丁巳	九紫	定	轸	3	丁亥	三碧	收	亢	2	丁巳	六白	满	房	2	丁亥	九紫	危	尾
初九	3	戊午	一白	执	角	4	戊子	四绿	开	氐	3	戊午	七赤	平	心	3	戊子	一白	成	箕
初十	4	己未	二黑	执	亢	5	己丑	五黄	开	房	4	己未	八白	平	尾	4	己丑	二黑	收	斗
十一	5	庚申	三碧	破	氐	6	庚寅	六白	闭	心	5	庚申	九紫	定	箕	5	庚寅	三碧	收	牛
十二	6	辛酉	四绿	危	房	7	辛卯	七赤	建	尾	6	辛酉	一白	执	斗	6	辛卯	四绿	开	女
十三	7	壬戌	五黄	成	心	8	壬辰	八白	除	箕	7	壬戌	二黑	破	牛	7	壬辰	五黄	闭	虚
十四	8	癸亥	六白	收	尾	9	癸巳	九紫	满	斗	8	癸亥	三碧	危	女	8	癸巳	六白	建	危
十五	9	甲子	一白	开	箕	10	甲午	一白	平	牛	9	甲子	七赤	成	虚	9	甲午	七赤	除	室
十六	10	乙丑	二黑	闭	斗	11	乙未	二黑	定	女	10	乙丑	八白	收	危	10	乙未	八白	满	壁
十七	11	丙寅	三碧	建	牛	12	丙申	三碧	执	虚	11	丙寅	九紫	开	室	11	丙申	九紫	平	奎
十八	12	丁卯	四绿	除	女	13	丁酉	四绿	破	危	12	丁卯	一白	闭	壁	12	丁酉	一白	定	娄
十九	13	戊辰	五黄	满	虚	14	戊戌	五黄	危	室	13	戊辰	二黑	建	奎	13	戊戌	二黑	执	胃
二十	14	己巳	六白	平	危	15	己亥	六白	成	壁	14	己巳	三碧	除	娄	14	己亥	三碧	破	昴
廿一	15	庚午	七赤	定	室	16	庚子	七赤	收	奎	15	庚午	四绿	满	胃	15	庚子	四绿	危	毕
廿二	16	辛未	八白	执	壁	17	辛丑	八白	开	娄	16	辛未	五黄	平	昴	16	辛丑	五黄	成	觜
廿三	17	壬申	九紫	破	奎	18	壬寅	九紫	闭	胃	17	壬申	六白	定	毕	17	壬寅	六白	收	参
廿四	18	癸酉	一白	危	娄	19	癸卯	一白	建	昴	18	癸酉	七赤	执	觜	18	癸卯	七赤	开	井
廿五	19	甲戌	八白	成	胃	20	甲辰	二黑	除	毕	19	甲戌	五黄	破	参	19	甲辰	八白	闭	鬼
廿六	20	乙亥	九紫	收	昴	21	乙巳	三碧	满	觜	20	乙亥	六白	危	井	20	乙巳	九紫	建	柳
廿七	21	丙子	一白	开	毕	22	丙午	四绿	平	参	21	丙子	七赤	成	鬼	21	丙午	一白	除	星
廿八	22	丁丑	二黑	闭	觜	23	丁未	五黄	定	井	22	丁丑	八白	收	柳	22	丁未	二黑	满	张
廿九	23	戊寅	三碧	建	参	24	戊申	六白	执	鬼	23	戊寅	九紫	开	星	23	戊申	三碧	平	翼
三十	24	己卯	四绿	除	井	25	己酉	七赤	破	柳	24	己卯	一白	闭	张					

公元2028年　戊申猴年（闰五月）　太岁俞志 九星八白

月份	五月大		戊午 七赤 艮卦 室宿			闰五月小					六月小		己未 六白 坤卦 壁宿		
节气	芒种 6月5日 十三辛酉 午时 11时17分			夏至 6月21日 廿九丁丑 寅时 4时02分		小暑 7月6日 十四壬辰 亥时 21时31分					大暑 7月22日 初一戊申 未时 14时55分			立秋 8月7日 十七甲子 辰时 7时22分	
农历	公历	干支	九星	日建	星宿	公历	干支	九星	日建	星宿	公历	干支	九星	日建	星宿
初一	24	己酉	四绿	定	轸	23	己卯	三碧	收	亢	22	戊申	一白	除	氐
初二	25	庚戌	五黄	执	角	24	庚辰	二黑	开	氐	23	己酉	九紫	满	房
初三	26	辛亥	六白	破	亢	25	辛巳	一白	闭	房	24	庚戌	八白	平	心
初四	27	壬子	七赤	危	氐	26	壬午	九紫	建	心	25	辛亥	七赤	定	尾
初五	28	癸丑	八白	成	房	27	癸未	八白	除	尾	26	壬子	六白	执	箕
初六	29	甲寅	九紫	收	心	28	甲申	七赤	满	箕	27	癸丑	五黄	破	斗
初七	30	乙卯	一白	开	尾	29	乙酉	六白	平	斗	28	甲寅	四绿	危	牛
初八	31	丙辰	二黑	闭	箕	30	丙戌	五黄	定	牛	29	乙卯	三碧	成	女
初九	6月	丁巳	三碧	建	斗	7月	丁亥	四绿	执	女	30	丙辰	二黑	收	虚
初十	2	戊午	四绿	除	牛	2	戊子	三碧	破	虚	31	丁巳	一白	开	危
十一	3	己未	五黄	满	女	3	己丑	二黑	危	危	8月	戊午	九紫	闭	室
十二	4	庚申	六白	平	虚	4	庚寅	一白	成	室	2	己未	八白	建	壁
十三	5	辛酉	七赤	平	危	5	辛卯	九紫	收	壁	3	庚申	七赤	除	奎
十四	6	壬戌	八白	定	室	6	壬辰	八白	收	奎	4	辛酉	六白	满	娄
十五	7	癸亥	九紫	执	壁	7	癸巳	七赤	开	娄	5	壬戌	五黄	平	胃
十六	8	甲子	四绿	破	奎	8	甲午	六白	闭	胃	6	癸亥	四绿	定	昴
十七	9	乙丑	五黄	危	娄	9	乙未	五黄	建	昴	7	甲子	九紫	定	毕
十八	10	丙寅	六白	成	胃	10	丙申	四绿	除	毕	8	乙丑	八白	执	觜
十九	11	丁卯	七赤	收	昴	11	丁酉	三碧	满	觜	9	丙寅	七赤	破	参
二十	12	戊辰	八白	开	毕	12	戊戌	二黑	平	参	10	丁卯	六白	危	井
廿一	13	己巳	九紫	闭	觜	13	己亥	一白	定	井	11	戊辰	五黄	成	鬼
廿二	14	庚午	一白	建	参	14	庚子	九紫	执	鬼	12	己巳	四绿	收	柳
廿三	15	辛未	二黑	除	井	15	辛丑	八白	破	柳	13	庚午	三碧	开	星
廿四	16	壬申	三碧	满	鬼	16	壬寅	七赤	危	星	14	辛未	二黑	闭	张
廿五	17	癸酉	四绿	平	柳	17	癸卯	六白	成	张	15	壬申	一白	建	翼
廿六	18	甲戌	五黄	定	星	18	甲辰	五黄	收	翼	16	癸酉	九紫	除	轸
廿七	19	乙亥	六白	执	张	19	乙巳	四绿	开	轸	17	甲戌	八白	满	角
廿八	20	丙子	七赤	破	翼	20	丙午	三碧	闭	角	18	乙亥	七赤	平	亢
廿九	21	丁丑	五黄	危	轸	21	丁未	二黑	建	亢	19	丙子	六白	定	氐
三十	22	戊寅	四绿	成	角										

公元2028年　戊申猴年（闰五月）　太岁俞志 九星八白

月份	七月大		庚申 五黄 乾卦 奎宿			八月小		辛酉 四绿 兑卦 娄宿			九月小		壬戌 三碧 离卦 胃宿		
节气	处暑 8月22日 初三己卯 亥时 22时02分		白露 9月7日 十九乙未 巳时 10时23分			秋分 9月22日 初四庚戌 戌时 19时46分		寒露 10月8日 二十丙寅 丑时 2时09分			霜降 10月23日 初六辛巳 卯时 5时14分		立冬 11月7日 廿一丙申 卯时 5时28分		
农历	公历	干支	九星	日建	星宿	公历	干支	九星	日建	星宿	公历	干支	九星	日建	星宿
初一	20	丁丑	五黄	执	房	19	丁未	五黄	开	尾	18	丙子	九紫	满	箕
初二	21	戊寅	四绿	破	心	20	戊申	四绿	闭	箕	19	丁丑	八白	平	斗
初三	22	己卯	六白	危	尾	21	己酉	三碧	建	斗	20	戊寅	七赤	定	牛
初四	23	庚辰	五黄	成	箕	22	庚戌	二黑	除	牛	21	己卯	六白	执	女
初五	24	辛巳	四绿	收	斗	23	辛亥	一白	满	女	22	庚辰	五黄	破	虚
初六	25	壬午	三碧	开	牛	24	壬子	九紫	平	虚	23	辛巳	七赤	危	危
初七	26	癸未	二黑	闭	女	25	癸丑	八白	定	危	24	壬午	六白	成	室
初八	27	甲申	一白	建	虚	26	甲寅	七赤	执	室	25	癸未	五黄	收	壁
初九	28	乙酉	九紫	除	危	27	乙卯	六白	破	壁	26	甲申	四绿	开	奎
初十	29	丙戌	八白	满	室	28	丙辰	五黄	危	奎	27	乙酉	三碧	闭	娄
十一	30	丁亥	七赤	平	壁	29	丁巳	四绿	成	娄	28	丙戌	二黑	建	胃
十二	31	戊子	六白	定	奎	30	戊午	三碧	收	胃	29	丁亥	一白	除	昴
十三	9月	己丑	五黄	执	娄	10月	己未	二黑	开	昴	30	戊子	九紫	满	毕
十四	2	庚寅	四绿	破	胃	2	庚申	一白	闭	毕	31	己丑	八白	平	觜
十五	3	辛卯	三碧	危	昴	3	辛酉	九紫	建	觜	11月	庚寅	七赤	定	参
十六	4	壬辰	二黑	成	毕	4	壬戌	八白	除	参	2	辛卯	六白	执	井
十七	5	癸巳	一白	收	觜	5	癸亥	七赤	满	井	3	壬辰	五黄	破	鬼
十八	6	甲午	九紫	开	参	6	甲子	三碧	平	鬼	4	癸巳	四绿	危	柳
十九	7	乙未	八白	开	井	7	乙丑	二黑	定	柳	5	甲午	三碧	成	星
二十	8	丙申	七赤	闭	鬼	8	丙寅	一白	定	星	6	乙未	二黑	收	张
廿一	9	丁酉	六白	建	柳	9	丁卯	九紫	执	张	7	丙申	一白	收	翼
廿二	10	戊戌	五黄	除	星	10	戊辰	八白	破	翼	8	丁酉	九紫	开	轸
廿三	11	己亥	四绿	满	张	11	己巳	七赤	危	轸	9	戊戌	八白	闭	角
廿四	12	庚子	三碧	平	翼	12	庚午	六白	成	角	10	己亥	七赤	建	亢
廿五	13	辛丑	二黑	定	轸	13	辛未	五黄	收	亢	11	庚子	六白	除	氐
廿六	14	壬寅	一白	执	角	14	壬申	四绿	开	氐	12	辛丑	五黄	满	房
廿七	15	癸卯	九紫	破	亢	15	癸酉	三碧	闭	房	13	壬寅	四绿	平	心
廿八	16	甲辰	八白	危	氐	16	甲戌	二黑	建	心	14	癸卯	三碧	定	尾
廿九	17	乙巳	七赤	成	房	17	乙亥	一白	除	尾	15	甲辰	二黑	执	箕
三十	18	丙午	六白	收	心										

公元2028年　戊申猴年（闰五月）　太岁俞志 九星八白

月份	十月大		癸亥 二黑 震卦 昴宿			十一月大		甲子 一白 巽卦 毕宿			十二月小		乙丑 九紫 坎卦 觜宿		
节气	小雪 11月22日 初七辛亥 丑时 2时55分			大雪 12月6日 廿一乙丑 亥时 22时25分		冬至 12月21日 初六庚辰 申时 16时20分			小寒 1月5日 廿一乙未 巳时 9时43分		大寒 1月20日 初六庚戌 寅时 3时02分			立春 2月3日 二十甲子 亥时 21时21分	
农历	公历	干支	九星	日建	星宿	公历	干支	九星	日建	星宿	公历	干支	九星	日建	星宿
初一	16	乙巳	一白	破	斗	16	乙亥	四绿	闭	女	15	乙巳	六白	定	危
初二	17	丙午	九紫	危	牛	17	丙子	三碧	建	虚	16	丙午	七赤	执	室
初三	18	丁未	八白	成	女	18	丁丑	二黑	除	危	17	丁未	八白	破	壁
初四	19	戊申	七赤	收	虚	19	戊寅	一白	满	室	18	戊申	九紫	危	奎
初五	20	己酉	六白	开	危	20	己卯	九紫	平	壁	19	己酉	一白	成	娄
初六	21	庚戌	五黄	闭	室	21	庚辰	八白	定	奎	20	庚戌	二黑	收	胃
初七	22	辛亥	四绿	建	壁	22	辛巳	九紫	执	娄	21	辛亥	三碧	开	昴
初八	23	壬子	三碧	除	奎	23	壬午	一白	破	胃	22	壬子	四绿	闭	毕
初九	24	癸丑	二黑	满	娄	24	癸未	二黑	危	昴	23	癸丑	五黄	建	觜
初十	25	甲寅	一白	平	胃	25	甲申	三碧	成	毕	24	甲寅	六白	除	参
十一	26	乙卯	九紫	定	昴	26	乙酉	四绿	收	觜	25	乙卯	七赤	满	井
十二	27	丙辰	八白	执	毕	27	丙戌	五黄	开	参	26	丙辰	八白	平	鬼
十三	28	丁巳	七赤	破	觜	28	丁亥	六白	闭	井	27	丁巳	九紫	定	柳
十四	29	戊午	六白	危	参	29	戊子	七赤	建	鬼	28	戊午	一白	执	星
十五	30	己未	五黄	成	井	30	己丑	八白	除	柳	29	己未	二黑	破	张
十六	12月	庚申	四绿	收	鬼	31	庚寅	九紫	满	星	30	庚申	三碧	危	翼
十七	2	辛酉	三碧	开	柳	1月	辛卯	一白	平	张	31	辛酉	四绿	成	轸
十八	3	壬戌	二黑	闭	星	2	壬辰	二黑	定	翼	2月	壬戌	五黄	收	角
十九	4	癸亥	一白	建	张	3	癸巳	三碧	执	轸	2	癸亥	六白	开	亢
二十	5	甲子	六白	除	翼	4	甲午	四绿	破	角	3	甲子	一白	开	氐
廿一	6	乙丑	五黄	除	轸	5	乙未	五黄	破	亢	4	乙丑	二黑	闭	房
廿二	7	丙寅	四绿	满	角	6	丙申	六白	危	氐	5	丙寅	三碧	建	心
廿三	8	丁卯	三碧	平	亢	7	丁酉	七赤	成	房	6	丁卯	四绿	除	尾
廿四	9	戊辰	二黑	定	氐	8	戊戌	八白	收	心	7	戊辰	五黄	满	箕
廿五	10	己巳	一白	执	房	9	己亥	九紫	开	尾	8	己巳	六白	平	斗
廿六	11	庚午	九紫	破	心	10	庚子	一白	闭	箕	9	庚午	七赤	定	牛
廿七	12	辛未	八白	危	尾	11	辛丑	二黑	建	斗	10	辛未	八白	执	女
廿八	13	壬申	七赤	成	箕	12	壬寅	三碧	除	牛	11	壬申	九紫	破	虚
廿九	14	癸酉	六白	收	斗	13	癸卯	四绿	满	女	12	癸酉	一白	危	危
三十	15	甲戌	五黄	开	牛	14	甲辰	五黄	平	虚					

公元2029年　己酉鸡年　太岁程寅 九星七赤

月份	正月大		丙寅 八白 震卦 参宿			二月大		丁卯 七赤 巽卦 井宿			三月小		戊辰 六白 坎卦 鬼宿			四月大		己巳 五黄 艮卦 柳宿		
节气	雨水 2月18日 初六己卯 酉时 17时08分			惊蛰 3月5日 廿一甲午 申时 15时18分		春分 3月20日 初六己酉 申时 16时02分			清明 4月4日 廿一甲子 戌时 19时59分		谷雨 4月20日 初七庚辰 丑时 2时56分			立夏 5月5日 廿二乙未 未时 13时08分		小满 5月21日 初九辛亥 丑时 1时56分			芒种 6月5日 廿四丙寅 酉时 17时11分	
农历	公历	干支	九星	日建	星宿	公历	干支	九星	日建	星宿	公历	干支	九星	日建	星宿	公历	干支	九星	日建	星宿
初一	13	甲戌	二黑	成	室	15	甲辰	二黑	除	奎	14	甲戌	八白	破	胃	13	癸卯	七赤	开	昴
初二	14	乙亥	三碧	收	壁	16	乙巳	三碧	满	娄	15	乙亥	九紫	危	昴	14	甲辰	八白	闭	毕
初三	15	丙子	四绿	开	奎	17	丙午	四绿	平	胃	16	丙子	一白	成	毕	15	乙巳	九紫	建	觜
初四	16	丁丑	五黄	闭	娄	18	丁未	五黄	定	昴	17	丁丑	二黑	收	觜	16	丙午	一白	除	参
初五	17	戊寅	六白	建	胃	19	戊申	六白	执	毕	18	戊寅	三碧	开	参	17	丁未	二黑	满	井
初六	18	己卯	四绿	除	昴	20	己酉	七赤	破	觜	19	己卯	四绿	闭	井	18	戊申	三碧	平	鬼
初七	19	庚辰	五黄	满	毕	21	庚戌	八白	危	参	20	庚辰	二黑	建	鬼	19	己酉	四绿	定	柳
初八	20	辛巳	六白	平	觜	22	辛亥	九紫	成	井	21	辛巳	三碧	除	柳	20	庚戌	五黄	执	星
初九	21	壬午	七赤	定	参	23	壬子	一白	收	鬼	22	壬午	四绿	满	星	21	辛亥	六白	破	张
初十	22	癸未	八白	执	井	24	癸丑	二黑	开	柳	23	癸未	五黄	平	张	22	壬子	七赤	危	翼
十一	23	甲申	九紫	破	鬼	25	甲寅	三碧	闭	星	24	甲申	六白	定	翼	23	癸丑	八白	成	轸
十二	24	乙酉	一白	危	柳	26	乙卯	四绿	建	张	25	乙酉	七赤	执	轸	24	甲寅	九紫	收	角
十三	25	丙戌	二黑	成	星	27	丙辰	五黄	除	翼	26	丙戌	八白	破	角	25	乙卯	一白	开	亢
十四	26	丁亥	三碧	收	张	28	丁巳	六白	满	轸	27	丁亥	九紫	危	亢	26	丙辰	二黑	闭	氐
十五	27	戊子	四绿	开	翼	29	戊午	七赤	平	角	28	戊子	一白	成	氐	27	丁巳	三碧	建	房
十六	28	己丑	五黄	闭	轸	30	己未	八白	定	亢	29	己丑	二黑	收	房	28	戊午	四绿	除	心
十七	3月	庚寅	六白	建	角	31	庚申	九紫	执	氐	30	庚寅	三碧	开	心	29	己未	五黄	满	尾
十八	2	辛卯	七赤	除	亢	4月	辛酉	一白	破	房	5月	辛卯	四绿	闭	尾	30	庚申	六白	平	箕
十九	3	壬辰	八白	满	氐	2	壬戌	二黑	危	心	2	壬辰	五黄	建	箕	31	辛酉	七赤	定	斗
二十	4	癸巳	九紫	平	房	3	癸亥	三碧	成	尾	3	癸巳	六白	除	斗	6月	壬戌	八白	执	牛
廿一	5	甲午	一白	平	心	4	甲子	七赤	成	箕	4	甲午	七赤	满	牛	2	癸亥	九紫	破	女
廿二	6	乙未	二黑	定	尾	5	乙丑	八白	收	斗	5	乙未	八白	满	女	3	甲子	四绿	危	虚
廿三	7	丙申	三碧	执	箕	6	丙寅	九紫	开	牛	6	丙申	九紫	平	虚	4	乙丑	五黄	成	危
廿四	8	丁酉	四绿	破	斗	7	丁卯	一白	闭	女	7	丁酉	一白	定	危	5	丙寅	六白	成	室
廿五	9	戊戌	五黄	危	牛	8	戊辰	二黑	建	虚	8	戊戌	二黑	执	室	6	丁卯	七赤	收	壁
廿六	10	己亥	六白	成	女	9	己巳	三碧	除	危	9	己亥	三碧	破	壁	7	戊辰	八白	开	奎
廿七	11	庚子	七赤	收	虚	10	庚午	四绿	满	室	10	庚子	四绿	危	奎	8	己巳	九紫	闭	娄
廿八	12	辛丑	八白	开	危	11	辛未	五黄	平	壁	11	辛丑	五黄	成	娄	9	庚午	一白	建	胃
廿九	13	壬寅	九紫	闭	室	12	壬申	六白	定	奎	12	壬寅	六白	收	胃	10	辛未	二黑	除	昴
三十	14	癸卯	一白	建	壁	13	癸酉	七赤	执	娄						11	壬申	三碧	满	毕

公元2029年 己酉鸡年 太岁程寅 九星七赤

月份	五月小	庚午 四绿 坤卦 星宿				六月大	辛未 三碧 乾卦 张宿				七月小	壬申 二黑 兑卦 翼宿				八月大	癸酉 一白 离卦 轸宿			
节气	夏至 6月21日 初十壬午 巳时 9时49分		小暑 7月7日 廿六戊戌 寅时 3时23分			大暑 7月22日 十二癸丑 戌时 20时43分		立秋 8月7日 廿八己巳 未时 13时12分			处暑 8月23日 十四乙酉 寅时 3时52分		白露 9月7日 廿九庚子 申时 16时12分			秋分 9月23日 十六丙辰 丑时 1时39分				
农历	公历	干支	九星	日建	星宿	公历	干支	九星	日建	星宿	公历	干支	九星	日建	星宿	公历	干支	九星	日建	星宿
初一	12	癸酉	四绿	平	觜	11	壬寅	七赤	危	参	10	壬申	一白	建	鬼	8	辛丑	二黑	定	柳
初二	13	甲戌	五黄	定	参	12	癸卯	六白	成	井	11	癸酉	九紫	除	柳	9	壬寅	一白	执	星
初三	14	乙亥	六白	执	井	13	甲辰	五黄	收	鬼	12	甲戌	八白	满	星	10	癸卯	九紫	破	张
初四	15	丙子	七赤	破	鬼	14	乙巳	四绿	开	柳	13	乙亥	七赤	平	张	11	甲辰	八白	危	翼
初五	16	丁丑	八白	危	柳	15	丙午	三碧	闭	星	14	丙子	六白	定	翼	12	乙巳	七赤	成	轸
初六	17	戊寅	九紫	成	星	16	丁未	二黑	建	张	15	丁丑	五黄	执	轸	13	丙午	六白	收	角
初七	18	己卯	一白	收	张	17	戊申	一白	除	翼	16	戊寅	四绿	破	角	14	丁未	五黄	开	亢
初八	19	庚辰	二黑	开	翼	18	己酉	九紫	满	轸	17	己卯	三碧	危	亢	15	戊申	四绿	闭	氐
初九	20	辛巳	三碧	闭	轸	19	庚戌	八白	平	角	18	庚辰	二黑	成	氐	16	己酉	三碧	建	房
初十	21	壬午	九紫	建	角	20	辛亥	七赤	定	亢	19	辛巳	一白	收	房	17	庚戌	二黑	除	心
十一	22	癸未	八白	除	亢	21	壬子	六白	执	氐	20	壬午	九紫	开	心	18	辛亥	一白	满	尾
十二	23	甲申	七赤	满	氐	22	癸丑	五黄	破	房	21	癸未	八白	闭	尾	19	壬子	九紫	平	箕
十三	24	乙酉	六白	平	房	23	甲寅	四绿	危	心	22	甲申	七赤	建	箕	20	癸丑	八白	定	斗
十四	25	丙戌	五黄	定	心	24	乙卯	三碧	成	尾	23	乙酉	九紫	除	斗	21	甲寅	七赤	执	牛
十五	26	丁亥	四绿	执	尾	25	丙辰	二黑	收	箕	24	丙戌	八白	满	牛	22	乙卯	六白	破	女
十六	27	戊子	三碧	破	箕	26	丁巳	一白	开	斗	25	丁亥	七赤	平	女	23	丙辰	五黄	危	虚
十七	28	己丑	二黑	危	斗	27	戊午	九紫	闭	牛	26	戊子	六白	定	虚	24	丁巳	四绿	成	危
十八	29	庚寅	一白	成	牛	28	己未	八白	建	女	27	己丑	五黄	执	危	25	戊午	三碧	收	室
十九	30	辛卯	九紫	收	女	29	庚申	七赤	除	虚	28	庚寅	四绿	破	室	26	己未	二黑	开	壁
二十	7月	壬辰	八白	开	虚	30	辛酉	六白	满	危	29	辛卯	三碧	危	壁	27	庚申	一白	闭	奎
廿一	2	癸巳	七赤	闭	危	31	壬戌	五黄	平	室	30	壬辰	二黑	成	奎	28	辛酉	九紫	建	娄
廿二	3	甲午	六白	建	室	8月	癸亥	四绿	定	壁	31	癸巳	一白	收	娄	29	壬戌	八白	除	胃
廿三	4	乙未	五黄	除	壁	2	甲子	九紫	执	奎	9月	甲午	九紫	开	胃	30	癸亥	七赤	满	昴
廿四	5	丙申	四绿	满	奎	3	乙丑	八白	破	娄	2	乙未	八白	闭	昴	10月	甲子	三碧	平	毕
廿五	6	丁酉	三碧	平	娄	4	丙寅	七赤	危	胃	3	丙申	七赤	建	毕	2	乙丑	二黑	定	觜
廿六	7	戊戌	二黑	平	胃	5	丁卯	六白	成	昴	4	丁酉	六白	除	觜	3	丙寅	一白	执	参
廿七	8	己亥	一白	定	昴	6	戊辰	五黄	收	毕	5	戊戌	五黄	满	参	4	丁卯	九紫	破	井
廿八	9	庚子	九紫	执	毕	7	己巳	四绿	收	觜	6	己亥	四绿	平	井	5	戊辰	八白	危	鬼
廿九	10	辛丑	八白	破	觜	8	庚午	三碧	开	参	7	庚子	三碧	平	鬼	6	己巳	七赤	成	柳
三十						9	辛未	二黑	闭	井						7	庚午	六白	收	星

公元2029年 己酉鸡年 太岁程寅 九星七赤

月份	九月小	甲戌 九紫 震卦 角宿				十月小	乙亥 八白 巽卦 亢宿				十一月大	丙子 七赤 坎卦 氐宿				十二月大	丁丑 六白 艮卦 房宿			
节气	寒露 10月8日 初一辛未 辰时 7时58分		霜降 10月23日 十六丙戌 午时 11时08分			立冬 11月7日 初二辛丑 午时 11时17分		小雪 11月22日 十七丙辰 辰时 8时50分			大雪 12月7日 初三辛未 寅时 4时15分		冬至 12月21日 十七乙酉 亥时 22时15分			小寒 1月5日 初二庚子 申时 15时31分		大寒 1月20日 十七乙卯 辰时 8时55分		
农历	公历	干支	九星	日建	星宿	公历	干支	九星	日建	星宿	公历	干支	九星	日建	星宿	公历	干支	九星	日建	星宿
初一	8	辛未	五黄	收	张	6	庚子	六白	满	翼	5	己巳	一白	破	轸	4	己亥	九紫	闭	亢
初二	9	壬申	四绿	开	翼	7	辛丑	五黄	满	轸	6	庚午	九紫	危	角	5	庚子	一白	闭	氐
初三	10	癸酉	三碧	闭	轸	8	壬寅	四绿	平	角	7	辛未	八白	危	亢	6	辛丑	二黑	建	房
初四	11	甲戌	二黑	建	角	9	癸卯	三碧	定	亢	8	壬申	七赤	成	氐	7	壬寅	三碧	除	心
初五	12	乙亥	一白	除	亢	10	甲辰	二黑	执	氐	9	癸酉	六白	收	房	8	癸卯	四绿	满	尾
初六	13	丙子	九紫	满	氐	11	乙巳	一白	破	房	10	甲戌	五黄	开	心	9	甲辰	五黄	平	箕
初七	14	丁丑	八白	平	房	12	丙午	九紫	危	心	11	乙亥	四绿	闭	尾	10	乙巳	六白	定	斗
初八	15	戊寅	七赤	定	心	13	丁未	八白	成	尾	12	丙子	三碧	建	箕	11	丙午	七赤	执	牛
初九	16	己卯	六白	执	尾	14	戊申	七赤	收	箕	13	丁丑	二黑	除	斗	12	丁未	八白	破	女
初十	17	庚辰	五黄	破	箕	15	己酉	六白	开	斗	14	戊寅	一白	满	牛	13	戊申	九紫	危	虚
十一	18	辛巳	四绿	危	斗	16	庚戌	五黄	闭	牛	15	己卯	九紫	平	女	14	己酉	一白	成	危
十二	19	壬午	三碧	成	牛	17	辛亥	四绿	建	女	16	庚辰	八白	定	虚	15	庚戌	二黑	收	室
十三	20	癸未	二黑	收	女	18	壬子	三碧	除	虚	17	辛巳	七赤	执	危	16	辛亥	三碧	开	壁
十四	21	甲申	一白	开	虚	19	癸丑	二黑	满	危	18	壬午	六白	破	室	17	壬子	四绿	闭	奎
十五	22	乙酉	九紫	闭	危	20	甲寅	一白	平	室	19	癸未	五黄	危	壁	18	癸丑	五黄	建	娄
十六	23	丙戌	二黑	建	室	21	乙卯	九紫	定	壁	20	甲申	四绿	成	奎	19	甲寅	六白	除	胃
十七	24	丁亥	一白	除	壁	22	丙辰	八白	执	奎	21	乙酉	四绿	收	娄	20	乙卯	七赤	满	昴
十八	25	戊子	九紫	满	奎	23	丁巳	七赤	破	娄	22	丙戌	五黄	开	胃	21	丙辰	八白	平	毕
十九	26	己丑	八白	平	娄	24	戊午	六白	危	胃	23	丁亥	六白	闭	昴	22	丁巳	九紫	定	觜
二十	27	庚寅	七赤	定	胃	25	己未	五黄	成	昴	24	戊子	七赤	建	毕	23	戊午	一白	执	参
廿一	28	辛卯	六白	执	昴	26	庚申	四绿	收	毕	25	己丑	八白	除	觜	24	己未	二黑	破	井
廿二	29	壬辰	五黄	破	毕	27	辛酉	三碧	开	觜	26	庚寅	九紫	满	参	25	庚申	三碧	危	鬼
廿三	30	癸巳	四绿	危	觜	28	壬戌	二黑	闭	参	27	辛卯	一白	平	井	26	辛酉	四绿	成	柳
廿四	31	甲午	三碧	成	参	29	癸亥	一白	建	井	28	壬辰	二黑	定	鬼	27	壬戌	五黄	收	星
廿五	11月	乙未	二黑	收	井	30	甲子	六白	除	鬼	29	癸巳	三碧	执	柳	28	癸亥	六白	开	张
廿六	2	丙申	一白	开	鬼	12月	乙丑	五黄	满	柳	30	甲午	四绿	破	星	29	甲子	一白	闭	翼
廿七	3	丁酉	九紫	闭	柳	2	丙寅	四绿	平	星	31	乙未	五黄	危	张	30	乙丑	二黑	建	轸
廿八	4	戊戌	八白	建	星	3	丁卯	三碧	定	张	1月	丙申	六白	成	翼	31	丙寅	三碧	除	角
廿九	5	己亥	七赤	除	张	4	戊辰	二黑	执	翼	2	丁酉	七赤	收	轸	2月	丁卯	四绿	满	亢
三十											3	戊戌	八白	开	角	2	戊辰	五黄	平	氐

公元2030年 庚戌狗年 太岁化秋 九星六白

月份	正月小		戊寅 五黄 巽卦 心宿			二月大		己卯 四绿 坎卦 尾宿			三月小		庚辰 三碧 艮卦 箕宿			四月大		辛巳 二黑 坤卦 斗宿		
节气	立春 2月4日 初二庚午 寅时 3时09分			雨水 2月18日 十六甲申 夜子时 23时00分		惊蛰 3月5日 初二己亥 亥时 21时03分			春分 3月20日 十七甲寅 亥时 21时52分		清明 4月5日 初三庚午 丑时 1时42分			谷雨 4月20日 十八乙酉 辰时 8时44分		立夏 5月5日 初四庚子 酉时 18时46分			小满 5月21日 二十丙辰 辰时 7时42分	
农历	公历	干支	九星	日建	星宿	公历	干支	九星	日建	星宿	公历	干支	九星	日建	星宿	公历	干支	九星	日建	星宿
初一	3	己巳	六白	定	房	4	戊戌	五黄	成	心	3	戊辰	二黑	除	箕	2	丁酉	一白	执	斗
初二	4	庚午	七赤	定	心	5	己亥	六白	成	尾	4	己巳	三碧	满	斗	3	戊戌	二黑	破	牛
初三	5	辛未	八白	执	尾	6	庚子	七赤	收	箕	5	庚午	四绿	满	牛	4	己亥	三碧	危	女
初四	6	壬申	九紫	破	箕	7	辛丑	八白	开	斗	6	辛未	五黄	平	女	5	庚子	四绿	危	虚
初五	7	癸酉	一白	危	斗	8	壬寅	九紫	闭	牛	7	壬申	六白	定	虚	6	辛丑	五黄	成	危
初六	8	甲戌	二黑	成	牛	9	癸卯	一白	建	女	8	癸酉	七赤	执	危	7	壬寅	六白	收	室
初七	9	乙亥	三碧	收	女	10	甲辰	二黑	除	虚	9	甲戌	八白	破	室	8	癸卯	七赤	开	壁
初八	10	丙子	四绿	开	虚	11	乙巳	三碧	满	危	10	乙亥	九紫	危	壁	9	甲辰	八白	闭	奎
初九	11	丁丑	五黄	闭	危	12	丙午	四绿	平	室	11	丙子	一白	成	奎	10	乙巳	九紫	建	娄
初十	12	戊寅	六白	建	室	13	丁未	五黄	定	壁	12	丁丑	二黑	收	娄	11	丙午	一白	除	胃
十一	13	己卯	七赤	除	壁	14	戊申	六白	执	奎	13	戊寅	三碧	开	胃	12	丁未	二黑	满	昴
十二	14	庚辰	八白	满	奎	15	己酉	七赤	破	娄	14	己卯	四绿	闭	昴	13	戊申	三碧	平	毕
十三	15	辛巳	九紫	平	娄	16	庚戌	八白	危	胃	15	庚辰	五黄	建	毕	14	己酉	四绿	定	觜
十四	16	壬午	一白	定	胃	17	辛亥	九紫	成	昴	16	辛巳	六白	除	觜	15	庚戌	五黄	执	参
十五	17	癸未	二黑	执	昴	18	壬子	一白	收	毕	17	壬午	七赤	满	参	16	辛亥	六白	破	井
十六	18	甲申	九紫	破	毕	19	癸丑	二黑	开	觜	18	癸未	八白	平	井	17	壬子	七赤	危	鬼
十七	19	乙酉	一白	危	觜	20	甲寅	三碧	闭	参	19	甲申	九紫	定	鬼	18	癸丑	八白	成	柳
十八	20	丙戌	二黑	成	参	21	乙卯	四绿	建	井	20	乙酉	七赤	执	柳	19	甲寅	九紫	收	星
十九	21	丁亥	三碧	收	井	22	丙辰	五黄	除	鬼	21	丙戌	八白	破	星	20	乙卯	一白	开	张
二十	22	戊子	四绿	开	鬼	23	丁巳	六白	满	柳	22	丁亥	九紫	危	张	21	丙辰	二黑	闭	翼
廿一	23	己丑	五黄	闭	柳	24	戊午	七赤	平	星	23	戊子	一白	成	翼	22	丁巳	三碧	建	轸
廿二	24	庚寅	六白	建	星	25	己未	八白	定	张	24	己丑	二黑	收	轸	23	戊午	四绿	除	角
廿三	25	辛卯	七赤	除	张	26	庚申	九紫	执	翼	25	庚寅	三碧	开	角	24	己未	五黄	满	亢
廿四	26	壬辰	八白	满	翼	27	辛酉	一白	破	轸	26	辛卯	四绿	闭	亢	25	庚申	六白	平	氐
廿五	27	癸巳	九紫	平	轸	28	壬戌	二黑	危	角	27	壬辰	五黄	建	氐	26	辛酉	七赤	定	房
廿六	28	甲午	一白	定	角	29	癸亥	三碧	成	亢	28	癸巳	六白	除	房	27	壬戌	八白	执	心
廿七	3月	乙未	二黑	执	亢	30	甲子	七赤	收	氐	29	甲午	七赤	满	心	28	癸亥	九紫	破	尾
廿八	2	丙申	三碧	破	氐	31	乙丑	八白	开	房	30	乙未	八白	平	尾	29	甲子	四绿	危	箕
廿九	3	丁酉	四绿	危	房	4月	丙寅	九紫	闭	心	5月	丙申	九紫	定	箕	30	乙丑	五黄	成	斗
三十						2	丁卯	一白	建	尾						31	丙寅	六白	收	牛

公元2030年 庚戌狗年 太岁化秋 九星六白

月份	五月大 壬午 一白 乾卦 牛宿					六月小 癸未 九紫 兑卦 女宿					七月大 甲申 八白 离卦 虚宿					八月小 乙酉 七赤 震卦 危宿				
节气	芒种 6月5日 初五辛未 亥时 22时45分		夏至 6月21日 廿一丁亥 申时 15时32分			小暑 7月7日 初七癸卯 辰时 8时56分		大暑 7月23日 廿三己未 丑时 2时26分			立秋 8月7日 初九甲戌 酉时 18时48分		处暑 8月23日 廿五庚寅 巳时 9时37分			白露 9月7日 初十乙巳 亥时 21时54分		秋分 9月23日 廿六辛酉 辰时 7时28分		
农历	公历	干支	九星	日建	星宿	公历	干支	九星	日建	星宿	公历	干支	九星	日建	星宿	公历	干支	九星	日建	星宿
初一	6月	丁卯	七赤	开	女	7月	丁酉	三碧	平	危	30	丙寅	七赤	危	室	29	丙申	七赤	建	奎
初二	2	戊辰	八白	闭	虚	2	戊戌	二黑	定	室	31	丁卯	六白	成	壁	30	丁酉	六白	除	娄
初三	3	己巳	九紫	建	危	3	己亥	一白	执	壁	8月	戊辰	五黄	收	奎	31	戊戌	五黄	满	胃
初四	4	庚午	一白	除	室	4	庚子	九紫	破	奎	2	己巳	四绿	开	娄	9月	己亥	四绿	平	昴
初五	5	辛未	二黑	除	壁	5	辛丑	八白	危	娄	3	庚午	三碧	闭	胃	2	庚子	三碧	定	毕
初六	6	壬申	三碧	满	奎	6	壬寅	七赤	成	胃	4	辛未	二黑	建	昴	3	辛丑	二黑	执	觜
初七	7	癸酉	四绿	平	娄	7	癸卯	六白	成	昴	5	壬申	一白	除	毕	4	壬寅	一白	破	参
初八	8	甲戌	五黄	定	胃	8	甲辰	五黄	收	毕	6	癸酉	九紫	满	觜	5	癸卯	九紫	危	井
初九	9	乙亥	六白	执	昴	9	乙巳	四绿	开	觜	7	甲戌	八白	满	参	6	甲辰	八白	成	鬼
初十	10	丙子	七赤	破	毕	10	丙午	三碧	闭	参	8	乙亥	七赤	平	井	7	乙巳	七赤	成	柳
十一	11	丁丑	八白	危	觜	11	丁未	二黑	建	井	9	丙子	六白	定	鬼	8	丙午	六白	收	星
十二	12	戊寅	九紫	成	参	12	戊申	一白	除	鬼	10	丁丑	五黄	执	柳	9	丁未	五黄	开	张
十三	13	己卯	一白	收	井	13	己酉	九紫	满	柳	11	戊寅	四绿	破	星	10	戊申	四绿	闭	翼
十四	14	庚辰	二黑	开	鬼	14	庚戌	八白	平	星	12	己卯	三碧	危	张	11	己酉	三碧	建	轸
十五	15	辛巳	三碧	闭	柳	15	辛亥	七赤	定	张	13	庚辰	二黑	成	翼	12	庚戌	二黑	除	角
十六	16	壬午	四绿	建	星	16	壬子	六白	执	翼	14	辛巳	一白	收	轸	13	辛亥	一白	满	亢
十七	17	癸未	五黄	除	张	17	癸丑	五黄	破	轸	15	壬午	九紫	开	角	14	壬子	九紫	平	氐
十八	18	甲申	六白	满	翼	18	甲寅	四绿	危	角	16	癸未	八白	闭	亢	15	癸丑	八白	定	房
十九	19	乙酉	七赤	平	轸	19	乙卯	三碧	成	亢	17	甲申	七赤	建	氐	16	甲寅	七赤	执	心
二十	20	丙戌	八白	定	角	20	丙辰	二黑	收	氐	18	乙酉	六白	除	房	17	乙卯	六白	破	尾
廿一	21	丁亥	四绿	执	亢	21	丁巳	一白	开	房	19	丙戌	五黄	满	心	18	丙辰	五黄	危	箕
廿二	22	戊子	三碧	破	氐	22	戊午	九紫	闭	心	20	丁亥	四绿	平	尾	19	丁巳	四绿	成	斗
廿三	23	己丑	二黑	危	房	23	己未	八白	建	尾	21	戊子	三碧	定	箕	20	戊午	三碧	收	牛
廿四	24	庚寅	一白	成	心	24	庚申	七赤	除	箕	22	己丑	二黑	执	斗	21	己未	二黑	开	女
廿五	25	辛卯	九紫	收	尾	25	辛酉	六白	满	斗	23	庚寅	四绿	破	牛	22	庚申	一白	闭	虚
廿六	26	壬辰	八白	开	箕	26	壬戌	五黄	平	牛	24	辛卯	三碧	危	女	23	辛酉	九紫	建	危
廿七	27	癸巳	七赤	闭	斗	27	癸亥	四绿	定	女	25	壬辰	二黑	成	虚	24	壬戌	八白	除	室
廿八	28	甲午	六白	建	牛	28	甲子	九紫	执	虚	26	癸巳	一白	收	危	25	癸亥	七赤	满	壁
廿九	29	乙未	五黄	除	女	29	乙丑	八白	破	危	27	甲午	九紫	开	室	26	甲子	三碧	平	奎
三十	30	丙申	四绿	满	虚						28	乙未	八白	闭	壁					

公元2030年 庚戌狗年 太岁化秋 九星六白

月份	九月大	丙戌 六白 巽卦 室宿				十月小	丁亥 五黄 坎卦 壁宿				十一月大	戊子 四绿 艮卦 奎宿				十二月小	己丑 三碧 坤卦 娄宿			
节气	寒露 10月8日 十二丙子 未时 13时46分		霜降 10月23日 廿七辛卯 酉时 17时01分			立冬 11月7日 十二丙午 酉时 17时09分		小雪 11月22日 廿七辛酉 未时 14时45分			大雪 12月7日 十三丙子 巳时 10时08分		冬至 12月22日 廿八辛卯 寅时 4时10分			小寒 1月5日 十二乙巳 亥时 21时24分		大寒 1月20日 廿七庚申 未时 14时48分		
农历	公历	干支	九星	日建	星宿	公历	干支	九星	日建	星宿	公历	干支	九星	日建	星宿	公历	干支	九星	日建	星宿
初一	27	乙丑	二黑	定	娄	27	乙未	二黑	收	昴	25	甲子	六白	除	毕	25	甲午	四绿	破	参
初二	28	丙寅	一白	执	胃	28	丙申	一白	开	毕	26	乙丑	五黄	满	觜	26	乙未	五黄	危	井
初三	29	丁卯	九紫	破	昴	29	丁酉	九紫	闭	觜	27	丙寅	四绿	平	参	27	丙申	六白	成	鬼
初四	30	戊辰	八白	危	毕	30	戊戌	八白	建	参	28	丁卯	三碧	定	井	28	丁酉	七赤	收	柳
初五	10月	己巳	七赤	成	觜	31	己亥	七赤	除	井	29	戊辰	二黑	执	鬼	29	戊戌	八白	开	星
初六	2	庚午	六白	收	参	11月	庚子	六白	满	鬼	30	己巳	一白	破	柳	30	己亥	九紫	闭	张
初七	3	辛未	五黄	开	井	2	辛丑	五黄	平	柳	12月	庚午	九紫	危	星	31	庚子	一白	建	翼
初八	4	壬申	四绿	闭	鬼	3	壬寅	四绿	定	星	2	辛未	八白	成	张	1月	辛丑	二黑	除	轸
初九	5	癸酉	三碧	建	柳	4	癸卯	三碧	执	张	3	壬申	七赤	收	翼	2	壬寅	三碧	满	角
初十	6	甲戌	二黑	除	星	5	甲辰	二黑	破	翼	4	癸酉	六白	开	轸	3	癸卯	四绿	平	亢
十一	7	乙亥	一白	满	张	6	乙巳	一白	危	轸	5	甲戌	五黄	闭	角	4	甲辰	五黄	定	氐
十二	8	丙子	九紫	满	翼	7	丙午	九紫	危	角	6	乙亥	四绿	建	亢	5	乙巳	六白	定	房
十三	9	丁丑	八白	平	轸	8	丁未	八白	成	亢	7	丙子	三碧	建	氐	6	丙午	七赤	执	心
十四	10	戊寅	七赤	定	角	9	戊申	七赤	收	氐	8	丁丑	二黑	除	房	7	丁未	八白	破	尾
十五	11	己卯	六白	执	亢	10	己酉	六白	开	房	9	戊寅	一白	满	心	8	戊申	九紫	危	箕
十六	12	庚辰	五黄	破	氐	11	庚戌	五黄	闭	心	10	己卯	九紫	平	尾	9	己酉	一白	成	斗
十七	13	辛巳	四绿	危	房	12	辛亥	四绿	建	尾	11	庚辰	八白	定	箕	10	庚戌	二黑	收	牛
十八	14	壬午	三碧	成	心	13	壬子	三碧	除	箕	12	辛巳	七赤	执	斗	11	辛亥	三碧	开	女
十九	15	癸未	二黑	收	尾	14	癸丑	二黑	满	斗	13	壬午	六白	破	牛	12	壬子	四绿	闭	虚
二十	16	甲申	一白	开	箕	15	甲寅	一白	平	牛	14	癸未	五黄	危	女	13	癸丑	五黄	建	危
廿一	17	乙酉	九紫	闭	斗	16	乙卯	九紫	定	女	15	甲申	四绿	成	虚	14	甲寅	六白	除	室
廿二	18	丙戌	八白	建	牛	17	丙辰	八白	执	虚	16	乙酉	三碧	收	危	15	乙卯	七赤	满	壁
廿三	19	丁亥	七赤	除	女	18	丁巳	七赤	破	危	17	丙戌	二黑	开	室	16	丙辰	八白	平	奎
廿四	20	戊子	六白	满	虚	19	戊午	六白	危	室	18	丁亥	一白	闭	壁	17	丁巳	九紫	定	娄
廿五	21	己丑	五黄	平	危	20	己未	五黄	成	壁	19	戊子	九紫	建	奎	18	戊午	一白	执	胃
廿六	22	庚寅	四绿	定	室	21	庚申	四绿	收	奎	20	己丑	八白	除	娄	19	己未	二黑	破	昴
廿七	23	辛卯	六白	执	壁	22	辛酉	三碧	开	娄	21	庚寅	七赤	满	胃	20	庚申	三碧	危	毕
廿八	24	壬辰	五黄	破	奎	23	壬戌	二黑	闭	胃	22	辛卯	一白	平	昴	21	辛酉	四绿	成	觜
廿九	25	癸巳	四绿	危	娄	24	癸亥	一白	建	昴	23	壬辰	二黑	定	毕	22	壬戌	五黄	收	参
三十	26	甲午	三碧	成	胃						24	癸巳	三碧	执	觜					

公元2031年 辛亥猪年（闰三月） 太岁叶坚 九星五黄

月份	正月小	庚寅 二黑 坎卦 胃宿				二月大	辛卯 一白 艮卦 昴宿				三月大	壬辰 九紫 坤卦 毕宿				闰三月小				
节气	立春 2月4日 十三乙亥 辰时 8时59分			雨水 2月19日 廿八庚寅 寅时 4时51分		惊蛰 3月6日 十四乙巳 丑时 2时51分			春分 3月21日 廿九庚申 寅时 3时41分		清明 4月5日 十四乙亥 辰时 7时29分			谷雨 4月20日 廿九庚寅 未时 14时31分		立夏 5月6日 十五丙午 早子时 0时35分				
农历	公历	干支	九星	日建	星宿	公历	干支	九星	日建	星宿	公历	干支	九星	日建	星宿	公历	干支	九星	日建	星宿
初一	23	癸亥	六白	开	井	21	壬辰	八白	满	鬼	23	壬戌	二黑	危	星	22	壬辰	五黄	建	翼
初二	24	甲子	一白	闭	鬼	22	癸巳	九紫	平	柳	24	癸亥	三碧	成	张	23	癸巳	六白	除	轸
初三	25	乙丑	二黑	建	柳	23	甲午	一白	定	星	25	甲子	七赤	收	翼	24	甲午	七赤	满	角
初四	26	丙寅	三碧	除	星	24	乙未	二黑	执	张	26	乙丑	八白	开	轸	25	乙未	八白	平	亢
初五	27	丁卯	四绿	满	张	25	丙申	三碧	破	翼	27	丙寅	九紫	闭	角	26	丙申	九紫	定	氐
初六	28	戊辰	五黄	平	翼	26	丁酉	四绿	危	轸	28	丁卯	一白	建	亢	27	丁酉	一白	执	房
初七	29	己巳	六白	定	轸	27	戊戌	五黄	成	角	29	戊辰	二黑	除	氐	28	戊戌	二黑	破	心
初八	30	庚午	七赤	执	角	28	己亥	六白	收	亢	30	己巳	三碧	满	房	29	己亥	三碧	危	尾
初九	31	辛未	八白	破	亢	3月	庚子	七赤	开	氐	31	庚午	四绿	平	心	30	庚子	四绿	成	箕
初十	2月	壬申	九紫	危	氐	2	辛丑	八白	闭	房	4月	辛未	五黄	定	尾	5月	辛丑	五黄	收	斗
十一	2	癸酉	一白	成	房	3	壬寅	九紫	建	心	2	壬申	六白	执	箕	2	壬寅	六白	开	牛
十二	3	甲戌	二黑	收	心	4	癸卯	一白	除	尾	3	癸酉	七赤	破	斗	3	癸卯	七赤	闭	女
十三	4	乙亥	三碧	收	尾	5	甲辰	二黑	满	箕	4	甲戌	八白	危	牛	4	甲辰	八白	建	虚
十四	5	丙子	四绿	开	箕	6	乙巳	三碧	满	斗	5	乙亥	九紫	危	女	5	乙巳	九紫	除	危
十五	6	丁丑	五黄	闭	斗	7	丙午	四绿	平	牛	6	丙子	一白	成	虚	6	丙午	一白	除	室
十六	7	戊寅	六白	建	牛	8	丁未	五黄	定	女	7	丁丑	二黑	收	危	7	丁未	二黑	满	壁
十七	8	己卯	七赤	除	女	9	戊申	六白	执	虚	8	戊寅	三碧	开	室	8	戊申	三碧	平	奎
十八	9	庚辰	八白	满	虚	10	己酉	七赤	破	危	9	己卯	四绿	闭	壁	9	己酉	四绿	定	娄
十九	10	辛巳	九紫	平	危	11	庚戌	八白	危	室	10	庚辰	五黄	建	奎	10	庚戌	五黄	执	胃
二十	11	壬午	一白	定	室	12	辛亥	九紫	成	壁	11	辛巳	六白	除	娄	11	辛亥	六白	破	昴
廿一	12	癸未	二黑	执	壁	13	壬子	一白	收	奎	12	壬午	七赤	满	胃	12	壬子	七赤	危	毕
廿二	13	甲申	三碧	破	奎	14	癸丑	二黑	开	娄	13	癸未	八白	平	昴	13	癸丑	八白	成	觜
廿三	14	乙酉	四绿	危	娄	15	甲寅	三碧	闭	胃	14	甲申	九紫	定	毕	14	甲寅	九紫	收	参
廿四	15	丙戌	五黄	成	胃	16	乙卯	四绿	建	昴	15	乙酉	一白	执	觜	15	乙卯	一白	开	井
廿五	16	丁亥	六白	收	昴	17	丙辰	五黄	除	毕	16	丙戌	二黑	破	参	16	丙辰	二黑	闭	鬼
廿六	17	戊子	七赤	开	毕	18	丁巳	六白	满	觜	17	丁亥	三碧	危	井	17	丁巳	三碧	建	柳
廿七	18	己丑	八白	闭	觜	19	戊午	七赤	平	参	18	戊子	四绿	成	鬼	18	戊午	四绿	除	星
廿八	19	庚寅	六白	建	参	20	己未	八白	定	井	19	己丑	五黄	收	柳	19	己未	五黄	满	张
廿九	20	辛卯	七赤	除	井	21	庚申	九紫	执	鬼	20	庚寅	三碧	开	星	20	庚申	六白	平	翼
三十						22	辛酉	一白	破	柳	21	辛卯	四绿	闭	张					

公元2031年　辛亥猪年（闰三月）　太岁叶坚 九星五黄

月份	四月大		癸巳 八白 乾卦 觜宿			五月小		甲午 七赤 兑卦 参宿			六月大		乙未 六白 离卦 井宿		
节气	小满 5月21日 初一辛酉 未时 13时28分			芒种 6月6日 十七丁丑 寅时 4时36分		夏至 6月21日 初二壬辰 亥时 21时17分			小暑 7月7日 十八戊申 未时 14时49分		大暑 7月23日 初五甲子 辰时 8时11分			立秋 8月8日 廿一庚辰 早子时 0时44分	
农历	公历	干支	九星	日建	星宿	公历	干支	九星	日建	星宿	公历	干支	九星	日建	星宿
初一	21	辛酉	七赤	定	轸	20	辛卯	四绿	收	亢	19	庚申	七赤	除	氐
初二	22	壬戌	八白	执	角	21	壬辰	八白	开	氐	20	辛酉	六白	满	房
初三	23	癸亥	九紫	破	亢	22	癸巳	七赤	闭	房	21	壬戌	五黄	平	心
初四	24	甲子	四绿	危	氐	23	甲午	六白	建	心	22	癸亥	四绿	定	尾
初五	25	乙丑	五黄	成	房	24	乙未	五黄	除	尾	23	甲子	九紫	执	箕
初六	26	丙寅	六白	收	心	25	丙申	四绿	满	箕	24	乙丑	八白	破	斗
初七	27	丁卯	七赤	开	尾	26	丁酉	三碧	平	斗	25	丙寅	七赤	危	牛
初八	28	戊辰	八白	闭	箕	27	戊戌	二黑	定	牛	26	丁卯	六白	成	女
初九	29	己巳	九紫	建	斗	28	己亥	一白	执	女	27	戊辰	五黄	收	虚
初十	30	庚午	一白	除	牛	29	庚子	九紫	破	虚	28	己巳	四绿	开	危
十一	31	辛未	二黑	满	女	30	辛丑	八白	危	危	29	庚午	三碧	闭	室
十二	6月	壬申	三碧	平	虚	7月	壬寅	七赤	成	室	30	辛未	二黑	建	壁
十三	2	癸酉	四绿	定	危	2	癸卯	六白	收	壁	31	壬申	一白	除	奎
十四	3	甲戌	五黄	执	室	3	甲辰	五黄	开	奎	8月	癸酉	九紫	满	娄
十五	4	乙亥	六白	破	壁	4	乙巳	四绿	闭	娄	2	甲戌	八白	平	胃
十六	5	丙子	七赤	危	奎	5	丙午	三碧	建	胃	3	乙亥	七赤	定	昴
十七	6	丁丑	八白	危	娄	6	丁未	二黑	除	昴	4	丙子	六白	执	毕
十八	7	戊寅	九紫	成	胃	7	戊申	一白	除	毕	5	丁丑	五黄	破	觜
十九	8	己卯	一白	收	昴	8	己酉	九紫	满	觜	6	戊寅	四绿	危	参
二十	9	庚辰	二黑	开	毕	9	庚戌	八白	平	参	7	己卯	三碧	成	井
廿一	10	辛巳	三碧	闭	觜	10	辛亥	七赤	定	井	8	庚辰	二黑	成	鬼
廿二	11	壬午	四绿	建	参	11	壬子	六白	执	鬼	9	辛巳	一白	收	柳
廿三	12	癸未	五黄	除	井	12	癸丑	五黄	破	柳	10	壬午	九紫	开	星
廿四	13	甲申	六白	满	鬼	13	甲寅	四绿	危	星	11	癸未	八白	闭	张
廿五	14	乙酉	七赤	平	柳	14	乙卯	三碧	成	张	12	甲申	七赤	建	翼
廿六	15	丙戌	八白	定	星	15	丙辰	二黑	收	翼	13	乙酉	六白	除	轸
廿七	16	丁亥	九紫	执	张	16	丁巳	一白	开	轸	14	丙戌	五黄	满	角
廿八	17	戊子	一白	破	翼	17	戊午	九紫	闭	角	15	丁亥	四绿	平	亢
廿九	18	己丑	二黑	危	轸	18	己未	八白	建	亢	16	戊子	三碧	定	氐
三十	19	庚寅	三碧	成	角						17	己丑	二黑	执	房

公元2031年　辛亥猪年（闰三月）　太岁叶坚 九星五黄

月份	七月大 丙申 五黄 震卦 鬼宿					八月小 丁酉 四绿 巽卦 柳宿					九月大 戊戌 三碧 坎卦 星宿				
节气	处暑 8月23日 初六乙未 申时 15时24分		白露 9月8日 廿二辛亥 寅时 3时51分			秋分 9月23日 初七丙寅 未时 13时16分		寒露 10月8日 廿二辛巳 戌时 19时44分			霜降 10月23日 初八丙申 亥时 22时50分		立冬 11月7日 廿三辛亥 夜子时 23时06分		
农历	公历	干支	九星	日建	星宿	公历	干支	九星	日建	星宿	公历	干支	九星	日建	星宿
初一	18	庚寅	一白	破	心	17	庚申	一白	闭	箕	16	己丑	五黄	平	斗
初二	19	辛卯	九紫	危	尾	18	辛酉	九紫	建	斗	17	庚寅	四绿	定	牛
初三	20	壬辰	八白	成	箕	19	壬戌	八白	除	牛	18	辛卯	三碧	执	女
初四	21	癸巳	七赤	收	斗	20	癸亥	七赤	满	女	19	壬辰	二黑	破	虚
初五	22	甲午	六白	开	牛	21	甲子	三碧	平	虚	20	癸巳	一白	危	危
初六	23	乙未	八白	闭	女	22	乙丑	二黑	定	危	21	甲午	九紫	成	室
初七	24	丙申	七赤	建	虚	23	丙寅	一白	执	室	22	乙未	八白	收	壁
初八	25	丁酉	六白	除	危	24	丁卯	九紫	破	壁	23	丙申	一白	开	奎
初九	26	戊戌	五黄	满	室	25	戊辰	八白	危	奎	24	丁酉	九紫	闭	娄
初十	27	己亥	四绿	平	壁	26	己巳	七赤	成	娄	25	戊戌	八白	建	胃
十一	28	庚子	三碧	定	奎	27	庚午	六白	收	胃	26	己亥	七赤	除	昴
十二	29	辛丑	二黑	执	娄	28	辛未	五黄	开	昴	27	庚子	六白	满	毕
十三	30	壬寅	一白	破	胃	29	壬申	四绿	闭	毕	28	辛丑	五黄	平	觜
十四	31	癸卯	九紫	危	昴	30	癸酉	三碧	建	觜	29	壬寅	四绿	定	参
十五	9月	甲辰	八白	成	毕	10月	甲戌	二黑	除	参	30	癸卯	三碧	执	井
十六	2	乙巳	七赤	收	觜	2	乙亥	一白	满	井	31	甲辰	二黑	破	鬼
十七	3	丙午	六白	开	参	3	丙子	九紫	平	鬼	11月	乙巳	一白	危	柳
十八	4	丁未	五黄	闭	井	4	丁丑	八白	定	柳	2	丙午	九紫	成	星
十九	5	戊申	四绿	建	鬼	5	戊寅	七赤	执	星	3	丁未	八白	收	张
二十	6	己酉	三碧	除	柳	6	己卯	六白	破	张	4	戊申	七赤	开	翼
廿一	7	庚戌	二黑	满	星	7	庚辰	五黄	危	翼	5	己酉	六白	闭	轸
廿二	8	辛亥	一白	满	张	8	辛巳	四绿	危	轸	6	庚戌	五黄	建	角
廿三	9	壬子	九紫	平	翼	9	壬午	三碧	成	角	7	辛亥	四绿	建	亢
廿四	10	癸丑	八白	定	轸	10	癸未	二黑	收	亢	8	壬子	三碧	除	氐
廿五	11	甲寅	七赤	执	角	11	甲申	一白	开	氐	9	癸丑	二黑	满	房
廿六	12	乙卯	六白	破	亢	12	乙酉	九紫	闭	房	10	甲寅	一白	平	心
廿七	13	丙辰	五黄	危	氐	13	丙戌	八白	建	心	11	乙卯	九紫	定	尾
廿八	14	丁巳	四绿	成	房	14	丁亥	七赤	除	尾	12	丙辰	八白	执	箕
廿九	15	戊午	三碧	收	心	15	戊子	六白	满	箕	13	丁巳	七赤	破	斗
三十	16	己未	二黑	开	尾						14	戊午	六白	危	牛

公元2031年　辛亥猪年（闰三月）　太岁叶坚　九星五黄

月份	十月小 己亥 二黑 艮卦 张宿					十一月大 庚子 一白 坤卦 翼宿					十二月小 辛丑 九紫 乾卦 轸宿				
节气	小雪 11月22日 初八丙寅 戌时 20时33分		大雪 12月7日 廿三辛巳 申时 16时04分			冬至 12月22日 初九丙申 巳时 9时56分		小寒 1月6日 廿四辛亥 寅时 3时17分			大寒 1月20日 初八乙丑 戌时 20时32分		立春 2月4日 廿三庚辰 未时 14时49分		
农历	公历	干支	九星	日建	星宿	公历	干支	九星	日建	星宿	公历	干支	九星	日建	星宿
初一	15	己未	五黄	成	女	14	戊子	九紫	建	虚	13	戊午	一白	执	室
初二	16	庚申	四绿	收	虚	15	己丑	八白	除	危	14	己未	二黑	破	壁
初三	17	辛酉	三碧	开	危	16	庚寅	七赤	满	室	15	庚申	三碧	危	奎
初四	18	壬戌	二黑	闭	室	17	辛卯	六白	平	壁	16	辛酉	四绿	成	娄
初五	19	癸亥	一白	建	壁	18	壬辰	五黄	定	奎	17	壬戌	五黄	收	胃
初六	20	甲子	六白	除	奎	19	癸巳	四绿	执	娄	18	癸亥	六白	开	昴
初七	21	乙丑	五黄	满	娄	20	甲午	三碧	破	胃	19	甲子	一白	闭	毕
初八	22	丙寅	四绿	平	胃	21	乙未	二黑	危	昴	20	乙丑	二黑	建	觜
初九	23	丁卯	三碧	定	昴	22	丙申	六白	成	毕	21	丙寅	三碧	除	参
初十	24	戊辰	二黑	执	毕	23	丁酉	七赤	收	觜	22	丁卯	四绿	满	井
十一	25	己巳	一白	破	觜	24	戊戌	八白	开	参	23	戊辰	五黄	平	鬼
十二	26	庚午	九紫	危	参	25	己亥	九紫	闭	井	24	己巳	六白	定	柳
十三	27	辛未	八白	成	井	26	庚子	一白	建	鬼	25	庚午	七赤	执	星
十四	28	壬申	七赤	收	鬼	27	辛丑	二黑	除	柳	26	辛未	八白	破	张
十五	29	癸酉	六白	开	柳	28	壬寅	三碧	满	星	27	壬申	九紫	危	翼
十六	30	甲戌	五黄	闭	星	29	癸卯	四绿	平	张	28	癸酉	一白	成	轸
十七	12月	乙亥	四绿	建	张	30	甲辰	五黄	定	翼	29	甲戌	二黑	收	角
十八	2	丙子	三碧	除	翼	31	乙巳	六白	执	轸	30	乙亥	三碧	开	亢
十九	3	丁丑	二黑	满	轸	1月	丙午	七赤	破	角	31	丙子	四绿	闭	氐
二十	4	戊寅	一白	平	角	2	丁未	八白	危	亢	2月	丁丑	五黄	建	房
廿一	5	己卯	九紫	定	亢	3	戊申	九紫	成	氐	2	戊寅	六白	除	心
廿二	6	庚辰	八白	执	氐	4	己酉	一白	收	房	3	己卯	七赤	满	尾
廿三	7	辛巳	七赤	执	房	5	庚戌	二黑	开	心	4	庚辰	八白	满	箕
廿四	8	壬午	六白	破	心	6	辛亥	三碧	开	尾	5	辛巳	九紫	平	斗
廿五	9	癸未	五黄	危	尾	7	壬子	四绿	闭	箕	6	壬午	一白	定	牛
廿六	10	甲申	四绿	成	箕	8	癸丑	五黄	建	斗	7	癸未	二黑	执	女
廿七	11	乙酉	三碧	收	斗	9	甲寅	六白	除	牛	8	甲申	三碧	破	虚
廿八	12	丙戌	二黑	开	牛	10	乙卯	七赤	满	女	9	乙酉	四绿	危	危
廿九	13	丁亥	一白	闭	女	11	丙辰	八白	平	虚	10	丙戌	五黄	成	室
三十						12	丁巳	九紫	定	危					

公元2032年 壬子鼠年 太岁邱德 九星四绿

月份	正月大 壬寅 八白 离卦 角宿					二月小 癸卯 七赤 震卦 亢宿					三月小 甲辰 六白 巽卦 氐宿					四月大 乙巳 五黄 坎卦 房宿				
节气	雨水 2月19日 初九乙未 巳时 10时33分		惊蛰 3月5日 廿四庚戌 辰时 8时41分			春分 3月20日 初九乙丑 巳时 9时22分		清明 4月4日 廿四庚辰 未时 13时18分			谷雨 4月19日 初十乙未 戌时 20时14分		立夏 5月5日 廿六辛亥 卯时 6时26分			小满 5月20日 十二丙寅 戌时 19时15分		芒种 6月5日 廿八壬午 巳时 10时28分		
农历	公历	干支	九星	日建	星宿	公历	干支	九星	日建	星宿	公历	干支	九星	日建	星宿	公历	干支	九星	日建	星宿
初一	11	丁亥	六白	收	壁	12	丁巳	六白	满	娄	10	丙戌	二黑	破	胃	9	乙卯	一白	开	昴
初二	12	戊子	七赤	开	奎	13	戊午	七赤	平	胃	11	丁亥	三碧	危	昴	10	丙辰	二黑	闭	毕
初三	13	己丑	八白	闭	娄	14	己未	八白	定	昴	12	戊子	四绿	成	毕	11	丁巳	三碧	建	觜
初四	14	庚寅	九紫	建	胃	15	庚申	九紫	执	毕	13	己丑	五黄	收	觜	12	戊午	四绿	除	参
初五	15	辛卯	一白	除	昴	16	辛酉	一白	破	觜	14	庚寅	六白	开	参	13	己未	五黄	满	井
初六	16	壬辰	二黑	满	毕	17	壬戌	二黑	危	参	15	辛卯	七赤	闭	井	14	庚申	六白	平	鬼
初七	17	癸巳	三碧	平	觜	18	癸亥	三碧	成	井	16	壬辰	八白	建	鬼	15	辛酉	七赤	定	柳
初八	18	甲午	四绿	定	参	19	甲子	七赤	收	鬼	17	癸巳	九紫	除	柳	16	壬戌	八白	执	星
初九	19	乙未	二黑	执	井	20	乙丑	八白	开	柳	18	甲午	一白	满	星	17	癸亥	九紫	破	张
初十	20	丙申	三碧	破	鬼	21	丙寅	九紫	闭	星	19	乙未	八白	平	张	18	甲子	四绿	危	翼
十一	21	丁酉	四绿	危	柳	22	丁卯	一白	建	张	20	丙申	九紫	定	翼	19	乙丑	五黄	成	轸
十二	22	戊戌	五黄	成	星	23	戊辰	二黑	除	翼	21	丁酉	一白	执	轸	20	丙寅	六白	收	角
十三	23	己亥	六白	收	张	24	己巳	三碧	满	轸	22	戊戌	二黑	破	角	21	丁卯	七赤	开	亢
十四	24	庚子	七赤	开	翼	25	庚午	四绿	平	角	23	己亥	三碧	危	亢	22	戊辰	八白	闭	氐
十五	25	辛丑	八白	闭	轸	26	辛未	五黄	定	亢	24	庚子	四绿	成	氐	23	己巳	九紫	建	房
十六	26	壬寅	九紫	建	角	27	壬申	六白	执	氐	25	辛丑	五黄	收	房	24	庚午	一白	除	心
十七	27	癸卯	一白	除	亢	28	癸酉	七赤	破	房	26	壬寅	六白	开	心	25	辛未	二黑	满	尾
十八	28	甲辰	二黑	满	氐	29	甲戌	八白	危	心	27	癸卯	七赤	闭	尾	26	壬申	三碧	平	箕
十九	29	乙巳	三碧	平	房	30	乙亥	九紫	成	尾	28	甲辰	八白	建	箕	27	癸酉	四绿	定	斗
二十	3月	丙午	四绿	定	心	31	丙子	一白	收	箕	29	乙巳	九紫	除	斗	28	甲戌	五黄	执	牛
廿一	2	丁未	五黄	执	尾	4月	丁丑	二黑	开	斗	30	丙午	一白	满	牛	29	乙亥	六白	破	女
廿二	3	戊申	六白	破	箕	2	戊寅	三碧	闭	牛	5月	丁未	二黑	平	女	30	丙子	七赤	危	虚
廿三	4	己酉	七赤	危	斗	3	己卯	四绿	建	女	2	戊申	三碧	定	虚	31	丁丑	八白	成	危
廿四	5	庚戌	八白	危	牛	4	庚辰	五黄	建	虚	3	己酉	四绿	执	危	6月	戊寅	九紫	收	室
廿五	6	辛亥	九紫	成	女	5	辛巳	六白	除	危	4	庚戌	五黄	破	室	2	己卯	一白	开	壁
廿六	7	壬子	一白	收	虚	6	壬午	七赤	满	室	5	辛亥	六白	破	壁	3	庚辰	二黑	闭	奎
廿七	8	癸丑	二黑	开	危	7	癸未	八白	平	壁	6	壬子	七赤	危	奎	4	辛巳	三碧	建	娄
廿八	9	甲寅	三碧	闭	室	8	甲申	九紫	定	奎	7	癸丑	八白	成	娄	5	壬午	四绿	建	胃
廿九	10	乙卯	四绿	建	壁	9	乙酉	一白	执	娄	8	甲寅	九紫	收	胃	6	癸未	五黄	除	昴
三十	11	丙辰	五黄	除	奎											7	甲申	六白	满	毕

公元2032年　壬子鼠年　太岁邱德　九星四绿

月份	五月小 丙午 四绿 艮卦 心宿					六月大 丁未 三碧 坤卦 尾宿					七月大 戊申 二黑 乾卦 箕宿					八月小 己酉 一白 兑卦 斗宿				
节气	夏至 6月21日 十四戊戌 寅时 3时09分		小暑 7月6日 廿九癸丑 戌时 20时42分			大暑 7月22日 十六己巳 未时 14时06分					立秋 8月7日 初二乙酉 卯时 6时34分		处暑 8月22日 十七庚子 亥时 21时19分			白露 9月7日 初三丙辰 巳时 9时39分		秋分 9月22日 十八辛未 戌时 19时12分		
农历	公历	干支	九星	日建	星宿	公历	干支	九星	日建	星宿	公历	干支	九星	日建	星宿	公历	干支	九星	日建	星宿
初一	8	乙酉	七赤	平	觜	7	甲寅	四绿	危	参	6	甲申	七赤	除	鬼	5	甲寅	七赤	破	星
初二	9	丙戌	八白	定	参	8	乙卯	三碧	成	井	7	乙酉	六白	除	柳	6	乙卯	六白	危	张
初三	10	丁亥	九紫	执	井	9	丙辰	二黑	收	鬼	8	丙戌	五黄	满	星	7	丙辰	五黄	危	翼
初四	11	戊子	一白	破	鬼	10	丁巳	一白	开	柳	9	丁亥	四绿	平	张	8	丁巳	四绿	成	轸
初五	12	己丑	二黑	危	柳	11	戊午	九紫	闭	星	10	戊子	三碧	定	翼	9	戊午	三碧	收	角
初六	13	庚寅	三碧	成	星	12	己未	八白	建	张	11	己丑	二黑	执	轸	10	己未	二黑	开	亢
初七	14	辛卯	四绿	收	张	13	庚申	七赤	除	翼	12	庚寅	一白	破	角	11	庚申	一白	闭	氐
初八	15	壬辰	五黄	开	翼	14	辛酉	六白	满	轸	13	辛卯	九紫	危	亢	12	辛酉	九紫	建	房
初九	16	癸巳	六白	闭	轸	15	壬戌	五黄	平	角	14	壬辰	八白	成	氐	13	壬戌	八白	除	心
初十	17	甲午	七赤	建	角	16	癸亥	四绿	定	亢	15	癸巳	七赤	收	房	14	癸亥	七赤	满	尾
十一	18	乙未	八白	除	亢	17	甲子	九紫	执	氐	16	甲午	六白	开	心	15	甲子	三碧	平	箕
十二	19	丙申	九紫	满	氐	18	乙丑	八白	破	房	17	乙未	五黄	闭	尾	16	乙丑	二黑	定	斗
十三	20	丁酉	一白	平	房	19	丙寅	七赤	危	心	18	丙申	四绿	建	箕	17	丙寅	一白	执	牛
十四	21	戊戌	二黑	定	心	20	丁卯	六白	成	尾	19	丁酉	三碧	除	斗	18	丁卯	九紫	破	女
十五	22	己亥	一白	执	尾	21	戊辰	五黄	收	箕	20	戊戌	二黑	满	牛	19	戊辰	八白	危	虚
十六	23	庚子	九紫	破	箕	22	己巳	四绿	开	斗	21	己亥	一白	平	女	20	己巳	七赤	成	危
十七	24	辛丑	八白	危	斗	23	庚午	三碧	闭	牛	22	庚子	三碧	定	虚	21	庚午	六白	收	室
十八	25	壬寅	七赤	成	牛	24	辛未	二黑	建	女	23	辛丑	二黑	执	危	22	辛未	五黄	开	壁
十九	26	癸卯	六白	收	女	25	壬申	一白	除	虚	24	壬寅	一白	破	室	23	壬申	四绿	闭	奎
二十	27	甲辰	五黄	开	虚	26	癸酉	九紫	满	危	25	癸卯	九紫	危	壁	24	癸酉	三碧	建	娄
廿一	28	乙巳	四绿	闭	危	27	甲戌	八白	平	室	26	甲辰	八白	成	奎	25	甲戌	二黑	除	胃
廿二	29	丙午	三碧	建	室	28	乙亥	七赤	定	壁	27	乙巳	七赤	收	娄	26	乙亥	一白	满	昴
廿三	30	丁未	二黑	除	壁	29	丙子	六白	执	奎	28	丙午	六白	开	胃	27	丙子	九紫	平	毕
廿四	7月	戊申	一白	满	奎	30	丁丑	五黄	破	娄	29	丁未	五黄	闭	昴	28	丁丑	八白	定	觜
廿五	2	己酉	九紫	平	娄	31	戊寅	四绿	危	胃	30	戊申	四绿	建	毕	29	戊寅	七赤	执	参
廿六	3	庚戌	八白	定	胃	8月	己卯	三碧	成	昴	31	己酉	三碧	除	觜	30	己卯	六白	破	井
廿七	4	辛亥	七赤	执	昴	2	庚辰	二黑	收	毕	9月	庚戌	二黑	满	参	10月	庚辰	五黄	危	鬼
廿八	5	壬子	六白	破	毕	3	辛巳	一白	开	觜	2	辛亥	一白	平	井	2	辛巳	四绿	成	柳
廿九	6	癸丑	五黄	破	觜	4	壬午	九紫	闭	参	3	壬子	九紫	定	鬼	3	壬午	三碧	收	星
三十						5	癸未	八白	建	井	4	癸丑	八白	执	柳					

公元2032年 壬子鼠年 太岁邱德 九星四绿

月份	九月大		庚戌 九紫 离卦 牛宿			十月大		辛亥 八白 震卦 女宿			十一月小		壬子 七赤 巽卦 虚宿			十二月大		癸丑 六白 坎卦 危宿		
节气	寒露 10月8日 初五丁亥 丑时 1时31分			霜降 10月23日 二十壬寅 寅时 4时47分		立冬 11月7日 初五丁巳 寅时 4时55分			小雪 11月22日 二十壬申 丑时 2时32分		大雪 12月6日 初四丙戌 亥时 21时54分			冬至 12月21日 十九辛丑 申时 15时57分		小寒 1月5日 初五丙辰 巳时 9时09分			大寒 1月20日 二十辛未 丑时 2时34分	
农历	公历	干支	九星	日建	星宿	公历	干支	九星	日建	星宿	公历	干支	九星	日建	星宿	公历	干支	九星	日建	星宿
初一	4	癸未	二黑	开	张	3	癸丑	二黑	平	轸	3	癸未	五黄	成	亢	1月	壬子	四绿	建	氐
初二	5	甲申	一白	闭	翼	4	甲寅	一白	定	角	4	甲申	四绿	收	氐	2	癸丑	五黄	除	房
初三	6	乙酉	九紫	建	轸	5	乙卯	九紫	执	亢	5	乙酉	三碧	开	房	3	甲寅	六白	满	心
初四	7	丙戌	八白	除	角	6	丙辰	八白	破	氐	6	丙戌	二黑	开	心	4	乙卯	七赤	平	尾
初五	8	丁亥	七赤	除	亢	7	丁巳	七赤	破	房	7	丁亥	一白	闭	尾	5	丙辰	八白	平	箕
初六	9	戊子	六白	满	氐	8	戊午	六白	危	心	8	戊子	九紫	建	箕	6	丁巳	九紫	定	斗
初七	10	己丑	五黄	平	房	9	己未	五黄	成	尾	9	己丑	八白	除	斗	7	戊午	一白	执	牛
初八	11	庚寅	四绿	定	心	10	庚申	四绿	收	箕	10	庚寅	七赤	满	牛	8	己未	二黑	破	女
初九	12	辛卯	三碧	执	尾	11	辛酉	三碧	开	斗	11	辛卯	六白	平	女	9	庚申	三碧	危	虚
初十	13	壬辰	二黑	破	箕	12	壬戌	二黑	闭	牛	12	壬辰	五黄	定	虚	10	辛酉	四绿	成	危
十一	14	癸巳	一白	危	斗	13	癸亥	一白	建	女	13	癸巳	四绿	执	危	11	壬戌	五黄	收	室
十二	15	甲午	九紫	成	牛	14	甲子	六白	除	虚	14	甲午	三碧	破	室	12	癸亥	六白	开	壁
十三	16	乙未	八白	收	女	15	乙丑	五黄	满	危	15	乙未	二黑	危	壁	13	甲子	一白	闭	奎
十四	17	丙申	七赤	开	虚	16	丙寅	四绿	平	室	16	丙申	一白	成	奎	14	乙丑	二黑	建	娄
十五	18	丁酉	六白	闭	危	17	丁卯	三碧	定	壁	17	丁酉	九紫	收	娄	15	丙寅	三碧	除	胃
十六	19	戊戌	五黄	建	室	18	戊辰	二黑	执	奎	18	戊戌	八白	开	胃	16	丁卯	四绿	满	昴
十七	20	己亥	四绿	除	壁	19	己巳	一白	破	娄	19	己亥	七赤	闭	昴	17	戊辰	五黄	平	毕
十八	21	庚子	三碧	满	奎	20	庚午	九紫	危	胃	20	庚子	六白	建	毕	18	己巳	六白	定	觜
十九	22	辛丑	二黑	平	娄	21	辛未	八白	成	昴	21	辛丑	二黑	除	觜	19	庚午	七赤	执	参
二十	23	壬寅	四绿	定	胃	22	壬申	七赤	收	毕	22	壬寅	三碧	满	参	20	辛未	八白	破	井
廿一	24	癸卯	三碧	执	昴	23	癸酉	六白	开	觜	23	癸卯	四绿	平	井	21	壬申	九紫	危	鬼
廿二	25	甲辰	二黑	破	毕	24	甲戌	五黄	闭	参	24	甲辰	五黄	定	鬼	22	癸酉	一白	成	柳
廿三	26	乙巳	一白	危	觜	25	乙亥	四绿	建	井	25	乙巳	六白	执	柳	23	甲戌	二黑	收	星
廿四	27	丙午	九紫	成	参	26	丙子	三碧	除	鬼	26	丙午	七赤	破	星	24	乙亥	三碧	开	张
廿五	28	丁未	八白	收	井	27	丁丑	二黑	满	柳	27	丁未	八白	危	张	25	丙子	四绿	闭	翼
廿六	29	戊申	七赤	开	鬼	28	戊寅	一白	平	星	28	戊申	九紫	成	翼	26	丁丑	五黄	建	轸
廿七	30	己酉	六白	闭	柳	29	己卯	九紫	定	张	29	己酉	一白	收	轸	27	戊寅	六白	除	角
廿八	31	庚戌	五黄	建	星	30	庚辰	八白	执	翼	30	庚戌	二黑	开	角	28	己卯	七赤	满	亢
廿九	11月	辛亥	四绿	除	张	12月	辛巳	七赤	破	轸	31	辛亥	三碧	闭	亢	29	庚辰	八白	平	氐
三十	2	壬子	三碧	满	翼	2	壬午	六白	危	角						30	辛巳	九紫	定	房

公元2033年　癸丑牛年（闰十一月）　太岁林溥　九星三碧

月份	正月小	甲寅 五黄	震卦 室宿			二月大	乙卯 四绿	巽卦 壁宿			三月小	丙辰 三碧	坎卦 奎宿			四月小	丁巳 二黑	艮卦 娄宿		
节气	立春 2月3日 初四乙酉 戌时 20时43分		雨水 2月18日 十九庚子 申时 16时35分			惊蛰 3月5日 初五乙卯 未时 14时33分		春分 3月20日 二十庚午 申时 15时23分			清明 4月4日 初五乙酉 戌时 19时08分		谷雨 4月20日 廿一辛丑 丑时 2时13分			立夏 5月5日 初七丙辰 午时 12时14分		小满 5月21日 廿三壬申 丑时 1时11分		
农历	公历	干支	九星	日建	星宿	公历	干支	九星	日建	星宿	公历	干支	九星	日建	星宿	公历	干支	九星	日建	星宿
初一	31	壬午	一白	执	心	3月	辛亥	九紫	收	尾	31	辛巳	六白	满	斗	29	庚戌	五黄	破	牛
初二	2月	癸未	二黑	破	尾	2	壬子	一白	开	箕	4月	壬午	七赤	平	牛	30	辛亥	六白	危	女
初三	2	甲申	三碧	危	箕	3	癸丑	二黑	闭	斗	2	癸未	八白	定	女	5月	壬子	七赤	成	虚
初四	3	乙酉	四绿	危	斗	4	甲寅	三碧	建	牛	3	甲申	九紫	执	虚	2	癸丑	八白	收	危
初五	4	丙戌	五黄	成	牛	5	乙卯	四绿	建	女	4	乙酉	一白	执	危	3	甲寅	九紫	开	室
初六	5	丁亥	六白	收	女	6	丙辰	五黄	除	虚	5	丙戌	二黑	破	室	4	乙卯	一白	闭	壁
初七	6	戊子	七赤	开	虚	7	丁巳	六白	满	危	6	丁亥	三碧	危	壁	5	丙辰	二黑	闭	奎
初八	7	己丑	八白	闭	危	8	戊午	七赤	平	室	7	戊子	四绿	成	奎	6	丁巳	三碧	建	娄
初九	8	庚寅	九紫	建	室	9	己未	八白	定	壁	8	己丑	五黄	收	娄	7	戊午	四绿	除	胃
初十	9	辛卯	一白	除	壁	10	庚申	九紫	执	奎	9	庚寅	六白	开	胃	8	己未	五黄	满	昴
十一	10	壬辰	二黑	满	奎	11	辛酉	一白	破	娄	10	辛卯	七赤	闭	昴	9	庚申	六白	平	毕
十二	11	癸巳	三碧	平	娄	12	壬戌	二黑	危	胃	11	壬辰	八白	建	毕	10	辛酉	七赤	定	觜
十三	12	甲午	四绿	定	胃	13	癸亥	三碧	成	昴	12	癸巳	九紫	除	觜	11	壬戌	八白	执	参
十四	13	乙未	五黄	执	昴	14	甲子	七赤	收	毕	13	甲午	一白	满	参	12	癸亥	九紫	破	井
十五	14	丙申	六白	破	毕	15	乙丑	八白	开	觜	14	乙未	二黑	平	井	13	甲子	四绿	危	鬼
十六	15	丁酉	七赤	危	觜	16	丙寅	九紫	闭	参	15	丙申	三碧	定	鬼	14	乙丑	五黄	成	柳
十七	16	戊戌	八白	成	参	17	丁卯	一白	建	井	16	丁酉	四绿	执	柳	15	丙寅	六白	收	星
十八	17	己亥	九紫	收	井	18	戊辰	二黑	除	鬼	17	戊戌	五黄	破	星	16	丁卯	七赤	开	张
十九	18	庚子	七赤	开	鬼	19	己巳	三碧	满	柳	18	己亥	六白	危	张	17	戊辰	八白	闭	翼
二十	19	辛丑	八白	闭	柳	20	庚午	四绿	平	星	19	庚子	七赤	成	翼	18	己巳	九紫	建	轸
廿一	20	壬寅	九紫	建	星	21	辛未	五黄	定	张	20	辛丑	五黄	收	轸	19	庚午	一白	除	角
廿二	21	癸卯	一白	除	张	22	壬申	六白	执	翼	21	壬寅	六白	开	角	20	辛未	二黑	满	亢
廿三	22	甲辰	二黑	满	翼	23	癸酉	七赤	破	轸	22	癸卯	七赤	闭	亢	21	壬申	三碧	平	氐
廿四	23	乙巳	三碧	平	轸	24	甲戌	八白	危	角	23	甲辰	八白	建	氐	22	癸酉	四绿	定	房
廿五	24	丙午	四绿	定	角	25	乙亥	九紫	成	亢	24	乙巳	九紫	除	房	23	甲戌	五黄	执	心
廿六	25	丁未	五黄	执	亢	26	丙子	一白	收	氐	25	丙午	一白	满	心	24	乙亥	六白	破	尾
廿七	26	戊申	六白	破	氐	27	丁丑	二黑	开	房	26	丁未	二黑	平	尾	25	丙子	七赤	危	箕
廿八	27	己酉	七赤	危	房	28	戊寅	三碧	闭	心	27	戊申	三碧	定	箕	26	丁丑	八白	成	斗
廿九	28	庚戌	八白	成	心	29	己卯	四绿	建	尾	28	己酉	四绿	执	斗	27	戊寅	九紫	收	牛
三十						30	庚辰	五黄	除	箕										

公元2033年　癸丑牛年（闰十一月）　太岁林溥 九星三碧

月份	五月大		戊午 一白 坤卦 胃宿			六月小		己未 九紫 乾卦 昴宿			七月大		庚申 八白 兑卦 毕宿		
节气	芒种 6月5日 初九丁亥 申时 16时14分			夏至 6月21日 廿五癸卯 巳时 9时01分		小暑 7月7日 十一己未 丑时 2时25分			大暑 7月22日 廿六甲戌 戌时 19时53分		立秋 8月7日 十三庚寅 午时 12时16分			处暑 8月23日 廿九丙午 寅时 3时02分	
农历	公历	干支	九星	日建	星宿	公历	干支	九星	日建	星宿	公历	干支	九星	日建	星宿
初一	28	己卯	一白	开	女	27	己酉	九紫	平	危	26	戊寅	四绿	危	室
初二	29	庚辰	二黑	闭	虚	28	庚戌	八白	定	室	27	己卯	三碧	成	壁
初三	30	辛巳	三碧	建	危	29	辛亥	七赤	执	壁	28	庚辰	二黑	收	奎
初四	31	壬午	四绿	除	室	30	壬子	六白	破	奎	29	辛巳	一白	开	娄
初五	6月	癸未	五黄	满	壁	7月	癸丑	五黄	危	娄	30	壬午	九紫	闭	胃
初六	2	甲申	六白	平	奎	2	甲寅	四绿	成	胃	31	癸未	八白	建	昴
初七	3	乙酉	七赤	定	娄	3	乙卯	三碧	收	昴	8月	甲申	七赤	除	毕
初八	4	丙戌	八白	执	胃	4	丙辰	二黑	开	毕	2	乙酉	六白	满	觜
初九	5	丁亥	九紫	执	昴	5	丁巳	一白	闭	觜	3	丙戌	五黄	平	参
初十	6	戊子	一白	破	毕	6	戊午	九紫	建	参	4	丁亥	四绿	定	井
十一	7	己丑	二黑	危	觜	7	己未	八白	建	井	5	戊子	三碧	执	鬼
十二	8	庚寅	三碧	成	参	8	庚申	七赤	除	鬼	6	己丑	二黑	破	柳
十三	9	辛卯	四绿	收	井	9	辛酉	六白	满	柳	7	庚寅	一白	破	星
十四	10	壬辰	五黄	开	鬼	10	壬戌	五黄	平	星	8	辛卯	九紫	危	张
十五	11	癸巳	六白	闭	柳	11	癸亥	四绿	定	张	9	壬辰	八白	成	翼
十六	12	甲午	七赤	建	星	12	甲子	九紫	执	翼	10	癸巳	七赤	收	轸
十七	13	乙未	八白	除	张	13	乙丑	八白	破	轸	11	甲午	六白	开	角
十八	14	丙申	九紫	满	翼	14	丙寅	七赤	危	角	12	乙未	五黄	闭	亢
十九	15	丁酉	一白	平	轸	15	丁卯	六白	成	亢	13	丙申	四绿	建	氐
二十	16	戊戌	二黑	定	角	16	戊辰	五黄	收	氐	14	丁酉	三碧	除	房
廿一	17	己亥	三碧	执	亢	17	己巳	四绿	开	房	15	戊戌	二黑	满	心
廿二	18	庚子	四绿	破	氐	18	庚午	三碧	闭	心	16	己亥	一白	平	尾
廿三	19	辛丑	五黄	危	房	19	辛未	二黑	建	尾	17	庚子	九紫	定	箕
廿四	20	壬寅	六白	成	心	20	壬申	一白	除	箕	18	辛丑	八白	执	斗
廿五	21	癸卯	六白	收	尾	21	癸酉	九紫	满	斗	19	壬寅	七赤	破	牛
廿六	22	甲辰	五黄	开	箕	22	甲戌	八白	平	牛	20	癸卯	六白	危	女
廿七	23	乙巳	四绿	闭	斗	23	乙亥	七赤	定	女	21	甲辰	五黄	成	虚
廿八	24	丙午	三碧	建	牛	24	丙子	六白	执	虚	22	乙巳	四绿	收	危
廿九	25	丁未	二黑	除	女	25	丁丑	五黄	破	危	23	丙午	六白	开	室
三十	26	戊申	一白	满	虚						24	丁未	五黄	闭	壁

公元2033年　癸丑牛年（闰十一月）　太岁林溥 九星三碧

月份	八月小		辛酉 七赤 离卦 觜宿			九月大		壬戌 六白 震卦 参宿			十月大		癸亥 五黄 巽卦 井宿		
节气	白露 9月7日 十四辛酉 申时 15时21分		秋分 9月23日 初一丁丑 早子时 0时52分			寒露 10月8日 十六壬辰 辰时 7时14分		霜降 10月23日 初一丁未 巳时 10时28分			立冬 11月7日 十六壬戌 巳时 10时41分		小雪 11月22日 初一丁丑 辰时 8时16分		
农历	公历	干支	九星	日建	星宿	公历	干支	九星	日建	星宿	公历	干支	九星	日建	星宿
初一	25	戊申	四绿	建	奎	23	丁丑	八白	定	娄	23	丁未	八白	收	昴
初二	26	己酉	三碧	除	娄	24	戊寅	七赤	执	胃	24	戊申	七赤	开	毕
初三	27	庚戌	二黑	满	胃	25	己卯	六白	破	昴	25	己酉	六白	闭	觜
初四	28	辛亥	一白	平	昴	26	庚辰	五黄	危	毕	26	庚戌	五黄	建	参
初五	29	壬子	九紫	定	毕	27	辛巳	四绿	成	觜	27	辛亥	四绿	除	井
初六	30	癸丑	八白	执	觜	28	壬午	三碧	收	参	28	壬子	三碧	满	鬼
初七	31	甲寅	七赤	破	参	29	癸未	二黑	开	井	29	癸丑	二黑	平	柳
初八	9月	乙卯	六白	危	井	30	甲申	一白	闭	鬼	30	甲寅	一白	定	星
初九	2	丙辰	五黄	成	鬼	10月	乙酉	九紫	建	柳	31	乙卯	九紫	执	张
初十	3	丁巳	四绿	收	柳	2	丙戌	八白	除	星	11月	丙辰	八白	破	翼
十一	4	戊午	三碧	开	星	3	丁亥	七赤	满	张	2	丁巳	七赤	危	轸
十二	5	己未	二黑	闭	张	4	戊子	六白	平	翼	3	戊午	六白	成	角
十三	6	庚申	一白	建	翼	5	己丑	五黄	定	轸	4	己未	五黄	收	亢
十四	7	辛酉	九紫	建	轸	6	庚寅	四绿	执	角	5	庚申	四绿	开	氐
十五	8	壬戌	八白	除	角	7	辛卯	三碧	破	亢	6	辛酉	三碧	闭	房
十六	9	癸亥	七赤	满	亢	8	壬辰	二黑	破	氐	7	壬戌	二黑	闭	心
十七	10	甲子	三碧	平	氐	9	癸巳	一白	危	房	8	癸亥	一白	建	尾
十八	11	乙丑	二黑	定	房	10	甲午	九紫	成	心	9	甲子	六白	除	箕
十九	12	丙寅	一白	执	心	11	乙未	八白	收	尾	10	乙丑	五黄	满	斗
二十	13	丁卯	九紫	破	尾	12	丙申	七赤	开	箕	11	丙寅	四绿	平	牛
廿一	14	戊辰	八白	危	箕	13	丁酉	六白	闭	斗	12	丁卯	三碧	定	女
廿二	15	己巳	七赤	成	斗	14	戊戌	五黄	建	牛	13	戊辰	二黑	执	虚
廿三	16	庚午	六白	收	牛	15	己亥	四绿	除	女	14	己巳	一白	破	危
廿四	17	辛未	五黄	开	女	16	庚子	三碧	满	虚	15	庚午	九紫	危	室
廿五	18	壬申	四绿	闭	虚	17	辛丑	二黑	平	危	16	辛未	八白	成	壁
廿六	19	癸酉	三碧	建	危	18	壬寅	一白	定	室	17	壬申	七赤	收	奎
廿七	20	甲戌	二黑	除	室	19	癸卯	九紫	执	壁	18	癸酉	六白	开	娄
廿八	21	乙亥	一白	满	壁	20	甲辰	八白	破	奎	19	甲戌	五黄	闭	胃
廿九	22	丙子	九紫	平	奎	21	乙巳	七赤	危	娄	20	乙亥	四绿	建	昴
三十						22	丙午	六白	成	胃	21	丙子	三碧	除	毕

公元2033年　癸丑牛年（闰十一月）　太岁林溥 九星三碧

月份	十一月大		甲子 四绿 坎卦 鬼宿			闰十一月小					十二月大		乙丑 三碧 艮卦 柳宿		
节气	大雪 12月7日 十六壬辰 寅时 3时45分		冬至 12月21日 三十丙午 亥时 21时46分			小寒 1月5日 十五辛酉 申时 15时04分					大寒 1月20日 初一丙子 辰时 8时27分		立春 2月4日 十六辛卯 丑时 2时41分		
农历	公历	干支	九星	日建	星宿	公历	干支	九星	日建	星宿	公历	干支	九星	日建	星宿
初一	22	丁丑	二黑	满	觜	22	丁未	八白	危	井	20	丙子	四绿	闭	鬼
初二	23	戊寅	一白	平	参	23	戊申	九紫	成	鬼	21	丁丑	五黄	建	柳
初三	24	己卯	九紫	定	井	24	己酉	一白	收	柳	22	戊寅	六白	除	星
初四	25	庚辰	八白	执	鬼	25	庚戌	二黑	开	星	23	己卯	七赤	满	张
初五	26	辛巳	七赤	破	柳	26	辛亥	三碧	闭	张	24	庚辰	八白	平	翼
初六	27	壬午	六白	危	星	27	壬子	四绿	建	翼	25	辛巳	九紫	定	轸
初七	28	癸未	五黄	成	张	28	癸丑	五黄	除	轸	26	壬午	一白	执	角
初八	29	甲申	四绿	收	翼	29	甲寅	六白	满	角	27	癸未	二黑	破	亢
初九	30	乙酉	三碧	开	轸	30	乙卯	七赤	平	亢	28	甲申	三碧	危	氐
初十	12月	丙戌	二黑	闭	角	31	丙辰	八白	定	氐	29	乙酉	四绿	成	房
十一	2	丁亥	一白	建	亢	1月	丁巳	九紫	执	房	30	丙戌	五黄	收	心
十二	3	戊子	九紫	除	氐	2	戊午	一白	破	心	31	丁亥	六白	开	尾
十三	4	己丑	八白	满	房	3	己未	二黑	危	尾	2月	戊子	七赤	闭	箕
十四	5	庚寅	七赤	平	心	4	庚申	三碧	成	箕	2	己丑	八白	建	斗
十五	6	辛卯	六白	定	尾	5	辛酉	四绿	成	斗	3	庚寅	九紫	除	牛
十六	7	壬辰	五黄	定	箕	6	壬戌	五黄	收	牛	4	辛卯	一白	除	女
十七	8	癸巳	四绿	执	斗	7	癸亥	六白	开	女	5	壬辰	二黑	满	虚
十八	9	甲午	三碧	破	牛	8	甲子	一白	闭	虚	6	癸巳	三碧	平	危
十九	10	乙未	二黑	危	女	9	乙丑	二黑	建	危	7	甲午	四绿	定	室
二十	11	丙申	一白	成	虚	10	丙寅	三碧	除	室	8	乙未	五黄	执	壁
廿一	12	丁酉	九紫	收	危	11	丁卯	四绿	满	壁	9	丙申	六白	破	奎
廿二	13	戊戌	八白	开	室	12	戊辰	五黄	平	奎	10	丁酉	七赤	危	娄
廿三	14	己亥	七赤	闭	壁	13	己巳	六白	定	娄	11	戊戌	八白	成	胃
廿四	15	庚子	六白	建	奎	14	庚午	七赤	执	胃	12	己亥	九紫	收	昴
廿五	16	辛丑	五黄	除	娄	15	辛未	八白	破	昴	13	庚子	一白	开	毕
廿六	17	壬寅	四绿	满	胃	16	壬申	九紫	危	毕	14	辛丑	二黑	闭	觜
廿七	18	癸卯	三碧	平	昴	17	癸酉	一白	成	觜	15	壬寅	三碧	建	参
廿八	19	甲辰	二黑	定	毕	18	甲戌	二黑	收	参	16	癸卯	四绿	除	井
廿九	20	乙巳	一白	执	觜	19	乙亥	三碧	开	井	17	甲辰	五黄	满	鬼
三十	21	丙午	七赤	破	参						18	乙巳	三碧	平	柳

公元2034年 甲寅虎年 太岁张朝 九星二黑

月份	正月小 丙寅 二黑 巽卦 星宿					二月大 丁卯 一白 坎卦 张宿				
节气	雨水 2月18日 三十乙巳 亥时 22时30分		惊蛰 3月5日 十五庚申 戌时 20时33分			春分 3月20日 初一乙亥 亥时 21时18分		清明 4月5日 十七辛卯 丑时 1时07分		
农历	公历	干支	九星	日建	星宿	公历	干支	九星	日建	星宿
初一	19	丙午	四绿	定	星	20	乙亥	九紫	成	张
初二	20	丁未	五黄	执	张	21	丙子	一白	收	翼
初三	21	戊申	六白	破	翼	22	丁丑	二黑	开	轸
初四	22	己酉	七赤	危	轸	23	戊寅	三碧	闭	角
初五	23	庚戌	八白	成	角	24	己卯	四绿	建	亢
初六	24	辛亥	九紫	收	亢	25	庚辰	五黄	除	氐
初七	25	壬子	一白	开	氐	26	辛巳	六白	满	房
初八	26	癸丑	二黑	闭	房	27	壬午	七赤	平	心
初九	27	甲寅	三碧	建	心	28	癸未	八白	定	尾
初十	28	乙卯	四绿	除	尾	29	甲申	九紫	执	箕
十一	3月	丙辰	五黄	满	箕	30	乙酉	一白	破	斗
十二	2	丁巳	六白	平	斗	31	丙戌	二黑	危	牛
十三	3	戊午	七赤	定	牛	4月	丁亥	三碧	成	女
十四	4	己未	八白	执	女	2	戊子	四绿	收	虚
十五	5	庚申	九紫	执	虚	3	己丑	五黄	开	危
十六	6	辛酉	一白	破	危	4	庚寅	六白	闭	室
十七	7	壬戌	二黑	危	室	5	辛卯	七赤	闭	壁
十八	8	癸亥	三碧	成	壁	6	壬辰	八白	建	奎
十九	9	甲子	七赤	收	奎	7	癸巳	九紫	除	娄
二十	10	乙丑	八白	开	娄	8	甲午	一白	满	胃
廿一	11	丙寅	九紫	闭	胃	9	乙未	二黑	平	昴
廿二	12	丁卯	一白	建	昴	10	丙申	三碧	定	毕
廿三	13	戊辰	二黑	除	毕	11	丁酉	四绿	执	觜
廿四	14	己巳	三碧	满	觜	12	戊戌	五黄	破	参
廿五	15	庚午	四绿	平	参	13	己亥	六白	危	井
廿六	16	辛未	五黄	定	井	14	庚子	七赤	成	鬼
廿七	17	壬申	六白	执	鬼	15	辛丑	八白	收	柳
廿八	18	癸酉	七赤	破	柳	16	壬寅	九紫	开	星
廿九	19	甲戌	八白	危	星	17	癸卯	一白	闭	张
三十						18	甲辰	二黑	建	翼

月份	三月小 戊辰 九紫 艮卦 翼宿					四月小 己巳 八白 坤卦 轸宿				
节气	谷雨 4月20日 初二丙午 辰时 8时04分		立夏 5月5日 十七辛酉 酉时 18时10分			小满 5月21日 初四丁丑 卯时 6时57分		芒种 6月5日 十九壬辰 亥时 22时07分		
农历	公历	干支	九星	日建	星宿	公历	干支	九星	日建	星宿
初一	19	乙巳	三碧	除	轸	18	甲戌	五黄	执	角
初二	20	丙午	一白	满	角	19	乙亥	六白	破	亢
初三	21	丁未	二黑	平	亢	20	丙子	七赤	危	氐
初四	22	戊申	三碧	定	氐	21	丁丑	八白	成	房
初五	23	己酉	四绿	执	房	22	戊寅	九紫	收	心
初六	24	庚戌	五黄	破	心	23	己卯	一白	开	尾
初七	25	辛亥	六白	危	尾	24	庚辰	二黑	闭	箕
初八	26	壬子	七赤	成	箕	25	辛巳	三碧	建	斗
初九	27	癸丑	八白	收	斗	26	壬午	四绿	除	牛
初十	28	甲寅	九紫	开	牛	27	癸未	五黄	满	女
十一	29	乙卯	一白	闭	女	28	甲申	六白	平	虚
十二	30	丙辰	二黑	建	虚	29	乙酉	七赤	定	危
十三	5月	丁巳	三碧	除	危	30	丙戌	八白	执	室
十四	2	戊午	四绿	满	室	31	丁亥	九紫	破	壁
十五	3	己未	五黄	平	壁	6月	戊子	一白	危	奎
十六	4	庚申	六白	定	奎	2	己丑	二黑	成	娄
十七	5	辛酉	七赤	定	娄	3	庚寅	三碧	收	胃
十八	6	壬戌	八白	执	胃	4	辛卯	四绿	开	昴
十九	7	癸亥	九紫	破	昴	5	壬辰	五黄	开	毕
二十	8	甲子	四绿	危	毕	6	癸巳	六白	闭	觜
廿一	9	乙丑	五黄	成	觜	7	甲午	七赤	建	参
廿二	10	丙寅	六白	收	参	8	乙未	八白	除	井
廿三	11	丁卯	七赤	开	井	9	丙申	九紫	满	鬼
廿四	12	戊辰	八白	闭	鬼	10	丁酉	一白	平	柳
廿五	13	己巳	九紫	建	柳	11	戊戌	二黑	定	星
廿六	14	庚午	一白	除	星	12	己亥	三碧	执	张
廿七	15	辛未	二黑	满	张	13	庚子	四绿	破	翼
廿八	16	壬申	三碧	平	翼	14	辛丑	五黄	危	轸
廿九	17	癸酉	四绿	定	轸	15	壬寅	六白	成	角
三十										

公元2034年 甲寅虎年 太岁张朝 九星二黑

月份	五月大	庚午 七赤 乾卦 角宿				六月小	辛未 六白 兑卦 亢宿				七月大	壬申 五黄 离卦 氐宿				八月小	癸酉 四绿 震卦 房宿			
节气	夏至 6月21日 初六戊申 未时 14时45分		小暑 7月7日 廿二甲子 辰时 8时18分			大暑 7月23日 初八庚辰 丑时 1时37分		立秋 8月7日 廿三乙未 酉时 18时10分			处暑 8月23日 初十辛亥 辰时 8时48分		白露 9月7日 廿五丙寅 亥时 21时15分			秋分 9月23日 十一壬午 卯时 6时40分		寒露 10月8日 廿六丁酉 未时 13时08分		
农历	公历	干支	九星	日建	星宿	公历	干支	九星	日建	星宿	公历	干支	九星	日建	星宿	公历	干支	九星	日建	星宿
初一	16	癸卯	七赤	收	亢	16	癸酉	九紫	满	房	14	壬寅	七赤	破	心	13	壬申	四绿	闭	箕
初二	17	甲辰	八白	开	氐	17	甲戌	八白	平	心	15	癸卯	六白	危	尾	14	癸酉	三碧	建	斗
初三	18	乙巳	九紫	闭	房	18	乙亥	七赤	定	尾	16	甲辰	五黄	成	箕	15	甲戌	二黑	除	牛
初四	19	丙午	一白	建	心	19	丙子	六白	执	箕	17	乙巳	四绿	收	斗	16	乙亥	一白	满	女
初五	20	丁未	二黑	除	尾	20	丁丑	五黄	破	斗	18	丙午	三碧	开	牛	17	丙子	九紫	平	虚
初六	21	戊申	一白	满	箕	21	戊寅	四绿	危	牛	19	丁未	二黑	闭	女	18	丁丑	八白	定	危
初七	22	己酉	九紫	平	斗	22	己卯	三碧	成	女	20	戊申	一白	建	虚	19	戊寅	七赤	执	室
初八	23	庚戌	八白	定	牛	23	庚辰	二黑	收	虚	21	己酉	九紫	除	危	20	己卯	六白	破	壁
初九	24	辛亥	七赤	执	女	24	辛巳	一白	开	危	22	庚戌	八白	满	室	21	庚辰	五黄	危	奎
初十	25	壬子	六白	破	虚	25	壬午	九紫	闭	室	23	辛亥	一白	平	壁	22	辛巳	四绿	成	娄
十一	26	癸丑	五黄	危	危	26	癸未	八白	建	壁	24	壬子	九紫	定	奎	23	壬午	三碧	收	胃
十二	27	甲寅	四绿	成	室	27	甲申	七赤	除	奎	25	癸丑	八白	执	娄	24	癸未	二黑	开	昴
十三	28	乙卯	三碧	收	壁	28	乙酉	六白	满	娄	26	甲寅	七赤	破	胃	25	甲申	一白	闭	毕
十四	29	丙辰	二黑	开	奎	29	丙戌	五黄	平	胃	27	乙卯	六白	危	昴	26	乙酉	九紫	建	觜
十五	30	丁巳	一白	闭	娄	30	丁亥	四绿	定	昴	28	丙辰	五黄	成	毕	27	丙戌	八白	除	参
十六	7月	戊午	九紫	建	胃	31	戊子	三碧	执	毕	29	丁巳	四绿	收	觜	28	丁亥	七赤	满	井
十七	2	己未	八白	除	昴	8月	己丑	二黑	破	觜	30	戊午	三碧	开	参	29	戊子	六白	平	鬼
十八	3	庚申	七赤	满	毕	2	庚寅	一白	危	参	31	己未	二黑	闭	井	30	己丑	五黄	定	柳
十九	4	辛酉	六白	平	觜	3	辛卯	九紫	成	井	9月	庚申	一白	建	鬼	10月	庚寅	四绿	执	星
二十	5	壬戌	五黄	定	参	4	壬辰	八白	收	鬼	2	辛酉	九紫	除	柳	2	辛卯	三碧	破	张
廿一	6	癸亥	四绿	执	井	5	癸巳	七赤	开	柳	3	壬戌	八白	满	星	3	壬辰	二黑	危	翼
廿二	7	甲子	九紫	执	鬼	6	甲午	六白	闭	星	4	癸亥	七赤	平	张	4	癸巳	一白	成	轸
廿三	8	乙丑	八白	破	柳	7	乙未	五黄	闭	张	5	甲子	三碧	定	翼	5	甲午	九紫	收	角
廿四	9	丙寅	七赤	危	星	8	丙申	四绿	建	翼	6	乙丑	二黑	执	轸	6	乙未	八白	开	亢
廿五	10	丁卯	六白	成	张	9	丁酉	三碧	除	轸	7	丙寅	一白	执	角	7	丙申	七赤	闭	氐
廿六	11	戊辰	五黄	收	翼	10	戊戌	二黑	满	角	8	丁卯	九紫	破	亢	8	丁酉	六白	闭	房
廿七	12	己巳	四绿	开	轸	11	己亥	一白	平	亢	9	戊辰	八白	危	氐	9	戊戌	五黄	建	心
廿八	13	庚午	三碧	闭	角	12	庚子	九紫	定	氐	10	己巳	七赤	成	房	10	己亥	四绿	除	尾
廿九	14	辛未	二黑	建	亢	13	辛丑	八白	执	房	11	庚午	六白	收	心	11	庚子	三碧	满	箕
三十	15	壬申	一白	除	氐						12	辛未	五黄	开	尾					

公元2034年 甲寅虎年 太岁张朝 九星二黑

月份	九月大	甲戌 三碧 巽卦 心宿				十月大	乙亥 二黑 坎卦 尾宿				十一月小	丙子 一白 艮卦 箕宿				十二月大	丁丑 九紫 坤卦 斗宿			
节气	霜降 10月23日 十二壬子 申时 16时17分		立冬 11月7日 廿七丁卯 申时 16时35分			小雪 11月22日 十二壬午 未时 14时06分		大雪 12月7日 廿七丁酉 巳时 9时38分			冬至 12月22日 十二壬子 寅时 3时35分		小寒 1月5日 廿六丙寅 戌时 20时57分			大寒 1月20日 十二辛巳 未时 14时15分		立春 2月4日 廿七丙申 辰时 8时33分		
农历	公历	干支	九星	日建	星宿	公历	干支	九星	日建	星宿	公历	干支	九星	日建	星宿	公历	干支	九星	日建	星宿
初一	12	辛丑	二黑	平	斗	11	辛未	八白	成	女	11	辛丑	五黄	除	危	9	庚午	七赤	执	室
初二	13	壬寅	一白	定	牛	12	壬申	七赤	收	虚	12	壬寅	四绿	满	室	10	辛未	八白	破	壁
初三	14	癸卯	九紫	执	女	13	癸酉	六白	开	危	13	癸卯	三碧	平	壁	11	壬申	九紫	危	奎
初四	15	甲辰	八白	破	虚	14	甲戌	五黄	闭	室	14	甲辰	二黑	定	奎	12	癸酉	一白	成	娄
初五	16	乙巳	七赤	危	危	15	乙亥	四绿	建	壁	15	乙巳	一白	执	娄	13	甲戌	二黑	收	胃
初六	17	丙午	六白	成	室	16	丙子	三碧	除	奎	16	丙午	九紫	破	胃	14	乙亥	三碧	开	昴
初七	18	丁未	五黄	收	壁	17	丁丑	二黑	满	娄	17	丁未	八白	危	昴	15	丙子	四绿	闭	毕
初八	19	戊申	四绿	开	奎	18	戊寅	一白	平	胃	18	戊申	七赤	成	毕	16	丁丑	五黄	建	觜
初九	20	己酉	三碧	闭	娄	19	己卯	九紫	定	昴	19	己酉	六白	收	觜	17	戊寅	六白	除	参
初十	21	庚戌	二黑	建	胃	20	庚辰	八白	执	毕	20	庚戌	五黄	开	参	18	己卯	七赤	满	井
十一	22	辛亥	一白	除	昴	21	辛巳	七赤	破	觜	21	辛亥	四绿	闭	井	19	庚辰	八白	平	鬼
十二	23	壬子	三碧	满	毕	22	壬午	六白	危	参	22	壬子	四绿	建	鬼	20	辛巳	九紫	定	柳
十三	24	癸丑	二黑	平	觜	23	癸未	五黄	成	井	23	癸丑	五黄	除	柳	21	壬午	一白	执	星
十四	25	甲寅	一白	定	参	24	甲申	四绿	收	鬼	24	甲寅	六白	满	星	22	癸未	二黑	破	张
十五	26	乙卯	九紫	执	井	25	乙酉	三碧	开	柳	25	乙卯	七赤	平	张	23	甲申	三碧	危	翼
十六	27	丙辰	八白	破	鬼	26	丙戌	二黑	闭	星	26	丙辰	八白	定	翼	24	乙酉	四绿	成	轸
十七	28	丁巳	七赤	危	柳	27	丁亥	一白	建	张	27	丁巳	九紫	执	轸	25	丙戌	五黄	收	角
十八	29	戊午	六白	成	星	28	戊子	九紫	除	翼	28	戊午	一白	破	角	26	丁亥	六白	开	亢
十九	30	己未	五黄	收	张	29	己丑	八白	满	轸	29	己未	二黑	危	亢	27	戊子	七赤	闭	氐
二十	31	庚申	四绿	开	翼	30	庚寅	七赤	平	角	30	庚申	三碧	成	氐	28	己丑	八白	建	房
廿一	11月	辛酉	三碧	闭	轸	12月	辛卯	六白	定	亢	31	辛酉	四绿	收	房	29	庚寅	九紫	除	心
廿二	2	壬戌	二黑	建	角	2	壬辰	五黄	执	氐	1月	壬戌	五黄	开	心	30	辛卯	一白	满	尾
廿三	3	癸亥	一白	除	亢	3	癸巳	四绿	破	房	2	癸亥	六白	闭	尾	31	壬辰	二黑	平	箕
廿四	4	甲子	六白	满	氐	4	甲午	三碧	危	心	3	甲子	一白	建	箕	2月	癸巳	三碧	定	斗
廿五	5	乙丑	五黄	平	房	5	乙未	二黑	成	尾	4	乙丑	二黑	除	斗	2	甲午	四绿	执	牛
廿六	6	丙寅	四绿	定	心	6	丙申	一白	收	箕	5	丙寅	三碧	除	牛	3	乙未	五黄	破	女
廿七	7	丁卯	三碧	定	尾	7	丁酉	九紫	收	斗	6	丁卯	四绿	满	女	4	丙申	六白	破	虚
廿八	8	戊辰	二黑	执	箕	8	戊戌	八白	开	牛	7	戊辰	五黄	平	虚	5	丁酉	七赤	危	危
廿九	9	己巳	一白	破	斗	9	己亥	七赤	闭	女	8	己巳	六白	定	危	6	戊戌	八白	成	室
三十	10	庚午	九紫	危	牛	10	庚子	六白	建	虚						7	己亥	九紫	收	壁

公元2035年 乙卯兔年 太岁方清 九星一白

月份	正月大 戊寅 八白 坎卦 牛宿					二月小 己卯 七赤 艮卦 女宿					三月大 庚辰 六白 坤卦 虚宿					四月小 辛巳 五黄 乾卦 危宿				
节气	雨水 2月19日 十二辛亥 寅时 4时17分		惊蛰 3月6日 廿七丙寅 丑时 2时23分			春分 3月21日 十二辛巳 寅时 3时04分		清明 4月5日 廿七丙申 卯时 6时55分			谷雨 4月20日 十三辛亥 未时 13时50分		立夏 5月5日 廿八丙寅 夜子时 23时55分			小满 5月21日 十四壬午 午时 12时44分				
农历	公历	干支	九星	日建	星宿	公历	干支	九星	日建	星宿	公历	干支	九星	日建	星宿	公历	干支	九星	日建	星宿
初一	8	庚子	一白	开	奎	10	庚午	四绿	平	胃	8	己亥	六白	危	昴	8	己巳	九紫	建	觜
初二	9	辛丑	二黑	闭	娄	11	辛未	五黄	定	昴	9	庚子	七赤	成	毕	9	庚午	一白	除	参
初三	10	壬寅	三碧	建	胃	12	壬申	六白	执	毕	10	辛丑	八白	收	觜	10	辛未	二黑	满	井
初四	11	癸卯	四绿	除	昴	13	癸酉	七赤	破	觜	11	壬寅	九紫	开	参	11	壬申	三碧	平	鬼
初五	12	甲辰	五黄	满	毕	14	甲戌	八白	危	参	12	癸卯	一白	闭	井	12	癸酉	四绿	定	柳
初六	13	乙巳	六白	平	觜	15	乙亥	九紫	成	井	13	甲辰	二黑	建	鬼	13	甲戌	五黄	执	星
初七	14	丙午	七赤	定	参	16	丙子	一白	收	鬼	14	乙巳	三碧	除	柳	14	乙亥	六白	破	张
初八	15	丁未	八白	执	井	17	丁丑	二黑	开	柳	15	丙午	四绿	满	星	15	丙子	七赤	危	翼
初九	16	戊申	九紫	破	鬼	18	戊寅	三碧	闭	星	16	丁未	五黄	平	张	16	丁丑	八白	成	轸
初十	17	己酉	一白	危	柳	19	己卯	四绿	建	张	17	戊申	六白	定	翼	17	戊寅	九紫	收	角
十一	18	庚戌	二黑	成	星	20	庚辰	五黄	除	翼	18	己酉	七赤	执	轸	18	己卯	一白	开	亢
十二	19	辛亥	九紫	收	张	21	辛巳	六白	满	轸	19	庚戌	八白	破	角	19	庚辰	二黑	闭	氐
十三	20	壬子	一白	开	翼	22	壬午	七赤	平	角	20	辛亥	六白	危	亢	20	辛巳	三碧	建	房
十四	21	癸丑	二黑	闭	轸	23	癸未	八白	定	亢	21	壬子	七赤	成	氐	21	壬午	四绿	除	心
十五	22	甲寅	三碧	建	角	24	甲申	九紫	执	氐	22	癸丑	八白	收	房	22	癸未	五黄	满	尾
十六	23	乙卯	四绿	除	亢	25	乙酉	一白	破	房	23	甲寅	九紫	开	心	23	甲申	六白	平	箕
十七	24	丙辰	五黄	满	氐	26	丙戌	二黑	危	心	24	乙卯	一白	闭	尾	24	乙酉	七赤	定	斗
十八	25	丁巳	六白	平	房	27	丁亥	三碧	成	尾	25	丙辰	二黑	建	箕	25	丙戌	八白	执	牛
十九	26	戊午	七赤	定	心	28	戊子	四绿	收	箕	26	丁巳	三碧	除	斗	26	丁亥	九紫	破	女
二十	27	己未	八白	执	尾	29	己丑	五黄	开	斗	27	戊午	四绿	满	牛	27	戊子	一白	危	虚
廿一	28	庚申	九紫	破	箕	30	庚寅	六白	闭	牛	28	己未	五黄	平	女	28	己丑	二黑	成	危
廿二	3月	辛酉	一白	危	斗	31	辛卯	七赤	建	女	29	庚申	六白	定	虚	29	庚寅	三碧	收	室
廿三	2	壬戌	二黑	成	牛	4月	壬辰	八白	除	虚	30	辛酉	七赤	执	危	30	辛卯	四绿	开	壁
廿四	3	癸亥	三碧	收	女	2	癸巳	九紫	满	危	5月	壬戌	八白	破	室	31	壬辰	五黄	闭	奎
廿五	4	甲子	七赤	开	虚	3	甲午	一白	平	室	2	癸亥	九紫	危	壁	6月	癸巳	六白	建	娄
廿六	5	乙丑	八白	闭	危	4	乙未	二黑	定	壁	3	甲子	四绿	成	奎	2	甲午	七赤	除	胃
廿七	6	丙寅	九紫	闭	室	5	丙申	三碧	定	奎	4	乙丑	五黄	收	娄	3	乙未	八白	满	昴
廿八	7	丁卯	一白	建	壁	6	丁酉	四绿	执	娄	5	丙寅	六白	收	胃	4	丙申	九紫	平	毕
廿九	8	戊辰	二黑	除	奎	7	戊戌	五黄	破	胃	6	丁卯	七赤	开	昴	5	丁酉	一白	定	觜
三十	9	己巳	三碧	满	娄						7	戊辰	八白	闭	毕					

公元2035年　乙卯兔年　太岁方清 九星一白

月份	五月小		壬午 四绿 兑卦 室宿			六月大		癸未 三碧 离卦 壁宿			七月小		甲申 二黑 震卦 奎宿			八月小		乙酉 一白 巽卦 娄宿		
节气	芒种 6月6日 初一戊戌 寅时 3时51分			夏至 6月21日 十六癸丑 戌时 20时33分		小暑 7月7日 初三己巳 未时 14时02分			大暑 7月23日 十九乙酉 辰时 7时29分		立秋 8月7日 初四庚子 夜子时 23时55分			处暑 8月23日 二十丙辰 未时 14时45分		白露 9月8日 初七壬申 寅时 3时03分			秋分 9月23日 廿二丁亥 午时 12时40分	
农历	公历	干支	九星	日建	星宿	公历	干支	九星	日建	星宿	公历	干支	九星	日建	星宿	公历	干支	九星	日建	星宿
初一	6	戊戌	二黑	定	参	5	丁卯	六白	收	井	4	丁酉	三碧	满	柳	2	丙寅	一白	破	星
初二	7	己亥	三碧	执	井	6	戊辰	五黄	开	鬼	5	戊戌	二黑	平	星	3	丁卯	九紫	危	张
初三	8	庚子	四绿	破	鬼	7	己巳	四绿	开	柳	6	己亥	一白	定	张	4	戊辰	八白	成	翼
初四	9	辛丑	五黄	危	柳	8	庚午	三碧	闭	星	7	庚子	九紫	定	翼	5	己巳	七赤	收	轸
初五	10	壬寅	六白	成	星	9	辛未	二黑	建	张	8	辛丑	八白	执	轸	6	庚午	六白	开	角
初六	11	癸卯	七赤	收	张	10	壬申	一白	除	翼	9	壬寅	七赤	破	角	7	辛未	五黄	闭	亢
初七	12	甲辰	八白	开	翼	11	癸酉	九紫	满	轸	10	癸卯	六白	危	亢	8	壬申	四绿	闭	氐
初八	13	乙巳	九紫	闭	轸	12	甲戌	八白	平	角	11	甲辰	五黄	成	氐	9	癸酉	三碧	建	房
初九	14	丙午	一白	建	角	13	乙亥	七赤	定	亢	12	乙巳	四绿	收	房	10	甲戌	二黑	除	心
初十	15	丁未	二黑	除	亢	14	丙子	六白	执	氐	13	丙午	三碧	开	心	11	乙亥	一白	满	尾
十一	16	戊申	三碧	满	氐	15	丁丑	五黄	破	房	14	丁未	二黑	闭	尾	12	丙子	九紫	平	箕
十二	17	己酉	四绿	平	房	16	戊寅	四绿	危	心	15	戊申	一白	建	箕	13	丁丑	八白	定	斗
十三	18	庚戌	五黄	定	心	17	己卯	三碧	成	尾	16	己酉	九紫	除	斗	14	戊寅	七赤	执	牛
十四	19	辛亥	六白	执	尾	18	庚辰	二黑	收	箕	17	庚戌	八白	满	牛	15	己卯	六白	破	女
十五	20	壬子	七赤	破	箕	19	辛巳	一白	开	斗	18	辛亥	七赤	平	女	16	庚辰	五黄	危	虚
十六	21	癸丑	五黄	危	斗	20	壬午	九紫	闭	牛	19	壬子	六白	定	虚	17	辛巳	四绿	成	危
十七	22	甲寅	四绿	成	牛	21	癸未	八白	建	女	20	癸丑	五黄	执	危	18	壬午	三碧	收	室
十八	23	乙卯	三碧	收	女	22	甲申	七赤	除	虚	21	甲寅	四绿	破	室	19	癸未	二黑	开	壁
十九	24	丙辰	二黑	开	虚	23	乙酉	六白	满	危	22	乙卯	三碧	危	壁	20	甲申	一白	闭	奎
二十	25	丁巳	一白	闭	危	24	丙戌	五黄	平	室	23	丙辰	五黄	成	奎	21	乙酉	九紫	建	娄
廿一	26	戊午	九紫	建	室	25	丁亥	四绿	定	壁	24	丁巳	四绿	收	娄	22	丙戌	八白	除	胃
廿二	27	己未	八白	除	壁	26	戊子	三碧	执	奎	25	戊午	三碧	开	胃	23	丁亥	七赤	满	昴
廿三	28	庚申	七赤	满	奎	27	己丑	二黑	破	娄	26	己未	二黑	闭	昴	24	戊子	六白	平	毕
廿四	29	辛酉	六白	平	娄	28	庚寅	一白	危	胃	27	庚申	一白	建	毕	25	己丑	五黄	定	觜
廿五	30	壬戌	五黄	定	胃	29	辛卯	九紫	成	昴	28	辛酉	九紫	除	觜	26	庚寅	四绿	执	参
廿六	7月	癸亥	四绿	执	昴	30	壬辰	八白	收	毕	29	壬戌	八白	满	参	27	辛卯	三碧	破	井
廿七	2	甲子	九紫	破	毕	31	癸巳	七赤	开	觜	30	癸亥	七赤	平	井	28	壬辰	二黑	危	鬼
廿八	3	乙丑	八白	危	觜	8月	甲午	六白	闭	参	31	甲子	三碧	定	鬼	29	癸巳	一白	成	柳
廿九	4	丙寅	七赤	成	参	2	乙未	五黄	建	井	9月	乙丑	二黑	执	柳	30	甲午	九紫	收	星
三十						3	丙申	四绿	除	鬼										

公元2035年　乙卯兔年　太岁方清　九星一白

月份	九月大	丙戌 九紫 坎卦 胃宿				十月大	丁亥 八白 艮卦 昴宿				十一月小	戊子 七赤 坤卦 毕宿				十二月大	己丑 六白 乾卦 觜宿			
节气	寒露 10月8日 初八壬寅 酉时 18时58分		霜降 10月23日 廿三丁巳 亥时 22时17分			立冬 11月7日 初八壬申 亥时 22时15分		小雪 11月22日 廿三丁亥 戌时 20时04分			大雪 12月7日 初八壬寅 申时 15时26分		冬至 12月22日 廿三丁巳 巳时 9时31分			小寒 1月6日 初九壬申 丑时 2时44分		大寒 1月20日 廿三丙戌 戌时 20时11分		
农历	公历	干支	九星	日建	星宿	公历	干支	九星	日建	星宿	公历	干支	九星	日建	星宿	公历	干支	九星	日建	星宿
初一	10月	乙未	八白	开	张	31	乙丑	五黄	平	轸	30	乙未	二黑	成	亢	29	甲子	一白	建	氐
初二	2	丙申	七赤	闭	翼	11月	丙寅	四绿	定	角	12月	丙申	一白	收	氐	30	乙丑	二黑	除	房
初三	3	丁酉	六白	建	轸	2	丁卯	三碧	执	亢	2	丁酉	九紫	开	房	31	丙寅	三碧	满	心
初四	4	戊戌	五黄	除	角	3	戊辰	二黑	破	氐	3	戊戌	八白	闭	心	1月	丁卯	四绿	平	尾
初五	5	己亥	四绿	满	亢	4	己巳	一白	危	房	4	己亥	七赤	建	尾	2	戊辰	五黄	定	箕
初六	6	庚子	三碧	平	氐	5	庚午	九紫	成	心	5	庚子	六白	除	箕	3	己巳	六白	执	斗
初七	7	辛丑	二黑	定	房	6	辛未	八白	收	尾	6	辛丑	五黄	满	斗	4	庚午	七赤	破	牛
初八	8	壬寅	一白	定	心	7	壬申	七赤	收	箕	7	壬寅	四绿	满	牛	5	辛未	八白	危	女
初九	9	癸卯	九紫	执	尾	8	癸酉	六白	开	斗	8	癸卯	三碧	平	女	6	壬申	九紫	危	虚
初十	10	甲辰	八白	破	箕	9	甲戌	五黄	闭	牛	9	甲辰	二黑	定	虚	7	癸酉	一白	成	危
十一	11	乙巳	七赤	危	斗	10	乙亥	四绿	建	女	10	乙巳	一白	执	危	8	甲戌	二黑	收	室
十二	12	丙午	六白	成	牛	11	丙子	三碧	除	虚	11	丙午	九紫	破	室	9	乙亥	三碧	开	壁
十三	13	丁未	五黄	收	女	12	丁丑	二黑	满	危	12	丁未	八白	危	壁	10	丙子	四绿	闭	奎
十四	14	戊申	四绿	开	虚	13	戊寅	一白	平	室	13	戊申	七赤	成	奎	11	丁丑	五黄	建	娄
十五	15	己酉	三碧	闭	危	14	己卯	九紫	定	壁	14	己酉	六白	收	娄	12	戊寅	六白	除	胃
十六	16	庚戌	二黑	建	室	15	庚辰	八白	执	奎	15	庚戌	五黄	开	胃	13	己卯	七赤	满	昴
十七	17	辛亥	一白	除	壁	16	辛巳	七赤	破	娄	16	辛亥	四绿	闭	昴	14	庚辰	八白	平	毕
十八	18	壬子	九紫	满	奎	17	壬午	六白	危	胃	17	壬子	三碧	建	毕	15	辛巳	九紫	定	觜
十九	19	癸丑	八白	平	娄	18	癸未	五黄	成	昴	18	癸丑	二黑	除	觜	16	壬午	一白	执	参
二十	20	甲寅	七赤	定	胃	19	甲申	四绿	收	毕	19	甲寅	一白	满	参	17	癸未	二黑	破	井
廿一	21	乙卯	六白	执	昴	20	乙酉	三碧	开	觜	20	乙卯	九紫	平	井	18	甲申	三碧	危	鬼
廿二	22	丙辰	五黄	破	毕	21	丙戌	二黑	闭	参	21	丙辰	八白	定	鬼	19	乙酉	四绿	成	柳
廿三	23	丁巳	七赤	危	觜	22	丁亥	一白	建	井	22	丁巳	九紫	执	柳	20	丙戌	五黄	收	星
廿四	24	戊午	六白	成	参	23	戊子	九紫	除	鬼	23	戊午	一白	破	星	21	丁亥	六白	开	张
廿五	25	己未	五黄	收	井	24	己丑	八白	满	柳	24	己未	二黑	危	张	22	戊子	七赤	闭	翼
廿六	26	庚申	四绿	开	鬼	25	庚寅	七赤	平	星	25	庚申	三碧	成	翼	23	己丑	八白	建	轸
廿七	27	辛酉	三碧	闭	柳	26	辛卯	六白	定	张	26	辛酉	四绿	收	轸	24	庚寅	九紫	除	角
廿八	28	壬戌	二黑	建	星	27	壬辰	五黄	执	翼	27	壬戌	五黄	开	角	25	辛卯	一白	满	亢
廿九	29	癸亥	一白	除	张	28	癸巳	四绿	破	轸	28	癸亥	六白	闭	亢	26	壬辰	二黑	平	氐
三十	30	甲子	六白	满	翼	29	甲午	三碧	危	角						27	癸巳	三碧	定	房

公元2036年　丙辰龙年（闰六月）　太岁辛亚 九星九紫

月份	正月大		庚寅 五黄 艮卦 参宿			二月大		辛卯 四绿 坤卦 井宿			三月小		壬辰 三碧 乾卦 鬼宿			四月大		癸巳 二黑 兑卦 柳宿		
节气	立春 2月4日 初八辛丑 未时 14时20分			雨水 2月19日 廿三丙辰 巳时 10时14分		惊蛰 3月5日 初八辛未 辰时 8时12分			春分 3月20日 廿三丙戌 巳时 9时03分		清明 4月4日 初八辛丑 午时 12时46分			谷雨 4月19日 廿三丙辰 戌时 19时50分		立夏 5月5日 初十壬申 卯时 5时49分			小满 5月20日 廿五丁亥 酉时 18时45分	
农历	公历	干支	九星	日建	星宿	公历	干支	九星	日建	星宿	公历	干支	九星	日建	星宿	公历	干支	九星	日建	星宿
初一	28	甲午	四绿	执	心	27	甲子	七赤	开	箕	28	甲午	一白	平	牛	26	癸亥	九紫	危	女
初二	29	乙未	五黄	破	尾	28	乙丑	八白	闭	斗	29	乙未	二黑	定	女	27	甲子	四绿	成	虚
初三	30	丙申	六白	危	箕	29	丙寅	九紫	建	牛	30	丙申	三碧	执	虚	28	乙丑	五黄	收	危
初四	31	丁酉	七赤	成	斗	3月	丁卯	一白	除	女	31	丁酉	四绿	破	危	29	丙寅	六白	开	室
初五	2月	戊戌	八白	收	牛	2	戊辰	二黑	满	虚	4月	戊戌	五黄	危	室	30	丁卯	七赤	闭	壁
初六	2	己亥	九紫	开	女	3	己巳	三碧	平	危	2	己亥	六白	成	壁	5月	戊辰	八白	建	奎
初七	3	庚子	一白	闭	虚	4	庚午	四绿	定	室	3	庚子	七赤	收	奎	2	己巳	九紫	除	娄
初八	4	辛丑	二黑	闭	危	5	辛未	五黄	定	壁	4	辛丑	八白	收	娄	3	庚午	一白	满	胃
初九	5	壬寅	三碧	建	室	6	壬申	六白	执	奎	5	壬寅	九紫	开	胃	4	辛未	二黑	平	昴
初十	6	癸卯	四绿	除	壁	7	癸酉	七赤	破	娄	6	癸卯	一白	闭	昴	5	壬申	三碧	平	毕
十一	7	甲辰	五黄	满	奎	8	甲戌	八白	危	胃	7	甲辰	二黑	建	毕	6	癸酉	四绿	定	觜
十二	8	乙巳	六白	平	娄	9	乙亥	九紫	成	昴	8	乙巳	三碧	除	觜	7	甲戌	五黄	执	参
十三	9	丙午	七赤	定	胃	10	丙子	一白	收	毕	9	丙午	四绿	满	参	8	乙亥	六白	破	井
十四	10	丁未	八白	执	昴	11	丁丑	二黑	开	觜	10	丁未	五黄	平	井	9	丙子	七赤	危	鬼
十五	11	戊申	九紫	破	毕	12	戊寅	三碧	闭	参	11	戊申	六白	定	鬼	10	丁丑	八白	成	柳
十六	12	己酉	一白	危	觜	13	己卯	四绿	建	井	12	己酉	七赤	执	柳	11	戊寅	九紫	收	星
十七	13	庚戌	二黑	成	参	14	庚辰	五黄	除	鬼	13	庚戌	八白	破	星	12	己卯	一白	开	张
十八	14	辛亥	三碧	收	井	15	辛巳	六白	满	柳	14	辛亥	九紫	危	张	13	庚辰	二黑	闭	翼
十九	15	壬子	四绿	开	鬼	16	壬午	七赤	平	星	15	壬子	一白	成	翼	14	辛巳	三碧	建	轸
二十	16	癸丑	五黄	闭	柳	17	癸未	八白	定	张	16	癸丑	二黑	收	轸	15	壬午	四绿	除	角
廿一	17	甲寅	六白	建	星	18	甲申	九紫	执	翼	17	甲寅	三碧	开	角	16	癸未	五黄	满	亢
廿二	18	乙卯	七赤	除	张	19	乙酉	一白	破	轸	18	乙卯	四绿	闭	亢	17	甲申	六白	平	氐
廿三	19	丙辰	五黄	满	翼	20	丙戌	二黑	危	角	19	丙辰	二黑	建	氐	18	乙酉	七赤	定	房
廿四	20	丁巳	六白	平	轸	21	丁亥	三碧	成	亢	20	丁巳	三碧	除	房	19	丙戌	八白	执	心
廿五	21	戊午	七赤	定	角	22	戊子	四绿	收	氐	21	戊午	四绿	满	心	20	丁亥	九紫	破	尾
廿六	22	己未	八白	执	亢	23	己丑	五黄	开	房	22	己未	五黄	平	尾	21	戊子	一白	危	箕
廿七	23	庚申	九紫	破	氐	24	庚寅	六白	闭	心	23	庚申	六白	定	箕	22	己丑	二黑	成	斗
廿八	24	辛酉	一白	危	房	25	辛卯	七赤	建	尾	24	辛酉	七赤	执	斗	23	庚寅	三碧	收	牛
廿九	25	壬戌	二黑	成	心	26	壬辰	八白	除	箕	25	壬戌	八白	破	牛	24	辛卯	四绿	开	女
三十	26	癸亥	三碧	收	尾	27	癸巳	九紫	满	斗						25	壬辰	五黄	闭	虚

公元2036年　丙辰龙年（闰六月）　太岁辛亚　九星九紫

月份	五月小	甲午 一白 离卦 星宿				六月小	乙未 九紫 震卦 张宿				闰六月大				
节气	芒种 6月5日 十一癸卯 巳时 9时47分	夏至 6月21日 廿七己未 丑时 2时32分				小暑 7月6日 十三甲戌 戌时 19时57分	大暑 7月22日 廿九庚寅 未时 13时23分				立秋 8月7日 十六丙午 卯时 5时49分				
农历	公历	干支	九星	日建	星宿	公历	干支	九星	日建	星宿	公历	干支	九星	日建	星宿
初一	26	癸巳	六白	建	危	24	壬戌	五黄	定	室	23	辛卯	九紫	成	壁
初二	27	甲午	七赤	除	室	25	癸亥	四绿	执	壁	24	壬辰	八白	收	奎
初三	28	乙未	八白	满	壁	26	甲子	九紫	破	奎	25	癸巳	七赤	开	娄
初四	29	丙申	九紫	平	奎	27	乙丑	八白	危	娄	26	甲午	六白	闭	胃
初五	30	丁酉	一白	定	娄	28	丙寅	七赤	成	胃	27	乙未	五黄	建	昴
初六	31	戊戌	二黑	执	胃	29	丁卯	六白	收	昴	28	丙申	四绿	除	毕
初七	6月	己亥	三碧	破	昴	30	戊辰	五黄	开	毕	29	丁酉	三碧	满	觜
初八	2	庚子	四绿	危	毕	7月	己巳	四绿	闭	觜	30	戊戌	二黑	平	参
初九	3	辛丑	五黄	成	觜	2	庚午	三碧	建	参	31	己亥	一白	定	井
初十	4	壬寅	六白	收	参	3	辛未	二黑	除	井	8月	庚子	九紫	执	鬼
十一	5	癸卯	七赤	收	井	4	壬申	一白	满	鬼	2	辛丑	八白	破	柳
十二	6	甲辰	八白	开	鬼	5	癸酉	九紫	平	柳	3	壬寅	七赤	危	星
十三	7	乙巳	九紫	闭	柳	6	甲戌	八白	平	星	4	癸卯	六白	成	张
十四	8	丙午	一白	建	星	7	乙亥	七赤	定	张	5	甲辰	五黄	收	翼
十五	9	丁未	二黑	除	张	8	丙子	六白	执	翼	6	乙巳	四绿	开	轸
十六	10	戊申	三碧	满	翼	9	丁丑	五黄	破	轸	7	丙午	三碧	开	角
十七	11	己酉	四绿	平	轸	10	戊寅	四绿	危	角	8	丁未	二黑	闭	亢
十八	12	庚戌	五黄	定	角	11	己卯	三碧	成	亢	9	戊申	一白	建	氐
十九	13	辛亥	六白	执	亢	12	庚辰	二黑	收	氐	10	己酉	九紫	除	房
二十	14	壬子	七赤	破	氐	13	辛巳	一白	开	房	11	庚戌	八白	满	心
廿一	15	癸丑	八白	危	房	14	壬午	九紫	闭	心	12	辛亥	七赤	平	尾
廿二	16	甲寅	九紫	成	心	15	癸未	八白	建	尾	13	壬子	六白	定	箕
廿三	17	乙卯	一白	收	尾	16	甲申	七赤	除	箕	14	癸丑	五黄	执	斗
廿四	18	丙辰	二黑	开	箕	17	乙酉	六白	满	斗	15	甲寅	四绿	破	牛
廿五	19	丁巳	三碧	闭	斗	18	丙戌	五黄	平	牛	16	乙卯	三碧	危	女
廿六	20	戊午	四绿	建	牛	19	丁亥	四绿	定	女	17	丙辰	二黑	成	虚
廿七	21	己未	八白	除	女	20	戊子	三碧	执	虚	18	丁巳	一白	收	危
廿八	22	庚申	七赤	满	虚	21	己丑	二黑	破	危	19	戊午	九紫	开	室
廿九	23	辛酉	六白	平	危	22	庚寅	一白	危	室	20	己未	八白	闭	壁
三十											21	庚申	七赤	建	奎

公元2036年 丙辰龙年（闰六月） 太岁辛亚 九星九紫

月份	七月小		丙申 八白 巽卦 翼宿			八月小		丁酉 七赤 坎卦 轸宿			九月大		戊戌 六白 艮卦 角宿		
节气	处暑 8月22日 初一辛酉 戌时 20时33分		白露 9月7日 十七丁丑 辰时 8时56分			秋分 9月22日 初三壬辰 酉时 18时24分		寒露 10月8日 十九戊申 早子时 0时50分			霜降 10月23日 初五癸亥 寅时 3时59分		立冬 11月7日 二十戊寅 寅时 4时25分		
农历	公历	干支	九星	日建	星宿	公历	干支	九星	日建	星宿	公历	干支	九星	日建	星宿
初一	22	辛酉	九紫	除	娄	20	庚寅	四绿	执	胃	19	己未	二黑	收	昴
初二	23	壬戌	八白	满	胃	21	辛卯	三碧	破	昴	20	庚申	一白	开	毕
初三	24	癸亥	七赤	平	昴	22	壬辰	二黑	危	毕	21	辛酉	九紫	闭	觜
初四	25	甲子	三碧	定	毕	23	癸巳	一白	成	觜	22	壬戌	八白	建	参
初五	26	乙丑	二黑	执	觜	24	甲午	九紫	收	参	23	癸亥	一白	除	井
初六	27	丙寅	一白	破	参	25	乙未	八白	开	井	24	甲子	六白	满	鬼
初七	28	丁卯	九紫	危	井	26	丙申	七赤	闭	鬼	25	乙丑	五黄	平	柳
初八	29	戊辰	八白	成	鬼	27	丁酉	六白	建	柳	26	丙寅	四绿	定	星
初九	30	己巳	七赤	收	柳	28	戊戌	五黄	除	星	27	丁卯	三碧	执	张
初十	31	庚午	六白	开	星	29	己亥	四绿	满	张	28	戊辰	二黑	破	翼
十一	9月	辛未	五黄	闭	张	30	庚子	三碧	平	翼	29	己巳	一白	危	轸
十二	2	壬申	四绿	建	翼	10月	辛丑	二黑	定	轸	30	庚午	九紫	成	角
十三	3	癸酉	三碧	除	轸	2	壬寅	一白	执	角	31	辛未	八白	收	亢
十四	4	甲戌	二黑	满	角	3	癸卯	九紫	破	亢	11月	壬申	七赤	开	氐
十五	5	乙亥	一白	平	亢	4	甲辰	八白	危	氐	2	癸酉	六白	闭	房
十六	6	丙子	九紫	定	氐	5	乙巳	七赤	成	房	3	甲戌	五黄	建	心
十七	7	丁丑	八白	定	房	6	丙午	六白	收	心	4	乙亥	四绿	除	尾
十八	8	戊寅	七赤	执	心	7	丁未	五黄	开	尾	5	丙子	三碧	满	箕
十九	9	己卯	六白	破	尾	8	戊申	四绿	开	箕	6	丁丑	二黑	平	斗
二十	10	庚辰	五黄	危	箕	9	己酉	三碧	闭	斗	7	戊寅	一白	平	牛
廿一	11	辛巳	四绿	成	斗	10	庚戌	二黑	建	牛	8	己卯	九紫	定	女
廿二	12	壬午	三碧	收	牛	11	辛亥	一白	除	女	9	庚辰	八白	执	虚
廿三	13	癸未	二黑	开	女	12	壬子	九紫	满	虚	10	辛巳	七赤	破	危
廿四	14	甲申	一白	闭	虚	13	癸丑	八白	平	危	11	壬午	六白	危	室
廿五	15	乙酉	九紫	建	危	14	甲寅	七赤	定	室	12	癸未	五黄	成	壁
廿六	16	丙戌	八白	除	室	15	乙卯	六白	执	壁	13	甲申	四绿	收	奎
廿七	17	丁亥	七赤	满	壁	16	丙辰	五黄	破	奎	14	乙酉	三碧	开	娄
廿八	18	戊子	六白	平	奎	17	丁巳	四绿	危	娄	15	丙戌	二黑	闭	胃
廿九	19	己丑	五黄	定	娄	18	戊午	三碧	成	胃	16	丁亥	一白	建	昴
三十											17	戊子	九紫	除	毕

公元2036年　丙辰龙年（闰六月）　太岁辛亚　九星九紫

月份	十月小		己亥 五黄 坤卦 亢宿			十一月大		庚子 四绿 乾卦 氐宿			十二月大		辛丑 三碧 兑卦 房宿		
节气	小雪 11月22日 初五癸巳 丑时 1时46分			大雪 12月6日 十九丁未 亥时 21时16分		冬至 12月21日 初五壬戌 申时 15时13分			小寒 1月5日 二十丁丑 辰时 8时35分		大寒 1月20日 初五壬辰 丑时 1时54分			立春 2月3日 十九丙午 戌时 20时12分	
农历	公历	干支	九星	日建	星宿	公历	干支	九星	日建	星宿	公历	干支	九星	日建	星宿
初一	18	己丑	八白	满	觜	17	戊午	六白	破	参	16	戊子	七赤	闭	鬼
初二	19	庚寅	七赤	平	参	18	己未	五黄	危	井	17	己丑	八白	建	柳
初三	20	辛卯	六白	定	井	19	庚申	四绿	成	鬼	18	庚寅	九紫	除	星
初四	21	壬辰	五黄	执	鬼	20	辛酉	三碧	收	柳	19	辛卯	一白	满	张
初五	22	癸巳	四绿	破	柳	21	壬戌	五黄	开	星	20	壬辰	二黑	平	翼
初六	23	甲午	三碧	危	星	22	癸亥	六白	闭	张	21	癸巳	三碧	定	轸
初七	24	乙未	二黑	成	张	23	甲子	一白	建	翼	22	甲午	四绿	执	角
初八	25	丙申	一白	收	翼	24	乙丑	二黑	除	轸	23	乙未	五黄	破	亢
初九	26	丁酉	九紫	开	轸	25	丙寅	三碧	满	角	24	丙申	六白	危	氐
初十	27	戊戌	八白	闭	角	26	丁卯	四绿	平	亢	25	丁酉	七赤	成	房
十一	28	己亥	七赤	建	亢	27	戊辰	五黄	定	氐	26	戊戌	八白	收	心
十二	29	庚子	六白	除	氐	28	己巳	六白	执	房	27	己亥	九紫	开	尾
十三	30	辛丑	五黄	满	房	29	庚午	七赤	破	心	28	庚子	一白	闭	箕
十四	12月	壬寅	四绿	平	心	30	辛未	八白	危	尾	29	辛丑	二黑	建	斗
十五	2	癸卯	三碧	定	尾	31	壬申	九紫	成	箕	30	壬寅	三碧	除	牛
十六	3	甲辰	二黑	执	箕	1月	癸酉	一白	收	斗	31	癸卯	四绿	满	女
十七	4	乙巳	一白	破	斗	2	甲戌	二黑	开	牛	2月	甲辰	五黄	平	虚
十八	5	丙午	九紫	危	牛	3	乙亥	三碧	闭	女	2	乙巳	六白	定	危
十九	6	丁未	八白	危	女	4	丙子	四绿	建	虚	3	丙午	七赤	定	室
二十	7	戊申	七赤	成	虚	5	丁丑	五黄	建	危	4	丁未	八白	执	壁
廿一	8	己酉	六白	收	危	6	戊寅	六白	除	室	5	戊申	九紫	破	奎
廿二	9	庚戌	五黄	开	室	7	己卯	七赤	满	壁	6	己酉	一白	危	娄
廿三	10	辛亥	四绿	闭	壁	8	庚辰	八白	平	奎	7	庚戌	二黑	成	胃
廿四	11	壬子	三碧	建	奎	9	辛巳	九紫	定	娄	8	辛亥	三碧	收	昴
廿五	12	癸丑	二黑	除	娄	10	壬午	一白	执	胃	9	壬子	四绿	开	毕
廿六	13	甲寅	一白	满	胃	11	癸未	二黑	破	昴	10	癸丑	五黄	闭	觜
廿七	14	乙卯	九紫	平	昴	12	甲申	三碧	危	毕	11	甲寅	六白	建	参
廿八	15	丙辰	八白	定	毕	13	乙酉	四绿	成	觜	12	乙卯	七赤	除	井
廿九	16	丁巳	七赤	执	觜	14	丙戌	五黄	收	参	13	丙辰	八白	满	鬼
三十						15	丁亥	六白	开	井	14	丁巳	九紫	平	柳

公元2037年　丁巳蛇年　太岁易彦　九星八白

月份	正月大		壬寅 二黑		坤卦 心宿	二月大		癸卯 一白		乾卦 尾宿	三月小		甲辰 九紫		兑卦 箕宿	四月大		乙巳 八白		离卦 斗宿
节气	雨水 2月18日 初四辛酉 申时 15时59分			惊蛰 3月5日 十九丙子 未时 14时06分		春分 3月20日 初四辛卯 未时 14时50分			清明 4月4日 十九丙午 酉时 18时44分		谷雨 4月20日 初五壬戌 丑时 1时41分			立夏 5月5日 二十丁丑 午时 11时50分		小满 5月21日 初七癸巳 早子时 0时36分			芒种 6月5日 廿二戊申 申时 15时47分	
农历	公历	干支	九星	日建	星宿	公历	干支	九星	日建	星宿	公历	干支	九星	日建	星宿	公历	干支	九星	日建	星宿
初一	15	戊午	一白	定	星	17	戊子	四绿	收	翼	16	戊午	七赤	满	角	15	丁亥	九紫	破	亢
初二	16	己未	二黑	执	张	18	己丑	五黄	开	轸	17	己未	八白	平	亢	16	戊子	一白	危	氐
初三	17	庚申	三碧	破	翼	19	庚寅	六白	闭	角	18	庚申	九紫	定	氐	17	己丑	二黑	成	房
初四	18	辛酉	一白	危	轸	20	辛卯	七赤	建	亢	19	辛酉	一白	执	房	18	庚寅	三碧	收	心
初五	19	壬戌	二黑	成	角	21	壬辰	八白	除	氐	20	壬戌	八白	破	心	19	辛卯	四绿	开	尾
初六	20	癸亥	三碧	收	亢	22	癸巳	九紫	满	房	21	癸亥	九紫	危	尾	20	壬辰	五黄	闭	箕
初七	21	甲子	七赤	开	氐	23	甲午	一白	平	心	22	甲子	四绿	成	箕	21	癸巳	六白	建	斗
初八	22	乙丑	八白	闭	房	24	乙未	二黑	定	尾	23	乙丑	五黄	收	斗	22	甲午	七赤	除	牛
初九	23	丙寅	九紫	建	心	25	丙申	三碧	执	箕	24	丙寅	六白	开	牛	23	乙未	八白	满	女
初十	24	丁卯	一白	除	尾	26	丁酉	四绿	破	斗	25	丁卯	七赤	闭	女	24	丙申	九紫	平	虚
十一	25	戊辰	二黑	满	箕	27	戊戌	五黄	危	牛	26	戊辰	八白	建	虚	25	丁酉	一白	定	危
十二	26	己巳	三碧	平	斗	28	己亥	六白	成	女	27	己巳	九紫	除	危	26	戊戌	二黑	执	室
十三	27	庚午	四绿	定	牛	29	庚子	七赤	收	虚	28	庚午	一白	满	室	27	己亥	三碧	破	壁
十四	28	辛未	五黄	执	女	30	辛丑	八白	开	危	29	辛未	二黑	平	壁	28	庚子	四绿	危	奎
十五	3月	壬申	六白	破	虚	31	壬寅	九紫	闭	室	30	壬申	三碧	定	奎	29	辛丑	五黄	成	娄
十六	2	癸酉	七赤	危	危	4月	癸卯	一白	建	壁	5月	癸酉	四绿	执	娄	30	壬寅	六白	收	胃
十七	3	甲戌	八白	成	室	2	甲辰	二黑	除	奎	2	甲戌	五黄	破	胃	31	癸卯	七赤	开	昴
十八	4	乙亥	九紫	收	壁	3	乙巳	三碧	满	娄	3	乙亥	六白	危	昴	6月	甲辰	八白	闭	毕
十九	5	丙子	一白	收	奎	4	丙午	四绿	满	胃	4	丙子	七赤	成	毕	2	乙巳	九紫	建	觜
二十	6	丁丑	二黑	开	娄	5	丁未	五黄	平	昴	5	丁丑	八白	成	觜	3	丙午	一白	除	参
廿一	7	戊寅	三碧	闭	胃	6	戊申	六白	定	毕	6	戊寅	九紫	收	参	4	丁未	二黑	满	井
廿二	8	己卯	四绿	建	昴	7	己酉	七赤	执	觜	7	己卯	一白	开	井	5	戊申	三碧	满	鬼
廿三	9	庚辰	五黄	除	毕	8	庚戌	八白	破	参	8	庚辰	二黑	闭	鬼	6	己酉	四绿	平	柳
廿四	10	辛巳	六白	满	觜	9	辛亥	九紫	危	井	9	辛巳	三碧	建	柳	7	庚戌	五黄	定	星
廿五	11	壬午	七赤	平	参	10	壬子	一白	成	鬼	10	壬午	四绿	除	星	8	辛亥	六白	执	张
廿六	12	癸未	八白	定	井	11	癸丑	二黑	收	柳	11	癸未	五黄	满	张	9	壬子	七赤	破	翼
廿七	13	甲申	九紫	执	鬼	12	甲寅	三碧	开	星	12	甲申	六白	平	翼	10	癸丑	八白	危	轸
廿八	14	乙酉	一白	破	柳	13	乙卯	四绿	闭	张	13	乙酉	七赤	定	轸	11	甲寅	九紫	成	角
廿九	15	丙戌	二黑	危	星	14	丙辰	五黄	建	翼	14	丙戌	八白	执	角	12	乙卯	一白	收	亢
三十	16	丁亥	三碧	成	张	15	丁巳	六白	除	轸						13	丙辰	二黑	开	氐

公元2037年　丁巳蛇年　太岁易彦　九星八白

月份	五月小	丙午 七赤 震卦 牛宿				六月小	丁未 六白 巽卦 女宿				七月大	戊申 五黄 坎卦 虚宿				八月小	己酉 四绿 艮卦 危宿			
节气	夏至 6月21日 初八甲子 辰时 8时23分	小暑 7月7日 廿四庚辰 丑时 1时56分				大暑 7月22日 初十乙未 戌时 19时13分	立秋 8月7日 廿六辛亥 午时 11时43分				处暑 8月23日 十三丁卯 丑时 2时22分	白露 9月7日 廿八壬午 未时 14时46分				秋分 9月23日 十四戊戌 早子时 0时14分	寒露 10月8日 廿九癸丑 卯时 6时39分			
农历	公历	干支	九星	日建	星宿	公历	干支	九星	日建	星宿	公历	干支	九星	日建	星宿	公历	干支	九星	日建	星宿
初一	14	丁巳	三碧	闭	房	13	丙戌	五黄	平	心	11	乙卯	三碧	危	尾	10	乙酉	九紫	建	斗
初二	15	戊午	四绿	建	心	14	丁亥	四绿	定	尾	12	丙辰	二黑	成	箕	11	丙戌	八白	除	牛
初三	16	己未	五黄	除	尾	15	戊子	三碧	执	箕	13	丁巳	一白	收	斗	12	丁亥	七赤	满	女
初四	17	庚申	六白	满	箕	16	己丑	二黑	破	斗	14	戊午	九紫	开	牛	13	戊子	六白	平	虚
初五	18	辛酉	七赤	平	斗	17	庚寅	一白	危	牛	15	己未	八白	闭	女	14	己丑	五黄	定	危
初六	19	壬戌	八白	定	牛	18	辛卯	九紫	成	女	16	庚申	七赤	建	虚	15	庚寅	四绿	执	室
初七	20	癸亥	九紫	执	女	19	壬辰	八白	收	虚	17	辛酉	六白	除	危	16	辛卯	三碧	破	壁
初八	21	甲子	九紫	破	虚	20	癸巳	七赤	开	危	18	壬戌	五黄	满	室	17	壬辰	二黑	危	奎
初九	22	乙丑	八白	危	危	21	甲午	六白	闭	室	19	癸亥	四绿	平	壁	18	癸巳	一白	成	娄
初十	23	丙寅	七赤	成	室	22	乙未	五黄	建	壁	20	甲子	九紫	定	奎	19	甲午	九紫	收	胃
十一	24	丁卯	六白	收	壁	23	丙申	四绿	除	奎	21	乙丑	八白	执	娄	20	乙未	八白	开	昴
十二	25	戊辰	五黄	开	奎	24	丁酉	三碧	满	娄	22	丙寅	七赤	破	胃	21	丙申	七赤	闭	毕
十三	26	己巳	四绿	闭	娄	25	戊戌	二黑	平	胃	23	丁卯	九紫	危	昴	22	丁酉	六白	建	觜
十四	27	庚午	三碧	建	胃	26	己亥	一白	定	昴	24	戊辰	八白	成	毕	23	戊戌	五黄	除	参
十五	28	辛未	二黑	除	昴	27	庚子	九紫	执	毕	25	己巳	七赤	收	觜	24	己亥	四绿	满	井
十六	29	壬申	一白	满	毕	28	辛丑	八白	破	觜	26	庚午	六白	开	参	25	庚子	三碧	平	鬼
十七	30	癸酉	九紫	平	觜	29	壬寅	七赤	危	参	27	辛未	五黄	闭	井	26	辛丑	二黑	定	柳
十八	7月	甲戌	八白	定	参	30	癸卯	六白	成	井	28	壬申	四绿	建	鬼	27	壬寅	一白	执	星
十九	2	乙亥	七赤	执	井	31	甲辰	五黄	收	鬼	29	癸酉	三碧	除	柳	28	癸卯	九紫	破	张
二十	3	丙子	六白	破	鬼	8月	乙巳	四绿	开	柳	30	甲戌	二黑	满	星	29	甲辰	八白	危	翼
廿一	4	丁丑	五黄	危	柳	2	丙午	三碧	闭	星	31	乙亥	一白	平	张	30	乙巳	七赤	成	轸
廿二	5	戊寅	四绿	成	星	3	丁未	二黑	建	张	9月	丙子	九紫	定	翼	10月	丙午	六白	收	角
廿三	6	己卯	三碧	收	张	4	戊申	一白	除	翼	2	丁丑	八白	执	轸	2	丁未	五黄	开	亢
廿四	7	庚辰	二黑	收	翼	5	己酉	九紫	满	轸	3	戊寅	七赤	破	角	3	戊申	四绿	闭	氐
廿五	8	辛巳	一白	开	轸	6	庚戌	八白	平	角	4	己卯	六白	危	亢	4	己酉	三碧	建	房
廿六	9	壬午	九紫	闭	角	7	辛亥	七赤	平	亢	5	庚辰	五黄	成	氐	5	庚戌	二黑	除	心
廿七	10	癸未	八白	建	亢	8	壬子	六白	定	氐	6	辛巳	四绿	收	房	6	辛亥	一白	满	尾
廿八	11	甲申	七赤	除	氐	9	癸丑	五黄	执	房	7	壬午	三碧	收	心	7	壬子	九紫	平	箕
廿九	12	乙酉	六白	满	房	10	甲寅	四绿	破	心	8	癸未	二黑	开	尾	8	癸丑	八白	平	斗
三十											9	甲申	一白	闭	箕					

公元2037年 丁巳蛇年 太岁易彦 九星八白

月份	九月小 庚戌 三碧 坤卦 室宿					十月大 辛亥 二黑 乾卦 壁宿					十一月小 壬子 一白 兑卦 奎宿					十二月大 癸丑 九紫 离卦 娄宿				
节气	霜降 10月23日 十五戊辰 巳时 9时51分					立冬 11月7日 初一癸未 巳时 10时05分；小雪 11月22日 十六戊戌 辰时 7时39分					大雪 12月7日 初一癸丑 寅时 3时08分；冬至 12月21日 十五丁卯 亥时 21时08分					小寒 1月5日 初一壬午 未时 14时27分；大寒 1月20日 十六丁酉 辰时 7时49分				
农历	公历	干支	九星	日建	星宿	公历	干支	九星	日建	星宿	公历	干支	九星	日建	星宿	公历	干支	九星	日建	星宿
初一	9	甲寅	七赤	定	牛	7	癸未	五黄	成	女	7	癸丑	二黑	除	危	5	壬午	一白	执	室
初二	10	乙卯	六白	执	女	8	甲申	四绿	收	虚	8	甲寅	一白	满	室	6	癸未	二黑	破	壁
初三	11	丙辰	五黄	破	虚	9	乙酉	三碧	开	危	9	乙卯	九紫	平	壁	7	甲申	三碧	危	奎
初四	12	丁巳	四绿	危	危	10	丙戌	二黑	闭	室	10	丙辰	八白	定	奎	8	乙酉	四绿	成	娄
初五	13	戊午	三碧	成	室	11	丁亥	一白	建	壁	11	丁巳	七赤	执	娄	9	丙戌	五黄	收	胃
初六	14	己未	二黑	收	壁	12	戊子	九紫	除	奎	12	戊午	六白	破	胃	10	丁亥	六白	开	昴
初七	15	庚申	一白	开	奎	13	己丑	八白	满	娄	13	己未	五黄	危	昴	11	戊子	七赤	闭	毕
初八	16	辛酉	九紫	闭	娄	14	庚寅	七赤	平	胃	14	庚申	四绿	成	毕	12	己丑	八白	建	觜
初九	17	壬戌	八白	建	胃	15	辛卯	六白	定	昴	15	辛酉	三碧	收	觜	13	庚寅	九紫	除	参
初十	18	癸亥	七赤	除	昴	16	壬辰	五黄	执	毕	16	壬戌	二黑	开	参	14	辛卯	一白	满	井
十一	19	甲子	三碧	满	毕	17	癸巳	四绿	破	觜	17	癸亥	一白	闭	井	15	壬辰	二黑	平	鬼
十二	20	乙丑	二黑	平	觜	18	甲午	三碧	危	参	18	甲子	六白	建	鬼	16	癸巳	三碧	定	柳
十三	21	丙寅	一白	定	参	19	乙未	二黑	成	井	19	乙丑	五黄	除	柳	17	甲午	四绿	执	星
十四	22	丁卯	九紫	执	井	20	丙申	一白	收	鬼	20	丙寅	四绿	满	星	18	乙未	五黄	破	张
十五	23	戊辰	二黑	破	鬼	21	丁酉	九紫	开	柳	21	丁卯	四绿	平	张	19	丙申	六白	危	翼
十六	24	己巳	一白	危	柳	22	戊戌	八白	闭	星	22	戊辰	五黄	定	翼	20	丁酉	七赤	成	轸
十七	25	庚午	九紫	成	星	23	己亥	七赤	建	张	23	己巳	六白	执	轸	21	戊戌	八白	收	角
十八	26	辛未	八白	收	张	24	庚子	六白	除	翼	24	庚午	七赤	破	角	22	己亥	九紫	开	亢
十九	27	壬申	七赤	开	翼	25	辛丑	五黄	满	轸	25	辛未	八白	危	亢	23	庚子	一白	闭	氐
二十	28	癸酉	六白	闭	轸	26	壬寅	四绿	平	角	26	壬申	九紫	成	氐	24	辛丑	二黑	建	房
廿一	29	甲戌	五黄	建	角	27	癸卯	三碧	定	亢	27	癸酉	一白	收	房	25	壬寅	三碧	除	心
廿二	30	乙亥	四绿	除	亢	28	甲辰	二黑	执	氐	28	甲戌	二黑	开	心	26	癸卯	四绿	满	尾
廿三	31	丙子	三碧	满	氐	29	乙巳	一白	破	房	29	乙亥	三碧	闭	尾	27	甲辰	五黄	平	箕
廿四	11月	丁丑	二黑	平	房	30	丙午	九紫	危	心	30	丙子	四绿	建	箕	28	乙巳	六白	定	斗
廿五	2	戊寅	一白	定	心	12月	丁未	八白	成	尾	31	丁丑	五黄	除	斗	29	丙午	七赤	执	牛
廿六	3	己卯	九紫	执	尾	2	戊申	七赤	收	箕	1月	戊寅	六白	满	牛	30	丁未	八白	破	女
廿七	4	庚辰	八白	破	箕	3	己酉	六白	开	斗	2	己卯	七赤	平	女	31	戊申	九紫	危	虚
廿八	5	辛巳	七赤	危	斗	4	庚戌	五黄	闭	牛	3	庚辰	八白	定	虚	2月	己酉	一白	成	危
廿九	6	壬午	六白	成	牛	5	辛亥	四绿	建	女	4	辛巳	九紫	执	危	2	庚戌	二黑	收	室
三十						6	壬子	三碧	除	虚						3	辛亥	三碧	开	壁

公元2038年　戊午马年　太岁姚黎　九星七赤

月份	正月大	甲寅 八白 乾卦 胃宿				二月大	乙卯 七赤 兑卦 昴宿				三月小	丙辰 六白 离卦 毕宿				四月大	丁巳 五黄 震卦 觜宿			
节气	立春 2月4日 初一壬子 丑时 2时04分		雨水 2月18日 十五丙寅 亥时 21时52分			惊蛰 3月5日 三十辛巳 戌时 19时55分		春分 3月20日 十五丙申 戌时 20时41分			清明 4月5日 初一壬子 早子时 0时29分		谷雨 4月20日 十六丁卯 辰时 7时29分			立夏 5月5日 初二壬午 酉时 17时31分		小满 5月21日 十八戊戌 卯时 6时23分		
农历	公历	干支	九星	日建	星宿	公历	干支	九星	日建	星宿	公历	干支	九星	日建	星宿	公历	干支	九星	日建	星宿
初一	4	壬子	四绿	开	奎	6	壬午	七赤	平	胃	5	壬子	一白	成	毕	4	辛巳	三碧	除	觜
初二	5	癸丑	五黄	闭	娄	7	癸未	八白	定	昴	6	癸丑	二黑	收	觜	5	壬午	四绿	除	参
初三	6	甲寅	六白	建	胃	8	甲申	九紫	执	毕	7	甲寅	三碧	开	参	6	癸未	五黄	满	井
初四	7	乙卯	七赤	除	昴	9	乙酉	一白	破	觜	8	乙卯	四绿	闭	井	7	甲申	六白	平	鬼
初五	8	丙辰	八白	满	毕	10	丙戌	二黑	危	参	9	丙辰	五黄	建	鬼	8	乙酉	七赤	定	柳
初六	9	丁巳	九紫	平	觜	11	丁亥	三碧	成	井	10	丁巳	六白	除	柳	9	丙戌	八白	执	星
初七	10	戊午	一白	定	参	12	戊子	四绿	收	鬼	11	戊午	七赤	满	星	10	丁亥	九紫	破	张
初八	11	己未	二黑	执	井	13	己丑	五黄	开	柳	12	己未	八白	平	张	11	戊子	一白	危	翼
初九	12	庚申	三碧	破	鬼	14	庚寅	六白	闭	星	13	庚申	九紫	定	翼	12	己丑	二黑	成	轸
初十	13	辛酉	四绿	危	柳	15	辛卯	七赤	建	张	14	辛酉	一白	执	轸	13	庚寅	三碧	收	角
十一	14	壬戌	五黄	成	星	16	壬辰	八白	除	翼	15	壬戌	二黑	破	角	14	辛卯	四绿	开	亢
十二	15	癸亥	六白	收	张	17	癸巳	九紫	满	轸	16	癸亥	三碧	危	亢	15	壬辰	五黄	闭	氐
十三	16	甲子	一白	开	翼	18	甲午	一白	平	角	17	甲子	七赤	成	氐	16	癸巳	六白	建	房
十四	17	乙丑	二黑	闭	轸	19	乙未	二黑	定	亢	18	乙丑	八白	收	房	17	甲午	七赤	除	心
十五	18	丙寅	九紫	建	角	20	丙申	三碧	执	氐	19	丙寅	九紫	开	心	18	乙未	八白	满	尾
十六	19	丁卯	一白	除	亢	21	丁酉	四绿	破	房	20	丁卯	七赤	闭	尾	19	丙申	九紫	平	箕
十七	20	戊辰	二黑	满	氐	22	戊戌	五黄	危	心	21	戊辰	八白	建	箕	20	丁酉	一白	定	斗
十八	21	己巳	三碧	平	房	23	己亥	六白	成	尾	22	己巳	九紫	除	斗	21	戊戌	二黑	执	牛
十九	22	庚午	四绿	定	心	24	庚子	七赤	收	箕	23	庚午	一白	满	牛	22	己亥	三碧	破	女
二十	23	辛未	五黄	执	尾	25	辛丑	八白	开	斗	24	辛未	二黑	平	女	23	庚子	四绿	危	虚
廿一	24	壬申	六白	破	箕	26	壬寅	九紫	闭	牛	25	壬申	三碧	定	虚	24	辛丑	五黄	成	危
廿二	25	癸酉	七赤	危	斗	27	癸卯	一白	建	女	26	癸酉	四绿	执	危	25	壬寅	六白	收	室
廿三	26	甲戌	八白	成	牛	28	甲辰	二黑	除	虚	27	甲戌	五黄	破	室	26	癸卯	七赤	开	壁
廿四	27	乙亥	九紫	收	女	29	乙巳	三碧	满	危	28	乙亥	六白	危	壁	27	甲辰	八白	闭	奎
廿五	28	丙子	一白	开	虚	30	丙午	四绿	平	室	29	丙子	七赤	成	奎	28	乙巳	九紫	建	娄
廿六	3月	丁丑	二黑	闭	危	31	丁未	五黄	定	壁	30	丁丑	八白	收	娄	29	丙午	一白	除	胃
廿七	2	戊寅	三碧	建	室	4月	戊申	六白	执	奎	5月	戊寅	九紫	开	胃	30	丁未	二黑	满	昴
廿八	3	己卯	四绿	除	壁	2	己酉	七赤	破	娄	2	己卯	一白	闭	昴	31	戊申	三碧	平	毕
廿九	4	庚辰	五黄	满	奎	3	庚戌	八白	危	胃	3	庚辰	二黑	建	毕	6月	己酉	四绿	定	觜
三十	5	辛巳	六白	满	娄	4	辛亥	九紫	成	昴						2	庚戌	五黄	执	参

公元2038年 戊午马年 太岁姚黎 九星七赤

月份	五月小 戊午 四绿 巽卦 参宿					六月大 己未 三碧 坎卦 井宿					七月小 庚申 二黑 艮卦 鬼宿					八月大 辛酉 一白 坤卦 柳宿				
节气	芒种 6月5日 初三癸丑 亥时 21时25分		夏至 6月21日 十九己巳 未时 14时09分			小暑 7月7日 初六乙酉 辰时 7时33分		大暑 7月23日 廿二辛丑 丑时 1时00分			立秋 8月7日 初七丙辰 酉时 17时21分		处暑 8月23日 廿三壬申 辰时 8时10分			白露 9月7日 初九丁亥 戌时 20时27分		秋分 9月23日 廿五癸卯 卯时 6时03分		
农历	公历	干支	九星	日建	星宿	公历	干支	九星	日建	星宿	公历	干支	九星	日建	星宿	公历	干支	九星	日建	星宿
初一	3	辛亥	六白	破	井	2	庚辰	二黑	开	鬼	8月	庚戌	八白	平	星	30	己卯	六白	危	张
初二	4	壬子	七赤	危	鬼	3	辛巳	一白	闭	柳	2	辛亥	七赤	定	张	31	庚辰	五黄	成	翼
初三	5	癸丑	八白	危	柳	4	壬午	九紫	建	星	3	壬子	六白	执	翼	9月	辛巳	四绿	收	轸
初四	6	甲寅	九紫	成	星	5	癸未	八白	除	张	4	癸丑	五黄	破	轸	2	壬午	三碧	开	角
初五	7	乙卯	一白	收	张	6	甲申	七赤	满	翼	5	甲寅	四绿	危	角	3	癸未	二黑	闭	亢
初六	8	丙辰	二黑	开	翼	7	乙酉	六白	满	轸	6	乙卯	三碧	成	亢	4	甲申	一白	建	氐
初七	9	丁巳	三碧	闭	轸	8	丙戌	五黄	平	角	7	丙辰	二黑	成	氐	5	乙酉	九紫	除	房
初八	10	戊午	四绿	建	角	9	丁亥	四绿	定	亢	8	丁巳	一白	收	房	6	丙戌	八白	满	心
初九	11	己未	五黄	除	亢	10	戊子	三碧	执	氐	9	戊午	九紫	开	心	7	丁亥	七赤	满	尾
初十	12	庚申	六白	满	氐	11	己丑	二黑	破	房	10	己未	八白	闭	尾	8	戊子	六白	平	箕
十一	13	辛酉	七赤	平	房	12	庚寅	一白	危	心	11	庚申	七赤	建	箕	9	己丑	五黄	定	斗
十二	14	壬戌	八白	定	心	13	辛卯	九紫	成	尾	12	辛酉	六白	除	斗	10	庚寅	四绿	执	牛
十三	15	癸亥	九紫	执	尾	14	壬辰	八白	收	箕	13	壬戌	五黄	满	牛	11	辛卯	三碧	破	女
十四	16	甲子	四绿	破	箕	15	癸巳	七赤	开	斗	14	癸亥	四绿	平	女	12	壬辰	二黑	危	虚
十五	17	乙丑	五黄	危	斗	16	甲午	六白	闭	牛	15	甲子	九紫	定	虚	13	癸巳	一白	成	危
十六	18	丙寅	六白	成	牛	17	乙未	五黄	建	女	16	乙丑	八白	执	危	14	甲午	九紫	收	室
十七	19	丁卯	七赤	收	女	18	丙申	四绿	除	虚	17	丙寅	七赤	破	室	15	乙未	八白	开	壁
十八	20	戊辰	八白	开	虚	19	丁酉	三碧	满	危	18	丁卯	六白	危	壁	16	丙申	七赤	闭	奎
十九	21	己巳	四绿	闭	危	20	戊戌	二黑	平	室	19	戊辰	五黄	成	奎	17	丁酉	六白	建	娄
二十	22	庚午	三碧	建	室	21	己亥	一白	定	壁	20	己巳	四绿	收	娄	18	戊戌	五黄	除	胃
廿一	23	辛未	二黑	除	壁	22	庚子	九紫	执	奎	21	庚午	三碧	开	胃	19	己亥	四绿	满	昴
廿二	24	壬申	一白	满	奎	23	辛丑	八白	破	娄	22	辛未	二黑	闭	昴	20	庚子	三碧	平	毕
廿三	25	癸酉	九紫	平	娄	24	壬寅	七赤	危	胃	23	壬申	四绿	建	毕	21	辛丑	二黑	定	觜
廿四	26	甲戌	八白	定	胃	25	癸卯	六白	成	昴	24	癸酉	三碧	除	觜	22	壬寅	一白	执	参
廿五	27	乙亥	七赤	执	昴	26	甲辰	五黄	收	毕	25	甲戌	二黑	满	参	23	癸卯	九紫	破	井
廿六	28	丙子	六白	破	毕	27	乙巳	四绿	开	觜	26	乙亥	一白	平	井	24	甲辰	八白	危	鬼
廿七	29	丁丑	五黄	危	觜	28	丙午	三碧	闭	参	27	丙子	九紫	定	鬼	25	乙巳	七赤	成	柳
廿八	30	戊寅	四绿	成	参	29	丁未	二黑	建	井	28	丁丑	八白	执	柳	26	丙午	六白	收	星
廿九	7月	己卯	三碧	收	井	30	戊申	一白	除	鬼	29	戊寅	七赤	破	星	27	丁未	五黄	开	张
三十						31	己酉	九紫	满	柳						28	戊申	四绿	闭	翼

公元2038年　戊午马年　太岁姚黎　九星七赤

月份	九月小	壬戌 九紫 乾卦 星宿				十月小	癸亥 八白 兑卦 张宿				十一月大	甲子 七赤 离卦 翼宿				十二月小	乙丑 六白 震卦 轸宿			
节气	寒露 10月8日 初十戊午 午时 12时22分		霜降 10月23日 廿五癸酉 申时 15时41分			立冬 11月7日 十一戊子 申时 15时52分		小雪 11月22日 廿六癸卯 未时 13时32分			大雪 12月7日 十二戊午 辰时 8时57分		冬至 12月22日 廿七癸酉 寅时 3时03分			小寒 1月5日 十一丁亥 戌时 20时17分		大寒 1月20日 廿六壬寅 未时 13时44分		
农历	公历	干支	九星	日建	星宿	公历	干支	九星	日建	星宿	公历	干支	九星	日建	星宿	公历	干支	九星	日建	星宿
初一	29	己酉	三碧	建	轸	28	戊寅	一白	定	角	26	丁未	八白	成	亢	26	丁丑	五黄	除	房
初二	30	庚戌	二黑	除	角	29	己卯	九紫	执	亢	27	戊申	七赤	收	氐	27	戊寅	六白	满	心
初三	10月	辛亥	一白	满	亢	30	庚辰	八白	破	氐	28	己酉	六白	开	房	28	己卯	七赤	平	尾
初四	2	壬子	九紫	平	氐	31	辛巳	七赤	危	房	29	庚戌	五黄	闭	心	29	庚辰	八白	定	箕
初五	3	癸丑	八白	定	房	11月	壬午	六白	成	心	30	辛亥	四绿	建	尾	30	辛巳	九紫	执	斗
初六	4	甲寅	七赤	执	心	2	癸未	五黄	收	尾	12月	壬子	三碧	除	箕	31	壬午	一白	破	牛
初七	5	乙卯	六白	破	尾	3	甲申	四绿	开	箕	2	癸丑	二黑	满	斗	1月	癸未	二黑	危	女
初八	6	丙辰	五黄	危	箕	4	乙酉	三碧	闭	斗	3	甲寅	一白	平	牛	2	甲申	三碧	成	虚
初九	7	丁巳	四绿	成	斗	5	丙戌	二黑	建	牛	4	乙卯	九紫	定	女	3	乙酉	四绿	收	危
初十	8	戊午	三碧	成	牛	6	丁亥	一白	除	女	5	丙辰	八白	执	虚	4	丙戌	五黄	开	室
十一	9	己未	二黑	收	女	7	戊子	九紫	除	虚	6	丁巳	七赤	破	危	5	丁亥	六白	开	壁
十二	10	庚申	一白	开	虚	8	己丑	八白	满	危	7	戊午	六白	破	室	6	戊子	七赤	闭	奎
十三	11	辛酉	九紫	闭	危	9	庚寅	七赤	平	室	8	己未	五黄	危	壁	7	己丑	八白	建	娄
十四	12	壬戌	八白	建	室	10	辛卯	六白	定	壁	9	庚申	四绿	成	奎	8	庚寅	九紫	除	胃
十五	13	癸亥	七赤	除	壁	11	壬辰	五黄	执	奎	10	辛酉	三碧	收	娄	9	辛卯	一白	满	昴
十六	14	甲子	三碧	满	奎	12	癸巳	四绿	破	娄	11	壬戌	二黑	开	胃	10	壬辰	二黑	平	毕
十七	15	乙丑	二黑	平	娄	13	甲午	三碧	危	胃	12	癸亥	一白	闭	昴	11	癸巳	三碧	定	觜
十八	16	丙寅	一白	定	胃	14	乙未	二黑	成	昴	13	甲子	六白	建	毕	12	甲午	四绿	执	参
十九	17	丁卯	九紫	执	昴	15	丙申	一白	收	毕	14	乙丑	五黄	除	觜	13	乙未	五黄	破	井
二十	18	戊辰	八白	破	毕	16	丁酉	九紫	开	觜	15	丙寅	四绿	满	参	14	丙申	六白	危	鬼
廿一	19	己巳	七赤	危	觜	17	戊戌	八白	闭	参	16	丁卯	三碧	平	井	15	丁酉	七赤	成	柳
廿二	20	庚午	六白	成	参	18	己亥	七赤	建	井	17	戊辰	二黑	定	鬼	16	戊戌	八白	收	星
廿三	21	辛未	五黄	收	井	19	庚子	六白	除	鬼	18	己巳	一白	执	柳	17	己亥	九紫	开	张
廿四	22	壬申	四绿	开	鬼	20	辛丑	五黄	满	柳	19	庚午	九紫	破	星	18	庚子	一白	闭	翼
廿五	23	癸酉	六白	闭	柳	21	壬寅	四绿	平	星	20	辛未	八白	危	张	19	辛丑	二黑	建	轸
廿六	24	甲戌	五黄	建	星	22	癸卯	三碧	定	张	21	壬申	七赤	成	翼	20	壬寅	三碧	除	角
廿七	25	乙亥	四绿	除	张	23	甲辰	二黑	执	翼	22	癸酉	一白	收	轸	21	癸卯	四绿	满	亢
廿八	26	丙子	三碧	满	翼	24	乙巳	一白	破	轸	23	甲戌	二黑	开	角	22	甲辰	五黄	平	氐
廿九	27	丁丑	二黑	平	轸	25	丙午	九紫	危	角	24	乙亥	三碧	闭	亢	23	乙巳	六白	定	房
三十											25	丙子	四绿	建	氐					

公元2039年　己未羊年（闰五月）　太岁傅悦　九星六白

月份	正月大 丙寅 五黄 兑卦 角宿					二月大 丁卯 四绿 离卦 亢宿					三月小 戊辰 三碧 震卦 氐宿					四月大 己巳 二黑 巽卦 房宿				
节气	立春 2月4日 十二丁巳 辰时 7时53分			雨水 2月19日 廿七壬申 寅时 3时46分		惊蛰 3月6日 十二丁亥 丑时 1时43分			春分 3月21日 廿七壬寅 丑时 2时32分		清明 4月5日 十二丁巳 卯时 6时16分			谷雨 4月20日 廿七壬申 未时 13时18分		立夏 5月5日 十三丁亥 夜子时 23时18分			小满 5月21日 廿九癸卯 午时 12时11分	
农历	公历	干支	九星	日建	星宿	公历	干支	九星	日建	星宿	公历	干支	九星	日建	星宿	公历	干支	九星	日建	星宿
初一	24	丙午	七赤	执	心	23	丙子	一白	开	箕	25	丙午	四绿	平	牛	23	乙亥	六白	危	女
初二	25	丁未	八白	破	尾	24	丁丑	二黑	闭	斗	26	丁未	五黄	定	女	24	丙子	七赤	成	虚
初三	26	戊申	九紫	危	箕	25	戊寅	三碧	建	牛	27	戊申	六白	执	虚	25	丁丑	八白	收	危
初四	27	己酉	一白	成	斗	26	己卯	四绿	除	女	28	己酉	七赤	破	危	26	戊寅	九紫	开	室
初五	28	庚戌	二黑	收	牛	27	庚辰	五黄	满	虚	29	庚戌	八白	危	室	27	己卯	一白	闭	壁
初六	29	辛亥	三碧	开	女	28	辛巳	六白	平	危	30	辛亥	九紫	成	壁	28	庚辰	二黑	建	奎
初七	30	壬子	四绿	闭	虚	3月	壬午	七赤	定	室	31	壬子	一白	收	奎	29	辛巳	三碧	除	娄
初八	31	癸丑	五黄	建	危	2	癸未	八白	执	壁	4月	癸丑	二黑	开	娄	30	壬午	四绿	满	胃
初九	2月	甲寅	六白	除	室	3	甲申	九紫	破	奎	2	甲寅	三碧	闭	胃	5月	癸未	五黄	平	昴
初十	2	乙卯	七赤	满	壁	4	乙酉	一白	危	娄	3	乙卯	四绿	建	昴	2	甲申	六白	定	毕
十一	3	丙辰	八白	平	奎	5	丙戌	二黑	成	胃	4	丙辰	五黄	除	毕	3	乙酉	七赤	执	觜
十二	4	丁巳	九紫	平	娄	6	丁亥	三碧	成	昴	5	丁巳	六白	除	觜	4	丙戌	八白	破	参
十三	5	戊午	一白	定	胃	7	戊子	四绿	收	毕	6	戊午	七赤	满	参	5	丁亥	九紫	破	井
十四	6	己未	二黑	执	昴	8	己丑	五黄	开	觜	7	己未	八白	平	井	6	戊子	一白	危	鬼
十五	7	庚申	三碧	破	毕	9	庚寅	六白	闭	参	8	庚申	九紫	定	鬼	7	己丑	二黑	成	柳
十六	8	辛酉	四绿	危	觜	10	辛卯	七赤	建	井	9	辛酉	一白	执	柳	8	庚寅	三碧	收	星
十七	9	壬戌	五黄	成	参	11	壬辰	八白	除	鬼	10	壬戌	二黑	破	星	9	辛卯	四绿	开	张
十八	10	癸亥	六白	收	井	12	癸巳	九紫	满	柳	11	癸亥	三碧	危	张	10	壬辰	五黄	闭	翼
十九	11	甲子	一白	开	鬼	13	甲午	一白	平	星	12	甲子	七赤	成	翼	11	癸巳	六白	建	轸
二十	12	乙丑	二黑	闭	柳	14	乙未	二黑	定	张	13	乙丑	八白	收	轸	12	甲午	七赤	除	角
廿一	13	丙寅	三碧	建	星	15	丙申	三碧	执	翼	14	丙寅	九紫	开	角	13	乙未	八白	满	亢
廿二	14	丁卯	四绿	除	张	16	丁酉	四绿	破	轸	15	丁卯	一白	闭	亢	14	丙申	九紫	平	氐
廿三	15	戊辰	五黄	满	翼	17	戊戌	五黄	危	角	16	戊辰	二黑	建	氐	15	丁酉	一白	定	房
廿四	16	己巳	六白	平	轸	18	己亥	六白	成	亢	17	己巳	三碧	除	房	16	戊戌	二黑	执	心
廿五	17	庚午	七赤	定	角	19	庚子	七赤	收	氐	18	庚午	四绿	满	心	17	己亥	三碧	破	尾
廿六	18	辛未	八白	执	亢	20	辛丑	八白	开	房	19	辛未	五黄	平	尾	18	庚子	四绿	危	箕
廿七	19	壬申	六白	破	氐	21	壬寅	九紫	闭	心	20	壬申	三碧	定	箕	19	辛丑	五黄	成	斗
廿八	20	癸酉	七赤	危	房	22	癸卯	一白	建	尾	21	癸酉	四绿	执	斗	20	壬寅	六白	收	牛
廿九	21	甲戌	八白	成	心	23	甲辰	二黑	除	箕	22	甲戌	五黄	破	牛	21	癸卯	七赤	开	女
三十	22	乙亥	九紫	收	尾	24	乙巳	三碧	满	斗						22	甲辰	八白	闭	虚

公元2039年 己未羊年（闰五月） 太岁傅悦 九星六白

月份	五月大		庚午 一白 坎卦 心宿			闰五月小					六月大		辛未 九紫 艮卦 尾宿		
节气	芒种 6月6日 十五己未 寅时 3时16分		夏至 6月21日 三十甲戌 戌时 19时58分			小暑 7月7日 十六庚寅 未时 13时26分					大暑 7月23日 初三丙午 卯时 6时48分		立秋 8月7日 十八辛酉 夜子时 23时18分		
农历	公历	干支	九星	日建	星宿	公历	干支	九星	日建	星宿	公历	干支	九星	日建	星宿
初一	23	乙巳	九紫	建	危	22	乙亥	七赤	执	壁	21	甲辰	五黄	收	奎
初二	24	丙午	一白	除	室	23	丙子	六白	破	奎	22	乙巳	四绿	开	娄
初三	25	丁未	二黑	满	壁	24	丁丑	五黄	危	娄	23	丙午	三碧	闭	胃
初四	26	戊申	三碧	平	奎	25	戊寅	四绿	成	胃	24	丁未	二黑	建	昴
初五	27	己酉	四绿	定	娄	26	己卯	三碧	收	昴	25	戊申	一白	除	毕
初六	28	庚戌	五黄	执	胃	27	庚辰	二黑	开	毕	26	己酉	九紫	满	觜
初七	29	辛亥	六白	破	昴	28	辛巳	一白	闭	觜	27	庚戌	八白	平	参
初八	30	壬子	七赤	危	毕	29	壬午	九紫	建	参	28	辛亥	七赤	定	井
初九	31	癸丑	八白	成	觜	30	癸未	八白	除	井	29	壬子	六白	执	鬼
初十	6月	甲寅	九紫	收	参	7月	甲申	七赤	满	鬼	30	癸丑	五黄	破	柳
十一	2	乙卯	一白	开	井	2	乙酉	六白	平	柳	31	甲寅	四绿	危	星
十二	3	丙辰	二黑	闭	鬼	3	丙戌	五黄	定	星	8月	乙卯	三碧	成	张
十三	4	丁巳	三碧	建	柳	4	丁亥	四绿	执	张	2	丙辰	二黑	收	翼
十四	5	戊午	四绿	除	星	5	戊子	三碧	破	翼	3	丁巳	一白	开	轸
十五	6	己未	五黄	除	张	6	己丑	二黑	危	轸	4	戊午	九紫	闭	角
十六	7	庚申	六白	满	翼	7	庚寅	一白	危	角	5	己未	八白	建	亢
十七	8	辛酉	七赤	平	轸	8	辛卯	九紫	成	亢	6	庚申	七赤	除	氐
十八	9	壬戌	八白	定	角	9	壬辰	八白	收	氐	7	辛酉	六白	除	房
十九	10	癸亥	九紫	执	亢	10	癸巳	七赤	开	房	8	壬戌	五黄	满	心
二十	11	甲子	四绿	破	氐	11	甲午	六白	闭	心	9	癸亥	四绿	平	尾
廿一	12	乙丑	五黄	危	房	12	乙未	五黄	建	尾	10	甲子	九紫	定	箕
廿二	13	丙寅	六白	成	心	13	丙申	四绿	除	箕	11	乙丑	八白	执	斗
廿三	14	丁卯	七赤	收	尾	14	丁酉	三碧	满	斗	12	丙寅	七赤	破	牛
廿四	15	戊辰	八白	开	箕	15	戊戌	二黑	平	牛	13	丁卯	六白	危	女
廿五	16	己巳	九紫	闭	斗	16	己亥	一白	定	女	14	戊辰	五黄	成	虚
廿六	17	庚午	一白	建	牛	17	庚子	九紫	执	虚	15	己巳	四绿	收	危
廿七	18	辛未	二黑	除	女	18	辛丑	八白	破	危	16	庚午	三碧	开	室
廿八	19	壬申	三碧	满	虚	19	壬寅	七赤	危	室	17	辛未	二黑	闭	壁
廿九	20	癸酉	四绿	平	危	20	癸卯	六白	成	壁	18	壬申	一白	建	奎
三十	21	甲戌	八白	定	室						19	癸酉	九紫	除	娄

公元2039年　己未羊年（闰五月）　太岁傅悦　九星六白

月份	七月小	壬申 八白 坤卦 箕宿				八月大	癸酉 七赤 乾卦 斗宿				九月小	甲戌 六白 兑卦 牛宿			
节气	处暑 8月23日 初四丁丑 未时 13时59分		白露 9月8日 二十癸巳 丑时 2时24分			秋分 9月23日 初六戊申 午时 11时50分		寒露 10月8日 廿一癸亥 酉时 18时18分			霜降 10月23日 初六戊寅 亥时 21时26分		立冬 11月7日 廿一癸巳 亥时 21时44分		
农历	公历	干支	九星	日建	星宿	公历	干支	九星	日建	星宿	公历	干支	九星	日建	星宿
初一	20	甲戌	八白	满	胃	18	癸卯	九紫	破	昴	18	癸酉	三碧	闭	觜
初二	21	乙亥	七赤	平	昴	19	甲辰	八白	危	毕	19	甲戌	二黑	建	参
初三	22	丙子	六白	定	毕	20	乙巳	七赤	成	觜	20	乙亥	一白	除	井
初四	23	丁丑	八白	执	觜	21	丙午	六白	收	参	21	丙子	九紫	满	鬼
初五	24	戊寅	七赤	破	参	22	丁未	五黄	开	井	22	丁丑	八白	平	柳
初六	25	己卯	六白	危	井	23	戊申	四绿	闭	鬼	23	戊寅	一白	定	星
初七	26	庚辰	五黄	成	鬼	24	己酉	三碧	建	柳	24	己卯	九紫	执	张
初八	27	辛巳	四绿	收	柳	25	庚戌	二黑	除	星	25	庚辰	八白	破	翼
初九	28	壬午	三碧	开	星	26	辛亥	一白	满	张	26	辛巳	七赤	危	轸
初十	29	癸未	二黑	闭	张	27	壬子	九紫	平	翼	27	壬午	六白	成	角
十一	30	甲申	一白	建	翼	28	癸丑	八白	定	轸	28	癸未	五黄	收	亢
十二	31	乙酉	九紫	除	轸	29	甲寅	七赤	执	角	29	甲申	四绿	开	氐
十三	9月	丙戌	八白	满	角	30	乙卯	六白	破	亢	30	乙酉	三碧	闭	房
十四	2	丁亥	七赤	平	亢	10月	丙辰	五黄	危	氐	31	丙戌	二黑	建	心
十五	3	戊子	六白	定	氐	2	丁巳	四绿	成	房	11月	丁亥	一白	除	尾
十六	4	己丑	五黄	执	房	3	戊午	三碧	收	心	2	戊子	九紫	满	箕
十七	5	庚寅	四绿	破	心	4	己未	二黑	开	尾	3	己丑	八白	平	斗
十八	6	辛卯	三碧	危	尾	5	庚申	一白	闭	箕	4	庚寅	七赤	定	牛
十九	7	壬辰	二黑	成	箕	6	辛酉	九紫	建	斗	5	辛卯	六白	执	女
二十	8	癸巳	一白	成	斗	7	壬戌	八白	除	牛	6	壬辰	五黄	破	虚
廿一	9	甲午	九紫	收	牛	8	癸亥	七赤	除	女	7	癸巳	四绿	破	危
廿二	10	乙未	八白	开	女	9	甲子	三碧	满	虚	8	甲午	三碧	危	室
廿三	11	丙申	七赤	闭	虚	10	乙丑	二黑	平	危	9	乙未	二黑	成	壁
廿四	12	丁酉	六白	建	危	11	丙寅	一白	定	室	10	丙申	一白	收	奎
廿五	13	戊戌	五黄	除	室	12	丁卯	九紫	执	壁	11	丁酉	九紫	开	娄
廿六	14	己亥	四绿	满	壁	13	戊辰	八白	破	奎	12	戊戌	八白	闭	胃
廿七	15	庚子	三碧	平	奎	14	己巳	七赤	危	娄	13	己亥	七赤	建	昴
廿八	16	辛丑	二黑	定	娄	15	庚午	六白	成	胃	14	庚子	六白	除	毕
廿九	17	壬寅	一白	执	胃	16	辛未	五黄	收	昴	15	辛丑	五黄	满	觜
三十						17	壬申	四绿	开	毕					

公元2039年　己未羊年（闰五月）　太岁傅悦 九星六白

月份	十月大	乙亥 五黄 离卦 女宿				十一月小	丙子 四绿 震卦 虚宿				十二月小	丁丑 三碧 巽卦 危宿			
节气	小雪 11月22日 初七戊申 戌时 19时13分		大雪 12月7日 廿二癸亥 未时 14时46分			冬至 12月22日 初七戊寅 辰时 8时42分		小寒 1月6日 廿二癸巳 丑时 2时04分			大寒 1月20日 初七丁未 戌时 19时22分		立春 2月4日 廿二壬戌 未时 13时40分		
农历	公历	干支	九星	日建	星宿	公历	干支	九星	日建	星宿	公历	干支	九星	日建	星宿
初一	16	壬寅	四绿	平	参	16	壬申	七赤	成	鬼	14	辛丑	二黑	建	柳
初二	17	癸卯	三碧	定	井	17	癸酉	六白	收	柳	15	壬寅	三碧	除	星
初三	18	甲辰	二黑	执	鬼	18	甲戌	五黄	开	星	16	癸卯	四绿	满	张
初四	19	乙巳	一白	破	柳	19	乙亥	四绿	闭	张	17	甲辰	五黄	平	翼
初五	20	丙午	九紫	危	星	20	丙子	三碧	建	翼	18	乙巳	六白	定	轸
初六	21	丁未	八白	成	张	21	丁丑	二黑	除	轸	19	丙午	七赤	执	角
初七	22	戊申	七赤	收	翼	22	戊寅	六白	满	角	20	丁未	八白	破	亢
初八	23	己酉	六白	开	轸	23	己卯	七赤	平	亢	21	戊申	九紫	危	氐
初九	24	庚戌	五黄	闭	角	24	庚辰	八白	定	氐	22	己酉	一白	成	房
初十	25	辛亥	四绿	建	亢	25	辛巳	九紫	执	房	23	庚戌	二黑	收	心
十一	26	壬子	三碧	除	氐	26	壬午	一白	破	心	24	辛亥	三碧	开	尾
十二	27	癸丑	二黑	满	房	27	癸未	二黑	危	尾	25	壬子	四绿	闭	箕
十三	28	甲寅	一白	平	心	28	甲申	三碧	成	箕	26	癸丑	五黄	建	斗
十四	29	乙卯	九紫	定	尾	29	乙酉	四绿	收	斗	27	甲寅	六白	除	牛
十五	30	丙辰	八白	执	箕	30	丙戌	五黄	开	牛	28	乙卯	七赤	满	女
十六	12月	丁巳	七赤	破	斗	31	丁亥	六白	闭	女	29	丙辰	八白	平	虚
十七	2	戊午	六白	危	牛	1月	戊子	七赤	建	虚	30	丁巳	九紫	定	危
十八	3	己未	五黄	成	女	2	己丑	八白	除	危	31	戊午	一白	执	室
十九	4	庚申	四绿	收	虚	3	庚寅	九紫	满	室	2月	己未	二黑	破	壁
二十	5	辛酉	三碧	开	危	4	辛卯	一白	平	壁	2	庚申	三碧	危	奎
廿一	6	壬戌	二黑	闭	室	5	壬辰	二黑	定	奎	3	辛酉	四绿	成	娄
廿二	7	癸亥	一白	闭	壁	6	癸巳	三碧	定	娄	4	壬戌	五黄	成	胃
廿三	8	甲子	六白	建	奎	7	甲午	四绿	执	胃	5	癸亥	六白	收	昴
廿四	9	乙丑	五黄	除	娄	8	乙未	五黄	破	昴	6	甲子	一白	开	毕
廿五	10	丙寅	四绿	满	胃	9	丙申	六白	危	毕	7	乙丑	二黑	闭	觜
廿六	11	丁卯	三碧	平	昴	10	丁酉	七赤	成	觜	8	丙寅	三碧	建	参
廿七	12	戊辰	二黑	定	毕	11	戊戌	八白	收	参	9	丁卯	四绿	除	井
廿八	13	己巳	一白	执	觜	12	己亥	九紫	开	井	10	戊辰	五黄	满	鬼
廿九	14	庚午	九紫	破	参	13	庚子	一白	闭	鬼	11	己巳	六白	平	柳
三十	15	辛未	八白	危	井										

公元2040年 庚申猴年 太岁毛梓 九星五黄

月份	正月大 戊寅 二黑 离卦 室宿					二月小 己卯 一白 震卦 壁宿					三月大 庚辰 九紫 巽卦 奎宿					四月大 辛巳 八白 坎卦 娄宿				
节气	雨水 2月19日 初八丁丑 巳时 9时24分		惊蛰 3月5日 廿三壬辰 辰时 7时32分			春分 3月20日 初八丁未 辰时 8时12分		清明 4月4日 廿三壬戌 午时 12时06分			谷雨 4月19日 初九丁丑 戌时 19时00分		立夏 5月5日 廿五癸巳 卯时 5时10分			小满 5月20日 初十戊申 酉时 17时56分		芒种 6月5日 廿六甲子 巳时 9时08分		
农历	公历	干支	九星	日建	星宿	公历	干支	九星	日建	星宿	公历	干支	九星	日建	星宿	公历	干支	九星	日建	星宿
初一	12	庚午	七赤	定	星	13	庚子	七赤	收	翼	11	己巳	三碧	除	轸	11	己亥	三碧	破	亢
初二	13	辛未	八白	执	张	14	辛丑	八白	开	轸	12	庚午	四绿	满	角	12	庚子	四绿	危	氐
初三	14	壬申	九紫	破	翼	15	壬寅	九紫	闭	角	13	辛未	五黄	平	亢	13	辛丑	五黄	成	房
初四	15	癸酉	一白	危	轸	16	癸卯	一白	建	亢	14	壬申	六白	定	氐	14	壬寅	六白	收	心
初五	16	甲戌	二黑	成	角	17	甲辰	二黑	除	氐	15	癸酉	七赤	执	房	15	癸卯	七赤	开	尾
初六	17	乙亥	三碧	收	亢	18	乙巳	三碧	满	房	16	甲戌	八白	破	心	16	甲辰	八白	闭	箕
初七	18	丙子	四绿	开	氐	19	丙午	四绿	平	心	17	乙亥	九紫	危	尾	17	乙巳	九紫	建	斗
初八	19	丁丑	二黑	闭	房	20	丁未	五黄	定	尾	18	丙子	一白	成	箕	18	丙午	一白	除	牛
初九	20	戊寅	三碧	建	心	21	戊申	六白	执	箕	19	丁丑	八白	收	斗	19	丁未	二黑	满	女
初十	21	己卯	四绿	除	尾	22	己酉	七赤	破	斗	20	戊寅	九紫	开	牛	20	戊申	三碧	平	虚
十一	22	庚辰	五黄	满	箕	23	庚戌	八白	危	牛	21	己卯	一白	闭	女	21	己酉	四绿	定	危
十二	23	辛巳	六白	平	斗	24	辛亥	九紫	成	女	22	庚辰	二黑	建	虚	22	庚戌	五黄	执	室
十三	24	壬午	七赤	定	牛	25	壬子	一白	收	虚	23	辛巳	三碧	除	危	23	辛亥	六白	破	壁
十四	25	癸未	八白	执	女	26	癸丑	二黑	开	危	24	壬午	四绿	满	室	24	壬子	七赤	危	奎
十五	26	甲申	九紫	破	虚	27	甲寅	三碧	闭	室	25	癸未	五黄	平	壁	25	癸丑	八白	成	娄
十六	27	乙酉	一白	危	危	28	乙卯	四绿	建	壁	26	甲申	六白	定	奎	26	甲寅	九紫	收	胃
十七	28	丙戌	二黑	成	室	29	丙辰	五黄	除	奎	27	乙酉	七赤	执	娄	27	乙卯	一白	开	昴
十八	29	丁亥	三碧	收	壁	30	丁巳	六白	满	娄	28	丙戌	八白	破	胃	28	丙辰	二黑	闭	毕
十九	3月	戊子	四绿	开	奎	31	戊午	七赤	平	胃	29	丁亥	九紫	危	昴	29	丁巳	三碧	建	觜
二十	2	己丑	五黄	闭	娄	4月	己未	八白	定	昴	30	戊子	一白	成	毕	30	戊午	四绿	除	参
廿一	3	庚寅	六白	建	胃	2	庚申	九紫	执	毕	5月	己丑	二黑	收	觜	31	己未	五黄	满	井
廿二	4	辛卯	七赤	除	昴	3	辛酉	一白	破	觜	2	庚寅	三碧	开	参	6月	庚申	六白	平	鬼
廿三	5	壬辰	八白	除	毕	4	壬戌	二黑	破	参	3	辛卯	四绿	闭	井	2	辛酉	七赤	定	柳
廿四	6	癸巳	九紫	满	觜	5	癸亥	三碧	危	井	4	壬辰	五黄	建	鬼	3	壬戌	八白	执	星
廿五	7	甲午	一白	平	参	6	甲子	七赤	成	鬼	5	癸巳	六白	建	柳	4	癸亥	九紫	破	张
廿六	8	乙未	二黑	定	井	7	乙丑	八白	收	柳	6	甲午	七赤	除	星	5	甲子	四绿	破	翼
廿七	9	丙申	三碧	执	鬼	8	丙寅	九紫	开	星	7	乙未	八白	满	张	6	乙丑	五黄	危	轸
廿八	10	丁酉	四绿	破	柳	9	丁卯	一白	闭	张	8	丙申	九紫	平	翼	7	丙寅	六白	成	角
廿九	11	戊戌	五黄	危	星	10	戊辰	二黑	建	翼	9	丁酉	一白	定	轸	8	丁卯	七赤	收	亢
三十	12	己亥	六白	成	张						10	戊戌	二黑	执	角	9	戊辰	八白	开	氐

公元2040年 庚申猴年 太岁毛梓 九星五黄

月份	五月小 壬午 七赤 艮卦 胃宿					六月大 癸未 六白 坤卦 昴宿					七月小 甲申 五黄 乾卦 毕宿					八月大 乙酉 四绿 兑卦 觜宿				
节气	夏至 6月21日 十二庚辰 丑时 1时47分		小暑 7月6日 廿七乙未 戌时 19时20分			大暑 7月22日 十四辛亥 午时 12时41分		立秋 8月7日 三十丁卯 卯时 5时11分			处暑 8月22日 十五壬午 戌时 19时54分					白露 9月7日 初二戊戌 辰时 8时15分		秋分 9月22日 十七癸丑 酉时 17时45分		
农历	公历	干支	九星	日建	星宿	公历	干支	九星	日建	星宿	公历	干支	九星	日建	星宿	公历	干支	九星	日建	星宿
初一	10	己巳	九紫	闭	房	9	戊戌	二黑	平	心	8	戊辰	五黄	成	箕	6	丁酉	六白	除	斗
初二	11	庚午	一白	建	心	10	己亥	一白	定	尾	9	己巳	四绿	收	斗	7	戊戌	五黄	除	牛
初三	12	辛未	二黑	除	尾	11	庚子	九紫	执	箕	10	庚午	三碧	开	牛	8	己亥	四绿	满	女
初四	13	壬申	三碧	满	箕	12	辛丑	八白	破	斗	11	辛未	二黑	闭	女	9	庚子	三碧	平	虚
初五	14	癸酉	四绿	平	斗	13	壬寅	七赤	危	牛	12	壬申	一白	建	虚	10	辛丑	二黑	定	危
初六	15	甲戌	五黄	定	牛	14	癸卯	六白	成	女	13	癸酉	九紫	除	危	11	壬寅	一白	执	室
初七	16	乙亥	六白	执	女	15	甲辰	五黄	收	虚	14	甲戌	八白	满	室	12	癸卯	九紫	破	壁
初八	17	丙子	七赤	破	虚	16	乙巳	四绿	开	危	15	乙亥	七赤	平	壁	13	甲辰	八白	危	奎
初九	18	丁丑	八白	危	危	17	丙午	三碧	闭	室	16	丙子	六白	定	奎	14	乙巳	七赤	成	娄
初十	19	戊寅	九紫	成	室	18	丁未	二黑	建	壁	17	丁丑	五黄	执	娄	15	丙午	六白	收	胃
十一	20	己卯	一白	收	壁	19	戊申	一白	除	奎	18	戊寅	四绿	破	胃	16	丁未	五黄	开	昴
十二	21	庚辰	二黑	开	奎	20	己酉	九紫	满	娄	19	己卯	三碧	危	昴	17	戊申	四绿	闭	毕
十三	22	辛巳	一白	闭	娄	21	庚戌	八白	平	胃	20	庚辰	二黑	成	毕	18	己酉	三碧	建	觜
十四	23	壬午	九紫	建	胃	22	辛亥	七赤	定	昴	21	辛巳	一白	收	觜	19	庚戌	二黑	除	参
十五	24	癸未	八白	除	昴	23	壬子	六白	执	毕	22	壬午	三碧	开	参	20	辛亥	一白	满	井
十六	25	甲申	七赤	满	毕	24	癸丑	五黄	破	觜	23	癸未	二黑	闭	井	21	壬子	九紫	平	鬼
十七	26	乙酉	六白	平	觜	25	甲寅	四绿	危	参	24	甲申	一白	建	鬼	22	癸丑	八白	定	柳
十八	27	丙戌	五黄	定	参	26	乙卯	三碧	成	井	25	乙酉	九紫	除	柳	23	甲寅	七赤	执	星
十九	28	丁亥	四绿	执	井	27	丙辰	二黑	收	鬼	26	丙戌	八白	满	星	24	乙卯	六白	破	张
二十	29	戊子	三碧	破	鬼	28	丁巳	一白	开	柳	27	丁亥	七赤	平	张	25	丙辰	五黄	危	翼
廿一	30	己丑	二黑	危	柳	29	戊午	九紫	闭	星	28	戊子	六白	定	翼	26	丁巳	四绿	成	轸
廿二	7月	庚寅	一白	成	星	30	己未	八白	建	张	29	己丑	五黄	执	轸	27	戊午	三碧	收	角
廿三	2	辛卯	九紫	收	张	31	庚申	七赤	除	翼	30	庚寅	四绿	破	角	28	己未	二黑	开	亢
廿四	3	壬辰	八白	开	翼	8月	辛酉	六白	满	轸	31	辛卯	三碧	危	亢	29	庚申	一白	闭	氐
廿五	4	癸巳	七赤	闭	轸	2	壬戌	五黄	平	角	9月	壬辰	二黑	成	氐	30	辛酉	九紫	建	房
廿六	5	甲午	六白	建	角	3	癸亥	四绿	定	亢	2	癸巳	一白	收	房	10月	壬戌	八白	除	心
廿七	6	乙未	五黄	建	亢	4	甲子	九紫	执	氐	3	甲午	九紫	开	心	2	癸亥	七赤	满	尾
廿八	7	丙申	四绿	除	氐	5	乙丑	八白	破	房	4	乙未	八白	闭	尾	3	甲子	三碧	平	箕
廿九	8	丁酉	三碧	满	房	6	丙寅	七赤	危	心	5	丙申	七赤	建	箕	4	乙丑	二黑	定	斗
三十						7	丁卯	六白	危	尾						5	丙寅	一白	执	牛

公元2040年　庚申猴年　太岁毛梓　九星五黄

月份	九月大	丙戌 三碧 离卦 参宿				十月小	丁亥 二黑 震卦 井宿				十一月大	戊子 一白 巽卦 鬼宿				十二月小	己丑 九紫 坎卦 柳宿			
节气	寒露 10月8日 初三己巳 早子时 0时06分		霜降 10月23日 十八甲申 寅时 3时20分			立冬 11月7日 初三己亥 寅时 3时30分		小雪 11月22日 十八甲寅 丑时 1时06分			大雪 12月6日 初三戊辰 戌时 20时31分		冬至 12月21日 十八癸未 未时 14时34分			小寒 1月5日 初三戊戌 辰时 7时49分		大寒 1月20日 十八癸丑 丑时 1时14分		
农历	公历	干支	九星	日建	星宿	公历	干支	九星	日建	星宿	公历	干支	九星	日建	星宿	公历	干支	九星	日建	星宿
初一	6	丁卯	九紫	破	女	5	丁酉	九紫	闭	危	4	丙寅	四绿	平	室	3	丙申	六白	成	奎
初二	7	戊辰	八白	危	虚	6	戊戌	八白	建	室	5	丁卯	三碧	定	壁	4	丁酉	七赤	收	娄
初三	8	己巳	七赤	危	危	7	己亥	七赤	建	壁	6	戊辰	二黑	定	奎	5	戊戌	八白	收	胃
初四	9	庚午	六白	成	室	8	庚子	六白	除	奎	7	己巳	一白	执	娄	6	己亥	九紫	开	昴
初五	10	辛未	五黄	收	壁	9	辛丑	五黄	满	娄	8	庚午	九紫	破	胃	7	庚子	一白	闭	毕
初六	11	壬申	四绿	开	奎	10	壬寅	四绿	平	胃	9	辛未	八白	危	昴	8	辛丑	二黑	建	觜
初七	12	癸酉	三碧	闭	娄	11	癸卯	三碧	定	昴	10	壬申	七赤	成	毕	9	壬寅	三碧	除	参
初八	13	甲戌	二黑	建	胃	12	甲辰	二黑	执	毕	11	癸酉	六白	收	觜	10	癸卯	四绿	满	井
初九	14	乙亥	一白	除	昴	13	乙巳	一白	破	觜	12	甲戌	五黄	开	参	11	甲辰	五黄	平	鬼
初十	15	丙子	九紫	满	毕	14	丙午	九紫	危	参	13	乙亥	四绿	闭	井	12	乙巳	六白	定	柳
十一	16	丁丑	八白	平	觜	15	丁未	八白	成	井	14	丙子	三碧	建	鬼	13	丙午	七赤	执	星
十二	17	戊寅	七赤	定	参	16	戊申	七赤	收	鬼	15	丁丑	二黑	除	柳	14	丁未	八白	破	张
十三	18	己卯	六白	执	井	17	己酉	六白	开	柳	16	戊寅	一白	满	星	15	戊申	九紫	危	翼
十四	19	庚辰	五黄	破	鬼	18	庚戌	五黄	闭	星	17	己卯	九紫	平	张	16	己酉	一白	成	轸
十五	20	辛巳	四绿	危	柳	19	辛亥	四绿	建	张	18	庚辰	八白	定	翼	17	庚戌	二黑	收	角
十六	21	壬午	三碧	成	星	20	壬子	三碧	除	翼	19	辛巳	七赤	执	轸	18	辛亥	三碧	开	亢
十七	22	癸未	二黑	收	张	21	癸丑	二黑	满	轸	20	壬午	六白	破	角	19	壬子	四绿	闭	氐
十八	23	甲申	四绿	开	翼	22	甲寅	一白	平	角	21	癸未	二黑	危	亢	20	癸丑	五黄	建	房
十九	24	乙酉	三碧	闭	轸	23	乙卯	九紫	定	亢	22	甲申	三碧	成	氐	21	甲寅	六白	除	心
二十	25	丙戌	二黑	建	角	24	丙辰	八白	执	氐	23	乙酉	四绿	收	房	22	乙卯	七赤	满	尾
廿一	26	丁亥	一白	除	亢	25	丁巳	七赤	破	房	24	丙戌	五黄	开	心	23	丙辰	八白	平	箕
廿二	27	戊子	九紫	满	氐	26	戊午	六白	危	心	25	丁亥	六白	闭	尾	24	丁巳	九紫	定	斗
廿三	28	己丑	八白	平	房	27	己未	五黄	成	尾	26	戊子	七赤	建	箕	25	戊午	一白	执	牛
廿四	29	庚寅	七赤	定	心	28	庚申	四绿	收	箕	27	己丑	八白	除	斗	26	己未	二黑	破	女
廿五	30	辛卯	六白	执	尾	29	辛酉	三碧	开	斗	28	庚寅	九紫	满	牛	27	庚申	三碧	危	虚
廿六	31	壬辰	五黄	破	箕	30	壬戌	二黑	闭	牛	29	辛卯	一白	平	女	28	辛酉	四绿	成	危
廿七	11月	癸巳	四绿	危	斗	12月	癸亥	一白	建	女	30	壬辰	二黑	定	虚	29	壬戌	五黄	收	室
廿八	2	甲午	三碧	成	牛	2	甲子	六白	除	虚	31	癸巳	三碧	执	危	30	癸亥	六白	开	壁
廿九	3	乙未	二黑	收	女	3	乙丑	五黄	满	危	1月	甲午	四绿	破	室	31	甲子	一白	闭	奎
三十	4	丙申	一白	开	虚						2	乙未	五黄	危	壁					

公元2041年 辛酉鸡年 太岁文政 九星四绿

月份	正月小	庚寅 八白 震卦 星宿				二月大	辛卯 七赤 巽卦 张宿				三月小	壬辰 六白 坎卦 翼宿				四月大	癸巳 五黄 艮卦 轸宿			
节气	立春 2月3日 初三丁卯 戌时 19时26分		雨水 2月18日 十八壬午 申时 15时18分			惊蛰 3月5日 初四丁酉 未时 13时18分		春分 3月20日 十九壬子 未时 14时07分			清明 4月4日 初四丁卯 酉时 17时53分		谷雨 4月20日 二十癸未 早子时 0时55分			立夏 5月5日 初六戊戌 巳时 10时55分		小满 5月20日 廿一癸丑 夜子时 23时49分		
农历	公历	干支	九星	日建	星宿	公历	干支	九星	日建	星宿	公历	干支	九星	日建	星宿	公历	干支	九星	日建	星宿
初一	2月	乙丑	二黑	建	娄	2	甲午	一白	定	胃	4月	甲子	七赤	收	毕	30	癸巳	六白	除	觜
初二	2	丙寅	三碧	除	胃	3	乙未	二黑	执	昴	2	乙丑	八白	开	觜	5月	甲午	七赤	满	参
初三	3	丁卯	四绿	除	昴	4	丙申	三碧	破	毕	3	丙寅	九紫	闭	参	2	乙未	八白	平	井
初四	4	戊辰	五黄	满	毕	5	丁酉	四绿	破	觜	4	丁卯	一白	闭	井	3	丙申	九紫	定	鬼
初五	5	己巳	六白	平	觜	6	戊戌	五黄	危	参	5	戊辰	二黑	建	鬼	4	丁酉	一白	执	柳
初六	6	庚午	七赤	定	参	7	己亥	六白	成	井	6	己巳	三碧	除	柳	5	戊戌	二黑	执	星
初七	7	辛未	八白	执	井	8	庚子	七赤	收	鬼	7	庚午	四绿	满	星	6	己亥	三碧	破	张
初八	8	壬申	九紫	破	鬼	9	辛丑	八白	开	柳	8	辛未	五黄	平	张	7	庚子	四绿	危	翼
初九	9	癸酉	一白	危	柳	10	壬寅	九紫	闭	星	9	壬申	六白	定	翼	8	辛丑	五黄	成	轸
初十	10	甲戌	二黑	成	星	11	癸卯	一白	建	张	10	癸酉	七赤	执	轸	9	壬寅	六白	收	角
十一	11	乙亥	三碧	收	张	12	甲辰	二黑	除	翼	11	甲戌	八白	破	角	10	癸卯	七赤	开	亢
十二	12	丙子	四绿	开	翼	13	乙巳	三碧	满	轸	12	乙亥	九紫	危	亢	11	甲辰	八白	闭	氐
十三	13	丁丑	五黄	闭	轸	14	丙午	四绿	平	角	13	丙子	一白	成	氐	12	乙巳	九紫	建	房
十四	14	戊寅	六白	建	角	15	丁未	五黄	定	亢	14	丁丑	二黑	收	房	13	丙午	一白	除	心
十五	15	己卯	七赤	除	亢	16	戊申	六白	执	氐	15	戊寅	三碧	开	心	14	丁未	二黑	满	尾
十六	16	庚辰	八白	满	氐	17	己酉	七赤	破	房	16	己卯	四绿	闭	尾	15	戊申	三碧	平	箕
十七	17	辛巳	九紫	平	房	18	庚戌	八白	危	心	17	庚辰	五黄	建	箕	16	己酉	四绿	定	斗
十八	18	壬午	七赤	定	心	19	辛亥	九紫	成	尾	18	辛巳	六白	除	斗	17	庚戌	五黄	执	牛
十九	19	癸未	八白	执	尾	20	壬子	一白	收	箕	19	壬午	七赤	满	牛	18	辛亥	六白	破	女
二十	20	甲申	九紫	破	箕	21	癸丑	二黑	开	斗	20	癸未	五黄	平	女	19	壬子	七赤	危	虚
廿一	21	乙酉	一白	危	斗	22	甲寅	三碧	闭	牛	21	甲申	六白	定	虚	20	癸丑	八白	成	危
廿二	22	丙戌	二黑	成	牛	23	乙卯	四绿	建	女	22	乙酉	七赤	执	危	21	甲寅	九紫	收	室
廿三	23	丁亥	三碧	收	女	24	丙辰	五黄	除	虚	23	丙戌	八白	破	室	22	乙卯	一白	开	壁
廿四	24	戊子	四绿	开	虚	25	丁巳	六白	满	危	24	丁亥	九紫	危	壁	23	丙辰	二黑	闭	奎
廿五	25	己丑	五黄	闭	危	26	戊午	七赤	平	室	25	戊子	一白	成	奎	24	丁巳	三碧	建	娄
廿六	26	庚寅	六白	建	室	27	己未	八白	定	壁	26	己丑	二黑	收	娄	25	戊午	四绿	除	胃
廿七	27	辛卯	七赤	除	壁	28	庚申	九紫	执	奎	27	庚寅	三碧	开	胃	26	己未	五黄	满	昴
廿八	28	壬辰	八白	满	奎	29	辛酉	一白	破	娄	28	辛卯	四绿	闭	昴	27	庚申	六白	平	毕
廿九	3月	癸巳	九紫	平	娄	30	壬戌	二黑	危	胃	29	壬辰	五黄	建	毕	28	辛酉	七赤	定	觜
三十						31	癸亥	三碧	成	昴						29	壬戌	八白	执	参

公元2041年 辛酉鸡年 太岁文政 九星四绿

月份	五月小 甲午 四绿 坤卦 角宿					六月大 乙未 三碧 乾卦 亢宿					七月大 丙申 二黑 兑卦 氐宿					八月小 丁酉 一白 离卦 房宿				
节气	芒种 6月5日 初七己巳 未时 14时50分		夏至 6月21日 廿三乙酉 辰时 7时36分			小暑 7月7日 初十辛丑 早子时 0时59分		大暑 7月22日 廿五丙辰 酉时 18时27分			立秋 8月7日 十一壬申 巳时 10时49分		处暑 8月23日 廿七戊子 丑时 1时37分			白露 9月7日 十二癸卯 未时 13时54分		秋分 9月22日 廿七戊午 夜子时 23时27分		
农历	公历	干支	九星	日建	星宿	公历	干支	九星	日建	星宿	公历	干支	九星	日建	星宿	公历	干支	九星	日建	星宿
初一	30	癸亥	九紫	破	井	28	壬辰	八白	开	鬼	28	壬戌	五黄	平	星	27	壬辰	二黑	成	翼
初二	31	甲子	四绿	危	鬼	29	癸巳	七赤	闭	柳	29	癸亥	四绿	定	张	28	癸巳	一白	收	轸
初三	6月	乙丑	五黄	成	柳	30	甲午	六白	建	星	30	甲子	九紫	执	翼	29	甲午	九紫	开	角
初四	2	丙寅	六白	收	星	7月	乙未	五黄	除	张	31	乙丑	八白	破	轸	30	乙未	八白	闭	亢
初五	3	丁卯	七赤	开	张	2	丙申	四绿	满	翼	8月	丙寅	七赤	危	角	31	丙申	七赤	建	氐
初六	4	戊辰	八白	闭	翼	3	丁酉	三碧	平	轸	2	丁卯	六白	成	亢	9月	丁酉	六白	除	房
初七	5	己巳	九紫	闭	轸	4	戊戌	二黑	定	角	3	戊辰	五黄	收	氐	2	戊戌	五黄	满	心
初八	6	庚午	一白	建	角	5	己亥	一白	执	亢	4	己巳	四绿	开	房	3	己亥	四绿	平	尾
初九	7	辛未	二黑	除	亢	6	庚子	九紫	破	氐	5	庚午	三碧	闭	心	4	庚子	三碧	定	箕
初十	8	壬申	三碧	满	氐	7	辛丑	八白	破	房	6	辛未	二黑	建	尾	5	辛丑	二黑	执	斗
十一	9	癸酉	四绿	平	房	8	壬寅	七赤	危	心	7	壬申	一白	建	箕	6	壬寅	一白	破	牛
十二	10	甲戌	五黄	定	心	9	癸卯	六白	成	尾	8	癸酉	九紫	除	斗	7	癸卯	九紫	破	女
十三	11	乙亥	六白	执	尾	10	甲辰	五黄	收	箕	9	甲戌	八白	满	牛	8	甲辰	八白	危	虚
十四	12	丙子	七赤	破	箕	11	乙巳	四绿	开	斗	10	乙亥	七赤	平	女	9	乙巳	七赤	成	危
十五	13	丁丑	八白	危	斗	12	丙午	三碧	闭	牛	11	丙子	六白	定	虚	10	丙午	六白	收	室
十六	14	戊寅	九紫	成	牛	13	丁未	二黑	建	女	12	丁丑	五黄	执	危	11	丁未	五黄	开	壁
十七	15	己卯	一白	收	女	14	戊申	一白	除	虚	13	戊寅	四绿	破	室	12	戊申	四绿	闭	奎
十八	16	庚辰	二黑	开	虚	15	己酉	九紫	满	危	14	己卯	三碧	危	壁	13	己酉	三碧	建	娄
十九	17	辛巳	三碧	闭	危	16	庚戌	八白	平	室	15	庚辰	二黑	成	奎	14	庚戌	二黑	除	胃
二十	18	壬午	四绿	建	室	17	辛亥	七赤	定	壁	16	辛巳	一白	收	娄	15	辛亥	一白	满	昴
廿一	19	癸未	五黄	除	壁	18	壬子	六白	执	奎	17	壬午	九紫	开	胃	16	壬子	九紫	平	毕
廿二	20	甲申	六白	满	奎	19	癸丑	五黄	破	娄	18	癸未	八白	闭	昴	17	癸丑	八白	定	觜
廿三	21	乙酉	六白	平	娄	20	甲寅	四绿	危	胃	19	甲申	七赤	建	毕	18	甲寅	七赤	执	参
廿四	22	丙戌	五黄	定	胃	21	乙卯	三碧	成	昴	20	乙酉	六白	除	觜	19	乙卯	六白	破	井
廿五	23	丁亥	四绿	执	昴	22	丙辰	二黑	收	毕	21	丙戌	五黄	满	参	20	丙辰	五黄	危	鬼
廿六	24	戊子	三碧	破	毕	23	丁巳	一白	开	觜	22	丁亥	四绿	平	井	21	丁巳	四绿	成	柳
廿七	25	己丑	二黑	危	觜	24	戊午	九紫	闭	参	23	戊子	六白	定	鬼	22	戊午	三碧	收	星
廿八	26	庚寅	一白	成	参	25	己未	八白	建	井	24	己丑	五黄	执	柳	23	己未	二黑	开	张
廿九	27	辛卯	九紫	收	井	26	庚申	七赤	除	鬼	25	庚寅	四绿	破	星	24	庚申	一白	闭	翼
三十						27	辛酉	六白	满	柳	26	辛卯	三碧	危	张					

公元2041年 辛酉鸡年 太岁文政 九星四绿

月份	九月大		戊戌 九紫 震卦 心宿			十月大		己亥 八白 巽卦 尾宿			十一月小		庚子 七赤 坎卦 箕宿			十二月大		辛丑 六白 艮卦 斗宿		
节气	寒露 10月8日 十四甲戌 卯时 5时47分			霜降 10月23日 廿九己丑 巳时 9时03分		立冬 11月7日 十四甲辰 巳时 9时14分			小雪 11月22日 廿九己未 卯时 6时50分		大雪 12月7日 十四甲戌 丑时 2时17分			冬至 12月21日 廿八戊子 戌时 20时19分		小寒 1月5日 十四癸卯 未时 13时36分			大寒 1月20日 廿九戊午 辰时 7时01分	
农历	公历	干支	九星	日建	星宿	公历	干支	九星	日建	星宿	公历	干支	九星	日建	星宿	公历	干支	九星	日建	星宿
初一	25	辛酉	九紫	建	轸	25	辛卯	六白	执	亢	24	辛酉	三碧	开	房	23	庚寅	九紫	满	心
初二	26	壬戌	八白	除	角	26	壬辰	五黄	破	氐	25	壬戌	二黑	闭	心	24	辛卯	一白	平	尾
初三	27	癸亥	七赤	满	亢	27	癸巳	四绿	危	房	26	癸亥	一白	建	尾	25	壬辰	二黑	定	箕
初四	28	甲子	三碧	平	氐	28	甲午	三碧	成	心	27	甲子	六白	除	箕	26	癸巳	三碧	执	斗
初五	29	乙丑	二黑	定	房	29	乙未	二黑	收	尾	28	乙丑	五黄	满	斗	27	甲午	四绿	破	牛
初六	30	丙寅	一白	执	心	30	丙申	一白	开	箕	29	丙寅	四绿	平	牛	28	乙未	五黄	危	女
初七	10月	丁卯	九紫	破	尾	31	丁酉	九紫	闭	斗	30	丁卯	三碧	定	女	29	丙申	六白	成	虚
初八	2	戊辰	八白	危	箕	11月	戊戌	八白	建	牛	12月	戊辰	二黑	执	虚	30	丁酉	七赤	收	危
初九	3	己巳	七赤	成	斗	2	己亥	七赤	除	女	2	己巳	一白	破	危	31	戊戌	八白	开	室
初十	4	庚午	六白	收	牛	3	庚子	六白	满	虚	3	庚午	九紫	危	室	1月	己亥	九紫	闭	壁
十一	5	辛未	五黄	开	女	4	辛丑	五黄	平	危	4	辛未	八白	成	壁	2	庚子	一白	建	奎
十二	6	壬申	四绿	闭	虚	5	壬寅	四绿	定	室	5	壬申	七赤	收	奎	3	辛丑	二黑	除	娄
十三	7	癸酉	三碧	建	危	6	癸卯	三碧	执	壁	6	癸酉	六白	开	娄	4	壬寅	三碧	满	胃
十四	8	甲戌	二黑	建	室	7	甲辰	二黑	执	奎	7	甲戌	五黄	开	胃	5	癸卯	四绿	满	昴
十五	9	乙亥	一白	除	壁	8	乙巳	一白	破	娄	8	乙亥	四绿	闭	昴	6	甲辰	五黄	平	毕
十六	10	丙子	九紫	满	奎	9	丙午	九紫	危	胃	9	丙子	三碧	建	毕	7	乙巳	六白	定	觜
十七	11	丁丑	八白	平	娄	10	丁未	八白	成	昴	10	丁丑	二黑	除	觜	8	丙午	七赤	执	参
十八	12	戊寅	七赤	定	胃	11	戊申	七赤	收	毕	11	戊寅	一白	满	参	9	丁未	八白	破	井
十九	13	己卯	六白	执	昴	12	己酉	六白	开	觜	12	己卯	九紫	平	井	10	戊申	九紫	危	鬼
二十	14	庚辰	五黄	破	毕	13	庚戌	五黄	闭	参	13	庚辰	八白	定	鬼	11	己酉	一白	成	柳
廿一	15	辛巳	四绿	危	觜	14	辛亥	四绿	建	井	14	辛巳	七赤	执	柳	12	庚戌	二黑	收	星
廿二	16	壬午	三碧	成	参	15	壬子	三碧	除	鬼	15	壬午	六白	破	星	13	辛亥	三碧	开	张
廿三	17	癸未	二黑	收	井	16	癸丑	二黑	满	柳	16	癸未	五黄	危	张	14	壬子	四绿	闭	翼
廿四	18	甲申	一白	开	鬼	17	甲寅	一白	平	星	17	甲申	四绿	成	翼	15	癸丑	五黄	建	轸
廿五	19	乙酉	九紫	闭	柳	18	乙卯	九紫	定	张	18	乙酉	三碧	收	轸	16	甲寅	六白	除	角
廿六	20	丙戌	八白	建	星	19	丙辰	八白	执	翼	19	丙戌	二黑	开	角	17	乙卯	七赤	满	亢
廿七	21	丁亥	七赤	除	张	20	丁巳	七赤	破	轸	20	丁亥	一白	闭	亢	18	丙辰	八白	平	氐
廿八	22	戊子	六白	满	翼	21	戊午	六白	危	角	21	戊子	七赤	建	氐	19	丁巳	九紫	定	房
廿九	23	己丑	八白	平	轸	22	己未	五黄	成	亢	22	己丑	八白	除	房	20	戊午	一白	执	心
三十	24	庚寅	七赤	定	角	23	庚申	四绿	收	氐						21	己未	二黑	破	尾

公元2042年　壬戌狗年（闰二月）　太岁洪氾 九星三碧

月份	正月小	壬寅 五黄 巽卦 牛宿				二月大	癸卯 四绿 坎卦 女宿				闰二月小					三月小	甲辰 三碧 艮卦 虚宿			
节气	立春 2月4日 十四癸酉 丑时 1时14分		雨水 2月18日 廿八丁亥 亥时 21时05分			惊蛰 3月5日 十四壬寅 戌时 19时06分		春分 3月20日 廿九丁巳 戌时 19时54分			清明 4月4日 十四壬申 夜子时 23时41分					谷雨 4月20日 初一戊子 卯时 6时40分		立夏 5月5日 十六癸卯 申时 16时43分		
农历	公历	干支	九星	日建	星宿	公历	干支	九星	日建	星宿	公历	干支	九星	日建	星宿	公历	干支	九星	日建	星宿
初一	22	庚申	三碧	危	箕	20	己丑	五黄	闭	斗	22	己未	八白	定	女	20	戊子	一白	成	虚
初二	23	辛酉	四绿	成	斗	21	庚寅	六白	建	牛	23	庚申	九紫	执	虚	21	己丑	二黑	收	危
初三	24	壬戌	五黄	收	牛	22	辛卯	七赤	除	女	24	辛酉	一白	破	危	22	庚寅	三碧	开	室
初四	25	癸亥	六白	开	女	23	壬辰	八白	满	虚	25	壬戌	二黑	危	室	23	辛卯	四绿	闭	壁
初五	26	甲子	一白	闭	虚	24	癸巳	九紫	平	危	26	癸亥	三碧	成	壁	24	壬辰	五黄	建	奎
初六	27	乙丑	二黑	建	危	25	甲午	一白	定	室	27	甲子	七赤	收	奎	25	癸巳	六白	除	娄
初七	28	丙寅	三碧	除	室	26	乙未	二黑	执	壁	28	乙丑	八白	开	娄	26	甲午	七赤	满	胃
初八	29	丁卯	四绿	满	壁	27	丙申	三碧	破	奎	29	丙寅	九紫	闭	胃	27	乙未	八白	平	昴
初九	30	戊辰	五黄	平	奎	28	丁酉	四绿	危	娄	30	丁卯	一白	建	昴	28	丙申	九紫	定	毕
初十	31	己巳	六白	定	娄	3月	戊戌	五黄	成	胃	31	戊辰	二黑	除	毕	29	丁酉	一白	执	觜
十一	2月	庚午	七赤	执	胃	2	己亥	六白	收	昴	4月	己巳	三碧	满	觜	30	戊戌	二黑	破	参
十二	2	辛未	八白	破	昴	3	庚子	七赤	开	毕	2	庚午	四绿	平	参	5月	己亥	三碧	危	井
十三	3	壬申	九紫	危	毕	4	辛丑	八白	闭	觜	3	辛未	五黄	定	井	2	庚子	四绿	成	鬼
十四	4	癸酉	一白	危	觜	5	壬寅	九紫	闭	参	4	壬申	六白	定	鬼	3	辛丑	五黄	收	柳
十五	5	甲戌	二黑	成	参	6	癸卯	一白	建	井	5	癸酉	七赤	执	柳	4	壬寅	六白	开	星
十六	6	乙亥	三碧	收	井	7	甲辰	二黑	除	鬼	6	甲戌	八白	破	星	5	癸卯	七赤	开	张
十七	7	丙子	四绿	开	鬼	8	乙巳	三碧	满	柳	7	乙亥	九紫	危	张	6	甲辰	八白	闭	翼
十八	8	丁丑	五黄	闭	柳	9	丙午	四绿	平	星	8	丙子	一白	成	翼	7	乙巳	九紫	建	轸
十九	9	戊寅	六白	建	星	10	丁未	五黄	定	张	9	丁丑	二黑	收	轸	8	丙午	一白	除	角
二十	10	己卯	七赤	除	张	11	戊申	六白	执	翼	10	戊寅	三碧	开	角	9	丁未	二黑	满	亢
廿一	11	庚辰	八白	满	翼	12	己酉	七赤	破	轸	11	己卯	四绿	闭	亢	10	戊申	三碧	平	氐
廿二	12	辛巳	九紫	平	轸	13	庚戌	八白	危	角	12	庚辰	五黄	建	氐	11	己酉	四绿	定	房
廿三	13	壬午	一白	定	角	14	辛亥	九紫	成	亢	13	辛巳	六白	除	房	12	庚戌	五黄	执	心
廿四	14	癸未	二黑	执	亢	15	壬子	一白	收	氐	14	壬午	七赤	满	心	13	辛亥	六白	破	尾
廿五	15	甲申	三碧	破	氐	16	癸丑	二黑	开	房	15	癸未	八白	平	尾	14	壬子	七赤	危	箕
廿六	16	乙酉	四绿	危	房	17	甲寅	三碧	闭	心	16	甲申	九紫	定	箕	15	癸丑	八白	成	斗
廿七	17	丙戌	五黄	成	心	18	乙卯	四绿	建	尾	17	乙酉	一白	执	斗	16	甲寅	九紫	收	牛
廿八	18	丁亥	三碧	收	尾	19	丙辰	五黄	除	箕	18	丙戌	二黑	破	牛	17	乙卯	一白	开	女
廿九	19	戊子	四绿	开	箕	20	丁巳	六白	满	斗	19	丁亥	三碧	危	女	18	丙辰	二黑	闭	虚
三十						21	戊午	七赤	平	牛										

公元2042年　壬戌狗年（闰二月）　太岁洪汜 九星三碧

月份	四月大		乙巳 二黑 坤卦 危宿			五月小		丙午 一白 乾卦 室宿			六月大		丁未 九紫 兑卦 壁宿		
节气	小满 5月21日 初三己未 卯时 5时32分			芒种 6月5日 十八甲戌 戌时 20时39分		夏至 6月21日 初四庚寅 未时 13时16分			小暑 7月7日 二十丙午 卯时 6时48分		大暑 7月23日 初七壬戌 早子时 0时07分			立秋 8月7日 廿二丁丑 申时 16时39分	
农历	公历	干支	九星	日建	星宿	公历	干支	九星	日建	星宿	公历	干支	九星	日建	星宿
初一	19	丁巳	三碧	建	危	18	丁亥	九紫	执	壁	17	丙辰	二黑	收	奎
初二	20	戊午	四绿	除	室	19	戊子	一白	破	奎	18	丁巳	一白	开	娄
初三	21	己未	五黄	满	壁	20	己丑	二黑	危	娄	19	戊午	九紫	闭	胃
初四	22	庚申	六白	平	奎	21	庚寅	一白	成	胃	20	己未	八白	建	昴
初五	23	辛酉	七赤	定	娄	22	辛卯	九紫	收	昴	21	庚申	七赤	除	毕
初六	24	壬戌	八白	执	胃	23	壬辰	八白	开	毕	22	辛酉	六白	满	觜
初七	25	癸亥	九紫	破	昴	24	癸巳	七赤	闭	觜	23	壬戌	五黄	平	参
初八	26	甲子	四绿	危	毕	25	甲午	六白	建	参	24	癸亥	四绿	定	井
初九	27	乙丑	五黄	成	觜	26	乙未	五黄	除	井	25	甲子	九紫	执	鬼
初十	28	丙寅	六白	收	参	27	丙申	四绿	满	鬼	26	乙丑	八白	破	柳
十一	29	丁卯	七赤	开	井	28	丁酉	三碧	平	柳	27	丙寅	七赤	危	星
十二	30	戊辰	八白	闭	鬼	29	戊戌	二黑	定	星	28	丁卯	六白	成	张
十三	31	己巳	九紫	建	柳	30	己亥	一白	执	张	29	戊辰	五黄	收	翼
十四	6月	庚午	一白	除	星	7月	庚子	九紫	破	翼	30	己巳	四绿	开	轸
十五	2	辛未	二黑	满	张	2	辛丑	八白	危	轸	31	庚午	三碧	闭	角
十六	3	壬申	三碧	平	翼	3	壬寅	七赤	成	角	8月	辛未	二黑	建	亢
十七	4	癸酉	四绿	定	轸	4	癸卯	六白	收	亢	2	壬申	一白	除	氐
十八	5	甲戌	五黄	定	角	5	甲辰	五黄	开	氐	3	癸酉	九紫	满	房
十九	6	乙亥	六白	执	亢	6	乙巳	四绿	闭	房	4	甲戌	八白	平	心
二十	7	丙子	七赤	破	氐	7	丙午	三碧	闭	心	5	乙亥	七赤	定	尾
廿一	8	丁丑	八白	危	房	8	丁未	二黑	建	尾	6	丙子	六白	执	箕
廿二	9	戊寅	九紫	成	心	9	戊申	一白	除	箕	7	丁丑	五黄	执	斗
廿三	10	己卯	一白	收	尾	10	己酉	九紫	满	斗	8	戊寅	四绿	破	牛
廿四	11	庚辰	二黑	开	箕	11	庚戌	八白	平	牛	9	己卯	三碧	危	女
廿五	12	辛巳	三碧	闭	斗	12	辛亥	七赤	定	女	10	庚辰	二黑	成	虚
廿六	13	壬午	四绿	建	牛	13	壬子	六白	执	虚	11	辛巳	一白	收	危
廿七	14	癸未	五黄	除	女	14	癸丑	五黄	破	危	12	壬午	九紫	开	室
廿八	15	甲申	六白	满	虚	15	甲寅	四绿	危	室	13	癸未	八白	闭	壁
廿九	16	乙酉	七赤	平	危	16	乙卯	三碧	成	壁	14	甲申	七赤	建	奎
三十	17	丙戌	八白	定	室						15	乙酉	六白	除	娄

公元2042年　壬戌狗年（闰二月）　太岁洪氾　九星三碧

月份	七月小	戊申 八白 离卦 奎宿				八月大	己酉 七赤 震卦 娄宿				九月大	庚戌 六白 巽卦 胃宿			
节气	处暑 8月23日 初八癸巳 辰时 7时18分			白露 9月7日 廿三戊申 戌时 19时46分		秋分 9月23日 初十甲子 卯时 5时12分			寒露 10月8日 廿五己卯 午时 11时41分		霜降 10月23日 初十甲午 未时 14时50分			立冬 11月7日 廿五己酉 申时 15时08分	
农历	公历	干支	九星	日建	星宿	公历	干支	九星	日建	星宿	公历	干支	九星	日建	星宿
初一	16	丙戌	五黄	满	胃	14	乙卯	六白	破	昴	14	乙酉	九紫	闭	觜
初二	17	丁亥	四绿	平	昴	15	丙辰	五黄	危	毕	15	丙戌	八白	建	参
初三	18	戊子	三碧	定	毕	16	丁巳	四绿	成	觜	16	丁亥	七赤	除	井
初四	19	己丑	二黑	执	觜	17	戊午	三碧	收	参	17	戊子	六白	满	鬼
初五	20	庚寅	一白	破	参	18	己未	二黑	开	井	18	己丑	五黄	平	柳
初六	21	辛卯	九紫	危	井	19	庚申	一白	闭	鬼	19	庚寅	四绿	定	星
初七	22	壬辰	八白	成	鬼	20	辛酉	九紫	建	柳	20	辛卯	三碧	执	张
初八	23	癸巳	一白	收	柳	21	壬戌	八白	除	星	21	壬辰	二黑	破	翼
初九	24	甲午	九紫	开	星	22	癸亥	七赤	满	张	22	癸巳	一白	危	轸
初十	25	乙未	八白	闭	张	23	甲子	三碧	平	翼	23	甲午	三碧	成	角
十一	26	丙申	七赤	建	翼	24	乙丑	二黑	定	轸	24	乙未	二黑	收	亢
十二	27	丁酉	六白	除	轸	25	丙寅	一白	执	角	25	丙申	一白	开	氐
十三	28	戊戌	五黄	满	角	26	丁卯	九紫	破	亢	26	丁酉	九紫	闭	房
十四	29	己亥	四绿	平	亢	27	戊辰	八白	危	氐	27	戊戌	八白	建	心
十五	30	庚子	三碧	定	氐	28	己巳	七赤	成	房	28	己亥	七赤	除	尾
十六	31	辛丑	二黑	执	房	29	庚午	六白	收	心	29	庚子	六白	满	箕
十七	9月	壬寅	一白	破	心	30	辛未	五黄	开	尾	30	辛丑	五黄	平	斗
十八	2	癸卯	九紫	危	尾	10月	壬申	四绿	闭	箕	31	壬寅	四绿	定	牛
十九	3	甲辰	八白	成	箕	2	癸酉	三碧	建	斗	11月	癸卯	三碧	执	女
二十	4	乙巳	七赤	收	斗	3	甲戌	二黑	除	牛	2	甲辰	二黑	破	虚
廿一	5	丙午	六白	开	牛	4	乙亥	一白	满	女	3	乙巳	一白	危	危
廿二	6	丁未	五黄	闭	女	5	丙子	九紫	平	虚	4	丙午	九紫	成	室
廿三	7	戊申	四绿	闭	虚	6	丁丑	八白	定	危	5	丁未	八白	收	壁
廿四	8	己酉	三碧	建	危	7	戊寅	七赤	执	室	6	戊申	七赤	开	奎
廿五	9	庚戌	二黑	除	室	8	己卯	六白	执	壁	7	己酉	六白	开	娄
廿六	10	辛亥	一白	满	壁	9	庚辰	五黄	破	奎	8	庚戌	五黄	闭	胃
廿七	11	壬子	九紫	平	奎	10	辛巳	四绿	危	娄	9	辛亥	四绿	建	昴
廿八	12	癸丑	八白	定	娄	11	壬午	三碧	成	胃	10	壬子	三碧	除	毕
廿九	13	甲寅	七赤	执	胃	12	癸未	二黑	收	昴	11	癸丑	二黑	满	觜
三十						13	甲申	一白	开	毕	12	甲寅	一白	平	参

公元2042年　壬戌狗年（闰二月）　太岁洪汜 九星三碧

月份	十月小	辛亥 五黄 坎卦 昴宿				十一月大	壬子 四绿 艮卦 毕宿				十二月大	癸丑 三碧 坤卦 觜宿			
节气	小雪 11月22日 初十甲子 午时 12时38分		大雪 12月7日 廿五己卯 辰时 8时10分			冬至 12月22日 十一甲午 丑时 2时05分		小寒 1月5日 廿五戊申 戌时 19时26分			大寒 1月20日 初十癸亥 午时 12时43分		立春 2月4日 廿五戊寅 辰时 7时00分		
农历	公历	干支	九星	日建	星宿	公历	干支	九星	日建	星宿	公历	干支	九星	日建	星宿
初一	13	乙卯	九紫	定	井	12	甲申	四绿	成	鬼	11	甲寅	六白	除	星
初二	14	丙辰	八白	执	鬼	13	乙酉	三碧	收	柳	12	乙卯	七赤	满	张
初三	15	丁巳	七赤	破	柳	14	丙戌	二黑	开	星	13	丙辰	八白	平	翼
初四	16	戊午	六白	危	星	15	丁亥	一白	闭	张	14	丁巳	九紫	定	轸
初五	17	己未	五黄	成	张	16	戊子	九紫	建	翼	15	戊午	一白	执	角
初六	18	庚申	四绿	收	翼	17	己丑	八白	除	轸	16	己未	二黑	破	亢
初七	19	辛酉	三碧	开	轸	18	庚寅	七赤	满	角	17	庚申	三碧	危	氐
初八	20	壬戌	二黑	闭	角	19	辛卯	六白	平	亢	18	辛酉	四绿	成	房
初九	21	癸亥	一白	建	亢	20	壬辰	五黄	定	氐	19	壬戌	五黄	收	心
初十	22	甲子	六白	除	氐	21	癸巳	四绿	执	房	20	癸亥	六白	开	尾
十一	23	乙丑	五黄	满	房	22	甲午	四绿	破	心	21	甲子	一白	闭	箕
十二	24	丙寅	四绿	平	心	23	乙未	五黄	危	尾	22	乙丑	二黑	建	斗
十三	25	丁卯	三碧	定	尾	24	丙申	六白	成	箕	23	丙寅	三碧	除	牛
十四	26	戊辰	二黑	执	箕	25	丁酉	七赤	收	斗	24	丁卯	四绿	满	女
十五	27	己巳	一白	破	斗	26	戊戌	八白	开	牛	25	戊辰	五黄	平	虚
十六	28	庚午	九紫	危	牛	27	己亥	九紫	闭	女	26	己巳	六白	定	危
十七	29	辛未	八白	成	女	28	庚子	一白	建	虚	27	庚午	七赤	执	室
十八	30	壬申	七赤	收	虚	29	辛丑	二黑	除	危	28	辛未	八白	破	壁
十九	12月	癸酉	六白	开	危	30	壬寅	三碧	满	室	29	壬申	九紫	危	奎
二十	2	甲戌	五黄	闭	室	31	癸卯	四绿	平	壁	30	癸酉	一白	成	娄
廿一	3	乙亥	四绿	建	壁	1月	甲辰	五黄	定	奎	31	甲戌	二黑	收	胃
廿二	4	丙子	三碧	除	奎	2	乙巳	六白	执	娄	2月	乙亥	三碧	开	昴
廿三	5	丁丑	二黑	满	娄	3	丙午	七赤	破	胃	2	丙子	四绿	闭	毕
廿四	6	戊寅	一白	平	胃	4	丁未	八白	危	昴	3	丁丑	五黄	建	觜
廿五	7	己卯	九紫	平	昴	5	戊申	九紫	危	毕	4	戊寅	六白	建	参
廿六	8	庚辰	八白	定	毕	6	己酉	一白	成	觜	5	己卯	七赤	除	井
廿七	9	辛巳	七赤	执	觜	7	庚戌	二黑	收	参	6	庚辰	八白	满	鬼
廿八	10	壬午	六白	破	参	8	辛亥	三碧	开	井	7	辛巳	九紫	平	柳
廿九	11	癸未	五黄	危	井	9	壬子	四绿	闭	鬼	8	壬午	一白	定	星
三十						10	癸丑	五黄	建	柳	9	癸未	二黑	执	张

公元2043年 癸亥猪年 太岁虞程 九星二黑

月份	正月小		甲寅 二黑 坎卦 参宿			二月大		乙卯 一白 艮卦 井宿			三月小		丙辰 九紫 坤卦 鬼宿			四月小		丁巳 八白 乾卦 柳宿		
节气	雨水 2月19日 初十癸巳 丑时 2时43分			惊蛰 3月6日 廿五戊申 早子时 0时48分		春分 3月21日 十一癸亥 丑时 1时28分			清明 4月5日 廿六戊寅 卯时 5时20分		谷雨 4月20日 十一癸巳 午时 12时15分			立夏 5月5日 廿六戊申 亥时 22时22分		小满 5月21日 十三甲子 午时 11时09分			芒种 6月6日 廿九庚辰 丑时 2时18分	
农历	公历	干支	九星	日建	星宿	公历	干支	九星	日建	星宿	公历	干支	九星	日建	星宿	公历	干支	九星	日建	星宿
初一	10	甲申	三碧	破	翼	11	癸丑	二黑	开	轸	10	癸未	八白	平	亢	9	壬子	七赤	危	氐
初二	11	乙酉	四绿	危	轸	12	甲寅	三碧	闭	角	11	甲申	九紫	定	氐	10	癸丑	八白	成	房
初三	12	丙戌	五黄	成	角	13	乙卯	四绿	建	亢	12	乙酉	一白	执	房	11	甲寅	九紫	收	心
初四	13	丁亥	六白	收	亢	14	丙辰	五黄	除	氐	13	丙戌	二黑	破	心	12	乙卯	一白	开	尾
初五	14	戊子	七赤	开	氐	15	丁巳	六白	满	房	14	丁亥	三碧	危	尾	13	丙辰	二黑	闭	箕
初六	15	己丑	八白	闭	房	16	戊午	七赤	平	心	15	戊子	四绿	成	箕	14	丁巳	三碧	建	斗
初七	16	庚寅	九紫	建	心	17	己未	八白	定	尾	16	己丑	五黄	收	斗	15	戊午	四绿	除	牛
初八	17	辛卯	一白	除	尾	18	庚申	九紫	执	箕	17	庚寅	六白	开	牛	16	己未	五黄	满	女
初九	18	壬辰	二黑	满	箕	19	辛酉	一白	破	斗	18	辛卯	七赤	闭	女	17	庚申	六白	平	虚
初十	19	癸巳	九紫	平	斗	20	壬戌	二黑	危	牛	19	壬辰	八白	建	虚	18	辛酉	七赤	定	危
十一	20	甲午	一白	定	牛	21	癸亥	三碧	成	女	20	癸巳	六白	除	危	19	壬戌	八白	执	室
十二	21	乙未	二黑	执	女	22	甲子	七赤	收	虚	21	甲午	七赤	满	室	20	癸亥	九紫	破	壁
十三	22	丙申	三碧	破	虚	23	乙丑	八白	开	危	22	乙未	八白	平	壁	21	甲子	四绿	危	奎
十四	23	丁酉	四绿	危	危	24	丙寅	九紫	闭	室	23	丙申	九紫	定	奎	22	乙丑	五黄	成	娄
十五	24	戊戌	五黄	成	室	25	丁卯	一白	建	壁	24	丁酉	一白	执	娄	23	丙寅	六白	收	胃
十六	25	己亥	六白	收	壁	26	戊辰	二黑	除	奎	25	戊戌	二黑	破	胃	24	丁卯	七赤	开	昴
十七	26	庚子	七赤	开	奎	27	己巳	三碧	满	娄	26	己亥	三碧	危	昴	25	戊辰	八白	闭	毕
十八	27	辛丑	八白	闭	娄	28	庚午	四绿	平	胃	27	庚子	四绿	成	毕	26	己巳	九紫	建	觜
十九	28	壬寅	九紫	建	胃	29	辛未	五黄	定	昴	28	辛丑	五黄	收	觜	27	庚午	一白	除	参
二十	3月	癸卯	一白	除	昴	30	壬申	六白	执	毕	29	壬寅	六白	开	参	28	辛未	二黑	满	井
廿一	2	甲辰	二黑	满	毕	31	癸酉	七赤	破	觜	30	癸卯	七赤	闭	井	29	壬申	三碧	平	鬼
廿二	3	乙巳	三碧	平	觜	4月	甲戌	八白	危	参	5月	甲辰	八白	建	鬼	30	癸酉	四绿	定	柳
廿三	4	丙午	四绿	定	参	2	乙亥	九紫	成	井	2	乙巳	九紫	除	柳	31	甲戌	五黄	执	星
廿四	5	丁未	五黄	执	井	3	丙子	一白	收	鬼	3	丙午	一白	满	星	6月	乙亥	六白	破	张
廿五	6	戊申	六白	执	鬼	4	丁丑	二黑	开	柳	4	丁未	二黑	平	张	2	丙子	七赤	危	翼
廿六	7	己酉	七赤	破	柳	5	戊寅	三碧	开	星	5	戊申	三碧	平	翼	3	丁丑	八白	成	轸
廿七	8	庚戌	八白	危	星	6	己卯	四绿	闭	张	6	己酉	四绿	定	轸	4	戊寅	九紫	收	角
廿八	9	辛亥	九紫	成	张	7	庚辰	五黄	建	翼	7	庚戌	五黄	执	角	5	己卯	一白	开	亢
廿九	10	壬子	一白	收	翼	8	辛巳	六白	除	轸	8	辛亥	六白	破	亢	6	庚辰	二黑	开	氐
三十						9	壬午	七赤	满	角										

国学经典文库

中华历书大全

·1900-2100年万年历法表·

图文珍藏版

公元2043年　癸亥猪年　太岁虞程　九星二黑

月份	五月大 戊午 七赤 兑卦 星宿					六月小 己未 六白 离卦 张宿					七月小 庚申 五黄 震卦 翼宿					八月大 辛酉 四绿 巽卦 轸宿				
节气	夏至 6月21日 十五乙未 酉时 18时58分					小暑 7月7日 初一辛亥 午时 12时28分；大暑 7月23日 十七丁卯 卯时 5时54分					立秋 8月7日 初三壬午 亥时 22时21分；处暑 8月23日 十九戊戌 未时 13时10分					白露 9月8日 初六甲寅 丑时 1时30分；秋分 9月23日 廿一己巳 午时 11时07分				
农历	公历	干支	九星	日建	星宿	公历	干支	九星	日建	星宿	公历	干支	九星	日建	星宿	公历	干支	九星	日建	星宿
初一	7	辛巳	三碧	闭	房	7	辛亥	七赤	定	尾	5	庚辰	二黑	收	箕	3	己酉	三碧	除	斗
初二	8	壬午	四绿	建	心	8	壬子	六白	执	箕	6	辛巳	一白	开	斗	4	庚戌	二黑	满	牛
初三	9	癸未	五黄	除	尾	9	癸丑	五黄	破	斗	7	壬午	九紫	开	牛	5	辛亥	一白	平	女
初四	10	甲申	六白	满	箕	10	甲寅	四绿	危	牛	8	癸未	八白	闭	女	6	壬子	九紫	定	虚
初五	11	乙酉	七赤	平	斗	11	乙卯	三碧	成	女	9	甲申	七赤	建	虚	7	癸丑	八白	执	危
初六	12	丙戌	八白	定	牛	12	丙辰	二黑	收	虚	10	乙酉	六白	除	危	8	甲寅	七赤	执	室
初七	13	丁亥	九紫	执	女	13	丁巳	一白	开	危	11	丙戌	五黄	满	室	9	乙卯	六白	破	壁
初八	14	戊子	一白	破	虚	14	戊午	九紫	闭	室	12	丁亥	四绿	平	壁	10	丙辰	五黄	危	奎
初九	15	己丑	二黑	危	危	15	己未	八白	建	壁	13	戊子	三碧	定	奎	11	丁巳	四绿	成	娄
初十	16	庚寅	三碧	成	室	16	庚申	七赤	除	奎	14	己丑	二黑	执	娄	12	戊午	三碧	收	胃
十一	17	辛卯	四绿	收	壁	17	辛酉	六白	满	娄	15	庚寅	一白	破	胃	13	己未	二黑	开	昴
十二	18	壬辰	五黄	开	奎	18	壬戌	五黄	平	胃	16	辛卯	九紫	危	昴	14	庚申	一白	闭	毕
十三	19	癸巳	六白	闭	娄	19	癸亥	四绿	定	昴	17	壬辰	八白	成	毕	15	辛酉	九紫	建	觜
十四	20	甲午	七赤	建	胃	20	甲子	九紫	执	毕	18	癸巳	七赤	收	觜	16	壬戌	八白	除	参
十五	21	乙未	五黄	除	昴	21	乙丑	八白	破	觜	19	甲午	六白	开	参	17	癸亥	七赤	满	井
十六	22	丙申	四绿	满	毕	22	丙寅	七赤	危	参	20	乙未	五黄	闭	井	18	甲子	三碧	平	鬼
十七	23	丁酉	三碧	平	觜	23	丁卯	六白	成	井	21	丙申	四绿	建	鬼	19	乙丑	二黑	定	柳
十八	24	戊戌	二黑	定	参	24	戊辰	五黄	收	鬼	22	丁酉	三碧	除	柳	20	丙寅	一白	执	星
十九	25	己亥	一白	执	井	25	己巳	四绿	开	柳	23	戊戌	五黄	满	星	21	丁卯	九紫	破	张
二十	26	庚子	九紫	破	鬼	26	庚午	三碧	闭	星	24	己亥	四绿	平	张	22	戊辰	八白	危	翼
廿一	27	辛丑	八白	危	柳	27	辛未	二黑	建	张	25	庚子	三碧	定	翼	23	己巳	七赤	成	轸
廿二	28	壬寅	七赤	成	星	28	壬申	一白	除	翼	26	辛丑	二黑	执	轸	24	庚午	六白	收	角
廿三	29	癸卯	六白	收	张	29	癸酉	九紫	满	轸	27	壬寅	一白	破	角	25	辛未	五黄	开	亢
廿四	30	甲辰	五黄	开	翼	30	甲戌	八白	平	角	28	癸卯	九紫	危	亢	26	壬申	四绿	闭	氐
廿五	7月	乙巳	四绿	闭	轸	31	乙亥	七赤	定	亢	29	甲辰	八白	成	氐	27	癸酉	三碧	建	房
廿六	2	丙午	三碧	建	角	8月	丙子	六白	执	氐	30	乙巳	七赤	收	房	28	甲戌	二黑	除	心
廿七	3	丁未	二黑	除	亢	2	丁丑	五黄	破	房	31	丙午	六白	开	心	29	乙亥	一白	满	尾
廿八	4	戊申	一白	满	氐	3	戊寅	四绿	危	心	9月	丁未	五黄	闭	尾	30	丙子	九紫	平	箕
廿九	5	己酉	九紫	平	房	4	己卯	三碧	成	尾	2	戊申	四绿	建	箕	10月	丁丑	八白	定	斗
三十	6	庚戌	八白	定	心											2	戊寅	七赤	执	牛

公元2043年　癸亥猪年　太岁虞程　九星二黑

月份	九月大	壬戌 三碧	坎卦 角宿			十月小	癸亥 二黑	艮卦 亢宿			十一月大	甲子 一白	坤卦 氐宿			十二月大	乙丑 九紫	乾卦 房宿		
节气	寒露 10月8日 初六甲申 酉时 17时28分		霜降 10月23日 廿一己亥 戌时 20时47分			立冬 11月7日 初六甲寅 戌时 20时56分		小雪 11月22日 廿一己巳 酉时 18时36分			大雪 12月7日 初七甲申 未时 13时58分		冬至 12月22日 廿二己亥 辰时 8时02分			小寒 1月6日 初七甲寅 丑时 1时13分		大寒 1月20日 廿一戊辰 酉时 18时38分		
农历	公历	干支	九星	日建	星宿	公历	干支	九星	日建	星宿	公历	干支	九星	日建	星宿	公历	干支	九星	日建	星宿
初一	3	己卯	六白	破	女	2	己酉	六白	闭	危	12月	戊寅	一白	平	室	31	戊申	九紫	成	奎
初二	4	庚辰	五黄	危	虚	3	庚戌	五黄	建	室	2	己卯	九紫	定	壁	1月	己酉	一白	收	娄
初三	5	辛巳	四绿	成	危	4	辛亥	四绿	除	壁	3	庚辰	八白	执	奎	2	庚戌	二黑	开	胃
初四	6	壬午	三碧	收	室	5	壬子	三碧	满	奎	4	辛巳	七赤	破	娄	3	辛亥	三碧	闭	昴
初五	7	癸未	二黑	开	壁	6	癸丑	二黑	平	娄	5	壬午	六白	危	胃	4	壬子	四绿	建	毕
初六	8	甲申	一白	开	奎	7	甲寅	一白	平	胃	6	癸未	五黄	成	昴	5	癸丑	五黄	除	觜
初七	9	乙酉	九紫	闭	娄	8	乙卯	九紫	定	昴	7	甲申	四绿	成	毕	6	甲寅	六白	除	参
初八	10	丙戌	八白	建	胃	9	丙辰	八白	执	毕	8	乙酉	三碧	收	觜	7	乙卯	七赤	满	井
初九	11	丁亥	七赤	除	昴	10	丁巳	七赤	破	觜	9	丙戌	二黑	开	参	8	丙辰	八白	平	鬼
初十	12	戊子	六白	满	毕	11	戊午	六白	危	参	10	丁亥	一白	闭	井	9	丁巳	九紫	定	柳
十一	13	己丑	五黄	平	觜	12	己未	五黄	成	井	11	戊子	九紫	建	鬼	10	戊午	一白	执	星
十二	14	庚寅	四绿	定	参	13	庚申	四绿	收	鬼	12	己丑	八白	除	柳	11	己未	二黑	破	张
十三	15	辛卯	三碧	执	井	14	辛酉	三碧	开	柳	13	庚寅	七赤	满	星	12	庚申	三碧	危	翼
十四	16	壬辰	二黑	破	鬼	15	壬戌	二黑	闭	星	14	辛卯	六白	平	张	13	辛酉	四绿	成	轸
十五	17	癸巳	一白	危	柳	16	癸亥	一白	建	张	15	壬辰	五黄	定	翼	14	壬戌	五黄	收	角
十六	18	甲午	九紫	成	星	17	甲子	六白	除	翼	16	癸巳	四绿	执	轸	15	癸亥	六白	开	亢
十七	19	乙未	八白	收	张	18	乙丑	五黄	满	轸	17	甲午	三碧	破	角	16	甲子	一白	闭	氐
十八	20	丙申	七赤	开	翼	19	丙寅	四绿	平	角	18	乙未	二黑	危	亢	17	乙丑	二黑	建	房
十九	21	丁酉	六白	闭	轸	20	丁卯	三碧	定	亢	19	丙申	一白	成	氐	18	丙寅	三碧	除	心
二十	22	戊戌	五黄	建	角	21	戊辰	二黑	执	氐	20	丁酉	九紫	收	房	19	丁卯	四绿	满	尾
廿一	23	己亥	七赤	除	亢	22	己巳	一白	破	房	21	戊戌	八白	开	心	20	戊辰	五黄	平	箕
廿二	24	庚子	六白	满	氐	23	庚午	九紫	危	心	22	己亥	九紫	闭	尾	21	己巳	六白	定	斗
廿三	25	辛丑	五黄	平	房	24	辛未	八白	成	尾	23	庚子	一白	建	箕	22	庚午	七赤	执	牛
廿四	26	壬寅	四绿	定	心	25	壬申	七赤	收	箕	24	辛丑	二黑	除	斗	23	辛未	八白	破	女
廿五	27	癸卯	三碧	执	尾	26	癸酉	六白	开	斗	25	壬寅	三碧	满	牛	24	壬申	九紫	危	虚
廿六	28	甲辰	二黑	破	箕	27	甲戌	五黄	闭	牛	26	癸卯	四绿	平	女	25	癸酉	一白	成	危
廿七	29	乙巳	一白	危	斗	28	乙亥	四绿	建	女	27	甲辰	五黄	定	虚	26	甲戌	二黑	收	室
廿八	30	丙午	九紫	成	牛	29	丙子	三碧	除	虚	28	乙巳	六白	执	危	27	乙亥	三碧	开	壁
廿九	31	丁未	八白	收	女	30	丁丑	二黑	满	危	29	丙午	七赤	破	室	28	丙子	四绿	闭	奎
三十	11月	戊申	七赤	开	虚						30	丁未	八白	危	壁	29	丁丑	五黄	建	娄

公元2044年 甲子鼠年（闰七月） 太岁金赤 九星一白

月份	正月大	丙寅 八白 离卦 心宿				二月小	丁卯 七赤 震卦 尾宿				三月大	戊辰 六白 巽卦 箕宿				四月小	己巳 五黄 坎卦 斗宿			
节气	立春 2月4日 初六癸未 午时 12时45分		雨水 2月19日 廿一戊戌 辰时 8时37分			惊蛰 3月5日 初六癸丑 卯时 6时32分		春分 3月20日 廿一戊辰 辰时 7时21分			清明 4月4日 初七癸未 午时 11时04分		谷雨 4月19日 廿二戊戌 酉时 18时07分			立夏 5月5日 初八甲寅 寅时 4时06分		小满 5月20日 廿三己巳 酉时 17时02分		
农历	公历	干支	九星	日建	星宿	公历	干支	九星	日建	星宿	公历	干支	九星	日建	星宿	公历	干支	九星	日建	星宿
初一	30	戊寅	六白	除	胃	29	戊申	六白	破	毕	29	丁丑	二黑	开	觜	28	丁未	二黑	平	井
初二	31	己卯	七赤	满	昴	3月	己酉	七赤	危	觜	30	戊寅	三碧	闭	参	29	戊申	三碧	定	鬼
初三	2月	庚辰	八白	平	毕	2	庚戌	八白	成	参	31	己卯	四绿	建	井	30	己酉	四绿	执	柳
初四	2	辛巳	九紫	定	觜	3	辛亥	九紫	收	井	4月	庚辰	五黄	除	鬼	5月	庚戌	五黄	破	星
初五	3	壬午	一白	执	参	4	壬子	一白	开	鬼	2	辛巳	六白	满	柳	2	辛亥	六白	危	张
初六	4	癸未	二黑	执	井	5	癸丑	二黑	开	柳	3	壬午	七赤	平	星	3	壬子	七赤	成	翼
初七	5	甲申	三碧	破	鬼	6	甲寅	三碧	闭	星	4	癸未	八白	平	张	4	癸丑	八白	收	轸
初八	6	乙酉	四绿	危	柳	7	乙卯	四绿	建	张	5	甲申	九紫	定	翼	5	甲寅	九紫	收	角
初九	7	丙戌	五黄	成	星	8	丙辰	五黄	除	翼	6	乙酉	一白	执	轸	6	乙卯	一白	开	亢
初十	8	丁亥	六白	收	张	9	丁巳	六白	满	轸	7	丙戌	二黑	破	角	7	丙辰	二黑	闭	氐
十一	9	戊子	七赤	开	翼	10	戊午	七赤	平	角	8	丁亥	三碧	危	亢	8	丁巳	三碧	建	房
十二	10	己丑	八白	闭	轸	11	己未	八白	定	亢	9	戊子	四绿	成	氐	9	戊午	四绿	除	心
十三	11	庚寅	九紫	建	角	12	庚申	九紫	执	氐	10	己丑	五黄	收	房	10	己未	五黄	满	尾
十四	12	辛卯	一白	除	亢	13	辛酉	一白	破	房	11	庚寅	六白	开	心	11	庚申	六白	平	箕
十五	13	壬辰	二黑	满	氐	14	壬戌	二黑	危	心	12	辛卯	七赤	闭	尾	12	辛酉	七赤	定	斗
十六	14	癸巳	三碧	平	房	15	癸亥	三碧	成	尾	13	壬辰	八白	建	箕	13	壬戌	八白	执	牛
十七	15	甲午	四绿	定	心	16	甲子	七赤	收	箕	14	癸巳	九紫	除	斗	14	癸亥	九紫	破	女
十八	16	乙未	五黄	执	尾	17	乙丑	八白	开	斗	15	甲午	一白	满	牛	15	甲子	四绿	危	虚
十九	17	丙申	六白	破	箕	18	丙寅	九紫	闭	牛	16	乙未	二黑	平	女	16	乙丑	五黄	成	危
二十	18	丁酉	七赤	危	斗	19	丁卯	一白	建	女	17	丙申	三碧	定	虚	17	丙寅	六白	收	室
廿一	19	戊戌	五黄	成	牛	20	戊辰	二黑	除	虚	18	丁酉	四绿	执	危	18	丁卯	七赤	开	壁
廿二	20	己亥	六白	收	女	21	己巳	三碧	满	危	19	戊戌	二黑	破	室	19	戊辰	八白	闭	奎
廿三	21	庚子	七赤	开	虚	22	庚午	四绿	平	室	20	己亥	三碧	危	壁	20	己巳	九紫	建	娄
廿四	22	辛丑	八白	闭	危	23	辛未	五黄	定	壁	21	庚子	四绿	成	奎	21	庚午	一白	除	胃
廿五	23	壬寅	九紫	建	室	24	壬申	六白	执	奎	22	辛丑	五黄	收	娄	22	辛未	二黑	满	昴
廿六	24	癸卯	一白	除	壁	25	癸酉	七赤	破	娄	23	壬寅	六白	开	胃	23	壬申	三碧	平	毕
廿七	25	甲辰	二黑	满	奎	26	甲戌	八白	危	胃	24	癸卯	七赤	闭	昴	24	癸酉	四绿	定	觜
廿八	26	乙巳	三碧	平	娄	27	乙亥	九紫	成	昴	25	甲辰	八白	建	毕	25	甲戌	五黄	执	参
廿九	27	丙午	四绿	定	胃	28	丙子	一白	收	毕	26	乙巳	九紫	除	觜	26	乙亥	六白	破	井
三十	28	丁未	五黄	执	昴						27	丙午	一白	满	参					

公元2044年　甲子鼠年（闰七月）　太岁金赤　九星一白

月份	五月小		庚午 四绿 艮卦 牛宿			六月大		辛未 三碧 坤卦 女宿			七月小		壬申 二黑 乾卦 虚宿		
节气	芒种 6月5日 初十乙酉 辰时 8时04分		夏至 6月21日 廿六辛丑 早子时 0时51分			小暑 7月6日 十二丙辰 酉时 18时16分		大暑 7月22日 廿八壬申 午时 11时44分			立秋 8月7日 十四戊子 寅时 4时09分		处暑 8月22日 廿九癸卯 酉时 18时55分		
农历	公历	干支	九星	日建	星宿	公历	干支	九星	日建	星宿	公历	干支	九星	日建	星宿
初一	27	丙子	七赤	危	鬼	25	乙巳	四绿	闭	柳	25	乙亥	七赤	定	张
初二	28	丁丑	八白	成	柳	26	丙午	三碧	建	星	26	丙子	六白	执	翼
初三	29	戊寅	九紫	收	星	27	丁未	二黑	除	张	27	丁丑	五黄	破	轸
初四	30	己卯	一白	开	张	28	戊申	一白	满	翼	28	戊寅	四绿	危	角
初五	31	庚辰	二黑	闭	翼	29	己酉	九紫	平	轸	29	己卯	三碧	成	亢
初六	6月	辛巳	三碧	建	轸	30	庚戌	八白	定	角	30	庚辰	二黑	收	氐
初七	2	壬午	四绿	除	角	7月	辛亥	七赤	执	亢	31	辛巳	一白	开	房
初八	3	癸未	五黄	满	亢	2	壬子	六白	破	氐	8月	壬午	九紫	闭	心
初九	4	甲申	六白	平	氐	3	癸丑	五黄	危	房	2	癸未	八白	建	尾
初十	5	乙酉	七赤	平	房	4	甲寅	四绿	成	心	3	甲申	七赤	除	箕
十一	6	丙戌	八白	定	心	5	乙卯	三碧	收	尾	4	乙酉	六白	满	斗
十二	7	丁亥	九紫	执	尾	6	丙辰	二黑	收	箕	5	丙戌	五黄	平	牛
十三	8	戊子	一白	破	箕	7	丁巳	一白	开	斗	6	丁亥	四绿	定	女
十四	9	己丑	二黑	危	斗	8	戊午	九紫	闭	牛	7	戊子	三碧	定	虚
十五	10	庚寅	三碧	成	牛	9	己未	八白	建	女	8	己丑	二黑	执	危
十六	11	辛卯	四绿	收	女	10	庚申	七赤	除	虚	9	庚寅	一白	破	室
十七	12	壬辰	五黄	开	虚	11	辛酉	六白	满	危	10	辛卯	九紫	危	壁
十八	13	癸巳	六白	闭	危	12	壬戌	五黄	平	室	11	壬辰	八白	成	奎
十九	14	甲午	七赤	建	室	13	癸亥	四绿	定	壁	12	癸巳	七赤	收	娄
二十	15	乙未	八白	除	壁	14	甲子	九紫	执	奎	13	甲午	六白	开	胃
廿一	16	丙申	九紫	满	奎	15	乙丑	八白	破	娄	14	乙未	五黄	闭	昴
廿二	17	丁酉	一白	平	娄	16	丙寅	七赤	危	胃	15	丙申	四绿	建	毕
廿三	18	戊戌	二黑	定	胃	17	丁卯	六白	成	昴	16	丁酉	三碧	除	觜
廿四	19	己亥	三碧	执	昴	18	戊辰	五黄	收	毕	17	戊戌	二黑	满	参
廿五	20	庚子	四绿	破	毕	19	己巳	四绿	开	觜	18	己亥	一白	平	井
廿六	21	辛丑	八白	危	觜	20	庚午	三碧	闭	参	19	庚子	九紫	定	鬼
廿七	22	壬寅	七赤	成	参	21	辛未	二黑	建	井	20	辛丑	八白	执	柳
廿八	23	癸卯	六白	收	井	22	壬申	一白	除	鬼	21	壬寅	七赤	破	星
廿九	24	甲辰	五黄	开	鬼	23	癸酉	九紫	满	柳	22	癸卯	九紫	危	张
三十						24	甲戌	八白	平	星					

公元2044年　甲子鼠年（闰七月）　太岁金赤 九星一白

月份	闰七月小					八月大	癸酉 一白 兑卦 危宿				九月小	甲戌 九紫 离卦 室宿			
节气	白露 9月7日 十六己未 辰时 7时17分					秋分 9月22日 初二甲戌 申时 16时48分		寒露 10月7日 十七己丑 夜子时 23时13分			霜降 10月23日 初三乙巳 丑时 2时27分		立冬 11月7日 十八庚申 丑时 2时42分		
农历	公历	干支	九星	日建	星宿	公历	干支	九星	日建	星宿	公历	干支	九星	日建	星宿
初一	23	甲辰	八白	成	翼	21	癸酉	三碧	建	轸	21	癸卯	九紫	执	亢
初二	24	乙巳	七赤	收	轸	22	甲戌	二黑	除	角	22	甲辰	八白	破	氐
初三	25	丙午	六白	开	角	23	乙亥	一白	满	亢	23	乙巳	一白	危	房
初四	26	丁未	五黄	闭	亢	24	丙子	九紫	平	氐	24	丙午	九紫	成	心
初五	27	戊申	四绿	建	氐	25	丁丑	八白	定	房	25	丁未	八白	收	尾
初六	28	己酉	三碧	除	房	26	戊寅	七赤	执	心	26	戊申	七赤	开	箕
初七	29	庚戌	二黑	满	心	27	己卯	六白	破	尾	27	己酉	六白	闭	斗
初八	30	辛亥	一白	平	尾	28	庚辰	五黄	危	箕	28	庚戌	五黄	建	牛
初九	31	壬子	九紫	定	箕	29	辛巳	四绿	成	斗	29	辛亥	四绿	除	女
初十	9月	癸丑	八白	执	斗	30	壬午	三碧	收	牛	30	壬子	三碧	满	虚
十一	2	甲寅	七赤	破	牛	10月	癸未	二黑	开	女	31	癸丑	二黑	平	危
十二	3	乙卯	六白	危	女	2	甲申	一白	闭	虚	11月	甲寅	一白	定	室
十三	4	丙辰	五黄	成	虚	3	乙酉	九紫	建	危	2	乙卯	九紫	执	壁
十四	5	丁巳	四绿	收	危	4	丙戌	八白	除	室	3	丙辰	八白	破	奎
十五	6	戊午	三碧	开	室	5	丁亥	七赤	满	壁	4	丁巳	七赤	危	娄
十六	7	己未	二黑	开	壁	6	戊子	六白	平	奎	5	戊午	六白	成	胃
十七	8	庚申	一白	闭	奎	7	己丑	五黄	平	娄	6	己未	五黄	收	昴
十八	9	辛酉	九紫	建	娄	8	庚寅	四绿	定	胃	7	庚申	四绿	收	毕
十九	10	壬戌	八白	除	胃	9	辛卯	三碧	执	昴	8	辛酉	三碧	开	觜
二十	11	癸亥	七赤	满	昴	10	壬辰	二黑	破	毕	9	壬戌	二黑	闭	参
廿一	12	甲子	三碧	平	毕	11	癸巳	一白	危	觜	10	癸亥	一白	建	井
廿二	13	乙丑	二黑	定	觜	12	甲午	九紫	成	参	11	甲子	六白	除	鬼
廿三	14	丙寅	一白	执	参	13	乙未	八白	收	井	12	乙丑	五黄	满	柳
廿四	15	丁卯	九紫	破	井	14	丙申	七赤	开	鬼	13	丙寅	四绿	平	星
廿五	16	戊辰	八白	危	鬼	15	丁酉	六白	闭	柳	14	丁卯	三碧	定	张
廿六	17	己巳	七赤	成	柳	16	戊戌	五黄	建	星	15	戊辰	二黑	执	翼
廿七	18	庚午	六白	收	星	17	己亥	四绿	除	张	16	己巳	一白	破	轸
廿八	19	辛未	五黄	开	张	18	庚子	三碧	满	翼	17	庚午	九紫	危	角
廿九	20	壬申	四绿	闭	翼	19	辛丑	二黑	平	轸	18	辛未	八白	成	亢
三十						20	壬寅	一白	定	角					

公元2044年 甲子鼠年（闰七月） 太岁金赤 九星一白

月份	十月大 乙亥 八白 震卦 壁宿					十一月大 丙子 七赤 巽卦 奎宿					十二月大 丁丑 六白 坎卦 娄宿				
节气	小雪 11月22日 初四乙亥 早子时 0时16分 大雪 12月6日 十八己丑 戌时 19时46分					冬至 12月21日 初三甲辰 未时 13时45分 小寒 1月5日 十八己未 辰时 7时04分					大寒 1月20日 初三甲戌 早子时 0时23分 立春 2月3日 十七戊子 酉时 18时38分				
农历	公历	干支	九星	日建	星宿	公历	干支	九星	日建	星宿	公历	干支	九星	日建	星宿
初一	19	壬申	七赤	收	氐	19	壬寅	四绿	满	心	18	壬申	九紫	危	箕
初二	20	癸酉	六白	开	房	20	癸卯	三碧	平	尾	19	癸酉	一白	成	斗
初三	21	甲戌	五黄	闭	心	21	甲辰	五黄	定	箕	20	甲戌	二黑	收	牛
初四	22	乙亥	四绿	建	尾	22	乙巳	六白	执	斗	21	乙亥	三碧	开	女
初五	23	丙子	三碧	除	箕	23	丙午	七赤	破	牛	22	丙子	四绿	闭	虚
初六	24	丁丑	二黑	满	斗	24	丁未	八白	危	女	23	丁丑	五黄	建	危
初七	25	戊寅	一白	平	牛	25	戊申	九紫	成	虚	24	戊寅	六白	除	室
初八	26	己卯	九紫	定	女	26	己酉	一白	收	危	25	己卯	七赤	满	壁
初九	27	庚辰	八白	执	虚	27	庚戌	二黑	开	室	26	庚辰	八白	平	奎
初十	28	辛巳	七赤	破	危	28	辛亥	三碧	闭	壁	27	辛巳	九紫	定	娄
十一	29	壬午	六白	危	室	29	壬子	四绿	建	奎	28	壬午	一白	执	胃
十二	30	癸未	五黄	成	壁	30	癸丑	五黄	除	娄	29	癸未	二黑	破	昴
十三	12月	甲申	四绿	收	奎	31	甲寅	六白	满	胃	30	甲申	三碧	危	毕
十四	2	乙酉	三碧	开	娄	1月	乙卯	七赤	平	昴	31	乙酉	四绿	成	觜
十五	3	丙戌	二黑	闭	胃	2	丙辰	八白	定	毕	2月	丙戌	五黄	收	参
十六	4	丁亥	一白	建	昴	3	丁巳	九紫	执	觜	2	丁亥	六白	开	井
十七	5	戊子	九紫	除	毕	4	戊午	一白	破	参	3	戊子	七赤	开	鬼
十八	6	己丑	八白	除	觜	5	己未	二黑	破	井	4	己丑	八白	闭	柳
十九	7	庚寅	七赤	满	参	6	庚申	三碧	危	鬼	5	庚寅	九紫	建	星
二十	8	辛卯	六白	平	井	7	辛酉	四绿	成	柳	6	辛卯	一白	除	张
廿一	9	壬辰	五黄	定	鬼	8	壬戌	五黄	收	星	7	壬辰	二黑	满	翼
廿二	10	癸巳	四绿	执	柳	9	癸亥	六白	开	张	8	癸巳	三碧	平	轸
廿三	11	甲午	三碧	破	星	10	甲子	一白	闭	翼	9	甲午	四绿	定	角
廿四	12	乙未	二黑	危	张	11	乙丑	二黑	建	轸	10	乙未	五黄	执	亢
廿五	13	丙申	一白	成	翼	12	丙寅	三碧	除	角	11	丙申	六白	破	氐
廿六	14	丁酉	九紫	收	轸	13	丁卯	四绿	满	亢	12	丁酉	七赤	危	房
廿七	15	戊戌	八白	开	角	14	戊辰	五黄	平	氐	13	戊戌	八白	成	心
廿八	16	己亥	七赤	闭	亢	15	己巳	六白	定	房	14	己亥	九紫	收	尾
廿九	17	庚子	六白	建	氐	16	庚午	七赤	执	心	15	庚子	一白	开	箕
三十	18	辛丑	五黄	除	房	17	辛未	八白	破	尾	16	辛丑	二黑	闭	斗

公元2045年　乙丑牛年　太岁陈泰 九星九紫

月份	正月大 戊寅 五黄 震卦 胃宿					二月小 己卯 四绿 巽卦 昴宿					三月大 庚辰 三碧 坎卦 毕宿					四月小 辛巳 二黑 艮卦 觜宿				
节气	雨水 2月18日 初二癸卯 未时 14时23分		惊蛰 3月5日 十七戊午 午时 12时26分			春分 3月20日 初二癸酉 未时 13时08分		清明 4月4日 十七戊子 申时 16时58分			谷雨 4月19日 初三癸卯 夜子时 23时53分		立夏 5月5日 十九己未 巳时 10时00分			小满 5月20日 初四甲戌 亥时 22时46分		芒种 6月5日 二十庚寅 未时 13时58分		
农历	公历	干支	九星	日建	星宿	公历	干支	九星	日建	星宿	公历	干支	九星	日建	星宿	公历	干支	九星	日建	星宿
初一	17	壬寅	三碧	建	牛	19	壬申	六白	执	虚	17	辛丑	八白	收	危	17	辛未	二黑	满	壁
初二	18	癸卯	一白	除	女	20	癸酉	七赤	破	危	18	壬寅	九紫	开	室	18	壬申	三碧	平	奎
初三	19	甲辰	二黑	满	虚	21	甲戌	八白	危	室	19	癸卯	七赤	闭	壁	19	癸酉	四绿	定	娄
初四	20	乙巳	三碧	平	危	22	乙亥	九紫	成	壁	20	甲辰	八白	建	奎	20	甲戌	五黄	执	胃
初五	21	丙午	四绿	定	室	23	丙子	一白	收	奎	21	乙巳	九紫	除	娄	21	乙亥	六白	破	昴
初六	22	丁未	五黄	执	壁	24	丁丑	二黑	开	娄	22	丙午	一白	满	胃	22	丙子	七赤	危	毕
初七	23	戊申	六白	破	奎	25	戊寅	三碧	闭	胃	23	丁未	二黑	平	昴	23	丁丑	八白	成	觜
初八	24	己酉	七赤	危	娄	26	己卯	四绿	建	昴	24	戊申	三碧	定	毕	24	戊寅	九紫	收	参
初九	25	庚戌	八白	成	胃	27	庚辰	五黄	除	毕	25	己酉	四绿	执	觜	25	己卯	一白	开	井
初十	26	辛亥	九紫	收	昴	28	辛巳	六白	满	觜	26	庚戌	五黄	破	参	26	庚辰	二黑	闭	鬼
十一	27	壬子	一白	开	毕	29	壬午	七赤	平	参	27	辛亥	六白	危	井	27	辛巳	三碧	建	柳
十二	28	癸丑	二黑	闭	觜	30	癸未	八白	定	井	28	壬子	七赤	成	鬼	28	壬午	四绿	除	星
十三	3月	甲寅	三碧	建	参	31	甲申	九紫	执	鬼	29	癸丑	八白	收	柳	29	癸未	五黄	满	张
十四	2	乙卯	四绿	除	井	4月	乙酉	一白	破	柳	30	甲寅	九紫	开	星	30	甲申	六白	平	翼
十五	3	丙辰	五黄	满	鬼	2	丙戌	二黑	危	星	5月	乙卯	一白	闭	张	31	乙酉	七赤	定	轸
十六	4	丁巳	六白	平	柳	3	丁亥	三碧	成	张	2	丙辰	二黑	建	翼	6月	丙戌	八白	执	角
十七	5	戊午	七赤	平	星	4	戊子	四绿	成	翼	3	丁巳	三碧	除	轸	2	丁亥	九紫	破	亢
十八	6	己未	八白	定	张	5	己丑	五黄	收	轸	4	戊午	四绿	满	角	3	戊子	一白	危	氐
十九	7	庚申	九紫	执	翼	6	庚寅	六白	开	角	5	己未	五黄	满	亢	4	己丑	二黑	成	房
二十	8	辛酉	一白	破	轸	7	辛卯	七赤	闭	亢	6	庚申	六白	平	氐	5	庚寅	三碧	成	心
廿一	9	壬戌	二黑	危	角	8	壬辰	八白	建	氐	7	辛酉	七赤	定	房	6	辛卯	四绿	收	尾
廿二	10	癸亥	三碧	成	亢	9	癸巳	九紫	除	房	8	壬戌	八白	执	心	7	壬辰	五黄	开	箕
廿三	11	甲子	七赤	收	氐	10	甲午	一白	满	心	9	癸亥	九紫	破	尾	8	癸巳	六白	闭	斗
廿四	12	乙丑	八白	开	房	11	乙未	二黑	平	尾	10	甲子	四绿	危	箕	9	甲午	七赤	建	牛
廿五	13	丙寅	九紫	闭	心	12	丙申	三碧	定	箕	11	乙丑	五黄	成	斗	10	乙未	八白	除	女
廿六	14	丁卯	一白	建	尾	13	丁酉	四绿	执	斗	12	丙寅	六白	收	牛	11	丙申	九紫	满	虚
廿七	15	戊辰	二黑	除	箕	14	戊戌	五黄	破	牛	13	丁卯	七赤	开	女	12	丁酉	一白	平	危
廿八	16	己巳	三碧	满	斗	15	己亥	六白	危	女	14	戊辰	八白	闭	虚	13	戊戌	二黑	定	室
廿九	17	庚午	四绿	平	牛	16	庚子	七赤	成	虚	15	己巳	九紫	建	危	14	己亥	三碧	执	壁
三十	18	辛未	五黄	定	女						16	庚午	一白	除	室					

公元2045年 乙丑牛年 太岁陈泰 九星九紫

月份	五月小	壬午 一白 坤卦 参宿				六月大	癸未 九紫 乾卦 井宿				七月小	甲申 八白 兑卦 鬼宿				八月小	乙酉 七赤 离卦 柳宿			
节气	夏至 6月21日 初七丙午 卯时 6时34分		小暑 7月7日 廿三壬戌 早子时 0时09分			大暑 7月22日 初九丁丑 酉时 17时27分		立秋 8月7日 廿五癸巳 巳时 10时00分			处暑 8月23日 十一己酉 早子时 0时39分		白露 9月7日 廿六甲子 未时 13时06分			秋分 9月22日 十二己卯 亥时 22时33分		寒露 10月8日 廿八乙未 卯时 5时01分		
农历	公历	干支	九星	日建	星宿	公历	干支	九星	日建	星宿	公历	干支	九星	日建	星宿	公历	干支	九星	日建	星宿
初一	15	庚子	四绿	破	奎	14	己巳	四绿	开	娄	13	己亥	一白	平	昴	11	戊辰	八白	危	毕
初二	16	辛丑	五黄	危	娄	15	庚午	三碧	闭	胃	14	庚子	九紫	定	毕	12	己巳	七赤	成	觜
初三	17	壬寅	六白	成	胃	16	辛未	二黑	建	昴	15	辛丑	八白	执	觜	13	庚午	六白	收	参
初四	18	癸卯	七赤	收	昴	17	壬申	一白	除	毕	16	壬寅	七赤	破	参	14	辛未	五黄	开	井
初五	19	甲辰	八白	开	毕	18	癸酉	九紫	满	觜	17	癸卯	六白	危	井	15	壬申	四绿	闭	鬼
初六	20	乙巳	九紫	闭	觜	19	甲戌	八白	平	参	18	甲辰	五黄	成	鬼	16	癸酉	三碧	建	柳
初七	21	丙午	三碧	建	参	20	乙亥	七赤	定	井	19	乙巳	四绿	收	柳	17	甲戌	二黑	除	星
初八	22	丁未	二黑	除	井	21	丙子	六白	执	鬼	20	丙午	三碧	开	星	18	乙亥	一白	满	张
初九	23	戊申	一白	满	鬼	22	丁丑	五黄	破	柳	21	丁未	二黑	闭	张	19	丙子	九紫	平	翼
初十	24	己酉	九紫	平	柳	23	戊寅	四绿	危	星	22	戊申	一白	建	翼	20	丁丑	八白	定	轸
十一	25	庚戌	八白	定	星	24	己卯	三碧	成	张	23	己酉	三碧	除	轸	21	戊寅	七赤	执	角
十二	26	辛亥	七赤	执	张	25	庚辰	二黑	收	翼	24	庚戌	二黑	满	角	22	己卯	六白	破	亢
十三	27	壬子	六白	破	翼	26	辛巳	一白	开	轸	25	辛亥	一白	平	亢	23	庚辰	五黄	危	氐
十四	28	癸丑	五黄	危	轸	27	壬午	九紫	闭	角	26	壬子	九紫	定	氐	24	辛巳	四绿	成	房
十五	29	甲寅	四绿	成	角	28	癸未	八白	建	亢	27	癸丑	八白	执	房	25	壬午	三碧	收	心
十六	30	乙卯	三碧	收	亢	29	甲申	七赤	除	氐	28	甲寅	七赤	破	心	26	癸未	二黑	开	尾
十七	7月	丙辰	二黑	开	氐	30	乙酉	六白	满	房	29	乙卯	六白	危	尾	27	甲申	一白	闭	箕
十八	2	丁巳	一白	闭	房	31	丙戌	五黄	平	心	30	丙辰	五黄	成	箕	28	乙酉	九紫	建	斗
十九	3	戊午	九紫	建	心	8月	丁亥	四绿	定	尾	31	丁巳	四绿	收	斗	29	丙戌	八白	除	牛
二十	4	己未	八白	除	尾	2	戊子	三碧	执	箕	9月	戊午	三碧	开	牛	30	丁亥	七赤	满	女
廿一	5	庚申	七赤	满	箕	3	己丑	二黑	破	斗	2	己未	二黑	闭	女	10月	戊子	六白	平	虚
廿二	6	辛酉	六白	平	斗	4	庚寅	一白	危	牛	3	庚申	一白	建	虚	2	己丑	五黄	定	危
廿三	7	壬戌	五黄	平	牛	5	辛卯	九紫	成	女	4	辛酉	九紫	除	危	3	庚寅	四绿	执	室
廿四	8	癸亥	四绿	定	女	6	壬辰	八白	收	虚	5	壬戌	八白	满	室	4	辛卯	三碧	破	壁
廿五	9	甲子	九紫	执	虚	7	癸巳	七赤	收	危	6	癸亥	七赤	平	壁	5	壬辰	二黑	危	奎
廿六	10	乙丑	八白	破	危	8	甲午	六白	开	室	7	甲子	三碧	平	奎	6	癸巳	一白	成	娄
廿七	11	丙寅	七赤	危	室	9	乙未	五黄	闭	壁	8	乙丑	二黑	定	娄	7	甲午	九紫	收	胃
廿八	12	丁卯	六白	成	壁	10	丙申	四绿	建	奎	9	丙寅	一白	执	胃	8	乙未	八白	收	昴
廿九	13	戊辰	五黄	收	奎	11	丁酉	三碧	除	娄	10	丁卯	九紫	破	昴	9	丙申	七赤	开	毕
三十						12	戊戌	二黑	满	胃										

公元2045年 乙丑牛年 太岁陈泰 九星九紫

月份	九月大	丙戌 六白	震卦 星宿			十月小	丁亥 五黄	巽卦 张宿			十一月大	戊子 四绿	坎卦 翼宿			十二月大	己丑 三碧	艮卦 轸宿		
节气	霜降 10月23日 十四庚戌 辰时 8时13分		立冬 11月7日 廿九乙丑 辰时 8时30分			小雪 11月22日 十四庚辰 卯时 6时04分		大雪 12月7日 廿九乙未 丑时 1时36分			冬至 12月21日 十四己酉 戌时 19时36分		小寒 1月5日 廿九甲子 午时 12时57分			大寒 1月20日 十四己卯 卯时 6时16分		立春 2月4日 廿九甲午 早子时 0时32分		
农历	公历	干支	九星	日建	星宿	公历	干支	九星	日建	星宿	公历	干支	九星	日建	星宿	公历	干支	九星	日建	星宿
初一	10	丁酉	六白	闭	觜	9	丁卯	三碧	定	井	8	丙申	一白	成	鬼	7	丙寅	三碧	除	星
初二	11	戊戌	五黄	建	参	10	戊辰	二黑	执	鬼	9	丁酉	九紫	收	柳	8	丁卯	四绿	满	张
初三	12	己亥	四绿	除	井	11	己巳	一白	破	柳	10	戊戌	八白	开	星	9	戊辰	五黄	平	翼
初四	13	庚子	三碧	满	鬼	12	庚午	九紫	危	星	11	己亥	七赤	闭	张	10	己巳	六白	定	轸
初五	14	辛丑	二黑	平	柳	13	辛未	八白	成	张	12	庚子	六白	建	翼	11	庚午	七赤	执	角
初六	15	壬寅	一白	定	星	14	壬申	七赤	收	翼	13	辛丑	五黄	除	轸	12	辛未	八白	破	亢
初七	16	癸卯	九紫	执	张	15	癸酉	六白	开	轸	14	壬寅	四绿	满	角	13	壬申	九紫	危	氐
初八	17	甲辰	八白	破	翼	16	甲戌	五黄	闭	角	15	癸卯	三碧	平	亢	14	癸酉	一白	成	房
初九	18	乙巳	七赤	危	轸	17	乙亥	四绿	建	亢	16	甲辰	二黑	定	氐	15	甲戌	二黑	收	心
初十	19	丙午	六白	成	角	18	丙子	三碧	除	氐	17	乙巳	一白	执	房	16	乙亥	三碧	开	尾
十一	20	丁未	五黄	收	亢	19	丁丑	二黑	满	房	18	丙午	九紫	破	心	17	丙子	四绿	闭	箕
十二	21	戊申	四绿	开	氐	20	戊寅	一白	平	心	19	丁未	八白	危	尾	18	丁丑	五黄	建	斗
十三	22	己酉	三碧	闭	房	21	己卯	九紫	定	尾	20	戊申	七赤	成	箕	19	戊寅	六白	除	牛
十四	23	庚戌	五黄	建	心	22	庚辰	八白	执	箕	21	己酉	一白	收	斗	20	己卯	七赤	满	女
十五	24	辛亥	四绿	除	尾	23	辛巳	七赤	破	斗	22	庚戌	二黑	开	牛	21	庚辰	八白	平	虚
十六	25	壬子	三碧	满	箕	24	壬午	六白	危	牛	23	辛亥	三碧	闭	女	22	辛巳	九紫	定	危
十七	26	癸丑	二黑	平	斗	25	癸未	五黄	成	女	24	壬子	四绿	建	虚	23	壬午	一白	执	室
十八	27	甲寅	一白	定	牛	26	甲申	四绿	收	虚	25	癸丑	五黄	除	危	24	癸未	二黑	破	壁
十九	28	乙卯	九紫	执	女	27	乙酉	三碧	开	危	26	甲寅	六白	满	室	25	甲申	三碧	危	奎
二十	29	丙辰	八白	破	虚	28	丙戌	二黑	闭	室	27	乙卯	七赤	平	壁	26	乙酉	四绿	成	娄
廿一	30	丁巳	七赤	危	危	29	丁亥	一白	建	壁	28	丙辰	八白	定	奎	27	丙戌	五黄	收	胃
廿二	31	戊午	六白	成	室	30	戊子	九紫	除	奎	29	丁巳	九紫	执	娄	28	丁亥	六白	开	昴
廿三	11月	己未	五黄	收	壁	12月	己丑	八白	满	娄	30	戊午	一白	破	胃	29	戊子	七赤	闭	毕
廿四	2	庚申	四绿	开	奎	2	庚寅	七赤	平	胃	31	己未	二黑	危	昴	30	己丑	八白	建	觜
廿五	3	辛酉	三碧	闭	娄	3	辛卯	六白	定	昴	1月	庚申	三碧	成	毕	31	庚寅	九紫	除	参
廿六	4	壬戌	二黑	建	胃	4	壬辰	五黄	执	毕	2	辛酉	四绿	收	觜	2月	辛卯	一白	满	井
廿七	5	癸亥	一白	除	昴	5	癸巳	四绿	破	觜	3	壬戌	五黄	开	参	2	壬辰	二黑	平	鬼
廿八	6	甲子	六白	满	毕	6	甲午	三碧	危	参	4	癸亥	六白	闭	井	3	癸巳	三碧	定	柳
廿九	7	乙丑	五黄	满	觜	7	乙未	二黑	危	井	5	甲子	一白	闭	鬼	4	甲午	四绿	定	星
三十	8	丙寅	四绿	平	参						6	乙丑	二黑	建	柳	5	乙未	五黄	执	张

公元2046年　丙寅虎年　太岁沈兴　九星八白

月份	正月大 庚寅 二黑 巽卦 角宿					二月小 辛卯 一白 坎卦 亢宿					三月大 壬辰 九紫 艮卦 氐宿					四月小 癸巳 八白 坤卦 房宿				
节气	雨水 2月18日 十三戊申 戌时 20时16分 惊蛰 3月5日 廿八癸亥 酉时 18时18分					春分 3月20日 十三戊寅 酉时 18时59分 清明 4月4日 廿八癸巳 亥时 22时45分					谷雨 4月20日 十五己酉 卯时 5时40分 立夏 5月5日 三十甲子 申时 15时41分					小满 5月21日 十六庚辰 寅时 4时29分				
农历	公历	干支	九星	日建	星宿	公历	干支	九星	日建	星宿	公历	干支	九星	日建	星宿	公历	干支	九星	日建	星宿
初一	6	丙申	六白	破	翼	8	丙寅	九紫	闭	角	6	乙未	二黑	平	亢	6	乙丑	五黄	成	房
初二	7	丁酉	七赤	危	轸	9	丁卯	一白	建	亢	7	丙申	三碧	定	氐	7	丙寅	六白	收	心
初三	8	戊戌	八白	成	角	10	戊辰	二黑	除	氐	8	丁酉	四绿	执	房	8	丁卯	七赤	开	尾
初四	9	己亥	九紫	收	亢	11	己巳	三碧	满	房	9	戊戌	五黄	破	心	9	戊辰	八白	闭	箕
初五	10	庚子	一白	开	氐	12	庚午	四绿	平	心	10	己亥	六白	危	尾	10	己巳	九紫	建	斗
初六	11	辛丑	二黑	闭	房	13	辛未	五黄	定	尾	11	庚子	七赤	成	箕	11	庚午	一白	除	牛
初七	12	壬寅	三碧	建	心	14	壬申	六白	执	箕	12	辛丑	八白	收	斗	12	辛未	二黑	满	女
初八	13	癸卯	四绿	除	尾	15	癸酉	七赤	破	斗	13	壬寅	九紫	开	牛	13	壬申	三碧	平	虚
初九	14	甲辰	五黄	满	箕	16	甲戌	八白	危	牛	14	癸卯	一白	闭	女	14	癸酉	四绿	定	危
初十	15	乙巳	六白	平	斗	17	乙亥	九紫	成	女	15	甲辰	二黑	建	虚	15	甲戌	五黄	执	室
十一	16	丙午	七赤	定	牛	18	丙子	一白	收	虚	16	乙巳	三碧	除	危	16	乙亥	六白	破	壁
十二	17	丁未	八白	执	女	19	丁丑	二黑	开	危	17	丙午	四绿	满	室	17	丙子	七赤	危	奎
十三	18	戊申	六白	破	虚	20	戊寅	三碧	闭	室	18	丁未	五黄	平	壁	18	丁丑	八白	成	娄
十四	19	己酉	七赤	危	危	21	己卯	四绿	建	壁	19	戊申	六白	定	奎	19	戊寅	九紫	收	胃
十五	20	庚戌	八白	成	室	22	庚辰	五黄	除	奎	20	己酉	四绿	执	娄	20	己卯	一白	开	昴
十六	21	辛亥	九紫	收	壁	23	辛巳	六白	满	娄	21	庚戌	五黄	破	胃	21	庚辰	二黑	闭	毕
十七	22	壬子	一白	开	奎	24	壬午	七赤	平	胃	22	辛亥	六白	危	昴	22	辛巳	三碧	建	觜
十八	23	癸丑	二黑	闭	娄	25	癸未	八白	定	昴	23	壬子	七赤	成	毕	23	壬午	四绿	除	参
十九	24	甲寅	三碧	建	胃	26	甲申	九紫	执	毕	24	癸丑	八白	收	觜	24	癸未	五黄	满	井
二十	25	乙卯	四绿	除	昴	27	乙酉	一白	破	觜	25	甲寅	九紫	开	参	25	甲申	六白	平	鬼
廿一	26	丙辰	五黄	满	毕	28	丙戌	二黑	危	参	26	乙卯	一白	闭	井	26	乙酉	七赤	定	柳
廿二	27	丁巳	六白	平	觜	29	丁亥	三碧	成	井	27	丙辰	二黑	建	鬼	27	丙戌	八白	执	星
廿三	28	戊午	七赤	定	参	30	戊子	四绿	收	鬼	28	丁巳	三碧	除	柳	28	丁亥	九紫	破	张
廿四	3月	己未	八白	执	井	31	己丑	五黄	开	柳	29	戊午	四绿	满	星	29	戊子	一白	危	翼
廿五	2	庚申	九紫	破	鬼	4月	庚寅	六白	闭	星	30	己未	五黄	平	张	30	己丑	二黑	成	轸
廿六	3	辛酉	一白	危	柳	2	辛卯	七赤	建	张	5月	庚申	六白	定	翼	31	庚寅	三碧	收	角
廿七	4	壬戌	二黑	成	星	3	壬辰	八白	除	翼	2	辛酉	七赤	执	轸	6月	辛卯	四绿	开	亢
廿八	5	癸亥	三碧	成	张	4	癸巳	九紫	除	轸	3	壬戌	八白	破	角	2	壬辰	五黄	闭	氐
廿九	6	甲子	七赤	收	翼	5	甲午	一白	满	角	4	癸亥	九紫	危	亢	3	癸巳	六白	建	房
三十	7	乙丑	八白	开	轸						5	甲子	四绿	危	氐					

公元2046年 丙寅虎年 太岁沈兴 九星八白

月份	五月大 甲午 七赤 乾卦 心宿					六月小 乙未 六白 兑卦 尾宿					七月大 丙申 五黄 离卦 箕宿					八月小 丁酉 四绿 震卦 斗宿				
节气	芒种 6月5日 初二乙未 戌时 19时33分		夏至 6月21日 十八辛亥 午时 12时15分			小暑 7月7日 初四丁卯 卯时 5时41分		大暑 7月22日 十九壬午 夜子时 23时09分			立秋 8月7日 初六戊戌 申时 15时34分		处暑 8月23日 廿二甲寅 卯时 6时25分			白露 9月7日 初七己巳 酉时 18时44分		秋分 9月23日 廿三乙酉 寅时 4时22分		
农历	公历	干支	九星	日建	星宿	公历	干支	九星	日建	星宿	公历	干支	九星	日建	星宿	公历	干支	九星	日建	星宿
初一	4	甲午	七赤	除	心	4	甲子	九紫	破	箕	2	癸巳	七赤	开	斗	9月	癸亥	七赤	平	女
初二	5	乙未	八白	除	尾	5	乙丑	八白	危	斗	3	甲午	六白	闭	牛	2	甲子	三碧	定	虚
初三	6	丙申	九紫	满	箕	6	丙寅	七赤	成	牛	4	乙未	五黄	建	女	3	乙丑	二黑	执	危
初四	7	丁酉	一白	平	斗	7	丁卯	六白	成	女	5	丙申	四绿	除	虚	4	丙寅	一白	破	室
初五	8	戊戌	二黑	定	牛	8	戊辰	五黄	收	虚	6	丁酉	三碧	满	危	5	丁卯	九紫	危	壁
初六	9	己亥	三碧	执	女	9	己巳	四绿	开	危	7	戊戌	二黑	满	室	6	戊辰	八白	成	奎
初七	10	庚子	四绿	破	虚	10	庚午	三碧	闭	室	8	己亥	一白	平	壁	7	己巳	七赤	成	娄
初八	11	辛丑	五黄	危	危	11	辛未	二黑	建	壁	9	庚子	九紫	定	奎	8	庚午	六白	收	胃
初九	12	壬寅	六白	成	室	12	壬申	一白	除	奎	10	辛丑	八白	执	娄	9	辛未	五黄	开	昴
初十	13	癸卯	七赤	收	壁	13	癸酉	九紫	满	娄	11	壬寅	七赤	破	胃	10	壬申	四绿	闭	毕
十一	14	甲辰	八白	开	奎	14	甲戌	八白	平	胃	12	癸卯	六白	危	昴	11	癸酉	三碧	建	觜
十二	15	乙巳	九紫	闭	娄	15	乙亥	七赤	定	昴	13	甲辰	五黄	成	毕	12	甲戌	二黑	除	参
十三	16	丙午	一白	建	胃	16	丙子	六白	执	毕	14	乙巳	四绿	收	觜	13	乙亥	一白	满	井
十四	17	丁未	二黑	除	昴	17	丁丑	五黄	破	觜	15	丙午	三碧	开	参	14	丙子	九紫	平	鬼
十五	18	戊申	三碧	满	毕	18	戊寅	四绿	危	参	16	丁未	二黑	闭	井	15	丁丑	八白	定	柳
十六	19	己酉	四绿	平	觜	19	己卯	三碧	成	井	17	戊申	一白	建	鬼	16	戊寅	七赤	执	星
十七	20	庚戌	五黄	定	参	20	庚辰	二黑	收	鬼	18	己酉	九紫	除	柳	17	己卯	六白	破	张
十八	21	辛亥	七赤	执	井	21	辛巳	一白	开	柳	19	庚戌	八白	满	星	18	庚辰	五黄	危	翼
十九	22	壬子	六白	破	鬼	22	壬午	九紫	闭	星	20	辛亥	七赤	平	张	19	辛巳	四绿	成	轸
二十	23	癸丑	五黄	危	柳	23	癸未	八白	建	张	21	壬子	六白	定	翼	20	壬午	三碧	收	角
廿一	24	甲寅	四绿	成	星	24	甲申	七赤	除	翼	22	癸丑	五黄	执	轸	21	癸未	二黑	开	亢
廿二	25	乙卯	三碧	收	张	25	乙酉	六白	满	轸	23	甲寅	七赤	破	角	22	甲申	一白	闭	氐
廿三	26	丙辰	二黑	开	翼	26	丙戌	五黄	平	角	24	乙卯	六白	危	亢	23	乙酉	九紫	建	房
廿四	27	丁巳	一白	闭	轸	27	丁亥	四绿	定	亢	25	丙辰	五黄	成	氐	24	丙戌	八白	除	心
廿五	28	戊午	九紫	建	角	28	戊子	三碧	执	氐	26	丁巳	四绿	收	房	25	丁亥	七赤	满	尾
廿六	29	己未	八白	除	亢	29	己丑	二黑	破	房	27	戊午	三碧	开	心	26	戊子	六白	平	箕
廿七	30	庚申	七赤	满	氐	30	庚寅	一白	危	心	28	己未	二黑	闭	尾	27	己丑	五黄	定	斗
廿八	7月	辛酉	六白	平	房	31	辛卯	九紫	成	尾	29	庚申	一白	建	箕	28	庚寅	四绿	执	牛
廿九	2	壬戌	五黄	定	心	8月	壬辰	八白	收	箕	30	辛酉	九紫	除	斗	29	辛卯	三碧	破	女
三十	3	癸亥	四绿	执	尾						31	壬戌	八白	满	牛					

公元2046年　丙寅虎年　太岁沈兴　九星八白

月份	九月小	戊戌 三碧 巽卦 牛宿				十月大	己亥 二黑 坎卦 女宿				十一月小	庚子 一白 艮卦 虚宿				十二月大	辛丑 九紫 坤卦 危宿			
节气	寒露 10月8日 初九庚子 巳时 10时43分		霜降 10月23日 廿四乙卯 未时 14时04分			立冬 11月7日 初十庚午 未时 14时15分		小雪 11月22日 廿五乙酉 午时 11时57分			大雪 12月7日 初十庚子 辰时 7时22分		冬至 12月22日 廿五乙卯 丑时 1时29分			小寒 1月5日 初十己巳 酉时 18时43分		大寒 1月20日 廿五甲申 午时 12时11分		
农历	公历	干支	九星	日建	星宿	公历	干支	九星	日建	星宿	公历	干支	九星	日建	星宿	公历	干支	九星	日建	星宿
初一	30	壬辰	二黑	危	虚	29	辛酉	三碧	闭	危	28	辛卯	六白	定	壁	27	庚申	三碧	成	奎
初二	10月	癸巳	一白	成	危	30	壬戌	二黑	建	室	29	壬辰	五黄	执	奎	28	辛酉	四绿	收	娄
初三	2	甲午	九紫	收	室	31	癸亥	一白	除	壁	30	癸巳	四绿	破	娄	29	壬戌	五黄	开	胃
初四	3	乙未	八白	开	壁	11月	甲子	六白	满	奎	12月	甲午	三碧	危	胃	30	癸亥	六白	闭	昴
初五	4	丙申	七赤	闭	奎	2	乙丑	五黄	平	娄	2	乙未	二黑	成	昴	31	甲子	一白	建	毕
初六	5	丁酉	六白	建	娄	3	丙寅	四绿	定	胃	3	丙申	一白	收	毕	1月	乙丑	二黑	除	觜
初七	6	戊戌	五黄	除	胃	4	丁卯	三碧	执	昴	4	丁酉	九紫	开	觜	2	丙寅	三碧	满	参
初八	7	己亥	四绿	满	昴	5	戊辰	二黑	破	毕	5	戊戌	八白	闭	参	3	丁卯	四绿	平	井
初九	8	庚子	三碧	满	毕	6	己巳	一白	危	觜	6	己亥	七赤	建	井	4	戊辰	五黄	定	鬼
初十	9	辛丑	二黑	平	觜	7	庚午	九紫	危	参	7	庚子	六白	建	鬼	5	己巳	六白	定	柳
十一	10	壬寅	一白	定	参	8	辛未	八白	成	井	8	辛丑	五黄	除	柳	6	庚午	七赤	执	星
十二	11	癸卯	九紫	执	井	9	壬申	七赤	收	鬼	9	壬寅	四绿	满	星	7	辛未	八白	破	张
十三	12	甲辰	八白	破	鬼	10	癸酉	六白	开	柳	10	癸卯	三碧	平	张	8	壬申	九紫	危	翼
十四	13	乙巳	七赤	危	柳	11	甲戌	五黄	闭	星	11	甲辰	二黑	定	翼	9	癸酉	一白	成	轸
十五	14	丙午	六白	成	星	12	乙亥	四绿	建	张	12	乙巳	一白	执	轸	10	甲戌	二黑	收	角
十六	15	丁未	五黄	收	张	13	丙子	三碧	除	翼	13	丙午	九紫	破	角	11	乙亥	三碧	开	亢
十七	16	戊申	四绿	开	翼	14	丁丑	二黑	满	轸	14	丁未	八白	危	亢	12	丙子	四绿	闭	氐
十八	17	己酉	三碧	闭	轸	15	戊寅	一白	平	角	15	戊申	七赤	成	氐	13	丁丑	五黄	建	房
十九	18	庚戌	二黑	建	角	16	己卯	九紫	定	亢	16	己酉	六白	收	房	14	戊寅	六白	除	心
二十	19	辛亥	一白	除	亢	17	庚辰	八白	执	氐	17	庚戌	五黄	开	心	15	己卯	七赤	满	尾
廿一	20	壬子	九紫	满	氐	18	辛巳	七赤	破	房	18	辛亥	四绿	闭	尾	16	庚辰	八白	平	箕
廿二	21	癸丑	八白	平	房	19	壬午	六白	危	心	19	壬子	三碧	建	箕	17	辛巳	九紫	定	斗
廿三	22	甲寅	七赤	定	心	20	癸未	五黄	成	尾	20	癸丑	二黑	除	斗	18	壬午	一白	执	牛
廿四	23	乙卯	九紫	执	尾	21	甲申	四绿	收	箕	21	甲寅	一白	满	牛	19	癸未	二黑	破	女
廿五	24	丙辰	八白	破	箕	22	乙酉	三碧	开	斗	22	乙卯	七赤	平	女	20	甲申	三碧	危	虚
廿六	25	丁巳	七赤	危	斗	23	丙戌	二黑	闭	牛	23	丙辰	八白	定	虚	21	乙酉	四绿	成	危
廿七	26	戊午	六白	成	牛	24	丁亥	一白	建	女	24	丁巳	九紫	执	危	22	丙戌	五黄	收	室
廿八	27	己未	五黄	收	女	25	戊子	九紫	除	虚	25	戊午	一白	破	室	23	丁亥	六白	开	壁
廿九	28	庚申	四绿	开	虚	26	己丑	八白	满	危	26	己未	二黑	危	壁	24	戊子	七赤	闭	奎
三十						27	庚寅	七赤	平	室						25	己丑	八白	建	娄

公元2047年　丁卯兔年（闰五月）　太岁耿章　九星七赤

月份	正月大	壬寅 八白 坎卦 室宿				二月小	癸卯 七赤 艮卦 壁宿				三月大	甲辰 六白 坤卦 奎宿				四月大	乙巳 五黄 乾卦 娄宿			
节气	立春 2月4日 初十己亥 卯时 6时19分		雨水 2月19日 廿五甲寅 丑时 2时11分			惊蛰 3月6日 初十己巳 早子时 0时06分		春分 3月21日 廿五甲申 早子时 0时54分			清明 4月5日 十一己亥 寅时 4时34分		谷雨 4月20日 廿六甲寅 午时 11时33分			立夏 5月5日 十一己巳 亥时 21时29分		小满 5月21日 廿七乙酉 巳时 10时20分		
农历	公历	干支	九星	日建	星宿	公历	干支	九星	日建	星宿	公历	干支	九星	日建	星宿	公历	干支	九星	日建	星宿
初一	26	庚寅	九紫	除	胃	25	庚申	九紫	破	毕	26	己丑	五黄	开	觜	25	己未	五黄	平	井
初二	27	辛卯	一白	满	昴	26	辛酉	一白	危	觜	27	庚寅	六白	闭	参	26	庚申	六白	定	鬼
初三	28	壬辰	二黑	平	毕	27	壬戌	二黑	成	参	28	辛卯	七赤	建	井	27	辛酉	七赤	执	柳
初四	29	癸巳	三碧	定	觜	28	癸亥	三碧	收	井	29	壬辰	八白	除	鬼	28	壬戌	八白	破	星
初五	30	甲午	四绿	执	参	3月	甲子	七赤	开	鬼	30	癸巳	九紫	满	柳	29	癸亥	九紫	危	张
初六	31	乙未	五黄	破	井	2	乙丑	八白	闭	柳	31	甲午	一白	平	星	30	甲子	四绿	成	翼
初七	2月	丙申	六白	危	鬼	3	丙寅	九紫	建	星	4月	乙未	二黑	定	张	5月	乙丑	五黄	收	轸
初八	2	丁酉	七赤	成	柳	4	丁卯	一白	除	张	2	丙申	三碧	执	翼	2	丙寅	六白	开	角
初九	3	戊戌	八白	收	星	5	戊辰	二黑	满	翼	3	丁酉	四绿	破	轸	3	丁卯	七赤	闭	亢
初十	4	己亥	九紫	收	张	6	己巳	三碧	满	轸	4	戊戌	五黄	危	角	4	戊辰	八白	建	氐
十一	5	庚子	一白	开	翼	7	庚午	四绿	平	角	5	己亥	六白	危	亢	5	己巳	九紫	建	房
十二	6	辛丑	二黑	闭	轸	8	辛未	五黄	定	亢	6	庚子	七赤	成	氐	6	庚午	一白	除	心
十三	7	壬寅	三碧	建	角	9	壬申	六白	执	氐	7	辛丑	八白	收	房	7	辛未	二黑	满	尾
十四	8	癸卯	四绿	除	亢	10	癸酉	七赤	破	房	8	壬寅	九紫	开	心	8	壬申	三碧	平	箕
十五	9	甲辰	五黄	满	氐	11	甲戌	八白	危	心	9	癸卯	一白	闭	尾	9	癸酉	四绿	定	斗
十六	10	乙巳	六白	平	房	12	乙亥	九紫	成	尾	10	甲辰	二黑	建	箕	10	甲戌	五黄	执	牛
十七	11	丙午	七赤	定	心	13	丙子	一白	收	箕	11	乙巳	三碧	除	斗	11	乙亥	六白	破	女
十八	12	丁未	八白	执	尾	14	丁丑	二黑	开	斗	12	丙午	四绿	满	牛	12	丙子	七赤	危	虚
十九	13	戊申	九紫	破	箕	15	戊寅	三碧	闭	牛	13	丁未	五黄	平	女	13	丁丑	八白	成	危
二十	14	己酉	一白	危	斗	16	己卯	四绿	建	女	14	戊申	六白	定	虚	14	戊寅	九紫	收	室
廿一	15	庚戌	二黑	成	牛	17	庚辰	五黄	除	虚	15	己酉	七赤	执	危	15	己卯	一白	开	壁
廿二	16	辛亥	三碧	收	女	18	辛巳	六白	满	危	16	庚戌	八白	破	室	16	庚辰	二黑	闭	奎
廿三	17	壬子	四绿	开	虚	19	壬午	七赤	平	室	17	辛亥	九紫	危	壁	17	辛巳	三碧	建	娄
廿四	18	癸丑	五黄	闭	危	20	癸未	八白	定	壁	18	壬子	一白	成	奎	18	壬午	四绿	除	胃
廿五	19	甲寅	三碧	建	室	21	甲申	九紫	执	奎	19	癸丑	二黑	收	娄	19	癸未	五黄	满	昴
廿六	20	乙卯	四绿	除	壁	22	乙酉	一白	破	娄	20	甲寅	九紫	开	胃	20	甲申	六白	平	毕
廿七	21	丙辰	五黄	满	奎	23	丙戌	二黑	危	胃	21	乙卯	一白	闭	昴	21	乙酉	七赤	定	觜
廿八	22	丁巳	六白	平	娄	24	丁亥	三碧	成	昴	22	丙辰	二黑	建	毕	22	丙戌	八白	执	参
廿九	23	戊午	七赤	定	胃	25	戊子	四绿	收	毕	23	丁巳	三碧	除	觜	23	丁亥	九紫	破	井
三十	24	己未	八白	执	昴						24	戊午	四绿	满	参	24	戊子	一白	危	鬼

公元2047年 丁卯兔年（闰五月） 太岁耿章 九星七赤

月份	五月小		丙午 四绿 兑卦 胃宿			闰五月大					六月小		丁未 三碧 离卦 昴宿		
节气	芒种 6月6日 十三辛丑 丑时 1时21分		夏至 6月21日 廿八丙辰 酉时 18时04分			小暑 7月7日 十五壬申 午时 11时31分					大暑 7月23日 初一戊子 寅时 4时56分		立秋 8月7日 十六癸卯 亥时 21时27分		
农历	公历	干支	九星	日建	星宿	公历	干支	九星	日建	星宿	公历	干支	九星	日建	星宿
初一	25	己丑	二黑	成	柳	23	戊午	九紫	建	星	23	戊子	三碧	执	翼
初二	26	庚寅	三碧	收	星	24	己未	八白	除	张	24	己丑	二黑	破	轸
初三	27	辛卯	四绿	开	张	25	庚申	七赤	满	翼	25	庚寅	一白	危	角
初四	28	壬辰	五黄	闭	翼	26	辛酉	六白	平	轸	26	辛卯	九紫	成	亢
初五	29	癸巳	六白	建	轸	27	壬戌	五黄	定	角	27	壬辰	八白	收	氐
初六	30	甲午	七赤	除	角	28	癸亥	四绿	执	亢	28	癸巳	七赤	开	房
初七	31	乙未	八白	满	亢	29	甲子	九紫	破	氐	29	甲午	六白	闭	心
初八	6月	丙申	九紫	平	氐	30	乙丑	八白	危	房	30	乙未	五黄	建	尾
初九	2	丁酉	一白	定	房	7月	丙寅	七赤	成	心	31	丙申	四绿	除	箕
初十	3	戊戌	二黑	执	心	2	丁卯	六白	收	尾	8月	丁酉	三碧	满	斗
十一	4	己亥	三碧	破	尾	3	戊辰	五黄	开	箕	2	戊戌	二黑	平	牛
十二	5	庚子	四绿	危	箕	4	己巳	四绿	闭	斗	3	己亥	一白	定	女
十三	6	辛丑	五黄	危	斗	5	庚午	三碧	建	牛	4	庚子	九紫	执	虚
十四	7	壬寅	六白	成	牛	6	辛未	二黑	除	女	5	辛丑	八白	破	危
十五	8	癸卯	七赤	收	女	7	壬申	一白	除	虚	6	壬寅	七赤	危	室
十六	9	甲辰	八白	开	虚	8	癸酉	九紫	满	危	7	癸卯	六白	危	壁
十七	10	乙巳	九紫	闭	危	9	甲戌	八白	平	室	8	甲辰	五黄	成	奎
十八	11	丙午	一白	建	室	10	乙亥	七赤	定	壁	9	乙巳	四绿	收	娄
十九	12	丁未	二黑	除	壁	11	丙子	六白	执	奎	10	丙午	三碧	开	胃
二十	13	戊申	三碧	满	奎	12	丁丑	五黄	破	娄	11	丁未	二黑	闭	昴
廿一	14	己酉	四绿	平	娄	13	戊寅	四绿	危	胃	12	戊申	一白	建	毕
廿二	15	庚戌	五黄	定	胃	14	己卯	三碧	成	昴	13	己酉	九紫	除	觜
廿三	16	辛亥	六白	执	昴	15	庚辰	二黑	收	毕	14	庚戌	八白	满	参
廿四	17	壬子	七赤	破	毕	16	辛巳	一白	开	觜	15	辛亥	七赤	平	井
廿五	18	癸丑	八白	危	觜	17	壬午	九紫	闭	参	16	壬子	六白	定	鬼
廿六	19	甲寅	九紫	成	参	18	癸未	八白	建	井	17	癸丑	五黄	执	柳
廿七	20	乙卯	一白	收	井	19	甲申	七赤	除	鬼	18	甲寅	四绿	破	星
廿八	21	丙辰	二黑	开	鬼	20	乙酉	六白	满	柳	19	乙卯	三碧	危	张
廿九	22	丁巳	一白	闭	柳	21	丙戌	五黄	平	星	20	丙辰	二黑	成	翼
三十						22	丁亥	四绿	定	张					

公元2047年　丁卯兔年（闰五月）　太岁耿章 九星七赤

月份	七月大		戊申 二黑 震卦 毕宿			八月小		己酉 一白 巽卦 觜宿			九月小		庚戌 九紫 坎卦 参宿		
节气	处暑 8月23日 初三己未 午时 12时12分			白露 9月8日 十九乙亥 早子时 0时39分		秋分 9月23日 初四庚寅 巳时 10时09分			寒露 10月8日 十九乙巳 申时 16时38分		霜降 10月23日 初五庚申 戌时 19时50分			立冬 11月7日 二十乙亥 戌时 20时08分	
农历	公历	干支	九星	日建	星宿	公历	干支	九星	日建	星宿	公历	干支	九星	日建	星宿
初一	21	丁巳	一白	收	轸	20	丁亥	七赤	满	亢	19	丙辰	五黄	破	氐
初二	22	戊午	九紫	开	角	21	戊子	六白	平	氐	20	丁巳	四绿	危	房
初三	23	己未	二黑	闭	亢	22	己丑	五黄	定	房	21	戊午	三碧	成	心
初四	24	庚申	一白	建	氐	23	庚寅	四绿	执	心	22	己未	二黑	收	尾
初五	25	辛酉	九紫	除	房	24	辛卯	三碧	破	尾	23	庚申	四绿	开	箕
初六	26	壬戌	八白	满	心	25	壬辰	二黑	危	箕	24	辛酉	三碧	闭	斗
初七	27	癸亥	七赤	平	尾	26	癸巳	一白	成	斗	25	壬戌	二黑	建	牛
初八	28	甲子	三碧	定	箕	27	甲午	九紫	收	牛	26	癸亥	一白	除	女
初九	29	乙丑	二黑	执	斗	28	乙未	八白	开	女	27	甲子	六白	满	虚
初十	30	丙寅	一白	破	牛	29	丙申	七赤	闭	虚	28	乙丑	五黄	平	危
十一	31	丁卯	九紫	危	女	30	丁酉	六白	建	危	29	丙寅	四绿	定	室
十二	9月	戊辰	八白	成	虚	10月	戊戌	五黄	除	室	30	丁卯	三碧	执	壁
十三	2	己巳	七赤	收	危	2	己亥	四绿	满	壁	31	戊辰	二黑	破	奎
十四	3	庚午	六白	开	室	3	庚子	三碧	平	奎	11月	己巳	一白	危	娄
十五	4	辛未	五黄	闭	壁	4	辛丑	二黑	定	娄	2	庚午	九紫	成	胃
十六	5	壬申	四绿	建	奎	5	壬寅	一白	执	胃	3	辛未	八白	收	昴
十七	6	癸酉	三碧	除	娄	6	癸卯	九紫	破	昴	4	壬申	七赤	开	毕
十八	7	甲戌	二黑	满	胃	7	甲辰	八白	危	毕	5	癸酉	六白	闭	觜
十九	8	乙亥	一白	满	昴	8	乙巳	七赤	危	觜	6	甲戌	五黄	建	参
二十	9	丙子	九紫	平	毕	9	丙午	六白	成	参	7	乙亥	四绿	建	井
廿一	10	丁丑	八白	定	觜	10	丁未	五黄	收	井	8	丙子	三碧	除	鬼
廿二	11	戊寅	七赤	执	参	11	戊申	四绿	开	鬼	9	丁丑	二黑	满	柳
廿三	12	己卯	六白	破	井	12	己酉	三碧	闭	柳	10	戊寅	一白	平	星
廿四	13	庚辰	五黄	危	鬼	13	庚戌	二黑	建	星	11	己卯	九紫	定	张
廿五	14	辛巳	四绿	成	柳	14	辛亥	一白	除	张	12	庚辰	八白	执	翼
廿六	15	壬午	三碧	收	星	15	壬子	九紫	满	翼	13	辛巳	七赤	破	轸
廿七	16	癸未	二黑	开	张	16	癸丑	八白	平	轸	14	壬午	六白	危	角
廿八	17	甲申	一白	闭	翼	17	甲寅	七赤	定	角	15	癸未	五黄	成	亢
廿九	18	乙酉	九紫	建	轸	18	乙卯	六白	执	亢	16	甲申	四绿	收	氐
三十	19	丙戌	八白	除	角										

公元2047年　丁卯兔年（闰五月）　太岁耿章　九星七赤

月份	十月大 辛亥 八白 艮卦 井宿					十一月小 壬子 七赤 坤卦 鬼宿					十二月大 癸丑 六白 乾卦 柳宿				
节气	小雪 11月22日 初六庚寅 酉时 17时39分		大雪 12月7日 廿一乙巳 未时 13时12分			冬至 12月22日 初六庚申 辰时 7时08分		小寒 1月6日 廿一乙亥 早子时 0时30分			大寒 1月20日 初六己丑 酉时 17时48分		立春 2月4日 廿一甲辰 午时 12时05分		
农历	公历	干支	九星	日建	星宿	公历	干支	九星	日建	星宿	公历	干支	九星	日建	星宿
初一	17	乙酉	三碧	开	房	17	乙卯	九紫	平	尾	15	甲申	三碧	危	箕
初二	18	丙戌	二黑	闭	心	18	丙辰	八白	定	箕	16	乙酉	四绿	成	斗
初三	19	丁亥	一白	建	尾	19	丁巳	七赤	执	斗	17	丙戌	五黄	收	牛
初四	20	戊子	九紫	除	箕	20	戊午	六白	破	牛	18	丁亥	六白	开	女
初五	21	己丑	八白	满	斗	21	己未	五黄	危	女	19	戊子	七赤	闭	虚
初六	22	庚寅	七赤	平	牛	22	庚申	三碧	成	虚	20	己丑	八白	建	危
初七	23	辛卯	六白	定	女	23	辛酉	四绿	收	危	21	庚寅	九紫	除	室
初八	24	壬辰	五黄	执	虚	24	壬戌	五黄	开	室	22	辛卯	一白	满	壁
初九	25	癸巳	四绿	破	危	25	癸亥	六白	闭	壁	23	壬辰	二黑	平	奎
初十	26	甲午	三碧	危	室	26	甲子	一白	建	奎	24	癸巳	三碧	定	娄
十一	27	乙未	二黑	成	壁	27	乙丑	二黑	除	娄	25	甲午	四绿	执	胃
十二	28	丙申	一白	收	奎	28	丙寅	三碧	满	胃	26	乙未	五黄	破	昴
十三	29	丁酉	九紫	开	娄	29	丁卯	四绿	平	昴	27	丙申	六白	危	毕
十四	30	戊戌	八白	闭	胃	30	戊辰	五黄	定	毕	28	丁酉	七赤	成	觜
十五	12月	己亥	七赤	建	昴	31	己巳	六白	执	觜	29	戊戌	八白	收	参
十六	2	庚子	六白	除	毕	1月	庚午	七赤	破	参	30	己亥	九紫	开	井
十七	3	辛丑	五黄	满	觜	2	辛未	八白	危	井	31	庚子	一白	闭	鬼
十八	4	壬寅	四绿	平	参	3	壬申	九紫	成	鬼	2月	辛丑	二黑	建	柳
十九	5	癸卯	三碧	定	井	4	癸酉	一白	收	柳	2	壬寅	三碧	除	星
二十	6	甲辰	二黑	执	鬼	5	甲戌	二黑	开	星	3	癸卯	四绿	满	张
廿一	7	乙巳	一白	执	柳	6	乙亥	三碧	开	张	4	甲辰	五黄	满	翼
廿二	8	丙午	九紫	破	星	7	丙子	四绿	闭	翼	5	乙巳	六白	平	轸
廿三	9	丁未	八白	危	张	8	丁丑	五黄	建	轸	6	丙午	七赤	定	角
廿四	10	戊申	七赤	成	翼	9	戊寅	六白	除	角	7	丁未	八白	执	亢
廿五	11	己酉	六白	收	轸	10	己卯	七赤	满	亢	8	戊申	九紫	破	氐
廿六	12	庚戌	五黄	开	角	11	庚辰	八白	平	氐	9	己酉	一白	危	房
廿七	13	辛亥	四绿	闭	亢	12	辛巳	九紫	定	房	10	庚戌	二黑	成	心
廿八	14	壬子	三碧	建	氐	13	壬午	一白	执	心	11	辛亥	三碧	收	尾
廿九	15	癸丑	二黑	除	房	14	癸未	二黑	破	尾	12	壬子	四绿	开	箕
三十	16	甲寅	一白	满	心						13	癸丑	五黄	闭	斗

公元2048年 戊辰龙年 太岁赵达 九星六白

月份	正月小	甲寅 五黄 艮卦 星宿				二月大	乙卯 四绿 坤卦 张宿				三月大	丙辰 三碧 乾卦 翼宿				四月小	丁巳 二黑 兑卦 轸宿			
节气	雨水 2月19日 初六己未 辰时 7时49分		惊蛰 3月5日 廿一甲戌 卯时 5时55分			春分 3月20日 初七己丑 卯时 6时35分		清明 4月4日 廿二甲辰 巳时 10时26分			谷雨 4月19日 初七己未 酉时 17时18分		立夏 5月5日 廿三乙亥 寅时 3时25分			小满 5月20日 初八庚寅 申时 16时09分		芒种 6月5日 廿四丙午 辰时 7时19分		
农历	公历	干支	九星	日建	星宿	公历	干支	九星	日建	星宿	公历	干支	九星	日建	星宿	公历	干支	九星	日建	星宿
初一	14	甲寅	六白	建	牛	14	癸未	八白	定	女	13	癸丑	二黑	收	危	13	癸未	五黄	满	壁
初二	15	乙卯	七赤	除	女	15	甲申	九紫	执	虚	14	甲寅	三碧	开	室	14	甲申	六白	平	奎
初三	16	丙辰	八白	满	虚	16	乙酉	一白	破	危	15	乙卯	四绿	闭	壁	15	乙酉	七赤	定	娄
初四	17	丁巳	九紫	平	危	17	丙戌	二黑	危	室	16	丙辰	五黄	建	奎	16	丙戌	八白	执	胃
初五	18	戊午	一白	定	室	18	丁亥	三碧	成	壁	17	丁巳	六白	除	娄	17	丁亥	九紫	破	昴
初六	19	己未	八白	执	壁	19	戊子	四绿	收	奎	18	戊午	七赤	满	胃	18	戊子	一白	危	毕
初七	20	庚申	九紫	破	奎	20	己丑	五黄	开	娄	19	己未	五黄	平	昴	19	己丑	二黑	成	觜
初八	21	辛酉	一白	危	娄	21	庚寅	六白	闭	胃	20	庚申	六白	定	毕	20	庚寅	三碧	收	参
初九	22	壬戌	二黑	成	胃	22	辛卯	七赤	建	昴	21	辛酉	七赤	执	觜	21	辛卯	四绿	开	井
初十	23	癸亥	三碧	收	昴	23	壬辰	八白	除	毕	22	壬戌	八白	破	参	22	壬辰	五黄	闭	鬼
十一	24	甲子	七赤	开	毕	24	癸巳	九紫	满	觜	23	癸亥	九紫	危	井	23	癸巳	六白	建	柳
十二	25	乙丑	八白	闭	觜	25	甲午	一白	平	参	24	甲子	四绿	成	鬼	24	甲午	七赤	除	星
十三	26	丙寅	九紫	建	参	26	乙未	二黑	定	井	25	乙丑	五黄	收	柳	25	乙未	八白	满	张
十四	27	丁卯	一白	除	井	27	丙申	三碧	执	鬼	26	丙寅	六白	开	星	26	丙申	九紫	平	翼
十五	28	戊辰	二黑	满	鬼	28	丁酉	四绿	破	柳	27	丁卯	七赤	闭	张	27	丁酉	一白	定	轸
十六	29	己巳	三碧	平	柳	29	戊戌	五黄	危	星	28	戊辰	八白	建	翼	28	戊戌	二黑	执	角
十七	3月	庚午	四绿	定	星	30	己亥	六白	成	张	29	己巳	九紫	除	轸	29	己亥	三碧	破	亢
十八	2	辛未	五黄	执	张	31	庚子	七赤	收	翼	30	庚午	一白	满	角	30	庚子	四绿	危	氐
十九	3	壬申	六白	破	翼	4月	辛丑	八白	开	轸	5月	辛未	二黑	平	亢	31	辛丑	五黄	成	房
二十	4	癸酉	七赤	危	轸	2	壬寅	九紫	闭	角	2	壬申	三碧	定	氐	6月	壬寅	六白	收	心
廿一	5	甲戌	八白	危	角	3	癸卯	一白	建	亢	3	癸酉	四绿	执	房	2	癸卯	七赤	开	尾
廿二	6	乙亥	九紫	成	亢	4	甲辰	二黑	建	氐	4	甲戌	五黄	破	心	3	甲辰	八白	闭	箕
廿三	7	丙子	一白	收	氐	5	乙巳	三碧	除	房	5	乙亥	六白	破	尾	4	乙巳	九紫	建	斗
廿四	8	丁丑	二黑	开	房	6	丙午	四绿	满	心	6	丙子	七赤	危	箕	5	丙午	一白	建	牛
廿五	9	戊寅	三碧	闭	心	7	丁未	五黄	平	尾	7	丁丑	八白	成	斗	6	丁未	二黑	除	女
廿六	10	己卯	四绿	建	尾	8	戊申	六白	定	箕	8	戊寅	九紫	收	牛	7	戊申	三碧	满	虚
廿七	11	庚辰	五黄	除	箕	9	己酉	七赤	执	斗	9	己卯	一白	开	女	8	己酉	四绿	平	危
廿八	12	辛巳	六白	满	斗	10	庚戌	八白	破	牛	10	庚辰	二黑	闭	虚	9	庚戌	五黄	定	室
廿九	13	壬午	七赤	平	牛	11	辛亥	九紫	危	女	11	辛巳	三碧	建	危	10	辛亥	六白	执	壁
三十						12	壬子	一白	成	虚	12	壬午	四绿	除	室					

公元2048年　戊辰龙年　太岁赵达　九星六白

月份	五月大 戊午 一白 离卦 角宿					六月大 己未 九紫 震卦 亢宿					七月小 庚申 八白 巽卦 氐宿					八月大 辛酉 七赤 坎卦 房宿				
节气	夏至 6月20日 初十辛酉 夜子时 23时54分			小暑 7月6日 廿六丁丑 酉时 17时27分		大暑 7月22日 十二癸巳 巳时 10时47分			立秋 8月7日 廿八己酉 寅时 3时19分		处暑 8月22日 十三甲子 酉时 18时03分			白露 9月7日 廿九庚辰 卯时 6时29分		秋分 9月22日 十五乙未 申时 16时01分			寒露 10月7日 三十庚戌 亥时 22时27分	
农历	公历	干支	九星	日建	星宿	公历	干支	九星	日建	星宿	公历	干支	九星	日建	星宿	公历	干支	九星	日建	星宿
初一	11	壬子	七赤	破	奎	11	壬午	九紫	闭	胃	10	壬子	六白	定	毕	8	辛巳	四绿	成	觜
初二	12	癸丑	八白	危	娄	12	癸未	八白	建	昴	11	癸丑	五黄	执	觜	9	壬午	三碧	收	参
初三	13	甲寅	九紫	成	胃	13	甲申	七赤	除	毕	12	甲寅	四绿	破	参	10	癸未	二黑	开	井
初四	14	乙卯	一白	收	昴	14	乙酉	六白	满	觜	13	乙卯	三碧	危	井	11	甲申	一白	闭	鬼
初五	15	丙辰	二黑	开	毕	15	丙戌	五黄	平	参	14	丙辰	二黑	成	鬼	12	乙酉	九紫	建	柳
初六	16	丁巳	三碧	闭	觜	16	丁亥	四绿	定	井	15	丁巳	一白	收	柳	13	丙戌	八白	除	星
初七	17	戊午	四绿	建	参	17	戊子	三碧	执	鬼	16	戊午	九紫	开	星	14	丁亥	七赤	满	张
初八	18	己未	五黄	除	井	18	己丑	二黑	破	柳	17	己未	八白	闭	张	15	戊子	六白	平	翼
初九	19	庚申	六白	满	鬼	19	庚寅	一白	危	星	18	庚申	七赤	建	翼	16	己丑	五黄	定	轸
初十	20	辛酉	六白	平	柳	20	辛卯	九紫	成	张	19	辛酉	六白	除	轸	17	庚寅	四绿	执	角
十一	21	壬戌	五黄	定	星	21	壬辰	八白	收	翼	20	壬戌	五黄	满	角	18	辛卯	三碧	破	亢
十二	22	癸亥	四绿	执	张	22	癸巳	七赤	开	轸	21	癸亥	四绿	平	亢	19	壬辰	二黑	危	氐
十三	23	甲子	九紫	破	翼	23	甲午	六白	闭	角	22	甲子	三碧	定	氐	20	癸巳	一白	成	房
十四	24	乙丑	八白	危	轸	24	乙未	五黄	建	亢	23	乙丑	二黑	执	房	21	甲午	九紫	收	心
十五	25	丙寅	七赤	成	角	25	丙申	四绿	除	氐	24	丙寅	一白	破	心	22	乙未	八白	开	尾
十六	26	丁卯	六白	收	亢	26	丁酉	三碧	满	房	25	丁卯	九紫	危	尾	23	丙申	七赤	闭	箕
十七	27	戊辰	五黄	开	氐	27	戊戌	二黑	平	心	26	戊辰	八白	成	箕	24	丁酉	六白	建	斗
十八	28	己巳	四绿	闭	房	28	己亥	一白	定	尾	27	己巳	七赤	收	斗	25	戊戌	五黄	除	牛
十九	29	庚午	三碧	建	心	29	庚子	九紫	执	箕	28	庚午	六白	开	牛	26	己亥	四绿	满	女
二十	30	辛未	二黑	除	尾	30	辛丑	八白	破	斗	29	辛未	五黄	闭	女	27	庚子	三碧	平	虚
廿一	7月	壬申	一白	满	箕	31	壬寅	七赤	危	牛	30	壬申	四绿	建	虚	28	辛丑	二黑	定	危
廿二	2	癸酉	九紫	平	斗	8月	癸卯	六白	成	女	31	癸酉	三碧	除	危	29	壬寅	一白	执	室
廿三	3	甲戌	八白	定	牛	2	甲辰	五黄	收	虚	9月	甲戌	二黑	满	室	30	癸卯	九紫	破	壁
廿四	4	乙亥	七赤	执	女	3	乙巳	四绿	开	危	2	乙亥	一白	平	壁	10月	甲辰	八白	危	奎
廿五	5	丙子	六白	破	虚	4	丙午	三碧	闭	室	3	丙子	九紫	定	奎	2	乙巳	七赤	成	娄
廿六	6	丁丑	五黄	破	危	5	丁未	二黑	建	壁	4	丁丑	八白	执	娄	3	丙午	六白	收	胃
廿七	7	戊寅	四绿	危	室	6	戊申	一白	除	奎	5	戊寅	七赤	破	胃	4	丁未	五黄	开	昴
廿八	8	己卯	三碧	成	壁	7	己酉	九紫	除	娄	6	己卯	六白	危	昴	5	戊申	四绿	闭	毕
廿九	9	庚辰	二黑	收	奎	8	庚戌	八白	满	胃	7	庚辰	五黄	危	毕	6	己酉	三碧	建	觜
三十	10	辛巳	一白	开	娄	9	辛亥	七赤	平	昴						7	庚戌	二黑	建	参

公元2048年 戊辰龙年 太岁赵达 九星六白

月份	九月小 壬戌 六白 艮卦 心宿					十月小 癸亥 五黄 坤卦 尾宿					十一月大 甲子 四绿 乾卦 箕宿					十二月小 乙丑 三碧 兑卦 斗宿				
节气	霜降 10月23日 十六丙寅 丑时 1时43分					立冬 11月7日 初二辛巳 丑时 1时57分			小雪 11月21日 十六乙未 夜子时 23时33分		大雪 12月6日 初二庚戌 戌时 19时01分			冬至 12月21日 十七乙丑 未时 13时03分		小寒 1月5日 初二庚辰 卯时 6时19分			大寒 1月19日 十六甲午 夜子时 23时42分	
农历	公历	干支	九星	日建	星宿	公历	干支	九星	日建	星宿	公历	干支	九星	日建	星宿	公历	干支	九星	日建	星宿
初一	8	辛亥	一白	除	井	6	庚辰	八白	破	鬼	5	己酉	六白	开	柳	4	己卯	七赤	平	张
初二	9	壬子	九紫	满	鬼	7	辛巳	七赤	破	柳	6	庚戌	五黄	开	星	5	庚辰	八白	平	翼
初三	10	癸丑	八白	平	柳	8	壬午	六白	危	星	7	辛亥	四绿	闭	张	6	辛巳	九紫	定	轸
初四	11	甲寅	七赤	定	星	9	癸未	五黄	成	张	8	壬子	三碧	建	翼	7	壬午	一白	执	角
初五	12	乙卯	六白	执	张	10	甲申	四绿	收	翼	9	癸丑	二黑	除	轸	8	癸未	二黑	破	亢
初六	13	丙辰	五黄	破	翼	11	乙酉	三碧	开	轸	10	甲寅	一白	满	角	9	甲申	三碧	危	氐
初七	14	丁巳	四绿	危	轸	12	丙戌	二黑	闭	角	11	乙卯	九紫	平	亢	10	乙酉	四绿	成	房
初八	15	戊午	三碧	成	角	13	丁亥	一白	建	亢	12	丙辰	八白	定	氐	11	丙戌	五黄	收	心
初九	16	己未	二黑	收	亢	14	戊子	九紫	除	氐	13	丁巳	七赤	执	房	12	丁亥	六白	开	尾
初十	17	庚申	一白	开	氐	15	己丑	八白	满	房	14	戊午	六白	破	心	13	戊子	七赤	闭	箕
十一	18	辛酉	九紫	闭	房	16	庚寅	七赤	平	心	15	己未	五黄	危	尾	14	己丑	八白	建	斗
十二	19	壬戌	八白	建	心	17	辛卯	六白	定	尾	16	庚申	四绿	成	箕	15	庚寅	九紫	除	牛
十三	20	癸亥	七赤	除	尾	18	壬辰	五黄	执	箕	17	辛酉	三碧	收	斗	16	辛卯	一白	满	女
十四	21	甲子	三碧	满	箕	19	癸巳	四绿	破	斗	18	壬戌	二黑	开	牛	17	壬辰	二黑	平	虚
十五	22	乙丑	二黑	平	斗	20	甲午	三碧	危	牛	19	癸亥	一白	闭	女	18	癸巳	三碧	定	危
十六	23	丙寅	四绿	定	牛	21	乙未	二黑	成	女	20	甲子	六白	建	虚	19	甲午	四绿	执	室
十七	24	丁卯	三碧	执	女	22	丙申	一白	收	虚	21	乙丑	二黑	除	危	20	乙未	五黄	破	壁
十八	25	戊辰	二黑	破	虚	23	丁酉	九紫	开	危	22	丙寅	三碧	满	室	21	丙申	六白	危	奎
十九	26	己巳	一白	危	危	24	戊戌	八白	闭	室	23	丁卯	四绿	平	壁	22	丁酉	七赤	成	娄
二十	27	庚午	九紫	成	室	25	己亥	七赤	建	壁	24	戊辰	五黄	定	奎	23	戊戌	八白	收	胃
廿一	28	辛未	八白	收	壁	26	庚子	六白	除	奎	25	己巳	六白	执	娄	24	己亥	九紫	开	昴
廿二	29	壬申	七赤	开	奎	27	辛丑	五黄	满	娄	26	庚午	七赤	破	胃	25	庚子	一白	闭	毕
廿三	30	癸酉	六白	闭	娄	28	壬寅	四绿	平	胃	27	辛未	八白	危	昴	26	辛丑	二黑	建	觜
廿四	31	甲戌	五黄	建	胃	29	癸卯	三碧	定	昴	28	壬申	九紫	成	毕	27	壬寅	三碧	除	参
廿五	11月	乙亥	四绿	除	昴	30	甲辰	二黑	执	毕	29	癸酉	一白	收	觜	28	癸卯	四绿	满	井
廿六	2	丙子	三碧	满	毕	12月	乙巳	一白	破	觜	30	甲戌	二黑	开	参	29	甲辰	五黄	平	鬼
廿七	3	丁丑	二黑	平	觜	2	丙午	九紫	危	参	31	乙亥	三碧	闭	井	30	乙巳	六白	定	柳
廿八	4	戊寅	一白	定	参	3	丁未	八白	成	井	1月	丙子	四绿	建	鬼	31	丙午	七赤	执	星
廿九	5	己卯	九紫	执	井	4	戊申	七赤	收	鬼	2	丁丑	五黄	除	柳	2月	丁未	八白	破	张
三十											3	戊寅	六白	满	星					

公元2049年　己巳蛇年　太岁郭灿 九星五黄

月份	正月大	丙寅 二黑 坤卦 牛宿				二月小	丁卯 一白 乾卦 女宿				三月大	戊辰 九紫 兑卦 虚宿				四月小	己巳 八白 离卦 危宿			
节气	立春 2月3日 初二己酉 酉时 17时54分			雨水 2月18日 十七甲子 未时 13时43分		惊蛰 3月5日 初二己卯 午时 11时44分			春分 3月20日 十七甲午 午时 12时30分		清明 4月4日 初三己酉 申时 16时15分			谷雨 4月19日 十八甲子 夜子时 23时15分		立夏 5月5日 初四庚辰 巳时 9时14分			小满 5月20日 十九乙未 亥时 22时05分	
农历	公历	干支	九星	日建	星宿	公历	干支	九星	日建	星宿	公历	干支	九星	日建	星宿	公历	干支	九星	日建	星宿
初一	2	戊申	九紫	危	翼	4	戊寅	三碧	建	角	2	丁未	五黄	定	亢	2	丁丑	八白	收	房
初二	3	己酉	一白	危	轸	5	己卯	四绿	建	亢	3	戊申	六白	执	氐	3	戊寅	九紫	开	心
初三	4	庚戌	二黑	成	角	6	庚辰	五黄	除	氐	4	己酉	七赤	执	房	4	己卯	一白	闭	尾
初四	5	辛亥	三碧	收	亢	7	辛巳	六白	满	房	5	庚戌	八白	破	心	5	庚辰	二黑	闭	箕
初五	6	壬子	四绿	开	氐	8	壬午	七赤	平	心	6	辛亥	九紫	危	尾	6	辛巳	三碧	建	斗
初六	7	癸丑	五黄	闭	房	9	癸未	八白	定	尾	7	壬子	一白	成	箕	7	壬午	四绿	除	牛
初七	8	甲寅	六白	建	心	10	甲申	九紫	执	箕	8	癸丑	二黑	收	斗	8	癸未	五黄	满	女
初八	9	乙卯	七赤	除	尾	11	乙酉	一白	破	斗	9	甲寅	三碧	开	牛	9	甲申	六白	平	虚
初九	10	丙辰	八白	满	箕	12	丙戌	二黑	危	牛	10	乙卯	四绿	闭	女	10	乙酉	七赤	定	危
初十	11	丁巳	九紫	平	斗	13	丁亥	三碧	成	女	11	丙辰	五黄	建	虚	11	丙戌	八白	执	室
十一	12	戊午	一白	定	牛	14	戊子	四绿	收	虚	12	丁巳	六白	除	危	12	丁亥	九紫	破	壁
十二	13	己未	二黑	执	女	15	己丑	五黄	开	危	13	戊午	七赤	满	室	13	戊子	一白	危	奎
十三	14	庚申	三碧	破	虚	16	庚寅	六白	闭	室	14	己未	八白	平	壁	14	己丑	二黑	成	娄
十四	15	辛酉	四绿	危	危	17	辛卯	七赤	建	壁	15	庚申	九紫	定	奎	15	庚寅	三碧	收	胃
十五	16	壬戌	五黄	成	室	18	壬辰	八白	除	奎	16	辛酉	一白	执	娄	16	辛卯	四绿	开	昴
十六	17	癸亥	六白	收	壁	19	癸巳	九紫	满	娄	17	壬戌	二黑	破	胃	17	壬辰	五黄	闭	毕
十七	18	甲子	七赤	开	奎	20	甲午	一白	平	胃	18	癸亥	三碧	危	昴	18	癸巳	六白	建	觜
十八	19	乙丑	八白	闭	娄	21	乙未	二黑	定	昴	19	甲子	四绿	成	毕	19	甲午	七赤	除	参
十九	20	丙寅	九紫	建	胃	22	丙申	三碧	执	毕	20	乙丑	五黄	收	觜	20	乙未	八白	满	井
二十	21	丁卯	一白	除	昴	23	丁酉	四绿	破	觜	21	丙寅	六白	开	参	21	丙申	九紫	平	鬼
廿一	22	戊辰	二黑	满	毕	24	戊戌	五黄	危	参	22	丁卯	七赤	闭	井	22	丁酉	一白	定	柳
廿二	23	己巳	三碧	平	觜	25	己亥	六白	成	井	23	戊辰	八白	建	鬼	23	戊戌	二黑	执	星
廿三	24	庚午	四绿	定	参	26	庚子	七赤	收	鬼	24	己巳	九紫	除	柳	24	己亥	三碧	破	张
廿四	25	辛未	五黄	执	井	27	辛丑	八白	开	柳	25	庚午	一白	满	星	25	庚子	四绿	危	翼
廿五	26	壬申	六白	破	鬼	28	壬寅	九紫	闭	星	26	辛未	二黑	平	张	26	辛丑	五黄	成	轸
廿六	27	癸酉	七赤	危	柳	29	癸卯	一白	建	张	27	壬申	三碧	定	翼	27	壬寅	六白	收	角
廿七	28	甲戌	八白	成	星	30	甲辰	二黑	除	翼	28	癸酉	四绿	执	轸	28	癸卯	七赤	开	亢
廿八	3月	乙亥	九紫	收	张	31	乙巳	三碧	满	轸	29	甲戌	五黄	破	角	29	甲辰	八白	闭	氐
廿九	2	丙子	一白	开	翼	4月	丙午	四绿	平	角	30	乙亥	六白	危	亢	30	乙巳	九紫	建	房
三十	3	丁丑	二黑	闭	轸						5月	丙子	七赤	成	氐					

公元2049年　己巳蛇年　太岁郭灿 九星五黄

月份	五月大	庚午 七赤	震卦 室宿			六月大	辛未 六白	巽卦 壁宿			七月小	壬申 五黄	坎卦 奎宿			八月大	癸酉 四绿	艮卦 娄宿		
节气	芒种 6月5日 初六辛亥 未时 13时05分		夏至 6月21日 廿二丁卯 卯时 5时48分			小暑 7月6日 初七壬午 夜子时 23时10分		大暑 7月22日 廿三戊戌 申时 16时37分			立秋 8月7日 初九甲寅 辰时 8时58分		处暑 8月22日 廿四己巳 夜子时 23时48分			白露 9月7日 十一乙酉 午时 12时06分		秋分 9月22日 廿六庚子 亥时 21时44分		
农历	公历	干支	九星	日建	星宿	公历	干支	九星	日建	星宿	公历	干支	九星	日建	星宿	公历	干支	九星	日建	星宿
初一	31	丙午	一白	除	心	30	丙子	六白	破	箕	30	丙午	三碧	闭	牛	28	乙亥	一白	平	女
初二	6月	丁未	二黑	满	尾	7月	丁丑	五黄	危	斗	31	丁未	二黑	建	女	29	丙子	九紫	定	虚
初三	2	戊申	三碧	平	箕	2	戊寅	四绿	成	牛	8月	戊申	一白	除	虚	30	丁丑	八白	执	危
初四	3	己酉	四绿	定	斗	3	己卯	三碧	收	女	2	己酉	九紫	满	危	31	戊寅	七赤	破	室
初五	4	庚戌	五黄	执	牛	4	庚辰	二黑	开	虚	3	庚戌	八白	平	室	9月	己卯	六白	危	壁
初六	5	辛亥	六白	执	女	5	辛巳	一白	闭	危	4	辛亥	七赤	定	壁	2	庚辰	五黄	成	奎
初七	6	壬子	七赤	破	虚	6	壬午	九紫	闭	室	5	壬子	六白	执	奎	3	辛巳	四绿	收	娄
初八	7	癸丑	八白	危	危	7	癸未	八白	建	壁	6	癸丑	五黄	破	娄	4	壬午	三碧	开	胃
初九	8	甲寅	九紫	成	室	8	甲申	七赤	除	奎	7	甲寅	四绿	破	胃	5	癸未	二黑	闭	昴
初十	9	乙卯	一白	收	壁	9	乙酉	六白	满	娄	8	乙卯	三碧	危	昴	6	甲申	一白	建	毕
十一	10	丙辰	二黑	开	奎	10	丙戌	五黄	平	胃	9	丙辰	二黑	成	毕	7	乙酉	九紫	建	觜
十二	11	丁巳	三碧	闭	娄	11	丁亥	四绿	定	昴	10	丁巳	一白	收	觜	8	丙戌	八白	除	参
十三	12	戊午	四绿	建	胃	12	戊子	三碧	执	毕	11	戊午	九紫	开	参	9	丁亥	七赤	满	井
十四	13	己未	五黄	除	昴	13	己丑	二黑	破	觜	12	己未	八白	闭	井	10	戊子	六白	平	鬼
十五	14	庚申	六白	满	毕	14	庚寅	一白	危	参	13	庚申	七赤	建	鬼	11	己丑	五黄	定	柳
十六	15	辛酉	七赤	平	觜	15	辛卯	九紫	成	井	14	辛酉	六白	除	柳	12	庚寅	四绿	执	星
十七	16	壬戌	八白	定	参	16	壬辰	八白	收	鬼	15	壬戌	五黄	满	星	13	辛卯	三碧	破	张
十八	17	癸亥	九紫	执	井	17	癸巳	七赤	开	柳	16	癸亥	四绿	平	张	14	壬辰	二黑	危	翼
十九	18	甲子	四绿	破	鬼	18	甲午	六白	闭	星	17	甲子	九紫	定	翼	15	癸巳	一白	成	轸
二十	19	乙丑	五黄	危	柳	19	乙未	五黄	建	张	18	乙丑	八白	执	轸	16	甲午	九紫	收	角
廿一	20	丙寅	六白	成	星	20	丙申	四绿	除	翼	19	丙寅	七赤	破	角	17	乙未	八白	开	亢
廿二	21	丁卯	六白	收	张	21	丁酉	三碧	满	轸	20	丁卯	六白	危	亢	18	丙申	七赤	闭	氐
廿三	22	戊辰	五黄	开	翼	22	戊戌	二黑	平	角	21	戊辰	五黄	成	氐	19	丁酉	六白	建	房
廿四	23	己巳	四绿	闭	轸	23	己亥	一白	定	亢	22	己巳	七赤	收	房	20	戊戌	五黄	除	心
廿五	24	庚午	三碧	建	角	24	庚子	九紫	执	氐	23	庚午	六白	开	心	21	己亥	四绿	满	尾
廿六	25	辛未	二黑	除	亢	25	辛丑	八白	破	房	24	辛未	五黄	闭	尾	22	庚子	三碧	平	箕
廿七	26	壬申	一白	满	氐	26	壬寅	七赤	危	心	25	壬申	四绿	建	箕	23	辛丑	二黑	定	斗
廿八	27	癸酉	九紫	平	房	27	癸卯	六白	成	尾	26	癸酉	三碧	除	斗	24	壬寅	一白	执	牛
廿九	28	甲戌	八白	定	心	28	甲辰	五黄	收	箕	27	甲戌	二黑	满	牛	25	癸卯	九紫	破	女
三十	29	乙亥	七赤	执	尾	29	乙巳	四绿	开	斗						26	甲辰	八白	危	虚

公元2049年　己巳蛇年　太岁郭灿 九星五黄

月份	九月大 甲戌 三碧 坤卦 胃宿					十月小 乙亥 二黑 乾卦 昴宿					十一月大 丙子 一白 兑卦 毕宿					十二月小 丁丑 九紫 离卦 觜宿				
节气	寒露 10月8日 十二丙辰 寅时 4时06分			霜降 10月23日 廿七辛未 辰时 7时26分		立冬 11月7日 十二丙戌 辰时 7时39分			小雪 11月22日 廿七辛丑 卯时 5时20分		大雪 12月7日 十三丙辰 早子时 0时48分			冬至 12月21日 廿七庚午 酉时 18时53分		小寒 1月5日 十二乙酉 午时 12时09分			大寒 1月20日 廿七庚子 卯时 5时35分	
农历	公历	干支	九星	日建	星宿	公历	干支	九星	日建	星宿	公历	干支	九星	日建	星宿	公历	干支	九星	日建	星宿
初一	27	乙巳	七赤	成	危	27	乙亥	四绿	除	壁	25	甲辰	二黑	执	奎	25	甲戌	二黑	开	胃
初二	28	丙午	六白	收	室	28	丙子	三碧	满	奎	26	乙巳	一白	破	娄	26	乙亥	三碧	闭	昴
初三	29	丁未	五黄	开	壁	29	丁丑	二黑	平	娄	27	丙午	九紫	危	胃	27	丙子	四绿	建	毕
初四	30	戊申	四绿	闭	奎	30	戊寅	一白	定	胃	28	丁未	八白	成	昴	28	丁丑	五黄	除	觜
初五	10月	己酉	三碧	建	娄	31	己卯	九紫	执	昴	29	戊申	七赤	收	毕	29	戊寅	六白	满	参
初六	2	庚戌	二黑	除	胃	11月	庚辰	八白	破	毕	30	己酉	六白	开	觜	30	己卯	七赤	平	井
初七	3	辛亥	一白	满	昴	2	辛巳	七赤	危	觜	12月	庚戌	五黄	闭	参	31	庚辰	八白	定	鬼
初八	4	壬子	九紫	平	毕	3	壬午	六白	成	参	2	辛亥	四绿	建	井	1月	辛巳	九紫	执	柳
初九	5	癸丑	八白	定	觜	4	癸未	五黄	收	井	3	壬子	三碧	除	鬼	2	壬午	一白	破	星
初十	6	甲寅	七赤	执	参	5	甲申	四绿	开	鬼	4	癸丑	二黑	满	柳	3	癸未	二黑	危	张
十一	7	乙卯	六白	破	井	6	乙酉	三碧	闭	柳	5	甲寅	一白	平	星	4	甲申	三碧	成	翼
十二	8	丙辰	五黄	破	鬼	7	丙戌	二黑	闭	星	6	乙卯	九紫	定	张	5	乙酉	四绿	成	轸
十三	9	丁巳	四绿	危	柳	8	丁亥	一白	建	张	7	丙辰	八白	定	翼	6	丙戌	五黄	收	角
十四	10	戊午	三碧	成	星	9	戊子	九紫	除	翼	8	丁巳	七赤	执	轸	7	丁亥	六白	开	亢
十五	11	己未	二黑	收	张	10	己丑	八白	满	轸	9	戊午	六白	破	角	8	戊子	七赤	闭	氐
十六	12	庚申	一白	开	翼	11	庚寅	七赤	平	角	10	己未	五黄	危	亢	9	己丑	八白	建	房
十七	13	辛酉	九紫	闭	轸	12	辛卯	六白	定	亢	11	庚申	四绿	成	氐	10	庚寅	九紫	除	心
十八	14	壬戌	八白	建	角	13	壬辰	五黄	执	氐	12	辛酉	三碧	收	房	11	辛卯	一白	满	尾
十九	15	癸亥	七赤	除	亢	14	癸巳	四绿	破	房	13	壬戌	二黑	开	心	12	壬辰	二黑	平	箕
二十	16	甲子	三碧	满	氐	15	甲午	三碧	危	心	14	癸亥	一白	闭	尾	13	癸巳	三碧	定	斗
廿一	17	乙丑	二黑	平	房	16	乙未	二黑	成	尾	15	甲子	六白	建	箕	14	甲午	四绿	执	牛
廿二	18	丙寅	一白	定	心	17	丙申	一白	收	箕	16	乙丑	五黄	除	斗	15	乙未	五黄	破	女
廿三	19	丁卯	九紫	执	尾	18	丁酉	九紫	开	斗	17	丙寅	四绿	满	牛	16	丙申	六白	危	虚
廿四	20	戊辰	八白	破	箕	19	戊戌	八白	闭	牛	18	丁卯	三碧	平	女	17	丁酉	七赤	成	危
廿五	21	己巳	七赤	危	斗	20	己亥	七赤	建	女	19	戊辰	二黑	定	虚	18	戊戌	八白	收	室
廿六	22	庚午	六白	成	牛	21	庚子	六白	除	虚	20	己巳	一白	执	危	19	己亥	九紫	开	壁
廿七	23	辛未	八白	收	女	22	辛丑	五黄	满	危	21	庚午	七赤	破	室	20	庚子	一白	闭	奎
廿八	24	壬申	七赤	开	虚	23	壬寅	四绿	平	室	22	辛未	八白	危	壁	21	辛丑	二黑	建	娄
廿九	25	癸酉	六白	闭	危	24	癸卯	三碧	定	壁	23	壬申	九紫	成	奎	22	壬寅	三碧	除	胃
三十	26	甲戌	五黄	建	室						24	癸酉	一白	收	娄					

国学经典文库

中华历书大全

·1900–2100年万年历法表·

图文珍藏版

公元2050年　庚午马年（闰三月）　太岁王清　九星四绿

月份	正月小	戊寅 八白	乾卦 参宿			二月大	己卯 七赤	兑卦 井宿			三月小	庚辰 六白	离卦 鬼宿			闰三月大				
节气	立春 2月3日 十二甲寅 夜子时 23时45分		雨水 2月18日 廿七己巳 戌时 19时36分			惊蛰 3月5日 十三甲申 酉时 17时34分		春分 3月20日 廿八己亥 酉时 18时21分			清明 4月4日 十三甲寅 亥时 22时05分		谷雨 4月20日 廿九庚午 卯时 5时03分			立夏 5月5日 十五乙酉 申时 15时03分				
农历	公历	干支	九星	日建	星宿	公历	干支	九星	日建	星宿	公历	干支	九星	日建	星宿	公历	干支	九星	日建	星宿
初一	23	癸卯	四绿	满	昴	21	壬申	六白	破	毕	23	壬寅	九紫	闭	参	21	辛未	二黑	平	井
初二	24	甲辰	五黄	平	毕	22	癸酉	七赤	危	觜	24	癸卯	一白	建	井	22	壬申	三碧	定	鬼
初三	25	乙巳	六白	定	觜	23	甲戌	八白	成	参	25	甲辰	二黑	除	鬼	23	癸酉	四绿	执	柳
初四	26	丙午	七赤	执	参	24	乙亥	九紫	收	井	26	乙巳	三碧	满	柳	24	甲戌	五黄	破	星
初五	27	丁未	八白	破	井	25	丙子	一白	开	鬼	27	丙午	四绿	平	星	25	乙亥	六白	危	张
初六	28	戊申	九紫	危	鬼	26	丁丑	二黑	闭	柳	28	丁未	五黄	定	张	26	丙子	七赤	成	翼
初七	29	己酉	一白	成	柳	27	戊寅	三碧	建	星	29	戊申	六白	执	翼	27	丁丑	八白	收	轸
初八	30	庚戌	二黑	收	星	28	己卯	四绿	除	张	30	己酉	七赤	破	轸	28	戊寅	九紫	开	角
初九	31	辛亥	三碧	开	张	3月	庚辰	五黄	满	翼	31	庚戌	八白	危	角	29	己卯	一白	闭	亢
初十	2月	壬子	四绿	闭	翼	2	辛巳	六白	平	轸	4月	辛亥	九紫	成	亢	30	庚辰	二黑	建	氐
十一	2	癸丑	五黄	建	轸	3	壬午	七赤	定	角	2	壬子	一白	收	氐	5月	辛巳	三碧	除	房
十二	3	甲寅	六白	建	角	4	癸未	八白	执	亢	3	癸丑	二黑	开	房	2	壬午	四绿	满	心
十三	4	乙卯	七赤	除	亢	5	甲申	九紫	执	氐	4	甲寅	三碧	开	心	3	癸未	五黄	平	尾
十四	5	丙辰	八白	满	氐	6	乙酉	一白	破	房	5	乙卯	四绿	闭	尾	4	甲申	六白	定	箕
十五	6	丁巳	九紫	平	房	7	丙戌	二黑	危	心	6	丙辰	五黄	建	箕	5	乙酉	七赤	定	斗
十六	7	戊午	一白	定	心	8	丁亥	三碧	成	尾	7	丁巳	六白	除	斗	6	丙戌	八白	执	牛
十七	8	己未	二黑	执	尾	9	戊子	四绿	收	箕	8	戊午	七赤	满	牛	7	丁亥	九紫	破	女
十八	9	庚申	三碧	破	箕	10	己丑	五黄	开	斗	9	己未	八白	平	女	8	戊子	一白	危	虚
十九	10	辛酉	四绿	危	斗	11	庚寅	六白	闭	牛	10	庚申	九紫	定	虚	9	己丑	二黑	成	危
二十	11	壬戌	五黄	成	牛	12	辛卯	七赤	建	女	11	辛酉	一白	执	危	10	庚寅	三碧	收	室
廿一	12	癸亥	六白	收	女	13	壬辰	八白	除	虚	12	壬戌	二黑	破	室	11	辛卯	四绿	开	壁
廿二	13	甲子	一白	开	虚	14	癸巳	九紫	满	危	13	癸亥	三碧	危	壁	12	壬辰	五黄	闭	奎
廿三	14	乙丑	二黑	闭	危	15	甲午	一白	平	室	14	甲子	七赤	成	奎	13	癸巳	六白	建	娄
廿四	15	丙寅	三碧	建	室	16	乙未	二黑	定	壁	15	乙丑	八白	收	娄	14	甲午	七赤	除	胃
廿五	16	丁卯	四绿	除	壁	17	丙申	三碧	执	奎	16	丙寅	九紫	开	胃	15	乙未	八白	满	昴
廿六	17	戊辰	五黄	满	奎	18	丁酉	四绿	破	娄	17	丁卯	一白	闭	昴	16	丙申	九紫	平	毕
廿七	18	己巳	三碧	平	娄	19	戊戌	五黄	危	胃	18	戊辰	二黑	建	毕	17	丁酉	一白	定	觜
廿八	19	庚午	四绿	定	胃	20	己亥	六白	成	昴	19	己巳	三碧	除	觜	18	戊戌	二黑	执	参
廿九	20	辛未	五黄	执	昴	21	庚子	七赤	收	毕	20	庚午	一白	满	参	19	己亥	三碧	破	井
三十						22	辛丑	八白	开	觜						20	庚子	四绿	危	鬼

公元2050年　庚午马年（闰三月）　太岁王清　九星四绿

月份	四月小	辛巳 五黄 震卦 柳宿				五月大	壬午 四绿 巽卦 星宿				六月小	癸未 三碧 坎卦 张宿			
节气	小满 5月21日 初一辛丑 寅时 3时52分		芒种 6月5日 十六丙辰 酉时 18时56分			夏至 6月21日 初三壬申 午时 11时34分		小暑 7月7日 十九戊子 卯时 5时03分			大暑 7月22日 初四癸卯 亥时 22时22分		立秋 8月7日 二十己未 未时 14时53分		
农历	公历	干支	九星	日建	星宿	公历	干支	九星	日建	星宿	公历	干支	九星	日建	星宿
初一	21	辛丑	五黄	成	柳	19	庚午	一白	建	星	19	庚子	九紫	执	翼
初二	22	壬寅	六白	收	星	20	辛未	二黑	除	张	20	辛丑	八白	破	轸
初三	23	癸卯	七赤	开	张	21	壬申	一白	满	翼	21	壬寅	七赤	危	角
初四	24	甲辰	八白	闭	翼	22	癸酉	九紫	平	轸	22	癸卯	六白	成	亢
初五	25	乙巳	九紫	建	轸	23	甲戌	八白	定	角	23	甲辰	五黄	收	氐
初六	26	丙午	一白	除	角	24	乙亥	七赤	执	亢	24	乙巳	四绿	开	房
初七	27	丁未	二黑	满	亢	25	丙子	六白	破	氐	25	丙午	三碧	闭	心
初八	28	戊申	三碧	平	氐	26	丁丑	五黄	危	房	26	丁未	二黑	建	尾
初九	29	己酉	四绿	定	房	27	戊寅	四绿	成	心	27	戊申	一白	除	箕
初十	30	庚戌	五黄	执	心	28	己卯	三碧	收	尾	28	己酉	九紫	满	斗
十一	31	辛亥	六白	破	尾	29	庚辰	二黑	开	箕	29	庚戌	八白	平	牛
十二	6月	壬子	七赤	危	箕	30	辛巳	一白	闭	斗	30	辛亥	七赤	定	女
十三	2	癸丑	八白	成	斗	7月	壬午	九紫	建	牛	31	壬子	六白	执	虚
十四	3	甲寅	九紫	收	牛	2	癸未	八白	除	女	8月	癸丑	五黄	破	危
十五	4	乙卯	一白	开	女	3	甲申	七赤	满	虚	2	甲寅	四绿	危	室
十六	5	丙辰	二黑	开	虚	4	乙酉	六白	平	危	3	乙卯	三碧	成	壁
十七	6	丁巳	三碧	闭	危	5	丙戌	五黄	定	室	4	丙辰	二黑	收	奎
十八	7	戊午	四绿	建	室	6	丁亥	四绿	执	壁	5	丁巳	一白	开	娄
十九	8	己未	五黄	除	壁	7	戊子	三碧	执	奎	6	戊午	九紫	闭	胃
二十	9	庚申	六白	满	奎	8	己丑	二黑	破	娄	7	己未	八白	闭	昴
廿一	10	辛酉	七赤	平	娄	9	庚寅	一白	危	胃	8	庚申	七赤	建	毕
廿二	11	壬戌	八白	定	胃	10	辛卯	九紫	成	昴	9	辛酉	六白	除	觜
廿三	12	癸亥	九紫	执	昴	11	壬辰	八白	收	毕	10	壬戌	五黄	满	参
廿四	13	甲子	四绿	破	毕	12	癸巳	七赤	开	觜	11	癸亥	四绿	平	井
廿五	14	乙丑	五黄	危	觜	13	甲午	六白	闭	参	12	甲子	九紫	定	鬼
廿六	15	丙寅	六白	成	参	14	乙未	五黄	建	井	13	乙丑	八白	执	柳
廿七	16	丁卯	七赤	收	井	15	丙申	四绿	除	鬼	14	丙寅	七赤	破	星
廿八	17	戊辰	八白	开	鬼	16	丁酉	三碧	满	柳	15	丁卯	六白	危	张
廿九	18	己巳	九紫	闭	柳	17	戊戌	二黑	平	星	16	戊辰	五黄	成	翼
三十						18	己亥	一白	定	张					

公元2050年 庚午马年（闰三月） 太岁王清 九星四绿

月份	七月大		甲申 二黑 艮卦 翼宿			八月大		乙酉 一白 坤卦 轸宿			九月小		丙戌 九紫 乾卦 角宿		
节气	处暑 8月23日 初七乙亥 卯时 5时33分			白露 9月7日 廿二庚寅 酉时 18时01分		秋分 9月23日 初八丙午 寅时 3时29分			寒露 10月8日 廿三辛酉 巳时 10时01分		霜降 10月23日 初八丙子 未时 13时12分			立冬 11月7日 廿三辛卯 未时 13时34分	
农历	公历	干支	九星	日建	星宿	公历	干支	九星	日建	星宿	公历	干支	九星	日建	星宿
初一	17	己巳	四绿	收	轸	16	己亥	四绿	满	亢	16	己巳	七赤	危	房
初二	18	庚午	三碧	开	角	17	庚子	三碧	平	氐	17	庚午	六白	成	心
初三	19	辛未	二黑	闭	亢	18	辛丑	二黑	定	房	18	辛未	五黄	收	尾
初四	20	壬申	一白	建	氐	19	壬寅	一白	执	心	19	壬申	四绿	开	箕
初五	21	癸酉	九紫	除	房	20	癸卯	九紫	破	尾	20	癸酉	三碧	闭	斗
初六	22	甲戌	八白	满	心	21	甲辰	八白	危	箕	21	甲戌	二黑	建	牛
初七	23	乙亥	一白	平	尾	22	乙巳	七赤	成	斗	22	乙亥	一白	除	女
初八	24	丙子	九紫	定	箕	23	丙午	六白	收	牛	23	丙子	三碧	满	虚
初九	25	丁丑	八白	执	斗	24	丁未	五黄	开	女	24	丁丑	二黑	平	危
初十	26	戊寅	七赤	破	牛	25	戊申	四绿	闭	虚	25	戊寅	一白	定	室
十一	27	己卯	六白	危	女	26	己酉	三碧	建	危	26	己卯	九紫	执	壁
十二	28	庚辰	五黄	成	虚	27	庚戌	二黑	除	室	27	庚辰	八白	破	奎
十三	29	辛巳	四绿	收	危	28	辛亥	一白	满	壁	28	辛巳	七赤	危	娄
十四	30	壬午	三碧	开	室	29	壬子	九紫	平	奎	29	壬午	六白	成	胃
十五	31	癸未	二黑	闭	壁	30	癸丑	八白	定	娄	30	癸未	五黄	收	昴
十六	9月	甲申	一白	建	奎	10月	甲寅	七赤	执	胃	31	甲申	四绿	开	毕
十七	2	乙酉	九紫	除	娄	2	乙卯	六白	破	昴	11月	乙酉	三碧	闭	觜
十八	3	丙戌	八白	满	胃	3	丙辰	五黄	危	毕	2	丙戌	二黑	建	参
十九	4	丁亥	七赤	平	昴	4	丁巳	四绿	成	觜	3	丁亥	一白	除	井
二十	5	戊子	六白	定	毕	5	戊午	三碧	收	参	4	戊子	九紫	满	鬼
廿一	6	己丑	五黄	执	觜	6	己未	二黑	开	井	5	己丑	八白	平	柳
廿二	7	庚寅	四绿	执	参	7	庚申	一白	闭	鬼	6	庚寅	七赤	定	星
廿三	8	辛卯	三碧	破	井	8	辛酉	九紫	闭	柳	7	辛卯	六白	定	张
廿四	9	壬辰	二黑	危	鬼	9	壬戌	八白	建	星	8	壬辰	五黄	执	翼
廿五	10	癸巳	一白	成	柳	10	癸亥	七赤	除	张	9	癸巳	四绿	破	轸
廿六	11	甲午	九紫	收	星	11	甲子	三碧	满	翼	10	甲午	三碧	危	角
廿七	12	乙未	八白	开	张	12	乙丑	二黑	平	轸	11	乙未	二黑	成	亢
廿八	13	丙申	七赤	闭	翼	13	丙寅	一白	定	角	12	丙申	一白	收	氐
廿九	14	丁酉	六白	建	轸	14	丁卯	九紫	执	亢	13	丁酉	九紫	开	房
三十	15	戊戌	五黄	除	角	15	戊辰	八白	破	氐					

公元2050年　庚午马年（闰三月）　太岁王清 九星四绿

月份	十月大		丁亥 八白 兑卦 亢宿			十一月大		戊子 七赤 离卦 氐宿			十二月小		己丑 六白 震卦 房宿		
节气	小雪 11月22日 初九丙午 午时 11时07分		大雪 12月7日 廿四辛酉 卯时 6时42分			冬至 12月22日 初九丙子 早子时 0时39分		小寒 1月5日 廿三庚寅 酉时 18时02分			大寒 1月20日 初八乙巳 午时 11时19分		立春 2月4日 廿三庚申 卯时 5时36分		
农历	公历	干支	九星	日建	星宿	公历	干支	九星	日建	星宿	公历	干支	九星	日建	星宿
初一	14	戊戌	八白	闭	心	14	戊辰	二黑	定	箕	13	戊戌	八白	收	牛
初二	15	己亥	七赤	建	尾	15	己巳	一白	执	斗	14	己亥	九紫	开	女
初三	16	庚子	六白	除	箕	16	庚午	九紫	破	牛	15	庚子	一白	闭	虚
初四	17	辛丑	五黄	满	斗	17	辛未	八白	危	女	16	辛丑	二黑	建	危
初五	18	壬寅	四绿	平	牛	18	壬申	七赤	成	虚	17	壬寅	三碧	除	室
初六	19	癸卯	三碧	定	女	19	癸酉	六白	收	危	18	癸卯	四绿	满	壁
初七	20	甲辰	二黑	执	虚	20	甲戌	五黄	开	室	19	甲辰	五黄	平	奎
初八	21	乙巳	一白	破	危	21	乙亥	四绿	闭	壁	20	乙巳	六白	定	娄
初九	22	丙午	九紫	危	室	22	丙子	四绿	建	奎	21	丙午	七赤	执	胃
初十	23	丁未	八白	成	壁	23	丁丑	五黄	除	娄	22	丁未	八白	破	昴
十一	24	戊申	七赤	收	奎	24	戊寅	六白	满	胃	23	戊申	九紫	危	毕
十二	25	己酉	六白	开	娄	25	己卯	七赤	平	昴	24	己酉	一白	成	觜
十三	26	庚戌	五黄	闭	胃	26	庚辰	八白	定	毕	25	庚戌	二黑	收	参
十四	27	辛亥	四绿	建	昴	27	辛巳	九紫	执	觜	26	辛亥	三碧	开	井
十五	28	壬子	三碧	除	毕	28	壬午	一白	破	参	27	壬子	四绿	闭	鬼
十六	29	癸丑	二黑	满	觜	29	癸未	二黑	危	井	28	癸丑	五黄	建	柳
十七	30	甲寅	一白	平	参	30	甲申	三碧	成	鬼	29	甲寅	六白	除	星
十八	12月	乙卯	九紫	定	井	31	乙酉	四绿	收	柳	30	乙卯	七赤	满	张
十九	2	丙辰	八白	执	鬼	1月	丙戌	五黄	开	星	31	丙辰	八白	平	翼
二十	3	丁巳	七赤	破	柳	2	丁亥	六白	闭	张	2月	丁巳	九紫	定	轸
廿一	4	戊午	六白	危	星	3	戊子	七赤	建	翼	2	戊午	一白	执	角
廿二	5	己未	五黄	成	张	4	己丑	八白	除	轸	3	己未	二黑	破	亢
廿三	6	庚申	四绿	收	翼	5	庚寅	九紫	除	角	4	庚申	三碧	破	氐
廿四	7	辛酉	三碧	收	轸	6	辛卯	一白	满	亢	5	辛酉	四绿	危	房
廿五	8	壬戌	二黑	开	角	7	壬辰	二黑	平	氐	6	壬戌	五黄	成	心
廿六	9	癸亥	一白	闭	亢	8	癸巳	三碧	定	房	7	癸亥	六白	收	尾
廿七	10	甲子	六白	建	氐	9	甲午	四绿	执	心	8	甲子	一白	开	箕
廿八	11	乙丑	五黄	除	房	10	乙未	五黄	破	尾	9	乙丑	二黑	闭	斗
廿九	12	丙寅	四绿	满	心	11	丙申	六白	危	箕	10	丙寅	三碧	建	牛
三十	13	丁卯	三碧	平	尾	12	丁酉	七赤	成	斗					

公元2051年　辛未羊年　太岁李素　九星三碧

月份	正月大	庚寅 五黄 兑卦 心宿				二月小	辛卯 四绿 离卦 尾宿				三月小	壬辰 三碧 震卦 箕宿				四月大	癸巳 二黑 巽卦 斗宿			
节气	雨水 2月19日 初九乙亥 丑时 1时18分		惊蛰 3月5日 廿三己丑 夜子时 23时22分			春分 3月20日 初八甲辰 夜子时 23时58分		清明 4月5日 廿四庚申 寅时 3时50分			谷雨 4月20日 初十乙亥 巳时 10时41分		立夏 5月5日 廿五庚寅 戌时 20时47分			小满 5月21日 十二丙午 巳时 9时32分		芒种 6月6日 廿八壬戌 早子时 0时41分		
农历	公历	干支	九星	日建	星宿	公历	干支	九星	日建	星宿	公历	干支	九星	日建	星宿	公历	干支	九星	日建	星宿
初一	11	丁卯	四绿	除	女	13	丁酉	四绿	破	危	11	丙寅	九紫	开	室	10	乙未	八白	满	壁
初二	12	戊辰	五黄	满	虚	14	戊戌	五黄	危	室	12	丁卯	一白	闭	壁	11	丙申	九紫	平	奎
初三	13	己巳	六白	平	危	15	己亥	六白	成	壁	13	戊辰	二黑	建	奎	12	丁酉	一白	定	娄
初四	14	庚午	七赤	定	室	16	庚子	七赤	收	奎	14	己巳	三碧	除	娄	13	戊戌	二黑	执	胃
初五	15	辛未	八白	执	壁	17	辛丑	八白	开	娄	15	庚午	四绿	满	胃	14	己亥	三碧	破	昴
初六	16	壬申	九紫	破	奎	18	壬寅	九紫	闭	胃	16	辛未	五黄	平	昴	15	庚子	四绿	危	毕
初七	17	癸酉	一白	危	娄	19	癸卯	一白	建	昴	17	壬申	六白	定	毕	16	辛丑	五黄	成	觜
初八	18	甲戌	二黑	成	胃	20	甲辰	二黑	除	毕	18	癸酉	七赤	执	觜	17	壬寅	六白	收	参
初九	19	乙亥	九紫	收	昴	21	乙巳	三碧	满	觜	19	甲戌	八白	破	参	18	癸卯	七赤	开	井
初十	20	丙子	一白	开	毕	22	丙午	四绿	平	参	20	乙亥	六白	危	井	19	甲辰	八白	闭	鬼
十一	21	丁丑	二黑	闭	觜	23	丁未	五黄	定	井	21	丙子	七赤	成	鬼	20	乙巳	九紫	建	柳
十二	22	戊寅	三碧	建	参	24	戊申	六白	执	鬼	22	丁丑	八白	收	柳	21	丙午	一白	除	星
十三	23	己卯	四绿	除	井	25	己酉	七赤	破	柳	23	戊寅	九紫	开	星	22	丁未	二黑	满	张
十四	24	庚辰	五黄	满	鬼	26	庚戌	八白	危	星	24	己卯	一白	闭	张	23	戊申	三碧	平	翼
十五	25	辛巳	六白	平	柳	27	辛亥	九紫	成	张	25	庚辰	二黑	建	翼	24	己酉	四绿	定	轸
十六	26	壬午	七赤	定	星	28	壬子	一白	收	翼	26	辛巳	三碧	除	轸	25	庚戌	五黄	执	角
十七	27	癸未	八白	执	张	29	癸丑	二黑	开	轸	27	壬午	四绿	满	角	26	辛亥	六白	破	亢
十八	28	甲申	九紫	破	翼	30	甲寅	三碧	闭	角	28	癸未	五黄	平	亢	27	壬子	七赤	危	氐
十九	3月	乙酉	一白	危	轸	31	乙卯	四绿	建	亢	29	甲申	六白	定	氐	28	癸丑	八白	成	房
二十	2	丙戌	二黑	成	角	4月	丙辰	五黄	除	氐	30	乙酉	七赤	执	房	29	甲寅	九紫	收	心
廿一	3	丁亥	三碧	收	亢	2	丁巳	六白	满	房	5月	丙戌	八白	破	心	30	乙卯	一白	开	尾
廿二	4	戊子	四绿	开	氐	3	戊午	七赤	平	心	2	丁亥	九紫	危	尾	31	丙辰	二黑	闭	箕
廿三	5	己丑	五黄	开	房	4	己未	八白	定	尾	3	戊子	一白	成	箕	6月	丁巳	三碧	建	斗
廿四	6	庚寅	六白	闭	心	5	庚申	九紫	定	箕	4	己丑	二黑	收	斗	2	戊午	四绿	除	牛
廿五	7	辛卯	七赤	建	尾	6	辛酉	一白	执	斗	5	庚寅	三碧	收	牛	3	己未	五黄	满	女
廿六	8	壬辰	八白	除	箕	7	壬戌	二黑	破	牛	6	辛卯	四绿	开	女	4	庚申	六白	平	虚
廿七	9	癸巳	九紫	满	斗	8	癸亥	三碧	危	女	7	壬辰	五黄	闭	虚	5	辛酉	七赤	定	危
廿八	10	甲午	一白	平	牛	9	甲子	七赤	成	虚	8	癸巳	六白	建	危	6	壬戌	八白	定	室
廿九	11	乙未	二黑	定	女	10	乙丑	八白	收	危	9	甲午	七赤	除	室	7	癸亥	九紫	执	壁
三十	12	丙申	三碧	执	虚											8	甲子	四绿	破	奎

公元2051年　辛未羊年　太岁李素　九星三碧

月份	五月小	甲午 一白 坎卦 牛宿				六月小	乙未 九紫 艮卦 女宿				七月大	丙申 八白 坤卦 虚宿				八月大	丁酉 七赤 乾卦 危宿			
节气	夏至 6月21日 十三丁丑 酉时 17时19分		小暑 7月7日 廿九癸巳 巳时 10时50分			大暑 7月23日 十六己酉 寅时 4时14分					立秋 8月7日 初二甲子 戌时 20时43分		处暑 8月23日 十八庚辰 午时 11时30分			白露 9月7日 初三乙未 夜子时 23时52分		秋分 9月23日 十九辛亥 巳时 9时28分		
农历	公历	干支	九星	日建	星宿	公历	干支	九星	日建	星宿	公历	干支	九星	日建	星宿	公历	干支	九星	日建	星宿
初一	9	乙丑	五黄	危	娄	8	甲午	六白	闭	胃	6	癸亥	四绿	定	昴	5	癸巳	一白	收	觜
初二	10	丙寅	六白	成	胃	9	乙未	五黄	建	昴	7	甲子	九紫	定	毕	6	甲午	九紫	开	参
初三	11	丁卯	七赤	收	昴	10	丙申	四绿	除	毕	8	乙丑	八白	执	觜	7	乙未	八白	开	井
初四	12	戊辰	八白	开	毕	11	丁酉	三碧	满	觜	9	丙寅	七赤	破	参	8	丙申	七赤	闭	鬼
初五	13	己巳	九紫	闭	觜	12	戊戌	二黑	平	参	10	丁卯	六白	危	井	9	丁酉	六白	建	柳
初六	14	庚午	一白	建	参	13	己亥	一白	定	井	11	戊辰	五黄	成	鬼	10	戊戌	五黄	除	星
初七	15	辛未	二黑	除	井	14	庚子	九紫	执	鬼	12	己巳	四绿	收	柳	11	己亥	四绿	满	张
初八	16	壬申	三碧	满	鬼	15	辛丑	八白	破	柳	13	庚午	三碧	开	星	12	庚子	三碧	平	翼
初九	17	癸酉	四绿	平	柳	16	壬寅	七赤	危	星	14	辛未	二黑	闭	张	13	辛丑	二黑	定	轸
初十	18	甲戌	五黄	定	星	17	癸卯	六白	成	张	15	壬申	一白	建	翼	14	壬寅	一白	执	角
十一	19	乙亥	六白	执	张	18	甲辰	五黄	收	翼	16	癸酉	九紫	除	轸	15	癸卯	九紫	破	亢
十二	20	丙子	七赤	破	翼	19	乙巳	四绿	开	轸	17	甲戌	八白	满	角	16	甲辰	八白	危	氐
十三	21	丁丑	五黄	危	轸	20	丙午	三碧	闭	角	18	乙亥	七赤	平	亢	17	乙巳	七赤	成	房
十四	22	戊寅	四绿	成	角	21	丁未	二黑	建	亢	19	丙子	六白	定	氐	18	丙午	六白	收	心
十五	23	己卯	三碧	收	亢	22	戊申	一白	除	氐	20	丁丑	五黄	执	房	19	丁未	五黄	开	尾
十六	24	庚辰	二黑	开	氐	23	己酉	九紫	满	房	21	戊寅	四绿	破	心	20	戊申	四绿	闭	箕
十七	25	辛巳	一白	闭	房	24	庚戌	八白	平	心	22	己卯	三碧	危	尾	21	己酉	三碧	建	斗
十八	26	壬午	九紫	建	心	25	辛亥	七赤	定	尾	23	庚辰	五黄	成	箕	22	庚戌	二黑	除	牛
十九	27	癸未	八白	除	尾	26	壬子	六白	执	箕	24	辛巳	四绿	收	斗	23	辛亥	一白	满	女
二十	28	甲申	七赤	满	箕	27	癸丑	五黄	破	斗	25	壬午	三碧	开	牛	24	壬子	九紫	平	虚
廿一	29	乙酉	六白	平	斗	28	甲寅	四绿	危	牛	26	癸未	二黑	闭	女	25	癸丑	八白	定	危
廿二	30	丙戌	五黄	定	牛	29	乙卯	三碧	成	女	27	甲申	一白	建	虚	26	甲寅	七赤	执	室
廿三	7月	丁亥	四绿	执	女	30	丙辰	二黑	收	虚	28	乙酉	九紫	除	危	27	乙卯	六白	破	壁
廿四	2	戊子	三碧	破	虚	31	丁巳	一白	开	危	29	丙戌	八白	满	室	28	丙辰	五黄	危	奎
廿五	3	己丑	二黑	危	危	8月	戊午	九紫	闭	室	30	丁亥	七赤	平	壁	29	丁巳	四绿	成	娄
廿六	4	庚寅	一白	成	室	2	己未	八白	建	壁	31	戊子	六白	定	奎	30	戊午	三碧	收	胃
廿七	5	辛卯	九紫	收	壁	3	庚申	七赤	除	奎	9月	己丑	五黄	执	娄	10月	己未	二黑	开	昴
廿八	6	壬辰	八白	开	奎	4	辛酉	六白	满	娄	2	庚寅	四绿	破	胃	2	庚申	一白	闭	毕
廿九	7	癸巳	七赤	开	娄	5	壬戌	五黄	平	胃	3	辛卯	三碧	危	昴	3	辛酉	九紫	建	觜
三十											4	壬辰	二黑	成	毕	4	壬戌	八白	除	参

公元2051年 辛未羊年 太岁李素 九星三碧

月份	九月小	戊戌 六白 兑卦 室宿				十月大	己亥 五黄 离卦 壁宿				十一月大	庚子 四绿 震卦 奎宿				十二月大	辛丑 三碧 巽卦 娄宿			
节气	寒露 10月8日 初四丙寅 申时 15时51分		霜降 10月23日 十九辛巳 戌时 19时11分			立冬 11月7日 初五丙申 戌时 19时23分		小雪 11月22日 二十辛亥 酉时 17时03分			大雪 12月7日 初五丙寅 午时 12时29分		冬至 12月22日 二十辛巳 卯时 6时35分			小寒 1月5日 初四乙未 夜子时 23时49分		大寒 1月20日 十九庚戌 酉时 17时15分		
农历	公历	干支	九星	日建	星宿	公历	干支	九星	日建	星宿	公历	干支	九星	日建	星宿	公历	干支	九星	日建	星宿
初一	5	癸亥	七赤	满	井	3	壬辰	五黄	破	鬼	3	壬戌	二黑	闭	星	2	壬辰	二黑	定	翼
初二	6	甲子	三碧	平	鬼	4	癸巳	四绿	危	柳	4	癸亥	一白	建	张	3	癸巳	三碧	执	轸
初三	7	乙丑	二黑	定	柳	5	甲午	三碧	成	星	5	甲子	六白	除	翼	4	甲午	四绿	破	角
初四	8	丙寅	一白	定	星	6	乙未	二黑	收	张	6	乙丑	五黄	满	轸	5	乙未	五黄	破	亢
初五	9	丁卯	九紫	执	张	7	丙申	一白	收	翼	7	丙寅	四绿	满	角	6	丙申	六白	危	氐
初六	10	戊辰	八白	破	翼	8	丁酉	九紫	开	轸	8	丁卯	三碧	平	亢	7	丁酉	七赤	成	房
初七	11	己巳	七赤	危	轸	9	戊戌	八白	闭	角	9	戊辰	二黑	定	氐	8	戊戌	八白	收	心
初八	12	庚午	六白	成	角	10	己亥	七赤	建	亢	10	己巳	一白	执	房	9	己亥	九紫	开	尾
初九	13	辛未	五黄	收	亢	11	庚子	六白	除	氐	11	庚午	九紫	破	心	10	庚子	一白	闭	箕
初十	14	壬申	四绿	开	氐	12	辛丑	五黄	满	房	12	辛未	八白	危	尾	11	辛丑	二黑	建	斗
十一	15	癸酉	三碧	闭	房	13	壬寅	四绿	平	心	13	壬申	七赤	成	箕	12	壬寅	三碧	除	牛
十二	16	甲戌	二黑	建	心	14	癸卯	三碧	定	尾	14	癸酉	六白	收	斗	13	癸卯	四绿	满	女
十三	17	乙亥	一白	除	尾	15	甲辰	二黑	执	箕	15	甲戌	五黄	开	牛	14	甲辰	五黄	平	虚
十四	18	丙子	九紫	满	箕	16	乙巳	一白	破	斗	16	乙亥	四绿	闭	女	15	乙巳	六白	定	危
十五	19	丁丑	八白	平	斗	17	丙午	九紫	危	牛	17	丙子	三碧	建	虚	16	丙午	七赤	执	室
十六	20	戊寅	七赤	定	牛	18	丁未	八白	成	女	18	丁丑	二黑	除	危	17	丁未	八白	破	壁
十七	21	己卯	六白	执	女	19	戊申	七赤	收	虚	19	戊寅	一白	满	室	18	戊申	九紫	危	奎
十八	22	庚辰	五黄	破	虚	20	己酉	六白	开	危	20	己卯	九紫	平	壁	19	己酉	一白	成	娄
十九	23	辛巳	七赤	危	危	21	庚戌	五黄	闭	室	21	庚辰	八白	定	奎	20	庚戌	二黑	收	胃
二十	24	壬午	六白	成	室	22	辛亥	四绿	建	壁	22	辛巳	九紫	执	娄	21	辛亥	三碧	开	昴
廿一	25	癸未	五黄	收	壁	23	壬子	三碧	除	奎	23	壬午	一白	破	胃	22	壬子	四绿	闭	毕
廿二	26	甲申	四绿	开	奎	24	癸丑	二黑	满	娄	24	癸未	二黑	危	昴	23	癸丑	五黄	建	觜
廿三	27	乙酉	三碧	闭	娄	25	甲寅	一白	平	胃	25	甲申	三碧	成	毕	24	甲寅	六白	除	参
廿四	28	丙戌	二黑	建	胃	26	乙卯	九紫	定	昴	26	乙酉	四绿	收	觜	25	乙卯	七赤	满	井
廿五	29	丁亥	一白	除	昴	27	丙辰	八白	执	毕	27	丙戌	五黄	开	参	26	丙辰	八白	平	鬼
廿六	30	戊子	九紫	满	毕	28	丁巳	七赤	破	觜	28	丁亥	六白	闭	井	27	丁巳	九紫	定	柳
廿七	31	己丑	八白	平	觜	29	戊午	六白	危	参	29	戊子	七赤	建	鬼	28	戊午	一白	执	星
廿八	11月	庚寅	七赤	定	参	30	己未	五黄	成	井	30	己丑	八白	除	柳	29	己未	二黑	破	张
廿九	2	辛卯	六白	执	井	12月	庚申	四绿	收	鬼	31	庚寅	九紫	满	星	30	庚申	三碧	危	翼
三十						2	辛酉	三碧	开	柳	1月	辛卯	一白	平	张	31	辛酉	四绿	成	轸

公元2052年　壬申猴年（闰八月）　太岁刘旺 九星二黑

月份	正月小 壬寅 二黑 离卦 胃宿					二月大 癸卯 一白 震卦 昴宿					三月小 甲辰 九紫 巽卦 毕宿					四月小 乙巳 八白 坎卦 觜宿				
节气	立春 2月4日 初四乙丑 午时 11时24分			雨水 2月19日 十九庚辰 辰时 7时15分		惊蛰 3月5日 初五乙未 卯时 5时11分			春分 3月20日 二十庚戌 卯时 5时57分		清明 4月4日 初五乙丑 巳时 9时39分			谷雨 4月19日 二十庚辰 申时 16时40分		立夏 5月5日 初七丙申 丑时 2时36分			小满 5月20日 廿二辛亥 申时 15时30分	
农历	公历	干支	九星	日建	星宿	公历	干支	九星	日建	星宿	公历	干支	九星	日建	星宿	公历	干支	九星	日建	星宿
初一	2月	壬戌	五黄	收	角	3月	辛卯	七赤	除	亢	31	辛酉	一白	破	房	29	庚寅	三碧	开	心
初二	2	癸亥	六白	开	亢	2	壬辰	八白	满	氐	4月	壬戌	二黑	危	心	30	辛卯	四绿	闭	尾
初三	3	甲子	一白	闭	氐	3	癸巳	九紫	平	房	2	癸亥	三碧	成	尾	5月	壬辰	五黄	建	箕
初四	4	乙丑	二黑	闭	房	4	甲午	一白	定	心	3	甲子	七赤	收	箕	2	癸巳	六白	除	斗
初五	5	丙寅	三碧	建	心	5	乙未	二黑	定	尾	4	乙丑	八白	收	斗	3	甲午	七赤	满	牛
初六	6	丁卯	四绿	除	尾	6	丙申	三碧	执	箕	5	丙寅	九紫	开	牛	4	乙未	八白	平	女
初七	7	戊辰	五黄	满	箕	7	丁酉	四绿	破	斗	6	丁卯	一白	闭	女	5	丙申	九紫	平	虚
初八	8	己巳	六白	平	斗	8	戊戌	五黄	危	牛	7	戊辰	二黑	建	虚	6	丁酉	一白	定	危
初九	9	庚午	七赤	定	牛	9	己亥	六白	成	女	8	己巳	三碧	除	危	7	戊戌	二黑	执	室
初十	10	辛未	八白	执	女	10	庚子	七赤	收	虚	9	庚午	四绿	满	室	8	己亥	三碧	破	壁
十一	11	壬申	九紫	破	虚	11	辛丑	八白	开	危	10	辛未	五黄	平	壁	9	庚子	四绿	危	奎
十二	12	癸酉	一白	危	危	12	壬寅	九紫	闭	室	11	壬申	六白	定	奎	10	辛丑	五黄	成	娄
十三	13	甲戌	二黑	成	室	13	癸卯	一白	建	壁	12	癸酉	七赤	执	娄	11	壬寅	六白	收	胃
十四	14	乙亥	三碧	收	壁	14	甲辰	二黑	除	奎	13	甲戌	八白	破	胃	12	癸卯	七赤	开	昴
十五	15	丙子	四绿	开	奎	15	乙巳	三碧	满	娄	14	乙亥	九紫	危	昴	13	甲辰	八白	闭	毕
十六	16	丁丑	五黄	闭	娄	16	丙午	四绿	平	胃	15	丙子	一白	成	毕	14	乙巳	九紫	建	觜
十七	17	戊寅	六白	建	胃	17	丁未	五黄	定	昴	16	丁丑	二黑	收	觜	15	丙午	一白	除	参
十八	18	己卯	七赤	除	昴	18	戊申	六白	执	毕	17	戊寅	三碧	开	参	16	丁未	二黑	满	井
十九	19	庚辰	五黄	满	毕	19	己酉	七赤	破	觜	18	己卯	四绿	闭	井	17	戊申	三碧	平	鬼
二十	20	辛巳	六白	平	觜	20	庚戌	八白	危	参	19	庚辰	二黑	建	鬼	18	己酉	四绿	定	柳
廿一	21	壬午	七赤	定	参	21	辛亥	九紫	成	井	20	辛巳	三碧	除	柳	19	庚戌	五黄	执	星
廿二	22	癸未	八白	执	井	22	壬子	一白	收	鬼	21	壬午	四绿	满	星	20	辛亥	六白	破	张
廿三	23	甲申	九紫	破	鬼	23	癸丑	二黑	开	柳	22	癸未	五黄	平	张	21	壬子	七赤	危	翼
廿四	24	乙酉	一白	危	柳	24	甲寅	三碧	闭	星	23	甲申	六白	定	翼	22	癸丑	八白	成	轸
廿五	25	丙戌	二黑	成	星	25	乙卯	四绿	建	张	24	乙酉	七赤	执	轸	23	甲寅	九紫	收	角
廿六	26	丁亥	三碧	收	张	26	丙辰	五黄	除	翼	25	丙戌	八白	破	角	24	乙卯	一白	开	亢
廿七	27	戊子	四绿	开	翼	27	丁巳	六白	满	轸	26	丁亥	九紫	危	亢	25	丙辰	二黑	闭	氐
廿八	28	己丑	五黄	闭	轸	28	戊午	七赤	平	角	27	戊子	一白	成	氐	26	丁巳	三碧	建	房
廿九	29	庚寅	六白	建	角	29	己未	八白	定	亢	28	己丑	二黑	收	房	27	戊午	四绿	除	心
三十						30	庚申	九紫	执	氐										

公元2052年　壬申猴年（闰八月）　太岁刘旺 九星二黑

月份	五月大		丙午 七赤 艮卦 参宿			六月小		丁未 六白 坤卦 井宿			七月小		戊申 五黄 乾卦 鬼宿		
节气	芒种 6月5日 初九丁卯 卯时 6时31分			夏至 6月20日 廿四壬午 夜子时 23时17分		小暑 7月6日 初十戊戌 申时 16时41分			大暑 7月22日 廿六甲寅 巳时 10时10分		立秋 8月7日 十三庚午 丑时 2时34分			处暑 8月22日 廿八乙酉 酉时 17时23分	
农历	公历	干支	九星	日建	星宿	公历	干支	九星	日建	星宿	公历	干支	九星	日建	星宿
初一	28	己未	五黄	满	尾	27	己丑	二黑	危	斗	26	戊午	九紫	闭	牛
初二	29	庚申	六白	平	箕	28	庚寅	一白	成	牛	27	己未	八白	建	女
初三	30	辛酉	七赤	定	斗	29	辛卯	九紫	收	女	28	庚申	七赤	除	虚
初四	31	壬戌	八白	执	牛	30	壬辰	八白	开	虚	29	辛酉	六白	满	危
初五	6月	癸亥	九紫	破	女	7月	癸巳	七赤	闭	危	30	壬戌	五黄	平	室
初六	2	甲子	四绿	危	虚	2	甲午	六白	建	室	31	癸亥	四绿	定	壁
初七	3	乙丑	五黄	成	危	3	乙未	五黄	除	壁	8月	甲子	九紫	执	奎
初八	4	丙寅	六白	收	室	4	丙申	四绿	满	奎	2	乙丑	八白	破	娄
初九	5	丁卯	七赤	收	壁	5	丁酉	三碧	平	娄	3	丙寅	七赤	危	胃
初十	6	戊辰	八白	开	奎	6	戊戌	二黑	平	胃	4	丁卯	六白	成	昴
十一	7	己巳	九紫	闭	娄	7	己亥	一白	定	昴	5	戊辰	五黄	收	毕
十二	8	庚午	一白	建	胃	8	庚子	九紫	执	毕	6	己巳	四绿	开	觜
十三	9	辛未	二黑	除	昴	9	辛丑	八白	破	觜	7	庚午	三碧	开	参
十四	10	壬申	三碧	满	毕	10	壬寅	七赤	危	参	8	辛未	二黑	闭	井
十五	11	癸酉	四绿	平	觜	11	癸卯	六白	成	井	9	壬申	一白	建	鬼
十六	12	甲戌	五黄	定	参	12	甲辰	五黄	收	鬼	10	癸酉	九紫	除	柳
十七	13	乙亥	六白	执	井	13	乙巳	四绿	开	柳	11	甲戌	八白	满	星
十八	14	丙子	七赤	破	鬼	14	丙午	三碧	闭	星	12	乙亥	七赤	平	张
十九	15	丁丑	八白	危	柳	15	丁未	二黑	建	张	13	丙子	六白	定	翼
二十	16	戊寅	九紫	成	星	16	戊申	一白	除	翼	14	丁丑	五黄	执	轸
廿一	17	己卯	一白	收	张	17	己酉	九紫	满	轸	15	戊寅	四绿	破	角
廿二	18	庚辰	二黑	开	翼	18	庚戌	八白	平	角	16	己卯	三碧	危	亢
廿三	19	辛巳	三碧	闭	轸	19	辛亥	七赤	定	亢	17	庚辰	二黑	成	氐
廿四	20	壬午	九紫	建	角	20	壬子	六白	执	氐	18	辛巳	一白	收	房
廿五	21	癸未	八白	除	亢	21	癸丑	五黄	破	房	19	壬午	九紫	开	心
廿六	22	甲申	七赤	满	氐	22	甲寅	四绿	危	心	20	癸未	八白	闭	尾
廿七	23	乙酉	六白	平	房	23	乙卯	三碧	成	尾	21	甲申	七赤	建	箕
廿八	24	丙戌	五黄	定	心	24	丙辰	二黑	收	箕	22	乙酉	九紫	除	斗
廿九	25	丁亥	四绿	执	尾	25	丁巳	一白	开	斗	23	丙戌	八白	满	牛
三十	26	戊子	三碧	破	箕										

公元2052年 壬申猴年（闰八月） 太岁刘旺 九星二黑

月份	八月大		己酉 四绿 兑卦 柳宿			闰八月小					九月大		庚戌 三碧 离卦 星宿		
节气	白露 9月7日 十五辛丑 卯时 5时43分		秋分 9月22日 三十丙辰 申时 15时17分			寒露 10月7日 十五辛未 亥时 21时41分					霜降 10月23日 初二丁亥 早子时 0时56分		立冬 11月7日 十七壬寅 丑时 1时11分		
农历	公历	干支	九星	日建	星宿	公历	干支	九星	日建	星宿	公历	干支	九星	日建	星宿
初一	24	丁亥	七赤	平	女	23	丁巳	四绿	成	危	22	丙戌	八白	建	室
初二	25	戊子	六白	定	虚	24	戊午	三碧	收	室	23	丁亥	一白	除	壁
初三	26	己丑	五黄	执	危	25	己未	二黑	开	壁	24	戊子	九紫	满	奎
初四	27	庚寅	四绿	破	室	26	庚申	一白	闭	奎	25	己丑	八白	平	娄
初五	28	辛卯	三碧	危	壁	27	辛酉	九紫	建	娄	26	庚寅	七赤	定	胃
初六	29	壬辰	二黑	成	奎	28	壬戌	八白	除	胃	27	辛卯	六白	执	昴
初七	30	癸巳	一白	收	娄	29	癸亥	七赤	满	昴	28	壬辰	五黄	破	毕
初八	31	甲午	九紫	开	胃	30	甲子	三碧	平	毕	29	癸巳	四绿	危	觜
初九	9月	乙未	八白	闭	昴	10月	乙丑	二黑	定	觜	30	甲午	三碧	成	参
初十	2	丙申	七赤	建	毕	2	丙寅	一白	执	参	31	乙未	二黑	收	井
十一	3	丁酉	六白	除	觜	3	丁卯	九紫	破	井	11月	丙申	一白	开	鬼
十二	4	戊戌	五黄	满	参	4	戊辰	八白	危	鬼	2	丁酉	九紫	闭	柳
十三	5	己亥	四绿	平	井	5	己巳	七赤	成	柳	3	戊戌	八白	建	星
十四	6	庚子	三碧	定	鬼	6	庚午	六白	收	星	4	己亥	七赤	除	张
十五	7	辛丑	二黑	定	柳	7	辛未	五黄	收	张	5	庚子	六白	满	翼
十六	8	壬寅	一白	执	星	8	壬申	四绿	开	翼	6	辛丑	五黄	平	轸
十七	9	癸卯	九紫	破	张	9	癸酉	三碧	闭	轸	7	壬寅	四绿	平	角
十八	10	甲辰	八白	危	翼	10	甲戌	二黑	建	角	8	癸卯	三碧	定	亢
十九	11	乙巳	七赤	成	轸	11	乙亥	一白	除	亢	9	甲辰	二黑	执	氐
二十	12	丙午	六白	收	角	12	丙子	九紫	满	氐	10	乙巳	一白	破	房
廿一	13	丁未	五黄	开	亢	13	丁丑	八白	平	房	11	丙午	九紫	危	心
廿二	14	戊申	四绿	闭	氐	14	戊寅	七赤	定	心	12	丁未	八白	成	尾
廿三	15	己酉	三碧	建	房	15	己卯	六白	执	尾	13	戊申	七赤	收	箕
廿四	16	庚戌	二黑	除	心	16	庚辰	五黄	破	箕	14	己酉	六白	开	斗
廿五	17	辛亥	一白	满	尾	17	辛巳	四绿	危	斗	15	庚戌	五黄	闭	牛
廿六	18	壬子	九紫	平	箕	18	壬午	三碧	成	牛	16	辛亥	四绿	建	女
廿七	19	癸丑	八白	定	斗	19	癸未	二黑	收	女	17	壬子	三碧	除	虚
廿八	20	甲寅	七赤	执	牛	20	甲申	一白	开	虚	18	癸丑	二黑	满	危
廿九	21	乙卯	六白	破	女	21	乙酉	九紫	闭	危	19	甲寅	一白	平	室
三十	22	丙辰	五黄	危	虚						20	乙卯	九紫	定	壁

公元2052年　壬申猴年（闰八月）　太岁刘旺 九星二黑

月份	十月大	辛亥 二黑 震卦 张宿				十一月大	壬子 一白 巽卦 翼宿				十二月大	癸丑 九紫 坎卦 轸宿			
节气	小雪 11月21日 初一丙辰 亥时 22时47分		大雪 12月6日 十六辛未 酉时 18时16分			冬至 12月21日 初一丙戌 午时 12时18分		小寒 1月5日 十六辛丑 卯时 5时37分			大寒 1月19日 三十乙卯 夜子时 23时00分		立春 2月3日 十五庚午 酉时 17时14分		
农历	公历	干支	九星	日建	星宿	公历	干支	九星	日建	星宿	公历	干支	九星	日建	星宿
初一	21	丙辰	八白	执	奎	21	丙戌	五黄	开	胃	20	丙辰	八白	平	毕
初二	22	丁巳	七赤	破	娄	22	丁亥	六白	闭	昴	21	丁巳	九紫	定	觜
初三	23	戊午	六白	危	胃	23	戊子	七赤	建	毕	22	戊午	一白	执	参
初四	24	己未	五黄	成	昴	24	己丑	八白	除	觜	23	己未	二黑	破	井
初五	25	庚申	四绿	收	毕	25	庚寅	九紫	满	参	24	庚申	三碧	危	鬼
初六	26	辛酉	三碧	开	觜	26	辛卯	一白	平	井	25	辛酉	四绿	成	柳
初七	27	壬戌	二黑	闭	参	27	壬辰	二黑	定	鬼	26	壬戌	五黄	收	星
初八	28	癸亥	一白	建	井	28	癸巳	三碧	执	柳	27	癸亥	六白	开	张
初九	29	甲子	六白	除	鬼	29	甲午	四绿	破	星	28	甲子	一白	闭	翼
初十	30	乙丑	五黄	满	柳	30	乙未	五黄	危	张	29	乙丑	二黑	建	轸
十一	12月	丙寅	四绿	平	星	31	丙申	六白	成	翼	30	丙寅	三碧	除	角
十二	2	丁卯	三碧	定	张	1月	丁酉	七赤	收	轸	31	丁卯	四绿	满	亢
十三	3	戊辰	二黑	执	翼	2	戊戌	八白	开	角	2月	戊辰	五黄	平	氐
十四	4	己巳	一白	破	轸	3	己亥	九紫	闭	亢	2	己巳	六白	定	房
十五	5	庚午	九紫	危	角	4	庚子	一白	建	氐	3	庚午	七赤	定	心
十六	6	辛未	八白	危	亢	5	辛丑	二黑	建	房	4	辛未	八白	执	尾
十七	7	壬申	七赤	成	氐	6	壬寅	三碧	除	心	5	壬申	九紫	破	箕
十八	8	癸酉	六白	收	房	7	癸卯	四绿	满	尾	6	癸酉	一白	危	斗
十九	9	甲戌	五黄	开	心	8	甲辰	五黄	平	箕	7	甲戌	二黑	成	牛
二十	10	乙亥	四绿	闭	尾	9	乙巳	六白	定	斗	8	乙亥	三碧	收	女
廿一	11	丙子	三碧	建	箕	10	丙午	七赤	执	牛	9	丙子	四绿	开	虚
廿二	12	丁丑	二黑	除	斗	11	丁未	八白	破	女	10	丁丑	五黄	闭	危
廿三	13	戊寅	一白	满	牛	12	戊申	九紫	危	虚	11	戊寅	六白	建	室
廿四	14	己卯	九紫	平	女	13	己酉	一白	成	危	12	己卯	七赤	除	壁
廿五	15	庚辰	八白	定	虚	14	庚戌	二黑	收	室	13	庚辰	八白	满	奎
廿六	16	辛巳	七赤	执	危	15	辛亥	三碧	开	壁	14	辛巳	九紫	平	娄
廿七	17	壬午	六白	破	室	16	壬子	四绿	闭	奎	15	壬午	一白	定	胃
廿八	18	癸未	五黄	危	壁	17	癸丑	五黄	建	娄	16	癸未	二黑	执	昴
廿九	19	甲申	四绿	成	奎	18	甲寅	六白	除	胃	17	甲申	三碧	破	毕
三十	20	乙酉	三碧	收	娄	19	乙卯	七赤	满	昴	18	乙酉	一白	危	觜

公元2053年　癸酉鸡年　太岁康志　九星一白

月份	正月小		甲寅 八白 震卦 角宿			二月大		乙卯 七赤 巽卦 亢宿			三月小		丙辰 六白 坎卦 氐宿			四月小		丁巳 五黄 艮卦 房宿		
节气	雨水 2月18日 三十乙酉 未时 13时03分		惊蛰 3月5日 十五庚子 午时 11时04分			春分 3月20日 初一乙卯 午时 11时48分		清明 4月4日 十六庚午 申时 15时35分			谷雨 4月19日 初一乙酉 亥时 22时31分		立夏 5月5日 十七辛丑 辰时 8时34分			小满 5月20日 初三丙辰 亥时 21时20分		芒种 6月5日 十九壬申 午时 12时28分		
农历	公历	干支	九星	日建	星宿	公历	干支	九星	日建	星宿	公历	干支	九星	日建	星宿	公历	干支	九星	日建	星宿
初一	19	丙戌	二黑	成	参	20	乙卯	四绿	建	井	19	乙酉	七赤	执	柳	18	甲寅	九紫	收	星
初二	20	丁亥	三碧	收	井	21	丙辰	五黄	除	鬼	20	丙戌	八白	破	星	19	乙卯	一白	开	张
初三	21	戊子	四绿	开	鬼	22	丁巳	六白	满	柳	21	丁亥	九紫	危	张	20	丙辰	二黑	闭	翼
初四	22	己丑	五黄	闭	柳	23	戊午	七赤	平	星	22	戊子	一白	成	翼	21	丁巳	三碧	建	轸
初五	23	庚寅	六白	建	星	24	己未	八白	定	张	23	己丑	二黑	收	轸	22	戊午	四绿	除	角
初六	24	辛卯	七赤	除	张	25	庚申	九紫	执	翼	24	庚寅	三碧	开	角	23	己未	五黄	满	亢
初七	25	壬辰	八白	满	翼	26	辛酉	一白	破	轸	25	辛卯	四绿	闭	亢	24	庚申	六白	平	氐
初八	26	癸巳	九紫	平	轸	27	壬戌	二黑	危	角	26	壬辰	五黄	建	氐	25	辛酉	七赤	定	房
初九	27	甲午	一白	定	角	28	癸亥	三碧	成	亢	27	癸巳	六白	除	房	26	壬戌	八白	执	心
初十	28	乙未	二黑	执	亢	29	甲子	七赤	收	氐	28	甲午	七赤	满	心	27	癸亥	九紫	破	尾
十一	3月	丙申	三碧	破	氐	30	乙丑	八白	开	房	29	乙未	八白	平	尾	28	甲子	四绿	危	箕
十二	2	丁酉	四绿	危	房	31	丙寅	九紫	闭	心	30	丙申	九紫	定	箕	29	乙丑	五黄	成	斗
十三	3	戊戌	五黄	成	心	4月	丁卯	一白	建	尾	5月	丁酉	一白	执	斗	30	丙寅	六白	收	牛
十四	4	己亥	六白	收	尾	2	戊辰	二黑	除	箕	2	戊戌	二黑	破	牛	31	丁卯	七赤	开	女
十五	5	庚子	七赤	收	箕	3	己巳	三碧	满	斗	3	己亥	三碧	危	女	6月	戊辰	八白	闭	虚
十六	6	辛丑	八白	开	斗	4	庚午	四绿	满	牛	4	庚子	四绿	成	虚	2	己巳	九紫	建	危
十七	7	壬寅	九紫	闭	牛	5	辛未	五黄	平	女	5	辛丑	五黄	成	危	3	庚午	一白	除	室
十八	8	癸卯	一白	建	女	6	壬申	六白	定	虚	6	壬寅	六白	收	室	4	辛未	二黑	满	壁
十九	9	甲辰	二黑	除	虚	7	癸酉	七赤	执	危	7	癸卯	七赤	开	壁	5	壬申	三碧	满	奎
二十	10	乙巳	三碧	满	危	8	甲戌	八白	破	室	8	甲辰	八白	闭	奎	6	癸酉	四绿	平	娄
廿一	11	丙午	四绿	平	室	9	乙亥	九紫	危	壁	9	乙巳	九紫	建	娄	7	甲戌	五黄	定	胃
廿二	12	丁未	五黄	定	壁	10	丙子	一白	成	奎	10	丙午	一白	除	胃	8	乙亥	六白	执	昴
廿三	13	戊申	六白	执	奎	11	丁丑	二黑	收	娄	11	丁未	二黑	满	昴	9	丙子	七赤	破	毕
廿四	14	己酉	七赤	破	娄	12	戊寅	三碧	开	胃	12	戊申	三碧	平	毕	10	丁丑	八白	危	觜
廿五	15	庚戌	八白	危	胃	13	己卯	四绿	闭	昴	13	己酉	四绿	定	觜	11	戊寅	九紫	成	参
廿六	16	辛亥	九紫	成	昴	14	庚辰	五黄	建	毕	14	庚戌	五黄	执	参	12	己卯	一白	收	井
廿七	17	壬子	一白	收	毕	15	辛巳	六白	除	觜	15	辛亥	六白	破	井	13	庚辰	二黑	开	鬼
廿八	18	癸丑	二黑	开	觜	16	壬午	七赤	满	参	16	壬子	七赤	危	鬼	14	辛巳	三碧	闭	柳
廿九	19	甲寅	三碧	闭	参	17	癸未	八白	平	井	17	癸丑	八白	成	柳	15	壬午	四绿	建	星
三十						18	甲申	九紫	定	鬼										

公元2053年 癸酉鸡年 太岁康志 九星一白

月份	五月大 戊午 四绿 坤卦 心宿					六月小 己未 三碧 乾卦 尾宿					七月小 庚申 二黑 兑卦 箕宿					八月大 辛酉 一白 离卦 斗宿				
节气	夏至 6月21日 初六戊子 卯时 5时05分		小暑 7月6日 廿一癸卯 亥时 22时38分			大暑 7月22日 初七己未 申时 15时57分		立秋 8月7日 廿三乙亥 辰时 8时31分			处暑 8月22日 初九庚寅 夜子时 23时11分		白露 9月7日 廿五丙午 午时 11时39分			秋分 9月22日 十一辛酉 亥时 21时07分		寒露 10月8日 廿七丁丑 寅时 3时37分		
农历	公历	干支	九星	日建	星宿	公历	干支	九星	日建	星宿	公历	干支	九星	日建	星宿	公历	干支	九星	日建	星宿
初一	16	癸未	五黄	除	张	16	癸丑	五黄	破	轸	14	壬午	九紫	开	角	12	辛亥	一白	满	亢
初二	17	甲申	六白	满	翼	17	甲寅	四绿	危	角	15	癸未	八白	闭	亢	13	壬子	九紫	平	氐
初三	18	乙酉	七赤	平	轸	18	乙卯	三碧	成	亢	16	甲申	七赤	建	氐	14	癸丑	八白	定	房
初四	19	丙戌	八白	定	角	19	丙辰	二黑	收	氐	17	乙酉	六白	除	房	15	甲寅	七赤	执	心
初五	20	丁亥	九紫	执	亢	20	丁巳	一白	开	房	18	丙戌	五黄	满	心	16	乙卯	六白	破	尾
初六	21	戊子	三碧	破	氐	21	戊午	九紫	闭	心	19	丁亥	四绿	平	尾	17	丙辰	五黄	危	箕
初七	22	己丑	二黑	危	房	22	己未	八白	建	尾	20	戊子	三碧	定	箕	18	丁巳	四绿	成	斗
初八	23	庚寅	一白	成	心	23	庚申	七赤	除	箕	21	己丑	二黑	执	斗	19	戊午	三碧	收	牛
初九	24	辛卯	九紫	收	尾	24	辛酉	六白	满	斗	22	庚寅	四绿	破	牛	20	己未	二黑	开	女
初十	25	壬辰	八白	开	箕	25	壬戌	五黄	平	牛	23	辛卯	三碧	危	女	21	庚申	一白	闭	虚
十一	26	癸巳	七赤	闭	斗	26	癸亥	四绿	定	女	24	壬辰	二黑	成	虚	22	辛酉	九紫	建	危
十二	27	甲午	六白	建	牛	27	甲子	九紫	执	虚	25	癸巳	一白	收	危	23	壬戌	八白	除	室
十三	28	乙未	五黄	除	女	28	乙丑	八白	破	危	26	甲午	九紫	开	室	24	癸亥	七赤	满	壁
十四	29	丙申	四绿	满	虚	29	丙寅	七赤	危	室	27	乙未	八白	闭	壁	25	甲子	三碧	平	奎
十五	30	丁酉	三碧	平	危	30	丁卯	六白	成	壁	28	丙申	七赤	建	奎	26	乙丑	二黑	定	娄
十六	7月	戊戌	二黑	定	室	31	戊辰	五黄	收	奎	29	丁酉	六白	除	娄	27	丙寅	一白	执	胃
十七	2	己亥	一白	执	壁	8月	己巳	四绿	开	娄	30	戊戌	五黄	满	胃	28	丁卯	九紫	破	昴
十八	3	庚子	九紫	破	奎	2	庚午	三碧	闭	胃	31	己亥	四绿	平	昴	29	戊辰	八白	危	毕
十九	4	辛丑	八白	危	娄	3	辛未	二黑	建	昴	9月	庚子	三碧	定	毕	30	己巳	七赤	成	觜
二十	5	壬寅	七赤	成	胃	4	壬申	一白	除	毕	2	辛丑	二黑	执	觜	10月	庚午	六白	收	参
廿一	6	癸卯	六白	成	昴	5	癸酉	九紫	满	觜	3	壬寅	一白	破	参	2	辛未	五黄	开	井
廿二	7	甲辰	五黄	收	毕	6	甲戌	八白	平	参	4	癸卯	九紫	危	井	3	壬申	四绿	闭	鬼
廿三	8	乙巳	四绿	开	觜	7	乙亥	七赤	平	井	5	甲辰	八白	成	鬼	4	癸酉	三碧	建	柳
廿四	9	丙午	三碧	闭	参	8	丙子	六白	定	鬼	6	乙巳	七赤	收	柳	5	甲戌	二黑	除	星
廿五	10	丁未	二黑	建	井	9	丁丑	五黄	执	柳	7	丙午	六白	收	星	6	乙亥	一白	满	张
廿六	11	戊申	一白	除	鬼	10	戊寅	四绿	破	星	8	丁未	五黄	开	张	7	丙子	九紫	平	翼
廿七	12	己酉	九紫	满	柳	11	己卯	三碧	危	张	9	戊申	四绿	闭	翼	8	丁丑	八白	平	轸
廿八	13	庚戌	八白	平	星	12	庚辰	二黑	成	翼	10	己酉	三碧	建	轸	9	戊寅	七赤	定	角
廿九	14	辛亥	七赤	定	张	13	辛巳	一白	收	轸	11	庚戌	二黑	除	角	10	己卯	六白	执	亢
三十	15	壬子	六白	执	翼											11	庚辰	五黄	破	氐

公元2053年　癸酉鸡年　太岁康志　九星一白

月份	九月小		壬戌 九紫 震卦 牛宿			十月大		癸亥 八白 巽卦 女宿			十一月大		甲子 七赤 坎卦 虚宿			十二月大		乙丑 六白 艮卦 危宿		
节气	霜降 10月23日 十二壬辰 卯时 6时48分		立冬 11月7日 廿七丁未 辰时 7时07分			小雪 11月22日 十三壬戌 寅时 4时40分		大雪 12月7日 廿八丁丑 早子时 0时13分			冬至 12月21日 十二辛卯 酉时 18时11分		小寒 1月5日 廿七丙午 午时 11时33分			大寒 1月20日 十二辛酉 寅时 4时52分		立春 2月3日 廿六乙亥 夜子时 23时08分		
农历	公历	干支	九星	日建	星宿	公历	干支	九星	日建	星宿	公历	干支	九星	日建	星宿	公历	干支	九星	日建	星宿
初一	12	辛巳	四绿	危	房	10	庚戌	五黄	闭	心	10	庚辰	八白	定	箕	9	庚戌	二黑	收	牛
初二	13	壬午	三碧	成	心	11	辛亥	四绿	建	尾	11	辛巳	七赤	执	斗	10	辛亥	三碧	开	女
初三	14	癸未	二黑	收	尾	12	壬子	三碧	除	箕	12	壬午	六白	破	牛	11	壬子	四绿	闭	虚
初四	15	甲申	一白	开	箕	13	癸丑	二黑	满	斗	13	癸未	五黄	危	女	12	癸丑	五黄	建	危
初五	16	乙酉	九紫	闭	斗	14	甲寅	一白	平	牛	14	甲申	四绿	成	虚	13	甲寅	六白	除	室
初六	17	丙戌	八白	建	牛	15	乙卯	九紫	定	女	15	乙酉	三碧	收	危	14	乙卯	七赤	满	壁
初七	18	丁亥	七赤	除	女	16	丙辰	八白	执	虚	16	丙戌	二黑	开	室	15	丙辰	八白	平	奎
初八	19	戊子	六白	满	虚	17	丁巳	七赤	破	危	17	丁亥	一白	闭	壁	16	丁巳	九紫	定	娄
初九	20	己丑	五黄	平	危	18	戊午	六白	危	室	18	戊子	九紫	建	奎	17	戊午	一白	执	胃
初十	21	庚寅	四绿	定	室	19	己未	五黄	成	壁	19	己丑	八白	除	娄	18	己未	二黑	破	昴
十一	22	辛卯	三碧	执	壁	20	庚申	四绿	收	奎	20	庚寅	七赤	满	胃	19	庚申	三碧	危	毕
十二	23	壬辰	五黄	破	奎	21	辛酉	三碧	开	娄	21	辛卯	一白	平	昴	20	辛酉	四绿	成	觜
十三	24	癸巳	四绿	危	娄	22	壬戌	二黑	闭	胃	22	壬辰	二黑	定	毕	21	壬戌	五黄	收	参
十四	25	甲午	三碧	成	胃	23	癸亥	一白	建	昴	23	癸巳	三碧	执	觜	22	癸亥	六白	开	井
十五	26	乙未	二黑	收	昴	24	甲子	六白	除	毕	24	甲午	四绿	破	参	23	甲子	一白	闭	鬼
十六	27	丙申	一白	开	毕	25	乙丑	五黄	满	觜	25	乙未	五黄	危	井	24	乙丑	二黑	建	柳
十七	28	丁酉	九紫	闭	觜	26	丙寅	四绿	平	参	26	丙申	六白	成	鬼	25	丙寅	三碧	除	星
十八	29	戊戌	八白	建	参	27	丁卯	三碧	定	井	27	丁酉	七赤	收	柳	26	丁卯	四绿	满	张
十九	30	己亥	七赤	除	井	28	戊辰	二黑	执	鬼	28	戊戌	八白	开	星	27	戊辰	五黄	平	翼
二十	31	庚子	六白	满	鬼	29	己巳	一白	破	柳	29	己亥	九紫	闭	张	28	己巳	六白	定	轸
廿一	11月	辛丑	五黄	平	柳	30	庚午	九紫	危	星	30	庚子	一白	建	翼	29	庚午	七赤	执	角
廿二	2	壬寅	四绿	定	星	12月	辛未	八白	成	张	31	辛丑	二黑	除	轸	30	辛未	八白	破	亢
廿三	3	癸卯	三碧	执	张	2	壬申	七赤	收	翼	1月	壬寅	三碧	满	角	31	壬申	九紫	危	氐
廿四	4	甲辰	二黑	破	翼	3	癸酉	六白	开	轸	2	癸卯	四绿	平	亢	2月	癸酉	一白	成	房
廿五	5	乙巳	一白	危	轸	4	甲戌	五黄	闭	角	3	甲辰	五黄	定	氐	2	甲戌	二黑	收	心
廿六	6	丙午	九紫	成	角	5	乙亥	四绿	建	亢	4	乙巳	六白	执	房	3	乙亥	三碧	收	尾
廿七	7	丁未	八白	成	亢	6	丙子	三碧	除	氐	5	丙午	七赤	执	心	4	丙子	四绿	开	箕
廿八	8	戊申	七赤	收	氐	7	丁丑	二黑	除	房	6	丁未	八白	破	尾	5	丁丑	五黄	闭	斗
廿九	9	己酉	六白	开	房	8	戊寅	一白	满	心	7	戊申	九紫	危	箕	6	戊寅	六白	建	牛
三十						9	己卯	九紫	平	尾	8	己酉	一白	成	斗	7	己卯	七赤	除	女

公元2054年 甲戌狗年 太岁誓广 九星九紫

月份	正月小 丙寅 五黄 巽卦 室宿					二月大 丁卯 四绿 坎卦 壁宿					三月大 戊辰 三碧 艮卦 奎宿					四月小 己巳 二黑 坤卦 娄宿				
节气	雨水 2月18日 十一庚寅 酉时 18时52分		惊蛰 3月5日 廿六乙巳 申时 16时56分			春分 3月20日 十二庚申 酉时 17时35分		清明 4月4日 廿七乙亥 亥时 21时24分			谷雨 4月20日 十三辛卯 寅时 4时16分		立夏 5月5日 廿八丙午 未时 14时19分			小满 5月21日 十四壬戌 寅时 3时04分		芒种 6月5日 廿九丁丑 酉时 18时08分		
农历	公历	干支	九星	日建	星宿	公历	干支	九星	日建	星宿	公历	干支	九星	日建	星宿	公历	干支	九星	日建	星宿
初一	8	庚辰	八白	满	虚	9	己酉	七赤	破	危	8	己卯	四绿	闭	壁	8	己酉	四绿	定	娄
初二	9	辛巳	九紫	平	危	10	庚戌	八白	危	室	9	庚辰	五黄	建	奎	9	庚戌	五黄	执	胃
初三	10	壬午	一白	定	室	11	辛亥	九紫	成	壁	10	辛巳	六白	除	娄	10	辛亥	六白	破	昴
初四	11	癸未	二黑	执	壁	12	壬子	一白	收	奎	11	壬午	七赤	满	胃	11	壬子	七赤	危	毕
初五	12	甲申	三碧	破	奎	13	癸丑	二黑	开	娄	12	癸未	八白	平	昴	12	癸丑	八白	成	觜
初六	13	乙酉	四绿	危	娄	14	甲寅	三碧	闭	胃	13	甲申	九紫	定	毕	13	甲寅	九紫	收	参
初七	14	丙戌	五黄	成	胃	15	乙卯	四绿	建	昴	14	乙酉	一白	执	觜	14	乙卯	一白	开	井
初八	15	丁亥	六白	收	昴	16	丙辰	五黄	除	毕	15	丙戌	二黑	破	参	15	丙辰	二黑	闭	鬼
初九	16	戊子	七赤	开	毕	17	丁巳	六白	满	觜	16	丁亥	三碧	危	井	16	丁巳	三碧	建	柳
初十	17	己丑	八白	闭	觜	18	戊午	七赤	平	参	17	戊子	四绿	成	鬼	17	戊午	四绿	除	星
十一	18	庚寅	六白	建	参	19	己未	八白	定	井	18	己丑	五黄	收	柳	18	己未	五黄	满	张
十二	19	辛卯	七赤	除	井	20	庚申	九紫	执	鬼	19	庚寅	六白	开	星	19	庚申	六白	平	翼
十三	20	壬辰	八白	满	鬼	21	辛酉	一白	破	柳	20	辛卯	四绿	闭	张	20	辛酉	七赤	定	轸
十四	21	癸巳	九紫	平	柳	22	壬戌	二黑	危	星	21	壬辰	五黄	建	翼	21	壬戌	八白	执	角
十五	22	甲午	一白	定	星	23	癸亥	三碧	成	张	22	癸巳	六白	除	轸	22	癸亥	九紫	破	亢
十六	23	乙未	二黑	执	张	24	甲子	七赤	收	翼	23	甲午	七赤	满	角	23	甲子	四绿	危	氐
十七	24	丙申	三碧	破	翼	25	乙丑	八白	开	轸	24	乙未	八白	平	亢	24	乙丑	五黄	成	房
十八	25	丁酉	四绿	危	轸	26	丙寅	九紫	闭	角	25	丙申	九紫	定	氐	25	丙寅	六白	收	心
十九	26	戊戌	五黄	成	角	27	丁卯	一白	建	亢	26	丁酉	一白	执	房	26	丁卯	七赤	开	尾
二十	27	己亥	六白	收	亢	28	戊辰	二黑	除	氐	27	戊戌	二黑	破	心	27	戊辰	八白	闭	箕
廿一	28	庚子	七赤	开	氐	29	己巳	三碧	满	房	28	己亥	三碧	危	尾	28	己巳	九紫	建	斗
廿二	3月	辛丑	八白	闭	房	30	庚午	四绿	平	心	29	庚子	四绿	成	箕	29	庚午	一白	除	牛
廿三	2	壬寅	九紫	建	心	31	辛未	五黄	定	尾	30	辛丑	五黄	收	斗	30	辛未	二黑	满	女
廿四	3	癸卯	一白	除	尾	4月	壬申	六白	执	箕	5月	壬寅	六白	开	牛	31	壬申	三碧	平	虚
廿五	4	甲辰	二黑	满	箕	2	癸酉	七赤	破	斗	2	癸卯	七赤	闭	女	6月	癸酉	四绿	定	危
廿六	5	乙巳	三碧	满	斗	3	甲戌	八白	危	牛	3	甲辰	八白	建	虚	2	甲戌	五黄	执	室
廿七	6	丙午	四绿	平	牛	4	乙亥	九紫	危	女	4	乙巳	九紫	除	危	3	乙亥	六白	破	壁
廿八	7	丁未	五黄	定	女	5	丙子	一白	成	虚	5	丙午	一白	除	室	4	丙子	七赤	危	奎
廿九	8	戊申	六白	执	虚	6	丁丑	二黑	收	危	6	丁未	二黑	满	壁	5	丁丑	八白	危	娄
三十						7	戊寅	三碧	开	室	7	戊申	三碧	平	奎					

公元2054年　甲戌狗年　太岁誓广　九星九紫

月份	五月小		庚午 一白 乾卦 胃宿			六月大		辛未 九紫 兑卦 昴宿			七月小		壬申 八白 离卦 毕宿			八月小		癸酉 七赤 震卦 觜宿		
节气	夏至 6月21日 十六癸巳 巳时 10时48分					小暑 7月7日 初三己酉 寅时 4时15分			大暑 7月22日 十八甲子 亥时 21时42分		立秋 8月7日 初四庚辰 未时 14时08分			处暑 8月23日 二十丙申 卯时 5时00分		白露 9月7日 初六辛亥 酉时 17时21分			秋分 9月23日 廿二丁卯 寅时 3时01分	
农历	公历	干支	九星	日建	星宿	公历	干支	九星	日建	星宿	公历	干支	九星	日建	星宿	公历	干支	九星	日建	星宿
初一	6	戊寅	九紫	成	胃	5	丁未	二黑	除	昴	4	丁丑	五黄	破	觜	2	丙午	六白	开	参
初二	7	己卯	一白	收	昴	6	戊申	一白	满	毕	5	戊寅	四绿	危	参	3	丁未	五黄	闭	井
初三	8	庚辰	二黑	开	毕	7	己酉	九紫	满	觜	6	己卯	三碧	成	井	4	戊申	四绿	建	鬼
初四	9	辛巳	三碧	闭	觜	8	庚戌	八白	平	参	7	庚辰	二黑	成	鬼	5	己酉	三碧	除	柳
初五	10	壬午	四绿	建	参	9	辛亥	七赤	定	井	8	辛巳	一白	收	柳	6	庚戌	二黑	满	星
初六	11	癸未	五黄	除	井	10	壬子	六白	执	鬼	9	壬午	九紫	开	星	7	辛亥	一白	满	张
初七	12	甲申	六白	满	鬼	11	癸丑	五黄	破	柳	10	癸未	八白	闭	张	8	壬子	九紫	平	翼
初八	13	乙酉	七赤	平	柳	12	甲寅	四绿	危	星	11	甲申	七赤	建	翼	9	癸丑	八白	定	轸
初九	14	丙戌	八白	定	星	13	乙卯	三碧	成	张	12	乙酉	六白	除	轸	10	甲寅	七赤	执	角
初十	15	丁亥	九紫	执	张	14	丙辰	二黑	收	翼	13	丙戌	五黄	满	角	11	乙卯	六白	破	亢
十一	16	戊子	一白	破	翼	15	丁巳	一白	开	轸	14	丁亥	四绿	平	亢	12	丙辰	五黄	危	氐
十二	17	己丑	二黑	危	轸	16	戊午	九紫	闭	角	15	戊子	三碧	定	氐	13	丁巳	四绿	成	房
十三	18	庚寅	三碧	成	角	17	己未	八白	建	亢	16	己丑	二黑	执	房	14	戊午	三碧	收	心
十四	19	辛卯	四绿	收	亢	18	庚申	七赤	除	氐	17	庚寅	一白	破	心	15	己未	二黑	开	尾
十五	20	壬辰	五黄	开	氐	19	辛酉	六白	满	房	18	辛卯	九紫	危	尾	16	庚申	一白	闭	箕
十六	21	癸巳	七赤	闭	房	20	壬戌	五黄	平	心	19	壬辰	八白	成	箕	17	辛酉	九紫	建	斗
十七	22	甲午	六白	建	心	21	癸亥	四绿	定	尾	20	癸巳	七赤	收	斗	18	壬戌	八白	除	牛
十八	23	乙未	五黄	除	尾	22	甲子	九紫	执	箕	21	甲午	六白	开	牛	19	癸亥	七赤	满	女
十九	24	丙申	四绿	满	箕	23	乙丑	八白	破	斗	22	乙未	五黄	闭	女	20	甲子	三碧	平	虚
二十	25	丁酉	三碧	平	斗	24	丙寅	七赤	危	牛	23	丙申	七赤	建	虚	21	乙丑	二黑	定	危
廿一	26	戊戌	二黑	定	牛	25	丁卯	六白	成	女	24	丁酉	六白	除	危	22	丙寅	一白	执	室
廿二	27	己亥	一白	执	女	26	戊辰	五黄	收	虚	25	戊戌	五黄	满	室	23	丁卯	九紫	破	壁
廿三	28	庚子	九紫	破	虚	27	己巳	四绿	开	危	26	己亥	四绿	平	壁	24	戊辰	八白	危	奎
廿四	29	辛丑	八白	危	危	28	庚午	三碧	闭	室	27	庚子	三碧	定	奎	25	己巳	七赤	成	娄
廿五	30	壬寅	七赤	成	室	29	辛未	二黑	建	壁	28	辛丑	二黑	执	娄	26	庚午	六白	收	胃
廿六	7月	癸卯	六白	收	壁	30	壬申	一白	除	奎	29	壬寅	一白	破	胃	27	辛未	五黄	开	昴
廿七	2	甲辰	五黄	开	奎	31	癸酉	九紫	满	娄	30	癸卯	九紫	危	昴	28	壬申	四绿	闭	毕
廿八	3	乙巳	四绿	闭	娄	8月	甲戌	八白	平	胃	31	甲辰	八白	成	毕	29	癸酉	三碧	建	觜
廿九	4	丙午	三碧	建	胃	2	乙亥	七赤	定	昴	9月	乙巳	七赤	收	觜	30	甲戌	二黑	除	参
三十						3	丙子	六白	执	毕										

公元2054年 甲戌狗年 太岁誓广 九星九紫

月份	九月大 甲戌 六白 巽卦 参宿					十月小 乙亥 五黄 坎卦 井宿					十一月大 丙子 四绿 艮卦 鬼宿					十二月大 丁丑 三碧 坤卦 柳宿				
节气	寒露 10月8日 初八壬午 巳时 9时24分		霜降 10月23日 廿三丁酉 午时 12时46分			立冬 11月7日 初八壬子 午时 12时57分		小雪 11月22日 廿三丁卯 巳时 10时40分			大雪 12月7日 初九壬午 卯时 6时04分		冬至 12月22日 廿四丁酉 早子时 0时11分			小寒 1月5日 初八辛亥 酉时 17时24分		大寒 1月20日 廿三丙寅 巳时 10时50分		
农历	公历	干支	九星	日建	星宿	公历	干支	九星	日建	星宿	公历	干支	九星	日建	星宿	公历	干支	九星	日建	星宿
初一	10月	乙亥	一白	满	井	31	乙巳	一白	危	柳	29	甲戌	五黄	闭	星	29	甲辰	五黄	定	翼
初二	2	丙子	九紫	平	鬼	11月	丙午	九紫	成	星	30	乙亥	四绿	建	张	30	乙巳	六白	执	轸
初三	3	丁丑	八白	定	柳	2	丁未	八白	收	张	12月	丙子	三碧	除	翼	31	丙午	七赤	破	角
初四	4	戊寅	七赤	执	星	3	戊申	七赤	开	翼	2	丁丑	二黑	满	轸	1月	丁未	八白	危	亢
初五	5	己卯	六白	破	张	4	己酉	六白	闭	轸	3	戊寅	一白	平	角	2	戊申	九紫	成	氐
初六	6	庚辰	五黄	危	翼	5	庚戌	五黄	建	角	4	己卯	九紫	定	亢	3	己酉	一白	收	房
初七	7	辛巳	四绿	成	轸	6	辛亥	四绿	除	亢	5	庚辰	八白	执	氐	4	庚戌	二黑	开	心
初八	8	壬午	三碧	成	角	7	壬子	三碧	除	氐	6	辛巳	七赤	破	房	5	辛亥	三碧	开	尾
初九	9	癸未	二黑	收	亢	8	癸丑	二黑	满	房	7	壬午	六白	破	心	6	壬子	四绿	闭	箕
初十	10	甲申	一白	开	氐	9	甲寅	一白	平	心	8	癸未	五黄	危	尾	7	癸丑	五黄	建	斗
十一	11	乙酉	九紫	闭	房	10	乙卯	九紫	定	尾	9	甲申	四绿	成	箕	8	甲寅	六白	除	牛
十二	12	丙戌	八白	建	心	11	丙辰	八白	执	箕	10	乙酉	三碧	收	斗	9	乙卯	七赤	满	女
十三	13	丁亥	七赤	除	尾	12	丁巳	七赤	破	斗	11	丙戌	二黑	开	牛	10	丙辰	八白	平	虚
十四	14	戊子	六白	满	箕	13	戊午	六白	危	牛	12	丁亥	一白	闭	女	11	丁巳	九紫	定	危
十五	15	己丑	五黄	平	斗	14	己未	五黄	成	女	13	戊子	九紫	建	虚	12	戊午	一白	执	室
十六	16	庚寅	四绿	定	牛	15	庚申	四绿	收	虚	14	己丑	八白	除	危	13	己未	二黑	破	壁
十七	17	辛卯	三碧	执	女	16	辛酉	三碧	开	危	15	庚寅	七赤	满	室	14	庚申	三碧	危	奎
十八	18	壬辰	二黑	破	虚	17	壬戌	二黑	闭	室	16	辛卯	六白	平	壁	15	辛酉	四绿	成	娄
十九	19	癸巳	一白	危	危	18	癸亥	一白	建	壁	17	壬辰	五黄	定	奎	16	壬戌	五黄	收	胃
二十	20	甲午	九紫	成	室	19	甲子	六白	除	奎	18	癸巳	四绿	执	娄	17	癸亥	六白	开	昴
廿一	21	乙未	八白	收	壁	20	乙丑	五黄	满	娄	19	甲午	三碧	破	胃	18	甲子	一白	闭	毕
廿二	22	丙申	七赤	开	奎	21	丙寅	四绿	平	胃	20	乙未	二黑	危	昴	19	乙丑	二黑	建	觜
廿三	23	丁酉	九紫	闭	娄	22	丁卯	三碧	定	昴	21	丙申	一白	成	毕	20	丙寅	三碧	除	参
廿四	24	戊戌	八白	建	胃	23	戊辰	二黑	执	毕	22	丁酉	七赤	收	觜	21	丁卯	四绿	满	井
廿五	25	己亥	七赤	除	昴	24	己巳	一白	破	觜	23	戊戌	八白	开	参	22	戊辰	五黄	平	鬼
廿六	26	庚子	六白	满	毕	25	庚午	九紫	危	参	24	己亥	九紫	闭	井	23	己巳	六白	定	柳
廿七	27	辛丑	五黄	平	觜	26	辛未	八白	成	井	25	庚子	一白	建	鬼	24	庚午	七赤	执	星
廿八	28	壬寅	四绿	定	参	27	壬申	七赤	收	鬼	26	辛丑	二黑	除	柳	25	辛未	八白	破	张
廿九	29	癸卯	三碧	执	井	28	癸酉	六白	开	柳	27	壬寅	三碧	满	星	26	壬申	九紫	危	翼
三十	30	甲辰	二黑	破	鬼						28	癸卯	四绿	平	张	27	癸酉	一白	成	轸

公元2055年 乙亥猪年（闰六月） 太岁伍保 九星八白

月份	正月小	戊寅 二黑	坎卦 星宿			二月大	己卯 一白	艮卦 张宿			三月大	庚辰 九紫	坤卦 翼宿			四月小	辛巳 八白	乾卦 轸宿		
节气	立春 2月4日 初八辛巳 寅时 4时57分		雨水 2月19日 廿三丙申 早子时 0时48分			惊蛰 3月5日 初八庚戌 亥时 22时42分		春分 3月20日 廿三乙丑 夜子时 23时30分			清明 4月5日 初九辛巳 寅时 3时09分		谷雨 4月20日 廿四丙申 巳时 10时09分			立夏 5月5日 初九辛亥 戌时 20时05分		小满 5月21日 廿五丁卯 辰时 8时57分		
农历	公历	干支	九星	日建	星宿	公历	干支	九星	日建	星宿	公历	干支	九星	日建	星宿	公历	干支	九星	日建	星宿
初一	28	甲戌	二黑	收	角	26	癸卯	一白	除	亢	28	癸酉	七赤	破	房	27	癸卯	七赤	闭	尾
初二	29	乙亥	三碧	开	亢	27	甲辰	二黑	满	氐	29	甲戌	八白	危	心	28	甲辰	八白	建	箕
初三	30	丙子	四绿	闭	氐	28	乙巳	三碧	平	房	30	乙亥	九紫	成	尾	29	乙巳	九紫	除	斗
初四	31	丁丑	五黄	建	房	3月	丙午	四绿	定	心	31	丙子	一白	收	箕	30	丙午	一白	满	牛
初五	2月	戊寅	六白	除	心	2	丁未	五黄	执	尾	4月	丁丑	二黑	开	斗	5月	丁未	二黑	平	女
初六	2	己卯	七赤	满	尾	3	戊申	六白	破	箕	2	戊寅	三碧	闭	牛	2	戊申	三碧	定	虚
初七	3	庚辰	八白	平	箕	4	己酉	七赤	危	斗	3	己卯	四绿	建	女	3	己酉	四绿	执	危
初八	4	辛巳	九紫	平	斗	5	庚戌	八白	危	牛	4	庚辰	五黄	除	虚	4	庚戌	五黄	破	室
初九	5	壬午	一白	定	牛	6	辛亥	九紫	成	女	5	辛巳	六白	除	危	5	辛亥	六白	破	壁
初十	6	癸未	二黑	执	女	7	壬子	一白	收	虚	6	壬午	七赤	满	室	6	壬子	七赤	危	奎
十一	7	甲申	三碧	破	虚	8	癸丑	二黑	开	危	7	癸未	八白	平	壁	7	癸丑	八白	成	娄
十二	8	乙酉	四绿	危	危	9	甲寅	三碧	闭	室	8	甲申	九紫	定	奎	8	甲寅	九紫	收	胃
十三	9	丙戌	五黄	成	室	10	乙卯	四绿	建	壁	9	乙酉	一白	执	娄	9	乙卯	一白	开	昴
十四	10	丁亥	六白	收	壁	11	丙辰	五黄	除	奎	10	丙戌	二黑	破	胃	10	丙辰	二黑	闭	毕
十五	11	戊子	七赤	开	奎	12	丁巳	六白	满	娄	11	丁亥	三碧	危	昴	11	丁巳	三碧	建	觜
十六	12	己丑	八白	闭	娄	13	戊午	七赤	平	胃	12	戊子	四绿	成	毕	12	戊午	四绿	除	参
十七	13	庚寅	九紫	建	胃	14	己未	八白	定	昴	13	己丑	五黄	收	觜	13	己未	五黄	满	井
十八	14	辛卯	一白	除	昴	15	庚申	九紫	执	毕	14	庚寅	六白	开	参	14	庚申	六白	平	鬼
十九	15	壬辰	二黑	满	毕	16	辛酉	一白	破	觜	15	辛卯	七赤	闭	井	15	辛酉	七赤	定	柳
二十	16	癸巳	三碧	平	觜	17	壬戌	二黑	危	参	16	壬辰	八白	建	鬼	16	壬戌	八白	执	星
廿一	17	甲午	四绿	定	参	18	癸亥	三碧	成	井	17	癸巳	九紫	除	柳	17	癸亥	九紫	破	张
廿二	18	乙未	五黄	执	井	19	甲子	七赤	收	鬼	18	甲午	一白	满	星	18	甲子	四绿	危	翼
廿三	19	丙申	三碧	破	鬼	20	乙丑	八白	开	柳	19	乙未	二黑	平	张	19	乙丑	五黄	成	轸
廿四	20	丁酉	四绿	危	柳	21	丙寅	九紫	闭	星	20	丙申	九紫	定	翼	20	丙寅	六白	收	角
廿五	21	戊戌	五黄	成	星	22	丁卯	一白	建	张	21	丁酉	一白	执	轸	21	丁卯	七赤	开	亢
廿六	22	己亥	六白	收	张	23	戊辰	二黑	除	翼	22	戊戌	二黑	破	角	22	戊辰	八白	闭	氐
廿七	23	庚子	七赤	开	翼	24	己巳	三碧	满	轸	23	己亥	三碧	危	亢	23	己巳	九紫	建	房
廿八	24	辛丑	八白	闭	轸	25	庚午	四绿	平	角	24	庚子	四绿	成	氐	24	庚午	一白	除	心
廿九	25	壬寅	九紫	建	角	26	辛未	五黄	定	亢	25	辛丑	五黄	收	房	25	辛未	二黑	满	尾
三十						27	壬申	六白	执	氐	26	壬寅	六白	开	心					

公元2055年　乙亥猪年（闰六月）　太岁伍保 九星八白

月份	五月大		壬午 七赤 兑卦 角宿			六月小		癸未 六白 离卦 亢宿			闰六月大				
节气	芒种 6月5日 十一壬午 夜子时 23时57分		夏至 6月21日 廿七戊戌 申时 16时41分			小暑 7月7日 十三甲寅 巳时 10时06分		大暑 7月23日 廿九庚午 寅时 3时33分			立秋 8月7日 十五乙酉 戌时 20时02分				
农历	公历	干支	九星	日建	星宿	公历	干支	九星	日建	星宿	公历	干支	九星	日建	星宿
初一	26	壬申	三碧	平	箕	25	壬寅	七赤	成	牛	24	辛未	二黑	建	女
初二	27	癸酉	四绿	定	斗	26	癸卯	六白	收	女	25	壬申	一白	除	虚
初三	28	甲戌	五黄	执	牛	27	甲辰	五黄	开	虚	26	癸酉	九紫	满	危
初四	29	乙亥	六白	破	女	28	乙巳	四绿	闭	危	27	甲戌	八白	平	室
初五	30	丙子	七赤	危	虚	29	丙午	三碧	建	室	28	乙亥	七赤	定	壁
初六	31	丁丑	八白	成	危	30	丁未	二黑	除	壁	29	丙子	六白	执	奎
初七	6月	戊寅	九紫	收	室	7月	戊申	一白	满	奎	30	丁丑	五黄	破	娄
初八	2	己卯	一白	开	壁	2	己酉	九紫	平	娄	31	戊寅	四绿	危	胃
初九	3	庚辰	二黑	闭	奎	3	庚戌	八白	定	胃	8月	己卯	三碧	成	昴
初十	4	辛巳	三碧	建	娄	4	辛亥	七赤	执	昴	2	庚辰	二黑	收	毕
十一	5	壬午	四绿	建	胃	5	壬子	六白	破	毕	3	辛巳	一白	开	觜
十二	6	癸未	五黄	除	昴	6	癸丑	五黄	危	觜	4	壬午	九紫	闭	参
十三	7	甲申	六白	满	毕	7	甲寅	四绿	危	参	5	癸未	八白	建	井
十四	8	乙酉	七赤	平	觜	8	乙卯	三碧	成	井	6	甲申	七赤	除	鬼
十五	9	丙戌	八白	定	参	9	丙辰	二黑	收	鬼	7	乙酉	六白	除	柳
十六	10	丁亥	九紫	执	井	10	丁巳	一白	开	柳	8	丙戌	五黄	满	星
十七	11	戊子	一白	破	鬼	11	戊午	九紫	闭	星	9	丁亥	四绿	平	张
十八	12	己丑	二黑	危	柳	12	己未	八白	建	张	10	戊子	三碧	定	翼
十九	13	庚寅	三碧	成	星	13	庚申	七赤	除	翼	11	己丑	二黑	执	轸
二十	14	辛卯	四绿	收	张	14	辛酉	六白	满	轸	12	庚寅	一白	破	角
廿一	15	壬辰	五黄	开	翼	15	壬戌	五黄	平	角	13	辛卯	九紫	危	亢
廿二	16	癸巳	六白	闭	轸	16	癸亥	四绿	定	亢	14	壬辰	八白	成	氐
廿三	17	甲午	七赤	建	角	17	甲子	九紫	执	氐	15	癸巳	七赤	收	房
廿四	18	乙未	八白	除	亢	18	乙丑	八白	破	房	16	甲午	六白	开	心
廿五	19	丙申	九紫	满	氐	19	丙寅	七赤	危	心	17	乙未	五黄	闭	尾
廿六	20	丁酉	一白	平	房	20	丁卯	六白	成	尾	18	丙申	四绿	建	箕
廿七	21	戊戌	二黑	定	心	21	戊辰	五黄	收	箕	19	丁酉	三碧	除	斗
廿八	22	己亥	一白	执	尾	22	己巳	四绿	开	斗	20	戊戌	二黑	满	牛
廿九	23	庚子	九紫	破	箕	23	庚午	三碧	闭	牛	21	己亥	一白	平	女
三十	24	辛丑	八白	危	斗						22	庚子	九紫	定	虚

公元2055年 乙亥猪年（闰六月） 太岁伍保 九星八白

月份	七月小	甲申 五黄 震卦 氐宿				八月小	乙酉 四绿 巽卦 房宿				九月大	丙戌 三碧 坎卦 心宿			
节气	处暑 8月23日 初一辛丑 巳时 10时50分		白露 9月7日 十六丙辰 夜子时 23时16分			秋分 9月23日 初三壬申 辰时 8时50分		寒露 10月8日 十八丁亥 申时 15时20分			霜降 10月23日 初四壬寅 酉时 18时35分		立冬 11月7日 十九丁巳 酉时 18时54分		
农历	公历	干支	九星	日建	星宿	公历	干支	九星	日建	星宿	公历	干支	九星	日建	星宿
初一	23	辛丑	二黑	执	危	21	庚午	六白	收	室	20	己亥	四绿	除	壁
初二	24	壬寅	一白	破	室	22	辛未	五黄	开	壁	21	庚子	三碧	满	奎
初三	25	癸卯	九紫	危	壁	23	壬申	四绿	闭	奎	22	辛丑	二黑	平	娄
初四	26	甲辰	八白	成	奎	24	癸酉	三碧	建	娄	23	壬寅	四绿	定	胃
初五	27	乙巳	七赤	收	娄	25	甲戌	二黑	除	胃	24	癸卯	三碧	执	昴
初六	28	丙午	六白	开	胃	26	乙亥	一白	满	昴	25	甲辰	二黑	破	毕
初七	29	丁未	五黄	闭	昴	27	丙子	九紫	平	毕	26	乙巳	一白	危	觜
初八	30	戊申	四绿	建	毕	28	丁丑	八白	定	觜	27	丙午	九紫	成	参
初九	31	己酉	三碧	除	觜	29	戊寅	七赤	执	参	28	丁未	八白	收	井
初十	9月	庚戌	二黑	满	参	30	己卯	六白	破	井	29	戊申	七赤	开	鬼
十一	2	辛亥	一白	平	井	10月	庚辰	五黄	危	鬼	30	己酉	六白	闭	柳
十二	3	壬子	九紫	定	鬼	2	辛巳	四绿	成	柳	31	庚戌	五黄	建	星
十三	4	癸丑	八白	执	柳	3	壬午	三碧	收	星	11月	辛亥	四绿	除	张
十四	5	甲寅	七赤	破	星	4	癸未	二黑	开	张	2	壬子	三碧	满	翼
十五	6	乙卯	六白	危	张	5	甲申	一白	闭	翼	3	癸丑	二黑	平	轸
十六	7	丙辰	五黄	危	翼	6	乙酉	九紫	建	轸	4	甲寅	一白	定	角
十七	8	丁巳	四绿	成	轸	7	丙戌	八白	除	角	5	乙卯	九紫	执	亢
十八	9	戊午	三碧	收	角	8	丁亥	七赤	除	亢	6	丙辰	八白	破	氐
十九	10	己未	二黑	开	亢	9	戊子	六白	满	氐	7	丁巳	七赤	破	房
二十	11	庚申	一白	闭	氐	10	己丑	五黄	平	房	8	戊午	六白	危	心
廿一	12	辛酉	九紫	建	房	11	庚寅	四绿	定	心	9	己未	五黄	成	尾
廿二	13	壬戌	八白	除	心	12	辛卯	三碧	执	尾	10	庚申	四绿	收	箕
廿三	14	癸亥	七赤	满	尾	13	壬辰	二黑	破	箕	11	辛酉	三碧	开	斗
廿四	15	甲子	三碧	平	箕	14	癸巳	一白	危	斗	12	壬戌	二黑	闭	牛
廿五	16	乙丑	二黑	定	斗	15	甲午	九紫	成	牛	13	癸亥	一白	建	女
廿六	17	丙寅	一白	执	牛	16	乙未	八白	收	女	14	甲子	六白	除	虚
廿七	18	丁卯	九紫	破	女	17	丙申	七赤	开	虚	15	乙丑	五黄	满	危
廿八	19	戊辰	八白	危	虚	18	丁酉	六白	闭	危	16	丙寅	四绿	平	室
廿九	20	己巳	七赤	成	危	19	戊戌	五黄	建	室	17	丁卯	三碧	定	壁
三十											18	戊辰	二黑	执	奎

公元2055年　乙亥猪年（闰六月）　太岁伍保　九星八白

月份	十月小		丁亥 二黑 艮卦 尾宿			十一月大		戊子 一白 坤卦 箕宿			十二月小		己丑 九紫 乾卦 斗宿		
节气	小雪 11月22日 初四壬申 申时 16时28分			大雪 12月7日 十九丁亥 午时 12时00分		冬至 12月22日 初五壬寅 卯时 5时57分			小寒 1月5日 十九丙辰 夜子时 23时15分		大寒 1月20日 初四辛未 申时 16时34分			立春 2月4日 十九丙戌 巳时 10时48分	
农历	公历	干支	九星	日建	星宿	公历	干支	九星	日建	星宿	公历	干支	九星	日建	星宿
初一	19	己巳	一白	破	娄	18	戊戌	八白	开	胃	17	戊辰	五黄	平	毕
初二	20	庚午	九紫	危	胃	19	己亥	七赤	闭	昴	18	己巳	六白	定	觜
初三	21	辛未	八白	成	昴	20	庚子	六白	建	毕	19	庚午	七赤	执	参
初四	22	壬申	七赤	收	毕	21	辛丑	五黄	除	觜	20	辛未	八白	破	井
初五	23	癸酉	六白	开	觜	22	壬寅	三碧	满	参	21	壬申	九紫	危	鬼
初六	24	甲戌	五黄	闭	参	23	癸卯	四绿	平	井	22	癸酉	一白	成	柳
初七	25	乙亥	四绿	建	井	24	甲辰	五黄	定	鬼	23	甲戌	二黑	收	星
初八	26	丙子	三碧	除	鬼	25	乙巳	六白	执	柳	24	乙亥	三碧	开	张
初九	27	丁丑	二黑	满	柳	26	丙午	七赤	破	星	25	丙子	四绿	闭	翼
初十	28	戊寅	一白	平	星	27	丁未	八白	危	张	26	丁丑	五黄	建	轸
十一	29	己卯	九紫	定	张	28	戊申	九紫	成	翼	27	戊寅	六白	除	角
十二	30	庚辰	八白	执	翼	29	己酉	一白	收	轸	28	己卯	七赤	满	亢
十三	12月	辛巳	七赤	破	轸	30	庚戌	二黑	开	角	29	庚辰	八白	平	氐
十四	2	壬午	六白	危	角	31	辛亥	三碧	闭	亢	30	辛巳	九紫	定	房
十五	3	癸未	五黄	成	亢	1月	壬子	四绿	建	氐	31	壬午	一白	执	心
十六	4	甲申	四绿	收	氐	2	癸丑	五黄	除	房	2月	癸未	二黑	破	尾
十七	5	乙酉	三碧	开	房	3	甲寅	六白	满	心	2	甲申	三碧	危	箕
十八	6	丙戌	二黑	闭	心	4	乙卯	七赤	平	尾	3	乙酉	四绿	成	斗
十九	7	丁亥	一白	闭	尾	5	丙辰	八白	平	箕	4	丙戌	五黄	成	牛
二十	8	戊子	九紫	建	箕	6	丁巳	九紫	定	斗	5	丁亥	六白	收	女
廿一	9	己丑	八白	除	斗	7	戊午	一白	执	牛	6	戊子	七赤	开	虚
廿二	10	庚寅	七赤	满	牛	8	己未	二黑	破	女	7	己丑	八白	闭	危
廿三	11	辛卯	六白	平	女	9	庚申	三碧	危	虚	8	庚寅	九紫	建	室
廿四	12	壬辰	五黄	定	虚	10	辛酉	四绿	成	危	9	辛卯	一白	除	壁
廿五	13	癸巳	四绿	执	危	11	壬戌	五黄	收	室	10	壬辰	二黑	满	奎
廿六	14	甲午	三碧	破	室	12	癸亥	六白	开	壁	11	癸巳	三碧	平	娄
廿七	15	乙未	二黑	危	壁	13	甲子	一白	闭	奎	12	甲午	四绿	定	胃
廿八	16	丙申	一白	成	奎	14	乙丑	二黑	建	娄	13	乙未	五黄	执	昴
廿九	17	丁酉	九紫	收	娄	15	丙寅	三碧	除	胃	14	丙申	六白	破	毕
三十						16	丁卯	四绿	满	昴					

公元2056年　丙子鼠年　太岁郭嘉 九星七赤

月份	正月大	庚寅 八白 离卦 牛宿				二月大	辛卯 七赤 震卦 女宿				三月大	壬辰 六白 巽卦 虚宿				四月小	癸巳 五黄 坎卦 危宿			
节气	雨水 2月19日 初五辛丑 卯时 6时31分		惊蛰 3月5日 二十丙辰 寅时 4时33分			春分 3月20日 初五辛未 卯时 5时12分		清明 4月4日 二十丙戌 巳时 9时01分			谷雨 4月19日 初五辛丑 申时 15时53分		立夏 5月5日 廿一丁巳 丑时 1时59分			小满 5月20日 初六壬申 未时 14时43分		芒种 6月5日 廿二戊子 卯时 5时54分		
农历	公历	干支	九星	日建	星宿	公历	干支	九星	日建	星宿	公历	干支	九星	日建	星宿	公历	干支	九星	日建	星宿
初一	15	丁酉	七赤	危	觜	16	丁卯	一白	建	井	15	丁酉	四绿	执	柳	15	丁卯	七赤	开	张
初二	16	戊戌	八白	成	参	17	戊辰	二黑	除	鬼	16	戊戌	五黄	破	星	16	戊辰	八白	闭	翼
初三	17	己亥	九紫	收	井	18	己巳	三碧	满	柳	17	己亥	六白	危	张	17	己巳	九紫	建	轸
初四	18	庚子	一白	开	鬼	19	庚午	四绿	平	星	18	庚子	七赤	成	翼	18	庚午	一白	除	角
初五	19	辛丑	八白	闭	柳	20	辛未	五黄	定	张	19	辛丑	五黄	收	轸	19	辛未	二黑	满	亢
初六	20	壬寅	九紫	建	星	21	壬申	六白	执	翼	20	壬寅	六白	开	角	20	壬申	三碧	平	氐
初七	21	癸卯	一白	除	张	22	癸酉	七赤	破	轸	21	癸卯	七赤	闭	亢	21	癸酉	四绿	定	房
初八	22	甲辰	二黑	满	翼	23	甲戌	八白	危	角	22	甲辰	八白	建	氐	22	甲戌	五黄	执	心
初九	23	乙巳	三碧	平	轸	24	乙亥	九紫	成	亢	23	乙巳	九紫	除	房	23	乙亥	六白	破	尾
初十	24	丙午	四绿	定	角	25	丙子	一白	收	氐	24	丙午	一白	满	心	24	丙子	七赤	危	箕
十一	25	丁未	五黄	执	亢	26	丁丑	二黑	开	房	25	丁未	二黑	平	尾	25	丁丑	八白	成	斗
十二	26	戊申	六白	破	氐	27	戊寅	三碧	闭	心	26	戊申	三碧	定	箕	26	戊寅	九紫	收	牛
十三	27	己酉	七赤	危	房	28	己卯	四绿	建	尾	27	己酉	四绿	执	斗	27	己卯	一白	开	女
十四	28	庚戌	八白	成	心	29	庚辰	五黄	除	箕	28	庚戌	五黄	破	牛	28	庚辰	二黑	闭	虚
十五	29	辛亥	九紫	收	尾	30	辛巳	六白	满	斗	29	辛亥	六白	危	女	29	辛巳	三碧	建	危
十六	3月	壬子	一白	开	箕	31	壬午	七赤	平	牛	30	壬子	七赤	成	虚	30	壬午	四绿	除	室
十七	2	癸丑	二黑	闭	斗	4月	癸未	八白	定	女	5月	癸丑	八白	收	危	31	癸未	五黄	满	壁
十八	3	甲寅	三碧	建	牛	2	甲申	九紫	执	虚	2	甲寅	九紫	开	室	6月	甲申	六白	平	奎
十九	4	乙卯	四绿	除	女	3	乙酉	一白	破	危	3	乙卯	一白	闭	壁	2	乙酉	七赤	定	娄
二十	5	丙辰	五黄	除	虚	4	丙戌	二黑	破	室	4	丙辰	二黑	建	奎	3	丙戌	八白	执	胃
廿一	6	丁巳	六白	满	危	5	丁亥	三碧	危	壁	5	丁巳	三碧	建	娄	4	丁亥	九紫	破	昴
廿二	7	戊午	七赤	平	室	6	戊子	四绿	成	奎	6	戊午	四绿	除	胃	5	戊子	一白	破	毕
廿三	8	己未	八白	定	壁	7	己丑	五黄	收	娄	7	己未	五黄	满	昴	6	己丑	二黑	危	觜
廿四	9	庚申	九紫	执	奎	8	庚寅	六白	开	胃	8	庚申	六白	平	毕	7	庚寅	三碧	成	参
廿五	10	辛酉	一白	破	娄	9	辛卯	七赤	闭	昴	9	辛酉	七赤	定	觜	8	辛卯	四绿	收	井
廿六	11	壬戌	二黑	危	胃	10	壬辰	八白	建	毕	10	壬戌	八白	执	参	9	壬辰	五黄	开	鬼
廿七	12	癸亥	三碧	成	昴	11	癸巳	九紫	除	觜	11	癸亥	九紫	破	井	10	癸巳	六白	闭	柳
廿八	13	甲子	七赤	收	毕	12	甲午	一白	满	参	12	甲子	四绿	危	鬼	11	甲午	七赤	建	星
廿九	14	乙丑	八白	开	觜	13	乙未	二黑	平	井	13	乙丑	五黄	成	柳	12	乙未	八白	除	张
三十	15	丙寅	九紫	闭	参	14	丙申	三碧	定	鬼	14	丙寅	六白	收	星					

公元2056年　丙子鼠年　太岁郭嘉 九星七赤

月份	五月大 甲午 四绿 艮卦 室宿					六月小 乙未 三碧 坤卦 壁宿					七月大 丙申 二黑 乾卦 奎宿					八月小 丁酉 一白 兑卦 娄宿				
节气	夏至 6月20日 初八癸卯 亥时 22时30分		小暑 7月6日 廿四己未 申时 16时04分			大暑 7月22日 初十乙亥 巳时 9时24分		立秋 8月7日 廿六辛卯 丑时 1时58分			处暑 8月22日 十二丙午 申时 16时41分		白露 9月7日 廿八壬戌 卯时 5时09分			秋分 9月22日 十三丁丑 未时 14时41分		寒露 10月7日 廿八壬辰 亥时 21时10分		
农历	公历	干支	九星	日建	星宿	公历	干支	九星	日建	星宿	公历	干支	九星	日建	星宿	公历	干支	九星	日建	星宿
初一	13	丙申	九紫	满	翼	13	丙寅	七赤	危	角	11	乙未	五黄	闭	亢	10	乙丑	二黑	定	房
初二	14	丁酉	一白	平	轸	14	丁卯	六白	成	亢	12	丙申	四绿	建	氐	11	丙寅	一白	执	心
初三	15	戊戌	二黑	定	角	15	戊辰	五黄	收	氐	13	丁酉	三碧	除	房	12	丁卯	九紫	破	尾
初四	16	己亥	三碧	执	亢	16	己巳	四绿	开	房	14	戊戌	二黑	满	心	13	戊辰	八白	危	箕
初五	17	庚子	四绿	破	氐	17	庚午	三碧	闭	心	15	己亥	一白	平	尾	14	己巳	七赤	成	斗
初六	18	辛丑	五黄	危	房	18	辛未	二黑	建	尾	16	庚子	九紫	定	箕	15	庚午	六白	收	牛
初七	19	壬寅	六白	成	心	19	壬申	一白	除	箕	17	辛丑	八白	执	斗	16	辛未	五黄	开	女
初八	20	癸卯	六白	收	尾	20	癸酉	九紫	满	斗	18	壬寅	七赤	破	牛	17	壬申	四绿	闭	虚
初九	21	甲辰	五黄	开	箕	21	甲戌	八白	平	牛	19	癸卯	六白	危	女	18	癸酉	三碧	建	危
初十	22	乙巳	四绿	闭	斗	22	乙亥	七赤	定	女	20	甲辰	五黄	成	虚	19	甲戌	二黑	除	室
十一	23	丙午	三碧	建	牛	23	丙子	六白	执	虚	21	乙巳	四绿	收	危	20	乙亥	一白	满	壁
十二	24	丁未	二黑	除	女	24	丁丑	五黄	破	危	22	丙午	六白	开	室	21	丙子	九紫	平	奎
十三	25	戊申	一白	满	虚	25	戊寅	四绿	危	室	23	丁未	五黄	闭	壁	22	丁丑	八白	定	娄
十四	26	己酉	九紫	平	危	26	己卯	三碧	成	壁	24	戊申	四绿	建	奎	23	戊寅	七赤	执	胃
十五	27	庚戌	八白	定	室	27	庚辰	二黑	收	奎	25	己酉	三碧	除	娄	24	己卯	六白	破	昴
十六	28	辛亥	七赤	执	壁	28	辛巳	一白	开	娄	26	庚戌	二黑	满	胃	25	庚辰	五黄	危	毕
十七	29	壬子	六白	破	奎	29	壬午	九紫	闭	胃	27	辛亥	一白	平	昴	26	辛巳	四绿	成	觜
十八	30	癸丑	五黄	危	娄	30	癸未	八白	建	昴	28	壬子	九紫	定	毕	27	壬午	三碧	收	参
十九	7月	甲寅	四绿	成	胃	31	甲申	七赤	除	毕	29	癸丑	八白	执	觜	28	癸未	二黑	开	井
二十	2	乙卯	三碧	收	昴	8月	乙酉	六白	满	觜	30	甲寅	七赤	破	参	29	甲申	一白	闭	鬼
廿一	3	丙辰	二黑	开	毕	2	丙戌	五黄	平	参	31	乙卯	六白	危	井	30	乙酉	九紫	建	柳
廿二	4	丁巳	一白	闭	觜	3	丁亥	四绿	定	井	9月	丙辰	五黄	成	鬼	10月	丙戌	八白	除	星
廿三	5	戊午	九紫	建	参	4	戊子	三碧	执	鬼	2	丁巳	四绿	收	柳	2	丁亥	七赤	满	张
廿四	6	己未	八白	建	井	5	己丑	二黑	破	柳	3	戊午	三碧	开	星	3	戊子	六白	平	翼
廿五	7	庚申	七赤	除	鬼	6	庚寅	一白	危	星	4	己未	二黑	闭	张	4	己丑	五黄	定	轸
廿六	8	辛酉	六白	满	柳	7	辛卯	九紫	危	张	5	庚申	一白	建	翼	5	庚寅	四绿	执	角
廿七	9	壬戌	五黄	平	星	8	壬辰	八白	成	翼	6	辛酉	九紫	除	轸	6	辛卯	三碧	破	亢
廿八	10	癸亥	四绿	定	张	9	癸巳	七赤	收	轸	7	壬戌	八白	除	角	7	壬辰	二黑	破	氐
廿九	11	甲子	九紫	执	翼	10	甲午	六白	开	角	8	癸亥	七赤	满	亢	8	癸巳	一白	危	房
三十	12	乙丑	八白	破	轸						9	甲子	三碧	平	氐					

公元2056年 丙子鼠年 太岁郭嘉 九星七赤

月份	九月小		戊戌 九紫 离卦 胃宿			十月大		己亥 八白 震卦 昴宿			十一月小		庚子 七赤 巽卦 毕宿			十二月大		辛丑 六白 坎卦 觜宿		
节气	霜降 10月23日 十五戊申 早子时 0时26分			立冬 11月7日 初一癸亥 早子时 0时44分		小雪 11月21日 十五丁丑 亥时 22时21分			大雪 12月6日 三十壬辰 酉时 17时52分		冬至 12月21日 十五丁未 午时 11时53分			小寒 1月5日 初一壬戌 卯时 5时11分		大寒 1月19日 十五丙子 亥时 22时32分			立春 2月3日 三十辛卯 申时 16时44分	
农历	公历	干支	九星	日建	星宿	公历	干支	九星	日建	星宿	公历	干支	九星	日建	星宿	公历	干支	九星	日建	星宿
初一	9	甲午	九紫	成	心	7	癸亥	一白	建	尾	7	癸巳	四绿	执	斗	5	壬戌	五黄	收	牛
初二	10	乙未	八白	收	尾	8	甲子	六白	除	箕	8	甲午	三碧	破	牛	6	癸亥	六白	开	女
初三	11	丙申	七赤	开	箕	9	乙丑	五黄	满	斗	9	乙未	二黑	危	女	7	甲子	一白	闭	虚
初四	12	丁酉	六白	闭	斗	10	丙寅	四绿	平	牛	10	丙申	一白	成	虚	8	乙丑	二黑	建	危
初五	13	戊戌	五黄	建	牛	11	丁卯	三碧	定	女	11	丁酉	九紫	收	危	9	丙寅	三碧	除	室
初六	14	己亥	四绿	除	女	12	戊辰	二黑	执	虚	12	戊戌	八白	开	室	10	丁卯	四绿	满	壁
初七	15	庚子	三碧	满	虚	13	己巳	一白	破	危	13	己亥	七赤	闭	壁	11	戊辰	五黄	平	奎
初八	16	辛丑	二黑	平	危	14	庚午	九紫	危	室	14	庚子	六白	建	奎	12	己巳	六白	定	娄
初九	17	壬寅	一白	定	室	15	辛未	八白	成	壁	15	辛丑	五黄	除	娄	13	庚午	七赤	执	胃
初十	18	癸卯	九紫	执	壁	16	壬申	七赤	收	奎	16	壬寅	四绿	满	胃	14	辛未	八白	破	昴
十一	19	甲辰	八白	破	奎	17	癸酉	六白	开	娄	17	癸卯	三碧	平	昴	15	壬申	九紫	危	毕
十二	20	乙巳	七赤	危	娄	18	甲戌	五黄	闭	胃	18	甲辰	二黑	定	毕	16	癸酉	一白	成	觜
十三	21	丙午	六白	成	胃	19	乙亥	四绿	建	昴	19	乙巳	一白	执	觜	17	甲戌	二黑	收	参
十四	22	丁未	五黄	收	昴	20	丙子	三碧	除	毕	20	丙午	九紫	破	参	18	乙亥	三碧	开	井
十五	23	戊申	七赤	开	毕	21	丁丑	二黑	满	觜	21	丁未	八白	危	井	19	丙子	四绿	闭	鬼
十六	24	己酉	六白	闭	觜	22	戊寅	一白	平	参	22	戊申	九紫	成	鬼	20	丁丑	五黄	建	柳
十七	25	庚戌	五黄	建	参	23	己卯	九紫	定	井	23	己酉	一白	收	柳	21	戊寅	六白	除	星
十八	26	辛亥	四绿	除	井	24	庚辰	八白	执	鬼	24	庚戌	二黑	开	星	22	己卯	七赤	满	张
十九	27	壬子	三碧	满	鬼	25	辛巳	七赤	破	柳	25	辛亥	三碧	闭	张	23	庚辰	八白	平	翼
二十	28	癸丑	二黑	平	柳	26	壬午	六白	危	星	26	壬子	四绿	建	翼	24	辛巳	九紫	定	轸
廿一	29	甲寅	一白	定	星	27	癸未	五黄	成	张	27	癸丑	五黄	除	轸	25	壬午	一白	执	角
廿二	30	乙卯	九紫	执	张	28	甲申	四绿	收	翼	28	甲寅	六白	满	角	26	癸未	二黑	破	亢
廿三	31	丙辰	八白	破	翼	29	乙酉	三碧	开	轸	29	乙卯	七赤	平	亢	27	甲申	三碧	危	氐
廿四	11月	丁巳	七赤	危	轸	30	丙戌	二黑	闭	角	30	丙辰	八白	定	氐	28	乙酉	四绿	成	房
廿五	2	戊午	六白	成	角	12月	丁亥	一白	建	亢	31	丁巳	九紫	执	房	29	丙戌	五黄	收	心
廿六	3	己未	五黄	收	亢	2	戊子	九紫	除	氐	1月	戊午	一白	破	心	30	丁亥	六白	开	尾
廿七	4	庚申	四绿	开	氐	3	己丑	八白	满	房	2	己未	二黑	危	尾	31	戊子	七赤	闭	箕
廿八	5	辛酉	三碧	闭	房	4	庚寅	七赤	平	心	3	庚申	三碧	成	箕	2月	己丑	八白	建	斗
廿九	6	壬戌	二黑	建	心	5	辛卯	六白	定	尾	4	辛酉	四绿	收	斗	2	庚寅	九紫	除	牛
三十						6	壬辰	五黄	定	箕						3	辛卯	一白	除	女

公元2057年 丁丑牛年 太岁汪文 九星六白

月份	正月小 壬寅 五黄 震卦 参宿					二月大 癸卯 四绿 巽卦 井宿					三月大 甲辰 三碧 坎卦 鬼宿					四月小 乙巳 二黑 艮卦 柳宿				
节气	雨水 2月18日 十五丙午 午时 12时29分					惊蛰 3月5日 初一辛酉 巳时 10时28分；春分 3月20日 十六丙子 午时 11时09分					清明 4月4日 初一辛卯 未时 14时54分；谷雨 4月19日 十六丙午 亥时 21时49分					立夏 5月5日 初二壬戌 辰时 7时48分；小满 5月20日 十七丁丑 戌时 20时37分				
农历	公历	干支	九星	日建	星宿	公历	干支	九星	日建	星宿	公历	干支	九星	日建	星宿	公历	干支	九星	日建	星宿
初一	4	壬辰	二黑	满	虚	5	辛酉	一白	破	危	4	辛卯	七赤	闭	壁	4	辛酉	七赤	执	娄
初二	5	癸巳	三碧	平	危	6	壬戌	二黑	危	室	5	壬辰	八白	建	奎	5	壬戌	八白	执	胃
初三	6	甲午	四绿	定	室	7	癸亥	三碧	成	壁	6	癸巳	九紫	除	娄	6	癸亥	九紫	破	昴
初四	7	乙未	五黄	执	壁	8	甲子	七赤	收	奎	7	甲午	一白	满	胃	7	甲子	四绿	危	毕
初五	8	丙申	六白	破	奎	9	乙丑	八白	开	娄	8	乙未	二黑	平	昴	8	乙丑	五黄	成	觜
初六	9	丁酉	七赤	危	娄	10	丙寅	九紫	闭	胃	9	丙申	三碧	定	毕	9	丙寅	六白	收	参
初七	10	戊戌	八白	成	胃	11	丁卯	一白	建	昴	10	丁酉	四绿	执	觜	10	丁卯	七赤	开	井
初八	11	己亥	九紫	收	昴	12	戊辰	二黑	除	毕	11	戊戌	五黄	破	参	11	戊辰	八白	闭	鬼
初九	12	庚子	一白	开	毕	13	己巳	三碧	满	觜	12	己亥	六白	危	井	12	己巳	九紫	建	柳
初十	13	辛丑	二黑	闭	觜	14	庚午	四绿	平	参	13	庚子	七赤	成	鬼	13	庚午	一白	除	星
十一	14	壬寅	三碧	建	参	15	辛未	五黄	定	井	14	辛丑	八白	收	柳	14	辛未	二黑	满	张
十二	15	癸卯	四绿	除	井	16	壬申	六白	执	鬼	15	壬寅	九紫	开	星	15	壬申	三碧	平	翼
十三	16	甲辰	五黄	满	鬼	17	癸酉	七赤	破	柳	16	癸卯	一白	闭	张	16	癸酉	四绿	定	轸
十四	17	乙巳	六白	平	柳	18	甲戌	八白	危	星	17	甲辰	二黑	建	翼	17	甲戌	五黄	执	角
十五	18	丙午	四绿	定	星	19	乙亥	九紫	成	张	18	乙巳	三碧	除	轸	18	乙亥	六白	破	亢
十六	19	丁未	五黄	执	张	20	丙子	一白	收	翼	19	丙午	一白	满	角	19	丙子	七赤	危	氐
十七	20	戊申	六白	破	翼	21	丁丑	二黑	开	轸	20	丁未	二黑	平	亢	20	丁丑	八白	成	房
十八	21	己酉	七赤	危	轸	22	戊寅	三碧	闭	角	21	戊申	三碧	定	氐	21	戊寅	九紫	收	心
十九	22	庚戌	八白	成	角	23	己卯	四绿	建	亢	22	己酉	四绿	执	房	22	己卯	一白	开	尾
二十	23	辛亥	九紫	收	亢	24	庚辰	五黄	除	氐	23	庚戌	五黄	破	心	23	庚辰	二黑	闭	箕
廿一	24	壬子	一白	开	氐	25	辛巳	六白	满	房	24	辛亥	六白	危	尾	24	辛巳	三碧	建	斗
廿二	25	癸丑	二黑	闭	房	26	壬午	七赤	平	心	25	壬子	七赤	成	箕	25	壬午	四绿	除	牛
廿三	26	甲寅	三碧	建	心	27	癸未	八白	定	尾	26	癸丑	八白	收	斗	26	癸未	五黄	满	女
廿四	27	乙卯	四绿	除	尾	28	甲申	九紫	执	箕	27	甲寅	九紫	开	牛	27	甲申	六白	平	虚
廿五	28	丙辰	五黄	满	箕	29	乙酉	一白	破	斗	28	乙卯	一白	闭	女	28	乙酉	七赤	定	危
廿六	3月	丁巳	六白	平	斗	30	丙戌	二黑	危	牛	29	丙辰	二黑	建	虚	29	丙戌	八白	执	室
廿七	2	戊午	七赤	定	牛	31	丁亥	三碧	成	女	30	丁巳	三碧	除	危	30	丁亥	九紫	破	壁
廿八	3	己未	八白	执	女	4月	戊子	四绿	收	虚	5月	戊午	四绿	满	室	31	戊子	一白	危	奎
廿九	4	庚申	九紫	破	虚	2	己丑	五黄	开	危	2	己未	五黄	平	壁	6月	己丑	二黑	成	娄
三十						3	庚寅	六白	闭	室	3	庚申	六白	定	奎					

公元2057年　丁丑牛年　太岁汪文　九星六白

月份	五月大 丙午 一白 坤卦 星宿					六月小 丁未 九紫 乾卦 张宿					七月大 戊申 八白 兑卦 翼宿					八月大 己酉 七赤 离卦 轸宿				
节气	芒种 6月5日 初四癸巳 午时 11时38分		夏至 6月21日 二十己酉 寅时 4时21分			小暑 7月6日 初五甲子 亥时 21时44分		大暑 7月22日 廿一庚辰 申时 15时12分			立秋 8月7日 初八丙申 辰时 7时35分		处暑 8月22日 廿三辛亥 亥时 22时26分			白露 9月7日 初九丁卯 巳时 10时45分		秋分 9月22日 廿四壬午 戌时 20时25分		
农历	公历	干支	九星	日建	星宿	公历	干支	九星	日建	星宿	公历	干支	九星	日建	星宿	公历	干支	九星	日建	星宿
初一	2	庚寅	三碧	收	胃	2	庚申	七赤	满	毕	31	己丑	二黑	破	觜	30	己未	二黑	闭	井
初二	3	辛卯	四绿	开	昴	3	辛酉	六白	平	觜	8月	庚寅	一白	危	参	31	庚申	一白	建	鬼
初三	4	壬辰	五黄	闭	毕	4	壬戌	五黄	定	参	2	辛卯	九紫	成	井	9月	辛酉	九紫	除	柳
初四	5	癸巳	六白	闭	觜	5	癸亥	四绿	执	井	3	壬辰	八白	收	鬼	2	壬戌	八白	满	星
初五	6	甲午	七赤	建	参	6	甲子	九紫	执	鬼	4	癸巳	七赤	开	柳	3	癸亥	七赤	平	张
初六	7	乙未	八白	除	井	7	乙丑	八白	破	柳	5	甲午	六白	闭	星	4	甲子	三碧	定	翼
初七	8	丙申	九紫	满	鬼	8	丙寅	七赤	危	星	6	乙未	五黄	建	张	5	乙丑	二黑	执	轸
初八	9	丁酉	一白	平	柳	9	丁卯	六白	成	张	7	丙申	四绿	建	翼	6	丙寅	一白	破	角
初九	10	戊戌	二黑	定	星	10	戊辰	五黄	收	翼	8	丁酉	三碧	除	轸	7	丁卯	九紫	破	亢
初十	11	己亥	三碧	执	张	11	己巳	四绿	开	轸	9	戊戌	二黑	满	角	8	戊辰	八白	危	氐
十一	12	庚子	四绿	破	翼	12	庚午	三碧	闭	角	10	己亥	一白	平	亢	9	己巳	七赤	成	房
十二	13	辛丑	五黄	危	轸	13	辛未	二黑	建	亢	11	庚子	九紫	定	氐	10	庚午	六白	收	心
十三	14	壬寅	六白	成	角	14	壬申	一白	除	氐	12	辛丑	八白	执	房	11	辛未	五黄	开	尾
十四	15	癸卯	七赤	收	亢	15	癸酉	九紫	满	房	13	壬寅	七赤	破	心	12	壬申	四绿	闭	箕
十五	16	甲辰	八白	开	氐	16	甲戌	八白	平	心	14	癸卯	六白	危	尾	13	癸酉	三碧	建	斗
十六	17	乙巳	九紫	闭	房	17	乙亥	七赤	定	尾	15	甲辰	五黄	成	箕	14	甲戌	二黑	除	牛
十七	18	丙午	一白	建	心	18	丙子	六白	执	箕	16	乙巳	四绿	收	斗	15	乙亥	一白	满	女
十八	19	丁未	二黑	除	尾	19	丁丑	五黄	破	斗	17	丙午	三碧	开	牛	16	丙子	九紫	平	虚
十九	20	戊申	三碧	满	箕	20	戊寅	四绿	危	牛	18	丁未	二黑	闭	女	17	丁丑	八白	定	危
二十	21	己酉	九紫	平	斗	21	己卯	三碧	成	女	19	戊申	一白	建	虚	18	戊寅	七赤	执	室
廿一	22	庚戌	八白	定	牛	22	庚辰	二黑	收	虚	20	己酉	九紫	除	危	19	己卯	六白	破	壁
廿二	23	辛亥	七赤	执	女	23	辛巳	一白	开	危	21	庚戌	八白	满	室	20	庚辰	五黄	危	奎
廿三	24	壬子	六白	破	虚	24	壬午	九紫	闭	室	22	辛亥	一白	平	壁	21	辛巳	四绿	成	娄
廿四	25	癸丑	五黄	危	危	25	癸未	八白	建	壁	23	壬子	九紫	定	奎	22	壬午	三碧	收	胃
廿五	26	甲寅	四绿	成	室	26	甲申	七赤	除	奎	24	癸丑	八白	执	娄	23	癸未	二黑	开	昴
廿六	27	乙卯	三碧	收	壁	27	乙酉	六白	满	娄	25	甲寅	七赤	破	胃	24	甲申	一白	闭	毕
廿七	28	丙辰	二黑	开	奎	28	丙戌	五黄	平	胃	26	乙卯	六白	危	昴	25	乙酉	九紫	建	觜
廿八	29	丁巳	一白	闭	娄	29	丁亥	四绿	定	昴	27	丙辰	五黄	成	毕	26	丙戌	八白	除	参
廿九	30	戊午	九紫	建	胃	30	戊子	三碧	执	毕	28	丁巳	四绿	收	觜	27	丁亥	七赤	满	井
三十	7月	己未	八白	除	昴						29	戊午	三碧	开	参	28	戊子	六白	平	鬼

公元2057年　丁丑牛年　太岁汪文 九星六白

月份	九月小 庚戌 六白 震卦 角宿					十月小 辛亥 五黄 巽卦 亢宿					十一月大 壬子 四绿 坎卦 氐宿					十二月小 癸丑 三碧 艮卦 房宿				
节气	寒露 10月8日 初十戊戌 丑时 2时48分			霜降 10月23日 廿五癸丑 卯时 6时11分		立冬 11月7日 十一戊辰 卯时 6时24分			小雪 11月22日 廿六癸未 寅时 4时08分		大雪 12月6日 十一丁酉 夜子时 23时36分			冬至 12月21日 廿六壬子 酉时 17时44分		小寒 1月5日 十一丁卯 巳时 10时59分			大寒 1月20日 廿六壬午 寅时 4时27分	
农历	公历	干支	九星	日建	星宿	公历	干支	九星	日建	星宿	公历	干支	九星	日建	星宿	公历	干支	九星	日建	星宿
初一	29	己丑	五黄	定	柳	28	戊午	六白	成	星	26	丁亥	一白	建	张	26	丁巳	九紫	执	轸
初二	30	庚寅	四绿	执	星	29	己未	五黄	收	张	27	戊子	九紫	除	翼	27	戊午	一白	破	角
初三	10月	辛卯	三碧	破	张	30	庚申	四绿	开	翼	28	己丑	八白	满	轸	28	己未	二黑	危	亢
初四	2	壬辰	二黑	危	翼	31	辛酉	三碧	闭	轸	29	庚寅	七赤	平	角	29	庚申	三碧	成	氐
初五	3	癸巳	一白	成	轸	11月	壬戌	二黑	建	角	30	辛卯	六白	定	亢	30	辛酉	四绿	收	房
初六	4	甲午	九紫	收	角	2	癸亥	一白	除	亢	12月	壬辰	五黄	执	氐	31	壬戌	五黄	开	心
初七	5	乙未	八白	开	亢	3	甲子	六白	满	氐	2	癸巳	四绿	破	房	1月	癸亥	六白	闭	尾
初八	6	丙申	七赤	闭	氐	4	乙丑	五黄	平	房	3	甲午	三碧	危	心	2	甲子	一白	建	箕
初九	7	丁酉	六白	建	房	5	丙寅	四绿	定	心	4	乙未	二黑	成	尾	3	乙丑	二黑	除	斗
初十	8	戊戌	五黄	建	心	6	丁卯	三碧	执	尾	5	丙申	一白	收	箕	4	丙寅	三碧	满	牛
十一	9	己亥	四绿	除	尾	7	戊辰	二黑	执	箕	6	丁酉	九紫	收	斗	5	丁卯	四绿	满	女
十二	10	庚子	三碧	满	箕	8	己巳	一白	破	斗	7	戊戌	八白	开	牛	6	戊辰	五黄	平	虚
十三	11	辛丑	二黑	平	斗	9	庚午	九紫	危	牛	8	己亥	七赤	闭	女	7	己巳	六白	定	危
十四	12	壬寅	一白	定	牛	10	辛未	八白	成	女	9	庚子	六白	建	虚	8	庚午	七赤	执	室
十五	13	癸卯	九紫	执	女	11	壬申	七赤	收	虚	10	辛丑	五黄	除	危	9	辛未	八白	破	壁
十六	14	甲辰	八白	破	虚	12	癸酉	六白	开	危	11	壬寅	四绿	满	室	10	壬申	九紫	危	奎
十七	15	乙巳	七赤	危	危	13	甲戌	五黄	闭	室	12	癸卯	三碧	平	壁	11	癸酉	一白	成	娄
十八	16	丙午	六白	成	室	14	乙亥	四绿	建	壁	13	甲辰	二黑	定	奎	12	甲戌	二黑	收	胃
十九	17	丁未	五黄	收	壁	15	丙子	三碧	除	奎	14	乙巳	一白	执	娄	13	乙亥	三碧	开	昴
二十	18	戊申	四绿	开	奎	16	丁丑	二黑	满	娄	15	丙午	九紫	破	胃	14	丙子	四绿	闭	毕
廿一	19	己酉	三碧	闭	娄	17	戊寅	一白	平	胃	16	丁未	八白	危	昴	15	丁丑	五黄	建	觜
廿二	20	庚戌	二黑	建	胃	18	己卯	九紫	定	昴	17	戊申	七赤	成	毕	16	戊寅	六白	除	参
廿三	21	辛亥	一白	除	昴	19	庚辰	八白	执	毕	18	己酉	六白	收	觜	17	己卯	七赤	满	井
廿四	22	壬子	九紫	满	毕	20	辛巳	七赤	破	觜	19	庚戌	五黄	开	参	18	庚辰	八白	平	鬼
廿五	23	癸丑	二黑	平	觜	21	壬午	六白	危	参	20	辛亥	四绿	闭	井	19	辛巳	九紫	定	柳
廿六	24	甲寅	一白	定	参	22	癸未	五黄	成	井	21	壬子	四绿	建	鬼	20	壬午	一白	执	星
廿七	25	乙卯	九紫	执	井	23	甲申	四绿	收	鬼	22	癸丑	五黄	除	柳	21	癸未	二黑	破	张
廿八	26	丙辰	八白	破	鬼	24	乙酉	三碧	开	柳	23	甲寅	六白	满	星	22	甲申	三碧	危	翼
廿九	27	丁巳	七赤	危	柳	25	丙戌	二黑	闭	星	24	乙卯	七赤	平	张	23	乙酉	四绿	成	轸
三十											25	丙辰	八白	定	翼					

公元2058年　戊寅虎年（闰四月）　太岁曾光 九星五黄

月份	正月大 甲寅 二黑 巽卦 心宿					二月小 乙卯 一白 坎卦 尾宿					三月大 丙辰 九紫 艮卦 箕宿					四月小 丁巳 八白 坤卦 斗宿				
节气	立春 2月3日 十一丙申 亥时 22时35分			雨水 2月18日 廿六辛亥 酉时 18时26分		惊蛰 3月5日 十一丙寅 申时 16时21分			春分 3月20日 廿六辛巳 酉时 17时06分		清明 4月4日 十二丙申 戌时 20时45分			谷雨 4月20日 廿八壬子 寅时 3时42分		立夏 5月5日 十三丁卯 未时 13时37分			小满 5月21日 廿九癸未 丑时 2时25分	
农历	公历	干支	九星	日建	星宿	公历	干支	九星	日建	星宿	公历	干支	九星	日建	星宿	公历	干支	九星	日建	星宿
初一	24	丙戌	五黄	收	角	23	丙辰	五黄	满	氐	24	乙酉	一白	破	房	23	乙卯	一白	闭	尾
初二	25	丁亥	六白	开	亢	24	丁巳	六白	平	房	25	丙戌	二黑	危	心	24	丙辰	二黑	建	箕
初三	26	戊子	七赤	闭	氐	25	戊午	七赤	定	心	26	丁亥	三碧	成	尾	25	丁巳	三碧	除	斗
初四	27	己丑	八白	建	房	26	己未	八白	执	尾	27	戊子	四绿	收	箕	26	戊午	四绿	满	牛
初五	28	庚寅	九紫	除	心	27	庚申	九紫	破	箕	28	己丑	五黄	开	斗	27	己未	五黄	平	女
初六	29	辛卯	一白	满	尾	28	辛酉	一白	危	斗	29	庚寅	六白	闭	牛	28	庚申	六白	定	虚
初七	30	壬辰	二黑	平	箕	3月	壬戌	二黑	成	牛	30	辛卯	七赤	建	女	29	辛酉	七赤	执	危
初八	31	癸巳	三碧	定	斗	2	癸亥	三碧	收	女	31	壬辰	八白	除	虚	30	壬戌	八白	破	室
初九	2月	甲午	四绿	执	牛	3	甲子	七赤	开	虚	4月	癸巳	九紫	满	危	5月	癸亥	九紫	危	壁
初十	2	乙未	五黄	破	女	4	乙丑	八白	闭	危	2	甲午	一白	平	室	2	甲子	四绿	成	奎
十一	3	丙申	六白	破	虚	5	丙寅	九紫	闭	室	3	乙未	二黑	定	壁	3	乙丑	五黄	收	娄
十二	4	丁酉	七赤	危	危	6	丁卯	一白	建	壁	4	丙申	三碧	定	奎	4	丙寅	六白	开	胃
十三	5	戊戌	八白	成	室	7	戊辰	二黑	除	奎	5	丁酉	四绿	执	娄	5	丁卯	七赤	开	昴
十四	6	己亥	九紫	收	壁	8	己巳	三碧	满	娄	6	戊戌	五黄	破	胃	6	戊辰	八白	闭	毕
十五	7	庚子	一白	开	奎	9	庚午	四绿	平	胃	7	己亥	六白	危	昴	7	己巳	九紫	建	觜
十六	8	辛丑	二黑	闭	娄	10	辛未	五黄	定	昴	8	庚子	七赤	成	毕	8	庚午	一白	除	参
十七	9	壬寅	三碧	建	胃	11	壬申	六白	执	毕	9	辛丑	八白	收	觜	9	辛未	二黑	满	井
十八	10	癸卯	四绿	除	昴	12	癸酉	七赤	破	觜	10	壬寅	九紫	开	参	10	壬申	三碧	平	鬼
十九	11	甲辰	五黄	满	毕	13	甲戌	八白	危	参	11	癸卯	一白	闭	井	11	癸酉	四绿	定	柳
二十	12	乙巳	六白	平	觜	14	乙亥	九紫	成	井	12	甲辰	二黑	建	鬼	12	甲戌	五黄	执	星
廿一	13	丙午	七赤	定	参	15	丙子	一白	收	鬼	13	乙巳	三碧	除	柳	13	乙亥	六白	破	张
廿二	14	丁未	八白	执	井	16	丁丑	二黑	开	柳	14	丙午	四绿	满	星	14	丙子	七赤	危	翼
廿三	15	戊申	九紫	破	鬼	17	戊寅	三碧	闭	星	15	丁未	五黄	平	张	15	丁丑	八白	成	轸
廿四	16	己酉	一白	危	柳	18	己卯	四绿	建	张	16	戊申	六白	定	翼	16	戊寅	九紫	收	角
廿五	17	庚戌	二黑	成	星	19	庚辰	五黄	除	翼	17	己酉	七赤	执	轸	17	己卯	一白	开	亢
廿六	18	辛亥	九紫	收	张	20	辛巳	六白	满	轸	18	庚戌	八白	破	角	18	庚辰	二黑	闭	氐
廿七	19	壬子	一白	开	翼	21	壬午	七赤	平	角	19	辛亥	九紫	危	亢	19	辛巳	三碧	建	房
廿八	20	癸丑	二黑	闭	轸	22	癸未	八白	定	亢	20	壬子	七赤	成	氐	20	壬午	四绿	除	心
廿九	21	甲寅	三碧	建	角	23	甲申	九紫	执	氐	21	癸丑	八白	收	房	21	癸未	五黄	满	尾
三十	22	乙卯	四绿	除	亢						22	甲寅	九紫	开	心					

公元2058年　戊寅虎年（闰四月）　太岁曾光 九星五黄

月份	闰四月大					五月小　戊午 七赤　乾卦 牛宿					六月大　己未 六白　兑卦 女宿				
节气	芒种 6月5日 十五戊戌 酉时 17时26分					夏至 6月21日 初一甲寅 巳时 10时05分；小暑 7月7日 十七庚午 寅时 3时33分					大暑 7月22日 初三乙酉 戌时 20时55分；立秋 8月7日 十九辛丑 未时 13时27分				
农历	公历	干支	九星	日建	星宿	公历	干支	九星	日建	星宿	公历	干支	九星	日建	星宿
初一	22	甲申	六白	平	箕	21	甲寅	四绿	成	牛	20	癸未	八白	建	女
初二	23	乙酉	七赤	定	斗	22	乙卯	三碧	收	女	21	甲申	七赤	除	虚
初三	24	丙戌	八白	执	牛	23	丙辰	二黑	开	虚	22	乙酉	六白	满	危
初四	25	丁亥	九紫	破	女	24	丁巳	一白	闭	危	23	丙戌	五黄	平	室
初五	26	戊子	一白	危	虚	25	戊午	九紫	建	室	24	丁亥	四绿	定	壁
初六	27	己丑	二黑	成	危	26	己未	八白	除	壁	25	戊子	三碧	执	奎
初七	28	庚寅	三碧	收	室	27	庚申	七赤	满	奎	26	己丑	二黑	破	娄
初八	29	辛卯	四绿	开	壁	28	辛酉	六白	平	娄	27	庚寅	一白	危	胃
初九	30	壬辰	五黄	闭	奎	29	壬戌	五黄	定	胃	28	辛卯	九紫	成	昴
初十	31	癸巳	六白	建	娄	30	癸亥	四绿	执	昴	29	壬辰	八白	收	毕
十一	6月	甲午	七赤	除	胃	7月	甲子	九紫	破	毕	30	癸巳	七赤	开	觜
十二	2	乙未	八白	满	昴	2	乙丑	八白	危	觜	31	甲午	六白	闭	参
十三	3	丙申	九紫	平	毕	3	丙寅	七赤	成	参	8月	乙未	五黄	建	井
十四	4	丁酉	一白	定	觜	4	丁卯	六白	收	井	2	丙申	四绿	除	鬼
十五	5	戊戌	二黑	定	参	5	戊辰	五黄	开	鬼	3	丁酉	三碧	满	柳
十六	6	己亥	三碧	执	井	6	己巳	四绿	闭	柳	4	戊戌	二黑	平	星
十七	7	庚子	四绿	破	鬼	7	庚午	三碧	闭	星	5	己亥	一白	定	张
十八	8	辛丑	五黄	危	柳	8	辛未	二黑	建	张	6	庚子	九紫	执	翼
十九	9	壬寅	六白	成	星	9	壬申	一白	除	翼	7	辛丑	八白	执	轸
二十	10	癸卯	七赤	收	张	10	癸酉	九紫	满	轸	8	壬寅	七赤	破	角
廿一	11	甲辰	八白	开	翼	11	甲戌	八白	平	角	9	癸卯	六白	危	亢
廿二	12	乙巳	九紫	闭	轸	12	乙亥	七赤	定	亢	10	甲辰	五黄	成	氐
廿三	13	丙午	一白	建	角	13	丙子	六白	执	氐	11	乙巳	四绿	收	房
廿四	14	丁未	二黑	除	亢	14	丁丑	五黄	破	房	12	丙午	三碧	开	心
廿五	15	戊申	三碧	满	氐	15	戊寅	四绿	危	心	13	丁未	二黑	闭	尾
廿六	16	己酉	四绿	平	房	16	己卯	三碧	成	尾	14	戊申	一白	建	箕
廿七	17	庚戌	五黄	定	心	17	庚辰	二黑	收	箕	15	己酉	九紫	除	斗
廿八	18	辛亥	六白	执	尾	18	辛巳	一白	开	斗	16	庚戌	八白	满	牛
廿九	19	壬子	七赤	破	箕	19	壬午	九紫	闭	牛	17	辛亥	七赤	平	女
三十	20	癸丑	八白	危	斗						18	壬子	六白	定	虚

公元2058年　戊寅虎年（闰四月）　太岁曾光 九星五黄

月份	七月大		庚申 五黄 离卦 虚宿			八月小		辛酉 四绿 震卦 危宿			九月大		壬戌 三碧 巽卦 室宿		
节气	处暑 8月23日 初五丁巳 寅时 4时10分			白露 9月7日 二十壬申 申时 16时39分		秋分 9月23日 初六戊子 丑时 2时10分			寒露 10月8日 廿一癸卯 辰时 8时43分		霜降 10月23日 初七戊午 午时 11时56分			立冬 11月7日 廿二癸酉 午时 12时18分	
农历	公历	干支	九星	日建	星宿	公历	干支	九星	日建	星宿	公历	干支	九星	日建	星宿
初一	19	癸丑	五黄	执	危	18	癸未	二黑	开	壁	17	壬子	九紫	满	奎
初二	20	甲寅	四绿	破	室	19	甲申	一白	闭	奎	18	癸丑	八白	平	娄
初三	21	乙卯	三碧	危	壁	20	乙酉	九紫	建	娄	19	甲寅	七赤	定	胃
初四	22	丙辰	二黑	成	奎	21	丙戌	八白	除	胃	20	乙卯	六白	执	昴
初五	23	丁巳	四绿	收	娄	22	丁亥	七赤	满	昴	21	丙辰	五黄	破	毕
初六	24	戊午	三碧	开	胃	23	戊子	六白	平	毕	22	丁巳	四绿	危	觜
初七	25	己未	二黑	闭	昴	24	己丑	五黄	定	觜	23	戊午	六白	成	参
初八	26	庚申	一白	建	毕	25	庚寅	四绿	执	参	24	己未	五黄	收	井
初九	27	辛酉	九紫	除	觜	26	辛卯	三碧	破	井	25	庚申	四绿	开	鬼
初十	28	壬戌	八白	满	参	27	壬辰	二黑	危	鬼	26	辛酉	三碧	闭	柳
十一	29	癸亥	七赤	平	井	28	癸巳	一白	成	柳	27	壬戌	二黑	建	星
十二	30	甲子	三碧	定	鬼	29	甲午	九紫	收	星	28	癸亥	一白	除	张
十三	31	乙丑	二黑	执	柳	30	乙未	八白	开	张	29	甲子	六白	满	翼
十四	9月	丙寅	一白	破	星	10月	丙申	七赤	闭	翼	30	乙丑	五黄	平	轸
十五	2	丁卯	九紫	危	张	2	丁酉	六白	建	轸	31	丙寅	四绿	定	角
十六	3	戊辰	八白	成	翼	3	戊戌	五黄	除	角	11月	丁卯	三碧	执	亢
十七	4	己巳	七赤	收	轸	4	己亥	四绿	满	亢	2	戊辰	二黑	破	氐
十八	5	庚午	六白	开	角	5	庚子	三碧	平	氐	3	己巳	一白	危	房
十九	6	辛未	五黄	闭	亢	6	辛丑	二黑	定	房	4	庚午	九紫	成	心
二十	7	壬申	四绿	闭	氐	7	壬寅	一白	执	心	5	辛未	八白	收	尾
廿一	8	癸酉	三碧	建	房	8	癸卯	九紫	执	尾	6	壬申	七赤	开	箕
廿二	9	甲戌	二黑	除	心	9	甲辰	八白	破	箕	7	癸酉	六白	开	斗
廿三	10	乙亥	一白	满	尾	10	乙巳	七赤	危	斗	8	甲戌	五黄	闭	牛
廿四	11	丙子	九紫	平	箕	11	丙午	六白	成	牛	9	乙亥	四绿	建	女
廿五	12	丁丑	八白	定	斗	12	丁未	五黄	收	女	10	丙子	三碧	除	虚
廿六	13	戊寅	七赤	执	牛	13	戊申	四绿	开	虚	11	丁丑	二黑	满	危
廿七	14	己卯	六白	破	女	14	己酉	三碧	闭	危	12	戊寅	一白	平	室
廿八	15	庚辰	五黄	危	虚	15	庚戌	二黑	建	室	13	己卯	九紫	定	壁
廿九	16	辛巳	四绿	成	危	16	辛亥	一白	除	壁	14	庚辰	八白	执	奎
三十	17	壬午	三碧	收	室						15	辛巳	七赤	破	娄

公元2058年　戊寅虎年（闰四月）　太岁曾光 九星五黄

月份	十月大	癸亥 二黑 坎卦 壁宿				十一月小	甲子 一白 艮卦 奎宿				十二月小	乙丑 九紫 坤卦 娄宿			
节气	小雪 11月22日 初七戊子 巳时 9时52分		大雪 12月7日 廿二癸卯 卯时 5时28分			冬至 12月21日 初六丁巳 夜子时 23时26分		小寒 1月5日 廿一壬申 申时 16时50分			大寒 1月20日 初七丁亥 巳时 10时08分		立春 2月4日 廿二壬寅 寅时 4时25分		
农历	公历	干支	九星	日建	星宿	公历	干支	九星	日建	星宿	公历	干支	九星	日建	星宿
初一	16	壬午	六白	危	胃	16	壬子	三碧	建	毕	14	辛巳	九紫	定	觜
初二	17	癸未	五黄	成	昴	17	癸丑	二黑	除	觜	15	壬午	一白	执	参
初三	18	甲申	四绿	收	毕	18	甲寅	一白	满	参	16	癸未	二黑	破	井
初四	19	乙酉	三碧	开	觜	19	乙卯	九紫	平	井	17	甲申	三碧	危	鬼
初五	20	丙戌	二黑	闭	参	20	丙辰	八白	定	鬼	18	乙酉	四绿	成	柳
初六	21	丁亥	一白	建	井	21	丁巳	九紫	执	柳	19	丙戌	五黄	收	星
初七	22	戊子	九紫	除	鬼	22	戊午	一白	破	星	20	丁亥	六白	开	张
初八	23	己丑	八白	满	柳	23	己未	二黑	危	张	21	戊子	七赤	闭	翼
初九	24	庚寅	七赤	平	星	24	庚申	三碧	成	翼	22	己丑	八白	建	轸
初十	25	辛卯	六白	定	张	25	辛酉	四绿	收	轸	23	庚寅	九紫	除	角
十一	26	壬辰	五黄	执	翼	26	壬戌	五黄	开	角	24	辛卯	一白	满	亢
十二	27	癸巳	四绿	破	轸	27	癸亥	六白	闭	亢	25	壬辰	二黑	平	氐
十三	28	甲午	三碧	危	角	28	甲子	一白	建	氐	26	癸巳	三碧	定	房
十四	29	乙未	二黑	成	亢	29	乙丑	二黑	除	房	27	甲午	四绿	执	心
十五	30	丙申	一白	收	氐	30	丙寅	三碧	满	心	28	乙未	五黄	破	尾
十六	12月	丁酉	九紫	开	房	31	丁卯	四绿	平	尾	29	丙申	六白	危	箕
十七	2	戊戌	八白	闭	心	1月	戊辰	五黄	定	箕	30	丁酉	七赤	成	斗
十八	3	己亥	七赤	建	尾	2	己巳	六白	执	斗	31	戊戌	八白	收	牛
十九	4	庚子	六白	除	箕	3	庚午	七赤	破	牛	2月	己亥	九紫	开	女
二十	5	辛丑	五黄	满	斗	4	辛未	八白	危	女	2	庚子	一白	闭	虚
廿一	6	壬寅	四绿	平	牛	5	壬申	九紫	危	虚	3	辛丑	二黑	建	危
廿二	7	癸卯	三碧	平	女	6	癸酉	一白	成	危	4	壬寅	三碧	建	室
廿三	8	甲辰	二黑	定	虚	7	甲戌	二黑	收	室	5	癸卯	四绿	除	壁
廿四	9	乙巳	一白	执	危	8	乙亥	三碧	开	壁	6	甲辰	五黄	满	奎
廿五	10	丙午	九紫	破	室	9	丙子	四绿	闭	奎	7	乙巳	六白	平	娄
廿六	11	丁未	八白	危	壁	10	丁丑	五黄	建	娄	8	丙午	七赤	定	胃
廿七	12	戊申	七赤	成	奎	11	戊寅	六白	除	胃	9	丁未	八白	执	昴
廿八	13	己酉	六白	收	娄	12	己卯	七赤	满	昴	10	戊申	九紫	破	毕
廿九	14	庚戌	五黄	开	胃	13	庚辰	八白	平	毕	11	己酉	一白	危	觜
三十	15	辛亥	四绿	闭	昴										

公元2059年　己卯兔年　太岁伍仲　九星四绿

月份	正月大 丙寅 八白 坎卦 胃宿					二月小 丁卯 七赤 艮卦 昴宿					三月大 戊辰 六白 坤卦 毕宿					四月小 己巳 五黄 乾卦 觜宿				
节气	雨水 2月19日 初八丁巳 早子时 0时06分		惊蛰 3月5日 廿二辛未 亥时 22时10分			春分 3月20日 初七丙戌 亥时 22时45分		清明 4月5日 廿三壬寅 丑时 2时33分			谷雨 4月20日 初九丁巳 巳时 9时21分		立夏 5月5日 廿四壬申 戌时 19时25分			小满 5月21日 初十戊子 辰时 8时05分		芒种 6月5日 廿五癸卯 子时 23时13分		
农历	公历	干支	九星	日建	星宿	公历	干支	九星	日建	星宿	公历	干支	九星	日建	星宿	公历	干支	九星	日建	星宿
初一	12	庚戌	二黑	成	参	14	庚辰	五黄	除	鬼	12	己酉	七赤	执	柳	12	己卯	一白	开	张
初二	13	辛亥	三碧	收	井	15	辛巳	六白	满	柳	13	庚戌	八白	破	星	13	庚辰	二黑	闭	翼
初三	14	壬子	四绿	开	鬼	16	壬午	七赤	平	星	14	辛亥	九紫	危	张	14	辛巳	三碧	建	轸
初四	15	癸丑	五黄	闭	柳	17	癸未	八白	定	张	15	壬子	一白	成	翼	15	壬午	四绿	除	角
初五	16	甲寅	六白	建	星	18	甲申	九紫	执	翼	16	癸丑	二黑	收	轸	16	癸未	五黄	满	亢
初六	17	乙卯	七赤	除	张	19	乙酉	一白	破	轸	17	甲寅	三碧	开	角	17	甲申	六白	平	氐
初七	18	丙辰	八白	满	翼	20	丙戌	二黑	危	角	18	乙卯	四绿	闭	亢	18	乙酉	七赤	定	房
初八	19	丁巳	六白	平	轸	21	丁亥	三碧	成	亢	19	丙辰	五黄	建	氐	19	丙戌	八白	执	心
初九	20	戊午	七赤	定	角	22	戊子	四绿	收	氐	20	丁巳	三碧	除	房	20	丁亥	九紫	破	尾
初十	21	己未	八白	执	亢	23	己丑	五黄	开	房	21	戊午	四绿	满	心	21	戊子	一白	危	箕
十一	22	庚申	九紫	破	氐	24	庚寅	六白	闭	心	22	己未	五黄	平	尾	22	己丑	二黑	成	斗
十二	23	辛酉	一白	危	房	25	辛卯	七赤	建	尾	23	庚申	六白	定	箕	23	庚寅	三碧	收	牛
十三	24	壬戌	二黑	成	心	26	壬辰	八白	除	箕	24	辛酉	七赤	执	斗	24	辛卯	四绿	开	女
十四	25	癸亥	三碧	收	尾	27	癸巳	九紫	满	斗	25	壬戌	八白	破	牛	25	壬辰	五黄	闭	虚
十五	26	甲子	七赤	开	箕	28	甲午	一白	平	牛	26	癸亥	九紫	危	女	26	癸巳	六白	建	危
十六	27	乙丑	八白	闭	斗	29	乙未	二黑	定	女	27	甲子	四绿	成	虚	27	甲午	七赤	除	室
十七	28	丙寅	九紫	建	牛	30	丙申	三碧	执	虚	28	乙丑	五黄	收	危	28	乙未	八白	满	壁
十八	3月	丁卯	一白	除	女	31	丁酉	四绿	破	危	29	丙寅	六白	开	室	29	丙申	九紫	平	奎
十九	2	戊辰	二黑	满	虚	4月	戊戌	五黄	危	室	30	丁卯	七赤	闭	壁	30	丁酉	一白	定	娄
二十	3	己巳	三碧	平	危	2	己亥	六白	成	壁	5月	戊辰	八白	建	奎	31	戊戌	二黑	执	胃
廿一	4	庚午	四绿	定	室	3	庚子	七赤	收	奎	2	己巳	九紫	除	娄	6月	己亥	三碧	破	昴
廿二	5	辛未	五黄	定	壁	4	辛丑	八白	开	娄	3	庚午	一白	满	胃	2	庚子	四绿	危	毕
廿三	6	壬申	六白	执	奎	5	壬寅	九紫	开	胃	4	辛未	二黑	平	昴	3	辛丑	五黄	成	觜
廿四	7	癸酉	七赤	破	娄	6	癸卯	一白	闭	昴	5	壬申	三碧	平	毕	4	壬寅	六白	收	参
廿五	8	甲戌	八白	危	胃	7	甲辰	二黑	建	毕	6	癸酉	四绿	定	觜	5	癸卯	七赤	收	井
廿六	9	乙亥	九紫	成	昴	8	乙巳	三碧	除	觜	7	甲戌	五黄	执	参	6	甲辰	八白	开	鬼
廿七	10	丙子	一白	收	毕	9	丙午	四绿	满	参	8	乙亥	六白	破	井	7	乙巳	九紫	闭	柳
廿八	11	丁丑	二黑	开	觜	10	丁未	五黄	平	井	9	丙子	七赤	危	鬼	8	丙午	一白	建	星
廿九	12	戊寅	三碧	闭	参	11	戊申	六白	定	鬼	10	丁丑	八白	成	柳	9	丁未	二黑	除	张
三十	13	己卯	四绿	建	井						11	戊寅	九紫	收	星					

公元2059年　己卯兔年　太岁伍仲　九星四绿

月份	五月大	庚午 四绿 兑卦 参宿				六月小	辛未 三碧 离卦 井宿				七月大	壬申 二黑 震卦 鬼宿				八月小	癸酉 一白 巽卦 柳宿			
节气	夏至 6月21日 十二己未 申时 15时48分		小暑 7月7日 廿八乙亥 巳时 9时20分			大暑 7月23日 十四辛卯 丑时 2时42分		立秋 8月7日 廿九丙午 戌时 19时14分			处暑 8月23日 十六壬戌 巳时 10时01分					白露 9月7日 初一丁丑 亥时 22时28分		秋分 9月23日 十七癸巳 辰时 8时04分		
农历	公历	干支	九星	日建	星宿	公历	干支	九星	日建	星宿	公历	干支	九星	日建	星宿	公历	干支	九星	日建	星宿
初一	10	戊申	三碧	满	翼	10	戊寅	四绿	危	角	8	丁未	二黑	闭	亢	7	丁丑	八白	定	房
初二	11	己酉	四绿	平	轸	11	己卯	三碧	成	亢	9	戊申	一白	建	氐	8	戊寅	七赤	执	心
初三	12	庚戌	五黄	定	角	12	庚辰	二黑	收	氐	10	己酉	九紫	除	房	9	己卯	六白	破	尾
初四	13	辛亥	六白	执	亢	13	辛巳	一白	开	房	11	庚戌	八白	满	心	10	庚辰	五黄	危	箕
初五	14	壬子	七赤	破	氐	14	壬午	九紫	闭	心	12	辛亥	七赤	平	尾	11	辛巳	四绿	成	斗
初六	15	癸丑	八白	危	房	15	癸未	八白	建	尾	13	壬子	六白	定	箕	12	壬午	三碧	收	牛
初七	16	甲寅	九紫	成	心	16	甲申	七赤	除	箕	14	癸丑	五黄	执	斗	13	癸未	二黑	开	女
初八	17	乙卯	一白	收	尾	17	乙酉	六白	满	斗	15	甲寅	四绿	破	牛	14	甲申	一白	闭	虚
初九	18	丙辰	二黑	开	箕	18	丙戌	五黄	平	牛	16	乙卯	三碧	危	女	15	乙酉	九紫	建	危
初十	19	丁巳	三碧	闭	斗	19	丁亥	四绿	定	女	17	丙辰	二黑	成	虚	16	丙戌	八白	除	室
十一	20	戊午	四绿	建	牛	20	戊子	三碧	执	虚	18	丁巳	一白	收	危	17	丁亥	七赤	满	壁
十二	21	己未	八白	除	女	21	己丑	二黑	破	危	19	戊午	九紫	开	室	18	戊子	六白	平	奎
十三	22	庚申	七赤	满	虚	22	庚寅	一白	危	室	20	己未	八白	闭	壁	19	己丑	五黄	定	娄
十四	23	辛酉	六白	平	危	23	辛卯	九紫	成	壁	21	庚申	七赤	建	奎	20	庚寅	四绿	执	胃
十五	24	壬戌	五黄	定	室	24	壬辰	八白	收	奎	22	辛酉	六白	除	娄	21	辛卯	三碧	破	昴
十六	25	癸亥	四绿	执	壁	25	癸巳	七赤	开	娄	23	壬戌	八白	满	胃	22	壬辰	二黑	危	毕
十七	26	甲子	九紫	破	奎	26	甲午	六白	闭	胃	24	癸亥	七赤	平	昴	23	癸巳	一白	成	觜
十八	27	乙丑	八白	危	娄	27	乙未	五黄	建	昴	25	甲子	三碧	定	毕	24	甲午	九紫	收	参
十九	28	丙寅	七赤	成	胃	28	丙申	四绿	除	毕	26	乙丑	二黑	执	觜	25	乙未	八白	开	井
二十	29	丁卯	六白	收	昴	29	丁酉	三碧	满	觜	27	丙寅	一白	破	参	26	丙申	七赤	闭	鬼
廿一	30	戊辰	五黄	开	毕	30	戊戌	二黑	平	参	28	丁卯	九紫	危	井	27	丁酉	六白	建	柳
廿二	7月	己巳	四绿	闭	觜	31	己亥	一白	定	井	29	戊辰	八白	成	鬼	28	戊戌	五黄	除	星
廿三	2	庚午	三碧	建	参	8月	庚子	九紫	执	鬼	30	己巳	七赤	收	柳	29	己亥	四绿	满	张
廿四	3	辛未	二黑	除	井	2	辛丑	八白	破	柳	31	庚午	六白	开	星	30	庚子	三碧	平	翼
廿五	4	壬申	一白	满	鬼	3	壬寅	七赤	危	星	9月	辛未	五黄	闭	张	10月	辛丑	二黑	定	轸
廿六	5	癸酉	九紫	平	柳	4	癸卯	六白	成	张	2	壬申	四绿	建	翼	2	壬寅	一白	执	角
廿七	6	甲戌	八白	定	星	5	甲辰	五黄	收	翼	3	癸酉	三碧	除	轸	3	癸卯	九紫	破	亢
廿八	7	乙亥	七赤	定	张	6	乙巳	四绿	开	轸	4	甲戌	二黑	满	角	4	甲辰	八白	危	氐
廿九	8	丙子	六白	执	翼	7	丙午	三碧	开	角	5	乙亥	一白	平	亢	5	乙巳	七赤	成	房
三十	9	丁丑	五黄	破	轸						6	丙子	九紫	定	氐					

公元2059年　己卯兔年　太岁伍仲　九星四绿

月份	九月大	甲戌 九紫 坎卦 星宿				十月大	乙亥 八白 艮卦 张宿				十一月大	丙子 七赤 坤卦 翼宿				十二月小	丁丑 六白 乾卦 轸宿			
节气	寒露 10月8日 初三戊申 未时 14时32分		霜降 10月23日 十八癸亥 酉时 17时52分			立冬 11月7日 初三戊寅 酉时 18时07分		小雪 11月22日 十八癸巳 申时 15时47分			大雪 12月7日 初三戊申 午时 11时15分		冬至 12月22日 十八癸亥 卯时 5时19分			小寒 1月5日 初二丁丑 亥时 22时35分		大寒 1月20日 十七壬辰 申时 15时59分		
农历	公历	干支	九星	日建	星宿	公历	干支	九星	日建	星宿	公历	干支	九星	日建	星宿	公历	干支	九星	日建	星宿
初一	6	丙午	六白	收	心	5	丙子	三碧	满	箕	5	丙午	九紫	危	牛	4	丙子	四绿	建	虚
初二	7	丁未	五黄	开	尾	6	丁丑	二黑	平	斗	6	丁未	八白	成	女	5	丁丑	五黄	建	危
初三	8	戊申	四绿	开	箕	7	戊寅	一白	平	牛	7	戊申	七赤	成	虚	6	戊寅	六白	除	室
初四	9	己酉	三碧	闭	斗	8	己卯	九紫	定	女	8	己酉	六白	收	危	7	己卯	七赤	满	壁
初五	10	庚戌	二黑	建	牛	9	庚辰	八白	执	虚	9	庚戌	五黄	开	室	8	庚辰	八白	平	奎
初六	11	辛亥	一白	除	女	10	辛巳	七赤	破	危	10	辛亥	四绿	闭	壁	9	辛巳	九紫	定	娄
初七	12	壬子	九紫	满	虚	11	壬午	六白	危	室	11	壬子	三碧	建	奎	10	壬午	一白	执	胃
初八	13	癸丑	八白	平	危	12	癸未	五黄	成	壁	12	癸丑	二黑	除	娄	11	癸未	二黑	破	昴
初九	14	甲寅	七赤	定	室	13	甲申	四绿	收	奎	13	甲寅	一白	满	胃	12	甲申	三碧	危	毕
初十	15	乙卯	六白	执	壁	14	乙酉	三碧	开	娄	14	乙卯	九紫	平	昴	13	乙酉	四绿	成	觜
十一	16	丙辰	五黄	破	奎	15	丙戌	二黑	闭	胃	15	丙辰	八白	定	毕	14	丙戌	五黄	收	参
十二	17	丁巳	四绿	危	娄	16	丁亥	一白	建	昴	16	丁巳	七赤	执	觜	15	丁亥	六白	开	井
十三	18	戊午	三碧	成	胃	17	戊子	九紫	除	毕	17	戊午	六白	破	参	16	戊子	七赤	闭	鬼
十四	19	己未	二黑	收	昴	18	己丑	八白	满	觜	18	己未	五黄	危	井	17	己丑	八白	建	柳
十五	20	庚申	一白	开	毕	19	庚寅	七赤	平	参	19	庚申	四绿	成	鬼	18	庚寅	九紫	除	星
十六	21	辛酉	九紫	闭	觜	20	辛卯	六白	定	井	20	辛酉	三碧	收	柳	19	辛卯	一白	满	张
十七	22	壬戌	八白	建	参	21	壬辰	五黄	执	鬼	21	壬戌	二黑	开	星	20	壬辰	二黑	平	翼
十八	23	癸亥	一白	除	井	22	癸巳	四绿	破	柳	22	癸亥	六白	闭	张	21	癸巳	三碧	定	轸
十九	24	甲子	六白	满	鬼	23	甲午	三碧	危	星	23	甲子	一白	建	翼	22	甲午	四绿	执	角
二十	25	乙丑	五黄	平	柳	24	乙未	二黑	成	张	24	乙丑	二黑	除	轸	23	乙未	五黄	破	亢
廿一	26	丙寅	四绿	定	星	25	丙申	一白	收	翼	25	丙寅	三碧	满	角	24	丙申	六白	危	氐
廿二	27	丁卯	三碧	执	张	26	丁酉	九紫	开	轸	26	丁卯	四绿	平	亢	25	丁酉	七赤	成	房
廿三	28	戊辰	二黑	破	翼	27	戊戌	八白	闭	角	27	戊辰	五黄	定	氐	26	戊戌	八白	收	心
廿四	29	己巳	一白	危	轸	28	己亥	七赤	建	亢	28	己巳	六白	执	房	27	己亥	九紫	开	尾
廿五	30	庚午	九紫	成	角	29	庚子	六白	除	氐	29	庚午	七赤	破	心	28	庚子	一白	闭	箕
廿六	31	辛未	八白	收	亢	30	辛丑	五黄	满	房	30	辛未	八白	危	尾	29	辛丑	二黑	建	斗
廿七	11月	壬申	七赤	开	氐	12月	壬寅	四绿	平	心	31	壬申	九紫	成	箕	30	壬寅	三碧	除	牛
廿八	2	癸酉	六白	闭	房	2	癸卯	三碧	定	尾	1月	癸酉	一白	收	斗	31	癸卯	四绿	满	女
廿九	3	甲戌	五黄	建	心	3	甲辰	二黑	执	箕	2	甲戌	二黑	开	牛	2月	甲辰	五黄	平	虚
三十	4	乙亥	四绿	除	尾	4	乙巳	一白	破	斗	3	乙亥	三碧	闭	女					

公元2060年 庚辰龙年 太岁童德 九星三碧

月份	正月大	戊寅 艮卦	五黄 角宿			二月小	己卯 坤卦	四绿 亢宿			三月小	庚辰 乾卦	三碧 氐宿			四月大	辛巳 兑卦	二黑 房宿		
节气	立春 2月4日 初三丁未 巳时 10时09分		雨水 2月19日 十八壬戌 卯时 5时58分			惊蛰 3月5日 初三丁丑 寅时 3时55分		春分 3月20日 十八壬辰 寅时 4时40分			清明 4月4日 初四丁未 辰时 8时21分		谷雨 4月19日 十九壬戌 申时 15时19分			立夏 5月5日 初六戊寅 丑时 1时14分		小满 5月20日 廿一癸巳 未时 14时05分		
农历	公历	干支	九星	日建	星宿	公历	干支	九星	日建	星宿	公历	干支	九星	日建	星宿	公历	干支	九星	日建	星宿
初一	2	乙巳	六白	定	危	3	乙亥	九紫	收	壁	4月	甲辰	二黑	除	奎	30	癸酉	四绿	执	娄
初二	3	丙午	七赤	执	室	4	丙子	一白	开	奎	2	乙巳	三碧	满	娄	5月	甲戌	五黄	破	胃
初三	4	丁未	八白	执	壁	5	丁丑	二黑	开	娄	3	丙午	四绿	平	胃	2	乙亥	六白	危	昴
初四	5	戊申	九紫	破	奎	6	戊寅	三碧	闭	胃	4	丁未	五黄	平	昴	3	丙子	七赤	成	毕
初五	6	己酉	一白	危	娄	7	己卯	四绿	建	昴	5	戊申	六白	定	毕	4	丁丑	八白	收	觜
初六	7	庚戌	二黑	成	胃	8	庚辰	五黄	除	毕	6	己酉	七赤	执	觜	5	戊寅	九紫	收	参
初七	8	辛亥	三碧	收	昴	9	辛巳	六白	满	觜	7	庚戌	八白	破	参	6	己卯	一白	开	井
初八	9	壬子	四绿	开	毕	10	壬午	七赤	平	参	8	辛亥	九紫	危	井	7	庚辰	二黑	闭	鬼
初九	10	癸丑	五黄	闭	觜	11	癸未	八白	定	井	9	壬子	一白	成	鬼	8	辛巳	三碧	建	柳
初十	11	甲寅	六白	建	参	12	甲申	九紫	执	鬼	10	癸丑	二黑	收	柳	9	壬午	四绿	除	星
十一	12	乙卯	七赤	除	井	13	乙酉	一白	破	柳	11	甲寅	三碧	开	星	10	癸未	五黄	满	张
十二	13	丙辰	八白	满	鬼	14	丙戌	二黑	危	星	12	乙卯	四绿	闭	张	11	甲申	六白	平	翼
十三	14	丁巳	九紫	平	柳	15	丁亥	三碧	成	张	13	丙辰	五黄	建	翼	12	乙酉	七赤	定	轸
十四	15	戊午	一白	定	星	16	戊子	四绿	收	翼	14	丁巳	六白	除	轸	13	丙戌	八白	执	角
十五	16	己未	二黑	执	张	17	己丑	五黄	开	轸	15	戊午	七赤	满	角	14	丁亥	九紫	破	亢
十六	17	庚申	三碧	破	翼	18	庚寅	六白	闭	角	16	己未	八白	平	亢	15	戊子	一白	危	氐
十七	18	辛酉	四绿	危	轸	19	辛卯	七赤	建	亢	17	庚申	九紫	定	氐	16	己丑	二黑	成	房
十八	19	壬戌	二黑	成	角	20	壬辰	八白	除	氐	18	辛酉	一白	执	房	17	庚寅	三碧	收	心
十九	20	癸亥	三碧	收	亢	21	癸巳	九紫	满	房	19	壬戌	八白	破	心	18	辛卯	四绿	开	尾
二十	21	甲子	七赤	开	氐	22	甲午	一白	平	心	20	癸亥	九紫	危	尾	19	壬辰	五黄	闭	箕
廿一	22	乙丑	八白	闭	房	23	乙未	二黑	定	尾	21	甲子	四绿	成	箕	20	癸巳	六白	建	斗
廿二	23	丙寅	九紫	建	心	24	丙申	三碧	执	箕	22	乙丑	五黄	收	斗	21	甲午	七赤	除	牛
廿三	24	丁卯	一白	除	尾	25	丁酉	四绿	破	斗	23	丙寅	六白	开	牛	22	乙未	八白	满	女
廿四	25	戊辰	二黑	满	箕	26	戊戌	五黄	危	牛	24	丁卯	七赤	闭	女	23	丙申	九紫	平	虚
廿五	26	己巳	三碧	平	斗	27	己亥	六白	成	女	25	戊辰	八白	建	虚	24	丁酉	一白	定	危
廿六	27	庚午	四绿	定	牛	28	庚子	七赤	收	虚	26	己巳	九紫	除	危	25	戊戌	二黑	执	室
廿七	28	辛未	五黄	执	女	29	辛丑	八白	开	危	27	庚午	一白	满	室	26	己亥	三碧	破	壁
廿八	29	壬申	六白	破	虚	30	壬寅	九紫	闭	室	28	辛未	二黑	平	壁	27	庚子	四绿	危	奎
廿九	3月	癸酉	七赤	危	危	31	癸卯	一白	建	壁	29	壬申	三碧	定	奎	28	辛丑	五黄	成	娄
三十	2	甲戌	八白	成	室											29	壬寅	六白	收	胃

公元2060年 庚辰龙年 太岁童德 九星三碧

月份	五月小	壬午 一白 离卦 心宿				六月小	癸未 九紫 震卦 尾宿				七月大	甲申 八白 巽卦 箕宿				八月小	乙酉 七赤 坎卦 斗宿			
节气	芒种 6月5日 初七己酉 卯时 5时03分		夏至 6月20日 廿二甲子 亥时 21时47分			小暑 7月6日 初九庚辰 申时 15时08分		大暑 7月22日 廿五丙申 辰时 8时37分			立秋 8月7日 十二壬子 丑时 1时00分		处暑 8月22日 廿七丁卯 申时 15时51分			白露 9月7日 十三癸未 寅时 4时12分		秋分 9月22日 廿八戊戌 未时 13时50分		
农历	公历	干支	九星	日建	星宿	公历	干支	九星	日建	星宿	公历	干支	九星	日建	星宿	公历	干支	九星	日建	星宿
初一	30	癸卯	七赤	开	昴	28	壬申	一白	满	毕	27	辛丑	八白	破	觜	26	辛未	五黄	闭	井
初二	31	甲辰	八白	闭	毕	29	癸酉	九紫	平	觜	28	壬寅	七赤	危	参	27	壬申	四绿	建	鬼
初三	6月	乙巳	九紫	建	觜	30	甲戌	八白	定	参	29	癸卯	六白	成	井	28	癸酉	三碧	除	柳
初四	2	丙午	一白	除	参	7月	乙亥	七赤	执	井	30	甲辰	五黄	收	鬼	29	甲戌	二黑	满	星
初五	3	丁未	二黑	满	井	2	丙子	六白	破	鬼	31	乙巳	四绿	开	柳	30	乙亥	一白	平	张
初六	4	戊申	三碧	平	鬼	3	丁丑	五黄	危	柳	8月	丙午	三碧	闭	星	31	丙子	九紫	定	翼
初七	5	己酉	四绿	平	柳	4	戊寅	四绿	成	星	2	丁未	二黑	建	张	9月	丁丑	八白	执	轸
初八	6	庚戌	五黄	定	星	5	己卯	三碧	收	张	3	戊申	一白	除	翼	2	戊寅	七赤	破	角
初九	7	辛亥	六白	执	张	6	庚辰	二黑	收	翼	4	己酉	九紫	满	轸	3	己卯	六白	危	亢
初十	8	壬子	七赤	破	翼	7	辛巳	一白	开	轸	5	庚戌	八白	平	角	4	庚辰	五黄	成	氐
十一	9	癸丑	八白	危	轸	8	壬午	九紫	闭	角	6	辛亥	七赤	定	亢	5	辛巳	四绿	收	房
十二	10	甲寅	九紫	成	角	9	癸未	八白	建	亢	7	壬子	六白	定	氐	6	壬午	三碧	开	心
十三	11	乙卯	一白	收	亢	10	甲申	七赤	除	氐	8	癸丑	五黄	执	房	7	癸未	二黑	开	尾
十四	12	丙辰	二黑	开	氐	11	乙酉	六白	满	房	9	甲寅	四绿	破	心	8	甲申	一白	闭	箕
十五	13	丁巳	三碧	闭	房	12	丙戌	五黄	平	心	10	乙卯	三碧	危	尾	9	乙酉	九紫	建	斗
十六	14	戊午	四绿	建	心	13	丁亥	四绿	定	尾	11	丙辰	二黑	成	箕	10	丙戌	八白	除	牛
十七	15	己未	五黄	除	尾	14	戊子	三碧	执	箕	12	丁巳	一白	收	斗	11	丁亥	七赤	满	女
十八	16	庚申	六白	满	箕	15	己丑	二黑	破	斗	13	戊午	九紫	开	牛	12	戊子	六白	平	虚
十九	17	辛酉	七赤	平	斗	16	庚寅	一白	危	牛	14	己未	八白	闭	女	13	己丑	五黄	定	危
二十	18	壬戌	八白	定	牛	17	辛卯	九紫	成	女	15	庚申	七赤	建	虚	14	庚寅	四绿	执	室
廿一	19	癸亥	九紫	执	女	18	壬辰	八白	收	虚	16	辛酉	六白	除	危	15	辛卯	三碧	破	壁
廿二	20	甲子	九紫	破	虚	19	癸巳	七赤	开	危	17	壬戌	五黄	满	室	16	壬辰	二黑	危	奎
廿三	21	乙丑	八白	危	危	20	甲午	六白	闭	室	18	癸亥	四绿	平	壁	17	癸巳	一白	成	娄
廿四	22	丙寅	七赤	成	室	21	乙未	五黄	建	壁	19	甲子	九紫	定	奎	18	甲午	九紫	收	胃
廿五	23	丁卯	六白	收	壁	22	丙申	四绿	除	奎	20	乙丑	八白	执	娄	19	乙未	八白	开	昴
廿六	24	戊辰	五黄	开	奎	23	丁酉	三碧	满	娄	21	丙寅	七赤	破	胃	20	丙申	七赤	闭	毕
廿七	25	己巳	四绿	闭	娄	24	戊戌	二黑	平	胃	22	丁卯	九紫	危	昴	21	丁酉	六白	建	觜
廿八	26	庚午	三碧	建	胃	25	己亥	一白	定	昴	23	戊辰	八白	成	毕	22	戊戌	五黄	除	参
廿九	27	辛未	二黑	除	昴	26	庚子	九紫	执	毕	24	己巳	七赤	收	觜	23	己亥	四绿	满	井
三十											25	庚午	六白	开	参					

公元2060年 庚辰龙年 太岁童德 九星三碧

月份	九月大 丙戌 六白 艮卦 牛宿					十月大 丁亥 五黄 坤卦 女宿					十一月大 戊子 四绿 乾卦 虚宿					十二月小 己丑 三碧 兑卦 危宿				
节气	寒露 10月7日 十四癸丑 戌时 20时15分		霜降 10月22日 廿九戊辰 夜子时 23时35分			立冬 11月6日 十四癸未 夜子时 23时50分		小雪 11月21日 廿九戊戌 亥时 21时30分			大雪 12月6日 十四癸丑 申时 16时59分		冬至 12月21日 廿九戊辰 午时 11时03分			小寒 1月5日 十四癸未 寅时 4时20分		大寒 1月19日 廿八丁酉 亥时 21时44分		
农历	公历	干支	九星	日建	星宿	公历	干支	九星	日建	星宿	公历	干支	九星	日建	星宿	公历	干支	九星	日建	星宿
初一	24	庚子	三碧	平	鬼	24	庚午	九紫	成	星	23	庚子	六白	除	翼	23	庚午	七赤	破	角
初二	25	辛丑	二黑	定	柳	25	辛未	八白	收	张	24	辛丑	五黄	满	轸	24	辛未	八白	危	亢
初三	26	壬寅	一白	执	星	26	壬申	七赤	开	翼	25	壬寅	四绿	平	角	25	壬申	九紫	成	氐
初四	27	癸卯	九紫	破	张	27	癸酉	六白	闭	轸	26	癸卯	三碧	定	亢	26	癸酉	一白	收	房
初五	28	甲辰	八白	危	翼	28	甲戌	五黄	建	角	27	甲辰	二黑	执	氐	27	甲戌	二黑	开	心
初六	29	乙巳	七赤	成	轸	29	乙亥	四绿	除	亢	28	乙巳	一白	破	房	28	乙亥	三碧	闭	尾
初七	30	丙午	六白	收	角	30	丙子	三碧	满	氐	29	丙午	九紫	危	心	29	丙子	四绿	建	箕
初八	10月	丁未	五黄	开	亢	31	丁丑	二黑	平	房	30	丁未	八白	成	尾	30	丁丑	五黄	除	斗
初九	2	戊申	四绿	闭	氐	11月	戊寅	一白	定	心	12月	戊申	七赤	收	箕	31	戊寅	六白	满	牛
初十	3	己酉	三碧	建	房	2	己卯	九紫	执	尾	2	己酉	六白	开	斗	1月	己卯	七赤	平	女
十一	4	庚戌	二黑	除	心	3	庚辰	八白	破	箕	3	庚戌	五黄	闭	牛	2	庚辰	八白	定	虚
十二	5	辛亥	一白	满	尾	4	辛巳	七赤	危	斗	4	辛亥	四绿	建	女	3	辛巳	九紫	执	危
十三	6	壬子	九紫	平	箕	5	壬午	六白	成	牛	5	壬子	三碧	除	虚	4	壬午	一白	破	室
十四	7	癸丑	八白	平	斗	6	癸未	五黄	成	女	6	癸丑	二黑	除	危	5	癸未	二黑	破	壁
十五	8	甲寅	七赤	定	牛	7	甲申	四绿	收	虚	7	甲寅	一白	满	室	6	甲申	三碧	危	奎
十六	9	乙卯	六白	执	女	8	乙酉	三碧	开	危	8	乙卯	九紫	平	壁	7	乙酉	四绿	成	娄
十七	10	丙辰	五黄	破	虚	9	丙戌	二黑	闭	室	9	丙辰	八白	定	奎	8	丙戌	五黄	收	胃
十八	11	丁巳	四绿	危	危	10	丁亥	一白	建	壁	10	丁巳	七赤	执	娄	9	丁亥	六白	开	昴
十九	12	戊午	三碧	成	室	11	戊子	九紫	除	奎	11	戊午	六白	破	胃	10	戊子	七赤	闭	毕
二十	13	己未	二黑	收	壁	12	己丑	八白	满	娄	12	己未	五黄	危	昴	11	己丑	八白	建	觜
廿一	14	庚申	一白	开	奎	13	庚寅	七赤	平	胃	13	庚申	四绿	成	毕	12	庚寅	九紫	除	参
廿二	15	辛酉	九紫	闭	娄	14	辛卯	六白	定	昴	14	辛酉	三碧	收	觜	13	辛卯	一白	满	井
廿三	16	壬戌	八白	建	胃	15	壬辰	五黄	执	毕	15	壬戌	二黑	开	参	14	壬辰	二黑	平	鬼
廿四	17	癸亥	七赤	除	昴	16	癸巳	四绿	破	觜	16	癸亥	一白	闭	井	15	癸巳	三碧	定	柳
廿五	18	甲子	三碧	满	毕	17	甲午	三碧	危	参	17	甲子	六白	建	鬼	16	甲午	四绿	执	星
廿六	19	乙丑	二黑	平	觜	18	乙未	二黑	成	井	18	乙丑	五黄	除	柳	17	乙未	五黄	破	张
廿七	20	丙寅	一白	定	参	19	丙申	一白	收	鬼	19	丙寅	四绿	满	星	18	丙申	六白	危	翼
廿八	21	丁卯	九紫	执	井	20	丁酉	九紫	开	柳	20	丁卯	三碧	平	张	19	丁酉	七赤	成	轸
廿九	22	戊辰	二黑	破	鬼	21	戊戌	八白	闭	星	21	戊辰	五黄	定	翼	20	戊戌	八白	收	角
三十	23	己巳	一白	危	柳	22	己亥	七赤	建	张	22	己巳	六白	执	轸					

公元2061年　辛巳蛇年（闰三月）　太岁郑祖 九星二黑

月份	正月大	庚寅 二黑 坤卦 室宿				二月大	辛卯 一白 乾卦 壁宿				三月小	壬辰 九紫 兑卦 奎宿				闰三月小				
节气	立春 2月3日 十四壬子 申时 15时52分		雨水 2月18日 廿九丁卯 午时 11时42分			惊蛰 3月5日 十四壬午 巳时 9时40分		春分 3月20日 廿九丁酉 巳时 10时25分			清明 4月4日 十四壬子 未时 14时09分		谷雨 4月19日 廿九丁卯 戌时 21时05分			立夏 5月5日 十六癸未 辰时 7时05分				
农历	公历	干支	九星	日建	星宿	公历	干支	九星	日建	星宿	公历	干支	九星	日建	星宿	公历	干支	九星	日建	星宿
初一	21	己亥	九紫	开	亢	20	己巳	三碧	平	房	22	己亥	六白	成	尾	20	戊辰	八白	建	箕
初二	22	庚子	一白	闭	氐	21	庚午	四绿	定	心	23	庚子	七赤	收	箕	21	己巳	九紫	除	斗
初三	23	辛丑	二黑	建	房	22	辛未	五黄	执	尾	24	辛丑	八白	开	斗	22	庚午	一白	满	牛
初四	24	壬寅	三碧	除	心	23	壬申	六白	破	箕	25	壬寅	九紫	闭	牛	23	辛未	二黑	平	女
初五	25	癸卯	四绿	满	尾	24	癸酉	七赤	危	斗	26	癸卯	一白	建	女	24	壬申	三碧	定	虚
初六	26	甲辰	五黄	平	箕	25	甲戌	八白	成	牛	27	甲辰	二黑	除	虚	25	癸酉	四绿	执	危
初七	27	乙巳	六白	定	斗	26	乙亥	九紫	收	女	28	乙巳	三碧	满	危	26	甲戌	五黄	破	室
初八	28	丙午	七赤	执	牛	27	丙子	一白	开	虚	29	丙午	四绿	平	室	27	乙亥	六白	危	壁
初九	29	丁未	八白	破	女	28	丁丑	二黑	闭	危	30	丁未	五黄	定	壁	28	丙子	七赤	成	奎
初十	30	戊申	九紫	危	虚	3月	戊寅	三碧	建	室	31	戊申	六白	执	奎	29	丁丑	八白	收	娄
十一	31	己酉	一白	成	危	2	己卯	四绿	除	壁	4月	己酉	七赤	破	娄	30	戊寅	九紫	开	胃
十二	2月	庚戌	二黑	收	室	3	庚辰	五黄	满	奎	2	庚戌	八白	危	胃	5月	己卯	一白	闭	昴
十三	2	辛亥	三碧	开	壁	4	辛巳	六白	平	娄	3	辛亥	九紫	成	昴	2	庚辰	二黑	建	毕
十四	3	壬子	四绿	开	奎	5	壬午	七赤	平	胃	4	壬子	一白	成	毕	3	辛巳	三碧	除	觜
十五	4	癸丑	五黄	闭	娄	6	癸未	八白	定	昴	5	癸丑	二黑	收	觜	4	壬午	四绿	满	参
十六	5	甲寅	六白	建	胃	7	甲申	九紫	执	毕	6	甲寅	三碧	开	参	5	癸未	五黄	满	井
十七	6	乙卯	七赤	除	昴	8	乙酉	一白	破	觜	7	乙卯	四绿	闭	井	6	甲申	六白	平	鬼
十八	7	丙辰	八白	满	毕	9	丙戌	二黑	危	参	8	丙辰	五黄	建	鬼	7	乙酉	七赤	定	柳
十九	8	丁巳	九紫	平	觜	10	丁亥	三碧	成	井	9	丁巳	六白	除	柳	8	丙戌	八白	执	星
二十	9	戊午	一白	定	参	11	戊子	四绿	收	鬼	10	戊午	七赤	满	星	9	丁亥	九紫	破	张
廿一	10	己未	二黑	执	井	12	己丑	五黄	开	柳	11	己未	八白	平	张	10	戊子	一白	危	翼
廿二	11	庚申	三碧	破	鬼	13	庚寅	六白	闭	星	12	庚申	九紫	定	翼	11	己丑	二黑	成	轸
廿三	12	辛酉	四绿	危	柳	14	辛卯	七赤	建	张	13	辛酉	一白	执	轸	12	庚寅	三碧	收	角
廿四	13	壬戌	五黄	成	星	15	壬辰	八白	除	翼	14	壬戌	二黑	破	角	13	辛卯	四绿	开	亢
廿五	14	癸亥	六白	收	张	16	癸巳	九紫	满	轸	15	癸亥	三碧	危	亢	14	壬辰	五黄	闭	氐
廿六	15	甲子	一白	开	翼	17	甲午	一白	平	角	16	甲子	七赤	成	氐	15	癸巳	六白	建	房
廿七	16	乙丑	二黑	闭	轸	18	乙未	二黑	定	亢	17	乙丑	八白	收	房	16	甲午	七赤	除	心
廿八	17	丙寅	三碧	建	角	19	丙申	三碧	执	氐	18	丙寅	九紫	开	心	17	乙未	八白	满	尾
廿九	18	丁卯	一白	除	亢	20	丁酉	四绿	破	房	19	丁卯	七赤	闭	尾	18	丙申	九紫	平	箕
三十	19	戊辰	二黑	满	氐	21	戊戌	五黄	危	心										

公元2061年 辛巳蛇年（闰三月） 太岁郑祖 九星二黑

月份	四月大	癸巳 八白 离卦 娄宿				五月小	甲午 七赤 震卦 胃宿				六月小	乙未 六白 巽卦 昴宿			
节气	小满 5月20日 初二戊戌 戌时 19时51分		芒种 6月5日 十八甲寅 巳时 10时55分			夏至 6月21日 初四庚午 寅时 3时31分		小暑 7月6日 十九乙酉 亥时 21时01分			大暑 7月22日 初六辛丑 未时 14时19分		立秋 8月7日 廿二丁巳 卯时 6时52分		
农历	公历	干支	九星	日建	星宿	公历	干支	九星	日建	星宿	公历	干支	九星	日建	星宿
初一	19	丁酉	一白	定	斗	18	丁卯	七赤	收	女	17	丙申	四绿	除	虚
初二	20	戊戌	二黑	执	牛	19	戊辰	八白	开	虚	18	丁酉	三碧	满	危
初三	21	己亥	三碧	破	女	20	己巳	九紫	闭	危	19	戊戌	二黑	平	室
初四	22	庚子	四绿	危	虚	21	庚午	三碧	建	室	20	己亥	一白	定	壁
初五	23	辛丑	五黄	成	危	22	辛未	二黑	除	壁	21	庚子	九紫	执	奎
初六	24	壬寅	六白	收	室	23	壬申	一白	满	奎	22	辛丑	八白	破	娄
初七	25	癸卯	七赤	开	壁	24	癸酉	九紫	平	娄	23	壬寅	七赤	危	胃
初八	26	甲辰	八白	闭	奎	25	甲戌	八白	定	胃	24	癸卯	六白	成	昴
初九	27	乙巳	九紫	建	娄	26	乙亥	七赤	执	昴	25	甲辰	五黄	收	毕
初十	28	丙午	一白	除	胃	27	丙子	六白	破	毕	26	乙巳	四绿	开	觜
十一	29	丁未	二黑	满	昴	28	丁丑	五黄	危	觜	27	丙午	三碧	闭	参
十二	30	戊申	三碧	平	毕	29	戊寅	四绿	成	参	28	丁未	二黑	建	井
十三	31	己酉	四绿	定	觜	30	己卯	三碧	收	井	29	戊申	一白	除	鬼
十四	6月	庚戌	五黄	执	参	7月	庚辰	二黑	开	鬼	30	己酉	九紫	满	柳
十五	2	辛亥	六白	破	井	2	辛巳	一白	闭	柳	31	庚戌	八白	平	星
十六	3	壬子	七赤	危	鬼	3	壬午	九紫	建	星	8月	辛亥	七赤	定	张
十七	4	癸丑	八白	成	柳	4	癸未	八白	除	张	2	壬子	六白	执	翼
十八	5	甲寅	九紫	成	星	5	甲申	七赤	满	翼	3	癸丑	五黄	破	轸
十九	6	乙卯	一白	收	张	6	乙酉	六白	满	轸	4	甲寅	四绿	危	角
二十	7	丙辰	二黑	开	翼	7	丙戌	五黄	平	角	5	乙卯	三碧	成	亢
廿一	8	丁巳	三碧	闭	轸	8	丁亥	四绿	定	亢	6	丙辰	二黑	收	氐
廿二	9	戊午	四绿	建	角	9	戊子	三碧	执	氐	7	丁巳	一白	收	房
廿三	10	己未	五黄	除	亢	10	己丑	二黑	破	房	8	戊午	九紫	开	心
廿四	11	庚申	六白	满	氐	11	庚寅	一白	危	心	9	己未	八白	闭	尾
廿五	12	辛酉	七赤	平	房	12	辛卯	九紫	成	尾	10	庚申	七赤	建	箕
廿六	13	壬戌	八白	定	心	13	壬辰	八白	收	箕	11	辛酉	六白	除	斗
廿七	14	癸亥	九紫	执	尾	14	癸巳	七赤	开	斗	12	壬戌	五黄	满	牛
廿八	15	甲子	四绿	破	箕	15	甲午	六白	闭	牛	13	癸亥	四绿	平	女
廿九	16	乙丑	五黄	危	斗	16	乙未	五黄	建	女	14	甲子	九紫	定	虚
三十	17	丙寅	六白	成	牛										

公元2061年 辛巳蛇年（闰三月） 太岁郑祖 九星二黑

月份	七月大		丙申 五黄 坎卦 毕宿			八月小		丁酉 四绿 艮卦 觜宿			九月大		戊戌 三碧 坤卦 参宿		
节气	处暑 8月22日 初八壬申 亥时 21时32分			白露 9月7日 廿四戊子 巳时 10时01分		秋分 9月22日 初九癸卯 戌时 19时30分			寒露 10月8日 廿五己未 丑时 2时03分		霜降 10月23日 十一甲戌 卯时 5时16分			立冬 11月7日 廿六己丑 卯时 5时39分	
农历	公历	干支	九星	日建	星宿	公历	干支	九星	日建	星宿	公历	干支	九星	日建	星宿
初一	15	乙丑	八白	执	危	14	乙未	八白	开	壁	13	甲子	三碧	满	奎
初二	16	丙寅	七赤	破	室	15	丙申	七赤	闭	奎	14	乙丑	二黑	平	娄
初三	17	丁卯	六白	危	壁	16	丁酉	六白	建	娄	15	丙寅	一白	定	胃
初四	18	戊辰	五黄	成	奎	17	戊戌	五黄	除	胃	16	丁卯	九紫	执	昴
初五	19	己巳	四绿	收	娄	18	己亥	四绿	满	昴	17	戊辰	八白	破	毕
初六	20	庚午	三碧	开	胃	19	庚子	三碧	平	毕	18	己巳	七赤	危	觜
初七	21	辛未	二黑	闭	昴	20	辛丑	二黑	定	觜	19	庚午	六白	成	参
初八	22	壬申	四绿	建	毕	21	壬寅	一白	执	参	20	辛未	五黄	收	井
初九	23	癸酉	三碧	除	觜	22	癸卯	九紫	破	井	21	壬申	四绿	开	鬼
初十	24	甲戌	二黑	满	参	23	甲辰	八白	危	鬼	22	癸酉	三碧	闭	柳
十一	25	乙亥	一白	平	井	24	乙巳	七赤	成	柳	23	甲戌	五黄	建	星
十二	26	丙子	九紫	定	鬼	25	丙午	六白	收	星	24	乙亥	四绿	除	张
十三	27	丁丑	八白	执	柳	26	丁未	五黄	开	张	25	丙子	三碧	满	翼
十四	28	戊寅	七赤	破	星	27	戊申	四绿	闭	翼	26	丁丑	二黑	平	轸
十五	29	己卯	六白	危	张	28	己酉	三碧	建	轸	27	戊寅	一白	定	角
十六	30	庚辰	五黄	成	翼	29	庚戌	二黑	除	角	28	己卯	九紫	执	亢
十七	31	辛巳	四绿	收	轸	30	辛亥	一白	满	亢	29	庚辰	八白	破	氐
十八	9月	壬午	三碧	开	角	10月	壬子	九紫	平	氐	30	辛巳	七赤	危	房
十九	2	癸未	二黑	闭	亢	2	癸丑	八白	定	房	31	壬午	六白	成	心
二十	3	甲申	一白	建	氐	3	甲寅	七赤	执	心	11月	癸未	五黄	收	尾
廿一	4	乙酉	九紫	除	房	4	乙卯	六白	破	尾	2	甲申	四绿	开	箕
廿二	5	丙戌	八白	满	心	5	丙辰	五黄	危	箕	3	乙酉	三碧	闭	斗
廿三	6	丁亥	七赤	平	尾	6	丁巳	四绿	成	斗	4	丙戌	二黑	建	牛
廿四	7	戊子	六白	平	箕	7	戊午	三碧	收	牛	5	丁亥	一白	除	女
廿五	8	己丑	五黄	定	斗	8	己未	二黑	收	女	6	戊子	九紫	满	虚
廿六	9	庚寅	四绿	执	牛	9	庚申	一白	开	虚	7	己丑	八白	满	危
廿七	10	辛卯	三碧	破	女	10	辛酉	九紫	闭	危	8	庚寅	七赤	平	室
廿八	11	壬辰	二黑	危	虚	11	壬戌	八白	建	室	9	辛卯	六白	定	壁
廿九	12	癸巳	一白	成	危	12	癸亥	七赤	除	壁	10	壬辰	五黄	执	奎
三十	13	甲午	九紫	收	室						11	癸巳	四绿	破	娄

公元2061年 辛巳蛇年（闰三月） 太岁郑祖 九星二黑

月份	十月大	己亥 二黑 乾卦 井宿				十一月大	庚子 一白 兑卦 鬼宿				十二月小	辛丑 九紫 离卦 柳宿			
节气	小雪 11月22日 十一甲辰 寅时 3时13分		大雪 12月6日 廿五戊午 亥时 22时49分			冬至 12月21日 初十癸酉 申时 16时48分		小寒 1月5日 廿五戊子 巳时 10时11分			大寒 1月20日 初十癸卯 寅时 3时29分		立春 2月3日 廿四丁巳 亥时 21时46分		
农历	公历	干支	九星	日建	星宿	公历	干支	九星	日建	星宿	公历	干支	九星	日建	星宿
初一	12	甲午	三碧	危	胃	12	甲子	六白	建	毕	11	甲午	四绿	执	参
初二	13	乙未	二黑	成	昴	13	乙丑	五黄	除	觜	12	乙未	五黄	破	井
初三	14	丙申	一白	收	毕	14	丙寅	四绿	满	参	13	丙申	六白	危	鬼
初四	15	丁酉	九紫	开	觜	15	丁卯	三碧	平	井	14	丁酉	七赤	成	柳
初五	16	戊戌	八白	闭	参	16	戊辰	二黑	定	鬼	15	戊戌	八白	收	星
初六	17	己亥	七赤	建	井	17	己巳	一白	执	柳	16	己亥	九紫	开	张
初七	18	庚子	六白	除	鬼	18	庚午	九紫	破	星	17	庚子	一白	闭	翼
初八	19	辛丑	五黄	满	柳	19	辛未	八白	危	张	18	辛丑	二黑	建	轸
初九	20	壬寅	四绿	平	星	20	壬申	七赤	成	翼	19	壬寅	三碧	除	角
初十	21	癸卯	三碧	定	张	21	癸酉	一白	收	轸	20	癸卯	四绿	满	亢
十一	22	甲辰	二黑	执	翼	22	甲戌	二黑	开	角	21	甲辰	五黄	平	氐
十二	23	乙巳	一白	破	轸	23	乙亥	三碧	闭	亢	22	乙巳	六白	定	房
十三	24	丙午	九紫	危	角	24	丙子	四绿	建	氐	23	丙午	七赤	执	心
十四	25	丁未	八白	成	亢	25	丁丑	五黄	除	房	24	丁未	八白	破	尾
十五	26	戊申	七赤	收	氐	26	戊寅	六白	满	心	25	戊申	九紫	危	箕
十六	27	己酉	六白	开	房	27	己卯	七赤	平	尾	26	己酉	一白	成	斗
十七	28	庚戌	五黄	闭	心	28	庚辰	八白	定	箕	27	庚戌	二黑	收	牛
十八	29	辛亥	四绿	建	尾	29	辛巳	九紫	执	斗	28	辛亥	三碧	开	女
十九	30	壬子	三碧	除	箕	30	壬午	一白	破	牛	29	壬子	四绿	闭	虚
二十	12月	癸丑	二黑	满	斗	31	癸未	二黑	危	女	30	癸丑	五黄	建	危
廿一	2	甲寅	一白	平	牛	1月	甲申	三碧	成	虚	31	甲寅	六白	除	室
廿二	3	乙卯	九紫	定	女	2	乙酉	四绿	收	危	2月	乙卯	七赤	满	壁
廿三	4	丙辰	八白	执	虚	3	丙戌	五黄	开	室	2	丙辰	八白	平	奎
廿四	5	丁巳	七赤	破	危	4	丁亥	六白	闭	壁	3	丁巳	九紫	平	娄
廿五	6	戊午	六白	破	室	5	戊子	七赤	闭	奎	4	戊午	一白	定	胃
廿六	7	己未	五黄	危	壁	6	己丑	八白	建	娄	5	己未	二黑	执	昴
廿七	8	庚申	四绿	成	奎	7	庚寅	九紫	除	胃	6	庚申	三碧	破	毕
廿八	9	辛酉	三碧	收	娄	8	辛卯	一白	满	昴	7	辛酉	四绿	危	觜
廿九	10	壬戌	二黑	开	胃	9	壬辰	二黑	平	毕	8	壬戌	五黄	成	参
三十	11	癸亥	一白	闭	昴	10	癸巳	三碧	定	觜					

公元2062年 壬午马年 太岁路明 九星一白

月份	正月大 壬寅 八白 乾卦 星宿					二月大 癸卯 七赤 兑卦 张宿					三月小 甲辰 六白 离卦 翼宿					四月小 乙巳 五黄 震卦 轸宿				
节气	雨水 2月18日 初十壬申 酉时 17时27分		惊蛰 3月5日 廿五丁亥 申时 15时30分			春分 3月20日 初十壬寅 申时 16时06分		清明 4月4日 廿五丁巳 戌时 19时54分			谷雨 4月20日 十一癸酉 丑时 2时43分		立夏 5月5日 廿六戊子 午时 12时46分			小满 5月21日 十三甲辰 丑时 1时29分		芒种 6月5日 廿八己未 申时 16时34分		
农历	公历	干支	九星	日建	星宿	公历	干支	九星	日建	星宿	公历	干支	九星	日建	星宿	公历	干支	九星	日建	星宿
初一	9	癸亥	六白	收	井	11	癸巳	九紫	满	柳	10	癸亥	三碧	危	张	9	壬辰	五黄	闭	翼
初二	10	甲子	一白	开	鬼	12	甲午	一白	平	星	11	甲子	七赤	成	翼	10	癸巳	六白	建	轸
初三	11	乙丑	二黑	闭	柳	13	乙未	二黑	定	张	12	乙丑	八白	收	轸	11	甲午	七赤	除	角
初四	12	丙寅	三碧	建	星	14	丙申	三碧	执	翼	13	丙寅	九紫	开	角	12	乙未	八白	满	亢
初五	13	丁卯	四绿	除	张	15	丁酉	四绿	破	轸	14	丁卯	一白	闭	亢	13	丙申	九紫	平	氐
初六	14	戊辰	五黄	满	翼	16	戊戌	五黄	危	角	15	戊辰	二黑	建	氐	14	丁酉	一白	定	房
初七	15	己巳	六白	平	轸	17	己亥	六白	成	亢	16	己巳	三碧	除	房	15	戊戌	二黑	执	心
初八	16	庚午	七赤	定	角	18	庚子	七赤	收	氐	17	庚午	四绿	满	心	16	己亥	三碧	破	尾
初九	17	辛未	八白	执	亢	19	辛丑	八白	开	房	18	辛未	五黄	平	尾	17	庚子	四绿	危	箕
初十	18	壬申	六白	破	氐	20	壬寅	九紫	闭	心	19	壬申	六白	定	箕	18	辛丑	五黄	成	斗
十一	19	癸酉	七赤	危	房	21	癸卯	一白	建	尾	20	癸酉	四绿	执	斗	19	壬寅	六白	收	牛
十二	20	甲戌	八白	成	心	22	甲辰	二黑	除	箕	21	甲戌	五黄	破	牛	20	癸卯	七赤	开	女
十三	21	乙亥	九紫	收	尾	23	乙巳	三碧	满	斗	22	乙亥	六白	危	女	21	甲辰	八白	闭	虚
十四	22	丙子	一白	开	箕	24	丙午	四绿	平	牛	23	丙子	七赤	成	虚	22	乙巳	九紫	建	危
十五	23	丁丑	二黑	闭	斗	25	丁未	五黄	定	女	24	丁丑	八白	收	危	23	丙午	一白	除	室
十六	24	戊寅	三碧	建	牛	26	戊申	六白	执	虚	25	戊寅	九紫	开	室	24	丁未	二黑	满	壁
十七	25	己卯	四绿	除	女	27	己酉	七赤	破	危	26	己卯	一白	闭	壁	25	戊申	三碧	平	奎
十八	26	庚辰	五黄	满	虚	28	庚戌	八白	危	室	27	庚辰	二黑	建	奎	26	己酉	四绿	定	娄
十九	27	辛巳	六白	平	危	29	辛亥	九紫	成	壁	28	辛巳	三碧	除	娄	27	庚戌	五黄	执	胃
二十	28	壬午	七赤	定	室	30	壬子	一白	收	奎	29	壬午	四绿	满	胃	28	辛亥	六白	破	昴
廿一	3月	癸未	八白	执	壁	31	癸丑	二黑	开	娄	30	癸未	五黄	平	昴	29	壬子	七赤	危	毕
廿二	2	甲申	九紫	破	奎	4月	甲寅	三碧	闭	胃	5月	甲申	六白	定	毕	30	癸丑	八白	成	觜
廿三	3	乙酉	一白	危	娄	2	乙卯	四绿	建	昴	2	乙酉	七赤	执	觜	31	甲寅	九紫	收	参
廿四	4	丙戌	二黑	成	胃	3	丙辰	五黄	除	毕	3	丙戌	八白	破	参	6月	乙卯	一白	开	井
廿五	5	丁亥	三碧	成	昴	4	丁巳	六白	除	觜	4	丁亥	九紫	危	井	2	丙辰	二黑	闭	鬼
廿六	6	戊子	四绿	收	毕	5	戊午	七赤	满	参	5	戊子	一白	危	鬼	3	丁巳	三碧	建	柳
廿七	7	己丑	五黄	开	觜	6	己未	八白	平	井	6	己丑	二黑	成	柳	4	戊午	四绿	除	星
廿八	8	庚寅	六白	闭	参	7	庚申	九紫	定	鬼	7	庚寅	三碧	收	星	5	己未	五黄	除	张
廿九	9	辛卯	七赤	建	井	8	辛酉	一白	执	柳	8	辛卯	四绿	开	张	6	庚申	六白	满	翼
三十	10	壬辰	八白	除	鬼	9	壬戌	二黑	破	星										

公元2062年 壬午马年 太岁路明 九星一白

月份	五月大 丙午 四绿 巽卦 角宿					六月小 丁未 三碧 坎卦 亢宿					七月小 戊申 二黑 艮卦 氐宿					八月大 己酉 一白 坤卦 房宿				
节气	夏至 6月21日 十五乙亥 巳时 9时10分					小暑 7月7日 初一辛卯 丑时 2时37分		大暑 7月22日 十六丙午 戌时 20时01分			立秋 8月7日 初三壬戌 午时 12时28分		处暑 8月23日 十九戊寅 寅时 3时17分			白露 9月7日 初五癸巳 申时 15时39分		秋分 9月23日 廿一己酉 丑时 1时19分		
农历	公历	干支	九星	日建	星宿	公历	干支	九星	日建	星宿	公历	干支	九星	日建	星宿	公历	干支	九星	日建	星宿
初一	7	辛酉	七赤	平	轸	7	辛卯	九紫	成	亢	5	庚申	七赤	除	氐	3	己丑	五黄	执	房
初二	8	壬戌	八白	定	角	8	壬辰	八白	收	氐	6	辛酉	六白	满	房	4	庚寅	四绿	破	心
初三	9	癸亥	九紫	执	亢	9	癸巳	七赤	开	房	7	壬戌	五黄	满	心	5	辛卯	三碧	危	尾
初四	10	甲子	四绿	破	氐	10	甲午	六白	闭	心	8	癸亥	四绿	平	尾	6	壬辰	二黑	成	箕
初五	11	乙丑	五黄	危	房	11	乙未	五黄	建	尾	9	甲子	九紫	定	箕	7	癸巳	一白	成	斗
初六	12	丙寅	六白	成	心	12	丙申	四绿	除	箕	10	乙丑	八白	执	斗	8	甲午	九紫	收	牛
初七	13	丁卯	七赤	收	尾	13	丁酉	三碧	满	斗	11	丙寅	七赤	破	牛	9	乙未	八白	开	女
初八	14	戊辰	八白	开	箕	14	戊戌	二黑	平	牛	12	丁卯	六白	危	女	10	丙申	七赤	闭	虚
初九	15	己巳	九紫	闭	斗	15	己亥	一白	定	女	13	戊辰	五黄	成	虚	11	丁酉	六白	建	危
初十	16	庚午	一白	建	牛	16	庚子	九紫	执	虚	14	己巳	四绿	收	危	12	戊戌	五黄	除	室
十一	17	辛未	二黑	除	女	17	辛丑	八白	破	危	15	庚午	三碧	开	室	13	己亥	四绿	满	壁
十二	18	壬申	三碧	满	虚	18	壬寅	七赤	危	室	16	辛未	二黑	闭	壁	14	庚子	三碧	平	奎
十三	19	癸酉	四绿	平	危	19	癸卯	六白	成	壁	17	壬申	一白	建	奎	15	辛丑	二黑	定	娄
十四	20	甲戌	五黄	定	室	20	甲辰	五黄	收	奎	18	癸酉	九紫	除	娄	16	壬寅	一白	执	胃
十五	21	乙亥	七赤	执	壁	21	乙巳	四绿	开	娄	19	甲戌	八白	满	胃	17	癸卯	九紫	破	昴
十六	22	丙子	六白	破	奎	22	丙午	三碧	闭	胃	20	乙亥	七赤	平	昴	18	甲辰	八白	危	毕
十七	23	丁丑	五黄	危	娄	23	丁未	二黑	建	昴	21	丙子	六白	定	毕	19	乙巳	七赤	成	觜
十八	24	戊寅	四绿	成	胃	24	戊申	一白	除	毕	22	丁丑	五黄	执	觜	20	丙午	六白	收	参
十九	25	己卯	三碧	收	昴	25	己酉	九紫	满	觜	23	戊寅	七赤	破	参	21	丁未	五黄	开	井
二十	26	庚辰	二黑	开	毕	26	庚戌	八白	平	参	24	己卯	六白	危	井	22	戊申	四绿	闭	鬼
廿一	27	辛巳	一白	闭	觜	27	辛亥	七赤	定	井	25	庚辰	五黄	成	鬼	23	己酉	三碧	建	柳
廿二	28	壬午	九紫	建	参	28	壬子	六白	执	鬼	26	辛巳	四绿	收	柳	24	庚戌	二黑	除	星
廿三	29	癸未	八白	除	井	29	癸丑	五黄	破	柳	27	壬午	三碧	开	星	25	辛亥	一白	满	张
廿四	30	甲申	七赤	满	鬼	30	甲寅	四绿	危	星	28	癸未	二黑	闭	张	26	壬子	九紫	平	翼
廿五	7月	乙酉	六白	平	柳	31	乙卯	三碧	成	张	29	甲申	一白	建	翼	27	癸丑	八白	定	轸
廿六	2	丙戌	五黄	定	星	8月	丙辰	二黑	收	翼	30	乙酉	九紫	除	轸	28	甲寅	七赤	执	角
廿七	3	丁亥	四绿	执	张	2	丁巳	一白	开	轸	31	丙戌	八白	满	角	29	乙卯	六白	破	亢
廿八	4	戊子	三碧	破	翼	3	戊午	九紫	闭	角	9月	丁亥	七赤	平	亢	30	丙辰	五黄	危	氐
廿九	5	己丑	二黑	危	轸	4	己未	八白	建	亢	2	戊子	六白	定	氐	10月	丁巳	四绿	成	房
三十	6	庚寅	一白	成	角											2	戊午	三碧	收	心

公元2062年　壬午马年　太岁路明 九星一白

月份	九月小		庚戌 九紫 乾卦 心宿			十月大		辛亥 八白 兑卦 尾宿			十一月大		壬子 七赤 离卦 箕宿			十二月小		癸丑 六白 震卦 斗宿		
节气	寒露 10月8日 初六甲子 辰时 7时43分		霜降 10月23日 廿一己卯 午时 11时07分			立冬 11月7日 初七甲午 午时 11时21分		小雪 11月22日 廿二己酉 巳时 9时06分			大雪 12月7日 初七甲子 寅时 4时33分		冬至 12月21日 廿一戊寅 亥时 22时41分			小寒 1月5日 初六癸巳 申时 15时56分		大寒 1月20日 廿一戊申 巳时 9时23分		
农历	公历	干支	九星	日建	星宿	公历	干支	九星	日建	星宿	公历	干支	九星	日建	星宿	公历	干支	九星	日建	星宿
初一	3	己未	二黑	开	尾	11月	戊子	九紫	满	箕	12月	戊午	六白	危	牛	31	戊子	七赤	建	虚
初二	4	庚申	一白	闭	箕	2	己丑	八白	平	斗	2	己未	五黄	成	女	1月	己丑	八白	除	危
初三	5	辛酉	九紫	建	斗	3	庚寅	七赤	定	牛	3	庚申	四绿	收	虚	2	庚寅	九紫	满	室
初四	6	壬戌	八白	除	牛	4	辛卯	六白	执	女	4	辛酉	三碧	开	危	3	辛卯	一白	平	壁
初五	7	癸亥	七赤	满	女	5	壬辰	五黄	破	虚	5	壬戌	二黑	闭	室	4	壬辰	二黑	定	奎
初六	8	甲子	三碧	满	虚	6	癸巳	四绿	危	危	6	癸亥	一白	建	壁	5	癸巳	三碧	定	娄
初七	9	乙丑	二黑	平	危	7	甲午	三碧	危	室	7	甲子	六白	建	奎	6	甲午	四绿	执	胃
初八	10	丙寅	一白	定	室	8	乙未	二黑	成	壁	8	乙丑	五黄	除	娄	7	乙未	五黄	破	昴
初九	11	丁卯	九紫	执	壁	9	丙申	一白	收	奎	9	丙寅	四绿	满	胃	8	丙申	六白	危	毕
初十	12	戊辰	八白	破	奎	10	丁酉	九紫	开	娄	10	丁卯	三碧	平	昴	9	丁酉	七赤	成	觜
十一	13	己巳	七赤	危	娄	11	戊戌	八白	闭	胃	11	戊辰	二黑	定	毕	10	戊戌	八白	收	参
十二	14	庚午	六白	成	胃	12	己亥	七赤	建	昴	12	己巳	一白	执	觜	11	己亥	九紫	开	井
十三	15	辛未	五黄	收	昴	13	庚子	六白	除	毕	13	庚午	九紫	破	参	12	庚子	一白	闭	鬼
十四	16	壬申	四绿	开	毕	14	辛丑	五黄	满	觜	14	辛未	八白	危	井	13	辛丑	二黑	建	柳
十五	17	癸酉	三碧	闭	觜	15	壬寅	四绿	平	参	15	壬申	七赤	成	鬼	14	壬寅	三碧	除	星
十六	18	甲戌	二黑	建	参	16	癸卯	三碧	定	井	16	癸酉	六白	收	柳	15	癸卯	四绿	满	张
十七	19	乙亥	一白	除	井	17	甲辰	二黑	执	鬼	17	甲戌	五黄	开	星	16	甲辰	五黄	平	翼
十八	20	丙子	九紫	满	鬼	18	乙巳	一白	破	柳	18	乙亥	四绿	闭	张	17	乙巳	六白	定	轸
十九	21	丁丑	八白	平	柳	19	丙午	九紫	危	星	19	丙子	三碧	建	翼	18	丙午	七赤	执	角
二十	22	戊寅	七赤	定	星	20	丁未	八白	成	张	20	丁丑	二黑	除	轸	19	丁未	八白	破	亢
廿一	23	己卯	九紫	执	张	21	戊申	七赤	收	翼	21	戊寅	六白	满	角	20	戊申	九紫	危	氐
廿二	24	庚辰	八白	破	翼	22	己酉	六白	开	轸	22	己卯	七赤	平	亢	21	己酉	一白	成	房
廿三	25	辛巳	七赤	危	轸	23	庚戌	五黄	闭	角	23	庚辰	八白	定	氐	22	庚戌	二黑	收	心
廿四	26	壬午	六白	成	角	24	辛亥	四绿	建	亢	24	辛巳	九紫	执	房	23	辛亥	三碧	开	尾
廿五	27	癸未	五黄	收	亢	25	壬子	三碧	除	氐	25	壬午	一白	破	心	24	壬子	四绿	闭	箕
廿六	28	甲申	四绿	开	氐	26	癸丑	二黑	满	房	26	癸未	二黑	危	尾	25	癸丑	五黄	建	斗
廿七	29	乙酉	三碧	闭	房	27	甲寅	一白	平	心	27	甲申	三碧	成	箕	26	甲寅	六白	除	牛
廿八	30	丙戌	二黑	建	心	28	乙卯	九紫	定	尾	28	乙酉	四绿	收	斗	27	乙卯	七赤	满	女
廿九	31	丁亥	一白	除	尾	29	丙辰	八白	执	箕	29	丙戌	五黄	开	牛	28	丙辰	八白	平	虚
三十						30	丁巳	七赤	破	斗	30	丁亥	六白	闭	女					

公元2063年　癸未羊年（闰七月）　太岁魏仁　九星九紫

月份	正月大	甲寅 五黄 兑卦 牛宿				二月大	乙卯 四绿 离卦 女宿				三月小	丙辰 三碧 震卦 虚宿				四月大	丁巳 二黑 巽卦 危宿			
节气	立春 2月4日 初七癸亥 寅时 3时30分		雨水 2月18日 廿一丁丑 夜子时 23时20分			惊蛰 3月5日 初六壬辰 亥时 21时13分		春分 3月20日 廿一丁未 亥时 21时58分			清明 4月5日 初七癸亥 丑时 1时36分		谷雨 4月20日 廿二戊寅 辰时 8时34分			立夏 5月5日 初八癸巳 酉时 18时27分		小满 5月21日 廿四己酉 辰时 7时18分		
农历	公历	干支	九星	日建	星宿	公历	干支	九星	日建	星宿	公历	干支	九星	日建	星宿	公历	干支	九星	日建	星宿
初一	29	丁巳	九紫	定	危	28	丁亥	三碧	收	壁	30	丁巳	六白	满	娄	28	丙戌	八白	破	胃
初二	30	戊午	一白	执	室	3月	戊子	四绿	开	奎	31	戊午	七赤	平	胃	29	丁亥	九紫	危	昴
初三	31	己未	二黑	破	壁	2	己丑	五黄	闭	娄	4月	己未	八白	定	昴	30	戊子	一白	成	毕
初四	2月	庚申	三碧	危	奎	3	庚寅	六白	建	胃	2	庚申	九紫	执	毕	5月	己丑	二黑	收	觜
初五	2	辛酉	四绿	成	娄	4	辛卯	七赤	除	昴	3	辛酉	一白	破	觜	2	庚寅	三碧	开	参
初六	3	壬戌	五黄	收	胃	5	壬辰	八白	除	毕	4	壬戌	二黑	危	参	3	辛卯	四绿	闭	井
初七	4	癸亥	六白	收	昴	6	癸巳	九紫	满	觜	5	癸亥	三碧	危	井	4	壬辰	五黄	建	鬼
初八	5	甲子	一白	开	毕	7	甲午	一白	平	参	6	甲子	七赤	成	鬼	5	癸巳	六白	建	柳
初九	6	乙丑	二黑	闭	觜	8	乙未	二黑	定	井	7	乙丑	八白	收	柳	6	甲午	七赤	除	星
初十	7	丙寅	三碧	建	参	9	丙申	三碧	执	鬼	8	丙寅	九紫	开	星	7	乙未	八白	满	张
十一	8	丁卯	四绿	除	井	10	丁酉	四绿	破	柳	9	丁卯	一白	闭	张	8	丙申	九紫	平	翼
十二	9	戊辰	五黄	满	鬼	11	戊戌	五黄	危	星	10	戊辰	二黑	建	翼	9	丁酉	一白	定	轸
十三	10	己巳	六白	平	柳	12	己亥	六白	成	张	11	己巳	三碧	除	轸	10	戊戌	二黑	执	角
十四	11	庚午	七赤	定	星	13	庚子	七赤	收	翼	12	庚午	四绿	满	角	11	己亥	三碧	破	亢
十五	12	辛未	八白	执	张	14	辛丑	八白	开	轸	13	辛未	五黄	平	亢	12	庚子	四绿	危	氐
十六	13	壬申	九紫	破	翼	15	壬寅	九紫	闭	角	14	壬申	六白	定	氐	13	辛丑	五黄	成	房
十七	14	癸酉	一白	危	轸	16	癸卯	一白	建	亢	15	癸酉	七赤	执	房	14	壬寅	六白	收	心
十八	15	甲戌	二黑	成	角	17	甲辰	二黑	除	氐	16	甲戌	八白	破	心	15	癸卯	七赤	开	尾
十九	16	乙亥	三碧	收	亢	18	乙巳	三碧	满	房	17	乙亥	九紫	危	尾	16	甲辰	八白	闭	箕
二十	17	丙子	四绿	开	氐	19	丙午	四绿	平	心	18	丙子	一白	成	箕	17	乙巳	九紫	建	斗
廿一	18	丁丑	二黑	闭	房	20	丁未	五黄	定	尾	19	丁丑	二黑	收	斗	18	丙午	一白	除	牛
廿二	19	戊寅	三碧	建	心	21	戊申	六白	执	箕	20	戊寅	九紫	开	牛	19	丁未	二黑	满	女
廿三	20	己卯	四绿	除	尾	22	己酉	七赤	破	斗	21	己卯	一白	闭	女	20	戊申	三碧	平	虚
廿四	21	庚辰	五黄	满	箕	23	庚戌	八白	危	牛	22	庚辰	二黑	建	虚	21	己酉	四绿	定	危
廿五	22	辛巳	六白	平	斗	24	辛亥	九紫	成	女	23	辛巳	三碧	除	危	22	庚戌	五黄	执	室
廿六	23	壬午	七赤	定	牛	25	壬子	一白	收	虚	24	壬午	四绿	满	室	23	辛亥	六白	破	壁
廿七	24	癸未	八白	执	女	26	癸丑	二黑	开	危	25	癸未	五黄	平	壁	24	壬子	七赤	危	奎
廿八	25	甲申	九紫	破	虚	27	甲寅	三碧	闭	室	26	甲申	六白	定	奎	25	癸丑	八白	成	娄
廿九	26	乙酉	一白	危	危	28	乙卯	四绿	建	壁	27	乙酉	七赤	执	娄	26	甲寅	九紫	收	胃
三十	27	丙戌	二黑	成	室	29	丙辰	五黄	除	奎						27	乙卯	一白	开	昴

公元2063年　癸未羊年（闰七月）　太岁魏仁 九星九紫

月份	五月小		戊午 一白 坎卦 室宿			六月大		己未 九紫 艮卦 壁宿			七月小		庚申 八白 坤卦 奎宿		
节气	芒种 6月5日 初九甲子 亥时 22时16分		夏至 6月21日 廿五庚辰 未时 15时01分			小暑 7月7日 十二丙申 辰时 8时24分		大暑 7月23日 廿八壬子 丑时 1时52分			立秋 8月7日 十三丁卯 酉时 18时19分		处暑 8月23日 廿九癸未 巳时 9时08分		
农历	公历	干支	九星	日建	星宿	公历	干支	九星	日建	星宿	公历	干支	九星	日建	星宿
初一	28	丙辰	二黑	闭	毕	26	乙酉	六白	平	觜	26	乙卯	三碧	成	井
初二	29	丁巳	三碧	建	觜	27	丙戌	五黄	定	参	27	丙辰	二黑	收	鬼
初三	30	戊午	四绿	除	参	28	丁亥	四绿	执	井	28	丁巳	一白	开	柳
初四	31	己未	五黄	满	井	29	戊子	三碧	破	鬼	29	戊午	九紫	闭	星
初五	6月	庚申	六白	平	鬼	30	己丑	二黑	危	柳	30	己未	八白	建	张
初六	2	辛酉	七赤	定	柳	7月	庚寅	一白	成	星	31	庚申	七赤	除	翼
初七	3	壬戌	八白	执	星	2	辛卯	九紫	收	张	8月	辛酉	六白	满	轸
初八	4	癸亥	九紫	破	张	3	壬辰	八白	开	翼	2	壬戌	五黄	平	角
初九	5	**甲子**	**四绿**	破	翼	4	癸巳	七赤	闭	轸	3	癸亥	四绿	定	亢
初十	6	乙丑	五黄	危	轸	5	甲午	六白	建	角	4	**甲子**	**九紫**	执	氐
十一	7	丙寅	六白	成	角	6	乙未	五黄	除	亢	5	乙丑	八白	破	房
十二	8	丁卯	七赤	收	亢	7	丙申	四绿	除	氐	6	丙寅	七赤	危	心
十三	9	戊辰	八白	开	氐	8	丁酉	三碧	满	房	7	丁卯	六白	危	尾
十四	10	己巳	九紫	闭	房	9	戊戌	二黑	平	心	8	戊辰	五黄	成	箕
十五	11	庚午	一白	建	心	10	己亥	一白	定	尾	9	己巳	四绿	收	斗
十六	12	辛未	二黑	除	尾	11	庚子	九紫	执	箕	10	庚午	三碧	开	牛
十七	13	壬申	三碧	满	箕	12	辛丑	八白	破	斗	11	辛未	二黑	闭	女
十八	14	癸酉	四绿	平	斗	13	壬寅	七赤	危	牛	12	壬申	一白	建	虚
十九	15	甲戌	五黄	定	牛	14	癸卯	六白	成	女	13	癸酉	九紫	除	危
二十	16	乙亥	六白	执	女	15	甲辰	五黄	收	虚	14	甲戌	八白	满	室
廿一	17	丙子	七赤	破	虚	16	乙巳	四绿	开	危	15	乙亥	七赤	平	壁
廿二	18	丁丑	八白	危	危	17	丙午	三碧	闭	室	16	丙子	六白	定	奎
廿三	19	戊寅	九紫	成	室	18	丁未	二黑	建	壁	17	丁丑	五黄	执	娄
廿四	20	己卯	一白	收	壁	19	戊申	一白	除	奎	18	戊寅	四绿	破	胃
廿五	21	**庚辰**	**二黑**	开	奎	20	己酉	九紫	满	娄	19	己卯	三碧	危	昴
廿六	22	辛巳	一白	闭	娄	21	庚戌	八白	平	胃	20	庚辰	二黑	成	毕
廿七	23	壬午	九紫	建	胃	22	辛亥	七赤	定	昴	21	辛巳	一白	收	觜
廿八	24	癸未	八白	除	昴	23	壬子	六白	执	毕	22	壬午	九紫	开	参
廿九	25	甲申	七赤	满	毕	24	癸丑	五黄	破	觜	23	癸未	二黑	闭	井
三十						25	甲寅	四绿	危	参					

公元2063年　癸未羊年（闰七月）　太岁魏仁　九星九紫

月份	闰七月小					八月大 辛酉 七赤 乾卦 娄宿					九月小 壬戌 六白 兑卦 胃宿				
节气	白露 9月7日 十五戊戌 亥时 21时32分					秋分 9月23日 初二甲寅 辰时 7时07分；寒露 10月8日 十七己巳 未时 13时36分					霜降 10月23日 初二甲申 申时 16时52分；立冬 11月7日 十七己亥 酉时 17时11分				
农历	公历	干支	九星	日建	星宿	公历	干支	九星	日建	星宿	公历	干支	九星	日建	星宿
初一	24	甲申	一白	建	鬼	22	癸丑	八白	定	柳	22	癸未	二黑	收	张
初二	25	乙酉	九紫	除	柳	23	甲寅	七赤	执	星	23	甲申	四绿	开	翼
初三	26	丙戌	八白	满	星	24	乙卯	六白	破	张	24	乙酉	三碧	闭	轸
初四	27	丁亥	七赤	平	张	25	丙辰	五黄	危	翼	25	丙戌	二黑	建	角
初五	28	戊子	六白	定	翼	26	丁巳	四绿	成	轸	26	丁亥	一白	除	亢
初六	29	己丑	五黄	执	轸	27	戊午	三碧	收	角	27	戊子	九紫	满	氐
初七	30	庚寅	四绿	破	角	28	己未	二黑	开	亢	28	己丑	八白	平	房
初八	31	辛卯	三碧	危	亢	29	庚申	一白	闭	氐	29	庚寅	七赤	定	心
初九	9月	壬辰	二黑	成	氐	30	辛酉	九紫	建	房	30	辛卯	六白	执	尾
初十	2	癸巳	一白	收	房	10月	壬戌	八白	除	心	31	壬辰	五黄	破	箕
十一	3	甲午	九紫	开	心	2	癸亥	七赤	满	尾	11月	癸巳	四绿	危	斗
十二	4	乙未	八白	闭	尾	3	甲子	三碧	平	箕	2	甲午	三碧	成	牛
十三	5	丙申	七赤	建	箕	4	乙丑	二黑	定	斗	3	乙未	二黑	收	女
十四	6	丁酉	六白	除	斗	5	丙寅	一白	执	牛	4	丙申	一白	开	虚
十五	7	戊戌	五黄	除	牛	6	丁卯	九紫	破	女	5	丁酉	九紫	闭	危
十六	8	己亥	四绿	满	女	7	戊辰	八白	危	虚	6	戊戌	八白	建	室
十七	9	庚子	三碧	平	虚	8	己巳	七赤	危	危	7	己亥	七赤	建	壁
十八	10	辛丑	二黑	定	危	9	庚午	六白	成	室	8	庚子	六白	除	奎
十九	11	壬寅	一白	执	室	10	辛未	五黄	收	壁	9	辛丑	五黄	满	娄
二十	12	癸卯	九紫	破	壁	11	壬申	四绿	开	奎	10	壬寅	四绿	平	胃
廿一	13	甲辰	八白	危	奎	12	癸酉	三碧	闭	娄	11	癸卯	三碧	定	昴
廿二	14	乙巳	七赤	成	娄	13	甲戌	二黑	建	胃	12	甲辰	二黑	执	毕
廿三	15	丙午	六白	收	胃	14	乙亥	一白	除	昴	13	乙巳	一白	破	觜
廿四	16	丁未	五黄	开	昴	15	丙子	九紫	满	毕	14	丙午	九紫	危	参
廿五	17	戊申	四绿	闭	毕	16	丁丑	八白	平	觜	15	丁未	八白	成	井
廿六	18	己酉	三碧	建	觜	17	戊寅	七赤	定	参	16	戊申	七赤	收	鬼
廿七	19	庚戌	二黑	除	参	18	己卯	六白	执	井	17	己酉	六白	开	柳
廿八	20	辛亥	一白	满	井	19	庚辰	五黄	破	鬼	18	庚戌	五黄	闭	星
廿九	21	壬子	九紫	平	鬼	20	辛巳	四绿	危	柳	19	辛亥	四绿	建	张
三十						21	壬午	三碧	成	星					

公元2063年　癸未羊年（闰七月）　太岁魏仁　九星九紫

月份	十月大 癸亥 五黄 离卦 昴宿					十一月小 甲子 四绿 震卦 毕宿					十二月大 乙丑 三碧 巽卦 觜宿				
节气	小雪 11月22日 初三甲寅 未时 14时47分		大雪 12月7日 十八己巳 巳时 10时19分			冬至 12月22日 初三甲申 寅时 4时20分		小寒 1月5日 十七戊戌 亥时 21时40分			大寒 1月20日 初三癸丑 申时 15时00分		立春 2月4日 十八戊辰 巳时 9时14分		
农历	公历	干支	九星	日建	星宿	公历	干支	九星	日建	星宿	公历	干支	九星	日建	星宿
初一	20	壬子	三碧	除	翼	20	壬午	六白	破	角	18	辛亥	三碧	开	亢
初二	21	癸丑	二黑	满	轸	21	癸未	五黄	危	亢	19	壬子	四绿	闭	氐
初三	22	甲寅	一白	平	角	22	甲申	三碧	成	氐	20	癸丑	五黄	建	房
初四	23	乙卯	九紫	定	亢	23	乙酉	四绿	收	房	21	甲寅	六白	除	心
初五	24	丙辰	八白	执	氐	24	丙戌	五黄	开	心	22	乙卯	七赤	满	尾
初六	25	丁巳	七赤	破	房	25	丁亥	六白	闭	尾	23	丙辰	八白	平	箕
初七	26	戊午	六白	危	心	26	戊子	七赤	建	箕	24	丁巳	九紫	定	斗
初八	27	己未	五黄	成	尾	27	己丑	八白	除	斗	25	戊午	一白	执	牛
初九	28	庚申	四绿	收	箕	28	庚寅	九紫	满	牛	26	己未	二黑	破	女
初十	29	辛酉	三碧	开	斗	29	辛卯	一白	平	女	27	庚申	三碧	危	虚
十一	30	壬戌	二黑	闭	牛	30	壬辰	二黑	定	虚	28	辛酉	四绿	成	危
十二	12月	癸亥	一白	建	女	31	癸巳	三碧	执	危	29	壬戌	五黄	收	室
十三	2	甲子	六白	除	虚	1月	甲午	四绿	破	室	30	癸亥	六白	开	壁
十四	3	乙丑	五黄	满	危	2	乙未	五黄	危	壁	31	甲子	一白	闭	奎
十五	4	丙寅	四绿	平	室	3	丙申	六白	成	奎	2月	乙丑	二黑	建	娄
十六	5	丁卯	三碧	定	壁	4	丁酉	七赤	收	娄	2	丙寅	三碧	除	胃
十七	6	戊辰	二黑	执	奎	5	戊戌	八白	收	胃	3	丁卯	四绿	满	昴
十八	7	己巳	一白	执	娄	6	己亥	九紫	开	昴	4	戊辰	五黄	满	毕
十九	8	庚午	九紫	破	胃	7	庚子	一白	闭	毕	5	己巳	六白	平	觜
二十	9	辛未	八白	危	昴	8	辛丑	二黑	建	觜	6	庚午	七赤	定	参
廿一	10	壬申	七赤	成	毕	9	壬寅	三碧	除	参	7	辛未	八白	执	井
廿二	11	癸酉	六白	收	觜	10	癸卯	四绿	满	井	8	壬申	九紫	破	鬼
廿三	12	甲戌	五黄	开	参	11	甲辰	五黄	平	鬼	9	癸酉	一白	危	柳
廿四	13	乙亥	四绿	闭	井	12	乙巳	六白	定	柳	10	甲戌	二黑	成	星
廿五	14	丙子	三碧	建	鬼	13	丙午	七赤	执	星	11	乙亥	三碧	收	张
廿六	15	丁丑	二黑	除	柳	14	丁未	八白	破	张	12	丙子	四绿	开	翼
廿七	16	戊寅	一白	满	星	15	戊申	九紫	危	翼	13	丁丑	五黄	闭	轸
廿八	17	己卯	九紫	平	张	16	己酉	一白	成	轸	14	戊寅	六白	建	角
廿九	18	庚辰	八白	定	翼	17	庚戌	二黑	收	角	15	己卯	七赤	除	亢
三十	19	辛巳	七赤	执	轸						16	庚辰	八白	满	氐

公元2064年　甲申猴年　太岁方公 九星八白

月份	正月大 丙寅 二黑 离卦 参宿		二月大 丁卯 一白 震卦 井宿		三月小 戊辰 九紫 巽卦 鬼宿		四月大 己巳 八白 坎卦 柳宿	
节气	雨水 2月19日 初三癸未 寅时 4时58分	惊蛰 3月5日 十八戊戌 丑时 2时58分	春分 3月20日 初三癸丑 寅时 3时37分	清明 4月4日 十八戊辰 辰时 7时23分	谷雨 4月19日 初三癸未 未时 14时15分	立夏 5月5日 十九己亥 早子时 0时17分	小满 5月20日 初五甲寅 未时 13时01分	芒种 6月5日 廿一庚午 寅时 4时09分

农历	公历	干支	九星	日建	星宿	公历	干支	九星	日建	星宿	公历	干支	九星	日建	星宿	公历	干支	九星	日建	星宿
初一	17	辛巳	九紫	平	房	18	辛亥	九紫	成	尾	17	辛巳	六白	除	斗	16	庚戌	五黄	执	牛
初二	18	壬午	一白	定	心	19	壬子	一白	收	箕	18	壬午	七赤	满	牛	17	辛亥	六白	破	女
初三	19	癸未	八白	执	尾	20	癸丑	二黑	开	斗	19	癸未	五黄	平	女	18	壬子	七赤	危	虚
初四	20	甲申	九紫	破	箕	21	甲寅	三碧	闭	牛	20	甲申	六白	定	虚	19	癸丑	八白	成	危
初五	21	乙酉	一白	危	斗	22	乙卯	四绿	建	女	21	乙酉	七赤	执	危	20	甲寅	九紫	收	室
初六	22	丙戌	二黑	成	牛	23	丙辰	五黄	除	虚	22	丙戌	八白	破	室	21	乙卯	一白	开	壁
初七	23	丁亥	三碧	收	女	24	丁巳	六白	满	危	23	丁亥	九紫	危	壁	22	丙辰	二黑	闭	奎
初八	24	戊子	四绿	开	虚	25	戊午	七赤	平	室	24	戊子	一白	成	奎	23	丁巳	三碧	建	娄
初九	25	己丑	五黄	闭	危	26	己未	八白	定	壁	25	己丑	二黑	收	娄	24	戊午	四绿	除	胃
初十	26	庚寅	六白	建	室	27	庚申	九紫	执	奎	26	庚寅	三碧	开	胃	25	己未	五黄	满	昴
十一	27	辛卯	七赤	除	壁	28	辛酉	一白	破	娄	27	辛卯	四绿	闭	昴	26	庚申	六白	平	毕
十二	28	壬辰	八白	满	奎	29	壬戌	二黑	危	胃	28	壬辰	五黄	建	毕	27	辛酉	七赤	定	觜
十三	29	癸巳	九紫	平	娄	30	癸亥	三碧	成	昴	29	癸巳	六白	除	觜	28	壬戌	八白	执	参
十四	3月	甲午	一白	定	胃	31	甲子	七赤	收	毕	30	甲午	七赤	满	参	29	癸亥	九紫	破	井
十五	2	乙未	二黑	执	昴	4月	乙丑	八白	开	觜	5月	乙未	八白	平	井	30	甲子	四绿	危	鬼
十六	3	丙申	三碧	破	毕	2	丙寅	九紫	闭	参	2	丙申	九紫	定	鬼	31	乙丑	五黄	成	柳
十七	4	丁酉	四绿	危	觜	3	丁卯	一白	建	井	3	丁酉	一白	执	柳	6月	丙寅	六白	收	星
十八	5	戊戌	五黄	危	参	4	戊辰	二黑	建	鬼	4	戊戌	二黑	破	星	2	丁卯	七赤	开	张
十九	6	己亥	六白	成	井	5	己巳	三碧	除	柳	5	己亥	三碧	破	张	3	戊辰	八白	闭	翼
二十	7	庚子	七赤	收	鬼	6	庚午	四绿	满	星	6	庚子	四绿	危	翼	4	己巳	九紫	建	轸
廿一	8	辛丑	八白	开	柳	7	辛未	五黄	平	张	7	辛丑	五黄	成	轸	5	庚午	一白	建	角
廿二	9	壬寅	九紫	闭	星	8	壬申	六白	定	翼	8	壬寅	六白	收	角	6	辛未	二黑	除	亢
廿三	10	癸卯	一白	建	张	9	癸酉	七赤	执	轸	9	癸卯	七赤	开	亢	7	壬申	三碧	满	氐
廿四	11	甲辰	二黑	除	翼	10	甲戌	八白	破	角	10	甲辰	八白	闭	氐	8	癸酉	四绿	平	房
廿五	12	乙巳	三碧	满	轸	11	乙亥	九紫	危	亢	11	乙巳	九紫	建	房	9	甲戌	五黄	定	心
廿六	13	丙午	四绿	平	角	12	丙子	一白	成	氐	12	丙午	一白	除	心	10	乙亥	六白	执	尾
廿七	14	丁未	五黄	定	亢	13	丁丑	二黑	收	房	13	丁未	二黑	满	尾	11	丙子	七赤	破	箕
廿八	15	戊申	六白	执	氐	14	戊寅	三碧	开	心	14	戊申	三碧	平	箕	12	丁丑	八白	危	斗
廿九	16	己酉	七赤	破	房	15	己卯	四绿	闭	尾	15	己酉	四绿	定	斗	13	戊寅	九紫	成	牛
三十	17	庚戌	八白	危	心	16	庚辰	五黄	建	箕						14	己卯	一白	收	女

公元2064年　甲申猴年　太岁方公 九星八白

月份	五月小 庚午 七赤 艮卦 星宿					六月大 辛未 六白 坤卦 张宿					七月小 壬申 五黄 乾卦 翼宿					八月小 癸酉 四绿 兑卦 轸宿				
节气	夏至 6月20日 初六乙酉 戌时 20时44分		小暑 7月6日 廿二辛丑 未时 14时18分			大暑 7月22日 初九丁巳 辰时 7时38分		立秋 8月7日 廿五癸酉 早子时 0时13分			处暑 8月22日 初十戊子 未时 14时55分		白露 9月7日 廿六甲辰 寅时 3时25分			秋分 9月22日 十二己未 午时 12时56分		寒露 10月7日 廿七甲戌 戌时 19时27分		
农历	公历	干支	九星	日建	星宿	公历	干支	九星	日建	星宿	公历	干支	九星	日建	星宿	公历	干支	九星	日建	星宿
初一	15	庚辰	二黑	开	虚	14	己酉	九紫	满	危	13	己卯	三碧	危	壁	11	戊申	四绿	闭	奎
初二	16	辛巳	三碧	闭	危	15	庚戌	八白	平	室	14	庚辰	二黑	成	奎	12	己酉	三碧	建	娄
初三	17	壬午	四绿	建	室	16	辛亥	七赤	定	壁	15	辛巳	一白	收	娄	13	庚戌	二黑	除	胃
初四	18	癸未	五黄	除	壁	17	壬子	六白	执	奎	16	壬午	九紫	开	胃	14	辛亥	一白	满	昴
初五	19	甲申	六白	满	奎	18	癸丑	五黄	破	娄	17	癸未	八白	闭	昴	15	壬子	九紫	平	毕
初六	20	乙酉	六白	平	娄	19	甲寅	四绿	危	胃	18	甲申	七赤	建	毕	16	癸丑	八白	定	觜
初七	21	丙戌	五黄	定	胃	20	乙卯	三碧	成	昴	19	乙酉	六白	除	觜	17	甲寅	七赤	执	参
初八	22	丁亥	四绿	执	昴	21	丙辰	二黑	收	毕	20	丙戌	五黄	满	参	18	乙卯	六白	破	井
初九	23	戊子	三碧	破	毕	22	丁巳	一白	开	觜	21	丁亥	四绿	平	井	19	丙辰	五黄	危	鬼
初十	24	己丑	二黑	危	觜	23	戊午	九紫	闭	参	22	戊子	六白	定	鬼	20	丁巳	四绿	成	柳
十一	25	庚寅	一白	成	参	24	己未	八白	建	井	23	己丑	五黄	执	柳	21	戊午	三碧	收	星
十二	26	辛卯	九紫	收	井	25	庚申	七赤	除	鬼	24	庚寅	四绿	破	星	22	己未	二黑	开	张
十三	27	壬辰	八白	开	鬼	26	辛酉	六白	满	柳	25	辛卯	三碧	危	张	23	庚申	一白	闭	翼
十四	28	癸巳	七赤	闭	柳	27	壬戌	五黄	平	星	26	壬辰	二黑	成	翼	24	辛酉	九紫	建	轸
十五	29	甲午	六白	建	星	28	癸亥	四绿	定	张	27	癸巳	一白	收	轸	25	壬戌	八白	除	角
十六	30	乙未	五黄	除	张	29	甲子	九紫	执	翼	28	甲午	九紫	开	角	26	癸亥	七赤	满	亢
十七	7月	丙申	四绿	满	翼	30	乙丑	八白	破	轸	29	乙未	八白	闭	亢	27	甲子	三碧	平	氐
十八	2	丁酉	三碧	平	轸	31	丙寅	七赤	危	角	30	丙申	七赤	建	氐	28	乙丑	二黑	定	房
十九	3	戊戌	二黑	定	角	8月	丁卯	六白	成	亢	31	丁酉	六白	除	房	29	丙寅	一白	执	心
二十	4	己亥	一白	执	亢	2	戊辰	五黄	收	氐	9月	戊戌	五黄	满	心	30	丁卯	九紫	破	尾
廿一	5	庚子	九紫	破	氐	3	己巳	四绿	开	房	2	己亥	四绿	平	尾	10月	戊辰	八白	危	箕
廿二	6	辛丑	八白	破	房	4	庚午	三碧	闭	心	3	庚子	三碧	定	箕	2	己巳	七赤	成	斗
廿三	7	壬寅	七赤	危	心	5	辛未	二黑	建	尾	4	辛丑	二黑	执	斗	3	庚午	六白	收	牛
廿四	8	癸卯	六白	成	尾	6	壬申	一白	除	箕	5	壬寅	一白	破	牛	4	辛未	五黄	开	女
廿五	9	甲辰	五黄	收	箕	7	癸酉	九紫	除	斗	6	癸卯	九紫	危	女	5	壬申	四绿	闭	虚
廿六	10	乙巳	四绿	开	斗	8	甲戌	八白	满	牛	7	甲辰	八白	危	虚	6	癸酉	三碧	建	危
廿七	11	丙午	三碧	闭	牛	9	乙亥	七赤	平	女	8	乙巳	七赤	成	危	7	甲戌	二黑	建	室
廿八	12	丁未	二黑	建	女	10	丙子	六白	定	虚	9	丙午	六白	收	室	8	乙亥	一白	除	壁
廿九	13	戊申	一白	除	虚	11	丁丑	五黄	执	危	10	丁未	五黄	开	壁	9	丙子	九紫	满	奎
三十						12	戊寅	四绿	破	室										

公元2064年　甲申猴年　太岁方公　九星八白

月份	九月大 甲戌 三碧 离卦 角宿		十月小 乙亥 二黑 震卦 亢宿		十一月大 丙子 一白 巽卦 氐宿		十二月小 丁丑 九紫 坎卦 房宿	
节气	霜降 10月22日 十三己丑 亥时 22时41分	立冬 11月6日 廿八甲辰 夜子时 23时00分	小雪 11月21日 十三己未 戌时 20时36分	大雪 12月6日 廿八甲戌 申时 16时08分	冬至 12月21日 十四己丑 巳时 10时08分	小寒 1月5日 廿九甲辰 寅时 3时28分	大寒 1月19日 十三戊午 亥时 20时48分	立春 2月3日 廿八癸酉 申时 15时02分

农历	公历	干支	九星	日建	星宿	公历	干支	九星	日建	星宿	公历	干支	九星	日建	星宿	公历	干支	九星	日建	星宿
初一	10	丁丑	八白	平	娄	9	丁未	八白	成	昴	8	丙子	三碧	建	毕	7	丙午	七赤	执	参
初二	11	戊寅	七赤	定	胃	10	戊申	七赤	收	毕	9	丁丑	二黑	除	觜	8	丁未	八白	破	井
初三	12	己卯	六白	执	昴	11	己酉	六白	开	觜	10	戊寅	一白	满	参	9	戊申	九紫	危	鬼
初四	13	庚辰	五黄	破	毕	12	庚戌	五黄	闭	参	11	己卯	九紫	平	井	10	己酉	一白	成	柳
初五	14	辛巳	四绿	危	觜	13	辛亥	四绿	建	井	12	庚辰	八白	定	鬼	11	庚戌	二黑	收	星
初六	15	壬午	三碧	成	参	14	壬子	三碧	除	鬼	13	辛巳	七赤	执	柳	12	辛亥	三碧	开	张
初七	16	癸未	二黑	收	井	15	癸丑	二黑	满	柳	14	壬午	六白	破	星	13	壬子	四绿	闭	翼
初八	17	甲申	一白	开	鬼	16	甲寅	一白	平	星	15	癸未	五黄	危	张	14	癸丑	五黄	建	轸
初九	18	乙酉	九紫	闭	柳	17	乙卯	九紫	定	张	16	甲申	四绿	成	翼	15	甲寅	六白	除	角
初十	19	丙戌	八白	建	星	18	丙辰	八白	执	翼	17	乙酉	三碧	收	轸	16	乙卯	七赤	满	亢
十一	20	丁亥	七赤	除	张	19	丁巳	七赤	破	轸	18	丙戌	二黑	开	角	17	丙辰	八白	平	氐
十二	21	戊子	六白	满	翼	20	戊午	六白	危	角	19	丁亥	一白	闭	亢	18	丁巳	九紫	定	房
十三	22	己丑	八白	平	轸	21	己未	五黄	成	亢	20	戊子	九紫	建	氐	19	戊午	一白	执	心
十四	23	庚寅	七赤	定	角	22	庚申	四绿	收	氐	21	己丑	八白	除	房	20	己未	二黑	破	尾
十五	24	辛卯	六白	执	亢	23	辛酉	三碧	开	房	22	庚寅	九紫	满	心	21	庚申	三碧	危	箕
十六	25	壬辰	五黄	破	氐	24	壬戌	二黑	闭	心	23	辛卯	一白	平	尾	22	辛酉	四绿	成	斗
十七	26	癸巳	四绿	危	房	25	癸亥	一白	建	尾	24	壬辰	二黑	定	箕	23	壬戌	五黄	收	牛
十八	27	甲午	三碧	成	心	26	甲子	六白	除	箕	25	癸巳	三碧	执	斗	24	癸亥	六白	开	女
十九	28	乙未	二黑	收	尾	27	乙丑	五黄	满	斗	26	甲午	四绿	破	牛	25	甲子	一白	闭	虚
二十	29	丙申	一白	开	箕	28	丙寅	四绿	平	牛	27	乙未	五黄	危	女	26	乙丑	二黑	建	危
廿一	30	丁酉	九紫	闭	斗	29	丁卯	三碧	定	女	28	丙申	六白	成	虚	27	丙寅	三碧	除	室
廿二	31	戊戌	八白	建	牛	30	戊辰	二黑	执	虚	29	丁酉	七赤	收	危	28	丁卯	四绿	满	壁
廿三	11月	己亥	七赤	除	女	12月	己巳	一白	破	危	30	戊戌	八白	开	室	29	戊辰	五黄	平	奎
廿四	2	庚子	六白	满	虚	2	庚午	九紫	危	室	31	己亥	九紫	闭	壁	30	己巳	六白	定	娄
廿五	3	辛丑	五黄	平	危	3	辛未	八白	成	壁	1月	庚子	一白	建	奎	31	庚午	七赤	执	胃
廿六	4	壬寅	四绿	定	室	4	壬申	七赤	收	奎	2	辛丑	二黑	除	娄	2月	辛未	八白	破	昴
廿七	5	癸卯	三碧	执	壁	5	癸酉	六白	开	娄	3	壬寅	三碧	满	胃	2	壬申	九紫	危	毕
廿八	6	甲辰	二黑	执	奎	6	甲戌	五黄	开	胃	4	癸卯	四绿	平	昴	3	癸酉	一白	危	觜
廿九	7	乙巳	一白	破	娄	7	乙亥	四绿	闭	昴	5	甲辰	五黄	平	毕	4	甲戌	二黑	成	参
三十	8	丙午	九紫	危	胃						6	乙巳	六白	定	觜					

公元2065年　乙酉鸡年　太岁蒋嵩 九星七赤

月份	正月大 戊寅 八白 震卦 心宿					二月大 己卯 七赤 巽卦 尾宿					三月小 庚辰 六白 坎卦 箕宿					四月大 辛巳 五黄 艮卦 斗宿				
节气	雨水 2月18日 十四戊子 巳时 10时46分　惊蛰 3月5日 廿九癸卯 辰时 8时48分					春分 3月20日 十四戊午 巳时 9时27分　清明 4月4日 廿九癸酉 未时 13时13分					谷雨 4月19日 十四戊子 戌时 20时05分					立夏 5月5日 初一甲辰 卯时 6时04分　小满 5月20日 十六己未 酉时 18时49分				
农历	公历	干支	九星	日建	星宿	公历	干支	九星	日建	星宿	公历	干支	九星	日建	星宿	公历	干支	九星	日建	星宿
初一	5	乙亥	三碧	收	井	7	乙巳	三碧	满	柳	6	乙亥	九紫	危	张	5	甲辰	八白	闭	翼
初二	6	丙子	四绿	开	鬼	8	丙午	四绿	平	星	7	丙子	一白	成	翼	6	乙巳	九紫	建	轸
初三	7	丁丑	五黄	闭	柳	9	丁未	五黄	定	张	8	丁丑	二黑	收	轸	7	丙午	一白	除	角
初四	8	戊寅	六白	建	星	10	戊申	六白	执	翼	9	戊寅	三碧	开	角	8	丁未	二黑	满	亢
初五	9	己卯	七赤	除	张	11	己酉	七赤	破	轸	10	己卯	四绿	闭	亢	9	戊申	三碧	平	氐
初六	10	庚辰	八白	满	翼	12	庚戌	八白	危	角	11	庚辰	五黄	建	氐	10	己酉	四绿	定	房
初七	11	辛巳	九紫	平	轸	13	辛亥	九紫	成	亢	12	辛巳	六白	除	房	11	庚戌	五黄	执	心
初八	12	壬午	一白	定	角	14	壬子	一白	收	氐	13	壬午	七赤	满	心	12	辛亥	六白	破	尾
初九	13	癸未	二黑	执	亢	15	癸丑	二黑	开	房	14	癸未	八白	平	尾	13	壬子	七赤	危	箕
初十	14	甲申	三碧	破	氐	16	甲寅	三碧	闭	心	15	甲申	九紫	定	箕	14	癸丑	八白	成	斗
十一	15	乙酉	四绿	危	房	17	乙卯	四绿	建	尾	16	乙酉	一白	执	斗	15	甲寅	九紫	收	牛
十二	16	丙戌	五黄	成	心	18	丙辰	五黄	除	箕	17	丙戌	二黑	破	牛	16	乙卯	一白	开	女
十三	17	丁亥	六白	收	尾	19	丁巳	六白	满	斗	18	丁亥	三碧	危	女	17	丙辰	二黑	闭	虚
十四	18	戊子	四绿	开	箕	20	戊午	七赤	平	牛	19	戊子	一白	成	虚	18	丁巳	三碧	建	危
十五	19	己丑	五黄	闭	斗	21	己未	八白	定	女	20	己丑	二黑	收	危	19	戊午	四绿	除	室
十六	20	庚寅	六白	建	牛	22	庚申	九紫	执	虚	21	庚寅	三碧	开	室	20	己未	五黄	满	壁
十七	21	辛卯	七赤	除	女	23	辛酉	一白	破	危	22	辛卯	四绿	闭	壁	21	庚申	六白	平	奎
十八	22	壬辰	八白	满	虚	24	壬戌	二黑	危	室	23	壬辰	五黄	建	奎	22	辛酉	七赤	定	娄
十九	23	癸巳	九紫	平	危	25	癸亥	三碧	成	壁	24	癸巳	六白	除	娄	23	壬戌	八白	执	胃
二十	24	甲午	一白	定	室	26	甲子	七赤	收	奎	25	甲午	七赤	满	胃	24	癸亥	九紫	破	昴
廿一	25	乙未	二黑	执	壁	27	乙丑	八白	开	娄	26	乙未	八白	平	昴	25	甲子	四绿	危	毕
廿二	26	丙申	三碧	破	奎	28	丙寅	九紫	闭	胃	27	丙申	九紫	定	毕	26	乙丑	五黄	成	觜
廿三	27	丁酉	四绿	危	娄	29	丁卯	一白	建	昴	28	丁酉	一白	执	觜	27	丙寅	六白	收	参
廿四	28	戊戌	五黄	成	胃	30	戊辰	二黑	除	毕	29	戊戌	二黑	破	参	28	丁卯	七赤	开	井
廿五	3月	己亥	六白	收	昴	31	己巳	三碧	满	觜	30	己亥	三碧	危	井	29	戊辰	八白	闭	鬼
廿六	2	庚子	七赤	开	毕	4月	庚午	四绿	平	参	5月	庚子	四绿	成	鬼	30	己巳	九紫	建	柳
廿七	3	辛丑	八白	闭	觜	2	辛未	五黄	定	井	2	辛丑	五黄	收	柳	31	庚午	一白	除	星
廿八	4	壬寅	九紫	建	参	3	壬申	六白	执	鬼	3	壬寅	六白	开	星	6月	辛未	二黑	满	张
廿九	5	癸卯	一白	建	井	4	癸酉	七赤	执	柳	4	癸卯	七赤	闭	张	2	壬申	三碧	平	翼
三十	6	甲辰	二黑	除	鬼	5	甲戌	八白	破	星						3	癸酉	四绿	定	轸

公元2065年 乙酉鸡年 太岁蒋嵩 九星七赤

月份	五月大	壬午 四绿	坤卦 牛宿			六月小	癸未 三碧	乾卦 女宿		
节气	芒种 6月5日 初二乙亥 巳时 9时51分		夏至 6月21日 十八辛卯 丑时 2时31分			小暑 7月6日 初三丙午 戌时 19时56分		大暑 7月22日 十九壬戌 未时 13时23分		
农历	公历	干支	九星	日建	星宿	公历	干支	九星	日建	星宿
初一	4	甲戌	五黄	执	角	4	甲辰	五黄	开	氐
初二	5	乙亥	六白	执	亢	5	乙巳	四绿	闭	房
初三	6	丙子	七赤	破	氐	6	丙午	三碧	闭	心
初四	7	丁丑	八白	危	房	7	丁未	二黑	建	尾
初五	8	戊寅	九紫	成	心	8	戊申	一白	除	箕
初六	9	己卯	一白	收	尾	9	己酉	九紫	满	斗
初七	10	庚辰	二黑	开	箕	10	庚戌	八白	平	牛
初八	11	辛巳	三碧	闭	斗	11	辛亥	七赤	定	女
初九	12	壬午	四绿	建	牛	12	壬子	六白	执	虚
初十	13	癸未	五黄	除	女	13	癸丑	五黄	破	危
十一	14	甲申	六白	满	虚	14	甲寅	四绿	危	室
十二	15	乙酉	七赤	平	危	15	乙卯	三碧	成	壁
十三	16	丙戌	八白	定	室	16	丙辰	二黑	收	奎
十四	17	丁亥	九紫	执	壁	17	丁巳	一白	开	娄
十五	18	戊子	一白	破	奎	18	戊午	九紫	闭	胃
十六	19	己丑	二黑	危	娄	19	己未	八白	建	昴
十七	20	庚寅	三碧	成	胃	20	庚申	七赤	除	毕
十八	21	辛卯	九紫	收	昴	21	辛酉	六白	满	觜
十九	22	壬辰	八白	开	毕	22	壬戌	五黄	平	参
二十	23	癸巳	七赤	闭	觜	23	癸亥	四绿	定	井
廿一	24	甲午	六白	建	参	24	甲子	九紫	执	鬼
廿二	25	乙未	五黄	除	井	25	乙丑	八白	破	柳
廿三	26	丙申	四绿	满	鬼	26	丙寅	七赤	危	星
廿四	27	丁酉	三碧	平	柳	27	丁卯	六白	成	张
廿五	28	戊戌	二黑	定	星	28	戊辰	五黄	收	翼
廿六	29	己亥	一白	执	张	29	己巳	四绿	开	轸
廿七	30	庚子	九紫	破	翼	30	庚午	三碧	闭	角
廿八	7月	辛丑	八白	危	轸	31	辛未	二黑	建	亢
廿九	2	壬寅	七赤	成	角	8月	壬申	一白	除	氐
三十	3	癸卯	六白	收	亢					

月份	七月大	甲申 二黑	兑卦 虚宿			八月小	乙酉 一白	离卦 危宿		
节气	立秋 8月7日 初六戊寅 卯时 5时48分		处暑 8月22日 廿一癸巳 戌时 20时40分			白露 9月7日 初七己酉 巳时 9时01分		秋分 9月22日 廿二甲子 酉时 18时41分		
农历	公历	干支	九星	日建	星宿	公历	干支	九星	日建	星宿
初一	2	癸酉	九紫	满	房	9月	癸卯	九紫	危	尾
初二	3	甲戌	八白	平	心	2	甲辰	八白	成	箕
初三	4	乙亥	七赤	定	尾	3	乙巳	七赤	收	斗
初四	5	丙子	六白	执	箕	4	丙午	六白	开	牛
初五	6	丁丑	五黄	破	斗	5	丁未	五黄	闭	女
初六	7	戊寅	四绿	破	牛	6	戊申	四绿	建	虚
初七	8	己卯	三碧	危	女	7	己酉	三碧	建	危
初八	9	庚辰	二黑	成	虚	8	庚戌	二黑	除	室
初九	10	辛巳	一白	收	危	9	辛亥	一白	满	壁
初十	11	壬午	九紫	开	室	10	壬子	九紫	平	奎
十一	12	癸未	八白	闭	壁	11	癸丑	八白	定	娄
十二	13	甲申	七赤	建	奎	12	甲寅	七赤	执	胃
十三	14	乙酉	六白	除	娄	13	乙卯	六白	破	昴
十四	15	丙戌	五黄	满	胃	14	丙辰	五黄	危	毕
十五	16	丁亥	四绿	平	昴	15	丁巳	四绿	成	觜
十六	17	戊子	三碧	定	毕	16	戊午	三碧	收	参
十七	18	己丑	二黑	执	觜	17	己未	二黑	开	井
十八	19	庚寅	一白	破	参	18	庚申	一白	闭	鬼
十九	20	辛卯	九紫	危	井	19	辛酉	九紫	建	柳
二十	21	壬辰	八白	成	鬼	20	壬戌	八白	除	星
廿一	22	癸巳	一白	收	柳	21	癸亥	七赤	满	张
廿二	23	甲午	九紫	开	星	22	甲子	三碧	平	翼
廿三	24	乙未	八白	闭	张	23	乙丑	二黑	定	轸
廿四	25	丙申	七赤	建	翼	24	丙寅	一白	执	角
廿五	26	丁酉	六白	除	轸	25	丁卯	九紫	破	亢
廿六	27	戊戌	五黄	满	角	26	戊辰	八白	危	氐
廿七	28	己亥	四绿	平	亢	27	己巳	七赤	成	房
廿八	29	庚子	三碧	定	氐	28	庚午	六白	收	心
廿九	30	辛丑	二黑	执	房	29	辛未	五黄	开	尾
三十	31	壬寅	一白	破	心					

公元2065年　乙酉鸡年　太岁蒋嵩 九星七赤

月份	九月小 丙戌 九紫 震卦 室宿					十月大 丁亥 八白 巽卦 壁宿					十一月小 戊子 七赤 坎卦 奎宿					十二月大 己丑 六白 艮卦 娄宿				
节气	寒露 10月8日 初九庚辰 丑时 1时05分		霜降 10月23日 廿四乙未 寅时 4时28分			立冬 11月7日 初十庚戌 寅时 4时41分		小雪 11月22日 廿五乙丑 丑时 2时25分			大雪 12月6日 初九己卯 亥时 21时52分		冬至 12月21日 廿四甲午 申时 16时00分			小寒 1月5日 初十己酉 巳时 9时14分		大寒 1月20日 廿五甲子 丑时 2时41分		
农历	公历	干支	九星	日建	星宿	公历	干支	九星	日建	星宿	公历	干支	九星	日建	星宿	公历	干支	九星	日建	星宿
初一	30	壬申	四绿	闭	箕	29	辛丑	五黄	平	斗	28	辛未	八白	成	女	27	庚子	一白	建	虚
初二	10月	癸酉	三碧	建	斗	30	壬寅	四绿	定	牛	29	壬申	七赤	收	虚	28	辛丑	二黑	除	危
初三	2	甲戌	二黑	除	牛	31	癸卯	三碧	执	女	30	癸酉	六白	开	危	29	壬寅	三碧	满	室
初四	3	乙亥	一白	满	女	11月	甲辰	二黑	破	虚	12月	甲戌	五黄	闭	室	30	癸卯	四绿	平	壁
初五	4	丙子	九紫	平	虚	2	乙巳	一白	危	危	2	乙亥	四绿	建	壁	31	甲辰	五黄	定	奎
初六	5	丁丑	八白	定	危	3	丙午	九紫	成	室	3	丙子	三碧	除	奎	1月	乙巳	六白	执	娄
初七	6	戊寅	七赤	执	室	4	丁未	八白	收	壁	4	丁丑	二黑	满	娄	2	丙午	七赤	破	胃
初八	7	己卯	六白	破	壁	5	戊申	七赤	开	奎	5	戊寅	一白	平	胃	3	丁未	八白	危	昴
初九	8	庚辰	五黄	破	奎	6	己酉	六白	闭	娄	6	己卯	九紫	平	昴	4	戊申	九紫	成	毕
初十	9	辛巳	四绿	危	娄	7	庚戌	五黄	闭	胃	7	庚辰	八白	定	毕	5	己酉	一白	成	觜
十一	10	壬午	三碧	成	胃	8	辛亥	四绿	建	昴	8	辛巳	七赤	执	觜	6	庚戌	二黑	收	参
十二	11	癸未	二黑	收	昴	9	壬子	三碧	除	毕	9	壬午	六白	破	参	7	辛亥	三碧	开	井
十三	12	甲申	一白	开	毕	10	癸丑	二黑	满	觜	10	癸未	五黄	危	井	8	壬子	四绿	闭	鬼
十四	13	乙酉	九紫	闭	觜	11	甲寅	一白	平	参	11	甲申	四绿	成	鬼	9	癸丑	五黄	建	柳
十五	14	丙戌	八白	建	参	12	乙卯	九紫	定	井	12	乙酉	三碧	收	柳	10	甲寅	六白	除	星
十六	15	丁亥	七赤	除	井	13	丙辰	八白	执	鬼	13	丙戌	二黑	开	星	11	乙卯	七赤	满	张
十七	16	戊子	六白	满	鬼	14	丁巳	七赤	破	柳	14	丁亥	一白	闭	张	12	丙辰	八白	平	翼
十八	17	己丑	五黄	平	柳	15	戊午	六白	危	星	15	戊子	九紫	建	翼	13	丁巳	九紫	定	轸
十九	18	庚寅	四绿	定	星	16	己未	五黄	成	张	16	己丑	八白	除	轸	14	戊午	一白	执	角
二十	19	辛卯	三碧	执	张	17	庚申	四绿	收	翼	17	庚寅	七赤	满	角	15	己未	二黑	破	亢
廿一	20	壬辰	二黑	破	翼	18	辛酉	三碧	开	轸	18	辛卯	六白	平	亢	16	庚申	三碧	危	氐
廿二	21	癸巳	一白	危	轸	19	壬戌	二黑	闭	角	19	壬辰	五黄	定	氐	17	辛酉	四绿	成	房
廿三	22	甲午	九紫	成	角	20	癸亥	一白	建	亢	20	癸巳	四绿	执	房	18	壬戌	五黄	收	心
廿四	23	乙未	二黑	收	亢	21	甲子	六白	除	氐	21	甲午	四绿	破	心	19	癸亥	六白	开	尾
廿五	24	丙申	一白	开	氐	22	乙丑	五黄	满	房	22	乙未	五黄	危	尾	20	甲子	一白	闭	箕
廿六	25	丁酉	九紫	闭	房	23	丙寅	四绿	平	心	23	丙申	六白	成	箕	21	乙丑	二黑	建	斗
廿七	26	戊戌	八白	建	心	24	丁卯	三碧	定	尾	24	丁酉	七赤	收	斗	22	丙寅	三碧	除	牛
廿八	27	己亥	七赤	除	尾	25	戊辰	二黑	执	箕	25	戊戌	八白	开	牛	23	丁卯	四绿	满	女
廿九	28	庚子	六白	满	箕	26	己巳	一白	破	斗	26	己亥	九紫	闭	女	24	戊辰	五黄	平	虚
三十						27	庚午	九紫	危	牛						25	己巳	六白	定	危

公元2066年 丙戌狗年（闰五月） 太岁向般 九星六白

月份	正月小 庚寅 五黄 巽卦 胃宿					二月大 辛卯 四绿 坎卦 昴宿					三月小 壬辰 三碧 艮卦 毕宿					四月大 癸巳 二黑 坤卦 觜宿				
节气	立春 2月3日 初九戊寅 戌时 20时48分			雨水 2月18日 廿四癸巳 申时 16时39分		惊蛰 3月5日 初十戊申 未时 14时33分			春分 3月20日 廿五癸亥 申时 15时19分		清明 4月4日 初十戊寅 酉时 18时56分			谷雨 4月20日 廿六甲午 丑时 1时54分		立夏 5月5日 十二己酉 午时 11时47分			小满 5月21日 廿八乙丑 早子时 0时36分	
农历	公历	干支	九星	日建	星宿	公历	干支	九星	日建	星宿	公历	干支	九星	日建	星宿	公历	干支	九星	日建	星宿
初一	26	庚午	七赤	执	室	24	己亥	六白	收	壁	26	己巳	三碧	满	娄	24	戊戌	二黑	破	胃
初二	27	辛未	八白	破	壁	25	庚子	七赤	开	奎	27	庚午	四绿	平	胃	25	己亥	三碧	危	昴
初三	28	壬申	九紫	危	奎	26	辛丑	八白	闭	娄	28	辛未	五黄	定	昴	26	庚子	四绿	成	毕
初四	29	癸酉	一白	成	娄	27	壬寅	九紫	建	胃	29	壬申	六白	执	毕	27	辛丑	五黄	收	觜
初五	30	甲戌	二黑	收	胃	28	癸卯	一白	除	昴	30	癸酉	七赤	破	觜	28	壬寅	六白	开	参
初六	31	乙亥	三碧	开	昴	3月	甲辰	二黑	满	毕	31	甲戌	八白	危	参	29	癸卯	七赤	闭	井
初七	2月	丙子	四绿	闭	毕	2	乙巳	三碧	平	觜	4月	乙亥	九紫	成	井	30	甲辰	八白	建	鬼
初八	2	丁丑	五黄	建	觜	3	丙午	四绿	定	参	2	丙子	一白	收	鬼	5月	乙巳	九紫	除	柳
初九	3	戊寅	六白	建	参	4	丁未	五黄	执	井	3	丁丑	二黑	开	柳	2	丙午	一白	满	星
初十	4	己卯	七赤	除	井	5	戊申	六白	执	鬼	4	戊寅	三碧	开	星	3	丁未	二黑	平	张
十一	5	庚辰	八白	满	鬼	6	己酉	七赤	破	柳	5	己卯	四绿	闭	张	4	戊申	三碧	定	翼
十二	6	辛巳	九紫	平	柳	7	庚戌	八白	危	星	6	庚辰	五黄	建	翼	5	己酉	四绿	定	轸
十三	7	壬午	一白	定	星	8	辛亥	九紫	成	张	7	辛巳	六白	除	轸	6	庚戌	五黄	执	角
十四	8	癸未	二黑	执	张	9	壬子	一白	收	翼	8	壬午	七赤	满	角	7	辛亥	六白	破	亢
十五	9	甲申	三碧	破	翼	10	癸丑	二黑	开	轸	9	癸未	八白	平	亢	8	壬子	七赤	危	氐
十六	10	乙酉	四绿	危	轸	11	甲寅	三碧	闭	角	10	甲申	九紫	定	氐	9	癸丑	八白	成	房
十七	11	丙戌	五黄	成	角	12	乙卯	四绿	建	亢	11	乙酉	一白	执	房	10	甲寅	九紫	收	心
十八	12	丁亥	六白	收	亢	13	丙辰	五黄	除	氐	12	丙戌	二黑	破	心	11	乙卯	一白	开	尾
十九	13	戊子	七赤	开	氐	14	丁巳	六白	满	房	13	丁亥	三碧	危	尾	12	丙辰	二黑	闭	箕
二十	14	己丑	八白	闭	房	15	戊午	七赤	平	心	14	戊子	四绿	成	箕	13	丁巳	三碧	建	斗
廿一	15	庚寅	九紫	建	心	16	己未	八白	定	尾	15	己丑	五黄	收	斗	14	戊午	四绿	除	牛
廿二	16	辛卯	一白	除	尾	17	庚申	九紫	执	箕	16	庚寅	六白	开	牛	15	己未	五黄	满	女
廿三	17	壬辰	二黑	满	箕	18	辛酉	一白	破	斗	17	辛卯	七赤	闭	女	16	庚申	六白	平	虚
廿四	18	癸巳	九紫	平	斗	19	壬戌	二黑	危	牛	18	壬辰	八白	建	虚	17	辛酉	七赤	定	危
廿五	19	甲午	一白	定	牛	20	癸亥	三碧	成	女	19	癸巳	九紫	除	危	18	壬戌	八白	执	室
廿六	20	乙未	二黑	执	女	21	甲子	七赤	收	虚	20	甲午	七赤	满	室	19	癸亥	九紫	破	壁
廿七	21	丙申	三碧	破	虚	22	乙丑	八白	开	危	21	乙未	八白	平	壁	20	甲子	四绿	危	奎
廿八	22	丁酉	四绿	危	危	23	丙寅	九紫	闭	室	22	丙申	九紫	定	奎	21	乙丑	五黄	成	娄
廿九	23	戊戌	五黄	成	室	24	丁卯	一白	建	壁	23	丁酉	一白	执	娄	22	丙寅	六白	收	胃
三十						25	戊辰	二黑	除	奎						23	丁卯	七赤	开	昴

公元2066年　丙戌狗年（闰五月）　太岁向般 九星六白

月份	五月大 甲午 一白 乾卦 参宿					闰五月小					六月大 乙未 九紫 兑卦 井宿				
节气	芒种 6月5日 十三庚辰 申时 15时35分　夏至 6月21日 廿九丙申 辰时 8时15分					小暑 7月7日 十五壬子 丑时 1时41分					大暑 7月22日 初一丁卯 戌时 19时05分　立秋 8月7日 十七癸未 午时 11时36分				
农历	公历	干支	九星	日建	星宿	公历	干支	九星	日建	星宿	公历	干支	九星	日建	星宿
初一	24	戊辰	八白	闭	毕	23	戊戌	二黑	定	参	22	丁卯	六白	成	井
初二	25	己巳	九紫	建	觜	24	己亥	一白	执	井	23	戊辰	五黄	收	鬼
初三	26	庚午	一白	除	参	25	庚子	九紫	破	鬼	24	己巳	四绿	开	柳
初四	27	辛未	二黑	满	井	26	辛丑	八白	危	柳	25	庚午	三碧	闭	星
初五	28	壬申	三碧	平	鬼	27	壬寅	七赤	成	星	26	辛未	二黑	建	张
初六	29	癸酉	四绿	定	柳	28	癸卯	六白	收	张	27	壬申	一白	除	翼
初七	30	甲戌	五黄	执	星	29	甲辰	五黄	开	翼	28	癸酉	九紫	满	轸
初八	31	乙亥	六白	破	张	30	乙巳	四绿	闭	轸	29	甲戌	八白	平	角
初九	6月	丙子	七赤	危	翼	7月	丙午	三碧	建	角	30	乙亥	七赤	定	亢
初十	2	丁丑	八白	成	轸	2	丁未	二黑	除	亢	31	丙子	六白	执	氐
十一	3	戊寅	九紫	收	角	3	戊申	一白	满	氐	8月	丁丑	五黄	破	房
十二	4	己卯	一白	开	亢	4	己酉	九紫	平	房	2	戊寅	四绿	危	心
十三	5	庚辰	二黑	开	氐	5	庚戌	八白	定	心	3	己卯	三碧	成	尾
十四	6	辛巳	三碧	闭	房	6	辛亥	七赤	执	尾	4	庚辰	二黑	收	箕
十五	7	壬午	四绿	建	心	7	壬子	六白	执	箕	5	辛巳	一白	开	斗
十六	8	癸未	五黄	除	尾	8	癸丑	五黄	破	斗	6	壬午	九紫	闭	牛
十七	9	甲申	六白	满	箕	9	甲寅	四绿	危	牛	7	癸未	八白	闭	女
十八	10	乙酉	七赤	平	斗	10	乙卯	三碧	成	女	8	甲申	七赤	建	虚
十九	11	丙戌	八白	定	牛	11	丙辰	二黑	收	虚	9	乙酉	六白	除	危
二十	12	丁亥	九紫	执	女	12	丁巳	一白	开	危	10	丙戌	五黄	满	室
廿一	13	戊子	一白	破	虚	13	戊午	九紫	闭	室	11	丁亥	四绿	平	壁
廿二	14	己丑	二黑	危	危	14	己未	八白	建	壁	12	戊子	三碧	定	奎
廿三	15	庚寅	三碧	成	室	15	庚申	七赤	除	奎	13	己丑	二黑	执	娄
廿四	16	辛卯	四绿	收	壁	16	辛酉	六白	满	娄	14	庚寅	一白	破	胃
廿五	17	壬辰	五黄	开	奎	17	壬戌	五黄	平	胃	15	辛卯	九紫	危	昴
廿六	18	癸巳	六白	闭	娄	18	癸亥	四绿	定	昴	16	壬辰	八白	成	毕
廿七	19	甲午	七赤	建	胃	19	甲子	九紫	执	毕	17	癸巳	七赤	收	觜
廿八	20	乙未	八白	除	昴	20	乙丑	八白	破	觜	18	甲午	六白	开	参
廿九	21	丙申	四绿	满	毕	21	丙寅	七赤	危	参	19	乙未	五黄	闭	井
三十	22	丁酉	三碧	平	觜						20	丙申	四绿	建	鬼

公元2066年　丙戌狗年（闰五月）　太岁向般　九星六白

月份	七月小		丙申 八白 离卦 鬼宿			八月大		丁酉 七赤 震卦 柳宿			九月小		戊戌 六白 巽卦 星宿		
节气	处暑 8月23日 初三己亥 丑时 2时22分			白露 9月7日 十八甲寅 未时 14时52分		秋分 9月23日 初五庚午 早子时 0时26分			寒露 10月8日 二十乙酉 辰时 7时00分		霜降 10月23日 初五庚子 巳时 10时15分			立冬 11月7日 二十乙卯 巳时 10时38分	
农历	公历	干支	九星	日建	星宿	公历	干支	九星	日建	星宿	公历	干支	九星	日建	星宿
初一	21	丁酉	三碧	除	柳	19	丙寅	一白	执	星	19	丙申	七赤	开	翼
初二	22	戊戌	二黑	满	星	20	丁卯	九紫	破	张	20	丁酉	六白	闭	轸
初三	23	己亥	四绿	平	张	21	戊辰	八白	危	翼	21	戊戌	五黄	建	角
初四	24	庚子	三碧	定	翼	22	己巳	七赤	成	轸	22	己亥	四绿	除	亢
初五	25	辛丑	二黑	执	轸	23	庚午	六白	收	角	23	庚子	六白	满	氐
初六	26	壬寅	一白	破	角	24	辛未	五黄	开	亢	24	辛丑	五黄	平	房
初七	27	癸卯	九紫	危	亢	25	壬申	四绿	闭	氐	25	壬寅	四绿	定	心
初八	28	甲辰	八白	成	氐	26	癸酉	三碧	建	房	26	癸卯	三碧	执	尾
初九	29	乙巳	七赤	收	房	27	甲戌	二黑	除	心	27	甲辰	二黑	破	箕
初十	30	丙午	六白	开	心	28	乙亥	一白	满	尾	28	乙巳	一白	危	斗
十一	31	丁未	五黄	闭	尾	29	丙子	九紫	平	箕	29	丙午	九紫	成	牛
十二	9月	戊申	四绿	建	箕	30	丁丑	八白	定	斗	30	丁未	八白	收	女
十三	2	己酉	三碧	除	斗	10月	戊寅	七赤	执	牛	31	戊申	七赤	开	虚
十四	3	庚戌	二黑	满	牛	2	己卯	六白	破	女	11月	己酉	六白	闭	危
十五	4	辛亥	一白	平	女	3	庚辰	五黄	危	虚	2	庚戌	五黄	建	室
十六	5	壬子	九紫	定	虚	4	辛巳	四绿	成	危	3	辛亥	四绿	除	壁
十七	6	癸丑	八白	执	危	5	壬午	三碧	收	室	4	壬子	三碧	满	奎
十八	7	甲寅	七赤	执	室	6	癸未	二黑	开	壁	5	癸丑	二黑	平	娄
十九	8	乙卯	六白	破	壁	7	甲申	一白	闭	奎	6	甲寅	一白	定	胃
二十	9	丙辰	五黄	危	奎	8	乙酉	九紫	闭	娄	7	乙卯	九紫	定	昴
廿一	10	丁巳	四绿	成	娄	9	丙戌	八白	建	胃	8	丙辰	八白	执	毕
廿二	11	戊午	三碧	收	胃	10	丁亥	七赤	除	昴	9	丁巳	七赤	破	觜
廿三	12	己未	二黑	开	昴	11	戊子	六白	满	毕	10	戊午	六白	危	参
廿四	13	庚申	一白	闭	毕	12	己丑	五黄	平	觜	11	己未	五黄	成	井
廿五	14	辛酉	九紫	建	觜	13	庚寅	四绿	定	参	12	庚申	四绿	收	鬼
廿六	15	壬戌	八白	除	参	14	辛卯	三碧	执	井	13	辛酉	三碧	开	柳
廿七	16	癸亥	七赤	满	井	15	壬辰	二黑	破	鬼	14	壬戌	二黑	闭	星
廿八	17	甲子	三碧	平	鬼	16	癸巳	一白	危	柳	15	癸亥	一白	建	张
廿九	18	乙丑	二黑	定	柳	17	甲午	九紫	成	星	16	甲子	六白	除	翼
三十						18	乙未	八白	收	张					

公元2066年　丙戌狗年（闰五月）　太岁向般　九星六白

月份	十月大	己亥 五黄 坎卦 张宿				十一月小	庚子 四绿 艮卦 翼宿				十二月大	辛丑 三碧 坤卦 轸宿			
节气	小雪 11月22日 初六庚午 辰时 8时12分		大雪 12月7日 廿一乙酉 寅时 3时47分			冬至 12月21日 初五己亥 亥时 21时44分		小寒 1月5日 二十甲寅 申时 15时06分			大寒 1月20日 初六己巳 辰时 8时22分		立春 2月4日 廿一甲申 丑时 2时36分		
农历	公历	干支	九星	日建	星宿	公历	干支	九星	日建	星宿	公历	干支	九星	日建	星宿
初一	17	乙丑	五黄	满	轸	17	乙未	二黑	危	亢	15	甲子	一白	闭	氐
初二	18	丙寅	四绿	平	角	18	丙申	一白	成	氐	16	乙丑	二黑	建	房
初三	19	丁卯	三碧	定	亢	19	丁酉	九紫	收	房	17	丙寅	三碧	除	心
初四	20	戊辰	二黑	执	氐	20	戊戌	八白	开	心	18	丁卯	四绿	满	尾
初五	21	己巳	一白	破	房	21	己亥	九紫	闭	尾	19	戊辰	五黄	平	箕
初六	22	庚午	九紫	危	心	22	庚子	一白	建	箕	20	己巳	六白	定	斗
初七	23	辛未	八白	成	尾	23	辛丑	二黑	除	斗	21	庚午	七赤	执	牛
初八	24	壬申	七赤	收	箕	24	壬寅	三碧	满	牛	22	辛未	八白	破	女
初九	25	癸酉	六白	开	斗	25	癸卯	四绿	平	女	23	壬申	九紫	危	虚
初十	26	甲戌	五黄	闭	牛	26	甲辰	五黄	定	虚	24	癸酉	一白	成	危
十一	27	乙亥	四绿	建	女	27	乙巳	六白	执	危	25	甲戌	二黑	收	室
十二	28	丙子	三碧	除	虚	28	丙午	七赤	破	室	26	乙亥	三碧	开	壁
十三	29	丁丑	二黑	满	危	29	丁未	八白	危	壁	27	丙子	四绿	闭	奎
十四	30	戊寅	一白	平	室	30	戊申	九紫	成	奎	28	丁丑	五黄	建	娄
十五	12月	己卯	九紫	定	壁	31	己酉	一白	收	娄	29	戊寅	六白	除	胃
十六	2	庚辰	八白	执	奎	1月	庚戌	二黑	开	胃	30	己卯	七赤	满	昴
十七	3	辛巳	七赤	破	娄	2	辛亥	三碧	闭	昴	31	庚辰	八白	平	毕
十八	4	壬午	六白	危	胃	3	壬子	四绿	建	毕	2月	辛巳	九紫	定	觜
十九	5	癸未	五黄	成	昴	4	癸丑	五黄	除	觜	2	壬午	一白	执	参
二十	6	甲申	四绿	收	毕	5	甲寅	六白	除	参	3	癸未	二黑	破	井
廿一	7	乙酉	三碧	收	觜	6	乙卯	七赤	满	井	4	甲申	三碧	破	鬼
廿二	8	丙戌	二黑	开	参	7	丙辰	八白	平	鬼	5	乙酉	四绿	危	柳
廿三	9	丁亥	一白	闭	井	8	丁巳	九紫	定	柳	6	丙戌	五黄	成	星
廿四	10	戊子	九紫	建	鬼	9	戊午	一白	执	星	7	丁亥	六白	收	张
廿五	11	己丑	八白	除	柳	10	己未	二黑	破	张	8	戊子	七赤	开	翼
廿六	12	庚寅	七赤	满	星	11	庚申	三碧	危	翼	9	己丑	八白	闭	轸
廿七	13	辛卯	六白	平	张	12	辛酉	四绿	成	轸	10	庚寅	九紫	建	角
廿八	14	壬辰	五黄	定	翼	13	壬戌	五黄	收	角	11	辛卯	一白	除	亢
廿九	15	癸巳	四绿	执	轸	14	癸亥	六白	开	亢	12	壬辰	二黑	满	氐
三十	16	甲午	三碧	破	角						13	癸巳	三碧	平	房

公元2067年　丁亥猪年　太岁封齐　九星五黄

月份	正月小	壬寅 二黑 坎卦 角宿				二月大	癸卯 一白 艮卦 亢宿				三月小	甲辰 九紫 坤卦 氐宿				四月大	乙巳 八白 乾卦 房宿			
节气	雨水 2月18日 初五戊戌 亥时 22时16分		惊蛰 3月5日 二十癸丑 戌时 20时17分			春分 3月20日 初六戊辰 戌时 20时52分		清明 4月5日 廿二甲申 早子时 0时39分			谷雨 4月20日 初七己亥 辰时 7时27分		立夏 5月5日 廿二甲寅 酉时 17时31分			小满 5月21日 初九庚午 卯时 6时12分		芒种 6月5日 廿四乙酉 亥时 21时20分		
农历	公历	干支	九星	日建	星宿	公历	干支	九星	日建	星宿	公历	干支	九星	日建	星宿	公历	干支	九星	日建	星宿
初一	14	甲午	四绿	定	心	15	癸亥	三碧	成	尾	14	癸巳	九紫	除	斗	13	壬戌	八白	执	牛
初二	15	乙未	五黄	执	尾	16	甲子	七赤	收	箕	15	甲午	一白	满	牛	14	癸亥	九紫	破	女
初三	16	丙申	六白	破	箕	17	乙丑	八白	开	斗	16	乙未	二黑	平	女	15	甲子	四绿	危	虚
初四	17	丁酉	七赤	危	斗	18	丙寅	九紫	闭	牛	17	丙申	三碧	定	虚	16	乙丑	五黄	成	危
初五	18	戊戌	五黄	成	牛	19	丁卯	一白	建	女	18	丁酉	四绿	执	危	17	丙寅	六白	收	室
初六	19	己亥	六白	收	女	20	戊辰	二黑	除	虚	19	戊戌	五黄	破	室	18	丁卯	七赤	开	壁
初七	20	庚子	七赤	开	虚	21	己巳	三碧	满	危	20	己亥	三碧	危	壁	19	戊辰	八白	闭	奎
初八	21	辛丑	八白	闭	危	22	庚午	四绿	平	室	21	庚子	四绿	成	奎	20	己巳	九紫	建	娄
初九	22	壬寅	九紫	建	室	23	辛未	五黄	定	壁	22	辛丑	五黄	收	娄	21	庚午	一白	除	胃
初十	23	癸卯	一白	除	壁	24	壬申	六白	执	奎	23	壬寅	六白	开	胃	22	辛未	二黑	满	昴
十一	24	甲辰	二黑	满	奎	25	癸酉	七赤	破	娄	24	癸卯	七赤	闭	昴	23	壬申	三碧	平	毕
十二	25	乙巳	三碧	平	娄	26	甲戌	八白	危	胃	25	甲辰	八白	建	毕	24	癸酉	四绿	定	觜
十三	26	丙午	四绿	定	胃	27	乙亥	九紫	成	昴	26	乙巳	九紫	除	觜	25	甲戌	五黄	执	参
十四	27	丁未	五黄	执	昴	28	丙子	一白	收	毕	27	丙午	一白	满	参	26	乙亥	六白	破	井
十五	28	戊申	六白	破	毕	29	丁丑	二黑	开	觜	28	丁未	二黑	平	井	27	丙子	七赤	危	鬼
十六	3月	己酉	七赤	危	觜	30	戊寅	三碧	闭	参	29	戊申	三碧	定	鬼	28	丁丑	八白	成	柳
十七	2	庚戌	八白	成	参	31	己卯	四绿	建	井	30	己酉	四绿	执	柳	29	戊寅	九紫	收	星
十八	3	辛亥	九紫	收	井	4月	庚辰	五黄	除	鬼	5月	庚戌	五黄	破	星	30	己卯	一白	开	张
十九	4	壬子	一白	开	鬼	2	辛巳	六白	满	柳	2	辛亥	六白	危	张	31	庚辰	二黑	闭	翼
二十	5	癸丑	二黑	开	柳	3	壬午	七赤	平	星	3	壬子	七赤	成	翼	6月	辛巳	三碧	建	轸
廿一	6	甲寅	三碧	闭	星	4	癸未	八白	定	张	4	癸丑	八白	收	轸	2	壬午	四绿	除	角
廿二	7	乙卯	四绿	建	张	5	甲申	九紫	定	翼	5	甲寅	九紫	收	角	3	癸未	五黄	满	亢
廿三	8	丙辰	五黄	除	翼	6	乙酉	一白	执	轸	6	乙卯	一白	开	亢	4	甲申	六白	平	氐
廿四	9	丁巳	六白	满	轸	7	丙戌	二黑	破	角	7	丙辰	二黑	闭	氐	5	乙酉	七赤	平	房
廿五	10	戊午	七赤	平	角	8	丁亥	三碧	危	亢	8	丁巳	三碧	建	房	6	丙戌	八白	定	心
廿六	11	己未	八白	定	亢	9	戊子	四绿	成	氐	9	戊午	四绿	除	心	7	丁亥	九紫	执	尾
廿七	12	庚申	九紫	执	氐	10	己丑	五黄	收	房	10	己未	五黄	满	尾	8	戊子	一白	破	箕
廿八	13	辛酉	一白	破	房	11	庚寅	六白	开	心	11	庚申	六白	平	箕	9	己丑	二黑	危	斗
廿九	14	壬戌	二黑	危	心	12	辛卯	七赤	闭	尾	12	辛酉	七赤	定	斗	10	庚寅	三碧	成	牛
三十						13	壬辰	八白	建	箕						11	辛卯	四绿	收	女

公元2067年　丁亥猪年　太岁封齐 九星五黄

月份	五月小 丙午 七赤 兑卦 心宿				
节气	夏至 6月21日 初十辛丑 未时 13时55分		小暑 7月7日 廿六丁巳 辰时 7时28分		
农历	公历	干支	九星	日建	星宿
初一	12	壬辰	五黄	开	虚
初二	13	癸巳	六白	闭	危
初三	14	甲午	七赤	建	室
初四	15	乙未	八白	除	壁
初五	16	丙申	九紫	满	奎
初六	17	丁酉	一白	平	娄
初七	18	戊戌	二黑	定	胃
初八	19	己亥	三碧	执	昴
初九	20	庚子	四绿	破	毕
初十	21	辛丑	八白	危	觜
十一	22	壬寅	七赤	成	参
十二	23	癸卯	六白	收	井
十三	24	甲辰	五黄	开	鬼
十四	25	乙巳	四绿	闭	柳
十五	26	丙午	三碧	建	星
十六	27	丁未	二黑	除	张
十七	28	戊申	一白	满	翼
十八	29	己酉	九紫	平	轸
十九	30	庚戌	八白	定	角
二十	7月	辛亥	七赤	执	亢
廿一	2	壬子	六白	破	氐
廿二	3	癸丑	五黄	危	房
廿三	4	甲寅	四绿	成	心
廿四	5	乙卯	三碧	收	尾
廿五	6	丙辰	二黑	开	箕
廿六	7	丁巳	一白	开	斗
廿七	8	戊午	九紫	闭	牛
廿八	9	己未	八白	建	女
廿九	10	庚申	七赤	除	虚
三十					

月份	六月大 丁未 六白 离卦 尾宿				
节气	大暑 7月23日 十三癸酉 早子时 0时49分		立秋 8月7日 廿八戊子 酉时 17时24分		
农历	公历	干支	九星	日建	星宿
初一	11	辛酉	六白	满	危
初二	12	壬戌	五黄	平	室
初三	13	癸亥	四绿	定	壁
初四	14	甲子	九紫	执	奎
初五	15	乙丑	八白	破	娄
初六	16	丙寅	七赤	危	胃
初七	17	丁卯	六白	成	昴
初八	18	戊辰	五黄	收	毕
初九	19	己巳	四绿	开	觜
初十	20	庚午	三碧	闭	参
十一	21	辛未	二黑	建	井
十二	22	壬申	一白	除	鬼
十三	23	癸酉	九紫	满	柳
十四	24	甲戌	八白	平	星
十五	25	乙亥	七赤	定	张
十六	26	丙子	六白	执	翼
十七	27	丁丑	五黄	破	轸
十八	28	戊寅	四绿	危	角
十九	29	己卯	三碧	成	亢
二十	30	庚辰	二黑	收	氐
廿一	31	辛巳	一白	开	房
廿二	8月	壬午	九紫	闭	心
廿三	2	癸未	八白	建	尾
廿四	3	甲申	七赤	除	箕
廿五	4	乙酉	六白	满	斗
廿六	5	丙戌	五黄	平	牛
廿七	6	丁亥	四绿	定	女
廿八	7	戊子	三碧	定	虚
廿九	8	己丑	二黑	执	危
三十	9	庚寅	一白	破	室

月份	七月大 戊申 五黄 震卦 箕宿				
节气	处暑 8月23日 十四甲辰 辰时 8时11分		白露 9月7日 廿九己未 戌时 20时41分		
农历	公历	干支	九星	日建	星宿
初一	10	辛卯	九紫	危	壁
初二	11	壬辰	八白	成	奎
初三	12	癸巳	七赤	收	娄
初四	13	甲午	六白	开	胃
初五	14	乙未	五黄	闭	昴
初六	15	丙申	四绿	建	毕
初七	16	丁酉	三碧	除	觜
初八	17	戊戌	二黑	满	参
初九	18	己亥	一白	平	井
初十	19	庚子	九紫	定	鬼
十一	20	辛丑	八白	执	柳
十二	21	壬寅	七赤	破	星
十三	22	癸卯	六白	危	张
十四	23	甲辰	八白	成	翼
十五	24	乙巳	七赤	收	轸
十六	25	丙午	六白	开	角
十七	26	丁未	五黄	闭	亢
十八	27	戊申	四绿	建	氐
十九	28	己酉	三碧	除	房
二十	29	庚戌	二黑	满	心
廿一	30	辛亥	一白	平	尾
廿二	31	壬子	九紫	定	箕
廿三	9月	癸丑	八白	执	斗
廿四	2	甲寅	七赤	破	牛
廿五	3	乙卯	六白	危	女
廿六	4	丙辰	五黄	成	虚
廿七	5	丁巳	四绿	收	危
廿八	6	戊午	三碧	开	室
廿九	7	己未	二黑	开	壁
三十	8	庚申	一白	闭	奎

月份	八月小 己酉 四绿 巽卦 斗宿				
节气	秋分 9月23日 十五乙亥 卯时 6时18分				
农历	公历	干支	九星	日建	星宿
初一	9	辛酉	九紫	建	娄
初二	10	壬戌	八白	除	胃
初三	11	癸亥	七赤	满	昴
初四	12	甲子	三碧	平	毕
初五	13	乙丑	二黑	定	觜
初六	14	丙寅	一白	执	参
初七	15	丁卯	九紫	破	井
初八	16	戊辰	八白	危	鬼
初九	17	己巳	七赤	成	柳
初十	18	庚午	六白	收	星
十一	19	辛未	五黄	开	张
十二	20	壬申	四绿	闭	翼
十三	21	癸酉	三碧	建	轸
十四	22	甲戌	二黑	除	角
十五	23	乙亥	一白	满	亢
十六	24	丙子	九紫	平	氐
十七	25	丁丑	八白	定	房
十八	26	戊寅	七赤	执	心
十九	27	己卯	六白	破	尾
二十	28	庚辰	五黄	危	箕
廿一	29	辛巳	四绿	成	斗
廿二	30	壬午	三碧	收	牛
廿三	10月	癸未	二黑	开	女
廿四	2	甲申	一白	闭	虚
廿五	3	乙酉	九紫	建	危
廿六	4	丙戌	八白	除	室
廿七	5	丁亥	七赤	满	壁
廿八	6	戊子	六白	平	奎
廿九	7	己丑	五黄	定	娄
三十					

国学经典文库

中华历书大全

·1900–2100年万年历法表·

图文珍藏版

公元2067年　丁亥猪年　太岁封齐　九星五黄

月份	九月大		庚戌 三碧 坎卦 牛宿			十月小		辛亥 二黑 艮卦 女宿			十一月大		壬子 一白 坤卦 虚宿			十二月小		癸丑 九紫 乾卦 危宿		
节气	寒露 10月8日 初一庚寅 午时 12时50分			霜降 10月23日 十六乙巳 申时 16时11分		立冬 11月7日 初一庚申 申时 16时29分			小雪 11月22日 十六乙亥 未时 14时09分		大雪 12月7日 初二庚寅 巳时 9时39分			冬至 12月22日 十七乙巳 寅时 3时42分		小寒 1月5日 初一己未 戌时 20时58分			大寒 1月20日 十六甲戌 未时 14时19分	
农历	公历	干支	九星	日建	星宿	公历	干支	九星	日建	星宿	公历	干支	九星	日建	星宿	公历	干支	九星	日建	星宿
初一	8	庚寅	四绿	定	胃	7	庚申	四绿	收	毕	6	己丑	八白	满	觜	5	己未	二黑	破	井
初二	9	辛卯	三碧	执	昴	8	辛酉	三碧	开	觜	7	庚寅	七赤	满	参	6	庚申	三碧	危	鬼
初三	10	壬辰	二黑	破	毕	9	壬戌	二黑	闭	参	8	辛卯	六白	平	井	7	辛酉	四绿	成	柳
初四	11	癸巳	一白	危	觜	10	癸亥	一白	建	井	9	壬辰	五黄	定	鬼	8	壬戌	五黄	收	星
初五	12	甲午	九紫	成	参	11	甲子	六白	除	鬼	10	癸巳	四绿	执	柳	9	癸亥	六白	开	张
初六	13	乙未	八白	收	井	12	乙丑	五黄	满	柳	11	甲午	三碧	破	星	10	甲子	一白	闭	翼
初七	14	丙申	七赤	开	鬼	13	丙寅	四绿	平	星	12	乙未	二黑	危	张	11	乙丑	二黑	建	轸
初八	15	丁酉	六白	闭	柳	14	丁卯	三碧	定	张	13	丙申	一白	成	翼	12	丙寅	三碧	除	角
初九	16	戊戌	五黄	建	星	15	戊辰	二黑	执	翼	14	丁酉	九紫	收	轸	13	丁卯	四绿	满	亢
初十	17	己亥	四绿	除	张	16	己巳	一白	破	轸	15	戊戌	八白	开	角	14	戊辰	五黄	平	氐
十一	18	庚子	三碧	满	翼	17	庚午	九紫	危	角	16	己亥	七赤	闭	亢	15	己巳	六白	定	房
十二	19	辛丑	二黑	平	轸	18	辛未	八白	成	亢	17	庚子	六白	建	氐	16	庚午	七赤	执	心
十三	20	壬寅	一白	定	角	19	壬申	七赤	收	氐	18	辛丑	五黄	除	房	17	辛未	八白	破	尾
十四	21	癸卯	九紫	执	亢	20	癸酉	六白	开	房	19	壬寅	四绿	满	心	18	壬申	九紫	危	箕
十五	22	甲辰	八白	破	氐	21	甲戌	五黄	闭	心	20	癸卯	三碧	平	尾	19	癸酉	一白	成	斗
十六	23	乙巳	一白	危	房	22	乙亥	四绿	建	尾	21	甲辰	二黑	定	箕	20	甲戌	二黑	收	牛
十七	24	丙午	九紫	成	心	23	丙子	三碧	除	箕	22	乙巳	六白	执	斗	21	乙亥	三碧	开	女
十八	25	丁未	八白	收	尾	24	丁丑	二黑	满	斗	23	丙午	七赤	破	牛	22	丙子	四绿	闭	虚
十九	26	戊申	七赤	开	箕	25	戊寅	一白	平	牛	24	丁未	八白	危	女	23	丁丑	五黄	建	危
二十	27	己酉	六白	闭	斗	26	己卯	九紫	定	女	25	戊申	九紫	成	虚	24	戊寅	六白	除	室
廿一	28	庚戌	五黄	建	牛	27	庚辰	八白	执	虚	26	己酉	一白	收	危	25	己卯	七赤	满	壁
廿二	29	辛亥	四绿	除	女	28	辛巳	七赤	破	危	27	庚戌	二黑	开	室	26	庚辰	八白	平	奎
廿三	30	壬子	三碧	满	虚	29	壬午	六白	危	室	28	辛亥	三碧	闭	壁	27	辛巳	九紫	定	娄
廿四	31	癸丑	二黑	平	危	30	癸未	五黄	成	壁	29	壬子	四绿	建	奎	28	壬午	一白	执	胃
廿五	11月	甲寅	一白	定	室	12月	甲申	四绿	收	奎	30	癸丑	五黄	除	娄	29	癸未	二黑	破	昴
廿六	2	乙卯	九紫	执	壁	2	乙酉	三碧	开	娄	31	甲寅	六白	满	胃	30	甲申	三碧	危	毕
廿七	3	丙辰	八白	破	奎	3	丙戌	二黑	闭	胃	1月	乙卯	七赤	平	昴	31	乙酉	四绿	成	觜
廿八	4	丁巳	七赤	危	娄	4	丁亥	一白	建	昴	2	丙辰	八白	定	毕	2月	丙戌	五黄	收	参
廿九	5	戊午	六白	成	胃	5	戊子	九紫	除	毕	3	丁巳	九紫	执	觜	2	丁亥	六白	开	井
三十	6	己未	五黄	收	昴						4	戊午	一白	破	参					

公元2068年　戊子鼠年　太岁郢班 九星四绿

月份	正月大	甲寅 八白 离卦 室宿				二月小	乙卯 七赤 震卦 壁宿				三月大	丙辰 六白 巽卦 奎宿				四月小	丁巳 五黄 坎卦 娄宿			
节气	立春 2月4日 初二己丑 辰时 8时28分		雨水 2月19日 十七甲辰 寅时 4时12分			惊蛰 3月5日 初二己未 丑时 2时08分		春分 3月20日 十七甲戌 丑时 2时48分			清明 4月4日 初三己丑 卯时 6时28分		谷雨 4月19日 十八甲辰 未时 13时23分			立夏 5月4日 初三己未 夜子时 23时19分		小满 5月20日 十九乙亥 午时 12时09分		
农历	公历	干支	九星	日建	星宿	公历	干支	九星	日建	星宿	公历	干支	九星	日建	星宿	公历	干支	九星	日建	星宿
初一	3	戊子	七赤	闭	鬼	4	戊午	七赤	定	星	2	丁亥	三碧	成	张	2	丁巳	三碧	除	轸
初二	4	己丑	八白	闭	柳	5	己未	八白	定	张	3	戊子	四绿	收	翼	3	戊午	四绿	满	角
初三	5	庚寅	九紫	建	星	6	庚申	九紫	执	翼	4	己丑	五黄	收	轸	4	己未	五黄	满	亢
初四	6	辛卯	一白	除	张	7	辛酉	一白	破	轸	5	庚寅	六白	开	角	5	庚申	六白	平	氐
初五	7	壬辰	二黑	满	翼	8	壬戌	二黑	危	角	6	辛卯	七赤	闭	亢	6	辛酉	七赤	定	房
初六	8	癸巳	三碧	平	轸	9	癸亥	三碧	成	亢	7	壬辰	八白	建	氐	7	壬戌	八白	执	心
初七	9	甲午	四绿	定	角	10	甲子	七赤	收	氐	8	癸巳	九紫	除	房	8	癸亥	九紫	破	尾
初八	10	乙未	五黄	执	亢	11	乙丑	八白	开	房	9	甲午	一白	满	心	9	甲子	四绿	危	箕
初九	11	丙申	六白	破	氐	12	丙寅	九紫	闭	心	10	乙未	二黑	平	尾	10	乙丑	五黄	成	斗
初十	12	丁酉	七赤	危	房	13	丁卯	一白	建	尾	11	丙申	三碧	定	箕	11	丙寅	六白	收	牛
十一	13	戊戌	八白	成	心	14	戊辰	二黑	除	箕	12	丁酉	四绿	执	斗	12	丁卯	七赤	开	女
十二	14	己亥	九紫	收	尾	15	己巳	三碧	满	斗	13	戊戌	五黄	破	牛	13	戊辰	八白	闭	虚
十三	15	庚子	一白	开	箕	16	庚午	四绿	平	牛	14	己亥	六白	危	女	14	己巳	九紫	建	危
十四	16	辛丑	二黑	闭	斗	17	辛未	五黄	定	女	15	庚子	七赤	成	虚	15	庚午	一白	除	室
十五	17	壬寅	三碧	建	牛	18	壬申	六白	执	虚	16	辛丑	八白	收	危	16	辛未	二黑	满	壁
十六	18	癸卯	四绿	除	女	19	癸酉	七赤	破	危	17	壬寅	九紫	开	室	17	壬申	三碧	平	奎
十七	19	甲辰	二黑	满	虚	20	甲戌	八白	危	室	18	癸卯	一白	闭	壁	18	癸酉	四绿	定	娄
十八	20	乙巳	三碧	平	危	21	乙亥	九紫	成	壁	19	甲辰	八白	建	奎	19	甲戌	五黄	执	胃
十九	21	丙午	四绿	定	室	22	丙子	一白	收	奎	20	乙巳	九紫	除	娄	20	乙亥	六白	破	昴
二十	22	丁未	五黄	执	壁	23	丁丑	二黑	开	娄	21	丙午	一白	满	胃	21	丙子	七赤	危	毕
廿一	23	戊申	六白	破	奎	24	戊寅	三碧	闭	胃	22	丁未	二黑	平	昴	22	丁丑	八白	成	觜
廿二	24	己酉	七赤	危	娄	25	己卯	四绿	建	昴	23	戊申	三碧	定	毕	23	戊寅	九紫	收	参
廿三	25	庚戌	八白	成	胃	26	庚辰	五黄	除	毕	24	己酉	四绿	执	觜	24	己卯	一白	开	井
廿四	26	辛亥	九紫	收	昴	27	辛巳	六白	满	觜	25	庚戌	五黄	破	参	25	庚辰	二黑	闭	鬼
廿五	27	壬子	一白	开	毕	28	壬午	七赤	平	参	26	辛亥	六白	危	井	26	辛巳	三碧	建	柳
廿六	28	癸丑	二黑	闭	觜	29	癸未	八白	定	井	27	壬子	七赤	成	鬼	27	壬午	四绿	除	星
廿七	29	甲寅	三碧	建	参	30	甲申	九紫	执	鬼	28	癸丑	八白	收	柳	28	癸未	五黄	满	张
廿八	3月	乙卯	四绿	除	井	31	乙酉	一白	破	柳	29	甲寅	九紫	开	星	29	甲申	六白	平	翼
廿九	2	丙辰	五黄	满	鬼	4月	丙戌	二黑	危	星	30	乙卯	一白	闭	张	30	乙酉	七赤	定	轸
三十	3	丁巳	六白	平	柳						5月	丙辰	二黑	建	翼					

公元2068年　戊子鼠年　太岁郢班　九星四绿

月份	五月小	戊午 四绿 艮卦 胃宿				六月大	己未 三碧 坤卦 昴宿				七月大	庚申 二黑 乾卦 毕宿				八月小	辛酉 一白 兑卦 觜宿			
节气	芒种 6月5日 初六辛卯 寅时 3时08分		夏至 6月20日 廿一丙午 戌时 19时53分			小暑 7月6日 初八壬戌 未时 13时16分		大暑 7月22日 廿四戊寅 卯时 6时45分			立秋 8月6日 初九癸巳 夜子时 23时10分		处暑 8月22日 廿五己酉 未时 14时03分			白露 9月7日 十一乙丑 丑时 2时25分		秋分 9月22日 廿六庚辰 午时 12时06分		
农历	公历	干支	九星	日建	星宿	公历	干支	九星	日建	星宿	公历	干支	九星	日建	星宿	公历	干支	九星	日建	星宿
初一	31	丙戌	八白	执	角	29	乙卯	三碧	收	亢	29	乙酉	六白	满	房	28	乙卯	六白	危	尾
初二	6月	丁亥	九紫	破	亢	30	丙辰	二黑	开	氐	30	丙戌	五黄	平	心	29	丙辰	五黄	成	箕
初三	2	戊子	一白	危	氐	7月	丁巳	一白	闭	房	31	丁亥	四绿	定	尾	30	丁巳	四绿	收	斗
初四	3	己丑	二黑	成	房	2	戊午	九紫	建	心	8月	戊子	三碧	执	箕	31	戊午	三碧	开	牛
初五	4	庚寅	三碧	收	心	3	己未	八白	除	尾	2	己丑	二黑	破	斗	9月	己未	二黑	闭	女
初六	5	辛卯	四绿	收	尾	4	庚申	七赤	满	箕	3	庚寅	一白	危	牛	2	庚申	一白	建	虚
初七	6	壬辰	五黄	开	箕	5	辛酉	六白	平	斗	4	辛卯	九紫	成	女	3	辛酉	九紫	除	危
初八	7	癸巳	六白	闭	斗	6	壬戌	五黄	平	牛	5	壬辰	八白	收	虚	4	壬戌	八白	满	室
初九	8	甲午	七赤	建	牛	7	癸亥	四绿	定	女	6	癸巳	七赤	收	危	5	癸亥	七赤	平	壁
初十	9	乙未	八白	除	女	8	甲子	九紫	执	虚	7	甲午	六白	开	室	6	甲子	三碧	定	奎
十一	10	丙申	九紫	满	虚	9	乙丑	八白	破	危	8	乙未	五黄	闭	壁	7	乙丑	二黑	定	娄
十二	11	丁酉	一白	平	危	10	丙寅	七赤	危	室	9	丙申	四绿	建	奎	8	丙寅	一白	执	胃
十三	12	戊戌	二黑	定	室	11	丁卯	六白	成	壁	10	丁酉	三碧	除	娄	9	丁卯	九紫	破	昴
十四	13	己亥	三碧	执	壁	12	戊辰	五黄	收	奎	11	戊戌	二黑	满	胃	10	戊辰	八白	危	毕
十五	14	庚子	四绿	破	奎	13	己巳	四绿	开	娄	12	己亥	一白	平	昴	11	己巳	七赤	成	觜
十六	15	辛丑	五黄	危	娄	14	庚午	三碧	闭	胃	13	庚子	九紫	定	毕	12	庚午	六白	收	参
十七	16	壬寅	六白	成	胃	15	辛未	二黑	建	昴	14	辛丑	八白	执	觜	13	辛未	五黄	开	井
十八	17	癸卯	七赤	收	昴	16	壬申	一白	除	毕	15	壬寅	七赤	破	参	14	壬申	四绿	闭	鬼
十九	18	甲辰	八白	开	毕	17	癸酉	九紫	满	觜	16	癸卯	六白	危	井	15	癸酉	三碧	建	柳
二十	19	乙巳	九紫	闭	觜	18	甲戌	八白	平	参	17	甲辰	五黄	成	鬼	16	甲戌	二黑	除	星
廿一	20	丙午	三碧	建	参	19	乙亥	七赤	定	井	18	乙巳	四绿	收	柳	17	乙亥	一白	满	张
廿二	21	丁未	二黑	除	井	20	丙子	六白	执	鬼	19	丙午	三碧	开	星	18	丙子	九紫	平	翼
廿三	22	戊申	一白	满	鬼	21	丁丑	五黄	破	柳	20	丁未	二黑	闭	张	19	丁丑	八白	定	轸
廿四	23	己酉	九紫	平	柳	22	戊寅	四绿	危	星	21	戊申	一白	建	翼	20	戊寅	七赤	执	角
廿五	24	庚戌	八白	定	星	23	己卯	三碧	成	张	22	己酉	三碧	除	轸	21	己卯	六白	破	亢
廿六	25	辛亥	七赤	执	张	24	庚辰	二黑	收	翼	23	庚戌	二黑	满	角	22	庚辰	五黄	危	氐
廿七	26	壬子	六白	破	翼	25	辛巳	一白	开	轸	24	辛亥	一白	平	亢	23	辛巳	四绿	成	房
廿八	27	癸丑	五黄	危	轸	26	壬午	九紫	闭	角	25	壬子	九紫	定	氐	24	壬午	三碧	收	心
廿九	28	甲寅	四绿	成	角	27	癸未	八白	建	亢	26	癸丑	八白	执	房	25	癸未	二黑	开	尾
三十						28	甲申	七赤	除	氐	27	甲寅	七赤	破	心					

公元2068年　戊子鼠年　太岁郢班　九星四绿

月份	九月大	壬戌 九紫 离卦 参宿				十月大	癸亥 八白 震卦 井宿				十一月小	甲子 七赤 巽卦 鬼宿				十二月大	乙丑 六白 坎卦 柳宿			
节气	寒露 10月7日 十二乙未 酉时 18时32分		霜降 10月22日 廿七庚戌 亥时 21时56分			立冬 11月6日 十二乙丑 亥时 22时12分		小雪 11月21日 廿七庚辰 戌时 19时56分			大雪 12月6日 十二乙未 申时 15时25分		冬至 12月21日 廿七庚戌 巳时 9时31分			小寒 1月5日 十三乙丑 丑时 2时47分		大寒 1月19日 廿七己卯 戌时 20时12分		
农历	公历	干支	九星	日建	星宿	公历	干支	九星	日建	星宿	公历	干支	九星	日建	星宿	公历	干支	九星	日建	星宿
初一	26	甲申	一白	闭	箕	26	甲寅	一白	定	牛	25	甲申	四绿	收	虚	24	癸丑	五黄	除	危
初二	27	乙酉	九紫	建	斗	27	乙卯	九紫	执	女	26	乙酉	三碧	开	危	25	甲寅	六白	满	室
初三	28	丙戌	八白	除	牛	28	丙辰	八白	破	虚	27	丙戌	二黑	闭	室	26	乙卯	七赤	平	壁
初四	29	丁亥	七赤	满	女	29	丁巳	七赤	危	危	28	丁亥	一白	建	壁	27	丙辰	八白	定	奎
初五	30	戊子	六白	平	虚	30	戊午	六白	成	室	29	戊子	九紫	除	奎	28	丁巳	九紫	执	娄
初六	10月	己丑	五黄	定	危	31	己未	五黄	收	壁	30	己丑	八白	满	娄	29	戊午	一白	破	胃
初七	2	庚寅	四绿	执	室	11月	庚申	四绿	开	奎	12月	庚寅	七赤	平	胃	30	己未	二黑	危	昴
初八	3	辛卯	三碧	破	壁	2	辛酉	三碧	闭	娄	2	辛卯	六白	定	昴	31	庚申	三碧	成	毕
初九	4	壬辰	二黑	危	奎	3	壬戌	二黑	建	胃	3	壬辰	五黄	执	毕	1月	辛酉	四绿	收	觜
初十	5	癸巳	一白	成	娄	4	癸亥	一白	除	昴	4	癸巳	四绿	破	觜	2	壬戌	五黄	开	参
十一	6	甲午	九紫	收	胃	5	甲子	六白	满	毕	5	甲午	三碧	危	参	3	癸亥	六白	闭	井
十二	7	乙未	八白	收	昴	6	乙丑	五黄	满	觜	6	乙未	二黑	危	井	4	甲子	一白	建	鬼
十三	8	丙申	七赤	开	毕	7	丙寅	四绿	平	参	7	丙申	一白	成	鬼	5	乙丑	二黑	建	柳
十四	9	丁酉	六白	闭	觜	8	丁卯	三碧	定	井	8	丁酉	九紫	收	柳	6	丙寅	三碧	除	星
十五	10	戊戌	五黄	建	参	9	戊辰	二黑	执	鬼	9	戊戌	八白	开	星	7	丁卯	四绿	满	张
十六	11	己亥	四绿	除	井	10	己巳	一白	破	柳	10	己亥	七赤	闭	张	8	戊辰	五黄	平	翼
十七	12	庚子	三碧	满	鬼	11	庚午	九紫	危	星	11	庚子	六白	建	翼	9	己巳	六白	定	轸
十八	13	辛丑	二黑	平	柳	12	辛未	八白	成	张	12	辛丑	五黄	除	轸	10	庚午	七赤	执	角
十九	14	壬寅	一白	定	星	13	壬申	七赤	收	翼	13	壬寅	四绿	满	角	11	辛未	八白	破	亢
二十	15	癸卯	九紫	执	张	14	癸酉	六白	开	轸	14	癸卯	三碧	平	亢	12	壬申	九紫	危	氐
廿一	16	甲辰	八白	破	翼	15	甲戌	五黄	闭	角	15	甲辰	二黑	定	氐	13	癸酉	一白	成	房
廿二	17	乙巳	七赤	危	轸	16	乙亥	四绿	建	亢	16	乙巳	一白	执	房	14	甲戌	二黑	收	心
廿三	18	丙午	六白	成	角	17	丙子	三碧	除	氐	17	丙午	九紫	破	心	15	乙亥	三碧	开	尾
廿四	19	丁未	五黄	收	亢	18	丁丑	二黑	满	房	18	丁未	八白	危	尾	16	丙子	四绿	闭	箕
廿五	20	戊申	四绿	开	氐	19	戊寅	一白	平	心	19	戊申	七赤	成	箕	17	丁丑	五黄	建	斗
廿六	21	己酉	三碧	闭	房	20	己卯	九紫	定	尾	20	己酉	六白	收	斗	18	戊寅	六白	除	牛
廿七	22	庚戌	五黄	建	心	21	庚辰	八白	执	箕	21	庚戌	二黑	开	牛	19	己卯	七赤	满	女
廿八	23	辛亥	四绿	除	尾	22	辛巳	七赤	破	斗	22	辛亥	三碧	闭	女	20	庚辰	八白	平	虚
廿九	24	壬子	三碧	满	箕	23	壬午	六白	危	牛	23	壬子	四绿	建	虚	21	辛巳	九紫	定	危
三十	25	癸丑	二黑	平	斗	24	癸未	五黄	成	女						22	壬午	一白	执	室

公元2069年　己丑牛年（闰四月）　太岁潘佑 九星三碧

月份	正月小	丙寅 五黄 震卦 星宿				二月大	丁卯 四绿 巽卦 张宿				三月小	戊辰 三碧 坎卦 翼宿				四月大	己巳 二黑 艮卦 轸宿			
节气	立春 2月3日 十二甲午 未时 14时20分			雨水 2月18日 廿七己酉 巳时 10时08分		惊蛰 3月5日 十三甲子 辰时 8时01分			春分 3月20日 廿八己卯 辰时 8时44分		清明 4月4日 十三甲午 午时 12时23分			谷雨 4月19日 廿八己酉 戌时 19时17分		立夏 5月5日 十五乙丑 卯时 5时13分			小满 5月20日 三十庚辰 酉时 18时00分	
农历	公历	干支	九星	日建	星宿	公历	干支	九星	日建	星宿	公历	干支	九星	日建	星宿	公历	干支	九星	日建	星宿
初一	23	癸未	二黑	破	壁	21	壬子	一白	开	奎	23	壬午	七赤	平	胃	21	辛亥	六白	危	昴
初二	24	甲申	三碧	危	奎	22	癸丑	二黑	闭	娄	24	癸未	八白	定	昴	22	壬子	七赤	成	毕
初三	25	乙酉	四绿	成	娄	23	甲寅	三碧	建	胃	25	甲申	九紫	执	毕	23	癸丑	八白	收	觜
初四	26	丙戌	五黄	收	胃	24	乙卯	四绿	除	昴	26	乙酉	一白	破	觜	24	甲寅	九紫	开	参
初五	27	丁亥	六白	开	昴	25	丙辰	五黄	满	毕	27	丙戌	二黑	危	参	25	乙卯	一白	闭	井
初六	28	戊子	七赤	闭	毕	26	丁巳	六白	平	觜	28	丁亥	三碧	成	井	26	丙辰	二黑	建	鬼
初七	29	己丑	八白	建	觜	27	戊午	七赤	定	参	29	戊子	四绿	收	鬼	27	丁巳	三碧	除	柳
初八	30	庚寅	九紫	除	参	28	己未	八白	执	井	30	己丑	五黄	开	柳	28	戊午	四绿	满	星
初九	31	辛卯	一白	满	井	3月	庚申	九紫	破	鬼	31	庚寅	六白	闭	星	29	己未	五黄	平	张
初十	2月	壬辰	二黑	平	鬼	2	辛酉	一白	危	柳	4月	辛卯	七赤	建	张	30	庚申	六白	定	翼
十一	2	癸巳	三碧	定	柳	3	壬戌	二黑	成	星	2	壬辰	八白	除	翼	5月	辛酉	七赤	执	轸
十二	3	甲午	四绿	定	星	4	癸亥	三碧	收	张	3	癸巳	九紫	满	轸	2	壬戌	八白	破	角
十三	4	乙未	五黄	执	张	5	**甲子**	**七赤**	收	翼	4	甲午	一白	满	角	3	癸亥	九紫	危	亢
十四	5	丙申	六白	破	翼	6	乙丑	八白	开	轸	5	乙未	二黑	平	亢	4	**甲子**	**四绿**	成	氐
十五	6	丁酉	七赤	危	轸	7	丙寅	九紫	闭	角	6	丙申	三碧	定	氐	5	乙丑	五黄	成	房
十六	7	戊戌	八白	成	角	8	丁卯	一白	建	亢	7	丁酉	四绿	执	房	6	丙寅	六白	收	心
十七	8	己亥	九紫	收	亢	9	戊辰	二黑	除	氐	8	戊戌	五黄	破	心	7	丁卯	七赤	开	尾
十八	9	庚子	一白	开	氐	10	己巳	三碧	满	房	9	己亥	六白	危	尾	8	戊辰	八白	闭	箕
十九	10	辛丑	二黑	闭	房	11	庚午	四绿	平	心	10	庚子	七赤	成	箕	9	己巳	九紫	建	斗
二十	11	壬寅	三碧	建	心	12	辛未	五黄	定	尾	11	辛丑	八白	收	斗	10	庚午	一白	除	牛
廿一	12	癸卯	四绿	除	尾	13	壬申	六白	执	箕	12	壬寅	九紫	开	牛	11	辛未	二黑	满	女
廿二	13	甲辰	五黄	满	箕	14	癸酉	七赤	破	斗	13	癸卯	一白	闭	女	12	壬申	三碧	平	虚
廿三	14	乙巳	六白	平	斗	15	甲戌	八白	危	牛	14	甲辰	二黑	建	虚	13	癸酉	四绿	定	危
廿四	15	丙午	七赤	定	牛	16	乙亥	九紫	成	女	15	乙巳	三碧	除	危	14	甲戌	五黄	执	室
廿五	16	丁未	八白	执	女	17	丙子	一白	收	虚	16	丙午	四绿	满	室	15	乙亥	六白	破	壁
廿六	17	戊申	九紫	破	虚	18	丁丑	二黑	开	危	17	丁未	五黄	平	壁	16	丙子	七赤	危	奎
廿七	18	**己酉**	**七赤**	危	危	19	戊寅	三碧	闭	室	18	戊申	六白	定	奎	17	丁丑	八白	成	娄
廿八	19	庚戌	八白	成	室	20	己卯	四绿	建	壁	19	**己酉**	**四绿**	执	娄	18	戊寅	九紫	收	胃
廿九	20	辛亥	九紫	收	壁	21	庚辰	五黄	除	奎	20	庚戌	五黄	破	胃	19	己卯	一白	开	昴
三十						22	辛巳	六白	满	娄						20	庚辰	二黑	闭	毕

公元2069年　己丑牛年（闰四月）　太岁潘佑 九星三碧

月份	闰四月小					五月小　庚午 一白　坤卦 角宿					六月大　辛未 九紫　乾卦 亢宿				
节气	芒种 6月5日 十六丙申 巳时 9时02分					夏至 6月21日 初三壬子 丑时 1时40分 小暑 7月6日 十八丁卯 戌时 19时10分					大暑 7月22日 初五癸未 午时 12时31分 立秋 8月7日 廿一己亥 卯时 5时05分				
农历	公历	干支	九星	日建	星宿	公历	干支	九星	日建	星宿	公历	干支	九星	日建	星宿
初一	21	辛巳	三碧	建	觜	19	庚戌	五黄	定	参	18	己卯	三碧	成	井
初二	22	壬午	四绿	除	参	20	辛亥	六白	执	井	19	庚辰	二黑	收	鬼
初三	23	癸未	五黄	满	井	21	壬子	六白	破	鬼	20	辛巳	一白	开	柳
初四	24	甲申	六白	平	鬼	22	癸丑	五黄	危	柳	21	壬午	九紫	闭	星
初五	25	乙酉	七赤	定	柳	23	甲寅	四绿	成	星	22	癸未	八白	建	张
初六	26	丙戌	八白	执	星	24	乙卯	三碧	收	张	23	甲申	七赤	除	翼
初七	27	丁亥	九紫	破	张	25	丙辰	二黑	开	翼	24	乙酉	六白	满	轸
初八	28	戊子	一白	危	翼	26	丁巳	一白	闭	轸	25	丙戌	五黄	平	角
初九	29	己丑	二黑	成	轸	27	戊午	九紫	建	角	26	丁亥	四绿	定	亢
初十	30	庚寅	三碧	收	角	28	己未	八白	除	亢	27	戊子	三碧	执	氐
十一	31	辛卯	四绿	开	亢	29	庚申	七赤	满	氐	28	己丑	二黑	破	房
十二	6月	壬辰	五黄	闭	氐	30	辛酉	六白	平	房	29	庚寅	一白	危	心
十三	2	癸巳	六白	建	房	7月	壬戌	五黄	定	心	30	辛卯	九紫	成	尾
十四	3	甲午	七赤	除	心	2	癸亥	四绿	执	尾	31	壬辰	八白	收	箕
十五	4	乙未	八白	满	尾	3	甲子	九紫	破	箕	8月	癸巳	七赤	开	斗
十六	5	丙申	九紫	满	箕	4	乙丑	八白	危	斗	2	甲午	六白	闭	牛
十七	6	丁酉	一白	平	斗	5	丙寅	七赤	成	牛	3	乙未	五黄	建	女
十八	7	戊戌	二黑	定	牛	6	丁卯	六白	成	女	4	丙申	四绿	除	虚
十九	8	己亥	三碧	执	女	7	戊辰	五黄	收	虚	5	丁酉	三碧	满	危
二十	9	庚子	四绿	破	虚	8	己巳	四绿	开	危	6	戊戌	二黑	平	室
廿一	10	辛丑	五黄	危	危	9	庚午	三碧	闭	室	7	己亥	一白	平	壁
廿二	11	壬寅	六白	成	室	10	辛未	二黑	建	壁	8	庚子	九紫	定	奎
廿三	12	癸卯	七赤	收	壁	11	壬申	一白	除	奎	9	辛丑	八白	执	娄
廿四	13	甲辰	八白	开	奎	12	癸酉	九紫	满	娄	10	壬寅	七赤	破	胃
廿五	14	乙巳	九紫	闭	娄	13	甲戌	八白	平	胃	11	癸卯	六白	危	昴
廿六	15	丙午	一白	建	胃	14	乙亥	七赤	定	昴	12	甲辰	五黄	成	毕
廿七	16	丁未	二黑	除	昴	15	丙子	六白	执	毕	13	乙巳	四绿	收	觜
廿八	17	戊申	三碧	满	毕	16	丁丑	五黄	破	觜	14	丙午	三碧	开	参
廿九	18	己酉	四绿	平	觜	17	戊寅	四绿	危	参	15	丁未	二黑	闭	井
三十											16	戊申	一白	建	鬼

公元2069年　己丑牛年（闰四月）　太岁潘佑 九星三碧

月份	七月小		壬申 八白 兑卦 氐宿			八月大		癸酉 七赤 离卦 房宿			九月大		甲戌 六白 震卦 心宿		
节气	处暑 8月22日 初六甲寅 戌时 19时48分		白露 9月7日 廿二庚午 辰时 8时19分			秋分 9月22日 初八乙酉 酉时 17时51分		寒露 10月8日 廿四辛丑 早子时 0时26分			霜降 10月23日 初九丙辰 寅时 3时41分		立冬 11月7日 廿四辛未 寅时 4时06分		
农历	公历	干支	九星	日建	星宿	公历	干支	九星	日建	星宿	公历	干支	九星	日建	星宿
初一	17	己酉	九紫	除	柳	15	戊寅	七赤	执	星	15	戊申	四绿	开	翼
初二	18	庚戌	八白	满	星	16	己卯	六白	破	张	16	己酉	三碧	闭	轸
初三	19	辛亥	七赤	平	张	17	庚辰	五黄	危	翼	17	庚戌	二黑	建	角
初四	20	壬子	六白	定	翼	18	辛巳	四绿	成	轸	18	辛亥	一白	除	亢
初五	21	癸丑	五黄	执	轸	19	壬午	三碧	收	角	19	壬子	九紫	满	氐
初六	22	甲寅	七赤	破	角	20	癸未	二黑	开	亢	20	癸丑	八白	平	房
初七	23	乙卯	六白	危	亢	21	甲申	一白	闭	氐	21	甲寅	七赤	定	心
初八	24	丙辰	五黄	成	氐	22	乙酉	九紫	建	房	22	乙卯	六白	执	尾
初九	25	丁巳	四绿	收	房	23	丙戌	八白	除	心	23	丙辰	八白	破	箕
初十	26	戊午	三碧	开	心	24	丁亥	七赤	满	尾	24	丁巳	七赤	危	斗
十一	27	己未	二黑	闭	尾	25	戊子	六白	平	箕	25	戊午	六白	成	牛
十二	28	庚申	一白	建	箕	26	己丑	五黄	定	斗	26	己未	五黄	收	女
十三	29	辛酉	九紫	除	斗	27	庚寅	四绿	执	牛	27	庚申	四绿	开	虚
十四	30	壬戌	八白	满	牛	28	辛卯	三碧	破	女	28	辛酉	三碧	闭	危
十五	31	癸亥	七赤	平	女	29	壬辰	二黑	危	虚	29	壬戌	二黑	建	室
十六	9月	甲子	三碧	定	虚	30	癸巳	一白	成	危	30	癸亥	一白	除	壁
十七	2	乙丑	二黑	执	危	10月	甲午	九紫	收	室	31	甲子	六白	满	奎
十八	3	丙寅	一白	破	室	2	乙未	八白	开	壁	11月	乙丑	五黄	平	娄
十九	4	丁卯	九紫	危	壁	3	丙申	七赤	闭	奎	2	丙寅	四绿	定	胃
二十	5	戊辰	八白	成	奎	4	丁酉	六白	建	娄	3	丁卯	三碧	执	昴
廿一	6	己巳	七赤	收	娄	5	戊戌	五黄	除	胃	4	戊辰	二黑	破	毕
廿二	7	庚午	六白	收	胃	6	己亥	四绿	满	昴	5	己巳	一白	危	觜
廿三	8	辛未	五黄	开	昴	7	庚子	三碧	平	毕	6	庚午	九紫	成	参
廿四	9	壬申	四绿	闭	毕	8	辛丑	二黑	平	觜	7	辛未	八白	成	井
廿五	10	癸酉	三碧	建	觜	9	壬寅	一白	定	参	8	壬申	七赤	收	鬼
廿六	11	甲戌	二黑	除	参	10	癸卯	九紫	执	井	9	癸酉	六白	开	柳
廿七	12	乙亥	一白	满	井	11	甲辰	八白	破	鬼	10	甲戌	五黄	闭	星
廿八	13	丙子	九紫	平	鬼	12	乙巳	七赤	危	柳	11	乙亥	四绿	建	张
廿九	14	丁丑	八白	定	柳	13	丙午	六白	成	星	12	丙子	三碧	除	翼
三十						14	丁未	五黄	收	张	13	丁丑	二黑	满	轸

公元2069年　己丑牛年（闰四月）　太岁潘佑 九星三碧

月份	十月大		乙亥 五黄 巽卦 尾宿			十一月小		丙子 四绿 坎卦 箕宿			十二月大		丁丑 三碧 艮卦 斗宿		
节气	小雪 11月22日 初九丙戌 丑时 1时42分			大雪 12月6日 廿三庚子 亥时 21时21分		冬至 12月21日 初八乙卯 申时 15时21分			小寒 1月5日 廿三庚午 辰时 8时46分		大寒 1月20日 初九乙酉 丑时 2时04分			立春 2月3日 廿三己亥 戌时 20时21分	
农历	公历	干支	九星	日建	星宿	公历	干支	九星	日建	星宿	公历	干支	九星	日建	星宿
初一	14	戊寅	一白	平	角	14	戊申	七赤	成	氐	12	丁丑	五黄	建	房
初二	15	己卯	九紫	定	亢	15	己酉	六白	收	房	13	戊寅	六白	除	心
初三	16	庚辰	八白	执	氐	16	庚戌	五黄	开	心	14	己卯	七赤	满	尾
初四	17	辛巳	七赤	破	房	17	辛亥	四绿	闭	尾	15	庚辰	八白	平	箕
初五	18	壬午	六白	危	心	18	壬子	三碧	建	箕	16	辛巳	九紫	定	斗
初六	19	癸未	五黄	成	尾	19	癸丑	二黑	除	斗	17	壬午	一白	执	牛
初七	20	甲申	四绿	收	箕	20	甲寅	一白	满	牛	18	癸未	二黑	破	女
初八	21	乙酉	三碧	开	斗	21	乙卯	七赤	平	女	19	甲申	三碧	危	虚
初九	22	丙戌	二黑	闭	牛	22	丙辰	八白	定	虚	20	乙酉	四绿	成	危
初十	23	丁亥	一白	建	女	23	丁巳	九紫	执	危	21	丙戌	五黄	收	室
十一	24	戊子	九紫	除	虚	24	戊午	一白	破	室	22	丁亥	六白	开	壁
十二	25	己丑	八白	满	危	25	己未	二黑	危	壁	23	戊子	七赤	闭	奎
十三	26	庚寅	七赤	平	室	26	庚申	三碧	成	奎	24	己丑	八白	建	娄
十四	27	辛卯	六白	定	壁	27	辛酉	四绿	收	娄	25	庚寅	九紫	除	胃
十五	28	壬辰	五黄	执	奎	28	壬戌	五黄	开	胃	26	辛卯	一白	满	昴
十六	29	癸巳	四绿	破	娄	29	癸亥	六白	闭	昴	27	壬辰	二黑	平	毕
十七	30	甲午	三碧	危	胃	30	甲子	一白	建	毕	28	癸巳	三碧	定	觜
十八	12月	乙未	二黑	成	昴	31	乙丑	二黑	除	觜	29	甲午	四绿	执	参
十九	2	丙申	一白	收	毕	1月	丙寅	三碧	满	参	30	乙未	五黄	破	井
二十	3	丁酉	九紫	开	觜	2	丁卯	四绿	平	井	31	丙申	六白	危	鬼
廿一	4	戊戌	八白	闭	参	3	戊辰	五黄	定	鬼	2月	丁酉	七赤	成	柳
廿二	5	己亥	七赤	建	井	4	己巳	六白	执	柳	2	戊戌	八白	收	星
廿三	6	庚子	六白	建	鬼	5	庚午	七赤	执	星	3	己亥	九紫	收	张
廿四	7	辛丑	五黄	除	柳	6	辛未	八白	破	张	4	庚子	一白	开	翼
廿五	8	壬寅	四绿	满	星	7	壬申	九紫	危	翼	5	辛丑	二黑	闭	轸
廿六	9	癸卯	三碧	平	张	8	癸酉	一白	成	轸	6	壬寅	三碧	建	角
廿七	10	甲辰	二黑	定	翼	9	甲戌	二黑	收	角	7	癸卯	四绿	除	亢
廿八	11	乙巳	一白	执	轸	10	乙亥	三碧	开	亢	8	甲辰	五黄	满	氐
廿九	12	丙午	九紫	破	角	11	丙子	四绿	闭	氐	9	乙巳	六白	平	房
三十	13	丁未	八白	危	亢						10	丙午	七赤	定	心

公元2070年 庚寅虎年 太岁邬桓 九星二黑

月份	正月小		戊寅 二黑 巽卦 牛宿			二月大		己卯 一白 坎卦 女宿			三月小		庚辰 九紫 艮卦 虚宿			四月大		辛巳 八白 坤卦 危宿		
节气	雨水 2月18日 初八甲寅 申时 16时00分		惊蛰 3月5日 廿三己巳 未时 14时01分			春分 3月20日 初九甲申 未时 14时34分		清明 4月4日 廿四己亥 酉时 18时19分			谷雨 4月20日 初十乙卯 丑时 1时03分		立夏 5月5日 廿五庚午 午时 11时04分			小满 5月20日 十一乙酉 夜子时 23时42分		芒种 6月5日 廿七辛丑 未时 14时47分		
农历	公历	干支	九星	日建	星宿	公历	干支	九星	日建	星宿	公历	干支	九星	日建	星宿	公历	干支	九星	日建	星宿
初一	11	丁未	八白	执	尾	12	丙子	一白	收	箕	11	丙午	四绿	满	牛	10	乙亥	六白	破	女
初二	12	戊申	九紫	破	箕	13	丁丑	二黑	开	斗	12	丁未	五黄	平	女	11	丙子	七赤	危	虚
初三	13	己酉	一白	危	斗	14	戊寅	三碧	闭	牛	13	戊申	六白	定	虚	12	丁丑	八白	成	危
初四	14	庚戌	二黑	成	牛	15	己卯	四绿	建	女	14	己酉	七赤	执	危	13	戊寅	九紫	收	室
初五	15	辛亥	三碧	收	女	16	庚辰	五黄	除	虚	15	庚戌	八白	破	室	14	己卯	一白	开	壁
初六	16	壬子	四绿	开	虚	17	辛巳	六白	满	危	16	辛亥	九紫	危	壁	15	庚辰	二黑	闭	奎
初七	17	癸丑	五黄	闭	危	18	壬午	七赤	平	室	17	壬子	一白	成	奎	16	辛巳	三碧	建	娄
初八	18	甲寅	三碧	建	室	19	癸未	八白	定	壁	18	癸丑	二黑	收	娄	17	壬午	四绿	除	胃
初九	19	乙卯	四绿	除	壁	20	甲申	九紫	执	奎	19	甲寅	三碧	开	胃	18	癸未	五黄	满	昴
初十	20	丙辰	五黄	满	奎	21	乙酉	一白	破	娄	20	乙卯	一白	闭	昴	19	甲申	六白	平	毕
十一	21	丁巳	六白	平	娄	22	丙戌	二黑	危	胃	21	丙辰	二黑	建	毕	20	乙酉	七赤	定	觜
十二	22	戊午	七赤	定	胃	23	丁亥	三碧	成	昴	22	丁巳	三碧	除	觜	21	丙戌	八白	执	参
十三	23	己未	八白	执	昴	24	戊子	四绿	收	毕	23	戊午	四绿	满	参	22	丁亥	九紫	破	井
十四	24	庚申	九紫	破	毕	25	己丑	五黄	开	觜	24	己未	五黄	平	井	23	戊子	一白	危	鬼
十五	25	辛酉	一白	危	觜	26	庚寅	六白	闭	参	25	庚申	六白	定	鬼	24	己丑	二黑	成	柳
十六	26	壬戌	二黑	成	参	27	辛卯	七赤	建	井	26	辛酉	七赤	执	柳	25	庚寅	三碧	收	星
十七	27	癸亥	三碧	收	井	28	壬辰	八白	除	鬼	27	壬戌	八白	破	星	26	辛卯	四绿	开	张
十八	28	甲子	七赤	开	鬼	29	癸巳	九紫	满	柳	28	癸亥	九紫	危	张	27	壬辰	五黄	闭	翼
十九	3月	乙丑	八白	闭	柳	30	甲午	一白	平	星	29	甲子	四绿	成	翼	28	癸巳	六白	建	轸
二十	2	丙寅	九紫	建	星	31	乙未	二黑	定	张	30	乙丑	五黄	收	轸	29	甲午	七赤	除	角
廿一	3	丁卯	一白	除	张	4月	丙申	三碧	执	翼	5月	丙寅	六白	开	角	30	乙未	八白	满	亢
廿二	4	戊辰	二黑	满	翼	2	丁酉	四绿	破	轸	2	丁卯	七赤	闭	亢	31	丙申	九紫	平	氐
廿三	5	己巳	三碧	满	轸	3	戊戌	五黄	危	角	3	戊辰	八白	建	氐	6月	丁酉	一白	定	房
廿四	6	庚午	四绿	平	角	4	己亥	六白	危	亢	4	己巳	九紫	除	房	2	戊戌	二黑	执	心
廿五	7	辛未	五黄	定	亢	5	庚子	七赤	成	氐	5	庚午	一白	除	心	3	己亥	三碧	破	尾
廿六	8	壬申	六白	执	氐	6	辛丑	八白	收	房	6	辛未	二黑	满	尾	4	庚子	四绿	危	箕
廿七	9	癸酉	七赤	破	房	7	壬寅	九紫	开	心	7	壬申	三碧	平	箕	5	辛丑	五黄	危	斗
廿八	10	甲戌	八白	危	心	8	癸卯	一白	闭	尾	8	癸酉	四绿	定	斗	6	壬寅	六白	成	牛
廿九	11	乙亥	九紫	成	尾	9	甲辰	二黑	建	箕	9	甲戌	五黄	执	牛	7	癸卯	七赤	收	女
三十						10	乙巳	三碧	除	斗						8	甲辰	八白	开	虚

公元2070年　庚寅虎年　太岁邬桓 九星二黑

月份	五月小		壬午 七赤 乾卦 室宿			六月小		癸未 六白 兑卦 壁宿			七月大		甲申 五黄 离卦 奎宿			八月小		乙酉 四绿 震卦 娄宿		
节气	夏至 6月21日 十三丁巳 辰时 7时21分			小暑 7月7日 廿九癸酉 早子时 0时51分		大暑 7月22日 十五戊子 酉时 18时14分					立秋 8月7日 初二甲辰 巳时 10时45分			处暑 8月23日 十八庚申 丑时 1时36分		白露 9月7日 初三乙亥 未时 14时03分			秋分 9月22日 十八庚寅 夜子时 23时44分	
农历	公历	干支	九星	日建	星宿	公历	干支	九星	日建	星宿	公历	干支	九星	日建	星宿	公历	干支	九星	日建	星宿
初一	9	乙巳	九紫	闭	危	8	甲戌	八白	平	室	6	癸卯	六白	成	壁	5	癸酉	三碧	除	娄
初二	10	丙午	一白	建	室	9	乙亥	七赤	定	壁	7	甲辰	五黄	成	奎	6	甲戌	二黑	满	胃
初三	11	丁未	二黑	除	壁	10	丙子	六白	执	奎	8	乙巳	四绿	收	娄	7	乙亥	一白	满	昴
初四	12	戊申	三碧	满	奎	11	丁丑	五黄	破	娄	9	丙午	三碧	开	胃	8	丙子	九紫	平	毕
初五	13	己酉	四绿	平	娄	12	戊寅	四绿	危	胃	10	丁未	二黑	闭	昴	9	丁丑	八白	定	觜
初六	14	庚戌	五黄	定	胃	13	己卯	三碧	成	昴	11	戊申	一白	建	毕	10	戊寅	七赤	执	参
初七	15	辛亥	六白	执	昴	14	庚辰	二黑	收	毕	12	己酉	九紫	除	觜	11	己卯	六白	破	井
初八	16	壬子	七赤	破	毕	15	辛巳	一白	开	觜	13	庚戌	八白	满	参	12	庚辰	五黄	危	鬼
初九	17	癸丑	八白	危	觜	16	壬午	九紫	闭	参	14	辛亥	七赤	平	井	13	辛巳	四绿	成	柳
初十	18	甲寅	九紫	成	参	17	癸未	八白	建	井	15	壬子	六白	定	鬼	14	壬午	三碧	收	星
十一	19	乙卯	一白	收	井	18	甲申	七赤	除	鬼	16	癸丑	五黄	执	柳	15	癸未	二黑	开	张
十二	20	丙辰	二黑	开	鬼	19	乙酉	六白	满	柳	17	甲寅	四绿	破	星	16	甲申	一白	闭	翼
十三	21	丁巳	一白	闭	柳	20	丙戌	五黄	平	星	18	乙卯	三碧	危	张	17	乙酉	九紫	建	轸
十四	22	戊午	九紫	建	星	21	丁亥	四绿	定	张	19	丙辰	二黑	成	翼	18	丙戌	八白	除	角
十五	23	己未	八白	除	张	22	戊子	三碧	执	翼	20	丁巳	一白	收	轸	19	丁亥	七赤	满	亢
十六	24	庚申	七赤	满	翼	23	己丑	二黑	破	轸	21	戊午	九紫	开	角	20	戊子	六白	平	氐
十七	25	辛酉	六白	平	轸	24	庚寅	一白	危	角	22	己未	八白	闭	亢	21	己丑	五黄	定	房
十八	26	壬戌	五黄	定	角	25	辛卯	九紫	成	亢	23	庚申	一白	建	氐	22	庚寅	四绿	执	心
十九	27	癸亥	四绿	执	亢	26	壬辰	八白	收	氐	24	辛酉	九紫	除	房	23	辛卯	三碧	破	尾
二十	28	甲子	九紫	破	氐	27	癸巳	七赤	开	房	25	壬戌	八白	满	心	24	壬辰	二黑	危	箕
廿一	29	乙丑	八白	危	房	28	甲午	六白	闭	心	26	癸亥	七赤	平	尾	25	癸巳	一白	成	斗
廿二	30	丙寅	七赤	成	心	29	乙未	五黄	建	尾	27	甲子	三碧	定	箕	26	甲午	九紫	收	牛
廿三	7月	丁卯	六白	收	尾	30	丙申	四绿	除	箕	28	乙丑	二黑	执	斗	27	乙未	八白	开	女
廿四	2	戊辰	五黄	开	箕	31	丁酉	三碧	满	斗	29	丙寅	一白	破	牛	28	丙申	七赤	闭	虚
廿五	3	己巳	四绿	闭	斗	8月	戊戌	二黑	平	牛	30	丁卯	九紫	危	女	29	丁酉	六白	建	危
廿六	4	庚午	三碧	建	牛	2	己亥	一白	定	女	31	戊辰	八白	成	虚	30	戊戌	五黄	除	室
廿七	5	辛未	二黑	除	女	3	庚子	九紫	执	虚	9月	己巳	七赤	收	危	10月	己亥	四绿	满	壁
廿八	6	壬申	一白	满	虚	4	辛丑	八白	破	危	2	庚午	六白	开	室	2	庚子	三碧	平	奎
廿九	7	癸酉	九紫	满	危	5	壬寅	七赤	危	室	3	辛未	五黄	闭	壁	3	辛丑	二黑	定	娄
三十											4	壬申	四绿	建	奎					

公元2070年　庚寅虎年　太岁邬桓 九星二黑

月份	九月大	丙戌 巽卦		三碧 胃宿		十月大	丁亥 坎卦		二黑 昴宿		十一月小	戊子 艮卦		一白 毕宿		十二月大	己丑 坤卦		九紫 觜宿	
节气	寒露 10月8日 初五丙午 卯时 6时12分		霜降 10月23日 二十辛酉 巳时 9时37分			立冬 11月7日 初五丙子 巳时 9时54分		小雪 11月22日 二十辛卯 辰时 7时40分			大雪 12月7日 初五丙午 寅时 3时10分		冬至 12月21日 十九庚申 亥时 21时18分			小寒 1月5日 初五乙亥 未时 14时35分		大寒 1月20日 二十庚寅 辰时 8时01分		
农历	公历	干支	九星	日建	星宿	公历	干支	九星	日建	星宿	公历	干支	九星	日建	星宿	公历	干支	九星	日建	星宿
初一	4	壬寅	一白	执	胃	3	壬申	七赤	开	毕	3	壬寅	四绿	平	参	1月	辛未	八白	危	井
初二	5	癸卯	九紫	破	昴	4	癸酉	六白	闭	觜	4	癸卯	三碧	定	井	2	壬申	九紫	成	鬼
初三	6	甲辰	八白	危	毕	5	甲戌	五黄	建	参	5	甲辰	二黑	执	鬼	3	癸酉	一白	收	柳
初四	7	乙巳	七赤	成	觜	6	乙亥	四绿	除	井	6	乙巳	一白	破	柳	4	甲戌	二黑	开	星
初五	8	丙午	六白	成	参	7	丙子	三碧	除	鬼	7	丙午	九紫	破	星	5	乙亥	三碧	开	张
初六	9	丁未	五黄	收	井	8	丁丑	二黑	满	柳	8	丁未	八白	危	张	6	丙子	四绿	闭	翼
初七	10	戊申	四绿	开	鬼	9	戊寅	一白	平	星	9	戊申	七赤	成	翼	7	丁丑	五黄	建	轸
初八	11	己酉	三碧	闭	柳	10	己卯	九紫	定	张	10	己酉	六白	收	轸	8	戊寅	六白	除	角
初九	12	庚戌	二黑	建	星	11	庚辰	八白	执	翼	11	庚戌	五黄	开	角	9	己卯	七赤	满	亢
初十	13	辛亥	一白	除	张	12	辛巳	七赤	破	轸	12	辛亥	四绿	闭	亢	10	庚辰	八白	平	氐
十一	14	壬子	九紫	满	翼	13	壬午	六白	危	角	13	壬子	三碧	建	氐	11	辛巳	九紫	定	房
十二	15	癸丑	八白	平	轸	14	癸未	五黄	成	亢	14	癸丑	二黑	除	房	12	壬午	一白	执	心
十三	16	甲寅	七赤	定	角	15	甲申	四绿	收	氐	15	甲寅	一白	满	心	13	癸未	二黑	破	尾
十四	17	乙卯	六白	执	亢	16	乙酉	三碧	开	房	16	乙卯	九紫	平	尾	14	甲申	三碧	危	箕
十五	18	丙辰	五黄	破	氐	17	丙戌	二黑	闭	心	17	丙辰	八白	定	箕	15	乙酉	四绿	成	斗
十六	19	丁巳	四绿	危	房	18	丁亥	一白	建	尾	18	丁巳	七赤	执	斗	16	丙戌	五黄	收	牛
十七	20	戊午	三碧	成	心	19	戊子	九紫	除	箕	19	戊午	六白	破	牛	17	丁亥	六白	开	女
十八	21	己未	二黑	收	尾	20	己丑	八白	满	斗	20	己未	五黄	危	女	18	戊子	七赤	闭	虚
十九	22	庚申	一白	开	箕	21	庚寅	七赤	平	牛	21	庚申	三碧	成	虚	19	己丑	八白	建	危
二十	23	辛酉	三碧	闭	斗	22	辛卯	六白	定	女	22	辛酉	四绿	收	危	20	庚寅	九紫	除	室
廿一	24	壬戌	二黑	建	牛	23	壬辰	五黄	执	虚	23	壬戌	五黄	开	室	21	辛卯	一白	满	壁
廿二	25	癸亥	一白	除	女	24	癸巳	四绿	破	危	24	癸亥	六白	闭	壁	22	壬辰	二黑	平	奎
廿三	26	甲子	六白	满	虚	25	甲午	三碧	危	室	25	甲子	一白	建	奎	23	癸巳	三碧	定	娄
廿四	27	乙丑	五黄	平	危	26	乙未	二黑	成	壁	26	乙丑	二黑	除	娄	24	甲午	四绿	执	胃
廿五	28	丙寅	四绿	定	室	27	丙申	一白	收	奎	27	丙寅	三碧	满	胃	25	乙未	五黄	破	昴
廿六	29	丁卯	三碧	执	壁	28	丁酉	九紫	开	娄	28	丁卯	四绿	平	昴	26	丙申	六白	危	毕
廿七	30	戊辰	二黑	破	奎	29	戊戌	八白	闭	胃	29	戊辰	五黄	定	毕	27	丁酉	七赤	成	觜
廿八	31	己巳	一白	危	娄	30	己亥	七赤	建	昴	30	己巳	六白	执	觜	28	戊戌	八白	收	参
廿九	11月	庚午	九紫	成	胃	12月	庚子	六白	除	毕	31	庚午	七赤	破	参	29	己亥	九紫	开	井
三十	2	辛未	八白	收	昴	2	辛丑	五黄	满	觜						30	庚子	一白	闭	鬼

公元2071年　辛卯兔年（闰八月）　太岁范宁 九星一白

月份	正月大 庚寅 八白 坎卦 参宿					二月小 辛卯 七赤 艮卦 井宿					三月大 壬辰 六白 坤卦 鬼宿					四月小 癸巳 五黄 乾卦 柳宿				
节气	立春 2月4日 初五乙巳 丑时 2时10分		雨水 2月18日 十九己未 亥时 21时58分			惊蛰 3月5日 初四甲戌 戌时 19时51分		春分 3月20日 十九己丑 戌时 20时33分			清明 4月5日 初六乙巳 早子时 0时09分		谷雨 4月20日 廿一庚申 辰时 7时04分			立夏 5月5日 初六乙亥 申时 16时54分		小满 5月21日 廿二辛卯 卯时 5时42分		
农历	公历	干支	九星	日建	星宿	公历	干支	九星	日建	星宿	公历	干支	九星	日建	星宿	公历	干支	九星	日建	星宿
初一	31	辛丑	二黑	建	柳	2	辛未	五黄	执	张	31	庚子	七赤	收	翼	30	庚午	一白	满	角
初二	2月	壬寅	三碧	除	星	3	壬申	六白	破	翼	4月	辛丑	八白	开	轸	5月	辛未	二黑	平	亢
初三	2	癸卯	四绿	满	张	4	癸酉	七赤	危	轸	2	壬寅	九紫	闭	角	2	壬申	三碧	定	氐
初四	3	甲辰	五黄	平	翼	5	甲戌	八白	危	角	3	癸卯	一白	建	亢	3	癸酉	四绿	执	房
初五	4	乙巳	六白	平	轸	6	乙亥	九紫	成	亢	4	甲辰	二黑	除	氐	4	甲戌	五黄	破	心
初六	5	丙午	七赤	定	角	7	丙子	一白	收	氐	5	乙巳	三碧	除	房	5	乙亥	六白	破	尾
初七	6	丁未	八白	执	亢	8	丁丑	二黑	开	房	6	丙午	四绿	满	心	6	丙子	七赤	危	箕
初八	7	戊申	九紫	破	氐	9	戊寅	三碧	闭	心	7	丁未	五黄	平	尾	7	丁丑	八白	成	斗
初九	8	己酉	一白	危	房	10	己卯	四绿	建	尾	8	戊申	六白	定	箕	8	戊寅	九紫	收	牛
初十	9	庚戌	二黑	成	心	11	庚辰	五黄	除	箕	9	己酉	七赤	执	斗	9	己卯	一白	开	女
十一	10	辛亥	三碧	收	尾	12	辛巳	六白	满	斗	10	庚戌	八白	破	牛	10	庚辰	二黑	闭	虚
十二	11	壬子	四绿	开	箕	13	壬午	七赤	平	牛	11	辛亥	九紫	危	女	11	辛巳	三碧	建	危
十三	12	癸丑	五黄	闭	斗	14	癸未	八白	定	女	12	壬子	一白	成	虚	12	壬午	四绿	除	室
十四	13	甲寅	六白	建	牛	15	甲申	九紫	执	虚	13	癸丑	二黑	收	危	13	癸未	五黄	满	壁
十五	14	乙卯	七赤	除	女	16	乙酉	一白	破	危	14	甲寅	三碧	开	室	14	甲申	六白	平	奎
十六	15	丙辰	八白	满	虚	17	丙戌	二黑	危	室	15	乙卯	四绿	闭	壁	15	乙酉	七赤	定	娄
十七	16	丁巳	九紫	平	危	18	丁亥	三碧	成	壁	16	丙辰	五黄	建	奎	16	丙戌	八白	执	胃
十八	17	戊午	一白	定	室	19	戊子	四绿	收	奎	17	丁巳	六白	除	娄	17	丁亥	九紫	破	昴
十九	18	己未	八白	执	壁	20	己丑	五黄	开	娄	18	戊午	七赤	满	胃	18	戊子	一白	危	毕
二十	19	庚申	九紫	破	奎	21	庚寅	六白	闭	胃	19	己未	八白	平	昴	19	己丑	二黑	成	觜
廿一	20	辛酉	一白	危	娄	22	辛卯	七赤	建	昴	20	庚申	六白	定	毕	20	庚寅	三碧	收	参
廿二	21	壬戌	二黑	成	胃	23	壬辰	八白	除	毕	21	辛酉	七赤	执	觜	21	辛卯	四绿	开	井
廿三	22	癸亥	三碧	收	昴	24	癸巳	九紫	满	觜	22	壬戌	八白	破	参	22	壬辰	五黄	闭	鬼
廿四	23	甲子	七赤	开	毕	25	甲午	一白	平	参	23	癸亥	九紫	危	井	23	癸巳	六白	建	柳
廿五	24	乙丑	八白	闭	觜	26	乙未	二黑	定	井	24	甲子	四绿	成	鬼	24	甲午	七赤	除	星
廿六	25	丙寅	九紫	建	参	27	丙申	三碧	执	鬼	25	乙丑	五黄	收	柳	25	乙未	八白	满	张
廿七	26	丁卯	一白	除	井	28	丁酉	四绿	破	柳	26	丙寅	六白	开	星	26	丙申	九紫	平	翼
廿八	27	戊辰	二黑	满	鬼	29	戊戌	五黄	危	星	27	丁卯	七赤	闭	张	27	丁酉	一白	定	轸
廿九	28	己巳	三碧	平	柳	30	己亥	六白	成	张	28	戊辰	八白	建	翼	28	戊戌	二黑	执	角
三十	3月	庚午	四绿	定	星						29	己巳	九紫	除	轸					

公元2071年　辛卯兔年（闰八月）　太岁范宁 九星一白

月份	五月大		甲午 四绿 兑卦 星宿			六月小		乙未 三碧 离卦 张宿			七月小		丙申 二黑 震卦 翼宿		
节气	芒种 6月5日 初八丙午 戌时 20时37分		夏至 6月21日 廿四壬戌 未时 13时20分			小暑 7月7日 初十戊寅 卯时 6时42分		大暑 7月23日 廿六甲午 早子时 0时11分			立秋 8月7日 十二己酉 申时 16时38分		处暑 8月23日 廿八乙丑 辰时 7时31分		
农历	公历	干支	九星	日建	星宿	公历	干支	九星	日建	星宿	公历	干支	九星	日建	星宿
初一	29	己亥	三碧	破	亢	28	己巳	四绿	闭	房	27	戊戌	二黑	平	心
初二	30	庚子	四绿	危	氐	29	庚午	三碧	建	心	28	己亥	一白	定	尾
初三	31	辛丑	五黄	成	房	30	辛未	二黑	除	尾	29	庚子	九紫	执	箕
初四	6月	壬寅	六白	收	心	7月	壬申	一白	满	箕	30	辛丑	八白	破	斗
初五	2	癸卯	七赤	开	尾	2	癸酉	九紫	平	斗	31	壬寅	七赤	危	牛
初六	3	甲辰	八白	闭	箕	3	甲戌	八白	定	牛	8月	癸卯	六白	成	女
初七	4	乙巳	九紫	建	斗	4	乙亥	七赤	执	女	2	甲辰	五黄	收	虚
初八	5	丙午	一白	建	牛	5	丙子	六白	破	虚	3	乙巳	四绿	开	危
初九	6	丁未	二黑	除	女	6	丁丑	五黄	危	危	4	丙午	三碧	闭	室
初十	7	戊申	三碧	满	虚	7	戊寅	四绿	危	室	5	丁未	二黑	建	壁
十一	8	己酉	四绿	平	危	8	己卯	三碧	成	壁	6	戊申	一白	除	奎
十二	9	庚戌	五黄	定	室	9	庚辰	二黑	收	奎	7	己酉	九紫	除	娄
十三	10	辛亥	六白	执	壁	10	辛巳	一白	开	娄	8	庚戌	八白	满	胃
十四	11	壬子	七赤	破	奎	11	壬午	九紫	闭	胃	9	辛亥	七赤	平	昴
十五	12	癸丑	八白	危	娄	12	癸未	八白	建	昴	10	壬子	六白	定	毕
十六	13	甲寅	九紫	成	胃	13	甲申	七赤	除	毕	11	癸丑	五黄	执	觜
十七	14	乙卯	一白	收	昴	14	乙酉	六白	满	觜	12	甲寅	四绿	破	参
十八	15	丙辰	二黑	开	毕	15	丙戌	五黄	平	参	13	乙卯	三碧	危	井
十九	16	丁巳	三碧	闭	觜	16	丁亥	四绿	定	井	14	丙辰	二黑	成	鬼
二十	17	戊午	四绿	建	参	17	戊子	三碧	执	鬼	15	丁巳	一白	收	柳
廿一	18	己未	五黄	除	井	18	己丑	二黑	破	柳	16	戊午	九紫	开	星
廿二	19	庚申	六白	满	鬼	19	庚寅	一白	危	星	17	己未	八白	闭	张
廿三	20	辛酉	七赤	平	柳	20	辛卯	九紫	成	张	18	庚申	七赤	建	翼
廿四	21	壬戌	五黄	定	星	21	壬辰	八白	收	翼	19	辛酉	六白	除	轸
廿五	22	癸亥	四绿	执	张	22	癸巳	七赤	开	轸	20	壬戌	五黄	满	角
廿六	23	甲子	九紫	破	翼	23	甲午	六白	闭	角	21	癸亥	四绿	平	亢
廿七	24	乙丑	八白	危	轸	24	乙未	五黄	建	亢	22	甲子	九紫	定	氐
廿八	25	丙寅	七赤	成	角	25	丙申	四绿	除	氐	23	乙丑	二黑	执	房
廿九	26	丁卯	六白	收	亢	26	丁酉	三碧	满	房	24	丙寅	一白	破	心
三十	27	戊辰	五黄	开	氐										

公元2071年 辛卯兔年（闰八月） 太岁范宁 九星一白

月份	八月大 丁酉 一白 巽卦 轸宿					闰八月小					九月大 戊戌 九紫 坎卦 角宿				
节气	白露 9月7日 十四庚辰 戌时 19时57分；秋分 9月23日 三十丙申 卯时 5时37分					寒露 10月8日 十五辛亥 午时 12时07分					霜降 10月23日 初一丙寅 申时 15时28分；立冬 11月7日 十六辛巳 申时 15时47分				
农历	公历	干支	九星	日建	星宿	公历	干支	九星	日建	星宿	公历	干支	九星	日建	星宿
初一	25	丁卯	九紫	危	尾	24	丁酉	六白	建	斗	23	丙寅	四绿	定	牛
初二	26	戊辰	八白	成	箕	25	戊戌	五黄	除	牛	24	丁卯	三碧	执	女
初三	27	己巳	七赤	收	斗	26	己亥	四绿	满	女	25	戊辰	二黑	破	虚
初四	28	庚午	六白	开	牛	27	庚子	三碧	平	虚	26	己巳	一白	危	危
初五	29	辛未	五黄	闭	女	28	辛丑	二黑	定	危	27	庚午	九紫	成	室
初六	30	壬申	四绿	建	虚	29	壬寅	一白	执	室	28	辛未	八白	收	壁
初七	31	癸酉	三碧	除	危	30	癸卯	九紫	破	壁	29	壬申	七赤	开	奎
初八	9月	甲戌	二黑	满	室	10月	甲辰	八白	危	奎	30	癸酉	六白	闭	娄
初九	2	乙亥	一白	平	壁	2	乙巳	七赤	成	娄	31	甲戌	五黄	建	胃
初十	3	丙子	九紫	定	奎	3	丙午	六白	收	胃	11月	乙亥	四绿	除	昴
十一	4	丁丑	八白	执	娄	4	丁未	五黄	开	昴	2	丙子	三碧	满	毕
十二	5	戊寅	七赤	破	胃	5	戊申	四绿	闭	毕	3	丁丑	二黑	平	觜
十三	6	己卯	六白	危	昴	6	己酉	三碧	建	觜	4	戊寅	一白	定	参
十四	7	庚辰	五黄	危	毕	7	庚戌	二黑	除	参	5	己卯	九紫	执	井
十五	8	辛巳	四绿	成	觜	8	辛亥	一白	除	井	6	庚辰	八白	破	鬼
十六	9	壬午	三碧	收	参	9	壬子	九紫	满	鬼	7	辛巳	七赤	破	柳
十七	10	癸未	二黑	开	井	10	癸丑	八白	平	柳	8	壬午	六白	危	星
十八	11	甲申	一白	闭	鬼	11	甲寅	七赤	定	星	9	癸未	五黄	成	张
十九	12	乙酉	九紫	建	柳	12	乙卯	六白	执	张	10	甲申	四绿	收	翼
二十	13	丙戌	八白	除	星	13	丙辰	五黄	破	翼	11	乙酉	三碧	开	轸
廿一	14	丁亥	七赤	满	张	14	丁巳	四绿	危	轸	12	丙戌	二黑	闭	角
廿二	15	戊子	六白	平	翼	15	戊午	三碧	成	角	13	丁亥	一白	建	亢
廿三	16	己丑	五黄	定	轸	16	己未	二黑	收	亢	14	戊子	九紫	除	氐
廿四	17	庚寅	四绿	执	角	17	庚申	一白	开	氐	15	己丑	八白	满	房
廿五	18	辛卯	三碧	破	亢	18	辛酉	九紫	闭	房	16	庚寅	七赤	平	心
廿六	19	壬辰	二黑	危	氐	19	壬戌	八白	建	心	17	辛卯	六白	定	尾
廿七	20	癸巳	一白	成	房	20	癸亥	七赤	除	尾	18	壬辰	五黄	执	箕
廿八	21	甲午	九紫	收	心	21	甲子	三碧	满	箕	19	癸巳	四绿	破	斗
廿九	22	乙未	八白	开	尾	22	乙丑	二黑	平	斗	20	甲午	三碧	危	牛
三十	23	丙申	七赤	闭	箕						21	乙未	二黑	成	女

公元2071年　辛卯兔年（闰八月）　太岁范宁 九星一白

月份	十月小		己亥 八白 艮卦 亢宿			十一月大		庚子 七赤 坤卦 氐宿			十二月大		辛丑 六白 乾卦 房宿		
节气	小雪 11月22日 初一丙申 未时 13时27分			大雪 12月7日 十六辛亥 巳时 9时00分		冬至 12月22日 初二丙寅 寅时 3时03分			小寒 1月5日 十六庚辰 戌时 20时22分		大寒 1月20日 初一乙未 未时 13时44分			立春 2月4日 十六庚戌 辰时 7时56分	
农历	公历	干支	九星	日建	星宿	公历	干支	九星	日建	星宿	公历	干支	九星	日建	星宿
初一	22	丙申	一白	收	虚	21	乙丑	五黄	除	危	20	乙未	五黄	破	壁
初二	23	丁酉	九紫	开	危	22	丙寅	三碧	满	室	21	丙申	六白	危	奎
初三	24	戊戌	八白	闭	室	23	丁卯	四绿	平	壁	22	丁酉	七赤	成	娄
初四	25	己亥	七赤	建	壁	24	戊辰	五黄	定	奎	23	戊戌	八白	收	胃
初五	26	庚子	六白	除	奎	25	己巳	六白	执	娄	24	己亥	九紫	开	昴
初六	27	辛丑	五黄	满	娄	26	庚午	七赤	破	胃	25	庚子	一白	闭	毕
初七	28	壬寅	四绿	平	胃	27	辛未	八白	危	昴	26	辛丑	二黑	建	觜
初八	29	癸卯	三碧	定	昴	28	壬申	九紫	成	毕	27	壬寅	三碧	除	参
初九	30	甲辰	二黑	执	毕	29	癸酉	一白	收	觜	28	癸卯	四绿	满	井
初十	12月	乙巳	一白	破	觜	30	甲戌	二黑	开	参	29	甲辰	五黄	平	鬼
十一	2	丙午	九紫	危	参	31	乙亥	三碧	闭	井	30	乙巳	六白	定	柳
十二	3	丁未	八白	成	井	1月	丙子	四绿	建	鬼	31	丙午	七赤	执	星
十三	4	戊申	七赤	收	鬼	2	丁丑	五黄	除	柳	2月	丁未	八白	破	张
十四	5	己酉	六白	开	柳	3	戊寅	六白	满	星	2	戊申	九紫	危	翼
十五	6	庚戌	五黄	闭	星	4	己卯	七赤	平	张	3	己酉	一白	成	轸
十六	7	辛亥	四绿	闭	张	5	庚辰	八白	平	翼	4	庚戌	二黑	成	角
十七	8	壬子	三碧	建	翼	6	辛巳	九紫	定	轸	5	辛亥	三碧	收	亢
十八	9	癸丑	二黑	除	轸	7	壬午	一白	执	角	6	壬子	四绿	开	氐
十九	10	甲寅	一白	满	角	8	癸未	二黑	破	亢	7	癸丑	五黄	闭	房
二十	11	乙卯	九紫	平	亢	9	甲申	三碧	危	氐	8	甲寅	六白	建	心
廿一	12	丙辰	八白	定	氐	10	乙酉	四绿	成	房	9	乙卯	七赤	除	尾
廿二	13	丁巳	七赤	执	房	11	丙戌	五黄	收	心	10	丙辰	八白	满	箕
廿三	14	戊午	六白	破	心	12	丁亥	六白	开	尾	11	丁巳	九紫	平	斗
廿四	15	己未	五黄	危	尾	13	戊子	七赤	闭	箕	12	戊午	一白	定	牛
廿五	16	庚申	四绿	成	箕	14	己丑	八白	建	斗	13	己未	二黑	执	女
廿六	17	辛酉	三碧	收	斗	15	庚寅	九紫	除	牛	14	庚申	三碧	破	虚
廿七	18	壬戌	二黑	开	牛	16	辛卯	一白	满	女	15	辛酉	四绿	危	危
廿八	19	癸亥	一白	闭	女	17	壬辰	二黑	平	虚	16	壬戌	五黄	成	室
廿九	20	甲子	六白	建	虚	18	癸巳	三碧	定	危	17	癸亥	六白	收	壁
三十						19	甲午	四绿	执	室	18	甲子	一白	开	奎

公元2072年　壬辰龙年　太岁彭泰　九星九紫

月份	正月大	壬寅 五黄 艮卦 心宿				二月小	癸卯 四绿 坤卦 尾宿				三月大	甲辰 三碧 乾卦 箕宿				四月小	乙巳 二黑 兑卦 斗宿			
节气	雨水 2月19日 初一乙丑 寅时 3时42分		惊蛰 3月5日 十六庚辰 丑时 1时40分			春分 3月20日 初一乙未 丑时 2时20分		清明 4月4日 十六庚戌 卯时 6时02分			谷雨 4月19日 初二乙丑 午时 12时54分		立夏 5月4日 十七庚辰 亥时 22时52分			小满 5月20日 初三丙申 午时 11时34分		芒种 6月5日 十九壬子 丑时 2时39分		
农历	公历	干支	九星	日建	星宿	公历	干支	九星	日建	星宿	公历	干支	九星	日建	星宿	公历	干支	九星	日建	星宿
初一	19	乙丑	八白	闭	娄	20	乙未	二黑	定	昴	18	甲子	七赤	成	毕	18	甲午	七赤	除	参
初二	20	丙寅	九紫	建	胃	21	丙申	三碧	执	毕	19	乙丑	五黄	收	觜	19	乙未	八白	满	井
初三	21	丁卯	一白	除	昴	22	丁酉	四绿	破	觜	20	丙寅	六白	开	参	20	丙申	九紫	平	鬼
初四	22	戊辰	二黑	满	毕	23	戊戌	五黄	危	参	21	丁卯	七赤	闭	井	21	丁酉	一白	定	柳
初五	23	己巳	三碧	平	觜	24	己亥	六白	成	井	22	戊辰	八白	建	鬼	22	戊戌	二黑	执	星
初六	24	庚午	四绿	定	参	25	庚子	七赤	收	鬼	23	己巳	九紫	除	柳	23	己亥	三碧	破	张
初七	25	辛未	五黄	执	井	26	辛丑	八白	开	柳	24	庚午	一白	满	星	24	庚子	四绿	危	翼
初八	26	壬申	六白	破	鬼	27	壬寅	九紫	闭	星	25	辛未	二黑	平	张	25	辛丑	五黄	成	轸
初九	27	癸酉	七赤	危	柳	28	癸卯	一白	建	张	26	壬申	三碧	定	翼	26	壬寅	六白	收	角
初十	28	甲戌	八白	成	星	29	甲辰	二黑	除	翼	27	癸酉	四绿	执	轸	27	癸卯	七赤	开	亢
十一	29	乙亥	九紫	收	张	30	乙巳	三碧	满	轸	28	甲戌	五黄	破	角	28	甲辰	八白	闭	氐
十二	3月	丙子	一白	开	翼	31	丙午	四绿	平	角	29	乙亥	六白	危	亢	29	乙巳	九紫	建	房
十三	2	丁丑	二黑	闭	轸	4月	丁未	五黄	定	亢	30	丙子	七赤	成	氐	30	丙午	一白	除	心
十四	3	戊寅	三碧	建	角	2	戊申	六白	执	氐	5月	丁丑	八白	收	房	31	丁未	二黑	满	尾
十五	4	己卯	四绿	除	亢	3	己酉	七赤	破	房	2	戊寅	九紫	开	心	6月	戊申	三碧	平	箕
十六	5	庚辰	五黄	除	氐	4	庚戌	八白	破	心	3	己卯	一白	闭	尾	2	己酉	四绿	定	斗
十七	6	辛巳	六白	满	房	5	辛亥	九紫	危	尾	4	庚辰	二黑	闭	箕	3	庚戌	五黄	执	牛
十八	7	壬午	七赤	平	心	6	壬子	一白	成	箕	5	辛巳	三碧	建	斗	4	辛亥	六白	破	女
十九	8	癸未	八白	定	尾	7	癸丑	二黑	收	斗	6	壬午	四绿	除	牛	5	壬子	七赤	破	虚
二十	9	甲申	九紫	执	箕	8	甲寅	三碧	开	牛	7	癸未	五黄	满	女	6	癸丑	八白	危	危
廿一	10	乙酉	一白	破	斗	9	乙卯	四绿	闭	女	8	甲申	六白	平	虚	7	甲寅	九紫	成	室
廿二	11	丙戌	二黑	危	牛	10	丙辰	五黄	建	虚	9	乙酉	七赤	定	危	8	乙卯	一白	收	壁
廿三	12	丁亥	三碧	成	女	11	丁巳	六白	除	危	10	丙戌	八白	执	室	9	丙辰	二黑	开	奎
廿四	13	戊子	四绿	收	虚	12	戊午	七赤	满	室	11	丁亥	九紫	破	壁	10	丁巳	三碧	闭	娄
廿五	14	己丑	五黄	开	危	13	己未	八白	平	壁	12	戊子	一白	危	奎	11	戊午	四绿	建	胃
廿六	15	庚寅	六白	闭	室	14	庚申	九紫	定	奎	13	己丑	二黑	成	娄	12	己未	五黄	除	昴
廿七	16	辛卯	七赤	建	壁	15	辛酉	一白	执	娄	14	庚寅	三碧	收	胃	13	庚申	六白	满	毕
廿八	17	壬辰	八白	除	奎	16	壬戌	二黑	破	胃	15	辛卯	四绿	开	昴	14	辛酉	七赤	平	觜
廿九	18	癸巳	九紫	满	娄	17	癸亥	三碧	危	昴	16	壬辰	五黄	闭	毕	15	壬戌	八白	定	参
三十	19	甲午	一白	平	胃						17	癸巳	六白	建	觜					

公元2072年 壬辰龙年 太岁彭泰 九星九紫

月份	五月大	丙午 一白 离卦 牛宿				六月小	丁未 九紫 震卦 女宿				七月小	戊申 八白 巽卦 虚宿				八月大	己酉 七赤 坎卦 危宿			
节气	夏至 6月20日 初五丁卯 戌时 19时13分		小暑 7月6日 廿一癸未 午时 12时44分			大暑 7月22日 初七己亥 卯时 6时03分		立秋 8月6日 廿二甲寅 亥时 22时38分			处暑 8月22日 初九庚午 未时 13时21分		白露 9月7日 廿五丙戌 丑时 1时54分			秋分 9月22日 十一辛丑 午时 11时27分		寒露 10月7日 廿六丙辰 酉时 18时02分		
农历	公历	干支	九星	日建	星宿	公历	干支	九星	日建	星宿	公历	干支	九星	日建	星宿	公历	干支	九星	日建	星宿
初一	16	癸亥	九紫	执	井	16	癸巳	七赤	开	柳	14	壬戌	五黄	满	星	12	辛卯	三碧	破	张
初二	17	**甲子**	**四绿**	破	鬼	17	甲午	六白	闭	星	15	癸亥	四绿	平	张	13	壬辰	二黑	危	翼
初三	18	乙丑	五黄	危	柳	18	乙未	五黄	建	张	16	**甲子**	**九紫**	定	翼	14	癸巳	一白	成	轸
初四	19	丙寅	六白	成	星	19	丙申	四绿	除	翼	17	乙丑	八白	执	轸	15	甲午	九紫	收	角
初五	20	**丁卯**	**六白**	收	张	20	丁酉	三碧	满	轸	18	丙寅	七赤	破	角	16	乙未	八白	开	亢
初六	21	戊辰	五黄	开	翼	21	戊戌	二黑	平	角	19	丁卯	六白	危	亢	17	丙申	七赤	闭	氐
初七	22	己巳	四绿	闭	轸	22	己亥	一白	定	亢	20	戊辰	五黄	成	氐	18	丁酉	六白	建	房
初八	23	庚午	三碧	建	角	23	庚子	九紫	执	氐	21	己巳	四绿	收	房	19	戊戌	五黄	除	心
初九	24	辛未	二黑	除	亢	24	辛丑	八白	破	房	22	**庚午**	**六白**	开	心	20	己亥	四绿	满	尾
初十	25	壬申	一白	满	氐	25	壬寅	七赤	危	心	23	辛未	五黄	闭	尾	21	庚子	三碧	平	箕
十一	26	癸酉	九紫	平	房	26	癸卯	六白	成	尾	24	壬申	四绿	建	箕	22	辛丑	二黑	定	斗
十二	27	甲戌	八白	定	心	27	甲辰	五黄	收	箕	25	癸酉	三碧	除	斗	23	壬寅	一白	执	牛
十三	28	乙亥	七赤	执	尾	28	乙巳	四绿	开	斗	26	甲戌	二黑	满	牛	24	癸卯	九紫	破	女
十四	29	丙子	六白	破	箕	29	丙午	三碧	闭	牛	27	乙亥	一白	平	女	25	甲辰	八白	危	虚
十五	30	丁丑	五黄	危	斗	30	丁未	二黑	建	女	28	丙子	九紫	定	虚	26	乙巳	七赤	成	危
十六	7月	戊寅	四绿	成	牛	31	戊申	一白	除	虚	29	丁丑	八白	执	危	27	丙午	六白	收	室
十七	2	己卯	三碧	收	女	8月	己酉	九紫	满	危	30	戊寅	七赤	破	室	28	丁未	五黄	开	壁
十八	3	庚辰	二黑	开	虚	2	庚戌	八白	平	室	31	己卯	六白	危	壁	29	戊申	四绿	闭	奎
十九	4	辛巳	一白	闭	危	3	辛亥	七赤	定	壁	9月	庚辰	五黄	成	奎	30	己酉	三碧	建	娄
二十	5	壬午	九紫	建	室	4	壬子	六白	执	奎	2	辛巳	四绿	收	娄	10月	庚戌	二黑	除	胃
廿一	6	癸未	八白	建	壁	5	癸丑	五黄	破	娄	3	壬午	三碧	开	胃	2	辛亥	一白	满	昴
廿二	7	甲申	七赤	除	奎	6	甲寅	四绿	破	胃	4	癸未	二黑	闭	昴	3	壬子	九紫	平	毕
廿三	8	乙酉	六白	满	娄	7	乙卯	三碧	危	昴	5	甲申	一白	建	毕	4	癸丑	八白	定	觜
廿四	9	丙戌	五黄	平	胃	8	丙辰	二黑	成	毕	6	乙酉	九紫	除	觜	5	甲寅	七赤	执	参
廿五	10	丁亥	四绿	定	昴	9	丁巳	一白	收	觜	7	丙戌	八白	除	参	6	乙卯	六白	破	井
廿六	11	戊子	三碧	执	毕	10	戊午	九紫	开	参	8	丁亥	七赤	满	井	7	丙辰	五黄	破	鬼
廿七	12	己丑	二黑	破	觜	11	己未	八白	闭	井	9	戊子	六白	平	鬼	8	丁巳	四绿	危	柳
廿八	13	庚寅	一白	危	参	12	庚申	七赤	建	鬼	10	己丑	五黄	定	柳	9	戊午	三碧	成	星
廿九	14	辛卯	九紫	成	井	13	辛酉	六白	除	柳	11	庚寅	四绿	执	星	10	己未	二黑	收	张
三十	15	壬辰	八白	收	鬼											11	庚申	一白	开	翼

公元2072年　壬辰龙年　太岁彭泰　九星九紫

月份	九月小	庚戌 六白 艮卦 室宿				十月大	辛亥 五黄 坤卦 壁宿				十一月小	壬子 四绿 乾卦 奎宿				十二月大	癸丑 三碧 兑卦 娄宿			
节气	霜降 10月22日 十一辛未 亥时 21时19分		立冬 11月6日 廿六丙戌 亥时 21时43分			小雪 11月21日 十二辛丑 戌时 19时19分		大雪 12月6日 廿七丙辰 未时 14时55分			冬至 12月21日 十二辛未 辰时 8时55分		小寒 1月5日 廿七丙戌 丑时 2时18分			大寒 1月19日 十二庚子 戌时 19时36分		立春 2月3日 廿七乙卯 未时 13时52分		
农历	公历	干支	九星	日建	星宿	公历	干支	九星	日建	星宿	公历	干支	九星	日建	星宿	公历	干支	九星	日建	星宿
初一	12	辛酉	九紫	闭	轸	10	庚寅	七赤	平	角	10	庚申	四绿	成	氐	8	己丑	八白	建	房
初二	13	壬戌	八白	建	角	11	辛卯	六白	定	亢	11	辛酉	三碧	收	房	9	庚寅	九紫	除	心
初三	14	癸亥	七赤	除	亢	12	壬辰	五黄	执	氐	12	壬戌	二黑	开	心	10	辛卯	一白	满	尾
初四	15	甲子	三碧	满	氐	13	癸巳	四绿	破	房	13	癸亥	一白	闭	尾	11	壬辰	二黑	平	箕
初五	16	乙丑	二黑	平	房	14	甲午	三碧	危	心	14	甲子	六白	建	箕	12	癸巳	三碧	定	斗
初六	17	丙寅	一白	定	心	15	乙未	二黑	成	尾	15	乙丑	五黄	除	斗	13	甲午	四绿	执	牛
初七	18	丁卯	九紫	执	尾	16	丙申	一白	收	箕	16	丙寅	四绿	满	牛	14	乙未	五黄	破	女
初八	19	戊辰	八白	破	箕	17	丁酉	九紫	开	斗	17	丁卯	三碧	平	女	15	丙申	六白	危	虚
初九	20	己巳	七赤	危	斗	18	戊戌	八白	闭	牛	18	戊辰	二黑	定	虚	16	丁酉	七赤	成	危
初十	21	庚午	六白	成	牛	19	己亥	七赤	建	女	19	己巳	一白	执	危	17	戊戌	八白	收	室
十一	22	辛未	八白	收	女	20	庚子	六白	除	虚	20	庚午	九紫	破	室	18	己亥	九紫	开	壁
十二	23	壬申	七赤	开	虚	21	辛丑	五黄	满	危	21	辛未	八白	危	壁	19	庚子	一白	闭	奎
十三	24	癸酉	六白	闭	危	22	壬寅	四绿	平	室	22	壬申	九紫	成	奎	20	辛丑	二黑	建	娄
十四	25	甲戌	五黄	建	室	23	癸卯	三碧	定	壁	23	癸酉	一白	收	娄	21	壬寅	三碧	除	胃
十五	26	乙亥	四绿	除	壁	24	甲辰	二黑	执	奎	24	甲戌	二黑	开	胃	22	癸卯	四绿	满	昴
十六	27	丙子	三碧	满	奎	25	乙巳	一白	破	娄	25	乙亥	三碧	闭	昴	23	甲辰	五黄	平	毕
十七	28	丁丑	二黑	平	娄	26	丙午	九紫	危	胃	26	丙子	四绿	建	毕	24	乙巳	六白	定	觜
十八	29	戊寅	一白	定	胃	27	丁未	八白	成	昴	27	丁丑	五黄	除	觜	25	丙午	七赤	执	参
十九	30	己卯	九紫	执	昴	28	戊申	七赤	收	毕	28	戊寅	六白	满	参	26	丁未	八白	破	井
二十	31	庚辰	八白	破	毕	29	己酉	六白	开	觜	29	己卯	七赤	平	井	27	戊申	九紫	危	鬼
廿一	11月	辛巳	七赤	危	觜	30	庚戌	五黄	闭	参	30	庚辰	八白	定	鬼	28	己酉	一白	成	柳
廿二	2	壬午	六白	成	参	12月	辛亥	四绿	建	井	31	辛巳	九紫	执	柳	29	庚戌	二黑	收	星
廿三	3	癸未	五黄	收	井	2	壬子	三碧	除	鬼	1月	壬午	一白	破	星	30	辛亥	三碧	开	张
廿四	4	甲申	四绿	开	鬼	3	癸丑	二黑	满	柳	2	癸未	二黑	危	张	31	壬子	四绿	闭	翼
廿五	5	乙酉	三碧	闭	柳	4	甲寅	一白	平	星	3	甲申	三碧	成	翼	2月	癸丑	五黄	建	轸
廿六	6	丙戌	二黑	闭	星	5	乙卯	九紫	定	张	4	乙酉	四绿	收	轸	2	甲寅	六白	除	角
廿七	7	丁亥	一白	建	张	6	丙辰	八白	定	翼	5	丙戌	五黄	收	角	3	乙卯	七赤	除	亢
廿八	8	戊子	九紫	除	翼	7	丁巳	七赤	执	轸	6	丁亥	六白	开	亢	4	丙辰	八白	满	氐
廿九	9	己丑	八白	满	轸	8	戊午	六白	破	角	7	戊子	七赤	闭	氐	5	丁巳	九紫	平	房
三十						9	己未	五黄	危	亢						6	戊午	一白	定	心

公元2073年　癸巳蛇年　太岁徐舜　九星八白

月份	正月大 甲寅 二黑 坤卦 胃宿					二月小 乙卯 一白 乾卦 昴宿					三月大 丙辰 九紫 兑卦 毕宿					四月大 丁巳 八白 离卦 觜宿				
节气	雨水 2月18日 十二庚午 巳时 9时34分			惊蛰 3月5日 廿七乙酉 辰时 7时35分		春分 3月20日 十二庚子 辰时 8时12分			清明 4月4日 廿七乙卯 午时 11时58分		谷雨 4月19日 十三庚午 酉时 18时47分			立夏 5月5日 廿九丙戌 寅时 4时47分		小满 5月20日 十四辛丑 酉时 17时28分			芒种 6月5日 三十丁巳 辰时 8时29分	
农历	公历	干支	九星	日建	星宿	公历	干支	九星	日建	星宿	公历	干支	九星	日建	星宿	公历	干支	九星	日建	星宿
初一	7	己未	二黑	执	尾	9	己丑	五黄	开	斗	7	戊午	七赤	满	牛	7	戊子	一白	危	虚
初二	8	庚申	三碧	破	箕	10	庚寅	六白	闭	牛	8	己未	八白	平	女	8	己丑	二黑	成	危
初三	9	辛酉	四绿	危	斗	11	辛卯	七赤	建	女	9	庚申	九紫	定	虚	9	庚寅	三碧	收	室
初四	10	壬戌	五黄	成	牛	12	壬辰	八白	除	虚	10	辛酉	一白	执	危	10	辛卯	四绿	开	壁
初五	11	癸亥	六白	收	女	13	癸巳	九紫	满	危	11	壬戌	二黑	破	室	11	壬辰	五黄	闭	奎
初六	12	甲子	一白	开	虚	14	甲午	一白	平	室	12	癸亥	三碧	危	壁	12	癸巳	六白	建	娄
初七	13	乙丑	二黑	闭	危	15	乙未	二黑	定	壁	13	甲子	七赤	成	奎	13	甲午	七赤	除	胃
初八	14	丙寅	三碧	建	室	16	丙申	三碧	执	奎	14	乙丑	八白	收	娄	14	乙未	八白	满	昴
初九	15	丁卯	四绿	除	壁	17	丁酉	四绿	破	娄	15	丙寅	九紫	开	胃	15	丙申	九紫	平	毕
初十	16	戊辰	五黄	满	奎	18	戊戌	五黄	危	胃	16	丁卯	一白	闭	昴	16	丁酉	一白	定	觜
十一	17	己巳	六白	平	娄	19	己亥	六白	成	昴	17	戊辰	二黑	建	毕	17	戊戌	二黑	执	参
十二	18	庚午	四绿	定	胃	20	庚子	七赤	收	毕	18	己巳	三碧	除	觜	18	己亥	三碧	破	井
十三	19	辛未	五黄	执	昴	21	辛丑	八白	开	觜	19	庚午	一白	满	参	19	庚子	四绿	危	鬼
十四	20	壬申	六白	破	毕	22	壬寅	九紫	闭	参	20	辛未	二黑	平	井	20	辛丑	五黄	成	柳
十五	21	癸酉	七赤	危	觜	23	癸卯	一白	建	井	21	壬申	三碧	定	鬼	21	壬寅	六白	收	星
十六	22	甲戌	八白	成	参	24	甲辰	二黑	除	鬼	22	癸酉	四绿	执	柳	22	癸卯	七赤	开	张
十七	23	乙亥	九紫	收	井	25	乙巳	三碧	满	柳	23	甲戌	五黄	破	星	23	甲辰	八白	闭	翼
十八	24	丙子	一白	开	鬼	26	丙午	四绿	平	星	24	乙亥	六白	危	张	24	乙巳	九紫	建	轸
十九	25	丁丑	二黑	闭	柳	27	丁未	五黄	定	张	25	丙子	七赤	成	翼	25	丙午	一白	除	角
二十	26	戊寅	三碧	建	星	28	戊申	六白	执	翼	26	丁丑	八白	收	轸	26	丁未	二黑	满	亢
廿一	27	己卯	四绿	除	张	29	己酉	七赤	破	轸	27	戊寅	九紫	开	角	27	戊申	三碧	平	氐
廿二	28	庚辰	五黄	满	翼	30	庚戌	八白	危	角	28	己卯	一白	闭	亢	28	己酉	四绿	定	房
廿三	3月	辛巳	六白	平	轸	31	辛亥	九紫	成	亢	29	庚辰	二黑	建	氐	29	庚戌	五黄	执	心
廿四	2	壬午	七赤	定	角	4月	壬子	一白	收	氐	30	辛巳	三碧	除	房	30	辛亥	六白	破	尾
廿五	3	癸未	八白	执	亢	2	癸丑	二黑	开	房	5月	壬午	四绿	满	心	31	壬子	七赤	危	箕
廿六	4	甲申	九紫	破	氐	3	甲寅	三碧	闭	心	2	癸未	五黄	平	尾	6月	癸丑	八白	成	斗
廿七	5	乙酉	一白	破	房	4	乙卯	四绿	闭	尾	3	甲申	六白	定	箕	2	甲寅	九紫	收	牛
廿八	6	丙戌	二黑	危	心	5	丙辰	五黄	建	箕	4	乙酉	七赤	执	斗	3	乙卯	一白	开	女
廿九	7	丁亥	三碧	成	尾	6	丁巳	六白	除	斗	5	丙戌	八白	执	牛	4	丙辰	二黑	闭	虚
三十	8	戊子	四绿	收	箕						6	丁亥	九紫	破	女	5	丁巳	三碧	闭	危

公元2073年 癸巳蛇年 太岁徐舜 九星八白

月份	五月小	戊午 七赤	震卦 参宿			六月大	己未 六白	巽卦 井宿			七月小	庚申 五黄	坎卦 鬼宿			八月小	辛酉 四绿	艮卦 柳宿		
节气	夏至 6月21日 十六癸酉 丑时 1时06分					小暑 7月6日 初二戊子 酉时 18时30分		大暑 7月22日 十八甲辰 午时 11时54分			立秋 8月7日 初四庚申 寅时 4时19分		处暑 8月22日 十九乙亥 戌时 19时10分			白露 9月7日 初六辛卯 辰时 7时32分		秋分 9月22日 廿一丙午 酉时 17时14分		
农历	公历	干支	九星	日建	星宿	公历	干支	九星	日建	星宿	公历	干支	九星	日建	星宿	公历	干支	九星	日建	星宿
初一	6	戊午	四绿	建	室	5	丁亥	四绿	执	壁	4	丁巳	一白	开	娄	2	丙戌	八白	满	胃
初二	7	己未	五黄	除	壁	6	戊子	三碧	执	奎	5	戊午	九紫	闭	胃	3	丁亥	七赤	平	昴
初三	8	庚申	六白	满	奎	7	己丑	二黑	破	娄	6	己未	八白	建	昴	4	戊子	六白	定	毕
初四	9	辛酉	七赤	平	娄	8	庚寅	一白	危	胃	7	庚申	七赤	建	毕	5	己丑	五黄	执	觜
初五	10	壬戌	八白	定	胃	9	辛卯	九紫	成	昴	8	辛酉	六白	除	觜	6	庚寅	四绿	破	参
初六	11	癸亥	九紫	执	昴	10	壬辰	八白	收	毕	9	壬戌	五黄	满	参	7	辛卯	三碧	破	井
初七	12	甲子	四绿	破	毕	11	癸巳	七赤	开	觜	10	癸亥	四绿	平	井	8	壬辰	二黑	危	鬼
初八	13	乙丑	五黄	危	觜	12	甲午	六白	闭	参	11	甲子	九紫	定	鬼	9	癸巳	一白	成	柳
初九	14	丙寅	六白	成	参	13	乙未	五黄	建	井	12	乙丑	八白	执	柳	10	甲午	九紫	收	星
初十	15	丁卯	七赤	收	井	14	丙申	四绿	除	鬼	13	丙寅	七赤	破	星	11	乙未	八白	开	张
十一	16	戊辰	八白	开	鬼	15	丁酉	三碧	满	柳	14	丁卯	六白	危	张	12	丙申	七赤	闭	翼
十二	17	己巳	九紫	闭	柳	16	戊戌	二黑	平	星	15	戊辰	五黄	成	翼	13	丁酉	六白	建	轸
十三	18	庚午	一白	建	星	17	己亥	一白	定	张	16	己巳	四绿	收	轸	14	戊戌	五黄	除	角
十四	19	辛未	二黑	除	张	18	庚子	九紫	执	翼	17	庚午	三碧	开	角	15	己亥	四绿	满	亢
十五	20	壬申	三碧	满	翼	19	辛丑	八白	破	轸	18	辛未	二黑	闭	亢	16	庚子	三碧	平	氐
十六	21	癸酉	九紫	平	轸	20	壬寅	七赤	危	角	19	壬申	一白	建	氐	17	辛丑	二黑	定	房
十七	22	甲戌	八白	定	角	21	癸卯	六白	成	亢	20	癸酉	九紫	除	房	18	壬寅	一白	执	心
十八	23	乙亥	七赤	执	亢	22	甲辰	五黄	收	氐	21	甲戌	八白	满	心	19	癸卯	九紫	破	尾
十九	24	丙子	六白	破	氐	23	乙巳	四绿	开	房	22	乙亥	一白	平	尾	20	甲辰	八白	危	箕
二十	25	丁丑	五黄	危	房	24	丙午	三碧	闭	心	23	丙子	九紫	定	箕	21	乙巳	七赤	成	斗
廿一	26	戊寅	四绿	成	心	25	丁未	二黑	建	尾	24	丁丑	八白	执	斗	22	丙午	六白	收	牛
廿二	27	己卯	三碧	收	尾	26	戊申	一白	除	箕	25	戊寅	七赤	破	牛	23	丁未	五黄	开	女
廿三	28	庚辰	二黑	开	箕	27	己酉	九紫	满	斗	26	己卯	六白	危	女	24	戊申	四绿	闭	虚
廿四	29	辛巳	一白	闭	斗	28	庚戌	八白	平	牛	27	庚辰	五黄	成	虚	25	己酉	三碧	建	危
廿五	30	壬午	九紫	建	牛	29	辛亥	七赤	定	女	28	辛巳	四绿	收	危	26	庚戌	二黑	除	室
廿六	7月	癸未	八白	除	女	30	壬子	六白	执	虚	29	壬午	三碧	开	室	27	辛亥	一白	满	壁
廿七	2	甲申	七赤	满	虚	31	癸丑	五黄	破	危	30	癸未	二黑	闭	壁	28	壬子	九紫	平	奎
廿八	3	乙酉	六白	平	危	8月	甲寅	四绿	危	室	31	甲申	一白	建	奎	29	癸丑	八白	定	娄
廿九	4	丙戌	五黄	定	室	2	乙卯	三碧	成	壁	9月	乙酉	九紫	除	娄	30	甲寅	七赤	执	胃
三十						3	丙辰	二黑	收	奎										

公元2073年 癸巳蛇年 太岁徐舜 九星八白

月份	九月大		壬戌 三碧 坤卦 星宿			十月小		癸亥 二黑 乾卦 张宿			十一月大		甲子 一白 兑卦 翼宿			十二月小		乙丑 九紫 离卦 轸宿		
节气	寒露 10月7日 初七辛酉 夜子时 23时40分			霜降 10月23日 廿三丁丑 寅时 3时07分		立冬 11月7日 初八壬辰 寅时 3时23分			小雪 11月22日 廿三丁未 丑时 1时10分		大雪 12月6日 初八辛酉 戌时 20时39分			冬至 12月21日 廿三丙子 未时 14时49分		小寒 1月5日 初八辛卯 辰时 8时05分			大寒 1月20日 廿三丙午 丑时 1时33分	
农历	公历	干支	九星	日建	星宿	公历	干支	九星	日建	星宿	公历	干支	九星	日建	星宿	公历	干支	九星	日建	星宿
初一	10月	乙卯	六白	破	昴	31	乙酉	三碧	闭	觜	29	甲寅	一白	平	参	29	甲申	三碧	成	鬼
初二	2	丙辰	五黄	危	毕	11月	丙戌	二黑	建	参	30	乙卯	九紫	定	井	30	乙酉	四绿	收	柳
初三	3	丁巳	四绿	成	觜	2	丁亥	一白	除	井	12月	丙辰	八白	执	鬼	31	丙戌	五黄	开	星
初四	4	戊午	三碧	收	参	3	戊子	九紫	满	鬼	2	丁巳	七赤	破	柳	1月	丁亥	六白	闭	张
初五	5	己未	二黑	开	井	4	己丑	八白	平	柳	3	戊午	六白	危	星	2	戊子	七赤	建	翼
初六	6	庚申	一白	闭	鬼	5	庚寅	七赤	定	星	4	己未	五黄	成	张	3	己丑	八白	除	轸
初七	7	辛酉	九紫	闭	柳	6	辛卯	六白	执	张	5	庚申	四绿	收	翼	4	庚寅	九紫	满	角
初八	8	壬戌	八白	建	星	7	壬辰	五黄	执	翼	6	辛酉	三碧	收	轸	5	辛卯	一白	满	亢
初九	9	癸亥	七赤	除	张	8	癸巳	四绿	破	轸	7	壬戌	二黑	开	角	6	壬辰	二黑	平	氐
初十	10	甲子	三碧	满	翼	9	甲午	三碧	危	角	8	癸亥	一白	闭	亢	7	癸巳	三碧	定	房
十一	11	乙丑	二黑	平	轸	10	乙未	二黑	成	亢	9	甲子	六白	建	氐	8	甲午	四绿	执	心
十二	12	丙寅	一白	定	角	11	丙申	一白	收	氐	10	乙丑	五黄	除	房	9	乙未	五黄	破	尾
十三	13	丁卯	九紫	执	亢	12	丁酉	九紫	开	房	11	丙寅	四绿	满	心	10	丙申	六白	危	箕
十四	14	戊辰	八白	破	氐	13	戊戌	八白	闭	心	12	丁卯	三碧	平	尾	11	丁酉	七赤	成	斗
十五	15	己巳	七赤	危	房	14	己亥	七赤	建	尾	13	戊辰	二黑	定	箕	12	戊戌	八白	收	牛
十六	16	庚午	六白	成	心	15	庚子	六白	除	箕	14	己巳	一白	执	斗	13	己亥	九紫	开	女
十七	17	辛未	五黄	收	尾	16	辛丑	五黄	满	斗	15	庚午	九紫	破	牛	14	庚子	一白	闭	虚
十八	18	壬申	四绿	开	箕	17	壬寅	四绿	平	牛	16	辛未	八白	危	女	15	辛丑	二黑	建	危
十九	19	癸酉	三碧	闭	斗	18	癸卯	三碧	定	女	17	壬申	七赤	成	虚	16	壬寅	三碧	除	室
二十	20	甲戌	二黑	建	牛	19	甲辰	二黑	执	虚	18	癸酉	六白	收	危	17	癸卯	四绿	满	壁
廿一	21	乙亥	一白	除	女	20	乙巳	一白	破	危	19	甲戌	五黄	开	室	18	甲辰	五黄	平	奎
廿二	22	丙子	九紫	满	虚	21	丙午	九紫	危	室	20	乙亥	四绿	闭	壁	19	乙巳	六白	定	娄
廿三	23	丁丑	二黑	平	危	22	丁未	八白	成	壁	21	丙子	四绿	建	奎	20	丙午	七赤	执	胃
廿四	24	戊寅	一白	定	室	23	戊申	七赤	收	奎	22	丁丑	五黄	除	娄	21	丁未	八白	破	昴
廿五	25	己卯	九紫	执	壁	24	己酉	六白	开	娄	23	戊寅	六白	满	胃	22	戊申	九紫	危	毕
廿六	26	庚辰	八白	破	奎	25	庚戌	五黄	闭	胃	24	己卯	七赤	平	昴	23	己酉	一白	成	觜
廿七	27	辛巳	七赤	危	娄	26	辛亥	四绿	建	昴	25	庚辰	八白	定	毕	24	庚戌	二黑	收	参
廿八	28	壬午	六白	成	胃	27	壬子	三碧	除	毕	26	辛巳	九紫	执	觜	25	辛亥	三碧	开	井
廿九	29	癸未	五黄	收	昴	28	癸丑	二黑	满	觜	27	壬午	一白	破	参	26	壬子	四绿	闭	鬼
三十	30	甲申	四绿	开	毕						28	癸未	二黑	危	井					

公元2074年　甲午马年（闰六月）　太岁张词 九星七赤

月份	正月大	丙寅 八白 乾卦 角宿				二月小	丁卯 七赤 兑卦 亢宿				三月大	戊辰 六白 离卦 氐宿				四月大	己巳 五黄 震卦 房宿			
节气	立春 2月3日 初八庚申 戌时 19时40分		雨水 2月18日 廿三乙亥 申时 15时31分			惊蛰 3月5日 初八庚寅 未时 13时23分		春分 3月20日 廿三乙巳 未时 14时08分			清明 4月4日 初九庚申 酉时 17时44分		谷雨 4月20日 廿五丙子 早子时 0时40分			立夏 5月5日 初十辛卯 巳时 10时32分		小满 5月20日 廿五丙午 夜子时 23时20分		
农历	公历	干支	九星	日建	星宿	公历	干支	九星	日建	星宿	公历	干支	九星	日建	星宿	公历	干支	九星	日建	星宿
初一	27	癸丑	五黄	建	柳	26	癸未	八白	执	张	27	壬子	一白	收	翼	26	壬午	四绿	满	角
初二	28	甲寅	六白	除	星	27	甲申	九紫	破	翼	28	癸丑	二黑	开	轸	27	癸未	五黄	平	亢
初三	29	乙卯	七赤	满	张	28	乙酉	一白	危	轸	29	甲寅	三碧	闭	角	28	甲申	六白	定	氐
初四	30	丙辰	八白	平	翼	3月	丙戌	二黑	成	角	30	乙卯	四绿	建	亢	29	乙酉	七赤	执	房
初五	31	丁巳	九紫	定	轸	2	丁亥	三碧	收	亢	31	丙辰	五黄	除	氐	30	丙戌	八白	破	心
初六	2月	戊午	一白	执	角	3	戊子	四绿	开	氐	4月	丁巳	六白	满	房	5月	丁亥	九紫	危	尾
初七	2	己未	二黑	破	亢	4	己丑	五黄	闭	房	2	戊午	七赤	平	心	2	戊子	一白	成	箕
初八	3	庚申	三碧	破	氐	5	庚寅	六白	闭	心	3	己未	八白	定	尾	3	己丑	二黑	收	斗
初九	4	辛酉	四绿	危	房	6	辛卯	七赤	建	尾	4	庚申	九紫	定	箕	4	庚寅	三碧	开	牛
初十	5	壬戌	五黄	成	心	7	壬辰	八白	除	箕	5	辛酉	一白	执	斗	5	辛卯	四绿	开	女
十一	6	癸亥	六白	收	尾	8	癸巳	九紫	满	斗	6	壬戌	二黑	破	牛	6	壬辰	五黄	闭	虚
十二	7	甲子	一白	开	箕	9	甲午	一白	平	牛	7	癸亥	三碧	危	女	7	癸巳	六白	建	危
十三	8	乙丑	二黑	闭	斗	10	乙未	二黑	定	女	8	甲子	七赤	成	虚	8	甲午	七赤	除	室
十四	9	丙寅	三碧	建	牛	11	丙申	三碧	执	虚	9	乙丑	八白	收	危	9	乙未	八白	满	壁
十五	10	丁卯	四绿	除	女	12	丁酉	四绿	破	危	10	丙寅	九紫	开	室	10	丙申	九紫	平	奎
十六	11	戊辰	五黄	满	虚	13	戊戌	五黄	危	室	11	丁卯	一白	闭	壁	11	丁酉	一白	定	娄
十七	12	己巳	六白	平	危	14	己亥	六白	成	壁	12	戊辰	二黑	建	奎	12	戊戌	二黑	执	胃
十八	13	庚午	七赤	定	室	15	庚子	七赤	收	奎	13	己巳	三碧	除	娄	13	己亥	三碧	破	昴
十九	14	辛未	八白	执	壁	16	辛丑	八白	开	娄	14	庚午	四绿	满	胃	14	庚子	四绿	危	毕
二十	15	壬申	九紫	破	奎	17	壬寅	九紫	闭	胃	15	辛未	五黄	平	昴	15	辛丑	五黄	成	觜
廿一	16	癸酉	一白	危	娄	18	癸卯	一白	建	昴	16	壬申	六白	定	毕	16	壬寅	六白	收	参
廿二	17	甲戌	二黑	成	胃	19	甲辰	二黑	除	毕	17	癸酉	七赤	执	觜	17	癸卯	七赤	开	井
廿三	18	乙亥	九紫	收	昴	20	乙巳	三碧	满	觜	18	甲戌	八白	破	参	18	甲辰	八白	闭	鬼
廿四	19	丙子	一白	开	毕	21	丙午	四绿	平	参	19	乙亥	九紫	危	井	19	乙巳	九紫	建	柳
廿五	20	丁丑	二黑	闭	觜	22	丁未	五黄	定	井	20	丙子	七赤	成	鬼	20	丙午	一白	除	星
廿六	21	戊寅	三碧	建	参	23	戊申	六白	执	鬼	21	丁丑	八白	收	柳	21	丁未	二黑	满	张
廿七	22	己卯	四绿	除	井	24	己酉	七赤	破	柳	22	戊寅	九紫	开	星	22	戊申	三碧	平	翼
廿八	23	庚辰	五黄	满	鬼	25	庚戌	八白	危	星	23	己卯	一白	闭	张	23	己酉	四绿	定	轸
廿九	24	辛巳	六白	平	柳	26	辛亥	九紫	成	张	24	庚辰	二黑	建	翼	24	庚戌	五黄	执	角
三十	25	壬午	七赤	定	星						25	辛巳	三碧	除	轸	25	辛亥	六白	破	亢

公元2074年　甲午马年（闰六月）　太岁张词 九星七赤

月份	五月小		庚午 四绿 巽卦 心宿			六月大		辛未 三碧 坎卦 尾宿			闰六月小				
节气	芒种 6月5日 十一壬戌 未时 14时16分		夏至 6月21日 廿七戊寅 辰时 6时57分			小暑 7月7日 十四甲午 早子时 0时20分		大暑 7月22日 廿九己酉 酉时 17时45分			立秋 8月7日 十五乙丑 巳时 10时12分				
农历	公历	干支	九星	日建	星宿	公历	干支	九星	日建	星宿	公历	干支	九星	日建	星宿
初一	26	壬子	七赤	危	氐	24	辛巳	一白	闭	房	24	辛亥	七赤	定	尾
初二	27	癸丑	八白	成	房	25	壬午	九紫	建	心	25	壬子	六白	执	箕
初三	28	甲寅	九紫	收	心	26	癸未	八白	除	尾	26	癸丑	五黄	破	斗
初四	29	乙卯	一白	开	尾	27	甲申	七赤	满	箕	27	甲寅	四绿	危	牛
初五	30	丙辰	二黑	闭	箕	28	乙酉	六白	平	斗	28	乙卯	三碧	成	女
初六	31	丁巳	三碧	建	斗	29	丙戌	五黄	定	牛	29	丙辰	二黑	收	虚
初七	6月	戊午	四绿	除	牛	30	丁亥	四绿	执	女	30	丁巳	一白	开	危
初八	2	己未	五黄	满	女	7月	戊子	三碧	破	虚	31	戊午	九紫	闭	室
初九	3	庚申	六白	平	虚	2	己丑	二黑	危	危	8月	己未	八白	建	壁
初十	4	辛酉	七赤	定	危	3	庚寅	一白	成	室	2	庚申	七赤	除	奎
十一	5	壬戌	八白	定	室	4	辛卯	九紫	收	壁	3	辛酉	六白	满	娄
十二	6	癸亥	九紫	执	壁	5	壬辰	八白	开	奎	4	壬戌	五黄	平	胃
十三	7	甲子	四绿	破	奎	6	癸巳	七赤	闭	娄	5	癸亥	四绿	定	昴
十四	8	乙丑	五黄	危	娄	7	甲午	六白	闭	胃	6	甲子	九紫	执	毕
十五	9	丙寅	六白	成	胃	8	乙未	五黄	建	昴	7	乙丑	八白	执	觜
十六	10	丁卯	七赤	收	昴	9	丙申	四绿	除	毕	8	丙寅	七赤	破	参
十七	11	戊辰	八白	开	毕	10	丁酉	三碧	满	觜	9	丁卯	六白	危	井
十八	12	己巳	九紫	闭	觜	11	戊戌	二黑	平	参	10	戊辰	五黄	成	鬼
十九	13	庚午	一白	建	参	12	己亥	一白	定	井	11	己巳	四绿	收	柳
二十	14	辛未	二黑	除	井	13	庚子	九紫	执	鬼	12	庚午	三碧	开	星
廿一	15	壬申	三碧	满	鬼	14	辛丑	八白	破	柳	13	辛未	二黑	闭	张
廿二	16	癸酉	四绿	平	柳	15	壬寅	七赤	危	星	14	壬申	一白	建	翼
廿三	17	甲戌	五黄	定	星	16	癸卯	六白	成	张	15	癸酉	九紫	除	轸
廿四	18	乙亥	六白	执	张	17	甲辰	五黄	收	翼	16	甲戌	八白	满	角
廿五	19	丙子	七赤	破	翼	18	乙巳	四绿	开	轸	17	乙亥	七赤	平	亢
廿六	20	丁丑	八白	危	轸	19	丙午	三碧	闭	角	18	丙子	六白	定	氐
廿七	21	戊寅	四绿	成	角	20	丁未	二黑	建	亢	19	丁丑	五黄	执	房
廿八	22	己卯	三碧	收	亢	21	戊申	一白	除	氐	20	戊寅	四绿	破	心
廿九	23	庚辰	二黑	开	氐	22	己酉	九紫	满	房	21	己卯	三碧	危	尾
三十						23	庚戌	八白	平	心					

公元2074年　甲午马年（闰六月）　太岁张词 九星七赤

月份	七月大		壬申 二黑 艮卦 箕宿			八月小		癸酉 一白 坤卦 斗宿			九月大		甲戌 九紫 乾卦 牛宿		
节气	处暑 8月23日 初二辛巳 早子时 0时59分		白露 9月7日 十七丙申 未时 13时27分			秋分 9月22日 初二辛亥 夜子时 23时03分		寒露 10月8日 十八丁卯 卯时 5时36分			霜降 10月23日 初四壬午 辰时 8时55分		立冬 11月7日 十九丁酉 巳时 9时18分		
农历	公历	干支	九星	日建	星宿	公历	干支	九星	日建	星宿	公历	干支	九星	日建	星宿
初一	22	庚辰	二黑	成	箕	21	庚戌	二黑	除	牛	20	己卯	六白	执	女
初二	23	辛巳	四绿	收	斗	22	辛亥	一白	满	女	21	庚辰	五黄	破	虚
初三	24	壬午	三碧	开	牛	23	壬子	九紫	平	虚	22	辛巳	四绿	危	危
初四	25	癸未	二黑	闭	女	24	癸丑	八白	定	危	23	壬午	六白	成	室
初五	26	甲申	一白	建	虚	25	甲寅	七赤	执	室	24	癸未	五黄	收	壁
初六	27	乙酉	九紫	除	危	26	乙卯	六白	破	壁	25	甲申	四绿	开	奎
初七	28	丙戌	八白	满	室	27	丙辰	五黄	危	奎	26	乙酉	三碧	闭	娄
初八	29	丁亥	七赤	平	壁	28	丁巳	四绿	成	娄	27	丙戌	二黑	建	胃
初九	30	戊子	六白	定	奎	29	戊午	三碧	收	胃	28	丁亥	一白	除	昴
初十	31	己丑	五黄	执	娄	30	己未	二黑	开	昴	29	戊子	九紫	满	毕
十一	9月	庚寅	四绿	破	胃	10月	庚申	一白	闭	毕	30	己丑	八白	平	觜
十二	2	辛卯	三碧	危	昴	2	辛酉	九紫	建	觜	31	庚寅	七赤	定	参
十三	3	壬辰	二黑	成	毕	3	壬戌	八白	除	参	11月	辛卯	六白	执	井
十四	4	癸巳	一白	收	觜	4	癸亥	七赤	满	井	2	壬辰	五黄	破	鬼
十五	5	甲午	九紫	开	参	5	甲子	三碧	平	鬼	3	癸巳	四绿	危	柳
十六	6	乙未	八白	闭	井	6	乙丑	二黑	定	柳	4	甲午	三碧	成	星
十七	7	丙申	七赤	闭	鬼	7	丙寅	一白	执	星	5	乙未	二黑	收	张
十八	8	丁酉	六白	建	柳	8	丁卯	九紫	执	张	6	丙申	一白	开	翼
十九	9	戊戌	五黄	除	星	9	戊辰	八白	破	翼	7	丁酉	九紫	开	轸
二十	10	己亥	四绿	满	张	10	己巳	七赤	危	轸	8	戊戌	八白	闭	角
廿一	11	庚子	三碧	平	翼	11	庚午	六白	成	角	9	己亥	七赤	建	亢
廿二	12	辛丑	二黑	定	轸	12	辛未	五黄	收	亢	10	庚子	六白	除	氐
廿三	13	壬寅	一白	执	角	13	壬申	四绿	开	氐	11	辛丑	五黄	满	房
廿四	14	癸卯	九紫	破	亢	14	癸酉	三碧	闭	房	12	壬寅	四绿	平	心
廿五	15	甲辰	八白	危	氐	15	甲戌	二黑	建	心	13	癸卯	三碧	定	尾
廿六	16	乙巳	七赤	成	房	16	乙亥	一白	除	尾	14	甲辰	二黑	执	箕
廿七	17	丙午	六白	收	心	17	丙子	九紫	满	箕	15	乙巳	一白	破	斗
廿八	18	丁未	五黄	开	尾	18	丁丑	八白	平	斗	16	丙午	九紫	危	牛
廿九	19	戊申	四绿	闭	箕	19	戊寅	七赤	定	牛	17	丁未	八白	成	女
三十	20	己酉	三碧	建	斗						18	戊申	七赤	收	虚

公元2074年　甲午马年（闰六月）　太岁张词 九星七赤

月份	十月小		乙亥 八白 兑卦 女宿			十一月大		丙子 七赤 离卦 虚宿			十二月小		丁丑 六白 震卦 危宿		
节气	小雪 11月22日 初四壬子 卯时 6时57分			大雪 12月7日 十九丁卯 丑时 2时33分		冬至 12月21日 初四辛巳 戌时 20时34分			小寒 1月5日 十九丙申 未时 13时57分		大寒 1月20日 初四辛亥 辰时 7时15分			立春 2月4日 十九丙寅 丑时 1时29分	
农历	公历	干支	九星	日建	星宿	公历	干支	九星	日建	星宿	公历	干支	九星	日建	星宿
初一	19	己酉	六白	开	危	18	戊寅	一白	满	室	17	戊申	九紫	危	奎
初二	20	庚戌	五黄	闭	室	19	己卯	九紫	平	壁	18	己酉	一白	成	娄
初三	21	辛亥	四绿	建	壁	20	庚辰	八白	定	奎	19	庚戌	二黑	收	胃
初四	22	壬子	三碧	除	奎	21	辛巳	九紫	执	娄	20	辛亥	三碧	开	昴
初五	23	癸丑	二黑	满	娄	22	壬午	一白	破	胃	21	壬子	四绿	闭	毕
初六	24	甲寅	一白	平	胃	23	癸未	二黑	危	昴	22	癸丑	五黄	建	觜
初七	25	乙卯	九紫	定	昴	24	甲申	三碧	成	毕	23	甲寅	六白	除	参
初八	26	丙辰	八白	执	毕	25	乙酉	四绿	收	觜	24	乙卯	七赤	满	井
初九	27	丁巳	七赤	破	觜	26	丙戌	五黄	开	参	25	丙辰	八白	平	鬼
初十	28	戊午	六白	危	参	27	丁亥	六白	闭	井	26	丁巳	九紫	定	柳
十一	29	己未	五黄	成	井	28	戊子	七赤	建	鬼	27	戊午	一白	执	星
十二	30	庚申	四绿	收	鬼	29	己丑	八白	除	柳	28	己未	二黑	破	张
十三	12月	辛酉	三碧	开	柳	30	庚寅	九紫	满	星	29	庚申	三碧	危	翼
十四	2	壬戌	二黑	闭	星	31	辛卯	一白	平	张	30	辛酉	四绿	成	轸
十五	3	癸亥	一白	建	张	1月	壬辰	二黑	定	翼	31	壬戌	五黄	收	角
十六	4	甲子	六白	除	翼	2	癸巳	三碧	执	轸	2月	癸亥	六白	开	亢
十七	5	乙丑	五黄	满	轸	3	甲午	四绿	破	角	2	甲子	一白	闭	氐
十八	6	丙寅	四绿	平	角	4	乙未	五黄	危	亢	3	乙丑	二黑	建	房
十九	7	丁卯	三碧	平	亢	5	丙申	六白	危	氐	4	丙寅	三碧	建	心
二十	8	戊辰	二黑	定	氐	6	丁酉	七赤	成	房	5	丁卯	四绿	除	尾
廿一	9	己巳	一白	执	房	7	戊戌	八白	收	心	6	戊辰	五黄	满	箕
廿二	10	庚午	九紫	破	心	8	己亥	九紫	开	尾	7	己巳	六白	平	斗
廿三	11	辛未	八白	危	尾	9	庚子	一白	闭	箕	8	庚午	七赤	定	牛
廿四	12	壬申	七赤	成	箕	10	辛丑	二黑	建	斗	9	辛未	八白	执	女
廿五	13	癸酉	六白	收	斗	11	壬寅	三碧	除	牛	10	壬申	九紫	破	虚
廿六	14	甲戌	五黄	开	牛	12	癸卯	四绿	满	女	11	癸酉	一白	危	危
廿七	15	乙亥	四绿	闭	女	13	甲辰	五黄	平	虚	12	甲戌	二黑	成	室
廿八	16	丙子	三碧	建	虚	14	乙巳	六白	定	危	13	乙亥	三碧	收	壁
廿九	17	丁丑	二黑	除	危	15	丙午	七赤	执	室	14	丙子	四绿	开	奎
三十						16	丁未	八白	破	壁					

公元2075年　乙未羊年　太岁杨贤 九星六白

月份	正月大	戊寅 五黄	兑卦 室宿			二月小	己卯 四绿	离卦 壁宿			三月大	庚辰 三碧	震卦 奎宿			四月小	辛巳 二黑	巽卦 娄宿		
节气	雨水 2月18日 初四庚辰 亥时 21时11分		惊蛰 3月5日 十九乙未 戌时 19时10分			春分 3月20日 初四庚戌 戌时 19时45分		清明 4月4日 十九乙丑 夜子时 23时30分			谷雨 4月20日 初六辛巳 卯时 6时17分		立夏 5月5日 廿一丙申 申时 16时18分			小满 5月21日 初七壬子 寅时 4时58分		芒种 6月5日 廿二丁卯 戌时 20时05分		
农历	公历	干支	九星	日建	星宿	公历	干支	九星	日建	星宿	公历	干支	九星	日建	星宿	公历	干支	九星	日建	星宿
初一	15	丁丑	五黄	闭	娄	17	丁未	五黄	定	昴	15	丙子	一白	成	毕	15	丙午	一白	除	参
初二	16	戊寅	六白	建	胃	18	戊申	六白	执	毕	16	丁丑	二黑	收	觜	16	丁未	二黑	满	井
初三	17	己卯	七赤	除	昴	19	己酉	七赤	破	觜	17	戊寅	三碧	开	参	17	戊申	三碧	平	鬼
初四	18	庚辰	五黄	满	毕	20	庚戌	八白	危	参	18	己卯	四绿	闭	井	18	己酉	四绿	定	柳
初五	19	辛巳	六白	平	觜	21	辛亥	九紫	成	井	19	庚辰	五黄	建	鬼	19	庚戌	五黄	执	星
初六	20	壬午	七赤	定	参	22	壬子	一白	收	鬼	20	辛巳	三碧	除	柳	20	辛亥	六白	破	张
初七	21	癸未	八白	执	井	23	癸丑	二黑	开	柳	21	壬午	四绿	满	星	21	壬子	七赤	危	翼
初八	22	甲申	九紫	破	鬼	24	甲寅	三碧	闭	星	22	癸未	五黄	平	张	22	癸丑	八白	成	轸
初九	23	乙酉	一白	危	柳	25	乙卯	四绿	建	张	23	甲申	六白	定	翼	23	甲寅	九紫	收	角
初十	24	丙戌	二黑	成	星	26	丙辰	五黄	除	翼	24	乙酉	七赤	执	轸	24	乙卯	一白	开	亢
十一	25	丁亥	三碧	收	张	27	丁巳	六白	满	轸	25	丙戌	八白	破	角	25	丙辰	二黑	闭	氐
十二	26	戊子	四绿	开	翼	28	戊午	七赤	平	角	26	丁亥	九紫	危	亢	26	丁巳	三碧	建	房
十三	27	己丑	五黄	闭	轸	29	己未	八白	定	亢	27	戊子	一白	成	氐	27	戊午	四绿	除	心
十四	28	庚寅	六白	建	角	30	庚申	九紫	执	氐	28	己丑	二黑	收	房	28	己未	五黄	满	尾
十五	3月	辛卯	七赤	除	亢	31	辛酉	一白	破	房	29	庚寅	三碧	开	心	29	庚申	六白	平	箕
十六	2	壬辰	八白	满	氐	4月	壬戌	二黑	危	心	30	辛卯	四绿	闭	尾	30	辛酉	七赤	定	斗
十七	3	癸巳	九紫	平	房	2	癸亥	三碧	成	尾	5月	壬辰	五黄	建	箕	31	壬戌	八白	执	牛
十八	4	甲午	一白	定	心	3	甲子	七赤	收	箕	2	癸巳	六白	除	斗	6月	癸亥	九紫	破	女
十九	5	乙未	二黑	定	尾	4	乙丑	八白	收	斗	3	甲午	七赤	满	牛	2	甲子	四绿	危	虚
二十	6	丙申	三碧	执	箕	5	丙寅	九紫	开	牛	4	乙未	八白	平	女	3	乙丑	五黄	成	危
廿一	7	丁酉	四绿	破	斗	6	丁卯	一白	闭	女	5	丙申	九紫	平	虚	4	丙寅	六白	收	室
廿二	8	戊戌	五黄	危	牛	7	戊辰	二黑	建	虚	6	丁酉	一白	定	危	5	丁卯	七赤	收	壁
廿三	9	己亥	六白	成	女	8	己巳	三碧	除	危	7	戊戌	二黑	执	室	6	戊辰	八白	开	奎
廿四	10	庚子	七赤	收	虚	9	庚午	四绿	满	室	8	己亥	三碧	破	壁	7	己巳	九紫	闭	娄
廿五	11	辛丑	八白	开	危	10	辛未	五黄	平	壁	9	庚子	四绿	危	奎	8	庚午	一白	建	胃
廿六	12	壬寅	九紫	闭	室	11	壬申	六白	定	奎	10	辛丑	五黄	成	娄	9	辛未	二黑	除	昴
廿七	13	癸卯	一白	建	壁	12	癸酉	七赤	执	娄	11	壬寅	六白	收	胃	10	壬申	三碧	满	毕
廿八	14	甲辰	二黑	除	奎	13	甲戌	八白	破	胃	12	癸卯	七赤	开	昴	11	癸酉	四绿	平	觜
廿九	15	乙巳	三碧	满	娄	14	乙亥	九紫	危	昴	13	甲辰	八白	闭	毕	12	甲戌	五黄	定	参
三十	16	丙午	四绿	平	胃						14	乙巳	九紫	建	觜					

公元2075年　乙未羊年　太岁杨贤 九星六白

月份	五月大	壬午 一白 坎卦 胃宿				六月大	癸未 九紫 艮卦 昴宿				七月小	甲申 八白 坤卦 毕宿				八月大	乙酉 七赤 乾卦 觜宿			
节气	夏至 6月21日 初九癸未 午时 12时39分			小暑 7月7日 廿五己亥 卯时 6时12分		大暑 7月22日 初十甲寅 夜子时 23时32分			立秋 8月7日 廿六庚午 申时 16时07分		处暑 8月23日 十二丙戌 卯时 6时52分			白露 9月7日 廿七辛丑 戌时 19时23分		秋分 9月23日 十四丁巳 寅时 4时58分			寒露 10月8日 廿九壬申 午时 11时30分	
农历	公历	干支	九星	日建	星宿	公历	干支	九星	日建	星宿	公历	干支	九星	日建	星宿	公历	干支	九星	日建	星宿
初一	13	乙亥	六白	执	井	13	乙巳	四绿	开	柳	12	乙亥	七赤	平	张	10	甲辰	八白	危	翼
初二	14	丙子	七赤	破	鬼	14	丙午	三碧	闭	星	13	丙子	六白	定	翼	11	乙巳	七赤	成	轸
初三	15	丁丑	八白	危	柳	15	丁未	二黑	建	张	14	丁丑	五黄	执	轸	12	丙午	六白	收	角
初四	16	戊寅	九紫	成	星	16	戊申	一白	除	翼	15	戊寅	四绿	破	角	13	丁未	五黄	开	亢
初五	17	己卯	一白	收	张	17	己酉	九紫	满	轸	16	己卯	三碧	危	亢	14	戊申	四绿	闭	氐
初六	18	庚辰	二黑	开	翼	18	庚戌	八白	平	角	17	庚辰	二黑	成	氐	15	己酉	三碧	建	房
初七	19	辛巳	三碧	闭	轸	19	辛亥	七赤	定	亢	18	辛巳	一白	收	房	16	庚戌	二黑	除	心
初八	20	壬午	四绿	建	角	20	壬子	六白	执	氐	19	壬午	九紫	开	心	17	辛亥	一白	满	尾
初九	21	癸未	八白	除	亢	21	癸丑	五黄	破	房	20	癸未	八白	闭	尾	18	壬子	九紫	平	箕
初十	22	甲申	七赤	满	氐	22	甲寅	四绿	危	心	21	甲申	七赤	建	箕	19	癸丑	八白	定	斗
十一	23	乙酉	六白	平	房	23	乙卯	三碧	成	尾	22	乙酉	六白	除	斗	20	甲寅	七赤	执	牛
十二	24	丙戌	五黄	定	心	24	丙辰	二黑	收	箕	23	丙戌	八白	满	牛	21	乙卯	六白	破	女
十三	25	丁亥	四绿	执	尾	25	丁巳	一白	开	斗	24	丁亥	七赤	平	女	22	丙辰	五黄	危	虚
十四	26	戊子	三碧	破	箕	26	戊午	九紫	闭	牛	25	戊子	六白	定	虚	23	丁巳	四绿	成	危
十五	27	己丑	二黑	危	斗	27	己未	八白	建	女	26	己丑	五黄	执	危	24	戊午	三碧	收	室
十六	28	庚寅	一白	成	牛	28	庚申	七赤	除	虚	27	庚寅	四绿	破	室	25	己未	二黑	开	壁
十七	29	辛卯	九紫	收	女	29	辛酉	六白	满	危	28	辛卯	三碧	危	壁	26	庚申	一白	闭	奎
十八	30	壬辰	八白	开	虚	30	壬戌	五黄	平	室	29	壬辰	二黑	成	奎	27	辛酉	九紫	建	娄
十九	7月	癸巳	七赤	闭	危	31	癸亥	四绿	定	壁	30	癸巳	一白	收	娄	28	壬戌	八白	除	胃
二十	2	甲午	六白	建	室	8月	甲子	九紫	执	奎	31	甲午	九紫	开	胃	29	癸亥	七赤	满	昴
廿一	3	乙未	五黄	除	壁	2	乙丑	八白	破	娄	9月	乙未	八白	闭	昴	30	甲子	三碧	平	毕
廿二	4	丙申	四绿	满	奎	3	丙寅	七赤	危	胃	2	丙申	七赤	建	毕	10月	乙丑	二黑	定	觜
廿三	5	丁酉	三碧	平	娄	4	丁卯	六白	成	昴	3	丁酉	六白	除	觜	2	丙寅	一白	执	参
廿四	6	戊戌	二黑	定	胃	5	戊辰	五黄	收	毕	4	戊戌	五黄	满	参	3	丁卯	九紫	破	井
廿五	7	己亥	一白	定	昴	6	己巳	四绿	开	觜	5	己亥	四绿	平	井	4	戊辰	八白	危	鬼
廿六	8	庚子	九紫	执	毕	7	庚午	三碧	开	参	6	庚子	三碧	定	鬼	5	己巳	七赤	成	柳
廿七	9	辛丑	八白	破	觜	8	辛未	二黑	闭	井	7	辛丑	二黑	定	柳	6	庚午	六白	收	星
廿八	10	壬寅	七赤	危	参	9	壬申	一白	建	鬼	8	壬寅	一白	执	星	7	辛未	五黄	开	张
廿九	11	癸卯	六白	成	井	10	癸酉	九紫	除	柳	9	癸卯	九紫	破	张	8	壬申	四绿	开	翼
三十	12	甲辰	五黄	收	鬼	11	甲戌	八白	满	星						9	癸酉	三碧	闭	轸

公元2075年　乙未羊年　太岁杨贤　九星六白

月份	九月小 丙戌 六白 兑卦 参宿					十月大 丁亥 五黄 离卦 井宿					十一月小 戊子 四绿 震卦 鬼宿					十二月大 己丑 三碧 巽卦 柳宿				
节气	霜降 10月23日 十四丁亥 未时 14时49分		立冬 11月7日 廿九壬寅 申时 15时10分			小雪 11月22日 十五丁巳 午时 12时50分		大雪 12月7日 三十壬申 辰时 8时23分			冬至 12月22日 十五丁亥 丑时 2时26分		小寒 1月5日 廿九辛丑 戌时 19时46分			大寒 1月20日 十五丙辰 未时 13时06分		立春 2月4日 三十辛未 辰时 7时19分		
农历	公历	干支	九星	日建	星宿	公历	干支	九星	日建	星宿	公历	干支	九星	日建	星宿	公历	干支	九星	日建	星宿
初一	10	甲戌	二黑	建	角	8	癸卯	三碧	定	亢	8	癸酉	六白	收	房	6	壬寅	三碧	除	心
初二	11	乙亥	一白	除	亢	9	甲辰	二黑	执	氐	9	甲戌	五黄	开	心	7	癸卯	四绿	满	尾
初三	12	丙子	九紫	满	氐	10	乙巳	一白	破	房	10	乙亥	四绿	闭	尾	8	甲辰	五黄	平	箕
初四	13	丁丑	八白	平	房	11	丙午	九紫	危	心	11	丙子	三碧	建	箕	9	乙巳	六白	定	斗
初五	14	戊寅	七赤	定	心	12	丁未	八白	成	尾	12	丁丑	二黑	除	斗	10	丙午	七赤	执	牛
初六	15	己卯	六白	执	尾	13	戊申	七赤	收	箕	13	戊寅	一白	满	牛	11	丁未	八白	破	女
初七	16	庚辰	五黄	破	箕	14	己酉	六白	开	斗	14	己卯	九紫	平	女	12	戊申	九紫	危	虚
初八	17	辛巳	四绿	危	斗	15	庚戌	五黄	闭	牛	15	庚辰	八白	定	虚	13	己酉	一白	成	危
初九	18	壬午	三碧	成	牛	16	辛亥	四绿	建	女	16	辛巳	七赤	执	危	14	庚戌	二黑	收	室
初十	19	癸未	二黑	收	女	17	壬子	三碧	除	虚	17	壬午	六白	破	室	15	辛亥	三碧	开	壁
十一	20	甲申	一白	开	虚	18	癸丑	二黑	满	危	18	癸未	五黄	危	壁	16	壬子	四绿	闭	奎
十二	21	乙酉	九紫	闭	危	19	甲寅	一白	平	室	19	甲申	四绿	成	奎	17	癸丑	五黄	建	娄
十三	22	丙戌	八白	建	室	20	乙卯	九紫	定	壁	20	乙酉	三碧	收	娄	18	甲寅	六白	除	胃
十四	23	丁亥	一白	除	壁	21	丙辰	八白	执	奎	21	丙戌	二黑	开	胃	19	乙卯	七赤	满	昴
十五	24	戊子	九紫	满	奎	22	丁巳	七赤	破	娄	22	丁亥	六白	闭	昴	20	丙辰	八白	平	毕
十六	25	己丑	八白	平	娄	23	戊午	六白	危	胃	23	戊子	七赤	建	毕	21	丁巳	九紫	定	觜
十七	26	庚寅	七赤	定	胃	24	己未	五黄	成	昴	24	己丑	八白	除	觜	22	戊午	一白	执	参
十八	27	辛卯	六白	执	昴	25	庚申	四绿	收	毕	25	庚寅	九紫	满	参	23	己未	二黑	破	井
十九	28	壬辰	五黄	破	毕	26	辛酉	三碧	开	觜	26	辛卯	一白	平	井	24	庚申	三碧	危	鬼
二十	29	癸巳	四绿	危	觜	27	壬戌	二黑	闭	参	27	壬辰	二黑	定	鬼	25	辛酉	四绿	成	柳
廿一	30	甲午	三碧	成	参	28	癸亥	一白	建	井	28	癸巳	三碧	执	柳	26	壬戌	五黄	收	星
廿二	31	乙未	二黑	收	井	29	甲子	六白	除	鬼	29	甲午	四绿	破	星	27	癸亥	六白	开	张
廿三	11月	丙申	一白	开	鬼	30	乙丑	五黄	满	柳	30	乙未	五黄	危	张	28	甲子	一白	闭	翼
廿四	2	丁酉	九紫	闭	柳	12月	丙寅	四绿	平	星	31	丙申	六白	成	翼	29	乙丑	二黑	建	轸
廿五	3	戊戌	八白	建	星	2	丁卯	三碧	定	张	1月	丁酉	七赤	收	轸	30	丙寅	三碧	除	角
廿六	4	己亥	七赤	除	张	3	戊辰	二黑	执	翼	2	戊戌	八白	开	角	31	丁卯	四绿	满	亢
廿七	5	庚子	六白	满	翼	4	己巳	一白	破	轸	3	己亥	九紫	闭	亢	2月	戊辰	五黄	平	氐
廿八	6	辛丑	五黄	平	轸	5	庚午	九紫	危	角	4	庚子	一白	建	氐	2	己巳	六白	定	房
廿九	7	壬寅	四绿	平	角	6	辛未	八白	成	亢	5	辛丑	二黑	建	房	3	庚午	七赤	执	心
三十						7	壬申	七赤	成	氐						4	辛未	八白	执	尾

公元2076年　丙申猴年　太岁管仲 九星五黄

月份	正月小	庚寅 二黑 离卦 星宿				二月大	辛卯 一白 震卦 张宿				三月小	壬辰 九紫 巽卦 翼宿				四月大	癸巳 八白 坎卦 轸宿			
节气	雨水 2月19日 十五丙戌 寅时 3时02分					惊蛰 3月5日 初一辛丑 丑时 1时00分		春分 3月20日 十六丙辰 丑时 1时38分			清明 4月4日 初一辛未 卯时 5时19分		谷雨 4月19日 十六丙戌 午时 12时11分			立夏 5月4日 初二辛丑 亥时 22时07分		小满 5月20日 十八丁巳 巳时 10时54分		
农历	公历	干支	九星	日建	星宿	公历	干支	九星	日建	星宿	公历	干支	九星	日建	星宿	公历	干支	九星	日建	星宿
初一	5	壬申	九紫	破	箕	5	辛丑	八白	开	斗	4	辛未	五黄	平	女	3	庚子	四绿	成	虚
初二	6	癸酉	一白	危	斗	6	壬寅	九紫	闭	牛	5	壬申	六白	定	虚	4	辛丑	五黄	成	危
初三	7	甲戌	二黑	成	牛	7	癸卯	一白	建	女	6	癸酉	七赤	执	危	5	壬寅	六白	收	室
初四	8	乙亥	三碧	收	女	8	甲辰	二黑	除	虚	7	甲戌	八白	破	室	6	癸卯	七赤	开	壁
初五	9	丙子	四绿	开	虚	9	乙巳	三碧	满	危	8	乙亥	九紫	危	壁	7	甲辰	八白	闭	奎
初六	10	丁丑	五黄	闭	危	10	丙午	四绿	平	室	9	丙子	一白	成	奎	8	乙巳	九紫	建	娄
初七	11	戊寅	六白	建	室	11	丁未	五黄	定	壁	10	丁丑	二黑	收	娄	9	丙午	一白	除	胃
初八	12	己卯	七赤	除	壁	12	戊申	六白	执	奎	11	戊寅	三碧	开	胃	10	丁未	二黑	满	昴
初九	13	庚辰	八白	满	奎	13	己酉	七赤	破	娄	12	己卯	四绿	闭	昴	11	戊申	三碧	平	毕
初十	14	辛巳	九紫	平	娄	14	庚戌	八白	危	胃	13	庚辰	五黄	建	毕	12	己酉	四绿	定	觜
十一	15	壬午	一白	定	胃	15	辛亥	九紫	成	昴	14	辛巳	六白	除	觜	13	庚戌	五黄	执	参
十二	16	癸未	二黑	执	昴	16	壬子	一白	收	毕	15	壬午	七赤	满	参	14	辛亥	六白	破	井
十三	17	甲申	三碧	破	毕	17	癸丑	二黑	开	觜	16	癸未	八白	平	井	15	壬子	七赤	危	鬼
十四	18	乙酉	四绿	危	觜	18	甲寅	三碧	闭	参	17	甲申	九紫	定	鬼	16	癸丑	八白	成	柳
十五	19	丙戌	二黑	成	参	19	乙卯	四绿	建	井	18	乙酉	一白	执	柳	17	甲寅	九紫	收	星
十六	20	丁亥	三碧	收	井	20	丙辰	五黄	除	鬼	19	丙戌	八白	破	星	18	乙卯	一白	开	张
十七	21	戊子	四绿	开	鬼	21	丁巳	六白	满	柳	20	丁亥	九紫	危	张	19	丙辰	二黑	闭	翼
十八	22	己丑	五黄	闭	柳	22	戊午	七赤	平	星	21	戊子	一白	成	翼	20	丁巳	三碧	建	轸
十九	23	庚寅	六白	建	星	23	己未	八白	定	张	22	己丑	二黑	收	轸	21	戊午	四绿	除	角
二十	24	辛卯	七赤	除	张	24	庚申	九紫	执	翼	23	庚寅	三碧	开	角	22	己未	五黄	满	亢
廿一	25	壬辰	八白	满	翼	25	辛酉	一白	破	轸	24	辛卯	四绿	闭	亢	23	庚申	六白	平	氐
廿二	26	癸巳	九紫	平	轸	26	壬戌	二黑	危	角	25	壬辰	五黄	建	氐	24	辛酉	七赤	定	房
廿三	27	甲午	一白	定	角	27	癸亥	三碧	成	亢	26	癸巳	六白	除	房	25	壬戌	八白	执	心
廿四	28	乙未	二黑	执	亢	28	甲子	七赤	收	氐	27	甲午	七赤	满	心	26	癸亥	九紫	破	尾
廿五	29	丙申	三碧	破	氐	29	乙丑	八白	开	房	28	乙未	八白	平	尾	27	甲子	四绿	危	箕
廿六	3月	丁酉	四绿	危	房	30	丙寅	九紫	闭	心	29	丙申	九紫	定	箕	28	乙丑	五黄	成	斗
廿七	2	戊戌	五黄	成	心	31	丁卯	一白	建	尾	30	丁酉	一白	执	斗	29	丙寅	六白	收	牛
廿八	3	己亥	六白	收	尾	4月	戊辰	二黑	除	箕	5月	戊戌	二黑	破	牛	30	丁卯	七赤	开	女
廿九	4	庚子	七赤	开	箕	2	己巳	三碧	满	斗	2	己亥	三碧	危	女	31	戊辰	八白	闭	虚
三十						3	庚午	四绿	平	牛						6月	己巳	九紫	建	危

公元2076年　丙申猴年　太岁管仲 九星五黄

月份	五月小	甲午 七赤 艮卦 角宿				六月大	乙未 六白 坤卦 亢宿				七月小	丙申 五黄 乾卦 氐宿				八月大	丁酉 四绿 兑卦 房宿			
节气	芒种 6月5日 初四癸酉 丑时 1时53分		夏至 6月20日 十九戊子 酉时 18时36分			小暑 7月6日 初六甲辰 午时 11时59分		大暑 7月22日 廿二庚申 卯时 5时28分			立秋 8月6日 初七乙亥 亥时 21时53分		处暑 8月22日 廿三辛卯 午时 12时46分			白露 9月7日 初十丁未 丑时 1时08分		秋分 9月22日 廿五壬戌 巳时 10时49分		
农历	公历	干支	九星	日建	星宿	公历	干支	九星	日建	星宿	公历	干支	九星	日建	星宿	公历	干支	九星	日建	星宿
初一	2	庚午	一白	除	室	7月	己亥	一白	执	壁	31	己巳	四绿	开	娄	29	戊戌	五黄	满	胃
初二	3	辛未	二黑	满	壁	2	庚子	九紫	破	奎	8月	庚午	三碧	闭	胃	30	己亥	四绿	平	昴
初三	4	壬申	三碧	平	奎	3	辛丑	八白	危	娄	2	辛未	二黑	建	昴	31	庚子	三碧	定	毕
初四	5	癸酉	四绿	平	娄	4	壬寅	七赤	成	胃	3	壬申	一白	除	毕	9月	辛丑	二黑	执	觜
初五	6	甲戌	五黄	定	胃	5	癸卯	六白	收	昴	4	癸酉	九紫	满	觜	2	壬寅	一白	破	参
初六	7	乙亥	六白	执	昴	6	甲辰	五黄	收	毕	5	甲戌	八白	平	参	3	癸卯	九紫	危	井
初七	8	丙子	七赤	破	毕	7	乙巳	四绿	开	觜	6	乙亥	七赤	平	井	4	甲辰	八白	成	鬼
初八	9	丁丑	八白	危	觜	8	丙午	三碧	闭	参	7	丙子	六白	定	鬼	5	乙巳	七赤	收	柳
初九	10	戊寅	九紫	成	参	9	丁未	二黑	建	井	8	丁丑	五黄	执	柳	6	丙午	六白	开	星
初十	11	己卯	一白	收	井	10	戊申	一白	除	鬼	9	戊寅	四绿	破	星	7	丁未	五黄	开	张
十一	12	庚辰	二黑	开	鬼	11	己酉	九紫	满	柳	10	己卯	三碧	危	张	8	戊申	四绿	闭	翼
十二	13	辛巳	三碧	闭	柳	12	庚戌	八白	平	星	11	庚辰	二黑	成	翼	9	己酉	三碧	建	轸
十三	14	壬午	四绿	建	星	13	辛亥	七赤	定	张	12	辛巳	一白	收	轸	10	庚戌	二黑	除	角
十四	15	癸未	五黄	除	张	14	壬子	六白	执	翼	13	壬午	九紫	开	角	11	辛亥	一白	满	亢
十五	16	甲申	六白	满	翼	15	癸丑	五黄	破	轸	14	癸未	八白	闭	亢	12	壬子	九紫	平	氐
十六	17	乙酉	七赤	平	轸	16	甲寅	四绿	危	角	15	甲申	七赤	建	氐	13	癸丑	八白	定	房
十七	18	丙戌	八白	定	角	17	乙卯	三碧	成	亢	16	乙酉	六白	除	房	14	甲寅	七赤	执	心
十八	19	丁亥	九紫	执	亢	18	丙辰	二黑	收	氐	17	丙戌	五黄	满	心	15	乙卯	六白	破	尾
十九	20	戊子	三碧	破	氐	19	丁巳	一白	开	房	18	丁亥	四绿	平	尾	16	丙辰	五黄	危	箕
二十	21	己丑	二黑	危	房	20	戊午	九紫	闭	心	19	戊子	三碧	定	箕	17	丁巳	四绿	成	斗
廿一	22	庚寅	一白	成	心	21	己未	八白	建	尾	20	己丑	二黑	执	斗	18	戊午	三碧	收	牛
廿二	23	辛卯	九紫	收	尾	22	庚申	七赤	除	箕	21	庚寅	一白	破	牛	19	己未	二黑	开	女
廿三	24	壬辰	八白	开	箕	23	辛酉	六白	满	斗	22	辛卯	三碧	危	女	20	庚申	一白	闭	虚
廿四	25	癸巳	七赤	闭	斗	24	壬戌	五黄	平	牛	23	壬辰	二黑	成	虚	21	辛酉	九紫	建	危
廿五	26	甲午	六白	建	牛	25	癸亥	四绿	定	女	24	癸巳	一白	收	危	22	壬戌	八白	除	室
廿六	27	乙未	五黄	除	女	26	甲子	九紫	执	虚	25	甲午	九紫	开	室	23	癸亥	七赤	满	壁
廿七	28	丙申	四绿	满	虚	27	乙丑	八白	破	危	26	乙未	八白	闭	壁	24	甲子	三碧	平	奎
廿八	29	丁酉	三碧	平	危	28	丙寅	七赤	危	室	27	丙申	七赤	建	奎	25	乙丑	二黑	定	娄
廿九	30	戊戌	二黑	定	室	29	丁卯	六白	成	壁	28	丁酉	六白	除	娄	26	丙寅	一白	执	胃
三十						30	戊辰	五黄	收	奎						27	丁卯	九紫	破	昴

公元2076年　丙申猴年　太岁管仲 九星五黄

月份	九月大 戊戌 三碧 离卦 心宿					十月小 己亥 二黑 震卦 尾宿					十一月大 庚子 一白 巽卦 箕宿					十二月小 辛丑 九紫 坎卦 斗宿				
节气	寒露 10月7日 初十丁丑 酉时 17时14分		霜降 10月22日 廿五壬辰 戌时 20时38分			立冬 11月6日 初十丁未 戌时 20时52分		小雪 11月21日 廿五壬戌 酉时 18时37分			大雪 12月6日 十一丁丑 未时 14时04分		冬至 12月21日 廿六壬辰 辰时 8时12分			小寒 1月5日 十一丁未 丑时 1时27分		大寒 1月19日 廿五辛酉 酉时 18时54分		
农历	公历	干支	九星	日建	星宿	公历	干支	九星	日建	星宿	公历	干支	九星	日建	星宿	公历	干支	九星	日建	星宿
初一	28	戊辰	八白	危	毕	28	戊戌	八白	建	参	26	丁卯	三碧	定	井	26	丁酉	七赤	收	柳
初二	29	己巳	七赤	成	觜	29	己亥	七赤	除	井	27	戊辰	二黑	执	鬼	27	戊戌	八白	开	星
初三	30	庚午	六白	收	参	30	庚子	六白	满	鬼	28	己巳	一白	破	柳	28	己亥	九紫	闭	张
初四	10月	辛未	五黄	开	井	31	辛丑	五黄	平	柳	29	庚午	九紫	危	星	29	庚子	一白	建	翼
初五	2	壬申	四绿	闭	鬼	11月	壬寅	四绿	定	星	30	辛未	八白	成	张	30	辛丑	二黑	除	轸
初六	3	癸酉	三碧	建	柳	2	癸卯	三碧	执	张	12月	壬申	七赤	收	翼	31	壬寅	三碧	满	角
初七	4	甲戌	二黑	除	星	3	甲辰	二黑	破	翼	2	癸酉	六白	开	轸	1月	癸卯	四绿	平	亢
初八	5	乙亥	一白	满	张	4	乙巳	一白	危	轸	3	甲戌	五黄	闭	角	2	甲辰	五黄	定	氐
初九	6	丙子	九紫	平	翼	5	丙午	九紫	成	角	4	乙亥	四绿	建	亢	3	乙巳	六白	执	房
初十	7	丁丑	八白	平	轸	6	丁未	八白	成	亢	5	丙子	三碧	除	氐	4	丙午	七赤	破	心
十一	8	戊寅	七赤	定	角	7	戊申	七赤	收	氐	6	丁丑	二黑	除	房	5	丁未	八白	破	尾
十二	9	己卯	六白	执	亢	8	己酉	六白	开	房	7	戊寅	一白	满	心	6	戊申	九紫	危	箕
十三	10	庚辰	五黄	破	氐	9	庚戌	五黄	闭	心	8	己卯	九紫	平	尾	7	己酉	一白	成	斗
十四	11	辛巳	四绿	危	房	10	辛亥	四绿	建	尾	9	庚辰	八白	定	箕	8	庚戌	二黑	收	牛
十五	12	壬午	三碧	成	心	11	壬子	三碧	除	箕	10	辛巳	七赤	执	斗	9	辛亥	三碧	开	女
十六	13	癸未	二黑	收	尾	12	癸丑	二黑	满	斗	11	壬午	六白	破	牛	10	壬子	四绿	闭	虚
十七	14	甲申	一白	开	箕	13	甲寅	一白	平	牛	12	癸未	五黄	危	女	11	癸丑	五黄	建	危
十八	15	乙酉	九紫	闭	斗	14	乙卯	九紫	定	女	13	甲申	四绿	成	虚	12	甲寅	六白	除	室
十九	16	丙戌	八白	建	牛	15	丙辰	八白	执	虚	14	乙酉	三碧	收	危	13	乙卯	七赤	满	壁
二十	17	丁亥	七赤	除	女	16	丁巳	七赤	破	危	15	丙戌	二黑	开	室	14	丙辰	八白	平	奎
廿一	18	戊子	六白	满	虚	17	戊午	六白	危	室	16	丁亥	一白	闭	壁	15	丁巳	九紫	定	娄
廿二	19	己丑	五黄	平	危	18	己未	五黄	成	壁	17	戊子	九紫	建	奎	16	戊午	一白	执	胃
廿三	20	庚寅	四绿	定	室	19	庚申	四绿	收	奎	18	己丑	八白	除	娄	17	己未	二黑	破	昴
廿四	21	辛卯	三碧	执	壁	20	辛酉	三碧	开	娄	19	庚寅	七赤	满	胃	18	庚申	三碧	危	毕
廿五	22	壬辰	五黄	破	奎	21	壬戌	二黑	闭	胃	20	辛卯	六白	平	昴	19	辛酉	四绿	成	觜
廿六	23	癸巳	四绿	危	娄	22	癸亥	一白	建	昴	21	壬辰	二黑	定	毕	20	壬戌	五黄	收	参
廿七	24	甲午	三碧	成	胃	23	甲子	六白	除	毕	22	癸巳	三碧	执	觜	21	癸亥	六白	开	井
廿八	25	乙未	二黑	收	昴	24	乙丑	五黄	满	觜	23	甲午	四绿	破	参	22	甲子	一白	闭	鬼
廿九	26	丙申	一白	开	毕	25	丙寅	四绿	平	参	24	乙未	五黄	危	井	23	乙丑	二黑	建	柳
三十	27	丁酉	九紫	闭	觜						25	丙申	六白	成	鬼					

公元2077年　丁酉鸡年（闰四月）　太岁康杰 九星四绿

月份	正月大	壬寅 八白 震卦 牛宿				二月小	癸卯 七赤 巽卦 女宿				三月大	甲辰 六白 坎卦 虚宿				四月小	乙巳 五黄 艮卦 危宿			
节气	立春 2月3日 十一丙子 未时 13时02分		雨水 2月18日 廿六辛卯 辰时 8时52分			惊蛰 3月5日 十一丙午 卯时 6时46分		春分 3月20日 廿六辛酉 辰时 7时30分			清明 4月4日 十二丙子 午时 11时08分		谷雨 4月19日 廿七辛卯 酉时 18时03分			立夏 5月5日 十三丁未 寅时 3时57分		小满 5月20日 廿八壬戌 申时 16时44分		
农历	公历	干支	九星	日建	星宿	公历	干支	九星	日建	星宿	公历	干支	九星	日建	星宿	公历	干支	九星	日建	星宿
初一	24	丙寅	三碧	除	星	23	丙申	三碧	破	翼	24	乙丑	八白	开	轸	23	乙未	八白	平	亢
初二	25	丁卯	四绿	满	张	24	丁酉	四绿	危	轸	25	丙寅	九紫	闭	角	24	丙申	九紫	定	氐
初三	26	戊辰	五黄	平	翼	25	戊戌	五黄	成	角	26	丁卯	一白	建	亢	25	丁酉	一白	执	房
初四	27	己巳	六白	定	轸	26	己亥	六白	收	亢	27	戊辰	二黑	除	氐	26	戊戌	二黑	破	心
初五	28	庚午	七赤	执	角	27	庚子	七赤	开	氐	28	己巳	三碧	满	房	27	己亥	三碧	危	尾
初六	29	辛未	八白	破	亢	28	辛丑	八白	闭	房	29	庚午	四绿	平	心	28	庚子	四绿	成	箕
初七	30	壬申	九紫	危	氐	3月	壬寅	九紫	建	心	30	辛未	五黄	定	尾	29	辛丑	五黄	收	斗
初八	31	癸酉	一白	成	房	2	癸卯	一白	除	尾	31	壬申	六白	执	箕	30	壬寅	六白	开	牛
初九	2月	甲戌	二黑	收	心	3	甲辰	二黑	满	箕	4月	癸酉	七赤	破	斗	5月	癸卯	七赤	闭	女
初十	2	乙亥	三碧	开	尾	4	乙巳	三碧	平	斗	2	甲戌	八白	危	牛	2	甲辰	八白	建	虚
十一	3	丙子	四绿	开	箕	5	丙午	四绿	平	牛	3	乙亥	九紫	成	女	3	乙巳	九紫	除	危
十二	4	丁丑	五黄	闭	斗	6	丁未	五黄	定	女	4	丙子	一白	成	虚	4	丙午	一白	满	室
十三	5	戊寅	六白	建	牛	7	戊申	六白	执	虚	5	丁丑	二黑	收	危	5	丁未	二黑	满	壁
十四	6	己卯	七赤	除	女	8	己酉	七赤	破	危	6	戊寅	三碧	开	室	6	戊申	三碧	平	奎
十五	7	庚辰	八白	满	虚	9	庚戌	八白	危	室	7	己卯	四绿	闭	壁	7	己酉	四绿	定	娄
十六	8	辛巳	九紫	平	危	10	辛亥	九紫	成	壁	8	庚辰	五黄	建	奎	8	庚戌	五黄	执	胃
十七	9	壬午	一白	定	室	11	壬子	一白	收	奎	9	辛巳	六白	除	娄	9	辛亥	六白	破	昴
十八	10	癸未	二黑	执	壁	12	癸丑	二黑	开	娄	10	壬午	七赤	满	胃	10	壬子	七赤	危	毕
十九	11	甲申	三碧	破	奎	13	甲寅	三碧	闭	胃	11	癸未	八白	平	昴	11	癸丑	八白	成	觜
二十	12	乙酉	四绿	危	娄	14	乙卯	四绿	建	昴	12	甲申	九紫	定	毕	12	甲寅	九紫	收	参
廿一	13	丙戌	五黄	成	胃	15	丙辰	五黄	除	毕	13	乙酉	一白	执	觜	13	乙卯	一白	开	井
廿二	14	丁亥	六白	收	昴	16	丁巳	六白	满	觜	14	丙戌	二黑	破	参	14	丙辰	二黑	闭	鬼
廿三	15	戊子	七赤	开	毕	17	戊午	七赤	平	参	15	丁亥	三碧	危	井	15	丁巳	三碧	建	柳
廿四	16	己丑	八白	闭	觜	18	己未	八白	定	井	16	戊子	四绿	成	鬼	16	戊午	四绿	除	星
廿五	17	庚寅	九紫	建	参	19	庚申	九紫	执	鬼	17	己丑	五黄	收	柳	17	己未	五黄	满	张
廿六	18	辛卯	七赤	除	井	20	辛酉	一白	破	柳	18	庚寅	六白	开	星	18	庚申	六白	平	翼
廿七	19	壬辰	八白	满	鬼	21	壬戌	二黑	危	星	19	辛卯	四绿	闭	张	19	辛酉	七赤	定	轸
廿八	20	癸巳	九紫	平	柳	22	癸亥	三碧	成	张	20	壬辰	五黄	建	翼	20	壬戌	八白	执	角
廿九	21	甲午	一白	定	星	23	甲子	七赤	收	翼	21	癸巳	六白	除	轸	21	癸亥	九紫	破	亢
三十	22	乙未	二黑	执	张						22	甲午	七赤	满	角					

公元2077年　丁酉鸡年（闰四月）　太岁康杰 九星四绿

月份	闰四月小					五月大 丙午 四绿 坤卦 室宿					六月小 丁未 三碧 乾卦 壁宿				
节气	芒种 6月5日 十五戊寅 辰时 7时43分					夏至 6月21日 初二甲午 早子时 0时22分		小暑 7月6日 十七己酉 酉时 17时50分			大暑 7月22日 初三乙丑 巳时 11时13分		立秋 8月7日 十九辛巳 寅时 3时45分		
农历	公历	干支	九星	日建	星宿	公历	干支	九星	日建	星宿	公历	干支	九星	日建	星宿
初一	22	甲子	四绿	危	氐	20	癸巳	六白	闭	房	20	癸亥	四绿	定	尾
初二	23	乙丑	五黄	成	房	21	甲午	六白	建	心	21	甲子	九紫	执	箕
初三	24	丙寅	六白	收	心	22	乙未	五黄	除	尾	22	乙丑	八白	破	斗
初四	25	丁卯	七赤	开	尾	23	丙申	四绿	满	箕	23	丙寅	七赤	危	牛
初五	26	戊辰	八白	闭	箕	24	丁酉	三碧	平	斗	24	丁卯	六白	成	女
初六	27	己巳	九紫	建	斗	25	戊戌	二黑	定	牛	25	戊辰	五黄	收	虚
初七	28	庚午	一白	除	牛	26	己亥	一白	执	女	26	己巳	四绿	开	危
初八	29	辛未	二黑	满	女	27	庚子	九紫	破	虚	27	庚午	三碧	闭	室
初九	30	壬申	三碧	平	虚	28	辛丑	八白	危	危	28	辛未	二黑	建	壁
初十	31	癸酉	四绿	定	危	29	壬寅	七赤	成	室	29	壬申	一白	除	奎
十一	6月	甲戌	五黄	执	室	30	癸卯	六白	收	壁	30	癸酉	九紫	满	娄
十二	2	乙亥	六白	破	壁	7月	甲辰	五黄	开	奎	31	甲戌	八白	平	胃
十三	3	丙子	七赤	危	奎	2	乙巳	四绿	闭	娄	8月	乙亥	七赤	定	昴
十四	4	丁丑	八白	成	娄	3	丙午	三碧	建	胃	2	丙子	六白	执	毕
十五	5	戊寅	九紫	成	胃	4	丁未	二黑	除	昴	3	丁丑	五黄	破	觜
十六	6	己卯	一白	收	昴	5	戊申	一白	满	毕	4	戊寅	四绿	危	参
十七	7	庚辰	二黑	开	毕	6	己酉	九紫	满	觜	5	己卯	三碧	成	井
十八	8	辛巳	三碧	闭	觜	7	庚戌	八白	平	参	6	庚辰	二黑	收	鬼
十九	9	壬午	四绿	建	参	8	辛亥	七赤	定	井	7	辛巳	一白	收	柳
二十	10	癸未	五黄	除	井	9	壬子	六白	执	鬼	8	壬午	九紫	开	星
廿一	11	甲申	六白	满	鬼	10	癸丑	五黄	破	柳	9	癸未	八白	闭	张
廿二	12	乙酉	七赤	平	柳	11	甲寅	四绿	危	星	10	甲申	七赤	建	翼
廿三	13	丙戌	八白	定	星	12	乙卯	三碧	成	张	11	乙酉	六白	除	轸
廿四	14	丁亥	九紫	执	张	13	丙辰	二黑	收	翼	12	丙戌	五黄	满	角
廿五	15	戊子	一白	破	翼	14	丁巳	一白	开	轸	13	丁亥	四绿	平	亢
廿六	16	己丑	二黑	危	轸	15	戊午	九紫	闭	角	14	戊子	三碧	定	氐
廿七	17	庚寅	三碧	成	角	16	己未	八白	建	亢	15	己丑	二黑	执	房
廿八	18	辛卯	四绿	收	亢	17	庚申	七赤	除	氐	16	庚寅	一白	破	心
廿九	19	壬辰	五黄	开	氐	18	辛酉	六白	满	房	17	辛卯	九紫	危	尾
三十						19	壬戌	五黄	平	心					

公元2077年　丁酉鸡年（闰四月）　太岁康杰 九星四绿

月份	七月大		戊申 二黑 兑卦 奎宿			八月大		己酉 一白 离卦 娄宿			九月大		庚戌 九紫 震卦 胃宿		
节气	处暑 8月22日 初五丙申 酉时 18时31分		白露 9月7日 廿一壬子 辰时 7时02分			秋分 9月22日 初六丁卯 申时 16时35分		寒露 10月7日 廿一壬午 夜子时 23时10分			霜降 10月23日 初七戊戌 丑时 2时25分		立冬 11月7日 廿二癸丑 丑时 2时49分		
农历	公历	干支	九星	日建	星宿	公历	干支	九星	日建	星宿	公历	干支	九星	日建	星宿
初一	18	壬辰	八白	成	箕	17	壬戌	八白	除	牛	17	壬辰	二黑	破	虚
初二	19	癸巳	七赤	收	斗	18	癸亥	七赤	满	女	18	癸巳	一白	危	危
初三	20	甲午	六白	开	牛	19	甲子	三碧	平	虚	19	甲午	九紫	成	室
初四	21	乙未	五黄	闭	女	20	乙丑	二黑	定	危	20	乙未	八白	收	壁
初五	22	丙申	七赤	建	虚	21	丙寅	一白	执	室	21	丙申	七赤	开	奎
初六	23	丁酉	六白	除	危	22	丁卯	九紫	破	壁	22	丁酉	六白	闭	娄
初七	24	戊戌	五黄	满	室	23	戊辰	八白	危	奎	23	戊戌	八白	建	胃
初八	25	己亥	四绿	平	壁	24	己巳	七赤	成	娄	24	己亥	七赤	除	昴
初九	26	庚子	三碧	定	奎	25	庚午	六白	收	胃	25	庚子	六白	满	毕
初十	27	辛丑	二黑	执	娄	26	辛未	五黄	开	昴	26	辛丑	五黄	平	觜
十一	28	壬寅	一白	破	胃	27	壬申	四绿	闭	毕	27	壬寅	四绿	定	参
十二	29	癸卯	九紫	危	昴	28	癸酉	三碧	建	觜	28	癸卯	三碧	执	井
十三	30	甲辰	八白	成	毕	29	甲戌	二黑	除	参	29	甲辰	二黑	破	鬼
十四	31	乙巳	七赤	收	觜	30	乙亥	一白	满	井	30	乙巳	一白	危	柳
十五	9月	丙午	六白	开	参	10月	丙子	九紫	平	鬼	31	丙午	九紫	成	星
十六	2	丁未	五黄	闭	井	2	丁丑	八白	定	柳	11月	丁未	八白	收	张
十七	3	戊申	四绿	建	鬼	3	戊寅	七赤	执	星	2	戊申	七赤	开	翼
十八	4	己酉	三碧	除	柳	4	己卯	六白	破	张	3	己酉	六白	闭	轸
十九	5	庚戌	二黑	满	星	5	庚辰	五黄	危	翼	4	庚戌	五黄	建	角
二十	6	辛亥	一白	平	张	6	辛巳	四绿	成	轸	5	辛亥	四绿	除	亢
廿一	7	壬子	九紫	平	翼	7	壬午	三碧	成	角	6	壬子	三碧	满	氐
廿二	8	癸丑	八白	定	轸	8	癸未	二黑	收	亢	7	癸丑	二黑	满	房
廿三	9	甲寅	七赤	执	角	9	甲申	一白	开	氐	8	甲寅	一白	平	心
廿四	10	乙卯	六白	破	亢	10	乙酉	九紫	闭	房	9	乙卯	九紫	定	尾
廿五	11	丙辰	五黄	危	氐	11	丙戌	八白	建	心	10	丙辰	八白	执	箕
廿六	12	丁巳	四绿	成	房	12	丁亥	七赤	除	尾	11	丁巳	七赤	破	斗
廿七	13	戊午	三碧	收	心	13	戊子	六白	满	箕	12	戊午	六白	危	牛
廿八	14	己未	二黑	开	尾	14	己丑	五黄	平	斗	13	己未	五黄	成	女
廿九	15	庚申	一白	闭	箕	15	庚寅	四绿	定	牛	14	庚申	四绿	收	虚
三十	16	辛酉	九紫	建	斗	16	辛卯	三碧	执	女	15	辛酉	三碧	开	危

公元2077年　丁酉鸡年（闰四月）　太岁康杰 九星四绿

月份	十月小		辛亥 八白 巽卦 昴宿			十一月大		壬子 七赤 坎卦 毕宿			十二月小		癸丑 六白 艮卦 觜宿		
节气	小雪 11月22日 初七戊辰 早子时 0时24分			大雪 12月6日 廿一壬午 戌时 20时01分		冬至 12月21日 初七丁酉 未时 14时00分			小寒 1月5日 廿二壬子 辰时 7时24分		大寒 1月20日 初七丁卯 早子时 0时40分			立春 2月3日 廿一辛巳 酉时 18时56分	
农历	公历	干支	九星	日建	星宿	公历	干支	九星	日建	星宿	公历	干支	九星	日建	星宿
初一	16	壬戌	二黑	闭	室	15	辛卯	六白	平	壁	14	辛酉	四绿	成	娄
初二	17	癸亥	一白	建	壁	16	壬辰	五黄	定	奎	15	壬戌	五黄	收	胃
初三	18	甲子	六白	除	奎	17	癸巳	四绿	执	娄	16	癸亥	六白	开	昴
初四	19	乙丑	五黄	满	娄	18	甲午	三碧	破	胃	17	甲子	一白	闭	毕
初五	20	丙寅	四绿	平	胃	19	乙未	二黑	危	昴	18	乙丑	二黑	建	觜
初六	21	丁卯	三碧	定	昴	20	丙申	一白	成	毕	19	丙寅	三碧	除	参
初七	22	戊辰	二黑	执	毕	21	丁酉	七赤	收	觜	20	丁卯	四绿	满	井
初八	23	己巳	一白	破	觜	22	戊戌	八白	开	参	21	戊辰	五黄	平	鬼
初九	24	庚午	九紫	危	参	23	己亥	九紫	闭	井	22	己巳	六白	定	柳
初十	25	辛未	八白	成	井	24	庚子	一白	建	鬼	23	庚午	七赤	执	星
十一	26	壬申	七赤	收	鬼	25	辛丑	二黑	除	柳	24	辛未	八白	破	张
十二	27	癸酉	六白	开	柳	26	壬寅	三碧	满	星	25	壬申	九紫	危	翼
十三	28	甲戌	五黄	闭	星	27	癸卯	四绿	平	张	26	癸酉	一白	成	轸
十四	29	乙亥	四绿	建	张	28	甲辰	五黄	定	翼	27	甲戌	二黑	收	角
十五	30	丙子	三碧	除	翼	29	乙巳	六白	执	轸	28	乙亥	三碧	开	亢
十六	12月	丁丑	二黑	满	轸	30	丙午	七赤	破	角	29	丙子	四绿	闭	氐
十七	2	戊寅	一白	平	角	31	丁未	八白	危	亢	30	丁丑	五黄	建	房
十八	3	己卯	九紫	定	亢	1月	戊申	九紫	成	氐	31	戊寅	六白	除	心
十九	4	庚辰	八白	执	氐	2	己酉	一白	收	房	2月	己卯	七赤	满	尾
二十	5	辛巳	七赤	破	房	3	庚戌	二黑	开	心	2	庚辰	八白	平	箕
廿一	6	壬午	六白	破	心	4	辛亥	三碧	闭	尾	3	辛巳	九紫	平	斗
廿二	7	癸未	五黄	危	尾	5	壬子	四绿	闭	箕	4	壬午	一白	定	牛
廿三	8	甲申	四绿	成	箕	6	癸丑	五黄	建	斗	5	癸未	二黑	执	女
廿四	9	乙酉	三碧	收	斗	7	甲寅	六白	除	牛	6	甲申	三碧	破	虚
廿五	10	丙戌	二黑	开	牛	8	乙卯	七赤	满	女	7	乙酉	四绿	危	危
廿六	11	丁亥	一白	闭	女	9	丙辰	八白	平	虚	8	丙戌	五黄	成	室
廿七	12	戊子	九紫	建	虚	10	丁巳	九紫	定	危	9	丁亥	六白	收	壁
廿八	13	己丑	八白	除	危	11	戊午	一白	执	室	10	戊子	七赤	开	奎
廿九	14	庚寅	七赤	满	室	12	己未	二黑	破	壁	11	己丑	八白	闭	娄
三十						13	庚申	三碧	危	奎					

公元2078年 戊戌狗年 太岁姜武 九星三碧

月份	正月大	甲寅 五黄 巽卦 参宿				二月小	乙卯 四绿 坎卦 井宿				三月大	丙辰 三碧 艮卦 鬼宿				四月小	丁巳 二黑 坤卦 柳宿			
节气	雨水 2月18日 初七丙申 未时 14时36分		惊蛰 3月5日 廿二辛亥 午时 12时37分			春分 3月20日 初七丙寅 未时 13时10分		清明 4月4日 廿二辛巳 申时 16时55分			谷雨 4月19日 初八丙申 夜子时 23时40分		立夏 5月5日 廿四壬子 巳时 9时40分			小满 5月20日 初九丁卯 亥时 22时18分		芒种 6月5日 廿五癸未 未时 13时24分		
农历	公历	干支	九星	日建	星宿	公历	干支	九星	日建	星宿	公历	干支	九星	日建	星宿	公历	干支	九星	日建	星宿
初一	12	庚寅	九紫	建	胃	14	庚申	九紫	执	毕	12	己丑	五黄	收	觜	12	己未	五黄	满	井
初二	13	辛卯	一白	除	昴	15	辛酉	一白	破	觜	13	庚寅	六白	开	参	13	庚申	六白	平	鬼
初三	14	壬辰	二黑	满	毕	16	壬戌	二黑	危	参	14	辛卯	七赤	闭	井	14	辛酉	七赤	定	柳
初四	15	癸巳	三碧	平	觜	17	癸亥	三碧	成	井	15	壬辰	八白	建	鬼	15	壬戌	八白	执	星
初五	16	甲午	四绿	定	参	18	甲子	七赤	收	鬼	16	癸巳	九紫	除	柳	16	癸亥	九紫	破	张
初六	17	乙未	五黄	执	井	19	乙丑	八白	开	柳	17	甲午	一白	满	星	17	甲子	四绿	危	翼
初七	18	丙申	三碧	破	鬼	20	丙寅	九紫	闭	星	18	乙未	二黑	平	张	18	乙丑	五黄	成	轸
初八	19	丁酉	四绿	危	柳	21	丁卯	一白	建	张	19	丙申	九紫	定	翼	19	丙寅	六白	收	角
初九	20	戊戌	五黄	成	星	22	戊辰	二黑	除	翼	20	丁酉	一白	执	轸	20	丁卯	七赤	开	亢
初十	21	己亥	六白	收	张	23	己巳	三碧	满	轸	21	戊戌	二黑	破	角	21	戊辰	八白	闭	氐
十一	22	庚子	七赤	开	翼	24	庚午	四绿	平	角	22	己亥	三碧	危	亢	22	己巳	九紫	建	房
十二	23	辛丑	八白	闭	轸	25	辛未	五黄	定	亢	23	庚子	四绿	成	氐	23	庚午	一白	除	心
十三	24	壬寅	九紫	建	角	26	壬申	六白	执	氐	24	辛丑	五黄	收	房	24	辛未	二黑	满	尾
十四	25	癸卯	一白	除	亢	27	癸酉	七赤	破	房	25	壬寅	六白	开	心	25	壬申	三碧	平	箕
十五	26	甲辰	二黑	满	氐	28	甲戌	八白	危	心	26	癸卯	七赤	闭	尾	26	癸酉	四绿	定	斗
十六	27	乙巳	三碧	平	房	29	乙亥	九紫	成	尾	27	甲辰	八白	建	箕	27	甲戌	五黄	执	牛
十七	28	丙午	四绿	定	心	30	丙子	一白	收	箕	28	乙巳	九紫	除	斗	28	乙亥	六白	破	女
十八	3月	丁未	五黄	执	尾	31	丁丑	二黑	开	斗	29	丙午	一白	满	牛	29	丙子	七赤	危	虚
十九	2	戊申	六白	破	箕	4月	戊寅	三碧	闭	牛	30	丁未	二黑	平	女	30	丁丑	八白	成	危
二十	3	己酉	七赤	危	斗	2	己卯	四绿	建	女	5月	戊申	三碧	定	虚	31	戊寅	九紫	收	室
廿一	4	庚戌	八白	成	牛	3	庚辰	五黄	除	虚	2	己酉	四绿	执	危	6月	己卯	一白	开	壁
廿二	5	辛亥	九紫	成	女	4	辛巳	六白	除	危	3	庚戌	五黄	破	室	2	庚辰	二黑	闭	奎
廿三	6	壬子	一白	收	虚	5	壬午	七赤	满	室	4	辛亥	六白	危	壁	3	辛巳	三碧	建	娄
廿四	7	癸丑	二黑	开	危	6	癸未	八白	平	壁	5	壬子	七赤	危	奎	4	壬午	四绿	除	胃
廿五	8	甲寅	三碧	闭	室	7	甲申	九紫	定	奎	6	癸丑	八白	成	娄	5	癸未	五黄	除	昴
廿六	9	乙卯	四绿	建	壁	8	乙酉	一白	执	娄	7	甲寅	九紫	收	胃	6	甲申	六白	满	毕
廿七	10	丙辰	五黄	除	奎	9	丙戌	二黑	破	胃	8	乙卯	一白	开	昴	7	乙酉	七赤	平	觜
廿八	11	丁巳	六白	满	娄	10	丁亥	三碧	危	昴	9	丙辰	二黑	闭	毕	8	丙戌	八白	定	参
廿九	12	戊午	七赤	平	胃	11	戊子	四绿	成	毕	10	丁巳	三碧	建	觜	9	丁亥	九紫	执	井
三十	13	己未	八白	定	昴						11	戊午	四绿	除	参					

公元2078年 戊戌狗年 太岁姜武 九星三碧

月份	五月小	戊午 乾卦	一白 星宿			六月大	己未 兑卦	九紫 张宿			七月小	庚申 离卦	八白 翼宿			八月大	辛酉 震卦	七赤 轸宿		
节气	夏至 6月21日 十二己亥 卯时 5时57分		小暑 7月6日 廿七甲寅 夜子时 23时28分			大暑 7月22日 十四庚午 申时 16时50分		立秋 8月7日 三十丙戌 巳时 9时23分			处暑 8月23日 十六壬寅 早子时 0时13分					白露 9月7日 初二丁巳 午时 12时42分		秋分 9月22日 十七壬申 亥时 22时23分		
农历	公历	干支	九星	日建	星宿	公历	干支	九星	日建	星宿	公历	干支	九星	日建	星宿	公历	干支	九星	日建	星宿
初一	10	戊子	一白	破	鬼	9	丁巳	一白	开	柳	8	丁亥	四绿	平	张	6	丙辰	五黄	成	翼
初二	11	己丑	二黑	危	柳	10	戊午	九紫	闭	星	9	戊子	三碧	定	翼	7	丁巳	四绿	成	轸
初三	12	庚寅	三碧	成	星	11	己未	八白	建	张	10	己丑	二黑	执	轸	8	戊午	三碧	收	角
初四	13	辛卯	四绿	收	张	12	庚申	七赤	除	翼	11	庚寅	一白	破	角	9	己未	二黑	开	亢
初五	14	壬辰	五黄	开	翼	13	辛酉	六白	满	轸	12	辛卯	九紫	危	亢	10	庚申	一白	闭	氐
初六	15	癸巳	六白	闭	轸	14	壬戌	五黄	平	角	13	壬辰	八白	成	氐	11	辛酉	九紫	建	房
初七	16	甲午	七赤	建	角	15	癸亥	四绿	定	亢	14	癸巳	七赤	收	房	12	壬戌	八白	除	心
初八	17	乙未	八白	除	亢	16	甲子	九紫	执	氐	15	甲午	六白	开	心	13	癸亥	七赤	满	尾
初九	18	丙申	九紫	满	氐	17	乙丑	八白	破	房	16	乙未	五黄	闭	尾	14	甲子	三碧	平	箕
初十	19	丁酉	一白	平	房	18	丙寅	七赤	危	心	17	丙申	四绿	建	箕	15	乙丑	二黑	定	斗
十一	20	戊戌	二黑	定	心	19	丁卯	六白	成	尾	18	丁酉	三碧	除	斗	16	丙寅	一白	执	牛
十二	21	己亥	一白	执	尾	20	戊辰	五黄	收	箕	19	戊戌	二黑	满	牛	17	丁卯	九紫	破	女
十三	22	庚子	九紫	破	箕	21	己巳	四绿	开	斗	20	己亥	一白	平	女	18	戊辰	八白	危	虚
十四	23	辛丑	八白	危	斗	22	庚午	三碧	闭	牛	21	庚子	九紫	定	虚	19	己巳	七赤	成	危
十五	24	壬寅	七赤	成	牛	23	辛未	二黑	建	女	22	辛丑	八白	执	危	20	庚午	六白	收	室
十六	25	癸卯	六白	收	女	24	壬申	一白	除	虚	23	壬寅	一白	破	室	21	辛未	五黄	开	壁
十七	26	甲辰	五黄	开	虚	25	癸酉	九紫	满	危	24	癸卯	九紫	危	壁	22	壬申	四绿	闭	奎
十八	27	乙巳	四绿	闭	危	26	甲戌	八白	平	室	25	甲辰	八白	成	奎	23	癸酉	三碧	建	娄
十九	28	丙午	三碧	建	室	27	乙亥	七赤	定	壁	26	乙巳	七赤	收	娄	24	甲戌	二黑	除	胃
二十	29	丁未	二黑	除	壁	28	丙子	六白	执	奎	27	丙午	六白	开	胃	25	乙亥	一白	满	昴
廿一	30	戊申	一白	满	奎	29	丁丑	五黄	破	娄	28	丁未	五黄	闭	昴	26	丙子	九紫	平	毕
廿二	7月	己酉	九紫	平	娄	30	戊寅	四绿	危	胃	29	戊申	四绿	建	毕	27	丁丑	八白	定	觜
廿三	2	庚戌	八白	定	胃	31	己卯	三碧	成	昴	30	己酉	三碧	除	觜	28	戊寅	七赤	执	参
廿四	3	辛亥	七赤	执	昴	8月	庚辰	二黑	收	毕	31	庚戌	二黑	满	参	29	己卯	六白	破	井
廿五	4	壬子	六白	破	毕	2	辛巳	一白	开	觜	9月	辛亥	一白	平	井	30	庚辰	五黄	危	鬼
廿六	5	癸丑	五黄	危	觜	3	壬午	九紫	闭	参	2	壬子	九紫	定	鬼	10月	辛巳	四绿	成	柳
廿七	6	甲寅	四绿	危	参	4	癸未	八白	建	井	3	癸丑	八白	执	柳	2	壬午	三碧	收	星
廿八	7	乙卯	三碧	成	井	5	甲申	七赤	除	鬼	4	甲寅	七赤	破	星	3	癸未	二黑	开	张
廿九	8	丙辰	二黑	收	鬼	6	乙酉	六白	满	柳	5	乙卯	六白	危	张	4	甲申	一白	闭	翼
三十						7	丙戌	五黄	满	星						5	乙酉	九紫	建	轸

公元2078年　戊戌狗年　太岁姜武 九星三碧

月份	九月大 壬戌 六白 巽卦 角宿					十月小 癸亥 五黄 坎卦 亢宿					十一月大 甲子 四绿 艮卦 氐宿					十二月大 乙丑 三碧 坤卦 房宿				
节气	寒露 10月8日 初三戊子 寅时 4时55分		霜降 10月23日 十八癸卯 辰时 8时19分			立冬 11月7日 初三戊午 辰时 8时38分		小雪 11月22日 十八癸酉 卯时 6时22分			大雪 12月7日 初四戊子 丑时 1时52分		冬至 12月21日 十八壬寅 戌时 19时57分			小寒 1月5日 初三丁巳 未时 13时12分		大寒 1月20日 十八壬申 卯时 6时35分		
农历	公历	干支	九星	日建	星宿	公历	干支	九星	日建	星宿	公历	干支	九星	日建	星宿	公历	干支	九星	日建	星宿
初一	6	丙戌	八白	除	角	5	丙辰	八白	破	氐	4	乙酉	三碧	开	房	3	乙卯	七赤	平	尾
初二	7	丁亥	七赤	满	亢	6	丁巳	七赤	危	房	5	丙戌	二黑	闭	心	4	丙辰	八白	定	箕
初三	8	戊子	六白	满	氐	7	戊午	六白	危	心	6	丁亥	一白	建	尾	5	丁巳	九紫	定	斗
初四	9	己丑	五黄	平	房	8	己未	五黄	成	尾	7	戊子	九紫	建	箕	6	戊午	一白	执	牛
初五	10	庚寅	四绿	定	心	9	庚申	四绿	收	箕	8	己丑	八白	除	斗	7	己未	二黑	破	女
初六	11	辛卯	三碧	执	尾	10	辛酉	三碧	开	斗	9	庚寅	七赤	满	牛	8	庚申	三碧	危	虚
初七	12	壬辰	二黑	破	箕	11	壬戌	二黑	闭	牛	10	辛卯	六白	平	女	9	辛酉	四绿	成	危
初八	13	癸巳	一白	危	斗	12	癸亥	一白	建	女	11	壬辰	五黄	定	虚	10	壬戌	五黄	收	室
初九	14	甲午	九紫	成	牛	13	甲子	六白	除	虚	12	癸巳	四绿	执	危	11	癸亥	六白	开	壁
初十	15	乙未	八白	收	女	14	乙丑	五黄	满	危	13	甲午	三碧	破	室	12	甲子	一白	闭	奎
十一	16	丙申	七赤	开	虚	15	丙寅	四绿	平	室	14	乙未	二黑	危	壁	13	乙丑	二黑	建	娄
十二	17	丁酉	六白	闭	危	16	丁卯	三碧	定	壁	15	丙申	一白	成	奎	14	丙寅	三碧	除	胃
十三	18	戊戌	五黄	建	室	17	戊辰	二黑	执	奎	16	丁酉	九紫	收	娄	15	丁卯	四绿	满	昴
十四	19	己亥	四绿	除	壁	18	己巳	一白	破	娄	17	戊戌	八白	开	胃	16	戊辰	五黄	平	毕
十五	20	庚子	三碧	满	奎	19	庚午	九紫	危	胃	18	己亥	七赤	闭	昴	17	己巳	六白	定	觜
十六	21	辛丑	二黑	平	娄	20	辛未	八白	成	昴	19	庚子	六白	建	毕	18	庚午	七赤	执	参
十七	22	壬寅	一白	定	胃	21	壬申	七赤	收	毕	20	辛丑	五黄	除	觜	19	辛未	八白	破	井
十八	23	癸卯	三碧	执	昴	22	癸酉	六白	开	觜	21	壬寅	三碧	满	参	20	壬申	九紫	危	鬼
十九	24	甲辰	二黑	破	毕	23	甲戌	五黄	闭	参	22	癸卯	四绿	平	井	21	癸酉	一白	成	柳
二十	25	乙巳	一白	危	觜	24	乙亥	四绿	建	井	23	甲辰	五黄	定	鬼	22	甲戌	二黑	收	星
廿一	26	丙午	九紫	成	参	25	丙子	三碧	除	鬼	24	乙巳	六白	执	柳	23	乙亥	三碧	开	张
廿二	27	丁未	八白	收	井	26	丁丑	二黑	满	柳	25	丙午	七赤	破	星	24	丙子	四绿	闭	翼
廿三	28	戊申	七赤	开	鬼	27	戊寅	一白	平	星	26	丁未	八白	危	张	25	丁丑	五黄	建	轸
廿四	29	己酉	六白	闭	柳	28	己卯	九紫	定	张	27	戊申	九紫	成	翼	26	戊寅	六白	除	角
廿五	30	庚戌	五黄	建	星	29	庚辰	八白	执	翼	28	己酉	一白	收	轸	27	己卯	七赤	满	亢
廿六	31	辛亥	四绿	除	张	30	辛巳	七赤	破	轸	29	庚戌	二黑	开	角	28	庚辰	八白	平	氐
廿七	11月	壬子	三碧	满	翼	12月	壬午	六白	危	角	30	辛亥	三碧	闭	亢	29	辛巳	九紫	定	房
廿八	2	癸丑	二黑	平	轸	2	癸未	五黄	成	亢	31	壬子	四绿	建	氐	30	壬午	一白	执	心
廿九	3	甲寅	一白	定	角	3	甲申	四绿	收	氐	1月	癸丑	五黄	除	房	31	癸未	二黑	破	尾
三十	4	乙卯	九紫	执	亢						2	甲寅	六白	满	心	2月	甲申	三碧	危	箕

公元2079年 己亥猪年 太岁谢寿 九星二黑

月份	正月小		丙寅 二黑 坎卦 心宿			二月大		丁卯 一白 艮卦 尾宿			三月小		戊辰 九紫 坤卦 箕宿			四月大		己巳 八白 乾卦 斗宿		
节气	立春 2月4日 初三丁亥 早子时 0时42分			雨水 2月18日 十七辛丑 戌时 20时27分		惊蛰 3月5日 初三丙辰 酉时 18时20分			春分 3月20日 十八辛未 酉时 18时59分		清明 4月4日 初三丙戌 亥时 22时36分			谷雨 4月20日 十九壬寅 卯时 5时29分		立夏 5月5日 初五丁巳 申时 15时21分			小满 5月21日 廿一癸酉 寅时 4时09分	
农历	公历	干支	九星	日建	星宿	公历	干支	九星	日建	星宿	公历	干支	九星	日建	星宿	公历	干支	九星	日建	星宿
初一	2	乙酉	四绿	成	斗	3	甲寅	三碧	建	牛	2	甲申	九紫	执	虚	5月	癸丑	八白	收	危
初二	3	丙戌	五黄	收	牛	4	乙卯	四绿	除	女	3	乙酉	一白	破	危	2	甲寅	九紫	开	室
初三	4	丁亥	六白	收	女	5	丙辰	五黄	除	虚	4	丙戌	二黑	破	室	3	乙卯	一白	闭	壁
初四	5	戊子	七赤	开	虚	6	丁巳	六白	满	危	5	丁亥	三碧	危	壁	4	丙辰	二黑	建	奎
初五	6	己丑	八白	闭	危	7	戊午	七赤	平	室	6	戊子	四绿	成	奎	5	丁巳	三碧	建	娄
初六	7	庚寅	九紫	建	室	8	己未	八白	定	壁	7	己丑	五黄	收	娄	6	戊午	四绿	除	胃
初七	8	辛卯	一白	除	壁	9	庚申	九紫	执	奎	8	庚寅	六白	开	胃	7	己未	五黄	满	昴
初八	9	壬辰	二黑	满	奎	10	辛酉	一白	破	娄	9	辛卯	七赤	闭	昴	8	庚申	六白	平	毕
初九	10	癸巳	三碧	平	娄	11	壬戌	二黑	危	胃	10	壬辰	八白	建	毕	9	辛酉	七赤	定	觜
初十	11	甲午	四绿	定	胃	12	癸亥	三碧	成	昴	11	癸巳	九紫	除	觜	10	壬戌	八白	执	参
十一	12	乙未	五黄	执	昴	13	甲子	七赤	收	毕	12	甲午	一白	满	参	11	癸亥	九紫	破	井
十二	13	丙申	六白	破	毕	14	乙丑	八白	开	觜	13	乙未	二黑	平	井	12	甲子	四绿	危	鬼
十三	14	丁酉	七赤	危	觜	15	丙寅	九紫	闭	参	14	丙申	三碧	定	鬼	13	乙丑	五黄	成	柳
十四	15	戊戌	八白	成	参	16	丁卯	一白	建	井	15	丁酉	四绿	执	柳	14	丙寅	六白	收	星
十五	16	己亥	九紫	收	井	17	戊辰	二黑	除	鬼	16	戊戌	五黄	破	星	15	丁卯	七赤	开	张
十六	17	庚子	一白	开	鬼	18	己巳	三碧	满	柳	17	己亥	六白	危	张	16	戊辰	八白	闭	翼
十七	18	辛丑	八白	闭	柳	19	庚午	四绿	平	星	18	庚子	七赤	成	翼	17	己巳	九紫	建	轸
十八	19	壬寅	九紫	建	星	20	辛未	五黄	定	张	19	辛丑	八白	收	轸	18	庚午	一白	除	角
十九	20	癸卯	一白	除	张	21	壬申	六白	执	翼	20	壬寅	六白	开	角	19	辛未	二黑	满	亢
二十	21	甲辰	二黑	满	翼	22	癸酉	七赤	破	轸	21	癸卯	七赤	闭	亢	20	壬申	三碧	平	氐
廿一	22	乙巳	三碧	平	轸	23	甲戌	八白	危	角	22	甲辰	八白	建	氐	21	癸酉	四绿	定	房
廿二	23	丙午	四绿	定	角	24	乙亥	九紫	成	亢	23	乙巳	九紫	除	房	22	甲戌	五黄	执	心
廿三	24	丁未	五黄	执	亢	25	丙子	一白	收	氐	24	丙午	一白	满	心	23	乙亥	六白	破	尾
廿四	25	戊申	六白	破	氐	26	丁丑	二黑	开	房	25	丁未	二黑	平	尾	24	丙子	七赤	危	箕
廿五	26	己酉	七赤	危	房	27	戊寅	三碧	闭	心	26	戊申	三碧	定	箕	25	丁丑	八白	成	斗
廿六	27	庚戌	八白	成	心	28	己卯	四绿	建	尾	27	己酉	四绿	执	斗	26	戊寅	九紫	收	牛
廿七	28	辛亥	九紫	收	尾	29	庚辰	五黄	除	箕	28	庚戌	五黄	破	牛	27	己卯	一白	开	女
廿八	3月	壬子	一白	开	箕	30	辛巳	六白	满	斗	29	辛亥	六白	危	女	28	庚辰	二黑	闭	虚
廿九	2	癸丑	二黑	闭	斗	31	壬午	七赤	平	牛	30	壬子	七赤	成	虚	29	辛巳	三碧	建	危
三十						4月	癸未	八白	定	女						30	壬午	四绿	除	室

公元2079年 己亥猪年 太岁谢寿 九星二黑

月份	五月小 庚午 七赤 兑卦 牛宿					六月小 辛未 六白 离卦 女宿					七月大 壬申 五黄 震卦 虚宿					八月小 癸酉 四绿 巽卦 危宿				
节气	芒种 6月5日 初六戊子 戌时 19时05分			夏至 6月21日 廿二甲辰 午时 11时48分		小暑 7月7日 初九庚申 卯时 5时11分			大暑 7月22日 廿四乙亥 亥时 22时41分		立秋 8月7日 十一辛卯 申时 15时08分			处暑 8月23日 廿七丁未 卯时 6时03分		白露 9月7日 十二壬戌 酉时 18时29分			秋分 9月23日 廿八戊寅 寅时 4时12分	
农历	公历	干支	九星	日建	星宿	公历	干支	九星	日建	星宿	公历	干支	九星	日建	星宿	公历	干支	九星	日建	星宿
初一	31	癸未	五黄	满	壁	29	壬子	六白	破	奎	28	辛巳	一白	开	娄	27	辛亥	一白	平	昴
初二	6月	甲申	六白	平	奎	30	癸丑	五黄	危	娄	29	壬午	九紫	闭	胃	28	壬子	九紫	定	毕
初三	2	乙酉	七赤	定	娄	7月	甲寅	四绿	成	胃	30	癸未	八白	建	昴	29	癸丑	八白	执	觜
初四	3	丙戌	八白	执	胃	2	乙卯	三碧	收	昴	31	甲申	七赤	除	毕	30	甲寅	七赤	破	参
初五	4	丁亥	九紫	破	昴	3	丙辰	二黑	开	毕	8月	乙酉	六白	满	觜	31	乙卯	六白	危	井
初六	5	戊子	一白	破	毕	4	丁巳	一白	闭	觜	2	丙戌	五黄	平	参	9月	丙辰	五黄	成	鬼
初七	6	己丑	二黑	危	觜	5	戊午	九紫	建	参	3	丁亥	四绿	定	井	2	丁巳	四绿	收	柳
初八	7	庚寅	三碧	成	参	6	己未	八白	除	井	4	戊子	三碧	执	鬼	3	戊午	三碧	开	星
初九	8	辛卯	四绿	收	井	7	庚申	七赤	除	鬼	5	己丑	二黑	破	柳	4	己未	二黑	闭	张
初十	9	壬辰	五黄	开	鬼	8	辛酉	六白	满	柳	6	庚寅	一白	危	星	5	庚申	一白	建	翼
十一	10	癸巳	六白	闭	柳	9	壬戌	五黄	平	星	7	辛卯	九紫	危	张	6	辛酉	九紫	除	轸
十二	11	甲午	七赤	建	星	10	癸亥	四绿	定	张	8	壬辰	八白	成	翼	7	壬戌	八白	除	角
十三	12	乙未	八白	除	张	11	甲子	九紫	执	翼	9	癸巳	七赤	收	轸	8	癸亥	七赤	满	亢
十四	13	丙申	九紫	满	翼	12	乙丑	八白	破	轸	10	甲午	六白	开	角	9	甲子	三碧	平	氐
十五	14	丁酉	一白	平	轸	13	丙寅	七赤	危	角	11	乙未	五黄	闭	亢	10	乙丑	二黑	定	房
十六	15	戊戌	二黑	定	角	14	丁卯	六白	成	亢	12	丙申	四绿	建	氐	11	丙寅	一白	执	心
十七	16	己亥	三碧	执	亢	15	戊辰	五黄	收	氐	13	丁酉	三碧	除	房	12	丁卯	九紫	破	尾
十八	17	庚子	四绿	破	氐	16	己巳	四绿	开	房	14	戊戌	二黑	满	心	13	戊辰	八白	危	箕
十九	18	辛丑	五黄	危	房	17	庚午	三碧	闭	心	15	己亥	一白	平	尾	14	己巳	七赤	成	斗
二十	19	壬寅	六白	成	心	18	辛未	二黑	建	尾	16	庚子	九紫	定	箕	15	庚午	六白	收	牛
廿一	20	癸卯	七赤	收	尾	19	壬申	一白	除	箕	17	辛丑	八白	执	斗	16	辛未	五黄	开	女
廿二	21	甲辰	五黄	开	箕	20	癸酉	九紫	满	斗	18	壬寅	七赤	破	牛	17	壬申	四绿	闭	虚
廿三	22	乙巳	四绿	闭	斗	21	甲戌	八白	平	牛	19	癸卯	六白	危	女	18	癸酉	三碧	建	危
廿四	23	丙午	三碧	建	牛	22	乙亥	七赤	定	女	20	甲辰	五黄	成	虚	19	甲戌	二黑	除	室
廿五	24	丁未	二黑	除	女	23	丙子	六白	执	虚	21	乙巳	四绿	收	危	20	乙亥	一白	满	壁
廿六	25	戊申	一白	满	虚	24	丁丑	五黄	破	危	22	丙午	三碧	开	室	21	丙子	九紫	平	奎
廿七	26	己酉	九紫	平	危	25	戊寅	四绿	危	室	23	丁未	五黄	闭	壁	22	丁丑	八白	定	娄
廿八	27	庚戌	八白	定	室	26	己卯	三碧	成	壁	24	戊申	四绿	建	奎	23	戊寅	七赤	执	胃
廿九	28	辛亥	七赤	执	壁	27	庚辰	二黑	收	奎	25	己酉	三碧	除	娄	24	己卯	六白	破	昴
三十											26	庚戌	二黑	满	胃					

公元2079年 己亥猪年 太岁谢寿 九星二黑

月份	九月大	甲戌 三碧	坎卦 室宿			十月小	乙亥 二黑	艮卦 壁宿			十一月大	丙子 一白	坤卦 奎宿			十二月大	丁丑 九紫	乾卦 娄宿		
节气	寒露 10月8日 十四癸巳 巳时 10时42分		霜降 10月23日 廿九戊申 未时 14时07分			立冬 11月7日 十四癸亥 未时 14时26分		小雪 11月22日 廿九戊寅 午时 12时08分			大雪 12月7日 十五癸巳 辰时 7时39分		冬至 12月22日 三十戊申 丑时 1时43分			小寒 1月5日 十四壬戌 酉时 18时58分		大寒 1月20日 廿九丁丑 午时 12时20分		
农历	公历	干支	九星	日建	星宿	公历	干支	九星	日建	星宿	公历	干支	九星	日建	星宿	公历	干支	九星	日建	星宿
初一	25	庚辰	五黄	危	毕	25	庚戌	五黄	建	参	23	己卯	九紫	定	井	23	己酉	一白	收	柳
初二	26	辛巳	四绿	成	觜	26	辛亥	四绿	除	井	24	庚辰	八白	执	鬼	24	庚戌	二黑	开	星
初三	27	壬午	三碧	收	参	27	壬子	三碧	满	鬼	25	辛巳	七赤	破	柳	25	辛亥	三碧	闭	张
初四	28	癸未	二黑	开	井	28	癸丑	二黑	平	柳	26	壬午	六白	危	星	26	壬子	四绿	建	翼
初五	29	甲申	一白	闭	鬼	29	甲寅	一白	定	星	27	癸未	五黄	成	张	27	癸丑	五黄	除	轸
初六	30	乙酉	九紫	建	柳	30	乙卯	九紫	执	张	28	甲申	四绿	收	翼	28	甲寅	六白	满	角
初七	10月	丙戌	八白	除	星	31	丙辰	八白	破	翼	29	乙酉	三碧	开	轸	29	乙卯	七赤	平	亢
初八	2	丁亥	七赤	满	张	11月	丁巳	七赤	危	轸	30	丙戌	二黑	闭	角	30	丙辰	八白	定	氐
初九	3	戊子	六白	平	翼	2	戊午	六白	成	角	12月	丁亥	一白	建	亢	31	丁巳	九紫	执	房
初十	4	己丑	五黄	定	轸	3	己未	五黄	收	亢	2	戊子	九紫	除	氐	1月	戊午	一白	破	心
十一	5	庚寅	四绿	执	角	4	庚申	四绿	开	氐	3	己丑	八白	满	房	2	己未	二黑	危	尾
十二	6	辛卯	三碧	破	亢	5	辛酉	三碧	闭	房	4	庚寅	七赤	平	心	3	庚申	三碧	成	箕
十三	7	壬辰	二黑	危	氐	6	壬戌	二黑	建	心	5	辛卯	六白	定	尾	4	辛酉	四绿	收	斗
十四	8	癸巳	一白	危	房	7	癸亥	一白	建	尾	6	壬辰	五黄	执	箕	5	壬戌	五黄	收	牛
十五	9	甲午	九紫	成	心	8	甲子	六白	除	箕	7	癸巳	四绿	执	斗	6	癸亥	六白	开	女
十六	10	乙未	八白	收	尾	9	乙丑	五黄	满	斗	8	甲午	三碧	破	牛	7	甲子	一白	闭	虚
十七	11	丙申	七赤	开	箕	10	丙寅	四绿	平	牛	9	乙未	二黑	危	女	8	乙丑	二黑	建	危
十八	12	丁酉	六白	闭	斗	11	丁卯	三碧	定	女	10	丙申	一白	成	虚	9	丙寅	三碧	除	室
十九	13	戊戌	五黄	建	牛	12	戊辰	二黑	执	虚	11	丁酉	九紫	收	危	10	丁卯	四绿	满	壁
二十	14	己亥	四绿	除	女	13	己巳	一白	破	危	12	戊戌	八白	开	室	11	戊辰	五黄	平	奎
廿一	15	庚子	三碧	满	虚	14	庚午	九紫	危	室	13	己亥	七赤	闭	壁	12	己巳	六白	定	娄
廿二	16	辛丑	二黑	平	危	15	辛未	八白	成	壁	14	庚子	六白	建	奎	13	庚午	七赤	执	胃
廿三	17	壬寅	一白	定	室	16	壬申	七赤	收	奎	15	辛丑	五黄	除	娄	14	辛未	八白	破	昴
廿四	18	癸卯	九紫	执	壁	17	癸酉	六白	开	娄	16	壬寅	四绿	满	胃	15	壬申	九紫	危	毕
廿五	19	甲辰	八白	破	奎	18	甲戌	五黄	闭	胃	17	癸卯	三碧	平	昴	16	癸酉	一白	成	觜
廿六	20	乙巳	七赤	危	娄	19	乙亥	四绿	建	昴	18	甲辰	二黑	定	毕	17	甲戌	二黑	收	参
廿七	21	丙午	六白	成	胃	20	丙子	三碧	除	毕	19	乙巳	一白	执	觜	18	乙亥	三碧	开	井
廿八	22	丁未	五黄	收	昴	21	丁丑	二黑	满	觜	20	丙午	九紫	破	参	19	丙子	四绿	闭	鬼
廿九	23	戊申	七赤	开	毕	22	戊寅	一白	平	参	21	丁未	八白	危	井	20	丁丑	五黄	建	柳
三十	24	己酉	六白	闭	觜						22	戊申	九紫	成	鬼	21	戊寅	六白	除	星

公元2080年　庚子鼠年（闰三月）　太岁虞起　九星一白

月份	正月大	戊寅 八白 离卦 胃宿				二月小	己卯 七赤 震卦 昴宿				三月大	庚辰 六白 巽卦 毕宿				闰三月小				
节气	立春 2月4日 十四壬辰 卯时 6时27分		雨水 2月19日 廿九丁未 丑时 2时11分			惊蛰 3月5日 十四壬戌 早子时 0时04分		春分 3月20日 廿九丁丑 早子时 0时43分			清明 4月4日 十五壬辰 寅时 4时22分		谷雨 4月19日 三十丁未 午时 11时13分			立夏 5月4日 十五壬戌 亥时 21时09分				
农历	公历	干支	九星	日建	星宿	公历	干支	九星	日建	星宿	公历	干支	九星	日建	星宿	公历	干支	九星	日建	星宿
初一	22	己卯	七赤	满	张	21	己酉	七赤	危	轸	21	戊寅	三碧	闭	角	20	戊申	三碧	定	氐
初二	23	庚辰	八白	平	翼	22	庚戌	八白	成	角	22	己卯	四绿	建	亢	21	己酉	四绿	执	房
初三	24	辛巳	九紫	定	轸	23	辛亥	九紫	收	亢	23	庚辰	五黄	除	氐	22	庚戌	五黄	破	心
初四	25	壬午	一白	执	角	24	壬子	一白	开	氐	24	辛巳	六白	满	房	23	辛亥	六白	危	尾
初五	26	癸未	二黑	破	亢	25	癸丑	二黑	闭	房	25	壬午	七赤	平	心	24	壬子	七赤	成	箕
初六	27	甲申	三碧	危	氐	26	甲寅	三碧	建	心	26	癸未	八白	定	尾	25	癸丑	八白	收	斗
初七	28	乙酉	四绿	成	房	27	乙卯	四绿	除	尾	27	甲申	九紫	执	箕	26	甲寅	九紫	开	牛
初八	29	丙戌	五黄	收	心	28	丙辰	五黄	满	箕	28	乙酉	一白	破	斗	27	乙卯	一白	闭	女
初九	30	丁亥	六白	开	尾	29	丁巳	六白	平	斗	29	丙戌	二黑	危	牛	28	丙辰	二黑	建	虚
初十	31	戊子	七赤	闭	箕	3月	戊午	七赤	定	牛	30	丁亥	三碧	成	女	29	丁巳	三碧	除	危
十一	2月	己丑	八白	建	斗	2	己未	八白	执	女	31	戊子	四绿	收	虚	30	戊午	四绿	满	室
十二	2	庚寅	九紫	除	牛	3	庚申	九紫	破	虚	4月	己丑	五黄	开	危	5月	己未	五黄	平	壁
十三	3	辛卯	一白	满	女	4	辛酉	一白	危	危	2	庚寅	六白	闭	室	2	庚申	六白	定	奎
十四	4	壬辰	二黑	满	虚	5	壬戌	二黑	危	室	3	辛卯	七赤	建	壁	3	辛酉	七赤	执	娄
十五	5	癸巳	三碧	平	危	6	癸亥	三碧	成	壁	4	壬辰	八白	建	奎	4	壬戌	八白	执	胃
十六	6	甲午	四绿	定	室	7	甲子	七赤	收	奎	5	癸巳	九紫	除	娄	5	癸亥	九紫	破	昴
十七	7	乙未	五黄	执	壁	8	乙丑	八白	开	娄	6	甲午	一白	满	胃	6	甲子	四绿	危	毕
十八	8	丙申	六白	破	奎	9	丙寅	九紫	闭	胃	7	乙未	二黑	平	昴	7	乙丑	五黄	成	觜
十九	9	丁酉	七赤	危	娄	10	丁卯	一白	建	昴	8	丙申	三碧	定	毕	8	丙寅	六白	收	参
二十	10	戊戌	八白	成	胃	11	戊辰	二黑	除	毕	9	丁酉	四绿	执	觜	9	丁卯	七赤	开	井
廿一	11	己亥	九紫	收	昴	12	己巳	三碧	满	觜	10	戊戌	五黄	破	参	10	戊辰	八白	闭	鬼
廿二	12	庚子	一白	开	毕	13	庚午	四绿	平	参	11	己亥	六白	危	井	11	己巳	九紫	建	柳
廿三	13	辛丑	二黑	闭	觜	14	辛未	五黄	定	井	12	庚子	七赤	成	鬼	12	庚午	一白	除	星
廿四	14	壬寅	三碧	建	参	15	壬申	六白	执	鬼	13	辛丑	八白	收	柳	13	辛未	二黑	满	张
廿五	15	癸卯	四绿	除	井	16	癸酉	七赤	破	柳	14	壬寅	九紫	开	星	14	壬申	三碧	平	翼
廿六	16	甲辰	五黄	满	鬼	17	甲戌	八白	危	星	15	癸卯	一白	闭	张	15	癸酉	四绿	定	轸
廿七	17	乙巳	六白	平	柳	18	乙亥	九紫	成	张	16	甲辰	二黑	建	翼	16	甲戌	五黄	执	角
廿八	18	丙午	七赤	定	星	19	丙子	一白	收	翼	17	乙巳	三碧	除	轸	17	乙亥	六白	破	亢
廿九	19	丁未	五黄	执	张	20	丁丑	二黑	开	轸	18	丙午	四绿	满	角	18	丙子	七赤	危	氐
三十	20	戊申	六白	破	翼						19	丁未	二黑	平	亢					

公元2080年　庚子鼠年（闰三月）　太岁虞起 九星一白

月份	四月大		辛巳 五黄 坎卦 觜宿			五月小		壬午 四绿 艮卦 参宿			六月小		癸未 三碧 坤卦 井宿		
节气	小满 5月20日 初二戊寅 巳时 9时53分		芒种 6月5日 十八甲午 早子时 0时57分			夏至 6月20日 初三己酉 酉时 17时33分		小暑 7月6日 十九乙丑 午时 11时04分			大暑 7月22日 初六辛巳 寅时 4时26分		立秋 8月6日 廿一丙申 戌时 21时02分		
农历	公历	干支	九星	日建	星宿	公历	干支	九星	日建	星宿	公历	干支	九星	日建	星宿
初一	19	丁丑	八白	成	房	18	丁未	二黑	除	尾	17	丙子	六白	执	箕
初二	20	戊寅	九紫	收	心	19	戊申	三碧	满	箕	18	丁丑	五黄	破	斗
初三	21	己卯	一白	开	尾	20	己酉	九紫	平	斗	19	戊寅	四绿	危	牛
初四	22	庚辰	二黑	闭	箕	21	庚戌	八白	定	牛	20	己卯	三碧	成	女
初五	23	辛巳	三碧	建	斗	22	辛亥	七赤	执	女	21	庚辰	二黑	收	虚
初六	24	壬午	四绿	除	牛	23	壬子	六白	破	虚	22	辛巳	一白	开	危
初七	25	癸未	五黄	满	女	24	癸丑	五黄	危	危	23	壬午	九紫	闭	室
初八	26	甲申	六白	平	虚	25	甲寅	四绿	成	室	24	癸未	八白	建	壁
初九	27	乙酉	七赤	定	危	26	乙卯	三碧	收	壁	25	甲申	七赤	除	奎
初十	28	丙戌	八白	执	室	27	丙辰	二黑	开	奎	26	乙酉	六白	满	娄
十一	29	丁亥	九紫	破	壁	28	丁巳	一白	闭	娄	27	丙戌	五黄	平	胃
十二	30	戊子	一白	危	奎	29	戊午	九紫	建	胃	28	丁亥	四绿	定	昴
十三	31	己丑	二黑	成	娄	30	己未	八白	除	昴	29	戊子	三碧	执	毕
十四	6月	庚寅	三碧	收	胃	7月	庚申	七赤	满	毕	30	己丑	二黑	破	觜
十五	2	辛卯	四绿	开	昴	2	辛酉	六白	平	觜	31	庚寅	一白	危	参
十六	3	壬辰	五黄	闭	毕	3	壬戌	五黄	定	参	8月	辛卯	九紫	成	井
十七	4	癸巳	六白	建	觜	4	癸亥	四绿	执	井	2	壬辰	八白	收	鬼
十八	5	甲午	七赤	建	参	5	甲子	九紫	破	鬼	3	癸巳	七赤	开	柳
十九	6	乙未	八白	除	井	6	乙丑	八白	破	柳	4	甲午	六白	闭	星
二十	7	丙申	九紫	满	鬼	7	丙寅	七赤	危	星	5	乙未	五黄	建	张
廿一	8	丁酉	一白	平	柳	8	丁卯	六白	成	张	6	丙申	四绿	建	翼
廿二	9	戊戌	二黑	定	星	9	戊辰	五黄	收	翼	7	丁酉	三碧	除	轸
廿三	10	己亥	三碧	执	张	10	己巳	四绿	开	轸	8	戊戌	二黑	满	角
廿四	11	庚子	四绿	破	翼	11	庚午	三碧	闭	角	9	己亥	一白	平	亢
廿五	12	辛丑	五黄	危	轸	12	辛未	二黑	建	亢	10	庚子	九紫	定	氐
廿六	13	壬寅	六白	成	角	13	壬申	一白	除	氐	11	辛丑	八白	执	房
廿七	14	癸卯	七赤	收	亢	14	癸酉	九紫	满	房	12	壬寅	七赤	破	心
廿八	15	甲辰	八白	开	氐	15	甲戌	八白	平	心	13	癸卯	六白	危	尾
廿九	16	乙巳	九紫	闭	房	16	乙亥	七赤	定	尾	14	甲辰	五黄	成	箕
三十	17	丙午	一白	建	心										

公元2080年　庚子鼠年（闰三月）　太岁虞起 九星一白

月份	七月大	甲申 二黑 乾卦 鬼宿				八月小	乙酉 一白 兑卦 柳宿				九月小	丙戌 九紫 离卦 星宿			
节气	处暑 8月22日 初八壬子 午时 11时47分		白露 9月7日 廿四戊辰 早子时 0时21分			秋分 9月22日 初九癸未 巳时 9时55分		寒露 10月7日 廿四戊戌 申时 16时33分			霜降 10月22日 初十癸丑 戌时 19时51分		立冬 11月6日 廿五戊辰 戌时 20时17分		
农历	公历	干支	九星	日建	星宿	公历	干支	九星	日建	星宿	公历	干支	九星	日建	星宿
初一	15	乙巳	四绿	收	斗	14	乙亥	一白	满	女	13	甲辰	八白	破	虚
初二	16	丙午	三碧	开	牛	15	丙子	九紫	平	虚	14	乙巳	七赤	危	危
初三	17	丁未	二黑	闭	女	16	丁丑	八白	定	危	15	丙午	六白	成	室
初四	18	戊申	一白	建	虚	17	戊寅	七赤	执	室	16	丁未	五黄	收	壁
初五	19	己酉	九紫	除	危	18	己卯	六白	破	壁	17	戊申	四绿	开	奎
初六	20	庚戌	八白	满	室	19	庚辰	五黄	危	奎	18	己酉	三碧	闭	娄
初七	21	辛亥	七赤	平	壁	20	辛巳	四绿	成	娄	19	庚戌	二黑	建	胃
初八	22	壬子	九紫	定	奎	21	壬午	三碧	收	胃	20	辛亥	一白	除	昴
初九	23	癸丑	八白	执	娄	22	癸未	二黑	开	昴	21	壬子	九紫	满	毕
初十	24	甲寅	七赤	破	胃	23	甲申	一白	闭	毕	22	癸丑	二黑	平	觜
十一	25	乙卯	六白	危	昴	24	乙酉	九紫	建	觜	23	甲寅	一白	定	参
十二	26	丙辰	五黄	成	毕	25	丙戌	八白	除	参	24	乙卯	九紫	执	井
十三	27	丁巳	四绿	收	觜	26	丁亥	七赤	满	井	25	丙辰	八白	破	鬼
十四	28	戊午	三碧	开	参	27	戊子	六白	平	鬼	26	丁巳	七赤	危	柳
十五	29	己未	二黑	闭	井	28	己丑	五黄	定	柳	27	戊午	六白	成	星
十六	30	庚申	一白	建	鬼	29	庚寅	四绿	执	星	28	己未	五黄	收	张
十七	31	辛酉	九紫	除	柳	30	辛卯	三碧	破	张	29	庚申	四绿	开	翼
十八	9月	壬戌	八白	满	星	10月	壬辰	二黑	危	翼	30	辛酉	三碧	闭	轸
十九	2	癸亥	七赤	平	张	2	癸巳	一白	成	轸	31	壬戌	二黑	建	角
二十	3	甲子	三碧	定	翼	3	甲午	九紫	收	角	11月	癸亥	一白	除	亢
廿一	4	乙丑	二黑	执	轸	4	乙未	八白	开	亢	2	甲子	六白	满	氐
廿二	5	丙寅	一白	破	角	5	丙申	七赤	闭	氐	3	乙丑	五黄	平	房
廿三	6	丁卯	九紫	危	亢	6	丁酉	六白	建	房	4	丙寅	四绿	定	心
廿四	7	戊辰	八白	危	氐	7	戊戌	五黄	建	心	5	丁卯	三碧	执	尾
廿五	8	己巳	七赤	成	房	8	己亥	四绿	除	尾	6	戊辰	二黑	执	箕
廿六	9	庚午	六白	收	心	9	庚子	三碧	满	箕	7	己巳	一白	破	斗
廿七	10	辛未	五黄	开	尾	10	辛丑	二黑	平	斗	8	庚午	九紫	危	牛
廿八	11	壬申	四绿	闭	箕	11	壬寅	一白	定	牛	9	辛未	八白	成	女
廿九	12	癸酉	三碧	建	斗	12	癸卯	九紫	执	女	10	壬申	七赤	收	虚
三十	13	甲戌	二黑	除	牛										

公元2080年　庚子鼠年（闰三月）　太岁虞起　九星一白

月份	十月大		丁亥 八白 震卦 张宿			十一月大		戊子 七赤 巽卦 翼宿			十二月大		己丑 六白 坎卦 轸宿		
节气	小雪 11月21日 十一癸未 酉时 17时55分			大雪 12月6日 廿六戊戌 未时 13时33分		冬至 12月21日 十一癸丑 辰时 7时32分			小寒 1月5日 廿六戊辰 早子时 0时55分		大寒 1月19日 初十壬午 酉时 18时11分			立春 2月3日 廿五丁酉 午时 12时25分	
农历	公历	干支	九星	日建	星宿	公历	干支	九星	日建	星宿	公历	干支	九星	日建	星宿
初一	11	癸酉	六白	开	危	11	癸卯	三碧	平	壁	10	癸酉	一白	成	娄
初二	12	甲戌	五黄	闭	室	12	甲辰	二黑	定	奎	11	甲戌	二黑	收	胃
初三	13	乙亥	四绿	建	壁	13	乙巳	一白	执	娄	12	乙亥	三碧	开	昴
初四	14	丙子	三碧	除	奎	14	丙午	九紫	破	胃	13	丙子	四绿	闭	毕
初五	15	丁丑	二黑	满	娄	15	丁未	八白	危	昴	14	丁丑	五黄	建	觜
初六	16	戊寅	一白	平	胃	16	戊申	七赤	成	毕	15	戊寅	六白	除	参
初七	17	己卯	九紫	定	昴	17	己酉	六白	收	觜	16	己卯	七赤	满	井
初八	18	庚辰	八白	执	毕	18	庚戌	五黄	开	参	17	庚辰	八白	平	鬼
初九	19	辛巳	七赤	破	觜	19	辛亥	四绿	闭	井	18	辛巳	九紫	定	柳
初十	20	壬午	六白	危	参	20	壬子	三碧	建	鬼	19	壬午	一白	执	星
十一	21	癸未	五黄	成	井	21	癸丑	五黄	除	柳	20	癸未	二黑	破	张
十二	22	甲申	四绿	收	鬼	22	甲寅	六白	满	星	21	甲申	三碧	危	翼
十三	23	乙酉	三碧	开	柳	23	乙卯	七赤	平	张	22	乙酉	四绿	成	轸
十四	24	丙戌	二黑	闭	星	24	丙辰	八白	定	翼	23	丙戌	五黄	收	角
十五	25	丁亥	一白	建	张	25	丁巳	九紫	执	轸	24	丁亥	六白	开	亢
十六	26	戊子	九紫	除	翼	26	戊午	一白	破	角	25	戊子	七赤	闭	氐
十七	27	己丑	八白	满	轸	27	己未	二黑	危	亢	26	己丑	八白	建	房
十八	28	庚寅	七赤	平	角	28	庚申	三碧	成	氐	27	庚寅	九紫	除	心
十九	29	辛卯	六白	定	亢	29	辛酉	四绿	收	房	28	辛卯	一白	满	尾
二十	30	壬辰	五黄	执	氐	30	壬戌	五黄	开	心	29	壬辰	二黑	平	箕
廿一	12月	癸巳	四绿	破	房	31	癸亥	六白	闭	尾	30	癸巳	三碧	定	斗
廿二	2	甲午	三碧	危	心	1月	甲子	一白	建	箕	31	甲午	四绿	执	牛
廿三	3	乙未	二黑	成	尾	2	乙丑	二黑	除	斗	2月	乙未	五黄	破	女
廿四	4	丙申	一白	收	箕	3	丙寅	三碧	满	牛	2	丙申	六白	危	虚
廿五	5	丁酉	九紫	开	斗	4	丁卯	四绿	平	女	3	丁酉	七赤	危	危
廿六	6	戊戌	八白	开	牛	5	戊辰	五黄	平	虚	4	戊戌	八白	成	室
廿七	7	己亥	七赤	闭	女	6	己巳	六白	定	危	5	己亥	九紫	收	壁
廿八	8	庚子	六白	建	虚	7	庚午	七赤	执	室	6	庚子	一白	开	奎
廿九	9	辛丑	五黄	除	危	8	辛未	八白	破	壁	7	辛丑	二黑	闭	娄
三十	10	壬寅	四绿	满	室	9	壬申	九紫	危	奎	8	壬寅	三碧	建	胃

公元2081年　辛丑牛年　太岁汤信 九星九紫

月份	正月小		庚寅 五黄 震卦 角宿			二月大		辛卯 四绿 巽卦 亢宿			三月大		壬辰 三碧 坎卦 氐宿			四月小		癸巳 二黑 艮卦 房宿		
节气	雨水 2月18日 初十壬子 辰时 8时03分			惊蛰 3月5日 廿五丁卯 卯时 6时02分		春分 3月20日 十一壬午 卯时 6时33分			清明 4月4日 廿六丁酉 巳时 10时16分		谷雨 4月19日 十一壬子 酉时 17时00分			立夏 5月5日 廿七戊辰 丑时 2时59分		小满 5月20日 十二癸未 申时 15时37分			芒种 6月5日 廿八己亥 卯时 6时40分	
农历	公历	干支	九星	日建	星宿	公历	干支	九星	日建	星宿	公历	干支	九星	日建	星宿	公历	干支	九星	日建	星宿
初一	9	癸卯	四绿	除	昴	10	壬申	六白	执	毕	9	壬寅	九紫	开	参	9	壬申	三碧	平	鬼
初二	10	甲辰	五黄	满	毕	11	癸酉	七赤	破	觜	10	癸卯	一白	闭	井	10	癸酉	四绿	定	柳
初三	11	乙巳	六白	平	觜	12	甲戌	八白	危	参	11	甲辰	二黑	建	鬼	11	甲戌	五黄	执	星
初四	12	丙午	七赤	定	参	13	乙亥	九紫	成	井	12	乙巳	三碧	除	柳	12	乙亥	六白	破	张
初五	13	丁未	八白	执	井	14	丙子	一白	收	鬼	13	丙午	四绿	满	星	13	丙子	七赤	危	翼
初六	14	戊申	九紫	破	鬼	15	丁丑	二黑	开	柳	14	丁未	五黄	平	张	14	丁丑	八白	成	轸
初七	15	己酉	一白	危	柳	16	戊寅	三碧	闭	星	15	戊申	六白	定	翼	15	戊寅	九紫	收	角
初八	16	庚戌	二黑	成	星	17	己卯	四绿	建	张	16	己酉	七赤	执	轸	16	己卯	一白	开	亢
初九	17	辛亥	三碧	收	张	18	庚辰	五黄	除	翼	17	庚戌	八白	破	角	17	庚辰	二黑	闭	氐
初十	18	壬子	一白	开	翼	19	辛巳	六白	满	轸	18	辛亥	九紫	危	亢	18	辛巳	三碧	建	房
十一	19	癸丑	二黑	闭	轸	20	壬午	七赤	平	角	19	壬子	七赤	成	氐	19	壬午	四绿	除	心
十二	20	甲寅	三碧	建	角	21	癸未	八白	定	亢	20	癸丑	八白	收	房	20	癸未	五黄	满	尾
十三	21	乙卯	四绿	除	亢	22	甲申	九紫	执	氐	21	甲寅	九紫	开	心	21	甲申	六白	平	箕
十四	22	丙辰	五黄	满	氐	23	乙酉	一白	破	房	22	乙卯	一白	闭	尾	22	乙酉	七赤	定	斗
十五	23	丁巳	六白	平	房	24	丙戌	二黑	危	心	23	丙辰	二黑	建	箕	23	丙戌	八白	执	牛
十六	24	戊午	七赤	定	心	25	丁亥	三碧	成	尾	24	丁巳	三碧	除	斗	24	丁亥	九紫	破	女
十七	25	己未	八白	执	尾	26	戊子	四绿	收	箕	25	戊午	四绿	满	牛	25	戊子	一白	危	虚
十八	26	庚申	九紫	破	箕	27	己丑	五黄	开	斗	26	己未	五黄	平	女	26	己丑	二黑	成	危
十九	27	辛酉	一白	危	斗	28	庚寅	六白	闭	牛	27	庚申	六白	定	虚	27	庚寅	三碧	收	室
二十	28	壬戌	二黑	成	牛	29	辛卯	七赤	建	女	28	辛酉	七赤	执	危	28	辛卯	四绿	开	壁
廿一	3月	癸亥	三碧	收	女	30	壬辰	八白	除	虚	29	壬戌	八白	破	室	29	壬辰	五黄	闭	奎
廿二	2	甲子	七赤	开	虚	31	癸巳	九紫	满	危	30	癸亥	九紫	危	壁	30	癸巳	六白	建	娄
廿三	3	乙丑	八白	闭	危	4月	甲午	一白	平	室	5月	甲子	四绿	成	奎	31	甲午	七赤	除	胃
廿四	4	丙寅	九紫	建	室	2	乙未	二黑	定	壁	2	乙丑	五黄	收	娄	6月	乙未	八白	满	昴
廿五	5	丁卯	一白	建	壁	3	丙申	三碧	执	奎	3	丙寅	六白	开	胃	2	丙申	九紫	平	毕
廿六	6	戊辰	二黑	除	奎	4	丁酉	四绿	执	娄	4	丁卯	七赤	闭	昴	3	丁酉	一白	定	觜
廿七	7	己巳	三碧	满	娄	5	戊戌	五黄	破	胃	5	戊辰	八白	闭	毕	4	戊戌	二黑	执	参
廿八	8	庚午	四绿	平	胃	6	己亥	六白	危	昴	6	己巳	九紫	建	觜	5	己亥	三碧	执	井
廿九	9	辛未	五黄	定	昴	7	庚子	七赤	成	毕	7	庚午	一白	除	参	6	庚子	四绿	破	鬼
三十						8	辛丑	八白	收	觜	8	辛未	二黑	满	井					

公元2081年 辛丑牛年 太岁汤信 九星九紫

月份	五月大		甲午 坤卦	一白 心宿		六月小		乙未 乾卦	九紫 尾宿		七月小		丙申 兑卦	八白 箕宿		八月大		丁酉 离卦	七赤 斗宿	
节气	夏至 6月20日 十四甲寅 夜子时 23时15分			小暑 7月6日 三十庚午 申时 16时42分		大暑 7月22日 十六丙戌 巳时 10时07分					立秋 8月7日 初三壬寅 丑时 2时36分			处暑 8月22日 十八丁巳 酉时 17时28分		白露 9月7日 初五癸酉 卯时 5时53分			秋分 9月22日 二十戊子 申时 15时37分	
农历	公历	干支	九星	日建	星宿	公历	干支	九星	日建	星宿	公历	干支	九星	日建	星宿	公历	干支	九星	日建	星宿
初一	7	辛丑	五黄	危	柳	7	辛未	二黑	建	张	5	庚子	九紫	执	翼	3	己巳	七赤	收	轸
初二	8	壬寅	六白	成	星	8	壬申	一白	除	翼	6	辛丑	八白	破	轸	4	庚午	六白	开	角
初三	9	癸卯	七赤	收	张	9	癸酉	九紫	满	轸	7	壬寅	七赤	破	角	5	辛未	五黄	闭	亢
初四	10	甲辰	八白	开	翼	10	甲戌	八白	平	角	8	癸卯	六白	危	亢	6	壬申	四绿	建	氐
初五	11	乙巳	九紫	闭	轸	11	乙亥	七赤	定	亢	9	甲辰	五黄	成	氐	7	癸酉	三碧	建	房
初六	12	丙午	一白	建	角	12	丙子	六白	执	氐	10	乙巳	四绿	收	房	8	甲戌	二黑	除	心
初七	13	丁未	二黑	除	亢	13	丁丑	五黄	破	房	11	丙午	三碧	开	心	9	乙亥	一白	满	尾
初八	14	戊申	三碧	满	氐	14	戊寅	四绿	危	心	12	丁未	二黑	闭	尾	10	丙子	九紫	平	箕
初九	15	己酉	四绿	平	房	15	己卯	三碧	成	尾	13	戊申	一白	建	箕	11	丁丑	八白	定	斗
初十	16	庚戌	五黄	定	心	16	庚辰	二黑	收	箕	14	己酉	九紫	除	斗	12	戊寅	七赤	执	牛
十一	17	辛亥	六白	执	尾	17	辛巳	一白	开	斗	15	庚戌	八白	满	牛	13	己卯	六白	破	女
十二	18	壬子	七赤	破	箕	18	壬午	九紫	闭	牛	16	辛亥	七赤	平	女	14	庚辰	五黄	危	虚
十三	19	癸丑	八白	危	斗	19	癸未	八白	建	女	17	壬子	六白	定	虚	15	辛巳	四绿	成	危
十四	20	甲寅	四绿	成	牛	20	甲申	七赤	除	虚	18	癸丑	五黄	执	危	16	壬午	三碧	收	室
十五	21	乙卯	三碧	收	女	21	乙酉	六白	满	危	19	甲寅	四绿	破	室	17	癸未	二黑	开	壁
十六	22	丙辰	二黑	开	虚	22	丙戌	五黄	平	室	20	乙卯	三碧	危	壁	18	甲申	一白	闭	奎
十七	23	丁巳	一白	闭	危	23	丁亥	四绿	定	壁	21	丙辰	二黑	成	奎	19	乙酉	九紫	建	娄
十八	24	戊午	九紫	建	室	24	戊子	三碧	执	奎	22	丁巳	四绿	收	娄	20	丙戌	八白	除	胃
十九	25	己未	八白	除	壁	25	己丑	二黑	破	娄	23	戊午	三碧	开	胃	21	丁亥	七赤	满	昴
二十	26	庚申	七赤	满	奎	26	庚寅	一白	危	胃	24	己未	二黑	闭	昴	22	戊子	六白	平	毕
廿一	27	辛酉	六白	平	娄	27	辛卯	九紫	成	昴	25	庚申	一白	建	毕	23	己丑	五黄	定	觜
廿二	28	壬戌	五黄	定	胃	28	壬辰	八白	收	毕	26	辛酉	九紫	除	觜	24	庚寅	四绿	执	参
廿三	29	癸亥	四绿	执	昴	29	癸巳	七赤	开	觜	27	壬戌	八白	满	参	25	辛卯	三碧	破	井
廿四	30	甲子	九紫	破	毕	30	甲午	六白	闭	参	28	癸亥	七赤	平	井	26	壬辰	二黑	危	鬼
廿五	7月	乙丑	八白	危	觜	31	乙未	五黄	建	井	29	甲子	三碧	定	鬼	27	癸巳	一白	成	柳
廿六	2	丙寅	七赤	成	参	8月	丙申	四绿	除	鬼	30	乙丑	二黑	执	柳	28	甲午	九紫	收	星
廿七	3	丁卯	六白	收	井	2	丁酉	三碧	满	柳	31	丙寅	一白	破	星	29	乙未	八白	开	张
廿八	4	戊辰	五黄	开	鬼	3	戊戌	二黑	平	星	9月	丁卯	九紫	危	张	30	丙申	七赤	闭	翼
廿九	5	己巳	四绿	闭	柳	4	己亥	一白	定	张	2	戊辰	八白	成	翼	10月	丁酉	六白	建	轸
三十	6	庚午	三碧	闭	星											2	戊戌	五黄	除	角

公元2081年　辛丑牛年　太岁汤信　九星九紫

月份	九月小	戊戌 六白	震卦 牛宿			十月小	己亥 五黄	巽卦 女宿			十一月大	庚子 四绿	坎卦 虚宿			十二月大	辛丑 三碧	艮卦 危宿		
节气	寒露 10月7日 初五癸卯 亥时 22时05分		霜降 10月23日 廿一己未 丑时 1时33分			立冬 11月7日 初七甲戌 丑时 1时52分		小雪 11月21日 廿一戊子 夜子时 23时40分			大雪 12月6日 初七癸卯 戌时 19时11分		冬至 12月21日 廿二戊午 未时 13时21分			小寒 1月5日 初七癸酉 卯时 6时37分		大寒 1月20日 廿二戊子 早子时 0时05分		
农历	公历	干支	九星	日建	星宿	公历	干支	九星	日建	星宿	公历	干支	九星	日建	星宿	公历	干支	九星	日建	星宿
初一	3	己亥	四绿	满	亢	11月	戊辰	二黑	破	氐	30	丁酉	九紫	开	房	30	丁卯	四绿	平	尾
初二	4	庚子	三碧	平	氐	2	己巳	一白	危	房	12月	戊戌	八白	闭	心	31	戊辰	五黄	定	箕
初三	5	辛丑	二黑	定	房	3	庚午	九紫	成	心	2	己亥	七赤	建	尾	1月	己巳	六白	执	斗
初四	6	壬寅	一白	执	心	4	辛未	八白	收	尾	3	庚子	六白	除	箕	2	庚午	七赤	破	牛
初五	7	癸卯	九紫	执	尾	5	壬申	七赤	开	箕	4	辛丑	五黄	满	斗	3	辛未	八白	危	女
初六	8	甲辰	八白	破	箕	6	癸酉	六白	闭	斗	5	壬寅	四绿	平	牛	4	壬申	九紫	成	虚
初七	9	乙巳	七赤	危	斗	7	甲戌	五黄	闭	牛	6	癸卯	三碧	平	女	5	癸酉	一白	成	危
初八	10	丙午	六白	成	牛	8	乙亥	四绿	建	女	7	甲辰	二黑	定	虚	6	甲戌	二黑	收	室
初九	11	丁未	五黄	收	女	9	丙子	三碧	除	虚	8	乙巳	一白	执	危	7	乙亥	三碧	开	壁
初十	12	戊申	四绿	开	虚	10	丁丑	二黑	满	危	9	丙午	九紫	破	室	8	丙子	四绿	闭	奎
十一	13	己酉	三碧	闭	危	11	戊寅	一白	平	室	10	丁未	八白	危	壁	9	丁丑	五黄	建	娄
十二	14	庚戌	二黑	建	室	12	己卯	九紫	定	壁	11	戊申	七赤	成	奎	10	戊寅	六白	除	胃
十三	15	辛亥	一白	除	壁	13	庚辰	八白	执	奎	12	己酉	六白	收	娄	11	己卯	七赤	满	昴
十四	16	壬子	九紫	满	奎	14	辛巳	七赤	破	娄	13	庚戌	五黄	开	胃	12	庚辰	八白	平	毕
十五	17	癸丑	八白	平	娄	15	壬午	六白	危	胃	14	辛亥	四绿	闭	昴	13	辛巳	九紫	定	觜
十六	18	甲寅	七赤	定	胃	16	癸未	五黄	成	昴	15	壬子	三碧	建	毕	14	壬午	一白	执	参
十七	19	乙卯	六白	执	昴	17	甲申	四绿	收	毕	16	癸丑	二黑	除	觜	15	癸未	二黑	破	井
十八	20	丙辰	五黄	破	毕	18	乙酉	三碧	开	觜	17	甲寅	一白	满	参	16	甲申	三碧	危	鬼
十九	21	丁巳	四绿	危	觜	19	丙戌	二黑	闭	参	18	乙卯	九紫	平	井	17	乙酉	四绿	成	柳
二十	22	戊午	三碧	成	参	20	丁亥	一白	建	井	19	丙辰	八白	定	鬼	18	丙戌	五黄	收	星
廿一	23	己未	五黄	收	井	21	戊子	九紫	除	鬼	20	丁巳	七赤	执	柳	19	丁亥	六白	开	张
廿二	24	庚申	四绿	开	鬼	22	己丑	八白	满	柳	21	戊午	一白	破	星	20	戊子	七赤	闭	翼
廿三	25	辛酉	三碧	闭	柳	23	庚寅	七赤	平	星	22	己未	二黑	危	张	21	己丑	八白	建	轸
廿四	26	壬戌	二黑	建	星	24	辛卯	六白	定	张	23	庚申	三碧	成	翼	22	庚寅	九紫	除	角
廿五	27	癸亥	一白	除	张	25	壬辰	五黄	执	翼	24	辛酉	四绿	收	轸	23	辛卯	一白	满	亢
廿六	28	甲子	六白	满	翼	26	癸巳	四绿	破	轸	25	壬戌	五黄	开	角	24	壬辰	二黑	平	氐
廿七	29	乙丑	五黄	平	轸	27	甲午	三碧	危	角	26	癸亥	六白	闭	亢	25	癸巳	三碧	定	房
廿八	30	丙寅	四绿	定	角	28	乙未	二黑	成	亢	27	甲子	一白	建	氐	26	甲午	四绿	执	心
廿九	31	丁卯	三碧	执	亢	29	丙申	一白	收	氐	28	乙丑	二黑	除	房	27	乙未	五黄	破	尾
三十											29	丙寅	三碧	满	心	28	丙申	六白	危	箕

公元2082年　壬寅虎年（闰七月）　太岁贺谔　九星八白

月份	正月小	壬寅 二黑 巽卦 室宿				二月大	癸卯 一白 坎卦 壁宿				三月大	甲辰 九紫 艮卦 奎宿				四月大	乙巳 八白 坤卦 娄宿			
节气	立春 2月3日 初六壬寅 酉时 18时11分		雨水 2月18日 廿一丁巳 未时 13时59分			惊蛰 3月5日 初七壬申 午时 11时49分		春分 3月20日 廿二丁亥 午时 12时29分			清明 4月4日 初七壬寅 申时 16时02分		谷雨 4月19日 廿二丁巳 亥时 22时54分			立夏 5月5日 初八癸酉 辰时 8时42分		小满 5月20日 廿三戊子 亥时 21时28分		
农历	公历	干支	九星	日建	星宿	公历	干支	九星	日建	星宿	公历	干支	九星	日建	星宿	公历	干支	九星	日建	星宿
初一	29	丁酉	七赤	成	斗	27	丙寅	九紫	建	牛	29	丙申	三碧	执	虚	28	丙寅	六白	开	室
初二	30	戊戌	八白	收	牛	28	丁卯	一白	除	女	30	丁酉	四绿	破	危	29	丁卯	七赤	闭	壁
初三	31	己亥	九紫	开	女	3月	戊辰	二黑	满	虚	31	戊戌	五黄	危	室	30	戊辰	八白	建	奎
初四	2月	庚子	一白	闭	虚	2	己巳	三碧	平	危	4月	己亥	六白	成	壁	5月	己巳	九紫	除	娄
初五	2	辛丑	二黑	建	危	3	庚午	四绿	定	室	2	庚子	七赤	收	奎	2	庚午	一白	满	胃
初六	3	壬寅	三碧	建	室	4	辛未	五黄	执	壁	3	辛丑	八白	开	娄	3	辛未	二黑	平	昴
初七	4	癸卯	四绿	除	壁	5	壬申	六白	执	奎	4	壬寅	九紫	开	胃	4	壬申	三碧	定	毕
初八	5	甲辰	五黄	满	奎	6	癸酉	七赤	破	娄	5	癸卯	一白	闭	昴	5	癸酉	四绿	定	觜
初九	6	乙巳	六白	平	娄	7	甲戌	八白	危	胃	6	甲辰	二黑	建	毕	6	甲戌	五黄	执	参
初十	7	丙午	七赤	定	胃	8	乙亥	九紫	成	昴	7	乙巳	三碧	除	觜	7	乙亥	六白	破	井
十一	8	丁未	八白	执	昴	9	丙子	一白	收	毕	8	丙午	四绿	满	参	8	丙子	七赤	危	鬼
十二	9	戊申	九紫	破	毕	10	丁丑	二黑	开	觜	9	丁未	五黄	平	井	9	丁丑	八白	成	柳
十三	10	己酉	一白	危	觜	11	戊寅	三碧	闭	参	10	戊申	六白	定	鬼	10	戊寅	九紫	收	星
十四	11	庚戌	二黑	成	参	12	己卯	四绿	建	井	11	己酉	七赤	执	柳	11	己卯	一白	开	张
十五	12	辛亥	三碧	收	井	13	庚辰	五黄	除	鬼	12	庚戌	八白	破	星	12	庚辰	二黑	闭	翼
十六	13	壬子	四绿	开	鬼	14	辛巳	六白	满	柳	13	辛亥	九紫	危	张	13	辛巳	三碧	建	轸
十七	14	癸丑	五黄	闭	柳	15	壬午	七赤	平	星	14	壬子	一白	成	翼	14	壬午	四绿	除	角
十八	15	甲寅	六白	建	星	16	癸未	八白	定	张	15	癸丑	二黑	收	轸	15	癸未	五黄	满	亢
十九	16	乙卯	七赤	除	张	17	甲申	九紫	执	翼	16	甲寅	三碧	开	角	16	甲申	六白	平	氐
二十	17	丙辰	八白	满	翼	18	乙酉	一白	破	轸	17	乙卯	四绿	闭	亢	17	乙酉	七赤	定	房
廿一	18	丁巳	六白	平	轸	19	丙戌	二黑	危	角	18	丙辰	五黄	建	氐	18	丙戌	八白	执	心
廿二	19	戊午	七赤	定	角	20	丁亥	三碧	成	亢	19	丁巳	三碧	除	房	19	丁亥	九紫	破	尾
廿三	20	己未	八白	执	亢	21	戊子	四绿	收	氐	20	戊午	四绿	满	心	20	戊子	一白	危	箕
廿四	21	庚申	九紫	破	氐	22	己丑	五黄	开	房	21	己未	五黄	平	尾	21	己丑	二黑	成	斗
廿五	22	辛酉	一白	危	房	23	庚寅	六白	闭	心	22	庚申	六白	定	箕	22	庚寅	三碧	收	牛
廿六	23	壬戌	二黑	成	心	24	辛卯	七赤	建	尾	23	辛酉	七赤	执	斗	23	辛卯	四绿	开	女
廿七	24	癸亥	三碧	收	尾	25	壬辰	八白	除	箕	24	壬戌	八白	破	牛	24	壬辰	五黄	闭	虚
廿八	25	甲子	七赤	开	箕	26	癸巳	九紫	满	斗	25	癸亥	九紫	危	女	25	癸巳	六白	建	危
廿九	26	乙丑	八白	闭	斗	27	甲午	一白	平	牛	26	甲子	四绿	成	虚	26	甲午	七赤	除	室
三十						28	乙未	二黑	定	女	27	乙丑	五黄	收	危	27	乙未	八白	满	壁

公元2082年　壬寅虎年（闰七月）　太岁贺谔 九星八白

月份	五月小		丙午 七赤 乾卦 胃宿			六月小		丁未 六白 兑卦 昴宿			七月大		戊申 五黄 离卦 毕宿		
节气	芒种 6月5日 初九甲辰 午时 12时21分		夏至 6月21日 廿五庚申 卯时 5时02分			小暑 7月6日 十一乙亥 亥时 22时24分		大暑 7月22日 廿七辛卯 申时 15时52分			立秋 8月7日 十四丁未 辰时 8时20分		处暑 8月22日 廿九壬戌 夜子时 23时12分		
农历	公历	干支	九星	日建	星宿	公历	干支	九星	日建	星宿	公历	干支	九星	日建	星宿
初一	28	丙申	九紫	平	奎	26	乙丑	八白	危	娄	25	甲午	六白	闭	胃
初二	29	丁酉	一白	定	娄	27	丙寅	七赤	成	胃	26	乙未	五黄	建	昴
初三	30	戊戌	二黑	执	胃	28	丁卯	六白	收	昴	27	丙申	四绿	除	毕
初四	31	己亥	三碧	破	昴	29	戊辰	五黄	开	毕	28	丁酉	三碧	满	觜
初五	6月	庚子	四绿	危	毕	30	己巳	四绿	闭	觜	29	戊戌	二黑	平	参
初六	2	辛丑	五黄	成	觜	7月	庚午	三碧	建	参	30	己亥	一白	定	井
初七	3	壬寅	六白	收	参	2	辛未	二黑	除	井	31	庚子	九紫	执	鬼
初八	4	癸卯	七赤	开	井	3	壬申	一白	满	鬼	8月	辛丑	八白	破	柳
初九	5	甲辰	八白	开	鬼	4	癸酉	九紫	平	柳	2	壬寅	七赤	危	星
初十	6	乙巳	九紫	闭	柳	5	甲戌	八白	定	星	3	癸卯	六白	成	张
十一	7	丙午	一白	建	星	6	乙亥	七赤	定	张	4	甲辰	五黄	收	翼
十二	8	丁未	二黑	除	张	7	丙子	六白	执	翼	5	乙巳	四绿	开	轸
十三	9	戊申	三碧	满	翼	8	丁丑	五黄	破	轸	6	丙午	三碧	闭	角
十四	10	己酉	四绿	平	轸	9	戊寅	四绿	危	角	7	丁未	二黑	闭	亢
十五	11	庚戌	五黄	定	角	10	己卯	三碧	成	亢	8	戊申	一白	建	氐
十六	12	辛亥	六白	执	亢	11	庚辰	二黑	收	氐	9	己酉	九紫	除	房
十七	13	壬子	七赤	破	氐	12	辛巳	一白	开	房	10	庚戌	八白	满	心
十八	14	癸丑	八白	危	房	13	壬午	九紫	闭	心	11	辛亥	七赤	平	尾
十九	15	甲寅	九紫	成	心	14	癸未	八白	建	尾	12	壬子	六白	定	箕
二十	16	乙卯	一白	收	尾	15	甲申	七赤	除	箕	13	癸丑	五黄	执	斗
廿一	17	丙辰	二黑	开	箕	16	乙酉	六白	满	斗	14	甲寅	四绿	破	牛
廿二	18	丁巳	三碧	闭	斗	17	丙戌	五黄	平	牛	15	乙卯	三碧	危	女
廿三	19	戊午	四绿	建	牛	18	丁亥	四绿	定	女	16	丙辰	二黑	成	虚
廿四	20	己未	五黄	除	女	19	戊子	三碧	执	虚	17	丁巳	一白	收	危
廿五	21	庚申	七赤	满	虚	20	己丑	二黑	破	危	18	戊午	九紫	开	室
廿六	22	辛酉	六白	平	危	21	庚寅	一白	危	室	19	己未	八白	闭	壁
廿七	23	壬戌	五黄	定	室	22	辛卯	九紫	成	壁	20	庚申	七赤	建	奎
廿八	24	癸亥	四绿	执	壁	23	壬辰	八白	收	奎	21	辛酉	六白	除	娄
廿九	25	甲子	九紫	破	奎	24	癸巳	七赤	开	娄	22	壬戌	八白	满	胃
三十											23	癸亥	七赤	平	昴

公元2082年　壬寅虎年（闰七月）　太岁贺谔 九星八白

月份	闰七月小					八月大 己酉 四绿 震卦 觜宿					九月小 庚戌 三碧 巽卦 参宿				
节气	白露 9月7日 十五戊寅 午时 11时41分					秋分 9月22日 初一癸巳 亥时 21时22分；寒露 10月8日 十七己酉 寅时 3时56分					霜降 10月23日 初二甲子 辰时 7时19分；立冬 11月7日 十七己卯 辰时 7时43分				
农历	公历	干支	九星	日建	星宿	公历	干支	九星	日建	星宿	公历	干支	九星	日建	星宿
初一	24	甲子	三碧	定	毕	22	癸巳	一白	成	觜	22	癸亥	七赤	除	井
初二	25	乙丑	二黑	执	觜	23	甲午	九紫	收	参	23	甲子	六白	满	鬼
初三	26	丙寅	一白	破	参	24	乙未	八白	开	井	24	乙丑	五黄	平	柳
初四	27	丁卯	九紫	危	井	25	丙申	七赤	闭	鬼	25	丙寅	四绿	定	星
初五	28	戊辰	八白	成	鬼	26	丁酉	六白	建	柳	26	丁卯	三碧	执	张
初六	29	己巳	七赤	收	柳	27	戊戌	五黄	除	星	27	戊辰	二黑	破	翼
初七	30	庚午	六白	开	星	28	己亥	四绿	满	张	28	己巳	一白	危	轸
初八	31	辛未	五黄	闭	张	29	庚子	三碧	平	翼	29	庚午	九紫	成	角
初九	9月	壬申	四绿	建	翼	30	辛丑	二黑	定	轸	30	辛未	八白	收	亢
初十	2	癸酉	三碧	除	轸	10月	壬寅	一白	执	角	31	壬申	七赤	开	氐
十一	3	甲戌	二黑	满	角	2	癸卯	九紫	破	亢	11月	癸酉	六白	闭	房
十二	4	乙亥	一白	平	亢	3	甲辰	八白	危	氐	2	甲戌	五黄	建	心
十三	5	丙子	九紫	定	氐	4	乙巳	七赤	成	房	3	乙亥	四绿	除	尾
十四	6	丁丑	八白	执	房	5	丙午	六白	收	心	4	丙子	三碧	满	箕
十五	7	戊寅	七赤	执	心	6	丁未	五黄	开	尾	5	丁丑	二黑	平	斗
十六	8	己卯	六白	破	尾	7	戊申	四绿	闭	箕	6	戊寅	一白	定	牛
十七	9	庚辰	五黄	危	箕	8	己酉	三碧	闭	斗	7	己卯	九紫	定	女
十八	10	辛巳	四绿	成	斗	9	庚戌	二黑	建	牛	8	庚辰	八白	执	虚
十九	11	壬午	三碧	收	牛	10	辛亥	一白	除	女	9	辛巳	七赤	破	危
二十	12	癸未	二黑	开	女	11	壬子	九紫	满	虚	10	壬午	六白	危	室
廿一	13	甲申	一白	闭	虚	12	癸丑	八白	平	危	11	癸未	五黄	成	壁
廿二	14	乙酉	九紫	建	危	13	甲寅	七赤	定	室	12	甲申	四绿	收	奎
廿三	15	丙戌	八白	除	室	14	乙卯	六白	执	壁	13	乙酉	三碧	开	娄
廿四	16	丁亥	七赤	满	壁	15	丙辰	五黄	破	奎	14	丙戌	二黑	闭	胃
廿五	17	戊子	六白	平	奎	16	丁巳	四绿	危	娄	15	丁亥	一白	建	昴
廿六	18	己丑	五黄	定	娄	17	戊午	三碧	成	胃	16	戊子	九紫	除	毕
廿七	19	庚寅	四绿	执	胃	18	己未	二黑	收	昴	17	己丑	八白	满	觜
廿八	20	辛卯	三碧	破	昴	19	庚申	一白	开	毕	18	庚寅	七赤	平	参
廿九	21	壬辰	二黑	危	毕	20	辛酉	九紫	闭	觜	19	辛卯	六白	定	井
三十						21	壬戌	八白	建	参					

公元2082年　壬寅虎年（闰七月）　太岁贺谔　九星八白

月份	十月小 辛亥 二黑 坎卦 井宿					十一月大 壬子 一白 艮卦 鬼宿					十二月大 癸丑 九紫 坤卦 柳宿				
节气	小雪 11月22日 初三甲午 卯时 5时24分		大雪 12月7日 十八己酉 丑时 1时00分			冬至 12月21日 初三癸亥 戌时 19时04分		小寒 1月5日 十八戊寅 午时 12时25分			大寒 1月20日 初三癸巳 卯时 5时45分		立春 2月3日 十七丁未 夜子时 23时57分		
农历	公历	干支	九星	日建	星宿	公历	干支	九星	日建	星宿	公历	干支	九星	日建	星宿
初一	20	壬辰	五黄	执	鬼	19	辛酉	三碧	收	柳	18	辛卯	一白	满	张
初二	21	癸巳	四绿	破	柳	20	壬戌	二黑	开	星	19	壬辰	二黑	平	翼
初三	22	甲午	三碧	危	星	21	癸亥	六白	闭	张	20	癸巳	三碧	定	轸
初四	23	乙未	二黑	成	张	22	甲子	一白	建	翼	21	甲午	四绿	执	角
初五	24	丙申	一白	收	翼	23	乙丑	二黑	除	轸	22	乙未	五黄	破	亢
初六	25	丁酉	九紫	开	轸	24	丙寅	三碧	满	角	23	丙申	六白	危	氐
初七	26	戊戌	八白	闭	角	25	丁卯	四绿	平	亢	24	丁酉	七赤	成	房
初八	27	己亥	七赤	建	亢	26	戊辰	五黄	定	氐	25	戊戌	八白	收	心
初九	28	庚子	六白	除	氐	27	己巳	六白	执	房	26	己亥	九紫	开	尾
初十	29	辛丑	五黄	满	房	28	庚午	七赤	破	心	27	庚子	一白	闭	箕
十一	30	壬寅	四绿	平	心	29	辛未	八白	危	尾	28	辛丑	二黑	建	斗
十二	12月	癸卯	三碧	定	尾	30	壬申	九紫	成	箕	29	壬寅	三碧	除	牛
十三	2	甲辰	二黑	执	箕	31	癸酉	一白	收	斗	30	癸卯	四绿	满	女
十四	3	乙巳	一白	破	斗	1月	甲戌	二黑	开	牛	31	甲辰	五黄	平	虚
十五	4	丙午	九紫	危	牛	2	乙亥	三碧	闭	女	2月	乙巳	六白	定	危
十六	5	丁未	八白	成	女	3	丙子	四绿	建	虚	2	丙午	七赤	执	室
十七	6	戊申	七赤	收	虚	4	丁丑	五黄	除	危	3	丁未	八白	执	壁
十八	7	己酉	六白	收	危	5	戊寅	六白	除	室	4	戊申	九紫	破	奎
十九	8	庚戌	五黄	开	室	6	己卯	七赤	满	壁	5	己酉	一白	危	娄
二十	9	辛亥	四绿	闭	壁	7	庚辰	八白	平	奎	6	庚戌	二黑	成	胃
廿一	10	壬子	三碧	建	奎	8	辛巳	九紫	定	娄	7	辛亥	三碧	收	昴
廿二	11	癸丑	二黑	除	娄	9	壬午	一白	执	胃	8	壬子	四绿	开	毕
廿三	12	甲寅	一白	满	胃	10	癸未	二黑	破	昴	9	癸丑	五黄	闭	觜
廿四	13	乙卯	九紫	平	昴	11	甲申	三碧	危	毕	10	甲寅	六白	建	参
廿五	14	丙辰	八白	定	毕	12	乙酉	四绿	成	觜	11	乙卯	七赤	除	井
廿六	15	丁巳	七赤	执	觜	13	丙戌	五黄	收	参	12	丙辰	八白	满	鬼
廿七	16	戊午	六白	破	参	14	丁亥	六白	开	井	13	丁巳	九紫	平	柳
廿八	17	己未	五黄	危	井	15	戊子	七赤	闭	鬼	14	戊午	一白	定	星
廿九	18	庚申	四绿	成	鬼	16	己丑	八白	建	柳	15	己未	二黑	执	张
三十						17	庚寅	九紫	除	星	16	庚申	三碧	破	翼

公元2083年 癸卯兔年 太岁皮时 九星七赤

月份	正月小 甲寅 八白 坎卦 星宿					二月大 乙卯 七赤 艮卦 张宿					三月大 丙辰 六白 坤卦 翼宿					四月小 丁巳 五黄 乾卦 轸宿				
节气	雨水 2月18日 初二壬戌 戌时 19时39分		惊蛰 3月5日 十七丁丑 酉时 17时35分			春分 3月20日 初三壬辰 酉时 18时09分		清明 4月4日 十八丁未 亥时 21时49分			谷雨 4月20日 初四癸亥 寅时 4时34分		立夏 5月5日 十九戊寅 未时 14时30分			小满 5月21日 初五甲午 寅时 3时08分		芒种 6月5日 二十己酉 酉时 18时11分		
农历	公历	干支	九星	日建	星宿	公历	干支	九星	日建	星宿	公历	干支	九星	日建	星宿	公历	干支	九星	日建	星宿
初一	17	辛酉	四绿	危	轸	18	庚寅	六白	闭	角	17	庚申	九紫	定	氐	17	庚寅	三碧	收	心
初二	18	壬戌	二黑	成	角	19	辛卯	七赤	建	亢	18	辛酉	一白	执	房	18	辛卯	四绿	开	尾
初三	19	癸亥	三碧	收	亢	20	壬辰	八白	除	氐	19	壬戌	二黑	破	心	19	壬辰	五黄	闭	箕
初四	20	甲子	七赤	开	氐	21	癸巳	九紫	满	房	20	癸亥	九紫	危	尾	20	癸巳	六白	建	斗
初五	21	乙丑	八白	闭	房	22	甲午	一白	平	心	21	甲子	四绿	成	箕	21	甲午	七赤	除	牛
初六	22	丙寅	九紫	建	心	23	乙未	二黑	定	尾	22	乙丑	五黄	收	斗	22	乙未	八白	满	女
初七	23	丁卯	一白	除	尾	24	丙申	三碧	执	箕	23	丙寅	六白	开	牛	23	丙申	九紫	平	虚
初八	24	戊辰	二黑	满	箕	25	丁酉	四绿	破	斗	24	丁卯	七赤	闭	女	24	丁酉	一白	定	危
初九	25	己巳	三碧	平	斗	26	戊戌	五黄	危	牛	25	戊辰	八白	建	虚	25	戊戌	二黑	执	室
初十	26	庚午	四绿	定	牛	27	己亥	六白	成	女	26	己巳	九紫	除	危	26	己亥	三碧	破	壁
十一	27	辛未	五黄	执	女	28	庚子	七赤	收	虚	27	庚午	一白	满	室	27	庚子	四绿	危	奎
十二	28	壬申	六白	破	虚	29	辛丑	八白	开	危	28	辛未	二黑	平	壁	28	辛丑	五黄	成	娄
十三	3月	癸酉	七赤	危	危	30	壬寅	九紫	闭	室	29	壬申	三碧	定	奎	29	壬寅	六白	收	胃
十四	2	甲戌	八白	成	室	31	癸卯	一白	建	壁	30	癸酉	四绿	执	娄	30	癸卯	七赤	开	昴
十五	3	乙亥	九紫	收	壁	4月	甲辰	二黑	除	奎	5月	甲戌	五黄	破	胃	31	甲辰	八白	闭	毕
十六	4	丙子	一白	开	奎	2	乙巳	三碧	满	娄	2	乙亥	六白	危	昴	6月	乙巳	九紫	建	觜
十七	5	丁丑	二黑	开	娄	3	丙午	四绿	平	胃	3	丙子	七赤	成	毕	2	丙午	一白	除	参
十八	6	戊寅	三碧	闭	胃	4	丁未	五黄	平	昴	4	丁丑	八白	收	觜	3	丁未	二黑	满	井
十九	7	己卯	四绿	建	昴	5	戊申	六白	定	毕	5	戊寅	九紫	收	参	4	戊申	三碧	平	鬼
二十	8	庚辰	五黄	除	毕	6	己酉	七赤	执	觜	6	己卯	一白	开	井	5	己酉	四绿	平	柳
廿一	9	辛巳	六白	满	觜	7	庚戌	八白	破	参	7	庚辰	二黑	闭	鬼	6	庚戌	五黄	定	星
廿二	10	壬午	七赤	平	参	8	辛亥	九紫	危	井	8	辛巳	三碧	建	柳	7	辛亥	六白	执	张
廿三	11	癸未	八白	定	井	9	壬子	一白	成	鬼	9	壬午	四绿	除	星	8	壬子	七赤	破	翼
廿四	12	甲申	九紫	执	鬼	10	癸丑	二黑	收	柳	10	癸未	五黄	满	张	9	癸丑	八白	危	轸
廿五	13	乙酉	一白	破	柳	11	甲寅	三碧	开	星	11	甲申	六白	平	翼	10	甲寅	九紫	成	角
廿六	14	丙戌	二黑	危	星	12	乙卯	四绿	闭	张	12	乙酉	七赤	定	轸	11	乙卯	一白	收	亢
廿七	15	丁亥	三碧	成	张	13	丙辰	五黄	建	翼	13	丙戌	八白	执	角	12	丙辰	二黑	开	氐
廿八	16	戊子	四绿	收	翼	14	丁巳	六白	除	轸	14	丁亥	九紫	破	亢	13	丁巳	三碧	闭	房
廿九	17	己丑	五黄	开	轸	15	戊午	七赤	满	角	15	戊子	一白	危	氐	14	戊午	四绿	建	心
三十						16	己未	八白	平	亢	16	己丑	二黑	成	房					

公元2083年　癸卯兔年　太岁皮时 九星七赤

月份	五月大	戊午 四绿	兑卦 角宿			六月小	己未 三碧	离卦 亢宿			七月大	庚申 二黑	震卦 氐宿			八月小	辛酉 一白	巽卦 房宿		
节气	夏至 6月21日 初七乙丑 巳时 10时43分		小暑 7月7日 廿三辛巳 寅时 4时15分			大暑 7月22日 初八丙申 亥时 21时35分		立秋 8月7日 廿四壬子 未时 14时12分			处暑 8月23日 十一戊辰 寅时 4时58分		白露 9月7日 廿六癸未 酉时 17时33分			秋分 9月23日 十二己亥 寅时 3时10分		寒露 10月8日 廿七甲寅 巳时 9时48分		
农历	公历	干支	九星	日建	星宿	公历	干支	九星	日建	星宿	公历	干支	九星	日建	星宿	公历	干支	九星	日建	星宿
初一	15	己未	五黄	除	尾	15	己丑	二黑	破	斗	13	戊午	九紫	开	牛	12	戊子	六白	平	虚
初二	16	庚申	六白	满	箕	16	庚寅	一白	危	牛	14	己未	八白	闭	女	13	己丑	五黄	定	危
初三	17	辛酉	七赤	平	斗	17	辛卯	九紫	成	女	15	庚申	七赤	建	虚	14	庚寅	四绿	执	室
初四	18	壬戌	八白	定	牛	18	壬辰	八白	收	虚	16	辛酉	六白	除	危	15	辛卯	三碧	破	壁
初五	19	癸亥	九紫	执	女	19	癸巳	七赤	开	危	17	壬戌	五黄	满	室	16	壬辰	二黑	危	奎
初六	20	甲子	四绿	破	虚	20	甲午	六白	闭	室	18	癸亥	四绿	平	壁	17	癸巳	一白	成	娄
初七	21	乙丑	八白	危	危	21	乙未	五黄	建	壁	19	甲子	九紫	定	奎	18	甲午	九紫	收	胃
初八	22	丙寅	七赤	成	室	22	丙申	四绿	除	奎	20	乙丑	八白	执	娄	19	乙未	八白	开	昴
初九	23	丁卯	六白	收	壁	23	丁酉	三碧	满	娄	21	丙寅	七赤	破	胃	20	丙申	七赤	闭	毕
初十	24	戊辰	五黄	开	奎	24	戊戌	二黑	平	胃	22	丁卯	六白	危	昴	21	丁酉	六白	建	觜
十一	25	己巳	四绿	闭	娄	25	己亥	一白	定	昴	23	戊辰	八白	成	毕	22	戊戌	五黄	除	参
十二	26	庚午	三碧	建	胃	26	庚子	九紫	执	毕	24	己巳	七赤	收	觜	23	己亥	四绿	满	井
十三	27	辛未	二黑	除	昴	27	辛丑	八白	破	觜	25	庚午	六白	开	参	24	庚子	三碧	平	鬼
十四	28	壬申	一白	满	毕	28	壬寅	七赤	危	参	26	辛未	五黄	闭	井	25	辛丑	二黑	定	柳
十五	29	癸酉	九紫	平	觜	29	癸卯	六白	成	井	27	壬申	四绿	建	鬼	26	壬寅	一白	执	星
十六	30	甲戌	八白	定	参	30	甲辰	五黄	收	鬼	28	癸酉	三碧	除	柳	27	癸卯	九紫	破	张
十七	7月	乙亥	七赤	执	井	31	乙巳	四绿	开	柳	29	甲戌	二黑	满	星	28	甲辰	八白	危	翼
十八	2	丙子	六白	破	鬼	8月	丙午	三碧	闭	星	30	乙亥	一白	平	张	29	乙巳	七赤	成	轸
十九	3	丁丑	五黄	危	柳	2	丁未	二黑	建	张	31	丙子	九紫	定	翼	30	丙午	六白	收	角
二十	4	戊寅	四绿	成	星	3	戊申	一白	除	翼	9月	丁丑	八白	执	轸	10月	丁未	五黄	开	亢
廿一	5	己卯	三碧	收	张	4	己酉	九紫	满	轸	2	戊寅	七赤	破	角	2	戊申	四绿	闭	氐
廿二	6	庚辰	二黑	开	翼	5	庚戌	八白	平	角	3	己卯	六白	危	亢	3	己酉	三碧	建	房
廿三	7	辛巳	一白	开	轸	6	辛亥	七赤	定	亢	4	庚辰	五黄	成	氐	4	庚戌	二黑	除	心
廿四	8	壬午	九紫	闭	角	7	壬子	六白	定	氐	5	辛巳	四绿	收	房	5	辛亥	一白	满	尾
廿五	9	癸未	八白	建	亢	8	癸丑	五黄	执	房	6	壬午	三碧	开	心	6	壬子	九紫	平	箕
廿六	10	甲申	七赤	除	氐	9	甲寅	四绿	破	心	7	癸未	二黑	开	尾	7	癸丑	八白	定	斗
廿七	11	乙酉	六白	满	房	10	乙卯	三碧	危	尾	8	甲申	一白	闭	箕	8	甲寅	七赤	定	牛
廿八	12	丙戌	五黄	平	心	11	丙辰	二黑	成	箕	9	乙酉	九紫	建	斗	9	乙卯	六白	执	女
廿九	13	丁亥	四绿	定	尾	12	丁巳	一白	收	斗	10	丙戌	八白	除	牛	10	丙辰	五黄	破	虚
三十	14	戊子	三碧	执	箕						11	丁亥	七赤	满	女					

公元2083年 癸卯兔年 太岁皮时 九星七赤

月份	九月大	壬戌 九紫 坎卦 心宿				十月小	癸亥 八白 艮卦 尾宿				十一月大	甲子 七赤 坤卦 箕宿				十二月小	乙丑 六白 乾卦 斗宿			
节气	霜降 10月23日 十三己巳 未时 13时09分		立冬 11月7日 廿八甲申 未时 13时35分			小雪 11月22日 十三己亥 午时 11时14分		大雪 12月7日 廿八甲寅 卯时 6时51分			冬至 12月22日 十四己巳 早子时 0时52分		小寒 1月5日 廿八癸未 酉时 18时14分			大寒 1月20日 十三戊戌 午时 11时32分		立春 2月4日 廿八癸丑 卯时 5时45分		
农历	公历	干支	九星	日建	星宿	公历	干支	九星	日建	星宿	公历	干支	九星	日建	星宿	公历	干支	九星	日建	星宿
初一	11	丁巳	四绿	危	危	10	丁亥	一白	建	壁	9	丙辰	八白	定	奎	8	丙戌	五黄	收	胃
初二	12	戊午	三碧	成	室	11	戊子	九紫	除	奎	10	丁巳	七赤	执	娄	9	丁亥	六白	开	昴
初三	13	己未	二黑	收	壁	12	己丑	八白	满	娄	11	戊午	六白	破	胃	10	戊子	七赤	闭	毕
初四	14	庚申	一白	开	奎	13	庚寅	七赤	平	胃	12	己未	五黄	危	昴	11	己丑	八白	建	觜
初五	15	辛酉	九紫	闭	娄	14	辛卯	六白	定	昴	13	庚申	四绿	成	毕	12	庚寅	九紫	除	参
初六	16	壬戌	八白	建	胃	15	壬辰	五黄	执	毕	14	辛酉	三碧	收	觜	13	辛卯	一白	满	井
初七	17	癸亥	七赤	除	昴	16	癸巳	四绿	破	觜	15	壬戌	二黑	开	参	14	壬辰	二黑	平	鬼
初八	18	甲子	三碧	满	毕	17	甲午	三碧	危	参	16	癸亥	一白	闭	井	15	癸巳	三碧	定	柳
初九	19	乙丑	二黑	平	觜	18	乙未	二黑	成	井	17	甲子	六白	建	鬼	16	甲午	四绿	执	星
初十	20	丙寅	一白	定	参	19	丙申	一白	收	鬼	18	乙丑	五黄	除	柳	17	乙未	五黄	破	张
十一	21	丁卯	九紫	执	井	20	丁酉	九紫	开	柳	19	丙寅	四绿	满	星	18	丙申	六白	危	翼
十二	22	戊辰	八白	破	鬼	21	戊戌	八白	闭	星	20	丁卯	三碧	平	张	19	丁酉	七赤	成	轸
十三	23	己巳	一白	危	柳	22	己亥	七赤	建	张	21	戊辰	二黑	定	翼	20	戊戌	八白	收	角
十四	24	庚午	九紫	成	星	23	庚子	六白	除	翼	22	己巳	六白	执	轸	21	己亥	九紫	开	亢
十五	25	辛未	八白	收	张	24	辛丑	五黄	满	轸	23	庚午	七赤	破	角	22	庚子	一白	闭	氐
十六	26	壬申	七赤	开	翼	25	壬寅	四绿	平	角	24	辛未	八白	危	亢	23	辛丑	二黑	建	房
十七	27	癸酉	六白	闭	轸	26	癸卯	三碧	定	亢	25	壬申	九紫	成	氐	24	壬寅	三碧	除	心
十八	28	甲戌	五黄	建	角	27	甲辰	二黑	执	氐	26	癸酉	一白	收	房	25	癸卯	四绿	满	尾
十九	29	乙亥	四绿	除	亢	28	乙巳	一白	破	房	27	甲戌	二黑	开	心	26	甲辰	五黄	平	箕
二十	30	丙子	三碧	满	氐	29	丙午	九紫	危	心	28	乙亥	三碧	闭	尾	27	乙巳	六白	定	斗
廿一	31	丁丑	二黑	平	房	30	丁未	八白	成	尾	29	丙子	四绿	建	箕	28	丙午	七赤	执	牛
廿二	11月	戊寅	一白	定	心	12月	戊申	七赤	收	箕	30	丁丑	五黄	除	斗	29	丁未	八白	破	女
廿三	2	己卯	九紫	执	尾	2	己酉	六白	开	斗	31	戊寅	六白	满	牛	30	戊申	九紫	危	虚
廿四	3	庚辰	八白	破	箕	3	庚戌	五黄	闭	牛	1月	己卯	七赤	平	女	31	己酉	一白	成	危
廿五	4	辛巳	七赤	危	斗	4	辛亥	四绿	建	女	2	庚辰	八白	定	虚	2月	庚戌	二黑	收	室
廿六	5	壬午	六白	成	牛	5	壬子	三碧	除	虚	3	辛巳	九紫	执	危	2	辛亥	三碧	开	壁
廿七	6	癸未	五黄	收	女	6	癸丑	二黑	满	危	4	壬午	一白	破	室	3	壬子	四绿	闭	奎
廿八	7	甲申	四绿	收	虚	7	甲寅	一白	满	室	5	癸未	二黑	破	壁	4	癸丑	五黄	闭	娄
廿九	8	乙酉	三碧	开	危	8	乙卯	九紫	平	壁	6	甲申	三碧	危	奎	5	甲寅	六白	建	胃
三十	9	丙戌	二黑	闭	室						7	乙酉	四绿	成	娄					

公元2084年　甲辰龙年　太岁李成 九星六白

月份	正月大	丙寅 艮卦	五黄 牛宿			二月小	丁卯 坤卦	四绿 女宿			三月大	戊辰 乾卦	三碧 虚宿			四月小	己巳 兑卦	二黑 危宿		
节气	雨水 2月19日 十四戊辰 丑时 1时26分		惊蛰 3月4日 廿八壬午 夜子时 23时24分			春分 3月19日 十三丁酉 夜子时 23时58分		清明 4月4日 廿九癸丑 寅时 3时39分			谷雨 4月19日 十五戊辰 巳时 10时27分		立夏 5月4日 三十癸未 戌时 20时22分			小满 5月20日 十六己亥 巳时 9时03分				
农历	公历	干支	九星	日建	星宿	公历	干支	九星	日建	星宿	公历	干支	九星	日建	星宿	公历	干支	九星	日建	星宿
初一	6	乙卯	七赤	除	昴	7	乙酉	一白	破	觜	5	甲寅	三碧	开	参	5	甲申	六白	平	鬼
初二	7	丙辰	八白	满	毕	8	丙戌	二黑	危	参	6	乙卯	四绿	闭	井	6	乙酉	七赤	定	柳
初三	8	丁巳	九紫	平	觜	9	丁亥	三碧	成	井	7	丙辰	五黄	建	鬼	7	丙戌	八白	执	星
初四	9	戊午	一白	定	参	10	戊子	四绿	收	鬼	8	丁巳	六白	除	柳	8	丁亥	九紫	破	张
初五	10	己未	二黑	执	井	11	己丑	五黄	开	柳	9	戊午	七赤	满	星	9	戊子	一白	危	翼
初六	11	庚申	三碧	破	鬼	12	庚寅	六白	闭	星	10	己未	八白	平	张	10	己丑	二黑	成	轸
初七	12	辛酉	四绿	危	柳	13	辛卯	七赤	建	张	11	庚申	九紫	定	翼	11	庚寅	三碧	收	角
初八	13	壬戌	五黄	成	星	14	壬辰	八白	除	翼	12	辛酉	一白	执	轸	12	辛卯	四绿	开	亢
初九	14	癸亥	六白	收	张	15	癸巳	九紫	满	轸	13	壬戌	二黑	破	角	13	壬辰	五黄	闭	氐
初十	15	甲子	一白	开	翼	16	甲午	一白	平	角	14	癸亥	三碧	危	亢	14	癸巳	六白	建	房
十一	16	乙丑	二黑	闭	轸	17	乙未	二黑	定	亢	15	甲子	七赤	成	氐	15	甲午	七赤	除	心
十二	17	丙寅	三碧	建	角	18	丙申	三碧	执	氐	16	乙丑	八白	收	房	16	乙未	八白	满	尾
十三	18	丁卯	四绿	除	亢	19	丁酉	四绿	破	房	17	丙寅	九紫	开	心	17	丙申	九紫	平	箕
十四	19	戊辰	二黑	满	氐	20	戊戌	五黄	危	心	18	丁卯	一白	闭	尾	18	丁酉	一白	定	斗
十五	20	己巳	三碧	平	房	21	己亥	六白	成	尾	19	戊辰	八白	建	箕	19	戊戌	二黑	执	牛
十六	21	庚午	四绿	定	心	22	庚子	七赤	收	箕	20	己巳	九紫	除	斗	20	己亥	三碧	破	女
十七	22	辛未	五黄	执	尾	23	辛丑	八白	开	斗	21	庚午	一白	满	牛	21	庚子	四绿	危	虚
十八	23	壬申	六白	破	箕	24	壬寅	九紫	闭	牛	22	辛未	二黑	平	女	22	辛丑	五黄	成	危
十九	24	癸酉	七赤	危	斗	25	癸卯	一白	建	女	23	壬申	三碧	定	虚	23	壬寅	六白	收	室
二十	25	甲戌	八白	成	牛	26	甲辰	二黑	除	虚	24	癸酉	四绿	执	危	24	癸卯	七赤	开	壁
廿一	26	乙亥	九紫	收	女	27	乙巳	三碧	满	危	25	甲戌	五黄	破	室	25	甲辰	八白	闭	奎
廿二	27	丙子	一白	开	虚	28	丙午	四绿	平	室	26	乙亥	六白	危	壁	26	乙巳	九紫	建	娄
廿三	28	丁丑	二黑	闭	危	29	丁未	五黄	定	壁	27	丙子	七赤	成	奎	27	丙午	一白	除	胃
廿四	29	戊寅	三碧	建	室	30	戊申	六白	执	奎	28	丁丑	八白	收	娄	28	丁未	二黑	满	昴
廿五	3月	己卯	四绿	除	壁	31	己酉	七赤	破	娄	29	戊寅	九紫	开	胃	29	戊申	三碧	平	毕
廿六	2	庚辰	五黄	满	奎	4月	庚戌	八白	危	胃	30	己卯	一白	闭	昴	30	己酉	四绿	定	觜
廿七	3	辛巳	六白	平	娄	2	辛亥	九紫	成	昴	5月	庚辰	二黑	建	毕	31	庚戌	五黄	执	参
廿八	4	壬午	七赤	平	胃	3	壬子	一白	收	毕	2	辛巳	三碧	除	觜	6月	辛亥	六白	破	井
廿九	5	癸未	八白	定	昴	4	癸丑	二黑	收	觜	3	壬午	四绿	满	参	2	壬子	七赤	危	鬼
三十	6	甲申	九紫	执	毕						4	癸未	五黄	满	井					

公元2084年 甲辰龙年 太岁李成 九星六白

月份	五月大 庚午 一白 离卦 室宿					六月大 辛未 九紫 震卦 壁宿					七月小 壬申 八白 巽卦 奎宿					八月大 癸酉 七赤 坎卦 娄宿				
节气	芒种 6月5日 初三乙卯 早子时 0时02分		夏至 6月20日 十八庚午 申时 16时39分			小暑 7月6日 初四丙戌 巳时 10时02分		大暑 7月22日 二十壬寅 寅时 3时29分			立秋 8月6日 初五丁巳 戌时 19时55分		处暑 8月22日 廿一癸酉 巳时 10时49分			白露 9月6日 初七戊子 夜子时 23时13分		秋分 9月22日 廿三甲辰 辰时 8时58分		
农历	公历	干支	九星	日建	星宿	公历	干支	九星	日建	星宿	公历	干支	九星	日建	星宿	公历	干支	九星	日建	星宿
初一	3	癸丑	八白	成	柳	3	癸未	八白	除	张	2	癸丑	五黄	破	轸	31	壬午	三碧	开	角
初二	4	甲寅	九紫	收	星	4	甲申	七赤	满	翼	3	甲寅	四绿	危	角	9月	癸未	二黑	闭	亢
初三	5	乙卯	一白	收	张	5	乙酉	六白	平	轸	4	乙卯	三碧	成	亢	2	甲申	一白	建	氐
初四	6	丙辰	二黑	开	翼	6	丙戌	五黄	平	角	5	丙辰	二黑	收	氐	3	乙酉	九紫	除	房
初五	7	丁巳	三碧	闭	轸	7	丁亥	四绿	定	亢	6	丁巳	一白	收	房	4	丙戌	八白	满	心
初六	8	戊午	四绿	建	角	8	戊子	三碧	执	氐	7	戊午	九紫	开	心	5	丁亥	七赤	平	尾
初七	9	己未	五黄	除	亢	9	己丑	二黑	破	房	8	己未	八白	闭	尾	6	戊子	六白	平	箕
初八	10	庚申	六白	满	氐	10	庚寅	一白	危	心	9	庚申	七赤	建	箕	7	己丑	五黄	定	斗
初九	11	辛酉	七赤	平	房	11	辛卯	九紫	成	尾	10	辛酉	六白	除	斗	8	庚寅	四绿	执	牛
初十	12	壬戌	八白	定	心	12	壬辰	八白	收	箕	11	壬戌	五黄	满	牛	9	辛卯	三碧	破	女
十一	13	癸亥	九紫	执	尾	13	癸巳	七赤	开	斗	12	癸亥	四绿	平	女	10	壬辰	二黑	危	虚
十二	14	甲子	四绿	破	箕	14	甲午	六白	闭	牛	13	甲子	九紫	定	虚	11	癸巳	一白	成	危
十三	15	乙丑	五黄	危	斗	15	乙未	五黄	建	女	14	乙丑	八白	执	危	12	甲午	九紫	收	室
十四	16	丙寅	六白	成	牛	16	丙申	四绿	除	虚	15	丙寅	七赤	破	室	13	乙未	八白	开	壁
十五	17	丁卯	七赤	收	女	17	丁酉	三碧	满	危	16	丁卯	六白	危	壁	14	丙申	七赤	闭	奎
十六	18	戊辰	八白	开	虚	18	戊戌	二黑	平	室	17	戊辰	五黄	成	奎	15	丁酉	六白	建	娄
十七	19	己巳	九紫	闭	危	19	己亥	一白	定	壁	18	己巳	四绿	收	娄	16	戊戌	五黄	除	胃
十八	20	庚午	三碧	建	室	20	庚子	九紫	执	奎	19	庚午	三碧	开	胃	17	己亥	四绿	满	昴
十九	21	辛未	二黑	除	壁	21	辛丑	八白	破	娄	20	辛未	二黑	闭	昴	18	庚子	三碧	平	毕
二十	22	壬申	一白	满	奎	22	壬寅	七赤	危	胃	21	壬申	一白	建	毕	19	辛丑	二黑	定	觜
廿一	23	癸酉	九紫	平	娄	23	癸卯	六白	成	昴	22	癸酉	三碧	除	觜	20	壬寅	一白	执	参
廿二	24	甲戌	八白	定	胃	24	甲辰	五黄	收	毕	23	甲戌	二黑	满	参	21	癸卯	九紫	破	井
廿三	25	乙亥	七赤	执	昴	25	乙巳	四绿	开	觜	24	乙亥	一白	平	井	22	甲辰	八白	危	鬼
廿四	26	丙子	六白	破	毕	26	丙午	三碧	闭	参	25	丙子	九紫	定	鬼	23	乙巳	七赤	成	柳
廿五	27	丁丑	五黄	危	觜	27	丁未	二黑	建	井	26	丁丑	八白	执	柳	24	丙午	六白	收	星
廿六	28	戊寅	四绿	成	参	28	戊申	一白	除	鬼	27	戊寅	七赤	破	星	25	丁未	五黄	开	张
廿七	29	己卯	三碧	收	井	29	己酉	九紫	满	柳	28	己卯	六白	危	张	26	戊申	四绿	闭	翼
廿八	30	庚辰	二黑	开	鬼	30	庚戌	八白	平	星	29	庚辰	五黄	成	翼	27	己酉	三碧	建	轸
廿九	7月	辛巳	一白	闭	柳	31	辛亥	七赤	定	张	30	辛巳	四绿	收	轸	28	庚戌	二黑	除	角
三十	2	壬午	九紫	建	星	8月	壬子	六白	执	翼						29	辛亥	一白	满	亢

公元2084年　甲辰龙年　太岁李成 九星六白

月份	九月小 甲戌 六白 艮卦 胃宿					十月大 乙亥 五黄 坤卦 昴宿					十一月小 丙子 四绿 乾卦 毕宿					十二月大 丁丑 三碧 兑卦 觜宿				
节气	寒露 10月7日 初八己未 申时 15时26分		霜降 10月22日 廿三甲戌 酉时 18时55分			立冬 11月6日 初九己丑 戌时 19时12分		小雪 11月21日 廿四甲辰 酉时 17时01分			大雪 12月6日 初九己未 午时 12时30分		冬至 12月21日 廿四甲戌 卯时 6时40分			小寒 1月4日 初九戊子 夜子时 23时55分		大寒 1月19日 廿四癸卯 酉时 17时22分		
农历	公历	干支	九星	日建	星宿	公历	干支	九星	日建	星宿	公历	干支	九星	日建	星宿	公历	干支	九星	日建	星宿
初一	30	壬子	九紫	平	氐	29	辛巳	七赤	危	房	28	辛亥	四绿	建	尾	27	庚辰	八白	定	箕
初二	10月	癸丑	八白	定	房	30	壬午	六白	成	心	29	壬子	三碧	除	箕	28	辛巳	九紫	执	斗
初三	2	甲寅	七赤	执	心	31	癸未	五黄	收	尾	30	癸丑	二黑	满	斗	29	壬午	一白	破	牛
初四	3	乙卯	六白	破	尾	11月	甲申	四绿	开	箕	12月	甲寅	一白	平	牛	30	癸未	二黑	危	女
初五	4	丙辰	五黄	危	箕	2	乙酉	三碧	闭	斗	2	乙卯	九紫	定	女	31	甲申	三碧	成	虚
初六	5	丁巳	四绿	成	斗	3	丙戌	二黑	建	牛	3	丙辰	八白	执	虚	1月	乙酉	四绿	收	危
初七	6	戊午	三碧	收	牛	4	丁亥	一白	除	女	4	丁巳	七赤	破	危	2	丙戌	五黄	开	室
初八	7	己未	二黑	收	女	5	戊子	九紫	满	虚	5	戊午	六白	危	室	3	丁亥	六白	闭	壁
初九	8	庚申	一白	开	虚	6	己丑	八白	满	危	6	己未	五黄	危	壁	4	戊子	七赤	闭	奎
初十	9	辛酉	九紫	闭	危	7	庚寅	七赤	平	室	7	庚申	四绿	成	奎	5	己丑	八白	建	娄
十一	10	壬戌	八白	建	室	8	辛卯	六白	定	壁	8	辛酉	三碧	收	娄	6	庚寅	九紫	除	胃
十二	11	癸亥	七赤	除	壁	9	壬辰	五黄	执	奎	9	壬戌	二黑	开	胃	7	辛卯	一白	满	昴
十三	12	甲子	三碧	满	奎	10	癸巳	四绿	破	娄	10	癸亥	一白	闭	昴	8	壬辰	二黑	平	毕
十四	13	乙丑	二黑	平	娄	11	甲午	三碧	危	胃	11	甲子	六白	建	毕	9	癸巳	三碧	定	觜
十五	14	丙寅	一白	定	胃	12	乙未	二黑	成	昴	12	乙丑	五黄	除	觜	10	甲午	四绿	执	参
十六	15	丁卯	九紫	执	昴	13	丙申	一白	收	毕	13	丙寅	四绿	满	参	11	乙未	五黄	破	井
十七	16	戊辰	八白	破	毕	14	丁酉	九紫	开	觜	14	丁卯	三碧	平	井	12	丙申	六白	危	鬼
十八	17	己巳	七赤	危	觜	15	戊戌	八白	闭	参	15	戊辰	二黑	定	鬼	13	丁酉	七赤	成	柳
十九	18	庚午	六白	成	参	16	己亥	七赤	建	井	16	己巳	一白	执	柳	14	戊戌	八白	收	星
二十	19	辛未	五黄	收	井	17	庚子	六白	除	鬼	17	庚午	九紫	破	星	15	己亥	九紫	开	张
廿一	20	壬申	四绿	开	鬼	18	辛丑	五黄	满	柳	18	辛未	八白	危	张	16	庚子	一白	闭	翼
廿二	21	癸酉	三碧	闭	柳	19	壬寅	四绿	平	星	19	壬申	七赤	成	翼	17	辛丑	二黑	建	轸
廿三	22	甲戌	五黄	建	星	20	癸卯	三碧	定	张	20	癸酉	六白	收	轸	18	壬寅	三碧	除	角
廿四	23	乙亥	四绿	除	张	21	甲辰	二黑	执	翼	21	甲戌	二黑	开	角	19	癸卯	四绿	满	亢
廿五	24	丙子	三碧	满	翼	22	乙巳	一白	破	轸	22	乙亥	三碧	闭	亢	20	甲辰	五黄	平	氐
廿六	25	丁丑	二黑	平	轸	23	丙午	九紫	危	角	23	丙子	四绿	建	氐	21	乙巳	六白	定	房
廿七	26	戊寅	一白	定	角	24	丁未	八白	成	亢	24	丁丑	五黄	除	房	22	丙午	七赤	执	心
廿八	27	己卯	九紫	执	亢	25	戊申	七赤	收	氐	25	戊寅	六白	满	心	23	丁未	八白	破	尾
廿九	28	庚辰	八白	破	氐	26	己酉	六白	开	房	26	己卯	七赤	平	尾	24	戊申	九紫	危	箕
三十						27	庚戌	五黄	闭	心						25	己酉	一白	成	斗

公元2085年　乙巳蛇年（闰五月）　太岁吴遂 九星五黄

月份	正月小		戊寅 二黑 坤卦 参宿			二月大		己卯 一白 乾卦 井宿			三月小		庚辰 九紫 兑卦 鬼宿			四月小		辛巳 八白 离卦 柳宿		
节气	立春 2月3日 初九戊午 午时 11时29分			雨水 2月18日 廿四癸酉 辰时 7时18分		惊蛰 3月5日 初十戊子 卯时 5时09分			春分 3月20日 廿五癸卯 卯时 5时52分		清明 4月4日 初十戊午 巳时 9时27分			谷雨 4月19日 廿五癸酉 申时 16时22分		立夏 5月5日 十二己丑 丑时 2时12分			小满 5月20日 廿七甲辰 未时 14时58分	
农历	公历	干支	九星	日建	星宿	公历	干支	九星	日建	星宿	公历	干支	九星	日建	星宿	公历	干支	九星	日建	星宿
初一	26	庚戌	二黑	收	牛	24	己卯	四绿	除	女	26	己酉	七赤	破	危	24	戊寅	九紫	开	室
初二	27	辛亥	三碧	开	女	25	庚辰	五黄	满	虚	27	庚戌	八白	危	室	25	己卯	一白	闭	壁
初三	28	壬子	四绿	闭	虚	26	辛巳	六白	平	危	28	辛亥	九紫	成	壁	26	庚辰	二黑	建	奎
初四	29	癸丑	五黄	建	危	27	壬午	七赤	定	室	29	壬子	一白	收	奎	27	辛巳	三碧	除	娄
初五	30	甲寅	六白	除	室	28	癸未	八白	执	壁	30	癸丑	二黑	开	娄	28	壬午	四绿	满	胃
初六	31	乙卯	七赤	满	壁	3月	甲申	九紫	破	奎	31	甲寅	三碧	闭	胃	29	癸未	五黄	平	昴
初七	2月	丙辰	八白	平	奎	2	乙酉	一白	危	娄	4月	乙卯	四绿	建	昴	30	甲申	六白	定	毕
初八	2	丁巳	九紫	定	娄	3	丙戌	二黑	成	胃	2	丙辰	五黄	除	毕	5月	乙酉	七赤	执	觜
初九	3	戊午	一白	定	胃	4	丁亥	三碧	收	昴	3	丁巳	六白	满	觜	2	丙戌	八白	破	参
初十	4	己未	二黑	执	昴	5	戊子	四绿	收	毕	4	戊午	七赤	满	参	3	丁亥	九紫	危	井
十一	5	庚申	三碧	破	毕	6	己丑	五黄	开	觜	5	己未	八白	平	井	4	戊子	一白	成	鬼
十二	6	辛酉	四绿	危	觜	7	庚寅	六白	闭	参	6	庚申	九紫	定	鬼	5	己丑	二黑	成	柳
十三	7	壬戌	五黄	成	参	8	辛卯	七赤	建	井	7	辛酉	一白	执	柳	6	庚寅	三碧	收	星
十四	8	癸亥	六白	收	井	9	壬辰	八白	除	鬼	8	壬戌	二黑	破	星	7	辛卯	四绿	开	张
十五	9	甲子	一白	开	鬼	10	癸巳	九紫	满	柳	9	癸亥	三碧	危	张	8	壬辰	五黄	闭	翼
十六	10	乙丑	二黑	闭	柳	11	甲午	一白	平	星	10	甲子	七赤	成	翼	9	癸巳	六白	建	轸
十七	11	丙寅	三碧	建	星	12	乙未	二黑	定	张	11	乙丑	八白	收	轸	10	甲午	七赤	除	角
十八	12	丁卯	四绿	除	张	13	丙申	三碧	执	翼	12	丙寅	九紫	开	角	11	乙未	八白	满	亢
十九	13	戊辰	五黄	满	翼	14	丁酉	四绿	破	轸	13	丁卯	一白	闭	亢	12	丙申	九紫	平	氐
二十	14	己巳	六白	平	轸	15	戊戌	五黄	危	角	14	戊辰	二黑	建	氐	13	丁酉	一白	定	房
廿一	15	庚午	七赤	定	角	16	己亥	六白	成	亢	15	己巳	三碧	除	房	14	戊戌	二黑	执	心
廿二	16	辛未	八白	执	亢	17	庚子	七赤	收	氐	16	庚午	四绿	满	心	15	己亥	三碧	破	尾
廿三	17	壬申	九紫	破	氐	18	辛丑	八白	开	房	17	辛未	五黄	平	尾	16	庚子	四绿	危	箕
廿四	18	癸酉	七赤	危	房	19	壬寅	九紫	闭	心	18	壬申	六白	定	箕	17	辛丑	五黄	成	斗
廿五	19	甲戌	八白	成	心	20	癸卯	一白	建	尾	19	癸酉	四绿	执	斗	18	壬寅	六白	收	牛
廿六	20	乙亥	九紫	收	尾	21	甲辰	二黑	除	箕	20	甲戌	五黄	破	牛	19	癸卯	七赤	开	女
廿七	21	丙子	一白	开	箕	22	乙巳	三碧	满	斗	21	乙亥	六白	危	女	20	甲辰	八白	闭	虚
廿八	22	丁丑	二黑	闭	斗	23	丙午	四绿	平	牛	22	丙子	七赤	成	虚	21	乙巳	九紫	建	危
廿九	23	戊寅	三碧	建	牛	24	丁未	五黄	定	女	23	丁丑	八白	收	危	22	丙午	一白	除	室
三十						25	戊申	六白	执	虚										

公元2085年　乙巳蛇年（闰五月）　太岁吴遂 九星五黄

月份	五月大		壬午 七赤 震卦 星宿			闰五月大					六月小		癸未 六白 巽卦 张宿		
节气	芒种 6月5日 十四庚申 卯时 5时53分			夏至 6月20日 廿九乙亥 亥时 22时32分		小暑 7月6日 十五辛卯 申时 15时55分					大暑 7月22日 初一丁未 巳时 9时18分			立秋 8月7日 十七癸亥 丑时 1时48分	
农历	公历	干支	九星	日建	星宿	公历	干支	九星	日建	星宿	公历	干支	九星	日建	星宿
初一	23	丁未	二黑	满	壁	22	丁丑	五黄	危	娄	22	丁未	二黑	建	昴
初二	24	戊申	三碧	平	奎	23	戊寅	四绿	成	胃	23	戊申	一白	除	毕
初三	25	己酉	四绿	定	娄	24	己卯	三碧	收	昴	24	己酉	九紫	满	觜
初四	26	庚戌	五黄	执	胃	25	庚辰	二黑	开	毕	25	庚戌	八白	平	参
初五	27	辛亥	六白	破	昴	26	辛巳	一白	闭	觜	26	辛亥	七赤	定	井
初六	28	壬子	七赤	危	毕	27	壬午	九紫	建	参	27	壬子	六白	执	鬼
初七	29	癸丑	八白	成	觜	28	癸未	八白	除	井	28	癸丑	五黄	破	柳
初八	30	甲寅	九紫	收	参	29	甲申	七赤	满	鬼	29	甲寅	四绿	危	星
初九	31	乙卯	一白	开	井	30	乙酉	六白	平	柳	30	乙卯	三碧	成	张
初十	6月	丙辰	二黑	闭	鬼	7月	丙戌	五黄	定	星	31	丙辰	二黑	收	翼
十一	2	丁巳	三碧	建	柳	2	丁亥	四绿	执	张	8月	丁巳	一白	开	轸
十二	3	戊午	四绿	除	星	3	戊子	三碧	破	翼	2	戊午	九紫	闭	角
十三	4	己未	五黄	满	张	4	己丑	二黑	危	轸	3	己未	八白	建	亢
十四	5	庚申	六白	满	翼	5	庚寅	一白	成	角	4	庚申	七赤	除	氐
十五	6	辛酉	七赤	平	轸	6	辛卯	九紫	成	亢	5	辛酉	六白	满	房
十六	7	壬戌	八白	定	角	7	壬辰	八白	收	氐	6	壬戌	五黄	平	心
十七	8	癸亥	九紫	执	亢	8	癸巳	七赤	开	房	7	癸亥	四绿	平	尾
十八	9	甲子	四绿	破	氐	9	甲午	六白	闭	心	8	甲子	九紫	定	箕
十九	10	乙丑	五黄	危	房	10	乙未	五黄	建	尾	9	乙丑	八白	执	斗
二十	11	丙寅	六白	成	心	11	丙申	四绿	除	箕	10	丙寅	七赤	破	牛
廿一	12	丁卯	七赤	收	尾	12	丁酉	三碧	满	斗	11	丁卯	六白	危	女
廿二	13	戊辰	八白	开	箕	13	戊戌	二黑	平	牛	12	戊辰	五黄	成	虚
廿三	14	己巳	九紫	闭	斗	14	己亥	一白	定	女	13	己巳	四绿	收	危
廿四	15	庚午	一白	建	牛	15	庚子	九紫	执	虚	14	庚午	三碧	开	室
廿五	16	辛未	二黑	除	女	16	辛丑	八白	破	危	15	辛未	二黑	闭	壁
廿六	17	壬申	三碧	满	虚	17	壬寅	七赤	危	室	16	壬申	一白	建	奎
廿七	18	癸酉	四绿	平	危	18	癸卯	六白	成	壁	17	癸酉	九紫	除	娄
廿八	19	甲戌	五黄	定	室	19	甲辰	五黄	收	奎	18	甲戌	八白	满	胃
廿九	20	乙亥	七赤	执	壁	20	乙巳	四绿	开	娄	19	乙亥	七赤	平	昴
三十	21	丙子	六白	破	奎	21	丙午	三碧	闭	胃					

公元2085年　乙巳蛇年（闰五月）　太岁吴遂 九星五黄

月份	七月大	甲申 五黄 坎卦 翼宿				八月大	乙酉 四绿 艮卦 轸宿				九月小	丙戌 三碧 坤卦 角宿			
节气	处暑 8月22日 初三戊寅 申时 16时35分		白露 9月7日 十九甲午 卯时 5时06分			秋分 9月22日 初四己酉 未时 14时42分		寒露 10月7日 十九甲子 亥时 21时19分			霜降 10月23日 初五庚辰 早子时 0时39分		立冬 11月7日 二十乙未 丑时 1时06分		
农历	公历	干支	九星	日建	星宿	公历	干支	九星	日建	星宿	公历	干支	九星	日建	星宿
初一	20	丙子	六白	定	毕	19	丙午	六白	收	参	19	丙子	九紫	满	鬼
初二	21	丁丑	五黄	执	觜	20	丁未	五黄	开	井	20	丁丑	八白	平	柳
初三	22	戊寅	七赤	破	参	21	戊申	四绿	闭	鬼	21	戊寅	七赤	定	星
初四	23	己卯	六白	危	井	22	己酉	三碧	建	柳	22	己卯	六白	执	张
初五	24	庚辰	五黄	成	鬼	23	庚戌	二黑	除	星	23	庚辰	八白	破	翼
初六	25	辛巳	四绿	收	柳	24	辛亥	一白	满	张	24	辛巳	七赤	危	轸
初七	26	壬午	三碧	开	星	25	壬子	九紫	平	翼	25	壬午	六白	成	角
初八	27	癸未	二黑	闭	张	26	癸丑	八白	定	轸	26	癸未	五黄	收	亢
初九	28	甲申	一白	建	翼	27	甲寅	七赤	执	角	27	甲申	四绿	开	氐
初十	29	乙酉	九紫	除	轸	28	乙卯	六白	破	亢	28	乙酉	三碧	闭	房
十一	30	丙戌	八白	满	角	29	丙辰	五黄	危	氐	29	丙戌	二黑	建	心
十二	31	丁亥	七赤	平	亢	30	丁巳	四绿	成	房	30	丁亥	一白	除	尾
十三	9月	戊子	六白	定	氐	10月	戊午	三碧	收	心	31	戊子	九紫	满	箕
十四	2	己丑	五黄	执	房	2	己未	二黑	开	尾	11月	己丑	八白	平	斗
十五	3	庚寅	四绿	破	心	3	庚申	一白	闭	箕	2	庚寅	七赤	定	牛
十六	4	辛卯	三碧	危	尾	4	辛酉	九紫	建	斗	3	辛卯	六白	执	女
十七	5	壬辰	二黑	成	箕	5	壬戌	八白	除	牛	4	壬辰	五黄	破	虚
十八	6	癸巳	一白	收	斗	6	癸亥	七赤	满	女	5	癸巳	四绿	危	危
十九	7	甲午	九紫	收	牛	7	甲子	三碧	满	虚	6	甲午	三碧	成	室
二十	8	乙未	八白	开	女	8	乙丑	二黑	平	危	7	乙未	二黑	成	壁
廿一	9	丙申	七赤	闭	虚	9	丙寅	一白	定	室	8	丙申	一白	收	奎
廿二	10	丁酉	六白	建	危	10	丁卯	九紫	执	壁	9	丁酉	九紫	开	娄
廿三	11	戊戌	五黄	除	室	11	戊辰	八白	破	奎	10	戊戌	八白	闭	胃
廿四	12	己亥	四绿	满	壁	12	己巳	七赤	危	娄	11	己亥	七赤	建	昴
廿五	13	庚子	三碧	平	奎	13	庚午	六白	成	胃	12	庚子	六白	除	毕
廿六	14	辛丑	二黑	定	娄	14	辛未	五黄	收	昴	13	辛丑	五黄	满	觜
廿七	15	壬寅	一白	执	胃	15	壬申	四绿	开	毕	14	壬寅	四绿	平	参
廿八	16	癸卯	九紫	破	昴	16	癸酉	三碧	闭	觜	15	癸卯	三碧	定	井
廿九	17	甲辰	八白	危	毕	17	甲戌	二黑	建	参	16	甲辰	二黑	执	鬼
三十	18	乙巳	七赤	成	觜	18	乙亥	一白	除	井					

公元2085年　乙巳蛇年（闰五月）　太岁吴遂 九星五黄

月份	十月大		丁亥 二黑 乾卦 亢宿			十一月小		戊子 一白 兑卦 氐宿			十二月大		己丑 九紫 离卦 房宿		
节气	小雪 11月21日 初五己酉 亥时 22时46分			大雪 12月6日 二十甲子 酉时 18时26分		冬至 12月21日 初五己卯 午时 12时28分			小寒 1月5日 二十甲午 卯时 5时53分		大寒 1月19日 初五戊申 夜子时 23时10分			立春 2月3日 二十癸亥 酉时 17时25分	
农历	公历	干支	九星	日建	星宿	公历	干支	九星	日建	星宿	公历	干支	九星	日建	星宿
初一	17	乙巳	一白	破	柳	17	乙亥	四绿	闭	张	15	甲辰	五黄	平	翼
初二	18	丙午	九紫	危	星	18	丙子	三碧	建	翼	16	乙巳	六白	定	轸
初三	19	丁未	八白	成	张	19	丁丑	二黑	除	轸	17	丙午	七赤	执	角
初四	20	戊申	七赤	收	翼	20	戊寅	一白	满	角	18	丁未	八白	破	亢
初五	21	己酉	六白	开	轸	21	己卯	七赤	平	亢	19	戊申	九紫	危	氐
初六	22	庚戌	五黄	闭	角	22	庚辰	八白	定	氐	20	己酉	一白	成	房
初七	23	辛亥	四绿	建	亢	23	辛巳	九紫	执	房	21	庚戌	二黑	收	心
初八	24	壬子	三碧	除	氐	24	壬午	一白	破	心	22	辛亥	三碧	开	尾
初九	25	癸丑	二黑	满	房	25	癸未	二黑	危	尾	23	壬子	四绿	闭	箕
初十	26	甲寅	一白	平	心	26	甲申	三碧	成	箕	24	癸丑	五黄	建	斗
十一	27	乙卯	九紫	定	尾	27	乙酉	四绿	收	斗	25	甲寅	六白	除	牛
十二	28	丙辰	八白	执	箕	28	丙戌	五黄	开	牛	26	乙卯	七赤	满	女
十三	29	丁巳	七赤	破	斗	29	丁亥	六白	闭	女	27	丙辰	八白	平	虚
十四	30	戊午	六白	危	牛	30	戊子	七赤	建	虚	28	丁巳	九紫	定	危
十五	12月	己未	五黄	成	女	31	己丑	八白	除	危	29	戊午	一白	执	室
十六	2	庚申	四绿	收	虚	1月	庚寅	九紫	满	室	30	己未	二黑	破	壁
十七	3	辛酉	三碧	开	危	2	辛卯	一白	平	壁	31	庚申	三碧	危	奎
十八	4	壬戌	二黑	闭	室	3	壬辰	二黑	定	奎	2月	辛酉	四绿	成	娄
十九	5	癸亥	一白	建	壁	4	癸巳	三碧	执	娄	2	壬戌	五黄	收	胃
二十	6	甲子	六白	建	奎	5	甲午	四绿	执	胃	3	癸亥	六白	收	昴
廿一	7	乙丑	五黄	除	娄	6	乙未	五黄	破	昴	4	甲子	一白	开	毕
廿二	8	丙寅	四绿	满	胃	7	丙申	六白	危	毕	5	乙丑	二黑	闭	觜
廿三	9	丁卯	三碧	平	昴	8	丁酉	七赤	成	觜	6	丙寅	三碧	建	参
廿四	10	戊辰	二黑	定	毕	9	戊戌	八白	收	参	7	丁卯	四绿	除	井
廿五	11	己巳	一白	执	觜	10	己亥	九紫	开	井	8	戊辰	五黄	满	鬼
廿六	12	庚午	九紫	破	参	11	庚子	一白	闭	鬼	9	己巳	六白	平	柳
廿七	13	辛未	八白	危	井	12	辛丑	二黑	建	柳	10	庚午	七赤	定	星
廿八	14	壬申	七赤	成	鬼	13	壬寅	三碧	除	星	11	辛未	八白	执	张
廿九	15	癸酉	六白	收	柳	14	癸卯	四绿	满	张	12	壬申	九紫	破	翼
三十	16	甲戌	五黄	开	星						13	癸酉	一白	危	轸

公元2086年　丙午马年　太岁文折　九星四绿

月份	正月小	庚寅 八白 乾卦 心宿				二月大	辛卯 七赤 兑卦 尾宿				三月小	壬辰 六白 离卦 箕宿				四月小	癸巳 五黄 震卦 斗宿			
节气	雨水 2月18日 初五戊寅 未时 13时04分		惊蛰 3月5日 二十癸巳 午时 11时03分			春分 3月20日 初六戊申 午时 11时34分		清明 4月4日 廿一癸亥 申时 15时17分			谷雨 4月19日 初六戊寅 亥时 21时59分		立夏 5月5日 廿二甲午 辰时 7时58分			小满 5月20日 初八己酉 戌时 20时34分		芒种 6月5日 廿四乙丑 午时 11时38分		
农历	公历	干支	九星	日建	星宿	公历	干支	九星	日建	星宿	公历	干支	九星	日建	星宿	公历	干支	九星	日建	星宿
初一	14	甲戌	二黑	成	角	15	癸卯	一白	建	亢	14	癸酉	七赤	执	房	13	壬寅	六白	收	心
初二	15	乙亥	三碧	收	亢	16	甲辰	二黑	除	氐	15	甲戌	八白	破	心	14	癸卯	七赤	开	尾
初三	16	丙子	四绿	开	氐	17	乙巳	三碧	满	房	16	乙亥	九紫	危	尾	15	甲辰	八白	闭	箕
初四	17	丁丑	五黄	闭	房	18	丙午	四绿	平	心	17	丙子	一白	成	箕	16	乙巳	九紫	建	斗
初五	18	戊寅	三碧	建	心	19	丁未	五黄	定	尾	18	丁丑	二黑	收	斗	17	丙午	一白	除	牛
初六	19	己卯	四绿	除	尾	20	戊申	六白	执	箕	19	戊寅	九紫	开	牛	18	丁未	二黑	满	女
初七	20	庚辰	五黄	满	箕	21	己酉	七赤	破	斗	20	己卯	一白	闭	女	19	戊申	三碧	平	虚
初八	21	辛巳	六白	平	斗	22	庚戌	八白	危	牛	21	庚辰	二黑	建	虚	20	己酉	四绿	定	危
初九	22	壬午	七赤	定	牛	23	辛亥	九紫	成	女	22	辛巳	三碧	除	危	21	庚戌	五黄	执	室
初十	23	癸未	八白	执	女	24	壬子	一白	收	虚	23	壬午	四绿	满	室	22	辛亥	六白	破	壁
十一	24	甲申	九紫	破	虚	25	癸丑	二黑	开	危	24	癸未	五黄	平	壁	23	壬子	七赤	危	奎
十二	25	乙酉	一白	危	危	26	甲寅	三碧	闭	室	25	甲申	六白	定	奎	24	癸丑	八白	成	娄
十三	26	丙戌	二黑	成	室	27	乙卯	四绿	建	壁	26	乙酉	七赤	执	娄	25	甲寅	九紫	收	胃
十四	27	丁亥	三碧	收	壁	28	丙辰	五黄	除	奎	27	丙戌	八白	破	胃	26	乙卯	一白	开	昴
十五	28	戊子	四绿	开	奎	29	丁巳	六白	满	娄	28	丁亥	九紫	危	昴	27	丙辰	二黑	闭	毕
十六	3月	己丑	五黄	闭	娄	30	戊午	七赤	平	胃	29	戊子	一白	成	毕	28	丁巳	三碧	建	觜
十七	2	庚寅	六白	建	胃	31	己未	八白	定	昴	30	己丑	二黑	收	觜	29	戊午	四绿	除	参
十八	3	辛卯	七赤	除	昴	4月	庚申	九紫	执	毕	5月	庚寅	三碧	开	参	30	己未	五黄	满	井
十九	4	壬辰	八白	满	毕	2	辛酉	一白	破	觜	2	辛卯	四绿	闭	井	31	庚申	六白	平	鬼
二十	5	癸巳	九紫	满	觜	3	壬戌	二黑	危	参	3	壬辰	五黄	建	鬼	6月	辛酉	七赤	定	柳
廿一	6	甲午	一白	平	参	4	癸亥	三碧	危	井	4	癸巳	六白	除	柳	2	壬戌	八白	执	星
廿二	7	乙未	二黑	定	井	5	甲子	七赤	成	鬼	5	甲午	七赤	除	星	3	癸亥	九紫	破	张
廿三	8	丙申	三碧	执	鬼	6	乙丑	八白	收	柳	6	乙未	八白	满	张	4	甲子	四绿	危	翼
廿四	9	丁酉	四绿	破	柳	7	丙寅	九紫	开	星	7	丙申	九紫	平	翼	5	乙丑	五黄	危	轸
廿五	10	戊戌	五黄	危	星	8	丁卯	一白	闭	张	8	丁酉	一白	定	轸	6	丙寅	六白	成	角
廿六	11	己亥	六白	成	张	9	戊辰	二黑	建	翼	9	戊戌	二黑	执	角	7	丁卯	七赤	收	亢
廿七	12	庚子	七赤	收	翼	10	己巳	三碧	除	轸	10	己亥	三碧	破	亢	8	戊辰	八白	开	氐
廿八	13	辛丑	八白	开	轸	11	庚午	四绿	满	角	11	庚子	四绿	危	氐	9	己巳	九紫	闭	房
廿九	14	壬寅	九紫	闭	角	12	辛未	五黄	平	亢	12	辛丑	五黄	成	房	10	庚午	一白	建	心
三十						13	壬申	六白	定	氐										

公元2086年 丙午马年 太岁文折 九星四绿

月份	五月大		甲午 四绿 巽卦 牛宿			六月小		乙未 三碧 坎卦 女宿			七月大		丙申 二黑 艮卦 虚宿			八月大		丁酉 一白 坤卦 危宿		
节气	夏至 6月21日 十一辛巳 寅时 4时08分			小暑 7月6日 廿六丙申 亥时 21时39分		大暑 7月22日 十二壬子 未时 14时59分			立秋 8月7日 廿八戊辰 辰时 7时32分		处暑 8月22日 十四癸未 亥时 22时20分			白露 9月7日 三十己亥 午时 10时51分		秋分 9月22日 十五甲寅 戌时 20时31分				
农历	公历	干支	九星	日建	星宿	公历	干支	九星	日建	星宿	公历	干支	九星	日建	星宿	公历	干支	九星	日建	星宿
初一	11	辛未	二黑	除	尾	11	辛丑	八白	破	斗	9	庚午	三碧	开	牛	8	庚子	三碧	平	虚
初二	12	壬申	三碧	满	箕	12	壬寅	七赤	危	牛	10	辛未	二黑	闭	女	9	辛丑	二黑	定	危
初三	13	癸酉	四绿	平	斗	13	癸卯	六白	成	女	11	壬申	一白	建	虚	10	壬寅	一白	执	室
初四	14	甲戌	五黄	定	牛	14	甲辰	五黄	收	虚	12	癸酉	九紫	除	危	11	癸卯	九紫	破	壁
初五	15	乙亥	六白	执	女	15	乙巳	四绿	开	危	13	甲戌	八白	满	室	12	甲辰	八白	危	奎
初六	16	丙子	七赤	破	虚	16	丙午	三碧	闭	室	14	乙亥	七赤	平	壁	13	乙巳	七赤	成	娄
初七	17	丁丑	八白	危	危	17	丁未	二黑	建	壁	15	丙子	六白	定	奎	14	丙午	六白	收	胃
初八	18	戊寅	九紫	成	室	18	戊申	一白	除	奎	16	丁丑	五黄	执	娄	15	丁未	五黄	开	昴
初九	19	己卯	一白	收	壁	19	己酉	九紫	满	娄	17	戊寅	四绿	破	胃	16	戊申	四绿	闭	毕
初十	20	庚辰	二黑	开	奎	20	庚戌	八白	平	胃	18	己卯	三碧	危	昴	17	己酉	三碧	建	觜
十一	21	辛巳	一白	闭	娄	21	辛亥	七赤	定	昴	19	庚辰	二黑	成	毕	18	庚戌	二黑	除	参
十二	22	壬午	九紫	建	胃	22	壬子	六白	执	毕	20	辛巳	一白	收	觜	19	辛亥	一白	满	井
十三	23	癸未	八白	除	昴	23	癸丑	五黄	破	觜	21	壬午	九紫	开	参	20	壬子	九紫	平	鬼
十四	24	甲申	七赤	满	毕	24	甲寅	四绿	危	参	22	癸未	二黑	闭	井	21	癸丑	八白	定	柳
十五	25	乙酉	六白	平	觜	25	乙卯	三碧	成	井	23	甲申	一白	建	鬼	22	甲寅	七赤	执	星
十六	26	丙戌	五黄	定	参	26	丙辰	二黑	收	鬼	24	乙酉	九紫	除	柳	23	乙卯	六白	破	张
十七	27	丁亥	四绿	执	井	27	丁巳	一白	开	柳	25	丙戌	八白	满	星	24	丙辰	五黄	危	翼
十八	28	戊子	三碧	破	鬼	28	戊午	九紫	闭	星	26	丁亥	七赤	平	张	25	丁巳	四绿	成	轸
十九	29	己丑	二黑	危	柳	29	己未	八白	建	张	27	戊子	六白	定	翼	26	戊午	三碧	收	角
二十	30	庚寅	一白	成	星	30	庚申	七赤	除	翼	28	己丑	五黄	执	轸	27	己未	二黑	开	亢
廿一	7月	辛卯	九紫	收	张	31	辛酉	六白	满	轸	29	庚寅	四绿	破	角	28	庚申	一白	闭	氐
廿二	2	壬辰	八白	开	翼	8月	壬戌	五黄	平	角	30	辛卯	三碧	危	亢	29	辛酉	九紫	建	房
廿三	3	癸巳	七赤	闭	轸	2	癸亥	四绿	定	亢	31	壬辰	二黑	成	氐	30	壬戌	八白	除	心
廿四	4	甲午	六白	建	角	3	甲子	九紫	执	氐	9月	癸巳	一白	收	房	10月	癸亥	七赤	满	尾
廿五	5	乙未	五黄	除	亢	4	乙丑	八白	破	房	2	甲午	九紫	开	心	2	甲子	三碧	平	箕
廿六	6	丙申	四绿	除	氐	5	丙寅	七赤	危	心	3	乙未	八白	闭	尾	3	乙丑	二黑	定	斗
廿七	7	丁酉	三碧	满	房	6	丁卯	六白	成	尾	4	丙申	七赤	建	箕	4	丙寅	一白	执	牛
廿八	8	戊戌	二黑	平	心	7	戊辰	五黄	成	箕	5	丁酉	六白	除	斗	5	丁卯	九紫	破	女
廿九	9	己亥	一白	定	尾	8	己巳	四绿	收	斗	6	戊戌	五黄	满	牛	6	戊辰	八白	危	虚
三十	10	庚子	九紫	执	箕						7	己亥	四绿	满	女	7	己巳	七赤	成	危

公元2086年　丙午马年　太岁文折 九星四绿

月份	九月小	戊戌 九紫 乾卦 室宿				十月大	己亥 八白 兑卦 壁宿				十一月大	庚子 七赤 离卦 奎宿				十二月小	辛丑 六白 震卦 娄宿			
节气	寒露 10月8日 初一庚午 寅时 3时06分		霜降 10月23日 十六乙酉 卯时 6时31分			立冬 11月7日 初二庚子 辰时 6时55分		小雪 11月22日 十七乙卯 寅时 4时40分			大雪 12月7日 初二庚午 早子时 0时15分		冬至 12月21日 十六甲申 酉时 18时22分			小寒 1月5日 初一己亥 午时 11时41分		大寒 1月20日 十六甲寅 卯时 5时04分		
农历	公历	干支	九星	日建	星宿	公历	干支	九星	日建	星宿	公历	干支	九星	日建	星宿	公历	干支	九星	日建	星宿
初一	8	庚午	六白	成	室	6	己亥	七赤	除	壁	6	己巳	一白	破	娄	5	己亥	九紫	开	昴
初二	9	辛未	五黄	收	壁	7	庚子	六白	除	奎	7	庚午	九紫	破	胃	6	庚子	一白	闭	毕
初三	10	壬申	四绿	开	奎	8	辛丑	五黄	满	娄	8	辛未	八白	危	昴	7	辛丑	二黑	建	觜
初四	11	癸酉	三碧	闭	娄	9	壬寅	四绿	平	胃	9	壬申	七赤	成	毕	8	壬寅	三碧	除	参
初五	12	甲戌	二黑	建	胃	10	癸卯	三碧	定	昴	10	癸酉	六白	收	觜	9	癸卯	四绿	满	井
初六	13	乙亥	一白	除	昴	11	甲辰	二黑	执	毕	11	甲戌	五黄	开	参	10	甲辰	五黄	平	鬼
初七	14	丙子	九紫	满	毕	12	乙巳	一白	破	觜	12	乙亥	四绿	闭	井	11	乙巳	六白	定	柳
初八	15	丁丑	八白	平	觜	13	丙午	九紫	危	参	13	丙子	三碧	建	鬼	12	丙午	七赤	执	星
初九	16	戊寅	七赤	定	参	14	丁未	八白	成	井	14	丁丑	二黑	除	柳	13	丁未	八白	破	张
初十	17	己卯	六白	执	井	15	戊申	七赤	收	鬼	15	戊寅	一白	满	星	14	戊申	九紫	危	翼
十一	18	庚辰	五黄	破	鬼	16	己酉	六白	开	柳	16	己卯	九紫	平	张	15	己酉	一白	成	轸
十二	19	辛巳	四绿	危	柳	17	庚戌	五黄	闭	星	17	庚辰	八白	定	翼	16	庚戌	二黑	收	角
十三	20	壬午	三碧	成	星	18	辛亥	四绿	建	张	18	辛巳	七赤	执	轸	17	辛亥	三碧	开	亢
十四	21	癸未	二黑	收	张	19	壬子	三碧	除	翼	19	壬午	六白	破	角	18	壬子	四绿	闭	氐
十五	22	甲申	一白	开	翼	20	癸丑	二黑	满	轸	20	癸未	五黄	危	亢	19	癸丑	五黄	建	房
十六	23	乙酉	三碧	闭	轸	21	甲寅	一白	平	角	21	甲申	三碧	成	氐	20	甲寅	六白	除	心
十七	24	丙戌	二黑	建	角	22	乙卯	九紫	定	亢	22	乙酉	四绿	收	房	21	乙卯	七赤	满	尾
十八	25	丁亥	一白	除	亢	23	丙辰	八白	执	氐	23	丙戌	五黄	开	心	22	丙辰	八白	平	箕
十九	26	戊子	九紫	满	氐	24	丁巳	七赤	破	房	24	丁亥	六白	闭	尾	23	丁巳	九紫	定	斗
二十	27	己丑	八白	平	房	25	戊午	六白	危	心	25	戊子	七赤	建	箕	24	戊午	一白	执	牛
廿一	28	庚寅	七赤	定	心	26	己未	五黄	成	尾	26	己丑	八白	除	斗	25	己未	二黑	破	女
廿二	29	辛卯	六白	执	尾	27	庚申	四绿	收	箕	27	庚寅	九紫	满	牛	26	庚申	三碧	危	虚
廿三	30	壬辰	五黄	破	箕	28	辛酉	三碧	开	斗	28	辛卯	一白	平	女	27	辛酉	四绿	成	危
廿四	31	癸巳	四绿	危	斗	29	壬戌	二黑	闭	牛	29	壬辰	二黑	定	虚	28	壬戌	五黄	收	室
廿五	11月	甲午	三碧	成	牛	30	癸亥	一白	建	女	30	癸巳	三碧	执	危	29	癸亥	六白	开	壁
廿六	2	乙未	二黑	收	女	12月	甲子	六白	除	虚	31	甲午	四绿	破	室	30	甲子	一白	闭	奎
廿七	3	丙申	一白	开	虚	2	乙丑	五黄	满	危	1月	乙未	五黄	危	壁	31	乙丑	二黑	建	娄
廿八	4	丁酉	九紫	闭	危	3	丙寅	四绿	平	室	2	丙申	六白	成	奎	2月	丙寅	三碧	除	胃
廿九	5	戊戌	八白	建	室	4	丁卯	三碧	定	壁	3	丁酉	七赤	收	娄	2	丁卯	四绿	满	昴
三十						5	戊辰	二黑	执	奎	4	戊戌	八白	开	胃					

公元2087年　丁未羊年　太岁缪丙 九星三碧

月份	正月大	壬寅 五黄 兑卦 胃宿				二月小	癸卯 四绿 离卦 昴宿				三月大	甲辰 三碧 震卦 毕宿				四月小	乙巳 二黑 巽卦 觜宿			
节气	立春 2月3日 初一戊辰 夜子时 23时14分		雨水 2月18日 十六癸未 酉时 18时58分			惊蛰 3月5日 初一戊戌 申时 16时51分		春分 3月20日 十六癸丑 酉时 17时27分			清明 4月4日 初二戊辰 亥时 21时03分		谷雨 4月20日 十八甲申 寅时 3时53分			立夏 5月5日 初三己亥 未时 13时44分		小满 5月21日 十九乙卯 丑时 2时28分		
农历	公历	干支	九星	日建	星宿	公历	干支	九星	日建	星宿	公历	干支	九星	日建	星宿	公历	干支	九星	日建	星宿
初一	3	戊辰	五黄	满	毕	5	戊戌	五黄	危	参	3	丁卯	一白	建	井	3	丁酉	一白	执	柳
初二	4	己巳	六白	平	觜	6	己亥	六白	成	井	4	戊辰	二黑	建	鬼	4	戊戌	二黑	破	星
初三	5	庚午	七赤	定	参	7	庚子	七赤	收	鬼	5	己巳	三碧	除	柳	5	己亥	三碧	破	张
初四	6	辛未	八白	执	井	8	辛丑	八白	开	柳	6	庚午	四绿	满	星	6	庚子	四绿	危	翼
初五	7	壬申	九紫	破	鬼	9	壬寅	九紫	闭	星	7	辛未	五黄	平	张	7	辛丑	五黄	成	轸
初六	8	癸酉	一白	危	柳	10	癸卯	一白	建	张	8	壬申	六白	定	翼	8	壬寅	六白	收	角
初七	9	甲戌	二黑	成	星	11	甲辰	二黑	除	翼	9	癸酉	七赤	执	轸	9	癸卯	七赤	开	亢
初八	10	乙亥	三碧	收	张	12	乙巳	三碧	满	轸	10	甲戌	八白	破	角	10	甲辰	八白	闭	氐
初九	11	丙子	四绿	开	翼	13	丙午	四绿	平	角	11	乙亥	九紫	危	亢	11	乙巳	九紫	建	房
初十	12	丁丑	五黄	闭	轸	14	丁未	五黄	定	亢	12	丙子	一白	成	氐	12	丙午	一白	除	心
十一	13	戊寅	六白	建	角	15	戊申	六白	执	氐	13	丁丑	二黑	收	房	13	丁未	二黑	满	尾
十二	14	己卯	七赤	除	亢	16	己酉	七赤	破	房	14	戊寅	三碧	开	心	14	戊申	三碧	平	箕
十三	15	庚辰	八白	满	氐	17	庚戌	八白	危	心	15	己卯	四绿	闭	尾	15	己酉	四绿	定	斗
十四	16	辛巳	九紫	平	房	18	辛亥	九紫	成	尾	16	庚辰	五黄	建	箕	16	庚戌	五黄	执	牛
十五	17	壬午	一白	定	心	19	壬子	一白	收	箕	17	辛巳	六白	除	斗	17	辛亥	六白	破	女
十六	18	癸未	八白	执	尾	20	癸丑	二黑	开	斗	18	壬午	七赤	满	牛	18	壬子	七赤	危	虚
十七	19	甲申	九紫	破	箕	21	甲寅	三碧	闭	牛	19	癸未	八白	平	女	19	癸丑	八白	成	危
十八	20	乙酉	一白	危	斗	22	乙卯	四绿	建	女	20	甲申	六白	定	虚	20	甲寅	九紫	收	室
十九	21	丙戌	二黑	成	牛	23	丙辰	五黄	除	虚	21	乙酉	七赤	执	危	21	乙卯	一白	开	壁
二十	22	丁亥	三碧	收	女	24	丁巳	六白	满	危	22	丙戌	八白	破	室	22	丙辰	二黑	闭	奎
廿一	23	戊子	四绿	开	虚	25	戊午	七赤	平	室	23	丁亥	九紫	危	壁	23	丁巳	三碧	建	娄
廿二	24	己丑	五黄	闭	危	26	己未	八白	定	壁	24	戊子	一白	成	奎	24	戊午	四绿	除	胃
廿三	25	庚寅	六白	建	室	27	庚申	九紫	执	奎	25	己丑	二黑	收	娄	25	己未	五黄	满	昴
廿四	26	辛卯	七赤	除	壁	28	辛酉	一白	破	娄	26	庚寅	三碧	开	胃	26	庚申	六白	平	毕
廿五	27	壬辰	八白	满	奎	29	壬戌	二黑	危	胃	27	辛卯	四绿	闭	昴	27	辛酉	七赤	定	觜
廿六	28	癸巳	九紫	平	娄	30	癸亥	三碧	成	昴	28	壬辰	五黄	建	毕	28	壬戌	八白	执	参
廿七	3月	甲午	一白	定	胃	31	甲子	七赤	收	毕	29	癸巳	六白	除	觜	29	癸亥	九紫	破	井
廿八	2	乙未	二黑	执	昴	4月	乙丑	八白	开	觜	30	甲午	七赤	满	参	30	甲子	四绿	危	鬼
廿九	3	丙申	三碧	破	毕	2	丙寅	九紫	闭	参	5月	乙未	八白	平	井	31	乙丑	五黄	成	柳
三十	4	丁酉	四绿	危	觜						2	丙申	九紫	定	鬼					

公元2087年 丁未羊年 太岁缪丙 九星三碧

月份	五月小 丙午 一白 坎卦 参宿					六月大 丁未 九紫 艮卦 井宿					七月小 戊申 八白 坤卦 鬼宿					八月大 己酉 七赤 乾卦 柳宿				
节气	芒种 6月5日 初五庚午 酉时 17时23分		夏至 6月21日 廿一丙戌 巳时 10时05分			小暑 7月7日 初八壬寅 寅时 3时27分		大暑 7月22日 廿三丁巳 戌时 20时57分			立秋 8月7日 初九癸酉 未时 13时23分		处暑 8月23日 廿五己丑 寅时 4时19分			白露 9月7日 十一甲辰 申时 16时43分		秋分 9月23日 廿七庚申 丑时 2时27分		
农历	公历	干支	九星	日建	星宿	公历	干支	九星	日建	星宿	公历	干支	九星	日建	星宿	公历	干支	九星	日建	星宿
初一	6月	丙寅	六白	收	星	30	乙未	五黄	除	张	30	乙丑	八白	破	轸	28	甲午	九紫	开	角
初二	2	丁卯	七赤	开	张	7月	丙申	四绿	满	翼	31	丙寅	七赤	危	角	29	乙未	八白	闭	亢
初三	3	戊辰	八白	闭	翼	2	丁酉	三碧	平	轸	8月	丁卯	六白	成	亢	30	丙申	七赤	建	氐
初四	4	己巳	九紫	建	轸	3	戊戌	二黑	定	角	2	戊辰	五黄	收	氐	31	丁酉	六白	除	房
初五	5	庚午	一白	建	角	4	己亥	一白	执	亢	3	己巳	四绿	开	房	9月	戊戌	五黄	满	心
初六	6	辛未	二黑	除	亢	5	庚子	九紫	破	氐	4	庚午	三碧	闭	心	2	己亥	四绿	平	尾
初七	7	壬申	三碧	满	氐	6	辛丑	八白	危	房	5	辛未	二黑	建	尾	3	庚子	三碧	定	箕
初八	8	癸酉	四绿	平	房	7	壬寅	七赤	危	心	6	壬申	一白	除	箕	4	辛丑	二黑	执	斗
初九	9	甲戌	五黄	定	心	8	癸卯	六白	成	尾	7	癸酉	九紫	除	斗	5	壬寅	一白	破	牛
初十	10	乙亥	六白	执	尾	9	甲辰	五黄	收	箕	8	甲戌	八白	满	牛	6	癸卯	九紫	危	女
十一	11	丙子	七赤	破	箕	10	乙巳	四绿	开	斗	9	乙亥	七赤	平	女	7	甲辰	八白	危	虚
十二	12	丁丑	八白	危	斗	11	丙午	三碧	闭	牛	10	丙子	六白	定	虚	8	乙巳	七赤	成	危
十三	13	戊寅	九紫	成	牛	12	丁未	二黑	建	女	11	丁丑	五黄	执	危	9	丙午	六白	收	室
十四	14	己卯	一白	收	女	13	戊申	一白	除	虚	12	戊寅	四绿	破	室	10	丁未	五黄	开	壁
十五	15	庚辰	二黑	开	虚	14	己酉	九紫	满	危	13	己卯	三碧	危	壁	11	戊申	四绿	闭	奎
十六	16	辛巳	三碧	闭	危	15	庚戌	八白	平	室	14	庚辰	二黑	成	奎	12	己酉	三碧	建	娄
十七	17	壬午	四绿	建	室	16	辛亥	七赤	定	壁	15	辛巳	一白	收	娄	13	庚戌	二黑	除	胃
十八	18	癸未	五黄	除	壁	17	壬子	六白	执	奎	16	壬午	九紫	开	胃	14	辛亥	一白	满	昴
十九	19	甲申	六白	满	奎	18	癸丑	五黄	破	娄	17	癸未	八白	闭	昴	15	壬子	九紫	平	毕
二十	20	乙酉	七赤	平	娄	19	甲寅	四绿	危	胃	18	甲申	七赤	建	毕	16	癸丑	八白	定	觜
廿一	21	丙戌	五黄	定	胃	20	乙卯	三碧	成	昴	19	乙酉	六白	除	觜	17	甲寅	七赤	执	参
廿二	22	丁亥	四绿	执	昴	21	丙辰	二黑	收	毕	20	丙戌	五黄	满	参	18	乙卯	六白	破	井
廿三	23	戊子	三碧	破	毕	22	丁巳	一白	开	觜	21	丁亥	四绿	平	井	19	丙辰	五黄	危	鬼
廿四	24	己丑	二黑	危	觜	23	戊午	九紫	闭	参	22	戊子	三碧	定	鬼	20	丁巳	四绿	成	柳
廿五	25	庚寅	一白	成	参	24	己未	八白	建	井	23	己丑	五黄	执	柳	21	戊午	三碧	收	星
廿六	26	辛卯	九紫	收	井	25	庚申	七赤	除	鬼	24	庚寅	四绿	破	星	22	己未	二黑	开	张
廿七	27	壬辰	八白	开	鬼	26	辛酉	六白	满	柳	25	辛卯	三碧	危	张	23	庚申	一白	闭	翼
廿八	28	癸巳	七赤	闭	柳	27	壬戌	五黄	平	星	26	壬辰	二黑	成	翼	24	辛酉	九紫	建	轸
廿九	29	甲午	六白	建	星	28	癸亥	四绿	定	张	27	癸巳	一白	收	轸	25	壬戌	八白	除	角
三十						29	甲子	九紫	执	翼						26	癸亥	七赤	满	亢

公元2087年　丁未羊年　太岁缪丙　九星三碧

月份	九月小	庚戌 兑卦	六白 星宿			十月大	辛亥 离卦	五黄 张宿			十一月大	壬子 震卦	四绿 翼宿			十二月大	癸丑 巽卦	三碧 轸宿		
节气	寒露 10月8日 十二乙亥 辰时 8时56分		霜降 10月23日 廿七庚寅 午时 12时23分			立冬 11月7日 十三乙巳 午时 12时42分		小雪 11月22日 廿八庚申 巳时 10时28分			大雪 12月7日 十三乙亥 卯时 5时59分		冬至 12月22日 廿八庚寅 早子时 0时07分			小寒 1月5日 十二甲辰 酉时 17时24分		大寒 1月20日 廿七己未 巳时 10时50分		
农历	公历	干支	九星	日建	星宿	公历	干支	九星	日建	星宿	公历	干支	九星	日建	星宿	公历	干支	九星	日建	星宿
初一	27	甲子	三碧	平	氐	26	癸巳	四绿	危	房	25	癸亥	一白	建	尾	25	癸巳	三碧	执	斗
初二	28	乙丑	二黑	定	房	27	甲午	三碧	成	心	26	甲子	六白	除	箕	26	甲午	四绿	破	牛
初三	29	丙寅	一白	执	心	28	乙未	二黑	收	尾	27	乙丑	五黄	满	斗	27	乙未	五黄	危	女
初四	30	丁卯	九紫	破	尾	29	丙申	一白	开	箕	28	丙寅	四绿	平	牛	28	丙申	六白	成	虚
初五	10月	戊辰	八白	危	箕	30	丁酉	九紫	闭	斗	29	丁卯	三碧	定	女	29	丁酉	七赤	收	危
初六	2	己巳	七赤	成	斗	31	戊戌	八白	建	牛	30	戊辰	二黑	执	虚	30	戊戌	八白	开	室
初七	3	庚午	六白	收	牛	11月	己亥	七赤	除	女	12月	己巳	一白	破	危	31	己亥	九紫	闭	壁
初八	4	辛未	五黄	开	女	2	庚子	六白	满	虚	2	庚午	九紫	危	室	1月	庚子	一白	建	奎
初九	5	壬申	四绿	闭	虚	3	辛丑	五黄	平	危	3	辛未	八白	成	壁	2	辛丑	二黑	除	娄
初十	6	癸酉	三碧	建	危	4	壬寅	四绿	定	室	4	壬申	七赤	收	奎	3	壬寅	三碧	满	胃
十一	7	甲戌	二黑	除	室	5	癸卯	三碧	执	壁	5	癸酉	六白	开	娄	4	癸卯	四绿	平	昴
十二	8	乙亥	一白	除	壁	6	甲辰	二黑	破	奎	6	甲戌	五黄	闭	胃	5	甲辰	五黄	平	毕
十三	9	丙子	九紫	满	奎	7	乙巳	一白	破	娄	7	乙亥	四绿	闭	昴	6	乙巳	六白	定	觜
十四	10	丁丑	八白	平	娄	8	丙午	九紫	危	胃	8	丙子	三碧	建	毕	7	丙午	七赤	执	参
十五	11	戊寅	七赤	定	胃	9	丁未	八白	成	昴	9	丁丑	二黑	除	觜	8	丁未	八白	破	井
十六	12	己卯	六白	执	昴	10	戊申	七赤	收	毕	10	戊寅	一白	满	参	9	戊申	九紫	危	鬼
十七	13	庚辰	五黄	破	毕	11	己酉	六白	开	觜	11	己卯	九紫	平	井	10	己酉	一白	成	柳
十八	14	辛巳	四绿	危	觜	12	庚戌	五黄	闭	参	12	庚辰	八白	定	鬼	11	庚戌	二黑	收	星
十九	15	壬午	三碧	成	参	13	辛亥	四绿	建	井	13	辛巳	七赤	执	柳	12	辛亥	三碧	开	张
二十	16	癸未	二黑	收	井	14	壬子	三碧	除	鬼	14	壬午	六白	破	星	13	壬子	四绿	闭	翼
廿一	17	甲申	一白	开	鬼	15	癸丑	二黑	满	柳	15	癸未	五黄	危	张	14	癸丑	五黄	建	轸
廿二	18	乙酉	九紫	闭	柳	16	甲寅	一白	平	星	16	甲申	四绿	成	翼	15	甲寅	六白	除	角
廿三	19	丙戌	八白	建	星	17	乙卯	九紫	定	张	17	乙酉	三碧	收	轸	16	乙卯	七赤	满	亢
廿四	20	丁亥	七赤	除	张	18	丙辰	八白	执	翼	18	丙戌	二黑	开	角	17	丙辰	八白	平	氐
廿五	21	戊子	六白	满	翼	19	丁巳	七赤	破	轸	19	丁亥	一白	闭	亢	18	丁巳	九紫	定	房
廿六	22	己丑	五黄	平	轸	20	戊午	六白	危	角	20	戊子	九紫	建	氐	19	戊午	一白	执	心
廿七	23	庚寅	七赤	定	角	21	己未	五黄	成	亢	21	己丑	八白	除	房	20	己未	二黑	破	尾
廿八	24	辛卯	六白	执	亢	22	庚申	四绿	收	氐	22	庚寅	九紫	满	心	21	庚申	三碧	危	箕
廿九	25	壬辰	五黄	破	氐	23	辛酉	三碧	开	房	23	辛卯	一白	平	尾	22	辛酉	四绿	成	斗
三十						24	壬戌	二黑	闭	心	24	壬辰	二黑	定	箕	23	壬戌	五黄	收	牛

公元2088年　戊申猴年（闰四月）　太岁俞志　九星二黑

月份	正月小	甲寅 离卦		二黑 角宿		二月大	乙卯 震卦		一白 亢宿		三月小	丙辰 巽卦		九紫 氐宿		四月大	丁巳 坎卦		八白 房宿	
节气	立春 2月4日 十二甲戌 寅时 4时57分			雨水 2月19日 廿七己丑 早子时 0时44分		惊蛰 3月4日 十二癸卯 亥时 22时36分			春分 3月19日 廿七戊午 夜子时 23时16分		清明 4月4日 十三甲戌 丑时 2时52分			谷雨 4月19日 廿八己丑 巳时 9时43分		立夏 5月4日 十四甲辰 戌时 19时36分			小满 5月20日 三十庚申 辰时 8时19分	
农历	公历	干支	九星	日建	星宿	公历	干支	九星	日建	星宿	公历	干支	九星	日建	星宿	公历	干支	九星	日建	星宿
初一	24	癸亥	六白	开	女	22	壬辰	八白	满	虚	23	壬戌	二黑	危	室	21	辛卯	四绿	闭	壁
初二	25	甲子	一白	闭	虚	23	癸巳	九紫	平	危	24	癸亥	三碧	成	壁	22	壬辰	五黄	建	奎
初三	26	乙丑	二黑	建	危	24	甲午	一白	定	室	25	甲子	七赤	收	奎	23	癸巳	六白	除	娄
初四	27	丙寅	三碧	除	室	25	乙未	二黑	执	壁	26	乙丑	八白	开	娄	24	甲午	七赤	满	胃
初五	28	丁卯	四绿	满	壁	26	丙申	三碧	破	奎	27	丙寅	九紫	闭	胃	25	乙未	八白	平	昴
初六	29	戊辰	五黄	平	奎	27	丁酉	四绿	危	娄	28	丁卯	一白	建	昴	26	丙申	九紫	定	毕
初七	30	己巳	六白	定	娄	28	戊戌	五黄	成	胃	29	戊辰	二黑	除	毕	27	丁酉	一白	执	觜
初八	31	庚午	七赤	执	胃	29	己亥	六白	收	昴	30	己巳	三碧	满	觜	28	戊戌	二黑	破	参
初九	2月	辛未	八白	破	昴	3月	庚子	七赤	开	毕	31	庚午	四绿	平	参	29	己亥	三碧	危	井
初十	2	壬申	九紫	危	毕	2	辛丑	八白	闭	觜	4月	辛未	五黄	定	井	30	庚子	四绿	成	鬼
十一	3	癸酉	一白	成	觜	3	壬寅	九紫	建	参	2	壬申	六白	执	鬼	5月	辛丑	五黄	收	柳
十二	4	甲戌	二黑	成	参	4	癸卯	一白	建	井	3	癸酉	七赤	破	柳	2	壬寅	六白	开	星
十三	5	乙亥	三碧	收	井	5	甲辰	二黑	除	鬼	4	甲戌	八白	破	星	3	癸卯	七赤	闭	张
十四	6	丙子	四绿	开	鬼	6	乙巳	三碧	满	柳	5	乙亥	九紫	危	张	4	甲辰	八白	闭	翼
十五	7	丁丑	五黄	闭	柳	7	丙午	四绿	平	星	6	丙子	一白	成	翼	5	乙巳	九紫	建	轸
十六	8	戊寅	六白	建	星	8	丁未	五黄	定	张	7	丁丑	二黑	收	轸	6	丙午	一白	除	角
十七	9	己卯	七赤	除	张	9	戊申	六白	执	翼	8	戊寅	三碧	开	角	7	丁未	二黑	满	亢
十八	10	庚辰	八白	满	翼	10	己酉	七赤	破	轸	9	己卯	四绿	闭	亢	8	戊申	三碧	平	氐
十九	11	辛巳	九紫	平	轸	11	庚戌	八白	危	角	10	庚辰	五黄	建	氐	9	己酉	四绿	定	房
二十	12	壬午	一白	定	角	12	辛亥	九紫	成	亢	11	辛巳	六白	除	房	10	庚戌	五黄	执	心
廿一	13	癸未	二黑	执	亢	13	壬子	一白	收	氐	12	壬午	七赤	满	心	11	辛亥	六白	破	尾
廿二	14	甲申	三碧	破	氐	14	癸丑	二黑	开	房	13	癸未	八白	平	尾	12	壬子	七赤	危	箕
廿三	15	乙酉	四绿	危	房	15	甲寅	三碧	闭	心	14	甲申	九紫	定	箕	13	癸丑	八白	成	斗
廿四	16	丙戌	五黄	成	心	16	乙卯	四绿	建	尾	15	乙酉	一白	执	斗	14	甲寅	九紫	收	牛
廿五	17	丁亥	六白	收	尾	17	丙辰	五黄	除	箕	16	丙戌	二黑	破	牛	15	乙卯	一白	开	女
廿六	18	戊子	七赤	开	箕	18	丁巳	六白	满	斗	17	丁亥	三碧	危	女	16	丙辰	二黑	闭	虚
廿七	19	己丑	五黄	闭	斗	19	戊午	七赤	平	牛	18	戊子	四绿	成	虚	17	丁巳	三碧	建	危
廿八	20	庚寅	六白	建	牛	20	己未	八白	定	女	19	己丑	二黑	收	危	18	戊午	四绿	除	室
廿九	21	辛卯	七赤	除	女	21	庚申	九紫	执	虚	20	庚寅	三碧	开	室	19	己未	五黄	满	壁
三十						22	辛酉	一白	破	危						20	庚申	六白	平	奎

公元2088年　戊申猴年（闰四月）　太岁俞志 九星二黑

月份	闰四月小					五月小 戊午 七赤 艮卦 心宿					六月大 己未 六白 坤卦 尾宿				
节气	芒种 6月4日 十五乙亥 夜子时 23时19分					夏至 6月20日 初二辛卯 申时 15时56分		小暑 7月6日 十八丁未 巳时 9时25分			大暑 7月22日 初五癸亥 丑时 2时47分		立秋 8月6日 二十戊寅 戌时 19时23分		
农历	公历	干支	九星	日建	星宿	公历	干支	九星	日建	星宿	公历	干支	九星	日建	星宿
初一	21	辛酉	七赤	定	娄	19	庚寅	三碧	成	胃	18	己未	八白	建	昴
初二	22	壬戌	八白	执	胃	20	辛卯	九紫	收	昴	19	庚申	七赤	除	毕
初三	23	癸亥	九紫	破	昴	21	壬辰	八白	开	毕	20	辛酉	六白	满	觜
初四	24	甲子	四绿	危	毕	22	癸巳	七赤	闭	觜	21	壬戌	五黄	平	参
初五	25	乙丑	五黄	成	觜	23	甲午	六白	建	参	22	癸亥	四绿	定	井
初六	26	丙寅	六白	收	参	24	乙未	五黄	除	井	23	甲子	九紫	执	鬼
初七	27	丁卯	七赤	开	井	25	丙申	四绿	满	鬼	24	乙丑	八白	破	柳
初八	28	戊辰	八白	闭	鬼	26	丁酉	三碧	平	柳	25	丙寅	七赤	危	星
初九	29	己巳	九紫	建	柳	27	戊戌	二黑	定	星	26	丁卯	六白	成	张
初十	30	庚午	一白	除	星	28	己亥	一白	执	张	27	戊辰	五黄	收	翼
十一	31	辛未	二黑	满	张	29	庚子	九紫	破	翼	28	己巳	四绿	开	轸
十二	6月	壬申	三碧	平	翼	30	辛丑	八白	危	轸	29	庚午	三碧	闭	角
十三	2	癸酉	四绿	定	轸	7月	壬寅	七赤	成	角	30	辛未	二黑	建	亢
十四	3	甲戌	五黄	执	角	2	癸卯	六白	收	亢	31	壬申	一白	除	氐
十五	4	乙亥	六白	执	亢	3	甲辰	五黄	开	氐	8月	癸酉	九紫	满	房
十六	5	丙子	七赤	破	氐	4	乙巳	四绿	闭	房	2	甲戌	八白	平	心
十七	6	丁丑	八白	危	房	5	丙午	三碧	建	心	3	乙亥	七赤	定	尾
十八	7	戊寅	九紫	成	心	6	丁未	二黑	建	尾	4	丙子	六白	执	箕
十九	8	己卯	一白	收	尾	7	戊申	一白	除	箕	5	丁丑	五黄	破	斗
二十	9	庚辰	二黑	开	箕	8	己酉	九紫	满	斗	6	戊寅	四绿	破	牛
廿一	10	辛巳	三碧	闭	斗	9	庚戌	八白	平	牛	7	己卯	三碧	危	女
廿二	11	壬午	四绿	建	牛	10	辛亥	七赤	定	女	8	庚辰	二黑	成	虚
廿三	12	癸未	五黄	除	女	11	壬子	六白	执	虚	9	辛巳	一白	收	危
廿四	13	甲申	六白	满	虚	12	癸丑	五黄	破	危	10	壬午	九紫	开	室
廿五	14	乙酉	七赤	平	危	13	甲寅	四绿	危	室	11	癸未	八白	闭	壁
廿六	15	丙戌	八白	定	室	14	乙卯	三碧	成	壁	12	甲申	七赤	建	奎
廿七	16	丁亥	九紫	执	壁	15	丙辰	二黑	收	奎	13	乙酉	六白	除	娄
廿八	17	戊子	一白	破	奎	16	丁巳	一白	开	娄	14	丙戌	五黄	满	胃
廿九	18	己丑	二黑	危	娄	17	戊午	九紫	闭	胃	15	丁亥	四绿	平	昴
三十											16	戊子	三碧	定	毕

公元2088年　戊申猴年（闰四月）　太岁俞志　九星二黑

月份	七月小	庚申 五黄 乾卦 箕宿	八月小	辛酉 四绿 兑卦 斗宿	九月大	壬戌 三碧 离卦 牛宿
节气	处暑 8月22日 初六甲午 巳时 10时08分	白露 9月6日 廿一己酉 亥时 22时43分	秋分 9月22日 初八乙丑 辰时 8时17分	寒露 10月7日 廿三庚辰 未时 14时55分	霜降 10月22日 初九乙未 酉时 18时13分	立冬 11月6日 廿四庚戌 酉时 18时40分

农历	公历	干支	九星	日建	星宿	公历	干支	九星	日建	星宿	公历	干支	九星	日建	星宿
初一	17	己丑	二黑	执	觜	15	戊午	三碧	收	参	14	丁亥	七赤	除	井
初二	18	庚寅	一白	破	参	16	己未	二黑	开	井	15	戊子	六白	满	鬼
初三	19	辛卯	九紫	危	井	17	庚申	一白	闭	鬼	16	己丑	五黄	平	柳
初四	20	壬辰	八白	成	鬼	18	辛酉	九紫	建	柳	17	庚寅	四绿	定	星
初五	21	癸巳	七赤	收	柳	19	壬戌	八白	除	星	18	辛卯	三碧	执	张
初六	22	甲午	九紫	开	星	20	癸亥	七赤	满	张	19	壬辰	二黑	破	翼
初七	23	乙未	八白	闭	张	21	甲子	三碧	平	翼	20	癸巳	一白	危	轸
初八	24	丙申	七赤	建	翼	22	乙丑	二黑	定	轸	21	甲午	九紫	成	角
初九	25	丁酉	六白	除	轸	23	丙寅	一白	执	角	22	乙未	二黑	收	亢
初十	26	戊戌	五黄	满	角	24	丁卯	九紫	破	亢	23	丙申	一白	开	氐
十一	27	己亥	四绿	平	亢	25	戊辰	八白	危	氐	24	丁酉	九紫	闭	房
十二	28	庚子	三碧	定	氐	26	己巳	七赤	成	房	25	戊戌	八白	建	心
十三	29	辛丑	二黑	执	房	27	庚午	六白	收	心	26	己亥	七赤	除	尾
十四	30	壬寅	一白	破	心	28	辛未	五黄	开	尾	27	庚子	六白	满	箕
十五	31	癸卯	九紫	危	尾	29	壬申	四绿	闭	箕	28	辛丑	五黄	平	斗
十六	9月	甲辰	八白	成	箕	30	癸酉	三碧	建	斗	29	壬寅	四绿	定	牛
十七	2	乙巳	七赤	收	斗	10月	甲戌	二黑	除	牛	30	癸卯	三碧	执	女
十八	3	丙午	六白	开	牛	2	乙亥	一白	满	女	31	甲辰	二黑	破	虚
十九	4	丁未	五黄	闭	女	3	丙子	九紫	平	虚	11月	乙巳	一白	危	危
二十	5	戊申	四绿	建	虚	4	丁丑	八白	定	危	2	丙午	九紫	成	室
廿一	6	己酉	三碧	建	危	5	戊寅	七赤	执	室	3	丁未	八白	收	壁
廿二	7	庚戌	二黑	除	室	6	己卯	六白	破	壁	4	戊申	七赤	开	奎
廿三	8	辛亥	一白	满	壁	7	庚辰	五黄	破	奎	5	己酉	六白	闭	娄
廿四	9	壬子	九紫	平	奎	8	辛巳	四绿	危	娄	6	庚戌	五黄	闭	胃
廿五	10	癸丑	八白	定	娄	9	壬午	三碧	成	胃	7	辛亥	四绿	建	昴
廿六	11	甲寅	七赤	执	胃	10	癸未	二黑	收	昴	8	壬子	三碧	除	毕
廿七	12	乙卯	六白	破	昴	11	甲申	一白	开	毕	9	癸丑	二黑	满	觜
廿八	13	丙辰	五黄	危	毕	12	乙酉	九紫	闭	觜	10	甲寅	一白	平	参
廿九	14	丁巳	四绿	成	觜	13	丙戌	八白	建	参	11	乙卯	九紫	定	井
三十											12	丙辰	八白	执	鬼

公元2088年　戊申猴年（闰四月）　太岁俞志 九星二黑

月份	十月大		癸亥 二黑 震卦 女宿			十一月大		甲子 一白 巽卦 虚宿			十二月小		乙丑 九紫 坎卦 危宿		
节气	小雪 11月21日 初九乙丑 申时 16时17分			大雪 12月6日 廿四庚辰 午时 11时56分		冬至 12月21日 初九乙未 卯时 5时55分			小寒 1月4日 廿三己酉 夜子时 23时20分		大寒 1月19日 初八甲子 申时 16时37分			立春 2月3日 廿三己卯 午时 10时54分	
农历	公历	干支	九星	日建	星宿	公历	干支	九星	日建	星宿	公历	干支	九星	日建	星宿
初一	13	丁巳	七赤	破	柳	13	丁亥	一白	闭	张	12	丁巳	九紫	定	轸
初二	14	戊午	六白	危	星	14	戊子	九紫	建	翼	13	戊午	一白	执	角
初三	15	己未	五黄	成	张	15	己丑	八白	除	轸	14	己未	二黑	破	亢
初四	16	庚申	四绿	收	翼	16	庚寅	七赤	满	角	15	庚申	三碧	危	氐
初五	17	辛酉	三碧	开	轸	17	辛卯	六白	平	亢	16	辛酉	四绿	成	房
初六	18	壬戌	二黑	闭	角	18	壬辰	五黄	定	氐	17	壬戌	五黄	收	心
初七	19	癸亥	一白	建	亢	19	癸巳	四绿	执	房	18	癸亥	六白	开	尾
初八	20	甲子	六白	除	氐	20	甲午	三碧	破	心	19	甲子	一白	闭	箕
初九	21	乙丑	五黄	满	房	21	乙未	五黄	危	尾	20	乙丑	二黑	建	斗
初十	22	丙寅	四绿	平	心	22	丙申	六白	成	箕	21	丙寅	三碧	除	牛
十一	23	丁卯	三碧	定	尾	23	丁酉	七赤	收	斗	22	丁卯	四绿	满	女
十二	24	戊辰	二黑	执	箕	24	戊戌	八白	开	牛	23	戊辰	五黄	平	虚
十三	25	己巳	一白	破	斗	25	己亥	九紫	闭	女	24	己巳	六白	定	危
十四	26	庚午	九紫	危	牛	26	庚子	一白	建	虚	25	庚午	七赤	执	室
十五	27	辛未	八白	成	女	27	辛丑	二黑	除	危	26	辛未	八白	破	壁
十六	28	壬申	七赤	收	虚	28	壬寅	三碧	满	室	27	壬申	九紫	危	奎
十七	29	癸酉	六白	开	危	29	癸卯	四绿	平	壁	28	癸酉	一白	成	娄
十八	30	甲戌	五黄	闭	室	30	甲辰	五黄	定	奎	29	甲戌	二黑	收	胃
十九	12月	乙亥	四绿	建	壁	31	乙巳	六白	执	娄	30	乙亥	三碧	开	昴
二十	2	丙子	三碧	除	奎	1月	丙午	七赤	破	胃	31	丙子	四绿	闭	毕
廿一	3	丁丑	二黑	满	娄	2	丁未	八白	危	昴	2月	丁丑	五黄	建	觜
廿二	4	戊寅	一白	平	胃	3	戊申	九紫	成	毕	2	戊寅	六白	除	参
廿三	5	己卯	九紫	定	昴	4	己酉	一白	成	觜	3	己卯	七赤	除	井
廿四	6	庚辰	八白	定	毕	5	庚戌	二黑	收	参	4	庚辰	八白	满	鬼
廿五	7	辛巳	七赤	执	觜	6	辛亥	三碧	开	井	5	辛巳	九紫	平	柳
廿六	8	壬午	六白	破	参	7	壬子	四绿	闭	鬼	6	壬午	一白	定	星
廿七	9	癸未	五黄	危	井	8	癸丑	五黄	建	柳	7	癸未	二黑	执	张
廿八	10	甲申	四绿	成	鬼	9	甲寅	六白	除	星	8	甲申	三碧	破	翼
廿九	11	乙酉	三碧	收	柳	10	乙卯	七赤	满	张	9	乙酉	四绿	危	轸
三十	12	丙戌	二黑	开	星	11	丙辰	八白	平	翼					

中华历书大全

·1900–2100年万年历法表·

图文珍藏版

公元2089年　己酉鸡年　太岁程寅　九星一白

月份	正月大		丙寅 八白 震卦 室宿			二月大		丁卯 七赤 巽卦 壁宿			三月小		戊辰 六白 坎卦 奎宿			四月大		己巳 五黄 艮卦 娄宿		
节气	雨水 2月18日 初九甲午 卯时 6时33分		惊蛰 3月5日 廿四己酉 寅时 4时34分			春分 3月20日 初九甲子 卯时 5时06分		清明 4月4日 廿四己卯 辰时 8时49分			谷雨 4月19日 初九甲午 申时 15时32分		立夏 5月5日 廿五庚戌 丑时 1时31分			小满 5月20日 十一乙丑 未时 14时07分		芒种 6月5日 廿七辛巳 卯时 5时09分		
农历	公历	干支	九星	日建	星宿	公历	干支	九星	日建	星宿	公历	干支	九星	日建	星宿	公历	干支	九星	日建	星宿
初一	10	丙戌	五黄	成	角	12	丙辰	五黄	除	氐	11	丙戌	二黑	破	心	10	乙卯	一白	开	尾
初二	11	丁亥	六白	收	亢	13	丁巳	六白	满	房	12	丁亥	三碧	危	尾	11	丙辰	二黑	闭	箕
初三	12	戊子	七赤	开	氐	14	戊午	七赤	平	心	13	戊子	四绿	成	箕	12	丁巳	三碧	建	斗
初四	13	己丑	八白	闭	房	15	己未	八白	定	尾	14	己丑	五黄	收	斗	13	戊午	四绿	除	牛
初五	14	庚寅	九紫	建	心	16	庚申	九紫	执	箕	15	庚寅	六白	开	牛	14	己未	五黄	满	女
初六	15	辛卯	一白	除	尾	17	辛酉	一白	破	斗	16	辛卯	七赤	闭	女	15	庚申	六白	平	虚
初七	16	壬辰	二黑	满	箕	18	壬戌	二黑	危	牛	17	壬辰	八白	建	虚	16	辛酉	七赤	定	危
初八	17	癸巳	三碧	平	斗	19	癸亥	三碧	成	女	18	癸巳	九紫	除	危	17	壬戌	八白	执	室
初九	18	甲午	一白	定	牛	20	甲子	七赤	收	虚	19	甲午	七赤	满	室	18	癸亥	九紫	破	壁
初十	19	乙未	二黑	执	女	21	乙丑	八白	开	危	20	乙未	八白	平	壁	19	甲子	四绿	危	奎
十一	20	丙申	三碧	破	虚	22	丙寅	九紫	闭	室	21	丙申	九紫	定	奎	20	乙丑	五黄	成	娄
十二	21	丁酉	四绿	危	危	23	丁卯	一白	建	壁	22	丁酉	一白	执	娄	21	丙寅	六白	收	胃
十三	22	戊戌	五黄	成	室	24	戊辰	二黑	除	奎	23	戊戌	二黑	破	胃	22	丁卯	七赤	开	昴
十四	23	己亥	六白	收	壁	25	己巳	三碧	满	娄	24	己亥	三碧	危	昴	23	戊辰	八白	闭	毕
十五	24	庚子	七赤	开	奎	26	庚午	四绿	平	胃	25	庚子	四绿	成	毕	24	己巳	九紫	建	觜
十六	25	辛丑	八白	闭	娄	27	辛未	五黄	定	昴	26	辛丑	五黄	收	觜	25	庚午	一白	除	参
十七	26	壬寅	九紫	建	胃	28	壬申	六白	执	毕	27	壬寅	六白	开	参	26	辛未	二黑	满	井
十八	27	癸卯	一白	除	昴	29	癸酉	七赤	破	觜	28	癸卯	七赤	闭	井	27	壬申	三碧	平	鬼
十九	28	甲辰	二黑	满	毕	30	甲戌	八白	危	参	29	甲辰	八白	建	鬼	28	癸酉	四绿	定	柳
二十	3月	乙巳	三碧	平	觜	31	乙亥	九紫	成	井	30	乙巳	九紫	除	柳	29	甲戌	五黄	执	星
廿一	2	丙午	四绿	定	参	4月	丙子	一白	收	鬼	5月	丙午	一白	满	星	30	乙亥	六白	破	张
廿二	3	丁未	五黄	执	井	2	丁丑	二黑	开	柳	2	丁未	二黑	平	张	31	丙子	七赤	危	翼
廿三	4	戊申	六白	破	鬼	3	戊寅	三碧	闭	星	3	戊申	三碧	定	翼	6月	丁丑	八白	成	轸
廿四	5	己酉	七赤	破	柳	4	己卯	四绿	闭	张	4	己酉	四绿	执	轸	2	戊寅	九紫	收	角
廿五	6	庚戌	八白	危	星	5	庚辰	五黄	建	翼	5	庚戌	五黄	执	角	3	己卯	一白	开	亢
廿六	7	辛亥	九紫	成	张	6	辛巳	六白	除	轸	6	辛亥	六白	破	亢	4	庚辰	二黑	闭	氐
廿七	8	壬子	一白	收	翼	7	壬午	七赤	满	角	7	壬子	七赤	危	氐	5	辛巳	三碧	闭	房
廿八	9	癸丑	二黑	开	轸	8	癸未	八白	平	亢	8	癸丑	八白	成	房	6	壬午	四绿	建	心
廿九	10	甲寅	三碧	闭	角	9	甲申	九紫	定	氐	9	甲寅	九紫	收	心	7	癸未	五黄	除	尾
三十	11	乙卯	四绿	建	亢	10	乙酉	一白	执	房						8	甲申	六白	满	箕

公元2089年 己酉鸡年 太岁程寅 九星一白

月份	五月小	庚午 四绿 坤卦 胃宿				六月小	辛未 三碧 乾卦 昴宿				七月大	壬申 二黑 兑卦 毕宿				八月小	癸酉 一白 离卦 觜宿			
节气	夏至 6月20日 十二丙申 亥时 21时42分		小暑 7月6日 廿八壬子 申时 15时10分			大暑 7月22日 十五戊辰 辰时 8时33分					立秋 8月7日 初二甲申 丑时 1时04分		处暑 8月22日 十七己亥 申时 15时55分			白露 9月7日 初三乙卯 寅时 4时23分		秋分 9月22日 十八庚午 未时 14时06分		
农历	公历	干支	九星	日建	星宿	公历	干支	九星	日建	星宿	公历	干支	九星	日建	星宿	公历	干支	九星	日建	星宿
初一	9	乙酉	七赤	平	斗	8	甲寅	四绿	危	牛	6	癸未	八白	建	女	5	癸丑	八白	执	危
初二	10	丙戌	八白	定	牛	9	乙卯	三碧	成	女	7	甲申	七赤	建	虚	6	甲寅	七赤	破	室
初三	11	丁亥	九紫	执	女	10	丙辰	二黑	收	虚	8	乙酉	六白	除	危	7	乙卯	六白	破	壁
初四	12	戊子	一白	破	虚	11	丁巳	一白	开	危	9	丙戌	五黄	满	室	8	丙辰	五黄	危	奎
初五	13	己丑	二黑	危	危	12	戊午	九紫	闭	室	10	丁亥	四绿	平	壁	9	丁巳	四绿	成	娄
初六	14	庚寅	三碧	成	室	13	己未	八白	建	壁	11	戊子	三碧	定	奎	10	戊午	三碧	收	胃
初七	15	辛卯	四绿	收	壁	14	庚申	七赤	除	奎	12	己丑	二黑	执	娄	11	己未	二黑	开	昴
初八	16	壬辰	五黄	开	奎	15	辛酉	六白	满	娄	13	庚寅	一白	破	胃	12	庚申	一白	闭	毕
初九	17	癸巳	六白	闭	娄	16	壬戌	五黄	平	胃	14	辛卯	九紫	危	昴	13	辛酉	九紫	建	觜
初十	18	甲午	七赤	建	胃	17	癸亥	四绿	定	昴	15	壬辰	八白	成	毕	14	壬戌	八白	除	参
十一	19	乙未	八白	除	昴	18	**甲子**	**九紫**	执	毕	16	癸巳	七赤	收	觜	15	癸亥	七赤	满	井
十二	20	**丙申**	**四绿**	满	毕	19	乙丑	八白	破	觜	17	甲午	六白	开	参	16	甲子	三碧	平	鬼
十三	21	丁酉	三碧	平	觜	20	丙寅	七赤	危	参	18	乙未	五黄	闭	井	17	乙丑	二黑	定	柳
十四	22	戊戌	二黑	定	参	21	丁卯	六白	成	井	19	丙申	四绿	建	鬼	18	丙寅	一白	执	星
十五	23	己亥	一白	执	井	22	戊辰	五黄	收	鬼	20	丁酉	三碧	除	柳	19	丁卯	九紫	破	张
十六	24	庚子	九紫	破	鬼	23	己巳	四绿	开	柳	21	戊戌	二黑	满	星	20	戊辰	八白	危	翼
十七	25	辛丑	八白	危	柳	24	庚午	三碧	闭	星	22	**己亥**	**四绿**	平	张	21	己巳	七赤	成	轸
十八	26	壬寅	七赤	成	星	25	辛未	二黑	建	张	23	庚子	三碧	定	翼	22	庚午	六白	收	角
十九	27	癸卯	六白	收	张	26	壬申	一白	除	翼	24	辛丑	二黑	执	轸	23	辛未	五黄	开	亢
二十	28	甲辰	五黄	开	翼	27	癸酉	九紫	满	轸	25	壬寅	一白	破	角	24	壬申	四绿	闭	氐
廿一	29	乙巳	四绿	闭	轸	28	甲戌	八白	平	角	26	癸卯	九紫	危	亢	25	癸酉	三碧	建	房
廿二	30	丙午	三碧	建	角	29	乙亥	七赤	定	亢	27	甲辰	八白	成	氐	26	甲戌	二黑	除	心
廿三	7月	丁未	二黑	除	亢	30	丙子	六白	执	氐	28	乙巳	七赤	收	房	27	乙亥	一白	满	尾
廿四	2	戊申	一白	满	氐	31	丁丑	五黄	破	房	29	丙午	六白	开	心	28	丙子	九紫	平	箕
廿五	3	己酉	九紫	平	房	8月	戊寅	四绿	危	心	30	丁未	五黄	闭	尾	29	丁丑	八白	定	斗
廿六	4	庚戌	八白	定	心	2	己卯	三碧	成	尾	31	戊申	四绿	建	箕	30	戊寅	七赤	执	牛
廿七	5	辛亥	七赤	执	尾	3	庚辰	二黑	收	箕	9月	己酉	三碧	除	斗	10月	己卯	六白	破	女
廿八	6	壬子	六白	执	箕	4	辛巳	一白	开	斗	2	庚戌	二黑	满	牛	2	庚辰	五黄	危	虚
廿九	7	癸丑	五黄	破	斗	5	壬午	九紫	闭	牛	3	辛亥	一白	平	女	3	辛巳	四绿	成	危
三十											4	壬子	九紫	定	虚					

公元2089年 己酉鸡年 太岁程寅 九星一白

月份	九月小		甲戌 九紫 震卦 参宿			十月大		乙亥 八白 巽卦 井宿			十一月大		丙子 七赤 坎卦 鬼宿			十二月小		丁丑 六白 艮卦 柳宿		
节气	寒露 10月7日 初四乙酉 戌时 20时37分			霜降 10月23日 二十辛丑 早子时 0时04分		立冬 11月7日 初六丙辰 早子时 0时24分			小雪 11月21日 二十庚午 亥时 22时11分		大雪 12月6日 初五乙酉 酉时 17时42分			冬至 12月21日 二十庚子 午时 11时51分		小寒 1月5日 初五乙卯 卯时 5时08分			大寒 1月19日 十九己巳 亥时 22时34分	
农历	公历	干支	九星	日建	星宿	公历	干支	九星	日建	星宿	公历	干支	九星	日建	星宿	公历	干支	九星	日建	星宿
初一	4	壬午	三碧	收	室	2	辛亥	四绿	除	壁	2	辛巳	七赤	破	娄	1月	辛亥	三碧	闭	昴
初二	5	癸未	二黑	开	壁	3	壬子	三碧	满	奎	3	壬午	六白	危	胃	2	壬子	四绿	建	毕
初三	6	甲申	一白	闭	奎	4	癸丑	二黑	平	娄	4	癸未	五黄	成	昴	3	癸丑	五黄	除	觜
初四	7	乙酉	九紫	闭	娄	5	甲寅	一白	定	胃	5	甲申	四绿	收	毕	4	甲寅	六白	满	参
初五	8	丙戌	八白	建	胃	6	乙卯	九紫	执	昴	6	乙酉	三碧	收	觜	5	乙卯	七赤	满	井
初六	9	丁亥	七赤	除	昴	7	丙辰	八白	执	毕	7	丙戌	二黑	开	参	6	丙辰	八白	平	鬼
初七	10	戊子	六白	满	毕	8	丁巳	七赤	破	觜	8	丁亥	一白	闭	井	7	丁巳	九紫	定	柳
初八	11	己丑	五黄	平	觜	9	戊午	六白	危	参	9	戊子	九紫	建	鬼	8	戊午	一白	执	星
初九	12	庚寅	四绿	定	参	10	己未	五黄	成	井	10	己丑	八白	除	柳	9	己未	二黑	破	张
初十	13	辛卯	三碧	执	井	11	庚申	四绿	收	鬼	11	庚寅	七赤	满	星	10	庚申	三碧	危	翼
十一	14	壬辰	二黑	破	鬼	12	辛酉	三碧	开	柳	12	辛卯	六白	平	张	11	辛酉	四绿	成	轸
十二	15	癸巳	一白	危	柳	13	壬戌	二黑	闭	星	13	壬辰	五黄	定	翼	12	壬戌	五黄	收	角
十三	16	甲午	九紫	成	星	14	癸亥	一白	建	张	14	癸巳	四绿	执	轸	13	癸亥	六白	开	亢
十四	17	乙未	八白	收	张	15	甲子	六白	除	翼	15	甲午	三碧	破	角	14	甲子	一白	闭	氐
十五	18	丙申	七赤	开	翼	16	乙丑	五黄	满	轸	16	乙未	二黑	危	亢	15	乙丑	二黑	建	房
十六	19	丁酉	六白	闭	轸	17	丙寅	四绿	平	角	17	丙申	一白	成	氐	16	丙寅	三碧	除	心
十七	20	戊戌	五黄	建	角	18	丁卯	三碧	定	亢	18	丁酉	九紫	收	房	17	丁卯	四绿	满	尾
十八	21	己亥	四绿	除	亢	19	戊辰	二黑	执	氐	19	戊戌	八白	开	心	18	戊辰	五黄	平	箕
十九	22	庚子	三碧	满	氐	20	己巳	一白	破	房	20	己亥	七赤	闭	尾	19	己巳	六白	定	斗
二十	23	辛丑	五黄	平	房	21	庚午	九紫	危	心	21	庚子	一白	建	箕	20	庚午	七赤	执	牛
廿一	24	壬寅	四绿	定	心	22	辛未	八白	成	尾	22	辛丑	二黑	除	斗	21	辛未	八白	破	女
廿二	25	癸卯	三碧	执	尾	23	壬申	七赤	收	箕	23	壬寅	三碧	满	牛	22	壬申	九紫	危	虚
廿三	26	甲辰	二黑	破	箕	24	癸酉	六白	开	斗	24	癸卯	四绿	平	女	23	癸酉	一白	成	危
廿四	27	乙巳	一白	危	斗	25	甲戌	五黄	闭	牛	25	甲辰	五黄	定	虚	24	甲戌	二黑	收	室
廿五	28	丙午	九紫	成	牛	26	乙亥	四绿	建	女	26	乙巳	六白	执	危	25	乙亥	三碧	开	壁
廿六	29	丁未	八白	收	女	27	丙子	三碧	除	虚	27	丙午	七赤	破	室	26	丙子	四绿	闭	奎
廿七	30	戊申	七赤	开	虚	28	丁丑	二黑	满	危	28	丁未	八白	危	壁	27	丁丑	五黄	建	娄
廿八	31	己酉	六白	闭	危	29	戊寅	一白	平	室	29	戊申	九紫	成	奎	28	戊寅	六白	除	胃
廿九	11月	庚戌	五黄	建	室	30	己卯	九紫	定	壁	30	己酉	一白	收	娄	29	己卯	七赤	满	昴
三十						12月	庚辰	八白	执	奎	31	庚戌	二黑	开	胃					

公元2090年　庚戌狗年（闰八月）　太岁化秋 九星九紫

月份	正月大	戊寅 五黄 巽卦 星宿				二月大	己卯 四绿 坎卦 张宿				三月大	庚辰 三碧 艮卦 翼宿				四月小	辛巳 二黑 坤卦 轸宿			
节气	立春 2月3日 初五甲申 申时 16时41分			雨水 2月18日 二十己亥 午时 12时29分		惊蛰 3月5日 初五甲寅 巳时 10时20分			春分 3月20日 二十己巳 午时 11时01分		清明 4月4日 初五甲申 未时 14时35分			谷雨 4月19日 二十己亥 亥时 21时27分		立夏 5月5日 初六乙卯 辰时 7时16分			小满 5月20日 廿一庚午 戌时 20时01分	
农历	公历	干支	九星	日建	星宿	公历	干支	九星	日建	星宿	公历	干支	九星	日建	星宿	公历	干支	九星	日建	星宿
初一	30	庚辰	八白	平	毕	3月	庚戌	八白	成	参	31	庚辰	五黄	除	鬼	30	庚戌	五黄	破	星
初二	31	辛巳	九紫	定	觜	2	辛亥	九紫	收	井	4月	辛巳	六白	满	柳	5月	辛亥	六白	危	张
初三	2月	壬午	一白	执	参	3	壬子	一白	开	鬼	2	壬午	七赤	平	星	2	壬子	七赤	成	翼
初四	2	癸未	二黑	破	井	4	癸丑	二黑	闭	柳	3	癸未	八白	定	张	3	癸丑	八白	收	轸
初五	3	甲申	三碧	破	鬼	5	甲寅	三碧	闭	星	4	甲申	九紫	定	翼	4	甲寅	九紫	开	角
初六	4	乙酉	四绿	危	柳	6	乙卯	四绿	建	张	5	乙酉	一白	执	轸	5	乙卯	一白	开	亢
初七	5	丙戌	五黄	成	星	7	丙辰	五黄	除	翼	6	丙戌	二黑	破	角	6	丙辰	二黑	闭	氐
初八	6	丁亥	六白	收	张	8	丁巳	六白	满	轸	7	丁亥	三碧	危	亢	7	丁巳	三碧	建	房
初九	7	戊子	七赤	开	翼	9	戊午	七赤	平	角	8	戊子	四绿	成	氐	8	戊午	四绿	除	心
初十	8	己丑	八白	闭	轸	10	己未	八白	定	亢	9	己丑	五黄	收	房	9	己未	五黄	满	尾
十一	9	庚寅	九紫	建	角	11	庚申	九紫	执	氐	10	庚寅	六白	开	心	10	庚申	六白	平	箕
十二	10	辛卯	一白	除	亢	12	辛酉	一白	破	房	11	辛卯	七赤	闭	尾	11	辛酉	七赤	定	斗
十三	11	壬辰	二黑	满	氐	13	壬戌	二黑	危	心	12	壬辰	八白	建	箕	12	壬戌	八白	执	牛
十四	12	癸巳	三碧	平	房	14	癸亥	三碧	成	尾	13	癸巳	九紫	除	斗	13	癸亥	九紫	破	女
十五	13	甲午	四绿	定	心	15	甲子	七赤	收	箕	14	甲午	一白	满	牛	14	甲子	四绿	危	虚
十六	14	乙未	五黄	执	尾	16	乙丑	八白	开	斗	15	乙未	二黑	平	女	15	乙丑	五黄	成	危
十七	15	丙申	六白	破	箕	17	丙寅	九紫	闭	牛	16	丙申	三碧	定	虚	16	丙寅	六白	收	室
十八	16	丁酉	七赤	危	斗	18	丁卯	一白	建	女	17	丁酉	四绿	执	危	17	丁卯	七赤	开	壁
十九	17	戊戌	八白	成	牛	19	戊辰	二黑	除	虚	18	戊戌	五黄	破	室	18	戊辰	八白	闭	奎
二十	18	己亥	六白	收	女	20	己巳	三碧	满	危	19	己亥	三碧	危	壁	19	己巳	九紫	建	娄
廿一	19	庚子	七赤	开	虚	21	庚午	四绿	平	室	20	庚子	四绿	成	奎	20	庚午	一白	除	胃
廿二	20	辛丑	八白	闭	危	22	辛未	五黄	定	壁	21	辛丑	五黄	收	娄	21	辛未	二黑	满	昴
廿三	21	壬寅	九紫	建	室	23	壬申	六白	执	奎	22	壬寅	六白	开	胃	22	壬申	三碧	平	毕
廿四	22	癸卯	一白	除	壁	24	癸酉	七赤	破	娄	23	癸卯	七赤	闭	昴	23	癸酉	四绿	定	觜
廿五	23	甲辰	二黑	满	奎	25	甲戌	八白	危	胃	24	甲辰	八白	建	毕	24	甲戌	五黄	执	参
廿六	24	乙巳	三碧	平	娄	26	乙亥	九紫	成	昴	25	乙巳	九紫	除	觜	25	乙亥	六白	破	井
廿七	25	丙午	四绿	定	胃	27	丙子	一白	收	毕	26	丙午	一白	满	参	26	丙子	七赤	危	鬼
廿八	26	丁未	五黄	执	昴	28	丁丑	二黑	开	觜	27	丁未	二黑	平	井	27	丁丑	八白	成	柳
廿九	27	戊申	六白	破	毕	29	戊寅	三碧	闭	参	28	戊申	三碧	定	鬼	28	戊寅	九紫	收	星
三十	28	己酉	七赤	危	觜	30	己卯	四绿	建	井	29	己酉	四绿	执	柳					

公元2090年 庚戌狗年（闰八月） 太岁化秋 九星九紫

月份	五月大		壬午 一白 乾卦 角宿			六月小		癸未 九紫 兑卦 亢宿			七月小		甲申 八白 离卦 氐宿		
节气	芒种 6月5日 初八丙戌 巳时 10时54分		夏至 6月21日 廿四壬寅 寅时 3时35分			小暑 7月6日 初九丁巳 戌时 20时55分		大暑 7月22日 廿五癸酉 未时 14时24分			立秋 8月7日 十二己丑 卯时 6时52分		处暑 8月22日 廿七甲辰 亥时 21时46分		
农历	公历	干支	九星	日建	星宿	公历	干支	九星	日建	星宿	公历	干支	九星	日建	星宿
初一	29	己卯	一白	开	张	28	己酉	九紫	平	轸	27	戊寅	四绿	危	角
初二	30	庚辰	二黑	闭	翼	29	庚戌	八白	定	角	28	己卯	三碧	成	亢
初三	31	辛巳	三碧	建	轸	30	辛亥	七赤	执	亢	29	庚辰	二黑	收	氐
初四	6月	壬午	四绿	除	角	7月	壬子	六白	破	氐	30	辛巳	一白	开	房
初五	2	癸未	五黄	满	亢	2	癸丑	五黄	危	房	31	壬午	九紫	闭	心
初六	3	甲申	六白	平	氐	3	甲寅	四绿	成	心	8月	癸未	八白	建	尾
初七	4	乙酉	七赤	定	房	4	乙卯	三碧	收	尾	2	甲申	七赤	除	箕
初八	5	丙戌	八白	定	心	5	丙辰	二黑	开	箕	3	乙酉	六白	满	斗
初九	6	丁亥	九紫	执	尾	6	丁巳	一白	开	斗	4	丙戌	五黄	平	牛
初十	7	戊子	一白	破	箕	7	戊午	九紫	闭	牛	5	丁亥	四绿	定	女
十一	8	己丑	二黑	危	斗	8	己未	八白	建	女	6	戊子	三碧	执	虚
十二	9	庚寅	三碧	成	牛	9	庚申	七赤	除	虚	7	己丑	二黑	执	危
十三	10	辛卯	四绿	收	女	10	辛酉	六白	满	危	8	庚寅	一白	破	室
十四	11	壬辰	五黄	开	虚	11	壬戌	五黄	平	室	9	辛卯	九紫	危	壁
十五	12	癸巳	六白	闭	危	12	癸亥	四绿	定	壁	10	壬辰	八白	成	奎
十六	13	甲午	七赤	建	室	13	甲子	九紫	执	奎	11	癸巳	七赤	收	娄
十七	14	乙未	八白	除	壁	14	乙丑	八白	破	娄	12	甲午	六白	开	胃
十八	15	丙申	九紫	满	奎	15	丙寅	七赤	危	胃	13	乙未	五黄	闭	昴
十九	16	丁酉	一白	平	娄	16	丁卯	六白	成	昴	14	丙申	四绿	建	毕
二十	17	戊戌	二黑	定	胃	17	戊辰	五黄	收	毕	15	丁酉	三碧	除	觜
廿一	18	己亥	三碧	执	昴	18	己巳	四绿	开	觜	16	戊戌	二黑	满	参
廿二	19	庚子	四绿	破	毕	19	庚午	三碧	闭	参	17	己亥	一白	平	井
廿三	20	辛丑	五黄	危	觜	20	辛未	二黑	建	井	18	庚子	九紫	定	鬼
廿四	21	壬寅	七赤	成	参	21	壬申	一白	除	鬼	19	辛丑	八白	执	柳
廿五	22	癸卯	六白	收	井	22	癸酉	九紫	满	柳	20	壬寅	七赤	破	星
廿六	23	甲辰	五黄	开	鬼	23	甲戌	八白	平	星	21	癸卯	六白	危	张
廿七	24	乙巳	四绿	闭	柳	24	乙亥	七赤	定	张	22	甲辰	八白	成	翼
廿八	25	丙午	三碧	建	星	25	丙子	六白	执	翼	23	乙巳	七赤	收	轸
廿九	26	丁未	二黑	除	张	26	丁丑	五黄	破	轸	24	丙午	六白	开	角
三十	27	戊申	一白	满	翼										

公元2090年　庚戌狗年（闰八月）　太岁化秋 九星九紫

月份	八月大		乙酉 七赤 震卦 房宿			闰八月小					九月小		丙戌 六白 巽卦 心宿		
节气	白露 9月7日 十四庚申 巳时 10时15分		秋分 9月22日 廿九乙亥 戌时 19时58分			寒露 10月8日 十五辛卯 丑时 2时33分					霜降 10月23日 初一丙午 卯时 5时58分		立冬 11月7日 十六辛酉 卯时 6时22分		
农历	公历	干支	九星	日建	星宿	公历	干支	九星	日建	星宿	公历	干支	九星	日建	星宿
初一	25	丁未	五黄	闭	亢	24	丁丑	八白	定	房	23	丙午	九紫	成	心
初二	26	戊申	四绿	建	氐	25	戊寅	七赤	执	心	24	丁未	八白	收	尾
初三	27	己酉	三碧	除	房	26	己卯	六白	破	尾	25	戊申	七赤	开	箕
初四	28	庚戌	二黑	满	心	27	庚辰	五黄	危	箕	26	己酉	六白	闭	斗
初五	29	辛亥	一白	平	尾	28	辛巳	四绿	成	斗	27	庚戌	五黄	建	牛
初六	30	壬子	九紫	定	箕	29	壬午	三碧	收	牛	28	辛亥	四绿	除	女
初七	31	癸丑	八白	执	斗	30	癸未	二黑	开	女	29	壬子	三碧	满	虚
初八	9月	甲寅	七赤	破	牛	10月	甲申	一白	闭	虚	30	癸丑	二黑	平	危
初九	2	乙卯	六白	危	女	2	乙酉	九紫	建	危	31	甲寅	一白	定	室
初十	3	丙辰	五黄	成	虚	3	丙戌	八白	除	室	11月	乙卯	九紫	执	壁
十一	4	丁巳	四绿	收	危	4	丁亥	七赤	满	壁	2	丙辰	八白	破	奎
十二	5	戊午	三碧	开	室	5	戊子	六白	平	奎	3	丁巳	七赤	危	娄
十三	6	己未	二黑	闭	壁	6	己丑	五黄	定	娄	4	戊午	六白	成	胃
十四	7	庚申	一白	闭	奎	7	庚寅	四绿	执	胃	5	己未	五黄	收	昴
十五	8	辛酉	九紫	建	娄	8	辛卯	三碧	执	昴	6	庚申	四绿	开	毕
十六	9	壬戌	八白	除	胃	9	壬辰	二黑	破	毕	7	辛酉	三碧	开	觜
十七	10	癸亥	七赤	满	昴	10	癸巳	一白	危	觜	8	壬戌	二黑	闭	参
十八	11	甲子	三碧	平	毕	11	甲午	九紫	成	参	9	癸亥	一白	建	井
十九	12	乙丑	二黑	定	觜	12	乙未	八白	收	井	10	甲子	六白	除	鬼
二十	13	丙寅	一白	执	参	13	丙申	七赤	开	鬼	11	乙丑	五黄	满	柳
廿一	14	丁卯	九紫	破	井	14	丁酉	六白	闭	柳	12	丙寅	四绿	平	星
廿二	15	戊辰	八白	危	鬼	15	戊戌	五黄	建	星	13	丁卯	三碧	定	张
廿三	16	己巳	七赤	成	柳	16	己亥	四绿	除	张	14	戊辰	二黑	执	翼
廿四	17	庚午	六白	收	星	17	庚子	三碧	满	翼	15	己巳	一白	破	轸
廿五	18	辛未	五黄	开	张	18	辛丑	二黑	平	轸	16	庚午	九紫	危	角
廿六	19	壬申	四绿	闭	翼	19	壬寅	一白	定	角	17	辛未	八白	成	亢
廿七	20	癸酉	三碧	建	轸	20	癸卯	九紫	执	亢	18	壬申	七赤	收	氐
廿八	21	甲戌	二黑	除	角	21	甲辰	八白	破	氐	19	癸酉	六白	开	房
廿九	22	乙亥	一白	满	亢	22	乙巳	七赤	危	房	20	甲戌	五黄	闭	心
三十	23	丙子	九紫	平	氐										

公元2090年　庚戌狗年（闰八月）　太岁化秋 九星九紫

月份	十月大	丁亥 五黄 坎卦 尾宿				十一月大	戊子 四绿 艮卦 箕宿				十二月小	己丑 三碧 坤卦 斗宿			
节气	小雪 11月22日 初二丙子 寅时 4时05分		大雪 12月6日 十六庚寅 夜子时 23时39分			冬至 12月21日 初一乙巳 酉时 17时43分		小寒 1月5日 十六庚申 午时 11时01分			大寒 1月20日 初一乙亥 寅时 4时21分		立春 2月3日 十五己丑 亥时 22时30分		
农历	公历	干支	九星	日建	星宿	公历	干支	九星	日建	星宿	公历	干支	九星	日建	星宿
初一	21	乙亥	四绿	建	尾	21	乙巳	六白	执	斗	20	乙亥	三碧	开	女
初二	22	丙子	三碧	除	箕	22	丙午	七赤	破	牛	21	丙子	四绿	闭	虚
初三	23	丁丑	二黑	满	斗	23	丁未	八白	危	女	22	丁丑	五黄	建	危
初四	24	戊寅	一白	平	牛	24	戊申	九紫	成	虚	23	戊寅	六白	除	室
初五	25	己卯	九紫	定	女	25	己酉	一白	收	危	24	己卯	七赤	满	壁
初六	26	庚辰	八白	执	虚	26	庚戌	二黑	开	室	25	庚辰	八白	平	奎
初七	27	辛巳	七赤	破	危	27	辛亥	三碧	闭	壁	26	辛巳	九紫	定	娄
初八	28	壬午	六白	危	室	28	壬子	四绿	建	奎	27	壬午	一白	执	胃
初九	29	癸未	五黄	成	壁	29	癸丑	五黄	除	娄	28	癸未	二黑	破	昴
初十	30	甲申	四绿	收	奎	30	甲寅	六白	满	胃	29	甲申	三碧	危	毕
十一	12月	乙酉	三碧	开	娄	31	乙卯	七赤	平	昴	30	乙酉	四绿	成	觜
十二	2	丙戌	二黑	闭	胃	1月	丙辰	八白	定	毕	31	丙戌	五黄	收	参
十三	3	丁亥	一白	建	昴	2	丁巳	九紫	执	觜	2月	丁亥	六白	开	井
十四	4	戊子	九紫	除	毕	3	戊午	一白	破	参	2	戊子	七赤	闭	鬼
十五	5	己丑	八白	满	觜	4	己未	二黑	危	井	3	己丑	八白	闭	柳
十六	6	庚寅	七赤	满	参	5	庚申	三碧	危	鬼	4	庚寅	九紫	建	星
十七	7	辛卯	六白	平	井	6	辛酉	四绿	成	柳	5	辛卯	一白	除	张
十八	8	壬辰	五黄	定	鬼	7	壬戌	五黄	收	星	6	壬辰	二黑	满	翼
十九	9	癸巳	四绿	执	柳	8	癸亥	六白	开	张	7	癸巳	三碧	平	轸
二十	10	甲午	三碧	破	星	9	甲子	一白	闭	翼	8	甲午	四绿	定	角
廿一	11	乙未	二黑	危	张	10	乙丑	二黑	建	轸	9	乙未	五黄	执	亢
廿二	12	丙申	一白	成	翼	11	丙寅	三碧	除	角	10	丙申	六白	破	氐
廿三	13	丁酉	九紫	收	轸	12	丁卯	四绿	满	亢	11	丁酉	七赤	危	房
廿四	14	戊戌	八白	开	角	13	戊辰	五黄	平	氐	12	戊戌	八白	成	心
廿五	15	己亥	七赤	闭	亢	14	己巳	六白	定	房	13	己亥	九紫	收	尾
廿六	16	庚子	六白	建	氐	15	庚午	七赤	执	心	14	庚子	一白	开	箕
廿七	17	辛丑	五黄	除	房	16	辛未	八白	破	尾	15	辛丑	二黑	闭	斗
廿八	18	壬寅	四绿	满	心	17	壬申	九紫	危	箕	16	壬寅	三碧	建	牛
廿九	19	癸卯	三碧	平	尾	18	癸酉	一白	成	斗	17	癸卯	四绿	除	女
三十	20	甲辰	二黑	定	箕	19	甲戌	二黑	收	牛					

公元2091年　辛亥猪年　太岁叶坚 九星八白

月份	正月大	庚寅 二黑 坎卦 牛宿				二月大	辛卯 一白 艮卦 女宿				三月小	壬辰 九紫 坤卦 虚宿				四月大	癸巳 八白 乾卦 危宿			
节气	雨水 2月18日 初一甲辰 酉时 18时12分		惊蛰 3月5日 十六己未 申时 16时05分			春分 3月20日 初一甲戌 申时 16时41分		清明 4月4日 十六己丑 戌时 20时19分			谷雨 4月20日 初二乙巳 寅时 3时07分		立夏 5月5日 十七庚申 未时 13时02分			小满 5月21日 初四丙子 丑时 1时42分		芒种 6月5日 十九辛卯 申时 16时44分		
农历	公历	干支	九星	日建	星宿	公历	干支	九星	日建	星宿	公历	干支	九星	日建	星宿	公历	干支	九星	日建	星宿
初一	18	甲辰	二黑	满	虚	20	甲戌	八白	危	室	19	甲辰	二黑	建	奎	18	癸酉	四绿	定	娄
初二	19	乙巳	三碧	平	危	21	乙亥	九紫	成	壁	20	乙巳	九紫	除	娄	19	甲戌	五黄	执	胃
初三	20	丙午	四绿	定	室	22	丙子	一白	收	奎	21	丙午	一白	满	胃	20	乙亥	六白	破	昴
初四	21	丁未	五黄	执	壁	23	丁丑	二黑	开	娄	22	丁未	二黑	平	昴	21	丙子	七赤	危	毕
初五	22	戊申	六白	破	奎	24	戊寅	三碧	闭	胃	23	戊申	三碧	定	毕	22	丁丑	八白	成	觜
初六	23	己酉	七赤	危	娄	25	己卯	四绿	建	昴	24	己酉	四绿	执	觜	23	戊寅	九紫	收	参
初七	24	庚戌	八白	成	胃	26	庚辰	五黄	除	毕	25	庚戌	五黄	破	参	24	己卯	一白	开	井
初八	25	辛亥	九紫	收	昴	27	辛巳	六白	满	觜	26	辛亥	六白	危	井	25	庚辰	二黑	闭	鬼
初九	26	壬子	一白	开	毕	28	壬午	七赤	平	参	27	壬子	七赤	成	鬼	26	辛巳	三碧	建	柳
初十	27	癸丑	二黑	闭	觜	29	癸未	八白	定	井	28	癸丑	八白	收	柳	27	壬午	四绿	除	星
十一	28	甲寅	三碧	建	参	30	甲申	九紫	执	鬼	29	甲寅	九紫	开	星	28	癸未	五黄	满	张
十二	3月	乙卯	四绿	除	井	31	乙酉	一白	破	柳	30	乙卯	一白	闭	张	29	甲申	六白	平	翼
十三	2	丙辰	五黄	满	鬼	4月	丙戌	二黑	危	星	5月	丙辰	二黑	建	翼	30	乙酉	七赤	定	轸
十四	3	丁巳	六白	平	柳	2	丁亥	三碧	成	张	2	丁巳	三碧	除	轸	31	丙戌	八白	执	角
十五	4	戊午	七赤	定	星	3	戊子	四绿	收	翼	3	戊午	四绿	满	角	6月	丁亥	九紫	破	亢
十六	5	己未	八白	定	张	4	己丑	五黄	收	轸	4	己未	五黄	平	亢	2	戊子	一白	危	氐
十七	6	庚申	九紫	执	翼	5	庚寅	六白	开	角	5	庚申	六白	平	氐	3	己丑	二黑	成	房
十八	7	辛酉	一白	破	轸	6	辛卯	七赤	闭	亢	6	辛酉	七赤	定	房	4	庚寅	三碧	收	心
十九	8	壬戌	二黑	危	角	7	壬辰	八白	建	氐	7	壬戌	八白	执	心	5	辛卯	四绿	收	尾
二十	9	癸亥	三碧	成	亢	8	癸巳	九紫	除	房	8	癸亥	九紫	破	尾	6	壬辰	五黄	开	箕
廿一	10	甲子	七赤	收	氐	9	甲午	一白	满	心	9	甲子	四绿	危	箕	7	癸巳	六白	闭	斗
廿二	11	乙丑	八白	开	房	10	乙未	二黑	平	尾	10	乙丑	五黄	成	斗	8	甲午	七赤	建	牛
廿三	12	丙寅	九紫	闭	心	11	丙申	三碧	定	箕	11	丙寅	六白	收	牛	9	乙未	八白	除	女
廿四	13	丁卯	一白	建	尾	12	丁酉	四绿	执	斗	12	丁卯	七赤	开	女	10	丙申	九紫	满	虚
廿五	14	戊辰	二黑	除	箕	13	戊戌	五黄	破	牛	13	戊辰	八白	闭	虚	11	丁酉	一白	平	危
廿六	15	己巳	三碧	满	斗	14	己亥	六白	危	女	14	己巳	九紫	建	危	12	戊戌	二黑	定	室
廿七	16	庚午	四绿	平	牛	15	庚子	七赤	成	虚	15	庚午	一白	除	室	13	己亥	三碧	执	壁
廿八	17	辛未	五黄	定	女	16	辛丑	八白	收	危	16	辛未	二黑	满	壁	14	庚子	四绿	破	奎
廿九	18	壬申	六白	执	虚	17	壬寅	九紫	开	室	17	壬申	三碧	平	奎	15	辛丑	五黄	危	娄
三十	19	癸酉	七赤	破	危	18	癸卯	一白	闭	壁						16	壬寅	六白	成	胃

公元2091年 辛亥猪年 太岁叶坚 九星八白

月份	五月小 甲午 七赤 兑卦 室宿					六月大 乙未 六白 离卦 壁宿					七月小 丙申 五黄 震卦 奎宿					八月大 丁酉 四绿 巽卦 娄宿				
节气	夏至 6月21日 初五丁未 巳时 9时18分		小暑 7月7日 廿一癸亥 丑时 2时50分			大暑 7月22日 初七戊寅 戌时 20时11分		立秋 8月7日 廿三甲午 午时 12时48分			处暑 8月23日 初九庚戌 寅时 3时35分		白露 9月7日 廿四乙丑 申时 16时12分			秋分 9月23日 十一辛巳 丑时 1时50分		寒露 10月8日 廿六丙申 辰时 8时30分		
农历	公历	干支	九星	日建	星宿	公历	干支	九星	日建	星宿	公历	干支	九星	日建	星宿	公历	干支	九星	日建	星宿
初一	17	癸卯	七赤	收	昴	16	壬申	一白	除	毕	15	壬寅	七赤	破	参	13	辛未	五黄	开	井
初二	18	甲辰	八白	开	毕	17	癸酉	九紫	满	觜	16	癸卯	六白	危	井	14	壬申	四绿	闭	鬼
初三	19	乙巳	九紫	闭	觜	18	甲戌	八白	平	参	17	甲辰	五黄	成	鬼	15	癸酉	三碧	建	柳
初四	20	丙午	一白	建	参	19	乙亥	七赤	定	井	18	乙巳	四绿	收	柳	16	甲戌	二黑	除	星
初五	21	丁未	二黑	除	井	20	丙子	六白	执	鬼	19	丙午	三碧	开	星	17	乙亥	一白	满	张
初六	22	戊申	一白	满	鬼	21	丁丑	五黄	破	柳	20	丁未	二黑	闭	张	18	丙子	九紫	平	翼
初七	23	己酉	九紫	平	柳	22	戊寅	四绿	危	星	21	戊申	一白	建	翼	19	丁丑	八白	定	轸
初八	24	庚戌	八白	定	星	23	己卯	三碧	成	张	22	己酉	九紫	除	轸	20	戊寅	七赤	执	角
初九	25	辛亥	七赤	执	张	24	庚辰	二黑	收	翼	23	庚戌	二黑	满	角	21	己卯	六白	破	亢
初十	26	壬子	六白	破	翼	25	辛巳	一白	开	轸	24	辛亥	一白	平	亢	22	庚辰	五黄	危	氐
十一	27	癸丑	五黄	危	轸	26	壬午	九紫	闭	角	25	壬子	九紫	定	氐	23	辛巳	四绿	成	房
十二	28	甲寅	四绿	成	角	27	癸未	八白	建	亢	26	癸丑	八白	执	房	24	壬午	三碧	收	心
十三	29	乙卯	三碧	收	亢	28	甲申	七赤	除	氐	27	甲寅	七赤	破	心	25	癸未	二黑	开	尾
十四	30	丙辰	二黑	开	氐	29	乙酉	六白	满	房	28	乙卯	六白	危	尾	26	甲申	一白	闭	箕
十五	7月	丁巳	一白	闭	房	30	丙戌	五黄	平	心	29	丙辰	五黄	成	箕	27	乙酉	九紫	建	斗
十六	2	戊午	九紫	建	心	31	丁亥	四绿	定	尾	30	丁巳	四绿	收	斗	28	丙戌	八白	除	牛
十七	3	己未	八白	除	尾	8月	戊子	三碧	执	箕	31	戊午	三碧	开	牛	29	丁亥	七赤	满	女
十八	4	庚申	七赤	满	箕	2	己丑	二黑	破	斗	9月	己未	二黑	闭	女	30	戊子	六白	平	虚
十九	5	辛酉	六白	平	斗	3	庚寅	一白	危	牛	2	庚申	一白	建	虚	10月	己丑	五黄	定	危
二十	6	壬戌	五黄	定	牛	4	辛卯	九紫	成	女	3	辛酉	九紫	除	危	2	庚寅	四绿	执	室
廿一	7	癸亥	四绿	定	女	5	壬辰	八白	收	虚	4	壬戌	八白	满	室	3	辛卯	三碧	破	壁
廿二	8	甲子	九紫	执	虚	6	癸巳	七赤	开	危	5	癸亥	七赤	平	壁	4	壬辰	二黑	危	奎
廿三	9	乙丑	八白	破	危	7	甲午	六白	开	室	6	甲子	三碧	定	奎	5	癸巳	一白	成	娄
廿四	10	丙寅	七赤	危	室	8	乙未	五黄	闭	壁	7	乙丑	二黑	定	娄	6	甲午	九紫	收	胃
廿五	11	丁卯	六白	成	壁	9	丙申	四绿	建	奎	8	丙寅	一白	执	胃	7	乙未	八白	开	昴
廿六	12	戊辰	五黄	收	奎	10	丁酉	三碧	除	娄	9	丁卯	九紫	破	昴	8	丙申	七赤	开	毕
廿七	13	己巳	四绿	开	娄	11	戊戌	二黑	满	胃	10	戊辰	八白	危	毕	9	丁酉	六白	闭	觜
廿八	14	庚午	三碧	闭	胃	12	己亥	一白	平	昴	11	己巳	七赤	成	觜	10	戊戌	五黄	建	参
廿九	15	辛未	二黑	建	昴	13	庚子	九紫	定	毕	12	庚午	六白	收	参	11	己亥	四绿	除	井
三十						14	辛丑	八白	执	觜						12	庚子	三碧	满	鬼

公元2091年　辛亥猪年　太岁叶坚 九星八白

月份	九月小 戊戌 三碧 坎卦 胃宿	十月小 己亥 二黑 艮卦 昴宿	十一月大 庚子 一白 坤卦 毕宿	十二月小 辛丑 九紫 乾卦 觜宿
节气	霜降 10月23日 十一辛亥 午时 11时51分 立冬 11月7日 廿六丙寅 午时 12时20分	小雪 11月22日 十二辛巳 巳时 9时59分 大雪 12月7日 廿七丙申 卯时 5时37分	冬至 12月21日 十二庚戌 夜子时 23时38分 小寒 1月5日 廿七乙丑 酉时 17时00分	大寒 1月20日 十二庚辰 巳时 10时15分 立春 2月4日 廿七乙未 寅时 4时28分
农历	公历 干支 九星 日建 星宿	公历 干支 九星 日建 星宿	公历 干支 九星 日建 星宿	公历 干支 九星 日建 星宿
初一	13 辛丑 二黑 平 柳	11 庚午 九紫 危 星	10 己亥 七赤 闭 张	9 己巳 六白 定 轸
初二	14 壬寅 一白 定 星	12 辛未 八白 成 张	11 庚子 六白 建 翼	10 庚午 七赤 执 角
初三	15 癸卯 九紫 执 张	13 壬申 七赤 收 翼	12 辛丑 五黄 除 轸	11 辛未 八白 破 亢
初四	16 甲辰 八白 破 翼	14 癸酉 六白 开 轸	13 壬寅 四绿 满 角	12 壬申 九紫 危 氐
初五	17 乙巳 七赤 危 轸	15 甲戌 五黄 闭 角	14 癸卯 三碧 平 亢	13 癸酉 一白 成 房
初六	18 丙午 六白 成 角	16 乙亥 四绿 建 亢	15 甲辰 二黑 定 氐	14 甲戌 二黑 收 心
初七	19 丁未 五黄 收 亢	17 丙子 三碧 除 氐	16 乙巳 一白 执 房	15 乙亥 三碧 开 尾
初八	20 戊申 四绿 开 氐	18 丁丑 二黑 满 房	17 丙午 九紫 破 心	16 丙子 四绿 闭 箕
初九	21 己酉 三碧 闭 房	19 戊寅 一白 平 心	18 丁未 八白 危 尾	17 丁丑 五黄 建 斗
初十	22 庚戌 二黑 建 心	20 己卯 九紫 定 尾	19 戊申 七赤 成 箕	18 戊寅 六白 除 牛
十一	23 辛亥 四绿 除 尾	21 庚辰 八白 执 箕	20 己酉 六白 收 斗	19 己卯 七赤 满 女
十二	24 壬子 三碧 满 箕	22 辛巳 七赤 破 斗	21 庚戌 二黑 开 牛	20 庚辰 八白 平 虚
十三	25 癸丑 二黑 平 斗	23 壬午 六白 危 牛	22 辛亥 三碧 闭 女	21 辛巳 九紫 定 危
十四	26 甲寅 一白 定 牛	24 癸未 五黄 成 女	23 壬子 四绿 建 虚	22 壬午 一白 执 室
十五	27 乙卯 九紫 执 女	25 甲申 四绿 收 虚	24 癸丑 五黄 除 危	23 癸未 二黑 破 壁
十六	28 丙辰 八白 破 虚	26 乙酉 三碧 开 危	25 甲寅 六白 满 室	24 甲申 三碧 危 奎
十七	29 丁巳 七赤 危 危	27 丙戌 二黑 闭 室	26 乙卯 七赤 平 壁	25 乙酉 四绿 成 娄
十八	30 戊午 六白 成 室	28 丁亥 一白 建 壁	27 丙辰 八白 定 奎	26 丙戌 五黄 收 胃
十九	31 己未 五黄 收 壁	29 戊子 九紫 除 奎	28 丁巳 九紫 执 娄	27 丁亥 六白 开 昴
二十	11月 庚申 四绿 开 奎	30 己丑 八白 满 娄	29 戊午 一白 破 胃	28 戊子 七赤 闭 毕
廿一	2 辛酉 三碧 闭 娄	12月 庚寅 七赤 平 胃	30 己未 二黑 危 昴	29 己丑 八白 建 觜
廿二	3 壬戌 二黑 建 胃	2 辛卯 六白 定 昴	31 庚申 三碧 成 毕	30 庚寅 九紫 除 参
廿三	4 癸亥 一白 除 昴	3 壬辰 五黄 执 毕	1月 辛酉 四绿 收 觜	31 辛卯 一白 满 井
廿四	5 甲子 六白 满 毕	4 癸巳 四绿 破 觜	2 壬戌 五黄 开 参	2月 壬辰 二黑 平 鬼
廿五	6 乙丑 五黄 平 觜	5 甲午 三碧 危 参	3 癸亥 六白 闭 井	2 癸巳 三碧 定 柳
廿六	7 丙寅 四绿 平 参	6 乙未 二黑 成 井	4 甲子 一白 建 鬼	3 甲午 四绿 执 星
廿七	8 丁卯 三碧 定 井	7 丙申 一白 成 鬼	5 乙丑 二黑 建 柳	4 乙未 五黄 执 张
廿八	9 戊辰 二黑 执 鬼	8 丁酉 九紫 收 柳	6 丙寅 三碧 除 星	5 丙申 六白 破 翼
廿九	10 己巳 一白 破 柳	9 戊戌 八白 开 星	7 丁卯 四绿 满 张	6 丁酉 七赤 危 轸
三十			8 戊辰 五黄 平 翼	

公元2092年　壬子鼠年　太岁邱德 九星七赤

月份	正月大	壬寅 八白 离卦 参宿				二月大	癸卯 七赤 震卦 井宿				三月小	甲辰 六白 巽卦 鬼宿				四月大	乙巳 五黄 坎卦 柳宿			
节气	雨水 2月19日 十三庚戌 早子时 0时05分		惊蛰 3月4日 廿七甲子 亥时 22时02分			春分 3月19日 十二己卯 亥时 22时33分		清明 4月4日 廿八乙未 丑时 2时13分			谷雨 4月19日 十三庚戌 辰时 8时58分		立夏 5月4日 廿八乙丑 酉时 18时55分			小满 5月20日 十五辛巳 辰时 7时35分		芒种 6月4日 三十丙申 亥时 22时37分		
农历	公历	干支	九星	日建	星宿	公历	干支	九星	日建	星宿	公历	干支	九星	日建	星宿	公历	干支	九星	日建	星宿
初一	7	戊戌	八白	成	角	8	戊辰	二黑	除	氐	7	戊戌	五黄	破	心	6	丁卯	七赤	开	尾
初二	8	己亥	九紫	收	亢	9	己巳	三碧	满	房	8	己亥	六白	危	尾	7	戊辰	八白	闭	箕
初三	9	庚子	一白	开	氐	10	庚午	四绿	平	心	9	庚子	七赤	成	箕	8	己巳	九紫	建	斗
初四	10	辛丑	二黑	闭	房	11	辛未	五黄	定	尾	10	辛丑	八白	收	斗	9	庚午	一白	除	牛
初五	11	壬寅	三碧	建	心	12	壬申	六白	执	箕	11	壬寅	九紫	开	牛	10	辛未	二黑	满	女
初六	12	癸卯	四绿	除	尾	13	癸酉	七赤	破	斗	12	癸卯	一白	闭	女	11	壬申	三碧	平	虚
初七	13	甲辰	五黄	满	箕	14	甲戌	八白	危	牛	13	甲辰	二黑	建	虚	12	癸酉	四绿	定	危
初八	14	乙巳	六白	平	斗	15	乙亥	九紫	成	女	14	乙巳	三碧	除	危	13	甲戌	五黄	执	室
初九	15	丙午	七赤	定	牛	16	丙子	一白	收	虚	15	丙午	四绿	满	室	14	乙亥	六白	破	壁
初十	16	丁未	八白	执	女	17	丁丑	二黑	开	危	16	丁未	五黄	平	壁	15	丙子	七赤	危	奎
十一	17	戊申	九紫	破	虚	18	戊寅	三碧	闭	室	17	戊申	六白	定	奎	16	丁丑	八白	成	娄
十二	18	己酉	一白	危	危	19	己卯	四绿	建	壁	18	己酉	七赤	执	娄	17	戊寅	九紫	收	胃
十三	19	**庚戌**	**八白**	成	室	20	庚辰	五黄	除	奎	19	**庚戌**	**五黄**	破	胃	18	己卯	一白	开	昴
十四	20	辛亥	九紫	收	壁	21	辛巳	六白	满	娄	20	辛亥	六白	危	昴	19	庚辰	二黑	闭	毕
十五	21	壬子	一白	开	奎	22	壬午	七赤	平	胃	21	壬子	七赤	成	毕	20	辛巳	三碧	建	觜
十六	22	癸丑	二黑	闭	娄	23	癸未	八白	定	昴	22	癸丑	八白	收	觜	21	壬午	四绿	除	参
十七	23	甲寅	三碧	建	胃	24	甲申	九紫	执	毕	23	甲寅	九紫	开	参	22	癸未	五黄	满	井
十八	24	乙卯	四绿	除	昴	25	乙酉	一白	破	觜	24	乙卯	一白	闭	井	23	甲申	六白	平	鬼
十九	25	丙辰	五黄	满	毕	26	丙戌	二黑	危	参	25	丙辰	二黑	建	鬼	24	乙酉	七赤	定	柳
二十	26	丁巳	六白	平	觜	27	丁亥	三碧	成	井	26	丁巳	三碧	除	柳	25	丙戌	八白	执	星
廿一	27	戊午	七赤	定	参	28	戊子	四绿	收	鬼	27	戊午	四绿	满	星	26	丁亥	九紫	破	张
廿二	28	己未	八白	执	井	29	己丑	五黄	开	柳	28	己未	五黄	平	张	27	戊子	一白	危	翼
廿三	29	庚申	九紫	破	鬼	30	庚寅	六白	闭	星	29	庚申	六白	定	翼	28	己丑	二黑	成	轸
廿四	3月	辛酉	一白	危	柳	31	辛卯	七赤	建	张	30	辛酉	七赤	执	轸	29	庚寅	三碧	收	角
廿五	2	壬戌	二黑	成	星	4月	壬辰	八白	除	翼	5月	壬戌	八白	破	角	30	辛卯	四绿	开	亢
廿六	3	癸亥	三碧	收	张	2	癸巳	九紫	满	轸	2	癸亥	九紫	危	亢	31	壬辰	五黄	闭	氐
廿七	4	**甲子**	**七赤**	收	翼	3	甲午	一白	平	角	3	**甲子**	**四绿**	成	氐	6月	癸巳	六白	建	房
廿八	5	乙丑	八白	开	轸	4	乙未	二黑	平	亢	4	乙丑	五黄	成	房	2	甲午	七赤	除	心
廿九	6	丙寅	九紫	闭	角	5	丙申	三碧	定	氐	5	丙寅	六白	收	心	3	乙未	八白	满	尾
三十	7	丁卯	一白	建	亢	6	丁酉	四绿	执	房						4	丙申	九紫	满	箕

公元2092年 壬子鼠年 太岁邱德 九星七赤

月份	五月大		丙午 艮卦	四绿 星宿		六月小		丁未 坤卦	三碧 张宿		七月大		戊申 乾卦	二黑 翼宿		八月小		己酉 兑卦	一白 轸宿	
节气		夏至 6月20日 十六壬子 申时 15时14分				小暑 7月6日 初二戊辰 辰时 8时40分			大暑 7月22日 十八甲申 丑时 2时07分		立秋 8月6日 初四己亥 酉时 18时35分			处暑 8月22日 二十乙卯 巳时 9时29分		白露 9月6日 初五庚午 亥时 21时55分			秋分 9月22日 廿一丙戌 辰时 7时41分	
农历	公历	干支	九星	日建	星宿	公历	干支	九星	日建	星宿	公历	干支	九星	日建	星宿	公历	干支	九星	日建	星宿
初一	5	丁酉	一白	平	斗	5	丁卯	六白	收	女	3	丙申	四绿	除	虚	2	丙寅	一白	破	室
初二	6	戊戌	二黑	定	牛	6	戊辰	五黄	收	虚	4	丁酉	三碧	满	危	3	丁卯	九紫	危	壁
初三	7	己亥	三碧	执	女	7	己巳	四绿	开	危	5	戊戌	二黑	平	室	4	戊辰	八白	成	奎
初四	8	庚子	四绿	破	虚	8	庚午	三碧	闭	室	6	己亥	一白	平	壁	5	己巳	七赤	收	娄
初五	9	辛丑	五黄	危	危	9	辛未	二黑	建	壁	7	庚子	九紫	定	奎	6	庚午	六白	收	胃
初六	10	壬寅	六白	成	室	10	壬申	一白	除	奎	8	辛丑	八白	执	娄	7	辛未	五黄	开	昴
初七	11	癸卯	七赤	收	壁	11	癸酉	九紫	满	娄	9	壬寅	七赤	破	胃	8	壬申	四绿	闭	毕
初八	12	甲辰	八白	开	奎	12	甲戌	八白	平	胃	10	癸卯	六白	危	昴	9	癸酉	三碧	建	觜
初九	13	乙巳	九紫	闭	娄	13	乙亥	七赤	定	昴	11	甲辰	五黄	成	毕	10	甲戌	二黑	除	参
初十	14	丙午	一白	建	胃	14	丙子	六白	执	毕	12	乙巳	四绿	收	觜	11	乙亥	一白	满	井
十一	15	丁未	二黑	除	昴	15	丁丑	五黄	破	觜	13	丙午	三碧	开	参	12	丙子	九紫	平	鬼
十二	16	戊申	三碧	满	毕	16	戊寅	四绿	危	参	14	丁未	二黑	闭	井	13	丁丑	八白	定	柳
十三	17	己酉	四绿	平	觜	17	己卯	三碧	成	井	15	戊申	一白	建	鬼	14	戊寅	七赤	执	星
十四	18	庚戌	五黄	定	参	18	庚辰	二黑	收	鬼	16	己酉	九紫	除	柳	15	己卯	六白	破	张
十五	19	辛亥	六白	执	井	19	辛巳	一白	开	柳	17	庚戌	八白	满	星	16	庚辰	五黄	危	翼
十六	20	壬子	六白	破	鬼	20	壬午	九紫	闭	星	18	辛亥	七赤	平	张	17	辛巳	四绿	成	轸
十七	21	癸丑	五黄	危	柳	21	癸未	八白	建	张	19	壬子	六白	定	翼	18	壬午	三碧	收	角
十八	22	甲寅	四绿	成	星	22	甲申	七赤	除	翼	20	癸丑	五黄	执	轸	19	癸未	二黑	开	亢
十九	23	乙卯	三碧	收	张	23	乙酉	六白	满	轸	21	甲寅	四绿	破	角	20	甲申	一白	闭	氐
二十	24	丙辰	二黑	开	翼	24	丙戌	五黄	平	角	22	乙卯	六白	危	亢	21	乙酉	九紫	建	房
廿一	25	丁巳	一白	闭	轸	25	丁亥	四绿	定	亢	23	丙辰	五黄	成	氐	22	丙戌	八白	除	心
廿二	26	戊午	九紫	建	角	26	戊子	三碧	执	氐	24	丁巳	四绿	收	房	23	丁亥	七赤	满	尾
廿三	27	己未	八白	除	亢	27	己丑	二黑	破	房	25	戊午	三碧	开	心	24	戊子	六白	平	箕
廿四	28	庚申	七赤	满	氐	28	庚寅	一白	危	心	26	己未	二黑	闭	尾	25	己丑	五黄	定	斗
廿五	29	辛酉	六白	平	房	29	辛卯	九紫	成	尾	27	庚申	一白	建	箕	26	庚寅	四绿	执	牛
廿六	30	壬戌	五黄	定	心	30	壬辰	八白	收	箕	28	辛酉	九紫	除	斗	27	辛卯	三碧	破	女
廿七	7月	癸亥	四绿	执	尾	31	癸巳	七赤	开	斗	29	壬戌	八白	满	牛	28	壬辰	二黑	危	虚
廿八	2	甲子	九紫	破	箕	8月	甲午	六白	闭	牛	30	癸亥	七赤	平	女	29	癸巳	一白	成	危
廿九	3	乙丑	八白	危	斗	2	乙未	五黄	建	女	31	甲子	三碧	定	虚	30	甲午	九紫	收	室
三十	4	丙寅	七赤	成	牛						9月	乙丑	二黑	执	危					

公元2092年　壬子鼠年　太岁邱德　九星七赤

月份	九月大 庚戌 九紫 离卦 角宿					十月小 辛亥 八白 震卦 亢宿					十一月大 壬子 七赤 巽卦 氐宿					十二月小 癸丑 六白 坎卦 房宿				
节气	寒露 10月7日 初七辛丑 未时 14时11分			霜降 10月22日 廿二丙辰 酉时 17时41分		立冬 11月6日 初七辛未 酉时 18时00分			小雪 11月21日 廿二丙戌 申时 15时49分		大雪 12月6日 初八辛丑 午时 11时20分			冬至 12月21日 廿三丙辰 卯时 5时31分		小寒 1月4日 初七庚午 亥时 22时46分			大寒 1月19日 廿二乙酉 申时 16时13分	
农历	公历	干支	九星	日建	星宿	公历	干支	九星	日建	星宿	公历	干支	九星	日建	星宿	公历	干支	九星	日建	星宿
初一	10月	乙未	八白	开	壁	31	乙丑	五黄	平	娄	29	甲午	三碧	危	胃	29	甲子	一白	建	毕
初二	2	丙申	七赤	闭	奎	11月	丙寅	四绿	定	胃	30	乙未	二黑	成	昴	30	乙丑	二黑	除	觜
初三	3	丁酉	六白	建	娄	2	丁卯	三碧	执	昴	12月	丙申	一白	收	毕	31	丙寅	三碧	满	参
初四	4	戊戌	五黄	除	胃	3	戊辰	二黑	破	毕	2	丁酉	九紫	开	觜	1月	丁卯	四绿	平	井
初五	5	己亥	四绿	满	昴	4	己巳	一白	危	觜	3	戊戌	八白	闭	参	2	戊辰	五黄	定	鬼
初六	6	庚子	三碧	平	毕	5	庚午	九紫	成	参	4	己亥	七赤	建	井	3	己巳	六白	执	柳
初七	7	辛丑	二黑	平	觜	6	辛未	八白	成	井	5	庚子	六白	除	鬼	4	庚午	七赤	执	星
初八	8	壬寅	一白	定	参	7	壬申	七赤	收	鬼	6	辛丑	五黄	除	柳	5	辛未	八白	破	张
初九	9	癸卯	九紫	执	井	8	癸酉	六白	开	柳	7	壬寅	四绿	满	星	6	壬申	九紫	危	翼
初十	10	甲辰	八白	破	鬼	9	甲戌	五黄	闭	星	8	癸卯	三碧	平	张	7	癸酉	一白	成	轸
十一	11	乙巳	七赤	危	柳	10	乙亥	四绿	建	张	9	甲辰	二黑	定	翼	8	甲戌	二黑	收	角
十二	12	丙午	六白	成	星	11	丙子	三碧	除	翼	10	乙巳	一白	执	轸	9	乙亥	三碧	开	亢
十三	13	丁未	五黄	收	张	12	丁丑	二黑	满	轸	11	丙午	九紫	破	角	10	丙子	四绿	闭	氐
十四	14	戊申	四绿	开	翼	13	戊寅	一白	平	角	12	丁未	八白	危	亢	11	丁丑	五黄	建	房
十五	15	己酉	三碧	闭	轸	14	己卯	九紫	定	亢	13	戊申	七赤	成	氐	12	戊寅	六白	除	心
十六	16	庚戌	二黑	建	角	15	庚辰	八白	执	氐	14	己酉	六白	收	房	13	己卯	七赤	满	尾
十七	17	辛亥	一白	除	亢	16	辛巳	七赤	破	房	15	庚戌	五黄	开	心	14	庚辰	八白	平	箕
十八	18	壬子	九紫	满	氐	17	壬午	六白	危	心	16	辛亥	四绿	闭	尾	15	辛巳	九紫	定	斗
十九	19	癸丑	八白	平	房	18	癸未	五黄	成	尾	17	壬子	三碧	建	箕	16	壬午	一白	执	牛
二十	20	甲寅	七赤	定	心	19	甲申	四绿	收	箕	18	癸丑	二黑	除	斗	17	癸未	二黑	破	女
廿一	21	乙卯	六白	执	尾	20	乙酉	三碧	开	斗	19	甲寅	一白	满	牛	18	甲申	三碧	危	虚
廿二	22	丙辰	八白	破	箕	21	丙戌	二黑	闭	牛	20	乙卯	九紫	平	女	19	乙酉	四绿	成	危
廿三	23	丁巳	七赤	危	斗	22	丁亥	一白	建	女	21	丙辰	八白	定	虚	20	丙戌	五黄	收	室
廿四	24	戊午	六白	成	牛	23	戊子	九紫	除	虚	22	丁巳	九紫	执	危	21	丁亥	六白	开	壁
廿五	25	己未	五黄	收	女	24	己丑	八白	满	危	23	戊午	一白	破	室	22	戊子	七赤	闭	奎
廿六	26	庚申	四绿	开	虚	25	庚寅	七赤	平	室	24	己未	二黑	危	壁	23	己丑	八白	建	娄
廿七	27	辛酉	三碧	闭	危	26	辛卯	六白	定	壁	25	庚申	三碧	成	奎	24	庚寅	九紫	除	胃
廿八	28	壬戌	二黑	建	室	27	壬辰	五黄	执	奎	26	辛酉	四绿	收	娄	25	辛卯	一白	满	昴
廿九	29	癸亥	一白	除	壁	28	癸巳	四绿	破	娄	27	壬戌	五黄	开	胃	26	壬辰	二黑	平	毕
三十	30	甲子	六白	满	奎						28	癸亥	六白	闭	昴					

公元2093年　癸丑牛年（闰六月）　太岁林溥 九星六白

月份	正月小 甲寅 五黄 震卦 心宿					二月大 乙卯 四绿 巽卦 尾宿					三月大 丙辰 三碧 坎卦 箕宿					四月小 丁巳 二黑 艮卦 斗宿				
节气	立春 2月3日 初八庚子 巳时 10时18分		雨水 2月18日 廿三乙卯 卯时 6时05分			惊蛰 3月5日 初九庚午 寅时 3时53分		春分 3月20日 廿四乙酉 寅时 4时34分			清明 4月4日 初九庚子 辰时 8时05分		谷雨 4月19日 廿四乙卯 未时 14时58分			立夏 5月5日 初十辛未 早子时 0时45分		小满 5月20日 廿五丙戌 未时 13时31分		
农历	公历	干支	九星	日建	星宿	公历	干支	九星	日建	星宿	公历	干支	九星	日建	星宿	公历	干支	九星	日建	星宿
初一	27	癸巳	三碧	定	觜	25	壬戌	二黑	成	参	27	壬辰	八白	除	鬼	26	壬戌	八白	破	星
初二	28	甲午	四绿	执	参	26	癸亥	三碧	收	井	28	癸巳	九紫	满	柳	27	癸亥	九紫	危	张
初三	29	乙未	五黄	破	井	27	甲子	七赤	开	鬼	29	甲午	一白	平	星	28	甲子	四绿	成	翼
初四	30	丙申	六白	危	鬼	28	乙丑	八白	闭	柳	30	乙未	二黑	定	张	29	乙丑	五黄	收	轸
初五	31	丁酉	七赤	成	柳	3月	丙寅	九紫	建	星	31	丙申	三碧	执	翼	30	丙寅	六白	开	角
初六	2月	戊戌	八白	收	星	2	丁卯	一白	除	张	4月	丁酉	四绿	破	轸	5月	丁卯	七赤	闭	亢
初七	2	己亥	九紫	开	张	3	戊辰	二黑	满	翼	2	戊戌	五黄	危	角	2	戊辰	八白	建	氐
初八	3	庚子	一白	开	翼	4	己巳	三碧	平	轸	3	己亥	六白	成	亢	3	己巳	九紫	除	房
初九	4	辛丑	二黑	闭	轸	5	庚午	四绿	平	角	4	庚子	七赤	成	氐	4	庚午	一白	满	心
初十	5	壬寅	三碧	建	角	6	辛未	五黄	定	亢	5	辛丑	八白	收	房	5	辛未	二黑	满	尾
十一	6	癸卯	四绿	除	亢	7	壬申	六白	执	氐	6	壬寅	九紫	开	心	6	壬申	三碧	平	箕
十二	7	甲辰	五黄	满	氐	8	癸酉	七赤	破	房	7	癸卯	一白	闭	尾	7	癸酉	四绿	定	斗
十三	8	乙巳	六白	平	房	9	甲戌	八白	危	心	8	甲辰	二黑	建	箕	8	甲戌	五黄	执	牛
十四	9	丙午	七赤	定	心	10	乙亥	九紫	成	尾	9	乙巳	三碧	除	斗	9	乙亥	六白	破	女
十五	10	丁未	八白	执	尾	11	丙子	一白	收	箕	10	丙午	四绿	满	牛	10	丙子	七赤	危	虚
十六	11	戊申	九紫	破	箕	12	丁丑	二黑	开	斗	11	丁未	五黄	平	女	11	丁丑	八白	成	危
十七	12	己酉	一白	危	斗	13	戊寅	三碧	闭	牛	12	戊申	六白	定	虚	12	戊寅	九紫	收	室
十八	13	庚戌	二黑	成	牛	14	己卯	四绿	建	女	13	己酉	七赤	执	危	13	己卯	一白	开	壁
十九	14	辛亥	三碧	收	女	15	庚辰	五黄	除	虚	14	庚戌	八白	破	室	14	庚辰	二黑	闭	奎
二十	15	壬子	四绿	开	虚	16	辛巳	六白	满	危	15	辛亥	九紫	危	壁	15	辛巳	三碧	建	娄
廿一	16	癸丑	五黄	闭	危	17	壬午	七赤	平	室	16	壬子	一白	成	奎	16	壬午	四绿	除	胃
廿二	17	甲寅	六白	建	室	18	癸未	八白	定	壁	17	癸丑	二黑	收	娄	17	癸未	五黄	满	昴
廿三	18	乙卯	四绿	除	壁	19	甲申	九紫	执	奎	18	甲寅	三碧	开	胃	18	甲申	六白	平	毕
廿四	19	丙辰	五黄	满	奎	20	乙酉	一白	破	娄	19	乙卯	一白	闭	昴	19	乙酉	七赤	定	觜
廿五	20	丁巳	六白	平	娄	21	丙戌	二黑	危	胃	20	丙辰	二黑	建	毕	20	丙戌	八白	执	参
廿六	21	戊午	七赤	定	胃	22	丁亥	三碧	成	昴	21	丁巳	三碧	除	觜	21	丁亥	九紫	破	井
廿七	22	己未	八白	执	昴	23	戊子	四绿	收	毕	22	戊午	四绿	满	参	22	戊子	一白	危	鬼
廿八	23	庚申	九紫	破	毕	24	己丑	五黄	开	觜	23	己未	五黄	平	井	23	己丑	二黑	成	柳
廿九	24	辛酉	一白	危	觜	25	庚寅	六白	闭	参	24	庚申	六白	定	鬼	24	庚寅	三碧	收	星
三十						26	辛卯	七赤	建	井	25	辛酉	七赤	执	柳					

公元2093年 癸丑牛年（闰六月） 太岁林溥 九星六白

月份	五月大		戊午 一白 坤卦 牛宿			六月小		己未 九紫 乾卦 女宿			闰六月大				
节气	芒种 6月5日 十二壬寅 寅时 4时26分		夏至 6月20日 廿七丁巳 戌时 21时06分			小暑 7月6日 十三癸酉 未时 14时30分		大暑 7月22日 廿九己丑 辰时 7时56分			立秋 8月7日 十六乙巳 早子时 0时27分				
农历	公历	干支	九星	日建	星宿	公历	干支	九星	日建	星宿	公历	干支	九星	日建	星宿
初一	25	辛卯	四绿	开	张	24	辛酉	六白	平	轸	23	庚寅	一白	危	角
初二	26	壬辰	五黄	闭	翼	25	壬戌	五黄	定	角	24	辛卯	九紫	成	亢
初三	27	癸巳	六白	建	轸	26	癸亥	四绿	执	亢	25	壬辰	八白	收	氐
初四	28	甲午	七赤	除	角	27	甲子	九紫	破	氐	26	癸巳	七赤	开	房
初五	29	乙未	八白	满	亢	28	乙丑	八白	危	房	27	甲午	六白	闭	心
初六	30	丙申	九紫	平	氐	29	丙寅	七赤	成	心	28	乙未	五黄	建	尾
初七	31	丁酉	一白	定	房	30	丁卯	六白	收	尾	29	丙申	四绿	除	箕
初八	6月	戊戌	二黑	执	心	7月	戊辰	五黄	开	箕	30	丁酉	三碧	满	斗
初九	2	己亥	三碧	破	尾	2	己巳	四绿	闭	斗	31	戊戌	二黑	平	牛
初十	3	庚子	四绿	危	箕	3	庚午	三碧	建	牛	8月	己亥	一白	定	女
十一	4	辛丑	五黄	成	斗	4	辛未	二黑	除	女	2	庚子	九紫	执	虚
十二	5	壬寅	六白	成	牛	5	壬申	一白	满	虚	3	辛丑	八白	破	危
十三	6	癸卯	七赤	收	女	6	癸酉	九紫	满	危	4	壬寅	七赤	危	室
十四	7	甲辰	八白	开	虚	7	甲戌	八白	平	室	5	癸卯	六白	成	壁
十五	8	乙巳	九紫	闭	危	8	乙亥	七赤	定	壁	6	甲辰	五黄	收	奎
十六	9	丙午	一白	建	室	9	丙子	六白	执	奎	7	乙巳	四绿	收	娄
十七	10	丁未	二黑	除	壁	10	丁丑	五黄	破	娄	8	丙午	三碧	开	胃
十八	11	戊申	三碧	满	奎	11	戊寅	四绿	危	胃	9	丁未	二黑	闭	昴
十九	12	己酉	四绿	平	娄	12	己卯	三碧	成	昴	10	戊申	一白	建	毕
二十	13	庚戌	五黄	定	胃	13	庚辰	二黑	收	毕	11	己酉	九紫	除	觜
廿一	14	辛亥	六白	执	昴	14	辛巳	一白	开	觜	12	庚戌	八白	满	参
廿二	15	壬子	七赤	破	毕	15	壬午	九紫	闭	参	13	辛亥	七赤	平	井
廿三	16	癸丑	八白	危	觜	16	癸未	八白	建	井	14	壬子	六白	定	鬼
廿四	17	甲寅	九紫	成	参	17	甲申	七赤	除	鬼	15	癸丑	五黄	执	柳
廿五	18	乙卯	一白	收	井	18	乙酉	六白	满	柳	16	甲寅	四绿	破	星
廿六	19	丙辰	二黑	开	鬼	19	丙戌	五黄	平	星	17	乙卯	三碧	危	张
廿七	20	丁巳	一白	闭	柳	20	丁亥	四绿	定	张	18	丙辰	二黑	成	翼
廿八	21	戊午	九紫	建	星	21	戊子	三碧	执	翼	19	丁巳	一白	收	轸
廿九	22	己未	八白	除	张	22	己丑	二黑	破	轸	20	戊午	九紫	开	角
三十	23	庚申	七赤	满	翼						21	己未	八白	闭	亢

公元2093年　癸丑牛年（闰六月）　太岁林溥 九星六白

月份	七月大		庚申 八白 兑卦 虚宿			八月小		辛酉 七赤 离卦 危宿			九月大		壬戌 六白 震卦 室宿		
节气	处暑 8月22日 初一庚申 申时 15时17分		白露 9月7日 十七丙子 寅时 3时49分			秋分 9月22日 初二辛卯 未时 13时28分		寒露 10月7日 十七丙午 戌时 20时05分			霜降 10月22日 初三辛酉 夜子时 23时27分		立冬 11月6日 十八丙子 夜子时 23时55分		
农历	公历	干支	九星	日建	星宿	公历	干支	九星	日建	星宿	公历	干支	九星	日建	星宿
初一	22	庚申	一白	建	氐	21	庚寅	四绿	执	心	20	己未	二黑	收	尾
初二	23	辛酉	九紫	除	房	22	辛卯	三碧	破	尾	21	庚申	一白	开	箕
初三	24	壬戌	八白	满	心	23	壬辰	二黑	危	箕	22	辛酉	三碧	闭	斗
初四	25	癸亥	七赤	平	尾	24	癸巳	一白	成	斗	23	壬戌	二黑	建	牛
初五	26	甲子	三碧	定	箕	25	甲午	九紫	收	牛	24	癸亥	一白	除	女
初六	27	乙丑	二黑	执	斗	26	乙未	八白	开	女	25	甲子	六白	满	虚
初七	28	丙寅	一白	破	牛	27	丙申	七赤	闭	虚	26	乙丑	五黄	平	危
初八	29	丁卯	九紫	危	女	28	丁酉	六白	建	危	27	丙寅	四绿	定	室
初九	30	戊辰	八白	成	虚	29	戊戌	五黄	除	室	28	丁卯	三碧	执	壁
初十	31	己巳	七赤	收	危	30	己亥	四绿	满	壁	29	戊辰	二黑	破	奎
十一	9月	庚午	六白	开	室	10月	庚子	三碧	平	奎	30	己巳	一白	危	娄
十二	2	辛未	五黄	闭	壁	2	辛丑	二黑	定	娄	31	庚午	九紫	成	胃
十三	3	壬申	四绿	建	奎	3	壬寅	一白	执	胃	11月	辛未	八白	收	昴
十四	4	癸酉	三碧	除	娄	4	癸卯	九紫	破	昴	2	壬申	七赤	开	毕
十五	5	甲戌	二黑	满	胃	5	甲辰	八白	危	毕	3	癸酉	六白	闭	觜
十六	6	乙亥	一白	平	昴	6	乙巳	七赤	成	觜	4	甲戌	五黄	建	参
十七	7	丙子	九紫	平	毕	7	丙午	六白	成	参	5	乙亥	四绿	除	井
十八	8	丁丑	八白	定	觜	8	丁未	五黄	收	井	6	丙子	三碧	除	鬼
十九	9	戊寅	七赤	执	参	9	戊申	四绿	开	鬼	7	丁丑	二黑	满	柳
二十	10	己卯	六白	破	井	10	己酉	三碧	闭	柳	8	戊寅	一白	平	星
廿一	11	庚辰	五黄	危	鬼	11	庚戌	二黑	建	星	9	己卯	九紫	定	张
廿二	12	辛巳	四绿	成	柳	12	辛亥	一白	除	张	10	庚辰	八白	执	翼
廿三	13	壬午	三碧	收	星	13	壬子	九紫	满	翼	11	辛巳	七赤	破	轸
廿四	14	癸未	二黑	开	张	14	癸丑	八白	平	轸	12	壬午	六白	危	角
廿五	15	甲申	一白	闭	翼	15	甲寅	七赤	定	角	13	癸未	五黄	成	亢
廿六	16	乙酉	九紫	建	轸	16	乙卯	六白	执	亢	14	甲申	四绿	收	氐
廿七	17	丙戌	八白	除	角	17	丙辰	五黄	破	氐	15	乙酉	三碧	开	房
廿八	18	丁亥	七赤	满	亢	18	丁巳	四绿	危	房	16	丙戌	二黑	闭	心
廿九	19	戊子	六白	平	氐	19	戊午	三碧	成	心	17	丁亥	一白	建	尾
三十	20	己丑	五黄	定	房						18	戊子	九紫	除	箕

公元2093年　癸丑牛年（闰六月）　太岁林溥 九星六白

月份	十月小	癸亥 五黄 巽卦 壁宿	十一月大	甲子 四绿 坎卦 奎宿	十二月小	乙丑 三碧 艮卦 娄宿
节气	小雪 11月21日 初三辛卯 亥时 21时37分	大雪 12月6日 十八丙午 酉时 17时16分	冬至 12月21日 初四辛酉 午时 11时20分	小寒 1月5日 十九丙子 寅时 4时44分	大寒 1月19日 初三庚寅 亥时 22时03分	立春 2月3日 十八乙巳 申时 16时16分

农历	公历	干支	九星	日建	星宿	公历	干支	九星	日建	星宿	公历	干支	九星	日建	星宿
初一	19	己丑	八白	满	斗	18	戊午	六白	破	牛	17	戊子	七赤	闭	虚
初二	20	庚寅	七赤	平	牛	19	己未	五黄	危	女	18	己丑	八白	建	危
初三	21	辛卯	六白	定	女	20	庚申	四绿	成	虚	19	庚寅	九紫	除	室
初四	22	壬辰	五黄	执	虚	21	辛酉	四绿	收	危	20	辛卯	一白	满	壁
初五	23	癸巳	四绿	破	危	22	壬戌	五黄	开	室	21	壬辰	二黑	平	奎
初六	24	甲午	三碧	危	室	23	癸亥	六白	闭	壁	22	癸巳	三碧	定	娄
初七	25	乙未	二黑	成	壁	24	甲子	一白	建	奎	23	甲午	四绿	执	胃
初八	26	丙申	一白	收	奎	25	乙丑	二黑	除	娄	24	乙未	五黄	破	昴
初九	27	丁酉	九紫	开	娄	26	丙寅	三碧	满	胃	25	丙申	六白	危	毕
初十	28	戊戌	八白	闭	胃	27	丁卯	四绿	平	昴	26	丁酉	七赤	成	觜
十一	29	己亥	七赤	建	昴	28	戊辰	五黄	定	毕	27	戊戌	八白	收	参
十二	30	庚子	六白	除	毕	29	己巳	六白	执	觜	28	己亥	九紫	开	井
十三	12月	辛丑	五黄	满	觜	30	庚午	七赤	破	参	29	庚子	一白	闭	鬼
十四	2	壬寅	四绿	平	参	31	辛未	八白	危	井	30	辛丑	二黑	建	柳
十五	3	癸卯	三碧	定	井	1月	壬申	九紫	成	鬼	31	壬寅	三碧	除	星
十六	4	甲辰	二黑	执	鬼	2	癸酉	一白	收	柳	2月	癸卯	四绿	满	张
十七	5	乙巳	一白	破	柳	3	甲戌	二黑	开	星	2	甲辰	五黄	平	翼
十八	6	丙午	九紫	破	星	4	乙亥	三碧	闭	张	3	乙巳	六白	平	轸
十九	7	丁未	八白	危	张	5	丙子	四绿	闭	翼	4	丙午	七赤	定	角
二十	8	戊申	七赤	成	翼	6	丁丑	五黄	建	轸	5	丁未	八白	执	亢
廿一	9	己酉	六白	收	轸	7	戊寅	六白	除	角	6	戊申	九紫	破	氐
廿二	10	庚戌	五黄	开	角	8	己卯	七赤	满	亢	7	己酉	一白	危	房
廿三	11	辛亥	四绿	闭	亢	9	庚辰	八白	平	氐	8	庚戌	二黑	成	心
廿四	12	壬子	三碧	建	氐	10	辛巳	九紫	定	房	9	辛亥	三碧	收	尾
廿五	13	癸丑	二黑	除	房	11	壬午	一白	执	心	10	壬子	四绿	开	箕
廿六	14	甲寅	一白	满	心	12	癸未	二黑	破	尾	11	癸丑	五黄	闭	斗
廿七	15	乙卯	九紫	平	尾	13	甲申	三碧	危	箕	12	甲寅	六白	建	牛
廿八	16	丙辰	八白	定	箕	14	乙酉	四绿	成	斗	13	乙卯	七赤	除	女
廿九	17	丁巳	七赤	执	斗	15	丙戌	五黄	收	牛	14	丙辰	八白	满	虚
三十						16	丁亥	六白	开	女					

公元2094年 甲寅虎年 太岁张朝 九星五黄

月份	正月小		丙寅 二黑 巽卦 胃宿			二月大		丁卯 一白 坎卦 昴宿			三月小		戊辰 九紫 艮卦 毕宿			四月大		己巳 八白 坤卦 觜宿		
节气	雨水 2月18日 初四庚申 午时 11时55分			惊蛰 3月5日 十九乙亥 巳时 9时50分		春分 3月20日 初五庚寅 巳时 10时21分			清明 4月4日 二十乙巳 未时 13时59分		谷雨 4月19日 初五庚申 戌时 20时40分			立夏 5月5日 廿一丙子 卯时 6时35分		小满 5月20日 初七辛卯 戌时 19时09分			芒种 6月5日 廿三丁未 巳时 10时11分	
农历	公历	干支	九星	日建	星宿	公历	干支	九星	日建	星宿	公历	干支	九星	日建	星宿	公历	干支	九星	日建	星宿
初一	15	丁巳	九紫	平	危	16	丙戌	二黑	危	室	15	丙辰	五黄	建	奎	14	乙酉	七赤	定	娄
初二	16	戊午	一白	定	室	17	丁亥	三碧	成	壁	16	丁巳	六白	除	娄	15	丙戌	八白	执	胃
初三	17	己未	二黑	执	壁	18	戊子	四绿	收	奎	17	戊午	七赤	满	胃	16	丁亥	九紫	破	昴
初四	18	**庚申**	**九紫**	破	奎	19	己丑	五黄	开	娄	18	己未	八白	平	昴	17	戊子	一白	危	毕
初五	19	辛酉	一白	危	娄	20	庚寅	六白	闭	胃	19	**庚申**	**六白**	定	毕	18	己丑	二黑	成	觜
初六	20	壬戌	二黑	成	胃	21	辛卯	七赤	建	昴	20	辛酉	七赤	执	觜	19	庚寅	三碧	收	参
初七	21	癸亥	三碧	收	昴	22	壬辰	八白	除	毕	21	壬戌	八白	破	参	20	辛卯	四绿	开	井
初八	22	**甲子**	**七赤**	开	毕	23	癸巳	九紫	满	觜	22	癸亥	九紫	危	井	21	壬辰	五黄	闭	鬼
初九	23	乙丑	八白	闭	觜	24	甲午	一白	平	参	23	**甲子**	**四绿**	成	鬼	22	癸巳	六白	建	柳
初十	24	丙寅	九紫	建	参	25	乙未	二黑	定	井	24	乙丑	五黄	收	柳	23	甲午	七赤	除	星
十一	25	丁卯	一白	除	井	26	丙申	三碧	执	鬼	25	丙寅	六白	开	星	24	乙未	八白	满	张
十二	26	戊辰	二黑	满	鬼	27	丁酉	四绿	破	柳	26	丁卯	七赤	闭	张	25	丙申	九紫	平	翼
十三	27	己巳	三碧	平	柳	28	戊戌	五黄	危	星	27	戊辰	八白	建	翼	26	丁酉	一白	定	轸
十四	28	庚午	四绿	定	星	29	己亥	六白	成	张	28	己巳	九紫	除	轸	27	戊戌	二黑	执	角
十五	3月	辛未	五黄	执	张	30	庚子	七赤	收	翼	29	庚午	一白	满	角	28	己亥	三碧	破	亢
十六	2	壬申	六白	破	翼	31	辛丑	八白	开	轸	30	辛未	二黑	平	亢	29	庚子	四绿	危	氐
十七	3	癸酉	七赤	危	轸	4月	壬寅	九紫	闭	角	5月	壬申	三碧	定	氐	30	辛丑	五黄	成	房
十八	4	甲戌	八白	成	角	2	癸卯	一白	建	亢	2	癸酉	四绿	执	房	31	壬寅	六白	收	心
十九	5	乙亥	九紫	成	亢	3	甲辰	二黑	除	氐	3	甲戌	五黄	破	心	6月	癸卯	七赤	开	尾
二十	6	丙子	一白	收	氐	4	乙巳	三碧	除	房	4	乙亥	六白	危	尾	2	甲辰	八白	闭	箕
廿一	7	丁丑	二黑	开	房	5	丙午	四绿	满	心	5	丙子	七赤	危	箕	3	乙巳	九紫	建	斗
廿二	8	戊寅	三碧	闭	心	6	丁未	五黄	平	尾	6	丁丑	八白	成	斗	4	丙午	一白	除	牛
廿三	9	己卯	四绿	建	尾	7	戊申	六白	定	箕	7	戊寅	九紫	收	牛	5	丁未	二黑	除	女
廿四	10	庚辰	五黄	除	箕	8	己酉	七赤	执	斗	8	己卯	一白	开	女	6	戊申	三碧	满	虚
廿五	11	辛巳	六白	满	斗	9	庚戌	八白	破	牛	9	庚辰	二黑	闭	虚	7	己酉	四绿	平	危
廿六	12	壬午	七赤	平	牛	10	辛亥	九紫	危	女	10	辛巳	三碧	建	危	8	庚戌	五黄	定	室
廿七	13	癸未	八白	定	女	11	壬子	一白	成	虚	11	壬午	四绿	除	室	9	辛亥	六白	执	壁
廿八	14	甲申	九紫	执	虚	12	癸丑	二黑	收	危	12	癸未	五黄	满	壁	10	壬子	七赤	破	奎
廿九	15	乙酉	一白	破	危	13	甲寅	三碧	开	室	13	甲申	六白	平	奎	11	癸丑	八白	危	娄
三十						14	乙卯	四绿	闭	壁						12	甲寅	九紫	成	胃

公元2094年 甲寅虎年 太岁张朝 九星五黄

月份	五月小	庚午 七赤 乾卦 参宿				六月大	辛未 六白 兑卦 井宿				七月大	壬申 五黄 离卦 鬼宿				八月小	癸酉 四绿 震卦 柳宿			
节气	夏至 6月21日 初九癸亥 丑时 2时41分		小暑 7月6日 廿四戊寅 戌时 20时13分			大暑 7月22日 十一甲午 未时 13时33分		立秋 8月7日 廿七庚戌 卯时 6时11分			处暑 8月22日 十二乙丑 戌时 20时59分		白露 9月7日 廿八辛巳 巳时 9时35分			秋分 9月22日 十三丙申 戌时 19时16分		寒露 10月8日 廿九壬子 丑时 1时54分		
农历	公历	干支	九星	日建	星宿	公历	干支	九星	日建	星宿	公历	干支	九星	日建	星宿	公历	干支	九星	日建	星宿
初一	13	乙卯	一白	收	昴	12	甲申	七赤	除	毕	11	甲寅	四绿	破	参	10	甲申	一白	闭	鬼
初二	14	丙辰	二黑	开	毕	13	乙酉	六白	满	觜	12	乙卯	三碧	危	井	11	乙酉	九紫	建	柳
初三	15	丁巳	三碧	闭	觜	14	丙戌	五黄	平	参	13	丙辰	二黑	成	鬼	12	丙戌	八白	除	星
初四	16	戊午	四绿	建	参	15	丁亥	四绿	定	井	14	丁巳	一白	收	柳	13	丁亥	七赤	满	张
初五	17	己未	五黄	除	井	16	戊子	三碧	执	鬼	15	戊午	九紫	开	星	14	戊子	六白	平	翼
初六	18	庚申	六白	满	鬼	17	己丑	二黑	破	柳	16	己未	八白	闭	张	15	己丑	五黄	定	轸
初七	19	辛酉	七赤	平	柳	18	庚寅	一白	危	星	17	庚申	七赤	建	翼	16	庚寅	四绿	执	角
初八	20	壬戌	八白	定	星	19	辛卯	九紫	成	张	18	辛酉	六白	除	轸	17	辛卯	三碧	破	亢
初九	21	癸亥	四绿	执	张	20	壬辰	八白	收	翼	19	壬戌	五黄	满	角	18	壬辰	二黑	危	氐
初十	22	甲子	九紫	破	翼	21	癸巳	七赤	开	轸	20	癸亥	四绿	平	亢	19	癸巳	一白	成	房
十一	23	乙丑	八白	危	轸	22	甲午	六白	闭	角	21	甲子	九紫	定	氐	20	甲午	九紫	收	心
十二	24	丙寅	七赤	成	角	23	乙未	五黄	建	亢	22	乙丑	二黑	执	房	21	乙未	八白	开	尾
十三	25	丁卯	六白	收	亢	24	丙申	四绿	除	氐	23	丙寅	一白	破	心	22	丙申	七赤	闭	箕
十四	26	戊辰	五黄	开	氐	25	丁酉	三碧	满	房	24	丁卯	九紫	危	尾	23	丁酉	六白	建	斗
十五	27	己巳	四绿	闭	房	26	戊戌	二黑	平	心	25	戊辰	八白	成	箕	24	戊戌	五黄	除	牛
十六	28	庚午	三碧	建	心	27	己亥	一白	定	尾	26	己巳	七赤	收	斗	25	己亥	四绿	满	女
十七	29	辛未	二黑	除	尾	28	庚子	九紫	执	箕	27	庚午	六白	开	牛	26	庚子	三碧	平	虚
十八	30	壬申	一白	满	箕	29	辛丑	八白	破	斗	28	辛未	五黄	闭	女	27	辛丑	二黑	定	危
十九	7月	癸酉	九紫	平	斗	30	壬寅	七赤	危	牛	29	壬申	四绿	建	虚	28	壬寅	一白	执	室
二十	2	甲戌	八白	定	牛	31	癸卯	六白	成	女	30	癸酉	三碧	除	危	29	癸卯	九紫	破	壁
廿一	3	乙亥	七赤	执	女	8月	甲辰	五黄	收	虚	31	甲戌	二黑	满	室	30	甲辰	八白	危	奎
廿二	4	丙子	六白	破	虚	2	乙巳	四绿	开	危	9月	乙亥	一白	平	壁	10月	乙巳	七赤	成	娄
廿三	5	丁丑	五黄	危	危	3	丙午	三碧	闭	室	2	丙子	九紫	定	奎	2	丙午	六白	收	胃
廿四	6	戊寅	四绿	危	室	4	丁未	二黑	建	壁	3	丁丑	八白	执	娄	3	丁未	五黄	开	昴
廿五	7	己卯	三碧	成	壁	5	戊申	一白	除	奎	4	戊寅	七赤	破	胃	4	戊申	四绿	闭	毕
廿六	8	庚辰	二黑	收	奎	6	己酉	九紫	满	娄	5	己卯	六白	危	昴	5	己酉	三碧	建	觜
廿七	9	辛巳	一白	开	娄	7	庚戌	八白	满	胃	6	庚辰	五黄	成	毕	6	庚戌	二黑	除	参
廿八	10	壬午	九紫	闭	胃	8	辛亥	七赤	平	昴	7	辛巳	四绿	成	觜	7	辛亥	一白	满	井
廿九	11	癸未	八白	建	昴	9	壬子	六白	定	毕	8	壬午	三碧	收	参	8	壬子	九紫	满	鬼
三十						10	癸丑	五黄	执	觜	9	癸未	二黑	开	井					

公元2094年　甲寅虎年　太岁张朝 九星五黄

月份	九月大	甲戌 三碧 巽卦 星宿				十月大	乙亥 二黑 坎卦 张宿				十一月小	丙子 一白 艮卦 翼宿				十二月大	丁丑 九紫 坤卦 轸宿			
节气	霜降 10月23日 十五丁卯 卯时 5时19分		立冬 11月7日 三十壬午 卯时 5时46分			小雪 11月22日 十五丁酉 寅时 3时30分		大雪 12月6日 廿九辛亥 夜子时 23时07分			冬至 12月21日 十四丙寅 酉时 17时12分		小寒 1月5日 廿九辛巳 巳时 10时34分			大寒 1月20日 十五丙申 寅时 3时55分		立春 2月3日 廿九庚戌 亥时 22时06分		
农历	公历	干支	九星	日建	星宿	公历	干支	九星	日建	星宿	公历	干支	九星	日建	星宿	公历	干支	九星	日建	星宿
初一	9	癸丑	八白	平	柳	8	癸未	五黄	成	张	8	癸丑	二黑	除	轸	6	壬午	一白	执	角
初二	10	甲寅	七赤	定	星	9	甲申	四绿	收	翼	9	甲寅	一白	满	角	7	癸未	二黑	破	亢
初三	11	乙卯	六白	执	张	10	乙酉	三碧	开	轸	10	乙卯	九紫	平	亢	8	甲申	三碧	危	氐
初四	12	丙辰	五黄	破	翼	11	丙戌	二黑	闭	角	11	丙辰	八白	定	氐	9	乙酉	四绿	成	房
初五	13	丁巳	四绿	危	轸	12	丁亥	一白	建	亢	12	丁巳	七赤	执	房	10	丙戌	五黄	收	心
初六	14	戊午	三碧	成	角	13	戊子	九紫	除	氐	13	戊午	六白	破	心	11	丁亥	六白	开	尾
初七	15	己未	二黑	收	亢	14	己丑	八白	满	房	14	己未	五黄	危	尾	12	戊子	七赤	闭	箕
初八	16	庚申	一白	开	氐	15	庚寅	七赤	平	心	15	庚申	四绿	成	箕	13	己丑	八白	建	斗
初九	17	辛酉	九紫	闭	房	16	辛卯	六白	定	尾	16	辛酉	三碧	收	斗	14	庚寅	九紫	除	牛
初十	18	壬戌	八白	建	心	17	壬辰	五黄	执	箕	17	壬戌	二黑	开	牛	15	辛卯	一白	满	女
十一	19	癸亥	七赤	除	尾	18	癸巳	四绿	破	斗	18	癸亥	一白	闭	女	16	壬辰	二黑	平	虚
十二	20	甲子	三碧	满	箕	19	甲午	三碧	危	牛	19	甲子	六白	建	虚	17	癸巳	三碧	定	危
十三	21	乙丑	二黑	平	斗	20	乙未	二黑	成	女	20	乙丑	五黄	除	危	18	甲午	四绿	执	室
十四	22	丙寅	四绿	定	牛	21	丙申	一白	收	虚	21	丙寅	三碧	满	室	19	乙未	五黄	破	壁
十五	23	丁卯	三碧	执	女	22	丁酉	九紫	开	危	22	丁卯	四绿	平	壁	20	丙申	六白	危	奎
十六	24	戊辰	二黑	破	虚	23	戊戌	八白	闭	室	23	戊辰	五黄	定	奎	21	丁酉	七赤	成	娄
十七	25	己巳	一白	危	危	24	己亥	七赤	建	壁	24	己巳	六白	执	娄	22	戊戌	八白	收	胃
十八	26	庚午	九紫	成	室	25	庚子	六白	除	奎	25	庚午	七赤	破	胃	23	己亥	九紫	开	昴
十九	27	辛未	八白	收	壁	26	辛丑	五黄	满	娄	26	辛未	八白	危	昴	24	庚子	一白	闭	毕
二十	28	壬申	七赤	开	奎	27	壬寅	四绿	平	胃	27	壬申	九紫	成	毕	25	辛丑	二黑	建	觜
廿一	29	癸酉	六白	闭	娄	28	癸卯	三碧	定	昴	28	癸酉	一白	收	觜	26	壬寅	三碧	除	参
廿二	30	甲戌	五黄	建	胃	29	甲辰	二黑	执	毕	29	甲戌	二黑	开	参	27	癸卯	四绿	满	井
廿三	31	乙亥	四绿	除	昴	30	乙巳	一白	破	觜	30	乙亥	三碧	闭	井	28	甲辰	五黄	平	鬼
廿四	11月	丙子	三碧	满	毕	12月	丙午	九紫	危	参	31	丙子	四绿	建	鬼	29	乙巳	六白	定	柳
廿五	2	丁丑	二黑	平	觜	2	丁未	八白	成	井	1月	丁丑	五黄	除	柳	30	丙午	七赤	执	星
廿六	3	戊寅	一白	定	参	3	戊申	七赤	收	鬼	2	戊寅	六白	满	星	31	丁未	八白	破	张
廿七	4	己卯	九紫	执	井	4	己酉	六白	开	柳	3	己卯	七赤	平	张	2月	戊申	九紫	危	翼
廿八	5	庚辰	八白	破	鬼	5	庚戌	五黄	闭	星	4	庚辰	八白	定	翼	2	己酉	一白	成	轸
廿九	6	辛巳	七赤	危	柳	6	辛亥	四绿	闭	张	5	辛巳	九紫	定	轸	3	庚戌	二黑	成	角
三十	7	壬午	六白	危	星	7	壬子	三碧	建	翼						4	辛亥	三碧	收	亢

公元2095年 乙卯兔年 太岁方清 九星四绿

月份	正月小		戊寅 八白 坎卦 角宿			二月大		己卯 七赤 艮卦 亢宿			三月小		庚辰 六白 坤卦 氐宿			四月小		辛巳 五黄 乾卦 房宿		
节气	雨水 2月18日 十四乙丑 酉时 17时47分			惊蛰 3月5日 廿九庚辰 申时 15时41分		春分 3月20日 十五乙未 申时 16时14分			清明 4月4日 三十庚戌 戌时 19时50分		谷雨 4月20日 十六丙寅 丑时 2时35分					立夏 5月5日 初二辛巳 午时 12时25分			小满 5月21日 十八丁酉 丑时 1时05分	
农历	公历	干支	九星	日建	星宿	公历	干支	九星	日建	星宿	公历	干支	九星	日建	星宿	公历	干支	九星	日建	星宿
初一	5	壬子	四绿	开	氐	6	辛巳	六白	满	房	5	辛亥	九紫	危	尾	4	庚辰	二黑	建	箕
初二	6	癸丑	五黄	闭	房	7	壬午	七赤	平	心	6	壬子	一白	成	箕	5	辛巳	三碧	建	斗
初三	7	甲寅	六白	建	心	8	癸未	八白	定	尾	7	癸丑	二黑	收	斗	6	壬午	四绿	除	牛
初四	8	乙卯	七赤	除	尾	9	甲申	九紫	执	箕	8	甲寅	三碧	开	牛	7	癸未	五黄	满	女
初五	9	丙辰	八白	满	箕	10	乙酉	一白	破	斗	9	乙卯	四绿	闭	女	8	甲申	六白	平	虚
初六	10	丁巳	九紫	平	斗	11	丙戌	二黑	危	牛	10	丙辰	五黄	建	虚	9	乙酉	七赤	定	危
初七	11	戊午	一白	定	牛	12	丁亥	三碧	成	女	11	丁巳	六白	除	危	10	丙戌	八白	执	室
初八	12	己未	二黑	执	女	13	戊子	四绿	收	虚	12	戊午	七赤	满	室	11	丁亥	九紫	破	壁
初九	13	庚申	三碧	破	虚	14	己丑	五黄	开	危	13	己未	八白	平	壁	12	戊子	一白	危	奎
初十	14	辛酉	四绿	危	危	15	庚寅	六白	闭	室	14	庚申	九紫	定	奎	13	己丑	二黑	成	娄
十一	15	壬戌	五黄	成	室	16	辛卯	七赤	建	壁	15	辛酉	一白	执	娄	14	庚寅	三碧	收	胃
十二	16	癸亥	六白	收	壁	17	壬辰	八白	除	奎	16	壬戌	二黑	破	胃	15	辛卯	四绿	开	昴
十三	17	甲子	一白	开	奎	18	癸巳	九紫	满	娄	17	癸亥	三碧	危	昴	16	壬辰	五黄	闭	毕
十四	18	乙丑	八白	闭	娄	19	甲午	一白	平	胃	18	甲子	七赤	成	毕	17	癸巳	六白	建	觜
十五	19	丙寅	九紫	建	胃	20	乙未	二黑	定	昴	19	乙丑	八白	收	觜	18	甲午	七赤	除	参
十六	20	丁卯	一白	除	昴	21	丙申	三碧	执	毕	20	丙寅	六白	开	参	19	乙未	八白	满	井
十七	21	戊辰	二黑	满	毕	22	丁酉	四绿	破	觜	21	丁卯	七赤	闭	井	20	丙申	九紫	平	鬼
十八	22	己巳	三碧	平	觜	23	戊戌	五黄	危	参	22	戊辰	八白	建	鬼	21	丁酉	一白	定	柳
十九	23	庚午	四绿	定	参	24	己亥	六白	成	井	23	己巳	九紫	除	柳	22	戊戌	二黑	执	星
二十	24	辛未	五黄	执	井	25	庚子	七赤	收	鬼	24	庚午	一白	满	星	23	己亥	三碧	破	张
廿一	25	壬申	六白	破	鬼	26	辛丑	八白	开	柳	25	辛未	二黑	平	张	24	庚子	四绿	危	翼
廿二	26	癸酉	七赤	危	柳	27	壬寅	九紫	闭	星	26	壬申	三碧	定	翼	25	辛丑	五黄	成	轸
廿三	27	甲戌	八白	成	星	28	癸卯	一白	建	张	27	癸酉	四绿	执	轸	26	壬寅	六白	收	角
廿四	28	乙亥	九紫	收	张	29	甲辰	二黑	除	翼	28	甲戌	五黄	破	角	27	癸卯	七赤	开	亢
廿五	3月	丙子	一白	开	翼	30	乙巳	三碧	满	轸	29	乙亥	六白	危	亢	28	甲辰	八白	闭	氐
廿六	2	丁丑	二黑	闭	轸	31	丙午	四绿	平	角	30	丙子	七赤	成	氐	29	乙巳	九紫	建	房
廿七	3	戊寅	三碧	建	角	4月	丁未	五黄	定	亢	5月	丁丑	八白	收	房	30	丙午	一白	除	心
廿八	4	己卯	四绿	除	亢	2	戊申	六白	执	氐	2	戊寅	九紫	开	心	31	丁未	二黑	满	尾
廿九	5	庚辰	五黄	除	氐	3	己酉	七赤	破	房	3	己卯	一白	闭	尾	6月	戊申	三碧	平	箕
三十						4	庚戌	八白	破	心										

公元2095年 乙卯兔年 太岁方清 九星四绿

月份	五月大	壬午 四绿 兑卦 心宿				六月小	癸未 三碧 离卦 尾宿				七月大	甲申 二黑 震卦 箕宿				八月小	乙酉 一白 巽卦 斗宿			
节气	芒种 6月5日 初四壬子 申时 15时59分		夏至 6月21日 二十戊辰 辰时 8时38分			小暑 7月7日 初六甲申 丑时 2时00分		大暑 7月22日 廿一己亥 戌时 19时30分			立秋 8月7日 初八乙卯 午时 11时58分		处暑 8月23日 廿四辛未 丑时 2时55分			白露 9月7日 初九丙戌 申时 15时22分		秋分 9月23日 廿五壬寅 丑时 1时10分		
农历	公历	干支	九星	日建	星宿	公历	干支	九星	日建	星宿	公历	干支	九星	日建	星宿	公历	干支	九星	日建	星宿
初一	2	己酉	四绿	定	斗	2	己卯	三碧	收	女	31	戊申	一白	除	虚	30	戊寅	七赤	破	室
初二	3	庚戌	五黄	执	牛	3	庚辰	二黑	开	虚	8月	己酉	九紫	满	危	31	己卯	六白	危	壁
初三	4	辛亥	六白	破	女	4	辛巳	一白	闭	危	2	庚戌	八白	平	室	9月	庚辰	五黄	成	奎
初四	5	壬子	七赤	破	虚	5	壬午	九紫	建	室	3	辛亥	七赤	定	壁	2	辛巳	四绿	收	娄
初五	6	癸丑	八白	危	危	6	癸未	八白	除	壁	4	壬子	六白	执	奎	3	壬午	三碧	开	胃
初六	7	甲寅	九紫	成	室	7	甲申	七赤	除	奎	5	癸丑	五黄	破	娄	4	癸未	二黑	闭	昴
初七	8	乙卯	一白	收	壁	8	乙酉	六白	满	娄	6	甲寅	四绿	危	胃	5	甲申	一白	建	毕
初八	9	丙辰	二黑	开	奎	9	丙戌	五黄	平	胃	7	乙卯	三碧	危	昴	6	乙酉	九紫	除	觜
初九	10	丁巳	三碧	闭	娄	10	丁亥	四绿	定	昴	8	丙辰	二黑	成	毕	7	丙戌	八白	除	参
初十	11	戊午	四绿	建	胃	11	戊子	三碧	执	毕	9	丁巳	一白	收	觜	8	丁亥	七赤	满	井
十一	12	己未	五黄	除	昴	12	己丑	二黑	破	觜	10	戊午	九紫	开	参	9	戊子	六白	平	鬼
十二	13	庚申	六白	满	毕	13	庚寅	一白	危	参	11	己未	八白	闭	井	10	己丑	五黄	定	柳
十三	14	辛酉	七赤	平	觜	14	辛卯	九紫	成	井	12	庚申	七赤	建	鬼	11	庚寅	四绿	执	星
十四	15	壬戌	八白	定	参	15	壬辰	八白	收	鬼	13	辛酉	六白	除	柳	12	辛卯	三碧	破	张
十五	16	癸亥	九紫	执	井	16	癸巳	七赤	开	柳	14	壬戌	五黄	满	星	13	壬辰	二黑	危	翼
十六	17	甲子	四绿	破	鬼	17	甲午	六白	闭	星	15	癸亥	四绿	平	张	14	癸巳	一白	成	轸
十七	18	乙丑	五黄	危	柳	18	乙未	五黄	建	张	16	甲子	九紫	定	翼	15	甲午	九紫	收	角
十八	19	丙寅	六白	成	星	19	丙申	四绿	除	翼	17	乙丑	八白	执	轸	16	乙未	八白	开	亢
十九	20	丁卯	七赤	收	张	20	丁酉	三碧	满	轸	18	丙寅	七赤	破	角	17	丙申	七赤	闭	氐
二十	21	戊辰	五黄	开	翼	21	戊戌	二黑	平	角	19	丁卯	六白	危	亢	18	丁酉	六白	建	房
廿一	22	己巳	四绿	闭	轸	22	己亥	一白	定	亢	20	戊辰	五黄	成	氐	19	戊戌	五黄	除	心
廿二	23	庚午	三碧	建	角	23	庚子	九紫	执	氐	21	己巳	四绿	收	房	20	己亥	四绿	满	尾
廿三	24	辛未	二黑	除	亢	24	辛丑	八白	破	房	22	庚午	三碧	开	心	21	庚子	三碧	平	箕
廿四	25	壬申	一白	满	氐	25	壬寅	七赤	危	心	23	辛未	五黄	闭	尾	22	辛丑	二黑	定	斗
廿五	26	癸酉	九紫	平	房	26	癸卯	六白	成	尾	24	壬申	四绿	建	箕	23	壬寅	一白	执	牛
廿六	27	甲戌	八白	定	心	27	甲辰	五黄	收	箕	25	癸酉	三碧	除	斗	24	癸卯	九紫	破	女
廿七	28	乙亥	七赤	执	尾	28	乙巳	四绿	开	斗	26	甲戌	二黑	满	牛	25	甲辰	八白	危	虚
廿八	29	丙子	六白	破	箕	29	丙午	三碧	闭	牛	27	乙亥	一白	平	女	26	乙巳	七赤	成	危
廿九	30	丁丑	五黄	危	斗	30	丁未	二黑	建	女	28	丙子	九紫	定	虚	27	丙午	六白	收	室
三十	7月	戊寅	四绿	成	牛						29	丁丑	八白	执	危					

公元2095年　乙卯兔年　太岁方清 九星四绿

月份	九月大		丙戌 九紫 坎卦 牛宿			十月大		丁亥 八白 艮卦 女宿			十一月大		戊子 七赤 坤卦 虚宿			十二月小		己丑 六白 乾卦 危宿		
节气	寒露 10月8日 十一丁巳 辰时 7时41分		霜降 10月23日 廿六壬申 午时 11时12分			立冬 11月7日 十一丁亥 午时 11时32分		小雪 11月22日 廿六壬寅 巳时 9时20分			大雪 12月7日 十一丁巳 寅时 4时51分		冬至 12月21日 廿五辛未 早子时 23时00分			小寒 1月5日 初十丙戌 申时 16时15分		大寒 1月20日 廿五辛丑 巳时 9时40分		
农历	公历	干支	九星	日建	星宿	公历	干支	九星	日建	星宿	公历	干支	九星	日建	星宿	公历	干支	九星	日建	星宿
初一	28	丁未	五黄	开	壁	28	丁丑	二黑	平	娄	27	丁未	八白	成	昴	27	丁丑	五黄	除	觜
初二	29	戊申	四绿	闭	奎	29	戊寅	一白	定	胃	28	戊申	七赤	收	毕	28	戊寅	六白	满	参
初三	30	己酉	三碧	建	娄	30	己卯	九紫	执	昴	29	己酉	六白	开	觜	29	己卯	七赤	平	井
初四	10月	庚戌	二黑	除	胃	31	庚辰	八白	破	毕	30	庚戌	五黄	闭	参	30	庚辰	八白	定	鬼
初五	2	辛亥	一白	满	昴	11月	辛巳	七赤	危	觜	12月	辛亥	四绿	建	井	31	辛巳	九紫	执	柳
初六	3	壬子	九紫	平	毕	2	壬午	六白	成	参	2	壬子	三碧	除	鬼	1月	壬午	一白	破	星
初七	4	癸丑	八白	定	觜	3	癸未	五黄	收	井	3	癸丑	二黑	满	柳	2	癸未	二黑	危	张
初八	5	甲寅	七赤	执	参	4	甲申	四绿	开	鬼	4	甲寅	一白	平	星	3	甲申	三碧	成	翼
初九	6	乙卯	六白	破	井	5	乙酉	三碧	闭	柳	5	乙卯	九紫	定	张	4	乙酉	四绿	收	轸
初十	7	丙辰	五黄	危	鬼	6	丙戌	二黑	建	星	6	丙辰	八白	执	翼	5	丙戌	五黄	收	角
十一	8	丁巳	四绿	危	柳	7	丁亥	一白	建	张	7	丁巳	七赤	执	轸	6	丁亥	六白	开	亢
十二	9	戊午	三碧	成	星	8	戊子	九紫	除	翼	8	戊午	六白	破	角	7	戊子	七赤	闭	氐
十三	10	己未	二黑	收	张	9	己丑	八白	满	轸	9	己未	五黄	危	亢	8	己丑	八白	建	房
十四	11	庚申	一白	开	翼	10	庚寅	七赤	平	角	10	庚申	四绿	成	氐	9	庚寅	九紫	除	心
十五	12	辛酉	九紫	闭	轸	11	辛卯	六白	定	亢	11	辛酉	三碧	收	房	10	辛卯	一白	满	尾
十六	13	壬戌	八白	建	角	12	壬辰	五黄	执	氐	12	壬戌	二黑	开	心	11	壬辰	二黑	平	箕
十七	14	癸亥	七赤	除	亢	13	癸巳	四绿	破	房	13	癸亥	一白	闭	尾	12	癸巳	三碧	定	斗
十八	15	甲子	三碧	满	氐	14	甲午	三碧	危	心	14	甲子	六白	建	箕	13	甲午	四绿	执	牛
十九	16	乙丑	二黑	平	房	15	乙未	二黑	成	尾	15	乙丑	五黄	除	斗	14	乙未	五黄	破	女
二十	17	丙寅	一白	定	心	16	丙申	一白	收	箕	16	丙寅	四绿	满	牛	15	丙申	六白	危	虚
廿一	18	丁卯	九紫	执	尾	17	丁酉	九紫	开	斗	17	丁卯	三碧	平	女	16	丁酉	七赤	成	危
廿二	19	戊辰	八白	破	箕	18	戊戌	八白	闭	牛	18	戊辰	二黑	定	虚	17	戊戌	八白	收	室
廿三	20	己巳	七赤	危	斗	19	己亥	七赤	建	女	19	己巳	一白	执	危	18	己亥	九紫	开	壁
廿四	21	庚午	六白	成	牛	20	庚子	六白	除	虚	20	庚午	九紫	破	室	19	庚子	一白	闭	奎
廿五	22	辛未	五黄	收	女	21	辛丑	五黄	满	危	21	辛未	八白	危	壁	20	辛丑	二黑	建	娄
廿六	23	壬申	七赤	开	虚	22	壬寅	四绿	平	室	22	壬申	九紫	成	奎	21	壬寅	三碧	除	胃
廿七	24	癸酉	六白	闭	危	23	癸卯	三碧	定	壁	23	癸酉	一白	收	娄	22	癸卯	四绿	满	昴
廿八	25	甲戌	五黄	建	室	24	甲辰	二黑	执	奎	24	甲戌	二黑	开	胃	23	甲辰	五黄	平	毕
廿九	26	乙亥	四绿	除	壁	25	乙巳	一白	破	娄	25	乙亥	三碧	闭	昴	24	乙巳	六白	定	觜
三十	27	丙子	三碧	满	奎	26	丙午	九紫	危	胃	26	丙子	四绿	建	毕					

公元2096年　丙辰龙年（闰四月）　太岁辛亚 九星三碧

月份	正月大	庚寅 五黄 艮卦 室宿				二月小	辛卯 四绿 坤卦 壁宿				三月大	壬辰 三碧 乾卦 奎宿				四月小	癸巳 二黑 兑卦 娄宿			
节气	立春 2月4日 十一丙辰 寅时 3时46分		雨水 2月18日 廿五庚午 夜子时 23时33分			惊蛰 3月4日 初十乙酉 亥时 21时22分		春分 3月19日 廿五庚子 亥时 22时02分			清明 4月4日 十二丙辰 丑时 1时35分		谷雨 4月19日 廿七辛未 辰时 8时26分			立夏 5月4日 十二丙戌 酉时 18时15分		小满 5月20日 廿八壬寅 辰时 6时58分		
农历	公历	干支	九星	日建	星宿	公历	干支	九星	日建	星宿	公历	干支	九星	日建	星宿	公历	干支	九星	日建	星宿
初一	25	丙午	七赤	执	参	24	丙子	一白	开	鬼	24	乙巳	三碧	满	柳	23	乙亥	六白	危	张
初二	26	丁未	八白	破	井	25	丁丑	二黑	闭	柳	25	丙午	四绿	平	星	24	丙子	七赤	成	翼
初三	27	戊申	九紫	危	鬼	26	戊寅	三碧	建	星	26	丁未	五黄	定	张	25	丁丑	八白	收	轸
初四	28	己酉	一白	成	柳	27	己卯	四绿	除	张	27	戊申	六白	执	翼	26	戊寅	九紫	开	角
初五	29	庚戌	二黑	收	星	28	庚辰	五黄	满	翼	28	己酉	七赤	破	轸	27	己卯	一白	闭	亢
初六	30	辛亥	三碧	开	张	29	辛巳	六白	平	轸	29	庚戌	八白	危	角	28	庚辰	二黑	建	氐
初七	31	壬子	四绿	闭	翼	3月	壬午	七赤	定	角	30	辛亥	九紫	成	亢	29	辛巳	三碧	除	房
初八	2月	癸丑	五黄	建	轸	2	癸未	八白	执	亢	31	壬子	一白	收	氐	30	壬午	四绿	满	心
初九	2	甲寅	六白	除	角	3	甲申	九紫	破	氐	4月	癸丑	二黑	开	房	5月	癸未	五黄	平	尾
初十	3	乙卯	七赤	满	亢	4	乙酉	一白	破	房	2	甲寅	三碧	闭	心	2	甲申	六白	定	箕
十一	4	丙辰	八白	满	氐	5	丙戌	二黑	危	心	3	乙卯	四绿	建	尾	3	乙酉	七赤	执	斗
十二	5	丁巳	九紫	平	房	6	丁亥	三碧	成	尾	4	丙辰	五黄	建	箕	4	丙戌	八白	执	牛
十三	6	戊午	一白	定	心	7	戊子	四绿	收	箕	5	丁巳	六白	除	斗	5	丁亥	九紫	破	女
十四	7	己未	二黑	执	尾	8	己丑	五黄	开	斗	6	戊午	七赤	满	牛	6	戊子	一白	危	虚
十五	8	庚申	三碧	破	箕	9	庚寅	六白	闭	牛	7	己未	八白	平	女	7	己丑	二黑	成	危
十六	9	辛酉	四绿	危	斗	10	辛卯	七赤	建	女	8	庚申	九紫	定	虚	8	庚寅	三碧	收	室
十七	10	壬戌	五黄	成	牛	11	壬辰	八白	除	虚	9	辛酉	一白	执	危	9	辛卯	四绿	开	壁
十八	11	癸亥	六白	收	女	12	癸巳	九紫	满	危	10	壬戌	二黑	破	室	10	壬辰	五黄	闭	奎
十九	12	甲子	一白	开	虚	13	甲午	一白	平	室	11	癸亥	三碧	危	壁	11	癸巳	六白	建	娄
二十	13	乙丑	二黑	闭	危	14	乙未	二黑	定	壁	12	甲子	七赤	成	奎	12	甲午	七赤	除	胃
廿一	14	丙寅	三碧	建	室	15	丙申	三碧	执	奎	13	乙丑	八白	收	娄	13	乙未	八白	满	昴
廿二	15	丁卯	四绿	除	壁	16	丁酉	四绿	破	娄	14	丙寅	九紫	开	胃	14	丙申	九紫	平	毕
廿三	16	戊辰	五黄	满	奎	17	戊戌	五黄	危	胃	15	丁卯	一白	闭	昴	15	丁酉	一白	定	觜
廿四	17	己巳	六白	平	娄	18	己亥	六白	成	昴	16	戊辰	二黑	建	毕	16	戊戌	二黑	执	参
廿五	18	庚午	四绿	定	胃	19	庚子	七赤	收	毕	17	己巳	三碧	除	觜	17	己亥	三碧	破	井
廿六	19	辛未	五黄	执	昴	20	辛丑	八白	开	觜	18	庚午	四绿	满	参	18	庚子	四绿	危	鬼
廿七	20	壬申	六白	破	毕	21	壬寅	九紫	闭	参	19	辛未	二黑	平	井	19	辛丑	五黄	成	柳
廿八	21	癸酉	七赤	危	觜	22	癸卯	一白	建	井	20	壬申	三碧	定	鬼	20	壬寅	六白	收	星
廿九	22	甲戌	八白	成	参	23	甲辰	二黑	除	鬼	21	癸酉	四绿	执	柳	21	癸卯	七赤	开	张
三十	23	乙亥	九紫	收	井						22	甲戌	五黄	破	星					

公元2096年　丙辰龙年（闰四月）　太岁辛亚 九星三碧

月份	闰四月小					五月大 甲午 一白 离卦 胃宿					六月小 乙未 九紫 震卦 昴宿				
节气	芒种 6月4日 十四丁巳 亥时 21时53分					夏至 6月20日 初一癸酉 未时 14时30分		小暑 7月6日 十七己丑 辰时 7时56分			大暑 7月22日 初三乙巳 丑时 1时18分		立秋 8月6日 十八庚申 酉时 17时52分		
农历	公历	干支	九星	日建	星宿	公历	干支	九星	日建	星宿	公历	干支	九星	日建	星宿
初一	22	甲辰	八白	闭	翼	20	癸酉	九紫	平	轸	20	癸卯	六白	成	亢
初二	23	乙巳	九紫	建	轸	21	甲戌	八白	定	角	21	甲辰	五黄	收	氐
初三	24	丙午	一白	除	角	22	乙亥	七赤	执	亢	22	乙巳	四绿	开	房
初四	25	丁未	二黑	满	亢	23	丙子	六白	破	氐	23	丙午	三碧	闭	心
初五	26	戊申	三碧	平	氐	24	丁丑	五黄	危	房	24	丁未	二黑	建	尾
初六	27	己酉	四绿	定	房	25	戊寅	四绿	成	心	25	戊申	一白	除	箕
初七	28	庚戌	五黄	执	心	26	己卯	三碧	收	尾	26	己酉	九紫	满	斗
初八	29	辛亥	六白	破	尾	27	庚辰	二黑	开	箕	27	庚戌	八白	平	牛
初九	30	壬子	七赤	危	箕	28	辛巳	一白	闭	斗	28	辛亥	七赤	定	女
初十	31	癸丑	八白	成	斗	29	壬午	九紫	建	牛	29	壬子	六白	执	虚
十一	6月	甲寅	九紫	收	牛	30	癸未	八白	除	女	30	癸丑	五黄	破	危
十二	2	乙卯	一白	开	女	7月	甲申	七赤	满	虚	31	甲寅	四绿	危	室
十三	3	丙辰	二黑	闭	虚	2	乙酉	六白	平	危	8月	乙卯	三碧	成	壁
十四	4	丁巳	三碧	闭	危	3	丙戌	五黄	定	室	2	丙辰	二黑	收	奎
十五	5	戊午	四绿	建	室	4	丁亥	四绿	执	壁	3	丁巳	一白	开	娄
十六	6	己未	五黄	除	壁	5	戊子	三碧	破	奎	4	戊午	九紫	闭	胃
十七	7	庚申	六白	满	奎	6	己丑	二黑	破	娄	5	己未	八白	建	昴
十八	8	辛酉	七赤	平	娄	7	庚寅	一白	危	胃	6	庚申	七赤	建	毕
十九	9	壬戌	八白	定	胃	8	辛卯	九紫	成	昴	7	辛酉	六白	除	觜
二十	10	癸亥	九紫	执	昴	9	壬辰	八白	收	毕	8	壬戌	五黄	满	参
廿一	11	甲子	四绿	破	毕	10	癸巳	七赤	开	觜	9	癸亥	四绿	平	井
廿二	12	乙丑	五黄	危	觜	11	甲午	六白	闭	参	10	甲子	九紫	定	鬼
廿三	13	丙寅	六白	成	参	12	乙未	五黄	建	井	11	乙丑	八白	执	柳
廿四	14	丁卯	七赤	收	井	13	丙申	四绿	除	鬼	12	丙寅	七赤	破	星
廿五	15	戊辰	八白	开	鬼	14	丁酉	三碧	满	柳	13	丁卯	六白	危	张
廿六	16	己巳	九紫	闭	柳	15	戊戌	二黑	平	星	14	戊辰	五黄	成	翼
廿七	17	庚午	一白	建	星	16	己亥	一白	定	张	15	己巳	四绿	收	轸
廿八	18	辛未	二黑	除	张	17	庚子	九紫	执	翼	16	庚午	三碧	开	角
廿九	19	壬申	三碧	满	翼	18	辛丑	八白	破	轸	17	辛未	二黑	闭	亢
三十						19	壬寅	七赤	危	角					

公元2096年 丙辰龙年（闰四月） 太岁辛亚 九星三碧

月份	七月小 丙申 八白 巽卦 毕宿					八月大 丁酉 七赤 坎卦 觜宿					九月大 戊戌 六白 艮卦 参宿				
节气	处暑 8月22日 初五丙子 辰时 8时41分		白露 9月6日 二十辛卯 亥时 21时16分			秋分 9月22日 初七丁未 卯时 6时54分		寒露 10月7日 廿二壬戌 未时 13时34分			霜降 10月22日 初七丁丑 申时 16时55分		立冬 11月6日 廿二壬辰 酉时 17时25分		
农历	公历	干支	九星	日建	星宿	公历	干支	九星	日建	星宿	公历	干支	九星	日建	星宿
初一	18	壬申	一白	建	氐	16	辛丑	二黑	定	房	16	辛未	五黄	收	尾
初二	19	癸酉	九紫	除	房	17	壬寅	一白	执	心	17	壬申	四绿	开	箕
初三	20	甲戌	八白	满	心	18	癸卯	九紫	破	尾	18	癸酉	三碧	闭	斗
初四	21	乙亥	七赤	平	尾	19	甲辰	八白	危	箕	19	甲戌	二黑	建	牛
初五	22	丙子	九紫	定	箕	20	乙巳	七赤	成	斗	20	乙亥	一白	除	女
初六	23	丁丑	八白	执	斗	21	丙午	六白	收	牛	21	丙子	九紫	满	虚
初七	24	戊寅	七赤	破	牛	22	丁未	五黄	开	女	22	丁丑	二黑	平	危
初八	25	己卯	六白	危	女	23	戊申	四绿	闭	虚	23	戊寅	一白	定	室
初九	26	庚辰	五黄	成	虚	24	己酉	三碧	建	危	24	己卯	九紫	执	壁
初十	27	辛巳	四绿	收	危	25	庚戌	二黑	除	室	25	庚辰	八白	破	奎
十一	28	壬午	三碧	开	室	26	辛亥	一白	满	壁	26	辛巳	七赤	危	娄
十二	29	癸未	二黑	闭	壁	27	壬子	九紫	平	奎	27	壬午	六白	成	胃
十三	30	甲申	一白	建	奎	28	癸丑	八白	定	娄	28	癸未	五黄	收	昴
十四	31	乙酉	九紫	除	娄	29	甲寅	七赤	执	胃	29	甲申	四绿	开	毕
十五	9月	丙戌	八白	满	胃	30	乙卯	六白	破	昴	30	乙酉	三碧	闭	觜
十六	2	丁亥	七赤	平	昴	10月	丙辰	五黄	危	毕	31	丙戌	二黑	建	参
十七	3	戊子	六白	定	毕	2	丁巳	四绿	成	觜	11月	丁亥	一白	除	井
十八	4	己丑	五黄	执	觜	3	戊午	三碧	收	参	2	戊子	九紫	满	鬼
十九	5	庚寅	四绿	破	参	4	己未	二黑	开	井	3	己丑	八白	平	柳
二十	6	辛卯	三碧	破	井	5	庚申	一白	闭	鬼	4	庚寅	七赤	定	星
廿一	7	壬辰	二黑	危	鬼	6	辛酉	九紫	建	柳	5	辛卯	六白	执	张
廿二	8	癸巳	一白	成	柳	7	壬戌	八白	建	星	6	壬辰	五黄	执	翼
廿三	9	甲午	九紫	收	星	8	癸亥	七赤	除	张	7	癸巳	四绿	破	轸
廿四	10	乙未	八白	开	张	9	甲子	三碧	满	翼	8	甲午	三碧	危	角
廿五	11	丙申	七赤	闭	翼	10	乙丑	二黑	平	轸	9	乙未	二黑	成	亢
廿六	12	丁酉	六白	建	轸	11	丙寅	一白	定	角	10	丙申	一白	收	氐
廿七	13	戊戌	五黄	除	角	12	丁卯	九紫	执	亢	11	丁酉	九紫	开	房
廿八	14	己亥	四绿	满	亢	13	戊辰	八白	破	氐	12	戊戌	八白	闭	心
廿九	15	庚子	三碧	平	氐	14	己巳	七赤	危	房	13	己亥	七赤	建	尾
三十						15	庚午	六白	成	心	14	庚子	六白	除	箕

公元2096年 丙辰龙年（闰四月） 太岁辛亚 九星三碧

月份	十月大		己亥 五黄 坤卦 井宿			十一月小		庚子 四绿 乾卦 鬼宿			十二月大		辛丑 三碧 兑卦 柳宿		
节气	小雪 11月21日 初七丁未 申时 15时04分			大雪 12月6日 廿二壬戌 巳时 10时45分		冬至 12月21日 初七丁丑 寅时 4时45分			小寒 1月4日 廿一辛卯 亥时 22时10分		大寒 1月19日 初七丙午 申时 15时26分			立春 2月3日 廿二辛酉 巳时 9时41分	
农历	公历	干支	九星	日建	星宿	公历	干支	九星	日建	星宿	公历	干支	九星	日建	星宿
初一	15	辛丑	五黄	满	斗	15	辛未	八白	危	女	13	庚子	一白	闭	虚
初二	16	壬寅	四绿	平	牛	16	壬申	七赤	成	虚	14	辛丑	二黑	建	危
初三	17	癸卯	三碧	定	女	17	癸酉	六白	收	危	15	壬寅	三碧	除	室
初四	18	甲辰	二黑	执	虚	18	甲戌	五黄	开	室	16	癸卯	四绿	满	壁
初五	19	乙巳	一白	破	危	19	乙亥	四绿	闭	壁	17	甲辰	五黄	平	奎
初六	20	丙午	九紫	危	室	20	丙子	三碧	建	奎	18	乙巳	六白	定	娄
初七	21	丁未	八白	成	壁	21	丁丑	五黄	除	娄	19	丙午	七赤	执	胃
初八	22	戊申	七赤	收	奎	22	戊寅	六白	满	胃	20	丁未	八白	破	昴
初九	23	己酉	六白	开	娄	23	己卯	七赤	平	昴	21	戊申	九紫	危	毕
初十	24	庚戌	五黄	闭	胃	24	庚辰	八白	定	毕	22	己酉	一白	成	觜
十一	25	辛亥	四绿	建	昴	25	辛巳	九紫	执	觜	23	庚戌	二黑	收	参
十二	26	壬子	三碧	除	毕	26	壬午	一白	破	参	24	辛亥	三碧	开	井
十三	27	癸丑	二黑	满	觜	27	癸未	二黑	危	井	25	壬子	四绿	闭	鬼
十四	28	甲寅	一白	平	参	28	甲申	三碧	成	鬼	26	癸丑	五黄	建	柳
十五	29	乙卯	九紫	定	井	29	乙酉	四绿	收	柳	27	甲寅	六白	除	星
十六	30	丙辰	八白	执	鬼	30	丙戌	五黄	开	星	28	乙卯	七赤	满	张
十七	12月	丁巳	七赤	破	柳	31	丁亥	六白	闭	张	29	丙辰	八白	平	翼
十八	2	戊午	六白	危	星	1月	戊子	七赤	建	翼	30	丁巳	九紫	定	轸
十九	3	己未	五黄	成	张	2	己丑	八白	除	轸	31	戊午	一白	执	角
二十	4	庚申	四绿	收	翼	3	庚寅	九紫	满	角	2月	己未	二黑	破	亢
廿一	5	辛酉	三碧	开	轸	4	辛卯	一白	满	亢	2	庚申	三碧	危	氐
廿二	6	壬戌	二黑	开	角	5	壬辰	二黑	平	氐	3	辛酉	四绿	危	房
廿三	7	癸亥	一白	闭	亢	6	癸巳	三碧	定	房	4	壬戌	五黄	成	心
廿四	8	甲子	六白	建	氐	7	甲午	四绿	执	心	5	癸亥	六白	收	尾
廿五	9	乙丑	五黄	除	房	8	乙未	五黄	破	尾	6	甲子	一白	开	箕
廿六	10	丙寅	四绿	满	心	9	丙申	六白	危	箕	7	乙丑	二黑	闭	斗
廿七	11	丁卯	三碧	平	尾	10	丁酉	七赤	成	斗	8	丙寅	三碧	建	牛
廿八	12	戊辰	二黑	定	箕	11	戊戌	八白	收	牛	9	丁卯	四绿	除	女
廿九	13	己巳	一白	执	斗	12	己亥	九紫	开	女	10	戊辰	五黄	满	虚
三十	14	庚午	九紫	破	牛						11	己巳	六白	平	危

公元2097年　丁巳蛇年　太岁易彦　九星二黑

月份	正月大	壬寅 二黑 坤卦 星宿				二月小	癸卯 一白 乾卦 张宿				三月大	甲辰 九紫 兑卦 翼宿				四月小	乙巳 八白 离卦 轸宿			
节气	雨水 2月18日 初七丙子 卯时 5时19分		惊蛰 3月5日 廿二辛卯 寅时 3时17分			春分 3月20日 初七丙午 寅时 3时47分		清明 4月4日 廿二辛酉 辰时 7时29分			谷雨 4月19日 初八丙子 未时 14时10分		立夏 5月5日 廿四壬辰 早子时 0时07分			小满 5月20日 初九丁未 午时 12时41分		芒种 6月5日 廿五癸亥 寅时 3时43分		
农历	公历	干支	九星	日建	星宿	公历	干支	九星	日建	星宿	公历	干支	九星	日建	星宿	公历	干支	九星	日建	星宿
初一	12	庚午	七赤	定	室	14	庚子	七赤	收	奎	12	己巳	三碧	除	娄	12	己亥	三碧	破	昴
初二	13	辛未	八白	执	壁	15	辛丑	八白	开	娄	13	庚午	四绿	满	胃	13	庚子	四绿	危	毕
初三	14	壬申	九紫	破	奎	16	壬寅	九紫	闭	胃	14	辛未	五黄	平	昴	14	辛丑	五黄	成	觜
初四	15	癸酉	一白	危	娄	17	癸卯	一白	建	昴	15	壬申	六白	定	毕	15	壬寅	六白	收	参
初五	16	甲戌	二黑	成	胃	18	甲辰	二黑	除	毕	16	癸酉	七赤	执	觜	16	癸卯	七赤	开	井
初六	17	乙亥	三碧	收	昴	19	乙巳	三碧	满	觜	17	甲戌	八白	破	参	17	甲辰	八白	闭	鬼
初七	18	丙子	一白	开	毕	20	丙午	四绿	平	参	18	乙亥	九紫	危	井	18	乙巳	九紫	建	柳
初八	19	丁丑	二黑	闭	觜	21	丁未	五黄	定	井	19	丙子	七赤	成	鬼	19	丙午	一白	除	星
初九	20	戊寅	三碧	建	参	22	戊申	六白	执	鬼	20	丁丑	八白	收	柳	20	丁未	二黑	满	张
初十	21	己卯	四绿	除	井	23	己酉	七赤	破	柳	21	戊寅	九紫	开	星	21	戊申	三碧	平	翼
十一	22	庚辰	五黄	满	鬼	24	庚戌	八白	危	星	22	己卯	一白	闭	张	22	己酉	四绿	定	轸
十二	23	辛巳	六白	平	柳	25	辛亥	九紫	成	张	23	庚辰	二黑	建	翼	23	庚戌	五黄	执	角
十三	24	壬午	七赤	定	星	26	壬子	一白	收	翼	24	辛巳	三碧	除	轸	24	辛亥	六白	破	亢
十四	25	癸未	八白	执	张	27	癸丑	二黑	开	轸	25	壬午	四绿	满	角	25	壬子	七赤	危	氐
十五	26	甲申	九紫	破	翼	28	甲寅	三碧	闭	角	26	癸未	五黄	平	亢	26	癸丑	八白	成	房
十六	27	乙酉	一白	危	轸	29	乙卯	四绿	建	亢	27	甲申	六白	定	氐	27	甲寅	九紫	收	心
十七	28	丙戌	二黑	成	角	30	丙辰	五黄	除	氐	28	乙酉	七赤	执	房	28	乙卯	一白	开	尾
十八	3月	丁亥	三碧	收	亢	31	丁巳	六白	满	房	29	丙戌	八白	破	心	29	丙辰	二黑	闭	箕
十九	2	戊子	四绿	开	氐	4月	戊午	七赤	平	心	30	丁亥	九紫	危	尾	30	丁巳	三碧	建	斗
二十	3	己丑	五黄	闭	房	2	己未	八白	定	尾	5月	戊子	一白	成	箕	31	戊午	四绿	除	牛
廿一	4	庚寅	六白	建	心	3	庚申	九紫	执	箕	2	己丑	二黑	收	斗	6月	己未	五黄	满	女
廿二	5	辛卯	七赤	建	尾	4	辛酉	一白	执	斗	3	庚寅	三碧	开	牛	2	庚申	六白	平	虚
廿三	6	壬辰	八白	除	箕	5	壬戌	二黑	破	牛	4	辛卯	四绿	闭	女	3	辛酉	七赤	定	危
廿四	7	癸巳	九紫	满	斗	6	癸亥	三碧	危	女	5	壬辰	五黄	闭	虚	4	壬戌	八白	执	室
廿五	8	甲午	一白	平	牛	7	甲子	七赤	成	虚	6	癸巳	六白	建	危	5	癸亥	九紫	执	壁
廿六	9	乙未	二黑	定	女	8	乙丑	八白	收	危	7	甲午	七赤	除	室	6	甲子	四绿	破	奎
廿七	10	丙申	三碧	执	虚	9	丙寅	九紫	开	室	8	乙未	八白	满	壁	7	乙丑	五黄	危	娄
廿八	11	丁酉	四绿	破	危	10	丁卯	一白	闭	壁	9	丙申	九紫	平	奎	8	丙寅	六白	成	胃
廿九	12	戊戌	五黄	危	室	11	戊辰	二黑	建	奎	10	丁酉	一白	定	娄	9	丁卯	七赤	收	昴
三十	13	己亥	六白	成	壁						11	戊戌	二黑	执	胃					

公元2097年　丁巳蛇年　太岁易彦　九星二黑

月份	五月小		丙午 七赤 震卦 角宿			六月大		丁未 六白 巽卦 亢宿			七月小		戊申 五黄 坎卦 氐宿			八月小		己酉 四绿 艮卦 房宿		
节气	夏至 6月20日 十一戊寅 戌时 20时12分			小暑 7月6日 廿七甲午 未时 13时40分		大暑 7月22日 十四庚戌 辰时 7时00分			立秋 8月6日 廿九乙丑 夜子时 23时32分		处暑 8月22日 十五辛巳 未时 14时21分					白露 9月7日 初二丁酉 丑时 2时52分			秋分 9月22日 十七壬子 午时 12时35分	
农历	公历	干支	九星	日建	星宿	公历	干支	九星	日建	星宿	公历	干支	九星	日建	星宿	公历	干支	九星	日建	星宿
初一	10	戊辰	八白	开	毕	9	丁酉	三碧	满	觜	8	丁卯	六白	危	井	6	丙申	七赤	建	鬼
初二	11	己巳	九紫	闭	觜	10	戊戌	二黑	平	参	9	戊辰	五黄	成	鬼	7	丁酉	六白	建	柳
初三	12	庚午	一白	建	参	11	己亥	一白	定	井	10	己巳	四绿	收	柳	8	戊戌	五黄	除	星
初四	13	辛未	二黑	除	井	12	庚子	九紫	执	鬼	11	庚午	三碧	开	星	9	己亥	四绿	满	张
初五	14	壬申	三碧	满	鬼	13	辛丑	八白	破	柳	12	辛未	二黑	闭	张	10	庚子	三碧	平	翼
初六	15	癸酉	四绿	平	柳	14	壬寅	七赤	危	星	13	壬申	一白	建	翼	11	辛丑	二黑	定	轸
初七	16	甲戌	五黄	定	星	15	癸卯	六白	成	张	14	癸酉	九紫	除	轸	12	壬寅	一白	执	角
初八	17	乙亥	六白	执	张	16	甲辰	五黄	收	翼	15	甲戌	八白	满	角	13	癸卯	九紫	破	亢
初九	18	丙子	七赤	破	翼	17	乙巳	四绿	开	轸	16	乙亥	七赤	平	亢	14	甲辰	八白	危	氐
初十	19	丁丑	八白	危	轸	18	丙午	三碧	闭	角	17	丙子	六白	定	氐	15	乙巳	七赤	成	房
十一	20	戊寅	四绿	成	角	19	丁未	二黑	建	亢	18	丁丑	五黄	执	房	16	丙午	六白	收	心
十二	21	己卯	三碧	收	亢	20	戊申	一白	除	氐	19	戊寅	四绿	破	心	17	丁未	五黄	开	尾
十三	22	庚辰	二黑	开	氐	21	己酉	九紫	满	房	20	己卯	三碧	危	尾	18	戊申	四绿	闭	箕
十四	23	辛巳	一白	闭	房	22	庚戌	八白	平	心	21	庚辰	二黑	成	箕	19	己酉	三碧	建	斗
十五	24	壬午	九紫	建	心	23	辛亥	七赤	定	尾	22	辛巳	四绿	收	斗	20	庚戌	二黑	除	牛
十六	25	癸未	八白	除	尾	24	壬子	六白	执	箕	23	壬午	三碧	开	牛	21	辛亥	一白	满	女
十七	26	甲申	七赤	满	箕	25	癸丑	五黄	破	斗	24	癸未	二黑	闭	女	22	壬子	九紫	平	虚
十八	27	乙酉	六白	平	斗	26	甲寅	四绿	危	牛	25	甲申	一白	建	虚	23	癸丑	八白	定	危
十九	28	丙戌	五黄	定	牛	27	乙卯	三碧	成	女	26	乙酉	九紫	除	危	24	甲寅	七赤	执	室
二十	29	丁亥	四绿	执	女	28	丙辰	二黑	收	虚	27	丙戌	八白	满	室	25	乙卯	六白	破	壁
廿一	30	戊子	三碧	破	虚	29	丁巳	一白	开	危	28	丁亥	七赤	平	壁	26	丙辰	五黄	危	奎
廿二	7月	己丑	二黑	危	危	30	戊午	九紫	闭	室	29	戊子	六白	定	奎	27	丁巳	四绿	成	娄
廿三	2	庚寅	一白	成	室	31	己未	八白	建	壁	30	己丑	五黄	执	娄	28	戊午	三碧	收	胃
廿四	3	辛卯	九紫	收	壁	8月	庚申	七赤	除	奎	31	庚寅	四绿	破	胃	29	己未	二黑	开	昴
廿五	4	壬辰	八白	开	奎	2	辛酉	六白	满	娄	9月	辛卯	三碧	危	昴	30	庚申	一白	闭	毕
廿六	5	癸巳	七赤	闭	娄	3	壬戌	五黄	平	胃	2	壬辰	二黑	成	毕	10月	辛酉	九紫	建	觜
廿七	6	甲午	六白	闭	胃	4	癸亥	四绿	定	昴	3	癸巳	一白	收	觜	2	壬戌	八白	除	参
廿八	7	乙未	五黄	建	昴	5	甲子	九紫	执	毕	4	甲午	九紫	开	参	3	癸亥	七赤	满	井
廿九	8	丙申	四绿	除	毕	6	乙丑	八白	执	觜	5	乙未	八白	闭	井	4	甲子	三碧	平	鬼
三十						7	丙寅	七赤	破	参										

公元2097年　丁巳蛇年　太岁易彦 九星二黑

月份	九月大	庚戌 三碧 坤卦 心宿				十月大	辛亥 二黑 乾卦 尾宿				十一月小	壬子 一白 兑卦 箕宿				十二月大	癸丑 九紫 离卦 斗宿			
节气	寒露 10月7日 初三丁卯 戌时 19时10分		霜降 10月22日 十八壬午 亥时 22时39分			立冬 11月6日 初三丁酉 夜子时 23时03分		小雪 11月21日 十八壬子 戌时 20时52分			大雪 12月6日 初三丁卯 申时 16时27分		冬至 12月21日 十八壬午 巳时 10时36			小寒 1月5日 初四丁酉 寅时 3时55分		大寒 1月19日 十八辛亥 亥时 21时20分		
农历	公历	干支	九星	日建	星宿	公历	干支	九星	日建	星宿	公历	干支	九星	日建	星宿	公历	干支	九星	日建	星宿
初一	5	乙丑	二黑	定	柳	4	乙未	二黑	收	张	4	乙丑	五黄	满	轸	2	甲午	四绿	破	角
初二	6	丙寅	一白	执	星	5	丙申	一白	开	翼	5	丙寅	四绿	平	角	3	乙未	五黄	危	亢
初三	7	丁卯	九紫	执	张	6	丁酉	九紫	开	轸	6	丁卯	三碧	平	亢	4	丙申	六白	成	氐
初四	8	戊辰	八白	破	翼	7	戊戌	八白	闭	角	7	戊辰	二黑	定	氐	5	丁酉	七赤	成	房
初五	9	己巳	七赤	危	轸	8	己亥	七赤	建	亢	8	己巳	一白	执	房	6	戊戌	八白	收	心
初六	10	庚午	六白	成	角	9	庚子	六白	除	氐	9	庚午	九紫	破	心	7	己亥	九紫	开	尾
初七	11	辛未	五黄	收	亢	10	辛丑	五黄	满	房	10	辛未	八白	危	尾	8	庚子	一白	闭	箕
初八	12	壬申	四绿	开	氐	11	壬寅	四绿	平	心	11	壬申	七赤	成	箕	9	辛丑	二黑	建	斗
初九	13	癸酉	三碧	闭	房	12	癸卯	三碧	定	尾	12	癸酉	六白	收	斗	10	壬寅	三碧	除	牛
初十	14	甲戌	二黑	建	心	13	甲辰	二黑	执	箕	13	甲戌	五黄	开	牛	11	癸卯	四绿	满	女
十一	15	乙亥	一白	除	尾	14	乙巳	一白	破	斗	14	乙亥	四绿	闭	女	12	甲辰	五黄	平	虚
十二	16	丙子	九紫	满	箕	15	丙午	九紫	危	牛	15	丙子	三碧	建	虚	13	乙巳	六白	定	危
十三	17	丁丑	八白	平	斗	16	丁未	八白	成	女	16	丁丑	二黑	除	危	14	丙午	七赤	执	室
十四	18	戊寅	七赤	定	牛	17	戊申	七赤	收	虚	17	戊寅	一白	满	室	15	丁未	八白	破	壁
十五	19	己卯	六白	执	女	18	己酉	六白	开	危	18	己卯	九紫	平	壁	16	戊申	九紫	危	奎
十六	20	庚辰	五黄	破	虚	19	庚戌	五黄	闭	室	19	庚辰	八白	定	奎	17	己酉	一白	成	娄
十七	21	辛巳	四绿	危	危	20	辛亥	四绿	建	壁	20	辛巳	七赤	执	娄	18	庚戌	二黑	收	胃
十八	22	壬午	六白	成	室	21	壬子	三碧	除	奎	21	壬午	一白	破	胃	19	辛亥	三碧	开	昴
十九	23	癸未	五黄	收	壁	22	癸丑	二黑	满	娄	22	癸未	二黑	危	昴	20	壬子	四绿	闭	毕
二十	24	甲申	四绿	开	奎	23	甲寅	一白	平	胃	23	甲申	三碧	成	毕	21	癸丑	五黄	建	觜
廿一	25	乙酉	三碧	闭	娄	24	乙卯	九紫	定	昴	24	乙酉	四绿	收	觜	22	甲寅	六白	除	参
廿二	26	丙戌	二黑	建	胃	25	丙辰	八白	执	毕	25	丙戌	五黄	开	参	23	乙卯	七赤	满	井
廿三	27	丁亥	一白	除	昴	26	丁巳	七赤	破	觜	26	丁亥	六白	闭	井	24	丙辰	八白	平	鬼
廿四	28	戊子	九紫	满	毕	27	戊午	六白	危	参	27	戊子	七赤	建	鬼	25	丁巳	九紫	定	柳
廿五	29	己丑	八白	平	觜	28	己未	五黄	成	井	28	己丑	八白	除	柳	26	戊午	一白	执	星
廿六	30	庚寅	七赤	定	参	29	庚申	四绿	收	鬼	29	庚寅	九紫	满	星	27	己未	二黑	破	张
廿七	31	辛卯	六白	执	井	30	辛酉	三碧	开	柳	30	辛卯	一白	平	张	28	庚申	三碧	危	翼
廿八	11月	壬辰	五黄	破	鬼	12月	壬戌	二黑	闭	星	31	壬辰	二黑	定	翼	29	辛酉	四绿	成	轸
廿九	2	癸巳	四绿	危	柳	2	癸亥	一白	建	张	1月	癸巳	三碧	执	轸	30	壬戌	五黄	收	角
三十	3	甲午	三碧	成	星	3	甲子	六白	除	翼						31	癸亥	六白	开	亢

公元2098年 戊午马年 太岁姚黎 九星一白

月份	正月大		甲寅 八白 乾卦 牛宿			二月大		乙卯 七赤 兑卦 女宿			三月小		丙辰 六白 离卦 虚宿			四月大		丁巳 五黄 震卦 危宿		
节气	立春 2月3日 初三丙寅 申时 15时28分			雨水 2月18日 十八辛巳 午时 11时12分		惊蛰 3月5日 初三丙申 巳时 9时03分			春分 3月20日 十八辛亥 巳时 9时39分		清明 4月4日 初三丙寅 未时 13时12分			谷雨 4月19日 十八辛巳 戌时 20时01分		立夏 5月5日 初五丁酉 卯时 5时48分			小满 5月20日 二十壬子 酉时 18时31分	
农历	公历	干支	九星	日建	星宿	公历	干支	九星	日建	星宿	公历	干支	九星	日建	星宿	公历	干支	九星	日建	星宿
初一	2月	甲子	一白	闭	氐	3	甲午	一白	定	心	2	甲子	七赤	收	箕	5月	癸巳	六白	除	斗
初二	2	乙丑	二黑	建	房	4	乙未	二黑	执	尾	3	乙丑	八白	开	斗	2	甲午	七赤	满	牛
初三	3	丙寅	三碧	建	心	5	丙申	三碧	执	箕	4	丙寅	九紫	开	牛	3	乙未	八白	平	女
初四	4	丁卯	四绿	除	尾	6	丁酉	四绿	破	斗	5	丁卯	一白	闭	女	4	丙申	九紫	定	虚
初五	5	戊辰	五黄	满	箕	7	戊戌	五黄	危	牛	6	戊辰	二黑	建	虚	5	丁酉	一白	定	危
初六	6	己巳	六白	平	斗	8	己亥	六白	成	女	7	己巳	三碧	除	危	6	戊戌	二黑	执	室
初七	7	庚午	七赤	定	牛	9	庚子	七赤	收	虚	8	庚午	四绿	满	室	7	己亥	三碧	破	壁
初八	8	辛未	八白	执	女	10	辛丑	八白	开	危	9	辛未	五黄	平	壁	8	庚子	四绿	危	奎
初九	9	壬申	九紫	破	虚	11	壬寅	九紫	闭	室	10	壬申	六白	定	奎	9	辛丑	五黄	成	娄
初十	10	癸酉	一白	危	危	12	癸卯	一白	建	壁	11	癸酉	七赤	执	娄	10	壬寅	六白	收	胃
十一	11	甲戌	二黑	成	室	13	甲辰	二黑	除	奎	12	甲戌	八白	破	胃	11	癸卯	七赤	开	昴
十二	12	乙亥	三碧	收	壁	14	乙巳	三碧	满	娄	13	乙亥	九紫	危	昴	12	甲辰	八白	闭	毕
十三	13	丙子	四绿	开	奎	15	丙午	四绿	平	胃	14	丙子	一白	成	毕	13	乙巳	九紫	建	觜
十四	14	丁丑	五黄	闭	娄	16	丁未	五黄	定	昴	15	丁丑	二黑	收	觜	14	丙午	一白	除	参
十五	15	戊寅	六白	建	胃	17	戊申	六白	执	毕	16	戊寅	三碧	开	参	15	丁未	二黑	满	井
十六	16	己卯	七赤	除	昴	18	己酉	七赤	破	觜	17	己卯	四绿	闭	井	16	戊申	三碧	平	鬼
十七	17	庚辰	八白	满	毕	19	庚戌	八白	危	参	18	庚辰	五黄	建	鬼	17	己酉	四绿	定	柳
十八	18	辛巳	六白	平	觜	20	辛亥	九紫	成	井	19	辛巳	三碧	除	柳	18	庚戌	五黄	执	星
十九	19	壬午	七赤	定	参	21	壬子	一白	收	鬼	20	壬午	四绿	满	星	19	辛亥	六白	破	张
二十	20	癸未	八白	执	井	22	癸丑	二黑	开	柳	21	癸未	五黄	平	张	20	壬子	七赤	危	翼
廿一	21	甲申	九紫	破	鬼	23	甲寅	三碧	闭	星	22	甲申	六白	定	翼	21	癸丑	八白	成	轸
廿二	22	乙酉	一白	危	柳	24	乙卯	四绿	建	张	23	乙酉	七赤	执	轸	22	甲寅	九紫	收	角
廿三	23	丙戌	二黑	成	星	25	丙辰	五黄	除	翼	24	丙戌	八白	破	角	23	乙卯	一白	开	亢
廿四	24	丁亥	三碧	收	张	26	丁巳	六白	满	轸	25	丁亥	九紫	危	亢	24	丙辰	二黑	闭	氐
廿五	25	戊子	四绿	开	翼	27	戊午	七赤	平	角	26	戊子	一白	成	氐	25	丁巳	三碧	建	房
廿六	26	己丑	五黄	闭	轸	28	己未	八白	定	亢	27	己丑	二黑	收	房	26	戊午	四绿	除	心
廿七	27	庚寅	六白	建	角	29	庚申	九紫	执	氐	28	庚寅	三碧	开	心	27	己未	五黄	满	尾
廿八	28	辛卯	七赤	除	亢	30	辛酉	一白	破	房	29	辛卯	四绿	闭	尾	28	庚申	六白	平	箕
廿九	3月	壬辰	八白	满	氐	31	壬戌	二黑	危	心	30	壬辰	五黄	建	箕	29	辛酉	七赤	定	斗
三十	2	癸巳	九紫	平	房	4月	癸亥	三碧	成	尾						30	壬戌	八白	执	牛

公元2098年　戊午马年　太岁姚黎 九星一白

月份	五月小	戊午 四绿 巽卦 室宿				六月小	己未 三碧 坎卦 壁宿				七月小	庚申 二黑 艮卦 奎宿				八月大	辛酉 一白 坤卦 娄宿			
节气	芒种 6月5日 初六戊辰 巳时 9时22分			夏至 6月21日 廿二甲申 丑时 2时02分		小暑 7月6日 初八己亥 戌时 19时21分			大暑 7月22日 廿四乙卯 午时 12时50分		立秋 8月7日 十一辛未 卯时 5时16分			处暑 8月22日 廿六丙戌 戌时 20时11分		白露 9月7日 十三壬寅 辰时 8时38分			秋分 9月22日 廿八丁巳 酉时 18时23分	
农历	公历	干支	九星	日建	星宿	公历	干支	九星	日建	星宿	公历	干支	九星	日建	星宿	公历	干支	九星	日建	星宿
初一	31	癸亥	九紫	破	女	29	壬辰	八白	开	虚	28	辛酉	六白	满	危	26	庚寅	四绿	破	室
初二	6月	甲子	四绿	危	虚	30	癸巳	七赤	闭	危	29	壬戌	五黄	平	室	27	辛卯	三碧	危	壁
初三	2	乙丑	五黄	成	危	7月	甲午	六白	建	室	30	癸亥	四绿	定	壁	28	壬辰	二黑	成	奎
初四	3	丙寅	六白	收	室	2	乙未	五黄	除	壁	31	甲子	九紫	执	奎	29	癸巳	一白	收	娄
初五	4	丁卯	七赤	开	壁	3	丙申	四绿	满	奎	8月	乙丑	八白	破	娄	30	甲午	九紫	开	胃
初六	5	戊辰	八白	开	奎	4	丁酉	三碧	平	娄	2	丙寅	七赤	危	胃	31	乙未	八白	闭	昴
初七	6	己巳	九紫	闭	娄	5	戊戌	二黑	定	胃	3	丁卯	六白	成	昴	9月	丙申	七赤	建	毕
初八	7	庚午	一白	建	胃	6	己亥	一白	定	昴	4	戊辰	五黄	收	毕	2	丁酉	六白	除	觜
初九	8	辛未	二黑	除	昴	7	庚子	九紫	执	毕	5	己巳	四绿	开	觜	3	戊戌	五黄	满	参
初十	9	壬申	三碧	满	毕	8	辛丑	八白	破	觜	6	庚午	三碧	闭	参	4	己亥	四绿	平	井
十一	10	癸酉	四绿	平	觜	9	壬寅	七赤	危	参	7	辛未	二黑	闭	井	5	庚子	三碧	定	鬼
十二	11	甲戌	五黄	定	参	10	癸卯	六白	成	井	8	壬申	一白	建	鬼	6	辛丑	二黑	执	柳
十三	12	乙亥	六白	执	井	11	甲辰	五黄	收	鬼	9	癸酉	九紫	除	柳	7	壬寅	一白	执	星
十四	13	丙子	七赤	破	鬼	12	乙巳	四绿	开	柳	10	甲戌	八白	满	星	8	癸卯	九紫	破	张
十五	14	丁丑	八白	危	柳	13	丙午	三碧	闭	星	11	乙亥	七赤	平	张	9	甲辰	八白	危	翼
十六	15	戊寅	九紫	成	星	14	丁未	二黑	建	张	12	丙子	六白	定	翼	10	乙巳	七赤	成	轸
十七	16	己卯	一白	收	张	15	戊申	一白	除	翼	13	丁丑	五黄	执	轸	11	丙午	六白	收	角
十八	17	庚辰	二黑	开	翼	16	己酉	九紫	满	轸	14	戊寅	四绿	破	角	12	丁未	五黄	开	亢
十九	18	辛巳	三碧	闭	轸	17	庚戌	八白	平	角	15	己卯	三碧	危	亢	13	戊申	四绿	闭	氐
二十	19	壬午	四绿	建	角	18	辛亥	七赤	定	亢	16	庚辰	二黑	成	氐	14	己酉	三碧	建	房
廿一	20	癸未	五黄	除	亢	19	壬子	六白	执	氐	17	辛巳	一白	收	房	15	庚戌	二黑	除	心
廿二	21	甲申	七赤	满	氐	20	癸丑	五黄	破	房	18	壬午	九紫	开	心	16	辛亥	一白	满	尾
廿三	22	乙酉	六白	平	房	21	甲寅	四绿	危	心	19	癸未	八白	闭	尾	17	壬子	九紫	平	箕
廿四	23	丙戌	五黄	定	心	22	乙卯	三碧	成	尾	20	甲申	七赤	建	箕	18	癸丑	八白	定	斗
廿五	24	丁亥	四绿	执	尾	23	丙辰	二黑	收	箕	21	乙酉	六白	除	斗	19	甲寅	七赤	执	牛
廿六	25	戊子	三碧	破	箕	24	丁巳	一白	开	斗	22	丙戌	八白	满	牛	20	乙卯	六白	破	女
廿七	26	己丑	二黑	危	斗	25	戊午	九紫	闭	牛	23	丁亥	七赤	平	女	21	丙辰	五黄	危	虚
廿八	27	庚寅	一白	成	牛	26	己未	八白	建	女	24	戊子	六白	定	虚	22	丁巳	四绿	成	危
廿九	28	辛卯	九紫	收	女	27	庚申	七赤	除	虚	25	己丑	五黄	执	危	23	戊午	三碧	收	室
三十																24	己未	二黑	开	壁

公元2098年 戊午马年 太岁姚黎 九星一白

月份	九月小		壬戌 九紫 乾卦 胃宿			十月大		癸亥 八白 兑卦 昴宿			十一月小		甲子 七赤 离卦 毕宿			十二月大		乙丑 六白 震卦 觜宿		
节气	寒露 10月8日 十四癸酉 早子时 0时57分			霜降 10月23日 廿九戊子 寅时 4时26分		立冬 11月7日 十五癸卯 寅时 4时50分			小雪 11月22日 三十戊午 丑时 2时37分		大雪 12月6日 十四壬申 亥时 22时12分			冬至 12月21日 廿九丁亥 申时 16时20分		小寒 1月5日 十五壬寅 巳时 9时38分			大寒 1月20日 三十丁巳 寅时 3时01分	
农历	公历	干支	九星	日建	星宿	公历	干支	九星	日建	星宿	公历	干支	九星	日建	星宿	公历	干支	九星	日建	星宿
初一	25	庚申	一白	闭	奎	24	己丑	八白	平	娄	23	己未	五黄	成	昴	22	戊子	七赤	建	毕
初二	26	辛酉	九紫	建	娄	25	庚寅	七赤	定	胃	24	庚申	四绿	收	毕	23	己丑	八白	除	觜
初三	27	壬戌	八白	除	胃	26	辛卯	六白	执	昴	25	辛酉	三碧	开	觜	24	庚寅	九紫	满	参
初四	28	癸亥	七赤	满	昴	27	壬辰	五黄	破	毕	26	壬戌	二黑	闭	参	25	辛卯	一白	平	井
初五	29	甲子	三碧	平	毕	28	癸巳	四绿	危	觜	27	癸亥	一白	建	井	26	壬辰	二黑	定	鬼
初六	30	乙丑	二黑	定	觜	29	甲午	三碧	成	参	28	甲子	六白	除	鬼	27	癸巳	三碧	执	柳
初七	10月	丙寅	一白	执	参	30	乙未	二黑	收	井	29	乙丑	五黄	满	柳	28	甲午	四绿	破	星
初八	2	丁卯	九紫	破	井	31	丙申	一白	开	鬼	30	丙寅	四绿	平	星	29	乙未	五黄	危	张
初九	3	戊辰	八白	危	鬼	11月	丁酉	九紫	闭	柳	12月	丁卯	三碧	定	张	30	丙申	六白	成	翼
初十	4	己巳	七赤	成	柳	2	戊戌	八白	建	星	2	戊辰	二黑	执	翼	31	丁酉	七赤	收	轸
十一	5	庚午	六白	收	星	3	己亥	七赤	除	张	3	己巳	一白	破	轸	1月	戊戌	八白	开	角
十二	6	辛未	五黄	开	张	4	庚子	六白	满	翼	4	庚午	九紫	危	角	2	己亥	九紫	闭	亢
十三	7	壬申	四绿	闭	翼	5	辛丑	五黄	平	轸	5	辛未	八白	成	亢	3	庚子	一白	建	氐
十四	8	癸酉	三碧	闭	轸	6	壬寅	四绿	定	角	6	壬申	七赤	成	氐	4	辛丑	二黑	除	房
十五	9	甲戌	二黑	建	角	7	癸卯	三碧	定	亢	7	癸酉	六白	收	房	5	壬寅	三碧	除	心
十六	10	乙亥	一白	除	亢	8	甲辰	二黑	执	氐	8	甲戌	五黄	开	心	6	癸卯	四绿	满	尾
十七	11	丙子	九紫	满	氐	9	乙巳	一白	破	房	9	乙亥	四绿	闭	尾	7	甲辰	五黄	平	箕
十八	12	丁丑	八白	平	房	10	丙午	九紫	危	心	10	丙子	三碧	建	箕	8	乙巳	六白	定	斗
十九	13	戊寅	七赤	定	心	11	丁未	八白	成	尾	11	丁丑	二黑	除	斗	9	丙午	七赤	执	牛
二十	14	己卯	六白	执	尾	12	戊申	七赤	收	箕	12	戊寅	一白	满	牛	10	丁未	八白	破	女
廿一	15	庚辰	五黄	破	箕	13	己酉	六白	开	斗	13	己卯	九紫	平	女	11	戊申	九紫	危	虚
廿二	16	辛巳	四绿	危	斗	14	庚戌	五黄	闭	牛	14	庚辰	八白	定	虚	12	己酉	一白	成	危
廿三	17	壬午	三碧	成	牛	15	辛亥	四绿	建	女	15	辛巳	七赤	执	危	13	庚戌	二黑	收	室
廿四	18	癸未	二黑	收	女	16	壬子	三碧	除	虚	16	壬午	六白	破	室	14	辛亥	三碧	开	壁
廿五	19	甲申	一白	开	虚	17	癸丑	二黑	满	危	17	癸未	五黄	危	壁	15	壬子	四绿	闭	奎
廿六	20	乙酉	九紫	闭	危	18	甲寅	一白	平	室	18	甲申	四绿	成	奎	16	癸丑	五黄	建	娄
廿七	21	丙戌	八白	建	室	19	乙卯	九紫	定	壁	19	乙酉	三碧	收	娄	17	甲寅	六白	除	胃
廿八	22	丁亥	七赤	除	壁	20	丙辰	八白	执	奎	20	丙戌	二黑	开	胃	18	乙卯	七赤	满	昴
廿九	23	戊子	九紫	满	奎	21	丁巳	七赤	破	娄	21	丁亥	六白	闭	昴	19	丙辰	八白	平	毕
三十						22	戊午	六白	危	胃						20	丁巳	九紫	定	觜

公元2099年　己未羊年（闰二月）　太岁傅悦 九星九紫

月份	正月大		丙寅 五黄 兑卦 参宿			二月大		丁卯 四绿 离卦 井宿			闰二月小					三月大		戊辰 三碧 震卦 鬼宿		
节气	立春 2月3日 十四辛未 亥时 21时08分			雨水 2月18日 廿九丙戌 申时 16时52分		惊蛰 3月5日 十四辛丑 未时 14时42分			春分 3月20日 廿九丙辰 申时 15时17分		清明 4月4日 十四辛未 酉时 18时50分					谷雨 4月20日 初一丁亥 丑时 1时37分			立夏 5月5日 十六壬寅 午时 11时28分	
农历	公历	干支	九星	日建	星宿	公历	干支	九星	日建	星宿	公历	干支	九星	日建	星宿	公历	干支	九星	日建	星宿
初一	21	戊午	一白	执	参	20	戊子	四绿	开	鬼	22	戊午	七赤	平	星	20	丁亥	九紫	危	张
初二	22	己未	二黑	破	井	21	己丑	五黄	闭	柳	23	己未	八白	定	张	21	戊子	一白	成	翼
初三	23	庚申	三碧	危	鬼	22	庚寅	六白	建	星	24	庚申	九紫	执	翼	22	己丑	二黑	收	轸
初四	24	辛酉	四绿	成	柳	23	辛卯	七赤	除	张	25	辛酉	一白	破	轸	23	庚寅	三碧	开	角
初五	25	壬戌	五黄	收	星	24	壬辰	八白	满	翼	26	壬戌	二黑	危	角	24	辛卯	四绿	闭	亢
初六	26	癸亥	六白	开	张	25	癸巳	九紫	平	轸	27	癸亥	三碧	成	亢	25	壬辰	五黄	建	氐
初七	27	甲子	一白	闭	翼	26	甲午	一白	定	角	28	甲子	七赤	收	氐	26	癸巳	六白	除	房
初八	28	乙丑	二黑	建	轸	27	乙未	二黑	执	亢	29	乙丑	八白	开	房	27	甲午	七赤	满	心
初九	29	丙寅	三碧	除	角	28	丙申	三碧	破	氐	30	丙寅	九紫	闭	心	28	乙未	八白	平	尾
初十	30	丁卯	四绿	满	亢	3月	丁酉	四绿	危	房	31	丁卯	一白	建	尾	29	丙申	九紫	定	箕
十一	31	戊辰	五黄	平	氐	2	戊戌	五黄	成	心	4月	戊辰	二黑	除	箕	30	丁酉	一白	执	斗
十二	2月	己巳	六白	定	房	3	己亥	六白	收	尾	2	己巳	三碧	满	斗	5月	戊戌	二黑	破	牛
十三	2	庚午	七赤	执	心	4	庚子	七赤	开	箕	3	庚午	四绿	平	牛	2	己亥	三碧	危	女
十四	3	辛未	八白	执	尾	5	辛丑	八白	开	斗	4	辛未	五黄	平	女	3	庚子	四绿	成	虚
十五	4	壬申	九紫	破	箕	6	壬寅	九紫	闭	牛	5	壬申	六白	定	虚	4	辛丑	五黄	收	危
十六	5	癸酉	一白	危	斗	7	癸卯	一白	建	女	6	癸酉	七赤	执	危	5	壬寅	六白	收	室
十七	6	甲戌	二黑	成	牛	8	甲辰	二黑	除	虚	7	甲戌	八白	破	室	6	癸卯	七赤	开	壁
十八	7	乙亥	三碧	收	女	9	乙巳	三碧	满	危	8	乙亥	九紫	危	壁	7	甲辰	八白	闭	奎
十九	8	丙子	四绿	开	虚	10	丙午	四绿	平	室	9	丙子	一白	成	奎	8	乙巳	九紫	建	娄
二十	9	丁丑	五黄	闭	危	11	丁未	五黄	定	壁	10	丁丑	二黑	收	娄	9	丙午	一白	除	胃
廿一	10	戊寅	六白	建	室	12	戊申	六白	执	奎	11	戊寅	三碧	开	胃	10	丁未	二黑	满	昴
廿二	11	己卯	七赤	除	壁	13	己酉	七赤	破	娄	12	己卯	四绿	闭	昴	11	戊申	三碧	平	毕
廿三	12	庚辰	八白	满	奎	14	庚戌	八白	危	胃	13	庚辰	五黄	建	毕	12	己酉	四绿	定	觜
廿四	13	辛巳	九紫	平	娄	15	辛亥	九紫	成	昴	14	辛巳	六白	除	觜	13	庚戌	五黄	执	参
廿五	14	壬午	一白	定	胃	16	壬子	一白	收	毕	15	壬午	七赤	满	参	14	辛亥	六白	破	井
廿六	15	癸未	二黑	执	昴	17	癸丑	二黑	开	觜	16	癸未	八白	平	井	15	壬子	七赤	危	鬼
廿七	16	甲申	三碧	破	毕	18	甲寅	三碧	闭	参	17	甲申	九紫	定	鬼	16	癸丑	八白	成	柳
廿八	17	乙酉	四绿	危	觜	19	乙卯	四绿	建	井	18	乙酉	一白	执	柳	17	甲寅	九紫	收	星
廿九	18	丙戌	二黑	成	参	20	丙辰	五黄	除	鬼	19	丙戌	二黑	破	星	18	乙卯	一白	开	张
三十	19	丁亥	三碧	收	井	21	丁巳	六白	满	柳						19	丙辰	二黑	闭	翼

公元2099年 己未羊年（闰二月） 太岁傅悦 九星九紫

月份	四月大		己巳 二黑 巽卦 柳宿			五月小		庚午 一白 坎卦 星宿			六月小		辛未 九紫 艮卦 张宿		
节气	小满 5月21日 初二戊午 早子时 0时07分		芒种 6月5日 十七癸酉 申时 15时07分			夏至 6月21日 初三己丑 辰时 7时41分		小暑 7月7日 十九乙巳 丑时 1时11分			大暑 7月22日 初五庚申 酉时 18时32分		立秋 8月7日 廿一丙子 午时 11时09分		
农历	公历	干支	九星	日建	星宿	公历	干支	九星	日建	星宿	公历	干支	九星	日建	星宿
初一	20	丁巳	三碧	建	轸	19	丁亥	九紫	执	亢	18	丙辰	二黑	收	氐
初二	21	戊午	四绿	除	角	20	戊子	一白	破	氐	19	丁巳	一白	开	房
初三	22	己未	五黄	满	亢	21	己丑	二黑	危	房	20	戊午	九紫	闭	心
初四	23	庚申	六白	平	氐	22	庚寅	一白	成	心	21	己未	八白	建	尾
初五	24	辛酉	七赤	定	房	23	辛卯	九紫	收	尾	22	庚申	七赤	除	箕
初六	25	壬戌	八白	执	心	24	壬辰	八白	开	箕	23	辛酉	六白	满	斗
初七	26	癸亥	九紫	破	尾	25	癸巳	七赤	闭	斗	24	壬戌	五黄	平	牛
初八	27	甲子	四绿	危	箕	26	甲午	六白	建	牛	25	癸亥	四绿	定	女
初九	28	乙丑	五黄	成	斗	27	乙未	五黄	除	女	26	甲子	九紫	执	虚
初十	29	丙寅	六白	收	牛	28	丙申	四绿	满	虚	27	乙丑	八白	破	危
十一	30	丁卯	七赤	开	女	29	丁酉	三碧	平	危	28	丙寅	七赤	危	室
十二	31	戊辰	八白	闭	虚	30	戊戌	二黑	定	室	29	丁卯	六白	成	壁
十三	6月	己巳	九紫	建	危	7月	己亥	一白	执	壁	30	戊辰	五黄	收	奎
十四	2	庚午	一白	除	室	2	庚子	九紫	破	奎	31	己巳	四绿	开	娄
十五	3	辛未	二黑	满	壁	3	辛丑	八白	危	娄	8月	庚午	三碧	闭	胃
十六	4	壬申	三碧	平	奎	4	壬寅	七赤	成	胃	2	辛未	二黑	建	昴
十七	5	癸酉	四绿	平	娄	5	癸卯	六白	收	昴	3	壬申	一白	除	毕
十八	6	甲戌	五黄	定	胃	6	甲辰	五黄	开	毕	4	癸酉	九紫	满	觜
十九	7	乙亥	六白	执	昴	7	乙巳	四绿	开	觜	5	甲戌	八白	平	参
二十	8	丙子	七赤	破	毕	8	丙午	三碧	闭	参	6	乙亥	七赤	定	井
廿一	9	丁丑	八白	危	觜	9	丁未	二黑	建	井	7	丙子	六白	定	鬼
廿二	10	戊寅	九紫	成	参	10	戊申	一白	除	鬼	8	丁丑	五黄	执	柳
廿三	11	己卯	一白	收	井	11	己酉	九紫	满	柳	9	戊寅	四绿	破	星
廿四	12	庚辰	二黑	开	鬼	12	庚戌	八白	平	星	10	己卯	三碧	危	张
廿五	13	辛巳	三碧	闭	柳	13	辛亥	七赤	定	张	11	庚辰	二黑	成	翼
廿六	14	壬午	四绿	建	星	14	壬子	六白	执	翼	12	辛巳	一白	收	轸
廿七	15	癸未	五黄	除	张	15	癸丑	五黄	破	轸	13	壬午	九紫	开	角
廿八	16	甲申	六白	满	翼	16	甲寅	四绿	危	角	14	癸未	八白	闭	亢
廿九	17	乙酉	七赤	平	轸	17	乙卯	三碧	成	亢	15	甲申	七赤	建	氐
三十	18	丙戌	八白	定	角										

公元2099年　己未羊年（闰二月）　太岁傅悦 九星九紫

月份	七月大	壬申 八白 坤卦 翼宿				八月小	癸酉 七赤 乾卦 轸宿				九月小	甲戌 六白 兑卦 角宿			
节气	处暑 8月23日 初八壬辰 丑时 1时56分		白露 9月7日 廿三丁未 未时 14时33分			秋分 9月23日 初九癸亥 早子时 0时10分		寒露 10月8日 廿四戊寅 卯时 6时51分			霜降 10月23日 初十癸巳 巳时 10时12分		立冬 11月7日 廿五戊申 巳时 10时42分		
农历	公历	干支	九星	日建	星宿	公历	干支	九星	日建	星宿	公历	干支	九星	日建	星宿
初一	16	乙酉	六白	除	房	15	乙卯	六白	破	尾	14	甲申	一白	开	箕
初二	17	丙戌	五黄	满	心	16	丙辰	五黄	危	箕	15	乙酉	九紫	闭	斗
初三	18	丁亥	四绿	平	尾	17	丁巳	四绿	成	斗	16	丙戌	八白	建	牛
初四	19	戊子	三碧	定	箕	18	戊午	三碧	收	牛	17	丁亥	七赤	除	女
初五	20	己丑	二黑	执	斗	19	己未	二黑	开	女	18	戊子	六白	满	虚
初六	21	庚寅	一白	破	牛	20	庚申	一白	闭	虚	19	己丑	五黄	平	危
初七	22	辛卯	九紫	危	女	21	辛酉	九紫	建	危	20	庚寅	四绿	定	室
初八	23	壬辰	二黑	成	虚	22	壬戌	八白	除	室	21	辛卯	三碧	执	壁
初九	24	癸巳	一白	收	危	23	癸亥	七赤	满	壁	22	壬辰	二黑	破	奎
初十	25	甲午	九紫	开	室	24	甲子	三碧	平	奎	23	癸巳	四绿	危	娄
十一	26	乙未	八白	闭	壁	25	乙丑	二黑	定	娄	24	甲午	三碧	成	胃
十二	27	丙申	七赤	建	奎	26	丙寅	一白	执	胃	25	乙未	二黑	收	昴
十三	28	丁酉	六白	除	娄	27	丁卯	九紫	破	昴	26	丙申	一白	开	毕
十四	29	戊戌	五黄	满	胃	28	戊辰	八白	危	毕	27	丁酉	九紫	闭	觜
十五	30	己亥	四绿	平	昴	29	己巳	七赤	成	觜	28	戊戌	八白	建	参
十六	31	庚子	三碧	定	毕	30	庚午	六白	收	参	29	己亥	七赤	除	井
十七	9月	辛丑	二黑	执	觜	10月	辛未	五黄	开	井	30	庚子	六白	满	鬼
十八	2	壬寅	一白	破	参	2	壬申	四绿	闭	鬼	31	辛丑	五黄	平	柳
十九	3	癸卯	九紫	危	井	3	癸酉	三碧	建	柳	11月	壬寅	四绿	定	星
二十	4	甲辰	八白	成	鬼	4	甲戌	二黑	除	星	2	癸卯	三碧	执	张
廿一	5	乙巳	七赤	收	柳	5	乙亥	一白	满	张	3	甲辰	二黑	破	翼
廿二	6	丙午	六白	开	星	6	丙子	九紫	平	翼	4	乙巳	一白	危	轸
廿三	7	丁未	五黄	开	张	7	丁丑	八白	定	轸	5	丙午	九紫	成	角
廿四	8	戊申	四绿	闭	翼	8	戊寅	七赤	定	角	6	丁未	八白	收	亢
廿五	9	己酉	三碧	建	轸	9	己卯	六白	执	亢	7	戊申	七赤	收	氐
廿六	10	庚戌	二黑	除	角	10	庚辰	五黄	破	氐	8	己酉	六白	开	房
廿七	11	辛亥	一白	满	亢	11	辛巳	四绿	危	房	9	庚戌	五黄	闭	心
廿八	12	壬子	九紫	平	氐	12	壬午	三碧	成	心	10	辛亥	四绿	建	尾
廿九	13	癸丑	八白	定	房	13	癸未	二黑	收	尾	11	壬子	三碧	除	箕
三十	14	甲寅	七赤	执	心										

公元2099年 己未羊年（闰二月） 太岁傅悦 九星九紫

月份	十月大		乙亥 五黄 离卦 亢宿			十一月小		丙子 四绿 震卦 氐宿			十二月大		丁丑 三碧 巽卦 房宿		
节气	小雪 11月22日 十一癸亥 辰时 8时22分		大雪 12月7日 廿六戊寅 寅时 4时02分			冬至 12月21日 初十壬辰 亥时 22时03分		小寒 1月5日 廿五丁未 申时 15时28分			大寒 1月20日 十一壬戌 辰时 8时45分		立春 2月4日 廿六丁丑 丑时 2时59分		
农历	公历	干支	九星	日建	星宿	公历	干支	九星	日建	星宿	公历	干支	九星	日建	星宿
初一	12	癸丑	二黑	满	斗	12	癸未	五黄	危	女	10	壬子	四绿	闭	虚
初二	13	甲寅	一白	平	牛	13	甲申	四绿	成	虚	11	癸丑	五黄	建	危
初三	14	乙卯	九紫	定	女	14	乙酉	三碧	收	危	12	甲寅	六白	除	室
初四	15	丙辰	八白	执	虚	15	丙戌	二黑	开	室	13	乙卯	七赤	满	壁
初五	16	丁巳	七赤	破	危	16	丁亥	一白	闭	壁	14	丙辰	八白	平	奎
初六	17	戊午	六白	危	室	17	戊子	九紫	建	奎	15	丁巳	九紫	定	娄
初七	18	己未	五黄	成	壁	18	己丑	八白	除	娄	16	戊午	一白	执	胃
初八	19	庚申	四绿	收	奎	19	庚寅	七赤	满	胃	17	己未	二黑	破	昴
初九	20	辛酉	三碧	开	娄	20	辛卯	六白	平	昴	18	庚申	三碧	危	毕
初十	21	壬戌	二黑	闭	胃	21	壬辰	二黑	定	毕	19	辛酉	四绿	成	觜
十一	22	癸亥	一白	建	昴	22	癸巳	三碧	执	觜	20	壬戌	五黄	收	参
十二	23	甲子	六白	除	毕	23	甲午	四绿	破	参	21	癸亥	六白	开	井
十三	24	乙丑	五黄	满	觜	24	乙未	五黄	危	井	22	甲子	一白	闭	鬼
十四	25	丙寅	四绿	平	参	25	丙申	六白	成	鬼	23	乙丑	二黑	建	柳
十五	26	丁卯	三碧	定	井	26	丁酉	七赤	收	柳	24	丙寅	三碧	除	星
十六	27	戊辰	二黑	执	鬼	27	戊戌	八白	开	星	25	丁卯	四绿	满	张
十七	28	己巳	一白	破	柳	28	己亥	九紫	闭	张	26	戊辰	五黄	平	翼
十八	29	庚午	九紫	危	星	29	庚子	一白	建	翼	27	己巳	六白	定	轸
十九	30	辛未	八白	成	张	30	辛丑	二黑	除	轸	28	庚午	七赤	执	角
二十	12月	壬申	七赤	收	翼	31	壬寅	三碧	满	角	29	辛未	八白	破	亢
廿一	2	癸酉	六白	开	轸	1月	癸卯	四绿	平	亢	30	壬申	九紫	危	氐
廿二	3	甲戌	五黄	闭	角	2	甲辰	五黄	定	氐	31	癸酉	一白	成	房
廿三	4	乙亥	四绿	建	亢	3	乙巳	六白	执	房	2月	甲戌	二黑	收	心
廿四	5	丙子	三碧	除	氐	4	丙午	七赤	破	心	2	乙亥	三碧	开	尾
廿五	6	丁丑	二黑	满	房	5	丁未	八白	破	尾	3	丙子	四绿	闭	箕
廿六	7	戊寅	一白	满	心	6	戊申	九紫	危	箕	4	丁丑	五黄	闭	斗
廿七	8	己卯	九紫	平	尾	7	己酉	一白	成	斗	5	戊寅	六白	建	牛
廿八	9	庚辰	八白	定	箕	8	庚戌	二黑	收	牛	6	己卯	七赤	除	女
廿九	10	辛巳	七赤	执	斗	9	辛亥	三碧	开	女	7	庚辰	八白	满	虚
三十	11	壬午	六白	破	牛						8	辛巳	九紫	平	危

公元2100年 庚申猴年 太岁毛梓 九星八白

月份	正月大 戊寅 二黑 离卦 心宿				
节气	雨水 2月18日 初十辛卯 亥时 22时36分		惊蛰 3月5日 廿五丙午 戌时 20时34分		
农历	公历	干支	九星	日建	星宿
初一	9	壬午	一白	定	室
初二	10	癸未	二黑	执	壁
初三	11	甲申	三碧	破	奎
初四	12	乙酉	四绿	危	娄
初五	13	丙戌	五黄	成	胃
初六	14	丁亥	六白	收	昴
初七	15	戊子	七赤	开	毕
初八	16	己丑	八白	闭	觜
初九	17	庚寅	九紫	建	参
初十	18	辛卯	七赤	除	井
十一	19	壬辰	八白	满	鬼
十二	20	癸巳	九紫	平	柳
十三	21	甲午	一白	定	星
十四	22	乙未	二黑	执	张
十五	23	丙申	三碧	破	翼
十六	24	丁酉	四绿	危	轸
十七	25	戊戌	五黄	成	角
十八	26	己亥	六白	收	亢
十九	27	庚子	七赤	开	氐
二十	28	辛丑	八白	闭	房
廿一	3月	壬寅	九紫	建	心
廿二	2	癸卯	一白	除	尾
廿三	3	甲辰	二黑	满	箕
廿四	4	乙巳	三碧	平	斗
廿五	5	丙午	四绿	平	牛
廿六	6	丁未	五黄	定	女
廿七	7	戊申	六白	执	虚
廿八	8	己酉	七赤	破	危
廿九	9	庚戌	八白	危	室
三十	10	辛亥	九紫	成	壁

月份	二月大 己卯 一白 震卦 尾宿				
节气	春分 3月20日 初十辛酉 亥时 21时03分		清明 4月5日 廿六丁丑 早子时 0时43分		
农历	公历	干支	九星	日建	星宿
初一	11	壬子	一白	收	奎
初二	12	癸丑	二黑	开	娄
初三	13	甲寅	三碧	闭	胃
初四	14	乙卯	四绿	建	昴
初五	15	丙辰	五黄	除	毕
初六	16	丁巳	六白	满	觜
初七	17	戊午	七赤	平	参
初八	18	己未	八白	定	井
初九	19	庚申	九紫	执	鬼
初十	20	辛酉	一白	破	柳
十一	21	壬戌	二黑	危	星
十二	22	癸亥	三碧	成	张
十三	23	甲子	七赤	收	翼
十四	24	乙丑	八白	开	轸
十五	25	丙寅	九紫	闭	角
十六	26	丁卯	一白	建	亢
十七	27	戊辰	二黑	除	氐
十八	28	己巳	三碧	满	房
十九	29	庚午	四绿	平	心
二十	30	辛未	五黄	定	尾
廿一	31	壬申	六白	执	箕
廿二	4月	癸酉	七赤	破	斗
廿三	2	甲戌	八白	危	牛
廿四	3	乙亥	九紫	成	女
廿五	4	丙子	一白	收	虚
廿六	5	丁丑	二黑	收	危
廿七	6	戊寅	三碧	开	室
廿八	7	己卯	四绿	闭	壁
廿九	8	庚辰	五黄	建	奎
三十	9	辛巳	六白	除	娄

月份	三月小 庚辰 九紫 巽卦 箕宿				
节气	谷雨 4月20日 十一壬辰 辰时 7时24分		立夏 5月5日 廿六丁未 酉时 17时20分		
农历	公历	干支	九星	日建	星宿
初一	10	壬午	七赤	满	胃
初二	11	癸未	八白	平	昴
初三	12	甲申	九紫	定	毕
初四	13	乙酉	一白	执	觜
初五	14	丙戌	二黑	破	参
初六	15	丁亥	三碧	危	井
初七	16	戊子	四绿	成	鬼
初八	17	己丑	五黄	收	柳
初九	18	庚寅	六白	开	星
初十	19	辛卯	七赤	闭	张
十一	20	壬辰	五黄	建	翼
十二	21	癸巳	六白	除	轸
十三	22	甲午	七赤	满	角
十四	23	乙未	八白	平	亢
十五	24	丙申	九紫	定	氐
十六	25	丁酉	一白	执	房
十七	26	戊戌	二黑	破	心
十八	27	己亥	三碧	危	尾
十九	28	庚子	四绿	成	箕
二十	29	辛丑	五黄	收	斗
廿一	30	壬寅	六白	开	牛
廿二	5月	癸卯	七赤	闭	女
廿三	2	甲辰	八白	建	虚
廿四	3	乙巳	九紫	除	危
廿五	4	丙午	一白	满	室
廿六	5	丁未	二黑	满	壁
廿七	6	戊申	三碧	平	奎
廿八	7	己酉	四绿	定	娄
廿九	8	庚戌	五黄	执	胃
三十					

月份	四月大 辛巳 八白 坎卦 斗宿				
节气	小满 5月21日 十三癸亥 卯时 5时56分		芒种 6月5日 廿八戊寅 戌时 20时57分		
农历	公历	干支	九星	日建	星宿
初一	9	辛亥	六白	破	昴
初二	10	壬子	七赤	危	毕
初三	11	癸丑	八白	成	觜
初四	12	甲寅	九紫	收	参
初五	13	乙卯	一白	开	井
初六	14	丙辰	二黑	闭	鬼
初七	15	丁巳	三碧	建	柳
初八	16	戊午	四绿	除	星
初九	17	己未	五黄	满	张
初十	18	庚申	六白	平	翼
十一	19	辛酉	七赤	定	轸
十二	20	壬戌	八白	执	角
十三	21	癸亥	九紫	破	亢
十四	22	甲子	四绿	危	氐
十五	23	乙丑	五黄	成	房
十六	24	丙寅	六白	收	心
十七	25	丁卯	七赤	开	尾
十八	26	戊辰	八白	闭	箕
十九	27	己巳	九紫	建	斗
二十	28	庚午	一白	除	牛
廿一	29	辛未	二黑	满	女
廿二	30	壬申	三碧	平	虚
廿三	31	癸酉	四绿	定	危
廿四	6月	甲戌	五黄	执	室
廿五	2	乙亥	六白	破	壁
廿六	3	丙子	七赤	危	奎
廿七	4	丁丑	八白	成	娄
廿八	5	戊寅	九紫	成	胃
廿九	6	己卯	一白	收	昴
三十	7	庚辰	二黑	开	毕

公元2100年 庚申猴年 太岁毛梓 九星八白

月份	五月小 壬午 七赤 艮卦 牛宿					六月大 癸未 六白 坤卦 女宿					七月小 甲申 五黄 乾卦 虚宿					八月大 乙酉 四绿 兑卦 危宿				
节气	夏至 6月21日 十四甲午 未时 13时31分					小暑 7月7日 初一庚戌 辰时 6时58分			大暑 7月23日 十七丙寅 早子时 0时23分		立秋 8月7日 初二辛巳 申时 16时53分			处暑 8月23日 十八丁酉 辰时 7时47分		白露 9月7日 初四壬子 戌时 20时14分			秋分 9月23日 二十戊辰 卯时 5时59分	
农历	公历	干支	九星	日建	星宿	公历	干支	九星	日建	星宿	公历	干支	九星	日建	星宿	公历	干支	九星	日建	星宿
初一	8	辛巳	三碧	闭	觜	7	庚戌	八白	平	参	6	庚辰	二黑	收	鬼	4	己酉	三碧	除	柳
初二	9	壬午	四绿	建	参	8	辛亥	七赤	定	井	7	辛巳	一白	收	柳	5	庚戌	二黑	满	星
初三	10	癸未	五黄	除	井	9	壬子	六白	执	鬼	8	壬午	九紫	开	星	6	辛亥	一白	平	张
初四	11	甲申	六白	满	鬼	10	癸丑	五黄	破	柳	9	癸未	八白	闭	张	7	壬子	九紫	平	翼
初五	12	乙酉	七赤	平	柳	11	甲寅	四绿	危	星	10	甲申	七赤	建	翼	8	癸丑	八白	定	轸
初六	13	丙戌	八白	定	星	12	乙卯	三碧	成	张	11	乙酉	六白	除	轸	9	甲寅	七赤	执	角
初七	14	丁亥	九紫	执	张	13	丙辰	二黑	收	翼	12	丙戌	五黄	满	角	10	乙卯	六白	破	亢
初八	15	戊子	一白	破	翼	14	丁巳	一白	开	轸	13	丁亥	四绿	平	亢	11	丙辰	五黄	危	氐
初九	16	己丑	二黑	危	轸	15	戊午	九紫	闭	角	14	戊子	三碧	定	氐	12	丁巳	四绿	成	房
初十	17	庚寅	三碧	成	角	16	己未	八白	建	亢	15	己丑	二黑	执	房	13	戊午	三碧	收	心
十一	18	辛卯	四绿	收	亢	17	庚申	七赤	除	氐	16	庚寅	一白	破	心	14	己未	二黑	开	尾
十二	19	壬辰	五黄	开	氐	18	辛酉	六白	满	房	17	辛卯	九紫	危	尾	15	庚申	一白	闭	箕
十三	20	癸巳	六白	闭	房	19	壬戌	五黄	平	心	18	壬辰	八白	成	箕	16	辛酉	九紫	建	斗
十四	21	甲午	六白	建	心	20	癸亥	四绿	定	尾	19	癸巳	七赤	收	斗	17	壬戌	八白	除	牛
十五	22	乙未	五黄	除	尾	21	甲子	九紫	执	箕	20	甲午	六白	开	牛	18	癸亥	七赤	满	女
十六	23	丙申	四绿	满	箕	22	乙丑	八白	破	斗	21	乙未	五黄	闭	女	19	甲子	三碧	平	虚
十七	24	丁酉	三碧	平	斗	23	丙寅	七赤	危	牛	22	丙申	四绿	建	虚	20	乙丑	二黑	定	危
十八	25	戊戌	二黑	定	牛	24	丁卯	六白	成	女	23	丁酉	六白	除	危	21	丙寅	一白	执	室
十九	26	己亥	一白	执	女	25	戊辰	五黄	收	虚	24	戊戌	五黄	满	室	22	丁卯	九紫	破	壁
二十	27	庚子	九紫	破	虚	26	己巳	四绿	开	危	25	己亥	四绿	平	壁	23	戊辰	八白	危	奎
廿一	28	辛丑	八白	危	危	27	庚午	三碧	闭	室	26	庚子	三碧	定	奎	24	己巳	七赤	成	娄
廿二	29	壬寅	七赤	成	室	28	辛未	二黑	建	壁	27	辛丑	二黑	执	娄	25	庚午	六白	收	胃
廿三	30	癸卯	六白	收	壁	29	壬申	一白	除	奎	28	壬寅	一白	破	胃	26	辛未	五黄	开	昴
廿四	7月	甲辰	五黄	开	奎	30	癸酉	九紫	满	娄	29	癸卯	九紫	危	昴	27	壬申	四绿	闭	毕
廿五	2	乙巳	四绿	闭	娄	31	甲戌	八白	平	胃	30	甲辰	八白	成	毕	28	癸酉	三碧	建	觜
廿六	3	丙午	三碧	建	胃	8月	乙亥	七赤	定	昴	31	乙巳	七赤	收	觜	29	甲戌	二黑	除	参
廿七	4	丁未	二黑	除	昴	2	丙子	六白	执	毕	9月	丙午	六白	开	参	30	乙亥	一白	满	井
廿八	5	戊申	一白	满	毕	3	丁丑	五黄	破	觜	2	丁未	五黄	闭	井	10月	丙子	九紫	平	鬼
廿九	6	己酉	九紫	平	觜	4	戊寅	四绿	危	参	3	戊申	四绿	建	鬼	2	丁丑	八白	定	柳
三十						5	己卯	三碧	成	井						3	戊寅	七赤	执	星

月份	九月小 丙戌 三碧 离卦 室宿					十月小 丁亥 二黑 震卦 壁宿					十一月大 戊子 一白 巽卦 奎宿					十二月小 己丑 九紫 坎卦 娄宿				
节气	寒露 10月8日 初五癸未 午时 12时30分		霜降 10月23日 二十戊戌 申时 16时00分			立冬 11月7日 初六癸丑 申时 16时19分		小雪 11月22日 廿一戊辰 未时 14时08分			大雪 12月7日 初七癸未 巳时 9时39分		冬至 12月22日 廿二戊戌 寅时 3时50分			小寒 1月5日 初六壬子 亥时 21时06分		大寒 1月20日 廿一丁卯 未时 14时33分		
农历	公历	干支	九星	日建	星宿	公历	干支	九星	日建	星宿	公历	干支	九星	日建	星宿	公历	干支	九星	日建	星宿
初一	4	己卯	六白	破	张	2	戊申	七赤	开	翼	12月	丁丑	二黑	满	轸	31	丁未	八白	危	亢
初二	5	庚辰	五黄	危	翼	3	己酉	六白	闭	轸	2	戊寅	一白	平	角	1月	戊申	九紫	成	氐
初三	6	辛巳	四绿	成	轸	4	庚戌	五黄	建	角	3	己卯	九紫	定	亢	2	己酉	一白	收	房
初四	7	壬午	三碧	收	角	5	辛亥	四绿	除	亢	4	庚辰	八白	执	氐	3	庚戌	二黑	开	心
初五	8	癸未	二黑	收	亢	6	壬子	三碧	满	氐	5	辛巳	七赤	破	房	4	辛亥	三碧	闭	尾
初六	9	甲申	一白	开	氐	7	癸丑	二黑	满	房	6	壬午	六白	危	心	5	壬子	四绿	闭	箕
初七	10	乙酉	九紫	闭	房	8	甲寅	一白	平	心	7	癸未	五黄	危	尾	6	癸丑	五黄	建	斗
初八	11	丙戌	八白	建	心	9	乙卯	九紫	定	尾	8	甲申	四绿	成	箕	7	甲寅	六白	除	牛
初九	12	丁亥	七赤	除	尾	10	丙辰	八白	执	箕	9	乙酉	三碧	收	斗	8	乙卯	七赤	满	女
初十	13	戊子	六白	满	箕	11	丁巳	七赤	破	斗	10	丙戌	二黑	开	牛	9	丙辰	八白	平	虚
十一	14	己丑	五黄	平	斗	12	戊午	六白	危	牛	11	丁亥	一白	闭	女	10	丁巳	九紫	定	危
十二	15	庚寅	四绿	定	牛	13	己未	五黄	成	女	12	戊子	九紫	建	虚	11	戊午	一白	执	室
十三	16	辛卯	三碧	执	女	14	庚申	四绿	收	虚	13	己丑	八白	除	危	12	己未	二黑	破	壁
十四	17	壬辰	二黑	破	虚	15	辛酉	三碧	开	危	14	庚寅	七赤	满	室	13	庚申	三碧	危	奎
十五	18	癸巳	一白	危	危	16	壬戌	二黑	闭	室	15	辛卯	六白	平	壁	14	辛酉	四绿	成	娄
十六	19	甲午	九紫	成	室	17	癸亥	一白	建	壁	16	壬辰	五黄	定	奎	15	壬戌	五黄	收	胃
十七	20	乙未	八白	收	壁	18	甲子	六白	除	奎	17	癸巳	四绿	执	娄	16	癸亥	六白	开	昴
十八	21	丙申	七赤	开	奎	19	乙丑	五黄	满	娄	18	甲午	三碧	破	胃	17	甲子	一白	闭	毕
十九	22	丁酉	六白	闭	娄	20	丙寅	四绿	平	胃	19	乙未	二黑	危	昴	18	乙丑	二黑	建	觜
二十	23	戊戌	八白	建	胃	21	丁卯	三碧	定	昴	20	丙申	一白	成	毕	19	丙寅	三碧	除	参
廿一	24	己亥	七赤	除	昴	22	戊辰	二黑	执	毕	21	丁酉	九紫	收	觜	20	丁卯	四绿	满	井
廿二	25	庚子	六白	满	毕	23	己巳	一白	破	觜	22	戊戌	八白	开	参	21	戊辰	五黄	平	鬼
廿三	26	辛丑	五黄	平	觜	24	庚午	九紫	危	参	23	己亥	九紫	闭	井	22	己巳	六白	定	柳
廿四	27	壬寅	四绿	定	参	25	辛未	八白	成	井	24	庚子	一白	建	鬼	23	庚午	七赤	执	星
廿五	28	癸卯	三碧	执	井	26	壬申	七赤	收	鬼	25	辛丑	二黑	除	柳	24	辛未	八白	破	张
廿六	29	甲辰	二黑	破	鬼	27	癸酉	六白	开	柳	26	壬寅	三碧	满	星	25	壬申	九紫	危	翼
廿七	30	乙巳	一白	危	柳	28	甲戌	五黄	闭	星	27	癸卯	四绿	平	张	26	癸酉	一白	成	轸
廿八	31	丙午	九紫	成	星	29	乙亥	四绿	建	张	28	甲辰	五黄	定	翼	27	甲戌	二黑	收	角
廿九	11月	丁未	八白	收	张	30	丙子	三碧	除	翼	29	乙巳	六白	执	轸	28	乙亥	三碧	开	亢
三十											30	丙午	七赤	破	角					

第九章　1801—2020年中西纪年对照表

一八〇一嘉庆六年辛酉肖鸡
一八〇二嘉庆七年壬戌肖狗
一八〇三嘉庆八年癸亥肖猪闰二月
一八〇四嘉庆九年甲子肖鼠
一八〇五嘉庆十年乙丑肖牛闰六月
一八〇六嘉庆十一年丙寅肖虎
一八〇七嘉庆十二年丁卯肖兔
一八〇八嘉庆十三年戊辰肖龙闰五月
一八〇九嘉庆十四年己巳肖蛇
一八一〇嘉庆十五年庚午肖马
一八一一嘉庆十六年辛未肖羊闰三月
一八一二嘉庆十七年壬申肖猴
一八一三嘉庆十八年癸酉肖鸡
一八一四嘉庆十九年甲戌肖狗闰二月
一八一五嘉庆二十年乙亥肖猪
一八一六嘉庆廿一年丙子肖鼠闰六月
一八一七嘉庆廿二年丁丑肖牛
一八一八嘉庆廿三年戊寅肖虎
一八一九嘉庆廿四年己卯肖兔闰四月
一八二〇嘉庆廿五年庚辰肖龙
一八二一道光元年辛巳肖蛇
一八二二道光二年壬午肖马闰三月
一八二三道光三年癸未肖羊
一八二四道光四年甲申肖猴闰七月
一八二五道光五年乙酉肖鸡
一八二六道光六年丙戌肖狗
一八二七道光七年丁亥肖猪闰五月
一八二八道光八年戊子肖鼠
一八二九道光九年己丑肖牛
一八三〇道光十年庚寅肖虎闰四月
一八三一道光十一年辛卯肖兔
一八三二道光十二年丙壬辰肖龙闰九月
一八三三道光十三年癸巳肖蛇
一八三四道光十四年丙甲午肖马
一八三五道光十五年乙未肖羊闰六月
一八三六道光十六年丙申肖猴
一八三七道光十七年丁酉肖鸡
一八三八道光十八年丙戊戌肖狗闰四月
一八三九道光十九年己亥肖猪
一八四〇道光二十年丙庚子肖鼠
一八四一道光廿一年辛丑肖牛闰三月
一八四二道光廿二年丙壬寅肖虎
一八四三道光廿三年癸卯肖兔闰七月
一八四四道光廿四年丙甲辰肖龙
一八四五道光廿五年乙巳肖蛇
一八四六道光廿六年丙丙午肖马闰五月
一八四七道光廿七年丁未肖羊
一八四八道光廿八年丙戊申肖猴
一八四九道光廿九年己酉肖鸡闰四月
一八五〇道光三十年庚戌肖狗
一八五一咸丰元年辛亥肖猪闰八月
一八五二咸丰二年壬子肖鼠
一八五三咸丰三年癸丑肖牛
一八五四咸丰四年甲寅肖虎闰七月
一八五五咸丰五年乙卯肖兔
一八五六咸丰六年丙辰肖龙
一八五七咸丰七年丁巳肖蛇闰五月
一八五八成丰八年戊午肖马

一八五九咸丰九年己未肖羊
一八六〇咸丰十年庚申肖猴闰三月
一八六一咸丰十一年辛酉肖鸡
一八六二同治元年壬戌肖狗闰八月
一八六三同治二年癸亥肖猪
一八六四同治三年甲子肖鼠
一八六五同治四年乙丑肖牛闰五月
一八六六同治五年丙寅肖虎
一八六七同治六年丁卯肖兔
一八六八同治七年戊辰肖龙闰四月
一八六九同治八年己巳肖蛇
一八七〇同治九年庚午肖马闰十月
一八七一同治十年辛未肖羊
一八七二同治十一年壬申肖猴
一八七三同治十二年癸酉肖鸡闰六月
一八七四同治十三年甲戌肖狗
一八七五光绪元年乙亥肖猪
一八七六光绪二年丙子肖鼠闰五月
一八七七光绪三年丁丑肖牛
一八七八光绪四年戊寅肖虎
一八七九光绪五年己卯肖兔闰三月
一八八〇光绪六年庚辰肖龙
一八八一光绪七年辛巳肖蛇闰七月
一八八二光绪八年壬午肖马
一八八三光绪九年癸未肖羊
一八八四光绪十年甲申肖猴闰五月
一八八五光绪十一年乙酉肖鸡
一八八六光绪十二年丙戌肖狗
一八八七光绪十三年丁亥肖猪闰四月
一八八八光绪十四年戊子肖鼠
一八八九光绪十五年己丑肖牛
一八九〇光绪十六年庚寅肖虎闰二月
一八九一光绪十七年辛卯肖兔
一八九二光绪十八年壬辰肖龙闰六月
一八九三光绪十九年癸巳肖蛇
一八九四光绪二十年甲午肖马
一八九五光绪廿一年乙未肖羊闰五月
一八九六光绪廿二年丙申肖猴
一八九七光绪廿三年丁酉肖鸡
一八九八光绪廿四年戊戌肖狗闰三月
一八九九光绪廿五年己亥肖猪
一九〇〇光绪廿六年庚子肖鼠闰八月
一九〇一光绪廿七年辛丑肖牛
一九〇二光绪廿八年壬寅肖虎
一九〇三光绪廿九年癸卯肖兔闰五月
一九〇四光绪三十年甲辰肖龙，
一九〇五光绪卅一年乙巳肖蛇
一九〇六光绪卅二年丙午肖马闰四月
一九〇七光绪卅三年丁未肖羊
一九〇八光绪卅四年戊申肖猴
一九〇九宣统元年己酉肖鸡闰二月
一九一〇宣统二年庚戌肖狗
一九一一宣统三年辛亥肖猪闰六月
一九一二民国元年壬子肖鼠
一九一三民国二年癸丑肖牛
一九一四民国三年甲寅肖虎闰五月
一九一五民国四年乙卯肖兔
一九一六民国五年丙辰肖龙
一九一七民国六年丁巳肖蛇闰二月
一九一八民国七年戊午肖马
一九一九民国八年巳未肖羊闰七月
一九二〇民国九年庚申肖猴
一九二一民国十年辛酉肖鸡
一九二二民国十一年壬戌肖狗闰五月
一九二三民国十二年癸亥肖猪
一九二四民国十三年甲子肖鼠
一九二五民国十四年乙丑肖牛闰四月
一九二六民国十五年丙寅肖虎

一九二七民国十六年丁卯肖兔　一九二八民国十七年戊辰肖龙闰二月
一九二九民国十八年己巳肖蛇　一九三〇民国十九年庚午肖马闰六月
一九三一民国二十年辛未肖羊　一九三二民国廿一年壬申肖猴
一九三三民国廿二年癸酉肖鸡闰五月　一九三四民国廿三年甲戌肖狗
一九三五民国廿四年乙亥肖猪　一九三六民国廿五年丙子肖鼠闰三月
一九三七民国廿六年丁丑肖牛　一九三八民国廿七年戊寅肖虎闰七月
一九三九民国廿八年己卯肖兔　一九四〇民国廿九年庚辰肖龙
一九四一民国三十年辛巳肖蛇闰六月　一九四二民国卅一年壬午肖马
一九四三民国卅二年癸未肖羊　一九四四民国卅三年甲申肖猴闰四月
一九四五民国卅四年乙酉肖鸡　一九四六民国卅五年丙戌肖狗
一九四七民国卅六年丁亥肖猪闰二月　一九四八民国卅七年戊子肖鼠
一九四九己丑年肖牛闰七月　一九五〇庚寅年肖虎
一九五一辛卯年肖兔　一九五二壬辰年肖龙闰五月
一九五三癸巳年肖蛇　一九五四甲午年肖马
一九五五乙未年肖羊闰三月　一九五六丙申年肖猴
一九五七丁酉年肖鸡闰八月　一九五八戊戌年肖狗
一九五九己亥年肖猪　一九六〇庚子年肖鼠闰六月
一九六一辛丑年肖牛　一九六二壬寅年肖虎
一九六三癸卯年肖兔闰四月　一九六四甲辰年肖龙
一九六五乙巳年肖蛇　一九六六丙午年肖马闰三月
一九六七丁未年肖羊　一九六八戊申年肖猴闰七月
一九六九己酉年肖鸡　一九七〇庚戌年肖狗
一九七一辛亥年肖猪闰五月　一九七二壬子年肖鼠
一九七三癸丑年肖牛　一九七四甲寅年肖虎闰四月
一九七五乙卯年肖兔　一九七六丙辰年肖龙闰八月
一九七七丁巳年肖蛇　一九七八戊午年肖马
一九七九己未年肖羊闰六月　一九八〇庚申年肖猴
一九八一辛酉年肖鸡　一九八二壬戌年肖狗闰四月
一九八三癸亥年肖猪　一九八四甲子年肖鼠闰十月
一九八五乙丑年肖牛　一九八六丙寅年肖虎
一九八七丁卯年肖兔闰六月　一九八八戊辰年肖龙
一九八九己巳年肖蛇　一九九〇庚午年肖马闰五月
一九九一辛未年肖羊　一九九二壬申年肖猴
一九九三癸酉年肖鸡闰三月　一九九四甲戌年肖狗

一九九五乙亥年肖猪闰八月
一九九六丙子年肖鼠
一九九七丁丑年肖牛
一九九八戊寅年肖虎闰五月
一九九九己卯年肖兔
二零零零庚辰年肖龙
二零零一辛巳年肖蛇闰四月
二零零二壬午年肖马
二零零三癸未年肖羊
二零零四甲申年肖猴闰二月
二零零五乙酉年肖鸡
二零零六丙戌年肖狗闰七月
二零零七丁亥年肖猪
二零零八戊子年肖鼠
二零零九己丑年肖牛闰五月
二零一零庚寅年肖虎
二零一一辛卯年肖兔
二零一二壬辰年肖龙闰四月
二零一三癸巳年肖蛇
二零一四甲午年肖马闰九月
二零一五乙未年肖羊
二零一六丙申年肖猴
二零一七丁酉年肖鸡闰六月
二零一八戊戌年肖狗
二零一九己亥年肖猪
二零二零庚子年肖鼠闰四月

第十章　古今贤文

一、三字经

《三字经》作者一般被认为是宋代王应麟，成书至今已有七百多年历史，全文长达1720字，是历代学习中华传统文化中影响最大、最有代表性的儿童启蒙读物，以至于有“熟读三字经，便可知天下事，通圣人礼”之说。三字一句的韵文读起来朗朗上口，内容包含了中国传统的教育、历史、天文、地理、伦理和道德以及一些民间传说，广泛生动而又言简意赅，故流传极广。

人之初，性本善，性相近，习相远。
苟不教，性乃迁，教之道，贵以专。
昔孟母，择邻处，子不学，断机杼。
窦燕山，有义方，教五子，名俱扬。
养不教，父之过，教不严，师之惰。
子不学，非所宜，幼不学，老何为。
玉不琢，不成器，人不学，不知义。
为人子，方少时，亲师友，习礼仪。
香九龄，能温席，孝于亲，所当执。
融四岁，能让梨，弟于长，宜先知。
首孝悌，次见闻，知某数，识某文。
一而十，十而百，百而千，千而万。
三才者，天地人，三光者，日月星。
三纲者，君臣义，父子亲，夫妇顺。
曰春夏，曰秋冬，此四时，运不穷。
曰南北，曰西东，此四方，应乎中。
曰水火，木金土，此五行，本乎数。
十干者，甲至癸，十二支，子至亥。
曰仁义，礼智信，此五常，不容紊。
稻粱菽，麦黍稷，此六谷，人所食。
马牛羊，鸡犬豕，此六畜，人所饲。
曰喜怒，曰哀惧，爱恶欲，七情具。

匏土革，木石金，丝与竹，乃八音。
高曾祖，父而身，身而子，子而孙。
自子孙，至玄曾，乃九族，人之伦。
父子恩，夫妇从，兄则友，弟则恭。
长幼序，友与朋，君则敬，臣则忠。
此十义，人所同。
凡训蒙，须讲究。详训诂，明句读。
为学者，必有初，《小学》终，至“四书”。
《论语》者，二十篇，群弟子，记善言。
《孟子》者，七篇止，讲道德，说仁义。
作《中庸》，子思笔，中不偏，庸不易。
作《大学》，乃曾子，自修齐，至治平。
《孝经》通，四书熟，如六经，始可读。
诗书易，礼春秋，号六经，当讲求。
有连山，有归藏，有周易，三易详。
有典谟，有训诰，有誓命，书之奥。
我周公，作周礼，著六官，存治体。
大小戴，注《礼记》，述圣言，礼乐备。
曰国风，曰雅颂，号四诗，当讽咏。
诗既亡，春秋作，寓褒贬，别善恶。
三传者，有公羊，有左氏，有谷梁。
经既明，方读子，撮其要，记其事。
五子者，有荀扬，文中子，及老庄。
经子通，读诸史，考世系，知终始。
自羲农，至黄帝，号三皇，居上世。
唐有虞，号二帝，相揖逊，称盛世。
夏有禹，商有汤，周文武，称三王。
夏传子，家天下，四百载，迁夏社。
汤伐夏，国号商，六百载，至纣亡。
周武王，始诛纣，八百载，最长久。
周辙东，王纲坠，逞干戈，尚游说。
始春秋，终战国，五霸强，七雄出。
嬴秦氏，始兼并，传二世，楚汉争。
高祖兴，汉业建，至孝平，王莽篡。
光武兴，为东汉，四百年，终于献。
魏蜀吴，争汉鼎，号三国，迄两晋。

宋齐继，梁陈承，为南朝，都金陵。
北元魏，分东西，宇文周，与高齐。
迨至隋，一土宇，不再传，失统绪。
唐高祖，起义师，除隋乱，创国基。
二十传，三百载，梁灭之，国乃改。
梁唐晋，及汉周，称五代，皆有由。
炎宋兴，受周禅，十八传，南北混。
辽与金，帝号纷，迨灭辽，宋犹存。
至元兴，金绪歇，有宋世，一同灭。
莅中国，兼戎狄，九十年，国祚废。
明太祖，久亲师，传建文，方四祀。
权阉肆，寇如林，至李闯，神器焚。
迁北京，永乐嗣，迨崇祯，煤山逝。
廿二史，全在兹，载治乱，知兴衰。
读史者，考实录，通古今，若亲目。
口而诵，心而惟，朝于斯，夕于斯。
昔仲尼，师项橐，古圣贤，尚勤学。
赵中令，读鲁论，彼既仕，学且勤。
披蒲编，削竹简，彼无书，且知勉。
头悬梁，锥刺股，彼不教，自勤苦。
如囊萤，如映雪，家虽贫，学不辍。
如负薪，如挂角，身虽劳，犹苦卓。
苏老泉，二十七，始发愤，读书籍。
彼既老，犹悔迟，尔小生，宜早思。
若梁灏，八十二，对大廷，魁多士。
彼既成，众称异，尔小生，宜立志。
莹八岁，能咏诗，泌七岁，能赋棋。
彼颖悟，人称奇，尔幼学，当效之。
蔡文姬，能辨琴，谢道韫，能咏吟。
彼女子，且聪敏，尔男子，当自警。
唐刘晏，方七岁，举神童，作正字。
彼虽幼，身已仕，尔幼学，勉而致。
有为者，亦若是，犬守夜，鸡司晨。
苟不学，曷为人，蚕吐丝，蜂酿蜜。
人不学，不如物，幼而学，壮而行。
上致君，下泽民，扬名声，显父母。

光于前，裕于后，人遗子，金满籝。
我教子，惟一经，勤有功，戏无益。
戒之哉，宜勉力。

二、百家姓

《百家姓》是一本关于中文姓氏的书，成书于北宋初，与《三字经》、《千字文》并称“三百千”，是中国传统儿童启蒙教育的最重要读物之一。原收集姓氏411个，后增补到504个，其中单姓444个，复姓60个，次序编排并不是依各姓氏实际人口，而是为了朗读顺口，易学好记。百家姓形成于宋朝的吴越钱塘地区，因此宋朝皇帝的赵氏、吴越国国王钱氏、吴越国王钱俶正妃孙氏以及南唐国王李氏成为百家姓前四位。

赵钱孙李　周吴郑王　冯陈褚卫　蒋沈韩杨
朱秦尤许　何吕施张　孔曹严华　金魏陶姜
戚谢邹喻　柏水窦章　云苏潘葛　奚范彭郎
鲁韦昌马　苗凤花方　俞任袁柳　酆鲍史唐
费廉岑薛　雷贺倪汤　滕殷罗毕　郝邬安常
乐于时傅　皮卞齐康　伍余元卜　顾孟平黄
和穆萧尹　姚邵湛汪　祁毛禹狄　米贝明臧
计伏成戴　谈宋茅庞　熊纪舒屈　项祝董梁
杜阮蓝闵　席季麻强　贾路娄危　江童颜郭
梅盛林刁　钟徐邱骆　高夏蔡田　樊胡凌霍
虞万支柯　昝管卢莫　经房裘缪　干解应宗
丁宣贲邓　郁单杭洪　包诸左石　崔吉钮龚
程嵇邢滑　裴陆荣翁　荀羊於惠　甄麴家封
芮羿储靳　汲邴糜松　井段富巫　乌焦巴弓
牧隗山谷　车侯宓蓬　全郗班仰　秋仲伊宫
宁仇栾暴　甘钭厉戎　祖武符刘　景詹束龙
叶幸司韶　郜黎蓟薄　印宿白怀　蒲台从鄂
索咸籍赖　卓蔺屠蒙　池乔阴郁　胥能苍双
闻莘党翟　谭贡劳逄　姬申扶堵　冉宰郦雍
郤璩桑桂　濮牛寿通　边扈燕冀　郏浦尚农
温别庄晏　柴瞿阎充　慕连茹习　宦艾鱼容
向古易慎　戈廖庾终　暨居衡步　都耿满弘
匡国文寇　广禄阙东　殴殳沃利　蔚越夔隆
师巩厍聂　晁勾敖融　冷訾辛阚　那简饶空

曾毋沙乜　养鞠须丰　巢关蒯相　查后荆红
游竺权逯　盖益桓公　万俟司马　上官欧阳
夏侯诸葛　闻人东方　赫连皇甫　尉迟公羊
澹台公冶　宗政濮阳　淳于单于　太叔申屠
公孙仲孙　轩辕令狐　钟离宇文　长孙慕容
鲜于闾丘　司徒司空　亓官司寇　仉督子车
颛孙端木　巫马公西　漆雕乐正　壤驷公良
拓拔夹谷　宰父谷粱　晋楚闫法　汝鄢涂钦
段干百里　东郭南门　呼延归海　羊舌微生
岳帅缑亢　况后有琴　梁丘左丘　东门西门
商牟佘佴　伯赏南宫　墨哈谯笪　年爱阳佟
第五言福　百家姓终

三、千字文

据唐代李倬《尚书故实》记载，梁武帝萧衍为了教诸王书法，命大臣殷铁石逐字模仿王羲之书碣碑石的字迹，又要求拓出一千字都不重复，以赐八王。殷铁石拓出后，此千余字互不联属，梁武帝又命令周兴嗣将这一千字编成有意义的句子。结果周兴嗣一夜之间竟写成了《千字文》，头发都累白了。

《千字文》文笔优美，辞藻华丽，既是一部优秀的蒙学读物，也是我国优秀传统文化的一个组成部分，得到了人们的普遍重视和喜爱。

天地玄黄，宇宙洪荒。
日月盈昃，辰宿列张。
寒来暑往，秋收冬藏。
闰余成岁，律吕调阳。
云腾致雨，露结为霜。
金生丽水，玉出昆冈。
剑号巨阙，珠称夜光。
果珍李柰，菜重芥姜。
海咸河淡，鳞潜羽翔。
龙师火帝，鸟官人皇。
始制文字，乃服衣裳。
推位让国，有虞陶唐。
吊民伐罪，周发殷汤。
坐朝问道，垂拱平章。
爱育黎首，臣伏戎羌。

遐迩一体，率宾归王。
鸣凤在竹，白驹食场。
化被草木，赖及万方。
盖此身发，四大五常。
恭惟鞠养，岂敢毁伤。
女慕贞洁，男效才良。
知过必改，得能莫忘。
罔谈彼短，靡恃己长。
信使可复，器欲难量。
墨悲丝染，诗赞羔羊。
景行维贤，克念作圣。
德建名立，形端表正。
空谷传声，虚堂习听。
祸因恶积，福缘善庆。
尺璧非宝，寸阴是竞。
资父事君，曰严与敬。
孝当竭力，忠则尽命。
临深履薄，夙兴温凊。
似兰斯馨，如松之盛。
川流不息，渊澄取映。
容止若思，言辞安定。
笃初诚美，慎终宜令。
荣业所基，籍甚无竟。
学优登仕，摄职从政。
存以甘棠，去而益咏。
乐殊贵贱，礼别尊卑。
上和下睦，夫唱妇随。
外受傅训，入奉母仪。
诸姑伯叔，犹子比儿。
孔怀兄弟，同气连枝。
交友投分，切磨箴规。
仁慈隐恻，造次弗离。
节义廉退，颠沛匪亏。
性静情逸，心动神疲。
守真志满，逐物意移。
坚持雅操，好爵自縻。

都邑华夏，东西二京。
背邙面洛，浮渭据泾。
宫殿盘郁，楼观飞惊。
图写禽兽，画彩仙灵。
丙舍傍启，甲帐对楹。
肆筵设席，鼓瑟吹笙。
升阶纳陛，弁转疑星。
右通广内，左达承明。
既集坟典，亦聚群英。
杜稿钟隶，漆书壁经。
府罗将相，路侠槐卿。
户封八县，家给千兵。
高冠陪辇，驱毂振缨。
世禄侈富，车驾肥轻。
策功茂实，勒碑刻铭。
磻溪伊尹，佐时阿衡。
奄宅曲阜，微旦孰营。
桓公匡合，济弱扶倾。
绮回汉惠，说感武丁。
俊义密勿，多士寔宁。
晋楚更霸，赵魏困横。
假途灭虢，践土会盟。
何遵约法，韩弊烦刑。
起翦颇牧，用军最精。
宣威沙漠，驰誉丹青。
九州禹迹，百郡秦并。
岳宗泰岱，禅主云亭。
雁门紫塞，鸡田赤城。
昆池碣石，巨野洞庭。
旷远绵邈，岩岫杳冥。
治本于农，务兹稼穑。
俶载南亩，我艺黍稷。
税熟贡新，劝赏黜陟。
孟轲敦素，史鱼秉直。
庶几中庸，劳谦谨敕。
聆音察理，鉴貌辨色。

贻厥嘉猷，勉其祗植。
省躬讥诫，宠增抗极。
殆辱近耻，林皋幸即。
两疏见机，解组谁逼。
索居闲处，沈默寂寥。
求古寻论，散虑逍遥。
欣奏累遣，戚谢欢招。
渠荷的历，园莽抽条。
枇杷晚翠，梧桐蚤凋。
陈根委翳，落叶飘摇。
游鹍独运，凌摩绛霄。
耽读玩市，寓目囊箱。
易輶攸畏，属耳垣墙。
具膳餐饭，适口充肠。
饱饫烹宰，饥厌糟糠。
亲戚故旧，老少异粮。
妾御绩纺，侍巾帷房。
纨扇圆絜，银烛炜煌。
昼眠夕寐，蓝笋象床。
弦歌酒宴，接杯举觞。
矫手顿足，悦豫且康。
嫡后嗣续，祭祀烝尝。
稽颡再拜，悚惧恐惶。
笺牒简要，顾答审详。
骸垢想浴，执热愿凉。
驴骡犊特，骇跃超骧。
诛斩贼盗，捕获叛亡。
布射僚丸，嵇琴阮啸。
恬笔伦纸，钧巧任钓。
释纷利俗，并皆佳妙。
毛施淑姿，工颦妍笑。
年矢每催，曦晖朗曜。
璇玑悬斡，晦魄环照。
指薪修祜，永绥吉劭。
矩步引领，俯仰廊庙。
束带矜庄，徘徊瞻眺。

孤陋寡闻,愚蒙等诮。

谓语助者,焉哉乎也。

四、弟子规

《弟子规》原名《训蒙文》,原作者为清朝李毓秀,后经贾存仁修订改编并改名《弟子规》。该文依据孔子教诲编写而成,教导学生在家、出外、待人、接物与学习上应该恪守的守则规范。"弟子"是指一切圣贤人的弟子,"规""夫见"意思是大丈夫的见解。所以是每个人,每一个学习圣贤经典,效仿圣贤的人都应该学的。《弟子规》是儒家的基础,是仅次于《三字经》的儿童启蒙教学名篇。

序

弟子规,圣人训。首孝悌,次谨信,泛爱众,而亲仁,有余力,则学文。

一、入则孝

父母呼,应勿缓;父母命,行勿懒。
父母教,须敬听;父母责,须顺承。
冬则温,夏则凊;晨则省,昏则定。
出必告,反必面;居有常,业无变。
事虽小,勿擅为;苟擅为,子道亏。
物虽小,勿私藏;苟私藏,亲心伤。
亲所好,力为具;亲所恶,谨为去。
身有伤,贻亲忧;德有伤,贻亲羞。
亲爱我,孝何难;亲憎我,孝方贤。
亲有过,谏使更;怡吾色,柔吾声。
谏不入,悦复谏;号泣随,挞无怨。
亲有疾,药先尝;昼夜侍,不离床。
丧三年,常悲咽;居处辨,酒肉绝。
丧尽礼,祭尽诚;事死者,如事生。

二、出则悌

兄道友,弟道恭;兄弟睦,孝在中。
财物轻,怨何生;言语忍,忿自泯。
或饮食,或坐走;长者先,幼者后。
长呼人,即代叫;人不在,己先到。
称尊长,勿呼名;对尊长,勿见能。
路遇长,疾趋揖;长无言,退恭立。
骑下马,乘下车;过犹待,百步余。

长者立，幼勿坐；长者坐，命乃坐。
尊长前，声要低；低不闻，却非宜。
进必趋，退必迟；问起对，视勿移。
事诸父，如事父；事诸兄，如事兄。

三、谨

朝起早，夜眠迟；老易至，惜此时。
晨必盥，兼漱口；便溺回，辄净手。
冠必正，纽必结；袜与履，俱紧切。
置冠服，有定位；勿乱顿，致污秽。
衣贵洁，不贵华；上循分，下称家。
对饮食，勿拣择；食适可，勿过则。
年方少，勿饮酒；饮酒醉，最为丑。
步从容，立端正；揖深圆，拜恭敬。
勿践阈，勿跛倚；勿箕踞，勿摇髀。
缓揭帘，勿有声；宽转弯，勿触棱。
执虚器，如执盈；入虚室，如有人。
事勿忙，忙多错；勿畏难，勿轻略。
斗闹场，绝勿近；邪僻事，绝勿问。
将入门，问孰存；将上堂，声必扬。
人问谁，对以名；吾与我，不分明。
用人物，须明求；倘不问，即为偷。
借人物，及时还；人借物，有勿悭。

四、信

凡出言，信为先；诈与妄，奚可焉。
话说多，不如少；惟其是，勿佞巧。
奸巧语，刻薄词；市井气，切戒之。
见未真，勿轻言；知未的，勿轻传。
事非宜，勿轻诺；苟轻诺，进退错。
凡道字，重且舒；勿急疾，勿模糊。
彼说长，此说短；不关己，莫闲管。
见人善，即思齐；纵去远，以渐跻。
见人恶，即内省；有则改，无加警。
惟德学，惟才艺；不如人，当自励。
若衣服，若饮食；不如人，勿生戚。
闻过怒，闻誉喜；损友来，益友却。
闻誉恐，闻过欣；直谅士，渐相亲。

无心非，名为错；有心非，名为恶。
过能改，归于无；倘掩饰，增一辜。

五、泛爱众

凡是人，皆须爱；天同覆，地同载。
行高者，名自高；人所重，非貌高。
才大者，望自大；人所服，非言大。
己有能，勿自私；人有能，勿轻訾。
勿谄富，勿骄贫；勿厌故，勿喜新。
人不闲，勿事搅；人不安，勿话扰。
人有短，切莫揭；人有私，切莫说。
道人善，即是善；人知之，愈思勉。
扬人恶，既是恶；疾之甚，祸且作。
善相劝，德皆建；过不规，道两亏。
凡取与，贵分晓；与宜多，取宜少。
将加人，先问己；己不欲，即速已。
恩欲报，怨欲忘；报怨短，报恩长。
待婢仆，身贵端；虽贵端，慈而宽。
势服人，心不然；理服人，方无言。

六、亲仁

同是人，类不齐；流俗众，仁者稀。
果仁者，人多畏；言不讳，色不媚。
能亲仁，无限好；德日进，过日少。
不亲仁，无限害；小人进，百事坏。

七、余力学文

不力行，但学文；长浮华，成何人？
但力行，不学文；任己见，昧理真。
读书法，有三到；心眼口，信皆要。
方读此，勿慕彼；此未终，彼勿起。
宽为限，紧用功；工夫到，滞塞通。
心有疑，随札记；就人问，求确义。
房室清，墙壁净；几案洁，笔砚正。
墨磨偏，心不端；字不敬，心先病。
列典籍，有定处；读看毕，还原处，
虽有急，卷束齐；有缺损，就补之。
非圣书，屏勿视；蔽聪明，坏心志。

勿自暴，勿自弃；圣与贤，可驯致。

五、增广贤文

《增广贤文》又名《昔时贤文》、《古今贤文》，是我国古代儿童启蒙书目的重要组成部分。作者不详，书名最早出现在明代万历年间的戏曲《牡丹亭》里，可以说此书最晚在万历年间写成。在明、清时期，文人又不断增补，形成了目前这个体系，称《增广昔时贤文》，通称《增广贤文》。该文句子大都来自经史子集，诗词曲赋、戏剧小说以及文人杂记，其思想观念都直接或间接地来自儒释道各家经典，从广义上来说，它是雅俗共赏的"经"的普及本。

昔时贤文，诲语谆谆。
集韵增广，多见多闻。
观今宜鉴古，无古不成今。
知己知彼，将心比心。
酒逢知己饮，诗向会人吟。
相识满天下，知心能几人。
相逢好似初相识，到老终无怨恨心。
近水知鱼性，近山识鸟音。
易涨易退山溪水，易反易复小人心。
运去金成铁，时来铁似金。
读书须用意，一字值千金。
逢人且说三分话，未可全抛一片心。
有意栽花花不发，无心插柳柳成荫。
画虎画皮难画骨，知人知面不知心。
钱财如粪土，仁义值千金。
流水下滩非有意，白云出岫本无心。
当时若不登高望，谁信东流海洋深。
路遥知马力，事久见人心。
两人一般心，无钱堪买金；
一人一般心，有钱难买针。
相见易得好，久住难为人。
马行无力皆因瘦，人不风流只为贫。
饶人不是痴汉，痴汉不会饶人。
是亲不是亲，非亲却是亲。
美不美，乡中水；亲不亲，故乡人。
莺花犹怕春光老，岂可教人枉度春。

相逢不饮空归去，洞口桃花也笑人。
红粉佳人休使老，风流浪子莫教贫。
在家不会迎宾客，出门方知少主人。
黄金无假，阿魏无真。
客来主不顾，应恐是痴人。
贫居闹市无人识，富在深山有远亲。
谁人背后无人说，那个人前不说人。
有钱道真语，无钱语不真；
不信但看筵中酒，杯杯先劝有钱人。
闹市有钱，静处安身。
来如风雨，去似微尘。
长江后浪推前浪，世上新人赶旧人。
近水楼台先得月，向阳花木早逢春。
古人不见今时月，今月曾经照古人。
先到为君，后到为臣。
莫道君行早，更有早行人。
莫信直中直，须防仁不仁。
山中有直树，世上无直人。
自恨枝无叶，莫怨太阳偏。
大家都是命，半点不由人。
一年之计在于春，一日之计在于寅。
一家之计在于和，一生之计在于勤。
责人之心责己，恕己之心恕人。
守口如瓶，防意如城。
宁可人负我，切莫我负人。
再三须慎意，第一莫欺心。
虎生犹可近，人熟不堪亲。
来说是非者，便是是非人。
远水难救近火，远亲不如近邻。
有茶有酒多兄弟，急难何曾见一人。
人情似纸张张薄，世事如棋局局新。
山中自有千年树，世上难逢百岁人。
力微休负重，言轻莫劝人。
无钱休入众，遭难莫寻亲。
平生不做皱眉事，世上应无切齿人。
士者国之宝，儒为席上珍。

若要断酒法，醒眼看醉人。
求人须求英雄汉，济人须济急时无。
久住令人嫌，贫来亲也疏。
酒中不语真君子，财上分明大丈夫。
出家如初，成佛有余。
积金千两，不如明解经书。
养子不教如养驴，养女不教如养猪。
有田不耕仓廪虚，有书不读子孙愚。
仓廪虚兮岁月乏，子孙愚兮礼仪疏。
同君一席话，胜读十年书。
人不通今古，牛马如襟裾。
茫茫四海人无数，哪个男儿不丈夫。
白酒酿成缘好客，黄金散尽为收书。
救人一命，胜造七级浮屠。
城门失火，殃及池鱼。
庭前生瑞草，好事不如无。
好事不出门，坏事传千里。
欲求身富贵，须下死工夫。
百年成之不足，一旦坏之有余。
人心似铁，官法如炉。
善化不足，恶化有余。
水太清则无鱼，人至察则无徒。
知者减半，省者全无。
在家由父，出嫁从夫。
痴人畏妇，贤女敬夫。
是非终日有，不听自然无。
竹篱茅舍风光好，道院僧房总不如。
宁可正而不足，不可邪而有余。
宁可信其有，不可信其无。
命里有时终须有，命里无时莫强求。
道院迎仙客，书堂隐相儒。
庭栽栖凤竹，池养化龙鱼。
结交须胜己，似我不如无。
但看三五日，相见不如无。
人情似水分高下，世事如云任卷舒。
会说说都市，不会说屋里。

磨刀恨不利，刀利伤人指；
求财恨不多，财多害自己。
知足常足，终生不辱；
知止常止，终生不耻。
有福伤财，无福伤己。
差之毫厘，失之千里。
若登高必自卑，若涉远必自迩。
三思而行，再思可矣。
使口不如自走，求人不如求己。
小时是兄弟，长大各乡里。
妒财莫妒食，怨生莫怨死。
人见白头嗔，我见白头喜。
多少少年亡，不到白头死。
墙有缝，壁有耳。
好事不出门，恶事传千里。
若要人不知，除非己莫为。
为人不做亏心事，半夜敲门心不惊。
贼是小人，智过君子。
君子固穷，小人穷思滥矣。
贫穷自在，富贵多忧。
不以我为德，反以我为仇。
宁向直中取，不可曲中求。
人无远虑，必有近忧。
知我者谓我心忧，不知我者谓我何求。
晴天不肯去，直待雨淋头。
成事莫说，覆水难收。
是非只为多开口，烦恼皆因强出头。
忍得一时之气，免得百日之忧。
近来学得乌龟法，得缩头时且缩头。
惧法朝朝乐，欺公日日忧。
人生一世，草生一春。
白发不随老人去，看看又是白头翁。
月到十五光明少，人到中年万事休。
儿孙自有儿孙福，莫为儿孙做马牛。
人生不满百，常怀千岁忧。
今朝有酒今朝醉，明日愁来明日忧。

路逢险处难回避，事到头来不自由。
人穷不语，水平不流。
一家养女百家求，一马不行百马忧。
有花方酌酒，无月不登楼。
三杯通大道，一醉解千愁。
深山毕竟藏猛虎，大海终须纳细流。
惜花须检点，无月不梳头。
大化造他肌骨好，不擦红粉也风流。
恩爱深处宜先退，得意浓时便可休。
莫待是非来入耳，从前恩爱反成仇。
留得五湖明月在，不愁无处下金钩。
休别有鱼处，莫恋浅滩头。
去时终须去，再三留不住。
忍一句，息一怒，饶一着，退一步。
生不认魂，死不认尸。
父母恩深终有别，夫妻义重也分离。
人生似鸟同林宿，大难来时各自飞。
人善被人欺，马善被人骑。
人无横财不富，马无夜草不肥。
人恶人怕天不怕，人善人欺天不欺。
善恶到头终有报，只盼早到与来迟。
黄河尚有澄清日，穷人岂无得运时。
得宠思辱，安居虑危。
念念有如临敌日，心心常似过桥时。
英雄行险道，富贵似花枝。
人情莫道春光好，只怕秋来有冷时。
送君千里，终须一别。
但将冷眼观螃蟹，看他横行到几时。
见事莫说，问事不知；
闲事莫管，无事早归。
假缎染就真红色，也被旁人说是非。
善事可做，恶事莫为。
许人一物，千金不移。
龙生龙子，虎生虎儿。
龙游浅水遭虾戏，虎落平川被犬欺。
一举首登龙虎榜，十年身到凤凰池。

十年寒窗无人问，一举成名天下知。
酒债寻常行处有，人生七十古来稀。
养儿防老，积谷防饥。
鸡豚狗彘之畜，无失其时，八口之家，可以无饥矣。
常将有日思无日，莫把无时当有时。
树欲静而风不止，子欲养而亲不待。
时来风送滕王阁，运去雷轰荐福碑。
入门休问荣枯事，观看容颜便得知。
官清司吏瘦，神灵庙主肥。
息却雷霆之怒，罢却虎豹之威。
饶人算知本，输人算知机。
好言难得，恶语易施。
一言既出，驷马难追。
道吾好者是吾贼，说吾恶者是吾师。
择其善者而从之，其不善者而改之。
少时不努力，老大徒伤悲。
人有善愿，天必从之。
莫吃卯时酒，昏昏醉到酉。
莫骂酉时妻，一夜受孤凄。
种麻得麻，种豆得豆。
天网恢恢，疏而不漏。
见官莫向前，做客莫在后。
宁添一斗，莫添一口。
螳螂捕蝉，岂知黄雀在后。
莫求金玉重重贵，但愿儿孙个个贤。
一日夫妻，百世姻缘。
百世修来同船渡，千世修来共枕眠。
杀人一万，自损三千。
伤人一语，利如刀割。
枯木逢春犹再发，人无两度再少年。
未晚先投宿，鸡鸣早看天。
将相顶头堪走马，公侯肚里好撑船。
富人思来年，穷人思眼前。
世上若要人情好，赊去物品莫取钱。
死生有命，富贵在天。
击石原有火，不击乃无烟。

人学始知道，不学亦徒然。
莫笑他人老，终须还到老。
但能依本分，终须无烦恼。
善有善报，恶有恶报；不是不报，时候未到。
人而无信，不知其可也。
一人道好，千人传之。
若要凡事好，须先问三老。
君子爱财，取之有道。
贞妇爱色，纳之以礼。
年年防饥，夜夜防盗。
学者是好，不学不好。
好学者如禾如稻，不学者如草如蒿。
遇饮酒时须防醉，得高歌处且高歌。
因风吹火，用力不多。
不因渔父引，怎能见波涛。
无求到处人情好，不饮任他酒价高。
知事少时烦恼少，识人多处是非多。
入山不怕虎伤人，只怕人情两面刀。
强中更有强中手，恶人须用恶人磨。
会使不在家富豪，风流不用着衣多。
光阴似箭，日月如梭。
天时不如地利，地利不如人和。
黄金未为贵，安乐值钱多。
世上万般皆下品，思量惟有读书高。
世间好语书谈尽，天下名山僧占多。
为善最乐，为恶难逃。
好人相逢，恶人回避。
羊有跪乳之恩，鸦有反哺之义。
你急他未急，人闲心不闲。
隐恶扬善，执其两端。
妻贤夫祸少，子孝父心宽。
已覆之水，收之实难。
人生知足何时足，人老偷闲且自闲。
处处绿杨堪系马，家家有路通长安。
见者易，学者难。
厌静还思喧，嫌喧又忆山。

自从心定后，无处不安然。
莫将容易得，便作等闲看。
用心计较般般错，退后思量事事宽。
道路各别，养家一般。
由俭入奢易，从奢入俭难。
知音说与知音听，不是知音莫与谈。
点石化为金，人心犹未足。
信了肚，卖了屋。
他人观花，不涉你目。
他人碌碌，不涉你足。
谁人不爱子孙贤，谁人不爱千钟粟。
莫把真心空计较，儿孙自有儿孙福。
书到用时方恨少，事非经过不知难。
但行好事，莫问前程。
河狭水紧，人急计生。
明知山有虎，偏向虎山行。
路不行不到，事不为不成。
人不劝不善，钟不打不鸣。
无钱方断酒，临老始看经。
点塔七层，不如暗处一灯。
万事劝人休瞒昧，举头三尺有神明。
但存方寸地，留与子孙耕。
灭却心头火，剔起佛前灯。
惺惺多不足，蒙蒙作公卿。
众星朗朗，不如孤月明。
兄弟相害，不如自生。
合理可作，小利莫争。
牡丹花好空入目，枣花虽小结实多。
欺老莫欺小，欺人心不明。
随分耕锄收地利，他时饱暖谢苍天。
得忍且忍，得耐且耐；不忍不耐，小事成灾。
相论逞英豪，家计渐渐退。
贤妇令夫贵，恶妇令夫败。
一人有庆，兆民感赖。
人老心未老，人穷计未穷。
人无千日好，花无百日红。

黄蜂一口针，橘子两边分。
世间通恨事，最毒淫妇心。
杀人可恶，情理难容。
乍富不知新受用，乍贫难改旧家风。
座上客常满，杯中酒不空。
屋漏又遭连阴雨，行船又遇打头风。
笋因落箨方成竹，鱼为奔波始化龙。
记得少年骑竹马，转眼又是白头翁。
礼义生于富足，盗贼出于赌博。
天上众星皆拱北，世间无水不朝东。
士为知己者死，女为悦己者容。
色即是空，空即是色。
君子安贫，达人知命。
良药苦口利于病，忠言逆耳利于行。
顺天者存，逆天者亡。
有缘千里来相会，无缘对面不相逢。
有福者昌，无福者亡。
人为财死，鸟为食亡。
夫妻相和好，琴瑟与笙簧。
红粉易妆娇态女，无钱难作好儿郎。
有儿贫不久，无子富不长。
善必寿老，恶必早亡。
爽口食多偏作病，快心事过恐生殃。
富贵定要安本分，贫穷不必枉思量。
画水无风空作浪，绣花虽好不闻香。
贪他一斗米，失却半年粮。
争他一脚豚，反失一肘羊。
龙归晚洞云犹湿，麝过春山草亦香。
人生只会量人短，何不回头把自量。
见善如不及，见恶如探汤。
人穷志短，马瘦毛长。
自家心里急，他人未知忙。
贫无达士将金赠，病有高人说药方。
秋来满山多秀色，春来无处不花香。
凡人不可貌相，海水不可斗量。
清清之水为土所防，

济济之士为酒所伤，
蒿草之下，或有兰香；
茅茨之屋，或有侯王。
无限朱门生饿殍，几多白屋出公卿。
酒里乾坤大，壶中日月长。
拂石坐来春衫冷，踏花归去马蹄香。
万事皆已定，浮生空自忙。
叫月子规喉舌冷，宿花蝴蝶梦魂香。
千里送毫毛，礼轻仁义重。
一言不中，千言不用。
一人传虚，百人传实。
万金良药，不如无疾。
世事如明镜，前程似旭日。
君子怀刑，小人怀惠。
良田万顷，日食一升。
大厦千间，夜眠八尺。
千经万典，孝义为先。
天上人间，方便第一。
一字入公门，九牛拖不出。
衙门八字开，有理无钱莫进来。
欲求天下事，须用世间财。
富从升合起，贫因不算来。
近河不得枉使水，近山不得枉烧柴。
家中无读书子，官从何处来？
慈不掌兵，义不掌财。
一夫当关，万夫莫开。
万事不由人计较，一身都是命安排。
白云本是无心物，却被清风引出来。
慢行急行，逆取顺取。
命中只有如许财，丝毫不可有闪失。
人间私语，天闻若雷。
暗室亏心，神目如电；
一毫之恶，劝人莫作。
一毫之善，与人方便。
欺人是祸，饶人是福，天眼恢恢，报应甚速。
圣贤言语，神钦鬼服。

人各有心，心各有见。
口说不如身逢，耳闻不如目见。
见人富贵生欢喜，莫把心头似火烧。
养兵千日，用在一时。
国清才子贵，家富小儿骄。
利刀割体痕易合，恶语伤人恨不消。
公道世间为白发，贵人头上不曾饶。
有才堪出众，无衣懒出门。
为官须作相，及第早争先。
苗从地发，树向枝分。
宅里燃火，烟气成云。
家中有恶，外以知闻。
以直报怨，知恩报恩。
红颜今日虽欺我，白发他时不放君。
借问酒家何处有，牧童遥指杏花村。
父子和而家不退，兄弟和而家不分。
一片云间不相识，三千里外却逢君。
官有正条，民有私约。
争得猫儿，失却牛脚。
愚者千虑，必有一得；智者千虑，必有一失。
始吾于人也，听其言而信其行。
今吾于人也，听其言而观其行。
哪个梳头无乱发，情人眼里出西施。
珠沉渊而川媚，玉韫石而山辉。
夕阳无限好，只是近黄昏。
久旱逢甘霖，他乡遇故知；
洞房花烛夜，金榜题名时。
惜花春起早，爱月夜眠迟。
掬水月在手，弄花香满衣。
桃红李白蔷薇紫，问着东君总不知。
国乱思良将，家贫思良妻。
池塘积水防秋旱，田地深耕足养家。
教子教孙须教义，栽桑栽柘少栽花。
休念故乡生处好，受恩深处便为家。
根深不怕树摇动，树正何愁月影斜。
奉劝后来君子道，分毫不乱更不差。

只此呈示，万无一失。

六、朱子治家格言

《朱子治家格言》又叫《朱子家训》，为明代朱用纯（自号柏庐）所著，仅522字，即精辟地阐明了修身治家之道，通篇意在劝人要勤俭持家，安分守己，把中国几千年形成的道德教育思想，以名言警句的形式表达出来。自问世以来流传甚广，被历代士大夫尊为"治家之经"，是我国传统文化教育中的儿童启蒙必读课本之一。

黎明即起，洒扫庭除，要内外整洁。既昏便息，关锁门户，必亲自检点。一粥一饭，当思来处不易；半丝半缕，恒念物力维艰。宜未雨而绸缪，毋临渴而掘井。自奉必须俭约，宴客切勿流连。器具质而洁，瓦缶胜金玉。饮食约而精，园蔬胜珍馐。勿营华屋，勿谋良田。

三姑六婆，实淫盗之媒；婢美妾娇，非闺房之福。奴仆勿用俊美，妻妾切忌艳装。祖宗虽远，祭祀不可不诚；子孙虽愚，经书不可不读。居身务期质朴，教子要有义方。勿贪意外之财，毋饮过量之酒。

与肩挑贸易，毋占便宜。见贫苦亲邻，须加温恤。刻薄成家，理无久享。伦常乖舛，立见消亡。兄弟叔侄，须多分润寡。长幼内外，宜法肃辞严。听妇言，乖骨肉，岂是丈夫？重资财，薄父母，不成人子。嫁女择佳婿，毋索重聘；娶媳求淑女，毋计厚奁。

见富贵而生谄容者最可耻；遇贫穷而作骄态者贱莫甚。居家戒争讼，讼则终凶；处世戒多言，言多必失。勿恃势力而凌逼孤寡，毋贪口腹而恣杀生禽。乖僻自是，悔误必多；颓惰自甘，家道难成。狎昵恶少，久必受其累；屈志老成，急则可相依。轻听发言，安知非人之谮诉？当忍耐三思；因事相争，焉知非我之不是？需平心暗想。

施惠无念，受恩莫忘。凡事当留余地，得意不宜再往。人有喜庆，不可生妒忌心；人有祸患，不可生欣幸心。善欲人见，不是真善；恶恐人知，便是大恶。见色而起淫心，报在妻女；匿怨而用暗箭，祸延子孙。

家门和顺，虽饔飧不继，亦有余欢；国课早完，即囊橐无余，自得至乐。读书志在圣贤，非徒科第；为官心存君国，岂计身家？安分守命，顺时听天。为人若此，庶乎近焉。

七、千家诗

中国古代诗歌源远流长，两千多年来"诗教"的传统绵延不绝，浩如烟海的佳作经典如连绵不绝的艺术长廊。《千家诗》作为流传甚广的启蒙通俗读物，荟萃了我国古代脍炙人口的诗歌名篇。因为它所选的诗歌大多是唐宋时期的名家名篇，易学好懂，题材多样：山水田园、赠友送别、思乡怀人、吊古伤今、咏物题画、侍宴应制，较为广泛地反映了唐宋时代的社会现实，所以在民间流传广泛，影响极其深远。

春 眠

孟浩然

春眠不觉晓，处处闻啼鸟。
夜来风雨声，花落知多少。

访袁拾遗不遇

孟浩然

洛阳访才子，江岭作流人。
闻说梅花早，何如此地春。

道郭司仓

王昌龄

映门淮水绿，留骑主人心。
明月随良掾，春潮夜夜深。

洛阳道

储光羲

大道直如发，春日佳气多。
五陵贵公子，双双鸣玉珂。

独坐敬亭山

李白

众鸟高飞尽，孤云独去闲。
相看两不厌，只有敬亭山。

登鹳雀楼

王之涣

白日依山尽，黄河入海流。
欲穷千里目，更上一层楼。

观永乐公主入蕃

孙逖

边地莺花少，年来未觉新。
美人天上落，龙塞始应春。

伊州歌

金昌绪

打起黄莺儿，莫教枝上啼。
啼时惊妾梦，不得到辽西。

左掖梨花

丘为

冷艳全欺雪，余香乍入衣。
春风且莫定，吹向玉阶飞。

思君恩

令狐楚

小苑莺歌歇，长门蝶舞多。
眼看春又去，翠辇不曾过。

题袁氏别业

贺知章

主人不相识，偶坐为林泉。
莫谩愁沽酒，囊中自有钱。

夜送赵纵

杨炯

赵氏连城璧，由来天下传。
送君还旧府，明月满前川。

竹里馆

王维

独坐幽篁里，弹琴复长啸。
深林人不知，明月来相照。

送朱大入秦

孟浩然

游人五陵去，宝剑值千金。
分手脱相赠，平生一片心。

长干行

崔颢

君家何处住，妾住在横塘。

停船暂借问，或恐是同乡。

咏　史

高适

尚有绨袍赠，应怜范叔寒。
不知天下士，犹作布衣看。

罢相作

李适之

避贤初罢相，乐圣且衔杯。
为问门前客，今朝几个来？

逢侠者

钱起

燕赵悲歌士，相逢剧孟家。
寸心言不尽，前路日将斜。

江行望匡庐

钱珝

咫尺愁风雨，匡庐不可登。
只疑云雾窟，犹有六朝僧。

答李浣

韦应物

林中观易罢，溪上对鸥闲。
楚俗饶词客，何人最往还。

秋风引

刘禹锡

何处秋风至，萧萧送雁群。
朝来入庭树，孤客最先闻。

秋夜寄丘员外

韦应物

怀君属秋夜，散步咏凉天。
山空松子落，幽人应未眠。

秋 日

耿沛

返照入间巷，忧来谁共语？
古道少人行，秋风动禾黍。

秋日湖上

薛莹

落日五湖游，烟波处处愁。
浮沉千古事，谁与问东流。

宫中题

唐文宗

辇路生秋草，上林花满枝。
凭高何限意，无复侍臣知。

寻隐者不遇

贾岛

松下问童子，言师采药去。
只在此山中，云深不知处。

汾上惊秋

苏颋

北风吹白云，万里渡河汾。
心绪逢摇落，秋声不可闻。

蜀道后期

张说

客心争日月，来往预期程。
秋风不相待，先至洛阳城。

静夜思

李白

床前明月光，疑是地上霜。
举头望明月，低头思故乡。

秋浦歌

李白

白发三千丈，缘愁似个长。

不知明镜里，何处得秋霜？

赠乔侍郎

陈子昂

汉庭荣巧宦，云阁薄边功。
可怜骢马使，白首为谁雄？

答武陵太守

王昌龄

仗剑行千里，微躯敢一言。
曾为大梁客，不负信陵恩。

行军九日思长安故园

岑参

强欲登高去，无人送酒来。
遥怜故园菊，应傍战场开。

婕妤怨

皇甫冉

花枝出建章，凤管发昭阳。
借问承恩者，双蛾几许长？

题竹林寺

朱放

岁月人间促，烟霞此地多。
殷勤竹林寺，更得几回过？

三闾庙

戴叔伦

沅湘流不尽，屈子怨何深！
日暮秋风起，萧萧枫树林。

易水送别

骆宾王

此地别燕丹，壮士发冲冠。
昔时人已没，今日水犹寒。

别卢秦卿

司空曙

知有前期在，难分此夜中。
无将故人酒，不及石尤风。

答　人

太上隐者

偶来松树下，高枕石头眠。
山中无历日，寒尽不知年。

五律

幸蜀回至剑门

唐玄宗

剑阁横云峻，銮舆出狩回。
翠屏千仞合，丹嶂五丁开。
灌木萦旗转，仙云拂马来。
乘时方在德，嗟尔勒铭才。

和晋陵陆丞相早春游望

杜审言

独有宦游人，偏惊物候新。
云霞出海曙，梅柳渡江春。
淑气催黄鸟，晴光转绿蘋。
忽闻歌古调，归思欲沾巾。

蓬莱三殿侍宴奉敕咏终南山

杜审言

北斗挂城边，南山倚殿前。
云标金阙迥，树杪玉堂悬。
半岭通佳气，中峰绕瑞烟。
小臣持献寿，长此戴尧天。

春夜别友人

陈子昂

银烛吐清烟，金尊对绮筵。
离堂思琴瑟，别路绕山川。

明月隐高树，长河没晓天。
悠悠洛阳去，此会在何年。

长宁公主东庄侍宴

李峤

别业临青甸，鸣銮降紫霄。
长筵鹓鹭集，仙管凤凰调。
树接南山近，烟含北渚遥。
承恩咸已醉，恋赏未还镳。

恩赐丽正殿书院赐宴应制得林字

张说

东壁图书府，西园翰墨林。
诵诗闻国政，讲易见天心。
位窃和羹重，恩叨醉酒深。
载歌春兴曲，情竭为知音。

送友人

李白

青山横北郭，白水绕东城。
此地一为别，孤蓬万里征。
浮云游子意，落日故人情。
挥手自兹去，萧萧班马鸣。

送友人入蜀

李白

见说蚕丛路，崎岖不易行。
山从人面起，云傍马头生。
芳树笼秦栈，春流绕蜀城。
升沉应已定，不必问君平。

次北固山下

王湾

客路青山下，行舟绿水前。
潮平两岸阔，风正一帆悬。
海日生残夜，江春入旧年。
乡书何处达，归雁洛阳边。

苏氏别业

祖咏

别业居幽处，到来生隐心。
面山当户牖，沣水映园林。
竹覆经冬雪，庭昏未夕阴。
寥寥人境外，闲坐听春禽。

春宿左省

杜甫

花隐掖垣暮，啾啾栖鸟过。
星临万户动，月傍九霄多。
不寝听金钥，因风想玉珂。
明朝有封事，数问夜如何。

题玄武禅师屋壁

杜甫

何年顾虎头，满壁画沧州。
赤日石林气，青天江海流。
锡飞常近鹤，杯渡不惊鸥。
似得庐山路，真随惠远游。

终南山

王维

太乙近天都，连山到海隅。
白云回望合，青霭入看无。
分野中峰变，阴晴众壑殊。
欲投何处宿，隔水问樵夫。

寄左省杜拾遗

岑参

联步趋丹陛，分曹限紫薇。
晓随天仗入，暮惹御香归。
白发悲花落，青云羡鸟飞。
圣朝无阙事，自觉谏书稀。

登总持阁

岑参

高阁逼诸天，登临近日边。

晴开万井树，愁看五陵烟。
槛外低秦岭，窗中小渭川。
早知清净理，常愿奉金仙。

登兖州城楼

杜甫

东郡趋庭日，南楼纵目初。
浮云连海岱，平野入青徐。
孤嶂秦碑在，荒城鲁殿余。
从来多古意，临眺独踌躇。

杜少府之任蜀州

王勃

城阙辅三秦，风烟望五津。
与君离别意，同是宦游人。
海内存知己，天涯若比邻。
无为在歧路，儿女共沾巾。

送崔融

杜审言

君王行出将，书记远从征。
祖帐连河阙，军麾动洛城。
旌旗朝朔气，笳吹夜边声。
坐觉烟尘扫，秋风古北平。

扈从登封途中作

宋之问

帐殿郁崔嵬，仙游实壮哉。
晓云连幕卷，夜火杂星回。
谷暗千旗出，山鸣万乘来。
扈游良可赋，终乏掞天才。

题义公禅房

孟浩然

义公习禅寂，结宇依空林。
户外一峰秀，阶前众壑深。
夕阳连雨足，空翠落庭阴。
看取莲花净，方知不染心。

醉后赠张九旭

高适

世上漫相识,此翁殊不然。
兴来书自圣,醉后语尤颠。
白发老闲事,青云在目前。
床头一壶酒,能更几回眠?

玉台观

杜甫

浩劫因王造,平台访古游。
彩云箫史驻,文字鲁恭留。
宫阙通群帝,乾坤到十洲。
人传有笙鹤,时过北山头。

观李固请司马弟山水图

杜甫

方丈浑连水,天台总映云。
人间长见画,老去恨空闻。
范蠡舟偏小,王乔鹤不群。
此生随万物,何处出尘氛。

旅夜书怀

杜甫

细草微风岸,危樯独夜舟。
星垂平野阔,月涌大江流。
名岂文章著,官因老病休。
飘飘何所似,天地一沙鸥。

登岳阳楼

杜甫

昔闻洞庭水,今上岳阳楼。
吴楚东南坼,乾坤日夜浮。
亲朋无一字,老病有孤舟。
戎马关山北,凭轩涕泗流。

江南旅情

祖咏

楚山不可极,归路但萧条。

海色晴看雨，江声夜听潮。
剑留南斗近，书寄北风遥。
为报空潭橘，无媒寄洛桥。

宿龙兴寺

綦毋潜

香刹夜忘归，松清古殿扉。
灯明方丈室，珠系比丘衣。
白日传心净，青莲喻法微。
天花落不尽，处处鸟衔飞。

题破山寺后禅院

常建

清晨入古寺，初日照高林。
曲径通幽处，禅房花木深。
山光悦鸟性，潭影空人心。
万籁此俱寂，惟闻钟磬音。

题松汀驿

张祜

山色远含空，苍茫泽国东。
海明先见日，江白迥闻风。
鸟道高原去，人烟小径通。
那知旧遗逸，不在五湖中。

圣果寺

释处默

路自中峰上，盘回出薜萝。
到江吴地尽，隔岸越山多。
古木丛青霭，遥天浸白波。
下方城郭近，钟磬杂笙歌。

野望

王绩

东皋薄暮望，徙倚欲何依？
树树皆秋色，山山惟落晖。
牧人驱犊返，猎马带禽归。
相顾无相识，长歌怀采薇。

送别崔著作东征

陈子昂

金天方肃杀，白露始专征。
王师非乐战，之子慎佳兵。
海气侵南部，边风扫北平。
莫卖卢龙塞，归邀麟阁名。

携妓纳凉晚际遇雨·其一

杜甫

落日放船好，轻风生浪迟。
竹深留客处，荷净纳凉时。
公子调冰水，佳人雪藕丝。
片云头上黑，应是雨催诗。

携妓纳凉晚际遇雨·其二

杜甫

雨来沾席上，风急打船头。
越女红裙湿，燕姬翠黛愁。
缆侵堤柳系，幔卷浪花浮。
归路翻萧飒，陂塘五月秋。

宿云门寺阁

孙逖

香阁东山下，烟花象外幽。
悬灯千嶂夕，卷幔五湖秋。
画壁余鸿雁，纱窗宿斗牛。
更疑天路近，梦与白云游。

秋登宣城谢朓北楼

李白

江楼如画里，山晓望晴空。
两水夹明镜，双桥落彩虹。
人烟寒橘柚，秋色老梧桐。
谁念北楼上。临风怀谢公。

临洞庭上张丞相

孟浩然

八月湖水平，涵虚混太清。

气蒸云梦泽，波撼岳阳城。
欲济无舟楫，端居耻圣明。
坐观垂钓者，徒有羡鱼情。

过香积寺

王维

不知香积寺，数里入云峰。
古木无人径，深山何处钟。
泉声咽危石，日色冷青松。
薄暮空潭曲，安禅制毒龙。

送郑侍御谪闽中

高适

谪去君无恨，闽中我旧过。
大都秋雁少，只是夜猿多。
东路云山合，南天瘴疠和。
自当逢雨露，行矣慎风波。

秦州杂诗

杜甫

凤林戈未息，鱼海路常难。
候火云峰峻，悬军幕井干。
风连西极动，月过北庭寒。
故老思飞将，何时议筑坛。

禹庙

杜甫

禹庙空山里，秋风落日斜。
荒庭垂橘柚，古屋画龙蛇。
云气生虚壁，江声走白沙。
早知乘四载，疏凿控三巴。

望秦川

李颀

秦川朝望迥，日出正东峰。
远近山河净，逶迤城阙重。
秋声万户竹，寒色五陵松。
有客归欤叹，凄其霜露浓。

同王徵君洞庭有怀

张谓

八月洞庭秋，潇湘水北流。
还家万里梦，为客五更愁。
不用开书帙，偏宜上酒楼。
故人京洛满，何日复同游。

渡扬子江

丁仙芝

桂楫中流望，空波两畔明。
林开扬子驿，山出润州城。
海尽边阴静，江寒朔吹生。
更闻枫叶下，淅沥度秋声。

幽州夜饮

张说

凉风吹夜雨，萧瑟动寒林。
正有高堂宴，能忘迟暮心。
军中宜剑舞，塞上重笳音。
不作边城将，谁知恩遇深？

七绝

春日偶成

程颢

云淡风轻近午天，傍花随柳过前川。
时人不识余心乐，将谓偷闲学少年。

春 日

朱熹

胜日寻芳泗水滨，无边光景一时新。
等闲识得东风面，万紫千红总是春。

春 宵

苏轼

春宵一刻值千金，花有清香月有阴。
歌管楼台声细细，秋千院落夜沉沉。

城东早春

杨巨源

诗家清景在新春，绿柳才黄半未匀。
若待上林花似锦，出门俱是看花人。

春 夜

王安石

金炉香烬漏声残，剪剪轻风阵阵寒。
春色恼人眠不得，月移花影上栏杆。

初春小雨

韩愈

天街小雨润如酥，草色遥看近却无。
最是一年春好处，绝胜烟柳满皇都。

元 日

王安石

爆竹声中一岁除，春风送暖入屠苏。
千门万户曈曈日，总把新桃换旧符。

上元侍宴

苏轼

淡月疏星绕建章，仙风吹下御炉香。
侍臣鹄立通明殿，一朵红云捧玉皇。

立春偶成

张栻

律回岁晚冰霜少，春到人间草木知。
便觉眼前生意满，东风吹水绿参差。

打球图

晁说之

阊阖千门万户开，三郎沈醉打球回。
九龄已老韩休死，无复明朝谏疏来。

宫 词

王建

金殿当头紫阁重，仙人掌上玉芙蓉。

太平天子朝元日，五色云车驾六龙。

廷试

夏竦

殿上衮衣明日月，砚中旗影动龙蛇。
纵横礼乐三千字，独对丹墀日未斜。

咏华清宫

杜常

行尽江南数十程，晓风残月入华清。
朝元阁上西风急，都入长杨作雨声。

清平调词

李白

云想衣裳花想容，春风拂槛露华浓。
若非群玉山头见，会向瑶台月下逢。

题邸间壁

郑会

荼蘼香梦怯春寒，翠掩重门燕子闲。
敲断玉钗红烛冷，计程应说到常山。

绝　句

杜甫

两个黄鹂鸣翠柳，一行白鹭上青天。
窗含西岭千秋雪，门泊东吴万里船。

海　棠

苏轼

东风袅袅泛崇光，香雾空蒙月转廊。
只恐夜深花睡去，故烧高烛照红妆。

清　明

王禹偁

无花无酒过清明，兴味萧然似野僧。
昨日邻家乞新火，晓窗分与读书灯。

清　明

杜牧

清明时节雨纷纷，路上行人欲断魂。
借问酒家何处有，牧童遥指杏花村。

社　日

王驾

鹅湖山下稻粱肥，豚栅鸡埘对掩扉。
桑柘影斜春社散，家家扶得醉人归。

寒　食

韩翃

春城无处不飞花，寒食东风御柳斜。
日暮汉宫传蜡烛，轻烟散入五侯家。

江南春

杜牧

千里莺啼绿映红，水村山郭酒旗风。
南朝四百八十寺，多少楼台烟雨中。

上高侍郎

高蟾

天上碧桃和露种，日边红杏倚云栽。
芙蓉生在秋江上，不向东风怨未开。

绝　句

僧志南

古木阴中系短篷，杖藜扶我过桥东。
沾衣欲湿杏花雨，吹面不寒杨柳风。

游小园不值

叶绍翁

应嫌屐齿印苍苔，小扣柴扉久不开。
春色满园关不住，一枝红杏出墙来。

客中行

李白

兰陵美酒郁金香，玉碗盛来琥珀光。

但使主人能醉客，不知何处是他乡。

题　屏

刘季孙

呢喃燕子语梁间，底事来惊梦里闲。
说与旁人浑不解，杖藜携酒看芝山。

漫兴·其一

杜甫

肠断春江欲尽头，杖藜徐步立芳洲。
颠狂柳絮随风舞，轻薄桃花逐水流。

庆全庵桃花

谢枋得

寻得桃源好避秦，桃红又是一年春。
花飞莫遣随流水，怕有渔郎来问津。

玄都观桃花

刘禹锡

紫陌红尘拂面来，无人不道看花回。
玄都观里桃千树，尽是刘郎去后栽。

再游玄都观

刘禹锡

百亩庭中半是苔，桃花净尽菜花开。
种桃道士归何处？前度刘郎今又来。

滁州西涧

韦应物

独怜幽草涧边生，上有黄鹂深树鸣。
春潮带雨晚来急，野渡无人舟自横。

花　影

苏轼

重重叠叠上瑶台，几度呼童扫不开。
刚被太阳收拾去，却教明月送将来。